AF464845

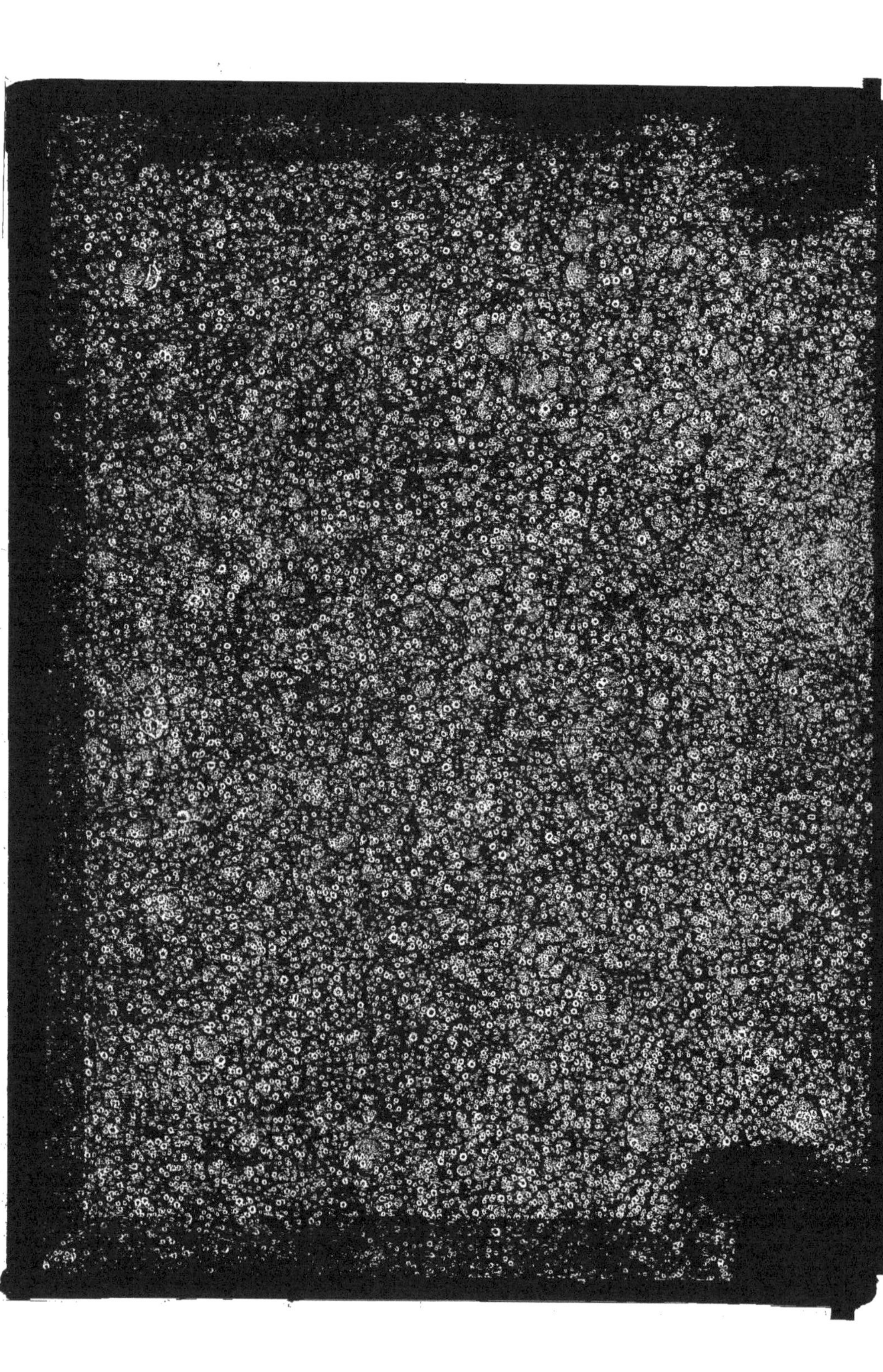

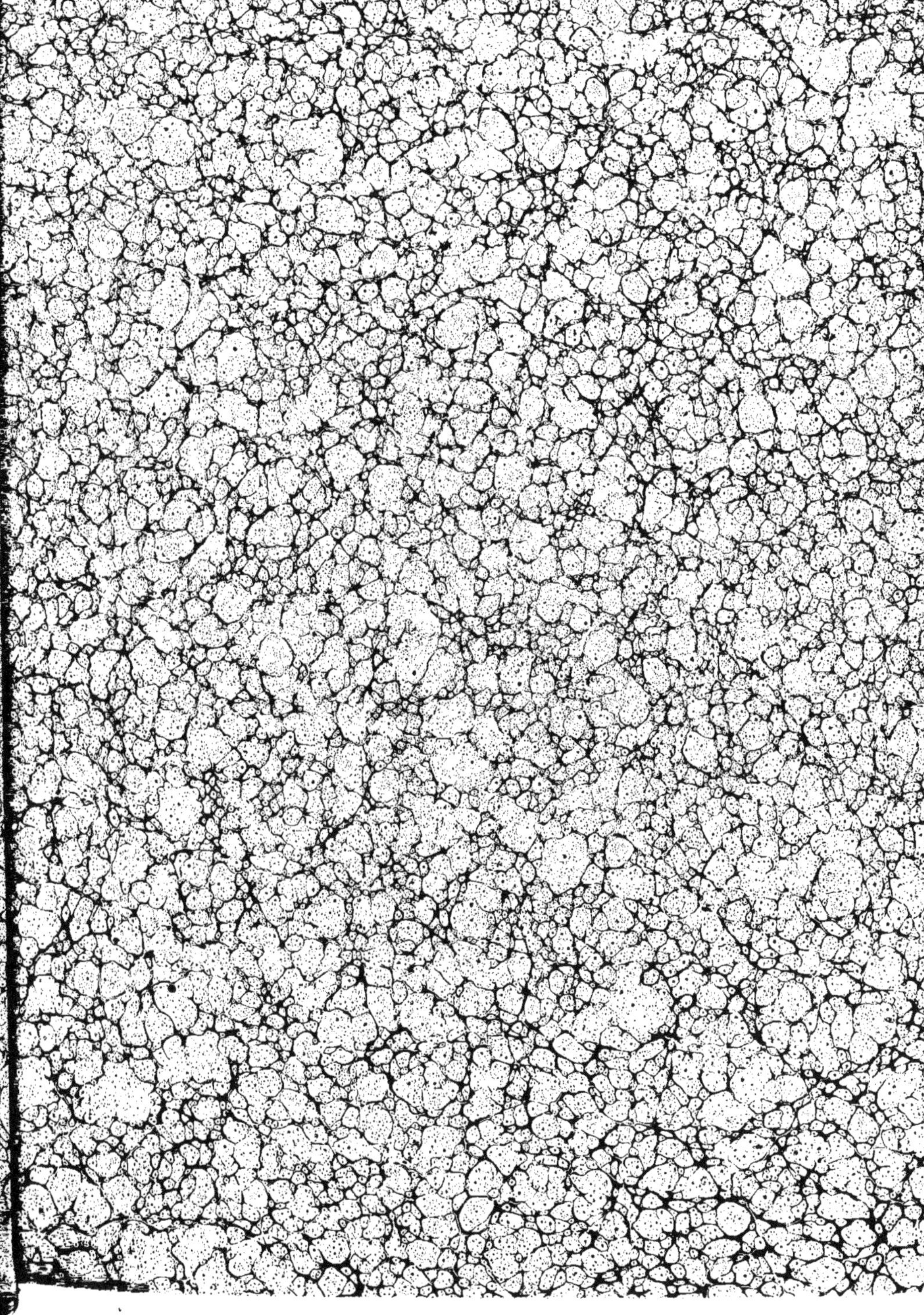

OSTÉOGRAPHIE
DES MAMMIFÈRES

IV

QUATERNATÉS — MALDENTÉS

L'**OSTÉOGRAPHIE** ou Description iconographique comparée du squelette et du système dentaire des Mammifères récents et fossiles, par **H. M. Ducrotay de Blainville**, forme 4 volumes in-4° de texte et 4 volumes in-folio de 323 planches.

En voici les divisions :

TOME PREMIER. — **Primatès**. — **Secundatès**.
Avec Atlas de 59 planches.

ÉTUDE SUR LA VIE ET LES TRAVAUX DE M. DE BLAINVILLE.

A. DE L'OSTÉOGRAPHIE EN GÉNÉRAL.

Primatès.

B. G. *Pithecus*, avec 13 planches. (I, I *bis*, II à V, V *bis*, VI à XI.)

C. G. *Cebus*, avec 9 planches.

D. G. *Lemur*, avec 11 planches.

E. *Aye-Aye*, avec une planche. (Même que la pl. V du G. *Lemur*.)

F. PRIMATÈS VIVANTS ET FOSSILES.

Secundatès.

G. CHÉIROPTÈRES, G. *Vespertilio*, avec 15 planches.

H. INSECTIVORES, G. *Talpa*, *Sorex*, *Erinaceus*, avec 11 planches.

TOME II. — **Secundatès**.
Avec Atlas de 117 planches.

I. CARNASSIERS (Généralités sur les).

J. — G. *Phoca*, avec 10 planches.

K. — G. *Ursus*, avec 18 planches.

L. — G. *Subursus*, avec 17 planches.

M. — G. *Mustella*, avec 15 planches. (I à V, V *bis*, VI à XIV.)

N. — G. *Viverra*, avec 13 planches. (La pl. II n'existe pas. La pl. III est double.)

O. — G. *Felis*, avec 20 planches.

P. — G. *Canis*, avec 16 planches. (I à III, III *bis*, IV à VII, VII *bis*, VIII à XIV.)

Q. — G. *Hyæna*, avec 8 planches.

TOME III. — **Quaternatès**.
Avec Atlas de 54 planches.

R. GRAVIGRADES, G. *Elephas*, avec 18 pl. (I à III, IV, V, VI, VII, VIII à XI, XI *bis*, XII à XVII.)

S. — G. *Dinotherium*, avec 3 planches.

T. — G. *Manatus* (Lamantins), avec 11 planches.

U. ONGULOGRADES, G. *Hyrax* (Damans), avec 3 planches.

V. — G. *Rhinoceros*, avec 14 planches.

X. — G. *Equus*, avec 5 planches.

TOME IV. — **Quaternatès**. — **Maldentés**.
Avec Atlas de 93 planches.

Y. ONGULOGRADES, G. *Palæotherium*, avec 8 planches; G. *Lophiodon*, avec 3 planches; G. *Anthracotherium*, avec 3 planches, et G. *Chæropotamus*, avec une planche.

Z. — G. *Tapirus*, avec 6 planches.

AA. — G. *Hippopotamus*, avec 8 planches; *Sus*, avec 9 planches.

BB. — G. *Anoplotherium*, avec 9 planches.

CC. — G. *Camelus* (Ruminants, Chameaux, Lamas), avec 5 planches.

DD. MALDENTÉS, G. *Bradypus*, avec 6 planches.

EE. EXPLICATION DE 41 PLANCHES (publication posthume), avec 35 planches. — Les six autres sont des planches *bis* intercalées dans les tomes I, II et III.

TABLE ALPHABÉTIQUE DES MATIÈRES.

PARIS. — IMPRIMÉ PAR E. THUNOT ET Cᵉ, 26, RUE RACINE.

OSTÉOGRAPHIE

OU

DESCRIPTION ICONOGRAPHIQUE

COMPARÉE

DU SQUELETTE ET DU SYSTÈME DENTAIRE

DES MAMMIFÈRES

RÉCENTS ET FOSSILES

POUR SERVIR DE BASE A LA ZOÖLOGIE ET A LA GÉOLOGIE

PAR

H. M. DUCROTAY DE BLAINVILLE

MEMBRE DE L'INSTITUT (ACADÉMIE DES SCIENCES)

PROFESSEUR D'ANATOMIE COMPARÉE AU MUSÉUM D'HISTOIRE NATURELLE, ETC.

OUVRAGE ACCOMPAGNÉ DE 323 PLANCHES LITHOGRAPHIÉES SOUS SA DIRECTION

PAR M. J. C. WERNER

Peintre du Muséum d'Histoire naturelle de Paris,

PRÉCÉDÉ D'UNE ÉTUDE SUR LA VIE ET LES TRAVAUX DE M. DE BLAINVILLE,

PAR M. P. NICARD.

TOME QUATRIÈME

QUATERNATÈS — MALDENTÉS

AVEC ATLAS DE 93 PLANCHES

PARIS

J. B. BAILLIÈRE ET FILS

LIBRAIRES DE L'ACADÉMIE IMPÉRIALE DE MÉDECINE

Rue Hautefeuille, 19.

LONDRES — HIPP. BAILLIÈRE, 219, Regent-street.

NEW-YORK — BAILLIÈRE BROTHERS, 440, Broadway.

MADRID

BAILLY-BAILLIÈRE, Plaza del Principe-Alfonso, 8.

1839—1864

TABLE DES MATIÈRES

DU TOME QUATRIÈME.

FIN DE LA TABLE DES MATIÈRES DU TOME QUATRIÈME.

DES PALÆOTHERIUMS,

LOPHIODONS, ANTHRACOTHERIUMS, CHÆROPOTAMES.

INTRODUCTION.

Généralités. Comme résultat, tiré des Primatès, des Secundatès, des Ternatès, les Espèces fossiles d'autant plus nombreuses que les Espèces encore vivantes le sont moins, et vice versâ. Confirmé par l'étude commencée des Quaternatès, définis par le système digital ongulé.

Nous avons déjà passé en revue l'ostéographie et l'odontographie des deux premiers degrés d'organisation dans la classe des Mammifères, ceux des Primatès ou Quadrumanes, des Secundatès ou Carnassiers, et celui des Ternatès ou Rongeurs est déjà préparé et même fort avancé depuis près de deux ans dans nos laboratoires; nous avons donc déjà pu remarquer combien peu il y avait d'espèces éteintes dans le premier, où celles qui existent encore vivantes à la surface de la terre sont nombreuses et rapprochées dans la série qu'elles forment; qu'elles sont bien plus multipliées dans le second ou parmi les Carnassiers, par la raison contraire. Le troisième ordre, celui des Rongeurs, rentre dans le cas du premier, comme nous nous en sommes assuré, du moins jusqu'à un certain point, les espèces vivantes se nuançant souvent d'une manière serrée dans certaines parties de la série qu'elles constituent. Nous avons déjà commencé l'examen des Mammifères du quatrième ordre, Quaternatès, que l'on peut parfaitement et presque rigoureusement définir par le système digital, qui non-seulement diminue notablement de nombre au point de devenir monodactyle, du moins à l'extérieur, mais qui se termine constamment en sabot, espèce d'ongle embrassant la dernière phalange, ce qui est formulé par la dénomination d'ongulés ou d'ongulogrades.

Renfermant les Mammifères dans la série desquels il y a le plus de lacunes,

Cet ordre, qui par suite même de la disposition du système digital, de l'espèce de nourriture et de l'appareil digestif, renferme les Mammifères terrestres qui atteignent à la plus grande taille, présente aussi la particularité d'offrir, en certains endroits, le plus de lacunes entre les espèces qui le constituent; de telle sorte que dans l'état actuel de la nature vivante à la surface de la terre, les zoologistes ont pu facilement, et d'une manière tranchée, caractériser les genres qu'ils ont établis.

et par conséquent plus d'Espèces fossiles,

Dès lors on voit comment c'est dans cette partie de la série que l'on devait s'attendre à reconnaître le plus grand nombre d'espèces éteintes et passées à l'état fossile, découverte qui a dû être facilitée beaucoup plus encore que dans les ordres précédents, par la nature et la grosseur des os qui ont permis une plus longue conservation, aussi bien que plus de facilité pour les recueillir et par suite pour les comparer.

qui par leur grande taille ont dû être étudiées les premières par Pallas, Camper, Blumenbach, G. Cuvier.

C'est en effet par les ossements des animaux de cet ordre, et même par les plus grands, ceux des Éléphants, des Rhinocéros, des Hippopotames et des Bœufs, qu'a commencé la paléontologie explicative, leurs os ayant été considérés comme des restes de géants, ou plus naturellement comme provenant d'animaux semblables à ceux qui vivent aujourd'hui; et même jusqu'à nous, les paléontologistes les plus récents, Pallas, Camper, Blumenbach et M. G. Cuvier même ont constamment commencé leurs recherches par ces animaux.

Ayant déjà examiné la série des Gravigrades, depuis les Éléphants jusqu'aux Lamantins et Dugongs,

L'étude que nous avons déjà faite de la section des Gravigrades, qui est à la tête de cet ordre comme plus rapproché de celui qui précède sous le rapport du système dentaire, et comme le plus complétement digité de tous les autres Ongulogrades, nous a montré comment, à l'aide de celles qui ne sont plus que fossiles, les espèces terrestres ou aquatiques se sont nuancées depuis celles qui le plus Lamellidontes le sont devenues de moins en moins, c'est-à-dire depuis l'Éléphant jusqu'aux Dugongs, les plus dégradés, par suite d'un séjour aquatique et d'une nourriture particulière.

ensuite les Damans, type particulier,

Nous avons poursuivi en atteignant les espèces dont le système digital est constamment incomplet, que ses éléments soient pairs ou impairs et en commençant par un genre encore fort particulier, aussi bien par un système digital dissimilaire que par l'appareil viscéral, celui des Damans, dont les espèces se sont cependant rangées sérialement d'après un principe tiré uniquement du système dentaire.

Après cela, continuant notre examen par les espèces dont le système digital est encore dissemblable aux deux membres, quoique le système dentaire soit complet, nous avons examiné les Tapirs dont nous n'avons pu saisir la différentielle spécifique, pas plus pour les deux Tapirs vivant chacun dans une partie du monde, que pour les Tapirs fossiles et dont cependant les restes n'ont été recueillis jusqu'ici que dans les terrains tertiaires.

les Tapirs vivants et fossiles,

Enfin, dans notre dernier mémoire nous avons développé l'histoire des Rhinocéros qui ont, il est vrai, le système dentaire moins complet que les Tapirs, mais dont le système digital est devenu similaire et ternaire aux deux paires de pieds. Ici les espèces vivantes et fossiles ont, au contraire des Tapirs, pu fort aisément être disposées en série par la considération de la partie incisive du système dentaire, se développant en rapport inverse du système corné du nez et du front.

puis les Rhinocéros vivants et fossiles, par le système dentaire incisif et par la corne.

Dans les mémoires qui vont suivre, nous allons aborder l'étude ou l'examen des espèces nombreuses et des genres qui complètent l'ordre des Ongulogrades, comprenant ce qu'en zoologie ordinaire, on connaît sous les noms de Pachydermes, de Solipèdes et de Ruminants; et par conséquent les espèces éteintes qui viennent remplir les lacunes entre ces petites familles existantes. Or, comme ces lacunes sont assez fréquentes et profondes, on voit comment les espèces éteintes doivent être plus nombreuses que dans toute autre partie de la série, ce qui est en effet.

Nous devons étudier le reste des Espèces ongulées, c'est-à dire les Pachydermes, les Solipèdes et les Ruminants, parmi lesquelles beaucoup de lacunes à remplir,

Ces lacunes à remplir, ou du moins les principales, sont entre les Pachydermes et les Ruminants d'une part, et entre les deux sections des Pachydermes imparidigités et paridigités de l'autre.

Entre les deux sections déterminées par l'imparité ou la parité du système digital, il est évident que les passages doivent porter principalement sur ce système aussi bien que sur la partie incisive du système dentaire, plus que sur la partie molaire qui semble ne pouvoir fournir que les caractères spécifiques, et nullement ceux des genres, comme

par les Espèces fossiles : 1re entre les Pachydermes imparidigités et paridigités portant sur le système digital et le système dentaire incisif.

on l'a cru trop longtemps depuis qu'on a abandonné le système mammalogique de Linné.

2e entre les Pachydermes imparidigités et les Ruminants, portant peu sur le système digital, et plus sur le système dentaire incisif,

Quant à la seconde lacune principale ou celle qui existe dans la famille des paridigités, entre les Pachydermes et les Ruminants, c'est au contraire principalement sur la partie incisive du système dentaire, quoique également un peu sur le système digital, que les passages sont établis. Il s'agissait, en effet, de passer des Pecaris, chez lesquels le système digital n'est pas encore tout à fait également pair sur les deux membres, aux nombreuses espèces de Ruminants, où il l'est constamment, en suivant aussi la dégradation du système dentaire incisif qui doit finir par manquer entièrement à la mâchoire supérieure, tandis qu'à l'inférieure, la canine, sans usage comme telle, s'inclinera pour se joindre aux incisives, alors au nombre de quatre paires, par une sorte d'anomalie qui n'existe dans aucun Mammifère monodelphe bien denté (1).

d'où 1re lacune remplie par les Palæotheriums, Lophiodons, Anthracotheriums, Chæropotames, tous fossiles.

Dans cette manière d'envisager la question, on voit comment la première lacune est remplie par les Palæotheriums, Lophiodons, Anthracothériums, Chæropotames, si communs dans les terrains tertiaires de notre Europe centro-méridionale.

Ce sont eux en effet qui nous conduiront des Rhinocéros aux Hippopotames et genres voisins.

2e lacune des Sus aux Ruminants par les Anoplotheriums, Dichobeus, Xiphodon,

Nous passerons ensuite des véritables Sus ou Sangliers aux Chameaux qui commencent les Ruminants, à l'aide des Anoplotheriums dont le système digital deviendra de plus en plus bisulque avec l'astragale en osselet, surtout par le moyen des espèces chez lesquelles les canines perdent leur caractère, en s'abaissant, les incisives se latéralisant en haut; celles d'en bas, devenant au contraire terminales, entraînant avec elles les canines: d'où il se forme une barre qui s'augmente peu à peu et finit par devenir ce qu'elle est dans les derniers Ruminants.

d'où la série totale des On-

Il semble donc que dans cet ordre des Quaternatès le système dentaire

(1) Dans certains Makis, où l'on comptait aussi quatre paires d'incisives à la mâchoire inférieure, M. E. Geoffroy a montré que c'était par abaissement de la canine.

antérieur, et surtout la partie canine, qui n'existe pas dans les premières espèces comme dans tous les Ternatès, après avoir peu à peu augmenté et être arrivé à un summum dans les Hippopotames et les Sangliers, diminue ensuite également assez insensiblement ou prend un caractère anomal, pour disparaître enfin d'une manière complète et même avec partie des incisives.

gulès exprimée par le système dentaire incisif.

Ne pourrait-on pas trouver une raison de ce grand nombre d'espèces d'Ongulogrades déjà éteintes, à ce que, créées dans la grande et sublime harmonie des choses pour servir de nourriture aux animaux carnassiers et même à l'homme; et ces espèces, surtout les grandes, ne produisant qu'un ou deux petits à la fois et cela tout au plus une fois chaque année, elles ont dû plus difficilement échapper à la destruction qui doit atteindre, tôt ou tard, aussi bien les espèces que les individus; à l'exception de celles qui, créées peut-être par la providence divine pour l'homme et presque ses parasites, sont encore à l'état domestique, et par cela même considérablement multipliées, mais qui n'existent plus à l'état sauvage: fait qui paraît être hors de doute pour le Cheval, le Chameau et le Dromadaire, le Mouton et le Bœuf, comme pour le Chien parmi les Carnassiers.

Raison de la quantité d'Espèces d'Ongulés déjà disparues de la série.

Mais le moment n'est pas encore arrivé de toucher à ces grandes questions. Il faut au moins que nous ayons passé en revue la classe entière des Mammifères. En ce moment nous devons borner notre examen à l'étude des espèces qui doivent remplir la lacune des Ongulogrades non ruminants imparidigités et paridigités.

Grande question remise.

D'après cela on voit pourquoi dans ce mémoire nous allons parler sous le nom de Palæotheriums des espèces qui ont le système digital impair, avec un système dentaire complet et normal, comprenant celles que les paléontologistes ont partagées en Lophiodons, Palæotheriums, Anthracotheriums et Chæropotames, sans nous astreindre, si ce n'est dans l'aperçu historique, à répartir les espèces que nous reconnaîtrons, suivant ces divisions considérées à tort, pour plusieurs du moins, comme autant de genres distincts.

Objet du Mémoire actuel. Les Espèces comprises sous les noms de Palæotheriums, Lophiodons, Anthracotheriums, Chæropotames, dont aucune encore à l'état vivant,

Ce qu'il y a de certain, du moins dans l'état actuel de nos connaissances en zoologie, c'est qu'il n'existe aucune espèce vivante dans l'ancien monde comme dans le nouveau, qui puisse réellement être rangée dans le genre Palæotherium tel que nous venons ou nous allons le définir, à moins qu'on ne puisse considérer comme telle le Rhinocéros sans corne. Jusqu'à nous, on a pu le dire et peut-être même le croire, parce qu'on acceptait que les genres des Mammifères pouvaient être établis sur une forme secondaire des dents molaires, et alors on faisait de certaines espèces de Palæotheriums des Tapirs ou des Tapiroïdes, mais qui n'en étaient nullement, quand on prenait en première considération les incisives et les canines bien plus importantes, aussi bien que le système digitatif (1).

quoique quelques-unes plus voisines du Rhinocéros sans corne,

que des Tapirs,

à l'aide des matériaux nombreux.

C'est maintenant ce qu'il s'agit de montrer en étudiant les matériaux nombreux que nous possédons aujourd'hui sur les animaux compris dans ce genre, qu'on pourrait nommer des Rhinocéros sans cornes et à système dentaire normal.

SECTION PREMIÈRE.

DE LA DISTINCTION DES ESPÈCES ET DES GENRES.

CHAPITRE PREMIER.

DES PALÆOTHERIUMS.

a). *Histoire.*

Des Palæotheriums commençant la série des Espèces de Mammifères fossiles du bassin de

Sous la dénomination de Palæotherium, indiquant l'ancienneté des animaux qui constituent ce genre, et avec lui, commence la série nombreuse de ceux dont les restes entraînés pêle-mêle en grande quantité dans les carrières à plâtre des environs de Paris, ou mieux dans la masse des terrains supérieurs à la craie qui forme le bassin de Paris, ont

(1) Quand on songe que le Tapir retrouvé vivant dans ces derniers temps dans l'Asie insulaire, est cependant figuré dans les ouvrages chinois; et de plus que, jusqu'ici du moins, il a été impossible de différencier spécifiquement les deux espèces vivantes, ne peut-on pas croire que le Palæotherium existe peut-être encore en Chine?

donné lieu à l'examen minéralogique du sol dans lequel ils se trouvent, et par suite à une connaissance suffisamment approfondie de son type géologique, auquel les terrains tertiaires ou supérieurs à la craie, ont pu être comparés dans toute l'Europe, et par suite dans les autres parties du monde. Sans doute que depuis assez longtemps les ossements fossiles trouvés dans ce gypse par les ouvriers qui l'exploitent pour le convertir en plâtre, avaient frappé l'attention des paléontologues, comme Guettard, Lamanon et Pasumot : sans doute que la disposition et la composition des roches qui forment le bassin de Paris avaient déjà été étudiés par des géologues d'une réputation justement méritée, comme Monnet, Guettard (1) et Lamanon qui vient d'être cité, par Pralon (2) et surtout par N. Desmarest le père (3) et par Coupé (4), qui a publié une suite d'excellents mémoires sur ce sujet dans le Journal de Physique; mais ces travaux n'avaient eu qu'assez peu de retentissement, pour la plupart du moins, sans doute à cause de la tourmente révolutionnaire qui vint alors bouleverser la France et l'Europe, en

Paris, devenu Type des Terrains tertiaires,

déjà étudié pour les fossiles, par Guettard et Lamanon.

Pour la structure minéralogique et géologique, par Pralon, Lamanon, Desmarest, Coupé.

(1) L'ouvrage de Guettard et Monnet, intitulé : *Atlas et description géographique de la France*, ne contient rien sur le sol même de Paris, ou sur le centre de son bassin, mais seulement sur les parties qui en forment le tour; et, ce qui est à remarquer, avec des coupes géologiques des lieux les plus intéressants.

(2) En 1780 (*Journal de Physique pour le mois d'octobre*, p. 289), Pralon décrivit d'une manière sommaire les couches qui composent la butte Montmartre, et parla en général des os qui s'y trouvent.

(3) Le premier mémoire de M. Desmarest est inséré dans ceux de l'Académie des sciences pour 1778.

(4) Ceux de M. Coupé, au nombre de trois, et dont le premier est le plus important, les autres n'en étant qu'une sorte de développement minéralogique et étiologique, sont insérés dans le *Journal de Physique*, tom. LXI, LXII, LXIII, LXV, depuis l'année 1805 jusqu'à l'année 1807, et ne forment pas moins de soixante-deux pages in-4°. Le reste de son travail fut interrompu dans le *Journal de Physique*, sans doute parce que le rédacteur lui-même, M. de Lametherie, crut devoir publier, tom. LXVI, p. 308, sur le même sujet une note qui n'était guère que la confirmation de ce que Coupé avait exposé dans son premier Mémoire, mais il a été publié dans le *Journal des Mines*, vol. XXVI (1809), p. 39 et 51, et quoique le travail de Coupé sur le sol de Paris n'ait commencé à être publié qu'en 1805, on voit que ses études étaient plus anciennes et approfondies par sa lettre à Podret au sujet des tourbes pyriteuses de Soissons (*Journal de Physique*, tom. LII, p. 150, 1801).

sorte que lorsqu'elle parut se calmer en prenant un autre cours, ils semblèrent avoir besoin d'être repris d'ensemble d'une manière spéciale et distincte, aussi bien sous le rapport de la paléontologie que sous celui de la minéralogie et de la géologie. Cette dernière partie était bien plus facile, à cause des bons travaux déjà existants qu'il s'agissait seulement de systématiser et d'étendre; mais il n'en était pas de même des autres, plus par suite cependant d'un défaut de collection ostéologique suffisante, que par la nature même du sujet, qui ne demandait évidemment que des connaissances assez peu profondes et fort ordinaires d'anatomie comparée. C'est pourtant ce sujet qui a occupé une grande partie de la vie de M. G. Cuvier, celui par lequel il a commencé à la fin du dernier siècle, et par lequel il a fini vers le premier quart de celui où nous sommes; sujet qui forme en effet un volume tout entier dans la seconde édition de ses Recherches sur les ossements fossiles des quadrupèdes, et qui est accompagné de près de quatre-vingt planches in-4°, souvent doubles.

Puis repris plus facilement pour la Géologie, moins pour la Paléontologie. Sujet des principaux travaux de M. G. Cuvier,

Malgré cela, comme M. G. Cuvier s'empressa peut-être trop vite de publier le résultat de son travail au fur et à mesure que les matériaux lui étaient fournis, il est vrai, plus par le hasard de leur découverte que suivant un choix rationnel, il en est résulté non-seulement des répétitions nombreuses et inutiles ainsi que des erreurs inévitables dans un pareil sujet, mais encore un défaut de plan, une absence d'ordre dans la disposition des matières et des figures, qui, malgré tous les artifices possibles et même une sorte de remaniement dans la seconde édition, ont rendu cette partie des Recherches de M. G. Cuvier presque complétement inextricable. On peut, en effet, accepter comme parfaitement évident ce que dit M. Cuvier lui-même dans l'introduction à la publication de ses Mémoires, réunis en volumes en 1812, p. 4, qu'il présente la suite de ses Recherches précisément dans l'ordre, ou plutôt dans le désordre où il les a faites, en sorte que, ajoute-t-il avec bonne foi, le défaut d'ordre et de plan de ces Mémoires sur les ossements des quadrupèdes trouvés dans les plâtres de Paris pourra faire voir l'état dans lequel ils étaient

mais dont les éléments fournis par le hasard plus que par le choix, ont nui considérablement au plan, à l'ordre des matières, ainsi que M. G. Cuvier lui-même en convient,

enfouis dans la roche qui les contenait. Pour moi, je ne crains pas de dire que j'ai dû être convaincu plus que tout autre de la vérité de cet aveu de M. G. Cuvier, par suite de la peine que j'ai eue, pour exposer nettement l'analyse de cette partie de ses travaux paléontologiques. Aucun d'eux ne m'a donné autant de mal que celui-ci, et je suis bien certain que personne avant moi, et surtout n'ayant pas les pièces sous les yeux, n'aurait pu y parvenir, et par conséquent acquérir une conviction légitime sur tout ce qui a été avancé au sujet de la valeur des genres et du nombre des espèces établies, ainsi que sur leurs rapports naturels avec les genres encore vivants.

et encore mieux senti par moi dans la partie critique de mon travail;

Cette analyse critique et sérieuse, comme cela doit être en pareil sujet, était cependant absolument nécessaire, car c'est dans cette partie de ses mémoires que M. Cuvier a le plus insisté, comme lui ayant fourni les preuves les plus évidentes de sa thèse que, d'après la constance des lois relatives à la coexistence de certaines formes dans les êtres organisés, il est possible de connaître l'ensemble d'une espèce par une seule de ses parties, ce qu'il a poussé, on peut le dire, à l'extrême, quand il a cru, p. 145, 1re édit., à la possibilité, par l'anatomie comparée, de juger d'un os, d'un membre, d'un squelette entier, même sur une seule portion de facette; ce qui a été accepté avec une sorte d'empressement par toutes les personnes peu versées dans les sciences de l'organisation. Aussi non-seulement a-t-il cru pouvoir restituer le squelette des espèces dont il ne connaissait que certains agroupements d'os, ce qui était jusqu'à un certain point acceptable; mais encore couvrir ces squelettes rétablis de la peau ou de leur enveloppe sensoriale, ce qui était déjà bien plus hasardeux; et par là il a donné lieu à ces représentations fantastiques des géologues ingénieux, comme on se plaît à les nommer quelquefois, dans lesquelles on nous a montré dans les tableaux de l'ancien monde, suspendus sur les quais et les boulevards à côté de l'histoire du Juif errant, des Plésiosaures, très-probablement herbivores, cherchant à saisir au vol des Ptérodactyles, qui, plus probablement encore, n'ont jamais volé.

critique évidemment nécessaire

pour faire apprécier la thèse de M. Cuvier, qu'une seule portion de facette d'un os peut suffire pour reconstruire le squelette dont il provient;

d'où sont sortis les représentations fabuleuses du règne animal de l'ancien monde.

Histoire.

Guettard, 1768 et 1783.

Le premier naturaliste (1) qui ait parlé de quelques ossements de ce genre de Mammifères est sans doute Guettard dans deux Mémoires *ad hoc*, ayant pour titre : *Des os fossiles*, publiés, l'un en 1768 dans le premier volume de ses Mémoires sur différentes parties des sciences et des arts, l'autre dans le cinquième volume, p. 297, en 1783.

Dans le premier, il n'avait recueilli qu'un assez petit nombre de pièces, en général même assez peu intéressantes, et entre autres une omoplate, une vertèbre, des séries de côtes, et une mâchoire mutilée; mais il fut plus heureux dans le second, puisqu'il avait pu se procurer plusieurs morceaux de mâchoires avec des dents, ainsi que des vertèbres; cela ne le conduisit cependant pas beaucoup plus loin sous le rapport de leur détermination; et, comme il le dit lui-même, p. 302 : « Ces portions » d'os, ces vertèbres qu'on rencontre tous les jours dans les pierres à » plâtre de Montmartre laissent toujours dans le doute sur l'espèce d'animal auquel ils peuvent avoir appartenu; mais parce qu'on n'a pas pu » encore le déterminer, faut-il abandonner les recherches? Je suis bien » éloigné de le penser. Plus on apportera de soins à recueillir ce qu'on » pourra trouver en ce genre, plus on aura lieu d'espérer de rencontrer » quelque portion considérable de squelette qui pourra faire connaître » à quel animal les portions qu'on a déjà découvertes auront appartenu. » Rien, par exemple, ne serait plus curieux en ce genre que de trouver » une tête entière ou quelque portion de tête assez bien conservée pour » qu'on pût reconnaître si c'est une tête de poisson (Mammifère aquatique) ou une de quelque quadrupède. »

Ses observations d'encouragement, d'avenir.

(1) On avait cependant, longtemps auparavant, signalé quelques-uns de ces ossements, trouvés dans les environs de Paris; mais transitoirement et sans y attacher aucune importance. Ainsi Morin fit voir à l'Académie des sciences de Paris, en 1694, une côte trouvée dans le gypse, et l'anatomiste Méry l'attribua à une tortue.

En 1767, le P. Cotte, célèbre en météorologie, trouva à Montmorency, également dans le plâtre, une mâchoire mutilée. Le rédacteur du catalogue de Davila (III, p. 221, 1767) avait inscrit, sous le n° 296, une mâchoire inférieure d'*Hippopotame* enclavée dans sa matrice de pierre à plâtre de Paris, et qui était probablement de Palæotherium, présentant cinq de ses molaires d'en bas, et l'empreinte de leurs opposées d'en haut.

A quoi Guettard ajoute comme résultat de ses observations : « Il est » assez singulier que les os qu'on trouve enclavés dans la pierre soient » toujours isolés et séparés ; qu'on ne rencontre point de squelettes en- » tiers, ce qui prouve, à ce qu'il me semble, que les animaux auxquels » ces os appartenaient ont été longtemps exposés à l'air, où ils se sont » désunis les uns des autres par la perte des ligaments ; qu'ensuite, em- » portés par les eaux de la mer ou de quelque fleuve qui s'y jetait, ils » ont été roulés et ballottés, puis rejetés par ces flots et recouverts par » les terres ou les matières pierreuses que la mer déposait sur ses bords » ou dans son fond, et où nous les trouvons aujourd'hui ; » ce qui, comme on le voit, approche assez de l'étiologie généralement admise aujourd'hui sur les ossements fossiles des environs de Paris, contradictoirement avec celle qui fait vivre sur place les animaux dont ils proviennent.

Ses réflexions sur l'étude des Os, leur transport éloigné.

Mais celui qui a dû avancer davantage la question me semble être Lamanon dans un excellent Mémoire de plus de quinze pages in-4°, inséré dans le *Journal de Physique* pour 1782, tom. XIX, p. 173, Pl. I, II et III ; quoiqu'il ait conclu de ses recherches, qui ne pouvaient être que fort difficilement approfondies alors, que ce devait être les restes d'une espèce perdue d'Amphibie. Il faut se rappeler que sous cette dénomination, en France, on comprenait alors les Phoques, les Hippopotames, les Loutres, les Castors, etc., et non les Amphibies de Linné ; mais il faut surtout faire observer que Lamanon ayant à décrire une tête presque entière, pourvue d'une grande partie de ses dents, ce qu'il fait d'une manière assez détaillée et même exacte pour le temps où il écrivait, avait parfaitement reconnu que la forme plate des molaires, la manière dont celles d'en bas rencontrent celles d'en haut au lieu de les croiser, la position des incisives ainsi que leurs figures, l'éloignent des animaux carnassiers, comme les Lions, les Loups, les Chiens, etc. ; admettant au contraire de grands traits de ressemblance entre cette mâchoire et celle des animaux ruminants, comme le Cerf et le Mouton, par l'existence d'un espace vide entre les molaires et les incisives ; les plus longues de celles-ci étant par devant et non de côté, et

Paul de Lamanon, 1782.

Ses observations, d'après une Tête, et surtout ses Dents, comparées avec celles des Mammifères terrestres Carnassiers. Ruminants.

les supérieures de celles-là plus larges que les inférieures; reconnaissant cependant les différences, celle entre autres de la présence d'incisives à la mâchoire supérieure qui n'existent pas dans les Ruminants. Il avait ensuite porté la comparaison avec les animaux herbivores non ruminants (les Pachydermes des zoologistes modernes), et même avec les *Glires* de Linné (Rongeurs), comme le Castor, avec lequel il trouve des différences essentielles, surtout dans le nombre, la position et la forme des dents incisives.

Pachydermes.

Rongeurs.

Mammifères aquatiques.

Il cherche enfin l'analogue de cet animal parmi les animaux aquatiques, beaucoup moins bien connus alors que les terrestres, avec lesquels il indique cependant quelques rapports assez imaginaires; il dit que parmi les espèces marines, il n'y en a aucune de connue dont les dents ressemblent à celles de l'animal de Montmartre, et que s'il fallait le rapporter à un animal aquatique d'eau douce, le Castor serait celui auquel il ressemblerait le plus, tant par la taille que par les dents molaires; mais encore trouve-t-il des différences essentielles, surtout dans le nombre, la position et la forme des dents incisives.

Le Castor.

Ses conclusions : Espèce perdue.

Aussi conclut-il que, ne trouvant parmi les animaux existants aucun analogue de l'animal fossile de Montmartre, on est fondé à dire que c'est un animal dont l'espèce est perdue, comme celle des animaux amphibies au Canada, en Sibérie et ailleurs.

d'où l'on voit que Lamanon, en arrivant, par suite d'une comparaison méthodique, à conclure que ce n'était ni un Carnassier,

D'après cela on voit que Lamanon, qui nous apprend lui-même qu'il avait souvent visité les carrières à plâtre de la province de l'Ile-de-France, où il s'était procuré plusieurs des os fossiles qu'elles renferment, après les avoir examinés attentivement ainsi que la plupart de ceux qu'il avait observés dans les cabinets d'histoire naturelle de la capitale, et les avoir comparés avec les os des animaux décrits par les auteurs ou conservés dans le cabinet du roi, n'avait véritablement pas trop mal réussi. En effet, il s'était convaincu par une comparaison rationnelle et méthodique avec les animaux dont on possédait et l'on connaissait alors le squelette, ce qui n'était ni pour le Tapir ni même pour le Rhinocéros, que c'était une espèce perdue, qui n'était certainement pas un Carnassier, qu'il avait bien de la ressemblance avec les Herbivores ruminants, des différences essentielles avec les Herbivores non ruminants et avec les Rongeurs, du moins terrestres; qu'avec les animaux aquatiques marins, il n'y avait aucun rapprochement à faire; que s'il y en avait quelques-uns avec les Castors comme l'un des animaux aquatiques d'eau douce vers lesquels il penchait évidemment, sans doute, par suite de son étiologie de la formation gypseuse de Paris, les différences du système dentaire étaient trop grandes pour s'arrêter à ce rapprochement, aussi concluait-il que c'était une espèce perdue, comme les animaux amphibies du Canada et de Sibérie, qu'il se nourrissait d'herbes et de poissons, comme on l'a dit longtemps du Tapir; et qu'il était amphibie; ce qui était bien près de l'opinion qu'on s'en est faite vingt ans plus tard en le regardant comme un Pachyderme fréquentant les marais d'eau douce du bassin de Paris. Il ne s'agissait plus que de lui donner un nom, et ce n'était évidemment pas le plus difficile. Lamanon va même, p. 185, jusqu'à reconnaître que les dents ou les vertèbres qu'il a examinées et celles décrites par Guettard font voir que les ossements de ces carrières ont appartenu à des animaux d'espèce différente.

ni un Pachyderme, ni un Ruminant, ni un Rongeur,

approchait beaucoup de l'opinion actuelle.

Comment donc M. Cuvier, en citant en note, et cela seulement en 1812, dans l'introduction ajoutée à ses mémoires sur les Fossiles des carrières à plâtre de Paris, le titre des mémoires de Guettard et de Lamanon, a-t-il pu dire dans le texte, p. 1 : «Qu'il n'avait même encore » donné aucune attention aux notes publiées sur ces os dans des recueils » par des naturalistes qui n'avaient pas la prétention d'en reconnaître » les espèces (1), qui ne semblent pas même en avoir soupçonné les sin-

Observation mal appréciée par M. Cuvier, en 1812, et mise à tort au rang de celles de Guettard,

(1) Ceci est évidemment en contradiction avec un autre passage sur cette tête de Palæotherium, où M. G. Cuvier dit : Lamanon voulut juger par cette seule tête de l'*espèce de l'animal*, et il conclut que c'était un amphibie qui se nourrissait de chair et de poisson; je n'ai pas besoin aujourd'hui de réfuter cette idée; non sans doute, mais il eût été juste d'expliquer ce qu'on entendait alors sous le nom d'amphibie, et que Lamanon, avec cette seule pièce, avait démontré, par comparaison, que ce n'était ni un carnassier, ni un ruminant, ni un rongeur, ni même un herbivore non ruminant, mais un herbivore amphibie, comme on appelait alors le Tapir et l'Hippopotame.

» gularités ?» et comment dans la note, placée au-dessous de ce passage, a-t-il pu se borner à cette simple phrase ; «Lamanon parla d'une orni- » tholithe de cette colline, décrivit des dents, des vertèbres, et une » moitié de tête qu'il jugea venir d'une espèce perdue d'Amphibie, » sans même expliquer ce qu'en France alors on entendait sous ce nom,

de Pasumot,

et en en faisant autant pour Pasumot qui de fait s'est presque borné à annoncer (*Journal de Physique*, août 1782, p. 98), qu'il avait pu se procurer, des carrières de Montmartre, quelques vertèbres, un os du carpe et une dent, qu'il décrit même à l'envers ; pour M. Pralon qui,

de Pralon,

dans sa description oryctologique de la butte Montmartre (*Journ. de Physique*, octobre 1780), ne dit pas un mot des os qui s'y trouvent ; tandis que le mémoire de Lamanon occupait plus de quinze pages de descriptions et de considérations zoologiques et géologiques, auxquelles il est à regretter que M. Cuvier n'ait pas eu plutôt recours et donné attention. En effet, quoique seize ans plus tard, et d'après la pièce même qui avait servi aux observations de Lamanon, M. G. Cuvier fut

Malheureusement inconnues pour lui, en 1798, dans son 1er travail, où

bien loin d'être aussi heureux que celui-ci la première fois qu'il eut l'occasion de parler de l'animal fossile de Montmartre, en 1798, dans son mémoire lu à la Société d'histoire naturelle de Paris, mémoire dont l'extrait, fait par lui-même, fut inséré dans le Bulletin par la Société philomatique, Ve ann., n° 17, 18 fructidor an VI, p. 137 ; puisque cet animal est inscrit sous le n° 9 des espèces énumérées avec cette indication !

c'est une espèce du *G. Canis.*

« Animal carnassier dont on trouve des os dans la pierre à plâtre de » Montmartre ; la forme de ses mâchoires, le nombre de ses dents mo- » laires, les pointes dont elles sont armées indiquent que cette espèce » devait se rapprocher du *G. Canis.* Cependant elle ne ressemble à au- » cune espèce de ce genre. La marque distinctive la plus frappante, c'est » que c'est la septième molaire d'en bas qui est la plus grande dans l'ani- » mal de Montmartre, tandis que c'est la cinquième dans les Chiens, les » Loups et les Renards. »

Cette inscription seule suffirait, s'il en était besoin, pour montrer qu'à cette époque, deux ou trois ans cependant après son arrivée à Paris, M. G. Cuvier était fort peu avancé en connaissances d'anatomie comparée la plus simple : et cependant dès ce temps-là les collections du Muséum possédaient le squelette d'un Rhinocéros et celui d'un Tapir qui n'existaient pas lors du travail de Lamanon (1).

Opinion modifiée

Mais dans l'intervalle qui sépare ce premier extrait de son mémoire du second, publié par ordre de la première classe de l'Institut, il s'aperçut aisément, sans doute, aussi bien par la lecture du mémoire de Lamanon que par ses propres observations, combien ce rapprochement était peu fondé et erroné; en effet, dans l'alinéa consacré à ces mêmes fossiles, il dit que les carrières à plâtre des environs de Paris lui ont fourni six espèces, de trois desquelles il a parlé ailleurs. En effet, en 1800 (an VIII) dans un article inséré dans le Bulletin par la Société philomatique sous ce titre : *Addition à l'article des Quadrupèdes fossiles de Montmartre*, en renvoyant aux n°s 18 et 34 (2), il annonce qu'il a déjà obtenu des pièces nouvelles qui lui ont prouvé l'existence de deux espèces absolument distinctes de celle qu'il a indiquée dans le numéro cité, quoique appartenant au même genre; l'une d'elles ayant comme celles-ci deux doigts seulement aux pieds de derrière, mais trois fois plus petite, avec son métatarsien plus allongé proportionnellement à sa largeur, et l'autre, encore plus petite, égale à peine le Hérisson. En l'an IX, 1801, d'après une note insérée dans le même journal, n° 51, p. 17, on voit qu'il avait plus heureusement apprécié les rapports avec les genres connus; il annonce en effet la découverte de six espèces, toutes appartenant à un genre inconnu de Pachydermes, qu'il ne nomme pas encore.

dès 1800, où il admet déjà 3 espèces :

en 1801, six attribuées à un genre inconnu;

(1) Le squelette du *Tapir* ouvert sous les yeux de Buffon par Mertrud, au Jardin du roi, et dont le premier a parlé dans le tome VII de ses Suppléments, publié en 1782, pouvait rigoureusement s'y trouver; mais il est certain qu'il n'était pas encore fait, puisque Lamanon n'en parle pas. Quant à celui du Rhinocéros, mort en 1793, il n'a pu être monté qu'un ou deux ans après.

(2) Dans le n° 34, niv. an VIII, p. 73, il n'est nullement question des quadrupèdes fossiles à Montmartre, mais des (prétendus) Tapirs fossiles de France; dans le n° 18, il n'est question sous le n° 9 de l'extrait d'un mémoire, que de l'animal carnassier du genre Canis, qui deviendra en effet le type du genre Palæotherium.

en 1802, nommé Palæotherium ; L'année suivante, germinal an XII (1802), dans une note insérée au même Bulletin, n° 85, ce genre est nommé *Palæotherium*, à l'occasion de la découverte d'un squelette presque entier, trouvé à Pantin, et dont il donne une figure en ajoutant : la comparaison de tous les os de ce squelette avec tous les autres os fossiles de nos cavernes, ainsi qu'avec ceux des animaux vivants, jointe à la forme des dents, ont prouvé à M. Cuvier que cet animal était du genre *Palæotherium*, *P. minus;* et l'on sait, dit-il, par les mémoires précédents, que la forme des Palæotheriums était à peu près celle des Tapirs.

Enfin, tous les ossements des carrières sont encore confondus dans le même genre, les espèces définies par le nombre des doigts et la taille, et leur nombre porté à six, comme dans l'annonce précédente.

en 1804, partagé en Palæotheriums et Anoplotheriums, sujets de ses Mémoires de 1805, Ce n'est, en effet, que deux ans après que M. Cuvier commença la publication de ses recherches sur le genre d'animaux fossiles qui nous occupe, dans le tome III des *Annales du Muséum*, imprimé en 1804, sous le titre général : *sur les espèces d'Animaux dont proviennent les os fossiles répandus dans les pierres à plâtre de Paris*, comprenant en effet à la fois les Palæotheriums et les Anoplotheriums. Le premier Mémoire fut consacré à la restitution de la tête; le deuxième à l'examen des dents, le troisième à la restitution des pieds, ce qu'il continua l'année suivante (*Ann. Mus.*, tome VI, 1805) dans deux autres mémoires, l'un sur les os du tronc, l'autre sur les os fossiles trouvés en différents endroits de France et plus ou moins semblables à ceux des Palæotheriums; et enfin,
1806. dans un nouveau volume des *Annales* (tome VII, 1806), et dans trois autres mémoires, l'un sur les phalanges, l'autre sur les os longs et un
1807. troisième sur les os du tronc. Enfin, le tome IX du même recueil, sous la date de 1807, renferme encore cinq mémoires, le premier qui termine l'histoire des phalanges, le second sur les os des extrémités postérieures, le troisième sur les os longs des extrémités antérieures, le quatrième sur les omoplates et les bassins, et enfin, le dernier sur la description de l'*Anoplotherium commune*.

M. Cuvier, en effet, dès le commencement de ses publications qui durèrent trois ans, avait reconnu d'assez bonne heure que, parmi les nombreux ossements recueillis depuis plus de dix ans au moins qu'il s'en occupait (1), il y en avait qui devaient appartenir à des animaux de genres différents, l'un auquel il conservait le premier nom de *Palæotherium*, et l'autre qui s'en distinguait surtout parce qu'il manquait de canines ou mieux de laniaires, ce qui le porta à le nommer *Anoplotherium*, genre dont nous parlerons par la suite et dans un Mémoire particulier.

Genres, dont malgré le manque d'éléments suffisants,

Comme M. Cuvier n'avait obtenu qu'assez tard des assemblages d'os du même squelette dans lesquels se trouvassent avec la tête, ou du moins avec le système dentaire, des parties de membres contenant le système digital, on peut aisément expliquer la longueur du temps employé pour permettre que le hasard lui apporta des éléments suffisants pour avancer avec quelque certitude; c'est ce qui doit aussi faire excuser le peu d'ordre qui existe dans cette partie de ses recherches aussi bien que la diffusion et la longueur de chacun de ses Mémoires, ainsi qu'un certain nombre d'erreurs et d'assertions plutôt hasardées que prouvées.

Il peut établir les rapports,

Quoi qu'il en soit, car ce n'est pas ici que nous devons apprécier ce travail, nous nous bornerons à dire que, comme résultat, M. G. Cuvier fut conduit à répartir ces nombreux ossements, bien rarement entiers, en deux genres, Palæotherium et Anoplotherium; le premier, qu'il croyait intermédiaire au Tapir, au Cheval et au Rhinocéros; le second, au Rhinocéros et au Cheval, d'une part, et de l'autre à l'Hippopotame, au Cochon et au Chameau. Il attribuait au premier les têtes dont le système dentaire est normal, c'est-à-dire composé de trois incisives, une canine véritable et sept molaires aux deux mâchoires, avec les pieds pourvus de

caractérisés par le système dentaire

(1) Depuis la création du cours de géologie au Muséum d'histoire naturelle et à l'École des mines, et même auparavant, MM. de Lamanon, de Drée et Faujas de St-Fonds, avaient commencé à stimuler les recherches des ossements que trouvaient presque tous les jours les ouvriers dans l'exploitation des carrières à plâtre de Paris; et surtout un certain Vuarin en avait fait une sorte d'industrie qui lui réussissait assez bien. C'est lui, en effet, qui trouvant bientôt chez M. G. Cuvier un meilleur débit de sa marchandise, lui apporta tout ce qu'il recueillait des mains des ouvriers. C'est ce qui a été la base des travaux de ce dernier et d'une collection qu'il céda ensuite à l'administration du Muséum, en échange de livres qu'elle avait en double dans sa bibliothèque.

et le système digital.

trois doigts en avant comme en arrière ; et, au contraire, à l'autre les têtes dont le système dentaire, semblable pour le nombre, offrait pour différence principale, sinon l'absence, du moins la forme des canines en série continue et semblables aux avant-molaires, avec les pieds à deux doigts utiles.

Comme venant des environs de Paris, cinq espèces ;

Bien plus, ayant remarqué parmi ces dents et ces ossements attribués au genre Palæotherium, seul genre dont nous devons nous occuper en ce moment, des différences assez considérables, mais presque dans la grandeur seulement, il se crut cependant autorisé par cela seul à proposer cinq espèces distinctes : la première de la taille d'un Cheval, *P. magnum;* la deuxième de celle d'un Cochon, avec les pieds étroits et un peu allongés, *P. medium;* la troisième de même taille, mais avec les pieds larges et plus courts, *P. crassum;* la quatrième, ayant les pieds raccourcis et élargis, *P. latum;* la cinquième de la grandeur d'un Mouton, à pieds étroits, avec les doigts latéraux plus petits, *P. minus.*

d'autres parties de la France, deux.

Et comme dans le cours de ses recherches sur les ossements fossiles des environs de Paris, on en découvrit dans quelques autres localités, en Alsace et dans l'Orléanais, par exemple, un certain nombre qui s'en rapprochaient plus ou moins, il en constitua deux autres espèces sous les noms de *P. d'Alsace* et de *P. d'Orléans.*

Ces Mémoires réunis, en 1812,

Les choses restèrent à peu près au même point jusqu'en 1812, où M. G. Cuvier fit mettre en vente (1) les exemplaires qu'il avait tirés de ses Mémoires à mesure qu'ils étaient imprimés dans les Annales du Muséum, et qu'il réunit sous le titre de *Recherches sur les ossements fossiles de Quadrupèdes*, en 4 volumes in-4°. Quoique sans aucuns remaniements ni changements dans les Mémoires imprimés, M. G. Cuvier les fit précéder et suivre de plusieurs additions qui n'étaient pas sans importance, parce qu'en effet il eut à faire connaître un assez grand nombre de pièces nouvelles et fort belles qui vinrent éclaircir, confirmer ou rectifier ce qu'il avait proposé huit ans auparavant. Il eut, par exemple,

en quatre volumes, avec des additions importantes,

(1) A cette époque, les articles insérés dans les *Annales du Muséum*, étaient payés à leurs auteurs par le libraire. M. G. Cuvier, au lieu d'argent, avait préféré des exemplaires de ses mémoires avec une pagination particulière.

l'avantage d'avoir à sa disposition des pièces qui montraient à la fois la tête et les pieds, du moins pour l'Anoplotherium; ce qui, par voie d'exclusion, n'en servit pas moins pour le Palæotherium.

sans espèces nouvelles.

Cependant le désordre et la prolixité des descriptions comparatives ou absolues ne purent guère être dissimulées complétement dans cette espèce de remaniement incomplet (1), et le nombre des espèces ne fut pas augmenté.

Ces Genres et Espèces acceptés sans contrôle.

La position à peu près exceptionnelle de M. G. Cuvier, surtout pour ce point de paléontologie dont les éléments se trouvaient, pour ainsi dire, providentiellement auprès de Paris, où le foyer scientifique européen se trouvait alors transporté, fit que nulle part, si je ne me trompe, on n'ajouta à ce qu'il avait fait, et qu'on fut conduit à peu près sans examen, plus peut-être encore par excès de confiance qu'à défaut de matériaux, à accepter tout ce qu'il avait proposé sur ces animaux, aussi bien sous le point de vue de leur position dans la série mammalogique que sous ceux de leurs rapports naturels, du nombre des espèces et même de leur histoire naturelle; il n'y eut guère d'opposition que pour la manière dont leurs ossements s'étaient trouvés enfouis et conservés.

par tout le monde, sans autre modification

En effet, tous les ouvrages de mammalogie et de paléontologie qui parurent dans l'intervalle de la publication des Mémoires réunis à la seconde édition, se bornèrent presque à copier les résumés que M. G. Cuvier avait lui-même donnés de ses Mémoires sur les Palæotheriums; j'eus cependant l'idée, mais sans avoir réellement approfondi suffisamment le sujet, de proposer de séparer, sous le nom générique de *Tapirotherium*, les espèces de Palæotherium dont les dernières dents molaires d'en bas sont pourvues de collines transverses, un peu comme dans les Tapirs; supposant à tort à cette époque, dans un article exclusivement consacré à la considération des dents (2), que cette différence dans la forme des molaires pouvait servir à l'établissement d'un genre de Mammifères.

que la proposition par moi du genre Tapirotherium,

(1) C'est sans doute les additions qu'il joignit à ses mémoires qui l'ont porté à considérer comme troisième édition, la seconde qu'il publia de 1820 à 1825.

(2) *Dictionnaire d'Histoire naturelle*, Art. Dents, tom. IX, p. 329 de la 2ᵉ édit., 1817.

accepté par M. G. Cuvier dans la seconde édition de ses *Recherches* publiée en 1820-1825, sous le nom de Lophiodon,

Quoi qu'il en soit, M. G. Cuvier, dans la deuxième édition véritable de ses *Recherches sur les ossements fossiles de Quadrupèdes*, publiée de 1820 à 1825, accepta cette idée qui était, il est vrai, dans ses principes de zooclassie des Mammifères, et la première innovation qu'il fit, consista à réunir sous le nom de Lophiodon ces espèces de Palæotheriums à collines plus ou moins transverses, aux molaires inférieures, en y joignant celles qu'il avait longtemps considérées comme des Tapirs, et qu'il mettait encore à la suite de ses prétendus Tapirs gigantesques que nous avons vu n'avoir réellement aucuns rapports avec ce genre.

comprenant 12 espèces.

Défini comme différent à peine des Tapirs.

Suivant ses principes pour la distinction des espèces portant sur la taille et quelquefois sur le gisement, M. Cuvier fut conduit à proposer au moins douze espèces de Lophiodons qu'il définissait un genre d'animaux voisins des Tapirs par les incisives et les canines, et qui s'en éloignent peu par la grandeur; mais dont les molaires antérieures et postérieures offraient quelques différences. Aussi ajoutait-il, p. 176, que les espèces dont il traite dans cette section ne s'éloignent cependant pas tellement des Tapirs que l'on n'ait pu les laisser dans le même genre, sans le besoin de précision que l'on éprouve dans des recherches telles que les siennes; et cependant, comme nous le verrons bientôt, ce que nous connaissons des Lophiodons les rapproche complétement des Palæotheriums bien plus que des Tapirs.

En outre

Au reste, sauf ce changement qui n'était pas heureux, M. G. Cuvier n'en fit guère d'autres à ses Mémoires sur les deux genres d'animaux fossiles les plus communs dans les gypses des environs de Paris.

cinq Espèces nouvelles de Palæotheriums,

Celui des Palæotheriums fut cependant augmenté de quelques espèces : l'une de Paris, à pieds étroits et de la taille d'un Lièvre, *P. minimum;* une seconde des environs du Puy en Velay; une troisième des environs d'Orléans; une quatrième des environs de Montpellier et une cinquième des environs d'Issel.

cinq d'Anoplotheriums en 3 genres.

Quant au genre Anoplotherium dont il avait admis d'abord cinq espèces, deux seules y restèrent, et les trois autres furent considérées comme genres distincts, ainsi que nous l'exposerons plus tard.

Mais ce qui doit davantage nous intéresser dans ce Mémoire, parce que nous les comprenons dans notre genre Palæotherium, c'est que dans cette nouvelle édition de ses Recherches, M. G. Cuvier eut encore l'occasion de recueillir plus ou moins directement soit encore des gypses de Paris, soit de localités plus ou moins éloignées, des pièces fossiles et surtout des dents, qui le conduisirent à établir le genre Chæropotame, ne contenant qu'une espèce (*C. parisiensis*), p. 260, et celui des Anthracotheriums auquel il en rapporta trois, une grande et une petite, l'une et l'autre de Cadibona, et la dernière du département de Lot-et-Garonne.

Établissement du G. Chæropotame, 1 espèce. Anthracotherium, 3 espèces,

Tel était l'état de la science en 1825 touchant les restes d'animaux mammifères fossiles que nous comprenons dans ce Mémoire sur les Palæotheriums. Le nombre total de ceux qui avaient reçu des noms spécifiques montait à trente et un, dont treize Lophiodons, treize Palæotheriums, un Chæropotame et quatre Anthracotheriums.

formant, en 1825, un total de 31 espèces, auxquelles

Depuis cette époque, la découverte des immenses dépôts ossifères d'Auvergne, d'Eppelsheim, de Sansans et des sous-Himalayas, ainsi que celle d'autres moins étendus, surtout en France et en Angleterre, a conduit les paléontologistes qui en ont fait le sujet de leurs observations à la proposition de plusieurs espèces qu'ils ont considérées comme nouvelles.

depuis lors

C'est ainsi qu'ont été successivement proposées, d'Eppelsheim, le Chalicotherium de M. Kaup; des sous-Himalayas, le *Lophiodon silistrense* de M. Pentland; de Sansans, le *Palæotherium hippoides* de M. Lartet; en Russie, le *Palæotherium sibiricum* de M. Fischer de Waldsheim; en Angleterre, les *Lophiodon cocœnus* et *minimus* de M. R. Owen.

plusieurs autres ajoutées,

Ce sont ces différentes espèces que nous devons maintenant passer en revue, en analysant les pièces plus ou moins nombreuses sur lesquelles elles reposent, les caractères distinctifs qu'elles ont présentés aux observateurs et qu'elles présentent en effet pour servir à une distinction spécifique; après quoi nous donnerons l'histoire de celles qui nous paraissent réellement en être susceptibles, et nous terminerons par un résumé et des conclusions.

qu'il s'agit de passer en revue.

b) *Énumération des espèces proposées et des pièces sur lesquelles elles sont établies.*

P. magnum.

1° Le Grand Palæotherium (*P. magnum*).

P. staturâ Equi (G. Cuvier).

Histoire.

Cette espèce, dont M. G. Cuvier compare la grandeur à celle d'un Cheval et dont il nous apprend qu'on a trouvé un squelette presque entier à deux reprises dans le gypse de Montmartre (1), a été reconnue par lui pour la première fois dans le second de ses mémoires insérés dans les Annales du Muséum, déjà d'après un assez bon nombre de pièces, qui furent notablement augmentées dans les suppléments à la réunion de ses mémoires, en 1812, et même encore un peu dans la seconde édition de ses Recherches, en 1821.

Énumération des pièces sur lesquelles elle repose.

Dans l'énumération que nous allons faire de ces pièces nous suivrons cette dernière édition, sans négliger cependant de faire connaître les particularités que peut présenter la première dans les Annales ou dans les Mémoires réunis, et surtout nous suivrons l'ordre adopté dans les autres parties de notre Ostéographie, c'est-à-dire que nous parlerons d'abord des os de la tête, quoiqu'ils ne consistent le plus souvent qu'en os de la mâchoire ou de la mandibule, et nous en séparerons les dents dont il ne sera question qu'après avoir énuméré les os du reste du squelette.

De la Tête.

Os de la tête :

Une tête presque entière, ainsi qu'elle est intitulée par M. Cuvier qui l'a figurée (*Mém. réun. supplém.*, Pl. XII, f. 1; et *Recherches*, 2e éd., Pl. L, f. 1);

Un museau (*Ibid.*, Pl. XIII, f. 2, p. 37);

(1) M. Cuvier fait ici allusion à la pièce où se sont trouvés ensemble un côté de mandibule (Pl. XLVIII, f. 1, 2e éd.) et un pied de devant écrasé (Pl. XLIX, fig. 4, A, B, C, D, E), et à celle où sans partie de tête se trouvaient peu séparés un bon nombre d'os des deux membres de devant et d'un de derrière (Pl. LX).

Une partie considérable des deux mâchoires (*Recherch.*, 1e éd. Pl. III, fig. 1, p. 100, et *Résumé*, 1812, Pl. XLI, f. 1 de la 2e éd. 1821), pièce au fond assez insignifiante pour la mâchoire supérieure, ne montrant guère que la face interne des molaires; mais plus importante pour la mandibule portant les six premières molaires du même côté; Des Mâchoires.

Un premier fragment de mandibule portant les deux dernières molaires (*Ann. du Mus.* et *Recherches*, 2e éd., Pl. IX, f. 3); De la Mandibule.

Un second montrant deux molaires à la face interne (*Ibid.*, Pl. VIII, f. 1);

Un troisième portant les trois incisives du côté (*Ibid.*, Pl. VIII, f. 2);

Un quatrième vu à la face interne et montrant les six premières molaires en dedans (*Rech.*, 1re éd., *supplém.*, Pl. III, f. 1, p. 10 et *Résumé*, 1812, Pl. XXXIX, f. 3, de la seconde édition);

Un cinquième beaucoup plus beau consistant en une branche gauche presque complète dans toute la partie postérieure et portant les six dernières molaires en place (*Recherches, supplém.*, pl. X, f. 1, p. 11, et *Résumé*, 1812, Pl. XLVIII, f. 1, 2e éd., 1821).

Vertèbres : Du Tronc.

Un Atlas en assez médiocre état de conservation (*Recherches*, 2e éd. 1821, pl. LIII, f. 1, réduit au tiers).

Membres antérieurs : Des Membres antérieurs.

Un membre presque entier composé d'une omoplate, radius, cubitus, du carpe, des doigts réunis; mais en général fort écrasés et figurés séparément (*Recherches*, Pl. XI. Supplém., p. 57, fig. 4-A, 4-B, 4-D et 4-E, 1812; et Pl. XLIX, f. 4-A, 4-B, 4-C, 4-D et 4-E, 1821);

Les deux membres de devant d'un individu dont les os sont assez peu distants dans le même bloc de plâtre (Pl. LX, f. 2, de la 2e éd., 1821);

Un os unciforme (*Recherches*, Pl. III, f. 6, nos 1-2-3, 1812; Pl. XXI, 1821);

Un scaphoïde non figuré, mais dont il est parlé p. 47 des *Recherches* de la première édition, et p. 134 de la deuxième;

Un métacarpien médian (*Recherches*, p. 96, Pl. IV, f. 9 et 10, 1812, et Pl. XXII, f. 9-10, 1821);

Un autre (*Recherch.*, *supplém.* p. 10, Pl. III, f. 2, 1812, et Pl. XLI, f. 3, 1821);

Un métacarpien et l'annulaire non figurés ;

Une phalange onguéale du doigt médian (*Recherch.*, *supplém.*, Pl. XXIV, f. 33);

postérieurs. MEMBRES POSTÉRIEURS :

Une grande partie des os d'un pied de derrière avec les deux de devant (Pl. LX, f. 2 de la 2e éd.);

Un fémur auquel il semble que soit jointe la rotule (*Rech.*, *suppl.*, Pl. XI, f. 10, 1812, et Pl. L, f. 2, 1821);

Un autre figuré Pl. XII, f. 2 du *Suppl*,. 1812, et Pl. L, f. 2, 1821;

Tibia, partie articulaire inférieure (*Mém.* et *Rech.*, Pl. II, f. 5-7, 1812, et Pl. XXVI, f. 5-7, 1821);

Tibia bien entier avec ses facettes articulaires (IVe Mém., Pl. IV, f. 6-7 et 8 de la première édition, et Pl. XXVIII de la deuxième);

Un péroné fort incomplet, du moins d'après la figure donnée dans les *Rech.*, *suppl.* Pl. XIII, f. 4-B;

Un astragale fort beau représenté de grandeur naturelle (*Rech.*, Pl. LIV, f. 2-3-4, p. 99, 1821);

Un calcanéum en fort bel état de conservation (*Rech.*, Pl. II, f. 3, 1812, et Pl. XIV, f. 3, 1821);

Un scaphoïde assez mal représenté (*Rech.*, *suppl.*, Pl. III, f. 3, 1812, et Pl. XLI, f. 3, 1821);

Un cunéiforme (*Rech.*, *suppl.*, p. 8, Pl. X, f. 7 et 8, 1812; Pl. XLIX, fig. 7 et 8, 1821);

Un cuboïde (*Rech.*, *suppl.*, Pl. X, f. 3-4-5, 1812, et en 1821, Pl. XLVIII, f. 3-4-5);

Du Système dentaire. SYSTÈME DENTAIRE :

Une série presque entière des dents supérieures et inférieures sur la tête citée plus haut en première ligne;

Une autre série complète des sept molaires d'en haut dans un état moyen d'usure (*Rech.*, *suppl.*, Pl. V, f. 1, 1812, et Pl. XLIII, f. 1, 1825); Dents.

Des dents molaires supérieures et une canine (*Rech.*, *suppl.*, p. 12, Pl. V, f. 1);

Un fragment de molaire supérieure sans chiffre et tout à fait insignifiant, si ce n'est pour la grandeur;

Le germe d'une autre également sans chiffre (Pl. XI, f. 4 des deux éditions), sur laquelle M. G. Cuvier fait observer que la disposition des collines est un peu différente;

Trois incisives et une canine du côté droit, sur un fragment de mandibule cité plus haut;

Les deux dernières molaires d'en bas sur un second fragment également cité plus haut;

Deux autres molaires vues à la face interne sur un troisième déjà cité.

C'est à l'occasion d'une des pièces attribuées à cette espèce, un tibia représenté Pl. IV, f. 6-7-8, 1re édit., et Pl. XXVIII de la seconde, qu'est avancée pour la première fois la possibilité qu'a l'anatomie comparée de juger d'un os, d'un membre, d'un squelette entier, même sur une simple facette, p. 145 (1). Aussi M. G. Cuvier s'est-il amusé à restituer le squelette du *P. magnum*, Pl. LXV, au septième de la grandeur naturelle, qu'il lui suppose, en lui donnant trois doigts, les extrêmes touchant presque à terre et égaux aux deux paires de membres. Son Squelette rétabli.

2° Le P. moyen. (*P. medium.*) *P. Medium.*

P. statura Suis; pedibus strictis subelongatis. (Résumé, 1812.)

P. statura Suis minoris; pedibus strictis, subelongatis. (2e édit., 1825.)

(1) Et cependant quelques pages plus haut de ce même travail, page 60, à l'occasion de la restitution du pied de derrière d'une autre espèce (*Anoploth. gracile*), il dit: « Nous ne pouvons juger de la grandeur de son pied par son seul astragale, parce que la proportion des os du métatarse est si variable. » Et pourtant l'astragale est un os qui a bien des facettes, et qui est d'une grande importance dans le squelette d'un quadrupède.

Histoire. La première espèce établie

C'est véritablement cette espèce qui a été connue la première de toutes, puisque c'est à elle que M. Cuvier a rapporté la portion de tête décrite et figurée par Lamanon, *loc. cit.*, la même que M. Cuvier avait regardée et annoncée d'abord comme devant être une espèce distincte du genre Chien, par des raisons exposées par lui, ainsi qu'il a été dit plus haut, et qui a réellement appris ce que le système dentaire de ces animaux a de particulier; puisque la même pièce offrait les deux mâchoires, portant partie des molaires d'en haut et d'en bas avec une partie des incisives.

d'après le plus grand nombre de pièces.

C'est aussi de cette espèce que l'on a recueilli le plus grand nombre d'ossements; en sorte que c'est sur elle que les caractères du genre et son rapprochement avec les espèces vivantes ont pu être jugés avec plus de certitude.

Jamais les deux systèmes à la fois.

Jamais cependant on n'a trouvé une pièce qui offrît à la fois le système digital et le système dentaire, et provenant indubitablement du même individu.

Pièces à l'appui.

Les pièces que M. G. Cuvier a eues à sa disposition depuis sa première annonce en 1798 jusqu'en 1825, où il a terminé ses recherches, sont les suivantes :

Têtes osseuses :

TÊTES :

1re. Celle décrite et figurée par Lamanon, *loc. cit.*, provenant d'un jeune individu, et qui du cabinet de M. de Joubert, où elle était alors, est passée dans celui de M. de Drée, et enfin est aujourd'hui dans la collection du Muséum, par suite de l'acquisition qui en a été faite dernièrement. M. G. Cuvier l'a également décrite et figurée d'une manière plus circonstanciée sans doute, mais encore assez inexacte dans sa première édition comme dans la seconde (1).

2e. Une seconde moins complète sous le rapport du crâne, mais plus importante pour le système dentaire antérieur (*Rech.*, Pl. II, f. 1, 1812

(1) C'est en effet une des planches que M. G. Cuvier avait gravées lui-même à l'eau forte et sur ses dessins.

et 1825), aussi mal dessinée que mal gravée à l'eau-forte par M. G. Cuvier lui-même.

Une troisième de profil, et ne signifiant réellement pas grand'chose. 3e.
(*Ibid.*, Pl. V, f. 1-2.) (1)

Une quatrième du cabinet de Lavoisier et à peine plus importante, 4e.
si ce n'est peut-être pour le système dentaire. (*Rech.*, 2e édit., 1821, Pl. LI, f. 1.)

Une cinquième, montrant en dessus l'empreinte du cerveau (Pl LV, 5e.
f. 1) et n'offrant véritablement que bien peu de chose à en tirer, à l'exception de ce fait assez singulier de la disposition des circonvolutions des hémisphères.

Une coupe horizontale ne nous apprenant pas non plus grand'chose. 6e.
(Pl. XLII, f. 2.)

La partie palatine et la base du crâne, vue en dessous (Pl. LVI, 7e.
f. 1), plus complète pour l'os basilaire dont elle nous donne la forme et les proportions.

Les mandibules rapportées à cette espèce par M. G. Cuvier sont (2) Mandibules :
moins nombreuses, mais assez importantes. Ce sont :

1° Une mâchoire presque entière, représentée de grandeur naturelle 1re.
(Pl. XI, f. 1, par le côté gauche, devenu droit par la gravure) d'une manière assez exacte, si ce n'est pour la première molaire de gauche qui a été figurée non cassée, ce qu'elle est réellement.

Comme sur une pièce assez semblable, au même état de conservation à peu près, rapportée au *P. crassum*, on peut voir que la seconde incisive de droite, la seule qui existe sur les deux mandibules, est absolument semblable, les canines et les molaires de même, aussi bien pour la forme que pour les proportions, avec une seule différence por-

(1) Dans la Pl. V, f 1-2 du supplément au sixième mémoire de la première édition, cette tête est dite : *Tête de P. medium* ou *crassum*

(2) M. G. Cuvier, dans la première édition de ses mémoires, avait encore attribué à son *P. medium* plusieurs fragments de tête, Pl. VII, f. 1, 2, 4, 5, mais qu'il reconnut, plus tard, Supplém., p. 19, comme d'un genre différent, celui des Anoplotheriums.

tant sur la première molaire, tenant à ce que, dans la mandibule attribuée au *P. medium*, elle a été cassée dans son talon ; aussi n'a-t-elle qu'une seule racine.

Il n'y a donc de différence réelle que dans les dimensions d'un cinquième en sus dans la totalité de la série, 0,150^m au lieu de 0,120 (1).

2°. 2° Un autre fragment de mandibule du côté gauche portant les six dernières dents molaires, et sensiblement dans les mêmes dimensions, 0,124.

Membres antérieurs : **Membres antérieurs :**

Omoplate. 1) Une omoplate représentée dans la Pl. I, f. 1 et 2 du 4e mémoire de la 1re édit. et dans la Pl. XXXII de la seconde.

Pied. 2) Un pied de devant du côté droit figuré Pl. I, f. 1 du 3e mémoire, sect. 2 de la 1re édit. dans ses os décomposés, dont il manque le pisiforme et la moitié antérieure des os métacarpiens, ressemblant complétement, suivant moi, à ce qui existe dans le Tapir, au moins pour la première rangée des os du carpe, et que M. Cuvier a représenté d'une manière assez incomplète, parce qu'il n'avait pas fait dégager le doigt intérieur, et d'ailleurs grossi sans chiffre de l'augmentation, d'abord dans la Pl. I., fig. 1 du 3e mém. de la 1re édit. et Pl. LVIII, f. 1 de la seconde.

Humérus. 3) Un humérus assez entier, du moins dans sa longueur, mais malheureusement mutilé dans sa grosse tubérosité et la crête deltoïdienne, figuré dans la Pl. XI, f. 3 A et f. 5 B du supplément à la 1re édition et Pl. XLIX de la seconde.

Radius. 4) Une extrémité inférieure brisée de radius en connexion avec le carpe, Pl. I du 3e mém., 1re édit., et Pl. XIX de la deuxième, et un peu plus entier, mais sans olécrâne, en connexion avec le radius (Pl. LVIII, f. 5 de la 2e édit.).

Cubitus. 5) Un cubitus assez entier dans les deux tiers supérieurs et représenté

(1) M. G. Cuvier lui-même, en citant cette pièce, Supplément, p. 9 de la première édition, dit que c'est peut-être celle du *P. medium* ; mais il avoue qu'il serait bien difficile d'établir entre elle et celle du *P. crassum* des caractères spécifiques différents.

par la face antérieure, Pl. II, f. 17, 1re édition, et Pl. XXXI de la seconde.

6) Une partie considérable du poignet et de la main, c'est-à-dire la terminaison des os de l'avant-bras, les os du carpe, sauf le pisiforme et la partie supérieure des os du métacarpe, tous en connexion ou à peu près, figurée assez médiocrement, Pl. I, f. 1 du 3e mém., 1re édit., et Pl. XIX. f. 1 de la seconde. Carpe.

C'est cette pièce qui a servi au rétablissement du poignet, dessiné au trait, Pl. V du 3e mém., 1re édit., et Pl. XXIII de la seconde.

7) Un os du métacarpe représenté Pl. III, f. 1-6, 1re édit., et Pl. XX de la deuxième. Métacarpe.

MEMBRES POSTÉRIEURS : " postérieurs.

1) Une partie du bassin, Pl. II, f. 4-5, 1re édit., et Pl. XXXIII de la seconde.

2) Un fémur assez entier, quoique fracturé en différents endroits, représenté sous ses différentes faces dans la Pl. I, f. 1-2-3-4-5 du 4e mém. de la 1re édit., et Pl. XXV de la seconde. Fémur.

3) Un tibia presque entier, mais fracturé dans la moitié de sa tête supérieure et représenté dans la Pl. II, f. 1-2 et 3 de la 1re édit., Pl. XVI, f. 1 de la seconde. Tibia : 1er.

4) Une moitié supérieure de la même sorte d'os, Pl. II, f. 9 et 10, 1re édit., Pl. XXVI de la seconde. 2e.

5) Une tête inférieure d'un autre tibia, Pl. II, f. 9-10 1re édit., et Pl. XXXVI, f. 9-10 de la seconde. 3e.

6) Un astragale bien entier représenté sur cinq de ses faces. Pl. II, f. 4-5-6-7-8, suppl., de la 1re édit. comme du *P. crassum*, et Pl. XL de la seconde, où il est attribué au *P. medium*. Astragale.

7) Un cou-de-pied complet ou à peu près, avec la tête des os métatarsiens, intitulé : pied de la grandeur de celui du Cochon, 3e mém., sect. I, représenté Pl. IV, f. 1-2-3-4-5-6-7-8, 1re édit., et Pl. XXV de la seconde. Tarse.

8) Une jambe et un pied sans ses phalanges, les os en connexion,

mais écrasés et très-brisés, assez inexactement représentés par M. Cuvier, Pl. V, f. 1-2, prem. édit., et Pl. XVII, f. 1-2 de la seconde.

Du Système dentaire

SYSTÈME DENTAIRE :

Outre les dents attachées aux portions de mâchoires citées plus haut, et entre autres la belle mandibule Pl. XL, fig. 1, M. Cuvier attribue à cette espèce :

supérieur.

La série des dents molaires d'en haut, représentée Pl. III, f. 1-2-3, 1re édit., faisant partie de la même planche de la seconde.

Elle l'est aussi Pl. VI, f. 2, sur une partie de palais vue en dessus, et alors les dents par leur partie radiculaire; mais sans beaucoup d'intérêt.

Quant à celles qui le sont dans les Pl. IV, fig. 5, et Pl. V, fig. 3-4 et 5, et qui dans la première édition, *Ann. du Muséum*, tome V, 1806, étaient rapportées au *P. medium*, elles l'ont été plus convenablement (Supplém., p. 19) à l'*Anoplotherium commune.*

Ses Caractères.

Nous avons déjà dit que M. Cuvier ne distinguait cette espèce que par l'élévation, avec plus d'étroitesse, des os du métacarpe et du métatarse, sous la taille d'un Mouton.

3° Le P. ÉPAIS (*P. crassum*).

P. statura Suis minoris, pedibus latis, brevioribus (G. Cuv.).

Histoire.

On trouve cette dénomination employée pour la première fois par M. Cuvier dans son troisième mémoire intitulé : *Restitution des pieds de devant*, à l'occasion d'un métacarpe représenté Pl. IV, f. 6, et qu'il rapporte à un pied de derrière gros et court, Pl. IV, f. 1-2. Depuis lors il lui attribue d'autres pièces de différentes parties du squelette dans ses autres mémoires, et ensuite dans les suppléments joints à ses mémoires réunis en 1812 sous le titre de *Recherches sur les ossements fossiles des Quadrupèdes.*

Pièces qui lui sont attribuées.

Le nombre en augmente encore dans sa seconde édition sous ce dernier titre; en sorte qu'en 1825, époque où elle fut terminée, les pièces attribuées au *P. crassum* étaient devenues assez nombreuses.

Dans les Annales du Muséum.

Dans les mémoires tels qu'ils furent insérés dans les *Annales du Muséum*, les pièces que M. G. Cuvier rapportait à cette espèce étaient les suivantes :

Têtes.

TÊTES ET MANDIBULES :

Il n'y en avait pas encore.

Membres antérieurs,

MEMBRES ANTÉRIEURS :

Une omoplate assez complète représentée Pl I, f. 1 et 2, 1re édit., et Pl. XXXII de la seconde.

Une partie inférieure d'humérus, représentée sur ses deux faces, Pl. I, f. 5-6, 1re édit., et Pl. XXX de la seconde.

Un radius assez complet, du moins dans sa moitié inférieure. Pl, II, f. 16, à moitié de sa grandeur naturelle, 1re édit., Pl. XXXI, f. 16, de la seconde.

Un os du métacarpe de médius, Pl. IV, f. 6-7-8, 1re édit., et Pl. XXXII de la seconde, qu'il rapporte à un pied de derrière tridactyle dont il va être parlé plus bas.

Une phalange, Pl. V, f. 30-31 et 32, 1re édit., et Pl. XXIV de la seconde.

postérieurs.

MEMBRES POTSÉRIEURS :

Une moitié droite du bassin, Pl. II, f. 4-3-6, à moitié de la grandeur naturelle, attribuée encore au *P. medium* ou au *P. crassum.*

Un fémur, Pl. I, f. 1 du quatrième mémoire dans la première édit., et Pl. XXV de la seconde qui paraît venir du *P. crassum*, p. 168.

Un tibia, Pl. XV, f. 1-2 de la 1re édit., et XVII de la seconde, assez brisé et attaché à son pied.

Un péroné, Pl. V, f. 1, 1re édit., Pl. XVII de la seconde, attaché au tibia et fort incomplet.

Un astragale, Pl. III, f. 8-9 de la première édition, et Pl. XV de la seconde.

Une jambe et son pied presque entiers, malheureusement fort mutilés par écrasement et que la Pl. V, 2ᵉ mém., 1812, fig. 1-2, et Pl. XVII, 1825, représente assez inexactement.

Dans le Supplément, 1812.

En 1812, dans le sixième mémoire formant supplément, le nombre des pièces est notablement augmenté, ce sont :

Têtes

TÊTES :

Une tête presque entière, Pl. X, f. 2, B, A. La moins déformée et la plus complète de toutes celles de la collection.

Un beau morceau de mâchoire supérieure portant une série des six dernières molaires dans un état parfait de conservation, très-bien figuré dans les Mémoires de M. G. Cuvier, Supplément, Pl. X, f. 1, 1ʳᵉ édition, et Pl. XLVIII, f. 2 de la deuxième édition, et qui dans la première avait été rapportée au *P. medium.*

Un autre fragment de mâchoire supérieure du côté droit et portant tout ou partie des quatre dernières molaires. Suppl., Pl. VIII, f. 3, 1ʳᵉ édition, et Pl. XLVI de la seconde.

Une demi-mâchoire inférieure, Pl. I, f. 1-2, 1ʳᵉ édition, et Pl. XXXIX de la seconde.

Membres antérieurs.

MEMBRES ANTÉRIEURS :

Un radius presque complet, du moins dans ses deux extrémités articulaires et représenté de grandeur naturelle, Pl. XIII, fig. A, B, C du supplément de la première édition, et Pl. LI de la seconde.

Un pied antérieur presque complet depuis et compris le corps jusqu'aux phalanges onguéales, fort bien figuré Pl. XI, f. 6 de la première édition, et Pl. XLIX de la seconde.

Un scaphoïde dont il est parlé page 46, mais qui n'est pas figuré.

postérieurs :

MEMBRES POSTÉRIEURS :

Trois os du tarse, Pl. I, f. 4-12 de la première édition, et Pl. XXXIX de la seconde, en en retranchant le calcanéum, f. 4-5, sur lequel repose le *P. indeterminatum.*

Dans le Résumé

En sorte que dans le résumé composant l'art. V, sous le titre de Rétablissement du squelette du *P. crassum*, p. 70, la tête, qui jusque-là ne pouvait être distinguée de celle du *P. medium*, au point que M. G. Cuvier proposait d'employer pour l'une et pour l'autre, en la grandissant un peu pour le *P. crassum*, celle du jeune individu (Pl. 4, f. 1) du premier mémoire, en la complétant par les morceaux représentés dans le même mémoire et par ceux du Supplément, Pl. II, f. 1; Pl. IV, f. 2; Pl. V, f. 2; Pl. III, f. 2, est définivement reconnue.

Pour les membres antérieurs il réunit l'omoplate, l'humérus, les radius et cubitus et le pied cité tout à l'heure.

Pour les membres postérieurs le bassin de la Pl. IV lui est définitivement attribué, ainsi que la jambe et le pied de la Pl. V, f. 1-2, aussi bien que celui du Supplément, Pl. I, f. 4-12.

En 1822, dans la seconde édition des *Recherches*, etc., les pièces attribuées à cette espèce sont encore augmentées, et cette augmentation porte essentiellement sur des parties de tête et de mâchoires, et par conséquent sur le système dentaire. Dans la seconde édition.

Aussi M. G. Cuvier se borne-t-il à ces pièces comme base de son *P. crassum*, ce sont :

Une tête presque entière avec la mâchoire supérieure armée de toutes ses dents, parfaitement conservées, représentée par M. G. Cuvier, Pl. LIII, f. 1, et LIV, f. 2, d'une manière généralement exacte, mais avec trop de décision dans la forme de l'os du nez, qui doit rester dans le doute; Tête. Mâchoire.

Une partie basilaire et maxillaire de tête vue en dessous, Pl. XLVIII, f. 2;

Une coupe de crâne représentée Pl. V, f. 1, Suppl., 1812, et Pl. XLIII, 1821, f. 15, et malheureusement fort insignifiante;

Une moitié gauche de mandibule presque complète surtout pour le système dentaire, et que M. G. Cuvier a fait représenter, sous la tête citée plus haut, Pl. LIII, f. 1, comme ayant été trouvée avec elle ou au moins auprès d'elle; Mandibule.

Un autre fragment, Pl. XXXIX, moins complet.

Malgré cette augmentation dans le nombre et dans l'importance des matériaux que les plâtres des environs de Paris avaient fournis à M. G. Cuvier, je ne trouve pas que dans son Résumé définitif il ait rien

D'où ses caractères.

changé à sa première caractéristique; et, en effet, les différences qu'il avait signalées pour quelques-uns des os qu'il attribuait à son *P. crassum*, étaient trop peu spécifiques pour qu'il pût en être autrement.

Dans d'autres pays d'Europe.

Plusieurs paléontologistes ont cependant attribué à cette espèce quelques fragments rencontrés en différents lieux. En effet :

En Allemagne.

M. Jœger, *Wurtemb. Saugeth.*, I, p. 35 et 44, leur attribue quelques dents.

M. Gressly, *Jahrb.*, 1836, p. 663 et 664, lui rapporte aussi quelques pièces.

En France.

M. Moulet, que nous avons déjà eu l'occasion de citer en parlant des Dinotheriums, en fait autant, *Institut*, I, p. 3-4, année 1833, pour différents ossements trouvés dans un terrain tertiaire d'eau douce des rives de la Garonne.

Je trouve aussi dans le *Lethæa* de M. Brown, p. 1207, qu'on a attribué à cette espèce une ou deux dents recueillies dans le calcaire schisteux du Crag portlandique de Solothum.

On cite également une mâchoire et des dents provenant de la Grave, département de la Dordogne.

En Angleterre.

Enfin, M. R. Owen lui rapporte une septième molaire inférieure du côté droit, trouvée dans l'île de Wight, sur la côte d'Angleterre, dans ses Fossiles de Mammifères et d'Oiseaux de la Grande-Bretagne.

P. minus.

4° Le Petit Palæotherium (*P. minus*).

P. statura Ovis, pedibus erectis, digitis lateralibus minoribus. (G. Cuvier, 1812, *Résumé du Supplément*, page 74, et 1821, tome III, p. 250.)

Histoire.

Cette espèce, à laquelle M. Cuvier rapportait un squelette presque
entier trouvé à Pantin, et dont il avait parlé, en même temps qu'il
en donna la figure dans le *Bulletin des sciences* par la société philoma-
1804. tique, germinal an XII (1804), est indiquée pour la première fois par lui
dans le deuxième Mémoire sur les Palæotheriums, *Annal. du Mus.*,

tome III, 1804, comme formant une petite espèce de la taille du Mouton, mais encore sans dénomination particulière.

En 1812, dans les Mémoires réunis, tome III, p. 30, où le second mémoire est reproduit sans changements, c'est la même chose. 1812.

Mais dans le sixième mémoire, faisant partie du Supplément, le nombre des pièces qui sont attribuées à cette espèce est augmenté, et enfin, p. 72, à l'art. VII, intitulé : *Rétablissement du squelette du P. minus*, elle est définitivement nommée et caractérisée par la phrase linnéenne rapportée plus haut et reproduite dans la seconde édition en 1821. Les pièces qui lui ont été successivement rapportées sont les suivantes: 1821.

De 1804 à 1807, dans les mémoires insérés dans les *Annales du Muséum :* Pièces attribuées à cette espèce par M. G. Cuvier, 1804-1807.

TÊTES ET MACHOIRES :

Aucune : parce que le squelette de Pantin en était totalement privé.

MEMBRES ANTÉRIEURS : Membres : antérieurs,

Une omoplate, représentée, quatrième mém., Pl. I, f. 6 de la première édition, et en assez mauvais état de conservation, et qui depuis a été attribuée à l'*Anoplotherium gracile*, Pl. XXXII, f. 6 de la seconde édition. Un radius et un cubitus bien plus complets, quatrième mém., Pl. II, f. 1-2-3 4.

Un pied de la grandeur de Renard, troisième mém., Pl. VI, art. 4, p. 96, de la restitution des pieds de devant.

Un pied de devant, Pl. II, f. 7, os métacarpiens du doigt médian et de l'annulaire du côté droit, *ibid.;* figurés, Pl. III, f. 7, première édition, des phalanges, et Pl. XX de la seconde édition, *ibid.*, Pl. VI, f. 7-8.

MEMBRES POSTÉRIEURS : postérieurs.

Des tibias, dont l'un bien entier, quatrième mém., Pl. V, f. 2-3-4; un second moins complet, mais de même forme et grandeur, Pl. IV, f. 2-3; et dans la seconde édition, Pl. XXVIII, un troisième encore plus brisé, Pl. II, f. 6 et Pl. XXVI de la seconde édition; un quatrième à son extrémité inférieure articulée, Pl. VI, f. 7-8 de la première édition et XVIII de la seconde; et Pl. III, f. 2, première édit. et XV de la seconde édition (1), un cinquième, dont la facette astragalienne est figurée Pl. III, f. 12, première édit., Pl. XXVII de la seconde; un péroné (Pl. III, f. 12, première édit., XXVII de la seconde, et Pl. IV, f. 2, première édit., XXVIII de la seconde), tête inférieure.

Une première phalange du doigt médian, troisième mém., Pl. VI, f. 27-28-29, première édit., et Pl. XXIV de la seconde.

Un pied de derrière presque entier, Pl. VI de la première édition, et Pl. XVIII de la seconde.

En 1812. En 1812, dans le Mémoire supplémentaire, M. G. Cuvier ajoute:

Têtes et Machoires :

Têtes. Une tête presque entière, représentée, Supplément, Pl. IV, f. 1, et que nous verrons, en 1822, attribuer à une autre espèce, le *P. curtum*, Pl. XLII, f. 1.

Mandibules Une mandibule presque complète, sauf dans sa partie symphysaire, et pourvue de presque toutes ses dents molaires, Supplément, Pl. VI, f. 2-3, et seconde édit., Pl. XLII (2).

Une autre moins parfaite, Pl. VI, f. 2-3, première édit., Pl. XLIV de la seconde où elle est attribuée au *P. minimum*.

Dents. Une série de quatre molaires d'en haut d'un côté et de trois de l'autre; Supplém., Pl. XIII, f. 5 de la première édition, Pl. LI de la seconde où cette pièce sera rapportée au *P. curtum*.

Membres. Membres :

Un cubitus presque entier, si ce n'est dans sa partie articulaire inférieure, figuré de face. Supplém., Pl. IV, f. 4, première édit., et Pl. XLII de la seconde où il est attribué à l'*Anoplotherium gracile*.

Un pied de derrière dont les os sont un peu dérangés, mais sans phalanges, Pl. III. f. 2 (1812), et Pl. XV, f. 2, 1825 (3).

(1) La forme de l'astragale en osselet montre que cette pièce est d'un Anoplotherium.

(2) Cette pièce est attribuée, p. 58, au *P. minimum*, et p. 243, au *P. minus*.

(3) La forme de l'astragale évidemment en osselet montre que ce pied provient d'un Anoplotherium.

Et surtout comme pièce capitale un squelette presque entier, les os en place, comme si l'animal marchait, malheureusement privé de la plus grande partie de la tête; mais qui a pu servir à la restitution du squelette des autres espèces. Squelette presque entier.

Figuré et publié d'abord dans le *Bulletin des sciences* par la société philomatique, germinal an XII. La même figure a été reproduite dans un mémoire à part de la première édition, et Pl. XXXIV de la seconde.

En 1821, dans cette seconde édition des *Recherches*, etc., M. G. Cuvier ajouta: 1821.

Un petit nombre de fragments de mandibule représentés:

Pl. IX, f. 2, et qui dans la première était considéré comme d'un *Anoplotherium medium*. Mandibule.

Pl. XI, f. 1, portant la série des six premières molaires, vues en dedans.

Pl. XLV, f. 7, montrant les premières molaires et partie des incisives.

Du reste aucune nouvelle pièce appartenant aux membres.

Comme c'est l'espèce dont il possédait le squelette le plus complet, on voit comment M. Cuvier a commencé par elle sa section du Rétablissement des squelettes dans sa seconde édition; ce qui devait lui faciliter celui des autres espèces.

Malheureusement nous montrerons que ce n'est peut-être pas un Palæotherium véritable.

Quoi qu'il en soit, M. G. Cuvier, après avoir dit qu'il avait confondu pendant quelque temps cette espèce avec le *P. curtum*, et que ce n'est qu'une comparaison plus exacte et faite sur des morceaux plus complets qui a pu l'en faire distinguer définitivement, conclut que c'était un animal à trois os seulement au métatarse dont l'intermédiaire seul, cylindrique, atteignait la terre, les deux autres comprimés, postérieurs, bien plus courts, et qu'ainsi c'était un Tapir plutôt qu'un Chevreuil, mais un Tapir à jambes grêles et légères. Confondue en partie avec celle du *P. curtum*.

Nous verrons plus loin que M. G. Cuvier a, malheureusement encore, mêlé les ossements du *P. minus* et du *P. curtum;* en ce moment, nous devons voir si quelque autre paléontologiste a attribué des os fossiles au premier, et quels ils sont.

Dans d'autres lieux.

Hors du bassin de Paris, je ne connais encore qu'une dent molaire trouvée dans le bassin de Dax, et rapportée à cette espèce par M. le docteur Grateloup, qui a bien voulu m'en faire don lors de mon dernier voyage à Bordeaux; mais dans le bassin de Paris, près de Meaux, M. Lhuilier a découvert une bonne partie du squelette d'un *P. minus*, dont nous nous servirons plus loin avec beaucoup d'avantage.

P. curtum.

5° Le P. a pieds courts (*P. curtum*).

P. pedibus ecurtatis, patulis. (G. Cuvier, 1812. *Résumé*, Supplém., p. 74, et 1821, tom. III, p. 250.)

Histoire. 1812.

Je trouve cette espèce, indiquée pour la première fois par M. G. Cuvier en 1812, dans le supplément à ses Mémoires réunis sur les ossements fossiles des environs de Paris, tom. II, p. 59.

Reposait sur deux os.

Et cela pour deux seuls os : un métacarpien médian, représenté de grandeur naturelle, Pl. IV, f. 6 et 7 de la deuxième édition.

Un annulaire droit entier dont il donne les proportions, p. 593, en le figurant, Pl. XIII, f. 14, prem. édit., Pl. LI, fig. 14, deuxième édit.

Quoiqu'il n'eût pas rencontré alors d'autres os qu'il crût devoir attribuer à son *P. curtum*, il n'en ajouta pas moins à l'article du Rétablissement de son squelette, p. 73, qu'il formait une cinquième espèce à jambes plus basses que dans le plus petit (*P. minus*) (1), presque aussi grandes et aussi trapues que dans la seconde (*P. crassum*), et que ce devait être l'extrême de la lourdeur et de la mauvaise grâce, mais ce qui est plus évidemment encore une sorte de plaisanterie paléontologique un peu forcée.

En 1821.

Depuis lors jusqu'en 1821, M. G. Cuvier eut l'avantage de recueillir un plus grand nombre de pièces qu'il jugea provenir de son *P. curtum*, les unes déjà connues, d'autres nouvelles.

(1) M. G. Cuvier paraît ne plus se rappeler qu'il attribue à cette espèce des pieds de Gazelle.

1) Une tête presque entière, sauf dans sa partie cérébrale, mais presque complète dans ses mâchoires et son système dentaire, que, en 1812, VIe Mém., *Supplém.*, p. 31, il avait attribuée à son *P. minus*, *Supplém.*, Pl. IV, f. 1, en la faisant même entrer dans le Rétablissement du squelette de cette espèce; mais qu'en 1825, et cela sans en donner aucune raison, il regarde comme provenant du *P. curtum*, et inscrite sous ce nom, Pl. XLII, fig. 1. Tête.

2) Une partie basilaire du crâne, dans un parfait état de conservation, qu'il figure pour la première fois, 1825, Pl. LV, f. 3-5, et que je démontrerai appartenir à la même espèce animale que le squelette de Pantin, c'est-à-dire à l'animal que M. Cuvier a désigné sous le nom de *P. minus*. Base de crâne.

3) Une pièce également nouvelle, consistant en une partie antérieure de tête vue par la face palatine, montrant quelques dents molaires avec la canine et les incisives d'un côté parfaitement en place, Pl. LV, fig. 2, et qui doit également être rapportée au *P. minus* du squelette de Pantin. Partie palatine antérieure.

4) Une série de quelques dents molaires supérieures du côté, attribuées, en 1812, Pl. XIII, fig. 5, au *P. minus*, et en 1825, Pl. LI, fig. 5, au *P. curtum*. Dents.

Dans le rétablissement du squelette du *P. curtum*, M. Cuvier se borne à employer la tête citée sous le n° 1, quelques portions des pieds, le métatarsien externe, base première de cette espèce, et un fragment de métatarsien médian, Pl. IV, fig. 6, 1812, et XLII, f. 6, en 1825.

Il n'y est plus question des autres pièces qui n'en sont pas moins inscrites dans l'ouvrage et dans la collection palæontologique, sous le nom de *P. curtum*. Aussi termine-t-il en disant, p. 246, qu'on peut juger en toute sûreté que le *P. curtum* ressemblait beaucoup au *P. latum*, mais qu'il était considérablement plus petit. Conclusion.

Je ne connais aucune observation dans laquelle on ait attribué à cette espèce quelque ossement trouvé dans d'autres localités que les environs de Paris. D'autres localités.

P. latum.

6° Le P. a larges pieds (*P. latum*).

P. statura Suis minoris; pedibus brevibus, patulis. (G. Cuvier, 1825, *Recherches sur les quad. foss.*, tom. III, p. 52).

Histoire.

Ce Palæotherium est indiqué pour la première fois, par M. G. Cuvier, dans l'ouvrage cité sous ce titre : *D'une espèce inférieure à celle de grandeur moyenne.*

Pièces sur lesquelles elle repose.

Elle repose sur un fragment de mâchoire supérieure, portant les cinq premières molaires du côté gauche, à un degré d'usure assez avancé, représenté de grandeur naturelle, *loc. cit.*, Pl. XLIV, f. 4, correspondante à la Pl. VI du *Mémoire supplémentaire*, 1812.

Dents. 1re édit. *P. minus.*

Alors cette série de dents était attribuée au *P. minus*, ou bien à quelque espèce nouvelle, dont nous donnerons encore ailleurs, ajoute M. Cuvier, p. 14, des fragments.

En effet, il croit pouvoir donner, dit-il avec quelque certitude, à cette espèce, un pied de devant à trois doigts, que, dans sa première édition, troisième mém., Pl. I, f. 2-3, et même dans la deuxième, Pl. XIX, p. 131, il avait attribué au *P. crassum.*

2e édit. *P. crassum.* Os des Membres : antérieurs,

Puis, dans son Rétablissement du squelette du *P. latum*, il y joint, dit-il, avec quelque certitude, un avant-bras, composé d'un radius et d'un cubitus, mais évidemment d'un jeune animal, et par cela même encore renflé et épiphysé, Pl. LIX, f. 1.

postérieurs.

Un pied de derrière manquant des doigts, mais montrant, outre les os du tarse complets, quoique dérangés, les trois métatarsiens en place et très-bien figurés, Pl. LXI, f. 1-2-3-4-5-6-7-8-9, de grandeur naturelle.

Un métatarsien médian figuré de grandeur naturelle, Pl. LIX, f. 2-3.

Conclusion.

Enfin, dans son *Résumé général*, p. 246, M. G. Cuvier dit que cette espèce devait être l'opposé du *P. medium* pour les formes et que, d'après la brièveté et la largeur de ses extrémités, on peut juger qu'il était l'extrême de la lourdeur et peut-être de la paresse; qualification qui ne diffère pas beaucoup de la lourdeur et de la mauvaise grâce attribuées au *P. crassum*, et qu'on doit regretter de trouver dans un ouvrage sérieux.

7° Le P. très-petit (*P. minimum*). *P. minimum.*

P. statura Leporis; pedibus strictis. G. Cuvier, *Recherches*, etc., t. III, p. 250, et V, partie seconde, p. 528.

Ce nom n'a été employé par M. G. Cuvier, *loc. cit.*, que dans la se- Histoire.
conde édition de ses Recherches, et dans le résumé, pour distinguer un 1821.
Palæotherium qu'il désigne dans le corps de l'ouvrage sous ce titre : d'une *espèce encore plus petite que la précédente* (*P. minus*), *et un peu différente quant aux dents* (1).

Les pièces qu'il lui rapporte sont les suivantes, toutes de mandibule: Pièces à l'appui. Mandibules :

1) Un fragment de mandibule du côté gauche, portant une série de cinq molaires, figuré dans les deux éditions sur la même planche XI, 1re.
f. 1, mais dans la première rapportée au *P. minus*.

2) Un côté droit de mandibule, portant quelques dents molaires, re- 2e.
présenté à la face interne pour les deux éditions dans la Pl. IX, f. 2;
mais dans la première, aussi bien dans les *Annales du Muséum* *Anopl.*
que dans les mémoires réunis en 1812, ce morceau était rapporté à un *medium.* 1812.
Anoplotherium (*A. medium*); dans la deuxième édition, p. 68, il est *P. minus.*
attribué au *P. minus*, et p. 57, il est vrai, avec quelque doute au *P. mi-* 1821.
nimum.

3) Une mandibule fort incomplète, quoique formée de ses deux 3e.
côtés, dont l'un porte les cinq dernières molaires fort usées. Elle est représentée Pl. VI, f. 3, du Supplément en 1812, attribuée au *P. minus?* et Pl. XLIV de la seconde édition en 1825.

4) Une mandibule à peu près semblable, mais plus complète, offrant 4e.
d'un côté la branche montante tout entière et la série des dents molaires

(1) Cette observation, qui est exacte, montre qu'à cette époque M. Cuvier attribuait probablement encore au *P. minus* la tête presque entière, que depuis il a considérée comme du *P. curtum*.

de la branche horizontale, représentée de grandeur naturelle d'abord en 1812, Pl. II, f. 3, sous le nom de *P. minus*, ensuite dans la Pl. XL de la seconde édition, comme du *P. minimum.*

5°. 5) Un fragment antérieur d'un côté gauche de mandibule portant les premières molaires et partie des incisives.

Cette pièce, p. 58, est attribuée au *P. minimum*, et cependant, p. 243 du même volume, elle entre comme servant au rétablissement du squelette du *P. minus*, espèce à laquelle en effet elle appartient.

Conclusion. Du reste, M. Cuvier, en décrivant ces deux derniers morceaux, avait bien reconnu les différences principales qu'elles offrent, surtout pour la forme des dents, quand on les compare avec les Palæotheriums ordinaires et il avait senti les rapports avec les Anoplotheriums: et cependant il n'en conclut pas moins que c'est une espèce de Palæotherium.

Il avait encore été moins bien inspiré au commencement de l'article qu'il consacre à son *P. minimum*, en disant qu'il avait assez longtemps confondu cette espèce avec le *P. minus*, et que ce n'avait été qu'une comparaison plus exacte et faite sur des moyens plus complets, qui avait pu la faire distinguer. En effet, les deux pièces principales sur lesquelles il appuie plus particulièrement son *P. minimum*, appartiennent indubitablement au *P. minus* de Pantin.

P. indeterminatum.

8° Le P. indéterminé (*P. indeterminatum*).

Histoire. (G. Cuvier, *Recherches*, t. III, p. 95, 2e édit., 1821).

M. G. Cuvier avertit, dans une note placée au bas de la page 95, que n'ayant pas encore trouvé de tête pour le pied sur lequel cette espèce repose, il lui donne provisoirement le nom de *P. indeterminatum.*

Pièces à l'appui. Elle est en effet établie sur un pied de derrière qui, suivant lui-même, participe de celui de deux espèces différentes (*P. latum* et *P. crassum*) pour les proportions; mais ce pied ne consiste réellement qu'en trois premiers os du tarse du côté droit : un astragale, un calcanéum et un scaphoïde trouvés ensemble et figurés sous toutes les faces, Pl. XXXIX, f. 4 à 12. Après une description bien minutieuse, comme il en convient lui-même, M. G. Cuvier finit par dire : il n'y a, pour distinguer ce pied de celui du *P. crassum*, que la plus grande épaisseur de l'astragale et du calcanéum, ce qui n'a certainement jamais pu être un caractère spécifique. Partie de tarse. Conclusion : par M. Cuvier;

Comme j'ai pu étudier ces os et les comparer avec soin, je me suis assuré qu'il n'y a dans tout ce qu'a noté M. Cuvier que des différences individuelles tenant sans doute au sexe mâle. par Moi.

Ici finit la liste des espèces de Palæotheriums que M. G. Cuvier a cru devoir proposer avec les nombreux ossements recueillis de son temps dans les plâtrières des environs de Paris, mais il en a encore proposé une ou deux d'après des pièces trouvées dans d'autres bassins; ce sont: Des Palæotheriums étrangers.

9° Le P. d'Orléans (*P. Aurelianense*). *P. Aurelianum.*

(G. Cuvier, *Ossem. Fossiles*, t. III, p. 254). Histoire.

Quoique M. G. Cuvier ait considérablement réduit le nombre de pièces recueillies dans l'Orléanais et qu'il attribuait d'abord aux Palæotheriums, puisqu'il en a retiré celles sur lesquelles reposent maintenant les Lophiodons gigantesque et d'Orléans, il en est cependant un certain nombre qui appartiennent, suivant lui, à une ou à deux espèces de Palæotheriums.

Il a d'abord été question de cette espèce dès 1804, dans les *Ann. du Muséum*, t. III, p. 368, pl. XXXV, f. 1 à 10, sous le titre de *Palæotheriums étrangers*, ce qui n'éprouva aucun changement en 1812 dans le tome III des *Mémoires réunis*. En 1804. En 1812.

Sauf ce qui vient d'être dit tout à l'heure pour quelques pièces qui ont passé aux Lophiodons; le P. d'Orléans, en 1821, dans la seconde édit. des *Ossem. foss.*, tome III, p. 254, repose sur les mêmes pièces, pour la très-grande partie, fragments de mâchoires portant une, deux ou trois dents au plus. Pièces à l'appui. Fragments de mandibules.

Il y a cependant ajouté une tête d'humérus mutilée, Pl. LXVII, fig. 15 Humérus.

et un os métatarsien du doigt médian, *ibid.*, f. 16, en disant avec raison qu'il n'oserait affirmer que ces os ne pussent provenir de Lophiodons enterrés au même endroit.

Mandibule plus complète.

Caractères tirés des dents.

En s'appuyant principalement sur une pièce qu'il a représentée pour la première fois, Pl. LXVII, fig. 13, et qui consiste en un fragment assez considérable de mandibule portant d'un côté les cinq dernières molaires en place et de l'autre les deux premières; M. G. Cuvier, en lui trouvant tous les caractères des Palæotheriums, la regarda comme différente de toutes celles des plâtrières de Paris, en ce que la rencontre des deux croissants de la couronne présente une double pointe au lieu d'être simple, que la dernière molaire a son troisième lobe en forme de cône simple plutôt qu'en croissant, et il cite à l'appui les figures 13 et 5, où cela est beaucoup plus marqué.

Molaire inférieure;

supérieure.

Il donne comme exemple d'une molaire supérieure de cette espèce celle qu'il a figurée Pl. LXVII, fig. 11-12 de la seconde édit., fig. 10 de la première, en faisant observer les différences, consistantes en ce que les collines en arrivant au bord externe ne se recourbent pas, et qu'il y a au bord postérieur une petite colline en forme de chevron.

Conclusion : par M. Cuvier;

Cette espèce devait être, suivant M. Cuvier, un peu plus petite que le *P. crassum*, et à plus forte raison que le *P. medium.*

par Moi.

Je n'ai vu en nature aucune des pièces attribuées par M. Cuvier à son *P. Aurelianense*, pièces qui lui avaient été confiées autrefois par M. Dufay, qui en a parlé dans un ouvrage intitulé : *de la Nature considérée dans plusieurs de ses opérations*, p. 36; mais je soupçonne beaucoup que plusieurs sont encore de Lophiodon et peut-être même de Ruminant.

Espèce distincte,

Mais il en est, et entre autres celle citée plus haut, sur lequel insiste avec juste raison M. Cuvier, qui indique une espèce distincte, dont nous allons trouver des restes dans plusieurs autres dépôts de la France méridionale.

à laquelle sont rapportés

M. Cuvier, lui-même, rapporte à ce Palæotherium d'Orléans, quelques-unes des dents trouvées dans le dépôt d'Argenton, département de l'Indre, et dont le plus grand nombre a été considéré comme de quatre ou cinq espèces de Lophiodon. Voici, au reste, le peu qu'en dit M. G. Cuvier dans le Supplément du tome IV de la seconde édition de ses *Recherches*, p 498. Après avoir passé en revue cinq espèces de ce dernier genre, il ajoute : « Enfin, nous nous sommes assuré que les carrières d'Argenton recèlent aussi des os de l'espèce de Palæotherium que nous avons nommée d'Orléans, et dont l'angle interne des molaires inférieures est échancré, et une autre espèce plus petite, » mais sans nous dire sur quelles pièces repose cette assertion. des Fossiles d'Argenton.

10° Le P. d'Issel (*P. Isselanum*). *P. Isselanum.*

(G. Cuv., *Ossem. foss.*, première édit., 1812).

Il est question de cette espèce pour la première fois dans la première édition des *Recherches sur les ossements fossiles en* 1812, tome III, p. 8, Pl. II, *Suppl.* (*Mém. sur les Palæoth. de divers endroits*), et depuis dans la seconde, tome III, p. 257. Histoire.

Elle ne repose cependant que sur une seule pièce, consistant en un fragment de mandibule du côté droit, trouvé sur les pentes de la montagne Noire du Languedoc, et que M. G. Cuvier représente de grandeur naturelle, Pl. II, *Suppl.* f. 7-8 du Supplément de la première édition de ses *Ossements fossiles*, et Pl. LXVII, f. 18, a, b, de la seconde. Pièces à l'appui. Fragment de mandibule.

Cette pièce, qui porte les trois dernières molaires en bon état de conservation, indique, suivant M. Cuvier, un animal extrêmement semblable au P. d'Orléans, mais plus petit. Étudié.

J'ai pu étudier ce fragment dans la collection du Muséum, il est assez bien représenté dans la figure qu'en donne M. Cuvier. L'os est seulement un peu trop épais et la tranche des colonnes un peu trop usée.

Les trois dernières molaires qui y sont fortement implantées et très-serrées, offrent tous les caractères de celles des véritables Palæotheriums, c'est-à-dire un bourrelet très-marqué en dehors; la dernière avec un talon ou troisième cylindre, presque aussi fort que les deux anté- Décrit.

rieurs; mais ses collines transverses sont plus prononcées, plus évidentes, parce que les demi-cylindres sont moins élevés, moins arrondis, plus coniques et tronqués plus brusquement à la couronne, en sorte qu'il se pourrait que cette espèce animale dût être rapportée aux Lophiodons. Malheureusement nous ne connaissons pas les premières dents molaires.

Conclusion.

C'était un animal de la taille environ du *P. curtum.*

P. Velaunum.

11°. Le P. du Velay. (*P. Velaunum*).

(G. Cuvier, *Ossem. foss.*, III, p. 252, Pl. CXLVII, f. 1).

Histoire.

Cette espèce est encore une de celles que M. G. Cuvier n'a signalées que dans la seconde édition de ses *Recherches*, tome III, p. 252, d'après des ossements trouvés dans des couches gypseuses d'eau douce des environs du Puy en Velay, découverts par M. Bertrand-Roux, dont le premier n'a connu qu'une extrémité antérieure de mandibule, et encore d'après un dessin assez inexact, reproduit par la gravure, Pl. LXVII, f. 1, a, b.

Pièces à l'appui.

Mandibule.

Depuis ce temps notre collection doit à la générosité de M. Bertrand cette pièce, ce qui nous a permis de l'étudier et d'en donner une figure meilleure.

Étudiée.

C'est, comme il vient d'être dit, l'extrémité antérieure d'une mandibule portant les incisives entières et en place avec les canines, puis, après une barre au plus médiocre, les quatre molaires qui suivent ordinairement la première.

Décrite.

Incisives.

Les incisives, au nombre de six, en trois paires, semblent avoir quelque chose de particulier dans la manière dont elles sont implantées presque horizontalement en s'étalant à l'extrémité de la mâchoire, un peu comme dans le Cheval. Elles croissent de la première à la troisième, notablement plus petite que les deux autres dont la couronne est en large palette.

La canine contiguë à l'incisive externe est assez faible, un peu comme dans les Tapirs. Canine.

La barre qui suit est courte, quoique bien distincte, et le serait encore plus s'il y avait une première molaire; mais on n'y voit plus que son alvéole, et cela des deux côtés, indiquant qu'elle n'avait certainement qu'une seule racine et qu'elle était assez petite. Molaire antérieure.

Au delà sont trois fortes molaires croissant graduellement de la première à la troisième, toutes les trois à deux racines et à deux croissants ou demi-cylindres à la couronne. Molaires postérieures.

Comme nous ne connaissons rien autre chose que ce fragment de cet animal ancien du Velay, il serait difficile d'assurer positivement qu'il formait une espèce distincte de toutes les espèces de Palæotheriums connues, ainsi que l'avait avancé, sans en donner les raisons, M. Bravard (*Caïnotherium*, p. 4), en disant que le P. du Velay diffère de ceux de Paris, d'Issel et d'Orléans; et, comme le pense M. G. Cuvier, il nous semble en effet ne pouvoir guère être distingué spécifiquement du *P. medium*. Conclusion.

12° Le P. de Montpellier.

P. de Montpellier.

C'est M. Faujas de Saint-Fonds qui le premier a parlé en 1809 (*Ann. du Muséum*, t. XIV, p. 382) d'un Palæotherium, dont on avait trouvé aux environs de Montpellier un assez beau fragment du côté gauche d'une mandibule, dont il donna une figure assez bonne, *loc. cit.*, Pl. XXIV, sous deux faces, en la rapportant au *P. medium* des plâtrières de Paris. Histoire. Pièce à l'appui. Examinée par M. Faujas. 1809;

M. G. Cuvier, qui avait oublié sans doute d'en dire quelque chose en 1812 dans le supplément à ses *Mémoires réunis*, en parla pour la première fois dans la seconde édition de ses *Recherches*, t. III. p. 256, dans la section des Palæotheriums étrangers à ceux des environs de Paris, et il en donna une nouvelle figure, Pl. LXVII, fig. 17, d'après la pièce même achetée par le Muséum à la vente de la collection de M. Faujas. par M. G. Cuvier, 1812:

M. Cuvier, qui blâme d'une manière un peu trop vive peut-être celui-ci (1) d'avoir rapporté ce fragment au *P. medium*, n'a pas lui-même reconnu qu'il appartenait évidemment au *P. d'Orléans* dont cependant il déclare ne pas oser le distinguer.

par Moi.

Conclusion.

En effet, l'examen attentif de la dernière des cinq molaires qui garnissent ce morceau montre évidemment la moitié du talon ou troisième cylindre, qui ne permet pas de douter que ce ne fût une sorte de pointe mousse, comme dans le Palæotherium d'Orléans. Cette particularité a été mal rendue dans les deux figures qui ont été données de ce morceau.

Ainsi, ce *P. de Montpellier* doit être supprimé comme espèce.

P. Girondicum.

13°. Le P. de la Gironde (*P. Girondicum*).

Histoire.

M. G. Cuvier n'a parlé d'ossements de Palæotherium trouvés dans le bassin de la Gironde qu'à l'occasion de ceux qui lui avaient été envoyés par M. Decazes, provenant des carrières de molasse de la Grave, et cela presque en passant, tout à la fin de sa publication, dans le supplément à la seconde partie du tome V de ses Recherches en 1825, sous le titre de *P. du midi de la France*, p. 505. Il se borne même à dire que ces os, déposés au cabinet du roi, sont au nombre de plus de soixante; qu'il y a des dents de toutes les sortes, presque tous les os longs, des calcanéums, des vertèbres; que toutes les formes sont exactement celle des Palæotheriums de Montmartre, et que par la grandeur on voit qu'il y en a de trois espèces :

Pièces à l'appui.

Par M. Cuvier.

Ses conclusions. 3 espèces.

Les plus petits de la taille du *P. minus*.

Les moyens un peu supérieurs au *P. medium*.

Les plus grands un peu au-dessus de ces derniers, mais n'égalant pas le *P. magnum*.

D'où il conclut qu'il y a toute probabilité que ce sont des espèces dif-

(1) M Faujas, avec sa légèreté ordinaire, etc.

férentes de celles de Paris, mais dont on ne pourrait, dit-il, compléter l'histoire que par des morceaux plus entiers.

M. G. Cuvier cite en outre une dent de Palæotherium retirée d'une couche de gravier dans les landes de Bordeaux, et qui lui avait été donnée par M. de Paravey; mais il n'a figuré aucune de ces pièces et n'en a donné aucune description. Autre des Landes.

M. Billaudel, qui depuis lors a publié une fort bonne description géologique du dépôt de la Grave, ne nous a pas dit grand'chose sur les ossements fossiles qu'il a recueillis, si ce n'est qu'on en trouve en grand nombre provenant des *P. magnum, medium, minus* et *crassum.* Par M. Billaudel.

Mais ce qui est plus instructif, c'est que dans une note lue à l'Académie de Bordeaux le 13 août 1829, et imprimée à part, d'après les ordres de cette Académie, M. Billaudel fait connaître par de bonnes figures de grandeur naturelle des fragments d'os assez nombreux provenant d'un même individu et déterrés à Saillant, arrondissement de Libourne, sur les bords de la rivière de l'Isle. Pièces à l'appui. Mandibule étudiée par lui;

J'ai vu et étudié ces ossements, aussi bien ceux de la Grave que la pièce principale de ceux de Saillant, un côté gauche de mâchoire portant la série parfaite des sept molaires et la canine en place. Sans aucun doute, malgré une légère différence de grandeur, cette pièce provient du *P. magnum.* par Moi. Conclusion.

Quant au grand nombre d'os et de dents recueillis dans le dépôt de la Grave, il y en a en effet de toutes sortes, et même évidemment de Ruminants, attribués au Palæotherium de petite espèce, ce qu'il est aisé de reconnaître parce que la première avant-molaire d'en bas a deux racines au lieu d'une seule, comme dans tous les Palæotheriums que je connais; les os et les dents, en plus grand nombre, attribués à l'espèce moyenne, doivent sans aucun doute être rapportés à un Palæotherium de la taille du *P. crassum,* avec lequel je ne trouve même aucune différence, par exemple, pour la septième molaire inférieure, toute semblable. Provenant, les uns du *P. crassum*,

Quant à la plus grande espèce, les pièces qui lui sont attribuées, et surtout les molaires supérieures et inférieures, sont indubitablement de les autres

Palæotherium, et même ne diffèrent de la précédente que par quelques millimètres de plus, 0m,57 au lieu de 0m,46 pour les deux mêmes molaires d'en haut.

du *P. magnum*. En sorte que l'on peut assurer que cette espèce doit être rapportée au *P. magnum* des plâtres de Paris, quoique d'une dimension un peu moindre.

P. Brivatense.

14° Le P. de Saint-Privas (de l'Allier) (*P. Brivatense*).

Histoire. M. Bravard me paraît être le premier paléontologiste qui ait fait mention d'ossements de Palæotherium trouvés en Auvergne, et cela en 1825, dans sa *Monographie du G. Caïnotherium*, p. 233; mais depuis lors (1), il dit avoir reconnu que c'était à tort, et que les pièces auxquelles il faisait allusion étaient de Rhinocéros; et il ajoute que ce n'est qu'à dater de cette dernière époque qu'il a recueilli deux morceaux, qu'il croit devoir attribuer définitivement à un Palæotherium, qu'il nomme *P. Brivatense*.

Pièces à l'appui.

Ces deux fragments sont :

Fémur. 1). Un fémur dont il ne reste que les deux tiers inférieurs et qu'il rapporte à un animal de ce genre, parce qu'il n'offre pas encore de traces du troisième trochanter;

Métacarpe. 2). Un métacarpien du doigt du milieu et qui paraît, dit-il, au premier coup d'œil parfaitement semblable à celui de la figure 3, Pl. XX, par M. Cuvier, du *P. medium*; mais comme les dimensions de ces deux os sont un peu différentes, M. Bravard conclut que celui d'Auvergne doit provenir d'une espèce intermédiaire au *P. medium* et au *P. crassum*.

Étudiés. J'ai vu ces deux os; le premier assez insignifiant; mais, si en effet, comme cela est, il n'avait pas de traces, d'indices du troisième trochan-

Conclusion. ter, ce serait un caractère qui le porterait dans un autre genre que

(1) *Nouvelles considérations sur la distribution des mammifères terrestres fossiles dans le Puy-de-Dôme*, 1844, p. 11.

celui des Palæotheriums, dont le fémur offre constamment cette particularité.

Quant au métacarpien, c'est un os trop peu caractéristique pour pouvoir servir dans des questions d'espèces ; à peine le peut-il pour celles de genres, et pas même très-probablement pour ceux de Palæotherium et de Lophiodon. Nous l'avons cependant fait figurer pour qu'on puisse en juger. Non caractéristiques.

15° Le P. chevalin (*P. equinum* ou *hippoïdes*). *P. hippoïdes.*

On remarque ce nom employé pour la première fois par M. Lartet, en 1834, dans le *Bulletin de la Soc. géolog. de France,* IV p. 342, pour désigner une espèce à laquelle il rapporte des ossements assez nombreux recueillis aux environs de Sansans, près d'Auch, et qui lui a semblé avoir quelques rapports avec le Cheval pour la grosseur proportionnelle du doigt médian, formant dans le métatarse une sorte de canon. Histoire. Pièces à l'appui.

J'ai vu et étudié ces ossements, donnés généreusement à notre Muséum par M. Lartet, et parmi lesquels se trouvent des fragments de mâchoire supérieure portant les dents molaires et surtout des morceaux de mandibules également armés de molaires dont la dernière, et j'ai pu m'assurer que cette espèce n'était rien autre chose que le P. d'Orléans. Examinées. Conclusion. *P. Aurelianense.*

Je leur ai consacré une planche tout entière, sous le nom de *P. hippoïdes*, en donnant la figure d'un assez grand nombre de fragments d'os ou d'os entiers, qui offrent tous les caractères de leurs analogues dans les Palæotheriums de Paris et que nous décrirons plus loin.

Telles sont les espèces de Palæotheriums qui ont été désignées sous des dénominations particulières, ce qui a permis de les inscrire dans les catalogues de Paléontologie.

On trouve encore quelquefois *P. laticurvatum* au lieu d'*Anoplotherium laticurvatum,* nom employé par M. E. Geoffroy-Saint-Hilaire dans la *Revue encyclopédique*, tom. XLIX, p. 76, pour des ossements fossiles trouvés dans un dépôt d'eau douce à Saint-Germain-le-Puy ; mais Du *P. laticurvatum.*

sans désignation de ces os ni des caractères qui en font un Palæotherium ou un Anoplotherium; au point que MM. de Laizer et de Parieu les ont attribués à leur *Oplotherium* ou au *Caïnotherium* de M. Bravard.

Appréciation des espèces de Palæotherium.

Après avoir ainsi énuméré dans l'ordre de leurs propositions toutes les espèces de Palæotherium qui ont été successivement indiquées sous des noms distincts, en signalant soigneusement les pièces qui ont été attribuées à chacune d'elles, ainsi que les caractères spécifiques qui leur ont été assignés, nous devons maintenant apprécier ces caractères et chercher s'ils peuvent ou non être considérés comme véritablement spécifiques; mais pour y parvenir d'une manière un peu certaine et susceptible d'une véritable démonstration, nous devons préalablement établir les caractères génériques des Palæotheriums tirés du système digital et ensuite du système dentaire, ainsi que des autres parties du squelette, afin de déterminer la position de ce genre dans la série, ses véritables affinités et voir sur quoi doit porter la différentielle spécifique, et par suite discuter la valeur des espèces proposées.

Et d'abord caractères du genre tirés : du Système digital.

c) Caractères du *G. Palæotherium.*

* Tirés du SYSTÈME DIGITAL et des MEMBRES :

a) *Antérieurs.*

D'après l'énumération des pièces qui ont été attribuées aux différentes espèces de Palæotherium, nous avons vu que, même pour le *P. minus*, et qui n'appartient pas rigoureusement à ce genre, aucune pièce n'a montré à la fois une partie un peu importante du système digital et une partie supérieure ou inférieure du système dentaire; ce n'est donc que par voie d'exclusion, et peut-être un peu par analogie, que M. Cuvier a rapporté aux têtes à système dentaire pourvues de canines véritables des pieds différents de ceux qui s'étaient trouvés réunis aux têtes à système de dents sans canines saillantes. Il était difficile en effet de ne pas agir ainsi, et le résultat peut être considéré comme à peu près certain, quoique l'on n'ait pas non plus rencontré les deux extrémités digitales sur la même pièce.

En général : En connexion avec le Système dentaire,

Toutefois, on ne voit pas pourquoi quelques-unes de ces parties des membres rapportées aux Palæotheriums n'auraient pas appartenu à des Lophiodons ou à des Chæropotames, dont la tête se trouve, avec celle du Palæotherium, dans les calcaires ou dans les plâtrières de Paris.

Quoi qu'il en soit, M. Cuvier a regardé, par des considérations d'exclusion, de taille ou d'analogie, comme système digital antérieur de son genre Palæotherium des extrémités qui ont été rencontrées plusieurs fois avec des dimensions un peu différentes, ce qui a servi à établir les espèces.

En particulier : Omoplate.

L'*Omoplate*, en s'en rapportant à ce qu'elle est dans l'espèce nommée *P. minus*, aurait assez la forme de celle d'un ruminant : mais cette espèce n'étant pas un véritable Palæotherium, ne peut être prise pour type ; il faut donc avoir recours à celles attribuées aux *P. magnum* et *P. medium* pour en connaître à peu près la forme générale, qui est ovale ; la crête submédiane, assez élevée dans son milieu, se fondant en avant comme en arrière, sans apophyse acromiale, mais avec un tubercule coracoïdien bien marqué.

Humérus.

L'*Humérus*, plus complétement connu, et surtout encore d'après le squelette cité, serait proportionnellement assez court ; ses tubérosités supérieures à peu près inconnues ; mais non pas la tête inférieure, qui n'aurait presque qu'une seule poulie un peu oblique et à bords très-inégaux ; mais au fait, la partie externe la plus petite offre toujours un indice de la gouttière externe, et sa crête est peu saillante.

Radius.

Le *Radius*, assez aplati, assez courbé, aurait sa tête supérieure transverse séparée en deux fossettes par une carène obtuse, occupant presque toute l'articulation humérale, et l'inférieure à peine plus large, avec sa face articulaire également transverse, creusée en une sorte de poulie fort peu profonde, offrant deux excavations principales pour les deux premiers os du carpe.

Cubitus.

Le *Cubitus* complet, serré, contigu, arqué, tout à fait postérieur, du moins supérieurement, aurait l'olécrane assez prononcé, assez épais, et suivant l'arqure ; du reste, plus ou moins grêle, suivant les espèces, et même assez différent de forme; mais quelle certitude que ce soit toujours des cubitus de Palæotherium?

Carpe.

Le *Carpe*, formé de sept os :

Quatre à la première rangée, comme de coutume, un scaphoïde, un semi-lunaire, un triquètre et un pisiforme, celui-ci médiocrement allongé, phalangiforme, complet et articulé, presque autant avec le cubitus qu'avec le triquètre ou pyramidal;

Trois à la seconde, un trapézoïde, un grand os et un unciforme; celui-ci présentant en avant trois facettes articulaires pour le métacarpien médian, l'annulaire et le rudiment de l'auriculaire.

Métacarpe.

Le *Métacarpe*, de trois os métacarpiens, avec vestiges de celui du pouce, ce qui est douteux, mais certainement de celui du petit doigt, s'articulant en effet avec l'os unciforme; ces os plus ou moins longs proportionnellement, mais en général aplatis et presque planes à la face antérieure; celui du milieu toujours plus large et un peu plus long que les extrêmes, ceux-ci plus courbes et plus déclives en dehors ou en dedans.

Métatarsiens.

Phalanges.

Les *Doigts* au nombre de trois seulement, un médian et deux latéraux formés de phalanges courtes, larges, un peu déprimées, pour les deux premières; la dernière dilatée, élargie, arrondie à sa terminaison, la médiane presque symétrique et les deux autres assez semblables, et obliquement arrondies en sens opposé à leur extrémité.

Membres postérieurs : En totalité.

b) *Postérieurs.*

Nous ne connaissons qu'une pièce qui réunisse un ou deux côtés des deux paires de membres à la fois, c'est celle qui a été figurée par M. G. Cuvier, t. III, pl. LX, comme du *P. magnum*, et qui montre plus ou moins rapprochés et plus ou moins complets les os d'un même squelette, mais seulement ceux des membres, sans tête ni tronc.

En connexion avec le système dentaire.

Nous avons déjà fait observer que nous n'en connaissons pas non plus qui montre un membre postérieur avec tout ou partie du système dentaire d'une espèce de Palæotherium, en sorte que ce n'est, ainsi qu'il a été dit plus haut, que par voie d'induction que ces rapprochements ont été faits.

On ne possède réunis que les os de la jambe et du pied, et cela malheureusement trop souvent plus ou moins frustre et peu lisible.

Bassin. L'*os innominé* attribué à ce genre ne consiste qu'en une pièce assez complète et dont l'iléon est fort élargi dans sa fosse iliaque, et où le trou sous-pubien n'existe pas; mais une autre pièce que sa grandeur a fait attribuer au *P. magnum*, par M. G. Cuvier, le montre, ainsi que la symphyse pubienne, qui était rectiligne et assez longue, avec un trou sous-pubien grand et réniforme.

Fémur. Le *Fémur*, que l'on ne peut connaître que d'après trois os attribués aux *P. medium*, *magnum* et *minus*, tous plus ou moins mutilés, diffère de celui de l'Anoplotherium en ce qu'il est plus court, plus large, et surtout parce qu'il est pourvu, un peu avant le milieu de son bord externe, d'un troisième trochanter bien prononcé, caractère qui, jusqu'ici, ne s'est trouvé que chez les espèces de Pachydermes ou d'Ongulogrades à système de doigts impairs. Aucune pièce jusqu'ici découverte n'a montré clairement la forme du grand trochanter, ni même celle du petit. Le corps de l'os est assez cylindrique, et la poulie rotulienne à bords assez inégaux et étroits, un peu comme dans les Rhinocéros.

Tibia. Le *Tibia* paraîtrait devoir être un os assez long, assez grêle et tout à fait droit, s'il fallait regarder comme type du genre celui que M. Cuvier a rapporté à son *P. minus* et qui est figuré Pl. XXIX, f. 2, et au contraire courbé en S fort longue si l'on en croit la f. 2 de la Pl. LIII de la 2e éd. du *P. medium* et enfin très-court, très-arqué, d'après celui qui est attribué au *P. magnum*, Pl. XXVIII, f. 7; mais quelle preuve que ces os ont appartenu à ceux dont proviennent les mâchoires inscrites sous les noms de *P. minus*, *medium* et *magnum?* Quoi qu'il en soit, cet os est peu anguleux, considéré en général; les deux fossettes de sa face supérieure sont subégales et la crête est peu prononcée, tandis que l'extrémité astragalienne assez étroite est creusée profondément de deux cavités que sépare une carène épaisse et arrondie.

Péroné. Le *Péroné*, à en juger d'après un fragment existant dans le pied de derrière (f. 1, Pl. XVII) et attribué au *Palæotherium crassum*, était droit et assez grêle dans son corps, mais on ignore au juste comment il était élargi en palette à ses deux extrémités.

Tarse. Quant au *Pied*, on ne le connaît que d'après cette même pièce que je viens de citer et que l'on rapporte aux têtes de *Palæotherium crassum* par analogie de grandeur; d'après cette pièce, le tarse était composé :

Astragale. D'un *Astragale* à poulie assez large, assez oblique, déprimé, semblable à celui des Tapirs et des Rhinocéros, et ayant constamment une facette cuboïdienne antérieure plus ou moins prononcée et marginale.

Calcanéum. D'un *Calcanéum* médiocrement allongé et peu comprimé dans son apophyse large et obtuse à son extrémité.

Scaphoïde. D'un *Scaphoïde* assez peu épais et offrant en avant trois facettes outre la terminale externe qui touche au cuboïde: de ces trois facettes, la première, excessivement petite; la seconde, médiocre; et la troisième plus large.

Cunéiformes. De trois *Cunéiformes :*

Un premier, tout à fait postérieur, interne, excessivement petit;

Un second, encore assez médiocre et véritablement en coin;

Un troisième, le plus considérable et en carré transverse.

Cuboïde. D'un *Cuboïde* qui mérite ce nom et dont le bord externe est échancré au devant d'un tubercule bien marqué.

Métatarse. De trois os *Métatarsiens* complets; mais le médian, plus gros et plus long que les deux autres qui, déjetés sur ses côtés, sont aplatis latéralement aussi bien dans leur corps qu'à leurs extrémités articulaires; et en outre d'un rudiment de celui du petit doigt et douteusement de celui du pouce.

Phalanges. De trois doigts subégaux, formés de trois phalanges en général fort courtes, dont la seconde l'est le plus et subtransverse, et la dernière élargie en sabot à l'extrémité.

Squelette. ** Du reste du SQUELETTE.

Les caractères génériques que l'on pourrait trouver à tirer du reste du squelette, comme de la forme de la tête et des os du tronc, sont bien moins évidents que ceux des deux sections précédentes.

La *Tête*, considérée dans sa partie vertébrale et dans ses appendices, ne me paraît pas devoir en fournir. Tête. Analysée dans ses :

En effet, dans sa partie fondamentale que nous avons pu étudier sur plusieurs pièces en bon état de conservation, et entre autres sur la belle tête attribuée par M. G. Cuvier à son *P. crassum*, nous pouvons dire que les vertèbres occipitale, sphéno-pariétale et sphéno-frontale sont assez bien comme dans le Cheval, et même un peu comme dans les Tapirs. Le corps de ces vertèbres étant en général assez étroit, ne laissant cependant pas de vides ou trous déchirés considérables. La face occipitale est élargie, assez excavée en arrière de la crête sagittale. Les apophyses mastoïdiennes postérieures sont longues et fortes; il en est de même des antérieures, qui les doublent, ne s'en séparant qu'à l'extrémité. Vertèbres céphaliques.

Les fosses temporales sont fort étendues et augmentées par l'écartement prononcé des arcades zygomatiques; les apophyses ptérygoïdes sont larges, mais peu connues dans leur forme; il n'y a de crête sagittale que sur l'arc pariétal, surtout en arrière, où elle se joint à l'occipitale et à peine sur l'arc frontal assez bombé et qui offre des apophyses orbitaires externes assez marquées. Fosses temporales. Crête sagittale.

Le chanfrein se continue en formant une courbure assez douce, un peu relevée en arrière: mais surtout en avant, le long des os du nez; ceux-ci sont du reste assez longs, convexes, largement articulés avec le frontal et se terminant antérieurement en une pointe qui surplombe l'ouverture des narines au niveau des os incisifs au moins, et leur bord est largement sinueux (1). Chanfrein. Os du Nez.

La mâchoire supérieure commence en arrière par une apophyse ptérygoïde interne peu marquée, par un os zygomatique fort large, assez sur- Mâchoire supérieure.

(1) Il n'y a rien dans cette disposition qui ressemble le moins du monde à ce qui existe dans le Tapir, comme M. G Cuvier l'a supposé d'après des pièces malheureusement très-frustres et rendues d'une manière trop nette par son dessinateur.

baissé, peu échancré pour l'orbite et par un lacrymal assez largement avancé dans la face.

Os palatin. Le palatin est étroit et assez profondément échancré à son bord postérieur, qui est épais et arrondi.

Maxillaire. Le maxillaire est assez remarquable par sa grande étendue en longueur, et surtout par sa forte coopération dans la formation du rebord nasal; ce qui est, il est vrai, plus prononcé sur certaines pièces que sur d'autres, et semble confirmer quelques différences spécifiques.

Prémaxillaire. Le prémaxillaire est assez fort et cependant il est encore loin de remonter assez haut pour toucher au frontal; ce qui ressemble un peu à ce qui se voit chez les Tapirs.

Mâchoire inférieure. Rocher. L'appendice céphalique inférieure commence en arrière par un rocher ovale, arrondi, un peu comprimé, assez bien saisi entre les os environnants; mais sans caisse ni canal auditif externe osseux, ce qui est aussi comme chez les Tapirs et les Rhinocéros.

Temporal. L'os temporal, peu large, mais arrondi dans sa partie squammeuse, est très-épais dans son apophyse zygomatique. Celle-ci, large et plate, est relevée dans son bord supérieur, mais surtout dans sa racine articulaire, transverse, un peu oblique, en portion de cylindre comprimé, limité en arrière et en dedans par une assez forte apophyse tronquée à son extrémité.

Mandibule. La mandibule est robuste, épaisse, légèrement recourbée en bateau et cependant avec apophyse géni ou angle incisif assez marqué, bien plus que dans le Tapir. Sa branche montante presque à angle droit sur l'horizontale, a son angle largement arrondi et épanché inférieurement, et elle est terminée par un condyle transverse assez aplati, presque contigu à l'apophyse coronoïde qui le surmonte assez et qui est large, un peu recourbée et comme tronquée à l'extrémité.

(Marginal notes: Sa branche montante. Condyle. Coronoïde.)

Dans son ensemble. L'ensemble de la tête, qui résulte de la réunion de ses différents os, est de forme normale, allongée, assez étroite, avec un retrécissement marqué derrière les orbites ou mieux au point de jonction des frontaux avec les pariétaux, sans l'élévation pyramidale de l'occiput et des os du nez si marquée dans les Tapirs. La forme allongée du chanfrein rappelle davantage ce qui a lieu dans le Cheval.

La cavité auditive est petite et conformée assez bien comme dans le Tapir et le Rhinocéros. Ses Cavités.

L'orbite est également fort petit, incomplet dans la partie postérieure de son cadre; mais beaucoup moins que dans le Tapir, quoique son bord inférieur soit un peu déversé, comme dans celui-ci.

L'échancrure palatine est étroite et son bord épais, arrondi, dépassant à peine l'intervalle des deux dernières molaires. Le palais est lui-même assez étroit et voûté en travers. Ses Ouvertures.

Je ne connais pas l'échancrure palatine antérieure ou incisive.

Quant à l'ouverture nasale antérieure, quoiqu'elle soit assez éloignée d'être aussi grande, aussi prolongée en arrière que dans le Tapir, pour ressembler davantage à ce qu'elle est dans le Cheval, elle offre cette particularité d'être formée dans son bord par trois os, l'incisif en avant, le maxillaire ensuite dans tout le reste postérieur, et enfin par l'os du nez en dessus, ce qui est comme dans le Tapir, et nullement comme dans le Cheval. Nasale antérieure.

Les os du tronc, que nous sommes loin de connaître en aussi grand nombre que ceux de la tête, et même aucun en connexion, peuvent bien moins encore fournir des caractères génériques. Os du Tronc.

Nous ignorons complétement le nombre des vertèbres en général et celui de chacune des sections du rachis. Vertèbres.

M. Cuvier a cru pouvoir déduire ces nombres de l'examen du squelette de Pantin; mais en admettant même que ce squelette appartienne à un véritable Palæotherium, l'état dans lequel il se trouve sous le rapport de la colonne vertébrale ne peut pas inspirer une confiance absolue. Nombre.

Quant à la forme de celles des vertèbres un peu caractéristiques, on peut se borner à dire : Forme.

L'atlas ou la première vertèbre cervicale est fort large dans ses apophyses transverses arrondies dans toute leur circonférence, offrant un large trou artériel double sur une face et simple sur l'autre. Atlas.

Je ne connais de l'axis que des corps larges, assez fortement déprimés Axis.

et terminés par une apophyse odontoïde obtuse et sub-cylindrique. Parmi les autres cervicales, je n'ai vu qu'une septième assez tronquée dans ses apophyses, mais montrant le corps convexe d'une côte, concave de l'autre, et assez oblique comme dans la plupart des Ongulogrades.

Dorsales. Lombaires.

Le peu de dorsales et de lombaires, en état d'être suffisamment appréciées, ne m'ont guère offert que la certitude que les trous de conjugaison sont formés comme à l'ordinaire par la conjonction de l'échancrure à la base du pédoncule de l'arc supérieur de deux vertèbres contiguës.

Des Côtes.

Nombre.

Des autres os du tronc, on n'a encore signalé que des côtes dont le nombre ne peut être présumé que par analogie; car la pièce sur laquelle M. Cuvier a dû insister, le squelette de Pantin, n'est pas dans un état de conservation suffisant pour qu'on puisse en déduire rigoureusement ce nombre; il m'a semblé cependant qu'on pouvait le porter à quinze, les dix premières presque entières, et les cinq autres réduites à leur partie supérieure. De plus, comme la première des deux complètes est aussi longue que la suivante, M. Cuvier a supposé que les premières manquent, ce qui en porterait, suivant lui, le nombre total à seize ou dix-sept.

Forme.

Je répète que je ne puis rien dire de certain là-dessus, mais seulement que, par leur forme et leur proportion, ces côtes rappellent fort bien ce qu'elles sont chez les Ruminants.

Système dentaire.

*** Du *système dentaire.*

Nous sommes plus heureux pour le système dentaire que pour les os du tronc; en effet, d'après les pièces recueillies, ce système peut être apprécié aussi bien dans le nombre total que dans celui de ses trois parties aux deux mâchoires, de même que dans la forme de chaque dent qui le constitue, peut-être, il est vrai, seulement dans la seconde dentition; car M. Cuvier, ni moi, parmi le grand nombre de morceaux trouvés dans les plâtrières de Paris, n'avons pu encore rencontrer une dent de lait.

D'en haut.

a) *supérieur.*

En général.

Cette partie du système dentaire a été plusieurs fois trouvée plus ou moins complète, seule ou en connexion indubitable avec l'inférieure, de manière à ne laisser aucun doute sur les caractères génériques à tirer de ce système.

Les dents à la mâchoire supérieure de l'animal adulte ont été observées au nombre de trois paires d'incisives, d'une paire de canines et de sept paires de molaires, du moins dans les vrais Palæotheriums. Nombre. 3+1+7.

Les incisives, telles que nous les connaissons d'après une tête presque entière, sauf le crâne, sont au nombre de trois de chaque côté, disposées en demi-cercle terminal, assez verticales et contiguës. Des Incisives.

La première, la plus large et en palette, à bord droit indivis, un peu comme dans les Singes; 1re.

La seconde un peu moins grande, avec le tranchant oblique; 2e.

La troisième notablement plus petite, un peu en coin, et quelquefois gênée par le développement des canines. 3e.

La canine, séparée de la dernière incisive, un peu moins cependant que de la première molaire, est assez courte, peu arquée, comprimée et subtriquètre, le grand côté en dedans, et un peu déjetée en dehors. Canine.

Après une barre assez petite, les molaires forment une série contiguë, serrée, de sept dents croissant assez graduellement de la première à la dernière, et toutes pourvues de quatre racines, deux en dehors et deux en dedans, et à peu près carrées, avec un bourrelet ou une sertissure, tranchée au collet, diminuant de la première à la dernière. La couronne, au reste fort large, un peu plus épaisse que longue à la seconde, au contraire de la dernière, notablement plus longue qu'épaisse, présente à toutes une paroi externe à trois côtes, un peu inclinée en biseau, dont le bord tranchant, divisé en deux pointes triangulaires, se continue par deux collines coudées en avant jusqu'à deux talons arrondis, partageant en deux lobes le côté interne. Molaires. En général. Racines. Couronne.

C'est sur la direction plus ou moins oblique de ces lobes anguleux externes, aux lobes arrondis internes, que me semble devoir porter la distinction des espèces. Caractères spécifiques.

La première molaire seule se soustrait à cette description générale, En particulier. Première.

d'abord parce qu'elle est notablement plus petite, même que la seconde, étant un peu barlongue; et ensuite parce que son bord externe est tridenticulé et l'interne en talon marginal.

Effet de l'usure.

Par l'usure plus ou moins avancée, ces dents molaires offrent à la surface de leur couronne deux fossettes plus ou moins prononcées, un peu comme dans les Rhinocéros; la postérieure d'abord anguleuse et entamant le bord; l'antérieure plus longue et plus oblique, entre-collinaire, quelquefois même, lorsqu'elles ne sont pas encore usées, avec un rudiment de cornet serré, peu distinct, et par conséquent ne formant jamais de fossettes particulières.

D'en bas.

b) *inférieur.*

En général.

Cette partie du système dentaire est celle qui a été le plus souvent rencontrée plus ou moins complète, seule ou en connexion avec la partie supérieure.

Dans leur connexion avec celles d'en haut.

Dans ce dernier cas, l'agencement est tel que les incisives s'opposent de manière à s'user transversalement à l'extrémité, sans jamais offrir de fossette; que les canines se croisent, comme de coutume, l'inférieure avant la supérieure, et que les molaires s'opposent par la plus grande partie de leur couronne, le bord externe des supérieures croisant un peu la face externe des inférieures, de manière que la pointe médiane de celles-là se place dans la rainure qui sépare les deux cylindres de celles-ci.

Nombre. 3+1+7.

Le nombre total est toujours de onze, comme en haut : trois incisives, une canine et sept molaires.

En particulier. Incisives.

Les incisives sont comme en haut en demi-cercle, mais un peu plus déclives, toutes les trois assez bien en palette tranchante et décroissantes de la première à la dernière, celle-ci toujours bien plus petite que celle-là, notablement plus grande que la seconde.

Canine.

La canine est médiocrement saillante, un peu courbée, un peu comprimée et assez mousse au sommet, déjetée en dehors et s'usant obliquement en avant, par son contact avec la troisième incisive d'en haut.

Molaires. Première.

Après une barre assez peu considérable viennent les sept molaires serrées, contiguës ; la première bien plus petite, à une seule racine, à une seule pointe peu aiguë, avec un petit talon en arrière, et les cinq suivantes croissant graduellement, semblablement formées de deux demi-cylindres en dehors, terminés par un tranchant semi-lunaire relevé en pointe à chaque extrémité et par conséquent double au milieu où se touchent les deux cornes intermédiaires; enfin la dernière molaire seule a quatre de ces pointes, deux doubles internes et deux simples terminales, parce qu'elle est composée de trois demi-cylindres en dehors, formant trois croissants à la couronne, le postérieur toujours plus petit que les autres, dont le second est le plus large. Par l'usure la couronne de ces dents présente deux ou trois croissants plus ou moins épais et bordés d'émail, croissants qui s'élargissent à mesure que l'usure avance.

Inter-médiaires.

Septième.

Effet de l'usure.

Les racines de ces dents, au nombre de quatre, réunies deux à deux transversalement pour les cinq après la première qui n'en a qu'une, sont sans doute au nombre de six en trois lames pour la dernière; peut-être cependant n'en a-t-elle qu'une au demi-cylindre formant talon.

Leurs racines.

Les espèces de ce genre peuvent, ce me semble, être caractérisées par la manière dont les deux croissants de la couronne, d'abord bout à bout d'avant en arrière, finissent par être transversaux parallèles, de manière à former des collines transverses. On pourrait trouver les nuances intermédiaires et ainsi arriver aux Lophiodons; mais surtout par la proportion des trois incisives, de la première molaire et du troisième demi-cylindre de la dernière ou septième, lorsque le nombre total n'est pas réduit à six, ce qui a lieu dans une espèce.

Caractères spécifiques qu'elles fournissent.

Je n'ai encore rencontré dans les plâtres de Paris aucune pièce qui m'ait offert le système dentaire du jeune âge, pas plus à la mâchoire supérieure qu'à l'inférieure; en sorte que je ne puis assurer que par analogie qu'il doit fort se rapprocher de celui du Rhinocéros.

Système dentaire de jeune âge,

Je dois même ajouter que je n'ai pas encore rencontré un exemple d'une dent qui serait tombée par suite d'âge ou d'une autre cause, tant toutes les dents sont profondément radiculées.

et d'âge sénile.

Ainsi, d'après ce qui vient d'être dit des caractères génériques qu'il est possible d'assigner aux Palæotheriums, il est difficile de ne pas re-

Des Caractères génériques des Palæotheriums,

comparés avec les Rhinocéros,

connaître que si les animaux de ce genre ont quelques rapports avec les Tapirs, ils en ont encore de bien plus grands avec les Rhinocéros; au point qu'ils pourraient être considérés comme des Rhinocéros sans cornes, pourvus d'incisives et de canines normales.

dans la disposition de l'ouverture nasale ;

La disposition de l'orifice des narines confirme parfaitement ce rapprochement ; car dans ces derniers, l'os incisif est encore plus éloigné de se joindre au frontal, ce qui fait que le maxillaire contribue encore bien plus à la formation du bord externe de l'orifice ; et si l'os du nez s'avance encore davantage, cela tient à la corne qu'il doit supporter.

avec le Cheval,

Dans le Cheval, les os du nez ressemblent peut-être mieux encore à ce qui existe dans les Palæotheriums ; mais les incisifs montent jusqu'au frontal et il y a un canal auditif externe.

avec le Tapir.

Dans les Tapirs la disposition des os qui entourent l'orifice nasal externe ou antérieur est encore bien plus différente comme la comparaison la plus rapide peut le montrer, puisque chez ceux-ci les os du nez sont très-courts, tout à fait remontés à la racine du front.

Des Espèces.

c) *Appréciation et caractères des espèces qu'il est possible de distinguer.*

S'il fallait en croire aveuglément les catalogues de Paléontologie, on serait forcé ou conduit à admettre que le nombre des espèces de Palæotherium serait assez considérable, et que dans les temps anciens ils représentaient sous ce rapport en France les Antilopes dans le continent africain ; mais c'est ce que nous sommes assez éloignés d'accepter et ce que nous devons examiner maintenant que nous avons exposé l'histoire de toutes celles qui ont été proposées et que nous avons apprécié les parties, os ou dents, sous le rapport des caractères génériques qu'elles peuvent fournir pour la spécification.

Principes de la distinction des Espèces. En général.

Pour parvenir à distinguer et à caractériser les espèces de Palæotheriums, il faut se rappeler que dans un point quelconque de la série, les espèces réelles sont celles qui en remplissent les degrés, et que dans un petit nombre de points seulement le degré spécifique porte sur la grandeur, sans différences de dégradations organiques bien prononcées ; c'est ce dont nous avons eu un exemple remarquable dans le genre des Felis parmi les Carnassiers et dont nous trouverons un nouveau parmi les Herbivores dans la famille des Ruminants, où la disproportion de taille est également et peut être même encore plus considérable, depuis la Girafe et l'Aurochs jusqu'au *Moschus memina*; mais doit-on croire qu'il en était ainsi des espèces de Palæotheriums qui sont évidemment des Pachydermes de la famille des Rhinocéros et des Chevaux? cela est plus douteux lorsqu'on considère un peu l'harmonie des êtres.

En particulier dans le G. Palæotherium. Sur le Système digital.

Nous avons dit dans l'introduction à ce mémoire que la lacune sériale, dans la division des Ongulogrades non ruminants à système digital impair, devait porter sur la proportion croissante du doigt médian, formant canon, par rapport aux doigts latéraux, pour établir le passage aux Chevaux, ou bien dans l'augmentation d'un doigt surnuméraire externe pour passer aux Hippopotames, qui commencent la section des espèces à système de doigts pair. D'après cela on voit comment les espèces de Palæotheriums pourront être établies sur le plus ou le moins de l'une ou l'autre de ces deux considérations.

Sur le Système dentaire. 1re Avant-Molaire. 7e inférieure.

Nous avons également fait observer que sous le rapport du système dentaire, si la dégradation ne pouvait guère être tracée sur les incisives, ni même sur les canines, elle pouvait l'être assez bien sur les molaires, peut-être même dans le nombre, par l'absence ou la présence de la première avant-molaire, et dans la forme, surtout de la septième d'en bas, composée de trois demi-cylindres dont le dernier ou postérieur va en augmentant depuis l'espèce où il est proportionellement plus petit, ce qui la rapproche des Tapirs et des Rhinocéros où cette colline n'existe jamais, jusqu'à celle où il est le plus grand, ce qui est comme dans tous les genres à système digital pair.

Direction des collines.

On peut aussi faire porter la différentielle sur la courbure et l'inclinaison des collines, augmentant depuis la direction transverse jusqu'à celle presque longitudinale, ce qui est intermédiaire aux Tapirs et aux Rhinocéros.

C'est donc d'après ce double criterium que nous allons examiner les espèces proposées.

Appliqués aux Espèces de Paris.

Nous avons énuméré plus haut les *P. magnum*, *medium*, *crassum*, *latum*, *curtum*, *indeterminatum* et *minus* comme sept espèces dont les ossements fossiles ont été recueillis dans les plâtrières des environs de Paris et qui n'ont réellement été définies par M. G. Cuvier que d'après la grandeur relative, depuis la taille d'un Cheval jusqu'à celle d'un Lièvre, en passant par celle d'un petit Cochon, d'un Mouton, d'une Chèvre; voyons s'il est possible de les caractériser autrement; car, ainsi qu'il a été dit plus haut, la taille n'est pas un caractère, ainsi qu'on en a des exemples dans beaucoup d'espèces vivantes, sauvages ou domestiques.

P. magnum.

1° P. MAGNUM.

Quoique cette espèce nous soit un peu plus incomplétement connue sous le rapport du système dentaire que la suivante, je commence en ce moment par elle pour suivre l'ordre adopté par M. Cuvier, qui ne la caractérise que d'après la grandeur d'un Cheval (*staturâ Equi*), ce qui me paraît beaucoup; mais mieux d'un Tapir.

Pièces à l'appui.

Os.

Nous ne possédons rien qui soit attribué au système digital proprement dit de cette espèce; mais, des membres antérieurs, une omoplate, une extrémité inférieure d'humérus, et un métacarpien, qui sont en effet d'un tiers plus grands que dans le *P. crassum*, et des membres postérieurs, une portion du bassin, un fémur, une rotule, une tête inférieure de tibia, une extrémité inférieure de péroné, un astragale, un calcanéum, un scaphoïde; plus ou moins significatifs, avec les mêmes proportions ou à peu près;

Du tronc une seule vertèbre atlas dans le même cas.

La tête ne nous est connue que par la face ou les mâchoires supérieure et inférieure de deux individus différents.

Dents.

Le système dentaire est mieux représenté dans nos collections, par ses trois parties, incisives, canines et molaires; ce qui nous permet d'assurer qu'elles sont bien normales; la barre fort petite; la première molaire supérieure bi-radiculée avec la couronne presque trilobée : la première inférieure, uni-radiculée très-petite, et le troisième demi-cylindre de la dernière ou septième presque égal aux premiers des deux autres.

En général la différence est d'un tiers, quelquefois un peu au-dessus, quelquefois un peu au-dessous des analogues du *P. crassum* et peut-être encore mieux du *P. medium*.

2° P. MEDIUM. *P. medium.*

M. G. Cuvier, comme nous l'avons déjà dit, caractérise cette espèce comme étant de la taille d'un petit Cochon et ayant les pieds étroits, un peu allongés.

Pièces à l'appui. Os. Des Doigts.

Le système digital des membres antérieurs ne nous est connu que dans les os du carpe et ceux du métacarpe, au nombre de trois, sub-égaux en longueur et en largeur, avec une sorte d'os styloïde fort court et externe, rudiment du petit doigt, dans ceux de l'avant-bras; tout cela en grande partie sur un même morceau et dans une omoplate peu instructive.

Des Membres postérieurs.

Celui des membres postérieurs est bien plus complet; car nous avons un pied entier avec tous ses os, montrant trois doigts assez inégaux, dont le médian notablement plus large et plus long, le tibia, le péroné et une partie de fémur.

Tête.

La tête qui est rapportée à cette espèce est également assez complète, du moins pour les mâchoires et surtout pour les dents; mais je n'oserais assurer que l'ouverture antérieure des narines ressemblât autant à celle des Tapirs, qu'on pourrait le supposer d'après les pièces en nature et surtout d'après les dessins que M. G. Cuvier en a donnés.

Dents.

Le système dentaire est en effet presque entièrement complet sur la tête dont il vient d'être question, avec toutes les particularités de forme et de disposition du *P. magnum*, la différence ne portant que sur la grandeur d'un tiers moindre.

3° P. CRASSUM. *P. crassum.*

De la taille du précédent, suivant M. G. Cuvier, mais avec les pieds plus larges et plus courts.

Pièces à l'appui. Os des Membres antérieurs :

Le système digital antérieur dans le membre presque tout entier qui est attribué à cette espèce est assez bien connu par ses os en rapport, quoique généralement fort incomplets. On a pu y voir trois doigts fort courts à phalanges unguéales très-larges, trois métacarpiens robustes subégaux, un carpe épais avec le pisiforme assez petit; d'autres pièces ont fourni un radius et un cubitus assez courts et épais, et une omoplate large et ovale, mais trop mutilée pour qu'on ait pu en tirer quelque chose de spécifique.

des Membres postérieurs.

Les membres postérieurs sont à peu près dans le même cas que les antérieurs; M. G. Cuvier, en effet, rapporte à cette espèce une moitié droite de bassin; une jambe entière terminée par un pied presque complet, les phalanges exceptées; mais les os métatarsiens assez courts, et à part un astragale, un calcanéum, un scaphoïde, un cuboïde et surtout un métatarsien médian, qui ont évidemment quelque chose de plus robuste et par conséquent d'un peu plus court que dans le précédent.

Tête.

La tête attribuée à cette espèce est presque complète, aussi bien pour le crâne que pour la face, n'ayant éprouvé de désorganisation qu'une sorte de rupture oblique de l'orbite à l'échancrure nasale; elle est en totalité ovale, assez allongée; les os du nez suivant la courbure du chanfrein et se prolongeant jusqu'à peu de distance à l'extrémité des prémaxillaires. Ces os sont normaux, de manière qu'ils occupent un certain espace dans le bord de l'orifice nasal, qui est cependant réellement assez grand et formé pour une bonne partie par le maxillaire. La mandibule, dans ce qu'on en connaît, ressemble tout à fait à celle du *P. magnum*, si ce n'est qu'elle est d'un tiers environ plus petite.

Dents.

Le système dentaire est absolument dans le même cas, tant les particularités des dents, que je considère comme pouvant offrir de véritables caractères spécifiques, sont semblables, sauf la grandeur, moindre d'environ un tiers.

P. latum.

4° P. LATUM.

Pièces à l'appui.

Os :

Caractérisé par M. G. Cuvier comme ayant encore la taille d'un petit Cochon, mais avec des pieds courts et élargis; n'a pu être établi d'abord que sur un radius et un métacarpien médian, qui sont en effet un peu plus robustes, c'est-à-dire un peu plus larges pour leur longueur que dans le *P. crassum*.

Le pied de devant que, dans sa seconde édition, il rapporte à cette espèce, et qui, dans la première, en 1812, était attribué au *P. crassum* de même que l'avant-bras d'un jeune individu, me paraissent être encore moins caractéristiques. des Membres antérieurs,

Cette même observation s'applique également à un pied de derrière manquant de doigts, et montrant trois os métatarsiens un peu dérangés, ainsi qu'à un tarse et un métatarse qui lui sont également attribués par M. G. Cuvier. postérieurs.

Quant au système dentaire, il n'a trouvé à lui réunir qu'un fragment de mâchoire supérieure gauche, portant les cinq dents intermédiaires fort usées. Dents.

En comparant soigneusement quatre de ces dents, les seules complètes, avec leurs analogues dans la belle tête de *P. crassum* presque entière, je n'ai pu trouver de différences que pour le degré d'usure. Comparées.

Ainsi cette pièce ne peut servir à appuyer la distinction d'une espèce. Conclusion.

En 1812, en effet, M. G. Cuvier l'attribuait à son *P. minus* qui est tout autre chose.

5° P. CURTUM. *P. curtum.*

Auquel M. Cuvier donne pour caractères la même taille que les trois précédents, celle d'un petit Cochon, mais avec les pieds raccourcis et élargis, n'a pu être caractérisé d'abord que d'après la brièveté de deux os du tarse séparés, encore plus prononcée que dans le précédent. Pièces à l'appui.

Nous avons cependant fait remarquer plus haut que M. Cuvier rapporte aujourd'hui à cette espèce une tête presque entière avec ses mâchoires pourvues de toutes leurs dents, et qui dans la première édition était attribuée au *P. minus*. Son système dentaire ne m'a offert de différences appréciables que pour la taille qui est de plus de moitié moindre que dans le *P. magnum*; mais la tête elle-même dans sa partie faciale ressemble beaucoup à celle attribuée au *P. crassum*, quoique plus petite; on voit très-bien que les os du nez suivaient le mouvement du Tête. Dents.

chanfrein, que les incisifs, assez forts, occupaient près de la moitié du bord de l'ouverture nasale, qui était médiocre.

Quant aux autres pièces que M. Cuvier attribue à son *P. curtum*, nous verrons qu'elles appartiennent réellement au *P. minus*, qui est une espèce fort distincte.

P. indeterminatum.

6° P. INDETERMINATUM.

Pièces à l'appui.

Regardé par M. Cuvier comme intermédiaire aux *P. latum* et *crassum*, ne doit pas être passé sous silence, quoiqu'on puisse à peine l'appuyer sur la partie tarsienne du système digital postérieur, parce qu'il vient former encore une nuance dans la taille, ce qui est loin de donner un caractère véritablement spécifique.

Conclusions.

Nous nous trouvons donc, pour les espèces de Palæotherium des plâtrières de Paris, dans le cas où nous avons été pour le Rhinocéros à incisives, c'est-à-dire qu'en réfléchissant que le *P. magnum* est assez loin d'égaler le Cheval en grandeur, et que les *P. medium*, *crassum*, *latum*, peut-être même, mais plus douteusement, le *P. curtum*, devaient, au contraire, être plus grands qu'un petit Cochon, je ne serais pas étonné que ces cinq espèces n'en fissent réellement qu'une, de taille, de sexe et même d'âge différents, tant je trouve que les parties ordinairement caractéristiques des espèces sont, pour ainsi dire, muettes par leur ressemblance. J'ai, en effet, comparé avec beaucoup de soin la forme et la proportion des incisives, de la première molaire d'en haut et d'en bas aussi bien que la dernière, sans trouver aucune différence véritablement appréciables, même par le dessin, si ce n'est dans les dimensions, qui sont, il faut en convenir, assez grandes, quand on prend les extrêmes.

Ces cinq espèces ne diffèrent que par la taille,

et nullement par le Système dentaire.

Preuve indirecte de leur similitude.

Une preuve qui ne me semble pas sans force contre la distinction spécifique de quatre au moins des espèces précédentes, c'est qu'aussitôt que nous allons toucher à de véritables espèces, les parties, dont les différences sont réellement caractéristiques, vont nous les fournir évidentes, comme nous en avons vu des exemples dans tous les genres étudiés jusqu'ici.

7° et 8° P. MINUS et MINIMUM.

P. minus. P. minimum. Aisément caractérisés par le Système digital et le Système dentaire.

Ces espèces, que M. G. Cuvier définit spécifiquement en donnant à l'une la taille d'un Mouton avec les pieds élevés et les doigts latéraux plus petits, et à l'autre celle d'un Lièvre, peut être aisément caractérisée aussi bien par le système digital que par le système dentaire, et de plus par tout le reste du squelette, ce que nous avons pu faire grâce à des parties d'un même animal, bien plus importantes que celles qu'offre celui de Pantin et que je vais prendre comme type de l'espèce actuelle ; parties découvertes il y a quelques années dans les plâtrières de Monthyon, auprès de Meaux, par M. Lhuilier, qui en a fait le sujet d'une note insérée dans les Actes de la Société d'agriculture de Meaux.

Caractères tirés du Système digital.

Le système digital ne nous est pas complétement connu, par exemple, dans sa partie terminale ou phalangienne. Nous savons seulement que les os du canon sont longs et grêles, un peu comme chez les Ruminants, mais certainement au nombre de trois dont le médian est bien plus large que les latéraux en grande partie rejetés en arrière, de manière à simuler une sorte de canon de trois os; l'interne est aussi notablement plus petit que l'externe.

Des Os : des Membres antérieurs ;

Si maintenant nous étudions les parties de chaque paire de membres en particulier, nous trouvons que l'antérieur est composé d'une omoplate étroite, triangulaire, à bords droits, presque semblable à celle d'un petit Ruminant; l'humérus est fort court; l'avant-bras long et grêle, formé de ses deux os complets, mais un peu courbes dans toute leur longueur et collés, le radius contre le cubitus, sans intervalle; celui-là occupant toute l'articulation humérale; celui-ci prolongé en un olécrane assez long et un peu comprimé; le carpe est court, et probablement avec quelque différence dans la proportion des os de la seconde rangée, que nous ne connaissons guère que pour l'unciforme assez petit et avec une seule facette métacarpienne; le métacarpe, formé de trois os sans doute, mais dont je ne connais que deux, l'un et l'autre longs et grêles, le médian notablement plus fort et probablement un peu plus long, ressemblant assez à un petit radius.

des Membres postérieurs.

Les membres postérieurs nous sont plus incomplétement connus. Nous savons cependant que le bassin offre un os des iles assez fortement bifurqué, et que l'épine antérieure et supérieure est fort éloignée de la cavité cotyloïde ; que le fémur, assez robuste, un peu plus long que l'humérus, est pourvu d'un grand trochanter assez saillant, et que sa poulie rotulienne est longue, étroite et à bords assez inégaux ; mais nous ignorons s'il était pourvu d'un troisième trochanter. Le tibia est également assez long et assez mince avec la poulie astragalienne profonde et oblique.

C'est ce que montre très-bien l'astragale dont la gorge est aussi plus étroite et plus profonde que dans les véritables Palæotheriums et dont la face articulaire antérieure n'a pas la facette cuboïdienne, qui existe constamment dans ceux-ci.

Le calcanéum est aussi plus étroit, plus comprimé dans son apophyse, dont nous ne connaissons pas la tubérosité.

Le scaphoïde touche bien plus largement par sa corne externe au cuboïde, et en avant il ne présente que deux facettes dont l'externe est aussi bien plus grande proportionnellement avec l'interne.

Il n'y a en effet que deux cunéiformes, le premier n'existant pas; et de plus le second est bien plus petit que le troisième, qui est très-large et très-convexe en travers.

Le cuboïde est au contraire assez petit, un peu comprimé, avec un crochet externe bien marqué.

Cette disposition est en rapport avec la proportion et le nombre des os du métatarse. Ils ne sont en effet qu'au nombre de trois, dont le médian est bien plus fort que les latéraux, l'externe sensiblement plus que l'interne, devenu presque postérieur.

Du Tronc.

Pour le reste du squelette, quoique celui qui fut découvert à Pantin au commencement de ce siècle paraisse assez entier pour donner une idée assez juste de l'animal, il était loin à lui seul de nous apprendre quelque chose d'un peu positif, d'autant plus qu'il n'a que la partie occipitale de la tête. Heureusement que des pièces séparées sont venues remplir cette lacune.

Une partie postérieure de tête, surtout dans sa face vertébrale, rapportée par M. G. Cuvier à son *P. curtum*, et qu'il a figurée, Pl. LV, f. 5-6, appartient évidemment au *P. minus*, comme on peut s'en assurer en comparant la seule molaire que porte ce morceau, la dernière du côté gauche, avec celle, également unique, qui fait partie du squelette de Pantin. Cette pièce offre du reste tous les caractères de son analogue dans le *P. medium*, par exemple, avec de légères différences spécifiques, entre autres la séparation plus profonde des deux apophyses mastoïdiennes. De la Tête. Première pièce rapportée par M. Cuvier au *P. curtum*.

Nous rapportons encore à la même espèce une autre pièce, que M. G. Cuvier a encore à tort attribuée à son *P. curtum*, Pl. LV, f. 2, et qui consiste en un palais presque entier, d'un côté du moins, et portant trois ou quatre molaires, ainsi que la canine et les incisives du même côté. Pour démontrer ce rapprochement, nous nous servons encore de la molaire et aussi des incisives et canines qui sont absolument semblables à leurs analogues dans un bout de museau du squelette de Monthyon. Seconde, de même.

Ces deux pièces, auxquelles il faut en joindre une troisième, que je figure pour la première fois, nous apprennent que la face de ce petit animal formait un museau allongé, étroit, un peu à la manière des petits Ruminants ; les os du nez terminés en pointe, laissant saillir au delà les os incisifs. Malheureusement la pièce que nous décrivons n'a pu nous éclairer complétement sur la disposition des os qui forment l'orifice nasal ; elle nous montre seulement que cet orifice était peu profondément échancré. Troisième, nouvelle.

Du reste de la tête nous ne connaissons que la mandibule au sujet de laquelle M. G. Cuvier a été plus heureux que pour les pièces dont il vient d'être question. Les fragments assez complets que nous avons pu examiner nous ont montré que cet os a tout à fait la même forme que dans les véritables Palæotheriums, l'angle étant aussi largement arrondi et l'apophyse coronoïde un peu courbée en arrière et comme tronquée au sommet. Mandibule.

J'ai déjà eu l'occasion de faire observer plus haut que le squelette Vertèbres :

de Pantin ne nous apprend rien d'une manière bien positive sur le nombre total et particulier des vertèbres, ni même sur celui des côtes.

cervicales; Il nous montre seulement que les vertèbres cervicales étaient assez longues dans leurs corps, assez bien comme chez les Ruminants, et que

sixième; le lobe inférieur de l'apophyse transverse de la sixième était dilaté en fer de hache. Nous apprenons également de cette pièce que les vertèbres

lombaires; lombaires avaient l'apophyse épineuse, assez élevée et antéverse, ce qui tendrait à faire croire à une queue assez puissante, ce qui n'est cependant pas.

coccygiennes. En effet, le squelette des plâtrières de Monthyon nous donne la queue tout entière et continuant le sacrum, avec le membre gauche encore articulé avec lui, et cette queue, après les cinq ou six premières vertèbres, qui sont pourvues d'apophyses épineuses assez élevées, devient ensuite grêle, fort pointue et fort courte, malgré le nombre peut-être assez grand de vertèbres qui la terminent.

Système dentaire. Le système dentaire du *P. minus* offre encore des différences spécifiques plus marquées que le squelette.

D'en haut. Incisives. A la mâchoire supérieure, les incisives, que nous connaissons d'après une pièce attribuée par M. Cuvier au *P. curtum*, Pl. LV, f. 2, et par une autre du squelette de Monthyon, sont au nombre de trois, sublatérales, la couronne en cuiller et croissantes un peu de la première à la troisième, ce que nous avons vu être le contraire chez les véritables Palæotheriums.

Canine. La canine qui suit est assez arquée, comprimée et assez faible.

Après une barre fort longue viennent les molaires au nombre de six

Molaires : seulement, par absence de la première. Les deux antérieures sont encore assez petites et à un seul lobe, mais les quatre dernières sont assez sem-

antérieures, blables étant à peu près carrées, sauf la dernière dont la couronne prend

postérieures. une forme triangulaire, la base en avant. Ces dents ressemblent à celles

Comparées avec celle des Palæotheriums ordinaires. des véritables Palæotheriums, avec la différence que le versant de la paroi externe est plus prononcé, ainsi que ses côtes et que les collines sont plus obliques; c'est ce que l'on voit très-bien sur une pièce que M. G. Cuvier a encore rapportée à son *P. curtum*, Pl. LI, fig. 5, de sa seconde édition, et qui, Pl. XIII du Supplément de la première édition, était plus justement attribuée au *P. minus*. Elle porte en effet les quatre dernières molaires d'un côté.

J'ai encore mieux reconnu toutes ces différences sur une pièce fort intéressante du Puy en Velay, que M. Bertrand de Doue a eu l'extrême obligeance de m'envoyer en communication, et qui porte en série les six molaires du côté gauche. On y voit très-bien qu'il n'y a que les quatre dernières molaires qui soient à deux lobes, tandis que dans les vrais Palæotheriums les six dernières sont dans ce cas, au contraire, des Anoplotheriums où ce sont seulement les trois arrière-molaires, comme dans les Ruminants. Confirmation pour une nouvelle pièce.

Le système dentaire de la mâchoire inférieure présente aussi quelques différences. D'en bas.

Les incisives parfaitement conservées sur le squelette de Monthyon sont terminales, fortement déclives et en palettes, augmentant de largeur de la première à la troisième, comme en haut. Incisives.

La canine assez petite est fort pointue et serrée contre celle-ci. Canine.

Après une barre, également assez étendue, comme à la mâchoire supérieure, suivent sept molaires dont la première monocuspidée et monorhize, la plus petite, et la dernière la plus grande, composée de trois demi-cylindres, le dernier presque égal au premier. Les intermédiaires n'en ont que deux, comme dans les Palæotheriums ordinaires. Molaires. Première. Dernière.

9° P. Aurelianense. *P. Aurelianense.*

Ce Palæotherium est dans le même cas que le précédent, c'est-à-dire très-facile à caractériser, du moins par le système dentaire, la seule partie que connaissait M. Cuvier, et encore les molaires à la mâchoire inférieure seulement, mais nous pouvons aller plus loin en lui rapportant le *P. Monspesulanum* de M. Cuvier, ainsi que celui que M. Lartet a nommé provisoirement *P. equinum* ou *hippoïdes*, et peut-être même celui dont on a trouvé quelques ossements dans le département du Gard. Comprenant les *P. Monspesulanum*, *equinum* ou *hippoïdes*.

Sous le rapport du système dentaire dont nous sommes assez loin Caractérisé par les dents de la Mandibule. 7e inférieure.

de connaître suffisamment toutes les parties, nous n'avons besoin que de nous rappeler que cette espèce peut être parfaitement caractérisée, sinon par la séparation des deux cornes de jonction des deux croissants de la couronne, mais du moins et certainement par la petitesse et la forme du troisième lobe de la dernière molaire d'en bas (1).

Or, ce caractère qui est évidemment spécifique, se retrouve dans le fragment sur lequel repose le P. de Montpellier, décrit pour la première fois par M. Faujas de Saint-Fonds.

Je l'ai parfaitement observé sur un des morceaux recueillis dans le département du Gard.

par la Mandibule elle-même.

Aucun de ceux, et ils sont nombreux, que M. Lartet a rapportés à son *P. equinum* ou *hippoïdes*, n'échappe à cette particularité, ainsi qu'à une certaine forme plate et triangulaire de la mandibule elle-même; en sorte que je réunis toutes ces prétendues espèces à une seule; mais alors je puis ajouter à ses caractères les particularités que j'ai observées dans certains ossements attribués par M. Lartet à son *P. equinum*.

par les Molaires supérieures.

Et d'abord pour continuer la caractéristique du système dentaire, nous pouvons dire quelque chose de celui de la mâchoire supérieure, non pas encore des incisives ni même des canines, mais des six dernières molaires. Elles sont en effet subégales, ou plutôt même un peu décroissantes de la troisième à la dernière, ayant une forme plutôt longue transversalement que carrée, et la dernière étant à peine un peu plus étroite en arrière qu'en avant; au contraire de ce qui existe dans tous les Palæotheriums ordinaires.

par les autres os des Membres antérieurs. Phalanges.

Parmi les pièces qui peuvent nous instruire sur le système digital de ce Palæotherium, nous comptons une phalange onguéale, large et courte, mais n'étant pas tout à fait symétrique et par conséquent indiquant un doigt extrême autre que le médian; mais nous croyons, par une raison contraire, considérer deux pièces séparées comme seconde

(1) M. de Tristan a depuis longtemps reconnu cette particularité caractéristique chez le Palæotherium d'Orléans, ou mieux de Montabuzard, dans ses observations sur des dents fossiles trouvées à Montabuzard, près d'Orléans, p. 6, 1824.

et première phalange de ce doigt médian et dont l'une est à peu près carrée, l'autre notablement plus longue et ayant une ressemblance évidente avec son analogue dans le Cheval.

Cette comparaison peut être parfaitement continuée avec l'os métatarsien ou métacarpien de ce même doigt médian. Il ressemble réellement assez bien à celui d'un petit Ane, avec la différence qu'il était accompagné à droite et à gauche d'un métacarpien ou métatarsien beaucoup plus grêle et comprimé, dont nous avons des fragments suffisants pour assurer le fait de l'existence de trois doigts dont celui du milieu était presque comme dans les monongulés, ainsi que M. Lartet l'avait parfaitement reconnu, et indiqué par le nom de *P. equinum* qu'il a donné à cette espèce. Métacarpe ou Métatarsien médian.

Passant au reste des membres, nous n'avons des antérieurs qu'un radius en deux moitiés et d'individus différents, mais dont la forme et la force rappellent assez bien celui du Cheval. Radius.

Une tête articulaire inférieure de radius du côté gauche nous montre aussi très-bien que cet os occupait toute la largeur de l'articulation, et que la partie externe de la gorge était assez profondément traversée par une gouttière plus profonde peut-être que dans les véritables Palæotheriums.

Nous sommes plus heureux pour les membres postérieurs, dont nous avons pu apprécier un nombre assez considérable de pièces importantes, par exemple : Des Membres postérieurs.

Des fragments supérieurs de fémur, pourvus évidemment d'un troisième trochanter, mais peut-être plus faible, et certainement bien plus remonté que dans les Palæotheriums ordinaires; des fragments inférieurs, indiquant que la partie terminale était fort comprimée, avec une poulie rotulienne étroite, profonde, oblique, par la différence d'élévation des deux bords. Fémur.

Un tibia entier fort grand, surtout en longueur; ses deux têtes peu élargies, et l'inférieure terminée par une gouttière oblique, serrée et profonde. Ce tibia, du reste, montre que le péroné était complet. Tibia.

Astragale.

Des astragales parfaitement entiers et ressemblant à celui des Palæotheriums, mais avec la poulie plus étroite et plus profonde. Sa face terminale offrant une facette au cuboïde.

Calcanéum.

Un calcanéum en général plus allongé et plus comprimé dans son apophyse.

Scaphoïde.

Un scaphoïde, ne montrant presque en avant qu'une facette articulaire avec le troisième cunéiforme que je ne connais pas.

Conclusion.

Ainsi, les particularités un peu caractéristiques des pièces que nous rapportons à cette espèce sont en harmonie avec les différences observées sur le système dentaire.

P. Isselanum.

10° P. Isselanum.

Caractérisé par la Molaire inférieure.

Nous avons vu plus haut que cette espèce ne repose que sur un fragment de mandibule; mais, comme parmi les trois molaires qu'elle porte se trouve justement la dernière ou la plus caractéristique, on peut assurer que cette espèce était parfaitement distincte; en effet, le troisième demi-cylindre de cette dent est presque aussi grand que les deux autres, ce qui, outre que les demi-cylindres des trois molaires qui existent ont leur tranchant moins courbé, approchant davantage de formes les collines transverses, montre un véritable passage vers les espèces qui sont réunies aujourd'hui sous le nom de Lophiodon, et peut-être d'Anthracotherium, genres dont nous allons bientôt commencer l'histoire, comme devant faire suite immédiate à celle des Palæotheriums.

P. Velaunum.

11° P. Velaunum.

D'après les dents antérieures de la Mandibule rapportée au *P. medium.*

Quoique la pièce unique sur laquelle est établi ce Palæotherium ne présente rien d'absolument caractéristique, puisqu'elle ne porte ni la première, ni la dernière molaire, on peut cependant présumer qu'il ne formait pas une espèce distincte, tant il y a de rapports pour la disposition et même peut-être un peu pour la proportion des incisives, avec l'un ou l'autre des Palæotheriums de moyenne taille des plâtrières de Paris.

Mais il faut, pour accepter ce rapprochement comme fort probable, se rappeler que la figure donnée par M. G. Cuvier est fort inexacte, et, par exemple, se souvenir, comme nous l'avons dit plus haut, que s'il semble n'y avoir pas de première molaire, on peut juger, par l'existence d'une alvéole de chaque côté, qu'elle existait et n'avait qu'une seule racine.

P. Girondicum.

12° P. GIRONDICUM.

Nous croyons avoir montré à son article, page 48, que, plus probablement encore que pour la précédente, c'est une espèce à supprimer ou même trois, si l'on pouvait être tenté d'admettre celles que M. G. Cuvier avait pensé devoir être différentes, avec toute probabilité, dit-il, de celles des environs de Paris. Pour nous, c'est aux *P. magnum* et *crassum* que les pièces recueillies jusqu'ici dans le bassin de la Gironde doivent être rapportées sans aucun doute.

Rapporté au *P. magnum*.

Conclusion. Doivent être distinguées des P. de Paris.

Ainsi, comme résultat provisoire au sujet des espèces susceptibles d'être définies dans le genre Palæotherium, tel qu'il a été caractérisé plus haut, en faisant entrer dans la caractéristique aussi bien les systèmes digital et dentaire que le reste du squelette, nous trouvons que les Palæotheriums des plâtrières des environs de Paris constituant, si l'on veut, une, deux, trois, quatre et même cinq espèces, reposant sur la taille et la proportion des os du métacarpe et du métatarse, qui leur ont été attribués à tort ou à raison, forment du moins un type assez distinct, à la tête duquel se place le P. d'Orléans, comprenant celui de Montpellier, d'Argenton et de Sansans, comme plus voisin du Cheval et du Rhinocéros, et qui doit être terminé par le P. d'Issel et le P. minus, comme plus rapprochés des Lophiodons et des Anthracotheriums.

les P. d'Orléans, P. d'Issel, *P. minus*.

Mais avant d'établir la manière dont les espèces peuvent être disposées sérialement, il est absolument nécessaire de faire pour ces deux groupes d'espèces ce qui vient d'être fait pour celui des Palæotheriums, c'est-à-dire d'en chercher les différences génériques, s'il y en a, et ensuite les différences spécifiques, à l'aide des éléments que nous possédons.

CHAPITRE DEUXIÈME.

DES LOPHIODONS.

a) *Histoire.*

Histoire.

Les Os fossiles attribués à un Genre distinct,

Le genre d'ossements fossiles réunis sous les noms de *Tapirotherium*, de *Lophiodon* et de *Coryphodon*, est un nouvel exemple, s'il en était besoin, de l'incertitude ou du peu de fixité qu'ont nécessairement en bonne zoologie ces divisions génériques qui ne reposent que sur quelques dents molaires mal appréciées, parce qu'elles étaient isolées, et qui ne peuvent être employées avec un peu d'avantage que comme moyen de distinction spécifique. En effet, ce n'est qu'après avoir été successivement attribués aux Rhinocéros, aux Tapirs et aux Palæotheriums, et pour éviter de troubler la caractéristique de ces genres, telle qu'on l'avait donnée ou acceptée, que, par un pur artifice, on a été réduit à en former un genre particulier, ce qui est malheureusement trop facile et trop commun en paléontologie; mais sans pouvoir réellement le formuler d'une manière un peu assurée et satisfaisante.

proposé par moi, à tort, en 1817,

C'est probablement moi qui le premier, dans un travail sur les dents, publié dans le nouveau Dictionnaire d'Histoire naturelle en 1817 ai proposé de réunir sous le nom de *Tapirotherium* les espèces de Palæotherium de M. G. Cuvier, qu'il avait rangées parmi les Tapirs, parce que les dents molaires d'en bas présentent deux collines transverses, un peu comme chez ces derniers; d'où l'on avait pu conclure que c'étaient ou bien des Tapirs proprement dits, ou du moins des animaux encore plus voisins des Tapirs que les Palæotheriums proprement dits; c'est même, je dois en

indiqué par M. Cuvier, en 1812,

convenir, ce que M. Cuvier avait lui-même pressenti dès 1812, dans la publication de ses mémoires réunis en volume, lorsqu'il disait, p. 5 de l'Addition au mémoire sur les Palæotheriums de divers endroits : « Si, » par suite de nouvelles recherches, il se trouvait que le pied de devant » eût un quatrième doigt un peu développé, je n'hésiterais pas à faire de » ces Palæotheriums à collines transverses aux dents d'en bas un nouveau

« genre, encore plus voisin des Tapirs, que ne le sont les Palæotheriums « ordinaires. »

C'est en effet, et quoique la condition demandée ne fût pas arrivée, que je sache du moins, ce que M. G. Cuvier fit en 1821 dans la seconde édition de ses Recherches, tom. II, p. 176, sous ce titre : *D'un genre d'animaux voisins des Tapirs par les incisives et les canines, et qui s'en éloignaient peu par la grandeur, mais dont les molaires antérieures et postérieures offraient quelques différences ; genre auquel je donne le nom de* Lophiodon, » en ajoutant que les espèces dont il se propose de traiter dans cette section, ne s'éloignent cependant pas tellement des Tapirs que l'on n'ait pu les laisser dans le même genre sans le besoin de précision que l'on éprouve dans des recherches telles que les siennes ; double assertion qui n'était peut-être pas rigoureusement exacte, car les Lophiodons n'ont rien des Tapirs, mais qui servait d'une sorte de transition et de rectification à ce que M. Cuvier avait fait dans sa première édition, où les ossements fossiles qu'il va rapporter à des espèces de Lophiodons, au nombre de douze, étaient considérés comme provenant de Tapirs.

Établi par lui en 1821,

comme presque des Tapirs.

Quoi qu'il en soit, cette division générique a été généralement adoptée par tous les paléontologistes, et, comme de coutume, sans beaucoup d'examen ; seulement M. R. Owen a encore trouvé à former à côté des Lophiodons un sous-genre qu'il nomme *Coryphodon*, sans doute comme exprimant rigoureusement une particularité caractéristique des dents molaires d'en bas, ainsi que nous le dirons plus loin.

Adopté par les paléontologistes.

M. G. Cuvier, après avoir défini les Lophiodons, comme il vient d'être dit plus haut, leur a donné pour caractères génériques :

Caractérisés par M. Cuvier,

1) Six incisives et deux canines à chaque mâchoire ; sept molaires de chaque côté à la mâchoire supérieure, et six à l'inférieure, avec un espace vide entre la canine et la première molaire ; points par lesquels ils ressemblent, suivant lui, aux Tapirs.

par les Incisives.

2) Une troisième colline à la dernière molaire d'en bas, laquelle manque aux Tapirs.

la 7ᵉ molaire inférieure.

les Molaires inférieures antérieures.

3) Les molaires antérieures d'en bas n'étant pas munies de collines transverses, comme dans ceux-ci, mais d'une suite longitudinale de tubercules, ou d'un tubercule conique et isolé.

Les Molaires supérieures.

4) Les collines transverses des molaires supérieures plus obliques et se rapprochant par là du Rhinocéros, dont elles diffèrent par l'absence de crochets à ces mêmes collines.

Rapproché par les Os connus, des Tapirs, etc.

Admettant que ce que l'on connaît de l'ostéologie des Lophiodons annonce des rapports sensibles avec les Tapirs, les Rhinocéros, et à quelques égards avec les Hippopotames, et c'est ce qu'il y a de remarquable suivant nous, M. Cuvier, dans ces rapprochements presque tous complétement erronés, n'a pas même prononcé le nom de Palæotherium dont les Lophiodons ne diffèrent que par un peu moins d'obliquité ou plus de rectitude dans les deux lobes ou parties des dernières molaires inférieures, formant collines.

passant, à tort, sous silence les Palæotheriums, dont il diffère à peine.

Ce serait cependant avec bien plus de raison du genre Palæotherium que de celui des Tapirs, qu'on aurait pu dire ce que M. Cuvier dit à l'égard de ceux-ci, que les Lophiodons ne s'éloignaient pas tellement de ce premier genre qu'on n'aurait pu les y laisser sans inconvénient et même avec avantage, comme au reste il va nous être facile de le démontrer en analysant toutes les pièces qui ont servi à la proposition des espèces nombreuses de Lophiodons que M. Cuvier a désignées sous des noms particuliers, suivant sa coutume, d'après la taille et la localité. On trouve, en effet, dans le résumé de son second chapitre intitulé : *Sur les animaux voisins des Tapirs*, que le nombre des espèces à peu près déterminées de Lophiodons ne laisse pas que d'être assez considérable puisqu'il monte au moins à douze, et cela, dit-il, sans incertitude, et sans compter, ajoute-t-il, un humérus du Laonnais et un bassin du val d'Arno qu'il regarde encore comme douteux; ce sont, d'après M. G. Cuvier :

Des Espèces qu'il propose.

Trois espèces trouvées à Issel, dont la plus grande s'est retrouvée à Argenton et à Soissons (1) :

(1) Ce qui est inexact.

1° *L. moyen d'Issel;*
2° *L. petit d'Issel;* 3 d'Issel.
3° *L. grand d'Issel.*

Trois ou mieux quatre autres espèces d'Argenton, toutes différentes de celles d'Issel :

4° *L. secondaire d'Argenton;*
5° *L. petit d'Argenton;*
6° *L. très-petit d'Argenton;* 4 d'Argenton.
?6° 5° *L. d'Argenton*, t. IV, p. 498.

Deux espèces de Buschweiler :

7° *L. grand de Buschweiler;* 2 de Buschweiler.
8° *L. secondaire de Buschweiler.*

Une espèce de Montpellier :

9° *L. de Montpellier.* 1 de Montpellier.

Deux de Montabuzard, dont la plus grande est de taille gigantesque :

10° *L. très-grand de Montabuzard;* 2 de Montabuzard.
11° *L. moindre de Montabuzard.*

Une au moins du Laonnais :

12° *L. du Laonnais.* 1 du Laonnais.

Cependant M. Cuvier ne jugea pas à propos de donner à ses espèces de véritables noms linnéens, et je ne vois pas que les paléontologistes systématiques aient essayé de le faire (si ce n'est M. Hermann de Meyer, dans sa *Palæologica*), sans doute parce qu'ils n'étaient pas convaincus de la réalité de ces douze espèces, pour ainsi dire cantonnées par petits groupes dans des provinces particulières de notre France. Sans Noms linnéens.

Depuis la publication du dernier volume des *Recherches* de M. Cuvier en 1825, les paléontologistes n'en sont cependant pas restés là, en effet, dès 1829, M. Fischer de Waldheim a proposé son *L. Sibericum* pour quelques pièces trouvées en Sibérie. Par d'autres paléontologistes.

En 1835 M. A. Bravard annonça avoir trouvé des restes d'une espèce fort différente de celles qu'on connaissait déjà (*Monogr. du G.* MM Bravard,

Caïnotherium, p. 3), sans nous dire alors sur quoi reposait cet avertissement.

de Basterot, Lockart,

Plus tard nous voyons que M. de Basterot et ensuite M. Lockart, en scrutant avec plus de soin les nombreux matériaux qu'ils avaient recueillis, par suite de fouilles nouvelles, dans le dépôt d'Argenton, ont porté à cinq le nombre des espèces entre lesquelles ils ont réparti les ossements découverts, la cinquième étant encore plus petite que la très-petite de M. Cuvier.

Eichwald,

M. Eichwald, *Natur-Skizze von Lithuan.*, p. 203-239, avait d'abord attribué à un animal de ce genre une dent sur laquelle il a établi ensuite son *Tapirus proavus*, et qui était réellement de Dinotherium, comme nous l'avons montré dans notre mémoire sur ce genre.

Pentland,

M. Pentland en a nommé une autre espèce de la molasse du royaume d'Ava, *L. Silistrense.*

R. Owen.

Enfin, tout dernièrement, M. R. Owen en a signalé une nouvelle de grande taille en Angleterre sous le nom de *L. eocænus.*

Énumération des espèces.

En sorte qu'aujourd'hui le nombre des espèces nommées dans les catalogues de paléontologie monte au moins à une vingtaine.

b) *Énumération des espèces proposées et des pièces sur lesquelles elles reposent.*

Voyons maintenant à analyser les pièces, et les raisons sur lesquelles reposent ces espèces prétendues, ce qui nous conduira à déterminer celles qui peuvent, dans l'état actuel des choses, c'est-à-dire avec les matériaux que nous possédons, être suffisamment caractérisées pour être adoptées en bonne zoologie.

Dans l'ordre de la proposition.

Dans cette analyse nous allons suivre rigoureusement, du moins autant que cela est possible, l'ordre des dates de la proposition des espèces; puis après avoir nettement caractérisé celles qui peuvent l'être, nous les exposerons dans l'ordre sérial qui leur appartient, sans avoir aucun égard pour cela à la position géologique; nous aurons cependant grand soin de la relater avec toute l'exactitude convenable, d'après les documents fournis par les personnes qui ont recueilli les pièces sur lesquelles ces espèces reposent.

Commençons par celles qu'a énumérées M. Cuvier et dans l'ordre de leur énumération.

1° Le L. de grandeur moyenne d'Issel (*L. Tapirotherium*). D'Issel.

La plupart des ossements fossiles sur lesquels repose cette espèce étaient connus avant que M. G. Cuvier ne s'en occupât, et faisaient partie de la collection de M. de Drée, provenant de celle de M. de Joubert, ancien trésorier des états de Languedoc. Espèce moyenne.

M. G. Cuvier en a parlé pour la première fois en 1800 ou en l'an VIII, dans le *Bulletin des sciences par la Société philomatique*, n° 34, dans un article sur les *Tapirs fossiles de France*, p. 73, donné comme un supplément à celui dont l'extrait est dans le n° 18. C'était alors son petit Tapir. Il en fut de même en 1802 dans les *Annales du Muséum*, tom. III, p. 132, et ensuite tom. V, p. 52; puis en 1812 dans la réunion de ses mémoires, tom. II, p. 3, dans les additions et les corrections à l'article des Tapirs fossiles, d'après de nouvelles pièces qu'avait envoyées, en 1799, avec un mémoire à la Société philomathique, M. Dodun, ancien ingénieur des états de Languedoc, comme provenant des environs d'Issel sur les pentes de la montagne Noire, dans un terrain d'eau douce (1). Histoire. 1800. 1802. 1812.

Mais en 1821 ces différentes pièces sont décrites et figurées dans un article intitulé: *D'une espèce moyenne de Lophiodon de terre à Issel*, et elles sont figurées dans les Pl. I, II et III. 1821.

Ce sont : Pièces à l'appui.

1° Une mandibule presque entière, au moins dans ses deux branches horizontales. M. G. Cuvier, *loc. cit.*, Pl. I, f. 1, et Pl. II, f. 1; Énumérées.

(1) Nous avons déjà fait ailleurs la remarque que ce mémoire de M. Dodun n'avait pas même été mentionné dans le bulletin de la Société, à laquelle il avait été envoyé en 1799. Mais nous trouvons qu'il a été publié depuis, en 1805, et tronqué, c'est-à-dire sans les figures qui l'accompagnaient, dans le *Journal de Physique*, tom. LXI, p. 254.

2° Une autre portion de branche horizontale de mandibule du côté droit, portant une dent molaire, Pl. III, f. 1;

3° Une partie terminale de mandibule, Pl. I, f. 2;

4° Un fragment de mâchoire supérieure du côté droit, que M. G. Cuvier avait signalé dans la première édition de ses mémoires comme provenant d'un Rhinocéros, Pl. VIII, f. 6;

5° Une portion supérieure de fémur, Pl. II, f. 6;

6° Deux fragments de tibia, non figurés.

Examinées. J'ai vu et examiné ces différentes pièces, dont les principales ont longtemps fait partie de la collection paléontologique de M. de Drée, achetée à sa mort par l'administration du Muséum.

Mandibule. Le n° 1 est une mandibule presque entière, sauf les branches montantes, saisie et encroûtée d'une roche de sable fort dure, de couleur presque noire et montrant la série des dents ou des racines, incisives, canines et molaires, dans leur disposition normale.

M. G. Cuvier ne l'a figurée, d'après ses propres dessins, gravés à l'eau-forte par lui-même, que d'une manière assez incomplète, en se bornant à la face triturante et au profil.

La branche horizontale la plus complète est assez fortement en bateau avec des trous mentonniers considérables, très-inférieurs, dont un grand, sous la racine antérieure de la première molaire.

L'apophyse géni est nulle, et l'état de la pièce ne permet pas de juger de l'étendue de la symphyse.

Ses Dents. Mais il n'en est pas de même du système dentaire, qui est assez complet, du moins par les racines qui en restent, pour nous montrer le nombre, la position et la disposition des dents, comme nous l'avons décrit plus loin en donnant les caractères des Lophiodons.

Le n° 2 consiste en une partie de branche horizontale du côté droit, portant la dernière molaire en place et les alvéoles des quatre précédentes.

M. G. Cuvier l'a figurée d'une manière peu satisfaisante, surtout pour la dent vue à part et par la couronne. Ses collines sont évidemment trop droites ou trop tapiroïdes.

Le n° 3 est une portion terminale d'une mandibule, assez mal dessinée en dessus et gravée par M. G. Cuvier. Elle eût été plus intéressante vue en dessous, où elle aurait montré le rétrécissement de l'intervalle où se trouve la barre. Du reste, la forme de cette extrémité symphysaire, portant les incisives et les canines, rappelle assez bien ce qui existe chez les Tapirs. La barre est courte. Autre Mandibule.

Le n° 4 est un fragment de mâchoire du côté droit, portant les deux dernières molaires et la racine malaire de l'arcade zygomatique. Il n'y a rien à apprendre de l'os; mais les deux dents, et surtout la dernière, nous ont montré leur véritable caractère qui a réellement quelque chose de rhinocérotique, et encore mieux de paléothérien; en sorte qu'on doit être étonné de lire dans M. G. Cuvier que cette dent ne diffère de celle du Tapir que par plus d'obliquité dans les collines transverses et par plus de saillie à son angle antérieur interne. En effet, il serait plus exact de dire qu'elle ne ressemble en rien à son analogue dans le Tapir. Mâchoire. Ses Dents.

Le n° 5 ne signifie rien, et je ne connais pas le n° 6.

2° La petite espèce de Lophiodon d'Issel (*L. Occitanum*).

Espèce petite.

Les pièces qui servent de fondement à cette espèce étaient déjà indiquées en 1806 dans les *Annales du Muséum* (tom. V), et par conséquent dans les Mémoires réunis en 1812 (tom. II). Histoire.

Elles ont été attribuées à un Lophiodon dans la seconde édition des Recherches, en 1821, tom. II, p. 183.

Elles consistent en : Pièces à l'appui. Énumérées.

1) Une portion de mandibule du côté droit, contenant des dents molaires, non figurée;

2) Une tête supérieure de fémur également non figurée;

3) Une tête inférieure de tibia, figurée Pl. IX, f. 8 et 9 et fort mal, provenant toutes les trois de l'envoi fait par M. Dodun.

M. Cuvier distingue cette espèce de la précédente d'après le fragment de mandibule, d'un tiers plus petite, et parce que les collines des molaires sont un peu plus aiguës.

Examinées. Dents. J'ai examiné cette pièce qui porte trois dents, dont les deux premières sont brisées au collet; la troisième est, comme elles, fort usée, notablement plus petite que dans le précédent; mais elles pourraient bien n'être que de première dentition.

Tibia. Quant à la partie inférieure du tibia, malheureusement tronqué aux deux extrémités de sa face articulaire, la direction moins oblique de la poulie, cependant plus profonde, pourrait bien indiquer un Ruminant,

Conclusion. aussi bien que la tête de fémur.

Ce qui pourrait confirmer ce soupçon, c'est que dans le même cadre contenant ces deux pièces, il y a une vertèbre étiquetée comme de cette espèce, et qui est évidemment une des premières coccygiennes de Ruminant.

Espèce grande.

3° La grande espèce de Lophiodon d'Issel (*L. Isselense*).

Histoire. Il est question des pièces fossiles attribuées à cette espèce, d'abord en 1806, dans les *Annales du Muséum*, t. V, p. 52, tab. 56, f. 3 et 4, et ensuite, en 1812, dans les additions et corrections à l'article Tapir, p. 3

En 1812. des *Mémoires* de M. G. Cuvier réunis en volumes, sous ce titre : *Une autre portion de mâchoire inférieure dont les dents sont incrustées dans le sable, et une inférieure à part;* provenant des fossiles recueillis par M. Dodun aux environs de Castelnaudary, et elles sont figurées dans une Planche ajoutée, sous l'inscription : Tapir, Pl. VII.

En 1821. Dans la seconde édition de son Mémoire, en 1821, il en est question, tom. II, p. 186, comme indiquant une troisième espèce de Lophiodon plus grande que les précédentes, sous le titre commun d'*Animaux fossiles voisins des Tapirs*, la même planche inscrite sous le n° III.

Dans la première édition, les deux principales pièces sur lesquelles cette espèce repose, étaient, ainsi que celles qui constituent la première et la troisième, regardées comme provenant d'une seule, alors désignée sous le nom de *petit Tapir fossile*.

Dans la seconde, à ces deux pièces sont ajoutés quelques fragments d'os provenant de la même localité et de l'envoi de M. Dodun. Pièces à l'appui.

En sorte qu'aujourd'hui, dans nos collections et dans l'ouvrage de M. G. Cuvier, la grande espèce de Lophiodon d'Issel est établie sur les pièces suivantes : Énumérées.

1) Un fragment de mandibule portant les dernières molaires en place;

2) Une dent intermédiaire encore enchâssée dans un petit fragment de la mandibule;

3) Une tête d'humérus droit, non figurée;

4) Une tête articulaire d'omoplate figurée de profil et de face; Pl. IX, f. 1-2, seconde édition;

5) Une tête d'humérus qui ne l'est pas;

6) Une moitié extérieure d'astragale figurée. *Loc. cit.*, Pl. IX, f. 10.

J'ai vu et examiné ces différentes pièces dans la collection paléontologique du Muséum. Examinées.

La portion de mandibule, assez mal figurée par M. G. Cuvier, est la partie postérieure de la branche horizontale, à son point de réunion avec la branche montante, tout à fait encroûtée en dehors, de manière qu'elle ne peut être vue qu'à sa face interne. Mandibule.

Elle porte, et fortement implantée, une arrière-molaire très-usée, et une partie de la pénultième ayant sa colline postérieure cassée. Ses Dents.

La dent entière est justement égale en dimensions à sa correspondante sur la mandibule attribuée au Lophiodon d'espèce moyenne, provenant de la même localité, et les collines ont exactement la même forme et la même arqûre, formant un peu crochet à l'angle interne.

La dent implantée dans son alvéole est évidemment une molaire inférieure du côté droit, dont la racine antérieure est au-dessus du premier trou mentonnier. Dès lors, c'est très-probablement une seconde un peu plus forte que sur une mandibule de Nanterre dont nous parlerons plus loin.

M. G. Cuvier la figure, et dit cependant, p. 187, qu'on rapportera, si l'on veut, à cette grande espèce, la dent intermédiaire à deux collines, Pl. 3, f. 4, qui était probablement la pénultième ou l'antépénultième.

Au reste, la figure qu'il en donne est à peine reconnaissable, tant elle est inexacte (1).

Omoplate. La tête articulaire d'omoplate, à l'occasion de laquelle M. G. Cuvier insiste sur l'avancement de la crête, autant que dans l'Hippopotame, et qui lui semble intermédiaire à celle de cet animal et du Tapir, me paraît aussi avoir été assez mal représentée par lui.

C'est un fragment d'omoplate du côté gauche, indiquant un animal d'une grande taille, dont la fosse sur-épineuse devait être assez étroite, au contraire de la sous-épineuse, le tubercule coracoïdien assez fort, et la crête assez descendue; mais tout cela a beaucoup de ressemblance avec l'omoplate d'un Rhinocéros de la taille de celui de Sumatra, étant bien plus ovale-allongée que dans le Tapir. En effet, ce fragment ressemble beaucoup à son analogue dans le Rhinocéros de Sansans, si ce n'est pour le tubercule coracoïdien, qui n'existe ni dans les Rhinocéros, ni dans les Tapirs.

Humérus. Quant à la tête supérieure d'humérus que M. G. Cuvier n'a pas figurée, c'est, en effet, une pièce tout à fait insignifiante, quoiqu'il la déclare entièrement semblable, dans ce qui existe, à ce qui se voit chez le Tapir. Je serais cependant tenté de la regarder plutôt comme une tête inférieure de fémur.

Un autre. La tête d'un autre os de cette sorte, que M. G. Cuvier ne figure pas non plus, me paraît encore plus insignifiante et absolument illisible pour moi. Pour M. G. Cuvier, c'est encore une pièce assez semblable à ce qu'elle

(1) A cette époque, M. Cuvier dessinait, et quelquefois même gravait lui-même ses dessins à l'eau-forte.

est dans le Tapir, mais dans une proportion moindre que le fragment d'omoplate.

Le fragment d'astragale pour lequel M. G. Cuvier trouve des rapports avec celui de l'Hippopotame, p. 185, consiste dans une moitié externe de cet os provenant de la jambe gauche; il n'offre que trois facettes articulaires, une antérieure pour le scaphoïde, une inférieure double pour le calcanéum, et une supérieure pour le tibia; mais quoique ce ne soit pas un osselet, je doute un peu qu'il ait appartenu à un animal de cette famille (Rhinocéros, Tapir ou Palæotherium); en effet, sa poulie est beaucoup plus profonde et plus oblique, et l'os est notablement plus épais. Astragale.

M. G. Cuvier trouve cependant que cette poulie ressemblerait assez à ce qu'elle est dans le Tapir, si la facette cuboïdienne n'était pas beaucoup trop large à proportion, indiquant un rapport avec l'Hippopotame.

Nous trouvons encore une autre pièce, dont M. Cuvier a parlé page 185, comme ne pouvant être comparée à rien de connu en fait d'olécrane par sa brièveté et son épaisseur. Mais est-il certain que ce soit réellement un fragment de cet os? J'avoue que j'en ai douté un moment; pensant que c'était plutôt une portion de calcanéum, je l'ai fait figurer. Olécrane?

4° Le grand Lophiodon de Buschweiler (*L. tapiroïdes*).

L. de Buschweiler.

Dans la première édition de ses Recherches, les ossements fossiles sur lesquels repose ce Lophiodon étaient attribués par M. G. Cuvier à un Palæotherium (*Ann. du Mus.*, t. VI, p. 56), qu'il désignait sous le nom de *P. tapiroïdes*, ce qui eut encore lieu en 1812, dans les Mémoires réunis. Le nombre des fragments attribués à cette espèce n'a pas été augmenté dans la seconde édition en 1821, où ils sont rapportés à un Lophiodon. Ce sont : Grande espèce. Histoire. 1808. 1812. 1821. Pièces à l'appui. Énumérées.

1) Une extrémité antérieure de mandibule du côté droit, parfaitement représentée par M. G. Cuvier de grandeur naturelle, Pl. I, f. 1,

1re éd., et pl. VII de la seconde; seulement, c'est à tort qu'il semble y avoir une petite avant-molaire; ce qu'on a pris pour elle n'est qu'un reste de dent brisée de l'autre côté ;

2) Un petit fragment de mâchoire du côté droit portant les deux dernières molaires ;

3) Un fragment encore plus petit de mâchoire du côté gauche, ne contenant que la dernière molaire.

L'une et l'autre bien représentées par M. Cuvier, mais dans une projection un peu trop oblique de la couronne. *Loc. cit.*, f. 3 et 4.

Examinées. Ces trois pièces font partie de la collection paléontologique du Muséum; et elles indiquent un animal assez grand, égalant un grand Tapir de l'Inde, ou même un Rhinocéros médiocre.

Mâchoire et ses Dents. La première, qui contient une canine à moitié brisée et les trois premières molaires, après la caduque qui manque complétement, même dans l'alvéole, comparée avec son analogue dans le grand Lophiodon d'Issel, m'a paru présenter absolument les mêmes formes, seulement avec des dimensions un peu plus fortes et plus robustes, indiquant un individu mâle.

Autres Dents. En comparant la dernière des deux molaires du n° 2 avec son analogue dans l'espèce d'Issel, j'ai trouvé qu'elle lui ressemble parfaitement avec un peu plus d'usure et de grosseur.

Autres. La dent du n° 3 n'est autre chose que la même dent du côté opposé et sans doute du même individu. Elle porte une étiquette en papier sur laquelle est écrit : *Rhin. bicornis Africanus Mas, Batsberg Bininger.* Et en effet elle a bien des rapports avec son analogue dans les Rhinocéros, au moins autant qu'avec les Palæotheriums, quoique bien plus étalée dans ses deux parties.

Mandibule. M. Cuvier cite encore, et sans les figurer, trois autres fragments de mandibule, mais tout à fait insignifiants, quoique indiquant un animal de la taille de celui auquel a appartenu le n° 1.

5° L. secondaire de Buschweiler (*L. Buxovillanum*). Espèce secondaire.

Les fragments sur lesquels repose cette espèce ont été, comme ceux de la précédente, signalés pour la première fois par M. G. Cuvier dans les *Ann. du Mus.*, t. VI, p. 346, où ils sont figurés, Pl. LIV, f. 1, 2, 3, 5, comme provenant du Palæotherium, et rangées sans changements dans les Mémoires réunis en 1812, t. II, p. 2, Pl. IV. Histoire. 1805. 1812.

En 1822, dans la seconde édition de ses Recherches, t. II, p. 206, ils ont été considérés comme provenant d'un Lophiodon. 1822.

Ces fragments, provenant de la même localité que ceux de l'espèce précédente, sont : Pièces à l'appui.

1° Divers morceaux de la même mandibule portant des dents molaires. Pl. VI, f. 1, 3; Énumérées.

2° Un fragment de mandibule contenant trois dents molaires contiguës. Pl. VII, f. 3;

3° Un morceau de mâchoire supérieure avec trois molaires en série. Fig. 2.

La première pièce, bien plus frustre que ne l'indique la figure donnée par M. Cuvier, ne nous apprend pas grand'chose, si ce n'est que les dents antérieures sont bien comme dans le L. de Nanterre, dont il sera parlé plus loin, et de même grandeur, et que les postérieures sont assez palæothériennes, c'est-à-dire composées de demi-cylindres formant des collines obliques. Examen des pièces.

Le fragment de mandibule n° 3 est remarquable par la grande courbure des collines, ce qui rappelle tout à fait le fragment attribué à la troisième espèce d'Issel, pour la forme et la proportion des dents analogues; et de plus elle est de la même espèce que le grand Lophiodon de Buschweiler, quoique d'une taille un peu moindre. Mandibule.

Enfin, cela est encore plus évident pour le morceau de mâchoire du côté droit, portant trois molaires en série, et très-probablement les 2e, 3e et 4e, provenant peut-être mieux du même individu que le Autre.

n° 3 de l'espèce précédente, et qui offrent cela de remarquable qu'elles sont subitement plus petites.

Humérus. J'ai encore trouvé dans les collections du Muséum et provenant de la même localité, une tête d'humérus du côté gauche qui a évidemment quelque chose de celui du Rhinocéros par sa forme ovale et indiquant un animal de la grandeur d'un Tapir, et une tête inférieure de fémur, indiquant aussi un animal de grande taille, mais si déformée par la pression qu'il n'y a pas autre chose à en tirer. (Fémur.)

Tibia. Je dois encore faire mention d'une portion inférieure de tibia du côté gauche et trouvée à Zalbach, à une lieue de Mayence, et donnée par M. Nau, en 1828. Sa grandeur indique un animal de la taille d'un R. de Java ou même de Sumatra, avec le tibia duquel il a beaucoup de rapports; il est seulement plus ailé ou plus dilaté en dehors et plus cylindrique ou moins triquètre à son corps.

Conclusion. Somme toute et après un second examen des pièces attribuées à ce Lophiodon secondaire de Buschweiler, j'ai acquis la certitude que c'est la même chose que le grand Lophiodon de cette localité et que l'un et l'autre ne diffèrent pas de celui d'Issel.

L. giganteum.

6° Le Grand Lophiodon d'Orléans (*L. giganteum*).

Histoire. 1805. M. Cuvier a fait mention d'ossements sur lesquels il propose cette espèce dans le même mémoire que les précédents (*Ann. du Mus.*, tom. VI, p. 240), et les a représentées, fig. 1 et 2 de la Pl. XXXVII, qui est devenu

1812. la Pl. II du second volume des mémoires réunis en 1812, sous le nom de *Palæotherium giganteum.*

1822. Dans la seconde édition (1822) de ses *Recherches*, tom. II, p. 214, ces ossements ont passé dans les Lophiodons, et malheureusement ils sont peu nombreux. Ce sont :

Pièces à l'appui. 1° Un fragment de mandibule du côté droit et portant une seule molaire en grande partie usée ou brisée (Cuv., *loc. cit.*, Pl. VIII, f. 8);

Énumérées. 2° Une partie inférieure de tibia, non figurée;

3° Un astragale du côté gauche figuré *loc. cit.*, Pl. XI, f. 1 et 2.

Il m'a été impossible de retrouver dans la collection du Muséum le fragment de mandibule qui paraît être représenté de grandeur naturelle. Examinées.

J'ai examiné la portion de tibia; c'est un fragment de la partie inférieure de cet os, mais qui manque de son épiphyse articulaire et qu'il me semble à peu près impossible de distinguer de son analogue dans un Rhinocéros de Sumatra. Tibia.

C'est ce qui me semble encore plus évident pour l'astragale presque complet du n° 3. M. Cuvier, dans sa première édition, s'était borné à dire de cet os, qu'il ressemblait parfaitement à celui du *Palæotherium crassum*, à la grandeur près, plus forte que dans les plus grands chevaux, ressemblant un peu à celui du Tapir et du Rhinocéros, indiquant un animal de huit pieds de long sans la queue, sur environ cinq pieds au garrot, ayant des proportions semblables à celles du Rhinocéros. Dans la seconde édition il le rapporte à un Lophiodon sans en donner la raison pas plus que lorsqu'il l'avait attribué à un Palæotherium. Astragale,

Le fait est que c'est un astragale de Rhinocéros parfaitement semblable à celui du R. à incisives de Sansans, et nous avons vu qu'il existait des restes de cette espèce dans le bassin de l'Orléanais. La largeur de la facette cuboïdienne de l'astragale ne peut laisser de doutes à ce sujet (1). de Rhinocéros.

M. Cuvier attribue encore à son Lophiodon gigantesque, une partie supérieure de radius, trouvée à Montabuzard, qu'il avait autrefois dessinée dans la collection de Dufay, mais dont il ne donne ni description ni mesure. Radius.

Et de plus, dans ses Additions nouvelles aux os de Lophiodon, tom. III, p. 396, un fémur à trois trochanters des environs de Clermont en Auvergne, surpassant en longueur celui d'un Rhinocéros de Sumatra, un peu plus long proportionnellement à sa grosseur, surtout dans la partie Fémur de Clermont en Auvergne.

(1) J'ai vu dernièrement, 1er août 1846, un astragale de même grandeur et de la même localité, dans le Muséum d'Orléans, où il est parfaitement étiqueté comme de Rhinocéros.

au-dessus du troisième trochanter; mais du reste extrêmement semblable.

Dans le doute, difficile à lever, si c'est au Rhinocéros, au Palæotherium, ou au Lophiodon que cet os doit être rapporté, M. G. Cuvier se décide pour une espèce de ce dernier genre, à cause de l'astragale de Montabuzard; l'un et l'autre se convenant assez pour la grandeur et ayant été recueillis dans un dépôt d'eau douce; en s'appuyant d'ailleurs sur un autre os de même sorte de la collection de M. Faujas de Saint-Fonds, et qui avait été trouvé dans des couches régulières d'un même calcaire aux environs de Gannat.

Un autre.

Examinés.

Nous avons vu ces deux os qui conviennent parfaitement à l'astragale, ainsi que le dit M. G. Cuvier, et qui comme cet os, sont indubitablement du Rhinocéros à incisives.

Conclusion.

Ainsi, il ne peut y avoir de doute sur ce Lophiodon gigantesque, c'est une espèce à supprimer.

L. Aurelianense.

7° Le L. d'espèce moyenne d'Orléans (*L. Aurelianense*).

Histoire. 1806. 1812. 1822.

C'est encore en 1806, dans son mémoire sur les Palæotheriums étrangers (*Annal. du Mus.*, tom. VI, p. 246, Pl. XXXVII, f. 3, a. et b.), et tom. I des Mémoires réunis en 1812, qu'il est question, pour la première fois, des os fossiles qui, en 1822, dans la seconde édition, tom. II, p. 216, ont été attribués à un Lophiodon. Ces os sont:

Pièces à l'appui. Énumérées.

Deux extrémités inférieures d'humérus assez bien conservées, l'une du côté droit et l'autre du côté gauche, et figurées, Pl. XI, f. 3-4-5-6.

Il est impossible de retrouver ces deux pièces dans la collection du Muséum, et même de savoir si elles sont ou non représentées de grandeur naturelle; ce qui est probable.

Appréciées.

Quoi qu'il en soit, M. Cuvier ayant établi pour caractère de l'humérus des Palæotheriums que la tubérosité externe de la poulie articulaire n'est pas plus canaliculée que l'interne, et trouvant au contraire que ces deux os ont une gorge bien prononcée, a dû voir dans ces os quelque chose de plus rapproché des Tapirs, qui l'ont également; et comme il voulait que les Lophiodons fussent des Tapirs, il est aisé de concevoir comment ces deux pièces ont été attribuées à une espèce du premier de ces deux genres.

Conclusion.

Je ne connais ces fragments que d'après les figures, mais je serais peu étonné qu'ils provinssent d'une espèce de Ruminant, tant ils en ont la forme.

Ainsi, il n'est pas certain que M. Cuvier ait véritablement connu des ossements fossiles de Palæotherium à molaires postérieures tapiroïdes ou Lophiodons, provenant du bassin d'eau douce de l'Orléanais, quoique MM. Lockart et Desnoyers en admettent.

Du dépôt d'Argenton.

L. de grande espèce.

Il n'en est pas de même du célèbre dépôt d'Argenton, département de l'Indre, et le nombre des espèces, dont on a trouvé des restes, serait bien plus considérable, s'il était vrai qu'il fût de cinq ou de six, dont une semblable à la grande d'Issel et quatre ou cinq nouvelles, ainsi que M. G. Cuvier l'a proposé pour la première fois dans la seconde édition de ses *Recherches*, tom. II.

Pièces à l'appui.

J'ai examiné avec soin les dents molaires, une supérieure et une inférieure qui constituent la grande espèce de Lophiodon d'Argenton, et quoique aucune ne soit caractéristique, elles rappellent fort bien leurs analogues dans le grand Lophiodon d'Issel.

Examinées.

Molaires.

Mais j'ai pu confirmer ce rapprochement par l'examen d'un assez grand nombre de molaires, provenant de ce dépôt, données au Muséum par M. Rollinat, ou mises gracieusement à ma disposition par M. Lockart, directeur du musée d'Orléans, et par M. le docteur Thion de cette ville. En effet, parmi ces pièces, en parfait état de conservation, se sont trouvées des dernières molaires caractéristiques d'en haut et d'en bas.

Incisives.

Canines.

Radius.

Conclusion.

Je n'ai pas de raison pour avoir la même certitude à l'égard des autres pièces, deux incisives et une canine détachées, ainsi qu'une tête supérieure de radius, qui a 0^m,075 de largeur et un tronçon de mandibule de grande taille; ces pièces peuvent provenir d'un Palæotherium aussi bien que d'un Lophiodon. Nous n'avons donc, en faveur de ce

dernier, autre chose à dire qu'on n'a pas encore trouvé de restes de Palæotherium dans le dépôt d'Argenton.

L. medium.

8° L. SECONDAIRE D'ARGENTON (*L. medium*).

Histoire. Pièces à l'appui.

M. G. Cuvier rapporte à ce Lophiodon (*loc. cit.*, II, p. 191 et IV, p. 498), un certain nombre de dents, et suivant les indications incomplètes qu'il donne lui-même, savoir :

Énumérées.

1° Une molaire supérieure, Pl. X, f. 9;

2° Une autre et du côté opposé, *ibid.*, f. 10;

3° Une autre, *ibid.*, f. 11;

4° Un fragment d'arrière-molaire, *ibid.*, f. 14;

5° Deux autres, f. 8(1)-13, qui paraissent des pénultièmes;

6° Plusieurs canines, *ibid.*, f. 12.

Examinées.

En étudiant ces pièces une à une, j'ai pu aisément m'assurer que les n°s 1 et 2 sont évidemment des dents de Lophiodon, probablement une quatrième ou une troisième supérieure, l'une droite et l'autre gauche.

Molaires.

Le n° 3 est une seconde du côté gauche du même chiffre que le n° 5, mais plus usée.

Le n° 4, que M. Cuvier suppose à tort une arrière-molaire, n'est qu'un fragment de quatrième fort usée et du côté droit.

Sous le n° 5 se trouvent deux secondes supérieures, l'une du côté droit, l'autre du côté opposé un peu plus petite, montrant en effet les trois lobes de leur tranchant externe, avec une seule colline antérieure, aboutissant à un tubercule assez saillant et pointu.

Canines.

Parmi les canines du n° 7 il y en a d'aussi fortes que dans la grande espèce, et entre autres une remarquable par sa forme qui rappelle ce qui existe dans les Anthracotheriums.

J'ai vu dans la collection d'Orléans, que M. Lockart a mise complète-

(1) Je n'ai pu trouver cette figure dans la planche.

ment à ma disposition, une première molaire inférieure d'une forme subtriquètre, ayant trois racines, une antérieure sous une colline transverse oblique et deux transverses sous un talon assez large.

Cette même collection possède plusieurs phalanges médianes et qui indiquent qu'il y avait indubitablement trois doigts. Phalanges.

Ainsi, cette espèce ne reposant sur aucune partie caractéristique du système dentaire ne peut être démontrée, et par conséquent admise; la moindre dimension des dents tient à ce que, ou bien ce sont des dents de lait, comme les deux fort usées, ou ce sont des dents antérieures comme la plupart des autres. Conclusion.

9° Le L. de petite espèce d'Argenton (*L. minus*). *L. minus.*

C'est dans les *Annales du Mus.*, tom. VI, Pl. LVII, f. 7, qu'il a été question d'une pièce attribuée par la suite à cette troisième espèce de Lophiodon d'Argenton, et depuis avec plusieurs autres dans la seconde édition de ses *Recherches*, tom. II, p. 183, et dans les Additions du tom. IV, p. 498, où M. G. Cuvier dit que cette espèce était les deux tiers de la grandeur d'un Tapir d'Amérique. Ces pièces sont: Histoire. 1806. 1822. Pièces à l'appui.

1° Une dent mâchelière inférieure, Pl. X, f. 13; Énumérées.

2° Plusieurs canines, *ibid.*, f. 17;

3° Une tête inférieure de tibia, *ibid.*, f. 18-19;

4° Un fragment d'astragale non figuré;

5° Une portion de cubitus, *ibid.*, f. 16.

La dent molaire, n° 1, est une troisième molaire d'en bas du côté droit, fort usée et ne signifiant pas grand'chose; outre ses deux collines fort usées, elle a un très-petit bourrelet en avant et un en arrière: c'est sans doute une dent de lait. Examinées. Molaire.

Des canines du n° 2, celle figurée par M. Cuvier est une inférieure un peu déjetée en arrière, assez usée à sa partie antérieure et aplatie en dedans. Elle est très-robuste. Canines.

Le n° 3 est un tiers inférieur de tibia du côté gauche: sa poulie ar- Tibia.

ticulaire est bien peu oblique, si même elle l'est. Elle ne laisse pas cependant que d'avoir beaucoup de rapports avec ce que son analogue a dans le Tapir et même dans le Sanglier.

Astragale. Le n° 4 est assez insignifiant; ce n'est que le côté interne de la poulie articulaire d'un astragale, n'offrant rien de caractéristique; mais nous en avons fait figurer un bien entier, s'articulant parfaitement avec le fragment de tibia, n° 3. Son col scaphoïdien est assez long, et l'on voit très-bien que ce n'est pas un osselet.

Olécrâne. Le n° 5 est dans le même cas; c'est un olécrâne du côté droit, et voilà tout.

Conclusion. M. G. Cuvier a beau dire (Addit. IV, p. 498) que cette espèce était d'un tiers plus petite que le Tapir d'Amérique, et que des portions de ses cubitus, fémur, calcanéum, astragale, de plusieurs de ses phalanges étaient dans des formes très-analogues de celles du Tapir, mais plus grêles, en renvoyant à la planche X, fig. 18 et 19 de son second volume, le fait est que dans aucune des pièces qui lui sont attribuées, il n'y a rien de spécifique, et bien plus rien qu'on puisse assurer provenir d'une même espèce animale.

Pièces figurées. Scaphoïde postérieur. Métatarsien. Phalange. Toutefois, nous en avons fait figurer quelques-unes : un scaphoïde postérieur bien complet du côté gauche de $0^{m},025$ qui semble indiquer par ses facettes antérieures qu'il n'y avait pas de rudiment de pouce ni de premier cunéiforme; une moitié supérieure de métatarsien médian extrêmement plat à sa face antérieure; une seconde phalange du même doigt, peut-être un peu trop grande; et nous avons observé dans la collection de M. Lockart, donnée par lui au Muséum d'Orléans, un métatarsien du doigt médian, qui est rapporté à cette espèce et qui, quoique large et plat comme dans les Rhinocéros, est également convexe sur ses deux faces.

L. minimum.

10° Le L. de très-petite espèce d'Argenton (*L. minimum*).

Histoire. Ce Lophiodon est assez bien dans le même cas que le précédent, c'est-à-dire que, proposé également par M. G. Cuvier en 1822 et 1823 dans le tom. II, p. 194, et le tom. IV, p. 498 de la seconde édition de ses *Recherches*, il repose sur un certain nombre de pièces trouvées éparses dans le dépôt marno-calcaire d'Argenton; savoir :

Pièces à l'appui. Énumérées.

1° Une molaire supérieure gauche (Cuvier, *loc. cit.*, tom. II, Pl. X, f. 20);

2° Une pénultième de mâchoire inférieure, *ibid.*, f. 21;

3° Une canine comprimée, *ibid.*, f. 22;

4° Un fragment de cubitus, *ibid.*, non figuré;

5° Un fragment de tête inférieure de fémur, *ibid.*, f. 23;

6° Deux parties d'os métatarsiens du médius, *ibid.*, f. 24 et 25.

M. Cuvier dans ses Additions dit que cette quatrième espèce était à peu près les deux cinquièmes d'un Tapir et qu'elle lui a présenté son tibia et ses phalanges, pièces que je n'ai pas vues dans la collection, mais bien celles que je viens d'énumérer et que je vais passer en revue.

Examinées. Molaire supérieure.

Le n° 1 est une quatrième molaire supérieure du côté droit, entièrement semblable à la troisième du morceau de Buschweiler; mais beaucoup plus petite.... 0m,019 : 0m,030.

Molaire inférieure.

Le n° 2 est, en effet, une pénultième inférieure du côté gauche, à peine usée, mais lisse par frottement, et encore plus petite que la petite d'Issel, dans le rapport de 0m,016 à 0m,021.

Incisive.

Le n° 3 n'est pas une canine, mais plutôt une incisive externe du côté droit, à couronne assez large et tranchante en fer de flèche obtus à la couronne, avec la racine très recourbée, et dans une proportion assez concordante avec les deux précédentes.

Le n° 4, que je ne connais que d'après la figure, me paraît trop insignifiant pour être noté.

Fémur.

Le n° 5 est une extrémité inférieure de fémur du côté gauche, dont la partie interne la plus complète me semble s'éloigner assez de son analogue dans le Tapir.

Métacarpien.

Le n° 6 comprend une partie supérieure de métacarpien médian du côté gauche, et non un métatarsien, à en juger par la profondeur de l'excavation de sa facette articulaire carpienne, ainsi qu'une moitié inférieure de métatarsien du même côté; ils ressemblent beaucoup à leur analogue dans le Tapir. Ainsi, la grande différence de taille peut seule faire supposer dans ces pièces, peu caractéristiques du reste, une espèce animale distincte.

Conclusion.

Cinquième espèce.

11° La cinquième espèce de L. d'Argenton.

Histoire. 1824.

Ce n'est que dans les Additions au tom. IV de la seconde édition de ses Ossements fossiles, vers 1824, que M. G. Cuvier a cru devoir proposer cette espèce en s'appuyant sur des pièces qu'il n'énumère pas, mais qu'il dit n'avoir que le tiers des dimensions longitudinales du Tapir.

Pièces à l'appui. Dans la collection. Molaire supérieure.

Voici celles qui lui sont attribuées dans la collection du Muséum :

1° Un germe de très-petite molaire d'en haut du côté gauche, et qui est, sans doute, une avant-dernière ou même une dernière de lait, c'est-à-dire de première dentition, doit, sans doute, être rapporté à un Anthracotherium par la manière dont les collines sont découpées;

Une autre.

2° Un autre germe est aussi une seconde du côté droit d'Anthracotherium, ayant, en effet, ses pointes basses, subtranchantes, avec un talon oblique, etc.

Os.

Quant aux autres os, qui sont également étiquetés comme de cette espèce, à peu près à l'aventure, et qui sont surtout des fragments de radius et de cubitus, il n'y a rien à en dire, si ce n'est qu'aucun n'est assez caractéristique pour qu'il soit possible d'assurer que toutes proviennent d'une même espèce, ni bien mieux du même genre.

Conclusion.

C'est ce que l'on peut, sans doute, assez bien présumer des pièces assez nombreuses que, plus tard, en 1839, dans son Mémoire sur le dépôt d'Argenton, M. Lockart a aussi attribuées à cette espèce, dans une simple énumération, sans description ni figures, et, par conséquent, sans comparaison suffisante.

12° Le L. de Montpellier. (*L. Monspessulanum.*)

L. Monspessulanum.

Ce Lophiodon est dans le cas de ceux du dépôt d'Argenton, c'est-à-dire que les pièces sur lesquelles il repose n'ont été signalées ni dans le mémoire sur les Palæotherium étrangers, An. Mus., T. VI, p. 346, Pl. LVII, ni dans les mémoires réunis en 1812 ; il n'en est question que dans la seconde édition de 1822, tom. II, p. 217, Pl. XI, comme paraissant avoir appartenu à un Lophiodon, et enfin dans le Résumé, *ibid.*, p. 222, pouvant être placé sans inquiétude comme appartenant à une espèce distincte. Histoire. 1822.

Ces pièces ne consistent cependant qu'en un fort petit nombre de dents trouvées à Boutonnet, aux environs de Montpellier, dessinées, à vue très-probablement, par M. G. Cuvier dans la collection de M. G. A. Deluc à Genève, et qu'il désigne ainsi : Pièces à l'appui.

1° Une arrière-molaire inférieure, usée fort avant et paraissant avoir eu trois croissants sur une largeur de 0m04, représentée par M. Cuvier, Pl. XI, fig. 7 ;

2° Une molaire intermédiaire à deux croissants, encore plus usée, de 0m03, *ibid.*, f. 8 ;

3° Une molaire antérieure, *ibid.*, fig. 9, considérée par M. G. Cuvier; comme étant en cône comprimé, renflé à sa base et exactement semblable à la deuxième de la seconde espèce de Buschweiler, Pl. VI, fig. 1-3 ; mais plus grande d'un quart, ayant 0m.020 de longueur ;

4° Deux canines aiguës et arquées, comme celles des autres Lophiodons (fig. 10 et 11), et de plus une troisième plus courte, et surtout à très-grosse racine, représentant très-bien celle du grand Lophiodon de Buschweiler et plusieurs de la grande espèce d'Argenton.

Je ne connais ces différentes pièces que d'après les figures données par M. G. Cuvier; mais je doute fort que le rapprochement soit exact. Énumérées.

La dent n° 3, qui serait la plus caractéristique, ne me semble pas avoir pu être pourvue d'un troisième colline, puisqu'elle n'a que deux racines Examinées.

fort simples et qui paraissent coniques, au lieu d'en avoir trois plus ou moins transverses.

Molaires. Le n° 8 semble davantage être une dent de Lophiodon; mais il y a une bien grande disproportion entre les deux collines; ce que je ne connais dans aucune espèce de ce genre.

Le n° 9 s'éloigne encore bien plus de la forme de son analogue dans les Lophiodons, les Palæotheriums et autres espèces à dents contiguës, par la grande divergence des deux racines bien coniques; et d'ailleurs la forme de la couronne avec une grosse pointe mousse un peu comprimée au milieu d'un bourrelet basilaire formant talon en avant comme en arrière, indique plutôt une avant-molaire de carnassier qu'une première d'Ongulograde.

Canines. Les canines me paraissent aussi être dans le même cas.

Conclusion. En sorte que, loin d'admettre sans inquiétude, suivant l'expression de M. G. Cuvier, le L. de Montpellier comme une espèce distincte, je doute beaucoup que ces dents, du moins la plupart, aient appartenu à un Ongulograde. Malheureusement il n'y a pas de vérification possible, ignorant ce qu'est devenue la collection de M. Deluc, et personne, que je sache, n'ayant trouvé depuis d'ossements de Lophiodon à Boutonnet.

L. du Val d'Arno.

13° Le L. du Val d'Arno.

Histoire. Pièces à l'appui. Bassin. On trouve cette dénomination appliquée avec doute, il est vrai, dans la seconde édition des *Ossements fossiles* de M. G. Cuvier, tom. II, p. 226 en 1821, à une moitié gauche assez bien entière de bassin, trouvée dans le val d'Arno, figurée passablement, moitié de sa grandeur naturelle, Pl. IX, f. 3-4, et dont il dit que très-différent de ceux des Chevaux, des Bœufs, des Chameaux, et ne ressemblant que médiocrement à celui du Tapir, il s'en éloigne cependant moins que de tout autre.

Examiné. J'ai observé cette moitié de bassin dans les collections du Muséum.

Comparé avec celui du Bœuf. La taille indique un animal de celle d'un grand Tapir, assez au-dessous de celle d'un Bœuf ordinaire; mais il n'y a réellement aucune ressemblance avec le bassin du premier de ces animaux; la partie antérieure de l'iléon, n'étant pas largement et fortement bifurquée, et sa tubérosité iskiatique longuement prolongée comme dans le premier de ces genres. Je trouve bien plus de ressemblance avec l'os innominé du Sanglier et même avec celui du Bœuf par la brièveté et la terminaison élargie et épaisse de l'iskion, par la forme de la gouttière du ligament rond, étroite et dirigée obliquement en arrière, par la profondeur du trou marginal, au-dessus de la cavité cotyloïdée; mais le trou sous-pubien est notablement plus large, plus arrondi que dans cet animal, et par suite l'os iskiatique lui-même, dont la tubérosité bicorne et épaisse ressemble un peu à celle du Bœuf. le Cochon.

Ainsi, je doute beaucoup que cet os puisse être rapporté à un Lophiodon et même aux Palæotheriums. Je serais plus tenté de supposer que ce pourrait être ou d'un Anthracotherium ou d'un Chæropotame, approchant davantage de la division des Ongulogrades à système digital pair, qu'il pourrait même commencer, ainsi que nous le verrons plus tard. Conclusion.

14° Les L. du Soissonnais et du Laonnais.

La seule pièce rapportée au Lophiodon du Soissonnais par M. Cuvier dans sa première édition, consistait en une molaire (septième supérieure du côté gauche), que lui avait communiquée M. Pougens, et qu'il a figurée, Pl. I (*Pal. étr.*, Suppl.), f. 5, en 1812, et Pl. VII, f. 5 de la seconde en 1821, en se bornant à dire, à cette dernière époque, que cette dent paraissait avoir des rapports avec les grands Lophiodons du Batsberg et d'Argenton, la comparant en effet à celle de la Pl. VII, f. 4 de Buschweiler; ce qui était assez vrai. Quant au L. du Laonnais; il n'en est question que dans la deuxième édition des *Recherches* de M. Cuvier, tom. II, p. 218, art. VIII, et il ne repose que sur deux fragments d'os trouvés dans les terres noires des environs de Laon: 1° une moitié supérieure d'humérus (Pl. IX, f. 6-7), que M. Cuvier jugeait n'être pas sans rapports avec celui du Tapir, quoique sa grosse tubérosité ne soit

Histoire. 1812. 1821. Pièces à l'appui.

pas échancrée, pouvant se rapprocher de son analogue dans le Daman, qu'elle représente, dit-il, parfaitement en grand; 2° une partie du corps d'un fémur comprenant le troisième trochanter, et dont la ressemblance avec le Tapir lui paraissait étonnante.

Conclusions de M. G. Cuvier.

Et comme il n'avait pas soupçonné que la dent du L. du Soissonnais, pouvait provenir de la même espèce animale que les deux fragments de son L. du Laonnais, M. G. Cuvier fut conduit à conclure, on ne sait trop pourquoi, car si l'humérus lui rappelait le Daman, le fémur ressemblait parfaitement à celui du Tapir, p. 219, qu'il y a lieu d'attendre que des recherches plus suivies feront découvrir un animal plus voisin des Damans que tous ceux que nous connaissons et qui les surpassera sept ou huit fois en dimensions. Aussi, dans son résumé, p. 222, dit-il qu'on ne peut placer sans incertitude comme espèce distincte ce Lophiodon.

Les nôtres.

Depuis que M. G. Cuvier a publié ce qu'il dit de ce Lophiodon, nous avons eu l'avantage de voir arriver dans les collections du Muséum beaucoup d'autres fragments de cet animal fossile dans les argiles pyriteuses et charbonneuses du Soissonnais; il nous sera aisé de montrer d'abord que le L. du Soissonnais et celui du Laonnais ne font qu'un, et ensuite que les conjectures assez singulières de M. G. Cuvier étaient tout à fait arbitraires, et que loin d'être un animal plus voisin des Damans que de tout autre, mais gigantesque, c'est au contraire un Lophiodon très-voisin des Anthracotheriums.

L. Sibericum.

15° Le L. de Sibérie (*L. Sibericum*).

Histoire.

C'est à M. Fischer de Waldheim que nous devons la proposition, en 1822, dans les nouveaux mémoires de la Société impériale des naturalistes de Moscou, tom. VIII, tab. XIX, f. 1-5, d'une espèce de Lophiodon dont les restes auraient été trouvés en Sibérie dans un calcaire grossier du gouvernement d'Orenbourg.

Pièces à l'appui.

Ces restes que je connais seulement d'après la description et les figures données par M. Fischer, consistent en une dent qu'il regarde comme une canine, dont la forme de la couronne singulièrement crochue, ne lui laisse, dit-il, pas de doute qu'elle ait appartenu au G. Lophiodon; et en trois fragments d'os, l'un de fémur, un second de tibia et le troisième de péroné. Énumérées.

Quoique M. Fischer ait représenté ces pièces de grandeur naturelle, rien dans les figures ne me semble militer en faveur de son opinion, et surtout que ce soient des os de Lophiodon, parce qu'ils ont été trouvés avec la canine; en effet, cette dent, dont la couronne paraît être bien singulière, me semble plutôt devoir être considérée comme une incisive externe caniniforme, surtout à cause de la grande compression de sa racine. Examinées. Dent canine.

Quant au fragment de fémur sur lequel M. Fischer reconnaît un troisième trochanter, il serait assez singulier que celui-ci fût placé plus haut que le petit; l'apophyse qui a été, on ne sait trop pourquoi, nommée troisième trochanter, n'étant que celle d'insertion du muscle grand fessier. Fémur.

Je n'ose rien dire des deux autres fragments qui n'ont rien de caractéristique; en sorte que je me borne à douter beaucoup qu'il soit possible d'assurer sur ces quatre pièces, non-seulement qu'elles aient appartenu à une espèce distincte de Lophiodon, mais même à une espèce quelconque de ce genre.

16° Le L. Éocène (*L. Eocænus*). *L. Eocænus.*

C'est à M. R. Owen qu'est due la proposition de cette espèce, tout dernièrement, en 1845, dans ses *British fossils*, p. 299-310, dont il a même cru devoir former un sous-genre de Pachydermes tapiroïdes sous la dénomination de Coryphodon, à cause, sans doute, de la forme bien tranchée des collines des dents molaires, ou mieux des espèces de cornes qui en relèvent les extrémités. Histoire.

Cette espèce ne repose en effet que sur un fragment de mandibule Pièces à l'appui.

assez informe, du côté droit, et portant deux molaires dont une est entière, et l'autre à moitié brisée.

Examinées par M. Owen.

Dans ce fragment, qu'il a figuré sur trois faces, en dehors, en dedans et en dessus, de grandeur naturelle, M. R. Owen décrit comme postérieure la dent entière; en la comparant à celle du L. d'Issel, que M. G. Cuvier a représentée fig. 3 de sa pl. III, et avec la fig. 1 du *L. medium*, ce que je ne conçois pas trop, car je n'aperçois aucuns rapports entre ces figures, pas plus qu'avec le grand Lophiodon de Buschweiler, avec lequel M. R. Owen la compare également.

Ses Caractères.

Quoi qu'il en soit, M. R. Owen se borne presque à signaler les différences suivantes: plus d'épaisseur de la mandibule en arrière de la dent entière, qu'il regarde comme une dernière, et proportionnellement pour cette dent, que dans le grand L. d'Issel, et encore plus que dans le moyen Lophiodon de ce même lieu; en insistant principalement sur la forme de cette dernière molaire, heureusement entière, et qui n'offre que deux collines transverses; l'antérieure plus concave que dans les Lophiodons cités, et ayant les deux extrémités relevées en pointe conique; la postérieure un peu plus basse et tricuspide; son bord tranchant, réunissant la pointe interne à l'externe, ne se portant pas parallèlement à la colline antérieure, comme dans les Lophiodons, mais formant en arrière un angle, dont le sommet se développe en une troisième pointe, la plus élevée, et de laquelle la colline postérieure ou talon s'étend en bas et en dehors à la base postérieure de la couronne.

Comparées avec les autres espèces.

M. R. Owen, dont j'ai traduit mot à mot le passage, fait aussi l'observation que la dent brisée de ce morceau, et qu'il regarde comme une avant-dernière ou pénultième, a son diamètre antéro-postérieur plus égal à celui de la dernière que dans les Lophiodons; il trouve une certaine ressemblance entre la dent entière de ce morceau et la seconde et la troisième du grand Lophiodon de Buschweiler figurées par M. Cuvier (*Ossem. foss.*, t. II, pl. VII, fig. 1); mais comme M. Owen s'est assuré que celle du fragment d'Angleterre était bien tout à fait la dernière, puisque l'os fracturé en arrière n'offre aucune trace d'alvéole, il a cru pouvoir en conclure que le reste de la série dentaire devait, comme pour elle, offrir une modification du type Lophiodon, un peu comme l'Anthracotherium de la Garonne et celui du Velay, à l'égard de ce dernier genre ; et dès lors il en a formé un sous-genre sous le nom de *Coryphodon,* caractérisé par le non-parallélisme des deux principales collines, et par l'état rudimentaire du talon postérieur de la dernière molaire inférieure.

Ce n'est pas le lieu de discuter si les différences observées sont véritablement suffisantes pour l'établissement d'un sous-genre de mammifères, avec une dénomination particulière, ce que nous sommes assez loin de penser ; mais au moins l'on doit reconnaître ici que, s'il n'y a pas de doute sur l'appréciation du chiffre de la dent entière, la seule qui puisse servir à donner quelque chose de positif, ce fragment indiquerait une forme animale particulière. Mais ne devrait-elle pas alors rentrer plutôt parmi les Tapirs que parmi les Palæotheriums ou genres voisins qui ont pour caractère général d'avoir constamment la dernière molaire pourvue d'un troisième lobe plus ou moins développé, et dont le bourrelet du collet, signalé par M. Owen, ne me semble pas devoir être considéré comme l'analogue ? C'est ce que je suis fort porté à penser, à moins que ce ne soit quelqu'une des dents antérieures d'un petit Dinotherium ? Par moi. Conclusion.

Ce morceau, qui indique un animal de la taille du Lophiodon de Buschweiler, a été dragué du fond de la mer, entre Sainte-Osyth et Harwich, sur la côte d'Essex ; il était imprégné de pyrite de fer, coloré en brun, et l'on suppose qu'il y avait été entraîné par suite d'éboulement de l'argile tertiaire qui constitue le rivage. Lieu où elles ont été trouvées.

M. R. Owen rapporte encore à son L. Eocène une belle et forte dent, recueillie à la profondeur de cent soixante pieds dans une argile plastique, aux environs de Cumberwall, et qu'il décrit et figure, *loc. cit.*, p. 306, fig. 105, comme une canine inférieure d'un grand Pachyderme tapiroïde. Canine.

Je n'ai pas vu cette dent, mais à en juger par l'excellente figure de Examinée.

grandeur naturelle qu'il en a donnée, je supposerais plus volontiers, d'après la brièveté de la couronne, dont la forme subtriquètre est dilatée d'un seul côté, probablement externe, où elle est usée sans doute par le frottement d'une autre dent, que ce pourrait être une troisième incisive supérieure d'Anthracotherium, ou du Lophiodon du Soissonnais.

Incisive ?

Phalange.

M. R. Owen est encore porté à regarder comme pouvant provenir de son *Coryphodon eocænus* une phalange qu'il figure de grandeur naturelle, *loc. cit.*, p. 309, fig. 106, sous le titre de phalange médiane du pied de devant du côté droit de Coryphodon ou de Palæotherium; mais après avoir averti qu'on la lui avait présentée comme provenant d'une grande espèce de Reptiles (Iguanodon), ce qu'il combat par des raisons qui ne me semblent pas absolument péremptoires. Ce que je puis dire, en consultant la figure, c'est que cette phalange est moins régulière, moins symétrique, bien plus carrée, c'est-à-dire moins transverse que celle du *P. magnum* figurée par M. Cuvier, n° 6, pl. XLIX, dont la longueur est à peine égale à la moitié de la largeur, et à laquelle cependant M. R. Owen la compare.

Examinée.

Conclusion.

Caractères du G. Lophiodon,

c) *Caractères du genre.* Ainsi, comme on vient de le voir par cette analyse des pièces fossiles qui ont été rapportées au genre et à telle espèce de Lophiodon, aucunes n'ont été trouvées dans un assemblage tel qu'on ait pu avoir une indication positive sur le système digital de ce genre. Le troisième trochanter du fémur, attribué au L. de Laon, peut faire supposer que ce système est impair aux deux paires de membres, ou au moins à celui de derrière, mais sans qu'il y ait certitude, même rationnelle, dans cette manière de voir. Nous ne pouvons donc attendre aucun caractère spécifique du système digital, ni même des os des membres qui en sont la base, si ce n'est dans la grandeur. C'est même à peine si les deux parties du système dentaire ont été rencontrées à la fois, et de telle sorte qu'on ne puisse avoir aucun doute sur leur association réelle ou positive. On ne connaît en effet aucune pièce qui offre à la fois tout ou partie des deux mâchoires, sauf encore

tirés du Système digital et du Système dentaire.

A la fois.

le L. de Laon, où nous le connaissons d'une manière à peu près certaine aux deux mâchoires.

Mais il n'en est pas de même pour l'une d'elles, celle d'en bas; tout le système dentaire a pu en effet être observé à la fois sur une mandibule trouvée anciennement à Issel, et qui doit être considéré comme type.

Toutefois on peut, avec une très-grande probabilité d'analogie, donner la caractéristique de ce genre ou de cette section en la tirant du système dentaire.

En particulier. Du Système digital.

On peut même, par une analogie moins immédiate, et parce que ce système diffère fort peu de celui des Palæotheriums, en conclure que le système digital devait également être impair, du moins à l'une des paires de membres; ce qui semble corroboré par le fait que dans les lieux de dépôts où l'on a trouvé des fragments de fémur, comme dans les argiles noires du Soissonnais, plusieurs ont offert un troisième trochanter, comme il existe dans tous les Ongulogrades à système de doigts impair, et surtout que l'astragale, comme chez eux, n'a nullement la forme d'osselet, mais bien celle de cet os chez les Rhinocéros.

Du Système dentaire.

Nous ne pouvons cependant caractériser positivement les Lophiodons que par le système dentaire dont la formule est :

$$\frac{3?}{3} + \frac{1}{1} + \frac{7}{6\text{-}7}\ (1),$$

comme dans les Palæotheriums, avec la seule différence qu'il manque la première avant-molaire de la mandibule, ce qui est le cas des Tapirs.

En haut. Incisives, 3.

Les incisives, que nous ne connaissons encore qu'à la mandibule, sont subégales, décroissant cependant sensiblement de la première à la troisième, assez coniques et même aiguës, peu serrées et terminales, quoique rangées en demi-cercle. Ce nombre et cette disposition nous portent à admettre qu'il y a également six incisives supérieures, sans que

(1) D'après la mandibule du Lophiodon de Buschweiler, il est certain qu'il y a sept molaires, ce qui me porte fort à croire qu'il en doit être de même de celles d'Issel et de Passy, qui pour tout le reste sont si semblables.

nous puissions rien dire de leur forme, qui sans doute ne diffère pas de ce qu'elle est chez les Palæotheriums.

Canines. Les canines nous sont connues aux deux mâchoires; elles sont bien normales, assez fortes, coniques, et se croisent comme à l'ordinaire, l'inférieure un peu plus petite, plus en crochet, au devant de la supérieure.

Molaires, 7. Les molaires ne nous le sont pas entièrement à la mâchoire supérieure, c'est-à-dire en série formée des sept dents complètes; mais nous connaissons les principales, et surtout la dernière ou caractéristique, et cela sur des Lophiodons de plusieurs localités.

Considérées : en général; Toutes ces dents ont le caractère général de celles des Damans, des Rhinocéros, et surtout des Palæotheriums, en ce qu'elles sont formées à la couronne de deux collines, épaisses et arrondies en dedans, et qui tombent obliquement sur le bord externe tranchant avec lequel elles se continuent, sans qu'il y ait aucune trace de sinus ou de fovéoles formées par quelque cornet. D'où il résulte que, par l'usure, on ne voit jamais que des rubans sinueux d'émail entourant la matière osseuse, et s'élargissant jusqu'à ce qu'ils se confondent. Un autre caractère, c'est que la colline externe ou marginale est bien plus oblique que dans les Palæotheriums, plus sinueuse, avec un tubercule plus ou moins pointu et détaché à son angle antérieur.

en particulier. Première. Comme dans les Palæotheriums cités, ces sept dents ne sont pas semblables; des trois avant-molaires plus petites, la première assez différente en ce qu'elle n'a qu'une pointe en dehors de son talon interne, Seconde. Troisième. tandis que la seconde et la troisième ont le bord externe partagé en deux pointes à son extrémité.

Quatrième. La quatrième ou principale ressemble à la dernière des précédentes.

Arrière-Molaires. On peut assez bien en dire autant des deux premières arrière-molaires, si ce n'est qu'elles sont notablement et assez subitement plus fortes, leur angle antérieur externe imbriquant la précédente.

Septième ou dernière. Mais la dernière diffère surtout en ce qu'elle tend à devenir un peu triangulaire, les deux collines se portant assez obliquement pour que la postérieure devienne plus ou moins externe, ce qui diminue l'étendue du bord tranchant ou de la colline extérieur.

C'est même sur le plus ou le moins de ces particularités que nous allons voir reposer la distinction positive des espèces, dont le nombre nous semble avoir été considérablement exagéré.

La partie du système dentaire qui arme la mandibule est moins importante peut-être que celle de la mâchoire supérieure, quoique ce soit sur elle que reposent la distinction et la dénomination du genre. En effet, le caractère principal consiste en ce que les deux lobes qui constituent les cinq dernières dents sont disposés presque transversalement, de manière à former à leur bord des collines transverses, un peu comme dans les Tapirs. On peut cependant aisément distinguer ces molaires de celles de cet animal, parce que leurs collines sont toujours plus obliques et plus courbes, la concavité de même en avant. La première et la dernière diffèrent en outre notablement, celle-là étant la plus courte de toutes les avant-molaires chez les Lophiodons, au contraire de ce qui a lieu chez les Tapirs; tandis que celle-ci est augmentée d'un large talon formant un troisième demi-cylindre ou colline qui n'existe jamais dans la dernière molaire inférieure de ces derniers, pas plus que chez les Rhinocéros.

D'en bas.

En général.

Comparées avec celles de Tapir.

La première.

La seconde.

La dernière.

La proportion de ce troisième demi-cylindre formant, par l'usure, un troisième croissant, la rectitude et l'obliquité des collines vont nous servir à la caractéristique des espèces, aussi bien que la forme de la dernière de la série des molaires supérieures et de la première des deux mâchoires, malheureusement trop souvent inconnue.

Quant aux caractères génériques que l'on pourrait tirer du squelette proprement dit, on a pu voir, par l'énumération des pièces attribuées aux quinze ou seize espèces proposées, qu'il n'en est aucune qui puisse indiquer avec une certitude positive le nombre des doigts en avant comme en arrière, quoique celui de trois aux deux membres soit adopté avec quelque probabilité de raison. Nous ne possédons cependant aucun fragment d'humérus ni même de fémur qui pourrait nous confirmer le

Du Squelette.

Fémur.

3e trochanter. système de doigts impair par l'existence d'un troisième trochanter, si ce n'est cependant chez le Lophiodon du Soissonnais.

Astragale. Nous voyons bien qu'on rapporte à plusieurs des espèces proposées un astragale, os qui, dans l'ordre des Ongulogrades actuellement vivants, les partage assez nettement en deux sections de Digités impairs et de Digités pairs, suivant qu'il n'est pas ou est en osselet. Dans le Lophiodon d'Issel, le fragment d'astragale qui lui est attribué n'est pas en osselet et se rapproche beaucoup de celui des Palæotheriums.

Du L. d'Issel.

Cela est encore plus vrai de l'astragale donné au L. gigantesque; pour nous, en effet, c'est un os de Rhinocéros.

Du L. d'Argenton. Parmi les pièces sur lesquelles reposent les troisième et quatrième Lophiodons du dépôt d'Argenton, nous avons eu grand soin de signaler un astragale et de faire observer qu'il n'est pas en osselet.

Conclusions. Il résulte de là, ce me semble, que le genre Lophiodon était, sous ce rapport comme sous celui du système dentaire, extrêmement rapproché de celui des Palæotheriums, et que, comme lui, il était pourvu de trois doigts à chaque pied; mais, je le répète, en bonne zoologie, on ne peut déduire du système dentaire le système digital, et *vice versâ*. Ce sont deux systèmes qui ne se subordonnent pas, appartenant en effet à deux appareils de nature physiologique bien différente. Nous pouvons même apporter, à l'appui de cette observation, les Hippopotames, qui avec un système dentaire et même un système digital qui se rapprochent assez de celui des Cochons, n'ont cependant pas leur astragale autant en osselet, que l'ont toutes les espèces du G. *Sus* de Linné.

Genre très-rapproché des Palæotheriums.

Malgré cela, et à défaut d'éléments suffisants pour résoudre la question d'une manière complète, nous allons cependant voir jusqu'à que point les différences de dégradation dans la disposition plus ou moin transverse et dans la proportion des collines, peut nous servir à apprécier et à caractériser les espèces de cette section.

Des Espèces. d) *Appréciation et caractères des espèces admissibles.*

En faisant usage de ces différences seules comme pouvant fournir d véritables caractères spécifiques, je suis fort porté à penser que le nombr des espèces proposées doit être considérablement réduit. En effet, avec les matériaux que je possède et que j'ai eus à la fois sous les yeux, je ne puis guère en établir que trois, l'une que l'on pourrait désigner sous le nom de *L. commune*, parce qu'en effet c'est d'elle que l'on a trouvé le plus grand nombre d'ossements et cela dans presque tous les dépôts ossifères de la France ; une seconde, beaucoup plus petite, et qui répond assez bien au *L. minus* ou *minimum* de M. G. Cuvier ; et enfin une troisième, encore plus distincte, celle du Soissonnais, que je propose de nommer définitivement *L. anthracoideum* à cause de ses rapports avec les espèces qui constituent la section des Anthracotheriums.

Au nombre de trois seulement.

1. L. COMMUN (*L. commune*).

1. *L. commune.*

Je rapporte à cette première espèce :

1° Une pièce trouvée à Provins montrant une série presque complète des molaires du côté droit, pièce que n'a pas connue M. Cuvier, mais qui a fait le sujet d'une note de M. Naudot, insérée dans les *Annales des sciences naturelles*, tom. XVIII, p. 430, Pl. IX, fig. 1-2-3-4.

Pièces qui lui sont attribuées.

La collection du Muséum en possède un moule en plâtre. C'est l'individu le plus grand que nous connaissions de cette espèce ; en effet la dernière molaire a 0,063m de longueur, celle de Nanterre n'ayant que 0,058 et celle d'Argenton 0,045.

Mandibule de Provins.

2° Une mâchoire inférieure presque entière, avec ses deux côtés pourvus de toutes les dents molaires avec les canines parfaitement en place, et même une seconde incisive du côté droit.

de Nanterre.

C'est cette belle pièce trouvée à Nanterre et décrite par M. le docteur Robert qui nous a fourni les caractères du système dentaire inférieur et par suite a servi de terme de comparaison.

Et de plus un certain nombre de dents molaires séparées, des deux mâchoires, dont les trois premières d'en haut en série et de plus une septième supérieure et une inférieure, trouvée ou à Passy ou à Vaugirard.

Dents : de Paris.

L'une de ces dernières, qu'a bien voulu me confier M. Pomel, égale presque son analogue sur la mandibule de Provins.

d'Épernay.

3° Deux molaires trouvées à Cuys, près d'Épernay, département de la Marne, faisant partie de la collection du Muséum. L'une, la plus grande, sans doute une troisième du côté droit, peut-être de jeune âge, et toute semblable à une de celles de Passy; l'autre à peine un peu plus petite, germe de la quatrième du côté opposé.

d'Argenton.

4° Toutes les pièces qui ont été rapportées à la grande et à la moyenne espèce d'Argenton.

de Buschweiler.

5° Toutes celles également sur lesquelles reposent les deux espèces prétendues de Buschweiler, l'une grande et l'autre moyenne.

d'Issel.

6° Les ossements qui ont servi à l'établissement des deux espèces d'Issel, la grande et la moyenne; peut-être même la petite.

II. *L. minus.*

II. L. PETIT (*L. minus*).

Ce *L minus* ou *minimum* me paraît pouvoir être établi sur un bien plus petit nombre de pièces :

Pièces qui lui sont attribuées. d'Argenton.

1° Celles sur lesquelles reposent la petite espèce de Lophiodon d'Argenton, à laquelle il faut très-probablement joindre, avec M. R. Owen, les deux molaires inférieures trouvées en Angleterre, et de plus une mandibule du plâtre de Paris, provenant de la collection de M. de Drée, passée dans celle du Muséum.

de Paris.

Mandibule. Décrite.

S'il en était ainsi, c'est-à-dire, si cette petite mandibule (1) tronquée en avant et surtout en arrière, doit être rapportée à la même espèce animale, nous saurions que la branche horizontale, un peu en bateau, avait les incisives subterminales et obliques, la première un peu plus forte que la seconde, et la troisième très-basse avec son tranchant oblique; les canines fort petites, à en juger du moins par les alvéoles qui sont rondes; et enfin, que les molaires, qui viennent immédiatement ensuite

(1) Par inadvertance, cette pièce n'a pas été représentée dans les planches de ce mémoire. J'aurai soin de la faire figurer dans celles sur les Anoplotheriums.

et sans barre, étaient au nombre de sept, les trois premières larges, tranchantes, s'épaississant de plus en plus en arrière; la quatrième à deux collines très-obliques, devenues transverses et tranchantes aux cinquième, sixième et septième, celle-ci augmentée d'un talon assez petit.

Appréciée.

Alors, cette espèce serait-elle un véritable Lophiodon? C'est ce dont on pourrait douter en voyant non pas le nombre, mais la disposition et la proportion des incisives et des canines, aussi bien que le nombre et la forme des molaires. Cette mandibule semble en effet provenir d'une sorte d'Anoplotherium à molaires postérieures tapiroïdes.

Espèces non admissibles.

Je n'ai pas compris dans ce résumé des espèces de Lophiodon que je crois susceptibles d'être définies, le L. de Montpellier, le L. du Val d'Arno, de Saint-Privat, de Sibérie, ni même le Coryphodon d'Angleterre, parce qu'en effet les fragments, sur lesquels ces espèces reposent, ne me semblent pas suffisamment caractéristiques.

III. *L. Anthracoideum.*

Mais je dois établir comme une forme spécifique parfaitement distincte, l'animal dont M. Cuvier n'a connu que deux fragments et une seule dent; qui s'est trouvée, il est vrai, une septième caractéristique d'en haut; en sorte qu'elle seule aurait suffi, puisqu'elle offre réellement des particularités de forme véritablement différentielles, et cependant, c'est de celle-là seule qu'il a douté, en disant dans son *Résumé*, p. 222, qu'on ne peut placer sans incertitude, comme espèce distincte, le Lophiodon du Laonnais.

III. L. du Soissonnais (*L. anthracoideum*).

En général.

Nous avons donné plus haut l'historique de cette espèce en avertissant que nous pouvions l'établir aujourd'hui sur un assez bon nombre de pièces, parmi lesquelles se trouvent une grande partie du système dentaire et quelques os ou fragments d'os plus ou moins caractéristiques, mais rien qui appartienne réellement au système digital, si ce n'est une seule phalange du doigt médian (1).

(1) Nous devons ces différentes pièces partie à M. de Courval, qui ne néglige rien de ce qui peut se découvrir d'intéressant dans le pays qu'il habite non loin de Soissons, partie à

Ses Caractères. En particulier. Son Système dentaire. D'en haut. Incisives.

Du système dentaire de la mâchoire supérieure, nous apprenons de
deux os incisifs du même individu, quoique séparés, qu'elles étaient
au nombre de trois paires; la première, dont nous ne pouvons juger
que par son alvéole, bien plus grande que les autres, et d'après une
1re. dent séparée que je lui rapporte, subsymétrique et peu oblique au col-
2e. let; la seconde en place sur les deux fragments, ayant sa racine très-
forte, comprimée à la pointe, puis triquètre au collet, d'où naît fort
obliquement une couronne sublosangique d'abord et devenant ensuite
subtriangulaire, le côté interne de beaucoup le plus large, par l'ailure
3e. des deux bords; la troisième notablement plus petite, aussi bien dans
sa racine que dans sa couronne; celle-ci plus courte, plus large, plus
ailée; l'aile postérieure plus étroite que l'antérieure, mais plus prononcée.

Conclusion. Ainsi, dans cette espèce, nous sommes à peu près certain que les incisives supérieures étaient très-fortes, décroissantes de la première à la troisième, ce qui est, avec une forme très-différente, comme dans les Palæotheriums; tandis que dans les Anoplotheriums c'est le contraire.

Canine. La canine que nous supposons supérieure parce qu'elle est usée à la partie antérieure de la couronne, est dans sa forme générale triquètre, un peu courbée dans sa longueur, et rappelle assez bien celle figurée par M. G. Cuvier, II, Pl. X, f. 2.

Molaires, 7. Des sept molaires supérieures nous n'en connaissons (1) que cinq : la
1re. première, équidistante de la canine et de la seconde, est trapézoïdale
avec un bord externe unicuspide et un talon interne bilobé; la qua-
4e. trième subtriquètre, formée d'une partie externe triangulaire épaisse,
foliacée, très-oblique en dehors, et d'un talon interne en C épais; la cin-
5e et 6e. quième et la sixième presque complétement semblables, sauf la grandeur,

M. Graves, auquel notre Muséum doit déjà tant de fossiles véritablement précieux, recueillis dans le département de l'Oise.

(1) Et le plus souvent par analogie, car peu de ces dents étaient encore implantées dans quelque fragment de mâchoire.

toutes deux subquadrangulaires, le côté interne arrondi, le plus petit, l'antérieur un peu plus long et plus oblique que le postérieur; l'externe presque droit, avec deux collines peu élevées, obliques, l'antérieure notablement plus longue que la postérieure, entièrement formée par l'inclinaison de la face postérieure du bord externe. Enfin, la dernière ou septième, encore assez semblable, mais avec une forme triangulaire, tronquée au sommet antérieur externe, par suite de l'agrandissement considérable et oblique de la colline antérieure, la petitesse de la colline postérieure réduite à une pointe, et la grande obliquité du bord externe. 7e ou dernière.

Les dents inférieures ou de la mandibule nous sont moins connues. D'en bas.
Nous n'avons même aucune incisive ni canine. Pour les molaires, il me Molaires.
semble, en supposant que la première ait été distante et en crochet,
qu'on peut regarder comme une seconde et une troisième deux dents 2e. 3e.
encore implantées dans un morceau de mâchoire, pourvues de deux racines transverses indivises, portant une couronne triquètre à une seule pointe, un peu ailée obliquement, surtout en arrière où il se forme presque un talon, plate et fort oblique en dehors, et presque carénée en dedans.

La suivante ou quatrième, que je n'ai entière que du côté droit, ressemble aussi beaucoup aux précédentes; mais elle est encore un peu plus forte que la dernière de celles-ci. Sa pointe unique et triquètre est plus verticale avec ses côtés plus semblables, et surtout son talon postérieur est plus prononcé, plus large. 4e.

Je regarde comme une cinquième ou peut-être seulement une quatrième, une dent que je possède des deux côtés, de même grandeur et provenant indubitablement du même individu, quoique ayant encore quelque chose de la précédente, qu'elle surpasse notablement en grandeur; sa forme triquètre est encore plus symétrique, quoique plus basse, et son angle solide ou arête postérieure forme un croissant simple, ouvert en avant, et de plus il y a un talon en forme de crête en arrière. 5e?

Anté-pénultième. Pénultième.

Au delà, je considère comme une antépénultième et une pénultièm deux autres dents dont la première plus petite, encore implantée da un fragment de mandibule, a ses deux racines fort longues, sa cou ronne assez oblique, portant deux croissants bien distincts, assez in gaux, l'antérieur plus grand que le postérieur, avec un talon en crê prononcée en avant et en dedans, et un autre bien moins prononcé e arrière.

6e ou pénultième.

La plus grosse ou pénultième, dont j'ai sous les yeux deux exem plaires du même côté gauche, est presque en tout semblable à la pr cédente, sauf la grandeur, et que l'inégalité des deux collines de la cou ronne est notablement moindre.

Nous ne connaissons pas la dernière ou septième; en supposant qu'el aurait eu une troisième colline plus ou moins prononcée, comme dans l Lophiodons ordinaires, on pourrait voir dans celles qui viennent d'êt décrites les six antécédentes, et alors la première aurait deux racine ce qui n'existe à ma connaissance dans aucun Palæotherium.

Tirés des Os du Squelette.

Pour les os du squelette du Lophiodon du Soissonnais, nous ne somm pas beaucoup plus riche ou mieux fourni que ne l'était M. G. Cuvie du moins en pièces un peu caractéristiques; car nos collections po sèdent un très-grand nombre de fragments plus ou moins roulé constamment insignifiants, lorsque, ce qui est même rare, ils sont r connaissables.

Fragments de Mandibule,

Un morceau de mandibule que nous avons fait figurer malgré sc état très-fruste, nous montre cependant que la partie de la branch montante, qui constitue l'apophyse coronoïde, avait beaucoup de ra ports avec ce qui existe chez les Palæotheriums.

d'Humérus,

Le fragment d'humérus dont a parlé M. G. Cuvier comme ayant u grande ressemblance avec son analogue dans le Daman, est trop p considérable et d'un trop jeune animal, étant encore épiphysé, po qu'on puisse appuyer cette ressemblance sur quelque chose d'un p spécieux.

de Fémur.

Le fragment de fémur, également figuré par M. G. Cuvier, est bea coup plus caractéristique, à cause de l'existence bien évidente d'un troisième trochanter; particularité certaine, quoiqu'un peu moins prononcée peut-être que dans les autres Ongulogrades à système de doigts impair; mais sa forme confirmée sur deux autres échantillons du même terrain me semble indiquer plus de rapports avec les Palæotheriums qu'avec les Tapirs.

Phalanges.

Enfin, les deux seules phalanges d'un doigt médian que nous avons fait figurer, sont aussi assez bien dans le même cas.

Conclusions.

Espèces intermédiaires aux Lophiodons et aux Anthracotheriums.

En somme, lorsqu'on compare les pièces que nous possédons de ce Lophiodon du Soissonnais avec les espèces rangées parmi les Palæotheriums, les Lophiodons et les Anthracotheriums, c'est avec une espèce de cette dernière division, l'A. du Velay (*A. Velaunum*), qu'il y a le plus de rapports, au point qu'il pourrait presque indifféremment être rangé dans l'un ou l'autre genre. C'est même cette considération qui nous a porté à désigner ce Lophiodon sous la dénomination spécifique d'Anthracoïde, par contraction d'Anthracothéroïde.

Je n'ai jusqu'ici trouvé à rapporter à cette espèce, hors du Soissonnais et du Laonnais, que quelques dents recueillies dans les dernières assises du calcaire grossier de Paris, auxquelles on a donné le nom de calcaire pisolithique, ou mieux peut-être dans les parties supérieures de l'argile plastique à Meudon, dont nous avons déjà eu l'occasion de parler en différents endroits de notre ouvrage.

Cette espèce nous conduit naturellement aux Anthracotheriums.

CHAPITRE TROISIÈME.

DES ANTHRACOTHERIUMS.

a) *Histoire et énumération des espèces proposées.*

Anthracotheriums considérés d'une manière générale.

Les ossements fossiles de mammifères que M. G. Cuvier a réunis sous le nom d'Anthracotherium, parce que les premiers découverts l'avaient été dans un terrain de lignite ou de charbon de terre peu ancien, semblent indiquer encore un chaînon de la série des Ongulogrades ou des mammifères à sabot, intermédiaire aux deux sections que nous y avons établies d'après le nombre impair ou pair des doigts (1); mais c'est ce qu'il est assez difficile d'assurer d'une manière absolument positive à défaut d'éléments suffisants. En effet, si nous connaissons aujourd'hui assez complétement le système dentaire de l'espèce type ou de la plus grande espèce d'Anthracotherium, nous sommes fort éloigné de connaître aussi bien le système digital, au moins d'une manière directe. Bien plus, si, ayant recours à l'analogie, nous sommes porté à penser que c'est avec les Ongulogrades à système digital impair qu'il doit être placé, en considérant que le fémur que nous sommes forcé de lui attribuer est pourvu d'un troisième trochanter; au contraire, en consultant l'astragale, ce serait de l'autre section qu'il devrait faire partie. En effet, on a trouvé à Digoin, avec un astragale qui est certainement de *Sus*, un fragment de fémur à trois trochanters, et des dents qui sont évidemment d'Anthracotherium. Malheureusement le système dentaire ne marche pas parallèlement avec le système digital, c'est-à-dire qu'on ne peut pas toujours conclure de l'un à l'autre, comme nous avons eu fréquemment l'occasion de le faire observer, si ce n'est dans un même grand genre naturel, dans celui des Ruminants, par exemple. Au reste, le système dentaire des Anthracotheriums lui-même tient à la fois de celui des Palæotheriums et de celui des Chœropotames par lesquels commence le groupe des espèces à système digital pair, ainsi qu'il nous sera facile de le montrer par l'analyse que nous allons en faire; mais auparavant, jetons, suivant notre coutume, un coup d'œil sur l'histoire de ce qu'on appelle ordinairement le genre ANTHRACOTHERIUM.

Par le Système dentaire et par le Système digital.

Par le Squelette. Astragale. Fémur.

Histoire.

Proposé en 1822.

C'est encore à M. G. Cuvier que la proposition en est due, et même assez tard dans la publication de la seconde édition de ses Recherches, t. III, p. 396, sous ce titre un peu étendu : Addition à toute

(1) Voyez notre note à ce sujet dans le *Bulletin des sciences par la Société philomatique* pour l'Ann. 1819, p. 41.

l'Histoire des Pachydermes fossiles, *sur un nouveau genre d'animaux fossiles de l'ordre des Pachydermes, dont on a découvert deux espèces dans les lignites de la Ligurie, et une troisième dans le terrain d'eau douce des environs d'Agen, et que je nommerai* Anthracotherium. Un certain nombre de grosses molaires, et même des plus importantes, aussi bien d'en haut que d'en bas, trouvées dans l'exploitation des lignites de Cadibona, sur la côte de Gênes, lui ayant été communiquées, comme il n'y trouva pas rigoureusement les caractères qu'il avait reconnus dans leurs analogues chez les espèces vivantes et fossiles qu'il connaissait, il se hâta avec sa facilité, je dirai presque son empressement ordinaire, d'en former un genre distinct qu'il regarda comme tenant d'assez près aux Chœropotames et aux Dichobunes, ainsi qu'il nommait alors son *Anoplotherium minus*; et cela sans doute d'après la considération seule d'une partie du système dentaire, puisqu'il n'en a réellement jamais connu ou mieux reconnu ni les canines, ni les incisives bien plus importantes, comme Linné l'avait pour ainsi dire deviné dans sa caractéristique des genres de mammifères.

D'après quelques pièces des lignites de Cadibona.

Quoique M. Cuvier ne pût réellement pas caractériser le genre qu'il avait nommé avant tout, il n'en proposa pas moins trois espèces :

Espèces proposées par M. Cuvier.

L'une qu'il nommera plus tard *A. magnum*, sur les pièces suivantes en nature ou en moule, qu'il devait surtout à M. Caffin jeune, de Turin, qui les avait accompagnées d'un mémoire sur leur gisement, ainsi qu'à MM. Buckland, Borson et Bertrand Geslin :

1° *A. magnum*.

Pièces à l'appui.

1° Un fragment de mandibule portant les deux arrière-molaires bien complètes, dont les tubercules lui semblent avoir quelques rapports avec ce qui existe chez les Éléphants à dents mamelonnées, ou Mastodontes.

Mandibule.

2° Un fragment de mâchoire portant deux dents molaires peu usées et très-remarquables, suivant M. G. Cuvier, par leur configuration, et qu'en effet il décrit assez singulièrement, mais en les figurant parfaitement bien.

Mâchoire.

3° Un troisième fragment, où étaient encore trois de ces dents, et

Un autre.

qui lui prouve que dans cet animal il y avait trois arrière-molaires indiquant certainement un genre de Pachydermes distinct, dont les molaires inférieures avaient beaucoup de rapports avec celles de l'*Anoplotherium gracile*, et surtout avec l'*A. leporinum*, devenus alors les types de ses genres *Xiphodon* et *Dichobune*, et les supérieures avec celles des Chœropotames; mais qu'il n'y avait aucune analogie à trouver ave les Anoplotheriums, Palæotheriums, Tapirs, Lophiodons et Rhinocéros.

Mandibule. 4° A l'appui de son opinion, M. Cuvier donne la figure d'un fragment de mâchoire inférieure, envoyé en moule par M. Borson, et qu montre une dent qui lui semble une canine en place et deux alvéoles simples; ces alvéoles étaient celles de deux dents à une seule racine. Au delà, il est probable, ajoute-t-il, qu'il n'y en avait qu'une troisième e peut-être une quatrième, et la première des trois arrière-molaire qu'il avait décrites sous le n° 2. La dent saillante, incisive ou canine car il n'ose pas décider, et figurée de grandeur naturelle, pl. LXXX fig. 6, lui paraît un peu ressembler aux incisives inférieures de certain Phalangers, ou à celles un peu détachées des Chameaux, mais également aux canines inférieures des Tapirs.

Canine. 5° Une grosse canine écrasée (pl. LXXX, fig. 3), qui signifie peu d chose, si ce n'est par sa grosseur et sa grandeur.

2° *A. minus.* De la seconde espèce qu'il nomme *Anthracotherium minus*, M. Cuvie décrit, mais sans les figurer :

Pièces à l'appui. Molaires. 1° Une dernière dent molaire, dont il n'a vu que le modèle en plâtr et qu'il dit entièrement semblable à son analogue dans la grande espèc avec la différence que son dernier tubercule ou talon est plus profo dément bifurqué, et que les deux lobes ne sont pas tout à fait à cô l'un de l'autre, outre que la dent en totalité est plus étroite.

Humérus. 2° Une tête inférieure d'humérus, ayant à sa poulie deux sillons trois parties saillantes, avec un trou au-dessus; deux caractères q M. Cuvier reconnaît être communs à l'humérus de l'Anoplotherium.

3° *A. minimum.* La troisième espèce, qu'il nomme *Anthracotherium minimum*, et qu dit n'être pas sans rapports avec des dents trouvées à Blaye, et dont il a parlé comme voisines des Hippopotames, Vol. I, p. 333, pl. VII, fig. 12 à 20(1). Elle repose sur les pièces suivantes : Pièces à l'appui.

1° Un fragment de mandibule du côté gauche, figuré pl. LXXX, fig. 3, contenant les trois dernières molaires, et dont les formes sont, suivant M. Cuvier, exactement semblables à celles de la grande espèce, mais de grandeur encore moindre que celles de la petite. Mandibule.

2° Des fragments d'os, sans dire lesquels, qui annoncent à peu près les formes de l'Anoplotherium. Os.

En terminant son ouvrage en 1825, dans les Additions qui sont à la fin de la seconde partie de son cinquième volume, p. 506, M. Cuvier est revenu sur ce genre dans un article intitulé : *Sur deux espèces d'Anthracotherium du Puy-en-Velay*. Il y est en effet question d'ossements, qu'il croit pouvoir appartenir à deux espèces, et que M. Bertrand Roux avait soumis à son examen, en en donnant même quelques-uns au Muséum. Suivant M. Cuvier, les molaires supérieures postérieures ressemblent beaucoup à celles du grand Anthracotherium, et les antérieures à celles de l'Anoplotherium. Quant aux inférieures, dont il a pu voir les cinq dernières en place, il reconnaît que les trois postérieures tiennent à la fois de leurs analogues dans l'Anoplotherium et dans l'Anthracotherium. 4° *A. Velaunum.* Pièces à l'appui.

Une partie de ces dents égale presque celles de l'*Anoplotherium commune*, et l'autre est de moitié plus petite. Cependant, et malgré le titre de son article, M. Cuvier n'inscrit ces fragments dans son Résumé général que sous un seul nom, celui d'*A. Velaunum.*

Il croit aussi devoir rapporter à ce genre, sous le nom d'*A. Alsaticum* (t. IV, p. 500), une partie de mandibule, pl. XXXIX, d'un individu non adulte dont il n'a connu cependant qu'un moule en plâtre coloré, 5° *A. Alsaticum.* Pièces à l'appui.

(1) Ces dents, au nombre de trois, dont M. Cuvier parle sous ce titre : *De quelques dents qui indiquent une espèce voisine de l'Hippopotame, et plus petite que le Cochon*, ont été attribuées avec raison, par M. de Christol, à une espèce de la famille des Lamantins, ce que nous avons adopté. Elles n'ont véritablement aucun rapport avec celles des Anthracotheriums.

et sur lequel il crut reconnaître une espèce intermédiaire pour la gran deur entre la plus grande et la plus petite de Cadibona; se fondan sur ce que la molaire qui suit la troisième de lait encore en place n'es précisément que les trois cinquièmes de son analogue de Cadibona.

Ainsi, à cette époque, M. G. Cuvier ne savait pas encore d'une ma nière certaine si le G. Anthracotherium avait quatre ou six incisives, e il n'en connaissait aucune.

Il ignorait également quelles étaient les canines, et ce qu'il en disai n'était que par supposition.

Il ne connaissait pas non plus positivement le nombre des molaires du moins celui des antérieures. Ainsi, ce genre ne reposait encore qu sur la forme des trois dents molaires postérieures aux deux mâchoires

Quant aux cinq espèces, qu'il nommait plus qu'il ne les caractérisait elles n'étaient établies qu'au moyen d'un compas, et la différentiell était en millimètres.

M. Pentland. Depuis ce temps, où ces cinq espèces furent introduites dans les cata logues paléontologiques, mais sans aucune appréciation ou critique, une seule nouvelle a été proposée sous le nom d'*A. Silistrense* par M. Pent land, d'après quelques dents molaires d'en bas recueillies dans l'Inde; mais en outre, des ossements, attribués à tort ou à raison à ce genre, ont été trouvés en différents endroits de la France.

6° *A. Silistrense.*

M. Bravard. C'est ainsi que M. Bravard, qui, dès 1825 (*Caïnotherium*, p. 3) avait annoncé avoir recueilli des restes d'Anthracotherium dans un ter rain d'eau douce du Puy-de-Dôme, en cite aussi du Puy-en-Velay e ajoute, p. 3, que les sables marins supérieurs des environs de Mont pellier ont fourni les restes d'un Anthracotherium plus petit que ceu décrits jusqu'à ce jour, et qu'il en a recueillis avec des Lophiodons, de Éléphants, Rhinocéros, Cerfs, Bœufs, Hippopotames et des Chevau dans les sables marins supérieurs de ce dépôt.

M. Croizet. Bien plus certainement, M. l'abbé Croizet a découvert en Auvergn des pièces importantes de la grande espèce de ce genre, et entre autre une mandibule presque entière avec toutes ses dents.

M. Lockart cite également un assez bon nombre de dents d'un Anthracotherium provenant du dépôt d'Argenton, mais en ajoutant en note : ou bien d'un genre intermédiaire aux Anthracotheriums et aux Palæotheriums. M. Lockart.

Il en a été trouvé, indubitablement de ce genre, à Digoin, à Moysac, et le nombre des pièces de Cadibona a été assez notablement augmenté; en sorte qu'aujourd'hui la collection paléontologique du Muséum, qui renferme la plus grande partie de ces matériaux en nature ou à l'état de moule, nous fournit la possibilité d'éclaircir notablement la question du genre ou des espèces, par l'étude desquelles je vais commencer; j'en déduirai ensuite les caractères du genre, si elles doivent en former un.

b) *Appréciation des espèces.*

1° Le grand Anthracotherium (*A. magnum*)

et

L'A. d'Alsace (*A. Alsatiacum*).

Nous avons dit plus haut que c'est M. G. Cuvier qui a proposé cette espèce, d'après des pièces recueillies à Cadibona et qui ne consistaient guère qu'en des fragments de mâchoires et de mandibules portant plusieurs dents molaires. Comme nous avons été plus heureux dans d'autres localités, celle de Digoin, par exemple, où il s'est trouvé à la fois non-seulement une assez belle suite de dents des trois sortes et des deux mâchoires, avec un certain nombre d'os entiers ou fragmentés, et celle d'Auvergne, où a été recueillie une mandibule presque entière et quelques autres os, nous allons nous en servir pour étudier le grand Anthracotherium, le type du genre. De l'*A. magnum*, comprenant l'*A. Alsatiacum*.

Le système dentaire de la mâchoire supérieure que nous connaissons tout entier est composé de trois paires d'incisives, d'une paire de canines et de sept paires de molaires. Système dentaire. D'en haut.

Nous connaissons les incisives en elles-mêmes et par leurs alvéoles, d'après un os incisif entier. Elles sont très-fortes, assez latérales, épaisses Incisives.

au collet, un peu en crochet à la couronne et décroissantes de la première à la troisième.

Canines. Les canines ne nous sont connues que par leur alvéole qui indique qu'elles étaient assez fortes et rondes, du moins au collet (1).

Molaires. Après une barre peu considérable commence la série des molaires :

Première. La première, presque équidistante de la canine et de la seconde, est la plus petite de toutes, simple et formée d'une seule racine et d'un seul crochet, assez courbe à la couronne.

Seconde. La seconde notablement plus forte, et que nous avons des deux côtés, est triquètre au collet et triangulaire comprimée à la couronne.

Troisième et quatrième. La troisième, assez semblable à la quatrième, sauf la grosseur un peu plus forte pour celle-ci, semble n'être qu'une moitié des trois dernières, n'étant en effet formée que d'une pointe triangulaire versante externe, et d'un talon interne large et arrondi.

Cinquième et sixième. Les cinquième et sixième, notablement plus fortes, sont subcarrées composées de deux parties similaires, subégales, séparées par un vallon transverse, et chacune d'elles d'une grosse pointe au bord externe très-versant en dedans et d'un large talon arrondi, formant un croissant double par l'usure.

Septième ou dernière. Enfin, la septième est à peu près semblable aux deux précédentes avec cette différence qu'elle est un peu plus forte, mais surtout plus oblique et plus longue dans son bord externe, le postérieur étant notablement plus petit que l'antérieur.

De Cadibona. Ce sont ces deux dernières dents que M. Cuvier a décrites et figurées d'après un fragment de Cadibona (T. III, Pl. LXXX, f. 1).

De Lot-et-Garonne. Elles sont également fort bien conservées sur un fragment de mâchoire du côté droit, trouvé dans le département de Lot-et-Garonne

(1) Je doute fort que la dent comprimée, écrasée, cannelée, que M. Cuvier figure *loc. cit.*, f. 3 d'après un moule en plâtre noirci, soit une véritable canine, et surtout d'un animal de ce genre mais je ne puis dire ce que c'est.

par M. Lalanne et envoyé par lui au Muséum. M. P. Gervais, alors l'un de mes aides, a dû présenter cette pièce à la Société philomathique.

Des dents de la mâchoire inférieure du grand Anthracotherium, nous n'en connaissons qu'une recueillie à Digoin; mais nous sommes plus heureux sur un échantillon provenant de Cadibona, figuré par M. Cuvier, et surtout d'après un morceau de l'Orléanais et un autre encore plus important, provenant de l'Auvergne et qui faisait partie de la collection de M. l'abbé Croizet. D'en bas.

Cette dernière pièce, qui est une mandibule tronquée dans les branches montantes, mais formée de ses deux branches horizontales, ne nous présente que quelques incisives, une seule canine, par suite de rupture, et six molaires en série continue. D'Auvergne.

Les incisives, dont les trois du côté droit en place, sont très-déclives et très-serrées, mais malheureusement assez usées; en sorte qu'il est difficile de s'assurer de leur forme et de leurs proportions. Cependant, en s'aidant de ce qui existe dans un fragment de Cadibona (1), on peut dire ce qui suit : Incisives.

La première est probablement large, en palette subsymétrique; Première.

La seconde, également en palette, mais plus étroite, un peu oblique en dedans; Seconde.

La troisième bien plus forte dans sa racine, presque carrée, se termine par une couronne largement oblique, comme ailée à son bord externe, assez pointue et droite à son bord interne. Troisième.

La canine parfaitement en place, un peu déjetée en dehors, est as- Canine.

(1) Cette pièce, dont nous ne possédons qu'un moule en plâtre noirci, est celle que M. G. Cuvier a figurée, *loc. cit.* Pl. LV, f. 7, et qu'il a décrite comme un fragment de mâchoire inférieure, où l'on voit une canine avec deux alvéoles pour deux dents, chacune à une seule racine, et qu'il semble considérer comme pouvant avoir fait partie de la pièce de mandibule qui porte les deux dernières molaires, en supposant une ou deux dents intermédiaires. Le fait est que c'est un os incisif de la mâchoire supérieure, montrant les alvéoles des deux premières incisives, et la troisième en place; ce qui est fort loin de l'idée que s'en faisait M. Cuvier, et qui était une erreur grave.

sez forte, ovale, un peu comprimée et recourbée dans sa partie exserte.

Molaires. Première. La série des molaires n'étant sur cette pièce que de six, par absence de la première, qui n'est représentée que par une racine unique et distante, a beaucoup d'analogie avec ce qui existe dans le Lophiodon de Nanterre.

Seconde et troisième. Les deux avant-molaires qui suivent la racine de la première à quelque distance, sont en effet triangulaires, unicuspidées, biradiculées, un peu plus comprimées peut-être que dans le Lophiodon, avec le talon moins marqué.

De Paris. Je lui rapporte sans aucun doute une paire de dents, c'est-à-dire, l'une d'un côté et l'autre du côté opposé et qui font partie de la collection du Muséum, comme ayant été recueillies dans le bassin de Paris, et probablement dans le commencement de l'argileplastique à Meudon. En effet, M. Ch. d'Orbigny en a trouvé dans ce terrain un certain nombre d'autres plus ou moins usées et roulées dont il a enrichi nos collections.

Quatrième ou principale. La principale qui suit est subtriquètre par l'élargissement du talon; mais sa pointe antérieure est comme dans les deux avant-molaires et non en colline courte comme dans le Lophiodon de Nanterre.

Arrière-molaires. Les trois arrière-molaires ont assez bien les mêmes proportions que dans celui-ci; mais les collines sont moins minces, moins tranchantes, plus épaisses et plus arrondies en dehors comme en dedans; la partie moyenne qui sépare les deux mamelons étant bien moins élevée, au contraire de l'écharpe oblique, partant du mamelon interne postérieur pour aller joindre le mamelon externe antérieur; d'où il résulte quatre mamelons qui par l'usure donnent lieu à une complication un peu plus grande des replis de l'émail, disposition qui rappelle un peu ce qui a lieu dans les Pecaris.

Septième et dernière. Du reste, la dernière molaire est terminée par un lobe ou talon arrondi, un peu plus étroit que la dent, mais aussi long au moins que la moitié totale.

Toutes ces particularités se reproduisent très-bien sur le fragment de mandibule portant les deux dernières molaires provenant de Cadibona, décrites et figurées par M. G. Cuvier, *loc. cit.*, Pl. LXXX, f. 2, avec une légère augmentation de grosseur. De Cadibona.

Elles se retrouvent également sur le côté droit de mandibule de l'Orléanais, portant les six dernières molaires comme celui d'Auvergne, ainsi que sur le fragment de mâchoire du côté droit. De l'Orléanais.

De ce même grand Anthracotherium d'Auvergne nous avons pu en outre examiner : Autres pièces d'Auvergne.

Une moitié supérieure de cubitus du côté gauche saisi par la face interne dans la même roche qu'un côté de la mandibule. Il indique un os robuste, assez court, triquètre, fort large et plat dans sa face antérieure, avec une apophyse olécrane, courte, épaisse et largement recourbée en dedans à son extrémité, triquètre dans son corps, fort large et plat dans sa face antérieure, ce qui dénote que le radius est plus antérieur, même que dans les Rhinocéros, un peu comme dans les Cochons. Cubitus.

Un os métacarpien externe gauche, remarquable par sa brièveté et l'épaisseur de ses deux extrémités, rappelle assez bien cet os dans l'Hippopotame, plus que celui de tout autre animal ; il a 0,095 de long sur 0,025 dans le milieu du corps. Métacarpien.

Mais est-ce bien un os d'Anthracotherium ?

Mais outre les dents, ces pièces se composaient aussi de fragments de mandibules n'offrant malheureusement rien de caractéristique, par suite de la fracture de leurs parties terminales.

On remarque seulement sur la mandibule d'Auvergne une apophyse saillante assez marquée, un peu avant le milieu de son bord inférieur ; mais il serait trop hardi de croire que, si elle n'existe pas sur tous les fragments analogues, ce pourrait être un caractère spécifique, une apophyse d'insertion ne pouvant jamais atteindre à cette valeur (1). Mandibule.

(1) Nous avons en effet pu l'observer tout dernièrement, quoiqu'un peu moins prononcée, sur

De Digoin. Le dépôt de Digoin nous a fourni plusieurs os d'une plus grande importance, et que l'on peut, à cause de la taille, rapporter provisoirement à cette espèce.

Vertèbres. 1° Une des premières vertèbres dorsales, qui, à en juger par ce qui en reste, devait avoir une apophyse épineuse assez longue, inclinée et fort large transversalement à la base. Son corps, fort rétréci dans le milieu, assez convexe en avant et concave en arrière, offre, comme cela a lieu dans les Tapirs, un trou ovale dans le milieu de la racine de l'arc, pourvu lui-même d'apophyses articulaires horizontales et d'apophyses transverses épaisses et arrondies.

Omoplate. 2° Une extrémité articulaire d'omoplate du côté gauche, paraissant avoir été assez étroite vers la cavité glénoïde, qui est au contraire grande, ovale, arrondie, avec un tubercule coracoïdien assez petit et peu avancé. La crête, malheureusement cassée jusqu'à la base, semble cependant s'être avancée obliquement assez loin vers l'angle articulaire.

Cubitus. 3° Un cubitus du côté gauche en trois ou quatre fragments et privé de ses deux extrémités, montrant seulement qu'il était triquètre, assez peu arqué, et cependant concave en dedans, ayant sa surface antérieure large pour l'application du radius, avec lequel il n'était pas soudé.

Métacarpien. 4° Un fragment de métacarpien encore épiphysé, probablement externe gauche, sa face dorsale versant en dehors.

Un autre. 5° Un autre fragment de métacarpien interne du côté droit, ayant quelque ressemblance avec celui d'un Tapir, mais plus gros et plus court.

Fémur. 6° Une partie supérieure du corps d'un fémur, peut-être un peu déformé par la pression, mais offrant certainement des restes d'un troisième trochanter assez large.

Un autre. 7° La tête inférieure d'un fémur, presque de la grosseur de son ana

un fragment trouvé à Cadibona, et que M. Gastaldi de Turin, a mis fort gracieusement à notre disposition, avec d'autres pièces non moins intéressantes.

logue dans un petit Rhinocéros, et qui, quoique altérée un peu par pression, indique une grande inégalité dans les deux tubérosités, une poulie plus large, moins oblique, moins inégale que dans ce dernier animal.

8° Mais la plus belle pièce de cette localité est un astragale du pied gauche, presque en tout semblable à celui du Cochon, c'est-à-dire en osselet, avec une troncature ou facette externe assez large pour le cuboïde, mais presque double en grandeur, ce qui tendrait à prouver que l'Anthracotherium était un Ongulograde paridigité, tandis que le troisième trochanter du fémur semble prouver le contraire. Astragale.

9° Un os métatarsien médian d'une taille supérieure à celle du Tapir de l'Inde, et qui indique d'une manière indubitable qu'il était accompagné de deux os semblables, un à droite et l'autre à gauche. Il est du reste un peu plus épais, plus subtriquètre, moins plat, moins mince que dans les Rhinocéros, et surtout bien plus versant au dehors, de manière à indiquer que le doigt externe était bien plus petit et l'interne presque égal à lui, disposition qui rappelle un peu ce qui a lieu chez les Sangliers. Métatarsien.

Je dois ajouter à cette énumération descriptive des os trouvés à Digoin avec les dents de l'*A. magnum*, que M. Bravard, dans ses considérations sur le *Caïnotherium*, nous apprend qu'à Bansac, dans les couches exploitées pour la fabrication de la chaux, on a trouvé, il y a peu d'années, le squelette presque entier d'un individu de cette espèce. D'Auvergne.

Les pièces que M. Bravard attribue au grand Anthracotherium d'Auvergne sont fort nombreuses et de toutes les parties du squelette, et elles seraient probablement suffisantes pour déterminer les véritables rapports de ce genre; mais après une énumération de treize pièces, il se borne à dire que les os des membres de cet animal se rapprochent beaucoup de leurs analogues chez le Rhinocéros; que l'humérus avait cependant le crochet de la crête deltoïdienne moins saillant; que le fémur offrait aussi quelques différences; en ajoutant que ces ossements Un grand nombre. D'après M. Bravard.

annoncent une espèce tellement élancée, qu'elle serait sans exemple dans la nature.

Entre autres des Fémurs.

De ces pièces, je n'ai vu que des fémurs que je suis fort tenté de rapporter à un Rhinocéros, et peut-être même à celui d'Auvergne, qui a reçu le nom de *R. elatus*, justement à cause de cette disposition élancée, signalée par M. Bravard dans le squelette qu'il attribue à son *Anthracotherium magnum*.

Ce qui me porte encore vers cette opinion, c'est que M. Bravard cite au nombre des pièces qu'il attribue à ce dernier un astragale, et que certainement, avec l'habitude que ses recherches paléontologiques lui ont acquise, il n'aurait pas manqué de voir et de signaler si c'était un osselet ou non, et par conséquent si c'était ou non un Rhinocéros.

Conclusion.

Ainsi, comme on le voit, cette grande espèce d'Anthracotherium a laissé de ses traces dans un assez grand nombre de dépôts ossifères de la France surtout, car je puis assurer que, sauf de légères différences de grandeur, et qui ne vont pas au delà de quelques millimètres, il est impossible de ne pas reconnaître l'Anthracotherium de Cadibona, celui d'Orléans, de Digoin, d'Auvergne, de Lot-et-Garonne et de Paris, comme de la même espèce animale.

L'A. Alsatiacum rapporté à l'*A. magnum*.

Je suis également porté fortement à penser, par l'examen que j'en ai fait, que la portion de mandibule sur laquelle repose l'*Anthracotherium Alsatiacum*, et que M. Cuvier a représentée, malheureusement d'après un modèle en plâtre coloré en noir, t. IV, pl. XXXIX, f. 5, doit aussi être rapportée à cette espèce. En effet, on doit voir dans les quatre dents molaires assez entières qui en garnissent le côté droit, un mélange évident de deux dentitions. La troisième est certainement la dernière de lait à trois lobes, et les autres, dont les deux premières et la quatrième, sont de la seconde, celle-ci étant justement de la même forme et grandeur que son analogue sur la mandibule d'Auvergne.

Raisons à l'appui.

Quant aux alvéoles de la partie antérieure, le dessinateur de M. Cuvier a pu les rendre comme il a voulu; mais j'assure que sur les deux exemplaires en plâtre que possède la collection, elles sont complètement illisibles (1), et je n'ai pu y voir le germe d'incisive tranchante et coupée obliquement que M. Cuvier signale (*loc. cit.*) par la lettre F.

2° Le petit Anthracotherium (*A. minimum*).

A. minimum.

Pièce à l'appui. De Haute-Vigne Mandibule.

Cette espèce, qui a été également proposée par M. G. Cuvier dans les Additions aux trois premiers volumes de ses ossements fossiles, t. III, p. 404, en 1822, est établie sur une pièce représentée par lui, pl. LXXX, f. 5, de grandeur naturelle.

Examinée.

J'ai vu ce fossile, qui existe dans la collection du Muséum; c'est une partie postérieure de la branche horizontale gauche d'une mandibule, assez épaisse et assez étroite, par où elle se distingue de celle des petits Ruminants avec laquelle elle n'est pas sans quelque ressemblance; mais ce qui la rend plus remarquable, c'est qu'elle porte les trois dernières molaires qui ont aussi quelque chose de leurs analogues dans les Ruminants. On parvient cependant assez aisément à les distinguer en observant que la couronne, bien plus épaisse ou moins comprimée, moins élevée, à la face triturante, présente deux collines transverses aux deux premières, trois à la dernière, avec autant de grosses pointes coniques en dedans et ogivales en dehors; ce qui n'est pas tout à fait comme dans le grand Anthracotherium, ainsi que le dit M. Cuvier, mais s'en rapproche plus que des Ruminants (2).

Avec cette pièce on a recueilli :

Vertèbre.

1° Une vertèbre axis, malheureusement tronquée, mais ayant véritablement dans son corps et dans l'apophyse odontoïde qui le termine, quelque chose de court, de large et de plat, comme celle des Ruminants.

(1) M. G. Cuvier donne une cavité qu'il figure comme l'alvéole d'une canine de lait, d'où il présume, dit-il, qu'allait sortir la canine de remplacement, sans se rappeler qu'une canine de remplacement ne naît jamais dans la même alvéole que la canine de lait, et que celle-là est déjà bien poussée quand il ne reste plus que la dernière molaire de lait.

(2) Cette forme de dents se rapproche assez de ce qui a lieu dans l'espèce d'Anoplotherium d'Auvergne, dont on a fait le genre *Oplotherium*, ou *Caïnotherium*, ou *Cyclognathus*.

Phalange.

2° Une seconde phalange d'un doigt extrême, ayant beaucoup de la forme de son analogue dans un Anoplotherium, mais d'une taille proportionnellement bien supérieure aux deux pièces précédentes, et du reste ayant absolument ce même aspect d'un blanc jaunâtre qu'ont souvent les os fossiles.

De Cadibona. Mandibule.

D'après ce que j'ai appris de M. Pomel, qu'il a vu dans les mains d'une personne de Turin un fragment de mandibule entièrement semblable à celle de Haute-Vigne, et qui provenait de Cadibona, je suis fort tenté de lui rapporter aussi la pièce sur laquelle M. G. Cuvier a établi son *A. minus*, figurée par lui d'après un assez mauvais moule en plâtre noirci, t. III, pl. LXXX, fig. 4, de grandeur naturelle, et qui porte une troisième molaire de première dentition (1).

A. Gergovianum.

3° L'A. de Gergovie (*A. Gergovianum*).

Il faut sans doute rapprocher de l'espèce précédente celle que je trouve indiquée dans le catalogue manuscrit de la collection de M. l'abbé Croizet, sous le nom de *Cyclognathus Gergovianus* (2); ce qui semble indiquer qu'il croyait devoir en former un genre distinct de toutes les espèces d'Anthracotheriums d'Auvergne et du Puy, je ne sais trop pourquoi, à moins que ce ne soit par une sorte de prévision dont ce paléontologiste zélé nous a donné déjà plusieurs exemples, ou peut-être mieux parce

(1) Depuis que ce paragraphe est écrit, j'ai eu à ma disposition la pièce en question, grâce à la complaisance de M. Gastaldi, qui l'a recueillie à la Cadibona; j'ai pu croire par une comparaison immédiate des deux pièces, qu'elles ont probablement appartenu à la même espèce; ce que je ne peux pourtant pas assurer. Elle consiste en un fragment de mandibule du côté droit portant bien les quatre dernières molaires médiocrement usées.

(2) Il paraît cependant que c'est M. E. Geoffroy qui a imaginé ce nom provisoire de *Cyclognathus*, mais pour des mandibules trouvées à St-Géran-le-Puy, et qu'il rapportait avec raison à une espèce du genre Anoplotherium, dont M. Bravard a fait son genre *Caïnotherium*, nommé par M. de Laizer et de Parieu *Oplotherium*, adopté par M. Croizet, et que nous verrons n'être autre chose que l'*Anoplotherium gracile* de M. G. Cuvier, dont il a fait ensuite lui-même un genre distinct sous le nom de *Dichobune*.

que le nom d'*Anthracotherium* lui semblait mauvais comme trop significatif.

Quoi qu'il en soit, cette espèce animale, dont le nom spécifique peut très-bien être conservé, ne repose encore que sur deux ou trois fragments de mandibule trouvés en Auvergne dans la montagne de Gergovie.

Pièces à l'appui. Mandibule et ses Dents.

La première pièce, la plus instructive, consiste dans une mandibule tronquée dans la partie postérieure de ses deux branches horizontales, mais assez complète en avant pour montrer que la symphyse était longue, déclive, un peu comme dans les Cochons, et que la série dentaire totale était de onze dents; trois incisives, une canine et sept molaires, sans barre bien marquée.

Incisives.

Les incisives, à en juger par leurs alvéoles, les seules traces qu'elles aient laissées, devaient être subégales, un peu déclives et terminales.

Canine.

La canine, également d'après l'alvéole ovale arrondie, contiguë à la troisième incisive, était sans doute de grandeur médiocre.

Molaires.

Les molaires, dont les trois premières ne nous sont encore connues
que par les alvéoles, semblent avoir été contiguës; la première à une 1re.
seule racine; la seconde et la troisième, également comprimées, à deux, 2e. 3e.
assez connées pour former une alvéole en trou de serrure.

Quant aux quatre postérieures, qui existent en place au moins d'un 4e
côté, l'antérieure ou quatrième déjà assez épaisse et trièdre, n'a encore
qu'une pointe et un talon; mais la pointe médiane se bifurque dans son 5e.
épaisseur, et le talon est très-prononcé. Les deux suivantes, anté-pénultième et pénultième, ont deux collines transverses bicuspidées, la pointe
interne fort élevée; et enfin la septième ou dernière, qui décroît sensi- 6e.
blement d'épaisseur, en même temps qu'elle s'accroît en longueur, offre 7e.
trois collines, la dernière à peine bicuspidée et notablement plus petite que les deux autres subégales.

Autre partie. Les deux dernières molaires.

J'ai pu vérifier la forme des antépénultième et pénultième molaires de la mandibule de cette espèce sur une autre pièce un peu plus petite, qui porte en outre la colline antérieure de la septième. Ce sont absolument les mêmes caractères; les deux molaires entières ont 0,018 de longueur; et encore mieux sur une pièce où les deux côtés de la mandibule sont séparés et distants, mais dont le côté droit montre la série des sept molaires immédiatement derrière l'empreinte de la canine. Les quatre premières, à l'état d'empreinte, semblent avoir été larges, subégales, à deux racines divergentes et à couronne comprimée, pourvue d'une pointe médiane entre deux talons presque égaux. Les cinquième et sixième avec deux collines à deux pointes basses et obtuses; ces deux dents, sans compter la septième brisée derrière sa première colline, ont 0,027 au lieu de 0,023. Cette pièce vient d'Ivoine, arrondissement d'Issoire, dans le calcaire de l'étage moyen.

A. minutum.

4° L'A. MIGNON (*A. minutum*).

Pièces à l'appui.

Je propose de distinguer provisoirement, comme devant former une espèce distincte, l'animal auquel ont appartenu deux autres fragments de mandibules que j'avais d'abord attribués à l'espèce précédente, mais qui me semblent en différer, non-seulement par la grandeur beaucoup moindre, mais encore par la forme et la proportion des trois arrière-molaires, les seules que je connaisse. En effet, sur un fragment de la

Mandibule et ses dents.

mandibule gauche de la collection de M. Bertrand de Doue, ces trois dents sont assez singulières par la proportion des collines transverses bicuspidées qui les constituent, et qui diminuent assez rapidement de

Anté-pénultième.

la première à la dernière, c'est-à-dire que la dent antépénultième est sensiblement plus épaisse que la pénultième, celle-ci plus que la der-

Pénultième. Dernière.

nière, laquelle est très-étroite avec sa troisième colline presque égale aux autres, mais très-comprimée. C'est au point que j'ai cru un moment que cette dent à trois collines pourrait être une troisième de lait, ce qui ne se peut d'après la position interne des mamelons en ogive.

Un autre.

Un autre morceau faisant partie de la collection de M. Bravard, et provenant également du Puy, m'a présenté les trois mêmes dernières dents, mais peut-être proportionnellement un peu moins étroites.

5° L'A. du Velay (*A. Velaunum*). *A. Velaunum.*

Histoire.

Par M. G. Cuvier.

Nous avons déjà eu l'occasion de faire observer comment M. Bertrand de Doue, notable commerçant dans la ville du Puy, ayant communiqué à M. Cuvier un certain nombre d'ossements recueillis dans une marne calcaire d'eau douce des environs du Puy-en-Velay; celui-ci l'attribua à une, et même à deux espèces distinctes d'Anthracotherium qu'il nomma *A. Velaunum.* C'est ce que l'on trouve dans les Additions qui terminent la seconde partie du cinquième volume de ses Ossements fossiles, p. 507, où sont décrites, sans être figurées, des mâchelières postérieures d'en haut, et qui, suivant M. Cuvier, ressemblent beaucoup à celles du grand Anthracotherium, mais qui en diffèrent par moins de grandeur, et parce qu'elles sont plus larges que longues, ressemblant aussi beaucoup à celles des Anoplotheriums, aussi bien les supérieures que les inférieures, dont M. Cuvier avait vu les cinq dernières en série.

Par M. Bertrand. Pièces à l'appui. Mandibule.

M. Bertrand de Doue a donné, dans son Mémoire sur la constitution géologique du bassin du Puy, une excellente figure, aussi remarquable par l'exactitude rigoureuse du dessin que par la beauté de la lithographie, d'une branche horizontale droite de mandibule portant des dents molaires des deux dentitions; et il a eu l'extrême complaisance de m'envoyer à Paris, en communication, pour en enrichir mon ouvrage, une mâchoire supérieure presque entière, bien plus importante encore, parce que, sauf la première, elle offre toutes les dents d'adulte.

Tête, par M. Bravard.

Enfin M. Bravard, dans l'un de ses derniers voyages à Paris, a eu l'aimable précaution d'apporter avec lui des mêmes lieux une tête malheureusement écrasée, mais qui, grâce à quelques fouilles habilement faites par M. Merlieux, mon aide pour ce genre de travaux, a pu me montrer le système dentaire des deux mâchoires presque en connexion, en sorte que nous pouvons en avoir une description complète.

Nous n'avons pas été aussi heureux pour le système digital ni même pour le reste du squelette; nous n'en avons vu aucun fragment (1).

Décrite. Ses dents. Incisives, 3. La tête osseuse de l'A. du Velay, prolongée en avant en un museau long et étroit, ou mieux assez effilé, un peu comme dans les Cochons, était pourvue de chaque côté de trois incisives très-fortes, latérales, assez arquées, subégales, décroissantes un peu cependant de la première à la troisième, celle-là assez largement dilatée en palette coupée obliquement par l'usure, qui se faisait transversalement, non-seulement à l'extrémité,

Canine. mais dans toute la page postérieure; d'une canine médiocre en crochet conique, assez court, proportionnellement à sa racine; d'une première

1re Molaire. molaire, petite, en crochet comprimé, un peu tranchant, mais à deux

2e. racines fort serrées, dont la postérieure assez divergente, occupant le

3e. 4e. milieu d'une barre considérable; et enfin de six autres contiguës, l'an-

5e. 6e. térieure encore assez petite, comprimée, triangulaire, mais à deux ra-

7e. cines; les cinq postérieures assez bien comme dans les autres Anthracotheriums, avec cette différence qu'elles sont encore plus serrées, plus larges que longues, surtout les postérieures, et que les collines transversales de la couronne sont bien plus prononcées par la profondeur

Caractérisées. de la gouttière qui les sépare, et parce que les deux pointes de chacune sont plus détachées et plus aiguës, avec le bord externe bien plus versant en dedans et plus anguleusement sinueux.

En général. Ces dents offrent en outre une particularité différentielle remarquable, en ce qu'elles sont constamment comme striées ou plissées verticalement, surtout vers le collet.

Mandibule. La mandibule, que nous connaissons surtout d'après la pièce si bien figurée par M. Bertrand, et par celle que nous a confiée M. Bravard, paraît avoir été assez étroite dans sa branche horizontale, et n'avoir eu qu'un trou mentonnier médiocre et assez reculé.

Incisives, 3. Les incisives sont certainement au nombre de trois paires, toutes

(1) Je ne serais cependant pas étonné qu'il fallût rapporter à cette espèce un astragale bien entier que j'ai fait figurer avec un certain nombre d'autres pièces provenant du Mont de la Justice, auprès de Digoin, et que M. Pomel a bien voulu mettre à ma disposition. Il a absolument tous les caractères de celui de Digoin, sauf la taille moitié moindre.

comme terminales et sans doute déclives, la première en palette assez large, la troisième un peu plus petite, un peu en crochet.

Les canines médiocres sont assez recourbées, surtout dans leur racine. *Canines.*

Les molaires, dans leur disposition et leurs proportions, rappellent *Molaires, 7.*
très-bien les supérieures. La première fort petite, uniradiculée, au mi- *1re.*
lieu d'une barre, bien moins étendue qu'en haut; la seconde plus forte, *2e.*
triangulaire, subtranchante, un peu arquée, avec un tubercule postérieur et deux racines; la troisième de même forme, mais plus forte; la *3e.*
quatrième, dont le tubercule postérieur s'élargit en talon; et enfin les *4e.*
trois arrière-molaires, croissant de l'antérieure à la postérieure, et *5e.*
formées de deux collines transverses, dont les extrémités sont forte- *6e.*
ment relevées en pointe; la dernière avec une troisième colline assez *7e.*
forte. Toutes ces dents, plus ou moins striées comme les supérieures, et *Caractérisées. En général.*
surtout au collet, le sont quelquefois assez peu, pour qu'on puisse croire à une espèce distincte, comme dans une pièce de la collection du Muséum, dont les deux dernières molaires, les seules qu'elle offre, ont leurs collines très-peu usées et rappellent un peu celles des Lophiodons.

J'ai pu voir que cette espèce pouvait varier assez de taille en examinant deux dents, la quatrième et la cinquième d'en haut, encore implantées dans un fragment de mâchoire, et qui sont notablement plus petites que dans la plupart des échantillons du Puy. *Autre pièce de Digoin.*

Ce fragment, qu'a bien voulu me communiquer M. Pomel, vient du mont de la Justice, près de Digoin.

Le système dentaire de premier âge ne nous est connu que pour les deux dernières molaires de la mandibule, d'après celle figurée par M. Bertrand de Doue. Elle nous apprend en effet que la seconde était triquètre à trois pointes à la couronne, les deux dernières ayant deux collines transverses, dont l'antérieure plus forte, avec un denticule à la base antérieure; et que la troisième ou dernière était formée de trois collines transverses croissant de la première à la dernière. *Système dentaire de jeune âge. Molaires. Seconde Troisième.*

Outre celle en place dans la figure citée, nous en avons observé une détachée, ayant absolument les mêmes caractères.

Conclusion.

Ainsi, quoique nous ne connaissions cette espèce animale que par son système dentaire, il est évident qu'elle est parfaitement distincte et qu'elle peut être rapprochée avec beaucoup de probabilité de celles qui ont été désignées sous le nom d'Anthracotherium, et peut-être aussi d'une belle espèce de Sus ou de Cochon dont M. Lartet nous a envoyé la tête presque entière sous le nom de Tapirotherium.

A. Silistrense.

6° L'A. de Silistra (*A. Silistrense*).

Il serait assez difficile de se prononcer d'une manière aussi affirmative pour l'espèce que M. Pentland a nommée *A. Silistrense*, parce que les fragments sur lesquels elle est établie ont été trouvés sur les bords de la rivière *Brahmputra*, que les anciens géographes nomment Silistra.

Pièces : Dents Molaires.

Les pièces en question consistent en trois dents molaires seulement, une supérieure, probablement une quatrième ou cinquième fort usée et deux inférieures encore adhérentes à un petit fragment de mandibule, et qui me semblent être une troisième et une quatrième.

Examinées.

Je ne les connais que d'après les figures qu'en a données M. Pentland sans aucune description, et ces figures rappellent assez bien des dents assez voisines, pour la forme, de leurs analogues dans l'Anthracotherium du Velay ; mais il m'est à peu près impossible d'exprimer les

Conclusion.

caractères différentiels ; je n'oserais pas même assurer que la molaire supérieure ait appartenu à la même espèce que les deux molaires inférieures. Aussi ne regardé-je pas comme absolument hors de doute qu'une espèce d'Antracotherium ait laissé de ses traces fossiles dans la molasse du continent indien (1).

(1) MM. Falconer et Cauteley, dans leur Synopsis des genres et espèces fossiles dans les strates tertiaires des monts Sivaliens, ne paraissent avoir rien trouvé qu'ils aient pu rapporter à cet Anthracotherium douteux.

Quoi qu'il en soit, ce que nous connaissons des espèces rapportées à ce genre permet de le caractériser, du moins sous le rapport du système dentaire, ce qui n'est pas aussi certain pour le système digital.

Caractères du genre, tirés du Système dentaire.

Le système dentaire peut être ainsi formulé :

$$\frac{3}{3}+\frac{1}{1}+\frac{7}{7} \text{ dont } \frac{3}{3}+\frac{1}{1}+\frac{3}{3};$$

Quant au système digital, nous avons déjà fait observer que si le troisième trochanter du fémur indique un Ongulograde imparidigité, l'astragale dénote un paridigité.

Incisives.

Les incisives sublatérales en haut, terminales et déclives en bas.

Canines.

Les canines médiocres, assez arquées.

Molaires antér.

Les trois avant-molaires en crochet plus ou moins comprimées, biradiculées en haut comme en bas, la première équidistante, la principale paraissant une moitié des arrière-molaires.

Postér. supér. infér.

Celles d'en haut, formées de deux collines transverses, décomposées en deux pointes, l'externe foliacée, l'interne conique; les collines de celles d'en bas soulevées en pointe à leurs extrémités. La dernière de celles-ci pourvue d'une troisième colline assez forte.

Système digital déduit de l'Astragale.

Le sytème digital, d'après l'analogie déduite du fémur, pourvu d'un troisième trochanter, ainsi que d'un métatarsien médian, semble être formée de trois doigts, mais l'astragale, par sa grande ressemblance avec celui des Cochons (1), indique que ce système devait être binaire. S'il en était ainsi, ce qui me semble plus probable, il faudrait admettre que le métatarsien médian, qui lui est attribué, provenait d'un Lophiodon.

Conclusion.

D'après cela et dans cette hypothèse, il est évident que ce genre ainsi caractérisé ne peut être placé ailleurs que dans la seconde section des Pachydermes, c'est-à-dire de ceux qui ont le système digital pair; mais à la tête de cette section, en contact immédiat avec les Lophiodons, par le L. du Laonnais, et avec les *Sus* par le Tapirotherium

(1) M. Pomel, dans un mémoire lu à la Société de géologie (mars 1846), a indiqué ce rapprochement.

de Sansans, que nous montrerons n'être qu'une espèce de ce genr malgré l'opinion contraire que j'en ai eue un moment, et qui a p être exprimée quelque part, si je ne me trompe, par moi ou pa d'autres.

CHAPITRE QUATRIÈME.

DES CHŒROPOTAMES (G. *Chœropotamus*, G. Cuv.).

a) *Histoire.*

Histoire. Sous ce nom, signifiant Cochon de rivière, emprunté à Prosp Alpin, qui l'a sans doute appliqué à l'Hippopotame et qui lui conv nait, en effet, bien mieux que ce dernier, car cet animal est bien plu tôt un Cochon qu'un Cheval de rivière, M. G. Cuvier a compris d restes fossiles en assez petit nombre, trouvés dans le gypse des enviro de Paris. De prime abord il pensa qu'ils devaient appartenir à un gen de Pachydermes distinct de tous ceux jusque-là découverts, et annonc un animal de la famille des Cochons, ressemblant assez pour quelqu dents au Babiroussa et pour quelques autres au Pécari.

Par M. G. Cuvier.

Provisoirement. Ce n'était cependant que provisoirement que M. G. Cuvier avait pr posé ce nouveau genre, qu'il connaissait en effet seulement par que ques dents et quelques parties de la tête ; toutefois la comparaison qu fit de ces dents avec ce qu'il possédait alors, le portèrent à termin son article par ces mots : « D'après ces détails il n'est pas douteux q » nos plâtrières ne renferment les restes d'un Pachyderme plus vois » encore du grand genre des Cochons que les Anoplotheriums, » à plus forte raison que les Palæotheriums, et qui cependant n'éta » point semblables aux autres Cochons; » soupçonnant même que le sou genre des Dichobunes, dont les pieds ressemblent si fort à celui d Cochons, d'avoir été fort voisin de ce nouveau genre et de faire le pa sage entre les Anoplotheriums et lui (1); à quoi il ajoute avec beauco

D'après les dents.

(1) Dans un passage de ses Additions à toute l'histoire des Pachydermes fossiles, tom. p. 396, en commençant celle du genre Anthracotherium, il dit qu'il a découvert à Montmar

de raison : « Mais, pour en fixer entièrement les analogies, il faudrait, » à défaut de ses pieds, connaître au moins ses dents antérieures. »

Malgré ces doutes fort convenables en pareille matière et avec si peu d'éléments, le genre Chœropotame n'en fut pas moins généralement admis par les paléontologistes et même par les zoologistes, sans objections et même sans nouvelles observations, depuis 1821 où parut le IIIe volume de la seconde édition des *Recherches* de M. G. Cuvier, jusqu'en 1838 où M. R. Owen eut la satisfaction d'avoir à sa disposition un côté droit presque entier de mandibule recueilli par le Rév. Fox dans l'île de Wight, considéré par les géologues comme une partie du bassin Parisien, et qu'il crut devoir regarder comme de Chœropotame.

Admis. Sans nouvelles pièces, depuis 1828 jusqu'en 1838,

où M. Owen lui attribue

M. R. Owen en donna la description avec de bonnes figures de grandeur naturelle, dans les *Transactions de la Société géologique de Londres pour l'année* 1838, tom. VI, IIe série, p. 41, Pl. IV, et depuis il a repris cet article dans son *Histoire des quadrupèdes et des oiseaux fossiles de la Grande-Bretagne*, p. 413, fig. 163 et 164; mais ces figures, dans un degré de réduction assez considérable.

une Mandibule. Décrite. Figurée.

Par suite de l'examen qu'il a pu faire de cette belle pièce, quoique manquant malheureusement encore, comme celle de Paris, des incisives et même des canines, M. R. Owen n'en conclut pas moins que le reste du système dentaire ressemble de fort près à celui de l'Hippopotame en miniature ou du Pécari, surtout à cause du nombre des trous mentonniers (1), du talon dont la dernière molaire d'en bas est pourvue et qui existe à peine dans les autres espèces du *G. Sus*, et même de la proportion et de la direction des canines, de la forme du bord inférieur de la mandibule, tout en reconnaissant cependant que les avant-molaires

Appréciée

comme venant du G. *Sus*.

deux nouveaux genres qu'il a nommés Chœropotame et Adapis, et il ajoute que, d'une part, ils forment des liaisons entre les Anoplotheriums et les Pécaris, et, d'autre part, semblent conduire vers les Carnassiers insectivores; mais sans donner la raison de ce singulier rapprochement.

(1) M. R. Owen les désigne sous le nom de *Vascular foramina*. Ne serait-ce pas plutôt *nervous?*

sont plus simples. Mais, en outre, il trouve dans la forme, la grandeur et la direction des canines, aussi bien que dans une singularité de l'angle de la mâchoire qui se prolonge en une sorte d'apophyse, un certain rapprochement avec les carnassiers; et cependant, sans avoir égard aux observations contradictoires faites par M. Cuvier, M. Owen admet d'une manière encore plus assurée que le Chœropotame appartenait au genre des Cochons et qu'il ressemblait au Pécari, sauf pour la taille d'un tiers plus forte; et comme il pense que cet animal joignait à ses caractères de Sus, quelques particularités qui le rapprochaient des Carnassiers, il en fait une espèce qui avait encore plus de goût pour la chair que les Cochons. Bien plus, en trouvant le Chœropotame à l'état fossile, associé avec les Anoplotheriums et les Palæotheriums, l'un qu'il regarde comme voisin du Lama, l'autre du Tapir; il voit dans les trois genres fossiles en Europe une association analogue à celle des trois genres vivant encore aujourd'hui en Sud-Amérique; le Palæotherium représentant le Tapir, le Chœropotame le Pécari, et l'Anoplotherium le Lama; et, en effet, il y a quelques rapports entre ces animaux, quoique le Palæotherium ne soit pas un Tapir, pas plus que le Chœropotame un Pécari, et l'Anoplotherium un Lama.

Ses Conclusions : particulières ; générales.

Depuis l'article de M. G. Cuvier, plusieurs paléontologistes ont attribué quelques ossements au Chœropotame, mais sans preuves.

Par M. Meissner.

Ainsi, M. Meissner, dans son *Muséum de l'histoire naturelle de la Suisse*, n° 9 et 10, f. 2, ainsi que M. Studer, dans sa *Monographie de la Molasse*, p. 294, ont parlé de restes de Chœropotame fossiles dans ce terrain, mais j'ignore quels ils sont, et s'ils sont suffisants pour appuyer cette assertion (1).

MM. H. de Meyer.

M. Herman de Meyer, qui le premier avait fait mention du Chœropotame de Meissner, *Palæologia*, p. 81-18, avait aussi attribué à un animal de ce genre un côté de mandibule portant six dents molaires en série, trouvé dans le dépôt de Georgensgemund, en Bavière, et il l'a

(1) Je ne connais pas même l'ouvrage de M. Meissner, où ils ont été figurés.

vait désigné sous le nom de Chœropotame de Soëmmering (*C. Soemmeringii*), mais depuis ce temps, il paraît avoir reconnu que cette pièce doit être rapportée à un véritable Sanglier, dont il a cependant fait un genre sous le nom de *Hyotherium*, et dont nous parlerons plus en détail dans notre mémoire sur le G. *Sus*.

Enfin, M. Lockart, dans sa description des ossements fossiles d'Avaray, auprès d'Orléans, attribue au Chœropotame une dent molaire ainsi qu'une incisive de la mâchoire supérieure, et qui nous paraissent encore devoir être rapportées à une grande espèce du G. *Sus*, semblable à une d'Eppelsheim. Lockart.

Je n'ose me prononcer avec autant d'assurance au sujet des fragments fossiles trouvés sur la rive de l'Irawadi, dans le pays des Birmans. Je me bornerai à dire que M. Clift lui-même, qui en a parlé le premier, ne l'a fait qu'avec doute. Clift.

Ainsi, dans le moment actuel, nous ne possédons réellement de cette espèce fossile que les pièces sur lesquelles M. G. Cuvier l'a fondée et de plus celle que M. R. Owen lui a attribuée avec quelque probabilité, mais sans une certitude absolue, comme nous le verrons plus loin. R. Owen.

Il est peut-être plus probable que parmi le très-grand nombre de fragments d'os de toutes sortes qui ont été déjà recueillis dans le gypse de Paris, il en est quelques-uns qui ont appartenu à la même espèce animale que les pièces observées par M. G. Cuvier, et qui ont été rapportées à des espèces de Palæotherium; mais c'est ce qu'il est impossible d'assurer, malgré les prétentions contraires, les particularités du système dentaire n'étant jamais dans des rapports nécessaires avec celles du système osseux, et surtout indifféremment avec toutes ses parties. G. Cuvier.

Nous n'avons donc à décrire du squelette du Chœropotame que la face inférieure fort incomplète de la tête, d'après nature, ainsi que la mandibule, d'après les figures. Description.

La tête du Chœropotame, à en juger, il est vrai, uniquement par les pièces fort incomplètes que nous possédons, paraît avoir été de forme triangulaire, assez large en arrière, s'atténuant en se prolongeant en De la Tête. En général.

En particulier. Arcade zygomatique.

avant, un peu comme dans les espèces du *G. Sus*. Les arcades zygo matiques semblent en effet avoir été assez fortes, assez courtes, un pe comme dans ces animaux, mais plus arquées, la facette glénoïdienn plus large et peut-être même plus plate et surtout moins déclive e arrière, avec une apophyse de recul large et assez saillante, comm dans les Palæotheriums et non comme dans les Sus où elle n'existe pas

Ouverture palatine.

Mais un point par lequel cette partie de la tête du Chœropotam diffère notablement de celle des Sus, c'est la forme de l'échancru palatine qui, épaisse et rebordée, pénètre dans le plancher du palai qu'elle échancre jusque vis-à-vis de l'intervalle qui sépare les deux der nières molaires; tandis que, dans les Sangliers et surtout dans les Pécaris les os palatins se prolongent plus ou moins au delà de la ligne dentaire de manière à porter l'orifice des arrière-narines assez en arrière d celle-ci; d'où il suit que les ptérygoïdiens ont une forme et une dispo sition fort différentes.

Orbite.

Le bord antérieur de l'orbite est également bie plus avancé que dans les Sangliers et à peu près comme dans les Pa læotheriums; l'arcade zygomatique moins large, mais plus écarté que dans les Cochons et assez bien encore comme dans les Palæo theriums.

Nous ne pouvons rien dire de plus sur la mâchoire supérieure, en tièrement tronquée en avant de la première molaire sur la pièce d la collection du Muséum.

Mandibule.

La mâchoire inférieure ou la mandibule nous serait mieux connue surtout d'après la pièce de l'île de Wight, si nous pouvions admettr qu'elle provient de la même espèce animale que la pièce des plâtres d Paris, ce qui a été admis sans discussion par M. R. Owen, probablemen d'après sa grandeur, un peu d'après les dents et peut-être aussi parc que cette mandibule si différente de toutes celles, si communes, de Pa læotherium et d'Anoplotherium, a du être considérée comme ayan appartenu à une mâchoire différente de celles de ces deux genres.

Des plâtres de Paris.

Quoi qu'il en soit, voyons d'abord le fragment du véritable Chœropo tame de Paris, et en effet, trouvé avec la pièce que nous venons d décrire et sur laquelle il est établi ; ce n'est malheureusement que l'extrémité antérieure de la mandibule, mais qui permet de voir que la symphyse était assez courte et l'apophyse geni assez marquée par un angle prononcé.

Quant à la mandibule attribuée au Chœropotame par M. R. Owen, elle est tout à fait remarquable par plusieurs points qui semblent l'éloigner assez de celles des Sangliers et des Pécaris, quoiqu'elle ait une analogie évidente avec celle de ces derniers. Elle est en effet assez longue, et surtout assez bombée et épaisse dans sa branche horizontale un peu convexe à son bord inférieur, comme étranglée à ses deux extrémités et surtout à son point de jonction avec la branche montante. Celle-ci, large et peu élevée, est surtout dilatée à son angle inférieur par une apophyse très-détachée, un peu recourbée et dépassant l'aplomb du condyle, qui est médiocrement long, ovale et peu convexe. Quant à l'apophyse coronoïde, large et peu séparée du condyle à sa base, elle est malheureusement cassée; mais je soupçonne que dans la restitution qu'en a faite M. R. Owen dans sa figure réduite, il y a une assez grande exagération dans la hauteur, et par conséquent dans la forme, que je suis porté à croire plus semblable à ce qu'elle est dans les Pécaris qu'à ce qui se voit dans les Carnassiers.

D'Angleterre.

En général.

En particulier.

Apophyse coronoïde.

Ce qui me porte à penser ainsi, c'est le fait signalé par M. R. Owen, que les trous mentonniers sont nombreux, petits et sur une même ligne étendue, comme dans les Pécaris et les Sangliers en général, et nullement comme dans les Carnassiers.

Trous mentonniers.

Je crois aussi que la symphyse a dû être longue et la ligne mentonnière oblique, à en juger du moins par ce qui en reste, car la moitié au moins de sa partie antérieure est entièrement brisée, ne laissant voir que la moitié postérieure de l'alvéole de la canine.

Symphyse.

Ce sont ces raisons qui, jointes à celles qu'on peut tirer des dents pour la forme et la proportion, ont porté M. R. Owen à trouver dans cette mandibule des rapports évidents avec les Cochons, et surtout avec les Pécaris; mais s'ensuit-il qu'il en soit de même du Chœropotame de

Comparée avec les Cochons.

M. Cuvier? c'est ce que je suis assez loin de penser. La mâchoire supé-rieure et la portion de mâchoire inférieure qui sont la base réelle de celui-ci, rappellent, suivant moi, l'Anthracotherium de Cadibona et de Digoin; tandis que la mandibule que lui a rapportée M. R. Owen me semble provenir d'une grande espèce de Sus, dont je possède quelques dents molaires trouvées à Avaray, et que M. Lockart a en effet inscri- sous le nom de Chœropotame, mais, à ce qu'il me semble, égalemen à tort.

l'Anthracotherium.

Son Système dentaire.

Voyons maintenant à examiner le système dentaire de ces deux pièces, la supérieure sur les pièces de Paris, et l'inférieure sur un frag-ment de mandibule du même lieu, ainsi que sur celle entière de l'île de Wight, et nous acquerrons la conviction qu'elles ont été attribuées à la même espèce animale sans raisons complétement suffisantes.

Du système dentaire.

D'en haut.

Supérieurement :

Incisives et Canines inconnues.

On ne connaît encore ni incisives, ni canines de la mâchoire supé-rieure, pas même par les alvéoles (1); en sorte qu'on ignore s'il y avait une barre ou un intervalle vide considérable entre la canine et la troi-sième incisive; car il ne peut être douteux qu'ayant une canine en bas il y en avait certainement une en haut.

Molaires, 7.

On sait positivement que les molaires sont au nombre de sept, quatre avant-molaires, une principale et deux arrière-molaires qui, sur le sujet observé, offrent la singularité d'être d'une intégrité presque complète, la principale seulement un peu usée.

1re.

La première, probablement moins distante de la canine que de la se-conde, a sa couronne triangulaire un peu comprimée, à sommet à peine pointu, un tant soit peu courbé en arrière, et portée sur deux racines subégales et fort divergentes.

(1) Quoique M. G. Cuvier se demande, p. 262 : avait-il une canine en haut comme en bas? C'est ce qu'il est permis de croire, sans que toutefois on en ait la preuve certaine, réflexion assez singulière; car outre l'existence d'une barre assez considérable à la mandibule, on ne connaît pas encore d'exemple où une canine en bas se trouve sans une canine en haut.

La seconde en place à gauche seulement, et représentée à droite par son alvéole, a presque la même forme que la première, dont elle est fort distante : mais elle est plus épaisse et plus mousse au sommet à peu près médian, et avec un cran, seul indice de talon. 2e.

La troisième, assez bien séparée de la seconde et subcontiguë à la suivante, n'est presque formée que d'un seul mamelon (1) court, épais, subtriquètre, avec un indice de talon en bosse à son côté interne, ce qui lui donne une forme subtriquètre. 3e.

La quatrième, qui existe des deux côtés, entière et non entamée, présente assez bien la même forme que la précédente; mais son lobe interne est bien plus prononcé, de sorte qu'elle présente à la couronne une colline bi-mamelonnée; le mamelon externe est notablement plus fort et plus conique. 4e.

La cinquième, ou principale, devient carrée ou à peu près, étant formée de deux collines transverses bi-mamelonnées, ce qui produit quatre mamelons subégaux avec un tubercule intermédiaire aux deux de devant. 5e.

La sixième, et même la septième, ressemblent à la précédente, avec laquelle elles sont fort serrées. La pénultième étant plus régulièrement carrée, un peu transverse et plus grosse; la dernière plus trapézoïdale, oblique, notablement plus large en avant qu'en arrière, mais toujours avec les quatre mamelons et le tubercule intermédiaire. 6e. 7e.

La forme de ces trois dents rappelle parfaitement celle de leurs analogues sur l'Anthracotherium de Cadibona et de Digoin, avec la différence que la couronne est pour ainsi dire moins épanouie, et que les tubercules sont moins saillants, moins anguleux, ce qui donne au périple de la dent plus de rondeur. Conclusion.

Inférieurement : D'en bas.

Nous sommes moins heureux pour le système dentaire de la mandi- D'après la pièce de Paris.

(1) Elle est bien plus comprimée, plus élevée, plus tranchante dans l'Anthracotherium de Cadibona.

bule, le gypse de Paris n'ayant fourni encore qu'un fragment de l'ex trémité antérieure d'un côté gauche; mais la pièce que M. R. Owe dans ces dernières années, a rapportée à cette espèce, consiste en un cô presque entier et portant presque toutes les molaires en place. No commencerons par le fragment des plâtres de Paris.

Incisives. Les incisives, suivant M. Cuvier, n'ont pas laissé de traces sur cet pièce; il ne faut cependant pas douter qu'il y en ait eu (1); et en effe en examinant attentivement cette pièce, on trouve la trace évidente l'alvéole de l'incisive moyenne, ou même peut-être externe, et l'c s'assure qu'elle était plutôt subverticale que déclive.

Molaires. Sur cette même pièce, on trouve, après une barre tranchante m diocre, une première dent assez forte, triangulaire, un peu comprimé
1re. le sommet légèrement arqué, avec deux racines très-divergentes subégales.

2e. La seconde a un peu la même forme, quoique un peu moins élevé mais le sommet est marqué d'un cran, et à la base postérieure il y une sorte de talon.

3e. Cette pièce offre encore deux autres molaires, mais hors de plac plaquées dans le plâtre, et qui prennent une forme globuleuse tou différente, composées l'une et l'autre de deux parties ou collines tran
4e. verses subégales, bi-mamelonnées, le mamelon externe en forme grosse écaille, appuyée sur l'autre; le tout sorti d'un bourrelet ass saillant : ce sont sans doute, comme le pensait M. Cuvier, la troisièm et la quatrième.

Canine. La canine droite existe sur le fragment du gypse de Paris, et l'on pu voir qu'elle est verticale, lisse, assez pointue, mais au plus médioc et peu recourbée.

D'après la pièce d'Angleterre. Suivons maintenant, et comparativement, la série dentaire sur mandibule de l'île de Wight, d'après les figures et les descriptions do nées par M. R. Owen.

(1) C'est cependant ce qu'a fait M. Cuvier en disant de la pièce de Paris : les incisives, *y en avait*, sont perdues, *Oss. foss.*, T. III, p 261.

La mandibule tronquée net, comme il a été dit plus haut, dans sa moitié antérieure, ne montre aucune trace des alvéoles des incisives, mais seulement le commencement de celle de la canine. Incisives et Canines inconnues.

Après une barre qui paraît n'avoir offert à M. R. Owen aucune trace de dent ni d'alvéole, vient une première dent triangulaire comprimée, légèrement recourbée au sommet, et portée sur deux racines très-divergentes, la postérieure bien plus grosse que l'antérieure. M. Owen en fait une seconde. Molaires. 1re.

La seconde contiguë n'est connue que par les alvéoles de ses deux racines rondes, subégales et fort rapprochées. 2e.

La troisième, telle qu'elle est figurée par M. R. Owen, est probablement encore plus basse, mais la couronne devient un peu plus épaisse, plus longue, par l'addition d'un talon peu saillant en arrière de la pointe unique, mais plus large. 3e.

La quatrième, ou principale, est tout à fait carrée, un peu plus longue que large; cependant la couronne, entourée d'un bourrelet, est partagée en deux collines transverses subégales, chacune partagée en deux parties, l'une mammiforme interne, l'autre externe, un peu en grosse écaille subogivale, mais avec de petites tubérosités intermédiaires. 4e.

La cinquième ou pénultième, de même forme, quoiqu'un peu plus grosse avec les tubercules intermédiaires aux mamelons un peu plus prononcées. 5e

La sixième ou dernière, subtriangulaire à la couronne, la base en avant, le sommet arrondi en arrière, et partagée en trois collines, dont deux comme dans la précédente, et la troisième, la plus étroite, en talon légèrement bifide, mais avec un collet, surtout en avant, très-prononcé et finement tubéreux comme le talon. 6e ou dernière.

D'où l'on voit combien il y a peu de rapports entre ce système dentaire et celui de la mandibule de Paris, et au contraire combien il y en a avec les espèces de Sus, et surtout avec le Pécari; si ce n'est, comme l'a fait justement observer M R. Owen, pour les avant-molaires qui sont Conclusion.

plus simples; mais c'est évidemment le même nombre, la même dispo sition, et même une forme fort approchante, du moins pour la princi pale et les arrière-molaires, avec les Pécaris. Or, comme dans les pièce du gypse de Paris attribuées aux Chœropotames il n'y a pas une ressem blance évidente pour les avant-molaires de la mandibule avec celles du Pécari, qu'il y en a encore moins entre celles de la mâchoire supérieur et celles de ce dernier, et qu'il est bien difficile d'admettre qu'une es pèce animale pût autant ressembler à une autre par la mandibule e ses dents, sans avoir presque aucun rapport pour la mâchoire; il es évident que nous sommes en droit de conclure;

Pour les pièces de Paris.

1) L'espèce fossile désignée par M. G. Cuvier sous le nom de *Chœro potamus parisiensis*, et qui repose sur deux pièces recueillies dans le gypse de Paris, constitue une espèce distincte de celles qu'on a trouvées jusqu'ici, soit dans ce dépôt, soit ailleurs;

Du G. Anthracotherium.

2) Cette espèce appartient au genre Anthracotherium, du moin d'après le système dentaire et le peu que l'on connaît de la tête.

3) On conçoit très-bien que dans le grand nombre d'os qui ont été trouvés dans les plâtrières de Paris, il y en ait qui aient appartenu à cette espèce; mais c'est ce qu'il est à peu près impossible de préciser;

Pour celles d'Angleterre.

4) Mais est-il certain que la mandibule de l'île de Wight rapportée à cette espèce lui ait appartenu? C'est ce dont on peut douter;

Pour celles d'Orléans.

5) Il en est de même des dents molaires trouvées à Avaray près d'Or léans; ce ne sont pas des dents de Chœropotames;

Du G. *Sus*.

6) Cette mandibule et ces dents proviennent d'une espèce distincte e très-grande du G. *Sus*, comme nous aurons l'occasion de le démontre quand nous serons arrivés à l'histoire de ce genre d'animaux Ongulo grades (1);

7) Le Chœropotame de Paris constitue un terme de la série interm diaire aux Ongulés à système de doigts impair, et à ceux chez lesquels i

(1) C'est en effet sur une mandibule de cette espèce que repose le genre Hyotherium de M. Meyer.

est pair, du moins à en juger par le système dentaire, car il serait impossible d'assurer d'une manière absolument positive que le système digital était pair ou impair, puisque l'on ne connaît encore aucune partie des membres, pas même le fémur, à moins que quelques-uns des os attribués à un Palæotherium n'ait réellement appartenu au Chœropotame, ce qui est fort à présumer; par exemple les os du pied sur lesquels reposent les *Palæotherium latum* et *curtum*.

Le C. de Meissener (*C. Meisseneri*). *C. Meisseneri.*

De M. Hermann de Meyer (*Palæolog.*, p. 81, 1832); est établi sur des restes trouvés dans la molasse de la Suisse, qui ont été figurés par M. Meissener (*Mus. der Naturg. Helv.*, n° 9 et 10, fig. 1 et 2); mais je ne connais pas même cet ouvrage.

SECTION DEUXIÈME.

DE LA RÉPARTITION DES ESPÈCES DE PALÆOTHERIUM, DE LOPHIODON, D'ANTHRACOTHERIUM ET DE CHŒROPOTAME À LA SURFACE DE LA TERRE.

Jusqu'ici personne n'a encore reconnu une espèce animale encore vivante qui puisse être rapportée d'une manière rigoureuse à l'un de ces genres, quoique les Palæotheriums puissent être jusqu'à un certain point considérés comme des Rhinocéros sans cornes; en effet, si le système digital de ces animaux est le même, ainsi que la partie mâchelière du système dentaire, sauf le troisième lobe de la dernière molaire d'en bas, il n'en est pas ainsi des deux autres parties ou des antérieures, incisives et canines, qui sont très-différentes et redeviennent normales dans les groupes cités d'espèces fossiles. A l'état vivant. Aucun.

Nous sommes donc obligé d'entrer de suite dans les détails des lieux et des strates ou couches dans lesquels on a trouvé jusqu'alors des ossements ou des dents de Palæotheriums, de Lophiodons, d'Anthracothe- A l'état fossile.

riums et de Chœropotames, en suivant l'ordre dans lequel nous les avons exposés.

G. Palæotherium.

P. magnum.

Environs de Paris.

C'est essentiellement dans le bassin des environs de Paris que les restes de cette grande espèce ont été trouvés le plus fréquemment, et surtout dans le gypse même, à des profondeurs assez variables, une seule fois dans un état d'association assez rapproché pour provenir d'un même squelette, mais le plus souvent séparés, épars, plus ou moins brisés, mais sans paraître avoir été roulés.

Des environs du Puy, en Velay.

Je dois à la complaisance de M. Bertrand de Doue la communication d'un fragment de maxillaire gauche, avec racine de l'arcade zygomatique, et portant les deux dernières molaires déjà assez usées, ainsi que l'extrémité antérieure d'une mandibule du même côté et portant les deux premières molaires, plus un astragale articulé avec moitié de son calcanéum; un scaphoïde, un premier et un troisième cunéiforme, les deux cuboïdes, un métatarsien médian et les deux externes d'un même individu, qui proviennent indubitablement d'un grand animal de cette espèce. La longueur de la pénultième d'en haut est de 0,048, et celle de la dernière de 0,050. Il provient des carrières de chaux ouvertes dans un calcaire marneux d'eau douce des faubourgs du Puy.

D'Orléans.

Notre collection possède un scaphoïde antérieur de cette espèce trouvée aux environs d'Orléans. J'ignore dans quelle localité et dans quel terrain.

De Libourne.

M. Billaudel en a découvert des fragments indubitables dans le département de la Gironde, à Saillant, à deux lieues de Libourne, sur les bords de la rivière de l'Isle (1), versant à la rive droite de la Gironde, et cela dans les parties inférieures d'une argile plastique, sur laquelle repose le calcaire grossier.

De la Grave.

On ne peut non plus guère douter que le dépôt de la Grave en ait

(1) N'est-ce pas plutôt sur les bords de la Drôme ?

contenu d'après les deux molaires supérieures indiquées plus haut, et que nous avons fait figurer.

M. Noulet (Institut, 1833, t. I, p. 3-4) en annonce aussi divers restes comme trouvés dans un terrain d'eau douce du lit de la Garonne, à Toulouse, mais il ne les énumère pas. De Toulouse.

Il n'en est pas de même de ceux qui ont été signalés pour la première fois par M. Pratt dans le *Phil. Ann. Magazin*, 1831, t. IX, p. 45, et depuis dans le t. III, p. 431, des Mémoires de la Société géologique de Londres, mais il ne s'agit que d'une dent. De Londres.

Je suppose que c'est la même pièce que M. R. Owen a décrite et figurée dans ses *British fossils*, p. 317, f. 110, et qui consiste en une sixième molaire droite trouvée dans l'argile de l'île de Wight.

Nous sommes également certain, comme il a été dit plus haut, que le dépôt d'Apt, près d'Avignon, a présenté des dents molaires supérieures et inférieures d'un Palæotherium de la taille du *P. magnum*, et qui doivent lui être rapportées. D'Apt.

Nous trouvons encore que M. le professeur Jæger (*Wurtemb. Saugeth.*, t. I, p. 34-51) cite différents restes du *P. magnum* dans le Bohnerzen des Alpes du Wurtemberg; mais nous ne les connaissons pas, et nous ne pouvons assurer que ce soit avec raison. De Stuttgard.

P. medium.

C'est encore dans les plâtrières des environs de Paris, et surtout dans celles de Montmartre, que se sont trouvés la très-grande partie des os et des dents attribués au *P. medium* par M. G. Cuvier, et dans les mêmes conditions que les fragments du *P. magnum;* mais presque constamment épars et séparés, rarement réunis, si ce n'est pour un pied sans les doigts. Environs de Paris.

M. Billaudel (*loc. cit.*) cite cette espèce comme ayant laissé de ses traces dans les molasses inférieures de la Grave et au Saillant, près de Montagu; mais il ne dit pas quelles elles sont. De Montagu.

M. Bronn (*Lethæa*, p. 1207) n'énumère pas non plus celles qu'il rap-

porte à ce Palæotherium, et qu'il dit avoir été recueillies dans un grès
De Bonsac. analogue à la molasse à Bonsac, département de la Gironde.

Il en est de même des restes trouvés dans les brèches osseuses de
De Cette. Cette, d'après M. Marcel de Serres; ce qui ne permet pas de lever les doutes assez légitimes qu'on peut avoir sur cette assertion.

Si le *P. Velaunum* ne doit pas être considéré comme formant une
Du Puy, en Velay. espèce distincte, ce que je suis fort porté à penser, c'est au *P. medium* que le fragment unique sur lequel elle est fondée devra être rapporté, et alors elle se trouverait dans le terrain gypseux des environs du Puy-en-Velay.

De Londres. Hors de France, je ne connais que l'île de Wight où l'on ait recueilli trois dents molaires supérieures de véritable Palæotherium, et qui aient été rapportées à cette espèce par M. R. Owen dans ses Fossiles de mammifères et d'oiseaux de l'Angleterre, p. 319, fig. 1, 2, 3, et cela dans une argile analogue à celle de Londres.

P. crassum.

Des environs de Paris. La très-grande partie des ossements fossiles attribués à ce Palæotherium sont dans le même cas que les précédents, c'est-à-dire qu'ils ont été recueillis dans le gypse des environs de Paris; mais outre qu'ils sont plus nombreux, ce sont aussi les plus importants comme caractéristiques du système dentaire, et même du système digital, les os du même membre et des deux membres du même individu ayant été trouvés en connexion.

Hors du bassin de Paris, le nombre des pièces que leur taille puisse faire rapporter à ce Palæotherium est beaucoup moins considérable.

De Londres. M. R. Owen rapporte à cette espèce une dent molaire supérieure et une inférieure, auxquelles il trouve les dimensions convenables, et qui ont été recueillies dans l'argile de l'île de Wight (*Brit. foss.*, p. 232, fig. 115, 116).

Je n'en connais pas encore du bassin de l'Orléanais.

De Bordeaux. Mais j'en ai signalé plusieurs assez importantes du bassin de la Gironde, soit des environs de Bordeaux, soit de la Grave, comme M. Billaudel l'avait reconnu.

J'ai également fait connaître dans le dépôt de Gorgas, près d'Apt, département de Vaucluse, dans une sorte de marne calcaire d'un gris bleuâtre ou noirâtre, un assez grand nombre de pièces qui correspondent fort bien pour la grandeur à celles dont M. G. Cuvier a fait son *P. crassum*. D'Apt.

P. latum.

Les pièces attribuées à ce Palæotherium par M. G. Cuvier sont encore toutes des plâtres des environs de Paris, et ne sont pas même bien nombreuses, aucune n'ayant offert rien de particulier dans leur gisement. Des environs de Paris.

Je ne connais aucun auteur qui lui ait attribué quelque pièce venant d'une autre localité.

P. curtum.

Cette espèce n'est pas tout à fait dans le même cas; en effet, quoique les fragments sur lesquels elle repose dans l'ouvrage de M. G. Cuvier aient tous été recueillis dans les plâtrières de Paris, sans aucune particularité, je crois pouvoir lui rapporter le beau morceau trouvé aux environs de Nice, au château de M. de l'Émarcinne, dans une pierre d'un calcaire siliceux marneux fort dur et de formation d'eau douce. Des environs de Paris.

P. minus.

C'est encore dans le bassin de Paris que les pièces sur lesquelles cette espèce a été justement établie ont été rencontrées plusieurs fois réunies en squelette ou partie de squelette, comme nous avons eu soin de le faire remarquer, non-seulement à Paris même, mais aussi aux environs de Meaux, dans les plâtrières de Monthyon. Des environs de Paris. De Meaux.

Je trouve en outre que M. Grateloup a signalé une dent molaire qu'il attribue à cette espèce, et qui a été recueillie dans les landes de Bordeaux, à Lauvrai. J'ai maintenant en ma possession cette dent, qu'a bien voulu me donner M. Grateloup dans mon dernier voyage à Bordeaux, et sa grandeur correspond fort bien à celle de son analogue dans un petit De Bordeaux. Des Landes.

Palæotherium; mais il se pourrait que ce germe de dent ne soit rien autre chose qu'une dent de lait d'une plus grande espèce.

De la Grave. Du Saillant.

M. Billaudel cite aussi cette espèce comme ayant laissé des restes dans la molasse inférieure de la Grave et du Saillant; c'est sans doute celle que M. Cuvier lui-même avait signalée, en parlant des ossements trouvés dans cette localité, comme la plus petite et de la taille du *P. minus*.

Mais est-il certain que ces pièces ont réellement appartenu au *P. minus?* M. Cuvier paraît en douter sans dire, il est vrai, pourquoi; j'ai cru cependant devoir admettre qu'il en était ainsi, en me fondant sur ce que la première avant-molaire est biradiculée dans un fragment de la Grave, comme dans son analogue de Paris.

P. Aurelianense ou *Equinum.*

Ayant démontré que le Palæotherium de Montpellier et le Palæotherium chevalin appartiennent à la même espèce animale que M. Cuvier a nommée Palæotherium d'Orléans, nous pouvons dire que celui-ci s'est trouvé en plusieurs endroits du midi de la France.

Des environs d'Orléans.

D'abord dans l'Orléanais, dans un dépôt d'eau douce de Montabuzard, avec des os de Mastodonte, de Rhinocéros à incisives, de Dinotherium, etc.

De Sansans.

Ensuite aux environs de Sansans, dans ce dépôt célèbre que nous avons déjà eu l'occasion de citer pour un grand nombre d'espèces de genres très-variés, dont celles dont il vient d'être parlé du dépôt de Montabuzard.

De Montpellier.

Et enfin aux environs de Montpellier, près de Saint-Geniès.

De Georgenmund.

Je vois aussi que d'après M. Hermann de Meyer, on aurait recueilli à Georgenmund, en Bavière, des restes qui ont été rapportés à cette espèce, mais j'ignore quels ils sont et sur quelles raisons on s'appuie (1).

P. Isselanum.

Des environs de Castelnaudary.

Cette espèce ne repose encore que sur une seule pièce qui a été

(1) C'est, à ce qu'il paraît, un gisement bien peu ancien, pour croire qu'il puisse s'y trouver des restes de Palæotherium, s'il est vrai que ce soit une espèce de brèche osseuse.

trouvée aux environs de Castelnaudary, à Issel, sur le penchant septentrional de la montagne Noire, dans une sorte de molasse grèseuse, que nous avons déjà vue renfermer des ossements d'autres genres, et entre autres de Lophiodons ou de prétendus Tapirs, dont nous allons parler tout à l'heure. A Issel.

Aucun paléontologiste ne lui a rapporté d'autres pièces provenant d'une autre localité.

Je crois cependant devoir considérer comme de même espèce une portion de mandibule provenant de Buschweiler et contenue dans une roche calcaire d'un blanc grisâtre, fort dure, et évidemment d'eau douce. A Buschweiler.

G. Lophiodon.

1° *L. commune.*

Cette espèce, à laquelle nous avons réuni les *L. Tapirotherium*, *Occitaneum*, *Isselense*, *Tapiroides*, *Buxovillanum* et *medium*, repose d'après cela sur un assez grand nombre de pièces, tirées le plus souvent des mâchoires et du système dentaire, et ces pièces ont été recueillies en beaucoup d'endroits différents, et même aussi dans des terrains de nature et de formation diverses, mais toujours supérieurs à la craie.

Dans le bassin de la Seine et de ses affluents, nous en avons signalé des restes à Passy, à Vaugirard, à Provins, à Cuys, aux environs d'Épernay, et constamment dans les couches du calcaire grossier au-dessous de la formation gypseuse, à des profondeurs diverses. Dans le bassin de la Seine.

Dans le bassin de la Loire, nous avons certainement reconnu des restes, et surtout des dents, qui doivent être rapportés à cette espèce, dans le mont de la Justice, à quelques lieues de Digoin, et par conséquent dans le même versant à la Loire, mais surtout dans le dépôt d'Argenton, département de l'Indre, et sur le versant de cette rivière, dans un calcaire marneux d'eau douce assez dur, avec beaucoup d'autres ossements indiquant des animaux de taille un peu moindre, et dont on a fait cinq espèces distinctes, ainsi qu'il a été exposé plus haut. De la Loire. A Varennes. A Argenton.

A l'est de la France, dans le dépôt de Buschweiler, de formation Du Rhin. A Buschweiler.

d'eau douce, et composé d'une roche silicéo-calcaire de couleur blanche et fort dure, avec des restes de Palæotheriums et d'Anoplotheriums.

Ce sont ces restes de Lophiodons que M. G. Cuvier avait rapportés dans sa première édition à des Tapirs.

De la Méditerranée. A Issel. Cette manière de voir erronée reposait encore plus peut-être sur des restes beaucoup plus importants du Lophiodon commun qui avaient été recueillis sur les pentes de la montagne Noire, aux environs d'Issel, en Languedoc, dans une roche sableuse fort dure, de formation lacustre ou mieux de molasse, et dont nous devons la première connaissance à un ancien ingénieur de cette grande province, M. Dodun.

A Montpellier. M. Marcel de Serres admet aussi que ce Lophiodon a laissé quelques restes dans un autre point du versant à la Méditerranée, dans les couches arénacées de Montpellier; mais j'ignore quels ils sont.

De la Garonne. Je ne connais aucun géologue ou paléontologiste qui ait attribué à cette espèce des ossements fossiles trouvés dans les affluents de la Garonne.

2° *L. minus.*

De la Loire. A Argenton. Au contraire de la précédente, cette espèce de Lophiodon n'est établie que sur un assez petit nombre de pièces fossiles, recueillies pour la plupart dans le dépôt d'Argenton avec des restes de la grande espèce, et par conséquent dans un dépôt d'eau douce, sur le versant de l'Indre, à la rive gauche de la Loire.

De la Seine. A Paris. De la Tamise. A l'île de Wight. A en juger par la taille, on doit admettre qu'elle s'est retrouvée dans le bassin de la Seine, aux environs de Paris; et, d'après M. R. Owen, dans celui de Londres, ou du moins dans l'argile éocène de l'île de Wight, sur la côte sud-est de l'Angleterre, en s'appuyant cependant sur une dent unique.

De la Méditerranée. A Montpellier. M. Marcel de Serres met aussi cette espèce au nombre de celles dont il a trouvé des restes dans les dépôts arénacés de Montpellier, mais j'ignore quels ils sont.

3° *L. anthracoïdeum.*

Cette espèce, intermédiaire aux Lophiodons et aux Anthracotheriums, au point qu'on pourrait la rapporter presque indifféremment à l'un ou à l'autre genre, se trouve établie sur des restes qui n'ont été recueillis que dans un seul grand versant.

Celui de la Seine, et surtout dans ses affluents orientaux, descendant des Ardennes, l'Aisne et l'Oise. Bassin de la Seine.

C'est en effet aux environs de Laon et de Soissons, dans les départements de l'Aisne et de l'Oise, qu'ont été retrouvés les fragments principaux sur lesquels elle est établie, et cela dans l'immense dépôt d'argile charbonneuse et pyriteuse connue dans le pays sous le nom de cendres de Soissons, dépôt considéré comme de même époque que l'argile plastique de Paris, également de formation d'eau douce. Ces ossements, profondément teints de noir et plus ou moins pyriteux, sont évidemment roulés. A Laon. A Soissons. A Paris.

C'est ce qu'on peut également dire des quelques dents de cette espèce recueillies dans le calcaire pisolithique de Meudon par M. Ch. d'Orbigny. A Meudon. Versant de la Seine.

G. Anthracotherium.

Les espèces attribuées à cette division sembleraient, d'après le nom générique qui leur a été donné, être limitées à une particularité géognostique assez semblable à ce que nous venons de voir pour la dernière espèce de Lophiodon; mais c'est ce qui n'est pas, comme nous allons le montrer.

1° *A. magnum.*

Cette grande espèce, qui atteignait presque la taille d'un petit Rhinocéros, et à laquelle nous rapportons l'*A. Alsatiacum*, pour les raisons exposées plus haut, a laissé de ses restes dans un assez grand nombre d'endroits, dans un terrain de lignite.

D'abord à Cadibona, sur la côte de Gênes, à quelques milles au-dessus de Savone, dans une couche de lignite assez puissante (4 à 5 pieds), intercalée à un grès micacé, plus ou moins schisteux, formant une sorte de monticule séparé. C'est ce qui a donné aux dents comme aux os une teinte d'un noir foncé, presque de jayet, mais avec une im- Cadibona. État de Gênes. Versant à la Méditerranée prégnation pyriteuse qui, par leur exposition à l'air, tend à en produire la destruction.

Lobsan, en Alsace. Versant du Rhin.

Ensuite en Alsace, dans des circonstances géologiques assez analogues, c'est-à-dire dans un terrain de lignite, à Lobsan, près de Wissembourg, et non loin de Bœchelbrunn, où ce lignite est exploité, d'après M. Voltz, qui possédait cette pièce, qu'il a fait connaître à M. Cuvier.

Meudon. Versant de la Seine.

Et enfin dans le calcaire pisolithique de Meudon, qui semble n'être qu'une modification locale des parties supérieures de l'argile plastique.

Mais il n'en est plus ainsi pour les autres localités.

En Auvergne. Versant de l'Allier.

En Auvergne, sur l'Allier, dans les parties supérieures des affluents à la Loire, c'est dans une sorte de molasse formée d'un grès grossier extrêmement dur que les os du grand Anthracotherium ont été rencontrés.

A Digoin. Versant à la Loire.

Dans le Bourbonnais, département de Saône-et-Loire, à Digoin, vers l'embouchure de l'Arroux, dans la Loire, c'est dans une roche marno-calcaire de formation d'eau douce que sont trouvées les pièces intéressantes que nous devons à M. de Saint-Léger, ingénieur des mines. Elles sont fracturées, mais anguleuses, sans indices d'avoir été roulées, d'une grande consistance, avec une couleur d'un blanc jaunâtre, assez ordinaire aux ossements fossiles dans les roches calcaires.

A Varennes. Versant à la Loire.

A quelques lieues de Digoin, rive droite de la Loire, dans la montagne de la Justice, auprès du château de Beauvoir, commune de Varennes, dans un grès plus ou moins sableux, inférieur au calcaire à indusies du département de l'Allier, d'après une indication que je dois à l'obligeance de M. Pomel.

A Montabuzard. Versant à la Loire.

Les pièces recueillies dans l'Orléanais, dans une roche de même nature et de même formation, ont en effet le même aspect. Il en est de même du morceau dont notre collection doit un moule à M. Lalanne, et qui a été trouvé dans le département de Lot-et-Garonne, aux environs de Moissac, sur le Tarn, très-probablement dans des circonstances géologiques semblables.

A Moissac. Versant à la Garonne.

2° *A. minimum.*

Cette espèce, qui a reçu ce nom par comparaison avec celle que M. G. Cuvier avait proposée sous celui d'*A. minus*, d'après un fragment de Cadibona que nous avons attribué au jeune âge de l'*Anthracotherium Gergovianum*, ne reposait que sur un fragment de mandibule trouvé auprès du village d'Hautevigne, au bord d'un chemin creux qui conduit de Goutant à Verteuil, aux environs d'Agen, dans un calcaire d'eau douce, contenant aussi des os de Trionyx et de Crocodiles, d'après M. Chaussenque, qui a donné ces pièces au Muséum, en y joignant une carte explicative des lieux.

A Hautevigne. Versant à la Garonne.

Mais s'il était certain que le fragment de mandibule soumis à notre examen par M. Gastaldi, et dont il a été parlé plus haut, comme venant de Cadibona, fût de la même espèce que le fragment de Hautevigne, ce que je suis assez loin d'assurer, il faudrait admettre que l'*A. minimum* s'est aussi trouvé sur la côte de Gênes, et alors l'*A. minus* de M. Cuvier pourrait être rapporté à la même espèce.

3° *A. Gergovianum.*

Moins distincte peut-être que la précédente, le peu de pièces sur lesquelles cette espèce a été établie n'ont encore été recueillies que dans le calcaire inférieur de l'étage moyen de la base de la montagne de Gergovia, et peut-être à Cadibona.

En Auvergne. Versant à l'Allier.

4° *A. minutum.*

Les deux seuls fragments sur lesquels repose cette espèce proviennent des faubourgs de la ville du Puy-en-Velay.

Au Puy. Versant à la Loire.

5° *A. Velaunum.*

Enfin, les restes fossiles assez nombreux de l'A. du Velay, qui indiquent une espèce parfaitement distincte, n'ont encore été rencontrés qu'aux environs du Puy-en-Velay, dans une marne calcaire d'eau douce fort tendre, comme nous l'apprend M. Bertrand de Doue; ainsi que dans

Bassin de la Haute-Loire. Au Puy.

le Bourbonnais, dans le dépôt du mont de la Justice, d'après le fragment que m'a communiqué M. Pomel.

G. Chœropotamus.

Bassin de la Seine. A Paris.

La seule espèce qui ait été attribuée à ce genre, et qui, sous le nom de *C. Parisiensis*, n'est établie en effet que d'après deux fragments trouvés dans le gypse de Paris, n'a encore été retrouvée dans aucun autre dépôt; en adoptant toutefois, ce que je crois hors de doute, que la mandibule regardée par M. R. Owen comme devant lui être rapportée, est la mandibule d'une espèce du G. *Sus* ou de Sanglier; ce qui est également vrai pour les dents des environs d'Orléans, que leur ressemblance avec leurs analogues sur la mandibule d'Angleterre ont fait croire de Chœropotame, ainsi qu'il a été expliqué plus haut.

De la Tamise. Ile de Wight.

Après avoir ainsi examiné avec le plus grand soin toutes les pièces sur lesquelles les paléontologistes ont établi la proposition des différentes espèces réparties dans les genres qu'ils ont désignés par les noms de Palæotherium, de Lophiodon, d'Anthracotherium et de Chœropotame, en indiquant leur position géographique et géologique, il ne nous reste plus qu'à exposer le résumé de notre travail.

RÉSUMÉ.

Nous pouvons donner comme résultats, dans l'état actuel de nos connaissances au sujet de ces espèces, les propositions suivantes, que de nouvelles découvertes et de nouveaux travaux pourront sans doute modifier.

1° *Sous le rapport historique et critique.*

Guëttard, 1754.

Guëttard a le premier senti l'importance de l'étude des ossements fossiles des plâtrières de Paris, mais on ne peut nier qu'il est fort loin d'avoir autant approché du but que Lamanon, qui, ayant eu, il est vrai, à sa disposition une pièce bien plus caractéristique, une grande

Lamanon, 1782.

partie de tête pourvue de ses dents, a montré, par une comparaison détaillée, que l'animal auquel elle avait appartenu ne pouvait être ni un Carnassier, ni un Herbivore ruminant, ni un Herbivore non ruminant, ni même un Rongeur ordinaire, mais plutôt un Amphibie qui se nourrissait de végétaux et de poissons, comme on le supposait alors des Tapirs, des Hippopotames et même du Castor, rangés en France, et même par Blumenbach en Allemagne, dans une division des mammifères désignée sous le nom d'Amphibies; et de plus que c'était une espèce perdue, comme l'Éléphant de Sibérie et celui de l'Ohio.

M. G. Cuvier a donc pu aisément reconnaître ce qu'avait établi Lamanon longtemps auparavant; mais, quoique en définitive, il ait fini par aller plus loin que lui, surtout en donnant un nom à cette espèce perdue, je suis obligé de convenir que jamais peut-être M. Cuvier n'a montré davantage que dans ses Recherches sur les ossements fossiles de Quadrupèdes des plâtrières de Paris, combien il manquait alors de principes propres à résoudre les problèmes de ce genre qu'il se proposait, et combien il y avait peu de profondeur et de méthode dans son mode d'investigation; en sorte que M. Faujas, s'il avait assez vécu pour cela, aurait pu se croire en droit de lui renvoyer assez justement le reproche un peu vif que M. G. Cuvier lui avait adressé à l'occasion du Palæotherium de Montpellier. G. Cuvier, 1798 à 1825. Son peu de méthode.

En effet, quoique ce soit dans un des premiers mémoires consacrés aux Palæotheriums que M. G. Cuvier n'a pas craint d'émettre l'assertion hasardée et presque téméraire pour un anatomiste, encore plus alors qu'aujourd'hui, qu'une facette articulaire d'os peut suffire pour reconstruire le squelette entier d'un animal, aucun de ses travaux ne présente autant de variations, de changements, de rectifications, que celui sur les Palæotheriums et genres voisins; changements qui, malgré qu'ils soient quelquefois déclarés, et plus souvent encore passés sous silence, n'en seront pas moins évidents pour toute personne qui voudra ou pourra lire les pièces du procès dans les différentes formes successives sous lesquelles elles ont paru, ce qui, j'en conviens, n'est pas chose aisée. Assertion hasardée.

Ses erreurs principales.

Comme nous avons eu grand soin, vu l'importance de ce genre de recherches et la confiance que celles de M. Cuvier ont obtenue, de relever ces changements à leur place, nous nous bornerons ici à en énumérer les principaux.

1° Le système dentaire des Palæotheriums, considéré pendant quelque temps comme semblable, génériquement, à celui des Chiens, et cet animal indiqué comme une espèce de ce genre.

2° Des dents de Palæotherium attribuées à un Rhinocéros.

3° Des os de Rhinocéros attribués à un Palæotherium, comme pour ceux sur lesquels repose le Lophiodon gigantesque d'Orléans. Les deux dents molaires supérieures d'un Lophiodon moyen d'Issel, d'abord attribuées à un Rhinocéros, puis à un Tapir.

4° Des Palæotheriums véritables, quoique avec quelques particularités qui leur ont valu le nom de Lophiodons, rangés parmi les Tapirs. Exemple : le Palæotherium d'Issel.

5° Des os ou des dents de Palæotherium attribuées à des Anoplotheriums, et *vice versâ*.

6° Des os ou dents d'une espèce de Palæotherium attribuées à une autre.

7° Des os douteux, servant de base à la distinction d'espèces nommées sans pouvoir être définies; par exemple, une partie de bassin du Val-d'Arno.

8° Des pièces décrites et même figurées dans la première édition, qui ont été supprimées ou passées sous silence dans la seconde; et entre autres un certain métacarpien qu'il nous a été malheureusement impossible de retrouver dans les collections du Muséum.

9° Un os pris pour un autre, et de parties très-différentes, par exemple, un fragment d'Anthracotherium de Cadibona pris pour une portion de mâchoire inférieure, tandis que c'est un os incisif de la mâchoire supérieure.

10° Des dents d'une sorte prises pour celles d'une autre, par exemple, dans ce dernier cas, une belle incisive d'en haut donnée comme une canine d'en bas.

Et cela sans parler d'espèces établies sur des pièces qui appartenaient à d'autres, par exemple, pour le *P. curtum*, le *P. minus*, le *P. minimum*, etc.

Enfin, des espèces établies purement et simplement sur de légères différences de grandeur tirées de dents ou d'ossements, des genres sur des particularités spécifiques, ce qui a été malheureusement trop généralement imité, par suite d'un exemple donné d'une manière aussi affirmative, et qui avait si bien réussi.

Les causes.

Sans chercher en ce moment d'autre cause à ce fâcheux résultat qu'un oubli presque complet des considérations physiologiques et biologiques d'âge, de sexe et de localités, on peut donc conclure, sous le rapport qui nous occupe, que le genre des Palæotheriums était justement celui que M. G. Cuvier devait le moins invoquer pour soutenir sa fameuse thèse, qui, malgré son adoption par le journalisme, n'a jamais été reconnue par aucun des savants anatomistes qui se sont de nos jours le plus occupés d'ostéologie comparée, Camper père et fils, Blumenbach, Soemmering et Meckel.

2° *Sous le rapport zooclassique.*

Partie de la série des Rhinocéros aux Cochons.

Les espèces animales dont il est question dans ce mémoire remplissent la partie de la série mammalogique comprise entre les Rhinocéros et les Sangliers, sans autres rapports avec les Tapirs que ceux d'ongulogrades à système digital impair. Elles sont à peine susceptibles d'être partagées en genres distincts, tel que cela a été proposé par M. G. Cuvier; si ce n'est d'après la seule considération de la disposition des tubercules, formant ou non des collines plus ou moins transverses à la couronne des arrière-molaires, ce qui, en bonne zoologie, est loin de suffire.

Cela n'est véritablement admissible que pour celles dont l'astragale est en osselet, comme dans le G. *Sus*, parce qu'on peut supposer que le système digital était pair, ce qu'il est cependant impossible d'assurer d'une manière absolument positive.

Formé au plus de deux genres.

En sorte que, au lieu des quatre genres établis par M. G. Cuvier, je n'en adopterais volontiers que deux, que l'on pourrait désigner, l'un par le nom de Palæotherium; et l'autre de Chœropotame, pour indiquer ses rapports avec les Cochons.

D'espèces détruites.

Dans l'état de nos connaissances actuelles sur les espèces vivantes de mammifères, aucune ne pourrait réellement être rangée parmi ces espèces fossiles, qu'elles forment un seul ou plusieurs genres (1).

L'exemple de la découverte récente d'une espèce vivante de *Moschus* du golfe de Guiné (*M. aquaticus*), dont les pieds ressemblent complétement à ceux des Cochons, aussi bien à l'intérieur qu'à l'extérieur, et dont par conséquent le canon est toujours composé de quatre os distincts et bien complets, peut cependant autoriser à penser qu'on pourra également découvrir une espèce vivante du genre des Palæotheriums ou des Anthracotheriums, et intermédiaire aux Rhinocéros et aux Sus ou Cochons.

Les espèces que je crois susceptibles d'être caractérisées comme telles, dans l'état actuel de ce que j'ai pu apprendre d'après les pièces que j'ai étudiées, sont les suivantes, qui peuvent être disposées dans l'ordre ci-après, remplissant la partie de la série mammalogique comprise entre les Rhinocéros et les Cochons ou *Sus*.

G. Palæotherium, ou :

Espèces dont l'astragale n'est pas en osselet, dont le fémur est pourvu d'un troisième trochanter, et dont le système digital est ternaire aux deux paires de pieds.

Les dents molaires presque complétement rhinocérotiques aux deux mâchoires; la dernière inférieure à trois collines.

Sect. I. Les collines des molaires inférieures en croissant.

P. Aurelianense, comprenant les { *P. Monspesulanum*. / *P. Equinum* ou *Hippoïdes*.

(1) A l'exception cependant des dernières qui sont évidemment bien voisines des premières espèces du G. *Sus*, c'est-à-dire des Pécaris.

P. *commune*, comprenant les { P. *magnum*. P. *Girondicum*. P. *medium*. P. *indeterminatum*. P. *crassum*. P. *Velaunum*. P. *curtum*. }

P. *Isselaunum* ou *Isselense*.

Sect. II. Les collines des molaires un peu moins rhinocérotiques, et plus voisines de celles des Ruminants; les membres bien plus grêles; les doigts latéraux moins utiles.

P. *minus* et *minimum*.

Sect. III. Les collines des dents encore moins rhinocérotiques, celles des arrière-molaires inférieures transverses et à peine courbées.

Les Lophiodons.

L. *commune*, comprenant les. { L. *Tapirotherium*. L. *Occitaneum*. L. *Buxovillanum*. L. *Tapiroides*. L. *medium*. }

L. *minus*.

L. *anthracoïdeum*.

G. Chœropotamus ou Anthracotherium.

Espèces dont l'astragale est en osselet, le fémur à trois trochanters et le système digital incertain.

Le système dentaire supérieur et inférieur à collines transverses mamelonnées.

A. *Velaunum*.

A. *magnum* et *Alsatiacum*.

A. *Parisiense* (Chœropotame).

A. *minimum*.

A. *Gergovianum*.

A. minutum.

Sans prétendre assurer le moins du monde que ces dernières espèces ne sont pas de véritables *Sus* de la division des Pécaris, ce que nous devrons examiner de nouveau, lorsque nous allons faire l'histoire des espèces vivantes et fossiles de ce genre, qui comprendra les *Hyracotheriums* de M. R. Owen, le *Microchœrus* de M. Scharles Wood, les *Hyotheriums* de M. H. de Meyer, les *Tapirotheriums* de M. Lartet, et même les *Hippopotames*, auxquelles notre mémoire prochain sera consacré.

3° *Sous le rapport de la répartition géographique et géologique des restes fossiles attribués à ces espèces.*

On peut dire, sous le premier rapport, que c'est essentiellement en France, et dans toutes ses parties, qu'il en a été jusqu'ici recueilli le plus grand nombre et de toutes les espèces; qu'il en a été bien plus rarement trouvé en Angleterre, encore moins en Allemagne, et surtout en Italie.

On n'en connaît encore qu'un ou deux fragments provenant du continent asiatique (1), aucun d'Afrique, non plus que d'Amérique.

Si maintenant nous portons notre attention sur la répartition géologique des genres et des espèces, nous voyons les résultats suivants :

Des Palæotheriums

On en a trouvé des restes :

En Angleterre,

(1) Peut-être, cependant, faut-il y joindre la mâchoire supérieure, recueillie dans le grand dépôt Sivalien, par MM. Falconer et Cauteley, et qu'ils attribuent à un Anoplotherium, nommé par eux *A. posterogenium;* en effet, quoique les dents molaires leur aient paru avoir un caractère de celles des Anoplotheriums, ces messieurs conviennent que le fragment de mâchoire ressemble beaucoup à son analogue dans les Palæotheriums. De plus, dans leurs catalogues, on trouve cités des restes de Palæotherium et d'Anoplotherium, avec ceux d'Éléphant, de Mastodonte, de Rhinocéros, d'Hippopotame, de Cheval, de Cochon et de Ruminants, outre beaucoup de Carnassiers.

Dans le dépôt de l'île de Wight;

En France,

Dans celui de Buschweiler sur le versant du Rhin, et même plus haut dans la molasse de Suisse, aux environs de Zurich;

Dans le bassin de la Seine, et surtout dans le dépôt des environs de Paris;

Dans le versant de la Loire, dans les dépôts du Puy en Velay, d'Argenton, et dans ceux de l'Orléanais;

Dans le versant de la Garonne, depuis le dépôt de Toulouse jusqu'à ceux de La Grave et du Saillant, dans le département de la Gironde.

Dans le versant du Rhône, au dépôt de Gargas, près d'Apt (1).

Et par conséquent dans les versants de tous les grands fleuves de la partie centrale de l'Europe.

Mais on n'a pas encore trouvé des restes de toutes les espèces dans chacun de ces différents depôts.

1) Des espèces de véritables Palæotheriums analogues à celles du bassin de Paris, on a recueilli des restes :

En Angleterre, dans le dépôt de l'île de Wight, des *P. magnum, medium* et *crassum* (2), et surtout dans le dépôt des environs de Paris, où nous avons vu qu'on en admettait six espèces, énumérées plus haut.

Dans le dépôt du Velay, au commencement du versant de la Loire, des *P. magnum, medium* et *minus;* mais non encore au-dessous de ce point, si ce n'est dans les faluns de la Touraine, où M. Desnoyers indique le *P. magnum.*

(1) M. Coquan a annoncé, *Bulletin des sciences géologiques*, mai 1836, p. 191, des ossements de Palæotherium, dans le gypse d'Aix, et je suis fort tenté de rapporter à une espèce de ce genre, ou mieux peut-être à un Anoplotherium, un astragale et même une dent figurés anciennement par Guëttard, fig 2 et fig. 6 de la Pl. I de son mémoire sur Aix (Acad. des sc., Paris, 1760).

(2) Dans un mémoire sur les fossiles de ce dépôt intéressant dont je viens d'avoir tout dernièrement connaissance (*Lond., Geolog. journ.*, n° I, p. 5), M. Scharles Wood annonce des omoplates, vertèbres et dents de deux espèces de Palæotherium avec des restes de Dichobune, et de deux nouveaux genres qu'il nomme *Microchærus* et *Palæodon*.

Dans le versant de la Garonne : dépôt de Toulouse, *P. magnum;* dépôts des environs de Bordeaux à La Grave (1), au Saillant, des *P. magnum, medium, crassum* et *minus?*

Dans le versant du Rhône, à Gargas près d'Apt, des *P. magnum, medium, crassum, minus.*

Dans le dépôt de Nice, du *P. medium.*

Des autres espèces :

2) Du *P. Aurelianense.*

Dans le versant de la Loire, à Argenton et dans l'Orléanais.

Dans celui de la Garonne, à Sansans.

Dans celui du versant des Cévennes à la Méditerranée, à Saint-Geniès, Castries et Lunel.

Dans celui du Gard au Rhône, à Anduze.

3) Du *P. Isellanum.*

Dans les premiers versants de l'Aude vers la Méditerranée, à Issel, près Castelnaudary.

Dans le versant du Rhin, à Buschweiler.

Des Lophiodons.

Les restes provenant d'espèces de Lophiodons ont été recueillis dans la plupart des bassins ou versants où gisaient ceux de Palæotheriums, depuis celui du Rhin jusqu'à celui de la Garonne.

1) Du *L. commune* ou *magnum*, en y comprenant les *L. tapiroïdes, Buxovillanum, Isselense* et *Occitaneum.*

Dans le bassin supérieur du Rhin, dépôt de Buschweiler.

Dans celui de la Tamise à l'île de Wight, en Angleterre.

Dans celui de la Seine, aux environs de Paris, à Nanterre, à Vaugirard, à Passy, à Provins, à Épernay.

Dans celui de la Loire, dans les dépôts du mont de la Justice, de Digoin, d'Argenton, d'Avaray.

Dans celui de la Garonne, aux environs de Bordeaux.

(1) M. G. Cuvier en supposait trois espèces dans ce dépôt.

Dans celui de l'Aude, à Issel.

2) Du *L. Anthracoideum.*

Dans les versants de la Seine, dépôts du Soissonnais, du Laonnais et de Meudon près de Paris.

3) Du *L. medium*, *minus* et *minimum.*

Dans le dépôt de l'île de Wight, pour ce dernier.

Dans celui d'Argenton, versant de l'Indre à la Loire, pour tous les trois.

Les *L. Monspesulanum*, *Arvense*, *Sibericum* sont bien trop douteux pour être pris en considération dans ce résumé, sans parler du *L. giganteum*, reposant sur des os de Rhinocéros.

Des Anthracotheriums.

Les restes d'espèces de ce genre ont été également recueillis dans la plupart des versants des grands fleuves de l'Europe centrale, depuis celui du Rhin jusqu'à celui du Pô; mais c'est essentiellement d'une seule espèce.

1) De l'*A. magnum*, en lui réunissant l'*A. Alsatiacum.*

Dans le versant du Rhin, dépôt de Lobsau.

Dans celui de la Seine, dépôt de Meudon.

Dans celui de la Loire, dans les dépôts d'Auvergne, du mont de la Justice, de Digoin, et d'Avaray dans l'Orléanais.

Dans le dépôt de Cadibona, versant des Alpes maritimes à la Méditerranée.

Et enfin dans celui de Cava sur le Tanaro, versant du Pô.

2) De l'*A. minimum.*

Du dépôt des environs d'Agen, versant du Lot à la Garonne.

3) De l'*A. Gergovianum.*

Du dépôt de la montagne de Gergovie sur l'Allier, versant à la Loire.

4) De l'*A. minutum.*

Du dépôt du Puy en Velay, versant supérieur de la Loire.

5) De l'*A. Velaunum.*

Du même dépôt et de celui de Saint-Ivoine, canton d'Issoire, en Auvergne, versant de l'Allier à la Loire.

DES CHŒROPOTAMES.

Nous avons déjà dit que les seuls fragments rapportés à l'espèce animale qui constitue ce genre ont été trouvés dans le seul dépôt de gypse, versant de la Seine à Paris (1).

La très-grande partie des restes fossiles de ce grand nombre d'espèces se rencontrent dans un état en général fort solide, et adultes, à l'état fragmentaire, mais presque toujours sans être roulés, et très-rarement assemblés en squelette. Quelquefois cependant les mâchoires en connexion, et le plus communément tout ou partie de la mandibule séparée, armée de ses dents et surtout des molaires, plus ou moins usées et rarement de première dentition.

Dans des dépôts de formations bien plus rarement marines que lacustres ou d'eau douce, de nature minéralogique extrêmement diverse, de structure et même de composition chimique variées, suivant les lieux et les circonstances où les dépôts ont été produits; dépôts plus ou moins puissants, encore suivant la disposition des lieux où ils se sont formés, mais qui paraissent appartenir exclusivement à la catégorie des terrains tertiaires; depuis l'argile plastique inclusivement, jusque dans les étages superposés, mais bien plus rarement, à ce qu'il paraît, dans les supérieurs.

Jusqu'ici certainement jamais dans les couches même les plus anciennes de *diluvium*, et par conséquent encore moins dans le dépôt des cavernes, et même dans les brèches osseuses (2).

(1) Les débris de Chœropotame de l'Orléanais et d'Angleterre, ont appartenu probablement à une grande espèce de Cochon, *Sus antiquus* de M. Kaup.

(2) M. Marcel de Serres est le seul paléontologiste qui ait attribué à un Palæotherium des restes fossiles trouvés dans les brèches de Cette.

M. Pictet, *Palæont.* II, p. 273, dit que les Palæotheriums se montrent dès l'origine des terrains tertiaires, et il en compte en effet sept espèces dans l'Éocène; qu'ils diminuent dans le Miocène, n'étant plus qu'au nombre de trois; et qu'ils sont plus rares dans le Pliocène, ajoutant que plusieurs sont communes à ces deux derniers étages.

Peut-être même jamais encore dans les parties les plus supérieures des strates du terrain tertiaire, ainsi que l'a déjà soupçonné M. Desnoyers; par exemple, dans le dépôt lacustre d'Œningen, dans les gypses d'Aix, dans le calcaire moellon de Montpellier, de Sicile, et encore moins dans les collines sub-apennines et dans le crag, soit en Angleterre, soit en France, que les géologues rapportent au pliocène. En effet, nous avons déjà montré que l'os du bassin trouvé au Val d'Arno était attribué à tort à un Lophiodon, section des Palæotheriums; et la mandibule d'Anthracotherium, recueillie à Cerva sur le Tanaro, est donnée comme des strates moyennes ou Miocènes par M. le professeur Sismonda.

C'est donc seulement dans le Miocène et surtout dans l'Éocène que les restes de Palæotheriums, de Lophiodons, d'Anthracotheriums et de Chœropotames ont été trouvés jusqu'alors.

Nous voyons en effet le dépôt de l'île de Wight être rapporté à l'Éocène.

Ceux du bassin de la Seine, de formation marine ou lacustre, dans ses parties inférieures, à l'Éocène, comme l'argile du Soissonnais et du Laonnais, celle de Meudon, le calcaire grossier et ses marnes, par exemple, à Passy, à Nanterre, à Provins, ou comme dans les strates gypseuses de Paris, de Meaux, etc.

Les différents dépôts du long versant de la Loire sont aussi dans les deux plus anciennes parties des terrains tertiaires : au Puy en Velay aussi bien qu'en Auvergne, dans des strates exclusivement d'eau douce rapportées à l'Éocène, ainsi que celles des dépôts de Digoin, du mont de la Justice, d'Argenton, d'Avaray et des environs d'Orléans.

Il paraît qu'il en est de même des dépôts assez nombreux qui ont été observés dans le trajet du versant des Pyrénées à la Garonne, aussi bien que de la Dordogne à la Gironde. En effet, les dépôts de Toulouse, de Sansans, de la Grave, du Saillant, de Blaye, de Haute-Vigne, sont considérés comme appartenant à l'étage Éocène, plutôt même qu'à celui du Miocène.

Le dépôt d'Issel et celui de Saint-Geniez, à l'est de Montpellier, celui d'Anduze, à deux lieues sud-ouest d'Alais, dans le département du

Gard, sur le Gardon, versant des Cévennes au Rhône, sont dans un terrain dont je ne connais pas le rapport géologique.

Le dépôt de Gargas, près d'Apt, dans le versant des Alpes à la Durance, et par celle-ci à la rive gauche du Rhône, paraît devoir être rapporté au Miocène.

Il en est de même du dépôt de lignite de Cadibona, versant des Alpes à la Méditerranée.

Quant à celui de poudingue des environs de Cava dans la vallée du Tanaro, versant des Apennins au Pô, c'est encore de ce même étage, suivant M. Sismonda.

Ces restes sont associés les uns avec les autres d'une manière assez variée, suivant les dépôts :

Ceux de Palæotherium et de Lophiodon dans l'argile Éocène de l'île de Wight (1).

Ceux de Palæotherium, de Lophiodon, d'Anthracotherium et de Chœropotame dans le versant de la Seine; mais d'Anthracotherium et de Lophiodon dans l'argile plastique, de Lophiodon dans le calcaire grossier ou dans ses marnes, de Palæotherium et de Chœropotame dans le gypse.

Ceux de Palæotherium, de Lophiodon et d'Anthracotherium dans le bassin du Rhin; des deux premiers genres dans une même localité, à Buschweiler dans le calcaire d'eau douce, le long des pentes orientales des Vosges; du dernier dans une autre.

Plus haut, sur le revers occidental du lac de Zurich, dans le lignite de Kopfnach, près d'Hagen, M. Alex. Brongniart a vu des débris de Mammifères qui en provenaient, et entre autres une tête de Castor et de dents de Mastodonte faisant partie du cabinet de M. Meissner; par conséquent de la même localité que la pièce rapportée par ce dernier à un Chœropotame.

(1) M. R. Owen y rapporte aussi une mandibule au Chœropotame; mais nous avons dit plus haut que c'est probablement à tort.

Ceux de Palæotherium, de Lophiodon, d'Anthracotherium dans le versant de la Loire, des trois genres dans le dépôt du Puy en Velay (1); des deux derniers seulement en Auvergne (2); de Palæotherium et d'Anthracotherium dans le dépôt du mont de la Justice; d'Anthracotherium dans le dépôt de Digoin; d'Anthracotherium, et surtout de Lophiodon de toute taille, dans celui d'Argenton sur Creuse (3); et enfin de Palæotherium, de Lophiodon et d'Anthracotherium, dans les dépôts de l'Orléanais; de Palæotherium et d'Anthracotherium dans les faluns de la Touraine, d'après M. Desnoyers (4).

(1) M. Aymard, secrétaire de la Société d'agriculture du Puy, dans une lettre qu'il m'a fait l'honneur de m'adresser en août 1846, semble douter si ce dépôt ne contiendrait pas des restes de Chœropotames.

(2) M. Bravard (*Caïnoth.*, p. 113) cite cependant aussi des restes de Palæotherium, parmi les 6,000 fragments d'os trouvés à Marcoussis, près de Volvic, par M. le docteur Conchon.

(3) Je n'ai pu y reconnaître des restes évidents de Palæotherium, comme le dit M. G. Cuvier, qui annonce (t. IV, p. 499) s'être assuré que ces carrières recèlent aussi des restes du Palæotherium d'Orléans, et une autre espèce plus petite; et M. Lockart n'en indique pas non plus dans son mémoire sur les ossements fossiles de cette localité. Quant au Chœropotame proprement dit, indiqué dans ce dépôt par quelques personnes, nous avons vu que cette indication reposait sur des débris d'une grande espèce de *Sus* ou Cochon.

(4) M. Desnoyers dit d'un Anthracotherium de petite espèce, j'ignore laquelle.

Sur ces dépôts fossilifères de l'Orléanais, que M. J. Desnoyers d'abord, et ensuite M. Lockart, ont élucidés d'une manière tout à fait satisfaisante, en les considérant comme une sorte d'alluvium ancien de l'époque tertiaire, et n'ayant aucuns rapports avec le diluvium proprement dit, il est bon de noter que, tous, de formation d'eau douce ou mieux lacustre, et plus ou moins étendus, ils sont épars sur une grande partie de la surface de l'Orléanais ou du département du Loiret, creusés dans le calcaire jurassique sur lequel ils reposent, et s'étendant jusqu'aux bords de la formation marine des faluns de la Touraine, qui empiète plus ou moins sur eux.

C'est ce qui explique comment les ossements fossiles de Mastodontes, de Rhinocéros à incisives, de Dinotherium (*), qui se rencontrent toujours en plus ou moins grande quantité dans ces dépôts, où ils sont épars, brisés, fracturés, peuvent se trouver aussi, mais évidemment frottés, roulés, avec les débris d'animaux marins sur les bords du dépôt des faluns de la Touraine. Ils y ont évidemment été entraînés par les eaux torrentielles, qui ont traversé les dépôts plus anciens d'eau douce.

Peut-être faut-il expliquer de même le fait signalé par M. Billaudel, dans le bassin de la

(*) A ce sujet, je dois faire observer que M. G. Cuvier, dans l'énumération qu'il fait des fossiles trouvés par Dufay et Guettard, à l'occasion des Lophiodons (t. II, p. 213), suppose qu'ils ne sont pas du même gisement, à cause des dents de Mastodontes qui s'y trouvent; c'est au contraire, suivant moi, une preuve évidente de la vérité de l'assertion, car les Mastodontes en Europe ne se trouvent que dans les terrains tertiaires, comme les Lophiodons.

Ceux de Palæotherium, de Lophiodon et d'Anthracotherium dans le versant de la Garonne et de ses affluents; du premier seulement à Toulouse, ainsi qu'à Sansans; d'Anthracotherium dans le dépôt de Saint-Laurent-de-Moissac, Lot-et-Garonne; et enfin des deux premiers dans les dépôts des environs de Bordeaux.

Ceux de Palæotherium et de Lophiodon à Issel, dans les racines du versant de l'Aude à la Méditerranée.

Ceux de Palæotherium seulement à Saint-Geniez et à Anduze, département du Gard, ainsi qu'à Gargas près d'Apt, département de Vaucluse.

Gironde, d'ossements de Mastodonte, d'Éléphant (*), de Tapir et de Rhinocéros (**), dans le *diluvium* et de restes de Palæotherium dans un calcaire marin inférieur à la molasse.

Poursuivant cette manière de voir dans le département des Landes, on s'explique la présence d'une dent indubitable de Palæotherium, signalée par M. le docteur Grateloup à Laurai, et par M. G. Cuvier, d'après une dent molaire que lui avait procurée M. de Paravès, ainsi que la belle dent de Dinotherium, signalée par M. l'abbé Cancto, à la sortie de l'Armagnac, à une profondeur de dix pieds, dans une couche puissante de coquilles marines formant un véritable falun.

On peut même concevoir que quelque chose de semblable pourrait se présenter dans les départements du Gers et de Lot-et-Garonne, sur les limites du dépôt de formation d'eau douce à son contact avec le terrain tertiaire de formation marine, et où se trouvent aussi des restes de Mammifères terrestres.

Il en est de même sans doute aux environs de Montpellier, dans le calcaire marin dit moellon, ou dans les dépôts arénacés, où M. Marcel de Serres dit avoir trouvé des débris du Lophiodon de Montpellier de M. Cuvier; et c'est au fond également ce qui a eu lieu dans le bassin de Paris, où l'on a trouvé des ossements de Mammifères terrestres dans des strates évidemment marines.

Tôt ou tard les versants des Apennins à l'Adriatique et à la Méditerranée, ceux même de la Sicile, pourront offrir quelque chose de semblable, les dernières formations calcaires des environs de Bordeaux, des environs de Montpellier, ayant présenté des restes de ce singulier Dauphin, que M. Grateloup a nommé *Squalodon*; en effet, M. Gervais, l'un de mes disciples, actuellement professeur à la Faculté des sciences de Montpellier, m'a montré deux dents séparées de ce même Dauphin, trouvées dans le calcaire moellon de cette ville, et l'on doit sans doute lui rapporter aussi celles figurées par Scilla, et que j'ai rapportées avec doute à un Phoque.

(*) Si ce fait est assuré, il est exceptionnel, comme dans le dépôt du Val d'Arno, et même, à ce que m'a dit M. Bravard, comme à Cussac et à Solilhac, dans la Haute-Loire, où l'on a recueilli non-seulement des os de grands Ruminants, de Chevaux, ainsi que je l'ai dit d'après MM. Bertrand et Félix Robert, mais aussi des os d'Hippopotame, de Rhinocéros, de Mastodonte en grande quantité, de Tapir, avec ceux d'un *Canis* particulier, du *Felis cultridens*.

(**) Probablement du *R. incisivus*.

Ceux d'Anthracotherium seulement dans le dépôt de Cava et dans celui de Cadibona.

Sans qu'on puisse, ce me semble, reconnaître un gisement plus ou moins ancien et identique à l'une ou l'autre des espèces établies, et même à aucun des genres dans lesquels elles ont été distribuées.

Ces restes, associés avec ceux d'Anoplotherium dans le dépôt de Paris et dans celui de Sansans (1), le sont aussi quelquefois assez souvent avec ceux d'Éléphants à dents mamelonnées, de Rhinocéros à incisives et de Dinotherium, par exemple, à Sansans et dans l'Orléanais, mais jamais, jusqu'ici du moins, avec ceux d'Éléphants à dents lamelleuses (2) et de Rhinocéros à narines cloisonnées, à moins peut-être que par suite de transport (3).

Je trouve cependant que M. Bravard (Mém. sur deux Félis, p. 89), critiquant M. G. Cuvier sur ce qu'il avait dit, d'une manière peut-être un peu trop générale, que les plus célèbres des espèces fossiles inconnues, appartenant à des genres connus ou très-voisins de ceux que l'on connaît, comme les Éléphants, les Rhinocéros, les Hippopotames, les Mastodontes, ne se trouvent pas avec des genres anciens, pose une thèse

(1) Le dépôt de Gargas m'a offert un scaphoïde du pied, qui ne peut être rapproché que de celui de l'*Anoplotherium commune*.

(2) Je trouve cependant citées par M. Cuvier, des dents d'Éléphants de tout âge, avec des ossements de Palæotherium et de Lophiodon, dans le dépôt d'Issel ou de Castelnaudary.

(3) C'est un point que je crois aujourd'hui démontré, mais qui était loin d'être admis avant moi par les paléontologistes qui ont voulu établir des résultats généraux, qu'ils nomment quelquefois hardiment des lois, avant que les faits zoologiques et géologiques fussent suffisamment appréciés; ainsi, M. G. Cuvier, comme le fait justement observer M. Bravard, n'admettait pas que les Mastodontes et les Rhinocéros fussent les contemporains des Palæotheriums et des Anthracotheriums, et cependant il dit (t. I, p. 267) qu'on a trouvé dans le calcaire d'eau douce de Montabuzard, près d'Orléans, des dents de Mastodontes et des os de Palæotherium de différentes grandeurs.

On a dit aussi que dans le dépôt d'Avaray il y avait des restes d'Éléphants; mais je crois que c'est à tort. Le musée d'Orléans, auquel M. Lockart a donné généreusement ses collections paléontologiques, ne contient aucuns restes fossiles d'Éléphants lamellidontes, tirés des dépôts de l'Orléanais.

entièrement contraire pour les fossiles de Quadrupèdes terrestres du Puy-de-Dôme et de l'Hérault, disant que les Lophiodons et les Anthracotheriums, fidèles compagnons, suivant lui, des Palæotheriums, s'y trouvent avec l'Éléphant, le Rhinocéros, l'Hippopotame, des Cerfs, des Ours et des Félis, dans le diluvium volcanique, et que même, dans les calcaires d'eau douce tertiaires, on voit, avec le Palæotherium, le Lophiodon, l'Anthracotherium et le Caïnotherium (espèce d'Anoplotherium), des restes de Rhinocéros et de Cerfs.

Mais il faut convenir que c'était en 1828 que M. Bravard s'exprimait ainsi, et qu'aujourd'hui, revenant sur le même sujet, il apporterait sans doute de nombreuses restrictions à ses assertions. En effet, je ne connais pas encore en ce moment de Palæotherium d'aucune sorte, non plus que de Lophiodon en Auvergne.

Je ne crois pas non plus que les Anthracotheriums qui s'y trouvent puissent être considérés comme les fidèles compagnons des Palæotheriums et des Anoplotheriums; car dans le dépôt de Paris, par exemple, où les restes de ces deux genres sont en plus grande abondance, on n'a pas encore rencontré d'Anthracotherium proprement dit, non plus qu'à Gargas, non plus que dans la très-grande partie des dépôts de la Garonne.

4° *Conclusions.*

Au reste, quoi qu'il en soit de ces grandes questions, qui ne pourront être répondues que dans notre résumé général sur les ossements fossiles de Mammifères, nous pouvons au moins conclure provisoirement que les espèces dont nous avons fait l'histoire dans ce mémoire, et qui habitaient la partie tempérée de notre Europe à la même époque que les Éléphants à dents mamelonnées, les Rhinocéros à incisives et le Dinotherium, ainsi qu'une grande espèce de Muntjac (1), dont il sera

(1) C'est cette espèce que M. Lartet a quelquefois nommée *Dicrocère* dans le riche dépôt de Sansans.

question dans notre mémoire sur les Ruminants à bois ou Cerfs, et lorsque les lieux marécageux des grandes forêts étaient bien plus étendus et bien plus nombreux que de nos jours, ont disparu d'assez bonne heure, quand les conditions d'existence leur ont manqué, très-probablement graduellement, comme cela a lieu aujourd'hui. On conçoit cependant que cela ait aussi pu se faire, du moins en partie, peut-être par suite, mais certainement avant la grande catastrophe qui a produit le manteau de diluvium dont est recouverte la plus grande partie de nos continents; leurs ossements ayant été entraînés plus ou moins loin, suivant la déclivité du terrain, dans des dépôts accidentels de nature et peut-être aussi d'ancienneté différente; et les animaux dont ils sont des restes n'ayant peut-être jamais vécu dans les lieux où on les trouve, comme on l'a trop souvent répété après M. G. Cuvier.

Quoique aucune de ces espèces n'ait certainement été trouvée vivante, nous sommes cependant obligé de conclure qu'il est impossible d'admettre avec certains naturalistes qu'elles puissent être considérées comme une forme primitive de quelques espèces actuelles, qui n'en seraient ainsi qu'une transformation, et encore moins sans doute que celles-ci les aient remplacées par suite d'une création nouvelle, ainsi qu'un plus grand nombre le disent, il est vrai sans de bonnes raisons, puisque nous avons démontré qu'elles remplissent une lacune actuelle dans la série intelligible créée par la puissance divine pour une puissance intelligente.

Nous pouvons également conclure qu'il est bien difficile d'accepter avec certains géologues un terrain paléothérien, à moins que de comprendre dans le même genre, sinon toutes les espèces dont il a été question dans ce mémoire, mais au moins les Palæotheriums et les Lophiodons; ce qui alors correspondrait à ce qu'on désigne ordinairement par terrains tertiaires inférieurs et moyens.

On ne peut pas davantage, ce me semble, employer chacune des espèces ou chacun des genres pour caractériser une strate, ni même peut-être l'une ou l'autre des trois sections dans lequelles on les partage, comme cela est cependant assez généralement admis (1), contre l'opinion du géologue de notre temps qui a le plus vu et le plus comparé dans l'étude de la géologie positive de l'Europe, M. Amé Boué, qui a dit, ce me semble, avec raison, que les terrains tertiaires ont été formés indépendamment les uns des autres à des époques dont il est impossible d'établir l'âge concordant ou discordant. Il est en effet des terrains tertiaires dans lesquels on n'a encore rencontré aucun reste des espèces mentionnées dans ce mémoire, à Eppelsheim, par exemple (2), dépôt considéré cependant par les géologues comme appartenant à l'étage moyen des terrains tertiaires.

Le dépôt de Cussac et de Solilhac, à une lieue du Puy, et par conséquent dans le bassin de la Haute-Loire, paraît n'avoir encore offert aucuns restes des espèces dont il est question dans ce mémoire, du moins d'après les observations de M. Félix Robert sur ce dépôt.

Nous pouvons donc dire en terminant, que c'est bien plus à tort que pour les coquilles et les polypiers fossiles que l'on s'est servi en géologie de l'existence des débris de Mammifères terrestres pour caractériser une strate ou même une formation, puisque ces débris ne sont que des corps adventifs, accidentellement entraînés dans des dépôts marins, aussi bien que dans des dépôts d'eau douce lacustres ou fluviatiles, de lieux plus ou moins éloignés, toujours et nécessairement plus ou moins élevés au-dessus du niveau du dépôt, tandis que les coquilles, et surtout les polypiers, étant parties constituantes de la roche même qu'elles

(1) M. Pictet (*Éléments de Paléont.*, t. I, p. 270) admet que les débris de Lophiodons paraissent rares dans les étages inférieurs (éocène), par exemple à Montmartre; qu'ils deviennent plus abondants dans l'étage supérieur (pliocène), et qu'ils sont très-nombreux dans l'étage moyen ou miocène.

(2) M. G. Cuvier cependant avait admis dans ce dépôt des restes de Lophiodon, ce qui me semble, n'a pas été confirmé, à moins que les dents que M. Kaup a attribuées à son genre *Chalicotherium*, ne soient de Lophiodon; mais c'est d'un fragment de mandibule que M. G. Cuvier a parlé, en disant, t. V, 2e part., p. 54, qu'il était presque semblable à l'espèce moyenne d'Issel; et je suis porté à penser que cette pièce, dont nous avons un modèle en plâtre, a été avec raison rapportée par M. Kaup à une espèce de Cochon.

forment, sont les restes solides d'animaux qui ont vécu, sinon absolument et toujours dans la place où on les trouve, mais du moins dans des lieux peu éloignés de celui où leurs débris ont été accumulés, et par suite entassés et agglomérés en strates ou couches plus ou moins solides (1).

(1) Cette observation me semble avoir une grande importance pour confirmer l'étiologie donnée par mon ancien ami et collègue, M. C. Prevost, de la structure géologique du bassin de Paris ; en effet, conclure de ce que dans les strates dont il est formé se trouvent des restes de Mammifères et des restes de Palmiers, que ces corps organisés vivaient ensemble dans les mêmes lieux, dans le même climat, comme certains géologues, plus flatteurs que paysagistes, se sont amusés à le représenter dans leurs tableaux de l'ancien monde; c'est réellement abuser de la permission de plaisanter. En effet, n'est-il pas au moins plus probable que ces deux genres de corps organisés sont parvenus chacun d'un côté différent dans le même dépôt, les uns par la mer, les autres par les eaux torrentielles?

EXPLICATION DES PLANCHES (1).

PALÆOTHERIUM.

PL. I. — TÊTES (collection du Muséum) de:

P. magnum.
De profil. Les deux mâchoires presque en connexion.
P. medium.
De profil : les deux mâchoires en connexion ; les os du nez un peu trop nettement accusés.
Un second individu beaucoup plus fruste, provenant de l'ancienne collection de M. de Drée.
P. crassum.
De profil et en dessus, sans la mandibule.
Les os du nez d'un autre individu pour confirmer leur forme dans le premier.
P. curtum.
Les mâchoires seules en connexion et de profil.
La base du crâne et l'ouverture palatine sur un autre individu.

PL. II. — MANDIBULES (collection du Muséum) du :

P. magnum.
De profil ou côté externe.
P. medium.
a) De profil par la face externe.
b) Du même pour montrer le condyle, l'apophyse coronoïde cassée.

(1) Toutes les planches sont faites à une réduction de $\frac{1}{2}$, sauf la planche V des *Palæotheriums* qui est aux $\frac{2}{3}$.

P. crassum.

De profil en dehors sur une pièce, et en dedans sur une autre.

Un autre fragment de Monthyon, près de Meaux.

P. Velaunum ou *medium* du Puy.

Partie antérieure de mandibule en dessus et de profil. Provenant de M. Bertrand de Doue.

VERTÈBRES.

Atlas.

Du *P. magnum* en dessus.

Du *P. crassum* en dessus et en dessous.

Axis.

Du *P. crassum.* Son corps en dessous et en avant, sur deux individus.

Vertèbre cervicale (troisième) en dessus et de profil de *P. crassum.*

V. dorsale du *P. medium*, de profil et en arrière.

V. lombaire du *P. magnum*, de profil et en avant. Ses apophyses transverses brisées.

PL. III. — MEMBRES ANTÉRIEURS.

OMOPLATE.

Du *P. magnum*, face externe.

Du *P. medium*, face externe.

Du *P. crassum*, face externe et bien fruste avec la cavité articulaire, à part.

HUMÉRUS.

Du *P. magnum*, son extrémité articulaire inférieure-antérieure et inférieure.

Du *P. crassum*, partie inférieure vue en avant.

Du *P. medium*, partie inférieure un peu plus complète et en avant.

Du *P. latum*, partie inférieure en avant et en arrière.

RADIUS du :

P. crassum en avant, avec la facette articulaire supérieure, à part.

P. latum en avant, avec la facette articulaire inférieure, à part.

P. medium en avant, avec la facette articulaire inférieure, à part.

CUBITUS du :

P. crassum, de profil et en avant.

P. medium, du côté interne.

OS DU CARPE.

Pisiforme et Trapézoïde du *P. magnum.*

OS DU MÉTACARPE.

Du doigt médian du *P. magnum*, fragment articulaire supérieur et entier, avec sa facette articulaire carpienne.

Puis des *P. medium*, *crassum*, *latum* et *curtum*, vus par la face antérieure.

PHALANGES.

Du *P. medium.*

Avant-bras, *carpe*, *métacarpe* (un seul os), du *P. medium.*

Carpe et os métacarpiens du même, montrant le rudiment du doigt externe.

Pied de devant presque entier, vu par devant du côté interne et du côté externe, du *P. crassum.*

PL. IV. — MEMBRES POSTÉRIEURS des Palæotheriums des plâtrières de Paris.

Bassin du *P. magnum*, vu en avant, montrant la longueur de la symphyse.

Fémurs du :

P. magnum, assez fruste, montrant le troisième trochanter et la rotule en place.

P. latum, également assez fruste, mais montrant le troisième trochanter vu en arrière.

P. crassum, assez complet et vu en avant et en arrière.

ROTULES :

Des *P. magnum*, *medium* et *crassum*, vues par la face antérieure.

Du *P. medium*, sa partie inférieure vue de profil.

Tibias du :

P. magnum, son extrémité articulaire vue en arrière et en avant.

P. medium, vu en avant et en arrière.

P. crassum, sa moitié supérieure vue en arrière.

Péroné des :

P. magnum, ses deux tiers inférieurs vus en dedans et son extrémité supérieure.

P. crassum, ses trois quarts supérieurs vus en dehors.

P. medium, ses trois quarts inférieurs vus en dehors.

Astragales des *P. magnum*, *crassum* et *medium*, vus en dessus.

Calcaneum des *P. magnum*, *medium* incomplet, *crassum*.

Scaphoïde du *P. magnum*, vu en arrière, en dessus et en avant.

Pied presque complet du *P. crassum* vu en avant. Le calcanéum à part vu du côté interne, ainsi que l'articulation des os du tarse avec le métatarse pour montrer le premier cunéiforme.

Pied moins complet du *P. latum*. Les os du tarse désunis.

Pied incomplet du *P. medium*.

PL. V. — Système dentaire. Figuré à la réduction de $\frac{2}{3}$.

* De la mâchoire supérieure.

Du *P. magnum* des plâtrières de Paris, vu par la couronne.

Des environs de Bordeaux, de profil et par la couronne : d'après une pièce donnée par M. Billaudel.

Du *P. medium* incomplet, par la couronne.

Du *P. latum* incomplet ; les cinq premières molaires par la couronne.

Du *P. crassum* presque complet, par la couronne.

Du *P. curtum* assez incomplet, par la couronne et de profil.

Du *P. medium*. Les incisives supérieures et inférieures presque en connexion.

** De la mandibule.

Les incisives et la canine, vues en dehors sur un troisième.

Trois incisives d'un autre.

Canine d'en haut et une d'en bas, à part.

Du *P. magnum*.

Les quatre premières molaires vues en dedans.

Les trois dernières vues en dehors.

Du *P. medium*.

Les incisives, la canine et les sept molaires vues par la couronne et en dehors.

Du *P. crassum*.

La série complète ; les incisives, la canine et les deux premières molaires en dehors, en dedans, sur une pièce.

La canine et les sept molaires en dehors sur une autre.

Les incisives, la canine et les six dernières molaires, vues en dedans sur une autre.

PL. VI. — *Palæotherium minus*.

Squelette dit de Pantin, le même que celui qui a été figuré par M. G. Cuvier.

En avant du pied de devant, son analogue du membre antérieur, provient du squelette de Monthyon.

En arrière de celui de derrière, son analogue du squelette de Monthyon, ne montrant que le bassin, une partie du fémur et la queue.

A part :

Une base de crâne, vue en dessous, en arrière et de profil, des plâtrières de Paris.

Une partie du palais, avec une bonne partie des molaires en place, la dernière représentée de grandeur naturelle, de Paris.

Deux autres fragments de mâchoire, dont une montrant partie des molaires des deux côtés, vus par la couronne ; et l'autre présente les incisives, la canine et les quatre premières molaires du même côté, et vues en dessus.

Une mandibule tronquée seulement en avant, et portant les six dernières molaires, de profil et par la couronne.

Une mandibule de profil et par la couronne des cinq molaires qu'elle porte, copiée de M. R Owen.

Les extrémités des deux mâchoires et partie de leurs dents, en connexion, d'après le squelette de Monthyon.

Deux os métacarpiens, l'un médian, l'autre externe, de Paris.

Fémur, sa face articulaire inférieure.

Tibia entier, par les faces antérieure et articulaire inférieure, de Paris.

PIED postérieur incomplet, montrant le tarse et partie du métatarse en face et de profil.

Un scaphoïde à part, vu en avant pour montrer la grandeur proportionnelle des facettes articulaires des cunéiformes.

Un métatarsien externe, à part.

Un doigt à part et de profil.

PL. VII. — P. HIPPOÏDES, ou *Equinum*, ou *Aurelianense*.

De SANSANS : provenant de M. Lartet.

MACHOIRE SUPÉRIEURE. Un premier fragment portant les sept molaires vues par la couronne. Un second, les quatre avant-dernières par la couronne et de profil.

Mandibule, deux fragments pourvus, l'un de toutes ses molaires, vu en dessus et de profil; l'autre des cinq premières seulement, et de quelques indices de canine.

Des incisives, les deux premières molaires et les deux dernières, à part, pour montrer plus distinctement les caractères spécifiques.

MEMBRES ANTÉRIEURS.

Humérus, partie inférieure, vue en avant et en arrière.

Radius, ses deux moitiés vues en avant.

MEMBRES POSTÉRIEURS.

Fémur. Un complet, vu en avant, partie en arrière, et par la face articulaire inférieure.

Tibias. Un complet, vu à sa face antérieure et par la face articulaire astragalienne; la partie inférieure d'un autre vue en avant et par sa face articulaire.

Un *astragale* vu en dessus.

Un *calcanéum* de même.

Un *scaphoïde* en dessus et en avant.

Os métacarpiens médians ou latéraux avec face articulaire, ou coupés, pour indiquer l'épaisseur.

Phalanges médianes première, seconde et troisième, en dessus et par leur extrémité articulaire.

De L'ORLÉANAIS.

Deux dents molaires, une supérieure et une inférieure : l'une provenant de M. Thion.

Une tête supérieure de fémur vue en arrière.

Une partie supérieure d'os métatarsien.

De MONTPELLIER.

Un fragment de mandibule portant les quatre dernières molaires, vues en dessus et de profil.

Du DÉPARTEMENT DU GARD : pièce donnée par M. Jules Tessier.

Un fragment de mandibule d'un jeune animal, de profil et en dessus, et portant quatre molaires.

PL. VIII. — PALÆOTHERIUMS DE DIVERSES LOCALITÉS.

De NICE.

P. curtum. Moitié antérieure des deux mâchoires, portant des dents canines et molaires, assez bien en connexion; celles-ci à part, montrant la couronne : pièce donnée par M. l'Escarenne.

D'ISSEL EN LANGUEDOC.

P. Isselanum. Un fragment de mandibule portant les trois dernières molaires vues par la couronne et de profil.

De BUSCHWEILER EN ALSACE.

P. Isselanum. Un fragment de mandibule portant les cinq dernières molaires, par la couronne et de profil, de grandeur naturelle par la couronne.

Un autre fragment de mâchoire inférieure de la même localité et de profil.

De L'ILE DE WIGHT EN ANGLETERRE.

Copiés de M. R. Owen :

P. magnum. Une septième molaire d'en haut.

P. medium. Deux molaires pénultièmes supérieures et une avant-molaire, etc.

P. crassum. Deux molaires inférieures, une quatrième et une septième, et une troisième plus petite, etc.

P. minus. Débris de mâchoire inférieure.

DE SAINT-PRIVAS DE L'ALLIER :

P. Brivatense. Un os métatarsien médian.

D'Apt, près d'Avignon :

P. crassum. Les deux dernières dents molaires dans un fragment de mâchoire ; une sixième plus grosse.

Les deux dernières molaires inférieures dans un fragment de mandibule, vues par la couronne.

P. curtum. Un fragment de mandibule portant les deux dernières molaires.

Donnée à la collection du Muséum par M. Requiem.

Du Puy en Velay.

P. Valaunum ou *crassum.* Un fragment de mandibule portant les incisives, la canine et les cinq molaires qui suivent, la première vue en dedans.

Donné à la collection du Muséum par M. Bertrand de Doue.

D'Argenton, département de l'Indre :

P? medium. Deux molaires d'en haut par la couronne ; deux inférieures dans un fragment de mandibule pris par la couronne et de profil ; un fragment de tête inférieur de tibia en avant et en dessous ; un astragale, un calcanéum et un cunéiforme en dessus.

De l'Orléanais.

Un scaphoïde du pied de devant.

Empreintes de trois molaires d'en bas vues en dedans.

De la Grave en Gascogne.

De la première espèce (*P. medium*).

Les deux dernières molaires d'en haut par la couronne et de profil ; une incisive d'en bas.

Un calcanéum incomplet en dessus et par sa facette cuboïdienne.

Un fémur tronqué aux deux extrémités, vu en avant.

De la deuxième espèce (*P. crassum?*). Trois dents canines hors de place ; deux fragments de mâchoire portant en série l'une des trois dernières molaires, l'autre les quatre qui suivent, la première de profil et par la couronne.

Deux fragments de mandibule, portant l'un et l'autre les deux dernières molaires, vues de profil et par la couronne.

Une moitié inférieure de tibia à sa face antérieure.

De la troisième espèce (*P. minus?*)

Trois dents molaires d'en bas, à part d'un fragment de mandibule, montrant les alvéoles des premières molaires.

Un autre fragment de mandibule portant les seconde et troisième molaires avec les alvéoles de la première qui avait deux racines, et appartenant à un Ruminant.

Une extrémité inférieure d'humérus, vue en avant.

Un calcanéum très-fruste.

LOPHIODON.

Pl. I. — D'Issel en Languedoc.

L. Isselense.

Un fragment de mandibule portant deux molaires.

Un autre avec une seule molaire, vue par la couronne et de profil.

Une extrémité articulaire d'omoplate en dehors et en face.

Une moitié d'astragale en dessus.

L. tapirotherium.

Une mandibule presque entière portant les incisives, la canine et les six dernières molaires, vues en dessus et de profil.

De la collection de M. de Joubert, puis de M. de Drée, et tout dernièrement de celle du Muséum.

Un autre fragment de la même collection montrant la dernière molaire en dessus et de profil, avec la racine des précédentes dans les alvéoles.

Les deux dernières molaires d'en haut dans un fragment de mâchoire.

L'extrémité antérieure d'une autre mandibule en dessous pour montrer la symphyse.

Un fragment supérieur de fémur.

L. occitaneum.

Un fragment de mâchoire supérieure avec deux molaires. Collection de M. de Drée.

Débris d'un métacarpien?

De BUSCHWEILER.

P. tapiroides.

Une dernière molaire d'en haut dans un fragment de mâchoire, de profil et par la couronne.

Les deux dernières molaires d'en haut dans un fragment de mâchoire, de profil et par la couronne.

Une extrémité antérieure de mandibule portant une canine, et les trois premières molaires par la couronne et de profil.

Une extrémité inférieure très-fruste, par sa face antérieure.

P. Buxovillanum :

Trois dents molaires d'en haut dans un fragment de mâchoire, par la couronne et de profil, par inadvertance représentées les racines en bas.

Un fragment de mandibule portant les trois dents molaires qui suivent, la première par la couronne et de profil.

DE LAHLBACH, PRÈS DE MAYENCE.

Une extrémité inférieure de tibia par la face postérieure.

DE MONTABUZARD, PRÈS D'ORLÉANS :

L. giganteum.

Partie inférieure du tibia vue à sa face postérieure.

Astragale vu en dessus.

L'un et l'autre de Rhinocéros et dans la collection du Muséum.

Pl. II. — *Lophiodons des environs de Paris.*

DE VAUGIRARD.

L. commune.

Trois premières molaires d'en haut vues de profil et par la couronne, etc.

DE PROVINS :

Série des molaires vues à la face interne, d'après un moule en plâtre non colorié.

DE NANTERRE :

Mandibule presque complète du côté droit, portant les dents incisives, canines et molaires, vues par la couronne et de profil.

D'après une pièce donnée à la collection par M. le Docteur E. Robert.

Une seconde phalange du doigt médian.

Une troisième phalange d'un doigt extrême.

DE VAUGIRARD :

Une dent incisive, une canine et une dernière molaire d'en bas, vue de profil et en dessus.

D'après des pièces de le collection de M. Duval, et qu'il a bien voulu mettre à ma disposition.

DE PASSY :

Deux pénultièmes molaires d'en haut, vues de profil et par la couronne.

DE CUYS, près d'Épinay.

Deux secondes ou troisièmes molaires supérieures vues de profil et par la couronne.

L. Aurelianense.

Partie inférieure de l'humérus en avant et en arrière, copiée avec une réduction proportionnelle de M. G. Cuvier.

L.? Monspessulanum.

Deux molaires et une canine. Copiées avec réduction proportionnée de M. G. Cuvier.

Une incisive sur ses deux faces, de Blaye.

L. minimum.

Deux molaires d'en bas, de profil et par la couronne. Copiées de M. R. Owen.

L. cocænum.

Une canine, un fragment de mandibule portant deux molaires postérieures, vues en dehors, en dedans et en dessus, une phalange. Copiées avec réduction proportionnelle de M. R. Owen.

G. HYRACOTHERIUM.

Une série des six premières dents molaires d'en haut et quatre d'en bas, vues par la couronne.

Une mandibule presque complète dans sa partie antérieure, et portant presque toutes ses dents de grandeur naturelle et de grandeur proportionnelle en dessous.

D'après des pièces provenant de Passy-lès-Paris. Dans la collection du Muséum.

Anthracotherium (1).

Deux molaires supérieures vues de profil et par la couronne.

Une grande partie de vertèbre atlas en dessous.

Un fragment d'omoplate.

Un fragment de l'articulation inférieure d'humérus.

Un astragale complet.

Une portion de calcanéum.

Un cunéiforme en dessus.

Un métacarpien et un métatarsien médians, vus en dessus.

Une phalange onguéale d'un doigt extrême.

D'après des pièces qu'a bien voulu me communiquer M. Pomel, provenant du mont de la Justice, près de Digoin, et que j'ai attribuées à l'*A. Velaunum*.

Un fragment d'omoplate d'Auvergne, et peut-être du même animal.

Pl. III. — Lophiodons de diverses localités.

D'Argenton, département de l'Indre, d'après des pièces données à la collection du Muséum par M. Rollinat, ou de celle d'Orléans, par M. Lockart, et qu'il a bien voulu mettre à ma disposition.

1re espèce (*L. commune*).

Trois premières molaires d'en haut, de profil et par la couronne.

Les deux dernières dans un fragment de mâchoire et une pénultième à part, dans les mêmes projections.

Trois dernières molaires d'en bas, de profil et par la couronne.

Une seconde avant-molaire à part.

Deux incisives et deux fragments de canines à part.

Une tête articulaire de radius en dessus et en avant.

2e espèce (*L. commune ?*)

Trois molaires d'en haut, et probablement de première dentition, de profil et par la couronne.

Deux incisives supérieures vues sur le côté plat.

Un fragment inférieur de tibia vu en avant.

3e espèce (*L. minus*).

Deux avant-molaires ; deux fragments de canines; une troisième incisive d'en bas.

Un fragment de cubitus, l'olécrane vu à la face interne.

Une extrémité inférieure de tibia à la face antérieure.

Un astragale bien entier en dessus.

Un scaphoïde vu en avant.

Un fragment de métatarsien.

Une première phalange du doigt médian.

4e espèce.

Un fragment de mandibule avec les alvéoles des avant-molaires.

Trois avant-molaires d'en haut.

Une d'en bas.

Une troisième incisive d'en bas.

Une tête inférieure du fémur vue en avant.

Un fragment inférieur d'humérus, montrant qu'il était perforé.

Un fragment supérieur de cubitus à la face interne.

Un astragale complet en dessus et en avant pour montrer la facette cuboïdienne.

Un cunéiforme du doigt interne.

Deux fragments de métatarsien du médius.

Une phalange terminale du doigt indicateur.

5e espèce.

Une dernière molaire d'en haut de grandeur naturelle, dans la réduction proportionnelle.

Une avant-molaire de même.

(1) Placé ici par défaut de place dans les planches consacrées aux Anthracotheriums.

Une tête supérieure de radius et de cubitus.

Une extrémité inférieure de tibia.

Deux parties supérieures d'un os métatarsien médian.

Une phalange terminale d'un doigt de même sorte.

L. ? du val d'Arno.

Une moitié gauche de bassin vue en dessous et de côté pour montrer le trou ovale et la cavité cotyloïde, d'après une pièce de la collection du Muséum.

L. ? Sibiricum.

Une dent et des fragments d'os copiés avec la réduction proportionnelle de M. Fischer de Waldheim.

ANTHRACOTHERIUM.

Pl. 1. — Système dentaire.

* Supérieur.

A. magnum.

De Cadibona en Piémont.

Une dent incisive dans un fragment d'os prémaxillaire, d'après un modèle en plâtre coloré de la collection du Muséum, regardée comme une canine de la mâchoire inférieure, par M. G. Cuvier.

Troisième, quatrième et cinquième molaires en place dans un fragment de mâchoire, vues par la couronne.

Une dernière dans le même cas.

Des environs de Laon.

Un os prémaxillaire et la seconde incisive entre les alvéoles de la première et de la troisième.

Une canine à part.

De Digoin, dans le Bourbonnais.

La série des dents incisives, canines et molaires, d'un côté ou de l'autre, rangée par analogie dans l'ordre de leur position normale, d'après des pièces séparées données à la collection par M. de Saint-Léger, ingénieur des mines, à Rouen.

Et de plus trois incisives non entamées, et une antépénultième molaire d'en bas (1).

De Tarn-et-Garonne.

Les deux dernières molaires dans un fragment de mâchoire, d'après un moule en plâtre; fait sur une pièce prêtée par M. Lalanne.

** Inférieur.

De Cadibona.

Deux fragments de mandibules offrant l'un les deux dernières molaires seulement, et l'autre avec l'antépénultième fort usée.

D'Auvergne.

Une mandibule presque entière, montrant les trois incisives en place; la canine et les six dernières molaires parfaitement conservées, vues de profil et par la couronne : d'après une pièce donnée à la collection par MM. l'abbé Croizet et Jobert aîné.

Un autre fragment, n'offrant que deux molaires entières, entre les restes des deux contingentes.

Une canine inférieure, à part.

A. minus.

Un fragment de mandibule portant une ou deux dents molaires, de jeune âge, et figuré de profil et par la couronne, d'après un modèle en plâtre colorié fort mauvais, et qu'a également représenté M. G. Cuvier.

A. Velaunum, du Puy-en-Velay.

La partie faciale presque entière d'une tête renversée, montrant la série des dents de la mâchoire supérieure et une partie de celles de l'inférieure.

D'après une pièce de la collection de M. Bravard, qu'il a bien voulu mettre à ma disposition.

(1) Depuis que ces planches sont terminées, M. Gastaldi a mis à ma disposition des dents incisives provenant de Cadibona, et qui ressemblent complétement à celles que je signale ici.

PL. II. — *A. magnum.*

Os des membres.

De Digoin.

Une vertèbre dorsale, en avant et de profil.

Une extrémité inférieure d'omoplate, en dehors et par sa cavité glénoïde.

Une assez grande portion de cubitus tronqué à ses deux extrémités, et vu à sa face interne.

Deux fragments de fémur, dont l'un montrant évidemment un troisième trochanter.

Une extrémité inférieure de fémur vu par sa face articulaire.

Un astragale presque complet, surtout dans sa partie antérieure, et vu en dessus, en dessous et de profil.

Un os métatarsien du doigt médian, représenté par sa face antérieure, externe et supérieure.

Une moitié supérieure d'un autre plus petit, et le corps d'un troisième.

D'Auvergne.

Un humérus assez entier et un fragment de cubitus, attribués sans doute à tort à l'*A. magnum.*

Deux fémurs, dont l'un presque complet; l'un de la collection de M. Bravard, l'autre de celle de M. le comte de Laizer, qui ont bien voulu les mettre à mon entière disposition, et que je regarde comme du *Rhinoceros incisivus.*

PL. III. — Anthracotheriums de diverses localités.

Du Laonnais et du Soissonnais.

Loph. anthracoïdeum. Toutes ces pièces proviennent de MM. le vicomte de Courval et Grave.

Système dentaire.

* Supérieur.

Deux os prémaxillaires du même individu, et portant la seconde incisive et l'alvéole des deux autres.

Série dentaire établie par analogie avec des dents séparées, et surtout pour les quatre arrière-molaires.

Deux avant-molaires dans un fragment de mâchoire.

Canines plus ou moins usées.

** Inférieur.

Troisièmes et quatrièmes molaires d'en bas, représentées de profil et par la couronne.

Os du squelette.

Une portion très-fracturée de l'angle d'une mandibule.

Une tête supérieure d'humérus déjà figurée par M. G. Cuvier.

Trois fragments de fémur, montrant le troisième trochanter, et dont le plus grand a été représenté par inadvertance sens dessus dessous.

Deux phalanges d'un doigt médian.

De l'Orléanais.

Un grand fragment de mandibule portant les six dernières molaires assez fortement usées, ce qui le fait ressembler assez à son analogue dans les Lophiodons.

D'Alsace.

A. Alsaticum.

Un fragment de mandibule, montrant une troisième molaire de lait entre trois d'adulte, et que j'ai rapporté à l'*A. magnum.*

D'après un modèle en plâtre noirci assez mauvais.

De Paris.

Seconde et troisième molaire d'en haut du *L. anthracoïdeum.*

Premières molaires? supérieure en dehors et en dedans.

Premières? et secondes molaires d'en bas, représentées sous trois faces, externe, interne et supérieure.

Une molaire supérieure et deux molaires inférieures dans un fragment de mandibule, provenant de l'Hyracotherium.

De HAUTE-VIGNE (LOT-ET-GARONNE).

A. minimum.

Un fragment de mandibule portant les trois dernières molaires, représenté de profil et en dessus.

D'après une pièce de la collection du Muséum déjà figurée par M. G. Cuvier.

Une vertèbre axis, en avant et de profil.

Une phalange d'une espèce plus grande.

DU PUY EN VELAY.

A. Velaunum.

Une mâchoire supérieure montrant la disposition de tout le système dentaire, par les alvéoles pour les incisives et la canine, et par les sept dents molaires en place.

De la collection de M. Bertrand de Doue.

Deux incisives supérieures, à part.

Plusieurs molaires supérieures, à part, vues par la couronne.

D'AUVERGNE.

A. Gergovianum.

Une mandibule montrant la série dentaire par les alvéoles et par les quatre dernières molaires, de profil et en dessus.

D'après une pièce de la collection de M. l'abbé Croizet, actuellement au Muséum.

A.? minutum.

Fragment de mandibule portant les trois dernières molaires, vues par la couronne.

CHŒROPOTAME.

PL. UNIQUE. — CHŒROPOTAME de PARIS.

C. Parisiensis.

Mâchoire supérieure vue par le palais, et montrant la série des molaires en place, peu usées, la dernière à peine sortie de l'alvéole; et vue de profil au-dessous.

Fragment antérieur de mandibule, montrant la canine et les premières molaires, attribué à la même espèce.

Ces deux pièces, déjà figurées par M. Cuvier, font partie de la collection du Muséum.

D'ANGLETERRE.

Une mandibule presque complète, montrant la canine et les six dernières molaires en place, de profil et en dessus. Probablement d'une espèce de *Sus.*

Copié avec la réduction proportionnelle de M. R. Owen.

Tapirotherium.

DE SANSANS.

Museau presque entier, de profil, en dessous et partie en dessus, avec une grande partie du système dentaire; mandibule encore plus complète pour le système dentaire; donnés à la collection du Muséum par M. Lartet.

Hyracotherium.

Portion de tête, de profil et par le palais; d'après un plâtre assez bon, envoyé à la collection du Muséum par M. R. Owen.

Chœropotame? d'Orléans.

Les deux dernières molaires supérieures d'en haut dans un fragment de mâchoire, et une dernière séparée.

D'après des pièces du Musée d'Orléans, communiquées par M. Thion.

C'est un véritable *Sus.*

TABLE DES MATIÈRES.

Pages.

SECTION DEUXIÈME.

(Décembre 1846).

PARIS. — IMPRIMERIE DE FAIN ET THUNOT, RUE RACINE, 28, PRÈS DE L'ODÉON.

DES TAPIRS (Buffon).

(G. *Tapirus*, Brisson).

Le Tapir étant le plus grand quadrupède actuellement vivant dans l'Amérique méridionale, et de plus susceptible d'être facilement apprivoisé, a dû être et a été en effet signalé dès les premiers temps de la découverte du Nouveau-Monde : aussi en est-il fait mention dans tous les ouvrages qui ont été écrits sur l'histoire de la conquête de l'Amérique méridionale par les Espagnols, et cependant, ainsi que le fait justement remarquer M. G. Cuvier, dans son mémoire sur ce genre de Mammifères, ce n'est que de nos jours, à la fin du siècle dernier, que le système dentaire du Tapir a été suffisamment connu pour le nombre et la forme des parties qui le composent; alors seulement il a été possible de caractériser ce genre autrement que par le nombre des doigts, quatre en avant, trois en arrière, par la particularité singulière du nez prolongé en une petite trompe mobile, entraînant la lèvre supérieure, ainsi que par la nudité presque complète de la peau, et la forme générale d'un grand cochon à queue très-courte. On s'est assuré en effet, aussitôt qu'on a pu avoir la tête osseuse d'un individu adulte, que le Tapir est pourvu de trois paires d'incisives et d'une paire de canines, fort avancées, aux deux mâchoires, outre sept molaires en haut et six seulement en bas, facilement caractérisées, en général, par leur forme carrée et leur composition de deux collines transverses presque régulières.

Généralités sur le G. Tapir.

Ses Caractères. Longtemps incomplets.

Pour le Système dentaire.

Mais ce qui a surtout porté à mieux étudier, et par conséquent à mieux connaître le système dentaire du Tapir, c'est que dès les premiers essais de M. G. Cuvier sur les ossements fossiles de quadrupèdes, il crut pouvoir affirmer qu'il avait anciennement existé en Europe, à la surface de notre sol, deux espèces de ce genre, alors considéré comme exclusivement Sud-américain, l'une de taille ordinaire, l'autre de la grandeur

D'où des assertions erronées en paléontologie.

du Rhinocéros ; assertions qu'un examen plus approfondi a forcé d'abandonner pour toutes les deux ; en sorte que, sans la découverte d'une véritable espèce de ce genre, inconnue à M. Cuvier, et dont les ossements ont été trouvés à Eppelsheim et en Auvergne, il ne serait plus resté aucun Tapir véritable à l'état fossile, ainsi que nous le verrons plus tard.

Ce qui rend son étude importante en paléontologie.

D'après cela l'ostéologie et l'odontologie des Tapirs ne sont pas sans importance et deviennent intéressantes, sous le double rapport zoologique et paléontologique : sous le premier, parce qu'ils forment un genre de transition du Rhinocéros au Cheval, et qu'on en a découvert une espèce vivante en Asie ; sous le second, parce qu'on lui a attribué des espèces qui ne lui appartenaient pas, quoiqu'on ait pu le croire ; d'où il est résulté une nouvelle démonstration que la considération du système dentaire et surtout de la partie molaire est tout à fait insuffisante pour déterminer les rapports naturels des Mammifères.

Ses Caractères zoologiques.

Le genre des Tapirs, dont il va être question dans ce mémoire, est du reste extrêmement facile à caractériser, et cela par un grand nombre de points de l'organisation ; le système digital, le système dentaire indiqués plus haut, l'appareil sensorial formé d'une peau presque nue, d'une langue douce, d'un nez dont les ouvertures arrondies sont à l'extrémité d'une trompe extensible, d'yeux fort petits, d'oreilles courtes et arrondies, ce qui donne à cet animal une physionomie assez grossière, celle d'un grand Cochon un peu chevalin, dont la queue aurait été coupée, tant elle est courte.

anatomiques.

Le système locomoteur offre aussi des particularités qui distinguent les Tapirs au milieu de tous les Ongulogrades ; dans la forme assez singulière et dans le nombre des vertèbres et leur répartition, dans celui des côtes et dans une combinaison des os des membres en rapport avec celui des doigts terminés par de véritables sabots. Quant aux appareils de la digestion et de la génération, sauf pour le nombre des mamelles, et leur position dans le mâle, qui sont comme chez le cheval, et peut-être encore pour l'estomac assez divisé dans ses parties, pour qu'on ait pu le croire multiple, comme chez les Ruminants, ils rentrent dans la forme et la disposition des autres Ongulogrades, sans offrir rien de bien extraordinaire.

Il en est à peu près de même de tous les actes biologiques.

En effet les Tapirs qui ne sont pas limités, comme on l'a cru longtemps, aux contrées les plus chaudes du Nouveau Continent, puisqu'on en connaît aujourd'hui une plus grande espèce assez distincte dans l'Archipel Indien, sont des animaux assez grossiers sans doute; mais doux et faciles à apprivoiser, vivant solitairement de branchages, de fruits, de graines tombés, dans des lieux en général boisés et assez aquatiques, ne produisant qu'un à deux petits tout au plus, et dont la vie paraît devoir être assez longue. biologiques.

Ce n'est que dans le dernier siècle qu'on en a amené en Europe, du moins le premier que je trouve cité fut montré à Amsterdam en 1704 sous le nom de Cheval marin. Allamand en vit deux autres en Hollande; mais beaucoup plus tard, vers 1774, un mâle dans la ménagerie du prince d'Orange et une femelle dans une ménagerie particulière à Amsterdam; et tous deux fort jeunes. Individus vus en Europe de T. d'Amérique, par Allamand.

Buffon, vers la même époque, en observa également un dans une ménagerie particulière à Paris, où il vécut peu de temps; c'est celui dont il a donné la figure dans la planche deuxième du septième volume de ses suppléments; mais depuis il eut l'occasion d'en voir un autre tout nouvellement mort, et qui, lui ayant été envoyé d'Amérique, avait vécu jusqu'à une vingtaine de lieues de Paris. Il en fit faire l'anatomie sous ses yeux par Mertrud au Jardin du roi. C'était un assez jeune animal femelle dont il a laissé la peau montée et le squelette à la collection. C'est celui qui a fait le sujet de la description ostéologique du Tapir, par M. G. Cuvier, dans la première édition de son mémoire. par Buffon.

Depuis ce temps on a vu, quoique peu fréquemment, des Tapirs dans nos ménageries, où ils vivent aisément, et même assez longtemps, du moins pour l'espèce d'Amérique. de notre temps.

Quant à l'espèce de l'Inde, elle est également parvenue en Europe, du T. de l'Inde.

surtout en Angleterre. Notre ménagerie ne paraît pas l'avoir jamais possédée ; quoique le Muséum en ait acheté, il y a quelques années, un bel individu arrivé vivant à Nantes et qui mourut avant d'avoir pu nous être livré, et dont le Muséum de Lyon a acheté la peau et le squelette.

le T. d'Amérique pris comme type.

D'après cela, comme l'espèce la plus commune et la mieux connue est encore le Tapir d'Amérique, c'est celle que nous avons dû prendre pour type de notre ostéographie et de notre odontographie de ce genre.

CHAPITRE PREMIER.

OSTÉOGRAPHIE.

Du Squelette laissé par Buffon.

C'est, ainsi qu'il a déjà été remarqué, Buffon qui paraît avoir eu le premier à sa disposition le squelette d'un Tapir, qu'il fit disséquer sous ses yeux, au Jardin du roi ; mais comme à cette époque la collaboration de Daubenton avait cessé, il en fut à peine mention dans le cinquième volume de ses suppléments publié en 1782, et c'est M. G. Cuvier qui en fait profiter la science dans la première édition de son mémoire intitulé : *Description ostéologique du Tapir*, publié dans le tome III des Annales du Muséum d'histoire naturelle en 1804, reproduit ensuite dans le tome II de ses mémoires réunis sous le titre de Recherches sur les Ossements fossiles de quadrupèdes vivipares, en 1812, et dix ans plus tard dans la seconde édition, tome III, chapitre 9, page 143, avec des additions assez considérables, consistant surtout dans plus de développement donné à l'examen du Tapir d'Amérique, et dans la comparaison du Tapir de l'Inde avec lui.

Décrit par M. Cuvier, en 1804.

par Wiedmann, en 1802.

Avant cela Wiedmann avait donné une fort bonne description de la tête (Archives de zootomie, tome II, page 74, 1802); mais dans l'intervalle de la publication des deux éditions du mémoire de M. Cuvier (1) ou

(1) M. Cuvier, dans sa première édition, nous apprend que la figure donnée par Wiedmann est copiée d'une épreuve, qu'il lui avait confiée depuis longtemps, de la planche du squelette qu'il donne lui-même. Ce qui prouve, ainsi que nous l'avons fait remarquer à l'occasion du Daman, que ces Messieurs étaient dans l'habitude de se confier réciproquement leurs observations avant de les publier.

même depuis la dernière en 1822, plusieurs anatomistes ont eu l'occasion de parler du squelette du Tapir ; d'abord Spix, dans sa Céphalogénésie, a donné la description et la figure de la tête, et plus tard MM. Panders et d'Alton ont publié une très-bonne figure du squelette entier avec une description assez courte.

par Spix, en 1810.

par MM. Pander et d'Alton, en 1826.

Les figures données par M. Cuvier dans sa première édition, quoique dessinées et même gravées par lui à l'eau forte, sont assez loin d'être bonnes, ou même passables; il est vrai que celle du squelette, qui est la plus mauvaise, avait été faite d'après un exemplaire très-mal monté. Depuis, et dans sa seconde édition, il en a donné une beaucoup meilleure du T. de l'Inde, d'après un dessin de Huet. On peut louer encore plus justement celles qui constituent la planche IX des *Skelet. Pachyd.* de MM. Pander et d'Alton, parce qu'elles sont dans de plus fortes proportions.

Figuré M. Cuvier.

par MM. Pander et d'Alton.

Nous avons eu à notre disposition, pour notre travail, deux squelettes entiers, dont celui laissé par Buffon, malheureusement fort jeune; un second, un peu plus âgé, mais encore non adulte, qui a servi également à M. Cuvier; un troisième, presque adulte, mais incomplet, et provenant d'un individu mort de mon temps à la Ménagerie.

Des Éléments de notre travail.

De T. d'Amérique. Squelettes entiers.

Pour les têtes osseuses, nous avons été plus heureux; en effet, nous en avons eu à la fois sous les yeux au moins douze de tout âge, mâles et femelles. Les unes, qui ont servi aux travaux de mon prédécesseur, et d'autres nouvellement recueillies, entre autres une fort belle et adulte, rapportée du Brésil par M. d'Orbigny, et celle du Tapir de Colombie, décrite par M. le docteur Roulin sous le nom de Pinchaque.

Têtes osseuses.

Quant au Tapir de l'Inde, outre toutes les pièces examinées par M. Cuvier, et que notre collection doit à MM. Diard et Duvaucel, savoir, trois squelettes et leurs têtes osseuses, nous avons vu celui de l'animal mort à Nantes, et qui est aujourd'hui au cabinet de Lyon.

Du T. de l'Inde.

Le squelette du Tapir d'Amérique, considéré en général, et dont on prendrait une assez mauvaise idée si l'on se bornait à en juger d'après la figure qu'en a publiée M. Cuvier, rappelle peut-être un peu plus celui du Rhinocéros que celui du Cochon, avec quelque chose cependant de

Description en général.

celui du Cheval dans l'encolure, c'est-à-dire dans la manière dont la tête est soutenue. Pour la croupe, c'est au Cochon qu'il ressemble le plus par la manière dont elle se ravale, quoiqu'elle soit cependant toujours bien plus large que dans ce dernier.

De la Nature des Os.

Les os qui le composent sont pesants et solides par l'épaisseur de la partie éburnée, et leur mode d'assemblage, fort serré, a beaucoup de rapports avec ce qu'il est chez les Rhinocéros.

Du Nombre.

C'est également assez bien le même nombre, sauf aux pieds de devant, où un quatrième doigt en donne nécessairement trois de plus.

Colonne vertébrale.

Nombre des Vertèbres.

La colonne vertébrale, dont les courbures sont assez bien, comme dans les Rhinocéros, avec celle du cou, plus arquée en dessus, et celle de la croupe, plus arrondie, est composée de cinquante-trois vertèbres, dont quatre céphaliques, sept cervicales, dix-huit dorsales, cinq lombaires, sept sacrées, et douze coccygiennes, nombre et répartition que nous voyons un peu varier (1).

Des V. céphaliques en général.

Les quatre vertèbres céphaliques constituent, par leur réunion, une tête qui peut être plus convenablement comparée à celle du Rhinocéros qu'à celle du Cheval, surtout dans sa partie postérieure ou crânienne; car, dans la partie faciale, et principalement nasale, il y a un peu plus de rapports avec le Cheval. Mais, avant de porter notre attention sur la forme générale de la tête osseuse du Tapir, voyons d'abord les particularités qu'offrent chacune des quatre vertèbres, et des deux paires d'appendices qui la composent.

Occipitale.

La vertèbre occipitale, n'occupant presque que la face postérieure du

(1) J'ai pu étudier la colonne vertébrale de trois Tapirs d'Amérique, dont un seul, celui laissé par Buffon, le plus jeune, a dû être d'abord examiné par M. G. Cuvier. C'est celui sur lequel il a pu compter vingt-quatre vertèbres troncales, vingt costifères et quatre lombaires, avec quatorze vertèbres sacro-coccygiennes, la queue étant incomplète.

Dans un plus grand, quoique non adulte, et rapporté du Brésil par M. Delalande, en 1826, il y a vingt-trois vertèbres troncales, dont dix-huit costifères seulement, et cinq lombaires.

Enfin, dans celui d'un individu qui a vécu à la Ménagerie, et plus adulte, je trouve le même nombre total et particulier, et de plus dix-neuf sacro-coccygiennes, la queue étant bien entière. C'est celui que je prends pour type.

crâne, a son corps étroit, sub-triquètre, se bifurquant en s'élargissant en arrière pour se joindre aux occipitaux latéraux; ceux-ci portant des condyles larges et saillants, au devant desquels descendent des apophyses mastoïdiennes considérables. L'occipital supérieur, qui monte verticalement sous forme sub-quadrilatère, est assez profondément excavé par la manière dont ses bords se relèvent en crête, surtout chez les individus bien adultes. Son corps. Son arc.

Il y a quelquefois un inter-pariétal assez large et s'avançant entre les pariétaux au sinciput, mais se soudant de bonne heure à l'occipital. Inter-pariétal.

La vertèbre sphénoïdale postérieure a son corps également assez étroit, sub-cylindrique en dessous, donnant naissance, en bas, à de très-larges apophyses ptérygoïdes externes, ainsi qu'à des ailes également assez larges, auxquelles cependant ne touche pas l'angle antérieur et inférieur de l'arc pariétal. Sphénoïdale postérieure. Son corps.

Celui-ci, ne formant de bonne heure qu'un seul os, est assez fortement courbé sur ses côtés temporaux, plat et droit, avec une crête médiocre, en dessus, également coupé droit en avant comme en arrière, mais ne touchant pas l'aile du sphénoïde, dont il est séparé par une avance du temporal. Son arc.

La vertèbre sphénoïde antérieure continue dans son corps celui de la vertèbre précédente, n'étant nullement caché par les apophyses ptérygoïdes internes. Ses ailes montent largement, fort labourées de fossettes d'insertion musculaire, vers un frontal très-remarquable par son élévation et le soulèvement de sa partie dorsale, par une crête anguleuse presque aiguë qui la sépare de la partie orbitaire. Il n'offre, du reste, aucune trace d'apophyse orbitaire; mais son bord antérieur ou nasal est profondément échancré à droite et à gauche d'une épine dorsale longue et étroite, pour son articulation avec les os du nez. Sphénoïdale antérieure. Son corps. Son arc ou Frontal.

On doit encore faire remarquer sa branche orbitaire, fortement excavée par une dépression semi-lunaire, servant de fosse d'insertion pour les muscles de la trompe.

La vertèbre voméro-nasale n'est pas moins singulière que la précé- Voméro-nasale.

Son corps. dente; d'abord par la grande étendue de la gouttière vomérale, surtout en avant, par la force et la hauteur de la lame ethmoïdale, qui, parvenue sous les os du nez, se bifurque et s'étale à droite et à gauche pour les soutenir.

Son arc. Os du Nez. Ces os, de forme triangulaire, la base en arrière, la pointe en avant, sont du reste assez courts, surplombant, en s'arquant sensiblement, l'ouverture des narines; ils sont de plus marqués ou imprimés un peu en avant de leur base d'une fissure profonde, qui sépare la partie voûtée et dilatée de l'os d'une sorte d'apophyse descendant le long de la pointe supérieure de l'os maxillaire, et formant ainsi une partie des bords de l'ouverture nasale.

Appendices. Mâchoire. La série des os qui entrent dans la composition de la mâchoire supérieure est également assez remarquable.

Ptérygoïdien. D'abord l'apophyse ptérygoïde interne, en forme de lame mince appliquée contre l'externe, s'élargit supérieurement, mais sans cacher le moins du monde le corps des deux sphénoïdes qui se voit entre elles, et son extrémité inférieure, également arrondie, mais plus étroite, forme aussi un crochet large et assez marqué.

Palatin. Le palatin qui vient ensuite, par sa branche verticale, se place en coin entre les deux apophyses ptérygoïdes, et par sa partie horizontale quadrilatère, s'avance assez fortement et carrément dans le palais; la suture palatine maxillaire étant rectiligne.

Lacrymal. L'os lacrymal, racine supérieure de la mâchoire, est également assez considérable; à moitié orbitaire seulement, sa partie faciale s'articule largement en s'arrondissant avec ses collatéraux, et son bord est percé de deux trous lacrymaux séparés par une épine très-saillante.

Zygomatique. Le zygomatique participe à cette largeur du lacrymal, mais surtout dans sa partie postérieure, remarquablement large et aplatie, avec une apophyse orbitaire obsolète, et formant du reste tout le rebord de l'orbite depuis le lacrymal.

Maxillaire. Ses branches : montante. L'os maxillaire est au contraire assez peu considérable, surtout dans sa branche montante, qui ne consiste guère que dans une pointe fort grêle et aiguë, atteignant cependant le frontal, entre lequel et la branche descendante de l'os du nez, elle est placée.

Quant à la partie horizontale, encore assez longue, mais étroite sur ses deux faces palatine et faciale, elle se termine en avant par une extrémité un peu arquée et largement articulée par son bord convexe avec le prémaxillaire. horizontale.

Celui-ci rappelle assez bien, par sa forme très-convexe supérieurement et comme courbée en bas, ce qui existe dans le Cheval; mais encore bien plus prononcé. Coupé carrément et brièvement dans sa partie palatine, sa branche nasale est au contraire fort grande, remontant en pointe, échancrant le maxillaire, assez haut, quoique bien loin de l'os du nez; sa base est au contraire arrondie et convexe à son bord supérieur, se soudant de très-bonne heure avec celui du côté opposé, comme dans le Cheval. Prémaxillaire ou Incisif.

L'appendice céphalique inférieur n'est pas moins remarquable que le supérieur. Mandibule.

Le rocher est véritablement d'une petitesse extraordinaire en totalité, aussi bien que dans chacune des parties qui le composent; sa forme est à peu près ronde, du côté de la caisse du moins, où se voit l'apophyse articulaire du styloïde; à sa face interne ou céphalique, il reprend un peu de sa forme ordinaire, avec un angle solide assez distinct, le partageant en deux faces, dont la postérieure, plus grande, offre un assez grand trou rond pour le canal auditif interne. Rocher.

Il est à croire que la caisse est entièrement membraneuse, du moins nos squelettes n'en montrent aucune trace, non plus que de canal auditif externe, ce qui est encore comme dans le Rhinocéros et nullement comme dans le Cheval, qui a un cercle du tympan en canal court. Caisse

Les os de l'oreille que nous n'avons pu obtenir que sur un fœtus, ont du reste la forme ordinaire. L'étrier a sa platine étroite, c'est-à-dire bien plus longue que large et son sommet tronqué. L'enclume est remarquable par le grand écartement de ses bras, sub-égaux et presque horizontaux. Enfin le marteau très-comprimé à la tête, comme palmé Os de l'Oreille.

à l'origine de l'apophyse de Raw, a son manche assez fortement coudé.

Temporal.

Le temporal ou squammeux est cependant assez considérable, même dans sa partie écailleuse, qui supérieurement remonte en pointe, pour le joindre au pariétal et à l'occipital; tandis qu'inférieurement, après une échancrure arrondie, assez large pour le canal auditif, en avant il se porte vers le frontal, et en arrière, descend en pointe pour constituer une grande partie de l'apophyse mastoïde. Son apophyse zygomatique est surtout remarquable par la force et la largeur de sa racine articulaire, dont la cavité glénoïde, qui en occupe la face inférieure, est subtriangulaire convexo-concave, bordée en arrière par une large apophyse recourbée. Au delà le processus zygomatique, peu convexe extérieurement, est comme le jugal, large et plat, de manière à former avec lui une arcade fort large, mais peu épaisse et très-peu bombée en dehors.

Apophyse zygomatique. Cavité glénoïde.

Mandibule. En général.

La mandibule qui a en général beaucoup plus de ressemblance avec celle du Rhinocéros, qu'avec celle d'un tout autre animal, se distingue d'abord par la rectitude de l'angle sous lequel les deux branches sont réunies; ce qui est encore plus marqué par suite de la ligne droite formée par le bord inférieur de la branche horizontale.

En particulier.

Ses branches : montante. Condyle. Coronoïde.

Des trois parties de la verticale, le condyle transverse est assez bien comme dans le Cheval, en ce qu'il est bien moins élevé que l'apophyse coronoïde; mais celle-ci a une tout autre forme, en ce qu'elle est plus large, plus arquée, et surtout bien plus distante.

Angulaire.

L'apophyse angulaire est au contraire presque comme dans le Rhinocéros, large, arrondie, et dépassant beaucoup en arrière l'aplomb du condyle.

horizontale.

On peut également dire que la branche horizontale est comme dans le Rhinocéros; seulement moins courbée sur ses deux bords, plus rectilignes, et se terminant d'une manière plus étroite et plus allongée.

Tête en totalité. Angle facial.

De la réunion des pièces qui constituent le crâne et les mâchoires du Tapir, il résulte une tête assez mince, surtout en arrière, de forme triangulaire, dont l'angle facial est à peine de vingt-cinq degrés, compris entre un chanfrein assez déclive en avant depuis l'occiput, et une ligne mandibulaire inférieure presque horizontale, dont les cavités et les fosses sont en général assez petites, sauf celle de l'olfaction.

La fosse occipitale subquadrilatère est cependant assez profonde en totalité, par la grande saillie de la crête qui la circonscrit. Ses Fosses occipitales.

Les temporales le sont peut-être un peu moins, mais elles sont considérablement étendues en longueur et même en hauteur, se prolongeant sur une crête sagittale médiocre. temporales.

On peut considérer les excavations que nous avons décrites plus haut à la partie sur-orbitaire du frontal, comme des espèces de fosses zygomatiques fortement remontées pour l'insertion des muscles de ce nom. Elles sont du reste assez profondes. zygomatiques.

Les fosses ptérygoïdiennes sont également fort larges et même assez excavées. ptérygoïdiennes.

C'est ce qu'on peut également dire des fosses massétériennes externe et interne de la branche montante de la mandibule. Celle-là est cependant bien plus limitée que celle-ci, qui occupe toute la large apophyse angulaire, en la rendant fort mince et assez convexe en dehors. massétériennes.

La cavité cérébrale n'est pas absolument petite; la partie cérébelleuse étant surtout proportionnellement prépondérante. Les fosses basilaires sont étroites, celle du sphéroïde postérieur surtout, et sans traces d'apophyses clinoïdes. Des fosses latérales, l'antérieure, ou olfactive, est la plus grande, aussi la lame criblée est-elle considérable. Ses Cavités : cérébelleuses.

Des loges ou cavités sensoriales, celle de l'audition est remarquablement petite, aussi bien dans sa partie labyrinthique que dans la partie tympanique. Son orifice est cependant assez grand, arrondi, à en juger du moins par l'échancrure du temporal. auditives.

L'orbite est lui-même au plus médiocre; obliquement externe et très-largement ouvert dans la fosse temporale, par suite d'absence presque complète d'apophyses orbitaires, ce qui est bien comme chez le Rhinocéros et nullement comme chez le Cheval où le cadre orbitaire est au contraire complet. orbitaires.

La cavité olfative est peut-être la plus grande de toutes les cavités olfactives.

sensoriales du Tapir. Largement ouverte en arrière et surtout en avant, par suite de l'élévation des os du nez et de la longueur du bord supérieur des maxillaire et prémaxillaire, elle est cependant assez étroite par suite de la forme atténuée du museau. Il en est résulté que les cornets inférieurs ont leurs anfractuosités, au nombre de trois ou quatre, régulièrement et peu obliquement étagées d'avant en arrière et de bas en haut.

gustative. La cavité gustative offre assez bien la même forme triangulaire dans un plan horizontal, assez profondément excavée au palais, surtout en avant; elle l'est également vers la symphyse des os mandibulaires, où elle finit par une sorte de gouttière assez étroite.

Ses Trous : Les trous vasculaires et nerveux n'offrent rien de bien particulier.

condyloïdien. Le condyloïde est unique, rond et fort grand.

déchirés. Les trous déchirés sont aussi très-grands et constituent par leur réunion une énorme lacune entre le rocher et le corps des deux premières vertèbres céphaliques.

sur-mastoïdien. Le trou veineux sur-mastoïdien est ovale, grand et assez en arrière du canal auditif externe.

ovale. Il n'y a qu'un seul trou pour la sortie de la cinquième paire de nerfs, au-dessus d'un canal vidien fort grand, assez éloigné au contraire du trou optique qui est fort petit, ovale étroit, au-dessous d'un orbitaire interne presque aussi grand que lui.

sphéno-palatin. Le trou sphéno-palatin est médiocre, très-inférieur, s'ouvrant au palais par trois orifices, dont un fort avancé.

Il est situé au-dessous d'un autre grand trou percé en minces parois donnant dans les narines.

sous-orbitaire. Le canal sous-orbitaire, infundibuliforme à son entrée et assez grand, se termine à l'extérieur par deux ou trois trous sous-orbitaires, dont un est quelquefois assez grand.

lacrymaux. Nous avons déjà fait remarquer plus haut qu'il y a deux trous lacrymaux, tous deux assez grands et marginaux.

Quant aux lacunes incisives, elles sont considérables, ovales et fort allongées. incisifs.

A la mandibule, il n'y a qu'un seul trou pour le canal dentaire, aussi bien à son entrée qu'à sa sortie ; le premier ovale, le second rond ; celui-ci percé à l'aplomb de la première molaire. dentaire :

Des trois grandes ouvertures de la tête du Tapir, l'antérieure ou nasale est considérable, remontant presque au delà de la ligne d'aplomb des apophyses orbitaires, et bordée par le prémaxillaire, le maxillaire et le nasal ; la moyenne ou palatine est également assez grande, largement ovalaire, avec une pointe mousse médiane au bord palatin, ce qui donne à celui-ci, plus avancé que le bord postérieur de l'ouverture nasale, assez bien la forme d'une accolade de calligraphie. Ses Ouvertures : nasale : palatine.

Le troisième enfin où le trou occipital est assez grand, ovale, déprimé, un peu oblique par suite de la grande saillie des condyles occipitaux, qui sont presque tout à fait terminaux. occipitale.

Le diamètre transverse de ce grand trou occipital est à celui de la cavité cérébrale dans la partie la plus large, dans la proportion de un à trois.

Les sept vertèbres cervicales qui suivent la tête, constituent un col assez court et assez robuste, assez fortement concave en dessus, rappelant fort bien, quoique plus relevé, celui du Rhinocéros. Des Vertèbres : cervicales, 7.

L'atlas emboîtant d'une manière fort serrée les condyles occipitaux, est pourvu sous son corps d'une apophyse postérieure en crochet, sur son arc d'un tubercule épineux épais et d'apophyses transverses assez larges, mais peu saillantes, convexes en dessus et fortement excavées en dessous. 1re, Atlas.

L'axis, fort gros pour son corps, convexe en avant, surtout par la saillie d'une apophyse odontoïde, demi-cylindrique, et assez profondément excavé en arrière, est pourvu d'une apophyse épineuse très-haute, à bord supérieur droit, s'élevant fort obliquement en arrière où elle est épaisse et échancrée. 2e, Axis.

Les trois intermédiaires ont au contraire leur apophyse épineuse 3e, 4e et 5e.

courte, augmentant de la première à la troisième, et les transverses larges, obliques, subbifides, un peu antéroverses; leur corps, assez étroit et caréné en dessous, est fort convexe en avant et concave en arrière.

sixième. La sixième a son épine assez saillante et les deux parties des transverses très-inégales; l'inférieure dilatée en fer de hache arrondi.

septième. Enfin l'épine de la septième est encore plus élevée, au contraire des apophyses transverses très-courtes dans les deux branches; elle seule manque du trou de l'artère vertébrale.

V. dorsales, 18—19—20. Les dix-huit ou vingt vertèbres dorsales ont toutes le corps assez petit, étroit, arrondi et convexe en avant, concave en arrière, avec un Trous de conjugaison. trou rond de chaque côté de la racine de l'arc, derrière l'apophyse transverse devenue articulaire, sauf la première où ce n'est qu'une échancrure profonde, formant trou de conjugaison. Leur apophyse épineuse fort élevée, inclinée et médiocrement large pour les treize ou quatorze premières, est au contraire bien plus courte, mais aussi plus large, et presque verticale pour les six autres.

V. lombaires, 4—5. Les quatre ou cinq lombaires ressemblent assez bien à ces dernières dorsales, dans l'apophyse épineuse un peu plus dilatée cependant en fer de hache, et même dans la position des trous nerveux; mais les apophyses transverses, qui sont longues, larges et plates, les distinguent ai-La première. sément. La première les a bien plus longues et plus étroites, presque La dernière. costiformes, ce qui est le contraire pour la dernière, qui en outre s'articule à son bord postérieur au moyen d'une sorte d'avance épaissie avec le sacrum, particularité qui existe aussi bien chez le Rhinocéros que chez le Cheval (1).

sacrées, 7. Les sept vertèbres sacrées constituent un sacrum long, ovale, plat, ou du moins fort peu arqué, et assez large, se continuant d'une manière insensible avec le coccyx. Des vertèbres soudées au moins par

(1) Dans notre squelette presque adulte les trois dernières de ces vertèbres sont articulées ainsi par leurs apophyses transverses.

les apophyses transverses, et en partie par leur apophyse épineuse formant ainsi une crête élevée, les deux premières et une partie de la troisième sont seules articulées avec l'iléon.

Les douze vertèbres coccygiennes qui suivent sans aucune différence bien sensible, sont en général petites, mais larges dans leurs apophyses transverses, et décroissent assez rapidement, de manière à former une queue conique et pointue; mais du reste n'offrent rien de particulier que la faiblesse des apophyses épineuses et leur tendance à se joindre par les apophyses transverses élargies. Coccygiennes.

La série médiane inférieure commence par un hyoïde qui ressemble plus à celui du Rhinocéros qu'à celui du Cheval en ce que son corps est formé par une barre transverse, assez large, et sans trace d'apophyse antérieure. Cette barre assez excavée en dessus donne du reste, comme dans ces deux genres d'Ongulogrades, naissance en arrière, a deux bras aplatis formant les petites cornes et en avant, aux grandes cornes d'une seule pièce basilaire portant de longs styloïdes très-plats, et s'élargissant à mesure qu'ils se portent vers la tête; assez bien encore comme dans le Rhinocéros. Série médiane. Hyoïde. Corps. Cornes.

La série sternale n'est composée que de cinq ou six sternèbres formant un sternum très-court. En effet le manubrium à lui seul en fait presque la moitié. Il est en outre tout à fait remarquable, parce qu'il est très-mince, fort élevé, s'avançant en forme d'un large coutre de charrue sous le cou. Les seconde et troisième sternèbres, quoique beaucoup plus courtes, sont aussi comme carénées en dessous. La quatrième prend assez bien la forme ordinaire, quoique encore fort épaisse, surtout en avant : enfin la cinquième a la forme d'une large plaque ovale à laquelle se joignent les quatre dernières côtes vraies. Au delà ce n'est plus qu'une partie membraneuse pour le xiphoïde. Sternèbres, 5—6. Manubrium. Xiphoïde.

Les côtes qui sont au nombre de dix-huit, quelquefois de dix-neuf et même de vingt, dont huit ou neuf sternales et dix asternales, sont en général assez longues et assez grêles, surtout les dernières. La première la plus large est fortement dilatée à sa terminaison sternale qui Côtes, 18--19--20.

s'articule vers le milieu du manubrium. Les intermédiaires sont très-comprimées, surtout supérieurement, et assez canaliculées sur leurs bords.

Thorax. La cage thoracique est fort grande en hauteur et en longueur ; mais elle est assez comprimée, surtout en avant.

Membres Les membres du Tapir d'Amérique sont généralement courts et assez distants entre eux ; quoique ceux de chaque paire soient fort rapprochés.

antérieurs. Omoplate. Aux antérieurs, l'omoplate plus haute que l'humérus est en général arrondie, surtout à son bord antérieur, par suite de la grandeur de la fosse sur-épineuse bien plus large que la sous-épineuse. Son bord antérieur offre encore comme particularité que son extrémité inférieure se prolonge en pointe qui tend à joindre une saillie en sens contraire d'une apophyse coracoïde assez prononcée. Il n'y a au contraire aucune trace d'acromion ; la crête de forme triangulaire surbaissée ; les deux bords qui interceptent le sommet presque au milieu, descendant obliquement en se fondant avec le corps de l'os, aussi bien en haut qu'en bas, assez avant d'atteindre l'extrémité articulaire. La cavité glénoïde est du reste assez complétement circulaire, mais assez peu profonde.

Coracoïde. Acromion. Crête.

Humérus L'humérus court, presque droit, est assez robuste ; son extrémité supérieure étant fortement élargie et sub-trapézoïdale dans son plan terminal. A l'un de ses angles est la tête arrondie, assez saillante et recourbée à sa jonction au corps de l'os, elle se continue avec une petite tubérosité large, épaisse, plane et plus élevée qu'elle. La grosse occupant tout le côté externe du trapèze est encore plus haute et assez profondément divisée, par une échancrure ou sinus, en deux parties un peu inégales, arrondies, une pour chacun des deux angles du trapèze. Enfin l'empreinte deltoïdale est relevée en une apophyse bien marquée.

Supérieurement.

Inférieurement. A son extrémité inférieure assez peu élargie, même en dehors et fortement excavée en arrière, l'humérus du Tapir est terminé par une large surface articulaire en double poulie, dont la carène de partage est située au tiers interne.

L'avant-bras rappelle presque celui du Rhinocéros par la longueur proportionnelle de ses os et leur mode de connexion. Avant-bras.

Le radius, peut-être devenu un peu plus antérieur, plus soudé ou adapté au bord correspondant du cubitus, presque sans intervalle interosseux, a cependant en outre sa contre-poulie d'articulation supérieure plus marquée, aussi bien que les gouttières antérieures de sa tête inférieure, pour le passage des tendons des muscles extenseurs. Radius.

Le cubitus comparé à celui du Rhinocéros est également plus comprimé, moins triquètre, et son olécrane est plus court et moins recourbé en dedans. Cubitus.

Le carpe est également assez semblable à celui du Rhinocéros. Carpe.

Des quatre os de la première rangée, le pisiforme est cependant un peu plus allongé proportionellement. 1re rangée, 4.

Il y a également quatre os à la seconde; un trapèze très-petit articulé avec le trapézoïde(1) et le second métacarpien, ce qui n'a pas lieu chez le Rhinocéros; mais l'unciforme donne, comme chez celui-ci, articulation au métacarpien médian, ainsi qu'aux deux externes. Il est cependant proportionnellement plus petit que dans le Rhinocéros. 2e rangée, 4. Unciforme.

Les os du métacarpe sont dans le Tapir, au nombre de quatre, portant chacun un doigt complet. Le plus grand est le médian et le plus petit l'externe, qui n'existe que très-rudimentairement dans le Rhinocéros. Ces os ressemblent du reste beaucoup à leurs correspondants chez cet animal, surtout le médian par sa grande dépression; les autres le sont évidemment moins; les extrêmes étant aussi plus irréguliers. Métacarpe, 4.

Les os des doigts ou les phalanges ont aussi bien de la ressemblance avec celles du Rhinocéros; elles sont seulement un peu moins courtes et Phalanges.

(1) J'avoue ne pas comprendre ce passage de la description donnée par M. Cuvier, p. 155 : « Le carpe du Tapir est assez semblable à celui du Rhinocéros : surtout en ce qu'il a de même un seul petit os articulé avec le cunéiforme et l'unciforme, pour tenir lieu de trapèze et de pouce; mais cet os s'articule aussi avec le métacarpien de l'indicateur, ce qui n'a pas lieu dans le Rhinocéros. » Ces deux dernières observations sont exactes; mais comment un os qui est au côté interne du poignet, puisqu'il touche à l'indicateur, peut-il s'articuler avec le cunéiforme et l'unciforme qui sont au bord externe du carpe?

moins déprimées, surtout celles du doigt, de plus ou du cinquième, dont la phalange onguéale est singulièrement développée et coupée obliquement en dehors (1). C'est le contraire pour le doigt interne, tandis que pour le doigt médian elle est presque symétrique.

onguéales.

Membres postérieurs.

Aux membres postérieurs : le bassin est assez autrement conformé que celui du Rhinocéros, sans ressembler cependant à celui du Cheval, ni à celui du Cochon.

Iléon.

L'os des îles très-excavé en dehors est profondément lobé, comme biailé en avant, l'une des ailes fort mince s'appliquant sur les côtés du sacrum, et l'autre inférieure formant l'épine antérieure; son col, du reste, assez long et subtriquètre.

Pubis.

Le pubis est, au contraire de l'os iliaque, fort petit dans ses deux branches.

Iskion.

L'iskion le serait également sans le développement considérable de la tubérosité iskiatique s'élargissant et se prolongeant en arrière.

Bassin.

De la réunion de ces os il résulte une cavité cotyloïde sub-circulaire au plus médiocre; un trou sous-pubien de forme ovale assez grand, et enfin un bassin moins ouvert dans ses deux détroits que dans le Rhinocéros; mais plus que dans les Cochons.

La forme et les proportions des membres postérieurs rappellent parfaitement ceux du Rhinocéros, encore mieux que ceux de devant; d'autant plus qu'ils ont le même nombre de doigts.

Fémur.

Le fémur est droit, plus long qne l'humérus et même que le tibia.

Supérieurement.

Son grand trochanter est épais, triquètre, un peu plus élevé que la tête portée sur un col large et aplati. Le petit est bien prononcé, mais moins que le troisième, qui est large comme dans le Rhinocéros, un peu concave, arrondi à son extrémité inférieure, encore plus recourbée que dans cet animal.

(1) C'est évidemment par erreur typographique que dans la traduction française du *Traité d'anatomie comparée* de Meckel, t. II, seconde partie, p. 111, on trouve que la phalange onguéale du premier doigt est tronquée à son côté externe, et celle du troisième et du quatrième, à leur côté interne.

L'extrémité inférieure du fémur est encore mieux comme chez le Rhinocéros; mais la poulie rotulienne est moins étroite, moins remontée, avec ses deux bords bien moins inégaux dans leur saillie. Inférieurement.

Les deux os de la jambe également courts, bien séparés, sont presque droits. Le tibia triquètre dans son corps, est fortement élargi à ses deux extrémités, sans saillie ou crête supérieure, ni malléole interne, bien prononcées. Tibia.

Le péroné un peu plus arqué que dans le Rhinocéros, laisse dès lors un espace interosseux plus large. Il descend aussi un peu plus bas à son extrémité inférieure moins comprimée, de manière que la malléole externe, qu'elle forme, est sensiblement plus prononcée. Il en est de même des échancrures de la cavité articulaire formée par les deux os, elles sont évidemment plus aiguës. Péroné. Cavité articulaire.

Le pied de derrière du Tapir étant formé du même nombre de doigts que celui du Rhinocéros, doit encore lui ressembler davantage que celui de devant; c'est en effet absolument le même nombre d'os; un pouce représenté par un premier cunéiforme (1) passé tout à fait en arrière du tarse, et portant un rudiment de premier métatarsien libre et non soudé (2), en même temps qu'il offre une facette d'articulation au second métatarsien; puis trois doigts absolument comme dans le Rhinocéros, avec la seule différence de taille, d'un peu plus de longueur, et d'un peu moins de dépression pour les phalanges : les terminales surtout étant bien moins transverses, plus chevalines, du moins celle du milieu. Pied. Pouce. Doigts. Phalanges.

L'apophyse calcanéenne du Tapir est aussi plus longue, plus étroite dans son corps, et moins épaisse à sa terminaison que dans le Rhinocéros : l'astragale s'articule par son angle externe avec le cuboïde, et ce- Calcanéum. Astragale.

(1) C'est à tort que M. de Hauch dit, p. 196, que le Tapir, comme le Rhinocéros, n'a que deux cunéiformes.

(2) A moins qu'à la suite de l'âge, avec une saillie plantaire de la tête du métatarsien externe.

lui-ci, élargi inférieurement en tête de clou, ne donne articulation qu'à un seul métatarsien, celui de l'annulaire, le plus externe.

Ainsi dans cet animal il y aurait moins de petit doigt que de pouce, ce qui semble contre la règle générale (1), qui montre la dégradation digitale commençant par le pouce, suivant par le petit doigt, l'indicateur, l'annulaire; le médian restant seul, au moins en apparence.

DES OS SÉSAMOÏDES.

Sésamoïdes. Les squelettes de Tapir d'Amérique, et même ceux du T. de l'Inde que j'ai sous les yeux, ayant été trop souvent faits sans connaissances ou sans soins suffisants, ne m'ont montré aucun sésamoïde conservé, et j'ai eu le malheur de n'avoir pas eu à ma disposition entière celui du seul Tapir d'Amérique mort à la ménagerie depuis mon entrée dans la chaire que j'occupe. Je ne puis donc parler que de la rotule, dont la ressemblance avec celle du Rhinocéros doit porter à croire qu'il y a la même similitude pour les autres os des tendons.

Rotule. La rotule du Tapir d'Amérique est en effet un os fort épais, de forme ovale, un peu irrégulière, terminée inférieurement par une sorte de bifurcation sur le plan, la partie antérieure formant un peu le crochet recourbé en dedans, et dont les deux facettes articulaires sont seulement un peu moins inégales que dans le Rhinocéros; ce qui est indiqué par la position moins externe d'une pointe mousse du bord supérieur.

Différences. En généra'. Les différences que le squelette des animaux de ce genre peut offrir, tiennent comme à l'ordinaire à l'âge, au sexe et à l'espèce, et dans certaines limites à l'individu; mais elles n'ont été étudiées jusqu'ici que d'une manière très-incomplète, à défaut d'éléments suffisants, et nous ne

(1) J'avoue que je ne conçois pas trop ce que dit M. G. Cuvier, page 156, qu'il n'y a aucun vestige de pouce, et que le petit doigt est représenté par un os allongé, crochu au bout, articulé au scaphoïde, au petit cunéiforme et au métatarsien externe. A moins que le pied droit n'ait été mis à la place de gauche; ce que n'indique nullement la figure du squelette du Tapir de l'Inde, où le pouce est à sa véritable place, en dedans du tarse.

pouvons nous-même remplir complétement cette lacune par la même raison. Nos collections ostéologiques, malgré leurs richesses, peut-être plus apparentes que réelles, n'ayant pas même encore de squelette adulte du Tapir d'Amérique, et ceux que nous possédons étant la plupart sans désignation de sexes. Dès lors on voit comment les tableaux comparatifs de dimensions des os donnés par M. G. Cuvier, sont sans conséquences importantes, et par conséquent sans utilité (1). En particulier.

Le squelette de Tapir femelle laissé par Buffon, et qui a servi aux travaux de M. G. Cuvier, était fort jeune épiphysé. Déterminées par l'âge.

Celui qu'il a pu étudier depuis, et dont le sexe n'est pas indiqué, rapporté du Brésil par Delalande, en 1826, n'était pas non plus complétement adulte.

Des parties d'un troisième qui est mort à la ménagerie il y a quelques années, ne provenaient pas même encore d'un individu complétement adulte, puisqu'il n'avait pas encore sa dernière molaire.

Toutefois la comparaison des os de ces squelettes suffit pour démontrer ce qu'on sait pour tous les animaux vertébrés, que, dans le jeune âge, les os longs sont proportionnellement plus courts dans leur corps, et plus gros à leurs extrémités; que les apophyses et les crêtes d'insertion sont moins saillantes, moins accentuées. sur les os longs.

La tête, pour laquelle nous sommes bien mieux pourvus, montre aussi les différences ordinaires, plus de renflement dans les parties vertébrales et de plus de brièveté dans les parties appendiculaires; mais en outre dans l'ordre de la soudure des pièces entre elles, il semble que ce soient les os pariétaux qui commencent au crâne et les os prémaxillaires entre eux, pour les appendices, cette particularité étant comme dans le Cheval; et qu'au contraire les ptérygoïdiens internes restent fort longtemps sans se souder. sur le Crâne. la Face.

Nous connaissons encore moins les différences que le sexe apporte au le Sexe.

(1) En effet, si ce n'est pour la tête, sont mis en parallèle, un squelette de jeune femelle du Tapir d'Amérique, ayant à peine perdu ses dents molaires de lait, et celui d'un Tapir de l'Inde très-adulte, et très-probablement mâle.

squelette du Tapir d'Amérique, aucune des têtes osseuses adultes ne portant d'indication sous ce rapport.

mâle. On peut cependant assurer par analogie que pour le mâle, tout ce qui tient à l'ouverture nasale, et par suite à la trompe plus forte chez lui que dans la femelle, doit être plus étendu et plus prononcé. En effet nous savons par les observations de Bajon que les Tapirs mâles sont constamment plus grands et plus forts que les femelles ; ce que doivent ainsi montrer toutes les autres parties du squelette ; et surtout les apophyses et tubérosités.

l'Espèce. Les différences déterminées par l'espèce doivent sans doute être encore plus faciles à apprécier que celles provenant de l'âge et du sexe ; mais malheureusement nous n'avons peut-être pas encore assez d'éléments pour arriver à une démonstration pleinement satisfaisante, puisque dans la comparaison nous ne pouvons pas mettre en présence des squelettes également adultes, sinon absolument de même âge et de même sexe.

T. PINCHAQUE. Commençons d'abord par les deux Tapirs d'Amérique, l'espèce ordinaire et commune dans presque toute l'Amérique méridionale jusqu'à l'extrémité sud de la Patagonie, et l'espèce observée dans la Colombie, par M. le docteur Roulin, et dont nous ne possédons que deux têtes osseuses, l'une d'adulte et l'autre de jeune âge.

extérieures. M. Roulin a caractérisé son Tapir *Pinchaque* par la forme de sa trompe qui n'est pas ridée, et surtout par l'abondance, la longueur de son poil, et par une taille moins forte, ce qui est peut-être en rapport avec son habitation constante dans les parties les plus élevées des Cordilières ; voyons si les différences ostéologiques du crâne, seule

ostéologiques. pièce que nous connaissons de son squelette, vont confirmer cette distinction.

sur la Tête en général. Ce qui me semble évident, c'est que la tête est en général plus petite et plus allongée, que la ligne du chanfrein est encore plus droite, plus unie, même que dans le Tapir indien, par absence totale de crête et par une plus grande élévation des os du nez, au niveau du front.

Ces os ont aussi une forme plus allongée, plus pointue dans leur lobe interne, au contraire de l'externe moins dilaté; la fosse occipitale est dès lors moins élevée, plus large ou en fer à cheval peu serré, et l'inter-pariétal en coin, au lieu d'être transverse; du reste je trouve assez peu de différence avec le Tapir ordinaire d'Amérique; si ce n'est que les ouvertures nasales sont moins hautes; les apophyses ptérygoïdes internes encore plus petites; les trous incisifs moins longs, moins étroits, et la série alvéolaire d'implantation des molaires plus courte; enfin la mandibule dans sa partie terminale est peut-être un peu plus semblable à celle du Rhinocéros.

les Os du Nez.

Inter-pariétal.

Mandibule.

Comme nous possédons trois squelettes du Tapir des Indes, nous pourrons pousser la comparaison plus loin que la tête.

M. G. Cuvier qui les avait sous les yeux, a donné comme différences spécifiques de ce Tapir :

T. DES INDES.

Une plus grande élévation du front et des os du nez en avant, et au contraire en arrière un abaissement proportionnel de la crête occipitale, ne formant plus une pyramide comme dans le Tapir d'Amérique ordinaire;

Suivant M. G. Cuvier.

La face occipitale moins haute et beaucoup plus large à proportion, et se continuant dans la bande sagittale, toujours bien moins étroite;

Le triangle frontal plus large et plus bombé, ainsi que celui formé par le dos des os du nez;

Des os prémaxillaires plus relevés;

Une ouverture nasale plus grande;

Enfin la barre maxillaire moins étendue.

Quant aux particularités différentielles qu'il signale dans le reste du squelette, il convient lui-même, que sans celles de la tête, on ne serait pas autorisé à les considérer comme spécifiques.

En examinant les choses avec toutes les précautions convenables, voici ce que j'ai vu :

Suivant Moi.

La ligne du chanfrein est certainement plus rectiligne par le soulèvement du front et des os du nez qui le continuent, et surtout par absence

Dans le Chanfrein et la Crête sagittale.

de la crête sagittale, qui dans certains individus de Tapir Américain, se soulève d'avant en arrière en s'arrondissant en crête de coq fort épaisse. En effet, quoique un peu variable dans son développement, suivant l'âge et probablement le sexe, la crête sagittale est toujours bien plus pincée, plus élevée dans le Tapir d'Amérique que dans celui de l'Inde.

Fosse occipitale.

Et comme en outre la tête en général est moins comprimée, moins étroite dans toute sa longueur, il en est résulté que la fosse occipitale est plus large, plus tronquée supérieurement, et que le triangle frontal est aussi plus étendu, plus bombé, ainsi que celui formé par les os du nez.

Ouverture nasale.

On peut aussi attribuer à la même cause, que l'ouverture nasale est plus grande et que les os incisifs sont plus brusquement arrondis et comme recourbés à leur terminaison; à moins que cela ne dépende du sexe mâle; car les deux crânes observés en proviennent très-probablement, ce qui a peut-être aussi déterminé une arcade zygomatique, plus droite, plus oblique et moins excavée en arrière de l'orbite.

Mais deux particularités qui me semblent encore plus distinctives; ce sont :

Os du Nez.

D'abord une sorte de sillon transverse et profond qui, dans le Tapir de l'Inde, sépare les deux parties de chaque os du nez, et qui n'est remplacé dans celui d'Amérique que par une échancrure du bord externe.

Os ptérygoïdiens.

Ensuite la forme des os ptérygoïdiens qui dans celui-là forment, par leur réunion dans la ligne médiane, une sorte de petite voûte pharyngienne, tandis que dans celui-ci, aussi bien que dans le Pinchaque, ils sont bien plus petits, et se terminent à la racine des apophyses ptérygoïdes internes comme dans tous les Mammifères examinés jusqu'ici.

Os frontaux.

On peut encore ajouter que les os frontaux ont leur pointe médiane plus longue et plus étroite, et que l'excavation semi-lunaire de la branche sus-orbitaire du frontal, remonte beaucoup plus haut, ou bien est plus profonde sur le front; et enfin que la mandibule a moins de hauteur dans son apophyse coronoïde, et au contraire plus de largeur et de dilatation dans l'apophyse angulaire.

Mandibule.

Dans le reste du squelette je ne vois pas que les différences soient faciles à saisir et encore moins à exprimer. Squelette.

Dans le nombre des vertèbres troncales je remarque une variation assez analogue avec celle que nous avons vue dans le T. d'Amérique. En effet, sur l'un de nos squelettes je n'en trouve que vingt-deux, dont dix-sept costales et cinq lombaires, dans le second il y en a vingt-trois, dix-neuf costales et quatre lombaires, et enfin dans le troisième, le plus grand et le plus complet, j'en compte vingt-quatre, dix-huit costales et six lombaires, et dans ce cas les trois dernières de celles-ci sont articulées par les apophyses transverses. Vertèbres troncales. Pour le nombre.

Quant à la forme de chaque vertèbre en particulier, et de ses apophyses, je ne trouve véritablement aucune différence exprimable; même dans celles qui sont le plus caractéristiques, comme l'atlas, la sixième cervicale et la première lombaire. la forme.

D'après cela, il n'y a rien d'étonnant qu'il m'ait été impossible d'apercevoir dans le reste du squelette quelques parties différentielles qui puissent être regardées comme véritablement spécifiques. Les Os des Membres.

En effet toutes celles qu'a signalées M. G. Cuvier, l'omoplate plus large, l'échancrure de son bord antérieur plus petite et plus ronde; le crochet antérieur de la grosse tubérosité de la tête de l'humérus plus saillant; l'unciforme du carpe plus étroit; la dernière phalange des doigts médians en avant comme en arrière plus large et plus arrondie; le grand trochanter plus large, le col de l'astragale plus court, sur le Tapir de l'Inde que sur celui d'Amérique, ne tiennent évidemment qu'à ce que M. Cuvier comparait les os du squelette d'un animal bien adulte et très-probablement de sexe mâle, avec celui d'un Tapir jeune, et certainement femelle, sans se rappeler en outre l'observation fort juste de Daubenton, qu'avec plus de grandeur les proportions de longueur et de largeur ne sont plus les mêmes, celle-ci augmentant plus que celle-là. Suivant M. Cuvier. Suivant Moi.

Au reste nous avons rappelé plus haut que M. Cuvier lui-même convient que ces différences ne pourraient être considérées comme spécifiques.

CHAPITRE DEUXIÈME.

ODONTOGRAPHIE.

Comme il est arrivé fort rarement que les observations des naturalistes aient porté sur des animaux sauvages tués à l'état adulte et que ç'a été le plus souvent sur des individus élevés et morts dans nos ménageries, il n'y a rien d'étonnant que le système dentaire du Tapir d'Amérique ait été longtemps dans une espèce d'oscillation, aussi bien pour le nombre total que pour celui de chaque sorte de dent.

Bajon. Ainsi Bajon, qui le premier en a parlé avec quelques détails dans un mémoire envoyé à l'Académie des sciences en 1774, dit, comme l'avait
Margrave. fait longtemps avant lui Margrave, que le nombre ordinaire des dents du Tapir est de quarante. En ajoutant qu'il y en a quelquefois plus et quelquefois moins, il approchait beaucoup de la vérité (42), surtout en faisant porter la variation sur le nombre des incisives, dont l'externe d'en bas tombe quelquefois d'assez bonne heure, et qu'il a distinguées du reste dans leur forme canine qu'il compare à celle du Sanglier.

Allamand. Allamand n'avait fait que présumer, à cause de la difficulté de l'observation sur de jeunes animaux vivants, que les incisives étaient au nombre de huit, bien rangées, en haut comme en bas, ce qui n'était vrai qu'en y comprenant les véritables canines, petites et fort rappro-
Buffon. chées des incisives dans cet animal. Mais Buffon, en assurant contradictoirement qu'il avait pu les observer (1), et qu'elles sont au nombre de dix aux deux mâchoires, commit évidemment une erreur, et même assez difficile à expliquer, à moins que dix ne soit par erreur typographique au lieu de six; car le squelette de l'individu observé par Buffon,

(1) C'est par inadvertance que M. G. Cuvier dit, 2e édit., t. II, p. 145-146, que « Buffon qui fit disséquer un Tapir sous ses yeux par Mertrud, négligea d'indiquer le nombre des dents, dans ce qu'il écrivit dans ses Suppléments; » et parce qu'il n'avait pas lu la note de la p. 20, t. VI des Suppléments.

actuellement sous nos yeux, et celui qu'ont également observé MM. Geoffroy et Cuvier, ne pouvaient laisser aucun doute à ce sujet.

E. Geoffroy.

D'Azzara.

Quoi qu'il en soit, cette erreur, si facile à vérifier sur le squelette même laissé par Buffon, ne le fut qu'en 1794 par M. E. Geoffroy, ce qui avait été déjà fait, mais non publié, par d'Azzara, dans son Histoire des quadrupèdes du Paraguay, avec une nouvelle erreur cependant, puisque, s'en rapportant trop rigoureusement à la forme, il attribua au Tapir quatre incisives, deux canines et six molaires à chaque mâchoire. L'observation de M. E. Geoffroy était plus exacte, et depuis lors, il ne pouvait plus y avoir de variations, ni pour le nombre ni pour la forme, encore plus facile à apprécier dans ce genre que dans tout autre.

Leur nombre positif.

Dans un individu bien adulte, le nombre total des dents est de quarante-deux : six paires d'incisives, deux paires de canines, sept paires de molaires en haut et six seulement en bas, c'est-à-dire :

$$\frac{3}{3}+\frac{1}{1}+\frac{7}{6},$$

Description. En général.

Ces dents, en général fort serrées entre elles, et s'engrenant comme de coutume, ne forment cependant pas une série continue, parce qu'en haut, entre les incisives et la canine, il y a un espace, assez petit, il est vrai, pour loger la canine inférieure, mais surtout parce qu'aux deux mâchoires il y a une véritable barre entre la canine et la première molaire.

En particulier.

Supérieurement.

Incisives, 3.

A la mâchoire supérieure, les incisives au nombre de trois paires sont terminales, disposées en demi-cercle, implantées verticalement et en général assez fortes, la première plus que la seconde, mais moins que la troisième, quelquefois considérée comme une canine et en effet un peu plus forte que la véritable.

1re et 2e.

La première et la seconde, de même forme à peu près, ont la couronne assez courte, mais fort épaisse, subtriangulaire et tranchante sur les bords (1); leur racine est encore plus considérable.

3e.

La troisième beaucoup plus forte, caniniforme, implantée tout à fait

(1) M. Cuvier, *loc. cit.*, p. 149, dit comme celles de l'homme, à tort, ce me semble.

verticalement par une racine un peu courbe, est presque triquètre au collet; mais la couronne se termine par un bord tranchant, en coin fort épais.

Canine. La canine qui suit après un petit intervalle où se loge celle d'en bas, mérite à peine ce nom et est en effet moindre sous tous les rapports que l'incisive externe, et de plus son implantation est, à sa sortie, dans la suture maxillo-incisive. Sa forme est du reste un peu en crochet triangulaire, aplati en dedans, convexe en dehors et tranchant sur les bords.

Molaires, 7. Les molaires, dont la série très-serrée commence après une barre considérable, sont au nombre de sept, ainsi qu'il a été dit plus haut.

1re. La première diffère notablement des autres, en ce qu'elle est triquètre au collet; le grand côté subtrilobé en dehors, le plus petit en arrière, terminé en dedans par un tubercule mamelonné.

2e. La seconde tient encore un peu de la précédente par son bord externe; mais en dedans la couronne est réellement formée par deux collines transverses, légèrement concaves en arrière, dont l'antérieure est cependant un peu oblique.

3e, 4e, 5e, 6e Les troisième, quatrième, cinquième et même sixième qui suivent se ressemblent assez pour pouvoir être confondues, étant de forme carrée, un peu parallélogrammique en travers cependant, le bord externe à deux pointes desquelles partent des collines transverses subégales, légèrement excavées en arrière, l'antérieure un peu plus forte. Elles offrent de plus à chaque extrémité une sorte de bourrelet ou de talon un peu moins large en arrière qu'en avant, où il produit une denticule assez marquée au bord externe avant la colline antérieure.

7e. Enfin la septième ou dernière, un tant soit peu plus forte que les précédentes, n'en diffère guère que parce que son talon postérieur est un peu plus marqué, ainsi que par la disproportion un peu plus grande des collines, plus excavées en arrière.

Inférieurement. A la mâchoire inférieure, les dents ressemblent beaucoup à celles de la supérieure.

Les incisives tout à fait terminales comme en haut et fort serrées, différent cependant par les proportions. En effet, leur décroissance marche en sens inverse de la première à la troisième, souvent même assez petite pour disparaître par suite du développement des canines et de la pression des incisives supérieures caniniformes, et leur forme a du reste bien des rapports avec celles d'en haut, avec la différence qu'elles sont un peu plus en palette. Incisives, 3.

Les canines inférieures sont bien plus fortes que celles d'en haut, dont elles ont cependant un peu la forme triangulaire comprimée, un peu en crochet, fortement portées en avant. Mais ce qu'elles ont de plus remarquable, c'est qu'elles s'usent assez profondément en avant par suite de leur frottement contre le bord postérieur de la troisième incisive d'en haut, assez bien comme dans les Rhinocéros. Canines. Mode d'usure.

Après une barre tranchante, un peu plus longue peut-être qu'en haut, viennent les six molaires en ligne droite, serrées et faiblement divergentes d'avant en arrière. Barre. Molaires.

La première, analogue de la seconde des Rhinocéros et de la première du cheval, est la seule qui ne soit pas formée de deux collines transverses. Elle est en effet triangulaire au collet et formée à la couronne de trois parties, une simple et tuberculeuse en avant, et chacune des deux autres de deux tubercules formant collines; aussi n'a-t-elle que trois racines, les deux postérieures connées. 1re. Sa forme. Ses Racines.

La seconde prend positivement la forme à deux collines, mais dont la première est la plus étroite. 2e.

Les quatre suivantes, plus régulièrement carrées et même un tant soit peu plus larges qu'épaisses, ont les deux collines de la couronne plus concaves en avant, et plus égales, sauf pour la dernière où la postérieure est un peu plus petite que l'antérieure, mais également sans talon. 3e, 4e, 5e, 6e.

Les racines des dents du Tapir sont en général assez fortes; celles des incisives et des canines moins peut-être, proportionnellement du moins, que celles des molaires. Racines. Des Incisives et Canines.

Des Molaires : supérieures. Celles-ci, sauf la première, ont en haut quatre racines, une à chaque angle de la couronne et s'écartant assez pour ne pouvoir être arrachées sans briser la mâchoire. La première n'en a que trois.

inférieures. En bas, les quatre racines se réunissent deux à deux et forment ainsi deux lames transverses, si ce n'est également la première, qui n'a qu'une racine en avant et une lame en arrière.

Alvéoles : supérieures. inférieures. Les alvéoles sont nécessairement la traduction de la disposition des racines : en haut, deux séries de douze trous avec un treizième en avant, en bas onze trous de serrure en travers avec un simple et rond en avant.

Des Différences suivant Les différences que le système dentaire des Tapirs offre suivant l'âge, le sexe et l'espèce, sont souvent fort difficiles à apprécier, surtout sous ce dernier rapport.

l'Age. Sous le premier, c'est-à-dire sous celui qui est déterminé par l'âge, il n'en est pas de même, et nous avons pu en suivre les effets dans presque tous ses degrés.

1er degré. Dans le premier âge, qui est sans doute l'état de fœtus, on trouve,

En haut. Supérieurement :

Incisives, 3. Trois paires d'incisives comme dans l'adulte; les deux premières en palettes courtes et tranchantes, l'interne un peu plus grande que l'externe, et la troisième en crochet ou sub-caniniforme, plus courte.

Canine. La canine n'a pas encore percé la gencive; elle est encore entièrement dans son alvéole.

Molaires, 3. Il y a trois molaires bien complètes, ayant les proportions et la forme de celles d'adulte : seulement plus petites et plus carrées, ou moins transverses, et par conséquent les collines plus courtes et plus arquées à leur tranchant.

A cet âge on commence à voir l'ouverture des alvéoles, celle de la quatrième de lait et un peu celle de la première persistante.

En bas. Inférieurement :

Incisives, 3. Il y a de même trois paires d'incisives: la première et la seconde en palette courte, larges et tranchantes, celle-là plus que celle-ci ; la troisième bien plus petite en coin.

Une canine couchée obliquement et à peine sortie par le tranchant externe; Canine.

Mais seulement deux molaires, au lieu de trois qui existent en haut, Molaires, 2. et également bien complètes et presque semblables à leurs analogues chez l'adulte, avec les mêmes légères différences, mais en général la première plus forte que celle qui la remplacera.

On voit également en arrière deux alvéoles entr'ouvertes, montrant la troisième de lait et un peu la première d'adulte. IIe degré.

A un âge plus avancé, que j'ai pu observer sur une jeune tête de T. Pinchaque de la Colombie, on trouve un second degré de développement du système dentaire.

Supérieurement : En haut.

Les deux premières paires d'incisives sont déjà usées à leur tranchant Incisives, 3. et la troisième ne l'est pas encore, de manière qu'elle est la plus large.

La canine de lait est sortie, mais fort courte à la couronne. L'on voit, Canine. en dedans de ces huit dents, huit pores alvéolaires par où sortiront les huit dents de remplacement.

Les molaires sont au nombre de quatre; les trois premières du de- Molaires, 5. gré précédent encore peu ou point usées, et la quatrième de lait parfaitement sortie et à peine plus grosse que la précédente.

Inférieurement : En bas.

Les choses sont absolument au même point pour les incisives et les ca- Incisives. Canines. nines de lait, ainsi que pour les pores de sortie des dents de remplacement.

C'est ce que l'on peut dire également des molaires : ainsi la troisième Molaires, 3. est au rang des deux premières de lait, avec ouverture alvéolaire pour les deux persistantes qui suivront.

Je trouve un degré plus avancé sur la tête du squelette laissé par IIIe degré. Buffon, le seul qu'ait connu d'abord M. G. Cuvier du *T. Americanus*.

En haut. Supérieurement :

Les incisives et les canines ont été perdues; mais elles étaient sans doute de remplacement, à en juger par les alvéoles seules.

Molaires. 1re, 2e, 3e. Les molaires de lait sont usées jusqu'au collet et la première est même déjà tombée des deux côtés; l'alvéole assez peu profonde et patulée, étant sans doute celle du germe de la première de remplacement : en effet, au-dessus des deux postérieures poussent les deuxième et troisième de remplacement.

4e. La quatrième est également fort usée à la couronne; mais ses racines sont cariées, par suite de la dent de remplacement placée au-dessus.

5e. La suivante ou cinquième commence à montrer ses collines déjà assez fortement entamées.

6e et 7e. Enfin les sixième et septième se laissent voir, surtout celle-là, dans leurs alvéoles.

En bas. Inférieurement :

Incisives et Canines de remplacement. Les incisives et les canines manquent comme en haut; mais elles étaient certainement de remplacement.

Les deux premières molaires de lait qui n'existent qu'à droite, sont usées fortement en dehors jusqu'au collet.

La troisième est également assez usée, mais notablement moins que les précédentes, et a, comme elles, sa dent de remplacement prête à sortir.

1res persistantes. La quatrième ou première persistante, commence même à être un peu usée sur les collines.

Enfin, les alvéoles des cinquième et sixième sont assez ouvertes pour laisser voir les germes.

Ainsi, comme M. Cuvier l'a très-bien vu, il y a dans cet animal quatre dents molaires de lait en haut et trois en bas.

IVe degré. En haut. Un quatrième degré est celui qu'offre une assez belle tête donnée à la collection par M. Bajot, médecin à Cayenne, sans désignation de sexe.

Incisives et Canines de remplacement. Les incisives, les canines et molaires de jeune âge sont complétement remplacées. Mais les trois premières molaires de remplacement d'en haut ne sont pas encore entamées; c'est la quatrième de lait qui l'est le plus, quoique notablement moins que dans l'exemple précédent. Elle offre même la singularité d'être évidemment plus petite que la troisième de remplacement; ce qu'on peut également dire de la cinquième ou suivante. Mais la sixième, qui vient à peine de sortir, redevient assez subitement plus forte. Quant à la septième, elle est complétement dans son alvéole. 3 Molaires de même. 4e de lait. 5e persistante.

Inferieurement, c'est absolument comme supérieurement, avec la seule différence que ce sont les troisième et quatrième qui sont les plus usées et les plus petites, celle-là étant encore molaire de lait. En bas. De même qu'en haut.

Je trouve ce même degré sur la tête du Tapir femelle qu'a figurée M. Fréd. Cuvier, dans ses Mammifères lithographiés, et qui est mort en 1828; avec cette seule différence que les trois premières molaires de remplacement d'en haut et les deux d'en bas sont proportionnellement plus petites, et la suivante plus grosse et plus usée, surtout en bas, que celle qui vient après. Le même, sur une autre Tête.

Vient ensuite l'état normal adulte que nous avons pu décrire d'après le système dentaire de la belle tête osseuse rapportée du Brésil par M. d'Orbigny, et sur laquelle les dernières molaires, quoique bien en ligne, ne sont pas encore usées. Ve degré. État normal.

Enfin, par suite de l'âge avancé et sans doute aussi de la nature particulière de la nourriture, arrive le degré dans lequel toutes les dents et surtout les molaires sont usées jusqu'au collet, les collines ayant complétement disparu. VIe degré. Très-usé.

C'est ce dont nous avons pu observer un exemple sur le crâne de Tapir Pinchaque donné à la collection par M. Roulin; sans que cependant aucune dent soit encore tombée, même l'externe des incisives d'en bas.

Dans cet état, la ressemblance des dents de la mandibule chez le Tapir et le Rhinocéros est véritablement frappante.

Si l'âge a une si grande influence sur le système dentaire du Tapir, il n'en est pas ainsi du sexe, ni peut-être même de l'espèce.

Pour le sexe on ne peut guère admettre qu'un développement plus grand des fausses et des vraies canines, et surtout des inférieures; peut- Le Sexe.

être aussi plus de grosseur de chaque molaire, et par suite une plus grande étendue de la ligne dentaire, ce qui serait en rapport avec une plus grande taille.

L'Espèce, entre le T. de l'Inde et le T. d'Amérique.

Pour les espèces on pouvait s'attendre à ce que les différences seraient plus ou moins tranchées, et cependant il n'en est rien. M. G. Cuvier lui-même, cherchant à donner les différences ostéologiques qui distinguent le Tapir de l'Inde de celui d'Amérique, est obligé d'avouer qu'il n'en a pu trouver, sauf de grandeur pour les dents molaires, entre ces deux espèces.

Malgré le plus grand nombre de matériaux que j'ai eus à ma disposition, malgré peut-être une méthode plus sévère suivie par moi dans ces sortes d'investigations, je suis également forcé d'avouer, qu'en cherchant même dans la direction de la dégradation vers les Rhinocéros ou les Paléothériums, je n'ai encore pu rien trouver qui me satisfasse pour différencier spécifiquement les Tapirs de l'Inde et d'Amérique par le système dentaire, la taille n'ayant pour moi aucune valeur.

Entre les deux d'Amérique.

Quant à la distinction des deux Tapirs d'Amérique, c'est-à-dire du Tapir de plaine et du Tapir de montagne, quoique les éléments de comparaison ne soient peut-être pas absolument suffisants, nous avons remarqué une différence assez notable dans la longueur de la série molaire.

CHAPITRE TROISIÈME.

PALÉONTOLOGIE.

DES TRACES LAISSÉES PAR LES TAPIRS A LA SURFACE DE LA TERRE.

Chez les Anciens.

Nous avons déjà eu l'occasion de faire observer que dans l'état actuel de nos connaissances sur les Tapirs encore existants à la surface de la terre, on n'en admettait tout au plus que trois espèces plus ou moins distinctes, deux en Sud-Amérique, l'une des parties élevées de la Colombie, l'autre des parties plus méridionales jusqu'à l'extrémité de la Patagonie; et enfin une troisième de l'ancien continent et qui n'a encore été rencontrée que dans l'île de Sumatra et la presqu'île de Malacca. Il n'y a donc rien d'étonnant qu'il ne soit fait mention de ces animaux dans aucun des ouvrages, de quelque nature que ce soit, laissés par les anciens. Il n'est plus permis en effet aujourd'hui de supposer que, parce qu'Aristote a mal décrit l'Hippopotame (H. A., Liv. II, ch. 6), qu'il paraît n'avoir jamais vu, l'animal dont il parle sous le nom de *Potamios Ippos* pourrait être le Tapir, comme l'a dit Hermann.

Chez les Chinois.

On peut cependant rapporter probablement au Tapir des Indes quelques passages des Encyclopédies chinoises et japonaises, où il semble même que cet animal ait été grossièrement représenté.

Chez les Modernes.

Quant aux Tapirs d'Amérique, il n'en est et il n'a pu en être question pour la première fois que dans les relations de la première découverte du nouveau monde, ce qui ne peut remonter au delà de la fin du quinzième siècle, ou mieux du commencement du seizième.

A Palenque, au Mexique.

J'ignore si, dans les monuments anciens de Palenque ou dans les grossières peintures mexicaines, la figure de cet animal a été trouvée; mais c'est fort peu probable.

A l'état fossile.

Nous passons donc de suite à l'examen des traces que les Tapirs ont laissées dans le sein de la terre.

On a cru pendant assez longtemps, et presque jusque aujourd'hui, que plusieurs espèces de ce genre avaient vécu anciennement en Europe; ce qu'on avait été porté à penser d'après un certain nombre d'ossements fossiles qu'on leur attribuait.

Mentionné d'abord par M. G. Cuvier, en 1801.

La première mention qui soit faite de Tapirs fossiles se trouve consignée dans l'extrait d'un ouvrage sur les ossements fossiles des quadrupèdes, que M. G. Cuvier publia en 1801, après l'avoir communiqué à la première classe de l'Institut; car il n'en avait pas été question dans l'extrait d'un Mémoire sur le même sujet lu à la Société d'histoire naturelle et publié dans le Bulletin des sciences par la Société philomatique en 1798. On y trouve cependant déjà mentionnée, sous le n° 26, la molaire à deux éminences transverses de la collection de M. Gilet de Laumon et dont la collection du Muséum possédait un germe; mais regardée

Non reconnu en 1798.

alors comme ayant quelque analogie avec la dernière d'en bas du Rhinocéros, et nullement encore rapportée à un Tapir gigantesque

1re espèce. T. gigantesque. Cela n'eut lieu en effet que dans l'extrait d'un ouvrage que nous venons de citer, où on le trouve, sous le n° 3 des espèces que M. Cuvier a reconnues le premier, comme d'un Tapir, qu'il nomme gigantesque, à cause de sa grandeur qui égale celle de l'Éléphant, mais dont les formes ne différaient pas de celles du Tapir ordinaire.

2e espèce. Outre cette grande espèce, M. Cuvier en mentionnait encore une autre sous le numéro précédent de son extrait, et qui, de la même grandeur que le Tapir vivant, qui est, comme on sait, ajoute-t-il, de l'Amérique méridionale, n'en diffère que par la forme de ses dernières (1) molaires.

Opinion soutenue Ces assertions qui ne reposaient que sur la considération de quelques dents et tout au plus sur quelques fragments de mandibule dont il était question pour la première fois, avaient cependant déjà été soutenues par son auteur, d'abord dans un article sur les Tapirs fossiles de France, publié avec figures dans le Bulletin des sciences par la Société philomathique dont

en 1800, en 1804, il était l'un des rédacteurs en 1800 (an VIII, n° 34), et le fut depuis en 1804 dans un mémoire *ad hoc*, faisant partie du tome III des Annales du Muséum, sous ce titre un peu moins assuré : Sur quelques dents et ossements trouvés en France et qui paraissent avoir appartenu à des animaux du genre Tapir. Malgré cela, M. Cuvier n'en concluait pas moins,

d'après un principe pour l'une, au sujet de la petite espèce établie sur une mâchoire inférieure, que, « s'il est permis de juger d'un animal par un seul de ses os, comme je le crois, nous pouvons donc croire que ces fossiles de la montagne Noire viennent d'une espèce voisine du Tapir, mais qui n'était pas précisément la même. »

Quant au Tapir gigantesque pour l'établissement duquel il avait pu observer, outre des dents séparées, une mandibule presque entière, quoiqu'il fît la juste observation, en contradiction cependant avec ce qu'il

(1) Par erreur typographique, comme M. G. Cuvier l'a reconnu depuis, au lieu de *premières*.

venait de dire pour la petite espèce, que pour être en état de prononcer définitivement, s'il est ou non du genre Tapir, il faudrait avoir au moins ses incisives et ses canines, parce que les Lamantins et les Kangurous ont aussi des molaires à deux collines transverses, M. Cuvier n'en a pas moins continué à admettre un Tapir gigantesque dans les additions et corrections aux articles des Tapirs vivants et fossiles, qu'il a publiées d'abord dans les Annales du Muséum, t. V, et depuis dans ses mémoires réunis en 1812.

avec quelques doutes pour l'autre.

Toutefois, et quoique cette manière de voir fût généralement adoptée sans examen par tous les paléontologistes, M. G. Cuvier dans la seconde édition de son mémoire publiée vers 1822, l'a notablement modifiée, en cela que les mêmes pièces qui lui avaient paru tout à fait suffisantes (d'après un principe proclamé par lui pour la première fois, je crois), à l'établissement d'une espèce de Tapir, ne différant du Tapir alors connu que comme espèce, furent attribuées à un genre différent, subdivision des Paléothérium, que j'avais établi sous le nom de Tapirothérium, et qu'il a préféré nommer Lophiodon.

et cependant rapportées à des genres différents,

la première par M. Cuvier (*Lophiodon*),

Il ne restait donc plus dans le genre Tapir, en espèces fossiles, que le Tapir gigantesque, celui qui en était évidemment le plus éloigné, et que nous avons vu pendant la vie même de M. Cuvier, en être retiré, pour servir à l'établissement fort convenable du genre Dinothérium, par M. Kaup, comme nous l'avons rapporté dans notre mémoire consacré à ce genre remarquable.

la seconde par M. Kaup (*Dinotherium*).

C'était même, sans aucun doute, un résultat qu'aurait pu atteindre M. Cuvier lui-même, en approfondissant l'examen des pièces qu'il avait eues entre les mains. En effet, ainsi que nous l'avons montré en son lieu, la mandibule de la collection de M. de Drée, sur laquelle reposait essentiellement le Tapir gigantesque, offrait, dans la forme de la troisième molaire à trois collines, la preuve qu'elle ne pouvait être d'un Tapir, ce que mettait hors de doute la forme de l'alvéole unique qui terminait cette pièce, montrant qu'il n'y avait qu'une incisive énorme, et recourbée en dent de râteau.

Ce qu'aurait pu voir M. Cuvier.

Tapirs fossiles véritables.

Quoi qu'il en soit, ces deux prétendus Tapirs fossiles étant retirés de ce genre, il n'en serait plus restés de tels, si, avant la mort de M. Cuvier, il n'avait pas été découvert des ossements appartenant indubitablement à des animaux de ce genre, et qui sont inscrits dans les Catalogues de paléontologie sous les noms de *T. Arvernensis* et de *T. priscus*, que nous allons successivement examiner.

Le T. d'Auvergne (*T. Arvernensis*).

En Auvergne, par MM. Devèze et Bouillet.

Je trouve la première indication d'ossements fossiles de Tapir véritable recueillis en Auvergne, dans l'ouvrage publié en 1827 par MM. Devèze de Chabriol et Bouillet, sous le titre d'*Essai sur la montagne de Périer*. Ils en figurèrent même quelques pièces, en les attribuant à un Tapir de la plus petite espèce, mais sans études comparatives.

Puis par MM. Croizet et Joubert.

Peu de temps après, c'est-à-dire en 1828, MM. l'abbé Croizet et Jobert aîné en firent connaître un petit nombre d'autres pièces trouvées dans les mêmes localités, ou à peu près, le ravin des Étouaires et Ardé, qu'ils décrivirent et figurèrent dans leurs recherches sur les ossements fossiles de quadrupèdes du Puy-de-Dôme. Quoique ces fragments ne consistassent qu'en deux morceaux d'un côté de mandibule pourvus de molaires, une incisive, une vertèbre atlas, ce qui ne leur permit guère d'apercevoir quelques caractères différentiels avec les espèces vivantes (1), ils crurent devoir distinguer l'espèce fossile au moins par un nom, ce qui est toujours chose facile, et la nommèrent *T. Arvernensis ;* reconnaissant toutefois qu'elle ressemblait beaucoup aux Tapirs vivants.

Pièces examinées. Mâchoire supérieure. Mandibule.

Nous avons sous les yeux une partie des pièces figurées par MM. Croizet et Jobert, et, de plus, une mâchoire supérieure presque complète du côté du palais, et pourvue de toutes ses dents, ainsi qu'une mandibule presque aussi parfaite.

(1) Car on ne peut considérer comme tel, sept millimètres de différence dans la longueur de la série des molaires ; d'autant plus que ces messieurs semblent penser que ce pourrait être une différence de sexe.

Avec ces deux belles pièces de la collection de M. Bravard, et qu'il a eu la générosité de me confier pour en enrichir mon ouvrage, j'ai pu également étudier une grande partie de fémur du côté droit, ainsi que les deux os de la jambe gauche, provenant de la même collection, outre un autre tibia portant son péroné soudé, dont je dois la communication à une complaisance analogue de la part de M. le comte de Laizer, dont la collection m'a été déjà si utile; en sorte que nous pourrons davantage approfondir la question.

Fémur.

Os de la Jambe gauche, droite.

La première pièce, la plus capitale, consiste, comme je viens de le dire, dans une mâchoire supérieure complète dans sa partie palatine, et armée de toutes ses dents, incisives, canines et molaires, malheureusement assez usées, et par conséquent provenant d'un animal indubitablement adulte.

Mâchoire décrite et comparée.

Sa grandeur correspond assez bien à celle d'un Tapir d'Amérique de taille assez forte, ayant cependant le palais en totalité, et par conséquent l'arcade palatine proportionnellement un peu plus large que dans cette espèce, et sous ce rapport se rapprochant peut-être un peu davantage du Tapir de l'Inde. La partie incisive ou terminale semble, au contraire, être un peu plus étroite.

Grandeur.

Les dents incisives et canines sont disposées absolument comme dans les véritables Tapirs; et même avec une disproportion semblable entre les incisives externes caniniformes et les canines proprement dites. Les incisives ont peut-être une disposition circulaire plus manifeste et plus avancée.

Ses Dents incisives.

La série des molaires m'a semblé un peu plus courte. Ainsi, sur une longueur totale de 0,209 millimètres depuis le bord antérieur des alvéoles incisives jusqu'au bord postérieur de la dernière molaire, les molaires n'en occupent que 0,127 millimètres, tandis que sur une tête de Tapir d'Amérique de même grandeur, elle en prend 0,138.

Molaires, dans l'espace occupé,

Les dents sont elles-mêmes, en général, un peu plus larges et moins carrées, le côté interne plus petit que l'externe, quoique n'ayant toujours que deux collines transverses à la couronne; celles-là semblent en

en elles-mêmes.

Collines. outre un peu plus compliquées à l'usure, parce que le contour des collines est moins droit, surtout à la base; le tubercule externe de l'antérieure, surtout à la septième, est plus bifide. Le collet est aussi Collet. plus marqué, ainsi que le talon postérieur de la dernière, particularités Talon. qui semblent rappeler davantage le Tapir d'Amérique que celui de l'Inde.

Les dents, et surtout les antérieures, sont trop usées sur cette mâchoire pour qu'on puisse établir une comparaison utile; mais une de la collection de M. l'abbé Croizet, parfaitement entière et qui est une troisième du côté gauche, a ses collines moins continues, plus divisées en deux pointes; ce qui dénote quelque chose de plus Paléothérium.

Mandibule elle même. La mandibule de la collection de M. Bravard étant moins complète que la mâchoire, puisqu'elle est tronquée en avant et surtout en arrière, où elle manque des branches montantes, m'a offert encore moins de caractères distinctifs des espèces vivantes.

Ses Dents comparées. Le système dentaire est dans le même cas, du moins pour les molaires; car les incisives et les canines manquent entièrement. Je n'ai pu en effet trouver aucunes différences exprimables en les comparant une à une avec leurs analogues dans les espèces vivantes; peut-être cependant sont-elles proportionnellement un peu plus petites.

Une autre. Le fragment du côté droit d'une autre mandibule de la collection de M. l'abbé Croizet, qu'il a figurée Pl. II, fig. 5 de son ouvrage, ne m'a offert aucune différence sensible avec ce que j'ai observé sur la pièce de M. Bravard, du moins pour les dents bien plus complètes que le reste. Elles m'ont même également paru un peu plus petites que dans les espèces vivantes.

Atlas. La vertèbre Atlas de la collection de M. Croizet et qu'il a figurée Pl. II, fig. 1, est évidemment de Tapir : sa tubérosité épineuse en dessus, son tubercule inférieur et postérieur, sont peut-être un peu plus prononcés que dans celles de même taille que je puis lui comparer; mais rappelant davantage ce qui existe dans le T. de l'Inde, du moins pour la forme de l'apophyse épineuse, ce que l'on peut dire moins justement des apophyses transverses, quoique assez altérées sur les bords.

La vertèbre dorsale de la collection de M. Bravard, que nous avons fait figurer, est certainement une première, puisqu'elle n'a pas le trou de conjugaison clos; mais elle est trop incomplète pour qu'on puisse y signaler des différences. V. dorsale.

Nous n'avons vu des membres antérieurs qu'un avant-bras tout entier et dans l'état de conservation le plus parfait. Il est de la taille à peu près de celui d'un assez petit individu du T. d'Amérique. Il semble indiquer quelque degré d'infériorité, en ce que le radius est tout à fait antérieur, et que le cubitus, presque partout contigu à celui-là, est mince, comprimé, et par suite élargi dans le sens antéro-postérieur et même dans son apophyse olécrane. Aussi est-il bien moins triquètre que celui du T. d'Amérique, dont il se rapproche cependant plus que du cubitus du T. des Indes. Membres antérieurs. Radius. Cubitus.

Des membres postérieurs : M. postérieurs.

J'ai encore pu comparer un assez beau fragment de fémur du côté droit, provenant d'un animal adulte de la taille du T. d'Amérique, et sans y pouvoir découvrir d'autres différences un peu saisissables qu'un peu plus de saillie du grand trochanter et surtout du troisième qui est peut-être aussi un peu plus inférieur, ce qui fait paraître l'os plus long. Fémur.

Une jambe entière du même côté droit, composée de ses deux os complets et soudés aux deux extrémités, ayant appartenu probablement au même individu que le fémur précédent, indiquant en effet un animal de même taille. Os de la Jambe droite,

Ces deux os me semblent encore avoir plus de rapport avec leurs analogues chez le T. d'Amérique, que chez celui de l'Inde, par plus de développement de la crête tibiale plus recourbée, ainsi que par la forme plus anguleuse, plus profonde des fossettes d'articulation astragalienne. comparés.

Deux os absolument semblables aux précédents, mais de la jambe opposée, qui font partie de la collection de M. le comte de Laizer, et provenant du même individu, ne nous apprennent par conséquent rien de plus. de la Jambe gauche du même.

Il n'en est pas de même d'un os du métacarpe de la collection de Os métacarpien externe.

M. Bravard. Cet os, provenant du doigt externe, est assez, quoique plus petit, dans les proportions de son analogue sur notre squelette du Tapir d'Amérique le plus adulte; il paraît cependant un peu grêle et par conséquent peu en harmonie avec ce que l'on pourrait supposer d'après les autres os de ce Tapir ancien, qui semblait avoir été plus trapu, plus robuste que les espèces vivantes.

Phalange onguéale.

Il le serait encore bien davantage s'il fallait lui rapporter une phalange onguéale inscrite par M. l'abbé Croizet dans le catalogue de sa collection, sous le titre de phalange onguéale latérale; mais il me paraît à peu près certain que c'est au doigt interne postérieur du pied droit d'un Rhinocéros qu'elle doit être attribuée.

Voilà toutes les pièces venues à ma connaissance et qui ont indubitablement appartenu à un Tapir, d'espèce distincte ou non de ceux qui existent encore aujourd'hui; c'est ce que nous examinerons plus tard, après que nous aurons passé en revue celles qui ont été recueillies à Eppelsheim, et qui ont été attribuées aussi à une espèce différente, au moins par le nom.

Le T. ANCIEN (*T. priscus* et *T. antiquus*).

Pièces recueillies. Mâchoires.

De M. Kaup (Ossements fossiles de Mammifères du duché de Darmstadt, cah. II, pl. VI) est dans le même cas que celui d'Auvergne; c'est-à-dire qu'il repose sur des pièces qui sont d'un Tapir véritable. Celles que je connais ne consistent qu'en portions plus ou moins complètes de mâchoires pourvues de leurs dents; mais M. Kaup cite encore un radius entier; et l'année dernière M. de Klipstein, dans une lettre qu'il m'a fait l'honneur de m'écrire, m'annonçait qu'on venait de découvrir une tête presque complète de *T. priscus*.

Une Tête.

Mâchoire supérieure examinée.

Comme pour le Tapir d'Auvergne, on a trouvé une mâchoire supérieure presque entière du côté du palais, avec toutes les dents molaires et au moins les alvéoles des incisives et des canines. Quoique notre collection n'en possède qu'un moule en plâtre peint, qui n'est pas d'une exécution absolument parfaite, il est cependant facile de s'assurer que c'est presque complétement la répétition de la belle pièce de la collection de M. Bravard; seulement un peu plus forte et la série des molaires un peu plus arquée.

Mandibule en elle-même.

Une mandibule en nature que possède aussi notre collection est celle du côté droit, un peu tronquée aux deux extrémités, surtout à la postérieure, et portant toutes les molaires. Elle a sans doute appartenu à un individu un peu plus grand que celui dont provient la mâchoire dont il vient d'être question et probablement du sexe mâle. En effet, elle est un peu plus épaisse, un peu plus forte proportionnellement que celles d'Auvergne.

Ses Dents.

Quant aux dents molaires qui sont toutes assez entamées, les antérieures un peu plus que les postérieures, et la troisième davantage que la première et que la seconde, comme cela est ordinairement, elles m'ont paru entièrement semblables à leurs analogues sur les mandibules d'Auvergne, ou au moins sans différences véritablement exprimables.

Autres fragments de Mandibule.

Notre collection possède en outre les modèles en plâtre peint de deux autres fragments de mandibules provenant de cette localité, dont le dernier lui a été donné par lord Cole; les dents qui y sont implantées n'offrent non plus aucune différence avec celles des précédents.

Partie de Palais.

M. Kaup a décrit et figuré d'une manière fort exacte aux trois quarts de la grandeur naturelle, une petite partie de palais portant les deux premières molaires du côté droit qui ne nous fournissent rien de nouveau, tant elles ressemblent, même pour la grandeur, à leurs analogues dans la première pièce dont il vient d'être question; mais il n'en est pas ainsi d'une grande portion de mandibule du même côté, parce que, outre une belle série des six molaires, assez peu usées, elle offre une grande partie de la branche montante; l'apophyse mince et dilatée de son angle est seule brisée, ainsi que la pointe de la coronoïde. On peut alors voir que celle-ci était large et que la dilatation de l'angle devait être fort considérable, peut-être un peu plus encore que dans le Tapir des Indes, avec lequel il a évidemment plus de rapports.

Autre Mandibule presque entière.

Le T. Mastodontoïde (*T. Mastodontoideus*).

Reposant sur une seule Dent Molaire.

Feu M. le docteur Harlan a fait mention de cette espèce pour la première fois dans sa *Fauna Americana*, p. 294, et plus tard dans ses *Organic remains of north America* (*Medical and Physical Researches*, p. 285, 1825). Elle ne repose cependant encore que sur une seule dent molaire qu'il suppose être une première d'en haut et dont il ne donne malheureusement ni description ni figure, et qui a été trouvée à Bige-Bone-Lick, dans le Kentucky, lieu célèbre par l'immense quantité d'ossements et de dents de Mastodontes qu'on y a recueillis. Aussi M. Cooper (*Ann. Monthly, journal of Geology*, p. 165, note), qui s'est beaucoup occupé de ce sujet, a-t-il pensé que cette dent, dont il a trouvé un autre exemplaire, n'est qu'une dent de lait de Mastodonte semblable à l'une de celles qui se voient sur la mâchoire du prétendu Tétracaulodon de M. Godman. Cependant M. Harlan ayant apporté la dent en question à Paris, et l'ayant comparée avec celles des différentes espèces de Tapirs de la collection ostéologique du muséum, s'est, dit-il, assuré, en présence de naturalistes observateurs capables, suivant lui, qu'elle correspondait à la première chez les Tapirs. Sa grandeur, qu'il dit moindre de moitié que son analogue sur le plus petit des Mastodontes, ainsi que la forme et la structure de ses racines, la distinguent, suivant M. Harlan, de celle de ce dernier genre.

regardée par M. Cooper comme de Mastodonte,

opinion rejetée par M. Harlan,

Aussi conclut-il, d'après cette seule dent, à l'existence de son T. Mastodontoïde dans l'Amérique septentrionale.

et fort probable suivant Moi.

N'ayant pas vu la pièce en question, il est difficile de prononcer d'une manière un peu certaine; nous sommes cependant fort porté à nous ranger à l'opinion de M. Cooper. Les observateurs habiles de Paris, dont M. Harlan semble invoquer le témoignage en faveur de son opinion, étaient évidemment eux-mêmes alors trop peu avancés dans la connaissance du système dentaire des Mastodontes pour lui fournir beaucoup de lumières à ce sujet et par conséquent pour contre-balancer avec avantage la manière de voir de M. Cooper qui en avait fait une étude déjà plus approfondie, au moyen du grand nombre de matériaux qu'il avait à sa disposition.

Le T. ANTIQUE (*T. proavus*) de M. Eichwald, *Zoolog. specialis*, t. III, p. 353, est très-probablement dans le même cas que le *T. Mastodontoideus* du docteur Harlan, c'est-à-dire qu'il est établi sur une dent de Mastodonte tapiroïde, ou mieux peut-être de Dinothérium, ayant trois pouces et demi de long sur plus de deux pouces et demi de large. Seulement, comme d'après la description détaillée qu'il en donne, les collines excavées en avant et l'usure versante en dehors, ce ne peut être une molaire supérieure, comme le pense M. Eichwald, mais bien une inférieure. *T. proavus.* Établi sur une Dent Molaire inférieure,

Elle a également été trouvée avec des dents de Mastodontes, et M. Eichwald, dans son *Natur. Hist. Skizze*, p. 239, 1830, l'avait d'abord rapportée aux Lophiodons, en citant la fig. 4 de la pl. VIII des Tapirs de M. Cuvier par erreur typographique, au lieu de pl. II, f. 4, comme il l'a fait dans sa *Zool. specialis.* probablement de Mastodonte.

Voilà tout ce qui est arrivé à ma connaissance, du moins jusqu'aujourd'hui, sur des ossements fossiles qui à tort ou à raison ont été regardés comme ayant appartenu à ce genre de mammifères. Nous avons déjà averti que ceux trouvés à Avaray, près d'Orléans, à Buschweiler, ne provenaient réellement pas de véritables Tapirs, et nous aurons l'occasion d'en parler dans notre mémoire sur les Paléothériums que nous sommes occupé à rédiger.

Nous croyons cependant pouvoir en ce moment donner comme résultat les propositions suivantes : Résultats :

Les Tapirs constituent un genre de transition plus voisin des Rhinocéros que de tout autre genre établissant la série entre eux et les Paléothériums, genre qui semble actuellement éteint à la surface de la terre. En effet, on connaît des Rhinocéros fossiles à quatre doigts, sans corne sur le nez, et le système dentaire a beaucoup plus d'analogie 1° zoologiques. Sous le rapport du Genre, qu'on ne pense quand on l'étudie d'une manière complète, c'est-à-dire dans toute son étendue.

des Espèces vivantes,

en Asie.

Ce genre ne renferme, encore vivantes à la surface de la terre, que trois espèces dont deux au moins sont probablement distinctes, mais sans dégradation sériale évidente, ce qui pourrait porter à douter un peu de leur distinction véritablement positive; car la taille et même une certaine différence dans le pelage et dans la couleur ne formeraient pas des caractères véritablement spécifiques, à plus forte raison la patrie, si différente cependant pour deux de ces espèces. Mais les particularités que nous avons soigneusement notées dans la tête osseuse, et surtout dans les os du nez et dans les os ptérygoïdiens, nous portent à penser que le fait généralisé par Buffon sur la différence constante entre les espèces de mammifères des parties méridionales des deux continents, ne doit pas encore être infirmé.

en Amérique.

Je n'ose pas affirmer avec autant d'assurance que les deux Tapirs d'Amérique constituent deux espèces distinctes. Les éléments propres à juger la question ne me semblent pas encore tout à fait suffisants (1).

2° ostéologiques.

Le système ostéologique des Tapirs n'offre peut-être rien qui leur soit bien exclusivement propre; car la forme de la tête et même des narines ressemble beaucoup à ce qui existe dans les Rhinocéros; et celle de la terminaison des mâchoires est presque comme dans le Cheval.

(1) M. le docteur Roulin, qui a établi cette espèce dans un mémoire fort intéressant, surtout sous le rapport historique et critique, inséré dans les mémoires de l'Académie des sciences (Sav. étrang., tome VI, pag. 538), n'a vu, et même déjà mutilés en partie, que deux individus mâles, l'un vieux et l'autre à peine adulte, tués à quelques lieues de Bogota, et par conséquent dans les hautes régions de la Cordilière des Andes, entre le 5° et le 4° degré de latitude nord.

Les caractères extérieurs qu'il donne comme spécifiques sont les suivants :

Dans la forme :

L'absence chez le Pinchaque des plis latéraux de la trompe et surtout de cette crête qui se prolonge du front au garot dans le Tapir d'Amérique ordinaire, ce qui donne au premier le cou rond, et non en ogive.

Dans le pelage :

L'existence de poils très-longs, très-épais, sans que ceux de la ligne cervicale le soient plus que les autres et aient une direction rétroverse de l'espèce de crinière du Tapir ordinaire; mais

Quant au reste du squelette, l'analogie dans le nombre, et souvent même dans la forme des os, est complète avec le Rhinocéros, sauf le quatrième doigt du pied de devant, qui existe même dans une espèce de Rhinocéros fossile.

Le système dentaire est seulement particulier à ce genre, d'abord dans les incisives et les canines, malgré une certaine analogie avec celles du cheval, et même aussi pour les molaires, aussi bien dans le nombre différent, moindre, en bas qu'en haut, que dans la forme non pas générale, mais particulière des terminales ou caractéristiques; c'est-à-dire, de la première et de la dernière aux deux mâchoires. 3° odontologiques. adulte.

Aussi bien dans le système dentaire d'adulte que dans celui du jeune âge ou de lait, formé de quatre molaires en haut et de trois en bas. de lait.

Des trois espèces encore actuellement vivantes et considérées comme distinctes, deux sont exclusivement du nouveau monde, l'une moins méridionale et, à ce qu'il paraît, plus limitée que l'autre, et la troi- 4° géographique.

au contraire, absence de poils sur les parties latérales de la croupe, dans un espace arrondi de la largeur de la paume de la main.

Dans la couleur :

Une teinte générale noirâtre sans liséré blanc aux oreilles, et au contraire, avec une sorte de tache blanche à l'extrémité de la ganache, remontant et occupant le bord des lèvres.

Mais ces caractères extérieurs ne sont pas d'une aussi grande valeur, suivant lui, que ceux que présente la tête osseuse qu'il trouve ressembler davantage à ce qu'offre le Tapir de l'Asie :

Dans la direction et dans la largeur du front,

Dans le défaut de saillie de la crête bi-pariétale,

Dans la dimension des os du nez,

Dans la direction rectiligne des bords inférieurs de la mandibule.

Il est aussi porté à croire que ce Tapir est un peu plus petit et moins essentiellement nocturne que l'autre. Du reste, il reconnaît que les deux espèces se trouvent à la fois dans plusieurs lieux, et que les chasseurs, si enclins, comme il en fait lui-même la juste observation, à admettre des variétés comme des espèces, ne les ont jamais distinguées.

Au sujet de la patrie du Tapir ordinaire, que l'on dit généralement s'étendre jusqu'à l'extrémité de la Patagonie, ce que j'ai moi-même accepté, M. Roulin croit pouvoir assurer que cet animal ne dépasse pas, au sud, le 35ᵉ degré, et au nord, le 12ᵉ de latitude.

sième semble l'être aux parties les plus méridionales de l'Asie continentale et à l'île de Sumatra (1).

5° paléontologique. La paléontologie nous a cependant appris, et cela d'une manière tout à fait indubitable, et après des assertions d'abord et longtemps erronées, qu'il a aussi existé anciennement des Tapirs dans notre Europe centrale.

Une seule espèce, Et nous avons pu voir, d'après l'examen comparatif des matériaux encore assez peu nombreux qui ont été recueillis jusqu'ici, que les deux espèces auxquelles on les a attribués ne doivent réellement en faire qu'une, que l'on pourrait désigner sous le nom de T. d'Europe, comme on a le T. d'Amérique et le T. d'Asie, si déjà elle n'en avait reçu deux, parmi lesquels l'antériorité me semble appartenir au *T. Arvernensis*.

rapprochée de celle d'Asie. Ce Tapir d'Europe me paraît encore plus difficile à spécifier que les deux ou trois espèces vivantes, probablement parce que nous n'avons pas encore pu comparer des parties véritablement caractéristiques; les dents ne l'étant certainement pas d'une manière encore tout à fait positive.

Je suis cependant porté à croire que s'il y a un rapprochement à faire entre cette espèce vivante et une espèce fossile, c'est avec celle de l'Inde plutôt qu'avec celle d'Amérique, quoique par la taille elle ressemble davantage à celle-ci.

D'après des fragments trouvés Les fragments sur lesquels le Tapir d'Europe a pu être établi, appartenant à dix individus au moins, ont été recueillis dans des pays assez éloignés, les uns en Auvergne, aux environs d'Issoire, dans le Velay, auprès du Puy; les autres en Allemagne cisrhénane, aux environs d'Eppelsheim.

Dans des terrains d'ancienneté très-différente.

dans le diluvium ancien. En Auvergne, dans un terrain de diluvium ancien, spécialement au-

(1) C'est un fait aujourd'hui mis hors de doute par les observateurs hollandais, que le Tapir ne se trouve ni à Java, ni au Japon.

dessous du tuffeau volcanique, dans lequel est creusé le ravin des Étouaires, versant à l'Allier.

En Velay, aux environs du Puy, dans le dépôt de Cussac, vallée de l'Allier, dans un terrain alluvien.

dans un terrain tertiaire avec des os d'animaux de genres très-différents.

En Allemagne, dans une roche sableuse considérée par des géognostes comme faisant partie du terrain tertiaire moyen (1).

Dans la première localité avec des ossements d'Éléphants, de Mastodontes, de Rhinocéros, d'Hippopotames, de Chevaux, de Sangliers, de Cerfs, de Bœufs, d'Ours, de Loutres, d'assez grands Felis, de Canis, d'Hyènes, de Rats d'eau, de Castors, de Lièvres, etc.

Dans la seconde, avec des restes de presque tous les mêmes genres d'animaux, et en outre de Dinothérium, de Lamantins, de Gloutons, et de genres plus ou moins nouveaux.

à l'état fragmentaire.

Dans toutes les deux à l'état fragmentaire plutôt que roulés; rarement assez rapprochés pour indiquer qu'ils faisaient partie du même squelette.

Conclusions : pour l'Histoire naturelle du T. fossile.

On doit donc conclure, sinon d'une manière absolument définitive, mais au moins jusqu'à preuve contraire, qu'une espèce de Tapir, ne différant qu'à peine spécifiquement d'une espèce encore vivante aujourd'hui en Asie, quoique notablement plus petite, vivait en Europe avant l'époque à laquelle se formaient les terrains tertiaires moyens au versant des Vosges, sur la rive gauche du Rhin; qu'elle existait encore

(1) Je trouve encore cités des restes fossiles de Tapir dans le val d'Arno, par M. de la Bêche; dans le dépôt de Canstadt, par M. de Natterer, et enfin dans la caverne de Goffontaine, dans la province de Liége, un fragment de dent, par Schmerling, mais ces pièces ne sont, ce me semble, ni figurées, ni décrites.

M. Marcel de Serres, dans une simple énumération des ossements fossiles trouvés dans les sables marins tertiaires de Montpellier, avait indiqué le *Tapirus minor* (Cuvier), et sans dire sur quoi reposait cette assertion. Mais M. P. Gervais, l'un de mes aides au Muséum, ayant eu dernièrement l'occasion d'examiner la collection de M. de Serres, s'est assuré qu'elle contient en effet des pièces indubitablement de Tapir, deux côtés de mandibules dont un porte six molaires, et des dents molaires séparées, dont une supérieure, fragments trouvés dans les sables marins de Montpellier avec des os de Lamantins, de Rhinocéros. M. de Serres a même bien voulu que M. Gervais nous apportât à Paris ces pièces véritablement fort intéressantes; je lui en fais mes sincères remercîments.

beaucoup plus tard, peut-être, pendant la formation des terrains meubles d'alluvion ancienne, versant à l'Allier en Auvergne et dans le Velay, et qu'enfin, elle est reléguée aujourd'hui dans les parties les plus australes du continent indien; si réellement l'espèce fossile ne diffère que par la taille du T. des Indes.

Dès lors, ce genre, comme celui des Chevaux, serait un exemple d'une espèce qui, ayant laissé des traces de son existence dans un terrain assez ancien, n'aurait pas encore tout à fait disparu de la série animale.

pour ce genre d'études.

Enfin, l'on pourra conclure encore une fois de l'étude des restes d'animaux de ce genre, qu'un seul os, et, à plus forte raison, une seule facette d'os, est bien loin de suffire pour juger d'un animal, comme M. G. Cuvier s'en était flatté, et l'avait dit pour la première fois dans son Mémoire sur les ossements fossiles de ce genre, puisque les deux espèces de Mammifères, à l'occasion desquelles M. Cuvier s'était ainsi avancé, en les considérant comme des espèces de Tapirs, se sont trouvées appartenir, surtout l'une, à des genres qui en sont très-différents.

EXPLICATION DES PLANCHES.

PL. I. — Squelette du TAPIR de l'INDE (*T. Indicus*, Fréd. Cuv.).

Réduit au cinquième d'après celui envoyé de Sumatra, en 1820, par MM. Diard et Duvaucel, et soigneusement remonté sous mes yeux (1).

A part, de même réduction :

Les deux dernières vertèbres cervicales, les premières dorsales et leurs côtes, avec la série des sternèbres.

Et à moitié de la grandeur naturelle : l'axis en dessus.

La dernière dorsale de profil, et la dernière lombaire en dessus.

PL. II. — Tête du Tapir de l'Inde, et vue de profil, en dessus, en dessous, par la face antérieure et postérieure.

A part :

La mandibule entière vue en dehors et en dedans.

Et de plus :

Son condyle en face, et son extrémité symphysaire en dessus.

Réduite au tiers d'après celle d'un squelette envoyé de Sumatra par MM. Diard et Duvaucel, en 1826.

PL. III. — TÊTES (2).

1° Du Tapir d'Amérique ordinaire (*T. Americanus*).

(1) Je dois cependant dire qu'ayant eu l'occasion d'étudier un Tapir mort pendant l'impression de ce mémoire, je crois que les articulations des membres sont un peu trop fléchies.

(2) La mâchoire, dans ces figures, et surtout pour le Pinchaque, est trop ouverte par rapport à la mandibule, ce qui nuit à la comparaison du chanfrein.

Au tiers de la grandeur naturelle.

* Adulte et mâle, de profil en dessus et en arrière.

D'après une pièce envoyée du Brésil par M. A. d'Orbigny, alors voyageur du Muséum.

A part :

Le rocher, vu à sa face interne.

Les osselets de l'ouïe.

** De jeune âge, de profil et à part, la partie basilaire, pour montrer la forme et la disposition des os ptérygoïdiens internes.

2° Du TAPIR PINCHAQUE (*T. Pinchacus*, Roulin; *T. Roulini*, Fischer).

* Adulte, de profil seulement.

D'après la tête donnée au Muséum par M. le docteur Roulin, celle même qui a servi à ses observations et à l'établissement de l'espèce.

A part :

L'os du rocher, vu à sa face interne.

** Non adulte, avec les molaires de lait.

De profil, en dessus et en arrière, d'après une pièce rapportée de Colombie par M. Goudot en 1843, et dont j'ai fait l'acquisition pour le Muséum.

PL. IV. — PARTIES CARACTÉRISTIQUES DES MEMBRES.

Au tiers de la grandeur naturelle.

A. Antérieurs.

1° Du TAPIR de l'INDE (*T. Indicus*).

Omoplate, vue par la face externe et par la cavité articulaire.

Humérus, par la face antérieure et ses deux extrémités articulaires.

Radius et Cubitus, dans leurs connexions naturelles, en avant avec la facette articulaire à part, et par la face externe.

Les os de la main et des doigts en connexion.

A part :

Le pisiforme, par la face externe.

2° Du TAPIR d'AMÉRIQUE (*T. Americanus*).

Humérus, par sa face antérieure et son extrémité supérieure, provenant d'un sujet assez jeune mort à la ménagerie en 1828, et qui a été figuré par M. Fr. Cuvier dans ses Mammifères lithographiés.

Radius et cubitus, vus en avant et par la face externe, provenant du même sujet.

Les os de la main et des doigts en connexion, vus par la face dorsale.

A part :

Les os du carpe et du métacarpe, vus à la face palmaire.

Le pisiforme à la face externe.

B. Postérieurs.

2° Du TAPIR de l'INDE.

Tirés d'un second squelette envoyé de Sumatra par MM. Diard et Duvaucel.

Os innominé vu sur deux plans se coupant à angle droit, pour montrer la face pubienne dans l'un et la face iliaque dans l'autre.

Fémur, par la face antérieure.

A part :

L'extrémité supérieure en dessus et en arrière.

L'extrémité inférieure vue à la face articulaire.

La rotule, au-dessous, de face externe et de profil interne.

Tibia vu en avant et par ses deux extrémités articulaires.

Péroné, par sa face interne ou tibiale.

Les os du pied en connexion, par la face dorsale.

A part :

Calcanéum, à sa face supérieure.

2° Du T. D'AMÉRIQUE.

Tirés du même animal que ceux des membres antérieurs.

Fémur de face et par l'extrémité supérieure.

Rotule, par la face antérieure.

Tibia, par la même face.

Péroné, par sa face tibiale.

Os du pied en connexion, à la face dorsale, et au-dessus, ceux du tarse et du métatarse en dessous, pour montrer le premier cunéiforme et le rudiment du métatarsien qu'il porte.

PL. V. — SYSTÈME DENTAIRE.

D'espèces vivantes et fossiles.

Réduit à moitié de la grandeur naturelle, et vu par la couronne aux deux mâchoires.

' vivantes.

a) adultes.

1° Du T. DE L'INDE.

2° Du T. PINCHAQUE.

3° Du T. D'AMÉRIQUE.

A part :

Les incisives et les canines supérieures et inférieures en connexion, et la dernière molaire d'en haut et celle d'en bas, pour en montrer les racines.

b) non adultes.

De troisième degré, sur le T. d'Amérique, les molaires vues par la couronne, de profil et hors place, pour montrer les alvéoles.

De second degré, de profil et par la couronne, sur une tête de fœtus du *T. Americanus*, rapportée par MM. Quoy et Gaimard.

'' fossiles.

Du *Tapirus Arvernensis* (Croizet).

A la mâchoire et à la mandibule.

Du *T. priscus* (Kaup).

A la mandibule seulement.

PL. VI. — TAPIRS FOSSILES.

Au tiers de la grandeur naturelle.

Mâchoire et système dentaire, par la face palatine :

Du *T. priscus*.

D'après le moule en plâtre d'une pièce trouvée à Eppelsheim :

Du *T. Arvernensis*.

D'après une belle pièce en nature de la collection de M. Bravard, architecte de la ville d'Issoire.

Mandibule :

T. Arvernensis.

Presque entière, avec toutes les molaires, vue à la face supérieure; de la collection de M. Bravard.

T. priscus.

D'après un assez beau fragment en nature de la collection du Muséum, provenant d'Eppelsheim.

T. Arvernensis.

D'après un fragment portant toutes les molaires d'un côté, et provenant d'Auvergne, de l'ancienne collection de M. l'abbé Croizet, maintenant au Muséum.

Et pour faciliter une comparaison immédiate :

Du *Tapirotherium* ou *Lophiodon*.

Fragment de mâchoire, à la face palatine, et un plus complet de mandibule, de profil et par la couronne, d'après des morceaux donnés à la collection par M. Lartet, comme du département du Gers.

Un autre fragment de mandibule des carrières de Nanterre, près de Paris, donné par M. Eugène Robert.

Du reste du squelette du Tapir fossile en Auvergne, sont figurés :

Un fragment de vertèbre atlas du *T. Arvernensis*, de la collection du Muséum, et déjà figuré par M. Croizet.

De la collection de M. Bravard :

Un fragment de première dorsale, un radius et un cubitus en connexion, et du même avant-bras.

Un fémur presque entier, vu sur ses deux faces.

Les deux os des deux jambes en connexion et du même individu, trouvées ensemble; l'une de la collection de M. le comte de Laizer, et l'autre de celle de M. Bravard.

Deux autres fragments de tibia et un os métacarpien de la même collection.

PARIS. — IMPRIMERIE DE PAIN ET THUNOT,
Rue Racine, 28, près de l'Odéon.

SUR LES HIPPOPOTAMES (Buffon),

(*Hippopotamus*, L.)

ET LES COCHONS (Buffon),

(*Sus*, L.).

AVERTISSEMENT.

Nous n'avons plus et ne pouvons plus avoir de ces grands rois, et par conséquent de ces grands ministres qui, pour ainsi dire d'instinct et presque spontanément, pour la gloire seule de la France, puissent, comme Louis XIV et Colbert, se porter de nature à donner et même à offrir les encouragements nécessaires, indispensables aux œuvres de science et surtout de sciences naturelles les plus dispendieuses.

Nous n'avons plus de ces princes du sang qui, comme Gaston, frère de Louis XIV, le duc d'Orléans, fils du régent, le dernier prince de Condé et le duc d'Angoulême, suivissent un tel exemple dans la mesure de leur position.

Nous n'avons plus de ces princes de l'Église, qui, comme le cardinal d'Armagnac et le cardinal de Tournon, à l'égard de P. Gilles et de P. Belon, puissent se trouver dans la position de faire la dépense de voyages et d'ouvrages utiles aux sciences naturelles.

Nous n'avons plus de ces corporations religieuses riches et studieuses qui pouvaient permettre à leurs membres d'entreprendre et d'exécuter à grands frais des ouvrages dispendieux et de longue haleine.

Nous n'avons plus de grands médecins qui s'honorassent d'employer une belle fortune acquise par l'exercice de leur art, à publier des ouvrages inédits, comme l'ont fait Boerhaave pour le *Biblia naturæ* de

Swammerdam; l'*Histoire naturelle de l'Égypte*, par Prosper Alpin; Lancisi, pour le *Metallotheca Vaticana* de Mercati.

Nous n'avons plus de particuliers aisés qui se crussent honorés de voir leur nom inscrit individuellement au bas des planches d'ouvrages d'histoire naturelle, pour en avoir fait les frais, comme on en voit un exemple dans l'oryctologie et la conchyliologie de d'Argenville.

Nous n'avons plus de grandes bibliothèques indépendantes, de corporations, de grandes provinces, et encore moins de princes et de grands seigneurs qui puissent acquérir les ouvrages dispendieux.

Nous n'avons donc plus pour soutien possible des grands ouvrages que les bibliothèques publiques, plus ou moins dépendantes du gouvernement et par conséquent des secours votés par les chambres.

Mais nous n'avons pas de ministres qui, dans notre système actuel de gouvernement, puissent être assez élevés ou assez libres pour avoir une véritable indépendance, et qui, par conséquent, puissent suivre leurs inspirations, s'ils en avaient de favorables aux sciences naturelles; en sorte que, malgré les fonds alloués au budget de l'État sous le titre spécieux d'encouragements aux sciences ou aux lettres, rien ne tombe sur les grands ouvrages, à moins que leurs auteurs ne soient évidemment influents ou valets, ce que tout le monde ne peut pas être volontairement ou involontairement.

Nous n'avons pas même de corporations savantes qui se croient le droit de recommander officiellement et ostensiblement l'ouvrage d'un de leurs membres à l'attention des ministres; et ce qui est fort significatif, ce sont leurs organes mêmes qui s'y opposent.

Un seul homme s'est montré en France, de notre temps, qui, pendant toute sa vie, a noblement aidé aux progrès des sciences naturelles; que sa mémoire nous soit sacrée : c'est M. Benjamin Delessert, et la science vient de le perdre. Heureusement qu'il a laissé un neveu chargé par lui de suivre, et qui suivra, sans doute, de plein gré ses honorables traces; mais c'est essentiellement vers la botanique que MM. Delessert ont dirigé leur puissante influence.

La science de l'organisation animale se voit donc de plus en plus abandonnée, non pas peut-être pour les matériaux qui frappent les yeux et qu'on accumule quelquefois même sans beaucoup de mesure; mais certainement pour leur mise en œuvre.

C'est par ces réflexions pénibles et presque douloureuses pour un homme qui a passé quarante ans de sa vie dans son étude, que j'ai dû commencer cette nouvelle livraison, afin de m'excuser, auprès des souscripteurs à cet ouvrage, de n'avoir encore rien publié de mon Ostéographie dans les six premiers mois de cette année, quoique les figures qui doivent composer cette livraison soient lithographiées depuis quelque temps. Mais j'avais voulu faire un nouvel essai, en adressant aux chambres une pétition au moment même de la discussion du budget du ministère de l'instruction publique. Quoique imprimée et envoyée le jour même avant la séance, il paraît que MM. les questeurs n'en ont pas ordonné la distribution, en sorte qu'elle n'a pu être d'aucun effet. Non pas que je pensasse le moins du monde que les chambres pussent agir directement sur le ministre, qui doit avoir seul la responsabilité de ses actes, et qui est et doit être bien certain que jamais il ne sera mis en accusation pour si peu de chose qu'un déni de justice en cas pareil (1); mais je voulais avoir la satisfaction de pouvoir dire aux éditeurs de mon ouvrage : J'ai fait pour vous venir en aide tout ce que mes principes, qui n'ont, Dieu merci, jamais varié suivant mes intérêts, m'ont permis de faire.

Au reste, en dégageant de l'entreprise les personnes qui ne pouvaient y suffire, et qui, contre une espérance assez bien fondée, en apparence du moins, ont déjà perdu le fruit d'un labeur de plus de cinq ans (2),

(1) Les personnes qui occupaient le ministère de l'instruction publique lorsque la demande d'encouragement a été faite par M. Werner, étaient MM. Villemain et de Salvandy, membres de l'Institut.

(2) Toutefois, et pour rester pleinement dans la vérité, il faut dire que M. Werner, l'un des peintres du Muséum d'histoire naturelle depuis plus de vingt ans, et père d'une nombreuse famille dont l'existence ne repose que sur son talent, a reçu l'année dernière la croix d'honneur.

j'espère encore poursuivre mon ouvrage tant que Dieu m'en conservera les forces, et montrer, par ma persévérance, qu'il n'était peut-être pas indigne d'un meilleur sort, et que s'il avait été soutenu convenablement, il aurait pu atteindre à son étendue naturelle dans un espace de temps bien plus bref. Heureusement que d'après le plan dans lequel il a été conçu, et qui rend indépendantes les unes des autres toutes les parties qui le composent, je pourrai laisser un ouvrage moins étendu, mais jamais inachevé, chacune de ces parties portant en elle l'effet qu'elle doit avoir, sans relation ou rapport forcé avec les autres, toutes rédigées, du reste, d'après les mêmes principes et dans le même but.

I. — DES HIPPOPOTAMES.

INTRODUCTION.

Généralités sur l'Hippopotame.

L'Hippopotame, dont nous allons nous occuper dans la première partie de ce mémoire, est, comme l'Éléphant et le Rhinocéros, au nombre de ces espèces animales sur lesquelles leur grande taille, la singularité de leur forme, de leurs mœurs, et leur existence dans une partie du monde le plus anciennement civilisée, ont dû porter, de temps presque immémorial, l'attention des peuples dans le pays desquels elles habitent; et cela d'autant plus que les dépouilles de ces animaux leur fournissaient des matières dont ils pouvaient former des armes offensives et défensives, ce qui existe encore de nos jours, outre la chair et la graisse qu'ils en retiraient aussi pour leur nourriture.

L'ancienneté de sa connaissance

chez les peuples du midi de la Méditerranée.

Il n'y a donc rien d'étonnant que les monuments historiques les plus anciens que nous aient laissés les peuples habitants de la partie méridionale du périple de la Méditerranée, fassent mention d'un animal aussi remarquable, comme il nous sera facile de le montrer, lorsque nous aurons à étudier l'histoire des traces que ces animaux ont laissées de l'ancienneté de leur existence.

C'est, en effet, ce qui a été successivement exposé par tous les auteurs ou naturalistes qui ont eu à écrire plus ou moins directement l'histoire de la nature.

Tous ont également admis avec Brochart, qui a longuement employé sa vaste érudition à soutenir cette opinion, que sous le nom de Behemoth, nos livres sacrés ont voulu parler de l'Hippopotame, que le peuple juif a sans doute eu l'occasion de connaître depuis pendant sa longue captivité en Égypte. (et d'abord chez les Hébreux.)

L'Hippopotame est, en effet, réellement quelque chose de monstrueux, presque d'informe, lorsqu'on le voit à terre, par la grosseur proportionnelle de sa tête et de son corps, l'un et l'autre presque déprimés, à cause de leur grande largeur, par la brièveté de la queue et surtout des membres et des doigts arrondis qui les terminent. (A cause des singularités de sa forme.) En sorte que le ventre énorme, rempli par les viscères qui le gonflent, peut souvent laisser sa trace dans la fange que traverse l'animal. Ajoutons à cela une nudité presque absolue de la peau, semblable à un cuir luisant et à moitié tanné, (de la Peau.) des oreilles très-courtes et placées fort en arrière, vu la grande élongation de la tête, surtout dans sa partie faciale; (des Oreilles.) l'extrême petitesse des yeux, presque supérieurs et très-reculés; (des Yeux.) l'élargissement prodigieux du mufle à la partie antérieure, et dans lequel sont percées des narines en C, (des Narines.) un peu comme chez les Crocodiles, ce qui est déterminé par le grand développement des lèvres nécessaire pour couvrir les parties saillantes du système dentaire antérieur, (du Mufle.) et l'on trouvera que cet animal a quelque chose qui rappelle un peu le Crapaud parmi les Amphibiens; cependant lorsqu'on vient à le dépouiller, par la pensée, de toutes ses singularités, et à s'enquérir de ses caractères zoologiques, on est étonné de les trouver fort voisins de ceux des Cochons, (Rapproché cependant des Cochons :) qui ne sont pas, il est vrai, des animaux de forme élégante, mais qui ne sont pas cependant des êtres hideux aussi déformés. Les Hippopotames commencent, en effet, la section des Ongulogrades à système digital pair, (par le système digital,) c'est-à-dire qu'ils ont quatre doigts aux deux paires de membres, les extrêmes plus utiles même que dans les Cochons, et le système dentaire pouvant être

dentaire ;

formulé ainsi $\frac{3}{3} - \frac{1}{1} + \frac{7}{7}$ comme dans ceux-ci, et même avec une disposition qui n'est pas sans quelque ressemblance, ainsi que nous le verrons par la suite. Les singularités anomales que présente l'Hippopotame tiennent donc à des particularités biologiques. En effet, c'est un animal qui, se nourrissant exclusivement d'arbrisseaux aquatiques, de gros roseaux, et surtout de leurs racines, est presque constamment à l'eau, sur les bords des grands fleuves de l'Afrique méridionale, mais, le plus souvent, en marche dans la vase ou dans la boue, et plus ou moins complétement immergé dans l'eau qui le recouvre, fouillant, déracinant les végétaux avec ses défenses, un peu comme les Cochons le font avec leur groin ; les ongles étant assez petits et arrondis.

par les particularités biologiques de nourriture, de séjour.

d'où son nom devant être Chœropotame.

Par ces observations, il est aisé de voir que le nom d'Hippopotame, qui a été donné à ces animaux par les Grecs depuis Hérodote, et qui signifie Cheval de rivière, aurait été plus rationnel, s'il avait été remplacé par la dénomination de Chœropotame, ou de Cochon de rivière, et qu'en effet Prosper Alpin, dans son *Histoire naturelle d'Égypte*, a donnée à cet animal.

Des matériaux pour son étude. Une seule fois vivant en Europe.

L'Hippopotame n'étant, dans les temps modernes, arrivé vivant qu'une seule fois en Europe, comme nous le dirons plus loin, l'organisation profonde de cet animal n'a pu encore être décrite d'une manière satisfaisante par les anatomistes. Il n'en a pas été de même de son ostéologie et de son odontologie, les têtes d'Hippopotames étant entrées d'assez bonne heure dans les collections publiques, sans doute à cause de leurs dents canines et incisives qui sont depuis longtemps considérées comme des objets de commerce.

Têtes osseuses et Dents.

Par Daubenton.

Aussi, outre les trois têtes osseuses d'Hippopotames que Daubenton avait à sa disposition lors de la publication du volume de l'*Histoire naturelle* de Buffon en 1764, celui-ci en mentionne une quatrième (*Suppl.*, III) en 1776, qui avait été donnée à la collection par le ministre de la marine d'alors, M. de Vergennes. Daubenton a aussi employé

Buffon.

le squelette des pieds que A. de Jussieu avait fait autrefois connaître avec figures dans les mémoires de l'Académie des sciences pour 1724 (1).

Par G. Cuvier. Squelette de fœtus. Quant au reste du squelette, nos collections étaient encore si pauvres au commencement de ce siècle, que M. G. Cuvier, pour servir de base à ses recherches sur les Hippopotames fossiles, fut presque obligé de se servir du squelette d'un fœtus laissé par Buffon et Daubenton dans l'alcool, et qu'il a même fait figurer, en y joignant une tête et des pieds d'adulte, quoique sans utilité un peu appréciable, même pour le but qu'il se proposait. D'adulte. Depuis lors, il fut plus heureux, par suite de la riche collection rapportée du cap de Bonne-Espérance, en 1820, par un voyageur du Muséum nommé Delalande, ce qui lui permit de remplacer cette figure de sa première édition par une faite d'après un squelette de l'Hippopotame du Cap, et qui, quoique à un degré très-petit de réduction, pouvait être bien plus utile; elle est cependant bien loin de valoir celle que MM. Panders et d'Alton ont donnée du même squelette dans leur *Skeletten*, Pl. V des Pachydermes.

Par nous en ce moment. Nous sommes aujourd'hui bien mieux fournis de pièces ostéologiques provenant de cette espèce animale dans les collections du Muséum d'histoire naturelle. Trois squelettes adultes. En effet, outre ce squelette d'un Hippopotame du nord du Cap, nous en avons deux autres également adultes provenant du Sénégal, l'un que nous devons à la munificence de S. A. R. le prince de Joinville et aux bons soins de M. Bouet-Willaumez, alors gouverneur du Sénégal; l'autre qui nous a été rapporté par M. E. Robert au nom de M. Roger, gouverneur de la colonie avant ce dernier.

Trois de jeune âge. A l'état de jeune âge, nous avons celui du Sénégal, décrit par Daubenton et M. G. Cuvier; un second du Cap, rapporté par M. Delalande, et un encore plus jeune que je dois à la bienveillance éclairée de M. Foulois, inspecteur général du service de santé de la marine.

Dix-huit Têtes du Cap, du Sénégal, d'Égypte. Quant aux têtes osseuses d'Hippopotame, nous en possédons au moins

(1) Allamand, dans son édition de l'Histoire naturelle de Buffon, en Hollande, nous apprend que deux cents ans auparavant il y avait déjà une tête osseuse d'Hippopotame dans le Muséum de Leyde.

dix-huit de tout âge, en sus de celles de nos deux squelettes, l'une du Cap, l'autre du Sénégal, dont deux de la Haute-Égypte, achetées dans ces dernières années par moi, une de l'Abyssinie que nous devons à la générosité de MM. Rochet et Bécourt, et toutes les autres, dont on ignore l'origine exacte, mais qui proviennent plus probablement du Sénégal que de toute autre partie de l'Afrique, à cause de nos relations fréquentes avec cette colonie, et de ce que nous apprend Daubenton (*Descript. du cabin.*, Buffon, tome XIV, page 405), qu'Adanson avait vendu sa collection au Cabinet du roi, dont une tête d'Hippopotame.

Des Figures publiées. Par N. Grew, 1681.

La tête osseuse de l'Hippopotame a été figurée, et assez bien, pour la première fois en 1681, par M. Nehemias Grew, dans son Catalogue du Muséum de la Société royale de Londres, mais sans description ni rapprochement avec celle d'un autre animal vivant ou fossile.

A. de Jussieu, 1724.

Il n'en est pas de même de la tête et du pied d'Hippopotame envoyés à l'Académie par les directeurs de la Compagnie du Sénégal au commencement du dernier siècle, et dont A. de Jussieu a donné la figure et une description fort abrégée dans les Mémoires de l'Académie des Sciences pour l'année 1724.

Daubenton, 1764.

Ce sont les mêmes pièces sans doute qui servirent à Daubenton, pour enrichir le douzième volume de l'*Histoire naturelle* de Buffon en 1764, et qui furent beaucoup mieux représentées et décrites par lui, comme pouvant servir à reconnaître certains ossements fossiles trouvés en Europe et dans l'Amérique septentrionale.

G. Cuvier, 1805.

Ce sont également celles que M. G. Cuvier a employées dans la première édition de son mémoire sur les Hippopotames vivants et fossiles (*Annales du Mus.*, tom. IV, p. 299 à 328, année 1805), en les ajustant tant bien que mal au squelette d'un fœtus de cette espèce qu'avait déjà décrit et figuré Daubenton, en se servant même, comme objet de comparaison, du fémur qu'il en avait extrait. Par cet exemple, M. Cuvier se crut même autorisé à donner quatre grandes pages de mesures millimétriques de ces os de fœtus, comme si tous les os du squelette d'un animal croissaient dans les mêmes proportions, pendant leur passage de l'état de fœtus à celui d'adulte.

M. Spix, mon ancien ami et disciple, se borna, comme le demandait son ouvrage sur la Céphalogénésie, à figurer sous une seule face le crâne de l'Hippopotame. Spix, 1818.

Mais enfin M. G. Cuvier, dans la seconde édition de son mémoire, dans le tome 1 de ses *Recherches sur les ossements fossiles de quadrupèdes*, 1821, publia le premier la description et la figure, malheureusement trop réduite, d'un squelette entier de l'Hippopotame, d'après un bel individu adulte rapporté du Cap par M. Delalande, alors voyageur et employé du Muséum. G. Cuvier, 1821.

C'est le même que MM. Panders et d'Alton ont représenté d'une manière fort exacte et bien plus satisfaisante dans la Pl. VI de leur ouvrage sur les squelettes de mammifères, parce qu'ils ont pu le faire dans un degré de réduction beaucoup moindre. MM. Panders et d'Alton, 1821.

C'est également celui qui va servir pour notre travail descriptif et iconographique, en nous aidant du squelette d'un Hippopotame du Sénégal que notre établissement doit à la munificence du prince de Joinville, aussi bien que de plusieurs belles têtes nouvellement acquises, et entre autres de deux provenant de l'Hippopotame qui vit aujourd'hui refoulé dans les parties supérieures de la vallée du Nil, en Nubie et en Abyssinie. Par nous.

CHAPITRE PREMIER.

OSTÉOGRAPHIE.

Le squelette de l'Hippopotame, considéré dans son ensemble, est en général allongé dans le tronc et surtout dans la tête, au contraire de la queue, petite et tombante dès sa racine; il est arrondi comme un tonneau et même plus large que haut à la poitrine, qui n'est pas aussi étendue que dans l'Éléphant ni même que dans le Rhinocéros, en sorte que le ventre n'étant pas soutenu, et les membres étant fort courts, plus même Du Squelette de l'Hippopotame du Cap. Considéré dans son ensemble, dans ses proportions générales.

que ceux du Rhinocéros, la masse abdominale peut très-bien toucher le sol lorsque l'animal marche dans quelque lieu fangeux. Une autre particularité du squelette de l'Hippopotame, c'est la brièveté de ses membres, surtout dans l'avant-bras et dans la jambe, ainsi que l'élargissement de leur partie terminée par la disposition des quatre doigts qui la constituent, indiquant quelque chose de natatoire bien plus que dans aucun autre pachyderme; aussi avons-nous vu qu'il est à peine ongulé.

Nature des Os.

Quant à la nature des os qui entrent dans la composition de ce squelette, elle semble ne pas différer beaucoup de ce qui s'observe dans le Rhinocéros; seulement les os longs sont en général plus ronds, moins accidentés de facettes, de crêtes d'insertion musculaire, et même moins que dans les cochons, dont les os sont, comme on sait, remarquablement durs. On trouve en effet, en sciant l'humérus et le fémur en travers, que la partie éburnée est très-épaisse, d'un tissu très-serré, et que la partie réticulaire remplit le reste, sans qu'il y ait une véritable cavité médullaire.

Leur nombre.

Le nombre des os du squelette de l'Hippopotame est du reste absolument le même que dans ceux-ci, puisqu'en effet ils ont le même nombre de doigts.

SÉRIE MEDIO-SUPÉRR. Vertèbres en général.

La colonne vertébrale en totalité est formée de quarante-huit vertèbres proprement dites, sept cervicales, quinze dorsales, quatre lombaires, sept sacrées et quinze coccygiennes, qui, avec les quatre céphaliques, donnent un total de cinquante-deux.

Les courbures qu'elle forme sont encore assez bien comme dans le cochon; celle du cou fort courte et très-marquée en dessus, celle du tronc comprenant la poitrine presque tout entière fort concave en dessous.

De la Tête ou céphaliques en général.

La tête, portée presque horizontalement à l'extrémité du col et au niveau de la ligne dorsale, est formée d'une partie céphalique assez courte et d'une partie appendiculaire ou faciale très-longue.

occipitale.

La vertèbre occipitale a cependant son corps large et assez avancée, ses parties latérales épaisses, portant le condyle tout entier, et une apophyse mastoïde arrondie et médiocre, se continuant en dehors sous forme de crête avec celle du squammeux. L'occipital supérieur est fort large, losangique et assez aplati ; mais il s'avance au delà de la crête pour entrer un peu dans la voûte sincipitale, et surtout dans la ligne médiane, quelquefois par un interpariétal (1).

La vertèbre sphéno-pariétale offre également un corps large et presque carré; des ailes épaisses, mais étroites, surtout dans le point d'articulation avec le pariétal et presque sans apophyse ptérygoïde. Celui-là est fort grand, quadrilatère irrégulier à sa circonférence qui est assez sinueuse et dont le bord antérieur presque droit et large ne dépasse pas le rebord orbitaire. pariétale.

La vertèbre sphéno-frontale a son corps plus étroit, mais caché presque entièrement par la base du vomer; ses ailes sont au contraire plus larges que celles du sphénoïde postérieur remontant carrément dans l'orbite en remplissant une excavation ou échancrure que lui offre le frontal. Celui-ci est large, carrément et anguleusement plié au rebord orbitaire, qui est aigu, tranchant et assez fortement recourbé en ses deux parties; l'une supérieure large et losangique peu bombée ou même enfoncée, l'autre orbitaire également assez large et en demi-canal. frontale.

La vertèbre voméro-nasale est très-longue, par suite de la grande longueur de la face. Son corps ou vomer est très-peu élevé, mais sa gouttière est profonde et large, surtout en arrière, où elle cache le corps du sphénoïde antérieur; et son arc est formé par des os du nez fort larges en général, mais surtout en arrière, où ils s'enfoncent arrondis dans l'échancrure des frontaux, et par un pointe externe entre eux et le lacrymal, presque droits sur les deux côtés dont l'externe se recourbe en dessous pour former une sorte de canal, et à peine sinueux à leur extrémité libre, surplombant à peine l'orifice nasal. nasale.

Les appendices céphaliques sont en général fort longs. ses Appendices.

(1) M. G. Cuvier dit qu'il n'y a pas d'interpariétal dans l'adulte, il a disparu dans la crête; mais il existe dans le très-jeune âge, quelquefois même bifide.

a) supérieur. Ptérygoïdien interne. Palatin. ses Apophyses : orbitaire. palatine.

La mâchoire supérieure commence en dessous par un ptérygoïdien interne large, presque carré, dépassant beaucoup l'externe et terminé inférieurement par un crochet robuste assez long. Le palatin qui suit et qui s'applique largement en dehors de la pièce précédente, a son apophyse orbitaire très-basse et assez largement articulée au frontal, avec un languette fort grêle passant en dedans du maxillaire dans la tente sphéno-maxillaire et tendant vers le lacrymal; mais sa lame horizontale parallélogrammique s'avance dans le palais jusqu'à l'intervalle de la sixième et de la cinquième molaire, d'une manière assez variable; le bord postérieur assez épais, presque transverse dans le jeune âge, devenant ensuite de plus en plus oblique.

Maxillaire. Le maxillaire qui suit est remarquable par sa grande étendue, sa disposition convexe en dessus, ensellée de chaque côté par suite de son élargissement en arrière et surtout en avant, et l'étroitesse de la partie palatine.

Lacrymal. Cet os se joint 1° à la tête par un lacrymal médiocre intercalé au frontal et au nasal, en dessus au maxillaire et au jugal en avant et en dessous, s'avançant un peu obliquement, en s'élargissant, dans la face et au moins autant dans l'orbite où il est percé d'un très-petit trou lacrymal, bordant une assez grande partie du canal sous-orbitaire ;

Jugal. 2° à la mâchoire inférieure par un os jugal considérablement élargi en avant, peu rétréci en arrière, formant à lui seul une excavation assez forte pour l'orbite et une apophyse qui se prolonge en dessous de celle du temporal jusqu'à la cavité glénoïde, très-large et peu excavée.

Prémaxillaire. La mâchoire supérieure se termine enfin par un prémaxillaire considérable et fort épais, mais court dans sa branche verticale, séparée du maxillaire par une sorte d'échancrure qui bilobe l'extrémité de la tête et dans laquelle est la suture, entourant avec son analogue presque toute l'ouverture nasale, divergent et séparé à l'extrémité antérieure de la branche horizontale ou palatine, ce qui écarte fortement entre eux les trous incisifs ovales et proportionnellement assez petits.

b) inférieur. Temporal. L'inférieur commence par un temporal assez grand en totalité, mais fort peu élevé dans sa partie squammeuse, assez sinueuse à son bord; la partie mastoïdienne est également assez petite, et son apophyse est considérablement dépassée par celle de l'occipital qui l'embrasse en dessous; l'os du rocher ovale ou pyriforme et assez comprimé, comme tranchant à son bord inférieur, est accompagné d'un os de la caisse fort renflé dans le jeune âge et se prolongeant en dehors en un canal auditif bien distinct, dirigé obliquement en haut presque verticalement, et qui, avec l'âge, disparaît presque complétement, serré qu'il est entre l'apophyse mastoïdienne de l'occipital et la racine de l'arcade zygomatique. Cette partie du temporal est fort élargie en arrière, encore plus en dessous, où elle forme une surface articulaire excavée, plus ou moins limitée en arrière et en dedans par son extrémité recourbée; enfin elle se joint largement et obliquement avec la racine zygomatique de la mâchoire supérieure.

Rocher. Caisse. Canal auditif. apophyse jugale.

Les os de l'oreille n'offrent rien de bien particulier que leur petitesse pour un si gros animal. L'étrier est du reste à peine percé et la tête articulaire du marteau presque globuleuse et portée sur un col fort court, le manche étant lui-même peu allongé.

Os de l'Oreille.

La mandibule est remarquable par sa force aussi bien que par sa forme presque carrée, dans son plan, son extrémité antérieure étant transversalement presque aussi large que l'écartement de ses angles en arrière.

Mandibule en totalité.

Chaque côté presque parallèle, uni à l'autre par une symphyse ovale très-longue et oblique est composé d'une branche verticale en général peu élevée, mais fortement excavée en dehors, élargie et arrondie à son angle, terminé par une apophyse en crochet plus ou moins prolongée à son extrémité antérieure. Le condyle, au contraire, fort peu élevé au-dessus du niveau dentaire, est en forme de cylindre transverse, un peu plus débordant en dedans qu'en dehors; et l'apophyse coronoïde, petite, arquée sur ses deux bords, est peu élevée et peu séparée du condyle.

ses Côtés. Branche a) verticale. Angle. Condyle. Coronoïde.

La branche horizontale assez longue lorsqu'elle est pourvue de toutes ses molaires est épaisse, élevée, un peu rétrécie et comme étranglée vers son point d'attache à la branche montante; elle s'élargit ensuite carrément, s'épaissit en s'écartant fortement en dehors, par la saillie de l'al-

b) horizontale.

véole de la canine, puis se recourbe en dedans et finit par se joindre
Symphyse. très-épaisse à celle du côté opposé par une symphyse droite oblique et
Apophyse géni. très-considérable, mais sans apophyse géni un peu marquée.

De la Tête en totalité. Par la réunion des divers os vertébraux et appendiculaires de la tête
de l'Hippopotame, il résulte une masse énorme presque informe, ayant
Angle facial. un angle facial extrêmement peu ouvert, plus large à son extrémité an-
ses Condyles. térieure qu'à la postérieure, dont les condyles articulaires médiocres,
mais fort écartés par un trou vertébral considérable, sont à l'extrémité
Occiput. postérieure de son axe; la face occipitale presque verticale à peu près
ses Crêtes : occipitale. semi-circulaire, un tiers plus large cependant que haute, avec une crête
bien prononcée, mais peu élevée; quoique prolongée en une assez
sagittale. faible crête sagittale; les fosses temporales obliques et fort grandes; les
ses Fosses : temporales. orbites arrondis, très-profonds, latéraux, très-écartés, et soulevés en
orbitaires. forme de gros demi-tubes dirigés presque perpendiculairement à l'axe
du crâne, et presque complets à leur orifice par le développement
des apophyses orbitaires, la supérieure se prolongeant en un bord sail-
nasales. lant droit fort long; les fosses nasales très-longues, très amples, pleinement horizontales, commençant en haut et en arrière par une fosse
criblée. criblée très-considérable, arrondie et se terminant, en avant par un ori-
ses orifices : ant. fice très-grand, presque arrondi, formé exclusivement par les pré-
post. maxillaires et les os du nez; et en arrière par un orifice quadrangulaire assez grand et fort reculé au tiers postérieur de la face inférieure
du crâne; les arcades zygomatiques rectilignes assez écartées en arrière,
se rétrécissent en avant et même en s'excavant un peu en dehors, et les
Ses Fosses : ptérygoïdiennes. fosses ptérygoïdiennes excessivement petites pour un si gros animal, au
massétériennes. contraire de celles dites massétériennes à la branche montante de la
mandibule.

Ses Trous ou Orifices : Les trous ou orifices vasculaires et nerveux sont en général assez petits ou au plus médiocres.

vertébral. Le trou vertébral est cependant grand proportionnellement au diamètre de la cavité cranienne.

condyloïdien. Le trou condyloïdien est assez médiocre et ovale.

Le trou déchiré forme un demi-cercle continu autour de l'os de l'oreille, comprenant le canal carotidien non séparé. déchiré.

C'est le contraire pour le trou de la cinquième paire, unique et assez grand, produit à moitié par la grande aile du sphénoïde postérieur et par celle de l'antérieur, mais sans division en ovale et rond (1). de la cinquième paire.

Le trou optique est oblique, remarquablement petit, à peine aussi grand que les deux frontaux orbitaires internes, le canal sous-orbitaire fort court, commence en arrière par un très-grand orifice semi-lunaire intermédiaire au lacrymal et au maxillaire et finit par un trou sous-orbitaire médiocre, de forme ovale. optique.

En avant et en dedans de l'orifice interne du canal sous-orbitaire est un grand orifice, divisé en deux parties et qui conduit dans les fosses nasales : mais c'est évidemment le résultat de la brisure d'une ampoule olfactive du sinus maxillaire; en effet, il n'existe pas dans le jeune âge. sous-orbitaire.

Les trous palatins postérieurs sont petits, mais assez nombreux, et tous percés en ligne presque droite dans le maxillaire et aucun dans le palatin proprement dit; les incisifs ou palatins antérieurs sont au contraire fort grands, et au nombre de deux de chaque côté, l'un entièrement dans le maxillaire, l'autre, véritable incisif, plus en avant et plus grand dans la suture qui le sépare du prémaxillaire. palatins postérieurs. antérieurs ou incisifs.

Le canal dentaire de la mandibule est très-considérable; commençant en arrière par un orifice oblique très-grand, fort élevé, et immédiatement après la dernière molaire, il se termine en avant par deux trous mentonniers latéraux médiocres, un sous la troisième avant-molaire, l'autre bien plus bas sous la première, et en avant par un seul grand trou infundibuliforme entre la saillie alvéolaire de la canine et la première incisive. Canal dentaire. son Orifice postérieur antérieur ou trous mentonniers.

La colonne vertébrale est, comme nous l'avons dit, très-forte et très-hérissée, sans courbure autre que celle qui comprend le tronc tout entier et même un peu le sacrum. Vertébres:

(1) M. G. Cuvier décrit le trou rond comme confondu avec les trous déchirés entourant le rocher, mais je crois à tort.

Cervicales, 7. La partie cervicale est proportionnellement assez longue, chacune des sept vertèbres qui la constituent étant à peu près d'égale épaisseur et toutes fortement apophysées.

Première ou Atlas. La première, assez épaisse, est surtout fort étendue en travers par le grand développement de ses apophyses transverses, arrondies obliquement d'avant en arrière en quart de cercle, très-excavées en dessous, et surtout en dessus, où le trou artériel, grand et arrondi, élargi en trou de serrure recourbé; en dessous elle est en outre remarquable par la grande étendue des surfaces articulaires postérieures et la forme rigoureuse de trèfle du canal vertébral.

Seconde ou Axis. L'axis est également fort épais et fort large dans son corps, prolongé en avant en une apophyse odontoïde conique, très-épaisse à la base, et pourvu en dessous et en arrière d'une apophyse médiane en λ. L'apophyse épineuse est assez élevée, largement arrondie, épaissie en avant par son contact immédiat avec un tubercule épineux de l'atlas (1), et fortement élargie et bifurquée en arrière par la disposition canaliculée de sa partie débordante.

Intermédiaires. Les trois vertèbres intermédiaires croissent insensiblement, surtout dans l'apophyse épineuse et dans le lobe inférieur de l'apophyse transverse

Sixième. jusqu'à la sixième, où ces parties sont encore plus développées, surtout le lobe qui est très-largement et verticalement étendu en aile triangulaire, le sommet en arrière.

Septième. La septième, devenue plus mince, comme de coutume, diminue également dans son apophyse transverse, au contraire de l'épineuse qui est fort élevée.

Toutes les cinq dernières vertèbres cervicales ont leur corps légèrement convexe en avant et concave en arrière.

Dorsales, 15. Les sept ou huit premières vertèbres dorsales ont aussi leur apophyse épineuse assez élevée, mais notablement moins que dans le Rhinocéros, et même que dans le Cochon; elle diminue jusqu'à la dixième inclusi-

(1) C'est cette disposition que M. G. Cuvier décrit comme formée par deux facettes articulaires insolites. Il y a contact, mais sans facettes articulaires.

vement. Au delà les cinq dernières dorsales ont leur apophyse épineuse un peu élargie, mais assez basse. Le corps augmente aussi d'épaisseur; les échancrures d'articulation pour les côtes sont toujours fort larges et profondes, et jamais le trou nerveux, ordinairement de conjugaison, n'est en pleine vertèbre, comme cela a lieu chez le Cochon et le Tapir.

Lombaires, 5. En général.

Les cinq vertèbres lombaires sont assez peu allongées et subégales, leur corps devenant de plus en plus déprimé et transverse; leur apophyse épineuse est peu large et inclinée en avant, au contraire des transverses qui sont fort longues, très-larges; la première ressemblant presque à une fausse côte, et la dernière un peu plus étroite que l'avant-dernière, fort inclinée en avant et s'articulant par une sorte d'apophyse marginale postérieure assez large avec le sacrum.

Première. Dernière.

Sacrées, 7. En général.

Le sacrum, assez semblable à celui du Cochon, et nullement à celui du Rhinocéros, est lui-même peu considérable, quoique assez allongé, étant composé de six vertèbres; mais la première seule a ses apophyses transverses larges, épaissies pour l'articulation du bassin et son apophyse épineuse libre et courte. Les cinq suivantes, dont la première seule touche encore au bassin, deviennent étroites et allongées dans leur corps; les apophyses épineuses se soudent en une crête continue basse, mais assez épaisse, et les transverses de même.

Première. Dernières.

Coccygiennes, 15-16. Premières.

Des quinze à seize vertèbres coccygiennes qui constituent la queue, les cinq premières avec la forme de la dernière sacrée, sont encore pourvues d'un canal vertébral, toutes les autres en manquent; mais les sixième, septième et huitième, avec une forme assez semblable aux précédentes, et les autres se déprimant de plus en plus jusqu'aux deux dernières, qui sont tout à fait plates.

Dernières.

SÉRIE MÉDIO-INFÉRE. Hyoïde : corps.

La série médio-sternale commence par un hyoïde très-considérable, formé d'un corps fort large, épais, convexe en dessus, concave en dessous, de forme triangulaire, chaque angle fortement tronqué, l'antérieur terminé par une sorte d'appendice déclive, sub-bilobé, et les postérieurs par deux larges bras fort courts, mais épais, se prolongeant en deux petites cornes divergentes, très-épaisses, sub-triquètres, légère-

cornes : petites.

grandes.

ment concaves; les grandes cornes, articulées en dedans du point de jonction de la petite corne avec le corps sont composées de trois parties croissant un peu de longueur de la première, plus épaisse à la dernière, aplatie d'abord et terminée par un bouton.

Sternum, 6. Première. Seconde. Troisième. Quatrième. Cinquième. Sixième.

Le sternum, qui est en général assez considérable, est formé de six pièces, une première assez semblable à un bréchet d'aigle par sa forme comprimée et arrondie en avant, une seconde encore très-comprimée, la troisième moins; la quatrième, au contraire, fort déprimée et très-large; la cinquième de même, mais plus petite et ovale; enfin la sixième très-considérable, dilatée en très-large spatule, mais toute cartilagineuse.

Côtes, 15; 6 vraies, 7 fausses.

Les côtes, au nombre de quinze, sont en général fortes, larges, plates, et assez courbées : la première est cependant presque droite, verticale, et notablement épaissie dans sa moitié inférieure; la seconde a encore peu de courbure, qui augmente ainsi que la largeur dans les six ou sept suivantes. Celle-ci s'accroît encore pour les six dernières, qui deviennent très-plates en même temps que plus courbées.

Les côtes sternales, au nombre de huit, et les asternales de sept, sont également pourvues de cartilages épais, médiocrement longs.

MEMBRES. En général.

Les membres, considérés en général, assez éloignés les uns des autres, sont notablement courts et robustes, mais dans des proportions de parties assez singulières.

a) antérieurs :

Aux membres antérieurs :

Omoplate. Crête. Acromion. Cavité glénoïde.

L'omoplate, par exemple, est au moins aussi haute que l'humérus, ayant ses angles arrondis; ses deux fosses sont subégales par le plus grand élargissement du bord antérieur; la crête longue, épaisse, très-avancée, ayant son apophyse acromion peu marquée et bien moins grande cependant que dans le Sanglier, à l'omoplate duquel celle de l'Hippopotame ressemble davantage qu'à celles du Rhinocéros et du Tapir (1). La cavité glénoïde est large, arrondie, plus cependant à la

(1) Je ne trouve pas qu'elle ressemble en rien à celle du Bœuf, comme le dit M. G. Cuvier.

partie supérieure où elle est surmontée d'un tubercule coracoïde épais et bien plus prononcé, qu'à l'inférieure. Apophyse coracoïde.

L'humérus est un os assez robuste, mais médiocrement raccourci, ayant évidemment quelques rapports avec celui des Rhinocéros, quoique un peu moins ramassé ou un peu plus long; moins large dans son extrémité supérieure, qui est cependant plus carrée, moins parallélogrammatique transversalement, parce que la gouttière bicipitale est moins large et même très-petite, mais plus profonde par plus d'élévation de la grosse tubérosité dépassant beaucoup le niveau de la tête articulaire. Au-dessous de cette tête, l'os est bien plus étroit, moins aplati que chez le Rhinocéros, parce que la crête deltoïdienne est bien moins large, son apophyse étant plus isolée, mais peu ou point recourbée. Quant à l'extrémité articulaire inférieure, elle est au moins aussi large, à peu près de même forme, avec cette différence cependant que la double poulie est beaucoup plus marquée; disposition qui rappelle davantage ce qui existe chez le Sanglier et même chez le Tapir, que chez le Bœuf. Humérus; son extrémité supérieure : et crête deltoïdienne. inférieure : sa poulie articulaire.

Les os de l'avant-bras sont encore bien plus courts que dans aucun des trois genres avec lesquels j'établis la comparaison (1), et en effet d'un quart ou d'un tiers moins long que l'humérus; en sorte que, dans cet animal, les trois parties du membre décroissent de la première à la troisième. Os de l'avant-bras. En général.

Le radius, du reste, occupe toute la face antérieure de l'articulation humérale, comme dans ces trois genres. Il n'est peut-être pas plus antérieur, mais il est beaucoup plus soudé avec le cubitus, et sa tête inférieure est en contre-poulie très-oblique, avec la crête assez saillante et tranchante. Radius.

Le cubitus le plus rétréci dans son corps, au lieu d'être triquètre, se termine supérieurement par un olécrâne assez considérable, assez plat, peu ou point recourbé, si ce n'est tout en haut où il se dilate en une Cubitus; Supérieurement.

(1) M. G. Cuvier dit à tort que le bras de l'Hippopotame ressemble à celui du Bœuf.

Inférieurement. apophyse étroite et en crochet. Son excavation articulaire très-profonde est partagée en deux par un intervalle ligamenteux considérable qui lui est propre.

Sa position. Il se place, du reste, obliquement sous le bord externe du radius, comme imbriqué sur lui; sa face antérieure externe supérieure étroite, séparée de l'interne par un large espace légèrement enfoncé en poulie simple, assez bien comme chez le Cochon.

Os de la Main en général. La main est assez grande, aussi bien en hauteur qu'en largeur.

Du Carpe. Nombre $\frac{4}{4}$. Les os du carpe sont en même nombre que dans les Rhinocéros, les Tapirs et les Sangliers, quatre à la première rangée comme à la seconde.

Scaphoïde. Le scaphoïde de la première, moins considérable, plus carré, moins recourbé que celui du Rhinocéros.

Semi-lunaire. Le semi-lunaire est au contraire plus épais, moins étroit que dans celui-ci et le Tapir, mais assez bien comme chez le Cochon.

Triquètre et Pisiforme. Il en est de même du triquètre, mais le pisiforme est plus long, plus étroit à sa terminaison, plus recourbé en dedans et en bas, outre qu'il est notablement plus grand.

Trapèze. A la seconde rangée, le trapèze bien distinct est ovale, aplati et libre, a son sommet obtus et assez recourbé, ce qui le fait ressembler un peu à un pisiforme, comme M. G. Cuvier l'a justement fait observer.

Trapézoïde. Le trapézoïde est petit, également ovale, mais trapézoïdal à quatre facettes, dont les antérieures un peu plus grandes.

Grand Os. Le grand os est au plus de grosseur médiocre, et très-déprimé, pourvu en arrière d'une apophyse tubériforme considérable (1) s'articulant avec le semi-lunaire et le scaphoïde.

Unciforme. L'unciforme est énorme, transverse, avec deux larges facettes articulaires en haut, et deux moins marquées en bas; il est en outre prolongé postérieurement par une apophyse assez longue en cuiller, moins

(1) M. G. Cuvier dit à tort que cette apophyse n'existe pas dans le Cochon : elle s'y trouve également.

cependant que celle du grand os qui lui est parallèle; disposition qui ressemble évidemment plus au Rhinocéros qu'au Sanglier, mais encore plus prononcée.

Doigts en général.

Les doigts ont aussi quelque chose de ceux du Rhinocéros et surtout du Tapir, dont la main a également quatre doigts; mais avec cette particularité que le troisième métacarpien est plus gros, à peu près comme le médian, quoiqu'un peu moins long que lui, ce qui établit un rapprochement évident avec les Sangliers; seulement les extrêmes sont moins rejetés en arrière.

Métacarpiens.

Les métacarpiens sont donc bien moins aplatis, plus épais que ceux du Rhinocéros.

Phalanges.

Quant aux phalanges, c'est avec celles de ce dernier qu'il y a le plus de ressemblance, et beaucoup moins avec les Cochons où elles sont presque comme chez les Ruminants. Cependant dans l'Hippopotame elles sont plus longues que dans les Rhinocéros, surtout les premières, moins transverses, ce qui est aussi pour les secondes.

Onguéales.

Les troisièmes, ou onguéales, sont encore assez différentes de ce qu'elles sont dans ce dernier, les deux du milieu étant évidemment un peu triquètres, se regardant par le côté presque droit le plus petit; ce qui offre une nuance vers les Sangliers, quoique bien plus courtes et plus obtuses que chez ceux-ci.

du doigt; interne. externe.

La phalange onguéale du doigt interne verse en dehors au contraire de celle du doigt externe, particularité qui caractérise ce genre; car dans le Tapir, qui a également quatre doigts à la main, les phalanges onguéales des deux externes versent en dedans et des deux autres la quatrième en dehors, la troisième étant symétrique; tandis que dans le Rhinocéros, l'interne verse en dehors, l'externe en sens opposé et celle du milieu est symétrique (1).

(1) C'est-à-dire en prenant pour point de départ, au lieu de celle du corps, la ligne médiane de la main, chez l'Hippopotame comme chez le Cochon le bord oblique des phalanges onguéales converge vers cette ligne, deux à droite et deux à gauche // \\, tandis que chez le Rhinocéros et le Tapir, il y a, comme chez le Cheval, une phalange onguéale symétrique;

Des Membres postérieurs : en général.

Les membres postérieurs de l'Hippopotame sont au moins aussi courts que les antérieurs, et leurs parties ont assez bien les mêmes proportions.

Os innominé.

L'os innominé dans son étendue proportionnelle, et même un peu dans sa forme, rappelle assez bien ce qu'il est chez les Rhinocéros. Ce qu'il me paraît offrir de plus remarquable, c'est la position de la cavité cotyloïde au milieu de sa longueur comprise entre l'épine iliaque et la pointe inférieure de la tubérosité iskiatique.

Iléon.

L'os des iles est large, mais presque tout plat en dehors comme en dedans, s'étalant assez horizontalement en éventail, légèrement échancré à son bord antérieur, l'une des cornes se portant à l'articulation sacrée, et l'autre formant en bas une épine fort large, arrondie et épaisse. Son col est du reste encore assez large.

Pubis.

Le pubis, d'étendue médiocre, a ses deux branches s'unissant à angle droit, l'antérieure transverse bien plus courte et plus épaisse, surtout en dehors, par la forme arrondie transversalement de son épine, que la postérieure longitudinale, qui touche à celle du côté opposé dans toute sa longueur.

Iskion.

L'iskion ressemble un peu à l'iléon, ayant son col cependant plus étroit et son apophyse moins large, mais très-dilatée, très-étendue, et recourbée en sens inverse à chacune de ses extrémités.

Bassin. Cavité cotyloïde. Trou sous-pubien. Symphyse.

De la réunion des trois os, il résulte une cavité cotyloïde, large, arrondie, médiocrement profonde, sans échancrure à son bord, mais avec un trou ovale vers le milieu de sa profondeur; un très-grand trou sous-pubien ovale allongé d'avant en arrière; une très-longue symphyse pubienne; un détroit supérieur du bassin large mais fort oblique, et enfin un détroit postérieur très-long et assez resserré.

Fémur.

Le fémur est notablement plus long que l'humérus, de forme assez

celle du doigt medium entre une seule à droite et à gauche en sens opposé chez le premier / | \, et deux en dehors et une en dedans pour le second / | \\, en sorte que chez l'Hippopotame pas une seule des phalanges onguéales n'est de forme semi-circulaire, forme que M. G. Cuvier leur attribue à tort (t. I, p. 295).

normale, sans ressemblance presque aucune avec celui du Rhinocéros (1), son corps étant subtriquetre arrondi, à peine un peu courbé, sa tête arrondie, hémisphérique, portée sur un col bien distinct, quoique comprimé, son grand trochanter fort épais, plus élevé qu'elle, excavé en arrière d'une large et profonde cavité digitale, avec un petit trochanter à peine marqué et sans traces du troisième. Quant à l'extrémité articulaire inférieure, elle ressemble davantage à ce qui existe chez le Rhinocéros, mais avec une épaisseur et une largeur notablement plus considérables, aussi bien dans la poulie rotulienne que dans les deux condyles, et surtout l'externe.

Corps. Tête. Trochanter; Grand Petit. Troisième. Extrémité inférieure.

Les os de la jambe redeviennent plus courts, mais fort distincts.

Os de la jambe. Tibia.

Le tibia ressemble assez à celui du Rhinocéros (2), avec cette différence bien marquée, outre la grande brièveté, que la surface articulaire supérieure est très-notablement plus grande, la gouttière rotulienne plus large, aussi bien que la tubérosité externe d'articulation avec le péroné et surtout la crête plus élevée et plus courbée en dehors. Son extrémité articulaire inférieure est au moins aussi différente, en ce que la disposition de la contre-poulie est en général plus profonde, plus serrée, et que la gorge interne a sa surface articulaire partagée en deux par une fossette ligamenteuse.

Supérieurement. Inférieurement.

Le péroné diffère encore davantage par la gracilité plus grande, moins anguleuse de son corps, et parce que sa tête inférieure (3) est au contraire proportionnellement plus large en travers avec une partie de la surface articulaire interne débordante à son extrémité; de manière que l'articulation est composée de trois facettes, une supérieure, la plus petite, pour le tibia, et les deux autres pour les os du tarse, l'astragale et le calcanéum.

Péroné. Son corps. Son extrémité inférieure.

(1) Je ne vois pas qu'il y en ait beaucoup davantage avec les grands Ruminants.

(2) Plus qu'à cet os chez le Bœuf, quoi qu'en dise M. G. Cuvier.

(3) M. G. Cuvier (*Ossem. foss.*, t. I, p. 297), semble faire à tort un os distinct de l'épiphyse inférieure ou malléolaire du péroné; l'osselet des Ruminants en est bien l'analogue, mais comme rudiment de cette partie du péroné.

Os du Pied. Le pied est évidemment plus long et plus large que celui du Rhinocéros.

Astragale. L'astragale commence à offrir une disposition ou une forme générale d'osselet, en ce que sa poulie s'élève davantage au-dessus de son plan, devient un peu plus étroite, plus profonde, moins étalée que dans le Rhinocéros, en même temps que sa surface articulaire inférieure devient plus convexe et plus uniforme. Outre cela, la disproportion des deux facettes articulaires antérieures est beaucoup moindre, celles du cuboïde et du scaphoïde étant presque égales.

Calcanéum. Le calcanéum offre des différences concordantes qui le font ressembler à celui du Sanglier par sa surface articulaire astragalienne bien plus large, avec une facette externe pour le péroné qui n'existe pas dans le Rhinocéros, par une apophyse postérieure bien plus longue, un peu comprimée et terminée par une tubérosité en tête de clou plus large, et par une apophyse cuboïdienne notablement plus longue.

Scaphoïde. Le scaphoïde est plus étroit et plus épais, articulé bien plus largement avec le cuboïde en dehors et surtout en arrière; du reste il offre comme à l'ordinaire ses trois facettes antérieures internes, la troisième bien plus grande que les deux autres.

Cunéiformes : Premier. Second. Troisième. Des trois cunéiformes, le premier est le plus gros, plus plat et plus ovale ou trapézoïdal. Le second est le plus petit, plus petit même que dans le Rhinocéros; et le troisième, moyen pour la grosseur, est assez loin d'être aussi étendu transversalement que chez celui-ci.

Cuboïde. Mais au contraire le cuboïde est notablement bien plus considérable, quoique plus court à son extrémité antérieure, ayant en avant deux larges facettes pour les deux doigts externes, et à sa face postérieure presque carrée, sans apophyse bien saillante, des facettes articulaires pour le premier et le second cunéiforme, le scaphoïde et l'astragale; en sorte qu'il est en connexion avec tous les os du tarse, sauf avec le second cunéiforme.

Os du Métatarse. Les os du métatarse, au nombre de quatre, comme ceux du métacarpe de la main, ont assez bien la même forme et les mêmes proportions ; mais ils sont en général moins grands et moins étalés, les extrêmes étant surtout plus petits et plus postérieurs, ce qui donne au second et au troisième plus d'avance et plus d'égalité ; en un mot plus de ressemblance avec les Cochons, que pour les pieds de devant. extrêmes.

C'est ce que l'on peut également reconnaître pour les doigts ; les phalanges, et surtout la première des deux doigts intermédiaires, sont proportionnellement plus longues parce qu'elles sont plus grêles. Du reste, c'est tout à fait la même forme qu'aux membres antérieurs, sauf un peu plus de gracilité ou d'étroitesse. Os des Doigts.

Les différences que le squelette en totalité et chaque os en particulier offrent dans ce genre sont déterminées, comme dans les autres mammifères par l'âge, le sexe et les circonstances locales. Nous n'aurons donc rien de bien particulier à noter à ce sujet, d'autant plus que nous sommes assez loin d'avoir les moyens suffisants pour les constater. Des différences suivant :

Quant aux différences d'âge, nous n'avons en effet rien à apprendre de l'examen du fœtus observé par Daubenton et M. G. Cuvier, du moins pour le squelette. a) l'Age.

Il n'en est pas tout à fait de même pour la tête, dont nous avons sous les yeux un assez grand nombre d'exemplaires d'âges fort différents, depuis l'état de fœtus jusqu'à un âge au moins fort adulte et plus ou moins avancé dans la vieillesse.

Les différences principales, outre la grandeur en général, outre la force et l'étendue des crêtes, des apophyses, l'étendue et la profondeur des fosses d'insertion musculaire, qui s'accroissent nécessairement avec l'âge, à mesure du développement du système dentaire antérieur, se remarquent dans l'élargissement comme tronqué de l'extrémité antérieure, déterminé par la saillie des canines devenues défenses, et surtout dans la longueur proportionnelle de la partie intermédiaire ou subcylindrique des mâchoires, ce qui est produit par l'augmentation du nombre des dents molaires, depuis trois jusqu'à sept. la Tête. les Mâchoires.

Dès lors on voit en quoi doivent consister les différences en rapport avec le sexe. En effet, l'on sait par le fait observé anciennement par b) le Sexe.

Zerenghi, fait qui est confirmé de la manière la plus positive par M. Delegorgue, que la femelle est d'un tiers plus petite que le mâle; et probablement que cette différence de taille se prononce encore plus sur le système dentaire antérieur, comme cela a lieu chez les espèces du genre *Sus*. De là il suit, qu'outre une diminution notable dans la grandeur de la tête et des mâchoires, il doit s'en montrer une encore plus forte dans les crêtes, les apophyses et les fosses d'insertion. Dès lors, par exemple, la proportion de la hauteur à la largeur du triangle de la face occipitale sera changée en moins chez les femelles de ce qu'elle est chez les mâles.

c) les Individus.

Ce même raisonnement s'applique naturellement aux individus susceptibles de varier d'une manière notable, suivant les conditions plus ou moins favorables à leur existence et à leur développement.

Nous avons malheureusement un trop petit nombre de squelettes entiers ou de têtes d'Hippopotames pour appuyer ces faits présumés sur des mesures positives; mais c'est ce qui est confirmé par l'analogie dans le genre des Sangliers, dont la taille varie de plus de moitié suivant les localités, il est vrai, bien autrement variées que celles où l'Hippopotame se trouve aujourd'hui relégué, à peu de chose près, dans les mêmes climats.

inappréciables dans les parties caractéristiques non spécifiques.

Nous avons cependant pu comparer à la fois sous nos yeux trois squelettes bien complets, bien adultes, d'Hippopotames, l'un provenant du Cap, les deux autres du Sénégal, et en ayant soin de porter essentiellement notre attention sur les parties qui sont évidemment caractéristiques, par exemple ici sur la disproportion des doigts aux deux paires de membres où la dégradation doit se marquer, sans trouver d'autres différences que celles que l'on doit évidemment considérer comme individuelles; différences qui cependant, réduites en mesures millimétriques, pourraient paraître quelque chose aux personnes qui étudient l'ostéologie sans considérations physiologiques, mais qui au fond ne sont en aucune manière spécifiques. C'est ce que M. le professeur Nesti, tout porté qu'il était, en suivant les errements mis en usage si fâcheusement par M. G. Cuvier, à considérer comme espèce distincte l'Hippopotame fossile dans le val d'Arno, a été conduit à reconnaître, en trouvant autant de différences entre deux têtes d'Hippopotames vivants, celle mesurée par M. G. Cuvier et une qu'il mesurait lui-même, qu'entre l'une de ceux-ci et celle de l'Hippopotame fossile.

DES OS SÉSAMOÏDES.

Ces os, chez l'Hipoppotame, sont, comme on le pense bien, disposés à peu de chose près comme dans les grands Pachydermes, c'est-à-dire réduits à la rotule, et à ceux qui occupent le dessous de l'articulation des métacarpiens et des métatarsiens avec les premières phalanges. Os sésamoïdes :

La rotule est fort large et surtout très-épaisse; sa forme, malgré l'irrégularité de sa périphérie est cependant assez bien losangique. Les angles externe et interne étant beaucoup plus prononcés, celui-ci bien plus que les autres et prolongé en pointe; le supérieur, au contraire, étant large, obtus, subbilobé, et l'interne presque effacé. Rotule ;

Les sésamoïdes proprement dits, placés au nombre de deux sous chaque doigt, sont encore assez développés, moins cependant que chez le Rhinocéros. Leur forme est même un peu différente en ce qu'ils sont moins irréguliers dans leur forme et moins épais; ils le sont cependant plus que dans les Cochons et les Ruminants. Sésamoïdes proprement dits.

Passons maintenant à l'examen de la seconde des parties solides chez les animaux de ce genre, système qui n'offre pas moins de variations individuelles que l'autre, quoique appartenant davantage au système sensorial.

CHAPITRE DEUXIÈME.

ODONTOGRAPHIE.

Du Système dentaire. Décrit par Daubenton.

Le système dentaire de l'Hippopotame dont Daubenton a donné le premier une description presque complète, même pour la couronne des molaires dont il décrit très-bien les doubles trèfles, à un certain degré d'usure (1), présente quelques particularités plus ou moins anomales, déterminées sans doute par son mode de préhension de la substance alimentaire, et peut-être par son mode de défense; aussi est-il un peu irrégulier, mais cette irrégularité ne porte que sur les incisives et les canines qui devraient être plus ou moins exsertes, si les lèvres et le mufle n'étaient pas aussi énormes.

En général.

Dans l'état adulte.

Dans l'état adulte, le système dentaire est ainsi formulé :

Nombre total de chaque sorte de dents.

$$\frac{2}{2}+\frac{1}{1}+\frac{7}{7} \text{ dont } \frac{3}{3}+\frac{1}{1}+\frac{3}{3}=\frac{10}{10}=40 \text{ en tout (2)};$$

quoique dans le jeune âge le nombre des incisives doive être et soit réellement $\frac{3}{3}$; mais le grand écartement des os incisifs et des dents qu'ils portent par suite du développement de la première paire d'incisives inférieures, aussi bien que de celui des canines, a sans doute entraîné la

(1) C'est donc à tort que M. G. Cuvier dit, I, p. 280, que Daubenton a négligé d'examiner attentivement et de décrire en détail les dents de l'Hippopotame; en effet, sa description remplit six pages in-4°, il a même signalé les rapports qu'il y avait avec les Cochons.

(2) Je ne conçois pas comment Zerenghi a pu trouver quarante-quatre dents à l'Hippopotame qu'il a rapporté d'Égypte, tandis que Fabius Columna, qui a observé le même animal, n'en compte que quarante, avec juste raison. Antoine de Jussieu dit également qu'après les canines il y a aux deux côtés de chaque mâchoire huit dents molaires; mais sans doute par erreur typographique huit pour sept. Aussi Daubenton, dans sa description du système dentaire de l'Hippopotame, fait-il varier le nombre des molaires de six, sept et huit, et M. Cuvier lui-même termine-t-il son article sur les dents de cet animal par ces mots : « l'Hippopotame a donc en tout trente-six dents, et en comptant les molaires antérieures de lait qui tombent sans être remplacées, il en a quarante. »

perte de la première incisive supérieure, et déterminé l'oblitération de la troisième d'en bas.

Quoi qu'il en soit, voyons comment les choses se passent dans l'état adulte.

Supérieurement : Description des supérieures.

Les incisives ne sont qu'au nombre de deux paires par l'écartement des os incisifs eux-mêmes, distancées entre elles, fort longues et assez coniques, subtétragones et déjetées en dehors et en avant pour la première, et un peu en arrière pour la seconde. Celle-là, un peu plus droite, un peu plus carrée, offre, en outre, à sa face interne une surface d'usure plus ou moins marquée, provenant de son contact avec le côté externe de la première d'en bas. Incisives, 2. Première.

Quant à la seconde, un peu plus petite, outre qu'elle est plus cylindrique, plus courbée en dehors et en arrière, elle offre une cannelure interne plus prononcée que les autres, mais un indice moins marqué de contact terminal ou latéral avec une incisive d'en bas. Seconde.

La canine, très-déjetée en dehors de la ligne dentaire, est subtriquètre, fortement arrondie sur les angles, striée longitudinalement avec trois cannelures, deux externes bien moins prononcées que l'interne (1), profonde et même traduite par le bord alvéolaire, ce qui donne à la coupe une figure réniforme. Canine, 1 ; sa couronne,

Elle est en outre toute d'une venue, fort peu saillante hors de l'alvéole, et comme coupée net obliquement à son extrémité par le frottement de l'inférieure contre elle, dans les mouvements de la mandibule. Sa structure est d'une densité et d'une solidité remarquables, sans distinction d'émail. sa racine.

Les molaires sont au nombre de sept, en série presque rectiligne, non contiguë en avant, où la première est fort distancée, surtout de la canine. Molaires, 7.

Cette première, de beaucoup la plus petite des trois avant-molaires, est Première.

(1) M. G. Cuvier, p. 27, a placé à tort cette grande cannelure à la face postérieure.

unicuspidée et biradiculée ; elle est caduque, mais elle tombe, à ce qu'il paraît, d'une manière assez irrégulière (1). La seconde et la troisième subsemblables, assez comprimées et assez triangulaires, sont aussi monocuspides et à deux racines, dont la postérieure est la plus épaisse.

Seconde. Troisième.

Quatrième : couronne, La principale ou intermédiaire, prend une forme triquètre ou subquadrangulaire, le côté externe et le postérieur semblant n'en former qu'un ; aussi la couronne offre-t-elle l'indice de deux collines transverses peu distinctes, et de deux tubercules pour chacune d'elles.

racine. Ses racines sont au nombre de quatre, en deux rangées transversales et subégales.

Arrière-Molaires, 3. Cinquième. Sixième. Les arrière-molaires subsemblables, la pénultième un peu plus forte que celle qui la précède, et surtout que la dernière, deviennent à peu près carrées, un peu parallélogrammatiques au collet, assez fortement marginé ou serti, surtout en dehors et en avant, par un bourrelet ; la couronne formée de deux collines transverses, bimamelonnées chacune, avec élargissement par un tubercule en avant et en arrière à l'origine interne de chaque demi-colline.

Usées. C'est ce qui, par l'usure à moitié de la dent (2), produit les doubles trèfles signalés depuis longtemps par Daubenton à la surface de la couronne des molaires de l'Hippopotame, et surtout à la pénultième et à l'antépénultième, qui, serrées entre deux autres dents, peuvent, à un certain point avancé, montrer les deux trèfles d'une manière bien distincte, et de plus, en avant, une barre transverse plus ou moins marquée et produite par l'usure du bourrelet.

Septième ou dernière, La septième ou dernière ne diffère de la pénultième qu'en ce que, en arrière, son tubercule additionnel est transverse, mais, du reste, fort peu saillant, et que la colline postérieure est un tant soit peu plus étroite que l'antérieure.

racines. Quant aux racines de ces arrière-molaires, elles sont très-fortes et au

(1) C'est cette dent que M. G. Cuvier a regardée à tort comme une dent de lait qui tombe sans être remplacée.

(2) Et non pas quand celle-ci commence à s'user, comme le dit M. G. Cuvier, p. 288.

nombre de quatre par la bifurcation profonde de chaque sous-colline, et ces bifurcations, surtout les externes, divergent tellement qu'il est presque impossible d'enlever ces dents sans briser l'alvéole.

La dernière ou septième n'a que le même nombre de racines que celles qui la précèdent; seulement elles sont plus fortes et encore plus divergentes.

Inférieurement :

La disposition générale des dents est assez semblable à ce qu'elle est supérieurement, avec une légère différence seulement dans la forme; car dans le nombre aussi bien des incisives que des molaires, il est normalement le même. Des inférieures. En général.

Les incisives, tout à fait terminales, et rangées transversalement, sont également complétement droites, coniques, très-déclives et dirigées en avant, la première bien plus longue et bien plus grosse que l'externe, également un peu plus relevée. Leurs racines paraissent devoir se former très-tard, et leurs alvéoles sont très-profondes et très-lâches. Incisives, 2 ; couronne, racine.

Les canines sont dans le même cas que les incisives, c'est-à-dire bien plus fortes, plus écartées en dehors, et surtout bien plus longues et beaucoup plus courbées en haut et en arrière que les supérieures; leur forme est assez régulièrement triquètre; striées ou faiblement cannelées en dehors et en dedans, mais avec une gouttière prononcée du côté le moins convexe ou interne; lisses et planes en arrière par suite d'une usure qui coupe plus ou moins loin en biseau leur extrémité. Canines, 1.

Les molaires, en ligne droite, peu serrées en avant et contiguës en arrière, semblent n'être qu'au nombre de six, par absence de la caduque, qui manque assez souvent. Molaires, 7.

La première ou caduque est diconique, légèrement courbée en arrière, à une seule pointe et à une seule racine. Première.

Les deux avant-molaires qui suivent la première sont plus larges qu'épaisses, subtriangulaires à la couronne monocuspidée, et pourvues de deux racines assez rapprochées; quand la couronne n'est pas usée, sa pointe est comme polygonale. Seconde et Troisième.

Quatrième. La principale, un peu oblique, a aussi à peu près la même forme, mais la pointe obtuse de la couronne est épaissie à sa base en dehors comme en dedans, avec une sorte de talon ou de lame élargie en arrière.

Arrière-Molaires. Cinquième. Sixième. Enfin, les trois arrière-molaires parallélogrammatiques, c'est-à-dire plus longues que larges, surtout la postérieure, sont formées, outre un bourrelet antérieur bien marqué, de deux parties ou collines transverses bilobées au sommet (1) et élargies à leur base par un tubercule intermédiaire antérieur ou postérieur; de sorte que par l'usure, quand cette partie est atteinte, la couronne offre, outre un ovale transverse antérieur, des espèces de huit de chiffre liés entre eux par une barre, au nombre de deux, pour l'antépénultième et la pénultième, et presque de trois pour la dernière,

Septième. qui est pourvue en effet d'une troisième colline simple et conique, notablement plus petite que les deux autres, et la dernière atteinte par l'usure.

Racines. Le système radiculaire de ces arrière-molaires ressemble assez à celui des arrière-molaires d'en haut, étant fort serrée et divergeant dans ses parties; mais il lui ressemble de plus en ce que chaque lame transverse est profondément bifide, ce qui produit quatre fortes racines divergentes; la dernière, ayant une colline simple de plus, a aussi une racine qui lui correspond, ce qui lui en fait cinq.

Des différences : Les différences qu'offre le système dentaire des animaux de ce genre sont les suivantes :

1re Dentition. Incisives. Dans le très-jeune âge, il est certain qu'il y a trois paires d'incisives en haut comme en bas, et que ces incisives sont beaucoup plus subégales, dont une paire excessivement petite n'est pas remplacée, la première supérieurement, la troisième inférieurement (2).

(1) C'est cette disposition que M. G Cuvier décrit comme formant quatre collines coniques adossées deux à deux, de manière qu'une paire soit devant l'autre en travers.

(2) Je n'ai réellement vu que celle d'en bas, formant une petite calotte convexe en dedans et en dehors de la seconde; mais je suppose, par analogie, que la première d'en haut était gingivale et n'est pas restée dans la préparation.

Les canines ont aussi une autre forme, en ce qu'elles sont non-seulement bien plus petites, mais encore moins courbées et moins triquètres. Canines.

Quant aux molaires de premier âge, elles ne sont toujours qu'au nombre de trois à chaque côté des deux mâchoires (1), en général plus petites que celles qui les remplaceront, et un peu différemment formées. Molaires.

A la mâchoire supérieure; la première, proportionnellement plus forte cependant que dans la seconde dentition, mais assez semblablement distancée, est barlongue, à une seule pointe mousse et pourvue de deux racines assez divergentes; la seconde prend une forme plus triquètre, plus large en arrière qu'en avant, mais du reste encore monocuspidée et biradiculée, montrant cependant par une usure profonde quatre lobes d'émail assez distincts, deux longitudinaux en avant et deux transverses en arrière. La troisième ou dernière offre une forme encore assez triangulaire au collet, mais en même temps une division de la couronne en deux collines transverses, très-inégales; chacune est biscuspidée au sommet avant l'usure, qui produit ensuite des espèces de trèfle comme pour les arrière-molaires de l'adulte. Supérieurement, 3. Première. Seconde. Troisième.

A la mâchoire inférieure, le nombre et la disposition des molaires sont comme à la supérieure; mais la première et la seconde, quoique également monocuspidées et biradiculées, sont notablement plus comprimées. Quant à la troisième, beaucoup plus longue, quoiqu'elle n'ait que deux racines, sa couronne semble formée de trois parties, deux longitudinales en avant et une en colline transverse plus large en arrière; en sorte que la forme de cette dernière dent de première dentition triangulaire au collet, la base en arrière, est en sens inverse de la dernière et seconde dentition, où la base du triangle est en avant. Inférieurement, 3. Première. Seconde. Troisième.

Comme chez tous les Mammifères dont le système dentaire est normal, c'est-à-dire composé des trois sortes de dents, la seconde dentition commence pour les molaires avant que la première soit remplacée, Dentition intermédiaire.

(1) M. G. Cuvier admet quatre molaires de lait, mais parce qu'il y place à tort la première de seconde dentition.

Ordre de développement. et l'on trouve alors un mélange des deux. Comme de coutume c'est la première avant-molaire qui paraît d'abord, et ensuite la cinquième, puis les trois de remplacement, et enfin les deux arrière-molaires successivement; c'est ce qui fait que la première manque souvent et que la cinquième est déjà rasée que celles qui la précèdent sont encore assez loin de l'être.

Différences : suite de l'usure. Avec l'âge, l'usure produit ensuite des différences à peine susceptibles d'être décrites, depuis le moment où les pointes, plus ou moins polygonales de la couronne mono ou polycuspidée, d'entières qu'elles étaient, s'entament de plus en plus et présentent un ou plusieurs cercles qui se lobent, s'anastomosent, et enfin ne forment plus qu'une seule plaque entourée d'émail : c'est comme pour toutes les molaires qui broyent l'aliment, mais ici plus compliqué et plus diversiforme à cause de la complication du germe.

de sexe. Le sexe n'apporte de différences dans le système dentaire que pour le développement proportionnel des canines et pour la grosseur en général des autres dents.

de l'individu. Les particularités individuelles sont ici d'autant plus variées qu'il y a plus de complication dans la forme de la couronne des molaires; cela n'a pas besoin d'être dit: c'est comme dans toutes les autres parties de l'organisation.

CHAPITRE TROISIÈME.

PALÉONTOLOGIE.

DES TRACES LAISSÉES PAR LES HIPPOPOTAMES A LA SURFACE DE LA TERRE.

Les traces que l'Hippopotame a laissées dans l'histoire de la création, aussi bien dans celle des Hommes que dans le sein de la terre, sont assez nombreuses et même assez anciennes.

a) *Dans les ouvrages littéraires.*

En effet, sous le premier point, les personnes qui ont cherché à reconnaître, parmi ceux que nous connaissons aujourd'hui, les animaux dont il est parlé dans les livres plus ou moins anciens laissés par les Hébreux, sont à peu près d'accord pour rapporter à l'Hippopotame la description que Job fait, chap. 40, vers. 10, d'un animal qu'il nomme *Behemoth*, et cela surtout sur les traces de Bochart, qui a traité ce sujet avec sa vaste érudition linguistique plus qu'avec une connaissance réelle de l'animal vivant.

Dans le livre de Job : Behemoth.

Les ethnographes admettent cependant que Job, qui, à en juger d'après les formes de langage qu'il emploie, vivait, dit-on, certainement avant Moïse, habitait l'Idumée ou mieux le pays de Hus, entre l'Idumée et l'Arabie; et alors ce ne devait être que par tradition qu'il pouvait parler d'un animal qui n'existait sans doute alors, et qui n'existe encore aujourd'hui que dans le Nil; car il est plus difficile d'admettre qu'alors il se trouvait dans le Jourdain. Au reste, le passage lui-même, tel qu'il est interprété par les personnes qui connaissent le mieux le langage hébraïco-arabe, dans lequel ce livre est écrit, ne rend pas la conjecture d'une bien grande évidence. Le voici : « Regarde le Behemoth que j'ai fait près de toi, il mange du foin comme le Bœuf; il a la force dans les reins et la puissance dans le nombril; sa queue est comme un cèdre, il la tourne et la courbe à volonté. » En effet, dans tout cela, il n'y a que la nourriture qui puisse convenir, et encore jusqu'à un certain point; car l'Hippopotame ne s'amuse guère à manger seulement de l'herbe; son système dentaire incisif est même fort mal disposé pour cela, aussi bien que ses lèvres, au contraire de ce qui est si admirablement établi chez le Bœuf; que sa force soit dans ses reins, c'est ce qui a lieu pour tous les animaux à peu près; quant à sa puissance dans le nombril, il est difficile d'assurer ce que cela veut dire. Si le nombril est ici pris pour le ventre, il est certain que, sous ce rapport, l'Hippo-

Sa description.

potame est évidemment ventru, plus peut-être que l'Éléphant et le Rhinocéros. Sa queue, assez singulière par la manière dont les poils gros et assez longs la terminent en bordant son extrémité élargie, ne ressemble pas plus à un cèdre que celle de l'Éléphant et du Rhinocéros, qui l'ont assez bien de même forme, quoique plus longue. En ajoutant qu'il la tourne et la courbe à volonté, ce qui doit être fort peu important pour l'Hippopotame, qui pourrait faire supposer que le Behemoth serait plutôt le Buffle? Ceci paraît ne pouvoir être, d'après le rapport de ce mot hébreux avec celui de *Bchemd* en arabe (1).

Quoi qu'il en soit et quoi qu'on ait dit jusqu'ici, il me paraît bien douteux que Job ait réellement parlé de l'Hippopotame sous le nom de Behemoth, dont l'étymologie est du reste complétement inconnue, comme celle de la plupart des noms hébreux. Cependant, en admettant qu'il soit représenté par le mot arabe, on peut encore appuyer la probabilité que le Behemoth est le Buffle, en ce que ce mot signifie un grand animal terrestre qui se nourrit de substances végétales.

Chez les Grecs. Quoi qu'il en soit, s'il y a quelques doutes sur le point de savoir si dans les anciens livres hébreux l'Hippopotame a été signalé, il n'en est pas de même du nom que l'on trouve dans les premiers auteurs grecs qui ont parlé de l'Egypte. En effet, le mot *Hippopotamos* indique que c'était un animal qui se trouve dans les rivières, ce qui est vrai, et qui a de la ressemblance avec le Cheval, ce qui est faux.

Homère. Quoique Homère ait parlé dans plusieurs endroits de ses poëmes, et surtout dans l'Odyssée, de l'Égypte, il n'a rien dit qui puisse être attribué à l'Hippopotame, pas plus qu'au Crocodile.

Hérodote. C'est dans Hérodote qu'il en est question pour la première fois, et l'on suppose que ce qu'il en dit a été puisé dans Hécatée de Milet, quoiqu'il soit admis généralement, d'après son propre témoignage, qu'il a luimême voyagé en Égypte. C'est au chap. 71 du livre deuxième de son

(1) M. P.-E. Botta m'a appris que ce mot de *Behemoth*, très-probablement à en juger du moins par celui de *Bchémed*, qui en dérive en arabe, signifie un grand animal qui se nourrit d'herbes, ce qui comprend aussi bien l'Éléphant que le Rhinocéros.

histoire qu'Hérodote parle de l'Hippopotame, à l'occasion des animaux considérés comme sacrés; voici ce passage : «Les Hippopotames sont nombreux et regardés comme sacrés dans le nome Papremite(1), et ne le sont pas dans les autres; voici leurs caractères : ils sont quadrupèdes, à pieds fendus comme le genre des Bœufs, à face camuse, à crinière de cheval; ils montrent des dents exsertes; ils ont la voix et la queue du Cheval, la taille du plus grand Bœuf, et leur peau est si épaisse, que desséchée on en fait des javelots.» ce qu'il en dit

Cette description, sauf une ou deux particularités, est entièrement controuvée et prouve qu'Hérodote n'a jamais vu d'Hippopotame : c'est elle cependant qui a servi de base à ce qui en a été dit par Aristote, ajoutant qu'il a un astragale ou osselet comme les animaux bisulques, rabaissant sa taille à celle de l'Ane, et comparant sa queue à celle du Cochon, assertions qui ne sont pas beaucoup plus vraies, sauf la première, que celles qu'elles remplacent; et encore moins que les parties internes sont semblables à celles du Cheval et de l'Ane, suite sans doute d'une déduction hasardée plutôt que d'une observation directe. prouve qu'il ne l'a pas vu. Copié par Aristote.

Nous ne voyons pas que ce passage d'Hérodote soit le moins du monde éclairé par ce que nous apprend Plutarque, que les Égyptiens faisaient entrer l'Hippopotame dans leurs signes hiéroglyphiques pour signifier l'impudence à mal faire (*Isis et Osiris*, 269); ce qui les avait conduits, sans doute, à le figurer pour représenter Typhon (*id.; ibid.*, p. 293), ou l'idée du mal; à moins que de croire qu'ils avaient pris cette idée de ce que cet animal faisait, comme il le fait encore aujourd'hui, de nombreux dégâts dans les cultures, sans craindre beaucoup, par suite de la nature de sa peau, les blessures que les armes anciennes pouvaient lui faire. non éclairé par les hiéroglyphes égyptiens.

Diodore de Sicile, dans l'histoire duquel (t. I, p. 42, *ed. Weslingii*) il est également fait mention de l'Hippopotame, suit encore en grande partie les erreurs d'Aristote dans ce qu'il dit dans sa description, à laquelle Diodore de Sicile.

(1) Ce nome comprenait le Delta.

Diodore de Sicile.

il ajoute cependant l'appréciation de sa taille à cinq coudées, celle de sa masse peu inférieure à celle de l'Éléphant, et enfin le nombre des dents exsertes, qu'il porte à trois de chaque côté; mais ce qui prouve qu'il avait été mieux renseigné d'autre part, c'est ce qu'il dit sur ses mœurs et ses habitudes qu'il peint fort exactement; il habite, dit-il, l'une après l'autre, la terre et les eaux, pouvant vivre fort longtemps sous celles-ci, dans le fond desquelles il marche, sortant la nuit pour aller paître les herbes et les récoltes; de sorte que, s'il était multipare, et s'il produisait tous les ans, il ferait un tort immense dans les champs des Égyptiens. La manière dont on le chassait est aussi fort exactement rapportée par Diodore telle qu'elle a lieu encore aujourd'hui pour la Baleine, par la perte de son sang, déterminée par une blessure faite par un harpon emmanché de bois, auquel est attachée une longue corde; à quoi il ajoute que sa chair est dure et de digestion difficile, et que les viscères ne sont pas mangeables.

Cependant les voyageurs et les géographes, sans augmenter ce qui avait été dit avant eux sur l'Hippopotame, relataient les lieux où il en existait et où il n'en existait pas; ainsi Strabon (Géogr., XV) rapporte, d'après Néarque et Eratosthène, qu'il n'en existe pas dans l'Indus, il est vrai, contre l'opinion d'Onésicrite; mais il dit (liv. XVI), qu'en Afrique il y en avait ainsi que des Crocodiles à l'extrémité des rivages de l'Afrique, sur la mer Rouge, dans un grand lac d'eau douce aux environs de Licha (1), ainsi que Pline (V, cap. 1) et Solin (cap. 27) en admettent à une autre extrémité dans le fleuve Amnote, près de l'Atlas.

Strabon. Néarque. Ératosthène. Onésicrite.

Chez les Romains. Pline.

Avant Pline, et d'après les renseignements qu'il nous donne lui-même (VIII, c. 25, éd. Sillig.), on avait vu un Hippopotame vivant à Rome, avec cinq Crocodiles aux jeux donnés par M. Scaurus pour son édilité (110 ans av. J.-C.); cependant, tout ce que cet éloquent compilateur rapporte de cet animal est tiré d'Aristote pour sa description,

(1) *Licha, Elephantorum venatio,* dans le pays des Troglodytes, dit Strabon (Geogr., lib. XVI, p. 734, ed. Basil. 1549). — *Indiæ fluvii omnia ferunt, præter Hippopotamos, quanquam Onesicrites dicat eos in India procreari* (lib. XV, p. 658, ed. Basil. 1549).

et peut-être de Diodore pour quelques-unes de ses habitudes, sur lesquelles il ne dit que fort peu de chose et rien du reste de nouveau, si ce n'est peut-être qu'il est comme le Crocodile habitant des fleuves et de la mer. Quant à ce qu'il ajoute sur l'enseignement qu'il aurait donné aux hommes de la saignée qu'il se fait lui-même, lorsqu'il se sent trop replet, à l'aide de la pointe d'un roseau coupé nouvellement; sur les divers usages, et surtout en médecine, de différentes parties de son corps, de son sang en peinture, tout cela ne mérite aucune considération, et ne nous prouve qu'une chose, c'est que les Hippopotames devaient avoir été rencontrés fréquemment depuis que les Grecs et les Romains avaient conquis l'Égypte.

Pline. (Suite.)

C'est ce que nous apprend le même Pline (VI, c. 29, L. 173, éd. Sillig.), dans le passage où il rapporte que les peaux d'Hippopotames étaient, avec l'ivoire, les cornes de Rhinocéros et d'autres objets apportées de l'Éthiopie ainsi que de la Ptolémaïde, au marché de la ville qu'il nomme Aduliton, dans le pays des Troglodytes (1) et de là en Grèce, en Asie et dans tout l'empire romain, à quoi il faut ajouter les dents d'Hippopotame; car Pausanias (*Arcad.*, p. 694) dit que le simulacre de la statue de la mère Dindyméné (Cybèle), chez les Procnésiens (2), était d'or, si ce n'est la face qui, au lieu d'ivoire, était faite de dent d'Hippopotame.

Oppien.

Il est assez probable qu'Oppien n'a véritablement pas connu l'Hippopotame, non plus que l'ouvrage de Diodore, puisqu'il n'en fait aucune mention dans son poëme sur la chasse; car il est difficile de croire avec Schneider et Belin de Ballu, que l'animal dont il parle sous le nom de Cheval sauvage (ἱππάγρου) (*de Ven.* III, vers. 241), qui vit dans les confins des montagnes élevées d'Éthiopie, puisse être un Hippopotame.

Pausanias.

Ainsi, depuis Pausanias et jusqu'au temps où écrivait Ammien Marcellin, sous Julien, il n'est plus question, dans les auteurs dont les ou-

(1) *Oppidum Aduliton, maximum emporium Trogloditarum, etiam Æthiopum et Ptolemaide, quinque dierum navigatione* (Pline, Sillig. I, p. 424-172-173).

(2) La Procnèse était une petite île de la Propontide aujourd'hui Marmara.

vrages nous sont parvenus, de l'Hippopotame. Cet historien, dans le peu qu'il en dit (Lib. XXII, cap. 13), le compare encore au Cheval, et lui donne le pied bisulque et la queue courte, mais lui accorde, d'après Pline, la précaution, lorsqu'il est sorti des roseaux qu'il habite, pour aller brouter dans les champs, de revenir à sa bauge (1) par différentes routes, afin d'être moins exposé aux piéges et aux embûches. Malgré cela, il paraît que ç'avait été sans beaucoup de succès, car il fait l'observation que l'on n'en peut plus trouver dans les pays où l'on en indiquait, et qu'ils avaient sans doute émigré jusqu'au pays des Blemmyens (2).

Dion Cassius. Dion Cassius nous apprend cependant (I, p. 655) qu'Auguste montra un Hippopotame dans son triomphe sur Cléopâtre, qu'il dit même avoir été vu le premier à Rome dans les jeux publics, ne connaissant sans doute pas le passage de Pline (II, p. 1211, éd. Reim.), et que Commode en tua cinq.

Lampridius. Æl. Lampridius, en énumérant les crimes et les folies d'Héliogabale (*Hist. Aug.*, III, p. 32), dit qu'il possédait des Hippopotames, des Crocodiles, des Rhinocéros, avec beaucoup d'autres animaux plus ou moins curieux d'Égypte, qu'il énumère longuement.

Jules Capitolin. Jules Capitolin rapporte aussi (*Hist. Aug.*, III, p. 58, éd. in-18, 1632) que, sous Antonin le Pieux et sous Gordien, des Hippopotames furent montrés à Rome avec des Crocodiles.

Calpurnius. Enfin, le poëte Calpurnius, sous l'empereur Carus, en 284, dans son églogue VII, vers 66, définit un Hippopotame qu'il avait vu à Rome, *equorum nomine dictum sed deforme pecus.*

A. de Jussieu. A. de Jussieu cite aussi des Hippopotames montrés à Rome par l'empereur Philippe, pour la solennité des jeux séculaires.

La mention des animaux de ce genre devient de plus en plus rare

(1) D'après les nouvelles observations de M. Delegorgue, il paraît en effet que l'Hippopotame se creuse des espèces de fosses dans les rivières qu'il habite.

(2) Ancien peuple d'Éthiopie. *Ægyptiis finitimi et Æthiopibus parentes*, dit Strabon (Geogr., lib. XXVII).

dans le Bas-Empire, et en effet Themistius (*Oration.*, 20) nous apprend dans l'un de ses discours, comme l'avait déjà fait Ammien Marcellin (*Hist. rom.*, lib. 22, c. 15), philosophe et orateur célèbre sous Théodose, que les Hippopotames ont manqué en Égypte aux ordres de Julien, comme les Lions en Thessalie, et les Éléphants en Libye; et c'est enfin chez un poëte, Achilles Tatius, il est vrai, d'Alexandrie, que se trouve, chez les anciens, la plus complète et même la plus exacte description de l'Hippopotame, dans le IVe liv., p. 221 de l'édition de 1640 donnée par Saumaise (*Hist. amat.*) sous le nom d'un animal fluviatile, que les Égyptiens nomment Cheval du Nil, quoique d'après l'observation de Schneider, il semble ne l'avoir jamais vu.

Themistius.

Achilles Tatius.

C'est de cet auteur qu'Eustathe a tiré tout ce qu'il a fait entrer dans son ouvrage (*de Hexaemero*, p. 21, éd. Allat.), qui par conséquent ne nous apprend rien de nouveau, et qui même, par faute de renseignements, a introduit de graves erreurs qui ont été relevées avec habileté par Schneider.

Eustathe, 325.

Quant à Cosmas, quoiqu'il ait rapporté des dents d'Hippopotame remarquables par leur grandeur, s'il est vrai qu'il a possédé une canine pesant treize livres, il paraît qu'il n'a pas vu l'animal dont il parle (*Géogr.*, XI, cap. 7).

Cosmas.

Ainsi, comme il est aisé de le voir par cette analyse, de ce que nous ont laissé les anciens sur l'Hippopotame, quoique représenté d'une manière fort reconnaissable par la sculpture, c'est à peine si sa description s'est un peu améliorée depuis Aristote, comme on peut le voir dans la définition qu'en donne Isidore de Séville (1), et peut-être cela est-il dû, en partie du moins, au nom complétement erroné qui lui avait été donné; seulement ses mœurs et ses habitudes étaient mieux connues, et sa diminution, sa marche de retraite dans les parties hautes du Nil sont devenues évidentes.

Isidore de Séville, 600.

(1) *Hippopotamus vocatus, quod sit equo similis dorso, juba et hinnitu, rostro resupinato, aprinis dentibus, cauda tortuosa, ungulis binis, die in aquis commoratur, nocte segetes depascitur et hunc Nilus gignit.*

Au moyen âge.

C'est à quoi, c'est-à-dire à ce même résultat, que le moyen âge est arrivé.

Vincent de Beauvais, 1250.

On trouve cependant chez Vincent de Beauvais, dans un chapitre intitulé : *De Equo marino et Equo Nili et Equo fluminis*, plusieurs détails qu'il a puisés ailleurs que dans Aristote et dans les anciens, mais qui seraient encore plus erronés, s'il était vrai que son *Equus marinus* fût la même chose que son *Equus fluminis;* il lui donne en effet des membres, des pieds et des ongles semblables à ceux du Crocodile, mais plus grands; il le regarde comme très-féroce, et se nourrissant de la chair des autres poissons; mais comme, pour l'*Equus fluminis,* il reproduit à peu près ce que dit Aristote de l'Hippopotame; il est à croire que le premier est le Crocodile.

Albert le Grand, 1260.

C'est également ce qu'on peut dire d'Albert le Grand : il n'ajoute absolument rien à ce qu'avaient rapporté les anciens du véritable Hippopotame, et il y joint, sous le nom de Cheval du Nil, la description du Crocodile ou d'un grand Phoque.

A la Renaissance.

P. Gilles, 1544.

Le naturaliste moderne qui a eu l'avantage de voir et d'observer le premier Hippopotame vivant, n'est pas, comme on le dit à peu près partout, depuis Buffon et même avant lui, P. Belon, mais P. Gilles, à Constantinople, vers 1544. Bien mieux, c'est qu'il en a donné, dans une lettre au cardinal d'Armagnac, une description fort exacte, aussi bien pour la forme générale que pour les caractères tirés des dents et des doigts, et pour les habitudes de l'animal (1). Malheureusement la lettre

(1) Je demande même la permission, quoique cela sorte un peu du plan de mon ouvrage, de rapporter en note la description de P. Gilles, parce qu'elle est complète et que l'ouvrage où elle se trouve paraît avoir été jusqu'ici très-peu connu, pas même du savant Gottl. Schneider, qui dans sa dissertation si profondément érudite sur l'Hippopotame (*Arteds. Synon. Piscium*, p. 247, 1789) que nous venons d'abréger, ainsi que l'avait fait M. G. Cuvier, ne l'a pas même citée (*).

M. G. Cuvier ne l'a pas connu beaucoup davantage, et il ne le cite que d'après Prosper Alpin;

(*) Le petit ouvrage dans lequel P. Gilles a décrit l'Hippopotame, est intitulé *Descriptio nova Elephantis, authore Petro Gillio Albiense*, in-12 de 38 p. imprimé à Hambourg en 1614, et bien auparavant à la suite de sa traduction de l'*Hist. Anim. Æliani*, publiée par son neveu, à Lyon, en 1565, comme me l'a montré M. Raullin, sous-bibliothécaire de l'Institut.

de P. Gilles ne fut publiée qu'en 1565, et la peau d'un autre individu, qu'il envoya au cardinal, son protecteur, fut sans doute négligée et perdue.

aussi est-ce tout à fait à tort qu'il dit que P. Gilles s'est borné à copier la description de Diodore (*Ossem. foss.*, I, p. 274).

« L'Hippopotame dont je vous envoie la peau, je ne l'ai pas vu vivant, mais j'en avais vu un autre longtemps auparavant (*) dont la circonférence du ventre était de huit pieds, celle du col de plus de cinq, et la longueur totale du front à la queue de six pieds et demi; la largeur du front était d'un pied, aussi bien que la distance entre les oreilles; l'intervalle des yeux d'un demi-pied, un peu moindre pour celui des narines, qui étaient ouvertes sur le dos du museau, dont la dilatation était de dix doigts (*digiti*); de l'extrémité du museau où s'ouvrait la bouche, jusqu'au front, la distance était d'un pied et demi; les oreilles avaient six doigts de hauteur et la queue un peu plus d'un pied, sur trois doigts de largeur, qui était un peu plus grande à l'extrémité pourvue de quelques poils; ses pieds avaient quatre doigts pourvus d'ongles longs de trois doigts et semblables à ceux des Tortues; la circonférence des membres de devant à sa partie inférieure était d'un peu plus d'un pied, et leur longueur était la même; néanmoins la distance du ventre au sol n'était pas d'un demi-pied; l'ouverture de la gueule allait jusqu'à deux pieds; le dos était noir et le ventre blanchâtre tacheté; la peau était très-dure et rugueuse (*exasperatum*) comme celle de l'Éléphant, pouvant devenir extrêmement sèche et redevenir molle et luisante par l'action de l'eau; elle était bien plus molle auprès des oreilles et du ventre; j'en ai vu sortir des gouttes d'humeur, comme cela se voit de l'écorce des cerisiers, d'un suc lacrymal; les yeux étaient exactement ronds et n'excédaient pas ceux d'un petit veau, sans compter la partie ambiante qui était entièrement blanche; les sourcils manquaient de poils et ils saillaient de trois doigts; il y avait quelques poils sur le museau, mais grêles; à la partie antérieure et inférieure de la bouche et de chaque angle du museau saillaient deux grandes dents, même la bouche fermée, entre lesquelles il y en avait quatre petites; à la partie supérieure et antérieure il y avait également deux grandes dents entre lesquelles en étaient quatre bien plus petites; les mâchoires étaient armées de sept dents et le museau était coupé carrément; en effet il avait la même largeur à sa terminaison qu'à son origine, c'est-à-dire neuf doigts; la ligne droite comprise entre les dents angulaires saillantes hors la bouche avait un demi-pied de long.

Cet animal soufflait, en respirant, comme un Bœuf, mais ne faisait pas entendre sa voix, même quand on lui tirait les oreilles; on le nourrissait de foin et d'autres substances, comme les Bœufs et les Chevaux; sa tête ressemblait à celle d'un Bœuf (*Bubulus*), il marchait lentement comme un Cochon fort gras, auquel il ressemblait; il aimait à se vautrer dans un lieu humide; il était extrêmement doux, se laissait toucher et ouvrir la gueule impunément par tous ceux qui le voulaient; il avait été pris dans le Nil, mais celui dont je vous envoie la peau l'avait été auprès de Damiette. »

Discutant ensuite si cet animal doit être rapporté à l'Hippopotame, au Chœropotame ou au

(*) Malheureusement P. Gilles écrit bien sa lettre d'Alexandrie, d'Egypte, mais sans date.

P. Belon. Belon, qui voyageait à peu près à la même époque en Orient que P. Gilles, raconte aussi avoir vu cet Hippopotame à Constantinople, mais il est évident pour moi que tout ce qu'il en a dit n'est pas le résultat immédiat de l'observation de cet animal, mais tiré de l'étude des mo-

Boopotame des anciens, P. Gilles conclut, ou bien qu'ils ont fort mal décrit le véritable Hippopotame, ou bien qu'il y a dans le Nil un autre grand animal qui a une crinière comme le Cheval et le pied bisulque avec des ongles comme les Bœufs, et qu'on n'a jamais vu; tandis que des médailles et la statue colossale du Nil, dans les jardins du Vatican, ont représenté d'une manière reconnaissable l'animal qu'il a vu et décrit à Constantinople.

Voyons maintenant ce que rapporte Belon, et nous acquerrons la preuve que quoique le protégé du cardinal de Tournon dise aussi bien dans ses *Aquatilia* que dans ses *Observations* qu'il a vu un Hippopotame vivant à Constantinople, on peut fortement en douter, par les raisons suivantes :

D'abord dans ses *Observations*, recueillies pendant son voyage, à l'article des choses curieuses qu'il a vues à Constantinople, où il parle assez longuement de la ménagerie des animaux vivants qu'entretenait alors le Grand-Turc à Constantinople, et parmi lesquels même il figure une Genette qui en faisait partie, il ne dit pas un mot de l'Hippopotame; et ce n'est en effet qu'au chapitre XXXII, feuill. 105, au verso, des animaux qui vivent dans le Nil, qu'il en est question, nous apprenant qu'il en a vu un vivant à Constantinople, mais sans aucune description ni figure, renvoyant à ce qu'il en avait écrit ailleurs en latin et en français.

Ce ne peut donc être que dans ses *Aquatilia*, qu'il a en effet écrits en ces deux langues. Or voici ce qu'on y trouve :

Dans un premier paragraphe, c'est un quadrupède, une sorte de monstre aquatique mais non marin, il ne ressemble pas tant au Cheval terrestre qu'au Cochon ou au Bœuf, sa tête rappelant celle de celui-ci ou d'un Veau; mais pour le reste du corps, c'est au Cochon qu'il ressemble davantage. En preuve que les anciens l'ont vu tel qu'il l'avait observé lui-même à Constantinople, il cite et figure très-grossie une médaille d'or de Domitien, afin, dit-il, que l'on puisse la comparer avec la figure de celui qu'il a vu et fait dessiner à Constantinople : *ut quantum ad nostram quæ deinceps tibi proponetur, accedat facilius judices*, mais qu'il n'a pas donnée.

En effet, il étend ainsi sa description dans un autre paragraphe : sa tête est énorme, très-disproportionnée, avec le reste du corps de Vache sans cornes, avec des oreilles courtes d'Ours, une gueule largement ouverte, des narines dilatées et supérieures, les yeux et la langue très-grande; des dents de Cheval, mais obtuses; le col nul, comme les poissons ou très-court; la queue, de Cochon ou de Tortue, ronde; le reste du corps ressemblant à celui d'un Cochon très-gras; les pieds si courts que les quatre doigts s'élèvent à peine de terre, et les ongles comme ceux de Cochon et étalés (*diffusæ*). Enfin il termine son article en donnant une figure tirée de la plinthe de la statue colossale du Nil, avec juste raison, car il est aisé de voir par ce qu'il dit des dents, de la queue et des doigts, qu'elle seule a servi à la description et que Belon n'a pas vu d'Hippopotame, ni mort, ni vivant.

numents qu'il a en effet figurés. Il est cependant à observer que Cardan, *De subtilitate*, Exerc. CLXXXVII, n° 2, parlant de l'Hippopotame, et rapportant ce qu'en ont dit les anciens et les modernes, aime mieux croire ceux-là que Belon, qu'il ne nomme pas, mais qu'il désigne d'une manière fort claire. Cardan.

La très-grande partie des écrivains qui, depuis l'année 1553 où parut l'ouvrage de Belon, eurent à parler de l'Hippopotame, durent croire n'avoir rien de mieux à faire que de copier ce qu'en avait dit celui-ci, comme l'a fait Gesner, par exemple, dans son *Dictionnaire*; mais c'est surtout, ainsi que Buffon l'a montré avec beaucoup de justice, Zerenghi, chirurgien médecin de Narni, dans le royaume de Naples, qui depuis que l'ouvrage de Gilles eut paru, fit connaître cet animal d'une manière beaucoup plus complète, avec mesure des parties, dans un petit abrégé de chirurgie en italien, qui fut publié en 1603, plus de cinquante ans après Gilles et Belon. Voyageant en Égypte, il eut le bonheur de tuer deux Hippopotames, un mâle et une femelle, qui étaient tombés dans un piége, c'est-à-dire dans une fosse recouverte de matériaux peu solides, à leur retour au Nil, aux environs de Damiette. Il fit enlever les peaux qui furent salées, et en 1601 il les apporta à Venise, et ensuite à Rome, où elles furent reconnues pour ce qu'elles étaient par Fabrice d'Aquapendente et Ulysse Aldrovandi. Celui-ci en profita en donnant dans son ouvrage la figure de la femelle, comme Gesner avait fait à l'égard de Belon. Zerenghi.

C'est le même sujet qui a servi à la description latine que Fabius Columna a donnée de l'Hippopotame, probablement en même temps que Zerenghi, car celle de ce dernier ne se trouve pas citée dans l'ouvrage de F. Columna, dont la date est aussi de 1603. Fabius Columna.

Ce sont ces nouveaux éléments fournis par Belon et surtout par Fabius Columna et Zerenghi qui permirent à Gesner et à Aldrovandi de rectifier, dans leur immense compilation, ce que les anciens avaient dit de l'Hippopotame. Celui-ci même en donne une figure d'après la peau bourrée de l'individu femelle rapporté par Zerenghi. Gesner. Aldrovandi.

Depuis lors, cet animal a été observé longtemps après, en 1580, en Égypte, par Prosper Alpin (1), qui ne l'a jamais vu vivant, mais seulement deux peaux bourrées, peut-être même par Ludolf, qui en a donné une figure dans son Histoire d'Éthiopie, par Jean de Thévenot (*Voyage au Levant*, II, p. 787), d'après un individu tué à Girgi, près du Caire; par Abdallatif, écrivain arabe, suivant son Histoire d'Égypte traduite par M. de Sacy, d'après un individu tué dans le Nil, aux environs d'Alexandrie (I, cap. XI, n° 1, 1687); puis enfin et souvent au cap de Bonne-Espérance, par Kolbe; au Sénégal, par Adanson et plusieurs autres voyageurs; en Abyssinie, par M. Salt, et tout dernièrement par M. Delegorgue au nord du port Natal.

Prosper Alpin. Ludolf. J. de Thévenot.

On a assez fréquemment envoyé en Europe la peau, la tête osseuse et les dents, qui sont des objets de commerce; mais jamais un individu vivant ou mort n'a été apporté tout entier, et n'a pu servir aux études anatomiques.

Les naturalistes de l'expédition d'Égypte n'ont pas même rencontré d'Hippopotames pendant le temps qu'ils ont employé à leurs recherches, aussi bien dans la haute que dans la basse partie du Nil, ce qui prouve que cet animal s'est retiré de plus en plus dans l'Abyssinie.

Il en est résulté que la science ne possède pas encore une bonne description complète, et surtout une bonne figure de cet animal, faite d'après un individu vivant, par un iconographe habile.

(1) Dans le chapitre que P. Alpin a consacré à l'Hippopotame (*Ægypt. Hist. Nat.*, II, cap. XII, p. 245), se fondant sur ce que le caractère d'avoir les dents antérieures exsertes, ce qu'il dit lui-même avoir eu l'occasion de confirmer sur la peau d'un individu vu par lui à Alexandrie, ne se trouvait pas sur les peaux bourrées qu'il avait observées au Caire et dont il donne une figure tab. 33, il est presque porté à croire qu'elles ne provenaient pas du véritable Hippopotame des anciens, mais peut-être de leur Chœropotame, d'autant plus qu'elles lui ont paru ressembler beaucoup plus à un Cochon qu'à un Cheval. Du reste sa description est exacte dans ce qu'elle renferme, et même la figure au trait qu'il donne, tab. 34, d'après le dessin d'un peintre qu'il dit très-habile, semble devoir être assez bonne et faite d'après le vivant. P. Alpin cite en outre la lettre de *P. Gillius* sur l'Hippopotame qu'il avait vu vivant à Constantinople, comme preuve de la douceur de cet animal.

b) *Dans les travaux d'art.*

On le trouve cependant représenté d'une manière fort reconnaissable sur quelques monuments que nous ont laissés les anciens; mais seulement chez les Romains, et accompagnant ou non le Crocodile auprès d'une figure de fleuve, ce qui caractérise le Nil. Dans les Monuments. De Sculpture. Bas-reliefs. Chez les Romains.

Nous avons déjà cité plus haut la figure de plusieurs Hippopotames dans l'action controuvée de saisir un Crocodile, faisant partie d'un bas-relief qui entoure la plinthe, servant de support à la statue du Nil, qui était autrefois dans les jardins du Vatican, et qui est aujourd'hui au musée de Paris. Elle est véritablement assez mauvaise, quoique reconnaissable. Schneider en a donné une assez bonne copie dans la planche jointe à sa dissertation. Bas-relief en marbre.

Gori, dans ses *Inscriptions étrusques*, tom. I, tab. 19, publie un bas-relief en terre cuite où un Hippopotame est représenté sortant de l'eau et menaçant un Crocodile reposant sur une fleur de lotos. G. Schneider l'a copiée, *loc. cit.* en terre cuite.

C'est ainsi qu'il se voit sur une pierre gravée du cabinet du duc d'Orléans, t. II, p. 65, copiée par Schneider, f. 2, *loc. cit.* (1). Pierre gravée.

Pierius, *Hiéroglyphes*, parle d'un tombeau trouvé auprès d'Aureoli, dans le Milanais, sur lequel était gravé un Hippopotame enlacé par un serpent.

On le connaît également, mais nécessairement beaucoup plus en petit, sur des médailles de Claudius, d'Otacille Severa, de Mammæa et surtout d'Hadrien. Sur les Médailles.

J'ai vu, dans le musée Bourbon de Naples, la peinture d'Herculanum où un Hippopotame est représenté dans l'eau, et dans l'action En Peinture.

(1) La description de cette pierre est accompagnée d'un article de Daubenton, dans lequel il compare ce que les anciens et les modernes ont dit de l'Hippopotame; et d'après le témoignage même de Schneider, avec une grande érudition, et comme ayant très-bien reconnu que les représentations artistiques en donnent une idée plus exacte que presque tout ce que les anciens en ont écrit.

d'attaquer sans doute un Crocodile, ainsi qu'elle a été donnée dans le grand ouvrage sur cette ville ancienne (tom. I, p. 253), mais il est évident qu'elle n'est pas faite d'après nature.

En Mosaïque.

La mosaïque de Palestrine, dont nous avons eu l'occasion de parler dans plusieurs de nos mémoires, a aussi représenté cet animal comme caractérisant le Nil, et par conséquent le voyage d'Hadrien en Égypte; aussi est-il représenté trois fois : 1° au commencement de la série ou du voyage, parfaitement reconnaissable, quoique sans nom, blessé de deux flèches qu'il emporte avec lui; 2° poursuivi par des chasseurs dans l'acte de lui lancer de longues flèches, armées d'un fer pointu, et portées dans une barque avec une cabane au milieu; 3° complétement immergé, à l'exception de la tête.

Mais dans toutes ces figures, toutes fort réduites, l'Hippopotame n'est jamais considéré pour lui-même, mais seulement comme caractérisant le Nil et par conséquent l'Égypte, ainsi que l'ont fait observer Lucien et Philostrate.

c) *Dans le sein de la terre.*

Dans le sein de la terre.

Les traces que l'Hippopotame a laissées dans le sein de la terre sont assez nombreuses, quoique dans des localités assez restreintes.

D'après Aldrovandi

Il y a, en effet, bien longtemps qu'on avait recueilli des dents fossiles d'une espèce de ce genre, puisque Aldrovandi en a figuré de fort reconnaissables sous le nom de dents d'Éléphant (*de Metallicis*, lib. IV, p. 828, tab. VI, f. 1; tab. VI, f. 2, et tab. VII), ainsi que M. G. Cuvier l'a démontré; mais elles avaient passé inaperçues, aussi bien que celle

Besler.

qui est figurée dans le *Museum Beslerianum*, Pl. 31, sous le titre de *Dens maxillaris lapideus.*

On avait cependant et à plusieurs reprises annoncé des restes fossiles d'Hippopotames trouvés en différents lieux, mais dans l'idée d'un grand quadrupède aquatique et rien de plus.

Lang.

Ainsi, Lang avait figuré (*Hist. lapid. fig. Helvetiæ*, Pl. XI, f. 1-2), sous le titre simple de *Dents fossiles* (1), deux dents molaires de Cheval, en ajoutant dans le texte qu'elles ont une grande ressemblance avec les dents d'un Cheval marin ou Hippopotame, dont il avait vu la tête, venant du Congo, dans le Muséum de Septale à Milan ; mais en les comparant, non pas avec les molaires (*mandibulares*), qui n'ont réellement aucune ressemblance, mais avec la première des douze antérieures ou la première incisive, qui offre quelques rapports par sa striure et sa courbure.

On peut attribuer à la même idée d'animal aquatique le titre ou l'étiquette sous lequel le rédacteur du catalogue du cabinet de Davila, III, p. 221, art. 296, avait inscrit une pièce fossile provenant des carrières de plâtre de Paris (très-probablement de Palæotherium ou d'Anoplotherium, comme l'a supposé M. G. Cuvier), étant fort peu au courant de ces sortes de matières, et à une époque où l'on s'en occupait si peu en France. C'est ce qui l'a sans doute conduit à trouver entre les dents molaires de cette pièce une similitude avec celles de la tête d'Hippopotame dont A. de Jussieu avait donné la figure d'une manière fort peu comparative. Davila.

Il est plus douteux qu'on doive aussi rapporter à l'un de ces genres du gypse les os d'Hippopotame que M. de Lametherie annonce (*Théorie de la terre*, V, p. 198) avoir été trouvés à Mary, auprès de Meaux, puisqu'il ne dit rien de leur gisement. de Lametherie.

Par une autre raison, c'est-à-dire par suite d'une erreur d'une autre nature que le séjour, l'on a pu croire pendant un certain temps, et même avec une sorte de vraisemblance, que plusieurs grosses dents, qui, à un certain degré d'usure, offrent à la couronne des espèces de trèfles formés par les replis de l'émail, pouvaient avoir appartenu à un Hippopotame gigantesque : erreur de même sorte que celle dans laquelle M. G. Cuvier a été conduit de nos jours, lorsqu'il a rapporté à un

(1) A la marge du texte, p. 50, il y a *Odontopetræ molares*, et de plus, en allemand, *Steinene Meerpferde Zahn*.

Gesner figure également une dent de Cheval trouvée en Suisse, comme pouvant être une dent d'Hippopotame.

Tapir gigantesque des dents qui appartiennent à un animal d'un tout autre genre, celui des Dinotheriums.

Daubenton. C'est ainsi que Daubenton, qui avait reconnu des restes de véritables Hippopotames dans deux ou trois pièces du Cabinet du Roi, inscrites sous les numéros MCII, MCIII, MCIV, et MCV, t. XII (1764) de l'*Histoire naturelle* de Buffon, a inscrit sous le même titre les dents n°s MCVI, MCVII et MCVIII, qui provenaient de l'animal de l'Ohio, comme l'a fait observer le premier M. Faujas (*Essais de Géol.*, I, p. 564, 1803), c'est-à-dire d'une espèce d'Éléphants à dents mamelonnées, nommé Mastodonte par M. G. Cuvier, et qu'en effet Daubenton lui-même dit avoir été apportées du Canada par M. de Longeuil avec la défense de l'Éléphant n° MCDXCVIII, tome XI, et le fémur d'Éléphant n° MXXXV.

P. Camper. C'est la même raison qui a conduit Camper, dans sa lettre à Pallas, en 1788 (*Nov. Act. Petrop.*, II, p. 258), à signaler, sous le nom d'Hippopotame gigantesque, une dent observée par lui dans le Muséum britannique, et qui était sans doute usée; ce qui l'avait empêché de la rapporter à l'animal de l'Ohio. Celui-ci avait cependant très-bien distingué cet animal de l'Hippopotame dès 1777, *ibid.*, IIe part., p. 219, en joignant à sa note la figure d'une molaire d'Hippopotame, dont Camper même lui avait, à sa demande, envoyé le dessin.

C'est ce que Buffon avait également mis hors de doute de son côté à la même époque (Supplém. V, p. 511; cl. VI, 1777) par le même procédé d'une description ou d'une figure comparatives.

Cette erreur de Daubenton et de Camper rend complétement excusable celle de Merk, qui dans sa première lettre sur les Fossiles d'Allemagne, p. 21, annonce une dent molaire trouvée dans les environs de Francfort-sur-le-Mein, et qu'il dit être exactement ressemblante à celle d'un Hippopotame figurée Pl. 3 du tome I des Époques de la nature de Buffon; aussi bien que celle de M. Faujas, qui, dans une lettre à M. de Lametherie sur les ossements fossiles de Montabuzard (*Journ. de Phys.*, déc. 1794, p. 445), dit avoir observé une dent pétrifiée d'Hippopotame trois fois plus grande que dans l'Hippopotame vivant; mais ce qui

Merk.

Faujas.

prouve qu'il l'avait reconnue, c'est que, dans ses Essais de géologie, il dit, après avoir relevé l'erreur de Daubenton, que dans les différents cabinets qu'il a visités, ou dans les auteurs qu'il avait consultés, il n'avait jamais acquis la preuve que l'Hippopotame s'était trouvé jusqu'alors dans l'état fossile avec les Éléphants, les Rhinocéros et les autres grands quadrupèdes des pays chauds.

En rectifiant une erreur fort excusable alors, M. Faujas en commettait une qui l'était moins, puisque, ainsi qu'il vient d'être dit, A. de Jussieu en 1724, et Daubenton en 1764 en avaient déjà signalé, et que, dès son premier programme, en 1798 (*Bulletin des sciences*, par la Société philom., fruct. an VI, n° 18), M. G. Cuvier annonce sous le n° 4 l'Hippopotame en ces termes : « On trouve en France et ailleurs des dents et des fragments de mâchoires, dans lesquels l'auteur » n'a trouvé jusqu'ici rien qui diffère des Hippopotames ordinaires. » Comme il n'a cependant vu encore aucun os entier, il ne peut » affirmer l'identité ; » et que dans l'extrait d'un ouvrage, p. 7, 26 brumaire an IX (1801), M. Cuvier indique sous le n° 4 « une espèce » d'Hippopotame qui ressemble en miniature à l'Hippopotame vivant, » mais qui ne surpasse pas la grandeur d'un Cochon. J'en ai découvert les os dans un grès siliceux dont j'ignore le pays. »

M. G. Cuvier, 1798.

1801.

Il est vrai que M. Faujas, en rapportant ce passage sur une espèce d'Hippopotame en miniature, déterminé sur des os renfermés dans un grès siliceux dont on ignore le pays, ajouta qu'elle était trop incertaine pour éclairer la question ; ce qui était véritablement l'éluder lui-même, et de plus assez peu habilement.

non acceptée, par M. Faujas ; 1803.

Nous verrons plus tard pourquoi M. Faujas répugnait tant à l'existence d'ossements fossiles d'Hippopotame.

Cependant M. G. Cuvier, quoiqu'il fût moins heureusement fourni d'éléments que pour les Éléphants et les Rhinocéros, s'empressa de s'occuper des Hippopotames vivants et fossiles, et dès 1804, c'est-à-dire une année à peine après l'apparition de l'ouvrage de M. Faujas, il publia son travail dans les tomes IV et V des *Annales du Muséum*, en trois par-

soutenue de nouveau par M. Cuvier, en 1804,

puis en 1812. ties, qui furent réunies sans additions dans le tome I des mémoires réunis et publiés sous le titre de *Recherches sur les ossements fossiles de Quadrupèdes,* en 1812.

M. G. Cuvier ne parla, dans cette première édition de son mémoire, que du grand Hippopotame fossile, sur l'analogie duquel il n'osa pas se prononcer, et dont il avait annoncé la découverte, dès 1800, dans le Bulletin de la Société philomatique (n° 42, fructidor an VIII), et du petit Hippopotame fossile, sur lequel il donna de nombreux détails comparatifs, et surtout de grandeur; en sorte qu'il conclut à une espèce bien évidemment distincte, mais, au fait, sans la caractériser autrement que par la taille, qu'il jugea être d'un tiers moindre que celle de l'Hippopotame vivant.

Depuis lors : Dans l'intervalle de temps assez considérable qui sépare la première édition du mémoire de M. G. Cuvier de la seconde, qui eut lieu en 1823, les ossements fossiles attribués à l'Hippopotame ne furent cependant pas nombreux, ou du moins ne furent pas rencontrés dans des localités nombreuses. En effet il se borne à ajouter :

aux environs de Paris, par M. G. Cuvier, Une défense, trouvée dans le sable de la plaine de Grenelle, donnée à la collection par lui-même.

Une dent molaire de la collection de l'abbé de Tressan, et qui avait été également recueillie dans les environs de Paris.

admis en Angleterre, par Parkinson. Parkinson, dans ses *Organic Remains*, t. III, p. 374, 1811, recueillit cependant avec grand soin tout ce qui avait été dit sur les lieux où l'on avait trouvé des restes d'Hippopotames en Angleterre; mais il les rapporta tous à la grande espèce, sauf une défense, qu'il crut être de l'*H. minutus*.

Mais si le nombre des localités ne fut pas notablement augmenté, il n'en fut pas de même des os, surtout dans le val d'Arno, au point que Breislack, dans ses *Institutions géologiques* publiées en 1816, tome II, page 332, d'après M. le professeur Nesti (1), dit que dans le cabinet du

(1) M. G. Cuvier, en citant ce fait, le dit tiré de la *Géologie* de Breislack, trad. allem., p. 445, et le fait remonter à 1816, ce qui serait deux ans avant que l'édition originale traduite sur le manuscrit italien eût paru à Milan; il y a là sans doute quelque erreur.

grand-duc, à Florence, à cette époque il y en avait un squelette presque entier, et des os ou dents d'au moins onze autres individus.

en Italie. Val d'Arno. Par M. Nesti. Distingue l'*H. major.*

M. G. Cuvier avait pu, en 1808 et 1809, confirmer cette assertion en visitant ce cabinet et celui de l'Académie du val d'Arno, à Figlino; ce que j'ai pu faire moi-même lors de mon voyage à Florence et au val d'Arno en 1844.

Ce nombre prodigieux d'ossements recueillis dans cette localité célèbre, a permis à toutes les collections italiennes, et même étrangères, de s'en enrichir; M. G. Cuvier en a rapporté un certain nombre, et S. A. I. le grand duc a bien voulu ordonner qu'il en fût envoyé généreusement plusieurs pièces capitales à notre Muséum.

repris en 1823 par M. Cuvier. admettant définitivement : *H. major. H. minutus.*

C'est par l'étude de ces pièces, comparées avec le squelette qu'il possédait, que M. G. Cuvier, dans la deuxième édition de son mémoire, page 314, a cru pouvoir assurer que l'Hippopotame fossile et le vivant diffèrent presque autant que les Éléphants et les Rhinocéros fossiles diffèrent de ceux d'aujourd'hui; ce qui, quoiqu'il n'ait véritablement pas formulé ces caractères différentiels, a été généralement adopté par les paléontologistes. C'est ce qu'a fait entre autres M. le professeur Nesti, dans un mémoire *ad hoc*, publié dans les *Mémoires de la société italienne des sciences,* vol. XVIII, p. 415, et avant même de connaître le changement d'opinion de M. Cuvier, mais, comme lui, sans donner d'autres caractères que des différences millimétriques, que celui-ci s'est empressé de copier, *Add.,* t. III, p. 380.

Gisement de celui-ci. Crâne.

Dans cette édition, M. G. Cuvier n'ajouta rien à la description détaillée qu'il avait donnée dans la première du petit Hippopotame fossile, dont seulement il a connu le gisement entre Dax et Tartas, département des Landes; mais il ajouta à son mémoire deux articles, l'un *sur un moyen Hippopotame fossile,* établi d'après la considération des dents qui, mieux étudiées, ont été fort convenablement rapportées à une espèce de Lamantin par M. de Christol, ce que nous avons accepté dans notre mémoire sur ce genre d'animaux, et enfin, l'autre, *sur une quatrième espèce plus petite que le Cochon*, d'après quelques dents, qui indiquent encore, suivant lui, une espèce voisine de l'Hippopotame. M. de Christol a également démontré que ces dents devaient être rapportées à la même espèce animale que les précédentes. Il est vrai que M. Cuvier lui-même, en terminant, ajoute par précaution que, pour ces deux espèces, il faut attendre d'autres os pour porter un jugement définitif.

Depuis lors :

Depuis la publication de cette seconde édition du mémoire de M. Cuvier, on a signalé encore un certain nombre de localités nouvelles, où ont été trouvés des restes du grand Hippopotame fossile :

en Angleterre, par M. Buckland.

1° En Angleterre, d'après M. Buckland, *Reliq. diluv.*, p. 15-176, tab. VII, fig. 8-10; tab. XIII, fig. 7, et tab. XXII, fig. 3-9, où ils sont indiqués comme ayant été trouvés dans la caverne de Kirkdale.

en Auvergne, par MM. Bouillet et Devèze, Croizet et Jobert.

2° En Auvergne, d'après MM. Devèze et Bouillet, et ensuite d'après MM. l'abbé Croizet et Jobert, *Ossements fossiles du Puy-de-Dôme*, t. I, p. 142, fig. 6;

en Bourgogne, par M. de Bonnard.

3° En Bourgogne, dans la grotte d'Arcy, d'après la découverte, faite par M. de Bonnard, d'un fragment de mâchoire contenant une fort belle canine supérieure (*Bulletin de la société géologique de France*, t. III, p. 222, 1829), qu'il a bien voulu me permettre de publier;

en Sicile, par MM. Christie et Hoffmann.

4° Aux environs de Syracuse, d'après l'observation première due à MM. Christie et Hoffmann, *Philos. Magazine*, décembre 1831.

dans l'Inde, par MM. Clift, Baker et Durand, Falconer et Cauteley.

Mais la découverte la plus curieuse et la plus intéressante, est celle d'ossements fossiles d'Hippopotame, en grand nombre, dans les dépôts sous-hymalayens, d'abord sur les bords de l'Irawadi, d'après ce qu'en a publié M. Clift (*Trans. géol. soc.*, IIe série, t. II, p. 373), et ensuite dans les montagnes du Sivalik, par MM. Baker et Durand, et avec beaucoup plus de détails par MM. Falconer et Cauteley, dans deux articles publiés dans les n°s 3 et 4 du *Journal of the Asiat. soc. of Beng.*, t. VII, 1038. Ces fragments y sont rapportés à une espèce particulière, qui dans l'état adulte avait six incisives en trois paires à la mâchoire inférieure; ce qui a déterminé ces derniers à en former un sous-genre sous le nom d'*Hexaprotodon Sivalensis* ou *dissimilis*, et dont probablement aussi

M. Clelland a fait ses *H. anisoporus*, *megagnathus* et *platyrynchus*.

Enfin, dans ces derniers temps, on a annoncé dans les *Proceed. geolog. society*, t. I, p. 495, qu'une défense d'Hippopotame a été trouvée à Madagascar dans un conglomérat. à Madagascar.

Tels sont les seuls renseignements qui soient venus à ma connaissance sur les restes d'Hippopotame trouvés fossiles en différents endroits de la terre, et auxquels je puis ajouter ceux qui ont été indiqués tout dernièrement dans une brèche osseuse en Sardaigne, ceux beaucoup plus nombreux, recueillis dans une sorte de caverne aux environs de Palerme, ceux que l'année dernière M. Raulin, alors voyageur du Muséum, et aujourd'hui professeur de géologie à la faculté des sciences de Bordeaux, a découverts et nous a rapportés de l'île de Chypre, et enfin deux ou trois dents trouvées par M. Duval, aux environs de Bicêtre. en Sardaigne. en Crète, par M. Raulin.

Voyons maintenant à apprécier chacune des espèces proposées par M. G. Cuvier ou par d'autres paléontologistes. Énumération et appréciation des Espèces.

1° Le grand Hippopotame fossile.

H. major.

H. major.
H. maximus (1).
H. antiquus.

G. Cuv., *Ossem. foss.*, tom. I, p. 310—322, Pl. I à VI, et tom. III, p. 380.

Nesti, *Foss. du val d'Arno.* Mém. Soc. ital. Sc., tom. XVIII, p. 415—435; tom. VI, VII et VIII, 1820.

Nous avons donné plus haut l'histoire de cet Hippopotame, confondu d'abord avec l'Hippopotame vivant en Afrique, par M. Cuvier, mais ensuite considéré par lui et par M. le professeur Nesti comme constituant une espèce distincte, que ni l'un ni l'autre n'ont pu caractériser. C'est cependant, ce me semble, ce qu'on aurait dû faire si cela eût été possible, Pièces à l'appui.

(1) C'est M. Fischer seul qui a employé ce nom spécifique avant que M. Cuvier n'ait définitivement proposé comme espèce distincte son *H. major*.

puisque les collections de Toscane et de Paris renferment la plus grande partie des os du squelette en bon état de conservation. Voyons à les passer en revue, en indiquant soigneusement les caractères qui leur ont été assignés.

Os de la tête.

La tête du grand Hippopotame fossile, qui existe presque entière dans les trois collections citées, diffère, suivant M. Cuvier, de celle de l'espèce d'Afrique, d'abord par une taille supérieure, et ensuite parce que la hauteur de l'occiput est plus grande, qu'il se relève plus vite, avec une crête plus étroite, en sorte que la chute de la crête sagittale vers les orbites est plus rapide.

Face.

La partie faciale est proportionnellement plus courte et se joint à la partie crânienne par des arcades zygomatiques moins écartées en arrière, et à celle de la pommette au museau par une ligne oblique et non par une subite échancrure, ce qui donne moins de longueur à la partie rétrécie du museau.

Telles sont les notes différentielles tirées de la tête que M. G. Cuvier formule pour distinguer l'Hippopotame fossile de l'Hippopotame vivant, et qui toutes portent sur la conséquence d'une plus grande taille, et par conséquent plus de développement dans la crête occipitale.

Mandibule.

Celles qu'il signale dans la mandibule ne sont pas plus importantes : l'intervalle des deux branches sensiblement plus étroit, l'angle rentrant plus arrondi, l'angle postérieur formé par les deux branches revenant moins rapidement en avant, aussi bien que le bord inférieur se relève moins dans le même sens, d'où un rebord moins convexe, et par suite au-dessous de la canine, un angle prononcé qui n'existe pas dans le vivant; tout cela ne constitue que des nuances individuelles que le langage même a peine à exprimer; aussi M. Cuvier, comme M. Nesti, sont-ils obligés d'avoir recours aux mesures millimétriques, qui ne sont pas plus significatives en pareil cas, vu l'extrême difficulté de les prendre d'une manière absolument comparable.

Vertèbres : suivant M. Nesti.

Passant à l'examen des vertèbres, M. Nesti, qui avait l'avantage de posséder les deux premières cervicales fossiles, mais n'ayant pas les pièces de comparaison, a dû se borner à en donner une description absolue, et pour les autres il n'a pu reconnaître aucune différence sensible. Mais M. Cuvier a trouvé, sur une cervicale qui lui paraît avoir été la cinquième, le corps d'un quart plus large et plus haut, avec une longueur égale et une partie annulaire plus étroite; sur une quatrième ou cinquième dorsale, le bas de l'apophyse épineuse beaucoup plus large et plus mousse en avant, ce qui, dit-il, la distingue sensiblement; sur une treizième ou à peu près, des facettes articulaires plus allongées, et l'apophyse épineuse plus couchée en arrière; sur une première lombaire, une apophyse épineuse moins large et plus droite; sur une première sacrée, le corps moins déprimé et les apophyses articulaires antérieures plus grandes et plus rapprochées.

M. Cuvier. cervicales.

dorsale.

lombaire.

sacrée.

D'où il conclut cependant que l'Hippopotame fossile peut avoir eu le col plus court que le vivant, mais les autres parties de l'épine peu différentes dans les proportions.

L'étude des os des membres a conduit à des résultats plus prononcés.

Membres :

L'omoplate diffère, suivant M. Cuvier, sensiblement par une surface articulaire plus arrondie, non pointue en avant, et par un tubercule coracoïde plus mousse et plus recourbé en dedans; mais dans les *Additions* (III, p. 382), d'après l'omoplate complète figurée et décrite par M. Nesti, il convient qu'elle n'offre pas de différence sensible avec celle de l'Hippopotame vivant, si ce n'est un peu plus de largeur vers le milieu de l'épine, et que sa cavité glénoïde est tout aussi ronde que dans le vivant, tandis que le fragment fossile l'a plus oblongue (1). M. Nesti insiste sur une plus grande largeur de la partie supérieure de l'omoplate, et que l'acromion s'avance un peu moins que sur le vivant.

Omoplate. suivant M. G. Cuvier.

M. Nesti.

L'humérus a sa poulie articulaire plus étroite et plus grosse, la crête épicondylienne ou externe plus saillante et remontant plus haut (2).

Humérus.

(1) M. G. Cuvier ne se rappelle pas qu'il avait dit justement le contraire, I, p. 317. Aussi M. Nesti dit-il qu'elle est ronde au lieu d'être ovale, comme dans le vivant.

(2) La comparaison faite par M. Nesti ne peut être prise en considération, puisqu'elle a lieu entre un os d'adulte et celui d'un fœtus.

Os de l'avant-bras, suivant M. G. Cuvier.

Les os de l'avant-bras, quoique soudés et avec à peu près les mêmes configurations que dans le vivant, diffèrent surtout par les proportions, leur ensemble étant beaucoup plus large à proportion; l'intervalle interosseux est creusé d'une large concavité dont le fond est plein au lieu d'être marqué d'un sillon enfoncé et à bords tranchants, et le seul trou qui s'y voit est placé beaucoup plus haut; la tête supérieure du cubitus en totalité est plus grande proportionnellement; la fosse qui sépare les deux parties de la facette sigmoïde est beaucoup plus large et moins profonde; la face antérieure du radius est plus régulièrement cylindrique; la face inférieure ou carpienne des deux os est plus large à proportion de son diamètre antéro-postérieur, et la facette du semi-lunaire est proportionnellement plus grande, surtout par rapport au premier.

Os du carpe, suivant le même.

Quant aux os du carpe, le scaphoïde, le semi-lunaire, le cunéiforme, le grand os, l'unciforme, diffèrent, suivant M. G. Cuvier, non-seulement pour la taille, indiquant quelquefois, d'après lui, un individu de dix-sept pieds, mais encore par des proportions de facettes et de forme générale qu'il énumère avec grand soin, comme s'il était possible de trouver dans les particularités différentielles de ce genre d'os des caractères spécifiques.

M. Nesti.

M. Nesti dit que la surface articulaire du carpe est traversée par un sillon parallèle au bord interne de l'os, dont il n'y a pas de vestiges sur l'Hippopotame vivant, et il cite à l'appui la tab. VII, f. 3, qui n'existe pas.

M. Nesti avait aussi noté quelques différences de même sorte dans le scaphoïde, dans le semi-lunaire, l'unciforme, le pisiforme; mais les métacarpiens ne lui ont offert aucune différence sensible.

Nous sommes moins heureux pour les os des extrémités postérieures.

Os innominé.

La collection possède deux os innominés, chacun d'un côté différent et de taille à peu près égale à ceux du squelette de l'Hippopotame du Cap, mais en général plus épais.

suivant M. G. Cuvier.

Suivant M. G. Cuvier, les différences consistent en ce que les deux ailes de l'iléon sont plus égales; la courbure des deux bords du pédoncule est plus similaire, ce qui donne à l'iléon une forme plus symétrique; la cavité cotyloïde est d'un quart plus large; l'ischion est plus court et beaucoup plus gros, son bord supérieur est carré au lieu d'être tranchant; sa partie élargie n'est pas concave en dedans, et la partie supérieure de sa tubérosité s'écarte en dehors.

Suivant M. Nesti, l'os innominé diffère, surtout parce que la symphyse pubienne est plus courte, ce qui tient à la forme de la partie postérieure de l'ischion plus étalée, et qui donne au bassin plus de dilatation. Le col de l'iléon est aussi plus long. suivant M. Nesti.

Le fémur diffère infiniment peu du vivant suivant M. Cuvier lui-même, et ce qui est parfaitement vrai; le grand trochanter lui semble cependant moins pointu, et l'échancrure qui le sépare de la tête moins profonde. Fémur.

La rotule lui paraît aussi plus haute à proportion de sa largeur et d'une forme plus rhomboïdale. Rotule.

Le tibia est proportionnellement plus gros, ce qui concorde avec les os de l'avant-bras; mais du reste, suivant M. Cuvier lui-même, ces différences de forme sont très-peu de chose. Il note à peine la face articulaire inférieure, moins large d'arrière en avant, et son condyle externe, un peu plus saillant (1). Tibia.

L'astragale ressemble beaucoup à celui de l'Hippopotame vivant, suivant M. Cuvier; cependant il le trouve plus plat, la fossette ligamenteuse de la poulie beaucoup moins creuse et plus petite, la grande facette calcanéenne beaucoup plus large et d'une tout autre figure. Astragale. suivant M. Cuvier.

Le calcanéum est, suivant M. Cuvier, plus allongé à proportion de sa hauteur, ayant la tubérosité de sa face inférieure bien moins saillante, sa grande facette astragalienne plus large dans le haut, sa troisième facette astragalienne moins haute, la facette cuboïdienne plus large, et Calcanéum. d'après le même.

(1) C'est ce même os qui, dans la première édition, comparé, il est vrai, à celui d'un fœtus, n'avait d'abord présenté, la grandeur exceptée, aucune différence appréciable.

pour en finir en un mot, ce qui est un peu moins anatomique, pour un œil habitué, montrant clairement que c'est un calcanéum de même genre, mais d'autre espèce.

Cuboïde, suivant M. G. Cuvier. Le cuboïde, suivant M. G. Guvier, a sa facette astragalienne plus large en arrière, sans échancrure à son bord interne, séparée de l'autre par une échancrure aussi profonde; le rhombe de sa face inférieure est plus oblique et sa tubérosité inférieure-postérieure beaucoup moins saillante par le bas; et suivant M. Nesti, la ressemblance est assez grande pour le cuboïde comme pour le scaphoïde.

M. Nesti.

Les os du métatarse et des doigts sont plus rares. M. G. Cuvier n'a connu que les suivants :

Métatarsien. Un premier métatarsien gauche qui ne lui a pas présenté de caractères distinctifs bien marqués;

Un autre. Un deuxième du côté gauche d'un cinquième proportionnellement plus large que dans le vivant, avec la tête coupée plus à angle droit;

Phalange. Une première phalange de l'un des doigts mitoyens ne différant de son analogue que par des dimensions d'un cinquième plus fortes.

Système dentaire, suivant M. G. Cuvier. Quant au système dentaire, quoique M. G. Cuvier en ait eu plusieurs parties séparées ou encore en place dans les fragments de tête ou de mâchoires qu'il a eus à sa disposition, je ne vois pas que dans la première, pas plus que dans la seconde édition de son mémoire, il l'ait décrit en particulier et qu'il s'en soit servi pour différencier spécifiquement l'Hippopotame fossile de l'Hippopotame vivant.

M. Nesti. Il en avait été de même de la part de M. Nesti, qui, après avoir dit positivement que, pour le nombre et la forme, les dents se correspondent exactement, se borne à noter comme différences que les canines supérieures sont cannelées et plus divergentes, celles de plus grandes dimensions ayant 0^{m},376 de circonférence.

Éléments de mon examen. J'ai pu examiner et comparer non-seulement les différentes pièces qui ont servi à M. G. Cuvier pour établir son *H. major,* mais encore plusieurs autres qui sont arrivées dans les collections du Muséum depuis la publication de sa seconde édition; et de plus j'ai pu avoir à la fois sous les yeux, pour l'espèce vivante, non-seulement plusieurs têtes osseuses nouvelles, mais encore deux squelettes entiers provenant de l'Hippopotame du Sénégal; tandis que dans cette appréciation des différences entre l'Hippopotame fossile et l'Hippopotame vivant, M. G. Cuvier n'avait comme objet de comparaison, d'abord qu'un squelette de fœtus, aussi bien que M. Nesti, qui n'en avait même que les figures et la description données par M. G. Cuvier, puis un seul squelette entier de l'Hippopotame du Cap, aussi bien qu'un assez petit nombre d'os de l'Hippopotame du val d'Arno; et d'ailleurs il n'avait peut-être pas approfondi d'une manière véritablement suffisante les principes sur lesquels doit porter la distinction des espèces, puisqu'il n'avait pas senti que les différences qui portent sur des apophyses sont presque sans valeur, parce qu'elles sont presque individuelles, et que celles qui reposent sur certaines proportions sont des conséquences de la taille plus grande, ainsi que Daubenton l'avait parfaitement exprimé depuis longtemps pour les os longs, ou de l'état du système dentaire pour les mâchoires, ou du sexe pour le bassin. En effet, MM. Cuvier et Nesti n'ont jamais eu égard au sexe, malgré l'observation intéressante de Zerenghi.

Os non fossiles : dix-huit têtes, trois squelettes adultes.

fossiles. du val d'Arno.

Principes.

Différences : d'âge, de sexe, individuelles.

Or, en examinant et comparant les pièces analogues que nous possédons de l'Hippopotame vivant et de l'Hippopotame fossile, il est impossible d'y trouver des différences d'autres catégories que de celles dont nous venons de parler, et même elles sont souvent si faibles, que les paroles, le dessin même n'ont pu les formuler, qu'il a fallu avoir recours aux mesures millimétriques, et même finir par le facies; car qu'est-ce autre chose que l'emploi d'un œil habitué dans ces sortes de comparaisons. Une espèce animale est une chose aussi bien définie que définissable pour un zoologiste, c'est-à-dire pour la science. Et ce qui prouve que l'Hippopotame fossile du val d'Arno ne diffère pas comme espèce du vivant, c'est que les auteurs de catalogues de paléontologie qui l'ont placé dans leurs listes, n'ont pu en inscrire que le nom sans pouvoir en donner les caractères.

Résultat de cet examen.

l'H. major : non différent de l'*H. amphibien.*

Conclusions : de M. Nesti d'abord.

M. le professeur Nesti, dans ses conclusions, p. 431, dit cependant qu'il y a peu de différence pour la grandeur, et quoiqu'il convienne que la plupart de celles qu'il a notées pourraient bien être considérées comme individuelles aussi bien que comme spécifiques, il signale plus particulièrement les suivantes : plus de prolongement dans les parties postérieures de la tête ; la forme plus élevée de cette partie ; plus de distance entre la première et la seconde molaire ; l'ouverture nasale postérieure plus reculée ; les canines inférieures plus robustes ; l'omoplate plus large supérieurement, et quelques légères différences dans la forme de la surface articulaire du radius avec le cubitus ; les deux séries dentaires moins convergentes et les canines inférieures plus robustes.

de M. G. Cuvier ensuite.

Différences de taille et de proportion appréciées

C'est donc la taille ou la grandeur seulement qui, en définitive, a déterminé M. Cuvier à considérer l'Hippopotame fossile comme une espèce distincte, ce qui en soi me paraît une différence peu caractéristique, puisque dans l'état sauvage même, la différence entre les individus de sexe et de localités diverses est souvent fort grande, ce que prouvent les collections où l'on a pu recueillir à la fois un nombre un peu considérable de têtes ou de squelettes d'une même espèce. Mais de plus, doit-on avoir une grande confiance au résultat obtenu par ce qu'on peut nommer des mesures proportionnelles tirées d'un seul os et quelquefois même d'un os du carpe? La grandeur générale d'un animal est tirée de celle de son squelette, dont les os séparés sont, après la macération et la dessiccation, rassemblés avec plus ou moins d'habileté et retenus par des liens métalliques. Mais qui ne sait que ce n'est qu'avec les plus grandes précautions, et lorsqu'on a eu le soin de prendre des mesures sur le vivant ou au moins sur l'animal mort et entier (1), que l'on peut, dans la réunion des os en squelette artificiel, atteindre aux dimensions véritables? Or, dans nos squelettes d'Hippopotames qui nous arrivent en os séparés, il est impossible de s'y prendre de la sorte ; de manière que les squelettes que nous en avons, au nombre de trois

dans le squelette entier.

(1) Ce qui n'a peut-être jamais eu lieu de temps du M. G. Cuvier.

seulement, dont deux depuis M. G. Cuvier, reproduisent indubitablement l'animal notablement plus petit en longueur et en hauteur. Ainsi le point de départ, la proportion d'un os avec le tout est évidemment peu certaine, même dans un squelette entier, mais artificiel.

Que doit-ce donc être lorsque c'est par la proportion d'un seul os avec un os de même sorte, ainsi que Daubenton l'a fait le premier pour les os longs, ce que M. G. Cuvier a étendu aux os courts? Dans les deux cas, il faudrait admettre qu'il n'y a pas de variations entre la proportion des membres et du tronc, entre les parties du même membre, ce que l'expérience contredit à tout moment; mais en outre il faudrait croire que le mode de mensuration pût être uniforme, ce qui n'est pas, surtout pour les os courts. Aussi M. G. Cuvier, dans le petit nombre de pièces de l'Hippopotame du val d'Arno qu'il a examinées, et souvent une seule de même sorte, trouve représentés des individus de près de 13 pieds et au-dessous, jusqu'à 17 pieds et demi.

dans ses différents os : longs, courts.

L'avant-bras par sa longueur donne un individu de 13 pieds 6 pouces, et par sa largeur un individu beaucoup plus grand : d'où la moyenne de 14 pieds (1), et ainsi de même pour les os suivants :

variable pour chaque os.

Un fémur de.	13 pieds.
Un tibia de.	12 pieds et demi.
Un scaphoïde de.	14 pieds environ.
Un semi-lunaire de.	14 pieds.
Un cunéiforme de.	17 pieds.
Un grand os de.	15 pieds 9 pouces.
Un unciforme de.	17 pieds.
Un astragale de.	16 pieds 6 pouces.
Un calcanéum de.	14 pieds 3 pouces.
Un cuboïde de.	15 pieds 6 pouces.
Une rotule de.	17 pieds 6 pouces.

M. Cuvier aurait pu descendre à des dimensions beaucoup moindres,

Dimensions diminuées

(1) Est-ce bien le cas de prendre une moyenne entre des mesures de sortes différentes?

et peut-être même au-dessous de l'Hippopotame vivant dans le Nil, s'il avait connu les ossements fossiles qui, depuis la publication de son mémoire, ont été recueillis dans une sorte de grotte ou de brèche découverte en 1831, aux environs de Syracuse, par MM. Christie et Hoffmann, dont la collection paléontologique du Muséum possède un assez grand nombre de pièces caractéristiques que j'ai fait représenter à côté de leurs analogues de l'Hippopotame du val d'Arno et au même degré de réduction; on y verra :

pour ceux de Sicile ; dont :

Humérus. Un humérus du côté gauche encore un peu plus petit que celui d'un Hippopotame vivant, et de près d'un quart au-dessous de celui de l'Hippopotame du val d'Arno représenté à côté;

Avant-bras. Un avant-bras composé, comme à l'ordinaire, de ses deux os soudés, et qui est assez bien dans les mêmes dimensions proportionnelles avec ses analogues dans l'animal vivant et dans le fossile du val d'Arno. Seulement il est encore proportionnellement un peu plus large que dans celui-ci;

Fémur. Un fémur d'un sixième environ plus petit que celui d'un Hippopotame vivant, et de plus d'un tiers que dans un de ces os de l'Hippopotame du val d'Arno;

Tibia. Un tibia proportionnellement plus grand, et par conséquent différant beaucoup moins de celui de l'Hippopotame vivant, dont le fossile d'Arno ne diffère qu'assez peu en longueur, mais bien en épaisseur, et surtout de ce dernier, du moins dans ses proportions;

Rotule. Une rotule à peine un peu plus petite que celle d'un Hippopotame vivant et d'au moins un tiers moindre que celle du fossile du val d'Arno;

Astragale. Un astragale d'à peu près moitié moindre que dans celui-ci et d'un tiers que dans l'Hippopotame vivant, ce qui indique un individu encore plus petit que les os précédents;

Calcanéum. Un calcanéum dont la disproportion est sensiblement moindre et proportionnellement plus grêle ou plus étroit;

Métatarsiens. Deux métatarsiens assez bien dans les mêmes proportions différentielles.

Nous trouverons encore une dégradation évidente pour la grandeur dans un certain nombre de pièces fossiles recueillies dans une vallée de l'île de Crète par M. Raulin, qui font partie de la collection du Muséum, et qui consistent dans les pièces suivantes : pour ceux de Crète ; d'après des fragments :

Un fragment de mâchoire du côté gauche portant implantées les deux dernières molaires ; de Mâchoire.

Un fragment de mandibule du côté opposé, et portant également les deux dernières molaires, indiquant un individu un peu plus petit ; de Mandibule.

Trois dents molaires séparées de la mâchoire supérieure, deux dernières et une antépénultième. des Dents molaires.

C'est ainsi que nous arrivons à la seconde espèce décrite par M. G. Cuvier.

2° Le Petit Hippopotame.

H. minutus.

G. Cuv., *Ossem. foss.*, I, p. 332, Pl. 2 et 3, et III, Add., p. 382. 2° *H. minutus.*

Nous avons exposé plus haut comment cette espèce fut proposée en 1800 (1) par M. G. Cuvier, et successivement reprise par lui en 1801 et surtout en 1804 dans son mémoire sur les Hippopotames.

Cette espèce est établie sur l'examen des pièces suivantes : Pièces à l'appui. Fragments de Mandibule.

Une portion de mandibule du côté droit, comprenant l'extrémité postérieure, le point de la partie horizontale portant un reste de la dernière molaire, l'origine du bord antérieur de la branche montante et le commencement de l'apophyse angulaire dans son bord antérieur et surtout dans le postérieur. M. G. Cuvier, d'après ce fragment, voit une différence spécifique, en ce que le crochet se portait plus en arrière en proportion que dans l'Hippopotame vivant, et qu'il devait former une sorte de lunule, au lieu de représenter le quart d'un cercle ;

(1) C'est sans doute par erreur de plume que M. G. Cuvier, dans la deuxième édition de son mémoire, I, p. 322, fait remonter à 1797 l'annonce de cette espèce, en citant même son programme de l'Institut, sans se rappeler qu'il est de l'an IX ou 1801.

un second. Un autre fragment de mandibule de la même partie, moins important, en ce qu'il est moins caractéristique; aussi M. G. Cuvier se borne-t-il à y montrer les particularités qui l'ont déterminé à le rapporter à une espèce de ce genre, mais bien plus petite, puisqu'une distance entre deux bords analogues lui donne un nombre de millimètres deux fois et deux tiers de fois plus dans l'Hippopotame vivant que dans le fossile;

Le fait est que c'est une pièce bien moins significative encore que la précédente, mais indiquant un animal de même taille.

un troisième. Un troisième fragment de mandibule, mais entièrement de la branche horizontale, dont il constitue le tiers de la partie antérieure, avec une partie de la symphyse. Malgré son état de troncature en avant comme en arrière, il a été facile de reconnaître qu'il provenait d'un jeune individu, puisqu'en le cassant on a pu voir un germe de canine et les indices d'alvéoles de deux molaires de lait;

Humérus. Un humérus presque entier, sans la tête supérieure, et montrant, outre la terminaison fort inférieure de la crête deltoïdienne, assez bien la forme et l'étendue de la poulie articulaire avec l'avant-bras, qui, comparée dans son étendue transversale, s'est trouvée moindre de moitié seulement de ce qu'elle est sur un Hippopotame vivant adulte;

fragment d'un autre. La tête inférieure d'un autre humérus de même taille ou à peu près, montrant de même une poulie presque simple, avec une légère gouttière au côté externe et la fosse olécranienne percée d'outre en outre;

Métacarpien. Un os métacarpien, troisième du côté gauche. Non-seulement il n'est pas aussi long que la moitié de celui du Cap, mais il est proportionnellement un peu plus large;

Os innominé. Un fragment de bassin, ou mieux d'os innominé du côté droit, appartenant au point de jonction des os dans la formation de la cavité cotyloïde, dans un état trop fruste pour qu'on puisse en rien tirer que ses rapports de grandeur avec le reste du squelette;

Fémur. Un tronçon de la moitié supérieure d'un fémur du côté droit, montrant l'élargissement de son extrémité supérieure, et surtout une cavité digitale très-profonde, à la racine postérieure du grand trochanter;

Astragale.

Un astragale assez entier du côté droit, malheureusement assez fruste dans ses faces supérieure et inférieure, mais montrant très-bien à son extrémité antérieure une facette cuboïdienne presque égale à celle du scaphoïde, et, à ce qu'il me semble, dans les mêmes proportions que chez l'Hippopotame vivant. Sa dimension en longueur indique un animal de moitié plus petit que l'Hippopotame du Cap : $0^{m},040$ à $0^{m},077$ (1);

Scaphoïde.

Un scaphoïde, de forme bien hippopotamique, montrant les trois facettes cunéiformes (2) de même proportion que dans l'Hippopotame ordinaire, mais d'une dimension beaucoup moindre;

Métatarsien

Un seul os métatarsien s'est trouvé dans le bloc qui contenait tous les autres os; il est malheureusement assez mutilé. On peut cependant s'assurer qu'il provient du doigt médian; il est à peine égal à la moitié de son analogue dans l'Hippopotame du Cap;

Système dentaire.

Le système dentaire du petit Hippopotame fossile s'est trouvé encore plus complet, et sa connaissance repose sur un plus grand nombre de pièces que celle de son squelette.

Supérieurement.

A la mâchoire supérieure :

Incisives.

Je ne connais pas d'incisives bien certaines, cependant M. G. Cuvier regarde comme une intermédiaire d'en haut un fragment de dent sur laquelle il a noté un sillon et un mode d'usure convexe à la tranche, qui n'existent pas dans son analogue chez l'Hippopotame vivant;

Canine.

Un fragment de canine, quoique beaucoup moins considérable encore, est plus reconnaissable, aux deux cannelures et à la troncature oblique de son extrémité. Ses dimensions indiquent un animal de moitié moins grand que l'individu de l'espèce vivante dont M. G. Cuvier avait le squelette.

Molaires.

Parmi les sept ou huit dents molaires recueillies, et sur la plupart desquelles M. G. Cuvier semble avoir évité de se prononcer pour leur position à l'une ou à l'autre mâchoire, je ne pense pas qu'il y en ait une seule évidemment supérieure.

(1) M. G. Cuvier dit 0,77 par faute d'impression.

(2) Par erreur de plume, M. G. Cuvier dit à tort métatarsiennes dans les deux éditions.

Inférieurement. A la mâchoire inférieure :

Incisive. Une incisive presque entière, cylindrique, droite, mais évidemment tronquée aux deux extrémités, ne diffère de son analogue dans l'Hippopotame vivant que parce qu'elle est moins profondément striée et de moitié moins grosse ;

Canines. Trois fragments assez considérables de canines indiquant des dents tout à fait semblables à celles de l'Hippopotame vivant, quoique proportionnellement moins cannelées dans leur longueur, mais toujours avec les mêmes dimensions proportionnelles ;

Molaires. Première. Une première avant-molaire à une seule pointe conique, un peu usée au sommet, mais brisée dans sa partie radiculaire ;

Seconde. Une seconde de même sorte, avec sa couronne formée d'une seule pointe et de deux racines divergentes ;

Quatrième. Une quatrième formée de deux parties à la couronne, l'une antérieure, triangulaire, comprimée, l'autre en colline transverse, à deux pointes. Sans doute que la partie radiculaire était composée d'une racine simple antérieure et d'une postérieure transverse ; mais elle est brisée ;

C'est de cette dent que M. G. Cuvier dit : « Ce sera quelqu'une des molaires que ce petit Hippopotame aura eue de plus compliquée que l'espèce vivante. »

Deux cinquièmes. Deux principales (1), l'une plus usée que l'autre, de forme carrée, à deux racines et deux collines transverses, chacune de celles-ci bicuspide ;

une autre. Une autre de même sorte, mais à l'état de germe, c'est-à-dire sans racines, les deux pointes des collines entières et anguleuses du côté où elles se regardent, comme à l'ordinaire ;

Septième. Une dernière, encore implantée dans un fragment de mandibule et fort usée, même un peu à sa face externe, offrant à la couronne, outre

(1) M. G. Cuvier regarde ces deux dents et la suivante comme pénultièmes ; il me semble qu'elles sont trop carrées pour cela ; je les crois plutôt antépénultièmes.

le bourrelet antérieur, les trois collines qui la caractérisent, la dernière indivise en talon (1);

Un germe bien entier de cette même sorte de dent, et par conséquent avec ses trois collines entières et sans aucunes racines. une autre.

Ainsi M. G. Cuvier lui-même n'indique, pour les divers fragments qu'il attribue à son *H. minutus,* qu'une différence de taille, il est vrai considérable, surtout quand la comparaison s'établit avec le seul squelette d'*H. amphibius* qu'il possédait et son *H. major.* J'avoue même que malgré une comparaison qui devait être plus concluante, je n'ai pu en remarquer d'autres. Toutefois, comme elle n'a pu porter complétement sur tous les points que je regarde comme caractéristiques, je n'ose décider si ce petit Hippopotame doit être considéré comme une espèce.

Je m'en abstiens d'autant plus volontiers que je viens d'apprendre tout à l'heure (8 septembre dernier) de M. R. Owen, à son dernier voyage à Paris, que M. le docteur Morton avait l'année dernière décrit et figuré comme espèce nouvelle, sous le nom de *H. minor,* un Hippopotame de petite taille, probablement du Gabon en Afrique. Il paraît cependant, d'après ce que m'en a appris M. R. Owen, qui en a vu le crâne, que les différences spécifiques porteraient essentiellement sur la différence de taille, et du reste seraient peu importantes. Je n'ai malheureusement pas pu me procurer à Paris le journal nord-américain où se trouve le mémoire de M. Morton.

3° L'Hippopotame moyen.

H. medius.

G. Cuvier, *Ossem. foss.*, I, page 322, Pl. VII, 1821.

Cette espèce, dont il a été question pour la première fois dans la seconde édition des *Ossements fossiles de Quadrupèdes*, en 1821, ne reposait que sur un fragment de mandibule portant les deux dernières 3° *H. medius.*

(1) C'est sans doute par erreur de plume que cette dent est comparée par M. G. Cuvier à la pénultième dent d'en bas de l'Hippopotame vivant, p. 324.

molaires, et des traces, par les racines ou les alvéoles, des deux précédentes.

D'après plusieurs Molaires ;

En comparant ces dents avec leurs analogues chez le petit Hippopotame, M. G. Cuvier avait dit avec raison qu'il n'est pas douteux qu'elles ne constituent une espèce particulière : et qu'elles n'ont pas plus de ressemblance avec leurs analogues dans le grand Hippopotame que dans le petit; mais il avait ajouté à tort, quoique avec la précaution de dire qu'on ne pourra regarder cette assertion comme démontrée, que lorsqu'on connaîtra les incisives et les canines, « leurs rapports avec eux sont assez grands pour faire penser que leur espèce doit être rapportée à ce genre. »

rendues avec raison, par M. de Christol, à une espèce de Lamantin.

En effet, M. de Christol a mis hors de doute que le fragment sur lequel repose l'Hippopotame moyen de M. G. Cuvier doit être rapporté à l'animal que celui-ci a nommé le Lamantin d'Angers : opinion que j'ai adoptée et confirmée dans le mémoire que j'ai consacré à ce genre.

4° L'Hippopotame douteux.

H. dubius.

G. Cuvier, *Ossem. foss.*, I, page 332, 1821-1825.

4° *H. dubius.*

Cette espèce est, comme nous l'avons dit plus haut, proposée par M. Cuvier pour la première fois avec la précédente dans la seconde édition de ses *Ossements fossiles*, dans un article intitulé : *De quelques dents qui indiquent une espèce voisine de l'Hippopotame et plus petite que le Cochon.*

D'après quelques Molaires,

Elle était établie sur trois dents molaires assez usées dont il ne donne aucune signification, mais dont la forme, selon lui, ressemble beaucoup à celles des molaires d'Hippopotame, en ajoutant, comme pour l'espèce précédente, qu'il faut attendre d'autres os pour porter un jugement décisif, ce qui était fort prudent; mais ce qu'il dit dans le paragraphe suivant, « ce qui m'engage encore à hésiter, c'est qu'outre des dents de Crocodile, on a trouvé dans la même fouille des incisives tranchantes qui, si elles appartenaient aux mêmes mâchoires que ces dents, rapprocheraient beaucoup cet animal des genres que j'ai découverts à Montmartre, » l'était beaucoup moins; car aucun de ces genres n'a de dents semblables; en effet, M. de Christol a montré que les dents, dont il est ici question, proviennent de la même espèce que les précédentes, c'est-à-dire d'un Lamantin passant aux Dugongs.

attribuées à la même espèce que la précédente par le même.

5° L'Hippopotame des Sivalik.

H. Sivalensis.

Hugh. Falconer et P.-T. Cauteley, *Journ. of As. Soc. of Beng.*, V, page 706, 1835; et VII, p. 1038, 1836.

Cette espèce d'Hippopotame, indiquée pour la première fois dans le célèbre dépôt des monts Sivaliks, ou sous-Himalayas, d'un côté par MM. Baker et Durand, et d'un autre par MM. H. Falconer et Cauteley, qui l'ont établie dans un mémoire particulier, mais sans figures, sous la date du 15 novembre 1835, et publié en 1836, dans les Transactions de la Société du Bengale, à Calcutta, repose sur un assez grand nombre de pièces dont, grâce à M. Jules Verreaux, notre Muséum possède quelques-unes des plus importantes; mais ces pièces ne consistent absolument que dans des crânes ou têtes osseuses, des mâchoires supérieures et inférieures, plus ou moins complètes, d'âges différents et pourvues de tout ou partie de leurs dents. Le reste du squelette ne semble pas avoir été mentionné.

H. Sivalensis.

Pièces à l'appui.

Le crâne de l'Hippopotame d'Asie se distingue aisément de celui de l'Hippopotame d'Afrique par une proportion sensiblement différente entre la partie crânienne et la partie faciale, celle-là étant plus longue, et celle-ci un peu plus courte; en sorte que le bord antérieur de l'orbite est presque au milieu de la longueur totale, et que les fosses temporales sont plus étendues. La face occipitale est cependant encore plus élevée, proportionnellement à sa largeur, plus épaisse dans sa crête, et comme les

Comparées : Crâne. sa description.

Occiput.

orbites sont également plus saillants, il en résulte derrière eux un ensellement plus rapide et plus profond. La crête coronale se porte plus obliquement en arrière, et la longueur d'avant en arrière du frontal est double de ce qu'elle est sur l'Hippopotame d'Afrique; son angle est plus aigu en arrière, et il forme en avant une langue limitée par le nasal supérieurement, et par le lacrymal et l'orbite latéralement. Les os du nez, à leur origine en arrière, ne sont pas aussi élargis, se joignant aux frontaux par un bord plus obtus et plus arrondi, et l'espace compris entre cet os et l'orbite est plus grand; le lacrymal avance davantage dans la face, son extrémité antérieure étant à l'aplomb de la dernière avant-molaire, au lieu de la seconde molaire vraie, en sorte que l'orifice du canal sous-orbitaire est plus avancé; enfin l'extrémité du museau est plus large, quoique absolument composée comme dans l'Hippopotame d'Afrique.

Frontal. Os du Nez. Orbite.

Mandibule. La mandibule offre nécessairement des différences concordantes; ainsi dans la branche montante, l'apophyse angulaire est moins pointue, plus épaisse, plus massive dans ses proportions, que dans l'Hippopotame vivant; l'apophyse coronoïde est moins inclinée en avant; l'épaisseur de la branche horizontale est plus régulière, et l'angle de l'apophyse géni plus marqué.

Dents. Incisives, $\frac{3}{3}$. Quant au système dentaire, la différence la plus remarquable porte sur le nombre des incisives, qui est de six en trois paires, en haut comme en bas; ainsi bien que dans leurs proportions entre elles. Celles de la mâchoire supérieure, d'un plus petit diamètre que les inférieures, assez peu saillantes hors des alvéoles, sont dirigées en bas, et tronquées obliquement à l'extrémité; celles d'en bas implantées un peu obliquement sur le même rang, sont cylindriques, subitement tronquées au côté interne de la pointe, et subégales; la seconde est cependant un peu plus petite que les autres.

Supérieures. Inférieures.

Canines. Les canines rentrent dans la forme et dans la disposition ordinaires; à la mâchoire supérieure elles ont une coupe uniforme, circulaire; à l'inférieure, leur coupe est au contraire pyriforme; elles saillent considérablement hors des alvéoles, formant une courbure légèrement inclinée en arrière, et sont tronquées obliquement dans toute la longueur de la face interne.

Les molaires, dont la ligne d'implantation est légèrement concave en dehors, et par conséquent un peu convexe en dedans, ressemblent beaucoup à celles de l'Hippopotame vivant, aussi bien pour la forme que pour le nombre; mais la série commence plus tôt, en ce que la barre entre la canine et la première avant-molaire est beaucoup plus petite que chez celui-ci. Cette première avant-molaire est du reste caduque comme dans le Cheval; en sorte que MM. Falconer et Cauteley, sur un grand nombre d'échantillons, n'ont pu la rencontrer, du moins à la mâchoire supérieure, où la barre entre la seconde molaire et la canine paraît même trop courte pour la racine d'une première. Molaires. Première ou caduque.

Ces différences signalées par MM. Falconer et Cauteley et dont j'ai pu vérifier une grande partie sur des pièces de la collection du Muséum, ne permettent pas d'avoir le moindre doute sur la distinction spécifique de cet Hippopotame qui habitait l'Inde dans les temps anciens. On conçoit même comment ces messieurs, en suivant rigoureusement les errements de certains zoologistes modernes, ont proposé d'en former un sous-genre distinct sous le nom d'*Hexaprotodon* qui comprend le caractère d'avoir six dents incisives. examinée par moi.

Peut-être faut-il rapporter à cette espèce les ossements recueillis sur les bords de l'Irawadi, pays des Birmans, et que M. Clift (*Trans. geol. soc.*, IIe série, t. II, p. 373-377) se borne à dire qu'ils sont plus petits que leurs analogues dans l'espèce vivante.

6°. L'Hippopotame dissemblable.

H. dissimilis.

Falconer et Cauteley, *loc. cit.*, p. 49.

Cette espèce, proposée par MM. Falconer et Cauteley à la suite de leur *H. dissimilis.*

Pièces à l'appui.

mémoire cité pour l'*H. Sivalensis*, ne repose que sur deux seules pièces qui ne me semblent pas avoir été figurées.

Crâne.

1° Un crâne imparfait, brisé en avant et en arrière, provenant d'un animal avancé en âge, et dont les dents sont très-usées, sur un seul côté du palais où elles existent, et seulement les quatre dernières. L'antérieure seule présentant une forme de croissant à la couronne, les trois autres fort usées obliquement, au point de ne plus montrer d'émail qu'à la circonférence, sont remarquablement larges, proportionnellement à leur longueur d'avant en arrière;

Mandibule.

2° Un beau fragment de mandibule du côté droit, malheureusement tronqué en avant et en arrière, montrant un rétrécissement extraordinaire à la symphyse, et cinq dents molaires indiquant un animal adulte.

sa description. forme générale.

Cette mandibule est singulière par sa forme générale, proportionnellement grêle, et surtout par l'inégalité de sa hauteur; contractée à l'endroit de l'apophyse descendante, elle augmente ensuite graduellement pour diminuer encore plus graduellement jusqu'à la symphyse, dont il n'existe qu'une petite partie. Il en est de même de la branche montante, dont il ne restait qu'une crête antérieure se portant anguleusement en avant, et poussant dans le même sens une surface presque plane jusqu'au milieu de la dernière molaire.

Canal dentaire.

L'orifice interne du canal dentaire situé en dedans, justement derrière la dernière dent, se termine à l'extérieur, exactement entre et sous la quatrième et la cinquième molaire, dans un grand trou, duquel sort une profonde gouttière se prolongeant en se courbant parallèlement au bord inférieur de l'os, dans l'espace qui sépare la molaire la plus avancée de la canine.

Dents. Incisives.

MM. Falconer et Cauteley ont vu à l'extrémité tronquée de cette mandibule, une seule alvéole d'incisive, et ils ajoutent que l'on peut indubitablement admettre qu'il y en avait deux; mais que l'étroitesse de la partie antérieure de l'os entre les canines rend problématique la supposition qu'il y en eût davantage.

Molaires.

La forme des molaires diffère de ce qui a lieu chez les Hippopotames en ce qu'elles sont dépourvues de trèfles, l'usure versant en dehors, la couronne de chaque paire de collines offrant une forme de croissant, la convexité en dehors, assez semblable à ceux des Ruminants et tout à fait comme M. Cuvier les décrit dans l'*H. minutus.* La dernière des fausses molaires assez usée pour montrer que l'animal était parfaitement adulte et la dernière des vraies ayant son premier et son second cylindre usés et le troisième intact, mais entièrement sorti de l'alvéole.

Canines ou défenses.

MM. Falconer et Cauteley parlent encore d'un fragment de défense à coupe réniforme, mais entièrement détachée, et ne portant aucun indice qu'il ait pu appartenir à la mandibule; mais en supposant que cela pût être, alors l'animal auquel elle aurait appartenu formerait une espèce nouvelle, car les Hippopotames n'ont de ces dents à coupe réniforme qu'à la mâchoire supérieure, au contraire de l'inférieure dont la coupe est constamment pyriforme.

Observations.

Je n'ai malheureusement rien vu des fragments attribués à l'espèce que MM. Falconer et Cauteley ont nommée l'*H. dissimilis* à cause de sa grande différence avec les autres espèces du genre, pas même de figures; car parmi celles données par MM. Baker et Durand, je n'en vois aucune qu'on puisse lui rapporter; mais, même en faisant l'observation que ces messieurs ont faite eux-mêmes qu'une si grande dissemblance entre les molaires des deux mâchoires se remarque aussi dans les Rhinocéros, quelle preuve que ces deux pièces ont appartenu à la même espèce animale et bien plus au même genre? Certainement du moins ce ne peut être à un Hippopotame, dont les dents molaires supérieures et inférieures sont si semblables, dont l'usure de la couronne ne donne jamais lieu à des doubles croissants et dont les supérieures ont toujours leur couronne plus longue que large.

Conclusion.

Ainsi il nous semble extrêmement probable ou mieux à peu près certain que l'*H. dissimilis* doit être supprimé, sans que nous puissions dire cependant à quelle espèce animale ont appartenu les deux ossements sur lesquels il a été établi.

7° L'Hippopotame anisopère.

H. anisoperus.

Clelland, *Journ. of Asiat. Soc.*; cité par Wiegm., *Archiv.*, t. II, p. 413, 1839.

H. anisoperus. — Ses Caractères.

Cette espèce, proposée *loc. cit.*, ne repose que sur la considération d'un fragment de mâchoire inférieure sur laquelle les quatre incisives du milieu sont rangées sur la même ligne droite, et les deux autres, plus ovales, sont sur un rang inférieur ou comme hors de rang, entre la seconde et la canine.

Conclusion.

D'après cela, il est évident que ce fragment est celui qui a été figuré par MM. Baker et Durand (*Asiat. Reseach.*, t. XIX, pl. IV, f. 4), et dont ils ont dit quelques mots p. 57, dans leur mémoire, en doutant qu'il dût être rapporté à une espèce nouvelle.

8° L'Hippopotame a grandes machoires.

H. megagnathus.

Clelland, *ibid.*

H. megagnathus. — Ses Caractères.

C'est encore une espèce proposée par l'auteur cité, et qui est établie d'après la disposition et la direction des six incisives en droite ligne, comme dans l'*H. Sivalensis*, la disposition presque parallèle des deux lignes de molaires, comme dans l'*H. anisoperus*, chacune desquelles forme un arc dont la convexité est en dedans.

Conclusion.

D'après cela, il est évident que ce n'est rien autre chose que l'*H. Sivalensis* le plus commun.

9° L'Hippopotame platyrhynque.

H. platyrhynchus.

Clelland, *ibid.*

H. platyrhynchus. — Ses Caractères.

Cette prétendue espèce ne différerait, suivant son auteur, de l'*H. Sivalensis* que parce que son museau serait plus aplati.

Telles sont les seules espèces réelles ou nominales dont j'ai trouvé les noms inscrits dans les catalogues les plus récents, les pièces sur lesquelles elles reposent et les caractères qui leur ont été donnés.

Voyons maintenant à les examiner sous le rapport de leur distribution géographique et géologique.

De la Distribution géographique des espèces vivantes :

L'Hippopotame encore vivant à la surface de la terre n'a encore été rencontré qu'en Afrique et dans toutes les parties où l'on a pu pénétrer, si ce n'est dans le versant septentrional de l'Atlas.

en Afrique. vallée du Nil.

Les anciens ne le connaissaient guère que de la vallée du Nil, mais surtout de ses parties supérieures; car dès lors il se trouvait rarement dans la basse Égypte, où nous avons vu cependant qu'ont été tués les deux individus vus par Zerenghi et rapportés par lui en Europe. Depuis ce temps il n'en est plus descendu si bas; mais les voyageurs en ont rencontré en Nubie et en Abyssinie, où, si nous devons croire Bruce (*Voyage*, t. XIII, p. 257 de la traduction française), les Hippopotames abondent, ainsi que les Crocodiles.

Égypte.

Nubie. Abyssinie.

Côte orientale. port Natal.

La côte orientale d'Afrique, depuis le port Natal jusqu'au cap de Bonne-Espérance, en nourrit un très-grand nombre dans la plupart des rivières qui viennent s'emboucher à la mer. M. Delegorgue, dans le voyage qu'il vient de publier, nous apprend avec quelle rapidité le nombre de ces animaux peut diminuer dans un laps de temps fort court, par le voisinage des colons européens armés de fusils, et avides de la chair et surtout de la graisse de ces animaux paisibles et sans défense. En 1839, trois hommes, durant un mois, tuaient de 30 à 36 Hippopotames à Tonguela; en 1840, de 21 à 23, en 1841, 10; en 1842, 4; en 1843, un ou deux ou même pas un seul. Mais il paraît que dans cette partie de l'Afrique l'Hippopotame ne dépasse pas quatre ou cinq pieds de haut sur dix à onze de long.

cap de Bonne-Espérance.

Les environs du cap de Bonne-Espérance, et entre autres la rivière dite de la Montagne, en nourrissaient autrefois un très-grand nombre; et c'est en effet de là que sont venus la plupart de ceux qui se trouvent dans les cabinets d'histoire naturelle d'Europe, soit en peau, soit en squelette.

Levaillant en parle comme étant encore abondants lors de ses voyages dans cette partie du monde. Aujourd'hui M. Delegorgue nous apprend que, dans Berg-River, l'espèce n'est plus représentée que par deux vieux mâles existant en 1838 sur la propriété de M. Melk, qui ne permettait pas qu'on les tuât. Les Hottentots les plus âgés dans le pays les connaissaient depuis à peu près soixante ans.

dans Berg-River.

Côte occidentale. Sénégal.

Les Hippopotames sont communs sur la côte occidentale d'Afrique, dans les grands fleuves, et entre autres dans celui du Sénégal, où Adanson les a observés dans la moitié du dernier siècle comme fort nombreux, et où ils le sont encore beaucoup aujourd'hui, et depuis la découverte de l'*H. minor* de M. le docteur Morton dans le Gabon.

en Asie.

On trouve chez quelques auteurs anciens, et entre autres dans l'histoire d'Onésicrite, et même chez quelques modernes, que l'Hippopotame vit aussi dans les fleuves d'Asie; mais ce fait, qui a déjà été nié par Néarque, par Ératosthènes, cités par Strabon, d'une manière positive, n'a été confirmé par aucun des voyageurs modernes qui ont traversé l'Asie dans tous les sens, si ce n'est peut-être par Marsden, qui dit positivement que l'Hippopotame existe à Sumatra. Peut-être, comme le suppose M. G. Cuvier, cet auteur a-t-il donné le nom d'Hippopotame au Dugong, qui habite en effet les rivages de cette grande île.

Mais s'il est à peu près certain qu'il n'existe d'Hippopotame vivant que dans le seul et unique continent africain, il l'est peut-être encore plus qu'anciennement il en a existé en Europe dans tout le périple de la Méditerranée, et même dans des parties de l'Europe plus septentrionales.

en Europe. à l'état fossile.

en Russie.

Jusqu'ici on ne connaît cependant aucun fragment fossile d'Hippopotame qui ait été recueilli dans l'énorme versant de la Russie à la mer Glaciale.

gouvernement de Moscou.

M. Fischer de Waldheim (*Oryctologie du gouvernement de Moscou*, I, l. III, f. 2), dans sa notice sur les fossiles et les pétrifications du gouvernement de Moscou, l. I, p. 5, a bien attribué à l'*Hippopotamus major* une moitié de bassin trouvée dans les sables de Voloconamsk; mais il paraît que le fait a paru douteux, car aucun paléontologiste n'en parle.

Il en est de même de celui de la Pologne, de l'Ukraine, de la Podolie, et même de toutes les provinces suédoises, russes ou allemandes, littorales de la mer Baltique. En Pologne.

On n'a jamais cité d'os ou de dents de ce genre d'animaux dans les versants germaniques ou belgiques (1) à la mer du Nord, ni dans aucune des cavernes d'Allemagne. En Allemagne.

C'est donc en Angleterre que l'on commence à trouver des ossements fossiles d'Hippopotame, que M. R. Owen, dans un fort bon article qu'il a consacré à ce genre (*British Foss. Mamm.*, p. 399, 1846), attribue exclusivement à l'*H. major*. En Angleterre, d'après M. R. Owen.

Comme en Italie et en France, les auteurs anglais ont d'abord parlé de restes fossiles d'Hippopotame sans savoir autre chose, sinon que c'était un grand animal quadrupède aquatique; mais ensuite le fait est devenu de plus en plus avéré dans les deux vallées de l'Avon et de la Tamise.

Dans la première, on cite une tête figurée par Lee dans son *Histoire naturelle du comté de Lancastre*, publiée à Londres en 1700, et qui a été reproduite par M. Buckland dans ses *Reliq. diluvian.*, pl. XXII, f. 6. Lee dit qu'elle avait été trouvée sous le gazon. Vallée de l'Avon. Tête.

Parkinson (*Organ. Rem.*, III, 1811) a indiqué et quelquefois figuré comme ayant été trouvés dans le comté d'Essex, à Walton :

Une incisive inférieure interne presque entière, et ayant à peu près huit pouces anglais de longueur; Incisive.

L'extrémité d'une canine inférieure, remarquable par sa grosseur (seize Canine.

(1) Le catalogue des moules en plâtre du Muséum de Darmstadt offre deux ou trois articles, mais d'après des pièces venant d'Italie.

M. G. Cuvier cite bien (Add. I, p. 383) un astragale et un métatarsien de son petit Hippopotame, comme provenant de la collection de M. Decken à Bruxelles, mais sans indication sur le gisement de ces os.

J'ignore sur quelle base repose l'assertion de M. Keferstein, que l'on trouve aussi des os de l'*Hippopotamus major* en Allemagne et en Sibérie (*Naturg. Erd. Korp.*, p. 211).

pouces de circonférence) et la force de ses cannelures : nous avons copié la figure qu'en a donnée M. R. Owen (*loc. cit.*, fig. 161);

une autre. Une portion d'une autre canine plus petite, que Parkinson rapporte à un petit Hippopotame (*H. minutus*), mais que M. R. Owen dit positivement provenir d'un jeune animal, à cause de la profondeur de la cavité de sa base;

5e Molaire. Une pénultième arrière-molaire d'en bas, figurée par Parkinson (*Organ. Rem.*, III, pl. XX, f. 1);

vallée de la Tamise. fragments de 6 défenses. Des fragments plus ou moins considérables de six défenses, deux incisives inférieures, une molaire entière et les fragments d'une autre, recueillis par M. Trimmer (*Trans. phil.* pour 1813, p. 131) à Brentford, à un mille au nord de la Tamise, comté de Middlesex, dans un terrain d'eau douce, avec des restes non roulés d'Éléphants lamellidontes, de Rhinocéros, de grands Cerfs, d'Aurochs, et des coquilles terrestres et d'eau douce, dont la plupart sont identiques avec celles qui vivent aujourd'hui dans la contrée;

3e Molaire. Une troisième molaire d'en haut, du côté droit, déposée par E. Home dans la collection du Musée du Collége des chirurgiens, et provenant de Burfield, paroisse de Leigh, cinq milles à l'ouest de Worcester, dans un dépôt fluviatile de la vallée de l'Avon, sur lequel M. Strickland a publié un mémoire dans les *Proceed. Geol. Soc.*, vol. II, p. 111;

6 Molaires. Six dents molaires et quelques fragments d'incisives et de canines recueillis dans la caverne de Kirkdale, avec des ossements d'Hyènes, dont les Hippopotames ont été la proie, ainsi que les Éléphants et les Rhinocéros, dont on trouve les restes dans le même dépôt, suivant l'hypothèse de M. Buckland;

Mandibule. Un côté droit de mandibule presque entier, portant une grande partie des molaires, extrait sous les yeux et par les soins éclairés de miss Anna, dans les argiles lignites qui recouvrent le Crag de Warwick, à Cromer, sur la côte est de Norfolk; et de plus, provenant du même endroit, des fragments de deux défenses et d'une autre, pêchée en mer à Hopperburg, sur la même côte;

Plusieurs portions de mandibule et des dents isolées trouvées dans des strates d'eau douce à Alembury, près d'Huntingdon; fragments d'autres.

Une dent molaire à Oreston, près d'York; une Molaire.

Enfin, M. R. Owen ajoute qu'on a trouvé des restes d'Hippopotame dans les cavernes de Kent, de Torquay, de Derham-Down, sans dire lesquels, avec des os ou dents d'Hyènes, d'Ours, d'Éléphants, de Rhinocéros, etc.

En France, on a recueilli un fort petit nombre de pièces fossiles d'Hippopotame dans les parties septentrionales. Ce sont: en France. versant de la Seine.

1° Une dent canine ou défense, citée par M. G. Cuvier comme ayant été rencontrée dans le terrain d'alluvion de la plaine de Grenelle; une Défense.

2° Une dent molaire dans un sol ferrugineux, qui faisait partie de la collection de l'abbé de Tressan, et que M. Cuvier pense avoir été également trouvée aux environs de Paris (1); une Molaire.

3° Une dent encore implantée dans un fragment de mandibule trouvé dans une caverne à Arcis-sur-Aube, à un mètre de profondeur, dans une sorte de canal produit par le relèvement de deux parties du sol et rempli par une argile reposant sur un sol oolithique, avec des restes d'ossements pourris tout à fait méconnaissables, et sur laquelle M. de Bonnard a lu une note à l'Académie des sciences, le 28 septembre 1829; une Défense.

4° Un morceau d'une grande défense et deux molaires proportionnelles, recueillies par M. Duval, pharmacien, à la barrière d'Italie. fragment de Défense. 2 Molaires.

On a dit à tort qu'un marchand d'objets d'histoire naturelle avait rapporté deux dents d'Hippopotame du Soissonnais ou du Laonnais.

Dans le versant de la Loire, on a signalé avec raison quelques ossements et des dents recueillies en Auvergne, par exemple aux Perriers, un semi-lunaire et un astragale de l'*H. major*, à Gergovia; et tout dernièrement M. Bravard vient d'en découvrir un gîte dans lequel il a pu réunir des fragments de mandibules de plus de douze individus. versant de la Loire. en Auvergne.

(1) L'on a quelquefois parlé d'Hippopotame à l'occasion des os de mammifères trouvés dans le dépôt d'Étampes signalé par Guettard, mais probablement sans raisons suffisantes.

Dents.

Mais au delà, c'est peut-être à tort qu'on a cité des dents de deux espèces (*H. major* et *H. minutus*) dans l'Orléanais.

dans la France méridionale.

Je ne connais pas d'autres lieux dans le nord de la France, où l'on ait découvert des ossements ou des dents attribués à tort ou à raison à des Hippopotames (1); mais il n'en est pas de même dans ses parties méridionales, dans les versants à l'Océan à l'ouest, ou à la Méditerranée au sud.

versant à l'Océan.

Dans le premier versant nous citerons :

Différentes pièces de l'*H. minutus*, Cuv.

1° Toutes les pièces (os et dents) sur lesquelles M. G. Cuvier a établi son *H. minutus* et qui étaient contenues dans des blocs calcaires siliceux, dont l'un existant sans désignation de localité dans les collections du Muséum d'histoire naturelle, mais qui, par une ressemblance complète avec un second bloc de la collection de M. Journu-Aubert, de Bordeaux, dont on savait positivement l'origine, ont été reconnues comme provenant des environs de Dax entre cette ville et Tartas, département des Landes, sur les anciennes limites du golfe, où elles avaient été recueillies par le chevalier de Borda, et envoyées par lui au grand-père de M. Graves, d'où elles avaient passé dans la collection de M. Journu-Aubert, et sans doute à Buffon pour le cabinet du roi.

une Molaire.

Nous pouvons citer comme des Landes une belle et grosse septième molaire inférieure de la collection du Muséum.

en Portugal.

Il faut rappeler ici qu'Antoine de Jussieu, dans son mémoire sur des

(1) On en a cité, et même de plusieurs espèces (*H. major et minutus*), dans les dépôts des environs d'Orléans; mais je me suis assuré que ces dents incisives, canines ou molaires, proviennent d'une grande espèce de Cochon, genre avec lequel en effet les Hippopotames ne sont pas sans de grands rapports.

Je n'ose assurer que ce soit également à tort qu'on rapporte aux *H. major* et *minutus* des dents recueillies dans les faluns de la Touraine, mais je le supposerais volontiers.

M. d'Orbigny père, dans sa liste des ossements trouvés dans le dépôt de Pons, en a attribué à l'Hippopotame, mais à tort, comme je m'en suis assuré par un examen attentif des pièces de ce dépôt conservées à la mairie de cette ville, en août 1846, dans un voyage dont c'était le but principal, et grâces à l'extrême obligeance de M. du Morisson, juge de paix du canton et membre du conseil général du département.

os d'Hippopotame, dit qu'il en a vu de semblables dans la collection de M. de Souza et qui provenaient des bords du Tage.

en France. versant de la Méditerranée. Os et Dents. fragment de Mandibule.

2° Un certain nombre d'ossements provenant de la tête et des pieds d'Hippopotames, signalés vaguement pour la première fois par Antoine de Jussieu en 1724, comme trouvés sous les yeux de Chirac au lieu nommé *la Mosson*, dans le territoire de Montpellier, et qui ont été rapportés par M. G. Cuvier à son *H. major*, ainsi qu'un morceau de mandibule portant deux dents fort usées, qu'il suppose venir du même endroit, parce qu'il avait fait partie du cabinet de M. de Joubert, ancien trésorier des États de Languedoc; mais M. P. Gervais, qui a visité les lieux, paraît en douter, parce que depuis lors on n'a jamais recueilli de restes d'Hippopotame dans ce gisement.

Dents.

3° Des dents dont a parlé M. Marcel de Serres, comme ayant été trouvées au Boutonnet, faubourg de Montpellier, dans des sables marins tertiaires faisant partie de l'étage marin supérieur, et que M. G. Cuvier, t. IV, p. 479, Add., a également rapportées à son *H. major*.

fragment de Mandibule.

C'est auprès de Pézénas qu'ont été trouvées une fort belle pièce de mandibule portant les deux arrières molaires que M. Gervais, pendant plusieurs années l'un de mes aides au Muséum et aujourd'hui professeur à la Faculté des sciences de Montpellier, a bien voulu m'envoyer en communication, ainsi que des os et des dents d'une espèce d'Hippopotame que M. de Christol regarde comme l'*H. major* de M. Cuvier, dans une sorte de terrain nommé terrain mixte par M. Reboul, parce que ses assises sont d'eau douce et de sable, avec des restes d'Éléphant lamellidonte, de Lamantin, d'Élan et de Renne.

des Os et des Dents.

versant du Rhône.

Je ne connais encore aucun ossement d'Hippopotame trouvé dans le versant du Rhône ni même dans ses affluents, comme la Saône, le Doubs, etc.

en Italie.

C'est en Italie, et surtout dans le versant méridional des Apennins à la Méditerranée, que l'on a recueilli le plus grand nombre d'ossements et de dents provenant de l'Hippopotame. Nous avons déjà fait observer que la quantité en est si considérable dans le val d'Arno supérieur, qu'on a

val d'Arno supérieur.

pu en reconstruire un squelette entier; outre les crânes, les mandibules et les os séparés qui ont été recueillis et répandus dans la plupart des cabinets de l'Europe.

en nombre très-considérable,

Nous avons déjà eu l'occasion et à plusieurs reprises de parler de ce célèbre dépôt contenant à la fois des restes d'Ours, de grands carnassiers, d'Éléphants lamellidontes, de Rhinocéros, de Castors, de Sangliers, et d'un grand nombre de Ruminants, mais ceux d'Hippopotames y sont en nombre incomparablement beaucoup plus grand; ce qui vient à l'appui de l'existence dans cette partie des Apennins de grandes retenues d'eau, séjour habituel de ce genre d'animaux.

surtout sur la rive gauche du fleuve.

Il paraît même qu'ils y sont pêle-mêle, mais surtout, à ce qui m'a été dit sur les lieux par les hommes dont l'industrie consiste à chercher des fossiles dans les parties supérieures de ce vaste dépôt, sur la rive gauche de la grande excavation où coule l'Arno.

Dans d'autres parties de ce même versant méridional des Apennins, je ne trouve cités qu'un fort petit nombre d'ossements fossiles d'Hippopotame :

val d'Arno inférieur. 2 Molaires.

Deux molaires provenant du val d'Arno inférieur, aujourd'hui dans le cabinet de l'Université de Pise;

vallée du Tibre. Défenses.

Des défenses trouvées aux environs de Rome et faisant partie de la collection du Collége romain, d'après M. G. Cuvier.

Dans le versant septentrional et en général dans les affluents de la

vallée du Pô.

vallée du Pô, le nombre des pièces n'est pas plus considérable.

Dent molaire.

Il n'est nullement certain, ce me semble, que la dent molaire figurée par Aldrovande, non plus que la tête inférieure de fémur observée par M. G. Cuvier dans le Musée de Bologne, aient été recueillies dans les environs de cette ville.

en Piémont.

M. Delamétherie avait annoncé, dès 1790 (*Théorie de la terre*, tome V, page 199), une dent d'Hippopotame trouvée en Piémont, et sans autres détails, mais M. Gastaldi, de Turin, m'a assuré (nov. 1846) qu'il avait en

Molaire.

sa possession une dent molaire d'Hippopotame recueillie dans l'Astesan, ignorant au juste dans quelle partie, et si c'est ou ce n'est pas avec des dents d'Éléphant mastodonte et de Tapir provenant également de cette province et qui sont aussi dans sa collection.

La vallée du Danube ne semble pas non plus avoir encore offert à l'observation d'ossements d'Hippopotame. vallée du Danube.

J'en trouve cependant d'indiqués dans les catalogues paléontologiques comme ayant été recueillis à Georgensgemund, mais j'ignore quels et si cela a été confirmé. Ce serait en effet quelque chose de particulier à ce dépôt de renfermer des ossements des deux sous-genres d'Éléphants, de Rhinocéros, de Cheval et de Bœuf. en Bavière.

Aucun paléontologiste n'en a signalé dans le versant des grands fleuves de la Pologne et de la Russie méridionale à la mer Noire. versant à la mer Noire.

Mais il n'en est pas de même des grandes îles de la Méditerranée : on en connaît aujourd'hui de la Sardaigne, de la Sicile et de la Crète.

Des fragments d'os et de dents trouvés dans une brèche osseuse du royaume de Sardaigne, sur lesquels je n'ai aucuns détails à donner, si ce n'est qu'il faut que ce soit dans une autre que celle de Cagliari où M. Cuvier n'en a pas signalé, et qu'ils indiquent un animal intermédiaire à l'*H. major* et à l'*H. minutus*, comme ceux de Sicile. en Sardaigne.

Des ossements en nombre immense d'Hippopotames de tout âge et sans doute des deux sexes, en Sicile, dans un état plus ou moins roulé et très-varié de pétrification, les uns assez fortement pour offrir une cassure conchoïde, les autres assez peu pour happer à la langue et être friables, et contenus dans une brèche que M. de Christol est porté à considérer comme d'eau douce à cause du ciment blanc ou grisâtre qui agglutine les os, aussi bien que les graviers calcaires et quartzeux qui les accompagnent. en Sicile. caverne de San-Ciro. en nombre considérable,

Cette espèce de brèche osseuse, d'après les observations de M. Tornbull Christie, ne remplit pas seulement une sorte de caverne creusée dans un calcaire tertiaire à 70 pieds au-dessus du niveau de la mer, mais celle qui forme une sorte de talus extérieur d'une épaisseur de plus de 20 pieds. d'après M. T. Christie.

La quantité de ces ossements d'Hippopotames était si considérable,

M. de Christol. parmi lesquels

que suivant M. de Christol des négociants en avaient fait venir à Marseille la charge de plusieurs navires dans le but d'en faire du noir animal, ce à quoi ils étaient impropres, parce qu'ils avaient perdu entièrement leur matière organique. On en avait rejeté la plus grande partie à la mer, et parmi les tas qui en restaient encore et que M. J. de Christol a pu examiner à son aise, sur trente quintaux, six os seulement étaient de Bœuf ou de Cerf; tout le reste appartenait à une espèce d'Hippopotame semblable à l'espèce vivante, quoique de moindres dimensions et dont il a pu voir à la fois trois cents astragales dont trente étaient aussi plats que la main, en forme de galets, par suite du genre de frottement qu'ils avaient sans doute éprouvé par les mouvements de la mer.

300 Astragales.

Malgré cette soustraction des os de la caverne de San-Ciro, déjà signalée il y a plus de deux cents ans par P. Kicher, *Mundus subterraneus*, page 61, comme contenant beaucoup d'os d'Éléphants, M. Rati-Menton, petit-fils de M. Biot, de l'Académie des sciences, m'a assuré que cette caverne, qui est divisée en deux parties, l'une d'entrée et plus large, est encore tapissée d'ossements dans toutes ses parties, et qu'on en trouve encore fort aisément; en effet, il a eu l'attention d'en apporter un assez grand nombre avec beaucoup de dents séparées qu'il a données généreusement à la collection du Muséum, ainsi que l'a fait pour quelque pièces M. Milne Edwards, l'année dernière.

M. Rati-Menton.

M. Milne Edwards.

Enfin, des dents et des fragments d'os d'un terrain d'alluvion ancien dans les vallons de l'île de Crète (1) ont été rapportés l'année dernière dans la collection paléontologique du Muséum, par M. Raulin, alors

dans l'île de Crète. par M. Raulin.

(1) Voici la note que M. Raulin a eu la bonté de me remettre sur sa découverte intéressante : « Ces ossements ont été trouvés dans un dépôt d'argile sableuse de couleur fauve appartenant » soit au terrain tertiaire pliocène, soit plutôt aux alluvions anciennes, et occupant sur une » épaisseur assez considérable le fond de la haute plaine fermée du Katharo. Cette plaine, d'une » lieue carrée de surface, est élevée à 1,150 mètres au-dessus de la mer; elle est à l'E. de la » plaine plus grande du Passithi et à l'O. du bourg de Kritsa, placé à une petite distance de la » côte à l'O. du golfe de Mirabello, dans la partie orientale de la Crète.

» La plaine de Katharo était évidemment autrefois un lac situé dans les montagnes et dont le » trop-plein se déversait dans la plaine de Lassithi, qui n'atteint guère au delà de 850 mètres. »

l'un des aides de la chaire de géologie, et chargé d'explorer cette grande île dans l'intérêt de la science.

Les pièces qu'il a recueillies sont :

Un fragment de mâchoire supérieure du côté gauche, avec un petit morceau de palais portant les deux dernières dents molaires assez usées ; Fragment de Mâchoire.

Un fragment de branche horizontale de mandibule du côté gauche, portant également les deux dernières molaires, avec l'alvéole de la précédente, indiquant un individu de la taille de l'Hippopotame de Palerme, un peu plus grand que celui auquel a appartenu la pièce précédente ; de Mandibule.

Deux dents molaires supérieures séparées, une dernière et une avant-dernière du même côté gauche, et peut-être du même individu ; 2 dents Molaires.

Une autre également supérieure et septième, mais du côté droit et un peu plus petite ; une autre.

Une moitié antérieure de canine ou terminale du côté droit, indiquant un animal de la taille de celui duquel provient la seconde pièce. Canine.

Il ne nous reste plus à noter ici que les différents points où l'on ait trouvé, dit-on, des traces d'Hippopotames dans le sein de la terre, hors de l'Europe, en Afrique et dans l'île de Madagascar, ainsi qu'il a été dit plus haut ; on cite dans celle-ci une défense dans un conglomérat dont la nature n'est pas indiquée (*Proceed. geol. soc.*, t. I, p. 495). hors de l'Europe. Madagascar.

En Afrique même, il me semble que M. Rüppell a dit quelque chose (*Reise in Nubien*, p. 17) qui peut faire penser qu'il en a trouvé dans la Nubie ; et la collection du Muséum possède un germe d'une septième grosse molaire du côté gauche, inscrite comme fossile et provenant d'Égypte, sans autre désignation de localité. Afrique. Égypte.

Je dois encore faire observer que M. Ch. Keferstein, dans son *Histoire des corps naturels dans leurs premiers fondements*, t. I, p. 211, termine son article sur l'*H. major* en disant qu'on vient dernièrement (1834) de trouver dans la Nouvelle-Hollande des ossements qui semblent aussi lui appartenir. J'ignore à quels ossements M. Keferstein fait allusion ; mais certainement l'assertion n'a pas été confirmée. Nouvelle-Hollande.

Inde.

Dans l'Inde, on a déjà recueilli des os d'Hippopotame (*H. Sivalensis*) en deux endroits différents :

monts Sivaliks.

1° D'abord dans les dépôts considérables qui sont au pied des Sous-Himalayas ou monts Sivalicks, un grand nombre de crânes plus ou moins complets, de mandibules, de dents, d'âges différents, qu'il serait véritablement trop long et inutile d'énumérer, sans doute accompagnés d'ossements provenant de la même espèce animale, mais dont aucun n'a été signalé d'une manière particulière par les explorateurs de ce riche dépôt ;

royaume d'Ava.

2° Et ensuite sur les bords de l'Irawadi, dans le royaume d'Ava; mais quelques dents seulement.

Amérique du Nord.

Je dois enfin noter que feu M. le docteur Harlan, de New-York, dans un article inséré dans le *Journal de Silliman,* vol. XLIII, p. 143, année 1842, au nombre des animaux dont on a trouvé des ossements fossiles en Nord-Amérique, cite l'Hippopotame, mais sans indiquer sur quoi portait son assertion, et en se bornant à nous apprendre qu'ils ont été recueillis avec d'autres de Megatherium, Éléphants, Mastodon, Bos, Sus, Chelonia et Cétacés, dans une formation post-pliocène en creusant le canal de Brunswick, en Géorgie.

RÉSUMÉ.

D'après les détails dans lesquels nous venons d'entrer, aussi bien sur l'Hippopotame vivant que sur les Hippopotames fossiles, nous croyons pouvoir résumer notre travail de la manière suivante :

1° *Sous le rapport zooclassique.*

Le genre Hippopotame établi par les précédesseurs de Linné, comme par Linné lui-même, est aussi aisé à caractériser par le système digital qui lui est particulier, sinon dans le nombre, mais au moins dans la disposition que par le système dentaire, aussi bien par l'ensemble de l'appareil sensorial que par la forme générale du corps, concordant fort bien avec les mœurs et avec les habitudes moins terrestres qu'aquatiques des animaux, qu'il renferme.

Sa place dans la série est immédiatement avant les Cochons, dont il est beaucoup plus rapproché que du Cheval, dont il n'a même aucun caractère.

2° *Sous le rapport ostéologique.*

On peut trouver à remarquer, chez les Hippopotames, la solidité et la densité des os plus grande même que dans les Cochons, et dans l'ensemble une disproportion fort remarquable entre les deux parties de la tête, et surtout entre les membres fort courts, et la totalité de la colonne vertébrale assez longue.

Prenant à part les os des membres, on doit noter comme caractéristiques : l'étendue proportionnelle de l'omoplate et de l'os innominé; l'épaisseur et la brièveté des os longs qui les composent; la largeur et l'épaisseur des os du carpe et du tarse, et surtout dans l'astragale de ce dernier, un passage évident à la forme d'osselet, quoique moins prononcé que dans le Cochon, et comme dans celui-ci la largeur de la facette articulaire du scaphoïde avec le cuboïde; dans les os du métacarpe et du métatarse, l'absence de disposition de contact, et dans les phalanges, mais surtout dans les onguéales, une petitesse et une forme toutes particulières.

3° *Sous le rapport odontographique.*

L'Hippopotame est moins distinct que sous celui de l'ostéographie, et se rapproche davantage des Cochons par une disposition assez semblable des trois sortes de dents, et cela aux deux mâchoires : des incisives verticales en haut, fort déclives en bas, des canines se développant en défenses déjetées en dehors, des fausses molaires simples et distantes, et des molaires vraies bicollinaires, plus ou moins irrégulièrement mamelonnées, et assez semblables aux deux mâchoires, aussi bien à la couronne qu'aux racines.

La différence principale ne porte que sur la proportion et le nombre des incisives dans l'état adulte, et même dans une espèce seulement.

4° *Sous le rapport de la distinction des espèces.*

D'après la position de ce genre dans la série entre des espèces à système de doigts impair, et d'autres à système de doigts pair, ou bien à astragale plat ou en osselet, il est évident que c'est sur ce point que devrait porter essentiellement la distinction des espèces, la grosseur et l'égalité proportionnelle des deux doigts extrêmes. En effet, plus ou moins inégaux dans les premières espèces, ils devront le devenir de plus en plus, en diminuant proportionnellement aux doigts du milieu, à mesure qu'elles devront se rapprocher davantage des Cochons.

La spécification devra également porter sur le nombre et la proportion des incisives, qui de six, état normal des genres d'ongulogrades à système de doigts impair, doit, après une anomalie évidente, passer à celle des Ruminants, la plus forte de toute la tribu des Mammifères monodelphes bien dentés.

C'est en effet ce que nous voyons d'une manière évidente pour les deux seules espèces qu'il soit possible de caractériser dans ce genre, l'une vivante et l'autre fossile, l'H. amphibie vivant et fossile et l'H. Sivalien fossile seulement.

D'après cela, l'on voit que l'*Hippopotamus major* ne doit pas, en suivant ces principes, être considéré comme spécifiquement distinct de l'*H. amphibius* encore vivant aujourd'hui en Afrique, malgré les différences indiquées par M. Nesti, et en dernier lieu par M. Cuvier, et qui sont évidemment individuelles.

Notons même que M. Nesti, qui le premier a cherché à établir cette distinction par la connaissance d'un plus grand nombre de pièces d'Hippopotame fossile dans le Val d'Arno, a fini son mémoire par dire que c'était au moins une forte variété, peut-être, il est vrai, pour s'excuser encore mieux que par les phrases les plus laudatives, d'avoir été d'une opinion contraire à celle qu'avait eue d'abord M. G. Cuvier.

Celui-ci, en effet, comme il a été dit plus haut, en s'appuyant sur la connaissance, d'une part, d'une tête entière et de pieds d'adulte, ce qui était insuffisant; et de l'autre, d'un assez petit nombre d'os fossiles, assez importants cependant, crut devoir, dans la première édition de son mémoire, reconnaître identité d'espèce jusqu'en 1812; mais en 1821, dans la seconde édition de son mémoire, ayant, il est vrai, à sa disposition un squelette complet d'Hippopotame vivant, et un plus grand nombre d'ossements du Val d'Arno, il prononça formellement leur distinction en disant, page 322, que l'Hippopotame fossile est aussi distinct comme espèce de l'Hippopotame vivant, que les Éléphants et les Rhinocéros fossiles le sont de leurs analogues vivants. C'est ce que M. Cuvier trouva parfaitement confirmé par le travail de M. Nesti, qui lui parvint plus tard, et dont il donna les tableaux de mesures comparatives dans ses additions à l'*H. major*, en 1822, page 380 du tome III de cette seconde édition; et cependant deux ans après, le Muséum ayant reçu de la libéralité éclairée de S. A. I. le grand duc de Toscane, une belle tête, une mandibule ou mâchoire inférieure, et un bassin de l'Hippopotame du Val d'Arno, M. G. Cuvier termina cette nouvelle addition (tom. V, 2e Part., p. 501), en disant: « Ces superbes morceaux confirment pleinement ce que M. Nesti et moi avions annoncé sur les grandes ressemblances qui rapprochent cet animal de l'Hippopotame d'aujourd'hui, en même temps que sur les différences qui l'en distinguent. » En sorte que, sur ce point, M. G. Cuvier a pu émettre les trois seules opinions possibles, les deux opposées et l'intermédiaire, oui et non, et ni oui ni non. Toutefois, dans le résumé général, l'Hippopotame fossile fait nombre sous un nom spécifique sous lequel il est inscrit dans tous les catalogues paléontologiques sans exception.

Je n'ose pas me prononcer d'une manière aussi formelle au sujet de l'*H. minutus*, parce que si les pièces sur lesquelles cette espèce est établie sont tout à fait suffisantes pour démontrer aisément qu'elles proviennent d'un Hippopotame, elles ne sont peut-être pas assez caractéristiques pour prononcer sur l'espèce. Cependant en n'y trouvant notées, même par M. G. Cuvier, que des différences de grandeur assez fortes, il est vrai, puisqu'elles vont à moitié du seul squelette du Cap qu'il a pu comparer, je suis fort porté à n'y voir qu'une variété locale, d'autant mieux que j'ai décrit des intermédiaires dans les restes fossiles d'Hippopotame de Sicile et de Crète.

Les *H. medius* et *dubius* sont à supprimer, comme l'a montré M. de Christol, en rapportant les pièces sur lesquelles ils sont établis à une espèce de Lamantin.

L'*H. Sivalensis* de l'Inde est une espèce parfaitement distincte dans la dégradation sériale, espèce à laquelle il faut sans doute rapporter les *H. megagnathus, platyrhynchus*, aussi bien que l'*H. anisoperus*, reposant sur une pièce de jeune âge. Malheureusement nous ne connaissons encore aucun os qui ait appartenu aux membres de cette espèce.

5° *Sous le rapport de la distribution géographique.*

Il est hors de doute que l'espèce encore vivante aujourd'hui se trouve à cet état exclusivement en Afrique, à l'exception du versant septentrional de l'Atlas, et cela dans toutes les parties de ce continent, et surtout vers la partie méridionale où il s'en voit encore en quantité considérable.

Cette même espèce à l'état fossile habitait autrefois toute la partie de l'Europe qui constitue le périple septentrional de la Méditerranée, outre les trois grandes îles de cette mer, la Sardaigne, la Sicile et la Crète, et de plus les anciens lacs de l'Auvergne, peut-être même ceux des environs de Paris et de Londres, ce qui est moins certain, tant le nombre de pièces recueillies est peu considérable.

Elle se trouvait également, en admettant que l'*H. minutus* ne soit pas distinct de l'*H. amphibius*, sur le versant des Pyrénées à l'Océan.

Une autre espèce qui n'est encore connue qu'à l'état fossile, à moins qu'on ne regarde comme vrai le récit d'Onésicrite, et qu'elle ne se trouve en Chine ou au Japon, habitait les fleuves et les lacs situés sur le versant des sous-Himalayas à la mer des Indes.

Jamais jusqu'ici on n'a signalé d'ossements fossiles d'Hippopotames plus au nord que le midi de l'Angleterre, et en fort petit nombre. Aucun observateur n'a encore parlé d'os fossiles d'Hippopotames recueillis dans les nouveaux continents d'Amérique ou de la Nouvelle-Hollande (1).

6° *Sous le rapport géologique.*

On n'a encore trouvé des restes fossiles d'Hippopotames que dans les terrains supérieurs à la craie, et peut-être exclusivement dans le diluvium libre ou dans les cavernes et dans les brèches, du moins en Europe.

Quelquefois réunis en grand nombre dans un espace fort circonscrit, mais jamais en squelette; d'autre fois épars et en petit nombre.

Dans un état fracturé et quelquefois même roulé, comme cela est évident à San-Ciro, auprès de Palerme, dans des terrains de nature minéralogique divers, mais le plus souvent meuble et menu, peut-être jamais pierreux, et par conséquent libres dans la roche.

Toujours dans des terrains supérieurs à la craie, mais jamais encore dans les terrains tertiaires inférieurs ni même moyens, les dépôts d'Eppelsheim ni de Sansans n'en ayant pas présenté jusqu'ici.

Peut-être même pas encore dans les terrains tertiaires supérieurs, à moins qu'on ne considère ainsi ceux du Val d'Arno et de l'Auvergne.

Et dès lors, dans le cas contraire, constamment dans le diluvium ancien, libre, comme en Auvergne, au Val d'Arno, à Pézenas, ou bien dans les brèches d'eau douce, comme à San-Ciro et en Sardaigne, ou enfin dans les cavernes, comme à Arcy et à Kirdkale, etc.

(1) A l'exception des assertions de M. Harlau et de M. Keferstein cités plus haut.

Accompagnés d'ossements d'Éléphants lamellidontes et mastodontes, de *Rhinoceros incisivus,* de Tapir, en Auvergne et dans le Val d'Arno.

CONCLUSIONS.

S'il est certain, ou au moins vraisemblable, que le Behemoth de Job soit l'animal que nous connaissons aujourd'hui sous le nom d'Hippopotame, il est complétement hors de doute que, malgré la description erronée qu'ils en ont donnée, l'Hippopotame des anciens Grecs, Hérodote et Aristote, et encore mieux celui des Romains, est le même animal que nous nommons ainsi aujourd'hui. Son association constante avec le Crocodile dans le Nil met la chose hors de doute.

C'est ce que les médailles, les bas-reliefs, les mosaïques, les peintures laissés par les Romains de l'empire démontrent également.

En supposant qu'Émilius Scaurus en ait le premier fait voir dans les jeux du Cirque, comme le dit Pline, ce qui est assez peu probable, ou que ce soit Auguste dans son triomphe sur Cléopâtre et Antoine, ainsi que le rapporte Dion Cassius, ce qui l'est un peu plus, ou enfin que ce soit Adrien, ce que semblent indiquer les monuments, il faut admettre que les anciens ont vu des Hippopotames vivants en Europe et même en assez grand nombre.

Dans les temps modernes, ce ne sont pas les princes de l'Occident qui en ont possédé les premiers dans leurs ménageries, mais un empereur turc, à Constantinople, en 1544; et depuis lors aucun autre n'est parvenu en Occident.

Ce n'est pas P. Belon qui a le premier observé un Hippopotame vivant, mais bien P. Gilles, celui de la ménagerie du sultan.

Il est même plus que probable que celui-là n'en a pas vu, et que sa description est, comme les figures qu'il en a données, tirée des monuments.

Aucun anatomiste n'a eu l'occasion d'étudier l'organisation de cet animal, si ce n'est son squelette ou ses viscères, sur un fœtus.

Le degré d'organisation que forme l'Hippopotame dans la série étant fort peu tranché, à cause de ses très-grands rapports avec les Sangliers, le nombre des espèces doit être fort restreint. Il n'en a existé probablement que deux dans le plan de la création, l'une orientale, l'autre occidentale.

L'espèce orientale unique, limitée à ce qu'il paraît à l'Inde, a déjà disparu de la série encore vivante des êtres, en supposant qu'elle ne soit pas reléguée dans quelque partie de la Chine ou du Japon.

L'espèce occidentale semble être acculée de plus en plus dans les parties occidentales et australes de l'Afrique.

Mais elle n'est plus qu'à l'état fossile dans l'Europe centrale et méridionale où elle a été abondante sur les versants à la Méditerranée; en acceptant, ce qui est hors de doute, que l'*H. major* n'est qu'une variété de sexe et peut-être même l'*H. minutus* une variété locale. Pour l'espèce orientale, c'est dans un terrain qui est assimilé par les géologues aux parties supérieures des terrains tertiaires d'Europe, agglomérés avec des animaux de toute classe et d'un grand nombre de familles.

Pour celle d'Occident ou d'Europe, il paraît certain que ses ossements fossiles ont été recueillis rarement dans les parties supérieures des terrains tertiaires, mais plus souvent dans les diluviums anciens, comme en Auvergne et au Val d'Arno, mais aussi dans les dépôts des brèches et des cavernes; dans le premier cas avec des restes des Éléphants mastodontes et lamellidontes, de *Rhinoceros incisivus* et de Tapir; dans le second, avec des restes d'Éléphants lamellidontes seulement et de *Rhinoceros tichorhinus*.

Jusqu'ici on n'a trouvé aucun reste fossile d'Hippopotame dans les dépôts d'Orléans, d'Eppelsheim et de Sansans où existent ceux de Dinotherium.

Ces ossements du reste semblent être plus ou moins dispersés, mais toujours dans des lieux d'élection pour ces animaux vivants.

Ils ne peuvent donc servir à appuyer peut-être même pas le synchronisme des strates où ils se trouvent, et encore moins la théorie des catastrophes produites par une immense inondation de la mer des Indes, qui aurait traversé le Caucase pour parvenir jusqu'en Europe, y apportant les ossements des grands quadrupèdes qu'elle aurait rencontrés; hypothèse que M. Faujas de Saint-Fonds a soutenue toute sa vie; ce qui explique pourquoi il avait refusé avec tant de persistance de reconnaître parmi les fossiles de notre Europe des restes d'Hippopotames qu'il pensait être exclusivement africains.

Pour moi donc, et j'espère pour toutes les personnes qui voudront prendre la peine de lire mon mémoire avec quelque attention, il n'est pas permis de dire avec M. G. Cuvier (*Ossem. foss.* t. I, p. 322, 2e éd.): « Le grand Hippopotame fossile n'échappe pas à la règle qui frappe les » Éléphants, les Rhinocéros et les autres Pachydermes de nos terrains » meubles. »

Au sujet des restes d'Hippopotame indiqués comme fossiles dans le versant méridional de la France à la Méditerranée, M. P. Gervais a bien voulu me communiquer une note extraite de ses recherches sur ce point intéressant.

Malgré les expressions formelles d'Antoine de Jussieu, la vue des dépouilles de celui-ci (tête et pieds d'un Hippopotame du Sénégal décrit et figuré par lui) m'a convaincu que des ossements pétrifiés trouvés à la Mosson sous les yeux de M. Chirac, avaient été ceux d'Hippopotame.

Malgré la présomption fort plausible de M. G. Cuvier, 1° que les fragments d'Hippopotame inscrits par Daubenton sous les n^os^ MCII et MCIV du cabinet du roi sont précisément ceux vus par Antoine de Jussieu, et qu'aurait apportés Chirac alors intendant du jardin ; 2° que le fragment qu'il a figuré et décrit comme du cabinet de M. de Drée, composé en partie de celui de M. de Joubert, trésorier des états de Languedoc, et par conséquent habitant fréquemment Montpellier, pouvait également provenir du même dépôt de la Mosson; M. Gervais est fort porté à douter que les restes vus par A. de Jussieu fussent réellement d'Hippopotame, et que ceux du Cabinet du Roi et de la collection de M. de Drée, vinssent de la Mosson, se fondant sur ce que ces pièces n'ont nullement l'aspect de celles qu'on trouve aux environs de Montpellier, et que depuis lors on n'y a jamais recueilli d'Hippopotame. A quoi l'on peut ajouter que M. de Christol, dans son mémoire sur les fossiles des bassins de Montpellier et de Pézenas (*Ann. des sc. nat.*, 2e série, t. IV, p. 225, 1835), dit que l'Hippopotame n'a pas été trouvé d'une manière bien positive dans les sables marins supérieurs de Montpellier, et que celui qu'indique M. Cuvier au lieu de Conelle (sans doute pour la Mosson), peut avoir été trouvé dans les marnes bleues inférieures à la molasse coquillière.

N. B. Voyez un article de supplément au genre Hippopotame à la fin de la partie de ce mémoire qui concerne le G. Sus.

EXPLICATION DES PLANCHES

Du genre *HIPPOPOTAMUS*.

PL. I. — Squelette de l'Hippopotame du Cap ♂, *Hippopotamus amphibius* (*Capensis*).

Réduit au septième de la grandeur naturelle; d'après celui envoyé du cap de Bonne-Espérance, en 1820, par M. Delalande. Le même déjà figuré par M. G. Cuvier, *Ossem. foss.*, 2ᵉ éd., t. I, pl. I des H. vivants.

PL. II. — Tête de l'Hippopotame du Cap ♂, *Hippopotamus amphibius* (*Capensis*).

Réduit au cinquième de la grandeur naturelle; d'après l'individu envoyé du cap de Bonne-Espérance par M. Delalande.

Vue de profil, en dessus, en dessous, par les faces antérieure et postérieure.

A part :

La mandibule entière, figurée par ses bords alvéolaires et par sa face externe, et de plus son condyle, vu par la face interne, pour montrer l'orifice intérieur du canal dentaire.

En outre :

L'étrier et le marteau, de grandeur naturelle, tirés d'un Hippopotame d'origine inconnue (provenant probablement du Sénégal).

PL. III. — Têtes d'Hippopotames vivants et fossiles, représentées à la réduction d'un cinquième de la grandeur naturelle.

§ I. *H. amphibius.*

1° Vivants.

Du Sénégal (mâchoires supérieure et inférieure).

D'après un squelette ♂ envoyé du Sénégal par M. Bouet-Willaumez, ancien gouverneur de cette colonie, et donné par M. le prince de Joinville.

De la Haute-Égypte (mâchoire supérieure et inférieure).

D'après un crâne acheté à mademoiselle Niodot, en 1844.

2° Fossiles.

Du val d'Arno. Une tête et une mandibule.

Ces têtes ont été données au Muséum par Son Altesse impériale et royale le grand-duc de Toscane, en 1824, et sont autres que celles figurées par M. G. Cuvier, *Ossem. foss.*, 2e éd., t. I, pl. IV des Hippopotames.

§ II. *H. Sivalensis.*

Tête vue de profil, en dessus, en dessous, et par sa face postérieure.

D'après une tête provenant de l'Inde, et achetée à M. Édouard Verreaux.

PL. IV. — Parties caractéristiques du tronc de l'H. amphibius vivant et fossile.

Au quart de la grandeur naturelle.

§ I. *H. amphibius* vivant.

(Sénégal ; par M. le prince de Joinville.)

* Série médio-supère.

Atlas.

Figuré en dessus et en dessous.

Axis.

Profil et postérieurement.

6e cervicale.

Profil et par sa face postérieure.

1re dorsale.

Profil et par sa face postérieure.

15e dorsale.

Profil et par sa face postérieure.

Les cinq vertèbres lombaires réunies et en dessus.

5e lombaire.

Séparée et par sa face postérieure, montrant ses facettes articulaires avec le sacrum.

Sacrum.

Les vertèbres qui le composent toutes réunies et représentées en dessus.

1re caudale.

Profil et postérieurement.

6e caudale.

Profil.

10e caudale.

Profil.

** Série médio-infère.

Os hyoïde à sa face inférieure.

Sternum.

Par sa face supérieure.

§ II. *H. amphibius* fossile.

Val d'Arno ; par S. A. I. le grand-duc de Toscane.

Atlas.

Représenté en dessus.

1re lombaire.

Profil et face postérieure.

2e dorsale.

Profil.

De Palerme ; par M. Ratti-Menton.

2e dorsale.

Profil et face antérieure.

PL. V. — PARTIES CARACTÉRISTIQUES DES MEMBRES DES HIPPOPOTAMES.

Au cinquième de la grandeur naturelle.

§ I. *Hippopotamus amphibius* vivant.

A. *H. amphibius* ♂ du Sénégal ; par M. le prince de Joinville.

* Membre antérieur :

Omoplate par la face externe et la partie articulaire de son extrémité inférieure (cavité glénoïde).

Humérus par les faces antérieure et terminale inférieure.

Radius et cubitus réunis ; en avant et de profil.

Les os de la main en connexion, vus à la face dorsale, et ceux du carpe de profil externe et interne pour montrer le pisiforme et le trapèze.

** Membre postérieur :

Os innominé vu de profil et à côté la cavité cotyloïde représentée de face.

Fémur : par sa face antérieure, et à côté ses deux extrémités, l'une par la face postérieure, l'autre par l'inférieure.

Rotule représentée en avant.

Tibia par la face antérieure, et à côté, en haut, l'extrémité supérieure articulaire, en bas l'inférieure.

Péroné par la face interne, et à côté l'extrémité supérieure.

Les os du pied en connexion, et en dessus à côté profil du tarse à la partie externe, et en bas à la partie interne pour montrer le premier cunéiforme.

Calcanéum par la face supérieure.

Astragale par les faces supérieure et inférieure.

§ II. *Hippopotami fossiles.*

B. *H. amphibius*, du val d'Arno; par S. A. I. le grand-duc de Toscane.

Humérus par la face antérieure.

Radius et cubitus réunis; en avant et de profil.

2ᵉ métacarpien en avant, et extrémités supérieure et inférieure avec sa coupe au milieu de sa longueur.

1ʳᵉ phalange en dessus et par devant.

2ᵉ phalange de face par devant.

Unciforme par la face inférieure.

Scaphoïde en avant et à sa face articulaire inférieure.

Portion d'os innominé montrant principalement la cavité cotyloïde de face, ainsi que le trou ovale.

Fémur. Par sa face antérieure.

Rotule représentée en avant.

Tibia par sa face antérieure.

Calcanéum par la face supérieure.

Astragale supérieurement.

2ᵉ métatarsien par la face antérieure et de profil à son extrémité supérieure.

C. *H. amphibius*, de Palerme; par M. Ratti-Menton.

Humérus par sa face antérieure.

Radius et cubitus en avant.

2ᵉ et 4ᵉ métacarpiens par la face antérieure.

Fémur : par sa face antérieure et son extrémité inférieure postérieurement.

Rotule représentée en avant.

Tibia par sa face antérieure.

Calcanéum par la face supérieure.

Astragale par la face supérieure.

D. *H. Sivalensis*, de l'Inde.

Fémur. Tête inférieure représentée inférieurement.

Astragale par la face supérieure.

PL. VI. — PARTIES DU SQUELETTE ET DU SYSTÈME DENTAIRE DE L'HIPPOPOTAMUS MINOR.

De grandeur naturelle; pièces déjà, en très-grande partie au moins, figurées par M. G. Cuvier, *Ossem. foss.*, 2e édit., t. I, Pl. III et VII.

§ 1. *Os du squelette.*

Mandibule : fragment de l'extrémité postérieure.

Côte (fragment) et sa coupe à côté.

Humérus : fragment de la partie inférieure représentée antérieurement.

3e métacarpien figuré en avant : sa coupe figurée à côté.

Os innominé ; fragment très-incomplet.

Fémur ; portion supérieure : figuré postérieurement.

Astragale : assez complet ; figuré par les faces supérieure et inférieure.

Scaphoïde en avant et bien au-dessus par ses facettes articulaires inférieures.

Métatarsien médian à sa face antérieure.

Phalange : par la face antérieure.

§ 2. *Système dentaire.*

Supérieur :

Canine (deux fragments de l'extrémité inférieure).

Inférieur :

Incisive ; presque entière avec un fragment d'os à la base.

Canines (deux presque complètes et deux fragments).

1re avant-molaire : profil et couronne.

2e avant-molaire : profil et couronne.

4e molaire : profil et couronne.

5e molaire (deux) : profil et couronne.

7e molaire implantée dans un fragment de mandibule : profil et couronne.

Germes de deux sixièmes molaires et d'une septième : profil et couronne.

PL. VII. — SYSTÈME DENTAIRE D'HIPPOPOTAMES VIVANTS ET FOSSILES. MACHOIRE SUPÉRIEURE.

A la moitié de la grandeur naturelle et du côté gauche pour devenir droit sur la planche.

§ 1. *Hippopotami recentes.*

Les dents en série et par la couronne :

1° de l'*H. amphibius* d'Égypte.

2° de l'*H. amphibius* du cap de Bonne-Espérance.

3° de l'*H. amphibius* du Sénégal.

4° d'un jeune individu d'origine inconnue.

5° d'un très-jeune individu d'origine inconnue.

Les alvéoles, d'après un individu d'origine inco

Séparément les dents suivantes de profil :

1re incisive et sa coupe à côté.

2e incisive et sa coupe à côté.

Canine et sa coupe à côté.

2e molaire (Égypte); couronne et racines.

7e molaire, antérieurement et postérieurement, représentant les racines.

3e et dernière molaire de première dentition ; couronne et racines.

§ II. *Hippopotami fossiles.*

1. *H. amphibius* du val d'Arno.

   La série complète des dents.

   7e molaire par la couronne.

2. *H. amphibius* d'Égypte.

   Molaire : par la couronne.

3. *H. amphibius* de l'île de Crète. Rapporté par M. Raulin, professeur à la Faculté des sciences de Bordeaux.

   Fragment de mâchoire supérieure avec les deux dernières molaires : vu par la couronne.

   Dernière molaire : par la couronne.

   Avant-dernière molaire : par la couronne.

   7e molaire : par la couronne.

4. *H. amphibius* de Palerme ; par M. Ratti-Menton.

   Diverses molaires, une 5e, une 6e, et les deux dernières ensemble, de profil et de couronne.

5. *H. amphibius* de la grotte d'Arcy ; par M. de Bonnard, inspecteur général des mines.

   Une canine supérieure de profil, et à côté sa coupe.

6. *H. minor.*

   Canine de profil (fragment terminal).

   6e molaire à l'état de germe par la couronne.

7. *H. Sivalensis.*

   Série des six dernières molaires fort usées, d'après une pièce provenant d'un achat fait à M. Édouard Verreaux.

PL. VIII. — SYSTÈME DENTAIRE D'HIPPOPOTAMES VIVANTS ET FOSSILES. MACHOIRE INFÉRIEURE.

A la moitié de la grandeur naturelle.

§ I. *Hippopotami recentes.*

Les dents en série et par la couronne :

1. *H. amphibius* d'Égypte.
2. *H. amphibius* du cap de Bonne-Espérance.
3. *H. amphibius* du Sénégal.
4. *H. amphibius* jeune ; d'origine inconnue.
5. *H. amphibius* très-jeune ; d'origine inconnue montrant les trois incisives.

Les alvéoles, d'après un individu d'origine inconnue, mais provenant probablement du Sénégal comme les deux précédents.

Séparément les dents suivantes :

1re incisive (Égypte) de profil.

2e incisive (Égypte) de profil.

Canine : de profil, par la face externe et un peu par la postérieure où elle s'use, et à côté une coupe de cette dent.

2e molaire (Égypte), profil et racines.

7e molaire (origine inconnue), pour montrer les racines extérieurement et les mêmes racines en dessous.

§ II. *Hippopotami fossiles.*

* Canines :

1. De l'*H. amphibius.*

D'après une pièce provenant de la plaine de Grenelle, et donnée au Muséum par M. G. Cuvier ;

D'après une figure donnée par M. Owen, représentant un fragment terminal trouvé en Angleterre ;

De l'île de Crète, par M. Raulin ;

De Palerme, par M. Ratti-Menton.

2. De l'*Hippopotamus minor.*

** Incisives :

1. De l'*H. amphibius.*

De Palerme ;

De Paris, de la collection de M. Duval ;

D'Auvergne, de la collection de M. l'abbé Croizet.

2. De l'*H. minor*, une incisive interne déjà figurée dans la pl. VI, consacrée à cette espèce, mais reproduite ici pour faciliter la comparaison.

*** Molaires :

1. *H. amphibius* du val d'Arno.

   La série des cinq dernières molaires.

2. *H. amphibius* d'Angleterre.

   La série des six dernières molaires, d'après M. Owen.

3. *H. amphibius* de Palerme.

   Trois molaires, une 5e, une 6e et une 7e par la couronne.

4. *H. amphibius* des landes de Bordeaux; par M. Joannet.

   7e molaire : par la couronne.

5. *H. amphibius* de Montpellier.

   Cette pièce, qui provient de l'ancien cabinet, et porte la marque MCII de Daubenton, est indiquée comme provenant de la Mosson, près Montpellier, par M. Chirac; mais peu anciennement.

   6e et 7e molaires par la couronne.

6. *H. amphibius* de Paris.

   Deux sixièmes molaires (par la couronne) trouvées auprès de Paris par M. Duval.

7. *H. amphibius* de l'île de Crète; par M. Raulin.

   Les deux dernières molaires encore implantées dans une portion de la mandibule : profil et couronne.

8. *H. minor.*

   7e molaire (par la couronne) pour comparer la grandeur avec celles des autres localités.

9. *H. Sivalensis*, d'après des pièces provenant de M. Édouard Verreaux.

   La mandibule vue en dessus et montrant les trois incisives, la canine et les trois premières molaires plus ou moins frustes.

   La série des cinq molaires par la couronne.

II. — DES COCHONS ou SANGLIERS.

(G. *Sus*, Lin.).

INTRODUCTION.

L'animal sur lequel le genre *Sus* a été établi par tous les zoologistes qui se sont occupés de la classification des Mammifères, et par conséquent par Linné, offre plusieurs genres d'intérêt, dont quelques-uns peuvent même être considérés comme philosophiques; ainsi, malgré que ce soit à son occasion que Buffon, le prenant comme base de sa démonstration, s'est efforcé de combattre la vérité des causes finales aussi bien que la réalité d'un système naturel des animaux susceptible d'être formulé, c'est justement celui que la science mieux éclairée doit choisir pour soutenir avec plus d'avantage la thèse complétement opposée à celle de Buffon, ainsi que nous aurons l'occasion de le montrer plus tard dans les conclusions de ce mémoire; après que préalablement nous en aurons étudié le système solide. C'est également lui que Pallas semble avoir plus justement choisi pour montrer qu'il y a de véritables genres dans la nature, et que Blumenbach a pu citer aussi bien comme exemple de ces espèces, pour ainsi dire élastiques de leur nature, et qui peuvent supporter tous les climats et se nourrir d'aliments de toutes sortes.

Intérêt du G. *Sus*, senti par Buffon. Pallas. Blumenbach.

Mais outre ces trois points de vue, l'étude du Sanglier ou du Cochon peut en offrir encore plusieurs autres qui ne sont pas moins dignes d'attention.

En effet, considéré sous le rapport zoologique, cet animal constitue, avec les Hippopotames, un anneau de la chaîne ou un degré bien marqué de la série mammalogique intermédiaire aux Pachydermes et

Sous les rapports, zoologique,

aux Ruminants, comme cela a été reconnu de tout temps, et même déjà par Aristote, qui en faisait une sorte d'être ambigu.

C'est, au reste, ce que l'histoire de la zoologie montre trop évidemment pour que nous ayons besoin de nous y arrêter longtemps. Mais pour obtenir les véritables caractères génériques de ce petit groupe d'animaux ongulogrades, et qui puissent par conséquent comprendre toutes les espèces qui se rapprochent du Sanglier, il a fallu adopter les principes de Pallas, qui, à l'occasion d'une nouvelle espèce de *Sus* qu'il avait à faire connaître, s'est clairement et nettement prononcé sur l'existence réelle, dans la nature, de véritables genres, contre l'opinion de plusieurs zoologistes. Lorsque, en effet, on veut faire entrer dans la caractéristique du genre *Sus*, le nombre rigoureux des incisives, et peut-être même celui des molaires, en ne considérant que l'état adulte, il est certain que toutes les espèces ne pourraient être réunies génériquement, et c'est ce qui a porté certains zoologistes modernes à le diviser en plusieurs sections, dont ils ont fait autant de genres avec des dénominations particulières; mais quand on considère le système digital, la forme et la singulière disposition plus ou moins anormale des canines converties en défenses, la structure et la disposition des narines et du nez, disposé en boutoir, et enfin la forme générale du corps et de la tête, il est impossible de ne pas entrer dans la manière de voir de Pallas, et de ne pas reconnaître dans les *Sus*, ou Cochons, un genre tout à fait naturel, comprenant un certain nombre d'espèces dont chacune offre des particularités d'organisation aussi bien qu'une patrie qui lui sont propres.

mais alors caractérisés, non par le nombre des incisives, ni même des molaires, mais par le système digital, le Nez, la forme générale,

C'est ce qui est confirmé par les mœurs et les habitudes de ces animaux, par ce qu'on peut nommer leur allure; en effet, les Cochons sont véritablement omnivores, c'est-à-dire que depuis le végétal le plus simple ou l'herbe qu'ils paissent à la manière des ruminants, par la disposition des dents incisives, jusqu'à la chair vivante qu'ils dévorent à la manière des carnassiers, au moyen des fausses molaires presque tranchantes, toute nourriture leur est bonne.

les mœurs et habitudes, la nourriture,

Une particularité qui ne les caractérise pas moins, c'est qu'ils sont complétement ubiquistes, pouvant vivre sous tous les climats, dans toutes les circonstances atmosphériques; en effet quoique de nature ils préfèrent ceux de température moyenne et des lieux plus ou moins marécageux qui se trouvent dans les bois, dans les forêts qui bordent les grands cours d'eaux, ils peuvent exister et se reproduire dans tous les pays, à l'exception des contrées polaires. En effet, quoique exclusivement de l'ancien continent, le Cochon a pu, comme le Cheval et le Chien, suivre l'homme dans toutes les parties du nouveau monde, sans avoir rien perdu de ses qualités natives.

l'habitation ubiquiste,

Une autre singularité de sa nature, c'est que c'est peut-être l'animal dont la fécondité est la plus considérable, surtout en ayant égard à sa taille et au degré d'organisation auquel il appartient, dans lequel il est rare que le nombre des petits aille au delà de deux; et c'est même au point que la femelle peut produire un plus grand nombre de petits qu'elle n'a de mamelles, mais probablement en domesticité seulement.

la fécondité;

On peut aussi regarder comme des singularités d'un autre genre, ce qui tient à la nature de sa chair et de sa graisse, que c'est du Cochon dont l'espèce humaine a le plus généralement, et peut-être d'abord plutôt que du mouton et du bœuf, tiré la première matière animale dont elle se soit nourrie, et que c'est encore la nourriture qui est le plus généralement répandue dans toutes les classes, et surtout dans celle du peuple, qui fait le plus grand nombre chez toutes les nations, au point qu'il semble qu'il y ait une certaine relation de nombre entre la population humaine et la population du Sanglier domestique.

son emploi comme nourriture par l'homme,

proportionnelle à la population;

A ce sujet on peut faire l'observation, sur laquelle nous aurons l'occasion de revenir dans nos mémoires sur les genres qui comprennent les animaux domestiques, que le Cochon, qui en commence la série, étant l'animal qui sympathise le moins par ses qualités affectives avec l'espèce humaine, a dû être celui qu'elle aura le moins répugné à tuer de sang-froid pour s'en nourrir; ce qui aura eu lieu plus tard et avec bien plus de répugnance pour le Mouton et pour le Bœuf, dont la dou-

pourquoi préférée

au Mouton, au Bœuf;

ceur et la patience sont devenues symboliques ou proverbiales; qui lui fournissent, en outre, l'un les matériaux primitifs de ses vêtements, l'autre le soulagement de ses forces dans les travaux longs et pénibles de l'agriculture. Mais ce n'est que rarement et exceptionnellement pour le Cheval et pour le Chien, qui nous fournissent autre chose que de la matière, c'est-à-dire, l'un un supplément à la faiblesse de notre locomotion, l'autre à celle de notre appareil sensorial, surtout de l'odorat, également fort peu développé dans l'espèce humaine, en même temps que par leur caractère ils sont susceptibles d'atteindre aux sentiments moraux les plus élevés dans la civilisation : celui de la gloire par l'émulation chez le Cheval animé par l'exemple de son maître ou plutôt de son associé, réalisant la conception symbolique du Centaure de la mythologie grecque; celui du dévouement poussé jusqu'au sacrifice de soi pour l'aimé, comme aurait dit Platon, s'il avait eu à parler des sympathies réciproques de l'Homme et du Chien; sentiment si voisin de celui de l'humanité, que le symbolisme n'a jamais pu le représenter autrement que par le tableau du convoi du pauvre, où le Chien suit tristement et seul le corps de son maître que l'on va rendre à la terre, ou de celui qui meurt de faim auprès du trou où son maître a disparu sous la glace, et cela au milieu des aliments que la pitié publique s'est empressée d'accumuler autour de lui.

encore plus au Cheval, au Chien; celui-là compagnon de son maître, celui-ci ami du sien.

De son genre de domesticité.

Un autre fait de l'histoire naturelle du Cochon, qui lui est propre et qui montre encore sa grande infériorité comparativement aux autres animaux domestiques, c'est que, sauvage dans nos forêts, il devient très-aisément domestique, et que de domestique il redevient aussi aisément sauvage, prenant ou perdant avec la même facilité la livrée, signe de sa domesticité. Aussi est-ce indubitablement lui que Pline avait en vue lorsqu'il énonçait son célèbre aphorisme : *Omne animal domesticum prius erat ferum*, ce qui lui aurait été plus difficile à appliquer au Mouton, au Bœuf, au Cheval et au Chien.

De son gisement à l'état fossile.

Enfin un autre fait d'observation qui semble encore particulier à l'animal type de ce genre, c'est que les restes fossiles qu'il a laissés dans le sein de la terre ont été trouvés dans une assez grande partie des terrains tertiaires, avec des ossements d'animaux aujourd'hui exotiques, et que, de l'aveu des paléontologistes les plus opposants aux conclusions que l'on en peut tirer, il ne peut pas y avoir de doutes sur l'identité d'espèce.

formant un genre naturel,

Mais cet animal, dont l'étude offre un si grand intérêt, ce Cochon ou ce Sanglier, ne constitue pas seul le genre qui le renferme sous le nom de *Genus Suillum* ou de *Sus;* autour de lui se groupent un certain nombre d'espèces, une, pour ainsi dire, de toutes les parties du monde, ce qui montre très-bien, ainsi que nous l'avons déjà fait observer d'après Pallas, dans son mémoire sur le Sanglier d'Éthiopie, qu'il y a des genres véritablement naturels.

caractérisé par le système digital,

le système dentaire : Incisives, Canines, Avant-Molaires, Arrière-Molaires,

Ce genre peut du reste être aussi aisément caractérisé par le système digital, quatre doigts en avant comme en arrière, terminés par des ongles en sabots de bisulques et dont la paire extrême n'appuie pas sur le sol, mieux encore que par le système dentaire $(\frac{1-2-3}{3} + \frac{1}{1} + \frac{7}{7})$ variable en nombre plus qu'en disposition, dont les incisives supérieures sont en crochets, les inférieures en pince, pointues et déclives, les canines plus ou moins exsertes et recourbées en défenses, les avant-molaires comprimées et tranchantes, et les arrière-molaires subsimilaires aux deux mâchoires, à collines transversales plus ou moins décomposées en tubercules, et à racines quadrifides.

la forme générale, de la Tête, du Nez en Boutoir,

Mais il l'est peut-être mieux encore par une forme générale raccourcie, courbée et inélégante du corps couvert presque uniquement de soies (1); une tête pyramidale fendue dans la moitié au moins de sa longueur en une gueule énorme et terminée par un boutoir, c'est-à-dire par un disque plat, nu et résistant, dans lequel les narines sont percées en forme de deux trous ronds, immutables; des yeux très-petits et fort reculés, ainsi que des oreilles très-élevées, en forme de cornet pointu, mais assez court; une queue grêle et pendante ou même presque nulle.

le nombre des Mamelles.

A quoi l'on peut ajouter le très-grand nombre des mamelons occu-

(1) Les soies qui constituent le *jar* des Cochons offrent la particularité d'être fissiles à l'extrémité, ce qui n'a pas lieu chez les Pécaris.

pant toute la longueur de la poitrine et du ventre chez la femelle, ou chez le mâle la position singulière des testicules externes, mais non suspendus dans un scrotum, et quelques autres particularités d'organisation intérieure et de mœurs, comme leur goût prononcé pour les lieux marécageux et la fange dans laquelle ils aiment à se vautrer, pour toute espèce de nourriture, quelque dégoûtante qu'elle nous paraisse; leur répugnance à l'attaque, mais le courage le plus furieux pour se défendre quand ils sont attaqués.

le Scrotum; le goût pour la fange, la nourriture la plus immonde.

Quoique ce genre soit véritablement fort naturel, lorsqu'il est envisagé convenablement, on peut aisément trouver à disposer les espèces qui le constituent dans un ordre sérial, depuis celles dont le système dentaire est le plus régulier, le moins anormal, c'est-à-dire depuis les Pécaris, dont les molaires sont armées de collines transverses, presque comme chez les Tapirs et les Lophiodons, jusqu'à celles qui ont la dernière composée avec cément, un peu comme chez les Ruminants, et qui manquent en effet de fort bonne heure de dents incisives à la mâchoire supérieure, ce qui a lieu chez le Sanglier du Cap (1).

Les espèces pouvant être disposées en série: du Pécari au Sanglier du Cap.

C'est cet ordre que nous allons suivre dans notre examen ostéographique et odontographique; c'est-à-dire qu'après avoir étudié préalablement le Sanglier ou le Cochon comme espèce type, nous lui comparerons en remontant les espèces qui le précèdent jusqu'aux Pécaris, et celles qui le suivent, en descendant jusqu'au Sanglier du Cap.

Ordre suivi par nous dans son étude,

La facilité avec laquelle on a pu de tout temps, chez les Grecs comme chez les Romains, et encore mieux chez toutes les nations européennes, se procurer cet animal à l'état sauvage comme à l'état domestique, a dû contribuer à hâter et à étendre la connaissance de son organisation. En effet, on trouve presque partout une description plus ou moins complète du squelette et du système dentaire du Cochon, et sous ce rapport nous n'aurons qu'assez peu de chose à ajouter à ce qui a été dit par nos

facile; connue chez les Anciens, chez les Modernes,

(1) On conçoit cependant que la considération du système digital puisse être préférée, et alors les Pécaris seraient à la fin; ce que semble appuyer la complication de leur estomac, le petit nombre des mamelles, etc.

prédécesseurs depuis Daubenton, soit par les vétérinaires qui avaient à l'étudier d'une manière plus ou moins absolue, ainsi que le Bœuf, le Mouton et le Cheval, ou bien par les anatomistes comparants. Cependant ces travaux n'ont peut-être pas eu tout le résultat scientifique qu'ils devaient avoir, parce que, ou bien les points de comparaison étant mal choisis ou n'étant pas assez étendus, les zootomistes n'atteignaient pas jusqu'aux considérations de la comparaison sériale à laquelle ils pensaient peu, quand même ils ne la repoussaient pas, et qui sont devenues de nos jours la seule base de la Zoologie, et sans laquelle il est impossible qu'elle puisse jamais s'élever jusqu'au rang de science véritable et constituée.

par les Vétérinaires, les Anatomistes, mais encore incomplétement, à défaut d'un but de la série ;

D'ailleurs, outre l'absence de cette idée, les zoologistes n'avaient peut-être pas à leur disposition tous les matériaux nécessaires pour traiter ces questions.

de matériaux ;

Aujourd'hui nous sommes plus heureux, ayant pu avoir à la fois sous les yeux non-seulement le squelette de toutes les espèces du genre *Sus* de Linné, souvent même en double et en triple des deux sexes, mais en outre nous avons eu à notre disposition la tête osseuse de plusieurs individus de chacune de ces espèces, avec celle du Cochon domestique ou redevenu sauvage dans presque toutes les parties de la terre où la civilisation l'a transporté.

plus nombreux aujourd'hui en Squelettes, en Têtes osseuses :

C'est ce qui nous a forcé de donner à la partie iconographique un développement bien supérieur à ce qu'a fait M. G. Cuvier, qui n'a consacré à ce genre que deux planches, tandis que nous en donnons neuf tant pour les espèces vivantes que pour les ossements fossiles ; de telle sorte que la comparaison entre les espèces soit possible et même facile aussi bien que celle avec les genres qui terminent mon mémoire sur les Palœothériums, et avec les Anoplothériums qui précéderont les Ruminants.

aussi neuf planches au lieu de deux données par M. Cuvier.

CHAPITRE PREMIER.

OSTÉOGRAPHIE.

Histoire.

Ainsi que nous venons de le dire en terminant notre introduction sur ce genre, l'ostéographie du Cochon a été depuis fort longtemps le sujet des observations de quelques anatomistes ou vétérinaires. Ainsi Aristote (Aristote.) avait parfaitement reconnu la nature solide des os du Cochon, qu'il dit même à tort être dépourvus de moelle, et la ressemblance qu'il y a entre son astragale et celui des Ruminants; mais il faut descendre à Daubenton (Daubenton.) pour la trouver un peu complète, dans le tome V de l'Histoire naturelle de Buffon, en 1755, et par conséquent au commencement de cette immense entreprise, en portant la comparaison essentiellement avec le Bœuf. Il y a joint la figure du squelette du Cochon ainsi que celle de plusieurs crânes à part, et par la suite, vol. X, p. 17, le squelette du Pécari, mais à un degré de réduction trop considérable pour qu'il soit possible d'employer utilement ces figures.

M. G. Cuvier, en 1812.

M. G. Cuvier, dans la première édition de ses Recherches, aurait pu faire beaucoup mieux, en étendant la comparaison à un plus grand nombre d'animaux ongulogrades; mais n'ayant pas de pièces fossiles à comparer, il s'est presque borné à donner un assez petit nombre des détails plus ou moins importants sur le Cochon, presque sans comparaison (en 1821.) avec les autres espèces et même en consacrant les deux seules planches qui accompagnent la seconde édition de son mémoire aux os séparés de cet animal exclusivement et par conséquent sans squelette entier.

MM. Pander et d'Alton.

MM. Pander et d'Alton ont suppléé à cela par une excellente figure du squelette d'un Sanglier (*Skeletten*, *Pachydermata*, taf. XI).

Spix.

Spix, dans sa Céphalogènésie, avait donné des figures fort exactes de la tête osseuse du même animal.

Plan de l'iconographie.

Suivant notre plan, nous donnons dans notre première planche le squelette d'un Sanglier mâle; dans la seconde, celui d'un Babiroussa qui n'avait jamais été representé; dans la troisième, celui d'un Pécari à collier; la quatrième est consacrée à la tête du *S. srofa* sauvage et domestique considéré comme type; la cinquième à celles des différentes espèces du genre linnéen; la sixième aux os du tronc; la septième à ceux des membres, la huitième au système dentaire, et la neuvième aux ossements fossiles des espèces de ce genre.

Les os du squelette du Cochon sont remarquables par leur dureté et leur densité, au point que les chiens eux-mêmes ne peuvent guère réussir à briser même les extrémités des os longs, non plus que les os courts; aussi quand ils ont pu être privés entièrement de la graisse qui souvent les imprègne complétement, deviennent-ils d'un blanc presque mat. Nature des Os.

Les sinuosités de leurs facettes réciproques d'articulation sont généralement profondes, serrées par les ligaments, de manière à donner beaucoup moins de flexibilité aux mouvements de ces animaux, qui sont remarquablement roides, comme on peut l'observer dans leur course aisément impétueuse, mais dans le sens seul de la projection. leur articulation.

L'ensemble des os de ce squelette offre encore une disposition générale assez particulière dans le peu d'allongement et la compression du tronc, dans le peu d'éloignement des membres entre eux et dans la subégalité des quatre parties qui les constituent. leur ensemble.

Quant au nombre total des os, c'est encore le même que dans les Hippopotames, du moins pour les membres, car il y en a un peu moins dans la colonne vertébrale. leur nombre.

La série des pièces supérieures au canal intestinal n'est en effet composée que de quatre vertèbres céphaliques, sept cervicales, quatorze dorsales, cinq lombaires, six sacrées et quinze coccygiennes au moins, ce qui fait un total de cinquante ou de quarante-six sans la tête. SÉRIE MÉDIO SUPÈRE. Vertèbres, 50.

Des quatre vertèbres céphaliques, qui sont en général petites, proportionnellement avec les appendices qui s'y joignent pour former la tête : céphaliques, 4.

L'occipitale a son corps en coin fort étroit, les apophyses mastoï- occipitale. son corps.

diennes (1) extrêmement longues, en forme de clou comprimé, tout à fait droit et vertical; ses apophyses condyloïdiennes également très-rapprochées et fort saillantes, avec son arc en forme de plaque plus ou moins verticale fort large, tout à fait postérieure, assez plane aux occipitaux latéraux, et fortement excavée à l'occipital supérieur, s'avançant un peu sur la voûte du crâne, sans os inter-pariétal.

son arc.

pariétale. son corps.

La vertèbre pariétale est également courte et fort étroite dans son corps, qu'atteint l'extrémité postérieure du vomer, et de ses parties latérales naissent, en forme de crête oblique, des apophyses ptérygoïdes qui, en se continuant dans les ailes fort petites, constituent une sorte de cloison oblique qui prolonge ainsi fort haut les fosses ptérygoïdiennes. Cette aile du sphénoïde n'atteint pas du reste, du moins à l'extérieur, le pariétal qui est au fait fort grand, quadrilatère, ayant sa face externe séparée en deux plans par la crête temporale, a son bord postérieur arrondi mais épais et coupé en biais pour l'articulation avec l'occipital et l'antérieur excavé pour celle du coronal.

Apophyses ptérygoïdes.

ses ailes.

son arc pariétal.

frontale. son corps. ses ailes.

La vertèbre frontale a son corps encore plus petit, plus étroit et entièrement caché par le vomer. Son aile est au contraire assez grande, percée à sa base par le trou optique et se joignant assez largement au frontal qui est très-grand, s'avançant dans la face bien au delà du bord orbitaire, convexe dans sa partie supérieure, arrondi au bord postérieur, droit, mais sinueux dans sa suture avec le nasal, avec une voûte orbitaire assez profonde et assez concave.

son arc.

nasale. son corps ou Vomer.

La vertèbre nasale est encore bien plus longue que la précédente, son corps ou le vomer très-étroit, commençant en arrière presque sous le sphénoïde postérieur et se terminant presque à l'extrémité du museau, sous forme d'une gouttière assez large dans laquelle se place la partie cartilagineuse de la cloison. Les os du nez sont également fort longs, triangulaires, presque droits dans toute leur étendue, comme sur les bords, dont l'externe se recourbe en dedans, s'articulant en arrière lar-

Os du Nez.

(1) Il faut bien se rappeler que cette apophyse est tout autre chose que celle dite mastoïdienne dans l'homme.

gement avec le frontal, sans toucher au lacrymal et se prolongeant en pointe unique au-dessus de l'ouverture nasale.

Les appendices céphaliques qui se joignent à ces vertèbres pour constituer la tête du Sanglier, sont nécessairement aussi fort longs, mais peu élevés. Des Appendices céphaliques.

Le supérieur est ainsi composé : Supérieur.

Un ptérygoïdien interne fort mince, appliqué, très-étroit dans son milieu, élargi en haut de manière à se recourber en dedans sous le sphénoïde, et encore plus en bas en s'épaississant, se prolongeant en arrière en une apophyse ou crochet assez long et assez épais. Ptérygoïdien interne ou Palatin postérieur.

Un palatin dont la branche montante est si faible, se glissant cependant jusqu'à l'aile du sphénoïde antérieur, derrière la partie postérieure du maxillaire, qu'il semble réduit à la branche horizontale. Celle-ci est en outre assez grande, s'avançant au delà de la racine de l'arcade zygomatique en avant et se prolongeant en un tubercule assez épais en arrière, en s'épanouissant pour former le bord antérieur de l'apophyse ptérygoïde. Palatin.

Un lacrymal assez grand, aussi bien dans la face où il offre un enfoncement assez marqué pour le larmier (1) que dans l'orbite dont il forme au moins le tiers du cadre, percé de deux trous lacrymaux bien distincts et plus ou moins avant-marginaux et descendant jusqu'à la marge supérieure du canal sous-orbitaire. Lacrymal.

Un jugal extrêmement large, presque plat, ou se courbant fort peu en dehors, comme échancré à son extrémité postérieure dans la moitié de son épaisseur, pour la pénétration de l'apophyse jugale du temporal, au-dessous de laquelle l'autre moitié se prolonge jusqu'au bord de la cavité glénoïde. Jugal. Os de la pommette.

Un maxillaire fort long, triangulaire, formé presque entièrement de la branche horizontale et dont la partie faciale est presque plate ou mieux largement, mais peu excavée, et la partie palatine fort étroite et peu concave. Maxillaire.

(1) C'est cet enfoncement dont M. G. Cuvier dit ne pas connaître l'usage.

Prémaxillaire. Un prémaxillaire considérable, mais presque entièrement composé de la branche montante, tout à fait latérale et un peu en gouttière, se prolongeant en pointe entre le maxillaire et le nasal, mais restant encore assez éloigné du frontal; la branche horizontale étant séparée profondément en deux branches, dont l'interne, bien plus droite que l'autre, se prolonge en pointe dans la suture médiane de l'extrémité des maxillaires.

Inférieur. L'appendice céphalique inférieur est nécessairement aussi long que le supérieur, mais par suite de l'abaissement ou de la déclivité de la ligne du menton, que prolonge la déclivité et la forme des dents incisives; sans cela il serait manifestement plus court.

Le temporal, par lequel il commence en arrière, offre dans sa composition :

Rocher. Un rocher assez petit, à peu près arrondi, creusé en dedans du crâne par un canal auditif interne, composé de deux trous évasés et très-grands, et entièrement caché en dehors, si ce n'est à son extrême pointe;

Caisse. Une caisse en grande partie celluleuse, formant une saillie de forme ovale un peu comprimée, se continuant en arrière dans un mastoïdien fort

Mastoïdien petit, dont l'apophyse n'existe même pas, et en dehors par un canal auditif externe fort long, mais très-étroit, en forme de crête oblique de haut en bas et d'avant en arrière, avec un orifice extérieur arrondi, assez petit, au contraire de celui du cadre du tympan, qui est fort grand et très-oblique;

Osselets de l'Ouïe. Des osselets de l'ouie des plus médiocres, mais de forme assez ordinaire; l'étrier sub-cylindrique à platine et à pertuis fort petits; l'enclume avec des apophyses fort courtes; le marteau également court, aussi bien dans ses apophyses que dans son manche;

Squammeux. Enfin un squammeux (1) remarquable par la grande étendue de sa

sa forme. lame, surtout d'avant en arrière, s'appliquant largement, en forme d'écaille, de chaque côté du crâne, de manière à cacher la suture de jonction

son Apophyse. de l'aile du sphénoïde avec le pariétal, et par la médiocrité de son apo-

(1) C'est de la disposition du squammeux chez le Cochon que je me suis surtout servi pour démontrer que cet os n'appartient pas au crâne.

physe jugale, fort large cependant, mais peu écartée au dehors, remontant en arrière en une sorte d'apophyse tranchante au-dessus de l'orifice du canal auditif, se prolongeant en avant au-dessus de l'apophyse correspondante du jugal, et présentant à sa base une surface glénoïde assez large, mais convexe dans toute son étendue et sans apophyse d'arrêt en arrière. sa cavité articulaire.

La mandibule qui s'y articule a une forme qui est assez particulière au Sanglier par le peu de hauteur de sa branche montante, dont l'angle est assez largement arrondi, le condyle assez convexe en tête de clou triangulaire, le sommet en arrière, et l'apophyse coronoïde extrêmement petite, dépassant à peine le niveau du condyle; par la manière dont la branche horizontale, assez épaisse et longue cependant et à bords presque droits, est prolongée en avant par la grande déclivité du menton, d'où s'est suivi absence presque complète d'apophyse géni, et au contraire une symphyse extrêmement longue. Mandibule, sa forme générale. Angle. Condyle. Coronoïde. Branche horizontale, sans Apophyse géni.

Considérant ensuite les vertèbres céphaliques avec leurs appendices réunis, et formant la tête, on reconnaît aisément qu'elle prend une forme de pyramide triangulaire, presque tétraédrique, sans rétrécissements bien marqués, la base coupée verticalement en arrière, et le sommet assez atténué en avant: il en résulte que l'angle facial est fort peu ouvert, ne dépassant guère quinze degrés, et que l'aire de la face est bien supérieure à celle du crâne, s'articulant avec le reste de la colonne vertébrale par des condyles qui sont presque à l'extrémité du diamètre longitudinal. Vertèbres et Appendices d'ensemble. Tête. sa forme générale. Angle facial. Aire de la Face et du Crâne.

Les trous et orifices nerveux offrent les particularités suivantes: Trous :

Le trou vertébral presque terminal est rond, petit, et dans la proportion de un à quatre avec le diamètre transversal de la cavité cérébrale. vertébral.

Le trou condyloïdien est très-petit, rond, vertical et percé à la partie postérieure de la base de l'apophyse mastoïdienne de l'occipital. condyloïdien.

Le trou déchiré entoure tout le rocher comme dans l'Hippopotame, avec un trou presque distinct au côté externe et antérieur de l'os de la caisse, et plus en avant deux autres trous séparés par un filet osseux pour une branche de la cinquième paire. déchiré.

rond. ovale. Les trous rond, ovale, et la fente sphénoïdale sont réunis dans un seul grand trou de conjugaison entre les deux ailes sphénoïdales à la partie supérieure de la fosse ptérygoïde.

optique. Le trou optique rond ou sub-ovale, et assez petit.

orbitaire-frontal. surcilier. Un seul trou orbitaire-frontal, conduisant obliquement à un trou frontal surcilier remarquable, se prolongeant dans une sorte de gouttière tout le long de l'os nasal, caractéristique de ce genre d'animaux.

sous-orbitaire. Un canal sous-orbitaire considérable commençant dans l'orbite par un orifice très-grand, infundibuliforme, comprenant le sphéno-palatin et s'ouvrant par un trou sous-orbitaire assez grand à l'aplomb de la quatrième molaire.

palatins postérieurs. Des trous palatins postérieurs très-fins dans l'os de ce nom, mais le véritable unique assez grand à la partie postérieure du maxillaire, et se prolongeant par une gouttière jusqu'à son extrémité antérieure.

incisifs. Les trous incisifs ovales, assez allongés, presque entièrement compris dans le prémaxillaire.

dentaire. mentonniers. A la mandibule, le canal dentaire commençant très-haut par un orifice médiocre très-oblique en croissant, et se terminant par deux trous mentonniers assez distants, latéraux, l'un à l'aplomb de l'intervalle de la troisième et de la quatrième molaire, l'autre de la première, et un seul mentonnier proprement dit vers le milieu de la partie déclive de l'os.

Loges. Les loges ou cavités sensoriales et leur orifice sont également assez particuliers au Cochon.

de l'Ouïe. Celle de l'ouïe, en général très-petite et très-profonde, s'ouvre par un orifice arrondi fort petit, très-reculé et supérieur.

de la Vue ou Orbite. L'orbite est au plus médiocre, fort écarté et latéral, et son cadre, incomplet dans son cinquième en arrière, par la petitesse des apophyses orbitaires, et surtout de l'inférieure, est formé par le frontal, le lacrymal et le jugal seulement; il communique avec les narines par deux trous lacrymaux assez grands et assez séparés.

de l'Odorat. Os criblé. La cavité olfactive fort longue, mais peu élevée, communiquant avec la cavité cérébrale par un os criblé très-étendu, est pourvue à l'intérieur de cornets ethmoïdaux nombreux, et d'un cornet maxillaire très-grand, surtout en longueur, composé de deux lames enroulées en sens inverse, sortant d'un pédoncule commun. Elle se prolonge dans des sinus frontaux qui, avec l'âge, se continuent dans les pariétaux jusque dans toute la face et la crête occipitale qui en est fortement soulevée, et enfin elle s'ouvre dans le pharynx ou l'arrière-bouche par un orifice palatin assez petit, sub-ovale, reculé vers le tiers postérieur de la ligne basilaire, à l'aplomb du milieu de l'orbite, et à l'extérieur par un orifice sub-quadrilatère assez petit et entièrement formé par les os du nez et les prémaxillaires.

Cornets inférieurs. Sinus frontaux. Ses Orifices, postérieur. antérieur.

La cavité linguale étroite, à bords un peu convergents en avant et prolongés en une sorte de canal au-dessus de la symphyse.

du Goût.

Enfin les cavités, fosses et crêtes d'insertion musculaire, donnent à noter :

La crête occipitale s'élevant avec l'âge, et en général fort prononcée, et résultant de l'adossement de l'occipital supérieur contre les pariétaux, mais sans crête sagittale, les bords des fosses temporales ne s'approchant jamais assez pour cela, et formant ainsi une bande sincipitale plus ou moins large, suivant l'âge.

Crête occipitale. Fosses, temporales.

Les fosses occipitales inférieures nulles, au contraire de la supérieure très-profonde, en selle arabe.

occipitales.

Les temporales médiocres, obliques et allongées.

temporales.

Les ptérygoïdiennes très-grandes et remontant fort haut le long des ailes du sphénoïde postérieur.

ptérygoïdiennes.

Les deux zygomatiques très-marquées et se prolongeant en gouttière le long du maxillaire et du prémaxillaire.

zygomatiques.

Enfin, des massétériennes assez larges, mais peu profondes.

massétériennes.

Quant aux soudures des sutures céphaliques, celle des pariétaux n'a pas lieu avant celles des frontaux, et la première est celle de la crête occipitale, peut-être cependant après celle de la symphyse mandibulaire qui a lieu de très-bonne heure, presque chez le fœtus.

Sutures.

La colonne vertébrale qui suit cette tête commence par un col peu

Vertèbres : cervicales. En général. allongé et assez fortement courbé en dessus, dont les vertèbres sont en général assez courtes, subégales et à peu près plates aux extrémités de leur corps, comme dans l'Hippopotame, et non convexo-concaves comme chez les Ruminants.

1re ou Atlas. L'atlas a ses apophyses transverses médiocrement élargies et de forme semi-lunaire avec son anneau assez large.

2e ou Axis. L'axis, dont le corps se prolonge en une apophyse odontoïde considérable, est pourvue d'une apophyse épineuse peu élevée, étroite, triangulaire, versante en avant, fort débordante en arrière, sans apophyses transverses; son canal est en trèfle parfait, comme chez l'Hippopotame.

3e, 4e et 5e. Les trois suivantes, assez bien de même forme, à apophyse épineuse peu marquée, ont au contraire des apophyses transverses qui s'accroissent rapidement, surtout dans la largeur du lobe inférieur.

Toutes les trois ainsi que les suivantes, sont percées d'un trou oblique à leur partie antérieure outre celui de l'artère vertébrale.

Sixième. La sixième n'en diffère que par plus de développement dans l'apophyse épineuse et dans le lobe inférieur des transverses.

Septième. L'apophyse épineuse de la septième est encore plus élevée et un peu courbée en avant.

dorsales, 14. En général. Les quatorze vertèbres dorsales, assez égales dans leur corps, qui est percé, outre ceux de conjugaison, d'un trou nerveux qui décroît de la première à la dernière.

Leur apophyse épineuse est, du reste, toujours considérable.

les 10 premières. les 4 dernières. Celle des dix premières, rétroverses, décroissant par degrés, celle des quatre dernières, plus basse, plus verticale, ou même un peu antéroverse.

lombaires, 5. Les cinq vertèbres lombaires, assez égales dans leur corps, non percées comme les dorsales, ont leur apophyse épineuse subégale en hauteur, inclinée en avant, et de largeur un peu différente, et en général décroissante d'avant en arrière. Les apophyses transverses fort longues sont dans le même cas, et sans que la dernière s'articule avec le sacrum.

Les six vertèbres sacrées, dont la première seule est élargie, et qui ont les apophyses épineuses distinctes, constituent un sacrum fort étroit, à bords presque droits, excavé en gouttière en dessus et convexe en dessous. sacrées, 6.

Des quinze coccygiennes, les premières ressemblent complétement aux dernières sacrées, et les dernières perdent de bonne heure leurs apophyses; mais toutes sont remarquables par leur gracilité. coccygiennes, 15.

Dans la série médio-infère, l'hyoïde est assez semblable, pour la forme du corps et de ses cornes laryngiennes, à celui de l'Hippopotame; mais ses grandes cornes sont plus faibles et moins osseuses. 2e SÉRIE MÉDIO-INFÈRE. Hyoïde.

Le sternum est assez étroit, composé de six sternèbres, dont le manubrium en soc de charrue assez avancé; les quatre intermédiaires s'élargissant notablement de l'antérieure à la postérieure, et la xyphoïde peu dilatée. Sternum.

Des quatorze côtes, sept seulement sont sternales, les premières, plus ou moins contiguës à leur articulation inférieure, sont verticales et peu courbées, et les suivantes le sont davantage, assez larges et minces dans la partie supérieure, plus étroites vers leur jonction avec les cartilages sternaux qui sont médiocrement longs; les sept côtes asternales, en général plus grêles, diminuent assez rapidement de longueur aussi bien que leurs cartilages. Côtes, 14.

Le thorax, qui résulte de la réunion des vertèbres dorsales, des côtes et du sternum, est en général assez court, peu ample, sans cependant être aussi comprimé que chez les Ruminants. Thorax.

Nous avons déjà fait observer plus haut que les membres du Sanglier sont peu éloignés entre eux. 3° DES MEMBRES. En général.

Les antérieurs sont à peine plus courts que les postérieurs, et comme pour ceux-ci, les quatre parties qui les composent sont à peu près égales. a) ANTÉRIEURS.

L'omoplate triangulaire, assez étroite, moins cependant que chez les Ruminants, parce que la fosse sous-épineuse est encore assez large, en diffère encore plus par la forme de sa crête qui s'arrête, pour ainsi dire, dans le milieu de sa longueur où elle s'élève assez, en se recourbant Omoplate. Sa Crête.

Tubercule coracoïde. sur son plat. Le tubercule coracoïdien est fort peu saillant, et la cavité glénoïde à peu près ronde.

Humérus, supérieurement. L'humérus se rapproche plus de celui de l'Hippopotame que de tout autre, par la forme de sa partie supérieure, dont la grande tubérosité bicorne dépasse assez fortement, par sa corne externe, la tête articulaire; du reste, la gouttière bicipitale est fort étroite et profonde, et la crête deltoïdienne ne produit pas une apophyse séparée, comme dans cet animal; inférieurement la double poulie d'articulation radiale est notablement plus prononcée, aussi bien que la fosse olécrânienne qui est souvent percée. Inférieurement.

Avant-Bras. En général. L'avant-bras, proportionnellement plus long que chez l'Hippopotame, ressemble évidemment un peu davantage à celui des Ruminants; Radius. le radius étant un peu plus antérieur, un peu plus arqué, surtout le Cubitus. cubitus plus soudé, un peu plus grêle, ou du moins plus mince dans son corps, comme dans l'apophyse olécrâne, quoique sensiblement Articulation carpienne. moins que chez ces derniers. La surface articulaire inférieure a ses deux facettes assez larges, directes et non obliques, comme chez l'Hippopotame.

Main. La main, considérée en totalité, quoique composée absolument des mêmes os que chez celui-ci, est cependant beaucoup plus étroite, et par conséquent plus semblable à celle des Ruminants.

Os du Carpe. 1re rangée. Les trois os internes de la première rangée du carpe, outre quelques différences que l'iconographie peut seule exprimer, sont proportionnellement plus étroits et plus élevés, et le pisiforme est plus mince et plus courbé sur son plan que chez l'Hippopotame.

2e rangée. Il en est à peu près de même des quatre de la seconde rangée qui sont plus élevés; mais, en outre, il y a bien plus de disproportion entre le trapèze et le trapézoïde, ce qui se remarque également pour les deux facettes articulaires de l'os crochu.

Os du Métacarpe. Le même genre de différences se voit dans les os du métacarpe, c'est-à-dire que le médian est proportionnellement plus gros, plus long;

l'annulaire tendant à s'en rapprocher ; les deux extrêmes, au contraire, devenant beaucoup plus grêles et plus petits.

Os des Doigts. 2es Phalanges. 3es Phalanges ou onguéales.

Les doigts suivent nécessairement les mêmes rapports ; mais en outre les secondes phalanges sont proportionnellement plus courtes, au contraire des terminales ou onguéales qui ressemblent bien davantage, et surtout celles des second et troisième doigts, à ce qu'elles sont chez les Ruminants, c'est-à-dire subtriangulaires, plus convexes d'un côté que de l'autre, les deux paires ayant leur bord convexe convergeant vers l'axe de la main, ce qui est encore bien plus prononcé que chez l'Hippopotame.

b) Membres postérieurs.

Les membres postérieurs sont à peine plus longs que les antérieurs.

Os innominé. Os des iles.

L'os innominé offre encore assez bien le caractère que nous avons signalé dans l'Hippopotame, la cavité cotyloïde étant à peu près au milieu de sa longueur ; mais l'os des iles est notablement plus étroit, sa surface partagée en deux parties, l'une externe un peu concave, l'autre interne assez convexe, par une sorte de côte qui aboutit à une épine bien marquée et recourbée.

Pubis.

Le pubis est, comme dans l'Hippopotame, fort long et droit dans sa branche symphysaire, du reste fort étroite.

Iskion.

L'iskion est également assez considérable et terminé par une tubérosité assez épaisse et qui se partage en deux cornes bien prononcées.

Cavité cotyloïde.

La cavité cotyloïde est du reste ronde, assez profonde et échancrée à sa marge.

Trou sous-pubien.

Le trou sous-pubien est fort long, mais étroit.

Symphyse.

La symphyse est également très-étendue, ce qui indique une longueur assez considérable du petit bassin.

Fémur, supérieurement, inférieurement.

Le fémur peut encore très-bien être comparé à celui de l'Hippopotame, bien mieux qu'à celui du Bœuf, ayant le corps droit, la tête arrondie bien distincte, dépassée par un grand trochanter fort mince très-excavé en arrière, sans trace du troisième, et étant terminé inférieurement par une poulie plus étroite, à bords moins inégaux.

Tibia.

La jambe est encore proportionnellement plus haute que celle de l'Hippopotame, mais moins que chez la plupart des Ruminants ; le tibia, plus long que le fémur et un peu courbé, offre supérieurement une crête tibiale assez élevée et recourbée en dehors, et inférieurement une contre-poulie articulaire assez serrée.

Péroné.

Le péroné est droit, grêle; son corps est large et aplati à l'extrémité supérieure, et au contraire assez notablement épaissi à l'inférieure, où il forme une malléole bien marquée descendant s'articuler avec les os du tarse.

Pied.

Dans le Sanglier le pied de derrière forme un degré encore plus avancé du système digital pair que chez l'Hippopotame.

Tarse.

Le tarse est assez considérable ou étendu en totalité et dans ses différentes parties, surtout en hauteur.

Astragale: sa différence avec un Osselet.

L'astragale est un osselet de Ruminant, avec la seule différence que le côté externe de la poulie antérieure ou inférieure est beaucoup plus large que l'interne, et qu'elle est semi-plate pour une large articulation avec le cuboïde, tandis que dans les Ruminants c'est au contraire l'interne qui est la plus épaisse.

En outre, les deux parties de la poulie ne sont pas dans le même axe, la supérieure portant en dedans et l'inférieure en dehors.

Calcanéum.

Le calcanéum est aussi assez remarquable par son articulation avec le péroné et par son grand allongement, par son apophyse étroite, mais assez peu comprimée et terminée par une tubérosité peu élargie; sa partie articulaire est presque entièrement latérale, son apophyse interne ne dépassant pas la moitié du ventre de l'osselet, sa facette articulaire avec le cuboïde étant haute, étroite, et en gouttière.

Scaphoïde: sa forme, supérieurement. antérieurement.

Le scaphoïde a perdu la forme qui lui a valu son nom; il est plutôt cuboïde, assez irrégulier, plus épais que large; ses deux faces articulaires parallèles; la supérieure semi-lunaire pour s'articuler avec toute la poulie externe et antérieure de l'astragale, et l'antérieure divisée en trois parties verticales: une petite postérieure, en dedans d'une sorte d'apophyse malléolaire pour le premier cunéiforme; la deuxième, plus petite encore et triangulaire, pour le second; et enfin la troisième, bien plus grande et subtriangulaire, pour le troisième.

Cunéiformes.

La seconde rangée est donc formée de quatre os, trois cunéiformes et un cuboïde.

Premier.

Le premier cunéiforme est subsquammiforme, collé en dedans du tarse entre le scaphoïde et le premier et le second métatarsien, auxquels il offre des facettes articulaires.

Second.

Le second mérite davantage son nom ; il est étroit et un peu allongé à sa tête supérieure.

Troisième.

Le troisième est beaucoup plus large et presque semi-lunaire, concave à sa face supérieure et anguleusement convexe à l'antérieure, s'articulant largement au troisième métatarsien et fort peu au quatrième.

Cuboïde : postérieurement. antérieurement.

Le cuboïde est très-fort, plus que le scaphoïde qui lui ressemble un peu par sa forme générale, par son irrégularité, par sa face supérieure et recourbée en arrière ; il présente deux facettes, l'une interne, séparée en deux par une fossette ligamenteuse, pour le côté externe de la poulie antérieure de l'astragale ; l'autre externe, un peu convexe et verticale, pour le calcanéum. A la face antérieure articulaire, cet os présente trois facettes : une fort petite, de contact avec le métatarsien médian ; la seconde, fort large, pour le métatarsien du doigt annulaire ; et enfin une troisième, petite, qui coupe son angle externe, pour le cinquième métatarsien. Au delà est une échancrure de passage pour le tendon du long péronier, limitée au-dessous par une apophyse plate assez saillante.

Os du Métatarse. Premier. Second. Troisième.

Le métatarse est réellement formé de cinq os : un premier, rudimentaire, de forme triangulaire, postérieur, s'articulant avec le premier cunéiforme et avec une saillie inférieure du troisième ; le second, étroit, comprimé, un peu courbé en dehors et collé contre le bord interne du médian ; celui-ci ou troisième, le plus gros, le plus complet, touche par son articulation supérieure aux deux cunéiformes externes, et même un peu au cuboïde, ayant à sa tête supérieure une apophyse postérieure fort saillante, et à son extrémité inférieure une poulie séparée par une crête très-marquée en demi-cercle, notablement médiane et plus externe qu'interne.

Quatrième.

Le quatrième métatarsien, de même longueur à peu près, mais plus étroit ou moins large, a aussi sa tête supérieure prolongée en arrière en une apophyse fort saillante, plus encore que celle du troisième, et sa tête inférieure en poulie carénée; mais la carène est bien plus en dedans qu'en dehors.

Cinquième. Le cinquième enfin, assez semblable au second, mais courbé et appliqué en sens inverse est un tant soit peu plus long; sa tête inférieure en poulie fort oblique, le côté externe étant bien plus petit que l'interne.

Des Doigts. Cette disposition des métatarsiens, qui rappelle ce qui existe dans certains Ruminants qui ont les quatre doigts complets, se manifeste encore plus évidemment dans les doigts dont la disproportion des extrêmes avec les intermédiaires et antérieurs est encore bien plus marquée qu'aux membres antérieurs.

DES OS SÉSAMOÏDES.

En général. Ce genre de parties solides est, dans le Sanglier comme dans le Cochon, et même dans toutes les espèces du genre, augmenté d'une pièce qui n'appartient pas même à l'appareil de la locomotion proprement dite; c'est celui qui soutient la disposition singulière du mufle de ces animaux et qui a reçu le nom d'os du boutoir. Quelques personnes ont essayé, à tort suivant nous, de le comprendre dans la signification des os du squelette.

Os du Boutoir. Cet os, de nature spongieuse ou fibro-osseuse, entre dans la composition de la partie terminale de la cloison des narines sans appartenir cependant au vomer; aussi est-il parfaitement symétrique, de forme presque cubique, un peu plus long que large, avec un très-léger sillon médian à son extrémité antérieure: ce sillon, plus ou moins profond et prolongé, indiquant que cette pièce n'est pas une pièce médiane, mais probablement une modification du cartilage de l'orifice des narines (1).

(1) L'orifice des narines du Cochon est tout à fait propre à cet animal et aux espèces du même genre, ainsi qu'il a été déjà observé plus haut. C'est un simple trou arrondi, un peu infundibuliforme, immutable par la disposition du cartilage et des muscles. Celui-là forme un anneau complet, mais beaucoup plus épais au côté interne, où il s'épaissit considérablement en s'ossifiant par le dépôt de matières calcaires. Sa figure est alors sub-quadrilatère, avec une sorte de

M. G. Cuvier dit peu exactement, t. II, p. 116, que les prémaxillaires portent sur leur extrémité l'os qui soutient le boutoir. Cet ostéide s'ajoute à l'extrémité de la cloison entre l'os du nez et le prémaxillaire.

Quant aux véritables sésamoïdes, la rotule du Cochon suit le rapprochement des membres postérieurs avec les Ruminants; elle est en effet très-étroite, un peu en forme d'une grosse virgule; mais elle est singulièrement épaissie par une sorte de tubérosité apophysaire qui en occupe toute la partie antérieure. Rotule.

Les os sésamoïdes des doigts sont aussi plus étroits, plus semi-lunaires que chez les Hippopotames; mais outre ceux qui sont sous la tête des os qui portent la première phalange, il y en a un seul médian et plus aplati sous la tête de l'articulation de la seconde avec la troisième phalange. Métacarpien et Métatarsien, Phalangien, Inter-phalangien.

Avant de passer à l'examen ou à l'appréciation différentielle des espèces qui ont été établies ou mieux proposées dans le genre qui renferme le Cochon, voyons à jeter un coup d'œil sur les différences que peut offrir cette espèce. Différences : de Squelette.

L'âge, le sexe et les circonstances biologiques sont toujours les causes déterminantes, principales et rationnelles de ces variations. suivant ;

Quant à l'âge, les différences qui peuvent être plus particulièrement propres aux Cochons et aux Sangliers, portent sur la forme générale de la tête qui s'allonge de plus en plus avec l'accroissement non-seulement du nombre des dents, mais encore avec celui de certaines de ces dents, par exemple des défenses qui paraissent croître pendant toute la vie de l'animal; c'est ce que l'on remarque surtout dans l'élévation de l'âge. dans la Tête.

prolongement aminci en arrière. Placé verticalement au bord antérieur de la cloison des narines, il se soude plus ou moins en dedans à celui du côté opposé, en haut à l'os du nez, et en bas au prémaxillaire, et n'est libre qu'à sa face externe où il limite le bord interne de l'orifice.

Quant aux muscles du nez, de l'aile et de la lèvre supérieure, ils se terminent dans l'extension fibreuse du boutoir.

Occiput. par l'extension du sinus.

la pyramide occipitale qui ici est due, non pas essentiellement à l'augmentation de la crête comme attache musculaire, mais au prolongement, à l'extension des sinus frontaux, qui, en pénétrant entre les deux tables des os de la tête, en soulèvent l'externe d'une manière quelquefois presque monstrueuse, dans le but, non pas tant peut-être d'augmenter la force de l'odorat, que d'allonger le bras du levier à l'extrémité duquel sont le boutoir et les défenses.

le Sexe.

D'où l'on voit que le sexe doit exercer le même genre d'influence, quoiqu'à un degré moindre que l'âge, les individus femelles, dont les défenses sont toujours moins développées, devant toujours au moins agir avec le boutoir dans la recherche de leur nourriture.

les circonstances biologiques.

Les circonstances biologiques doivent agir nécessairement dans le même sens, suivant qu'elles sont plus ou moins favorables, et qu'elles demandent un plus grand degré de force et d'activité. Elles feront en effet que des races fort différentes de taille et de proportions pourront s'établir et se continuer par la génération (1).

quelques monstruosités. Monongulie.

On peut même concevoir qu'il pourra se produire quelques monstruosités; par exemple, des Cochons solipèdes dont a parlé Aristote pour ceux de Pœonie, ce qu'a confirmé positivement Linné pour les Cochons des environs d'Upsal; Pallas pour ceux de la Pologne (2), parce que cette monstruosité est évidemment dans la marche de la série des Pachydermes à système digital pair aux Ruminants (3).

(1) Voyez à ce sujet le mémoire de M. Viborg sur les variétés du Cochon domestique, et l'article de M. Fréd. Cuvier cité plus bas.

(2) M. Blumenbach parle aussi de cette monstruosité et d'une autre qu'offrait une race de Cubagne, en Amérique, qui avait des ongles d'un demi-empan de long, quoique singulièrement dégénérée sous le rapport de la taille.

Voici les expressions de Pallas : *Qualis in Polonia imprimis nasci lanionibus germanis notissimum est* (*Spic. zool.*, t. 1, p. 19).

(3) Suivant l'analyse de cette monstruosité qu'à donnée M. Fréd. Cuvier (*Diction. des sc. nat.*, vol. IX, p. 514, 1817), d'après M. Jacobson, et surtout d'après M. Viborg, célèbre vétérinaire danois, la monongulie que celui-ci a observée n'était par produite par la soudure des doigts antérieurs et de leurs ongles, mais par la pression de celui d'un doigt surnuméraire formé des deux dernières phalanges seulement, placées intermédiairement aux mêmes pha-

Quant aux monstruosités fœtales, comme, par exemple, celle si fréquente dans ce genre d'animaux de la Monopsie, accompagnée de la face terminée en une sorte de trompe, je suis assez loin de croire, avec Hermann, dans son singulier Traité des affinités des animaux, où il n'y en a peut-être pas une seule qui soit réelle, que cette monstruosité indique une affinité quelconque du Cochon avec les Éléphants. Monopsie.

Voyons maintenant à poursuivre notre comparaison sous le rapport ostéologique :

Entre le Cochon et le Sanglier des pays occidentaux de l'ancien monde.

J'ai examiné avec grand soin un nombre assez considérable de têtes osseuses de Cochons et de Sangliers, sans y trouver d'autres différences appréciables que celles qu'on doit attendre des énormes variations dans les circonstances biologiques de grandeur et de force, et c'est l'opinion de toutes les personnes qui se sont occupées de ce sujet (1). suivant l'état domestique ou sauvage.

Je crois qu'il en est de même du Sanglier si commun dans les forêts de nos possessions d'Afrique, que j'ai vu vivant dans notre ménagerie et dont j'ai étudié le squelette fait sous mes yeux. le pays : d'Alger.

J'en dis autant du Cochon d'Égypte et même d'Abyssinie dont j'ai pu examiner des crânes rapportés par M. E. Geoffroy-Saint-Hilaire et par M. P.-E. Botta. Ces crânes, qui proviennent, il est vrai, d'individus bien adultes et même assez vieux, de grande taille, sont seulement assez notablement plus allongés dans les parties faciales. d'Égypte. d'Abyssinie,

langes des deux doigts antérieurs. La juste réputation des deux anatomistes qui ont analysé ce fait doit seule empêcher le doute en pareil cas. M. Isidore Geoffroy Saint-Hilaire, dans sa *Tératologie* (t. I, p. 696, 1832), paraît n'avoir pas vu cette monstruosité, mais seulement des Cochons dont les pieds de devant offraient cinq ou six doigts parce qu'ils étaient formés de deux pieds plus ou moins complets, mais dont chaque doigt avait son ongle distinct.

Il y avait sans doute plus de rapport avec le cas mentionné dans le même ouvrage, p. 689, d'une chèvre ayant trois doigts aux pieds de devant, et dont le surnuméraire était le medium, mais avec un sabot distinct, quoique trois fois plus petit que les autres.

(1) Daubenton en comparant le Cochon et le Sanglier, dit que le crâne du premier est beaucoup plus élevé au sommet que dans le Sanglier; ce qui dépend du développement des sinus, et est quelquefois vrai; mais cela est évidemment individuel.

de la côte de Malabar.

Nous ne voyons pas non plus qu'on puisse distinguer spécifiquement le Cochon de la côte de Malabar, dont M. Dussumier nous a rapporté des crânes d'individus malheureusement tous incomplétement adultes, pris à l'état sauvage et à l'état domestique, et dont nous avons même pu observer un vivant dans la ménagerie du Muséum. Quoique tous aient véritablement une certaine ressemblance par un peu plus de brièveté dans la forme pyramidale de la tête, ce qui peut tenir à ce que tous provenaient d'individus femelles, je n'ai pu y reconnaître aucun caractère d'espèce, non plus que dans le système dentaire.

Sanglier du Bengale.

Le Sanglier du Bengale (*Sus Indicus*, Hogdson) dont nous devons une tête osseuse à M. Duvaucel, est dans le même cas.

Cochon de Siam,

Je n'ose pas être aussi affirmatif pour le Cochon de Siam, ainsi nommé par Buffon, et qui est quelquefois également indiqué sous la dénomination de Cochon de Guinée et plus souvent encore sous celles de Cochon chinois (*S. Sinensis*) et de Tonquin. Buffon assure qu'il reproduit avec le Cochon d'Europe, et il me semble qu'il forme en effet une race intermédiaire.

d'après un Squelette.

J'en ai vu le squelette d'un individu adulte, mais femelle, et deux têtes séparées encore plus complètes, surtout dans leur système dentaire.

trois Crânes.

Ces trois têtes ont les plus grands rapports entre elles par une certaine brièveté de la tête en totalité (1), aussi bien que dans une sorte d'épaisissement de toutes ses parties. C'est ce qui est surtout très-marqué dans l'une de ces têtes provenant d'un individu qui a vécu l'année dernière à la Ménagerie, et qui était véritablement monstrueux et presque dégoûtant d'obésité; en sorte que je serais tenté d'attribuer les particularités du squelette à cet état.

Sanglier des Papous.

Je ne fais aucun doute qu'on doit rapporter à ce Cochon celui que M. Lesson a nommé *S. Papuensis*, et qui repose sur un individu si jeune qu'il avait encore ses dents de lait, mais dont j'ai vu un autre crâne bien adulte rapporté par MM. Hombron et Jacquinot. C'est avec le

(1) Brièveté déjà signalée par Daubenton et M. G. Cuvier.

Cochon de la côte de Malabar qu'il y a le plus de ressemblance ; et quoique aujourd'hui ce Cochon soit devenu sauvage dans la Nouvelle-Guinée, où il est extrêmement abondant, on sait positivement qu'il y a été importé.

On peut en dire autant du Sanglier des Célèbes ; d'après le crâne d'un individu femelle et à peu près adulte rapporté par MM. Quoy et Gaymard, c'est la même chose que le Cochon de Java, du Bengale et de la côte de Malabar, dont il a la forme de tête allongée, grêle et pointue en avant. des Célèbes.

Je trouve à faire la même observation pour des crânes de Cochon rapportés de Samarang, d'Amboine, de Macassar, de Bornéo, de Céram et même de la Nouvelle-Zélande, de Samoa, et de Nouka-Hiva. des îles de la mer du Sud.

Le crâne d'un individu sauvage, tué par M. Hombron dans l'île d'Arrow, rappelle complétement celui de notre squelette du Cochon de Siam, aussi bien pour les os que pour le système dentaire ; et comme les apophyses et les crêtes, aussi bien que les canines, sont bien plus fortes, l'individu dont il provient était sans doute mâle.

En sorte que le Cochon sauvage ou domestique qui se trouve répandu sur tout le continent indien semble appartenir à deux variétés, l'une plus occidentale ayant la tête plus effilée, dont le type est le Sanglier de Malabar ; l'autre plus orientale, l'ayant plus courte, plus ramassée, dont le type est le Cochon de Siam ; toutes les deux s'étant répandues naturellement ou par l'entremise de l'homme dans toutes les îles de la Malaisie, et ensuite dans celles de la mer du Sud. D'où deux variétés.

J'arrive au même résultat en examinant, ou mieux en comparant les figures de crânes de *Sus* que MM. Schlegel et Muller ont données ces dernières années dans la zoologie japonaise et de l'archipel indien. On peut rapporter à la première variété les *S. barbatus* et *S. vittatus*, dont la tête est longue et effilée, le premier que je croirais volontiers la femelle du second, et à la seconde, les *S. Timorensis* et *S. Ternatus*, avec les *S. Celebensis* et *S. verrucosus* comme intermédiaires. Même résultat pour les *S. barbatus*, *vittatus*, *Timorensis*, *Ternatus*, etc.

Je ne parle pas des caractères extérieurs sur lesquels MM. les zoologistes néerlandais ont fait porter la distinction de ces espèces de *Sus*; mais à en juger d'après un crâne de leur *S. vittatus*, que le Muséum de Leyde a envoyé au nôtre par échange, ainsi que sur ceux qui ont été rapportés des Célèbes, je suppose que ce doit être le Sanglier du Bengale, celui que M. Hogdson a nommé *S. Indicus*.

Cochon marron.

Nous avons vu la variété du Cochon domestique de l'Inde se propager sous deux formes assez distinctes, quand on prend les extrêmes, dans tout l'archipel de la mer des Indes et de la mer du Sud; le Cochon domestique qui existe actuellement dans l'Amérique paraît avoir eu pour souche le Cochon d'Europe. C'est du moins ce que nous pouvons juger pour la Patagonie; deux beaux crânes probablement d'individus mâles, envoyés au Muséum de cette partie de l'Amérique du Sud, par M. Alcide d'Orbigny, mettent la chose hors de doute. Seulement ils ont déjà pris une physionomie assez particulière, ayant, avec l'élévation occipitale assez prononcée du Sanglier d'Europe, la tête en totalité plus courte et plus ramassée.

de la Patagonie.

de Nord-Amérique.

Nos collections ne possèdent malheureusement aucune partie du squelette du Cochon domestique devenu marron dans le reste de l'Amérique, soit au sud, où il est commun, par exemple à Cayenne, soit au nord (1); mais il est peu douteux qu'il ait conservé tous les caractères spécifiques de la souche européenne.

Différences d'espèces.

La première espèce que le squelette nous permette de distinguer par des caractères susceptibles d'être lus et exposés est celle qui se trouve dans toute l'Afrique au delà de l'Atlas et jusqu'à son extrémité la plus méridionale et même au delà dans la grande île de Madagascar, et qui est connue sous le nom de Sanglier à masque (*S. larvatus*). J'en ai vu trois crânes complets et bien adultes, et qui tous m'ont montré plus de brièveté dans la partie postorbitaire du crâne dont la ligne occipitale est

Pour le *S. larvatus*. Tirées du Crâne.

(1) La collection zoologique du Muséum possède cependant un Cochon marron rapporté de l'Amérique du Nord par M. Lesueur. Il ressemble tout à fait à un petit Sanglier, mais il est presque tout noir, et peut être un peu plus ramassé dans ses formes.

plus large et plus droite; la face est longue, le chanfrein moins pyramidal et le dos du nez plus également large et anguleux à la ligne de jonction avec le maxillaire (1); les fosses zygomatiques sont bien plus larges et plus profondes; l'os de la caisse est plus court et plus fort, et comme légèrement bilobé avec une petite pointe brusquement saillante; enfin les trous incisifs sont beaucoup plus arrondis et moins allongés, les trous lacrymaux bien plus petits, plus rapprochés. Je puis corroborer ces différences par d'autres tirées du squelette que notre collection possède, et nous verrons que le système dentaire les confirme très-bien.

de la Face;

du Squelette.

Ce squelette (2) est cependant évidemment fort rapproché de celui de notre Sanglier, mais en général plus large et plus court dans toutes ses parties.

Le nombre de ses vertèbres est d'abord assez bien le même 7 + 14 + 5, mais avec une vertèbre sacrée de moins, 4, et quatre ou cinq vertèbres caudales de plus : 21 ou 22.

des Vertèbres :

cervicales.

Chacune des vertèbres que nous avons considérées comme caractéristiques, offre en effet une différence notable; ainsi l'atlas a ses apophyses transverses plus étroites, au contraire de l'apophyse épineuse de l'axis qui est plus large et plus arrondie, ce qui est encore plus marqué pour le lobe inférieur de l'apophyse transverse de la sixième.

(1) Quoique dans les crânes que j'ai sous les yeux, deux offrent une singulière excroissance tuberculeuse, non-seulement à l'alvéole de la canine, où elle forme une sorte d'apophyse verticale, mais encore le long de la partie des os du nez qui se trouvent au-dessus, je ne crois pas que ce puisse être un caractère spécifique; c'est plutôt un caractère du sexe mâle qui semble déterminé par le grand développement de la masse crypteuse nasale, sans doute plus étendue dans cette espèce.

(2) Le squelette que je rapporte au *S. larvatus* est inscrit dans la collection sous le nom de *S. scrofa* du cap de Bonne-Espérance, par M. Delalande; c'est à lui qu'appartient la tête osseuse qui n'a pas les exostoses maxillo-nasales, desquelles M. Fréd. Cuvier, qui a le premier proposé cette espèce, a tiré les caractères spécifiques. C'est probablement ce qui l'aura empêché de reconnaître ce squelette, provenant sans doute d'un individu femelle, pour ce qu'il est réellement.

dorsales. Les apophyses épineuses de toute la série jusqu'au sacrum sont aussi en général moins élevées et proportionnellement plus larges.

lombaires. C'est ce qui est encore plus manifeste pour les apophyses transverses des lombaires et surtout de la première qui les a presque spatulées.

des Côtes. Les côtes sont surtout très-différentes de celles du Sanglier et du Cochon par leur largeur et leur aplatissement, même les postérieures.

des Membres. Quant aux os des membres, on peut faire la même remarque générale qu'ils sont plus larges et plus courts. Cela est surtout sensible pour l'omoplate dont la crête a son angle plus saillant et plus élevé.

L'olécrane est aussi moins étroit, et le pisiforme plus squammiforme.

Les pieds présentent aussi un peu plus de brièveté et d'épaisseur dans les doigts et les os qui les portent.

S. Æthiopicus. Le squelette du *S. Æthiopicus* n'a été jamais décrit ni figuré en totalité; sa tête l'a été par E. Home, dans les Transactions philosophiques de Londres pour l'année 1801 et dans ses *Lectures on compar. anat.*, t. II, p. 38, Pl. 38. M. G. Cuvier s'est borné à en dire quelques mots dans la deuxième édition de son mémoire, *Ossem. foss.*, t. II, 1re part., p. 119.

Le Sanglier d'Éthiopie (*S. Æthiopicus*, L.), dont M. F. Cuvier a cru devoir faire un genre distinct sous le nom de Phacochère, se distingue encore mieux que le précédent par les particularités de la tête osseuse. En totalité elle est en général plus large et plus déprimée, et toutes ses parties descendantes, obliquement inclinées d'arrière en avant et même déjà dans le jeune âge. La partie postorbitaire est encore bien plus courte et plus large, plus tronquée à l'occiput que dans le Sanglier à masque; les orbites alors plus reculés sont en même temps plus distants entre eux et moins clos en arrière; les arcades zygomatiques bien plus courtes, surtout dans leur partie temporale, sont au contraire bien plus larges et plus écartées et surtout plus obliques à leur racine antérieure, ce qui, par suite de l'énorme dilatation alvéolaire des canines, rend le museau comme étranglé dans son milieu, un peu comme chez l'Hippopotame;

Tirées du Crâne,

de la Face,

mais les os du nez dépassent presque les incisifs; les trous de ce nom sont ovales, arrondis, médiocres; la caisse est également assez petite, au contraire de l'apophyse mastoïdienne occipitale qui est longue, étroite et plate; enfin les fosses nasales, postérieurement ouvertes par un rebord évasé, se prolongent à la base des os du crâne dans une excavation assez profonde formée par l'extrémité palatine des os ptérygoïdiens internes.

des Trous incisifs,

des Fosses nasales.

Quant au reste du squelette, voici ce que j'ai pu noter de plus différentiel d'après celui d'un assez jeune animal provenant du cap de Bonne-Espérance, mais dont le sexe nous est inconnu, et les os séparés d'un autre provenant du Sénégal.

du Squelette.

L'apophyse épineuse de l'axis est plus arrondie, aussi bien que le lobe inférieur des apophyses transverses de la sixième cervicale et même des précédentes. Toutes ont, du reste, le trou nerveux de l'arc, comme chez le Sanglier, et la septième a son apophyse épineuse médiocre, et dans la direction de celle de la première dorsale, qui est au moins de moitié plus longue.

des Vertèbres : cervicales.

Il n'y a que treize vertèbres dorsales, toutes percées d'un trou à la racine de l'arc.

dorsales.

Par contre, les lombaires sont au nombre de six, sans ce trou, sauf la première : et toutes ont les apophyses transverses, longues et étroites, bien plus même que dans le Sanglier et toutes courbées en avant.

lombaires.

Le sacrum n'est formé que de trois ou tout au plus quatre vertèbres, et comme dans les autres espèces, plates et presque creuses en-dessus, par absence d'apophyses épineuses et assez convexes en-dessous.

sacrées.

La queue était trop incomplète pour qu'on puisse rien dire des vertèbres qui la forment.

Les sternèbres et les côtes sont assez bien comme dans le Sanglier. Les quatre ou cinq premières de celles-ci sont cependant plus larges.

des Côtes,

Les différences que présentent les os des membres, sont bien moins

des Os,

des membres, antérieurs, faciles à exprimer que pour ceux du tronc. Il m'a cependant semblé qu'il y a, en général, un peu plus de rapprochement avec les Ruminants, dans l'omoplate un peu plus étroite, dans la poulie externe de l'articulation huméro-radiale plus marquée, dans la position plus postérieure du cubitus; ce qui est également vrai pour les doigts extrêmes, qui sont en même temps plus grêles, aussi bien que les métacarpiens et la première phalange des doigts intermédiaires.

postérieurs. Ces observations différentielles, qui peuvent être répétées pour les membres postérieurs, où la gracilité des os du pied et l'état serré des articulations sont encore plus prononcés, semblent indiquer, comme pour le reste du squelette, un rapprochement un peu plus grand avec les Bisulques.

Si maintenant nous remontons de l'espèce type à celles qui doivent se rapprocher davantage des Anthracotheriums et des Chœropotames, nous trouverons le Babiroussa et les Pécaris.

S. Babirussa. On connaissait depuis longtemps en Europe la tête osseuse du Babiroussa qui a été décrite et figurée par Bartholin (*Hist. anat. rar. cent.*, 2, n° 96), 1681; par Grew, *Mus. soc. reg.*, p. 27; mais surtout par Daubenton (Buffon, t. XII, p. 431, Pl. 48, n° MCCII, 1764), dont la description et même la figure sont excellentes; M. R. Owen a aussi donné, Pl. 140 de son odontographie, une figure du crâne de profil, mais assez inexacte. Mais ce n'est que depuis le voyage de MM. Quoy et Gaymard sur *l'Astrolabe* que, grâce à la générosité de M. Merkus, alors gouverneur des possessions hollandaises dans les Moluques, nous avons pu voir un mâle et une femelle de cette espèce vivants dans la ménagerie du Muséum, et après leur mort en connaître le squelette. Nous possédons en outre douze têtes séparées, dont une de jeune âge rapportée par MM. Quoy et Gaymard.

Tirées du Crâne, Le Babiroussa, dont nous avons pu étudier deux squelettes et un grand nombre de crânes de tout âge, nous offre une tête en général plus allongée dans la partie crânienne, ce qui a avancé l'orbite, et surtout plus fine, moins anguleuse, moins hérissée; son chanfrein est plus doux, les os du nez terminés par un élargissement qui se bifide très-inégalement, l'arcade zygomatique oblique un peu moins large, l'os jugal notablement moins prolongé vers la fosse glénoïde, l'ouverture naso-palatine plus patulée, les fosses ptérygoïdiennes plus profondément excavées par un sinus, les trous lacrymaux encore externes, mais très-petits, les incisifs ovales peu allongés, l'orbite plus avancé, moins rond et avec les apophyses frontale et malaire plus longues et plus pointues, la caisse plus large, plus développée, l'apophyse mastoïdienne de l'occipital triquètre, les fosses temporales plus profondes, d'où résulte un intervalle sincipital plus étroit. de la Face. de la Mandibule.

La colonne vertébrale du Babiroussa est composée de cinquante-quatre à cinquante-six vertèbres : sept cervicales, treize dorsales, six lombaires, cinq ou six sacrées et vingt-trois ou vingt-quatre coccygiennes extrêmement grêles et atténuées. Vertèbres :

Aux vertèbres cervicales, assez semblables à celles du Cochon, le lobe inférieur de la sixième est seulement plus petit et plus large, plus semblable à celui des deux précédentes. cervicales.

L'apophyse des dix premières dorsales est fort inclinée en arrière. dorsales.

Aux lombaires elles sont plus larges, aussi bien que les transverses plus courbées sur leur plan; celle de la première bien particulière par sa forme large et courte. lombaires.

Le sacrum est encore plus étroit que dans le Cochon, ce qui est encore plus marqué pour la queue. sacrées. coccygiennes.

Je n'ai pu noter d'autres différences dans les membres antérieurs qu'un peu plus de gracilité dans les doigts extrêmes. Membres antérieurs,

L'os des iles est au contraire plus large et plus scapuliforme. Mais dans le reste du membre, je n'ai trouvé à indiquer que plus d'étroitesse dans l'apophyse calcanéenne. postérieurs,

Les Pécaris, qui commencent la série des espèces du genre *Sus*, diffèrent encore davantage du type, moins cependant peut-être par le squelette que par les dents et les caractères extérieurs. dans les Pécaris,

Le squelette du Pécari a été observé par un petit nombre d'anato-

d'après Tison. mistes, depuis Tyson, qui en a parlé le premier dans le n° 153 des Transactions philosophiques, 1683; Daubenton l'a décrit assez bien; Daubenton. Buffon, t. X, p. 27, et figure pl. 13, assez mal, surtout à cause d'un trop grand degré de réduction, d'après un individu mâle du *S. tor-* M. G. Cuvier. *quatus*, et depuis lors je ne connais aucun anatomiste qui en ait figuré aucune partie. M. G. Cuvier a seulement dit quelques mots de la tête dans la seconde édition de son mémoire sur les Cochons.

Sur le *S. torquatus.* En prenant pour exemple celui du Pécari à collier (*Sus torquatus*), le plus commun, et duquel Daubenton a donné une anatomie assez complète (Buffon, t. XIV, p. 27), nous ne trouvons dans la disposition générale des os, et même dans leur nombre, aucune différence, si ce n'est pour les vertèbres coccygiennes réduites à six.

la Tête. La tête, dans sa forme générale, rappelle évidemment un peu celle du Babiroussa; mais elle est encore plus normale, moins pyramidale; son chanfrein plus doux; l'orbite plus avancé, plus complet dans son cadre, surtout par l'élévation de l'apophyse jugale; les trous lacrymaux excessivement petits et plus rentrés; les apophyses mastoïdiennes de l'occipital sont très-peu développées; aussi bien que les caisses, qui sont la Face. arrondies, et les ptérygoïdiennes; l'orifice naso-palatin est lui-même fort rétréci, et les trous incisifs ou palatins antérieurs tout à fait ronds, obliques et fort petits, les postérieurs très-avancés dans le maxillaire et encore plus petits. Le temporal, dont l'apophyse jugale se relève en arrière par un prolongement apophysaire encore plus grand que dans aucune autre espèce, offre en outre dans la forme excavée et bornée la Mandibule. en arrière par une apophyse d'arrêt une particularité en harmonie avec la forme plus transverse du condyle articulaire de la mandibule. Celle-ci offre de plus une apophyse angulaire un peu plus détachée quoique largement arrondie.

En étudiant comparativement les autres parties du squelette du Pécari, je ne puis regarder comme spécifiques que les points suivants:

Vertèbres: cervicales. La disposition des vertèbres cervicales est assez bien comme dans le Sanglier, avec un peu plus de gracilité dans les apophyses épineuses.

Celles des neuf premières dorsales sont en général très-élevées, ce qui est également vrai pour les cinq dernières de plus en plus lombaires et même pour toutes les cinq de ce nom qui ont en outre leurs apophyses transverses médiocres et dilatées en fer de hache à l'extrémité. dorsales. lombaires.

Le sacrum ne diffère guère qu'en ce qu'il semble comprendre comme sa continuation les vertèbres coccygiennes, déprimées et même comme biastées. sacrées. coccygiennes.

L'os hyoïde a son corps évidemment plus étroit et presque caréné sous les petites cornes. Hyoïde.

Le sternum a son manubrium moins comprimé et son apophyse xyphoïde plus large. Sternum.

Les côtes sternales sont aussi plus larges à leur extrémité inférieure. Côtes.

Il est difficile de noter rien de bien spécifiquement différentiel dans les os des membres antérieurs, si ce n'est que les deux os métacarpiens intermédiaires sont soudés vers l'extrémité supérieure, que leurs premières phalanges sont plus plates au côté interne, en un mot, que les doigts sont plus bisulques. Membres antérieurs.

Cela est encore plus marqué aux membres postérieurs, dont l'os des iles est également d'une forme assez différente de celles du Sanglier, pour ressembler aux Ruminants. postérieurs.

Mais une particularité qu'on a cru caractéristique du Tajassu, *S. labiatus*, mais qui peut aussi se trouver chez le P. à collier, *S. torquatus*, c'est que le doigt externe du pied de derrière manque à l'extérieur et ne se trouve indiqué sur le squelette que par un os styloïde un peu comme ceux des chevaux. Du reste je n'ai rien vu de différent dans le squelette des deux espèces de Pécaris.

CHAPITRE DEUXIÈME.

ODONTOGRAPHIE.

Histoire.

Erreurs d'Aristote;

relevées par M. Oken.

L'histoire du système dentaire de l'espèce considérée avec juste raison comme type du genre *Sus*, commence par des erreurs, et même assez graves, qui, puisées dans Aristote, se sont continuées en partie jusqu'à Buffon et Daubenton, et n'ont été rectifiées que de nos jours. On trouve en effet dans les écrits du célèbre philosophe grec, que chez les Cochons les mâles ont plus de dents que les femelles, et que ces animaux ne perdent pas de dents, c'est-à-dire n'ont pas de première dentition: erreur que M. Oken a relevée le premier, d'après l'observation, et qui aurait pu l'être *à priori* si les principes de l'organisation animale eussent été suffisamment établis.

Celles de Zimmermann,

Ce qu'il faut surtout faire remarquer, c'est que l'on se servait de ces erreurs pour combattre les systèmes de classification des Mammifères, et entre autres ceux de Linné et de Brisson qui reposent essentiellement sur l'existence et le nombre des dents incisives. Ainsi Zimmermann, lui-même, en 1787, posait-il comme une sorte d'axiome tiré de ces prétendues variations du système dentaire des Cochons, que jamais la nature, pas plus chez ces animaux que chez d'autres, n'a l'habitude de suivre la même allure (1).

dans sa géographie zoologique.

Nous devons cependant à cet auteur d'un fort bon ouvrage du reste sur la distribution géographique des Mammifères, une énumération comparative du nombre des différentes sortes de dents chez les six espèces de ce genre qui étaient admises alors, et qui l'ont été depuis à l'exception d'une seule. La nature de son ouvrage ne permettait pas

(1) Il est bien vrai que Pallas (*Spicileg. zool.*, t. II, p. 92-17) dit que dans les Cochons il y a quelquefois huit dents incisives en bas et seulement quatre en haut, et que Toinne, dans la dissertation d'un de ses disciples, Jacq. Lindh (*de Scrofa*, *Amœn. acad.*, t.V, 1759), accepte en ajoutant *lateralibus minoribus;* mais s'il avait consulté Buffon et Daubenton, il aurait trouvé chez eux la vérité sur le nombre des dents du Cochon et du Sanglier.

qu'il allât plus loin, c'est-à-dire qu'il entrât dans les détails de forme et de proportions de chacune de ces dents en particulier, ce qui n'a eu lieu que lorsqu'on s'est occupé, d'abord en Allemagne, de déterminer, vers le dernier quart du dix-huitième siècle, à quelles espèces avaient appartenu les dents que l'on trouve dans le sein de la terre.

Les figures de M. G. Cuvier.

Depuis ce temps on a donné plusieurs fois des figures du système dentaire du Cochon, et entre autres M. G. Cuvier, dans la seconde édition de ses Recherches, où elles sont même fort bonnes.

Étudié sur le Sanglier *S. scrofa*. En général. Comparé aux Carnassiers omnivores :

Le système dentaire du Sanglier, et par conséquent celui des Cochons, quoique normal dans sa composition et même en partie dans sa disposition, puisqu'il ne manque aucune sorte de dents et qu'elles sont assez bien dans les conditions ordinaires de rapports pour les deux séries, s'éloigne cependant un peu de ce qu'il est dans l'ordre des Quaternates ou des Ongulogrades, pour ressembler, sous certains points, à ce qu'on voit dans quelques-uns des Carnassiers omnivores. Les Cochons ayant en effet le même nombre d'incisives, des canines en défenses exsertes et tranchantes et les molaires étant partagées en tuberculeuses en arrière et en tranchantes en avant.

d'où formation de genres inusités.

C'est même cette observation qui a porté plusieurs zoologistes qui ont exagéré l'emploi des dents molaires dans la classification des Mammifères, à voir dans les Cochons un certain rapport avec les Carnassiers, et par suite à partager le genre linnéen des *Sus* en trois ou quatre autres entièrement inutiles, ou mieux presque nuisibles à la conception des idées générales en zoologie.

Le fait est, que si le système dentaire des Cochons ressemble à celui de certains Carnassiers, c'est qu'ils sont les uns et les autres omnivores, chacun dans leur degré d'organisation.

Nombre des Dents.

Le nombre total des dents qui constituent le système dentaire des Cochons est de quarante-quatre, savoir : en haut comme en bas, trois paires d'incisives, une paire de canines poussant toujours et jamais radiculées, et sept paires de molaires dont la formule est :

Formule. $\frac{3}{3}+\frac{1}{1}+\frac{7}{7}$ dont $\frac{3}{3}+1+\frac{3}{3}=\frac{11}{11}=\frac{22}{22}$ ou 44.

en haut. Supérieurement.

Incisives, En général. Les incisives suivent la forme de l'os dans lequel elles sont implantées, c'est-à-dire qu'elles sont en partie terminales et en partie latérales, mais surtout fort inégales.

Première. Seconde. Troisième. La première bien plus forte que les autres, élargie en palette et convergente vers celle du côté opposé; la seconde, plus petite et latérale, aussi bien que la troisième encore plus petite, plus en crochet et assez fortement distancée surtout de la canine.

Canines ou Défenses. Les canines sont énormes et converties en défenses triquètres, striées, avec une cannelure profonde sur le côté antérieur et interne, et fortement recourbées en dehors et en haut, mais d'une manière très-variable suivant l'âge et le sexe.

Molaires. En général. Les molaires, contiguës, forment une ligne droite qui, fort mince d'abord, va en s'épaississant jusqu'à la dernière.

Première. Seconde. Troisième. La première, plus petite que la seconde, et celle-ci que la troisième, ont également la couronne triangulaire, tranchante, assez basse, et portée sur deux racines assez peu séparées.

Quatrième. La quatrième prend une forme plus carrée à la couronne, plus large cependant en arrière qu'en avant; aussi la disposition de la double colline et des quatre racines est-elle déjà plus prononcée.

Cinquième. La cinquième, bien plus grosse, est encore plus carrée, mais avec la même forme, seulement plus prononcée; les collines de la couronne étant en même temps plus décomposées en tubercules.

Sixième. La sixième devient plus barlongue, plus forte, ses collines sont encore plus tuberculeuses, et ses quatre racines plus distinctes.

Septième. La septième, enfin, de beaucoup la plus grosse, a sa couronne triangulaire allongée, formée de trois collines; l'antérieure plus large et plus épaisse que la seconde et celle-ci que la troisième qui est elle-même formée d'une petite colline bilobée et d'un tubercule postérieur.

en bas.

Incisives. En général.

A la mâchoire inférieure, les incisives, fort différentes des supérieures, ont toutes les trois une direction assez fortement déclive, convergente d'un côté à l'autre, et sont en général longuement radiculées, avec la couronne étroite et peu distincte, sub-tétraèdre, la première un peu plus petite que la seconde, et la troisième, distancée, la plus petite des trois.

Première. Seconde. Troisième.

Canine.

La canine fort longue et assez grosse, moins cependant que la supérieure, est également triquètre, le plus grand côté convexe en dedans, séparé des deux autres par un angle tranchant surtout en arrière.

Molaires. En général.

Les molaires sont, au contraire des incisives et des canines, assez semblables à celles d'en haut.

Première.

La première des avant-molaires est cependant bien plus petite, très-séparée de la seconde, un peu plus que de la canine. Sa couronne tranchante est un peu oblique et ses deux racines très-serrées.

Seconde. Troisième.

La seconde et la troisième ont assez bien la même forme, mais croissant en grandeur et surtout en épaisseur, qui est notablement moindre cependant que pour leurs correspondantes d'en haut.

Quatrième.

La quatrième ne diffère presque pas de la précédente, que parce que la colline transverse postérieure commence à se mieux dessiner et que les racines sont plus écartées : aussi est-elle bien plus mince que la quatrième d'en haut.

Cinquième et Sixième.

La cinquième et la sixième, devenues plus semblables, offrent à la couronne les deux collines bien formées plus inégales à l'une qu'à l'autre ; celle-ci ayant en outre un talon bien marqué.

Septième.

La septième ou dernière, bien plus grosse que les autres, est formée de trois collines transverses, la dernière ayant même un talon indivis en arrière, ce qui est assez bien comme en haut, moins dissimulé cependant par les mamelons intermédiaires, mais avec une disposition collinaire plus prononcée, ce qui a également lieu pour la pénultième et l'antépénultième.

Ses variations, produites par l'usage des Incisives.

Le système dentaire du Cochon ou du Sanglier varie comme chez les autres Mammifères et dans les mêmes conditions ; ainsi, par l'usage, les incisives s'usent et même d'une manière assez irrégulière, par l'action des Canines, des inférieures sur les supérieures; il en est de même des canines qui poussent sans doute pendant toute la vie de l'animal, car on ne les trouve jamais radiculées. Le frottement des inférieures au devant des supérieures use presque carrément celles-ci en avant et obliquement celles-là en arrière.

inférieures. supérieures.

des Molaires : d'avant, d'arrière.

Quant aux molaires dont l'émail est fort dur et fort épais, elles s'usent aussi, mais fort peu, en présentant pour les avant-molaires une simple bande longitudinale entourée d'émail, et pour les arrière-molaires des replis très-nombreux de celui-ci et fort irréguliers, mais dans lesquels on peut quelquefois reconnaître, surtout en bas, des espèces de trèfles décomposés.

par le sexe, sur les Défenses.

La seule différence que le sexe apporte au système dentaire des Sangliers ne porte que sur le développement des défenses bien moins grosses et par conséquent moins exsertes dans la femelle que dans le mâle, et c'est peut-être par là qu'on peut expliquer l'erreur d'Aristote.

par l'âge.

L'âge coïncide avec des différences bien plus importantes, puisqu'elles comprennent le nombre, la forme et la disposition.

1re Dentition.

Dans la première dentition du Cochon (1) :

Incisives. Première. Seconde. Troisième.

Les incisives sont en même nombre que dans l'état adulte, et elles ont assez bien la même forme, du moins pour les deux premières; mais il n'en est pas de même de la troisième qui est bien plus grêle, aussi bien en haut où elle est implantée un peu rétroverse, qu'en bas où elle est au contraire convergente en avant comme les deux autres.

Canines.

Les canines sont encore plus différentes de celles de l'adulte. En effet, en haut, ce n'est qu'une très-petite dent conique, tronquée obliquement à la couronne, et en bas, où elle est un peu plus forte, un petit crochet aplati, assez tranchant et un peu recourbé en dehors.

(1) M. G. Cuvier me paraît avoir mal compris la première dentition du *S. scrofa*, en supposant, comme E. Home, que cet animal aurait quatre molaires de lait en haut comme en bas, avec la particularité, suivant M. Cuvier, que les deux premières poussent longtemps avant les deux dernières; rien de tout cela n'est exact.

Les molaires ne sont réellement, comme à l'ordinaire, qu'au nombre de trois aux deux mâchoires. Molaires.

La première d'en haut, triquètre au collet, avec un seul lobe tranchant triangulaire à la couronne et deux racines dont la postérieure plus épaisse; la seconde plus grosse et presque de même forme au collet, mais plus allongée, ayant une pointe en avant et une colline transverse bien marquée, bilobée en arrière, et par conséquent trois racines. Quant à la troisième, elle est presque carrée, à deux collines transverses seulement bilobées, sans talon et avec quatre racines.

Supérieurement. Première. Seconde. Troisième.

En bas, les deux premières, assez bien de même forme, à la grosseur près, sont comprimées, avec une seule pointe élargie entre deux arrêts dont le postérieur, surtout à la seconde, forme talon; mais la troisième diffère beaucoup en ce que la couronne trapézoïdale allongée est partagée en trois collines transverses fort basses, croissant de largeur de la première à la dernière. Cette dent a en outre trois racines en dehors et deux seulement en dedans.

Inférieurement. Première. Seconde. Troisième : couronne. racines.

Dans un âge moins avancé, état de fœtus, le système dentaire de première dentition n'étant pas complet, on peut ne trouver que deux incisives en haut comme en bas, la première en pince assez sortie, la seconde nullement, et la troisième médiocrement; les canines, comme celle-ci et deux molaires seulement en haut comme en bas; la seconde et la troisième, celle-ci moins émergée que celle-là. Il n'est pas besoin de dire que le remplacement des dents de cette première dentition se fait comme à l'ordinaire, mais que certaines dents de la seconde dentition commencent à se montrer avant que la première soit tombée, du moins pour les molaires, et alors il y a mélange. On peut rencontrer, dans ce cas, des individus qui, avec les trois molaires de lait, seront déjà pourvus de la première et de la cinquième et même de la sixième de seconde dentition, ce qui est facile à reconnaître (1). C'est ce que nous avons également

Dentition fœtale. Incisives. Première. Seconde. Troisième. Canines. Molaires. Dentition intermédiaire. Mélange des Molaires ; comme chez l'Hippopotame.

(1) Nous avons fait représenter cette combinaison sur une mandibule où les trois molaires de lait existent encore, poussées en dessous par les trois qui doivent les remplacer, et où les

observé chez l'Hippopotame, et ce qui explique comment la cinquième molaire est en général bien plus usée que les autres. En effet, c'est celle de la seconde dentition qui est la première en usage, bien longtemps concurremment avec celles de la première.

Dans l'âge très-avancé. Incisives caduques.

Il arrive également qu'avec l'âge avancé et avec quelques variations individuelles, la dent incisive externe tombe des deux côtés ou d'un seul, ce qui est encore plus ordinaire pour la première molaire au point de ne pas laisser de traces d'alvéoles. C'est ce qui a fait qu'on a quelquefois attribué au Sanglier moins de dents qu'il n'en a réellement.

Canines radiculées.

A cette même époque, les incisives ont une tout autre forme, bien plus étroite, parce que la couronne est usée carrément, et les canines elles-mêmes, comme coupées obliquement, sont bien plus courtes et radiculées, adhérentes dans l'alvéole, ce qui entraîne dans la forme de la mandibule des modifications concordantes.

Suivant les espèces.

Passons maintenant à l'examen des différences que peuvent offrir les espèces de ce genre, sous le rapport du système dentaire, pour le nombre, pour la disposition aussi bien que pour la forme et la proportion de ses parties, et cela en suivant le même ordre que nous avons adopté pour la comparaison du squelette.

Sans parler encore des variétés orientales ou occidentales du *Sus scrofa*, sur lesquelles nous reviendrons plus tard, quand la comparaison chez les espèces certainement distinctes nous aura montré celles des différences qui sont spécifiques ou qui ne le sont pas, il est certain que le *S. larvatus* est celui dont le système dentaire ressemble le plus à celui du Sanglier d'Europe. Le nombre, la disposition sont absolument les mêmes, et l'on ne peut trouver de différences que dans la proportion et peut-être un peu dans la disposition ; ainsi :

Chez le *S. larvatus*.

Incisives en haut.

Supérieurement la troisième incisive est plus rapprochée de la seconde, ce qui est également vrai, pour la première molaire qui touche

incisives, la canine, la première, la cinquième et la sixième de seconde dentition sont déjà en ligne d'usage, la septième seule étant dans son alvéole.

presque aux canines, et qui par conséquent est assez éloignée de la seconde, tandis que dans le Sanglier ces deux dents se touchent.

Arrière-Molaires.

La série des autres molaires est devenue plus courte et moins rectiligne, surtout en dehors; chacune des dents est aussi sensiblement plus carrée, avec les collines moins dissimulées par les tubercules, ce qui est surtout bien marqué pour la dernière, dont le talon, proportionnellement plus petit, est aussi moins compliqué.

en bas

Incisives.

Inférieurement on peut faire la même observation qu'en haut pour l'incisive externe, qui est plus contiguë aux autres, qui sont en général aussi plus fortes ou moins étroites.

Molaires.

L'implantation des molaires forme aussi une ligne plus courbe en dehors; et elles sont en général plus courtes, ce qui est encore plus marqué pour le talon de la dernière.

Jeune âge; inconnu.

Je ne connais pas le jeune âge de cette espèce, mais au delà de l'état adulte dans l'âge sénile où les molaires qui restent sont rasées, les deux premières molaires ont complétement disparu.

S. Æthiopicus.

En général.

Le Sanglier du Cap (*S. Æthiopicus*) diffère tellement dans son système dentaire (1) surtout dans l'âge adulte et quand il est mal apprécié, que plusieurs zoologistes, à l'imitation de Gmelin et surtout de M. Fréd. Cuvier, ont pensé qu'on pouvait y trouver les caractères de deux espèces et même pour celui-ci d'un genre distinct.

Supérieurement.

Incisives.

Dans cette espèce, en effet, et même pour les deux dentitions, les incisives d'en haut ne consistent qu'en une seule paire de dents, la première, terminales, assez petites, convergentes, et qui disparaît assez tôt pour qu'à l'imitation de Pallas, quelques zoologistes, Hermann et M. Fréd. Cuvier, par exemple, en aient nié l'existence; mais à la mandibule, le

(1) Le système dentaire de cet animal a été fort incomplétement figuré sans description par Everard Home (*Lect. on Comp. Anatom.*, t. II, pl. 38 et 39). M. G. Cuvier lui a consacré un court paragraphe (*Ossem. foss.*, t. II, p. 132, sans figures), et M. Owen s'est borné à représenter la couronne des molaires supérieures du côté droit (*Odontographie*, pl. 140, fig. 31), mais personne n'en a soupçonné la signification, que E. Home semble cependant avoir un peu cherchée dans ses observations sur la structure et le mode de croissance des dents molaires du Sanglier et de l'*animal incognitum* (Mastodon) (*Trans philos.*, 1801, page 319).

nombre est resté normal, trois de chaque côté; la troisième étant notablement plus forte et plus large que chez le Sanglier, et du reste, suivant moi, disparaissant aussi avec l'âge.

Canines. Les canines ne diffèrent véritablement de celles de ce dernier, que dans leurs proportions et surtout dans leur grosseur, les supérieures étant en forme de corne, assez comprimées et marquées sur chacune des faces plates d'une cannelure, plus profonde et plus large sur l'antérieure.

Molaires. Les molaires, au contraire, diffèrent beaucoup de celles du *S. Scrofa*, peut-être dans leur nombre, mais surtout dans la proportion et même dans la structure de la dernière (1).

dans l'âge intermédiaire. A un certain âge intermédiaire à la première et à la seconde dentition, on peut compter à la fois, à la mâchoire supérieure du moins, six molaires, trois de lait avec deux de la seconde dentition et une double arrière-molaire plus ou moins cachée dans son alvéole; mais à l'inférieure, le plus que j'en ai trouvé à la fois était de cinq, la seconde de lait, la troisième de la même dentition déjà assez usée, la première de la seconde dentition et les deux arrière-molaires non sorties et déjà soudées.

Les dents que je considère comme de lait, sont :

En haut, la première (ici la seconde), subtriquètre, a trois tubercules à la couronne, un en avant, deux en arrière; la seconde, à peu près ronde, et dont la couronne, plus étroite que la racine, est garnie de dix tubercules disposés radiairement; la troisième, barlongue, à angles arrondis, est composée de deux parties, formant deux collines bi-mamelonnées, sinueuses à la couronne, et de deux paires de racines.

Les dents de seconde dentition sont une première caduque très-petite, à une seule pointe mousse et une seule racine; une très-grosse antépénultième, à trois collines bi-mamelonnées, et sans doute à trois dou-

(1) C'est à tort que M. G. Cuvier attribue à toutes les dents molaires de cet animal la structure de la dernière.

bles racines plus ou moins connées, et enfin la deuxième ou troisième dans l'alvéole.

En bas, des cinq qui existent, je regarde la première, très-petite, à une seule pointe et à une seule racine, comme la première de deuxième dentition. Les deux suivantes, une subtriquètre, a trois tubercules et deux racines connées comme une première ou seconde de lait; la troisième a deux collines et quatre racines connées comme une dernière de la même dentition; la quatrième, à trois collines et à trois doubles racines connées comme l'antépénultième de seconde dentition; la dernière est comme en haut.

Dans l'état adulte on ne trouve plus en haut que quatre, en bas que trois dents assez petites, à couronne carrée sub-arrondie, croissant de la première à la troisième, et de plus une dernière deux fois aussi longue que les trois ou quatre qui la précèdent. adulte.

Celles-ci, dans leur structure, se rapprochent assez bien, sauf pour la grosseur, de ce que sont leurs analogues dans le Sanglier ordinaire; mais il n'en est pas de même de la dernière ou terminale. structure de la dernière.

A sa naissance cette dent est un peu comme la plupart de celles des Éléphants, composée de lamelles distinctes. A mesure que le bulbe producteur croît, ces éléments non-seulement croissent en nombre et en hauteur, mais encore ils se soudent à l'aide d'un cément épais, de manière à constituer une fort grosse dent qui, après s'être présentée obliquement à l'usage par l'angle antérieur et supérieur du parallélipipède qu'elle forme, se relève peu à peu à mesure qu'elle s'accroît en arrière, et finit par être complétement horizontale à sa tranche. à son origine. à sa place.

C'est alors que la couronne offre sur les côtés des cannelures verticales plus ou moins nombreuses, et sur son plan, comme résultat de l'usure des mamelons, dont chaque lamelle était bordée, trois séries longitudinales d'aréoles, en forme d'O, deux marginales plus grandes, plus mal formées, et une centrale où elles sont plus petites et sub-circulaires. à la couronne.

Mais quelle est la signification de cette dent par rapport à ce qui sa signification.

existe chez le Sanglier ? C'est là une question qui, malgré son intérêt, n'a pas même encore été soulevée.

Analogie des 3 Arrière-Molaires.

J'ai cru un moment qu'on pourrait la considérer comme représentant les trois arrière-molaires qni se seraient soudées de manière à n'en former qu'une, les trois molaires qui la précèdent étant alors celles de remplacement. Cette façon de voir était surtout appuyée sur la composition de cette dent à la mandibule où l'on peut voir dans les cannelures latérales des séparations plus marquées, paraissant indiquer l'antépénultième, la pénultième et la dernière avec son talon.

des deux seulement.

Mais en réfléchissant sur le caractère sérial des espèces de ce genre, il m'a semblé que cette opinion devait être modifiée, et que dans cette dent il ne fallait voir que les deux dernières, et alors la terminale aurait son talon dans la proportion convenable.

pourquoi ?

Ce qui milite encore en faveur de cette manière de voir, c'est que la dent sur laquelle porte davantage l'usure dans le Sanglier, l'antépénultième ou cinquième, a son analogue chez le Sanglier d'Éthiopie dans la dent qui précède la dent complexe, et qui serait en effet l'antépénultième, celle-ci représentant la pénultième soudée à la dernière.

Des variations.

Cette espèce est en outre celle où le système dentaire éprouve le plus de variations avec l'âge et cela dans toutes ses parties.

Dentition première.

Je n'ai malheureusement pas de tête osseuse sur laquelle se trouverait exclusivement le premier système dentaire complet et indubitable. La plus jeune de la collection n'a plus que la dernière molaire de lait; l'inférieure parfaitement reconnaissable à sa forme et surtout à ses racines, trois en dehors et deux au dedans; en effet, au-dessous d'elle est la dent qui doit la remplacer. En avant sont deux trous alvéolaires qui indiquent au moins une seconde de lait; les autres dents de cette tête,

intermédiaire.

les incisives, la canine et l'antépénultième sont déjà en voie d'usage et de seconde dentition.

Pour les incisives de l'âge adulte nous avons déjà dit ci-dessus que graduellement non-seulement celles d'en haut, mais encore celles

adulte.

d'en bas finissent par disparaître complétement en laissant le bord des mâchoires presque tranchant et sans aucune trace d'alvéoles. Notre collection possède des pièces en assez grand nombre pour démontrer ce fait, que je ne connais dans aucune autre espèce de ce genre.

Les canines offrent aussi quelques particularités et surtout les supérieures qui finissent par ressembler à des espèces de cornes, ce qui n'a jamais lieu dans le Sanglier. Voici comment : la canine inférieure, comme chez celui-ci, croît, ainsi que la supérieure, pendant toute la vie de l'animal ou au moins jusqu'à la caducité; mais comme en ouvrant et fermant la gueule elle frotte obliquement contre la supérieure par la face postérieure à commencer par la pointe; il en résulte qu'à mesure qu'elle s'accroît à la base, elle diminue au sommet; en sorte que cette usure continuant quant la croissance se ralentit ou cesse même à une certaine époque, la canine inférieure se raccourcit à mesure que la supérieure s'allonge. En effet, dans le Sanglier d'Éthiopie, la défense d'en haut ne recevant l'action de celle d'en bas que vers le milieu de la convexité antérieure de son corps, le sommet croît en même temps que la base pousse, et la dent finit par ressembler à une petite corne se déjetant plus ou moins en dehors.

Canines. suite de leur accroissement. de l'inférieure. de la supérieure :

Dans notre Sanglier, comme dans le Sanglier à masque, il n'en est pas ainsi, la défense supérieure s'usant à son sommet comme l'inférieure, quoique moins obliquement, par suite des rapports de celle-ci avec celle-là.

comparée au Sanglier.

Les molaires du Sanglier d'Éthiopie éprouvent aussi des changements importants à connaître et qui dépendent en partie du développement de la dernière et de sa position de plus en plus horizontale dans son plan triturant. Ces changements consistent dans la disparition de l'antérieure d'abord, et alors il en reste trois en haut et deux en bas, puis de la troisième ou antépénultième qui semble pressée entre la dent complexe en arrière et la seconde en avant; enfin celle-ci peut aussi tomber, et alors il ne reste plus que la dent complexe.

Molaires. ordre de leur disparition.

C'est ce dont j'ai vu un exemple sur une belle tête qui fait aujourd'hui partie de la collection de l'école normale.

Variations qui ont déterminé la distinction

Ce sont ces nombreuses et importantes variations qui ont pu faire croire à deux espèces distinctes dans le Sanglier d'Éthiopie, mais tout à fait à tort.

des *S. Æthiopicus* et *S. Africanus*.

Je ne crois pas en effet, avec M. Fréd. Cuvier (*Mém. du Mus.*, VIII, p. 447, pl. 22, 1822), que l'on doive distinguer du *S. Æthiopicus* de Pallas, le *S. Africanus* de Pennant et Gmelin (1). L'absence d'incisives à l'une et même à l'autre des mâchoires, qu'il donne pour caractère essentiel du premier, n'étant évidemment qu'un effet de l'âge.

Digression à ce sujet.

Mais à ce sujet qu'il me soit permis de montrer avec quelle facilité, je dirais presque avec quelle légèreté ces sortes d'innovations sont introduites et même acceptées, au point d'être confirmées par des dénominations significatives. On a en effet substitué aux noms de *S. Æthiopicus* et de *S. Africanus* ceux de *S. edentatus* et de *S. incisivus*, que d'autres auteurs ont remplacés par ceux de *S. Æliani*, de *S. Kairopotamus*, de *S. Haria*.

Établi en genre,

Je commencerai par signaler un singulier changement de manière de voir de M. F. Cuvier, qui, après avoir dit, en 1817, dans le tome IX du *Dictionnaire des Sciences naturelles*, à l'article *Cochon*, p. 509, qu'il n'imitera pas les auteurs qui ont fait un genre des Pécaris, parce que, malgré les traits qui distinguent ces animaux, ils ont conservé le naturel des Cochons et qu'ils en ont d'ailleurs les caractères généraux, n'en a pas moins formé, en 1826, dans le tome XXXIX du même *Dictionnaire*, un genre distinct qu'il a nommé *Phacochærus*, avec le *S. Æthiopicus* qui est encore bien plus semblable aux Cochons que les Pécaris. C'est peut-être même pour que ce nouveau genre eût un peu plus de consistance qu'il a été porté à essayer de distinguer deux espèces dans le *S. Æthiopicus* de Pallas.

en 1826, comprenant deux espèces.

Pour appuyer cette distinction il emploie l'observation d'une tête

(1) M. F. Cuvier a eu tort de dire que jusqu'à lui on n'avait pas fait porter la différentielle des *S. Africanus* et *Æthiopicus* sur la considération des dents incisives. Pennant et Gmelin caractérisent leur *S. Africanus*, *S. dentibus primoribus duobus*. Ce qui emporte la particularité contraire, signalée par Pallas, pour le *S. Æthiopicus*.

osseuse d'un *S. Æthiopicus* de la collection du Muséum, dont il donne une figure comparative avec celle d'un autre *S. Æthiopicus*, la première sans dents incisives aux deux mâchoires, et la seconde qui en a à l'une comme à l'autre, une paire en haut et trois en bas; en ajoutant qu'il en existe plusieurs autres dans la collection du Muséum.

d'après deux Têtes. adultes.

De plus, comme on pouvait lui faire l'objection que cette absence d'incisives dépendait peut-être de l'âge, M. F. Cuvier invoque comme tout à fait démonstrative une tête osseuse qui, suivant lui, serait figurée par E. Home, tab. XXXVIII de son ouvrage intitulé : *Lectures on comparative Anatomy*. Or, cette tête est non-seulement d'un animal qui était même plutôt vieux qu'adulte, mais encore qui devait avoir des incisives au moins à la mâchoire inférieure, car leurs alvéoles sont parfaitement évidentes dans la figure d'E. Home.

une troisième, supposée jeune,

Ainsi, il est fort probable que c'est par une erreur de plume que M. F. Cuvier a cité cette planche XXXVIII pour la planche XXXIX suivante, et qu'Everard Home intitule en effet : *tête d'un jeune S. Æthiopicus*. Mais s'il est vrai que le dessin donné par E. Home n'indique pas d'incisives, c'est au moins certainement à tort qu'il l'a dit d'un jeune animal; car, quoique d'un individu un peu moins âgé que le précédent, c'était un animal au moins adulte, puisqu'il n'y a plus de sutures au crâne et que la dernière molaire est en plein usage horizontal.

par E. Home,

mais à tort;

A quoi il faut ajouter que si ce dessin n'indique pas d'incisives, peut-être par négligence, tant il est en général peu étudié, ce n'est au plus qu'à la mâchoire supérieure, car elle seule est représentée.

Toutefois, comme M. F. Cuvier, après avoir cité la jeune tête représentée par E. Home, pl. XXXVIII ou mieux XXXIX, comme tout à fait dépourvue d'incisives, ajoute : « tête que j'ai vue moi-même au Muséum des chirurgiens de Londres ; » il est convenable de douter, sur ce genre de preuves, qu'il existe une tête de *S. Æthiopicus* sans dents incisives aux deux mâchoires, quoique la tête seulement ait été figurée par E. Home ; mais il faut au moins lui retirer l'épithète de jeune.

même par M. F. Cuvier.

Quant aux pièces citées à l'appui de sa thèse, et qui feraient partie

Plusieurs autres Têtes :

de la collection du Muséum (1), voici ce que je puis dire : Je n'ai pas encore pu mettre la main sur la mandibule jointe à la tête figurée par M. F. Cuvier, et qui certainement a dû exister, en sorte que je n'ai

(1) A cette occasion, qu'il me soit permis de dire quelque chose du Catalogue de la collection d'anatomie comparée du Muséum, fait après la mort de M. G. Cuvier, mon prédécesseur dans la chaire d'anatomie comparée de cet établissement, publié en 1832 dans les Nouvelles Annales du Muséum, afin de ne pas assumer la responsabilité des pièces qui y sont signalées, catalogue rédigé sans ma participation, sans contrôle, sans mon ordre, ni l'assistance d'aucun de mes préparateurs, par MM. Laurillard, Valenciennes et Pentland, et qui a été publié à mon insu, comme il avait été rédigé; il ne consiste au fait que dans des nombres de pièces, squelettes, têtes ou viscères placés par colonnes devant des noms d'espèces assez souvent hasardées, afin de pouvoir les sommer par milliers. J'en ai fait faire moi-même un autre contrôlant celui-ci, par M. P. E. Botta, et plus convenablement, ce me semble, devant M. Laurillard, qui a la garde du cabinet. Je ne parlerai pas des préparations dites de myologie, de splanchnologie, ou de viscères d'angéiologie et de névrologie; il n'y en avait peut-être pas une qui méritât ce nom en bonne anatomie. Les myologies étant pour la très-grande partie des corps dépouillés, et jusqu'à un certain point pouvant servir à en faire, mais qui n'avaient éprouvé aucune préparation. Les splanchnologies n'étaient aussi que des masses viscérales extraites de cadavres, et entassées dans des bocaux en général trop petits, avec une quantité beaucoup trop faible d'alcool, ce qui ne les avait pas empêchées de pourrir, ou au moins de se détériorer, au point de ne pouvoir plus servir à grand'chose; il en est de même de la plupart des cerveaux qui, n'ayant pas été séparés de leurs membranes, sont passés à l'état granuleux, et même souvent déformés par la pression au fond du vase; dans tout cela, il n'y avait pas un système vasculaire injecté, même dans les gros vaisseaux; pas un système nerveux en tout ou en partie préparé, pas une pièce de préparation fine des organes des sens. Il n'y avait donc rien qui pût être porté réellement dans un catalogue qu'une suite considérable de squelettes et de crânes, mais sans parler de la manière dont ils étaient montés, sans désignation de sexes et souvent d'origine. Les pièces bonnes ou mauvaises, complètes ou incomplètes, étaient comptées sans aucune distinction et par exemple ici pour les squelettes de *Sus Æthiopicus*, le catalogue en porte le nombre à quatre tandis qu'aujourd'hui même la collection n'en possède que deux, dont un incomplet et non monté, qui a été envoyé à la collection par M. le général Jubelin, en 1839. Le nombre des têtes séparées de cette même espèce est porté à quatre; mais comme il n'y a que des chiffres, il m'est impossible de retrouver la tête entière figurée par M. Fréd. Cuvier; je dis entière, car pour le crâne M. Werner qui l'a lithographiée pour M. Fréd. Cuvier, l'a parfaitement reconnu dans la collection, mais la mandibule ne s'est pas retrouvée; si elle a existé, il faut donc supposer qu'elle a été perdue, ou bien que M. F. Cuvier, fort de l'existence d'extrémités de mandibule sans dents, aura fait suppléer le reste; ce qui paraîtra sans doute peu probable, et qui cependant peut seul expliquer l'expression *plusieurs têtes sans dents incisives de la collection du Muséum*, quand il n'en existe certainement qu'une seule, même sans mandibule, comme je viens de le dire.

pas encore vu une tête entière sans dents incisives à la fois aux deux mâchoires. Mais les *plusieurs autres têtes* ne sont sans doute que des extrémités de mâchoires et de mandibules qui, pour lui, dans le point de vue où il était, pouvaient équivaloir à des têtes entières. En effet, notre collection possède avec une tête sans mandibule, que M. Werner pense même être celle qu'il a figurée pour M. F. Cuvier, trois bouts de mâchoires et deux de mandibules, mais pas une seule tête dont la mâchoire et la mandibule seraient à la fois dépourvues d'incisives.

ou mieux extrémités de Mâchoires.

J'ajouterai même que nous possédons aujourd'hui plusieurs têtes osseuses complètes dans lesquelles il n'y a plus d'incisives à la mâchoire, pas même d'alvéoles, et qui les ont encore à la mandibule.

Enfin, je dois encore dire que la collection renferme aussi deux têtes complètes de jeunes *S. Æthiopicus*, envoyées du Sénégal, par M. le général Jubelin, et qu'elles sont pourvues de toutes les incisives aussi bien en haut qu'en bas.

Conclusions contra-dictoires.

Donc, comme fait d'une haute importance, ainsi que l'a très-bien senti M. F. Cuvier, tous les crânes sur lesquels on n'a pas trouvé d'incisives à la mâchoire supérieure étaient déjà adultes et au delà.

Ceux sur lesquels il n'y en avait plus en bas comme en haut l'étaient encore bien davantage. Mais aucun crâne provenant d'un jeune animal n'a été vu sans les incisives normales $\frac{1}{3}$.

Reste à examiner les deux seules raisons positives apportées par M. F. Cuvier en faveur de son opinion.

la minceur des Os incisifs.

Les os intermaxillaires sont si minces qu'ils n'ont jamais pu contenir aucunes racines de dents, dit M. F. Cuvier, p. 453, sans se rappeler, par défaut d'études en anatomie physiologique, que les dents sont des corps étrangers pour les os dans lesquels elles sont implantées, et qu'à mesure qu'elles tombent, poussées par l'os lui-même, les deux tables de celui-ci se rapprochent et finissent par offrir un bord mince et tranchant. Exemple : les mâchoires de l'homme lui-même arrivé à la caducité.

la forme de la Tête.

Enfin M. F. Cuvier ajoute, p. 453 : «D'ailleurs, il y a entre les formes de ces deux espèces de têtes des différences très-sensibles et qui pourront contribuer à mieux établir encore la différence spécifique des animaux auxquels elles appartiennent ; » mais sans qu'il en indique aucune, se bornant à mettre en présence la figure d'une tête osseuse pourvue d'incisives aux deux mâchoires, et celle d'une qui en était dépourvue, sans même émettre le moindre soupçon sur les limites différentielles tenant à l'âge, au sexe et même à l'individu.

Distinction non adoptée par M. G. Cuvier, en 1817.

C'était en 1822 que M. F. Cuvier publiait sa note. Avant cette époque M. G. Cuvier, son frère, dans la première édition de son *Règne animal*, 1817, tout en disant (tom. I, p. 236) qu'on peut séparer des Cochons les *Phaco-Chœres* (F. Cuvier) en citant les *S. Africanus* et *S. Æthiopicus*, et en outre que les Sangliers du cap Vert, qui constituent le premier, ont leurs incisives en général complètes, et que ceux qui viennent du cap de Bonne-Espérance, appartenant au second, n'en montrent presque jamais, ou quelquefois de simples vestiges sous les gencives, ajoute : « Peut-être cette différence tient-elle à l'âge qui avait usé ces dents chez ces derniers; peut-être indique-t-elle une différence d'espèce, d'autant que les têtes du Cap sont aussi un peu plus larges et plus courtes ; » manière de faire amphibologique plus encore que dubitative, en général trop suivie par M. G. Cuvier, qui avait cependant en main les pièces du procès.

en 1822.

Dans le peu qu'il a dit de cet animal dans son Mémoire sur les Cochons vivants et fossiles (*Ossem. foss.*, tome II, p. 125), il ne parla que du *S. Æthiopicus*; c'était cependant peut-être encore avant la publication de la note de son frère ; mais en 1829, dans la seconde édition de son *Règne animal* (tom. I, p. 244), il ne changea pas un mot au passage de 1817 ; ce qui semble donner à penser que l'argumentation de son frère, dont il ne cite pas même le travail, ne l'avait pas convaincu.

en 1829.

par M. Desmarest.

M. Desmarest, dans sa *Mammalogie*, p. 618, 1821, avait admis l'opinion que les deux espèces n'en font qu'une, soupçonnant déjà que l'absence d'incisives était une suite de l'âge, il est vrai, avant la note de

M. F. Cuvier, mais il n'en avait pas été de même de M. Isid. Geoffroy Saint-Hilaire en 1828. En effet, à l'article *Phacochère* du *Dictionnaire classique d'Histoire naturelle*, il adopta le genre et les deux espèces qu'il caractérisa par l'absence totale d'incisives dans le Sanglier du cap de Bonne-Espérance. Toutefois il est évident que c'est de confiance aux faits et à l'argumentation de M. F. Cuvier.

admise par M. Isid. Geoffroy Saint-Hilaire.

Cependant la question devait bientôt être traitée d'après des animaux observés dans le pays d'où les anciens tiraient leur Sanglier à quatre cornes, c'est-à-dire en Abyssinie, par MM. Ehrenberg et Hemprich d'une part, et par M. Ruppell d'une autre.

Examinée de nouveau

M. Ruppell ayant tué un individu mâle dans le Kordofan, sa description avec figure de l'animal et de sa tête osseuse, fut publiée en 1826 (1) dans l'Atlas de son voyage dans la Nord-Afrique, par M. Cretzschmar, p. 61, pl. 25 de l'Atlas de ce voyage, et quoique d'après la note de M. F. Cuvier qu'il connaissait, il admît que ce Sanglier du Kordofan se rapportait très-bien au *S. Africanus* du cap Vert, il crut sans doute, à cause de la grande distance, devoir le considérer comme une espèce nouvelle, et il lui donna le nom de *Phacochœrus Æliani*; admettant que c'était lui que ce compilateur crédule avait désigné sous le nom de Sanglier à quatre cornes, d'après Agatharchides.

par M. Cretzschmar, 1826,

sous le nom de *P. Æliani*.

Très-peu de temps après que M. Cretzschmar venait de publier sa description du Sanglier d'Abyssinie, en en faisant une espèce distincte au moins du *S. Æthiopicus* de Pallas, M. Ehrenberg faisait paraître la seconde décade de ses *Symbolæ physicæ*, en 1830, dans laquelle il décrit, fol. oo, et figure, pl. XX, d'après un individu femelle, le même animal d'une manière plus étendue, du moins sous le rapport de sa distinction comme espèce du *S. Æthiopicus*, mais encore sous un nouveau nom,

Ehrenberg, 1830,

sous le nom de *P. Haroia*.

(1) D'après une note de M. Ehrenberg (*Symbol. physic.*, Mam., t. II, fol. oo), cette date appartient à la première livraison de l'Atlas du voyage de M. Ruppell, et nullement au reste; M. Ehrenberg dit en effet que lorsqu'il faisait lithographier en 1828 sa figure du *S. Æthiopicus*, celle du *S. Æliani* de M. Cretzschmar n'avait pas encore paru.

caractérisé. *Phacochœrus Haroia*, en le caractérisant ainsi : *P. statura S. scrofæ, adulto paulò minor; dentibus incisivis non deciduis; cranio angustato, elongato; fronte depresso; oculis minutis, superis, approximatis; lobo zygomatico et maxillari parvis; corpore, rostro caudâque subnudis; jubâ* décrit. *promissiore; faciei vortice duplici.* Il donne ensuite une description complète dans laquelle les dimensions des parties sont relatives à celles de quelques autres, et il finit par indiquer six mamelles, quatre abdominales et deux inguinales, et pour le système dentaire $\frac{2}{6} + \frac{1}{1} + \frac{6}{4}$, la dernière des molaires n'ayant que cinq ou six cannelures, nombre de molaires et de cannelures de la dernière qui prouve que cet individu était jeune, plus que celui de M. Cretzschmar ; ce qui n'a pas empêché M. Ehrenberg de dire dans sa phrase caractéristique essentielle, aussi bien que celui-ci : *dentibus incisivis non deciduis* (1).

distingué du *S. Africanus*, non par les Dents, mais par la forme de la Tête.

Quant à la distinction des deux *S. Æthiopicus* et *S. Africanus*, il est fort porté à les admettre avec M. F. Cuvier, non pas à cause de la présence ou de l'absence des incisives, qui est, dit-il, de peu d'importance; mais à cause de la forme générale de la tête qui est plus longue dans l'espèce qui a des dents et plus courte chez ceux qui n'en ont pas, au contraire, ajoute-t-il, de ce qui a lieu suivant l'âge. Aussi s'appuyant surtout sur des mesures millimétriques, qu'il établit assez arbitrairement, du moins pour la tête osseuse figurée par M. Cretzschmar qui n'a pas même indiqué le degré de réduction de sa figure, il ne peut admettre comme celui-ci la ressemblance de cette tête avec celle du Sénégal (2), figurée par M. F. Cuvier, et il termine en disant que le Sanglier d'Abyssinie diffère du *S. Africanus*, jusqu'ici incomplétement décrit.

Ainsi, dans cette hypothèse, les Sangliers à lobes sous-loculaires for-

(1) Notez toujours que ce caractère, en supposant même que c'en soit un, n'est tiré que d'un seul et unique individu.

(2) M. Fréd. Cuvier n'a pu assurer l'origine de la tête qu'il figure, puisqu'il ne la connaissait pas.

meraient trois espèces (1) que nous ne pouvons adopter par les raisons que nous venons de donner (2).

En remontant maintenant du Sanglier aux espèces qui sont au-dessus de lui, nous allons signaler des différences moindres en apparence, mais qui sont peut-être plus importantes pour la démonstration de la série.

S. Babirussa.

Le Babiroussa, qui touche immédiatement le *S. scrofa* sous le rapport du squelette, s'en éloigné assez notablement sous celui du système dentaire. Ainsi, dans les deux dentitions, il n'y a que deux paires d'incisives à la mâchoire supérieure, par absence de l'externe, quoiqu'il y en ait toujours trois à l'inférieure, en général plus étroites et moins cannelées que celles du Sanglier.

Incisives : supérieures, 2. inférieures, 3.

Les canines ont encore mieux une forme particulière, d'abord parce qu'elles sont plus grêles, plus arrondies, plus lisses, mais surtout parce qu'elles sont plus développées et plus courbées, surtout les supérieures, que dans aucune autre espèce; ce qui tient à ce que celles-ci, étant implantées presque verticalement par le retournement presque complet de leurs alvéoles, et les inférieures se déjetant un peu en dehors, les deux dents se dirigent dans le même sens sans se toucher, et par conséquent sans s'user l'une contre l'autre. Dès lors elles semblent croître indéfiniment, les supérieures en s'enroulant presque à l'extrémité, pouvant même et sans doute par monstruosité parvenir jusqu'à toucher par la pointe le dos de la mâchoire, et même, dit-on, jusqu'à la percer et à pénétrer jusqu'au delà de la cloison du palais (3).

Canines. En général. supérieures. inférieures. celles-là devenant presque monstrueuses.

(1) Et même quatre si par hasard on voulait adopter le ***Sus koiropotamus***, figuré sans description dans le Dictionnaire classique d'histoire naturelle, par M. Desmoulins, d'après la peau bourrée d'un individu femelle rapportée du Cap par Delalande, et qui paraît n'avoir pas eu de caroncule. Malheureusement cette peau manque de tête. C'est peut-être le *S. larvatus.*

(2) Je dois ajouter aux preuves que je crois irrécusables contre cette distinction d'espèce du *S. Æthiopicus incisivus* et du *S. Æthiopicus edentatus*, que M. Jules Verreaux, pendant le temps assez long qu'il a passé au cap de Bonne-Espérance dans l'intérêt de son commerce, s'est assuré que l'absence d'incisives tantôt en haut, tantôt en bas, plus rarement aux deux mâchoires, était indubitablement individuelle.

(3) Si l'on peut regarder comme une monstruosité ce fait, dont je n'ai cependant pas vu

Molaires, $\frac{5}{6}$.

Les molaires sont moins anomales, se réduisant aisément et d'assez bonne heure à cinq en haut, à six en bas; elles ont en général une forme plus carrée, plus régulière dans la disposition et la simplicité des collines, toujours cependant bilobées. Mais il faut remarquer surtout que celle qui s'ajoute aux deux antérieures de la dernière molaire est bien moins développée que chez le Sanglier, ne formant ici presque qu'un talon simple en haut et bilobé en bas.

Première dentition. Incisives. Canines.

Dans la première dentition du Babiroussa, les incisives sont assez bien comme dans la seconde; mais, par une singularité remarquable, il n'y a de canines qu'en bas, où elles ont même assez bien la forme de celles des carnassiers; et l'on ne voit à la barre aucunes traces de la première fausse molaire de la deuxième dentition, mais seulement l'antépénultième, parfaitement en ligne avec les trois molaires de lait, assez bien dans les proportions de ce qu'elles sont chez le *S. scrofa,* mais avec la forme un peu plus régulière.

Molaires.

Sexe femelle.

On avait dit que la femelle manquait de défenses, mais elles sont seulement beaucoup plus courtes, les supérieures dépassant à peine les trous de la lèvre supérieure.

Chez les Pécaris. (*S. torquatus*). Incisives.

Les Pécaris s'éloignent encore plus du Sanglier pour se rapprocher des Antracotheriums; ils ont cependant, à l'état adulte, le même nombre d'incisives que les Babiroussas, la troisième d'en bas étant seulement beau-

d'exemple, et que je crois même peu, de défenses qui ont traversé la base du museau de part en part, on ne peut en dire autant de leur direction verticale et du trou dont la lèvre supérieure est percée pour permettre leur passage.

Notons cependant que le Babiroussa paraît devoir être un animal recherché par les Malais, dont le crâne s'offre en cadeau, est considéré comme objet de commerce, et dont quelques-uns nous parviennent avec les défenses dorées; en sorte que les jeunes dont ils peuvent s'emparer sont sans doute élevés en domesticité; dès lors on peut expliquer la monstruosité des défenses supérieures, parce qu'elles ne seraient pas employées par l'animal à l'usage auquel elles étaient destinées. Je doute en effet beaucoup qu'elles ne lui servent que pour s'accrocher aux branches pendant son sommeil, ainsi que le dit Buffon, d'après Valentin. Dans un âge intermédiaire, ou avec les trois molaires de lait, encore bien complètes, existent les cinquième et sixième de seconde dentition, ainsi que les incisives et les canines; celles-ci sont verticales, mais plus normales dans leur forme.

coup plus petite, avec sa couronne dilatée et tranchante; les canines sont très-robustes, mais bien moins longues et moins bien disposées en défenses, la supérieure aplatie en lame d'épée à deux tranchants, l'inférieure plus semblable à celle des Sangliers, mais rebroussant par sa pointe l'os maxillaire, et les molaires, au nombre de six en haut comme en bas (1), sont encore plus régulièrement bicollinaires, les supérieures étant presque semblables, sauf la grosseur, et la dernière ayant à peine un talon pour troisième colline. Mais les inférieures, quoique également plus régulières que dans les Cochons, ont les deux collines hérissées d'autres tubercules que leur double mamelon, étant moins semblables entre elles, les deux premières bien plus étroites, et la dernière pourvue d'un talon formant une troisième colline bilobée d'abord comme les autres.

Canines : supérieure. inférieure. Molaires : supérieures. inférieures. première. dernière.

Dans la première dentition du Pécari, je n'ai trouvé que deux incisives en haut comme en bas (2), par absence de la troisième supérieurement et de la première inférieurement, chacune de ces dents ayant une forme assez particulière.

Première dentition. Incisives, $\frac{2}{2}$.

Je ne connais pas les canines de première dentition.

Canines ?

Quant aux molaires, au nombre de trois aux deux mâchoires, et assez bien dans les mêmes proportions entre elles que celles de remplacement, les deux premières d'en haut, et surtout la seconde, sont cependant plus courtes, moins comprimées; les deux premières d'en bas, surtout l'antérieure, sont beaucoup plus petites que dans le Sanglier.

Molaires. en haut. en bas.

En général le système molaire du Pécari, par sa régularité, sa similitude en dehors et en dedans, rappelle assez bien, surtout en haut, ce qui existe chez les Tapirs.

(1) La première ou caduque s'usant ou tombant peut-être de fort bonne heure.

(2) Je suis cependant fort porté à croire que dans le très-jeune âge, peut-être celui de fœtus, il doit y avoir trois paires d'incisives.

CHAPITRE TROISIÈME.

PALÉONTOLOGIE.

DES TRACES QUE LES ESPÈCES DU GENRE SUS ONT LAISSÉES DANS L'HISTOIRE DE LA CRÉATION.

1° *Dans les Œuvres des hommes.*

a) LITTÉRAIRES.

Des rapports du G. *Sus* avec l'Homme,

Lorsque, dans le but que je me propose, de suivre les traces que l'espèce animale, prise pour type du genre dont il est question dans ce mémoire, a laissées dans les archives de la civilisation, on cherche à étudier ses rapports avec l'espèce humaine, il semble, qu'étant à l'état sauvage exclusivement Asiatico-Européenne, comme elle l'est encore aujourd'hui, après être devenue domestique dans les plaines de la Mésopotamie, si admirablement situées entre quatre mers, et s'être étendue ensuite chez les Assyriens devenus Chaldéens, puis Persans, elle se soit irradiée de là à l'Orient chez les Chinois, à l'Occident chez les Hébreux et les Égyptiens, et au Nord par l'Asie mineure chez les peuples septentrionaux, d'où elle a ensuite envahi le monde entier transportée par l'homme lui-même.

à son point de départ,

puis dans ses irradiations sur

les Assyriens.

Ainsi, pour suivre l'ordre conjectural que nous venons d'indiquer, à défaut d'autres monuments directs chez les Assyriens, que ceux que vient de découvrir d'une manière si remarquable M. P. E. Botta, l'un de mes amis et de mes disciples, nous voyons qu'aucun des bas-reliefs de Ninive ne représente un Sanglier même dans les chasses qui y sont reproduites, où l'on ne voit que des Cerfs et même encore sans emploi de chiens pour aider les chasseurs; tandis que dans les bas-reliefs trouvés à Persépolis, et figurés dans le voyage de Ker-Porter, les chasses portent essentiellement sur des masses de Sangliers et de Cerfs que poursuivent des meutes de chiens, des chasseurs à cheval et armés de lances.

les Perses.

Nous ne connaissons du reste aucune tradition historique recueillie sur ces peuples, point de départ de la civilisation, dans nos livres saints, ou dans Hérodote, ni même dans Ctésias, qui ait trait au Sanglier ou au Cochon comme sujet de chasse, de sacrifice ou de nourriture.

C'est chez le peuple le plus reculé dans le rayon oriental, c'est-à-dire chez le peuple chinois, qu'il en est question à l'époque la plus ancienne. les Chinois.

En effet, d'après des recherches qu'à ma prière, M. Stanislas Julien a bien voulu faire avec une obligeance gracieusement empressée, dont je le prie de recevoir ici mes remercîments, et me communiquer, le Cochon (*Tchi*) serait mentionné dans le I. King ou livre des transformations, composé par l'empereur Fo-hi, qui monta sur le trône l'an 2953 avant J.-C., ce qui remonterait, comme on le voit, assez haut. Croira qui voudra l'Encyclopédie impériale d'où ce renseignement a été tiré. d'après l'histoire.

Il en est encore fait mention dans des ouvrages d'une antiquité moins prodigieuse et par conséquent plus dignes de foi : 1° Dans le livre canonique intitulé : *Chi-King*, livre des Vers ou Chansons populaires, que l'on croit composé sous le règne de *Yeou-Wang*, qui dura de 781 à 771 avant J.-C.; 2° dans le livre des Entretiens (Lun-Yu) de Confucius qui naquit l'an 552 avant J.-C.; 3° dans le *Sse-Ki* ou mémoires historiques de *Sse-Ma-Thesien*, ouvrage qui fut publié l'an 120 avant J.-C., d'après l'Encyclopédie impériale publiée par l'empereur Khan-Hi, en 1703.

Mais ce qui prouve que le Cochon est en Chine au moins à l'état domestique depuis un laps de temps considérable, c'est le grand nombre de variétés de taille, de proportions des parties et même de couleur qui sont pour ainsi dire propres à autant de localités différentes parfaitement désignées dans la note rédigée par M. Stanislas Julien. Ces variétés locales se distinguant par de grandes oreilles, ou par la peau épaisse, par les jambes courtes ou par la tête blanche; tout cela est les variétés de races.

détaillé dans le *Pen-Thzao Kang-mo*, qui en ajoutant que c'est un animal facile à nourrir, se propageant rapidement et qu'on en élève dans toutes les parties de l'empire, qu'on en voit qui pèsent cent livres, montre que c'est bien la variété de Cochon domestique introduite en Europe, que nous nommons Tonquin ou Cochon de Chine. Quoique moins vorace que notre grande race européenne, je ne crois cependant pas qu'on puisse dire, ainsi que l'auteur de l'article Cochon dans le *Pen-Thzao*, que ce soit un animal sobre et qui mange peu.

Si maintenant nous suivons l'irradiation de la civilisation dans la direction de l'ouest, nous trouvons les Hébreux et les Égyptiens.

les Hébreux. d'après l'Ancien Testament.

Chez les Hébreux l'existence du Sanglier à l'état domestique ne nous est révélée que par une loi du Deutéronome qui défend au peuple de Dieu de manger du porc; mais sans en donner la raison, que l'on suppose avoir été déterminée par l'idée que la chair de porc, employée comme nourriture habituelle, était une des causes de la maladie désignée sous le nom de lèpre; et l'on cite, à l'appui de cette étiologie de la lèpre, l'histoire d'une femme veuve qui ayant mangé, elle et ses fils, la chair d'un porc attaqué de la gale, fut affectée aussi bien qu'eux d'une véritable lèpre (1).

le Nouveau Testament.

Quoi qu'il en soit, ce qu'il y a de singulier dans l'histoire du Cochon chez les Hébreux; c'est qu'avant cette loi et depuis, il n'est nulle part question de cet animal dans l'Ancien-Testament; mais ce qui prouve cependant qu'on en élevait dans la Judée, c'est le troupeau de Cochons dans lesquels la puissance surnaturelle du Christ fit entrer le malin esprit qui tourmentait un possédé, et qui furent se précipiter dans les eaux du Jourdain. Il fallait que les Juifs élevassent de ces animaux, sans doute comme objet de commerce, puisqu'ils ne pouvaient en manger et que ces animaux n'étaient pas employés par eux dans les sacrifices de l'ancienne loi.

(1) Ce qu'il y a de certain, c'est, ainsi que le fait observer M. Ehrenberg, que le mot hébreu employé par Moïse, *Chasir*, est presque le même que celui de *Chamsir* que les Arabes donnent aujourd'hui au *S. scrofa*.

C'est peut-être, d'après cela, que les Mahométans qui regardent aussi les Cochons comme impurs, en élèvent cependant avec les Chevaux dans les écuries, pour que le malin esprit qui pourrait y entrer, puisse trouver un animal avec lequel il a plus d'affinités qu'avec le Cheval; raison de ce fait entendue et rapportée par M. Ehrenberg.

Chez les Égyptiens, où Moïse et son peuple avaient pu reconnaître les inconvénients de la nourriture de porc, Hérodote nous apprend dans plusieurs passages de son histoire que le Sanglier domestique était connu. Chez les Égyptiens.

Les Égyptiens le regardaient cependant comme un animal immonde (liv. II, chap. 47), au point que si une personne en touchait un, fût-ce même en passant, elle devait immédiatement s'aller plonger dans la rivière avec ses habits; et que les gardiens de ces animaux, quoique Égyptiens de naissance, étaient les seuls qui ne pouvaient entrer dans les temples, obligés de se marier entre eux, personne ne voulant leur donner de filles en mariage, ni épouser les leurs. Probablement étaient-ils dans l'idée, ainsi que nous l'apprend Plutarque, de *Iside* et *Osirid.*, p. 553, que le lait de ces animaux donnait naissance à la lèpre ou à des dartres et que ces gens s'en nourrissaient. d'après Hérodote. dans un premier passage; expliqué par Plutarque.

Cependant Hérodote, dans un autre passage de raisonnements sur Hercule, et où il énumère les animaux qu'il est permis aux Egyptiens d'immoler comme n'étant pas immondes, compte les Cochons avec les Bœufs, les Veaux et les Oies. dans un second.

Enfin, dans un autre endroit, il nous apprend qu'il n'était pas permis d'immoler ces animaux à d'autres dieux qu'à la Lune et à Bacchus (II, 47), et cela seulement dans le temps de la pleine lune, époque également seule à laquelle il était permis d'en manger. Quelle était la raison de cette singularité, Hérodote ne croit pas qu'il lui soit permis de la dire, quoiqu'il ne l'ignorât, dit-il, pas. Mais Plutarque nous apprend que c'est parce que cet animal, suivant lui, s'accouple au déclin de la lune. dans un troisième.

Quoi qu'il en soit de cette raison, aussi singulière que l'usage, il serait assez difficile de concevoir comment un animal immonde pouvait être dans un quatrième;

le sujet d'une culture assez étendue, pour qu'elle donnât lieu à l'existence d'une caste exceptionnelle, si l'on ne savait, par le témoignage d'Hérodote et d'Eudoxe, cité par Élien (*de Animalib.*, l. X, cap. 16, p. 563), que l'on ensemençait les terres en faisant fouler la graine dans le sol humide par les pieds de ces animaux lâchés dans les champs, afin qu'elle ne fût pas dévorée par les oiseaux. Suivant Hérodote les agriculteurs de ce pays avaient beaucoup moins de peines que n'ont les autres. Lorsque le fleuve s'est retiré, après avoir arrosé les campagnes, chacun y lâche des pourceaux et ensemence ensuite son champ. Lorsqu'il est ensemencé, on y conduit des Cochons, et après que ces animaux ont enfoncé la graine en la foulant aux pieds, on attend tranquillement le temps de la moisson. On se sert aussi des Cochons pour faire sortir le grain de l'épi et on le serre ensuite.

répété par Eudoxe et Élien ;

Cet emploi, assez singulier, il faut l'avouer, quand on considère l'étroitesse du pied de ces animaux, et leur avidité pour le grain, comme moyen agricole, des Cochons, qu'on introduisait dans les champs avant ou après avoir semé le blé, paraît avoir été accepté par Pline, Elien et Eudoxe, compilateurs qui ont, il est vrai, tout accepté; mais il a été regardé comme un conte par beaucoup d'auteurs modernes; ou bien ils ont supposé qu'il y avait faute dans le manuscrit, et qu'au lieu de Cochon il faut mettre Bœuf. C'est ce que Larcher a fait au moins pour le second acte, celui de battre les gerbes.

interprété par Larcher.

Quoi qu'il en soit, de cette manière de voir, il faut conclure, ou bien que le préjugé était assez profondément enraciné chez les Égyptiens, ou bien que l'exemple des maladies que le lait ou la chair des Cochons produit sur l'homme avait frappé Moïse, pour que ce législateur ait cru devoir consacrer un article de son code à prohiber la chair du Cochon du régime diététique du peuple dont Dieu lui avait donné la conduite. Ce ne peut donc être que bien plus tard et lorsque les lois mosaïques avaient déjà perdu de leur rigueur, que les Juifs ont pu avoir des troupeaux de ces animaux, ainsi que le montre le fait rapporté dans le Nouveau Testament.

Nous devons cependant faire observer avec Pallas, comme preuve que le Sanglier domestique a dû être introduit tard chez les Éthiopiens, dont les Égyptiens étaient descendus, que Scylax, dans son Périple de la mer Rouge (*Géogr. min.*, Oxon., 1698, I, p. 53) parle de Cochons châtrés au nombre des marchandises que les Phéniciens portaient en Éthiopie. les Éthiopiens.

Ce fait est au moins une preuve que le Sanglier était devenu domestique dans la direction septentrionale où il nous reste à le suivre, soit comme objet de chasse, soit comme objet d'économie rurale.

Chez les Grecs, seul peuple de cette direction chez lequel nous pouvons trouver des renseignements à ce sujet, nous voyons d'abord, c'est-à-dire dans l'âge héroïque, le Sanglier considéré comme animal nuisible et digne des travaux des grands hommes du temps, devenus des héros et même des demi-dieux. Ainsi, dans le cycle d'Hercule nous voyons, comme le troisième de ses travaux, le Sanglier monstrueux habitant le mont Érymanthe, qui désolait toute l'Arcadie, et qu'Eurysthée ordonna à Hercule de lui apporter vivant, et dont ce roi fut tellement effrayé qu'il alla se cacher. Ses défenses furent suspendues par les Cumiens dans le temple d'Apollon. les Grecs, comme objet de chasse. par Hercule.

Dans l'histoire de Méléagre, la mythologie nous fait l'histoire d'un autre Sanglier non moins fameux, celui de Calydon, de la taille d'un taureau, couvert de soies en forme de lances, pourvu de défenses comme celles de l'Éléphant, et qui dévastait surtout les environs de Calydon, capitale de l'Ætolie. Après l'avoir tué, aidé par un grand nombre de héros, et même d'Atalante, à laquelle il offrit la hure, Méléagre suspendit la peau et les défenses dans le temple de Diane à Tégée, où elles furent conservées, celle-là jusqu'au temps de Pausanias, qui dit positivement l'avoir vue toute détruite de vétusté, et celles-ci jusqu'à celui d'Auguste, qui les emporta à Rome, où l'une d'elles fut exposée dans le temple de Bacchus des jardins de César. Méléagre.

L'histoire de Thésée parle aussi d'une Laie nommée Phoca qui rava- Thésée.

geait les environs du bourg de Cromyon, du territoire de Corinthe, et dont ce héros parvint à le délivrer.

Admète.

Nous voyons aussi le Sanglier attelé avec un Lion au char d'Admète, comme condition imposée par Pelias, pour obtenir la main de sa fille.

Adonis.

Et enfin la mort d'Adonis est attribuée, par les mythographes, à la blessure que lui fit à l'aine un Sanglier qu'il chassait dans les forêts de Crète.

Xénophon.

Ces différents faits, plus ou moins historiques, ne montrent encore les Sangliers que comme sujets de chasse; et en effet, du temps de Xénophon, ils étaient considérés sous ce seul rapport comme des animaux qui demandent le plus de précautions, et même des Chiens d'une espèce particulière; ce qui est encore vrai aujourd'hui, et ce qui a donné lieu aux grands poëtes de l'antiquité, et surtout à Homère, de trouver dans les habitudes de cet animal, qu'ils pouvaient observer eux-mêmes, des comparaisons d'une grande vérité.

Connu domestique; mentionné par

Mais jusque-là ce n'est encore que du Sanglier dont il est question dans cette première époque de l'histoire de la Grèce, comme objet d'actes héroïques, ou de chasses réglées. Aucun passage n'a trait au Sanglier domestique.

Hésiode.

Je dois même faire observer que, dans le livre le plus ancien que les Grecs nous ont laissé sur les préceptes d'agriculture, celui des travaux et des jours d'Hésiode, il n'est jamais question du Cochon, ce qui doit porter à croire qu'il n'était pas encore domestique à l'époque où il a été écrit (1); tandis que dans la description du Bouclier d'Hercule, attribuée au même poëte, il y a plusieurs passages dans lesquels des Sangliers sont décrits ou bien sculptés sur ce bouclier, ou, comme dans la représentation du combat d'Hercule contre Cygnus, fournissant une ma-

(1) Je noterai même en passant que Xénophon, dans sa Retraite des Dix Mille, qui eut lieu cependant bien après, en parlant des animaux que les peuples de l'Arménie avaient avec eux dans leurs habitations souterraines, cite des Chèvres, des Brebis, des Vaches et des oiseaux avec leurs petits, mais nullement des Cochons.

gnifique comparaison avec un Sanglier acculé s'élançant sur une troupe de chasseurs dont il est assailli.

Il n'en est plus tout à fait de même dans Homère. Toutefois, dans l'Iliade, je n'ai trouvé qu'un seul passage qui indique le Cochon proprement dit; c'est celui où Patrocle met sur le feu la moitié d'une Chèvre et tout le dos d'un Cochon engraissé (liv. IX, p. 87); partout ailleurs, le seul Sanglier fournit au poëte des comparaisons qui prouvent le grand observateur et le peintre fidèle, mais rien de plus. Homère dans l'Iliade ;

Dans l'Odyssée les choses sont bien changées, et le Cochon domestique est souvent mentionné. Tout le monde connaît en effet la scène si touchante et si admirable de vérité de l'arrivée d'Ulysse à Ithaque chez Eumènes, chargé de la direction de ses troupeaux de Cochons, et qui se plaint souvent de la grande quantité d'animaux qu'il est obligé d'envoyer à la ville pour la nourriture des prétendants à la main de Pénélope. l'Odyssée.

On doit également se rappeler, mais certainement avec moins de satisfaction, la scène où les compagnons d'Ulysse sont métamorphosés par Circé en pourceaux, à moins que de considérer cette métamorphose comme une allégorie qui a passé depuis dans le langage usuel.

Quoi qu'il en soit, toujours est-il qu'à cette époque le gouvernement de ces animaux à l'état domestique était en pleine activité jusque dans les îles les plus occidentales de la Grèce.

C'est ce dont on peut avoir une preuve bien évidente dans les écrits d'Aristote. En effet, on y voit que l'art d'engraisser les Cochons était connu, et même l'un des moyens les plus propres à le faciliter, la castration sur les deux sexes. Il était déjà question des maladies qui peuvent les affecter, par exemple de celle qui est connue aujourd'hui sous le nom de ladrerie. Aristote.

La critique, à la fois si piquante et si juste, des jugements du peuple d'Athènes, au sujet de l'imitation des cris du Cochon par un bateleur, regardée comme plus vraie que ceux d'un Cochon même, caché sous le manteau d'un paysan narquois, confirme que les Grecs avaient con- Ésope.

sidéré cet animal comme objet d'économie domestique, la chair servant à la nourriture, et la graisse à faciliter le mouvement des roues des voitures.

chez les Romains. dans l'agriculture

Il n'y a donc rien d'étonnant qu'en passant des Grecs aux Romains cette culture du Porc soit devenue encore plus considérable, ce que met hors de doute l'article consacré à ce genre d'animaux qu'ils nomment *Suillum pecus*, par Varron, Caton et Columelle, dans leurs *Traités sur l'agriculture*, et dans lesquels ils entrent dans de nombreux détails. Columelle surtout traite successivement avec d'assez grands développements des bâtiments propres à ces animaux et de leur exposition, de la nourriture qui leur convient, de l'âge auquel il faut songer à les engraisser, à les faire produire; du choix du mâle et de la femelle, afin d'avoir de meilleurs produits; des maladies auxquelles ils sont sujets, etc. : ce qui prouve combien la chair du Cochon était devenue nécessaire pour la nourriture animale des Romains (1).

dans le Nord de l'Europe. dans les Gaules.

Depuis cette époque, la culture de cet animal a dû successivement s'étendre avec les conquêtes de ce grand peuple dans les contrées septentrionales de l'Europe. Du temps de César, il paraît cependant qu'elle n'était pas encore parvenue dans les Gaules, car il n'est nullement question de cet animal dans ses Commentaires; elle s'y est donc propagée

en Angleterre.

depuis la conquête, d'où elle a passé en Angleterre, qui ne possédait

(1) Cela est encore prouvé par les noms différents qu'ils avaient, assez bien comme les Grecs, ce qui au reste a lieu dans toutes les langues pour les animaux domestiques, pour désigner les Cochons dans les particularités biologiques :

Aper.	Sanglier.	*Hys agrion* ou *Kapros.*
Sus.	Cochon.	*Hys* ou *Sys.*
Porcus.	Porc.	*Porkos.*
Verres.	Verrat.	*Koiros.*
Laena.	Laie.	
Porca, *Scrofa.*	Truie.	*Kronas.*
Porcellus.	Marcassin.	
	Cochon de lait.	*Choiridion.*
Marialis.	Cochon châtré.	*Delphax.*

pas même de Sanglier dans ses forêts. En France il n'en était pas de même, et l'histoire des rois de la première race nous apprend que l'un d'eux fut blessé à la chasse d'un de ces animaux. Mais, en outre, la loi salique consacre un chapitre aux règlements concernant le Cochon. en France.

On voit ensuite comment sa culture a suivi la marche de la civilisation dans les pays du continent septentrional. Linné nous apprend qu'elle n'a été introduite en Suède que sous le règne de Frédéric Ier qui vivait en 1720; de là le Cochon a passé en Norwége, comme cela était sans doute arrivé pour la Russie par la Pologne. Mais jusqu'à l'époque où écrivait Zimmerman, en 1787, il n'avait pu être introduit en Laponie, en Sibérie, et encore moins en Islande et dans le Groënland, à cause de la grande intensité du froid. en Suède. en Norwége.

Il n'en a pas été de même au sud et à l'ouest, contrées où cet animal a trouvé les circonstances les plus favorables à son existence. En effet, à l'époque des découvertes faites par les Portugais et les Espagnols en Afrique et en Amérique, peut-être même dans l'Inde, le Cochon a suivi les conquérants, sans doute à cause de la facilité de son transport, plus grande que pour les autres animaux domestiques, et la facilité de le nourrir. dans le Midi de l'Europe.

Ces peuples ont fait mieux; à mesure qu'ils avaient déterminé les points habituels de leurs relâches insulaires ou continentales, ils y jetaient en passant quelques couples de ces animaux, plutôt jeunes que vieux, qui y ont propagé avec facilité et abondance, en subissant nécessairement quelques modifications dans la taille, les proportions et la couleur. C'est de là que sont provenues les races plus petites et moins allongées dans les montagnes, et pouvant atteindre le double, le triple de grandeur dans les plaines et dans les vallées, les oreilles, d'assez courtes et droites, devenues si grandes et si tombantes dans la grande race septentrionale; la queue plus ou moins tortillée; la couleur, de noirâtre presque uniforme, est devenue ou piarde ou tout à fait blanche. dans le reste de la terre. d'où les variétés.

C'est ainsi que le Cochon, introduit d'abord vers le centre de l'Amérique, puis dans ses parties méridionales, et enfin dans ses parties septen- en Amérique méridionale. septentrionale.

trionales, a fini par envahir tout le Nouveau-Continent, et même y redevenir sauvage (1); et comme les Espagnols se sont trouvés dans le besoin de lier leurs colonies d'Asie avec leurs colonies d'Amérique, on voit comment les îles qui se sont trouvées sur leur passage ont également été peuplées de Cochons et plutôt d'une race que d'une autre.

dans les îles de la mer du Sud.

D'autres fois ç'a été naturellement que cette extension a eu lieu; ainsi Pennant (*Quadrup.*, I, p. 128) a fait l'observation que, dans l'archipel Indien, le Cochon de Chine avait passé souvent à la nage, d'île en île, jusque dans la Nouvelle-Guinée, où il n'en existait pas originellement, et où il s'en trouve aujourd'hui en très-grande quantité; qu'ensuite ils ont émigré aux Nouvelles-Hébrides, puis et successivement aux îles des Amis, de la Société et des Marquises, où ils jouissent encore du triste privilége d'être le sujet des sacrifices de ces peuples à leurs divinités.

de la Malaisie.

De nos jours, comme tout le monde le sait, si le Sanglier diminue considérablement dans nos forêts, elles-mêmes s'amoindrissant notablement, il n'en est pas de même du Cochon qui, malheureusement peut-être, est devenu la nourriture habituelle et principale de nos populations ouvrières, ce qui n'en est peut-être pas meilleur; car les maladies scrofuleuses, dont le nom même indique l'étiologie, au moins soupçonnée, aussi bien que les maladies cutanées qui ont été attribuées également à l'emploi de la chair de Cochon, dans la nourriture de l'homme, semblent plutôt augmenter que diminuer.

en Europe.

b) ARTISTIQUES.

Sa représentation

La direction principale, suivie pour le Sanglier domestique, n'a pu, comme on le pense bien, donner lieu à sa représentation fréquente dans les œuvres des beaux-arts, et la vilité des formes du Sanglier sauvage n'a pas dû le rendre recommandable aux artistes.

en sculpture.

On le trouve cependant quelquefois représenté comme sujet de chasse générale, ainsi que nous en avons cité un exemple dans les bas-reliefs

(1) La collection du Muséum en possède un exemple dans un individu rapporté des États-Unis d'Amérique par M. Lesueur.

de Persépolis, et encore plus de combats particuliers, et alors devenu symbolique d'Hercule, et surtout de Méléagre, comme Sanglier d'Érymanthe ou de Calydon, par exemple, sur plusieurs des vases généralement connus sous la dénomination de vases étrusques.

On le connaît encore représenté en marbre dans le Muséum de Florence, où je l'ai vu, comme il a été figuré dans le T. III, Pl. 69 de ce Muséum.

Nicetas (*Antiq. palat.*, XV, 51, p. 397) parle d'un Sanglier de Calydon qui existait à Byzance.

Les bas-reliefs des temples consacrés à Hercule ou à Thésée ont dû souvent le représenter d'une manière plus ou moins détaillée. en bas-reliefs.

M. Muller cite encore :

Un très-beau Sanglier sur des médailles de Cluvium et de l'Étolie; en médailles.

Une truie allaitant ses petits;

Des truies semblables aux truies chinoises, dit Muller, sur des pierres gravées, *Imp.*, I, 51-52. pierres gravées.

Enfin il se pourrait que, sous le nom de Chœropotame, le Sanglier fût représenté dans la mosaïque de Palestrine, mais cela me paraît bien plus douteux. mosaïque.

2° *Dans le sein de la terre.*

On trouve depuis bien longtemps annoncée, avec plus ou moins d'assurance, mais sans démonstration descriptive ou iconographique, l'existence de fragments, et surtout de dents fossiles de Sangliers, recueillis en différents lieux d'Europe, et surtout dans les terrains d'alluvion qui remplissent les grandes vallées sillonnant la partie européenne de l'ancien monde. Mais comme ces dents n'avaient rien d'extraordinaire, qu'elles ne différaient en rien de celles de nos Sangliers sauvages, elles sont entrées dans la catégorie de celles des Chevaux et des Ruminants grands et petits qu'on y rencontre aussi fréquemment, et qui ne se prêtaient pas aux résultats qu'on avait obtenus dans l'examen des Éléphants et des Rhinocéros. C'est à peine, en effet, si les anciens catalogues Des Sus fossiles. Histoire. chez les monographes.

Lhuyd. paléontologiques ou de collections en ont fait mention, comme Lhuyd, qui attribue à ce genre quelques vertèbres fossiles; Besler, qui signale Besler. et figure une dent de Cochon (*Mus. Besler.*, Pl. XXXI) sous le nom de N. Grew. *Pseudo-Corona Anguina;* N. Grew, qui dit (*Mus. Soc. reg. Lond.*, p. 256) que le cabinet de la Société en possède de toutes semblables. Bien plus, comme la distinction des espèces de ce genre est loin d'être encore assurée, on voit comment les paléontologistes modernes se sont trouvés dans l'embarras quand il a fallu apprécier le petit nombre de matériaux qu'ils avaient sous les yeux, souvent, il est vrai, sans aucune indication du lieu et des circonstances dans lesquelles ils avaient été trouvés.

chez les paléontologistes. C'est ainsi qu'en 1812, dans la publication en volumes de ses Mémoires réunis, faisant mention, p. 225, du squelette d'un Sanglier inconnu en Europe, surtout par la grandeur de ses défenses, d'après Delau- M. G. Cuvier, en 1812. nay (*Mém. sur l'origine des fossiles accidentels de la Belgique*), et même en 1822, dans la seconde édition de ses *Recherches sur les ossements fossiles*, t. II, M. G. Cuvier, qui n'a consacré à ce genre que quelques pages, après avoir rapporté le très-petit nombre d'auteurs qui avaient signalé à en 1822. du *S. scrofa*. tort ou à raison des restes fossiles de Sangliers, dit n'avoir vu pour sa part que quelques mâchoires, les unes qui, par leur couleur teinte en noir, lui paraissaient avoir été enfoncées dans la tourbe, les autres qui lui semblaient pétrifiées, mais sans en connaître positivement l'origine; aux environs de Paris. ce qu'il n'a connu que pour une défense trouvée en creusant les fondations du pont d'Iéna, du côté de l'École militaire, avec plusieurs ossements de Chevaux et des débris de bateaux; ainsi que pour une portion de mâchoire retirée des tourbières du département de l'Oise.

Dès lors, on voit comment dans la manière préconçue de M. G. Cuvier, ces deux dernières pièces, étant de terrains très-récents, ne diffèrent en rien de leur analogue vivant.

La même conclusion pouvait encore se tirer pour une mandibule de Sanglier adulte, extraite probablement d'une tourbière et qui faisait partie de l'ancien cabinet du roi, et provenant de celui de l'Académie des sciences. Mais cela était plus difficile pour une mâchoire inférieure de jeune individu trouvée dans le val d'Arno et dont M. Ad. Brongniart lui avait apporté un dessin; et cependant elle lui a paru semblable à celle du Sanglier commun de même âge; ce qu'il dit également d'une moitié inférieure d'humérus de Cochon ou Sanglier, provenant du Hartz et dont Ad. Camper lui avait envoyé le dessin.

dans le val d'Arno.

d'Allemagne.

Cette manière de conclure de la paléontologie à la géologie, porta également M. G. Cuvier, trois ans plus tard (V. part. II, p. 501, 1825), à regarder la molasse de la Suisse, assimilée par les géologues au calcaire grossier de Paris, comme étant nécessairement de plusieurs âges; car on y trouve, dit-il, des os d'animaux très-modernes, et par là il comprenait une mâchoire inférieure de Cochon, recueillie dans une molasse très-solide, à ciment calcaire, passant au nagelflue, dans le mont de la Molière, près d'Estavayer, au bord oriental du lac de Neufchâtel et dont M. Boudet lui avait envoyé le dessin, que malheureusement je ne connais pas.

en Suisse.

Enfin, dans cette même addition, M. G. Cuvier rapportait également au Cochon un fragment de mandibule de la caverne de Sandwich, que M. le professeur Goldfuss avait décrite et figurée, *Nov. Act. Ac. Cur. Nat.*, XI, IIe part., Pl. LVI, f. 4 et 5; mais en la distinguant comme espèce sous le nom de *S. priscus*, distinction que M. G. Cuvier n'acceptait pas, à ce qu'il paraît, mais sans en donner aucune raison.

M. Goldfuss. du *S. priscus*. à Sandwich.

Quoi qu'il en soit, cette assertion que l'espèce de Sus dont on trouve des reste fossiles dans les cavernes, ne diffère pas du Sanglier, parut être confirmée par M. Buckland, qui lui rapporta, sans hésitation, quelques pièces recueillies dans la caverne de Kirkdale, *Reliq. Diluv.*, p. 59, tab. 11, f. 30, 33, et par M. Schmerling pour les cavernes des environs de Liége.

M. Buckland. du *S. scrofa*. en Angleterre.

Mais depuis ce temps les trois ou quatre dépôts paléontologiques, découverts depuis la publication du dernier volume de M. Cuvier, ont fait connaître des restes indubitables d'espèces, ayant appartenu à ce genre, trouvés non-seulement avec des Éléphants lamellidontes, mais même avec des Éléphants mastodontes, des Tapirs, et qui ont reçu des dénominations spécifiques tranchées; mais, comme de coutume chez la plupart des paléontologistes du temps de M. G. Cuvier, sans caractères suffisants.

MM. Croizet et Jobert. du *S. Arvernensis.*

MM. l'abbé Croizet et Jobert, en 1828, nommèrent celui dont ils ont trouvé quelques restes en Auvergne, *S. Arvernensis.*

M. Kaup, *S. antiquus, etc.*

M. Kaup, en 1833, désigna sous trois noms spécifiques distincts, *S. antiquus, S. palæochœrus* et *ante-diluvianus*, ceux un peu plus nombreux qui furent recueillis dans le dépôt d'Eppelsheim.

M. Lartet. de Sansans.

J'en annonçai moi-même une petite espèce du célèbre dépôt de Sansans, dans les comptes rendus des séances de l'*Acad. des sc.*, pour 1837, et nous aurons à en rappeler une beaucoup plus intéressante que M. Lartet a désignée sous le nom de *Tapirotherium*, et dont au premier abord on a pu faire un Lophiodon, en n'ayant égard qu'aux dents molaires.

S. Tapirotherium.

MM. Baker, Falconer, *Chœrotherium.*

Depuis lors, les paléontologistes anglais, MM. Baker et Durand, Falconer et Cauteley ont trouvé dans la molasse des sous-Himalayas, des restes fossiles d'une grande espèce de Sanglier, qu'ils ont nommée *Chœrotherium.*

M. Harlan. Nord-Amérique. *S. Americanus.*

M. le docteur Harlan, d'un autre côté, annonça en avoir recueilli avec des dents d'Éléphants mastodontes et lamellidontes, de Mégalonyx, etc., dans un terrain d'alluvion, en Géorgie, dans la Nord-Amérique.

M. Lund. en Sud-Amérique. *S. collaris.*

De son côté M. Lund annonça, en 1841, qu'il avait été trouvé des restes de cinq espèces de Pécaris fossiles dans les cavernes du Brésil.

E. Geoffroy. S. d'Érimanthe.

Enfin, M. Étienne Geoffroy Saint-Hilaire désigna, en 1832, sous le nom de Sanglier d'Érimanthe, en le considérant comme probablement éteint, le Sanglier ancien habitant du Péloponèse, et si fameux dans l'histoire héroïque de la Grèce.

Résumé.

En sorte qu'aujourd'hui, dans l'état actuel de la science, les paléontologistes ont découvert des dents ou des ossements du G. *Sus*, qu'ils attribuent à au moins douze espèces, et cela dans des terrains d'ancienneté très-différente, ce qui est bien éloigné de ce que M. G. Cuvier a laissé sur ce genre. Voyons donc avant de les apprécier, d'après les principes pour la distinction des espèces que nous avons établis dans notre Ostéographie et dans notre Odontographie des espèces vivantes, à énumérer celles que les paléontologistes ont proposées sous des noms particuliers, en exposant les pièces sur lesquelles elles reposent et les caractères différentiels qui leur ont été assignés : d'après cela, l'ordre dans lequel nous allons en parler sera nécessairement celui de la date de leur proposition, ainsi que nous avons fait pour les autres genres dans les mémoires que nous avons publiés jusqu'ici.

Indication des espèces proposées.

1° S. PRISCUS.

(Goldfuss, *N. Act. cur. Nat.*; t. XI, IIe part., p. 482, pl. 482, tab. 56, f. 4-5. *Sus proavitus*, v. Schlottheim, *Pétref.*, III.)

S. priscus.

M. Goldfuss a proposé cette espèce de Sanglier fossile d'après un bout de mandibule (1) ne formant guère que la symphyse, trouvé dans la caverne de Sandwich, en Westphalie, et qu'il pense différer de son analogue dans le *S. scrofa* par plus de longueur et de largeur, et parce que les alvéoles de la première paire d'incisives lui ont paru beaucoup plus larges, ce qui l'a porté à supposer qu'il en était ainsi des dents qu'elles contenaient.

Pièces à l'appui.

d'une caverne en Westphalie.

Je ne connais cette pièce que d'après la figure donnée par M. Goldfuss, et par conséquent il m'est difficile d'appuyer suffisamment l'opinion que cette pièce n'indique rien de différent spécifiquement du *S. scrofa*, mais je suis certain que les premières différences indiquées ne peuvent être spécifiques. Quant à la grandeur de l'alvéole de la première incisive, je suis assez porté à croire qu'elle comprenait confondues celles de la première et de la seconde.

Observation.

Conclusion.

(1) M. G. Cuvier, en disant quelques mots de cette pièce (*Addit.*, V. 2e part., p. 504), la donne à tort, sans nul doute par erreur de plume, comme un fragment de mâchoire supérieure.

Au reste cette opinon a été émise avant moi par M. Giebel dans sa *Fauna der Vervelt* que je viens de recevoir.

2° S. Arvernensis.

(Jobert et Croizet, *Ossem. foss. du Puy-de-Dôme*, t. I, p. 160, pl. 13, f. 3, 4-5.)

S. Arvernensis.

D'après une face presque entière recueillie dans des terrains meubles en Auvergne, et composée :

Pièces à l'appui.

1° D'une mâchoire portant quatre dents molaires seulement;

2° D'une partie plus considérable de mandibule portant, comme le fragment de mâchoire, un mélange de molaires des deux dentitions, et de plus une canine du côté droit et des alvéoles ou racines d'incisives.

Caractérisé par MM. Croizet et Jobert.

MM. Jobert et Croizet ont aisément reconnu ce mélange de dents de lait et de dents adultes; ce qui ne les a pas empêchés, après une description plus ou moins comparative, de dire que ces fragments provenaient d'une espèce distincte, avec des dimensions à peu près semblables à celles du Sanglier vivant, mais qui s'en éloignait par la face beaucoup plus courte, pour se rapprocher du Cochon de Siam.

Appréciation.

J'ai vu et examiné ces pièces, que j'ai fait figurer.

de la Mâchoire.

Le fragment de mâchoire porte quatre dents en série continue et contiguë, croissant à la couronne d'une manière assez rapide de la première à la dernière; les deux de devant subtriquètres avec une racine en avant et deux en arrière; les deux dernières subcarrées à quatre pointes en deux collines transversales.

Les trois premières de ces dents me semblent être les trois de la première dentition, et la dernière, la cinquième de la seconde, aussi est-elle fort peu usée.

de Mandibule. 1er fragment.

Le fragment de mandibule, quoique cassé en deux et qui s'ajuste parfaitement avec le précédent, indique dans ce qu'on peut voir de l'os la forme de son analogue dans un Sanglier de jeune âge et par conséquent plus épaisse en arrière où se trouve le germe de la pénultième encore dans son alvéole.

des Dents. Ce que ce fragment porte de système dentaire consiste, d'un côté, en une fin de canine de première dentition et de son alvéole, et en dehors dans une grande partie de la base de celle de la seconde, cassée vers la pointe et indiquant du reste qu'elle devait être assez forte et comprimée; et en quatre molaires, outre le germe d'une cinquième dans son alvéole.

Canine.

Molaires. Les trois antérieures sont évidemment de la première dentition; les deux premières à une pointe et à deux racines; la troisième à trois racines en dehors seulement et à trois collines à la couronne; et enfin la principale de la seconde dentition ou la cinquième à deux racines et à deux collines transverses avec un petit talon en arrière.

Quant au germe, c'est celui de l'avant-dernière molaire d'adulte; sa couronne étant composée de deux collines transverses décomposées chacune en deux grosses pointes analogues à son talon.

2e fragment. L'autre côté de cette même mandibule est bien moins considérable, puisqu'il se borne à son extrémité montrant une canine en crochet de première dentition, non usée, subtriquètre, puis pressées deux incisives de la seconde dentition dans leur alvéole et la première paire de cette même dentition déjà sortie.

Conclusion. Tout cela dénote certainement une espèce distincte, mais reposant non pas sur une plus grande brièveté du museau, ce dont on ne peut juger sur des mâchoires de jeune âge, mais d'après les particularités du système dentaire qui, comparé avec ce qu'il est dans un Sanglier de même âge, me semble différer notablement.

3° S. ANTIQUUS.

(Kaup, *Foss. du Mus. de Darmstadt*, p. 8, pl. VIII, f. 1-2-3-4-5.)

S. antiquus. Cette espèce, annoncée dès 1833 dans les *Foss. Saugeth. Rhen.*, par

M. Kaup, a été établie depuis dans l'ouvrage cité, avec une description et des figures.

Pièces à l'appui.

Elle repose sur un certain nombre de pièces recueillies dans le célèbre dépôt d'Eppelsheim avec des os de Dinotherium, d'Éléphants mastodontes, de Rhinocéros à incisives, etc.

Mandibule. ses caractères, par M. Kaup.

Elles consistent : 1° en un côté droit à peu près complet de mandibule portant presque toutes ses dents, que M. Kaup attribue à une espèce gigantesque de Sanglier qu'il caractérise :

a) Par une taille qui, suivant lui, devait surpasser le Sanglier d'Europe et le *S. Arvernensis* de près de moitié ;

b) Parce que l'apophyse coronoïde s'élève presque perpendiculairement, au lieu de se porter obliquement en arrière, comme dans le *S. scrofa.*

c) Par la forme de la symphyse en arc, comme chez les Rhinocéros;

d) Par d'autres caractères moins tranchés et pour lesquels M. Kaup renvoie à la figure qu'il en donne, en ajoutant que, d'après la position de la canine, ce fragment a dû appartenir à un individu femelle;

6e Molaire supérieure.

2° Une pénultième molaire supérieure gauche, qu'il figure pl. VII, fig. 3;

inférieure.

3° Une pénultième molaire inférieure du côté gauche ;

Incisive.

4° Une incisive moyenne inférieure du côté gauche (pl. VIII, fig. 4, *abc*), qui lui semble provenir d'un individu plus grand, et peut-être d'un individu mâle;

Astragale.

5° Un astragale (pl. VIII, fig. 5), en tout semblable à celui du Sanglier, mais beaucoup plus grand; ce que M. Kaup appuie sur quatre grandes pages de mesures millimétriques.

Appréciation.

Je ne connais de ces différentes pièces que les figures et descriptions données par M. Kaup, si ce n'est pour le morceau le plus important, le côté de mandibule dont notre collection possède un assez bon moule en plâtre coloré.

de la Mandibule.

Ce côté de mandibule presque entier est véritablement assez remarquable par la largeur de la branche horizontale et par l'élévation de la branche montante dont l'angle s'arrondit très-largement, presque depuis le condyle; l'apophyse coronoïde étant brisée, il est difficile de juger de la forme qu'elle devoit avoir, et l'observation différentielle notée par M. Kaup ne porte que sur le bord antérieur de la branche montante qui me paraît assez peu différer de ce qu'il est dans les Sangliers.

Reste donc la symphyse, qui est en effet moins déclive que dans ceux-ci, d'où résulte à l'apophyse géni un angle plus marqué, en donnant une sorte de brièveté à la mandibule; ce qui tient à ce que dans cette espèce le système dentaire antérieur était plus normal.

Du système dentaire.

Le système dentaire, en général, est cependant bien celui du genre Sus, mais plus régulier.

Incisives.

Les incisives sont évidemment moins déclives ou tendent à être plus verticales et moins latérales, seule chose dont on puisse bien juger, parce qu'elles sont bornées au collet sur cette pièce.

Toutefois, en considérant les incisives détachées et parfaitement entières que M. Kaup attribue à son *S. antiquus*, elles devaient ressembler presque complétement à celles du Sanglier, avec cette différence que la troisième devait être encore plus petite.

Canines.

Les canines, comme l'a très-bien reconnu M. Kaup, devaient être proportionnellement assez petites et dans une direction normale, à en juger du moins d'après la base, seule partie qui en reste.

Molaires.

Les molaires sont au nombre de sept, et assez bien disposées et formées, comme chez les autres espèces du genre. Une première, petite et assez équidistancée de la canine et de la seconde molaire; la seconde et la troisième comme à l'ordinaire, la couronne monocuspidée et biradiculée; la quatrième triquètre, également comme chez les autres sangliers; la cinquième brisée, sans doute en partie par usure, également à un âge assez peu avancé chez toutes les espèces; la sixième à peu près carrée, à deux collines et la septième à trois, tant le talon est large.

Caractères.

Le caractère le plus distinctif de ces molaires consiste en ce que les collines sont plus simples et moins tubérifères.

La pénultième molaire supérieure gauche, que M. Kaup rapporte encore à son *S. antiquus*, a tous les caractères de son analogue dans le *S. scrofa*; si ce n'est qu'elle est notablement plus forte.

La pénultième molaire inférieure gauche a absolument les mêmes caractères qu'une du dépôt de l'Orléanais de la collection de M. le docteur Thiou.

Astragale.

L'astragale paraît en effet offrir tous les caractères de celui du Sanglier.

4° S. Palæochœrus.

(Kaup, *Ossem. foss. du Muséum de Darmstadt*, p. 11, Pl. IX, f. 2, 3 et 4.)

S. Palæochœrus.

C'est la seconde espèce que M. Kaup a cru devoir distinguer parmi les ossements de Sanglier recueillis à Eppelsheim.

Pièces à l'appui. Mandibule.

Les fragments qui lui sont attribués sont :

1° Un fragment de branche horizontale du côté droit d'une mandibule, qu'il figure de grandeur naturelle (Pl. IX, f. 1-6), et qui porte toutes les molaires, à l'exception des deux premières.

Dents molaires.

2° Une dernière molaire supérieure du côté droit (Pl. IX, f. 3), parfaitement entière.

3° Une dernière molaire d'en bas du même côté (Pl. IX, f. 2), également bien conservée et non usée.

Ses caractères, par M. Kaup.

Les caractères que M. Kaup tire de l'examen de ces pièces pour distinguer son *S. palæochœrus*, sont :

La dernière molaire supérieure beaucoup plus courte et plus large que dans le *S. scrofa*, en elle-même et dans son talon, ce qui rend sa périphérie plus ronde; l'avant-dernière ayant la même grandeur.

Les cinquième, quatrième et troisième plus longues et plus fortes.

Enfin, la mandibule elle-même plus comprimée et plus haute d'un cinquième.

M. Kaup ajoute : 4° un germe entièrement formé, mais sans racines, d'une dernière molaire supérieure du côté droit, de même grosseur que le n° 2.

Et 5° une dent incisive, seconde supérieure gauche, parfaitement conservée (Pl. IX, f. 4*a* et 4*b*), à laquelle il trouve quelque chose de plus grêle que dans le *S. scrofa*.

Je ne connais les trois fragments sur lesquels M. Kaup a reconnu ces différences, qu'il considère comme spécifiques, que par ses descriptions et ses figures. Appréciation.

Il n'y a rien à dire, suivant moi, du fragment de mandibule, si ce n'est que probablement par écrasement il est un peu plus large en hauteur que celui qui est attribué au *S. antiquus*, dont il a du reste tout à fait la forme. Mais ce qui prouve qu'il a appartenu à un animal plus fort et plus robuste, c'est que la série des cinq dents molaires dont il est armé est d'un cinquième plus grande, et les deux dernières de même dimension que dans un échantillon du dépôt de l'Orléanais. de la Mandibule.

On peut donc très-bien attribuer cette différence à celle des sexes. La mandibule rapportée au *S. palæochœrus* viendrait d'un individu mâle, et celle du *S. antiquus* d'une femelle, comme M. Kaup l'a soupçonné lui-même. Conclusion.

M. Kaup paraît aussi rapporter à son *S. palæochœrus* une dent molaire provenant d'un terrain tertiaire des environs de Madrid ; mais j'ignore même où M. Giebel a puisé ce renseignement que je trouve dans sa *Faune de l'ancien monde*.

M. Jæger (*Foss. Saugeth. Wurtemb.*, *taf.* 10), lui aussi, a rapporté une mâchelière provenant du Bohnerz-Grubert des Alpes de la Souabe.

M. Kaup rapporte encore (Additions, p. 30) à son *S. palæochœrus* un astragale entièrement semblable à celui du *S. antiquus*, parce qu'il est un peu moins grand et peut-être un peu plus large, et que la grande facette calcanéenne est bien plus grande.

5° S. antediluvianus.

(Kaup, *Ossem. foss. de Darmstadt*, p. 12.)

S. Antediluvianus. Pièces à l'appui. 2 Molaires.

C'est encore une espèce que Kaup a désignée dans l'ouvrage cité, mais seulement d'après deux dents molaires qu'il a figurées (*loc. cit.*, Pl. IX, f. 5, 6); l'une supérieure, l'autre inférieure du côté gauche, et qui, suivant lui, ayant tous les caractères de leurs analogues dans le genre *Sus*, doivent, à cause de leur petite dimension, avoir appartenu à une espèce qui égalait à peine le Babiroussa en grandeur.

Appréciation et conclusion.

D'après ce que je puis en juger sur les figures données par M. Kaup, la molaire d'en haut est probablement une troisième et dernière de première dentition, et non pas d'une seconde; et celle d'en bas est également une seconde ou une troisième de cette même dentition.

Il paraît que c'est sur ces mêmes dents que repose l'*Hyotherium Sœmmeringii* de M. Meyer, dont je dois dire cependant quelque chose, dans le cas où ce rapprochement ne serait pas fondé.

6° S. Sœmmeringii.

(Herm. von Meyer, *Zeitsch. f. Miner.*, 1829, t. 250 (*Chœropotamus Sœmmeringii*).

(Id., *Georgensgem.*, p. 43-62, taf. XI, f. 9-17 (*Hyotherium Sœmmeringii*).

S. Sœmmeringii. Pièces à l'appui.

Cette espèce qui, comme on le voit, a été d'abord considérée comme devant être rapportée aux Chœropotames, puis comme devant fournir un genre particulier, et cela par le même paléontologiste, paraît ne pas devoir être séparée du genre *Sus*. Elle repose cependant sur une partie de mâchoire portant six dents, et qui a été recueillie dans le dépôt de Georgensgemund, considéré comme tertiaire d'eau douce (M. Giebel dit les dents supérieures et inférieures), ce qui devrait bien suffire pour déterminer les rapports naturels de l'animal auquel elle a appartenu.

Mâchoire et six Dents.

Appréciation

Je ne la connais pas même en figure originale, n'ayant pu encore me procurer l'ouvrage cité, mais seulement la copie de la série des dents donnée par M. Bronn, *Lethæa,* taf. 46, f. 7.

Je trouve seulement, dans les paléontologistes qui en ont parlé, que les canines sont semblables à celles des Cochons pour la forme et pour la courbure, mais qu'elles sont plus petites et cependant plus fortes, et que les molaires diffèrent de celles des Chœropotames, parce qu'elles sont plus espacées, que le bord interne est tranchant, et par le nombre des tubercules, la grandeur de ces pièces indiquant un animal de la taille d'un grand Babiroussa. Conclusion.

7° S. PRISCUS.

(Marcel de Serres, Dubreuil et Jean-Jean, *Cav. de Lunel-Viel*, p. 134, Pl. XI.)

(Giebel, *Fauna der Worwelt*, p. 183 (*S. Serresii*).)

Cette dénomination de *S. priscus* a été employée par M. Marcel de Serres, dans son mémoire sur la caverne de Lunel-Viel, publié en 1838, à Montpellier, et par conséquent depuis que M. Goldfuss l'avait proposée pour le fragment de Sanglier trouvé par lui dans la caverne de Sandwich. Aussi la nouvelle compilation paléontologique la plus récente, sans s'enquérir si les fragments de Sanglier de la caverne de Lunel-Viel ne devaient pas être tout simplement rapportés au *S. priscus* de M. Goldfuss, ce à quoi M. Marcel de Serres paraît n'avoir pas pensé davantage, a-t-il proposé de donner au *S. priscus* de M. Marcel de Serres, le nom de *S. Serresii*; et cependant, s'il avait voulu y regarder un moment, il se serait aisément assuré que ce *S. priscus* second devait encore moins être distingué du *S. scrofa* le plus ordinaire que le premier. Il lui aurait suffi de chercher dans les quatre ou cinq pages que M. Marcel de Serres a consacrées à sa description presque complétement absolue, et il n'aurait absolument rien trouvé qui, loin de le rapprocher davantage du *S. larvatus* que du *S. scrofa*, comme le dit M. Marcel de Serres, il est vrai, sans dire pourquoi, pût servir à le distinguer du *S. scrofa*. C'est en effet ce

S. priscus. de la caverne de Lunel-Viel.

qu'auraient indubitablement confirmé les figures, assez bonnes du reste, qui accompagnent le travail.

Pièces à l'appui nombreuses. Une Tête entière.

Les pièces qui sont rapportées à ce *S. priscus* sont fort nombreuses et consistent en une tête presque entière avec sa mandibule, l'une et l'autre pourvues de toutes leurs dents; cinq ou six fragments de mâchoires supérieures et au moins autant de mandibules, avec des dents implantées, d'individus d'âges différents; un grand nombre de dents molaires, et d'incisives des deux mâchoires avec plusieurs canines; quelques vertèbres et un petit nombre de fragments d'os des membres.

Appréciation.

J'ai pu moi-même observer dans les collections du Muséum, un certain nombre de dents molaires et une forte défense d'en haut, provenant de la caverne de Lunel-Viel, et j'ai pu encore mieux m'assurer

Conclusion.

qu'elles provenaient indubitablement d'un Sanglier ordinaire d'assez forte taille, mais qui n'avait rien de bien remarquable, même sous ce rapport.

8° Sus?

(Duvernoy, *Mém. de la Soc. d'hist. nat. de Strasbourg*, II, p. 9, Pl. uniq., 1835.)

Sus? de Buschweiler. Pièces à l'appui.

M. Duvernoy, *loc. cit.*, rapporte à une très-petite espèce de Pachyderme, plus petite même que le Daman, probablement, suivant lui, du genre *Sus*, un fragment de mandibule portant deux molaires en place provenant du calcaire d'eau douce du Basberg, près de Buschweiler; c'est ce que l'on sait d'après des renseignements laissés à la Faculté de Strasbourg, où cette pièce existe, par M. le professeur Hammer.

Appréciées par M. Duvernoy.

Suivant lui, de ces deux dents qu'il représente de profil et par la couronne de grandeur naturelle, la première a quatre collines élevées, arrondies à la face externe et terminées à la face triturante par quatre pointes mousses; et la seconde, qui était la dernière, outre les quatre collines de la précédente, en a une cinquième en arrière; caractères qui, d'après M. Duvernoy, sont évidemment ceux du genre *Sus*, et comme ils sont tirés d'une pièce provenant d'un individu adulte, elle suffit pour indiquer une espèce plus petite que le Pécari, plus petite même que le Daman.

Je ne connais ce fragment que d'après la description et la figure données, malheureusement sans grossissement nécessaire en pareil cas, par M. Duvernoy. Par moi.

Ce qu'on peut y voir c'est que la première dent de ce fragment, avant-dernière dans tous les ongulogrades, est carrée et a deux collines transverses et chacune partagée en deux pointes; et que la seconde qui est dernière dans ces mêmes animaux, outre ces deux collines bicuspidées, en a une troisième en talon simple, ce qui la rend plus longue ou moins carrée. Mais entre ces collines et ces mamelons, je ne vois indiqués aucun des tubercules qui se trouvent dans toutes les espèces du genre *Sus* et même chez les Pécaris; en sorte que je serai moins affirmatif que M. Duvernoy, jusqu'à ce qu'il me soit possible de voir le fragment qu'il a observé. Conclusion.

Je suis d'autant mieux porté à cette réserve, qu'en examinant les pièces faisant partie de notre collection de fossiles, j'ai trouvé, dans un cadre vitré consacré au genre *Sus*, avec une étiquette soigneusement écrite de la main de M. Laurillard, ancien aide de M. G. Cuvier, pour ces sortes de travaux, portant : *Fragment d'une mâchoire inférieure d'une nouvelle espèce de Pachyderme, voisine du Babiroussa, mais à canines plates, de Buschweiler, par M. Hammer*, un morceau de mandibule d'une belle espèce de Marmotte remarquable en effet par la largeur, non de ses canines comme le dit l'étiquette, mais bien de ses incisives. Nous la décrirons et la figurerons plus tard.

9° S. Americanus.

(Harlan, *Siliman's Journ.*, t. XLIII, p. 141. 1842.) *S. Americanus.*

M. le docteur Harlan, des États-Unis d'Amérique, a rapporté au genre *Sus* un fragment de mandibule du côté droit trouvé dans une alluvion, en Géorgie, avec des dents d'Éléphants mastodontes et lamel- Pièces à l'appui. Côté de Mandibule.

lidontes, de Megalonyx, etc., sans pouvoir lui assigner des caractères spécifiques, tant les dents molaires, les seules dents qui restent, sont usées ou brisées.

J'ai vu dans la collection du Muséum un moule en plâtre coloré de ce fragment que M. Harlan a eu la complaisance d'envoyer à notre Muséum, et qui sans doute était de couleur noire.

Appréciation. C'est la partie moyenne de la branche horizontale droite d'une mandibule, portant des traces et même des restes de molaires en série; mais tellement usées ou brisées, et surtout si mal moulées et coloriées qu'il est bien difficile de s'en faire une idée un peu satisfaisante. Il me

Conclusion. semble cependant que le morceau de mandibule n'a rien de bien ressemblant à son analogue dans un Sanglier, ses deux bords se courbant assez parallèlement; quant aux dents, on peut supposer avec quelque vraisemblance que la plupart étaient formées de deux parties, peut-être même de deux collines plus ou moins transverses; mais voilà tout.

10° S. COLLARIS.

(Lund, *Mém. de l'Acad. royale des Sciences de Copenhague*, 1841, VIII, p. 292, et 1842, IX, p. 62.)

S. collaris. en Sud-Amérique. Pièces à l'appui des cavernes du Brésil.

M. Lund, dans les longues listes qu'il a données d'espèces de Mammifères dont on a trouvé, suivant lui, des restes fossiles dans les cavernes du Brésil, et qui ont été répétées dans tous les recueils scientifiques européens, avant d'être définitivement inscrites, *loc. cit.*, avait annoncé cinq espèces de Pécaris, dont l'une était double des espèces vivantes; mais la science attend encore, depuis cinq à six ans, que ces assertions, ainsi que beaucoup d'autres plus étranges encore, aient été appuyées sur des descriptions ou des figures. Ce que

Observation. je puis assurer, c'est que parmi les objets que le Muséum a acquis de M. Claussen, qui a exploité ces cavernes, j'ai pu étudier un très-beau fragment de mandibule portant toutes les molaires, et que sauf une taille supérieure à celle de nos Pécaris morts en ménagerie, il m'a été impossible de trouver la moindre différence.

11° S. Sivalensis.

(Baker et Durand, *Asiatic. Journ. Bengal. soc.*, t. V, p. 661.)

S. Sivalensis. dans l'Inde.

C'est, à ce qu'il me semble, MM. Baker et Durand qui ont signalé les premiers des ossements de Sanglier, parmi le nombre immense de ceux de tous genres qu'on trouve dans le célèbre dépôt des Sous-Himalayas, *loc. cit.*, et auparavant dans le tableau des genres de fossiles alors recueillis, n° 53 du journal de la même société.

Pièces à l'appui.

Ces fragments consistaient en une partie de tête encroûtée, fracturée aux deux extrémités, qu'ils supposèrent provenir d'un individu femelle à cause du peu de développement des canines, du moins d'après les alvéoles.

Décrites et appuyées par MM. Baker et Durand. par la Tête.

Par une comparaison avec un crâne de Cochon, et celui d'un Sanglier tué dans les environs du Hause et à peu près du même âge que le fossile, ils trouvèrent le palais un peu plus étroit, un peu moins de distance entre la première fausse molaire et l'extrémité de l'os incisif; l'angle formé par le plan de l'occiput et celui du palais plus droit ou moins obtus, d'où la ligne de longueur totale un peu plus grande; la crête pariétale bien plus marquée, d'où le front plutôt concave que convexe; les orbites plus petits proportionnellement et plus élevés et plus larges en travers que dans le Sanglier; l'apophyse postorbitaire du frontal moins longue; celle du jugal moins reculée; la largeur en travers des condyles moindre, mais celle de l'occiput à sa partie la plus large, plus développée, d'où MM. Baker et Durand concluent, pour la tête, à une différence spécifique entre le fossile et le vivant.

par les Dents. Supérieurement

Quant au système dentaire composé du même nombre de dents, une pièce qu'ils figurent Pl. B, fig. 2, et une autre fig. 1, leur permettent d'assurer que les 1res, 2e, 3e, 4e, 5e et 6e d'en haut, sauf la taille plus grande, correspondent à leur analogue dans l'espèce vivante; chaque dent étant composée des mêmes parties et même, avec le petit pilier externe des 5e et 6e. La septième bien entière, à peine entamée en avant, et encore un peu cachée en arrière, comparée avec un germe de l'espèce vivante, s'est trouvée composée de parties analogues; cependant avec un plus grand développement de la colline postérieure, ce qui la rend comparativement plus longue.

Inférieurement.

A la mâchoire inférieure, dont la symphyse est plus courte avec l'angle de l'apophyse géni moins aigu, MM. Baker et Durand signalent comme différences : la première incisive grande et encore plus horizontale (la troisième n'existait sur aucun échantillon). La coupe de la canine à la base elliptique et un peu aplatie en arrière, au lieu d'être triangulaire, et pour les molaires, une pièce qui les représente, fig. 4, presque complètes, met en évidence leur grande ressemblance avec leurs analogues dans l'espèce vivante.

leurs conclusions.

Cependant ces messieurs concluent que l'espèce fossile ne peut être une simple variété du *S. scrofa*, quoique la différence spécifique soit moindre qu'entre celui-ci et les *S. babirussa*, ou *larvatus*.

Autre espèce.

Ils croient, en outre, devoir rapporter à une espèce différente un crâne dont ils figurent une partie, Pl. B, fig. 6, plus petit que dans la précédente et même que dans les espèces vivantes; en même temps que la tête paraît avoir été plus courte, et la septième molaire d'en bas moins développée et moins compliquée en arrière.

Appréciation par moi.

Je ne connais les fragments sur lesquels a été établi le *S. Sivalensis*, que d'après ce qu'en ont dit MM. Baker et Durand; malheureusement la gravure des dessins qu'ils avaient joints à leur mémoire est si mauvaise, qu'il est à peu près imposible d'y rien comprendre; cependant en voyant que, sans parler des autres différences qui ne portent peut-être pas sur des parties caractéristiques, ils en ont signalé une, portant justement sur le plus grand développement du lobe postérieur des molaires terminales en haut comme en bas, il est assez à croire que cette espèce doit être considérée comme distincte de toutes celles qui existent encore.

C'est probablement sur ces espèces, ou quelques autres analogues, que

MM. Falconer et Cauteley ont établi le genre qu'ils ont nommé *Choirotherium*, dans le catalogue des ossements fossiles, dans le dépôt des Sous-Himalayas (*Journ. de la Soc. as. de Calcutta*, tom. V, décembre 1835), mais sans dire sur quels caractères. par MM. Falconer et Cauteley, sur le nom de *Choirotherium*.

Il faut très-probablement rapporter à quelque espèce de ce genre les restes de Sus fossiles dans ces mêmes localités et que ces messieurs ont inscrits, *loc. cit.*, comme provenant d'espèces indéterminées du G. *Porcus*; c'est au reste ce que nous ne tarderons pas à savoir, puisqu'à la grande satisfaction des zoologistes, ils ont commencé la publication de tout ce qui a été découvert d'ossements fossiles dans le dépôt qu'ils exploitent depuis si longtemps avec tant de persévérance.

12° S. TENER.

(Herm. von Meyer, *Jharb. f. min.*, 1846, p. 467.)

13° S. TRUX.

(Id., *ibid.*) *S. tener* et *S. trux*.

Ces deux noms sont employés, *loc. cit.*, pour désigner les deux espèces qui constituent le genre CALYDON de M. Herman de Meyer. La première, dont les canines sont plus petites que dans le *S. larvatus*; et l'autre, parce qu'au contraire elles sont aussi fortes que dans le *S. Æthiopicus*, mais plus courtes et tronquées à la pointe; ce qui prouve, pour le dire en passant, que ce sont des défenses de Sanglier.

14° S. ÆTHIOPICUS.

S. Æthiopicus.

Cavernes de l'Algérie.

J'ai trouvé, ce me semble, cette espèce comme ayant été rencontrée fossile en quelque endroit de la France; mais je n'ai pu me rappeler dans quelle localité et sur quelles pièces l'assertion reposait. Mais ce dont je ne fais aucun doute, parce que je les ai vues, c'est que M. Renou, chargé de la partie géologique de l'Histoire naturelle de la Nord-Afrique, a rapporté un certain nombre de dents molaires de cette espèce de Sanglier, trouvées dans une des cavernes de l'Algérie, avec des os de Rhinocéros et d'Hyènes. Comparées avec leurs analogues, je n'ai pu trouver de différences.

15° *S. scrofa.*

Pièces à l'appui.

Nous avons déjà eu l'occasion de dire plus haut que c'est à cette espèce que l'on a d'abord rapporté la plus grande partie des dents de Sanglier ou de Cochon qui ont été signalées par les paléontologistes, autant à cause de leur similitude avec leurs analogues dans l'animal vivant, que parce que c'était essentiellement dans des terrains meubles ou dans des tourbières qu'elles avaient été recueillies. M. G. Cuvier s'était borné à en citer un petit nombre trouvées en France : mais M. R. Owen l'a considérablement augmenté, quoiqu'il se soit borné à l'Angleterre.

en France, par M. Cuvier. en Angleterre, par M. R. Owen.

Il est probable qu'il faut lui rapporter les dents de Sus que M. Harlan a signalées dans son mémoire sur plusieurs ossements nouvellement découverts en Amérique, et qui avaient été trouvés avec des restes de beaucoup d'autres animaux exotiques ou indigènes à la Géorgie, quoiqu'il n'en donne pas la description.

en Amérique, par M. Harlan.

Je puis être plus explicite pour deux dents molaires recueillies comme fossiles, dans l'île de Cuba, par M. Ramon de la Sagra. L'une est une seconde avant-molaire, et l'autre une dernière molaire d'en bas, offrant tous les caractères de celles d'un Cochon de petite taille.

par M. Ramon de la Sagra.

Le S. d'Érimanthe.

(Ét. Geoff. Saint-Hilaire, *Expéd. de Morée*, *Zool.*, III, p. 46.)

Histoire.

Quoique feu M. Ét. Geoffroy Saint-Hilaire, dans sa dissertation sur les animaux anciens de la Grèce, ait proclamé d'abord que nos mœurs nous ont fait les hommes de la précision ; que le sentiment zoologique est de nos jours devenu plus profond et plus puissant (p. 29), et qu'il faut nous défier de ces penseurs nés avec des cerveaux ardents, pour lesquels produire est un besoin irrésistible, et que l'inspiration saisit avant de posséder les faits (p. 30), il est à craindre que lui-même n'ait pas joint l'exemple au précepte et n'ait peut-être été entraîné un peu trop loin en distinguant spécifiquement le Sanglier objet des actes héroïques des demi-dieux de la Grèce, et en le regardant comme une espèce probablement éteinte aujourd'hui.

Les pièces sur lesquelles il établit sa thèse sont des œuvres artistiques, savoir : Pièces à l'appui.

1) Un bout de museau ou groin de Sanglier sculpté en marbre et faisant partie d'un fronton du temple d'Hercule à Olympie, et qui a été rapporté en France par les membres de la Commission scientifique de Morée, envoyée en Grèce par S. M. Charles X; fragments de bas-reliefs.

2) Un vomitorium de gouttière, également sculpté en marbre sous forme de tête de Sanglier, et qui faisait partie de la riche collection archéologique de M. Durand; de gouttière.

3) Des figures de Sangliers représentés sur des vases dits étrusques représentant des scènes du cycle d'Hercule ou de Bacchus, et qui existaient aussi dans le cabinet de M. Durand ou dans celui de M. de Luynes. figures peintes.

Prenant des deux premiers les caractères de la forme de la tête et notamment du chanfrein, et surtout de la forme et de la disposition des défenses ; puis du troisième, ceux du front, des pieds et de la crinière, il admet que le Sanglier d'Érymanthe (auquel il joint à tort celui de Calydon comme sujet des travaux d'Hercule) avait la tête conique, acuminée ; le chanfrein arqué, les yeux remontés haut, la région sous-oculaire étendue, circonscrite inférieurement par deux énormes tubercules ou grosses verrues ; que les défenses étaient longues, assez pour atteindre d'ensemble la hauteur du museau, grêles, rondes, symétriquement arquées ; l'inférieure rangée parallèlement contre la supérieure ; toutes deux appuyées sur le derme ; et enfin que les membres étaient plus dégagés, les pieds plus fins, et la crinière étendue de la nuque à la queue. Ses caractères, tirés : de la forme de la Tête. des Défenses.

Admettant que ce dernier caractère a été signalé dans le *S. Indicus*, d'après ce qu'en ont dit MM. Diard et Duvaucel, que la face lui semble Déduction.

au contraire assez hideuse et élargie aux pommettes, comme dans le *S. Æthiopicus*, et que les défenses étaient arrondies et minces un peu comme dans le Babiroussa, il conclut qu'ayant des caractères des trois, ce ne peut être ni l'un ni l'autre, mais bien une espèce distincte; et comme il ne se trouve plus aujourd'hui dans le Péloponèse de Sanglier avec ces caractères, c'est, selon M. E. Geoffroy, une espèce qui peut-être a tout à fait disparu du globe.

Conclusion par M. E. Geoffroy.

Appréciation par moi :

Au fait, sans toucher à la question de savoir si les sculpteurs et les peintres anciens, dans les sujets où les animaux n'étaient pas représentés individuellement et, pour ainsi dire, comme portraits, mais seulement comme scéniques ou comme partie d'ornementation, s'astreignaient à représenter assez fidèlement la nature, il est impossible de trouver quelque chose de commun dans ces trois représentations, si ce n'est pour les défenses qui montrent la même erreur, dans les deux pièces de sculpture; d'être en effet égales, semblables, parallèlement implantées dans la mâchoire inférieure, ce qui certainement n'a jamais pu être.

des figures du bas-relief.

Dans le fragment de bas-relief, c'est évidemment une tête de Carnassier à museau gros et court, au milieu de la mâchoire inférieure de laquelle on a fiché deux canines hors de la bouche.

de la gouttière.

Dans le vomitorium de gouttière, c'est quelque chose de plus monstrueux encore, une espèce de charge, un front de bœuf, un œil tout à fait humain, un museau terminé carrément par deux espèces de tubes formant le boutoir, et la bouche au moins entr'ouverte pour l'écoulement de l'eau, et sans que le contact et le parallélisme des deux défenses en soit le moins du monde altéré.

de la peinture.

Quant à la peinture étrusque, dans laquelle le mouvement de l'animal est assez bien rendu, quoique la tête ne soit guère celle d'un Sanglier, il faut remarquer les pieds sans ergots, fins comme chez les Gazelles, et que la queue est tordue comme chez les Cochons; ce qui doit assez peu nous porter à penser que l'artiste, qui faisait sans doute ses figures au poncif, ait voulu laisser un portrait de Sanglier.

Conclusion.

Au reste, pour s'assurer que c'était bien un Sanglier ordinaire, du moins celui de Calydon, il suffit d'examiner la tête représentée aux pieds de la statue de Méléagre, dont une copie est dans le jardin des Tuileries.

S. Chœrotherium.

M. Lartet, dans le nombre immense d'ossements fossiles qu'il a recueillis à Sansans, a désigné sous le nom de Chœrotherium une pièce qui provient du genre Sus; elle consiste en un fragment de mâchoire supérieure du côté gauche, portant bien enchâssées les deux dernières molaires, peu ou point entamées : de ces deux dents, qui occupent un espace total de 0,036 en longueur, la pénultième est carrée, un peu arrondie en arrière par un bourrelet denticulé, et pourvue à la couronne de deux collines transverses dont chacune est divisée en deux forts tubercules coniques, avec un tubercule intermédiaire et un bourrelet antérieur denticulé. Mâchoire. Dents. Pénultième molaire.

La postérieure ou dernière est au contraire triangulaire, assez courte proportionnellement à la base antérieure et bordée d'un bourrelet droit et denticulé. La couronne est du reste également partagée en deux collines transverses à deux mamelons un peu obliques, avec un cinquième mamelon conique pour talon, en sorte que par la forme de cette dernière c'est avec le *S. babirussa* que cette espèce aurait plus de rapports. Dernière molaire.

Il se pourrait qu'on dût lui rapporter une autre pièce provenant également de Sansans, quoique de moindre taille, et qu'au premier aspect M. Lartet avait considéré comme provenant d'un Maki, et qui sans aucun doute est d'une espèce de Sus, comme l'indique la longueur et la forme de la symphyse, ainsi que la déclivité des incisives. Mandibule d'une autre espèce.

C'est un fragment terminal de mandibule, borné presqu'à la symphyse et bordé par les alvéoles au moins des six incisives, des deux canines, et des trois premières molaires.

La symphyse est longue, très-soudée, très-oblique, en forme de gouttière en dessus, lisse et arrondie en dessous. Symphyse.

Incisives.

Le bord antérieur était pourvu de six incisives, serrées, déclives, dont les deux seules restantes sont étroites et tronquées carrément par l'usure à l'extrémité, comme chez les Sus, seulement elles sont moins déclives et moins convergentes en dedans.

Canines.

Les canines cassées au collet devaient être assez fortes, mais sans doute moins déjetées en dehors.

Alvéoles des molaires.

D'après les alvéoles des trois avant-molaires, on peut juger que la première, presque contiguë à la canine, était large et plate, son alvéole étant en trou de serrure, et que les deux autres également larges et plates, mais avec deux racines assez divergentes.

Distribution géographique des espèces.

Après cette énumération critique des espèces anciennes de Sus qui ont été proposées par les paléontologistes, considérées sous le rapport zoologique, voyons maintenant, suivant notre marche ordinaire, à les étudier sous le rapport de leur distribution géographique et géologique.

1. vivantes. *S. scrofa*, sauvage.

Pour les espèces encore vivantes à la surface de la terre, tous les zoologistes sont à peu près d'accord pour regarder le *S. scrofa* sauvage comme répandu dans toute l'Europe centrale et méridionale, dans la partie septentrionale de l'Afrique (1), dans toute l'Asie mineure, l'Asie occidentale (2) et boréale; ce n'est que dans l'Asie méridionale et orientale qu'il n'y a pas unanimité, les uns considérant comme espèces distinctes les *S. Indicus*, du continent indien, *S. Sinensis*, de Siam et de Chine, *S. leucomystax*, du Japon, et surtout pour les îles de l'archipel indien, où l'on a proposé, dans ces derniers temps, les *S. Papuensis, vittatus, Timorensis, barbatus, Celebensis, verrucosus,* qu'il nous a été impossible de caractériser par les systèmes ostéologique et odontographique.

(1) J'ai dit plus haut que des têtes osseuses du *S. scrofa* des royaumes d'Alger aussi bien que de l'Égypte inférieure et supérieure, ne pouvaient être distinguées spécifiquement de celles du Sanglier d'Europe. M. Ehrenberg nous apprend en effet que le *S. scrofa domesticus* et *ferus* se trouve en Égypte, et que des pieds récemment coupés qu'il a vus à Alexandrie ne lui ont paru différer en rien de ceux d'un Sanglier d'Europe.

(2) M. Ehrenberg fait la même observation pour la Syrie que pour l'Égypte. La tête d'un Sanglier qu'il a vu dans un village du Mont-Liban lui a paru seulement un peu plus longue.

domestique.

Quant au *S. scrofa domesticus*, les zoologistes sont également d'accord pour reconnaître comme un fait hors de doute qu'il est aujourd'hui répandu dans toutes les parties du monde, où l'espèce humaine l'a emmené avec elle, sauf dans les parties les plus boréales des deux continents ; ce qui date déjà de plus de trois cents ans pour certaines parties de la terre.

Il est également reconnu comme un fait hors de doute que le *S. scrofa* domestique peut redevenir sauvage et perdre la livrée qu'il avait acquise.

Toutes les autres espèces sont au contraire limitées à certaines parties du continent qu'elles habitent.

S. larvatus.

Le *S. larvatus* à toute la partie occidentale et méridionale de l'Afrique, et probablement aussi dans ses parties centrales ; ce qui est encore plus certain pour Madagascar.

S. Æthiopicus.

Le *S. Æthiopicus* aux mêmes régions du même continent, peut-être aussi à Madagascar et probablement à Fernando-Pô, mêlé par conséquent avec le précédent ; mais, de plus, d'une part dans le royaume de Maroc, et d'une autre dans toutes les parties de l'Abyssinie, en admettant, ce que je crois hors de doute, que les *S. Africanus* et *Haroia* de M. Ehrenberg appartiennent à la même espèce.

S. babirussa.

Le *S. babirussa* exclusivement à la plupart des îles de l'archipel indien.

S. torquatus et S. labiatus.

Enfin les deux espèces de Pécaris, le Pécari proprement dit et le Tajassu, qui, décrites par d'Azara comme distinctes, sont exclusivement propres aux contrées les plus chaudes de l'Amérique méridionale, dans le versant oriental, depuis la Guyane jusqu'au Paraguay.

II. fossiles.

Voyons maintenant pour les espèces fossiles.

S. SCROFA.

1° Le *S. scrofa* (1), sans qu'on ait pu distinguer les pièces qu'on lui rapporte, suivant qu'il était sauvage ou domestique, est celui dont on a trouvé le plus grand nombre de restes dans le plus de lieux et de terrains différents.

(1) Comprenant les *S. proavitus* (V. Schlottheim), *priscus* (Goldf.) et *priscus* (Marcel de Serres).

en Russie.

Je n'en ai cependant pas remarqué chez les paléontologues qui ont parlé des ossements fossiles recueillis en Russie ou dans le nord de l'Allemagne.

en Allemagne.

dans les cavernes.

Il est même digne d'être observé que, dans les cavernes si nombreuses dans la périphérie des montagnes d'Allemagne, on n'ait encore signalé que le fragment de mandibule que M. Goldfuss a rapporté à une espèce distincte sous le nom de *S. priscus*, provenant de la caverne de Sundwich en Westphalie.

dans l'alluvion.

M. G. Cuvier cite cependant une moitié inférieure d'humérus de *Sus*, qu'Adrien Camper avait reçue des environs du Hartz, et dont il lui avait envoyé un dessin; et avant M. Goldfuss, M. de Schlottheim avait indiqué, sous le nom de *S. proavitus* (*Petref.*, p. 11), six défenses et quatre molaires provenant de Bullstadt et de Termstadt en Thuringe; ainsi qu'un fragment de mandibule portant une dent, et une autre dent isolée de Werninghausen.

en Belgique, d'après M. Schmerling.

Il n'en est pas tout à fait de même en Belgique, et surtout dans les cavernes de la province de Liége. M. Schmerling en effet nous apprend, dans son grand ouvrage sur ce sujet, que, dans presque toutes les cavernes qu'il a explorées, il a trouvé quelques dents canines ou molaires. Il en cite même deux ou trois que leur moindre taille le porte à considérer comme indiquant une espèce distincte.

M. Delaunay.

M. Delaunay, dans un ouvrage que nous avons eu l'occasion de citer plus haut, a mentionné une tête d'une espèce fossile de Sanglier, qui lui semblait différent de celui du pays par sa grandeur extraordinaire, dans un terrain de tourbe, à Alost, aux environs de Bruxelles; et M. Charles Morren, dans son mémoire sur les ossements d'Éléphants fossiles en Belgique, fait mention d'un fragment de mandibule provenant de la même tourbière d'Alost.

M. Morren.

M. Van Hess.

J'ai vu moi-même et dessiné au plafond d'une des nombreuses rues qui traversent en tout sens la célèbre montagne de Saint-Pierre, aux portes de Maestricht, des séries de dents de *S. scrofa*, dans leur ordre naturel, quoiqu'un peu écartées entre elles, sans aucune partie des mâchoires où elles avaient été implantées (1).

en Angleterre, par M. R. Owen.

Mais c'est surtout en Angleterre que l'on a trouvé des restes de *S. scrofa*, dans le plus grand nombre de points géographiques et géologiques, comme nous l'apprend l'article étendu que M. R. Owen a consacré à ce point de paléontologie, dans son Histoire des Mammifères et Oiseaux fossiles de l'Angleterre;

dans le crag rouge.

Une portion d'incisive externe inférieure (fig. 193), dans une fissure du crag rouge de New-Borne, près de Woodbridge (Suffolk), avec une dent de Félis de la taille d'un Léopard, des restes d'Ours et d'un grand Cerf, et ayant le même aspect que tous les fossiles du crag rouge, reconnu par M. Lyell comme plus ancien que le crag de Norwich, où l'on a trouvé des restes de Rhinocéros, de Mastodonte et de Cheval; plus ancien même que le pliocène fluviatile, dans lequel sont des traces d'Éléphants et de Rhinocéros;

dans le diluvium.

Un fragment de mandibule portant les deux dernières molaires (fig. 174) avec une longue défense pointue, tirée d'une terre à briques à Grays (Essex), à vingt pieds de la surface, associée à des os de Cerfs et des portions de bois charbonné;

dans un dépôt d'eau douce.

Quelques restes d'un jeune *Sus*, trouvés dans un dépôt d'eau douce à Grays, contenant aussi des restes d'Éléphants et de Rhinocéros;

dans un terrain tertiaire.

Une défense supérieure gauche, provenant des lits supérieurs de pliocène, auprès de Brighton, présentant une bande d'émail plus étroite que dans le Sanglier d'Europe, ainsi que les cannelures plus prononcées;

dans le diluvium,

L'extrémité inférieure d'une défense de Sanglier et la couronne d'une

(1) M. Van Hess qui voulut bien m'accompagner dans l'examen que j'ai fait en 1829 de ces carrières, et qui m'a indiqué ce fait, avait d'abord supposé que ces dents étaient en pleine roche; mais il a bientôt reconnu le contraire, en sorte qu'on peut supposer, pour se rendre raison de ce fait, qu'un Sanglier était tombé dans une faille ou puits ouvert dans la montagne, et qu'ensuite les éboulements des parois de cette ouverture l'avaient remplie en enveloppant le cadavre, et que par la suite des temps les os avaient été détruits par une sorte de calcination, ce qui avait laissé les dents à peu près dans leurs rapports, et qu'ensuite l'excavation souterraine les avait mises en évidence par-dessous.

dent molaire tuberculeuse d'un jeune Cochon, provenant d'une argile bleue d'une forêt submergée à Hasbro, sur la côte de Norfolk, dans les mêmes conditions que les restes d'espèces éteintes de cette localité, et probablement alors de la même ancienneté, quoique plus rares;

à Hasbro.

à Portland.

Un beau crâne de Sanglier (fig. 172) avec sa mandibule, trouvé dans une fissure des carrières de Portland, et qui est indubitablement identique avec le Sanglier et sur lequel M. Buckland a lu un mémoire à la Société de Géologie de Londres, déclarant cette pièce de la même ancienneté que les os de *Trogotherium* ou de Castor;

dans une caverne.

Des restes de Cochon associés avec des os d'*Ursus arctos* et autres espèces de Mammifères éteints, trouvés dans la caverne calcaire de Arnside-Knott, près de la ville de ce nom;

La partie antérieure du côté gauche d'une mandibule de Cochon, trouvée dans une formation de dépôt littoral, à Kesslingland (Suffolk);

Une autre pièce de même sorte, trouvée à quatre ou cinq pieds au-dessous de la surface d'une tourbière, sur un lit de gravier, dans le Norfolk;

dans une glaise.

Une molaire supérieure et des défenses inférieures d'un Sanglier, trouvées à Newbury, comté de Berk, à dix pieds de profondeur, dans une glaise d'eau douce, avec des os de Loup, Castor, Cheval, Chevreuil et de grand Cerf;

dans la tourbe.

Des dents de Cochon et des os presque détruits, provenant d'une tourbe dans le comté de Lincoln;

Des molaires et des défenses, à dix pieds de la surface, dans une tourbière à Abington (Suffolkshire) avec une grande quantité de noisettes, de noix, de charbon, sur un lit de sable, envoyées à Hunter en 1787.

en France.

En France, j'ai trouvé dans les collections du Muséum :

vallée de la Somme.

Une canine ou défense supérieure du côté gauche, remarquable par sa très-grande taille, sa forme triquètre, mais assez fortement comprimée et striée, usée seulement à la pointe, provenant du lit de la Somme, près d'Abbeville, et que nous devons à la générosité habituelle de M. Boucher de Perthes;

Une molaire inférieure du côté droit, provenant également des environs d'Abbeville, et que nous a donnée M. de Lafresnaye, amateur fort éclairé d'ornithologie ;

La vallée de l'Oise, qui renferme comme la précédente un grand nombre de tourbières, a fourni beaucoup plus d'ossements de Sanglier, sans doute parce qu'on a moins négligé de les recueillir. C'est ce que nous apprend M. Graves dans l'ouvrage aussi bien que consciencieusement fait qu'il vient de publier sous le titre modeste d'*Essai sur la topographie géognostique du département de l'Oise*. N'ayant pas vu ces pièces, nous ne pouvons mieux faire que de transcrire ce qu'il dit des fossiles du *S. scrofa*, p. 584 : d'après M. Graves. vallée de l'Oise,

« Les défenses de Sanglier sont au nombre des débris les plus com- » muns, surtout les inférieures, dans la tourbe, depuis les plus grands » dépôts jusqu'au simple bouzin en contact avec le terreau superficiel ; » elles sont souvent partagées dans le sens de leur longueur. Les autres » dents sont moins abondantes ; on en a trouvé avec des portions de mâ- » choires à Sénecourt et à Say-le-Grand. Une tête complète provient des » tourbières de Rue-Saint-Pierre.

» La couche tourbeuse de la vallée de l'Ourcq contient des débris pa- » reils, ainsi que le dépôt de tourbe pyriteuse de Groincourt. vallée de l'Ourcq.

» On en a recueilli dans le limon superficiel de la vallée de l'Oise, à » Pintrelle. »

M. G. Cuvier n'avait connu qu'un fragment de mandibule provenant de la vallée de l'Oise et faisant partie de la collection de l'École des Mines.

La vallée de la Seine proprement dite a été moins heureusement exploitée sous ce rapport. vallée de la Seine,

M. G. Cuvier cite une défense trouvée dans les fouilles pour la fondation de la culée Est du pont d'Iéna, mais avec des dents de Chevaux et même des débris de bateaux et d'autres produits de l'industrie humaine. par M. G. Cuvier.

Nous pouvons ajouter :

Des dents de Sanglier recueillies dans les failles des coteaux de Mont-

MM. C. Prevost et Desnoyers. morency, par MM. Constant Prevost et J. Desnoyers, avec une grande quantité d'ossements de petits animaux européens.

M. Duval. Une ou deux incisives, quatre morceaux de canines ou défenses d'en bas, trois de droite et une de gauche, d'assez médiocre taille, et une série presque complète de molaires implantées dans des fragments de mandibules, outre une septième isolée et du côté gauche, toutes indiquant un animal de taille au plus médiocre, et trouvées, d'après l'indication qu'a bien voulu joindre à la communication de ces pièces M. Duval, pharmacien à Paris, les unes depuis la Gare jusqu'à Vitry, dans la tranchée du chemin de fer d'Orléans, et les autres dans celle des fortifications de la barrière d'Italie à Villejuif, avec des restes d'animaux indigènes et exotiques.

vallée de l'Orne. Dans la vallée de l'Orne, nous pouvons citer les deux mâchoires d'un animal provenant des environs de Caen, et envoyées à notre collection par M. Lamouroux, alors professeur à la Faculté des Sciences de Caen.

Les parties orientales de la France nous en ont encore fourni. Nous connaissons :

en Bourgogne. Des restes d'un *Sus* d'assez petite taille, trouvés avec des os d'animaux indigènes dans une caverne des environs de Châtillon en Bourgogne, d'après M. Baudoin ;

Une dent provenant de la caverne d'Échenots, et envoyée à la collection par M. Thiria ;

en Franche-Comté. Des restes non spécifiés, d'après M. Buckland, dans la grotte d'Orselles en Franche-Comté, département du Doubs, avec des ossements d'Éléphants, de Rhinocéros et d'Hyènes (1).

au Sud-Ouest. Le sud-ouest de la France n'a encore fourni d'autres traces du *S. scrofa*, que dans la grotte de l'Avison, d'où M. Billaudel a envoyé au Muséum

(1) J'ai déjà eu l'occasion de parler des nombreuses cavernes qui sont creusées dans le Jura, aux environs de Besançon, et du fait observé par M. Gevril que ces cavernes ne contiennent que des os d'Ours ; mais un fait plus intéressant, que pour ne pas l'oublier, je veux consigner ici, c'est que d'après une note manuscrite de cette même personne, il y a trouvé une dent de Mastodonte.

un germe de septième molaire supérieure du côté droit et un fragment de mâchoire supérieure, n'offrant ni l'un ni l'autre rien de remarquable.

Le dépôt si abondant des environs de Pons n'en contenait pas, comme je m'en suis assuré.

Les paléontologistes qui ont exploré le midi de la France en ont trouvé un plus grand nombre de restes. au Sud.

Ainsi ils en citent de la caverne de Bize, et de celle de Mialet; mais sans dire ce qu'ils sont. dans les cavernes : de Bize. de Mialet.

M. de Christol en indique dans le dépôt de Pézénas, mais également sans les spécifier. de Pézénas.

Une tête entière avec sa mandibule, d'assez nombreux fragments de mâchoires et de mandibules d'âges différents, des os de presque toutes les parties du squelette, et enfin des dents isolées, incisives, défenses et molaires, dont j'ai examiné plusieurs existant dans la collection du Muséum, ou qui m'ont été communiqués tout dernièrement par M. P. Gervais, ont été recueillis dans la caverne de Lunel-Viel, qui a fait le sujet d'un travail étendu par MM. Marcel de Serres, Dubreuil et Jeanjean. de Lunel-Viel.

Nous avons déjà parlé de ces différentes pièces à l'article du *S. priscus*, que nous avons montré n'être indubitablement qu'un *S. scrofa*.

Des restes de Cochon dans la brèche de Sallèles, département de l'Aude, d'après M. de Christol. dans les brèches.

Une belle tête presque entière, dans les environs de Lyon, d'après le témoignage de M. P. Gervais, qui l'a vue dans le muséum de cette ville(1).

Enfin, en Italie, je ne connais guère que la mandibule d'un animal en Italie.

(1) Je dois encore noter, pour confirmer l'ancienneté de la domesticité du *S. scrofa*, que dans les tumulus ouverts en France, par exemple dans ceux du camp de César, près de Dieppe, par M. Fécet, sous les yeux et par les ordres de S. A. R. Madame la duchesse de Berry, qui s'intéressait si vivement à tout ce qui pouvait aider les progrès des sciences et des beaux-arts, on a constamment trouvé des os de *S. scrofa* avec ceux d'autres animaux domestiques; et que tout récemment dans les fouilles faites auprès de Notre-Dame, on a recueilli une demi-mandibule de Marcassin, ou de Cochon de lait, à vingt pieds au-dessous du sol actuel, sur un ancien pavé en briques.

dont parle M. G. Cuvier, *loc. cit.*, II, p. 126, comme ayant été vue et dessinée dans le muséum de Florence par M. Ad. Brongniart, qui ait été citée comme provenant du val d'Arno. Je n'ai pas noté avoir aperçu des restes fossiles de *S. scrofa* dans le muséum de Florence, non plus que dans celui de Figlino; et M. Nesti ne me semble pas en avoir indiqué dans ses mémoires paléontologiques sur ce célèbre dépôt.

Val d'Arno.

Malheureusement M. G. Cuvier ne figure pas le fragment du val d'Arno, et se borne à dire qu'il lui a paru ressembler à la mandibule du Sanglier commun de même âge.

en Suisse.

En Suisse, M. G. Cuvier cite une mandibule de *Sus*, dont le dessin lui a été envoyé par M. Bourdet de la Nièvre, et qu'il paraît regarder comme du *S. scrofa*, quoique cette pièce ait été trouvée dans le nagelflue de la molasse du Moliereberg, au bord oriental du lac de Neufchâtel.

en Amérique méridionale. septentrionale.

Enfin nous pouvons ajouter que l'on a rencontré indubitablement des restes de *S. scrofa* sauvage ou plus probablement domestique dans l'île de Cuba, d'après M. Ramon de la Sagra, et dans la Nord-Amérique, suivant M. Harlan.

2° S. ÆTHIOPICUS. en Algérie.

2° Le *S. Æthiopicus* n'a encore été recueilli que dans la localité citée à son article, représenté par des fragments de deux ou trois septièmes molaires, dans une caverne de l'Algérie, province d'Oran? avec des ossements de Rhinocéros d'Afrique, et d'une grande Panthère.

3° S. ARVERNENSIS.

3° Le *S. Arvernensis* n'a été encore rencontré qu'en un petit nombre d'endroits.

en Auvergne.

Les deux fragments d'un seul et même individu d'âge intermédiaire sur lesquels il a été proposé, recueillis en Auvergne, dans le ravin des Etuaires, dans un terrain attribué au diluvium ancien par les uns, ou au dernier des terrains tertiaires par les autres.

en Gascogne. à Sansans.

Je crois devoir rapporter à la même espèce un certain nombre de pièces recueillies dans le dépôt de Sansans, et dont il a été parlé à l'article *Chœrotherium*; ce n'est cependant qu'avec une certaine hésitation et avec doute que je m'y suis décidé.

4° Le *S. antiquus* ne me paraît encore avoir été signalé que dans un seul dépôt, à Eppelsheim, d'après les seules pièces suivantes : 4° S. ANTIQUUS.

a) Un côté droit presque entier de mandibule sur lequel cette espèce a été établie, ainsi qu'il a été dit plus haut par M. Kaup, et qui a été recueilli dans le dépôt d'Eppelsheim ; Mandibule.

b) Un autre fragment de mandibule que M. Kaup a rapporté à l'espèce qu'il a nommée *S. palæochœrus ;* une autre.

c) Une pénultième molaire supérieure gauche; Dents.

d) Une dernière ou septième d'en haut, attribuée par M. Kaup à son *S. palæochœrus ;*

e) Une pénultième inférieure du même côté;

f) Une septième mâchelière d'en bas, rapportée par M. Kaup à son *S. palæochœrus ;*

g) Une incisive moyenne gauche d'en bas;

h) Un astragale. Astragale.

5° Le *Sus antediluvianus* que j'avais d'abord été porté à considérer comme devant être réuni au précédent, ne repose chez M. Kaup qui l'a proposé, que sur deux molaires, l'une qui pourrait bien n'être qu'une dent de première dentition fort usée et une dernière molaire d'en haut; l'une et l'autre d'Eppelsheim. Je crois devoir lui rapporter les pièces suivantes, provenant des dépôts de l'Orléanais et que je connais grâce à la complaisance empressée de M. Lokart et de M. le docteur Thion, dans la collection desquels elles se trouvent : 5° S. ANTEDILUVIANUS. d'Eppelsheim. de l'Orléanais.

Une dernière molaire d'en haut figurée dans mon mémoire sur les Paléothérium, pl. des Chœropotames, mais avec doute, comme de Chœropotame, nom sous lequel elle était inscrite dans la collection du Muséum d'Orléans; mais il est évident qu'elle ne peut être rapportée à ce genre. En effet, dans celui-ci, la septième molaire d'en haut est presque carrée, sub-transverse, sertie d'un bourrelet presque continu, entourant deux collines décomposées chacune en deux grosses pointes coniques très-basses, sans le moindre indice de talon en arrière; tandis que dans la pièce de l'Orléanais son analogue est triangulaire, parce qu'aux deux 7e Molaire supérieure.

collines presque tranchantes et seulement bilobées à leur bord, se joint en arrière un talon formant une cinquième pointe; absolument comme dans la dent sur laquelle repose le *S. antediluvianus* de M. Kaup.

une autre.

Une autre septième qui est dans le même cas; seulement le talon est un peu plus étroit.

Mandibule. ses Dents. Sixième. Septième.

Un fragment de mandibule du côté gauche et portant bien implantées, du moins à la face interne (car la paroi externe est enlevée), les deux dernières dents molaires ayant évidemment un certain aspect de Lophiodon, tant les collines sont marquées et les tubercules intermédiaires peu nombreux. La pénultième est du reste presque carrée, un peu plus longue cependant qu'épaisse, avec ses quatre racines bien divergentes. La dernière lui ressemble assez dans ses deux tiers antérieurs, mais elle est augmentée d'un large talon arrondi formant une troisième colline avec un simple tubercule interne.

autre Mandibule. ses Dents de lait. de remplacement.

Un autre fragment de mandibule du même côté, et montrant les trois dents de remplacement encore dans leurs alvéoles, au-dessous des dents de lait, en grande partie brisées à la couronne, et de plus en arrière, l'antépénultième et la pénultième bien sorties, mais dont la première seule est un peu usée; les trois dents de remplacement n'ont évidemment qu'une seule pointe, avec un talon croissant de la seconde à la troisième, la première n'en ayant pas, et n'ayant peut-être aussi qu'une seule racine, au contraire des autres qui en ont deux et peut-être trois à la troisième.

De Simorre.

On peut aussi rapporter à cette espèce deux pièces provenant du dépôt de Simorre, savoir :

Défenses : supérieure.

a) Une défense supérieure du côté droit fort semblable à son analogue dans le *S. scrofa*, mais un peu plus forte que celle d'un Sanglier de grande taille de la collection. Elle a en effet $0^{m},021$ de diamètre à la partie la plus large;

inférieure.

b) Une défense inférieure du côté gauche également semblable à celle d'un *S. scrofa* de taille médiocre.

En sorte que si ces défenses seules étaient consultées ou prises en considération, on pourrait parfaitement admettre que le Sanglier ordinaire a laissé de ses traces dans le dépôt de Simorre; ce qu'il est impossible de dire pour les molaires implantées dont je viens de parler.

6° S. SOEMMERINGII.

6° Le *S. Soemmeringii* que nous avons vu être le type du genre que M. Herman de Meyer a nommé *Hyotherium*, ne reposant que sur un fragment de mandibule pourvue de ses quatre dernières dents, et qui a été trouvée dans le dépôt de Georgensgemund.

Mandibule.

Je crois pouvoir lui rapporter un fragment de mandibule du côté droit, ne portant plus que les deux dernières dents molaires, dont la pénultième est fort usée, et dont la grandeur totale, la proportion entre elles et dans leurs parties me semblent ressembler complétement aux analogues du fragment de Georgensgemund, aussi bien qu'avec ce qu'on peut voir chez le *S. larvatus*, les collines étant en général plus tubérifères, et le talon de la postérieure étant notablement plus grand que dans le *S. antiquus*, mais moins que dans le *S. scrofa*.

des faluns de l'Anjou.

Ce fragment de couleur d'un brun foncé pour l'os, et d'un noir de jayet pour les dents ne m'est pas connu dans son origine. Il n'en est pas de même des trois suivantes qui m'ont été communiquées par M. Desnoyers, et proviennent des faluns aux environs de Doué, en Anjou (1):

Dents Molaires.

Une dent molaire, antépénultième du même côté, s'ajustant fort bien à une esquille de mandibule, ayant le même aspect que le fragment précédent, et provenant peut-être du même gisement;

un germe.

Un germe de la même sorte de dent et de même taille, mais encore plus poli, plus luisant, montrant les tubercules intermédiaires aux deux collines bi-mamelonnées;

un autre.

Un autre germe d'une dent plus petite, plus parallélogrammique, très-probablement une antépénultième du côté gauche, et qui conserve encore les mêmes caractères que la précédente.

comparé au *S. larvatus*.

C'est certainement autre chose que l'espèce à laquelle ont appartenu

(1) Ce sont peut être des dents analogues sur lesquelles repose le *Chœropotamus Cuvieri* de M. R. Owen dans la note de M. Lyell sur les faluns de la Loire (Proceed. Geol., soc. III, part. II, p. 437. 1831).

les fragments de l'Orléanais, que nous avons rapporté au *S. antediluvianus*, évidemment plus voisin des Chœropotames. Les quatre pièces des faluns rappellent bien davantage le *S. larvatus*, plus peut-être même que celui de Georgensgemund, que je ne connais, il est vrai, que par la figure et la description qu'en a données M. Bronn.

Des sables marins de Montpellier. *S. provincialis.*

Je suis fort enclin à rapporter au *S. antediluvianus* de M. Kaup, ou au *S. Arvernensis*, ou mieux encore au *S. larvatus* de l'Anjou, l'espèce à laquelle les paléontologistes de Montpellier ont rapporté les pièces fossiles trouvées dans les sables marins de Montpellier, et qu'ils ont nommé *S. Provincialis.* En effet, d'après les pièces mêmes que vient de m'envoyer (2 nov. 1847) en communication M. P. Gervais, et qu'il avait déjà figurées dans des planches inédites, si je ne me trompe, la série des cinq dernières molaires d'en bas, sur deux fragments de mandibule d'individus différents, avec une pénultième et une dernière d'en haut, et les deux mêmes dents d'en bas, mais un peu plus petites, il me semble difficile de n'y pas reconnaître ce degré de simplification du talon des septièmes que nous avons noté dans le *Sus larvatus.*

7° S. SIVALENSIS.

7° Le *S. Sivalensis* n'a été jusqu'ici trouvé que dans les dépôts sivaliens des sous-Himalayas, ainsi qu'il a été dit à son article.

8° S. TORQUATUS.

8° Le *S. torquatus* n'a été également trouvé fossile jusqu'ici que dans les cavernes du Brésil, d'où provenaient les fragments sur lesquels M. Lund a proposé son *S. collaris.*

9° S. AMERICANUS.

9° Le *S. Americanus* de M. Harlan, en supposant que le fragment sur lequel il a été établi ait appartenu au genre Sus, ce dont je doute beaucoup, n'aurait également été trouvé qu'en Amérique.

RÉSUMÉ.

1° *Sous le rapport historique et critique.*

L'animal type de ce genre n'a pu donner lieu à aucune dissidence parmi les historiens de la nature, depuis les premiers temps où l'homme s'en est occupé jusque aujourd'hui, et les différences d'opinions n'ont guère porté que sur les espèces qui en ont été rapprochées pour en constituer le genre, et peut-être aussi, sur ses rapports avec le reste de la série des mammifères; cependant il a toujours été considéré comme très-voisin de l'Hippopotame avec lequel même on l'a quelquefois réuni, par exemple Charleton dès 1664.

2° *Sous le rapport zooclassique.*

Les deux genres Hippopotame et Sus ne forment presque qu'un degré d'organisation intermédiaire aux Ongulogrades à système digital impair et aux Ruminants, le premier n'étant pour ainsi dire qu'une sorte d'anomalie plus aquatique que le second.

Les caractères génériques étant les mêmes sous le rapport du système digital, quatre doigts en avant comme en arrière, dont les deux extrêmes sont plus ou moins utiles, aussi bien que sous celui du système dentaire $\frac{1-2-3}{3}+\frac{1}{1}+\frac{7}{7}$, avec quelques particularités biologiques des narines et des oreilles.

La disposition des espèces pouvant être établie d'après la considération du système digital, et alors les Pécaris sont à la fin, ou bien d'après celle du système dentaire, et alors la série commencée par ceux-ci, devra se terminer par le Sanglier d'Éthiopie, chez lequel les incisives d'en haut, diminuées de nombre, finissent par disparaître.

3° *Sous le rapport ostéographique.*

On trouve un rapprochement plus évident avec les Ruminants que chez les Hippopotames par la nature encore plus dense des os, une plus grande compression du tronc, par une plus grande élévation des membres, et surtout dans les doigts dont les phalanges onguéales des intermédiaires sont presque bisulques, mais conservant un caractère qui leur est propre dans la forme pyramidale de la tête et dans celles des ouvertures nasales soutenues par un ostéide.

4° *Sous le rapport odontographique.*

Ce groupe d'espèces offre des particularités assez grandes :

Dans la seconde dentition, les incisives disposées en pince, les inférieures agissant contre les supérieures, remplacées quelquefois par un bourrelet; les canines ne s'enradiculant qu'extrêmement tard, anguleuses et plus ou moins exsertes et recourbées en dehors; les avant-molaires comprimées et tranchantes; les postérieures à collines transverses, plus ou moins dissimulées par des tubercules intermédiaires, et sub-similaires par la couronne aussi bien que par les racines quadruples aux deux mâchoires.

Dans la première dentition, les incisives sont assez bien comme dans l'état adulte; les canines sont au contraire extrêmement différentes, presque rudimentaires; les molaires au nombre de trois seulement, mais assez long-temps concomitantes avec la première, avec la cinquième et même avec la sixième de la seconde dentition.

5° *Sous le rapport de la distinction des espèces.*

Les *Sus* peuvent être spécifiquement caractérisés par la considération de la disproportion des doigts extrêmes, par rapport aux intermédiaires qui prédominent de plus en plus, suivant que l'espèce se rapproche davantage des Ruminants, et plus aisément encore en ayant égard au système dentaire dans ses trois parties : les incisives dans leur nombre à la mâchoire supérieure où seul il est variable et dans leurs proportions entre elles; les canines dans leur disposition plus ou moins défensives et exsertes; les molaires dans leur nombre, par anomalie, dans leur proportion relative, dans la forme plus ou moins simple de leurs collines, et surtout dans la proportion et le développement du talon de la septième ou dernière d'en haut comme d'en bas où il est toujours plus marqué, le moins possible dans la première espèce, et presque aussi grand que la dent elle-même dans la dernière.

C'est d'après cette considération que j'établis la série des espèces vivantes et fossiles du genre Sus, ou du moins de celles dont j'ai pu connaître au moins l'une ou l'autre des deux septièmes molaires.

On se rappellera peut-être que dans mon mémoire sur les Paléothériums j'ai terminé par les Anthracothériums et les Chœropotames, c'est-à-dire par des espèces d'Ongulogrades à troisième trochanter au fémur, comme chez les espèces à système digital impair, mais à astragale en osselet, comme dans celles à système digital pair.

On se rappellera peut-être aussi, qu'en parlant du Chœropotame établi par M. G. Cuvier sur deux fragments trouvés dans le gypse des environs de Paris, j'ai cru devoir regarder comme provenant plutôt d'une espèce de Sus, une moitié de mandibule recueillie en Angleterre, et que M. R. Owen avait considérée comme étant celle du Chœropotame de Paris. Je croyais avoir traité la question de manière à laisser peu de doutes; cependant, lors du dernier voyage qu'il vient de faire à Paris, j'ai cru apercevoir dans un de nos entretiens scientifiques, que M. R. Owen n'était pas convaincu; il paraîtra donc convenable que je revienne un moment sur ce sujet, d'autant plus que, si cette mandibule controversée, dont il a même eu la généreuse amabilité de m'apporter un fort beau moule en plâtre, a appartenu à une espèce du genre *Sus*, je dois l'y comprendre, et ensuite parce que, dans mon article sur les Chœropotames, je n'ai peut-être pas suffisamment traité la question de savoir si les deux pièces attribuées par M. G. Cuvier à son *Chœropotamus Parisiensis* appartiennent bien certainement à la même espèce animale, comme il l'a admis sans discussion préalable.

En m'occupant de ce fossile, je n'ai pas été assez explicite sur l'origine de ces deux fragments, qui proviennent bien également des gypses des environs de Paris, mais qui ont été trouvés à des distances de lieux et de temps très-différents.

Le fragment de mandibule, en effet, l'avait été le premier en 1800, à Villejuif, sur la rive gauche de la Seine, et fut donné à M. G. Cuvier par M. Vaysse.

Le second le fut au contraire plus de vingt ans après dans les carrières de Montmartre.

Il est question du premier de la part de M. G. Cuvier dès 1812, dans un supplément aux Fossiles de Paris, tom. III, p. 61, de la première édition de ses Recherches, où elle est figurée Pl. XIII, fig. 3ABC.

Mais la seconde pièce n'a été décrite et figurée que dans la seconde édition en 1821, tom. III, p. 260, Pl. LXVIII, fig. 1 et 2, et c'est seulement à cette époque qu'il proposa de considérer ces deux pièces comme ayant appartenu à une espèce animale devant former un genre distinct de Pachyderme qu'il nomme Chœropotame, sans rien savoir au fond de ce que pouvait être cet animal, devenu par son nom un Cheval de rivière.

Ainsi, pour pouvoir porter un jugement définitif sur la mandibule d'Angleterre, il faut préliminairement s'enquérir si les deux fragments attribués au *Chœropotamus Parisiensis* sont bien du même animal. S'ils avaient été trouvés à la fois, l'un à côté ou à peu de distance de l'autre, on pourrait le supposer avec quelque vraisemblance; mais il est bien loin d'en être ainsi, et il est impossible d'agir aussi rondement que l'a fait M. G. Cuvier à ce sujet.

Il n'est pas possible de se servir des incisives, qui n'existent ni dans l'un ni dans l'autre morceau; mais, dans celui de la mandibule, on voit très-bien l'empreinte d'une de ces dents, que je crois être la seconde; elle paraît avoir été assez large, et son implantation presque verticale.

On peut tirer plus de parti des canines, dont l'une existe au fragment de mandibule. Elle est assez petite, parce qu'elle est, je crois, assez jeune, tant elle est creuse à la base; mais elle est certainement conique et verticale, ne ressemblant en rien à une défense d'aucune espèce de Sus, pas même de Pécari.

Les molaires et surtout les avant-molaires sont les parties dont on peut le mieux tirer parti, puisqu'elles existent à l'un et à l'autre des fragments.

Au supérieur, après un court espace vide, où cependant M. G. Cuvier n'ose décider s'il y avait ou non une dent, vient une première dent triangulaire, comprimée, à une seule pointe et à deux grosses racines écartées, avec un très-léger tubercule vers la base de son bord postérieur.

Derrière la première, ou mieux dans l'intervalle qui sépare cette dent de la suivante, comme cela a fréquemment lieu, M. G. Cuvier dit qu'il est possible qu'il y en ait eu une autre, analogue à la seconde d'en bas, et qui aurait eu un lobe postérieur, sans penser qu'alors cet animal aurait eu huit dents molaires, et même neuf, si par hasard il y en eût eu une avant la première.

La suivante ou la seconde réellement, mais devenue la troisième pour M. G. Cuvier, offre assez bien la forme de la première, mais beaucoup plus épaisse, en gros cône obtus, avec un petit tubercule en arrière et peu au-dessous du sommet.

La troisième (quatrième pour M. G. Cuvier) est moins large et plus épaisse, et en forme d'un gros cône serti à sa base par un collet formant talon au côté interne.

La quatrième (cinquième pour M. G. Cuvier) a presque exactement la même forme que la précédente; mais la pointe du cône est légèrement bifide, et le talon ou lobe interne est plus prononcé.

Les trois arrière-molaires qui viennent ensuite terminer la série prennent subitement une autre forme, à peu près carrée, et leur couronne très-basse offre deux séries transverses de deux cônes chacune, entourées d'un bourrelet continu. La première, un peu plus petite que la seconde, et la troisième ayant son bord postérieur terminal un peu plus court que l'antérieur, mais sans trace aucune de talon.

C'est, comme je l'ai dit à l'article Chœropotame, en n'acceptant nullement la huitième dent comptée par M. G. Cuvier, et encore moins la neuvième mise en doute, un véritable système molaire d'Anthracotherium.

Voyons maintenant pour le fragment de mandibule inférieure, qui serait encore plus important pour le problème à résoudre, mais qui ne porte que quatre molaires, deux certainement en place, une troisième probablement aussi, quoique non implantée, et la quatrième à peu près dans le même cas.

Après la canine, entre elle et la première molaire en place, est une barre assez considérable, mais où l'os n'est pas assez entier pour qu'on puisse assurer qu'il n'y avait pas de première caduque.

La dent qui se présente d'abord sur le fragment, et que M. G. Cuvier considère comme la première, ressemble véritablement beaucoup à celle d'en haut; seulement la base de son bord postérieur n'est pas légèrement tuberculeux comme dans celle-ci.

Celle qui suit, ou la seconde pour M. G. Cuvier, est encore triangulaire, comprimée, à deux racines divergentes; mais la couronne est plus basse, et la pointe obtuse du sommet est pourvue en arrière d'une sorte de tubercule bien distinct, ou comme divisée en deux lobes inégaux, le postérieur plus bas et plus petit; ce qui est assez bien comme dans la troisième d'en haut, mais plus marqué.

Des deux suivantes, qui étaient hors de la mâchoire brisée et enlevée, l'une était certainement contiguë à la seconde des deux précédentes, et l'autre, plus hors de place, était en dedans de celle-là et dès lors très-probablement la quatrième.

Ces deux dents, à peu près semblables, sont composées de deux parties ou de deux gros tubercules ou mamelons, chacune ayant à sa base un bourrelet en écaille, et par conséquent de deux racines.

Ainsi, à la mâchoire comme à la mandibule, il y a quatre avant-molaires. A l'une comme à l'autre, les deux antérieures sont semblables et ont une forme triangulaire comprimée; à l'une comme à l'autre, les deux postérieures également sub-semblables entre elles et d'une tout autre forme que les deux premières.

En sorte que l'on peut regarder comme fort vraisemblable que ces deux fragments ont appartenu à la même espèce animale, d'autant plus qu'aucune autre espèce ne présente rien de semblable.

Voyons maintenant à comparer la mandibule trouvée en Angleterre avec son analogue dans la précédente et avec le système dentaire de la supérieure.

Cette pièce, tronquée brusquement à la partie antérieure, n'offre aucune trace d'incisives ni d'alvéoles.

On voit bien, à l'extrémité de la troncature, un trou assez petit et peu profond; mais en supposant que ce soit le fond de l'alvéole de la canine, cela ne dit absolument rien sur la forme de cette dent.

On ne peut rien tirer non plus de la première molaire, dont il ne se voit pas même de traces alvéolaires sur le bord de ce qui reste de la barre. Il faut donc passer de suite aux six dents qui sont toutes en place, en parfait état de conservation, sauf la seconde dont l'alvéole seule existe.

Nous n'avons donc que trois avant-molaires à comparer.

La première sur cette pièce, qu'on la compare à la première ou à la seconde du fragment de mandibule attribué au *C. Parisiensis,* ne leur ressemble en rien; elle a même quelque chose de très-particulier que je ne connais chez aucun Mammifère, c'est que, fort élevée au-dessus du niveau des autres, sa couronne simple, assez aiguë, un peu en crochet, est subtriquètre au collet et soutenue par trois racines en trépied, les deux internes bien plus fortes que l'externe.

La suivante n'est indiquée que par son alvéole formée par deux grands trous coniques, dont l'antérieur, un peu plus large, est séparé de la dent précédente par un petit intervalle.

Celle qui vient ensuite est aussi d'une forme toute particulière, qui ne peut être comparée à la dernière avant-molaire de la mandibule de Paris. C'est en effet une dent fort épaisse à quatre racines connées deux à deux, et portant une couronne composée d'une grosse pointe conique trièdre en avant; et des indices d'un second lobe bifide en arrière. C'est une forme qui rappelle celle de la première, mais abaissée et épaissie.

Au delà nous n'avons plus de termes de comparaison dans le fragment de mandibule du C. de Paris. Je dois cependant faire observer que ces dents croissent en grandeur de l'antépénultième à la dernière, un peu comme chez les Pécaris, et que cette dernière est pourvue d'un talon très-fort formant comme une troisième colline circulaire. Ce qui par analogie nous porte à croire que la dernière d'en haut en avait également un, quoique plus petit. Or, nous avons vu que sur la mâchoire du Chœropotame il n'y en a absolument aucune trace.

De cet examen comparatif des trois pièces éléments du problème, nous sommes donc conduit rigoureusement à conclure que s'il y a un grand nombre de probabilités que les deux du gypse de Paris ont appartenu à la même espèce animale, il est impossible d'admettre que la troisième, ou la mandibule de Londres, puisse correspondre spécifiquement à la mâchoire de Paris (1).

Reste maintenant à déterminer ce que c'est que cette mandibule; provient-elle bien évidemment d'une espèce du genre Sus? J'avoue que j'en doute beaucoup depuis que j'ai vu le modèle en plâtre colorié de cette belle pièce. La forme générale et particulière de l'os lui-même, m'a poussé à en étudier davantage le système dentaire, et je ne serais pas étonné que ce fût quelque genre de Carnassier omnivore ou de Subursus, voisin des Coatis ou des Paradoxures, dont nous avons signalé quelques restes fossiles dans les gypses de Paris. La forme générale de la branche horizontale étroite, assez épaisse, courbée en bateau, parallèlement sur ses deux bords, et se terminant en s'atténuant en avant par une symphyse non soudée; la forme de chacune des trois parties de la branche montante; une apophyse angulaire très-détachée et assez longue; l'apophyse coronoïde large et notablement plus élevée que le condyle bien détaché et assez plat, sans apophyse en arrière; l'orifice du canal dentaire autrement placé, plus en arrière et plus bas que dans les espèces de Sus, sont des caractères qui, joints aux particularités du système dentaire que nous venons d'énumérer plus haut, et dont les

(1) J'aimerais mieux regarder comme ayant une certaine analogie avec ce que devait être la mandibule du *Chœropotamus Parisiensis*, le fragment de mandibule que M. Pomel vient de rapporter à un animal qu'il a nommé *Elatherium*, et qui offre pour caractère principal d'avoir les trous arrière-molaires subsemblables à quatre tubercules en deux collines, et dont la dernière n'est pas plus compliquée que la pénultième.

avant-molaires surtout sont si particulières, ne peuvent laisser de doute; ce n'est pas une mandibule d'une espèce de Sus, pouvant se placer dans la série des espèces de ce genre.

En l'en retirant, au contraire, la série s'établit d'une manière certaine d'après la considération des collines tranverses moins simples et moins nettement prononcées, et au contraire du plus grand développement du talon des septièmes ou dernières molaires dans l'ordre suivant :

1° *S. mastodontoideus* (1), seulement connu par une ou deux molaires inférieures dans lesquelles la couronne est partagée en trois collines bi-mamelonnées, décroissant rapidement de la première à la dernière; fossile à Buschweiler? et à Malte, peut-être même dans le bassin de Bordeaux;

2° *S. tapirotherium* de Sansans également connu seulement à l'état fossile, et cependant déjà assez complétement pour assurer, que malgré la presque intégrité des collines tranchantes de ses arrière-molaires, c'est bien une espèce de ce genre;

3° *S. antiquus*, fossile à Eppelsheim et à Montabuzard;

4° *S. torquatus* et *labiatus*, ou Pécari, vivant exclusivement en Amérique, et fossile dans les cavernes du Brésil;

5° *S. babirussa*, vivant exclusivement dans certaines îles de l'Archipel indien;

6° *S. antediluvianus* et *palæochœrus*, fossile à Eppelsheim;

7° *S. Arvernensis*, fossile en Auvergne et à Sansans;

8° *S. larvatus*, vivant en Afrique dans toutes ses parties occidentales ainsi qu'à Madagascar, et fossile en Allemagne, à Georgensgemund (*Hyotherium Soemmeringii*), dans les faluns de l'Anjou et dans les sables marins de Montpellier (*S. Provincialis*).

9° *S. scrofa*, vivant sauvage dans toutes les parties de l'ancien continent, et même dans les parties nord de l'Afrique, domestique actuelle-

(1) Je proposerai de désigner provisoirement sous ce nom, sinon le petit animal auquel a appartenu le fragment indiqué par M. Duvernoy, et dont il est question p. 186, au moins celui duquel provient la petite dent de Malte.

ment dans toutes les contrées du monde où la civilisation a pénétré : fossile dans un assez grand nombre de points en Europe et en Algérie;

10° *S. Sivalensis*, exclusivement fossile sur le versant des sous-Hymalayas;

11° *S. Æthiopicus*, vivant exclusivement dans toute l'Afrique à l'exception de ses parties septentrionales, et fossile dans les cavernes de l'Algérie.

5° *Sous le rapport de la distribution géographique des espèces encore vivantes.*

L'espèce type se trouve à l'état sauvage dans tout l'ancien continent, sauf les parties les plus boréales d'Europe et d'Asie, et la Nouvelle-Hollande, et au contraire, sauf les parties occidentales et méridionales de l'Afrique; et à l'état domestique partout où l'homme civilisé a pénétré.

L'espèce qui s'en éloigne le moins, le *S. larvatus*, habite les parties de l'Afrique où n'est pas le Sanglier, aussi bien que Madagascar.

Le *S. Æthiopicus* est dans le même cas.

Le *S. babirussa* est limité à un certain nombre d'îles de l'archipel Indien.

Les *S. torquatus* et *labiatus* à l'Amérique méridionale dans son versant oriental.

6° *Sous le rapport de la position géologique des espèces fossiles.*

Si nous devons croire que les appréciations spécifiques et géologiques sont exactes, il semble que l'espèce européenne a laissé de ses traces dans des terrains d'ancienneté et de nature assez différentes depuis les derniers terrains tertiaires en Angleterre, du moins d'après M. R. Owen, jusqu'aux terrains de tourbe les moins anciens; que deux des espèces africaines en ont aussi laissé dans les cavernes, ce qui peut être également dit pour les espèces américaines au Brésil.

Les alluviums anciens en ont montré des traces d'une espèce très-probablement distincte en Auvergne (*S. Arvernensis*).

Les terrains tertiaires supérieurs renferment les traces d'une espèce particulière *S. Sivalensis* dans l'Inde, et d'une espèce encore vivante en Afrique et dans les faluns de l'Anjou (*S. larvatus*).

Les terrains tertiaires moyens en ont offert d'espèces également particulières : à Sansans, dans l'Orléanais, et à Eppelsheim; dans ces derniers cas, avec des restes de Dinothériums, de Rhinocéros à incisives, et d'Éléphants mastodontes.

CONCLUSIONS.

D'après tout ce qui vient d'être exposé dans cette seconde partie de notre mémoire, on peut donc, contradictoirement avec Buffon, assurer que le *S. scrofa* sauvage ou domestique n'est en aucune manière un animal unique et isolé, n'étant, pour ainsi dire, voisin d'aucun autre.

S'il en était ainsi, il ne serait pas un être ambigu, comme Buffon l'a également dit après Aristote. En effet, être ambigu, c'est tenir de deux choses ou de deux êtres, c'est-à-dire être voisin, non pas d'un seul être, mais de deux. Or, celui qui participe de deux ou plusieurs choses ne peut être considéré comme isolé.

C'est également une erreur de dire que le Sanglier domestique n'est pas sujet à un grand nombre de variétés devenues des races, comme cela a lieu pour les Chiens et tous les animaux domestiques. Zimmermann depuis longtemps avait reconnu le contraire, et les auteurs sur l'économie rurale l'ont démontré aussi bien pour la taille que pour les proportions des parties, pour la nature du pelage et sa couleur.

Une autre erreur est de dire que cet animal échappe à toute méthode, ce qui serait tout au plus vrai en se bornant à la considération rigoureuse des incisives, dont le nombre était employé exclusivement par Linné et par Brisson à l'époque où Buffon écrivait; mais il n'en est pas de même quand le système dentaire est convenablement interprété, et surtout quand on a recours au système digital qui lui est particulier; c'est évidemment un animal ongulé à quatre doigts, dont deux des doigts intermédiaires portent davantage à terre que les autres extrêmes. Ainsi, il n'est pas rigoureusement bisulque, comme les Ruminants, cela est certain; il est encore bien moins unisulque ou monongulé, comme le Cheval; enfin il n'est pas fissipède, comme le Chien, puisqu'il est ongulé; mais il est quadrisulque comme l'Hippopotame, c'est-à-dire qu'il a un système digital qui lui est propre, ce qui ne fait pas que ses caractères soient ambigus ni équivoques, que les uns soient apparents et les autres cachés : ses pieds sont terminés par quatre doigts bien complets et bien lisibles, malgré leur inégalité.

On peut seulement ajouter, avec Buffon lui-même, que le Cochon fait un passage entre les ongulés à système digital impair, dont le Cheval fait nécessairement partie, et les pieds fourchus, en rappelant même un peu les fissipèdes, non pour les doigts, mais par le système dentaire d'omnivore, et même aussi par le grand nombre de petits qu'il produit; ce qui n'est pas dire le moins du monde, ainsi que le fait cependant Buffon, t. IX, p. 103, qu'il n'est pas formé sur un plan original, particulier et parfait, parce qu'il est un composé des autres animaux. Il n'y a rien de tout cela dans le Cochon, mais bien un degré d'organisation mammalogique intermédiaire à ceux des ongulés imparidigités et des ongulés bisulques, ce qui démontre en ce point l'existence de la série animale, et par conséquent une conception suprême dans la création.

Le Cochon n'est donc nullement un être énigmatique pour personne, et encore moins pour ceux qui ont essayé plus ou moins heureusement de présenter, sous forme de système, l'ensemble des mammifères alors connus, et qui avaient déclaré bien des fois qu'ils ne regardaient nullement l'ordre systématique de leurs idées comme l'ordre réel des choses, ainsi que Buffon le leur reproche. En effet Linné, auquel cela s'adresse très-évidemment, a toujours distingué soigneusement ce qu'il nommait un système de la méthode naturelle.

Quant à ce que Buffon ajoute dans le but de combattre la théorie des causes finales, que le Cochon a des parties inutiles, ou plutôt des parties dont il ne peut faire usage, c'est-à-dire des doigts dont les os sont parfaitement formés, et qui ne peuvent servir à rien, l'argument porte tout à fait à faux; car les doigts extrêmes du Cochon, quoique ne portant pas à terre dans un terrain sec et résistant, y touchent dans un terrain fangeux, séjour naturel de ces animaux, et empêchent même qu'ils s'y enfoncent et s'y embourbent. Et d'ailleurs, sans considérer ici que ces parties sont pour ainsi dire des témoins de l'existence de la série animale, ce qui devient une autre sorte de finalité plus élevée que la finalité physique ou matérielle d'utilité pour l'animal lui-même, puisqu'elle devient intellectuelle à l'usage de l'homme; jamais la philosophie théiste et finaliste n'a prétendu que toutes les parties qui entrent dans la constitution d'un animal aient nécessairement un usage susceptible d'être défini. C'était de la disposition assez particulière de la graisse et de l'accroissement continuel des défenses qu'il fallait chercher la finalité, et c'est ce qu'il n'a pas fait; au contraire, et pourrait-on le croire, si on ne le lisait p. 110, que Buffon, si grand observateur, si patient même quand il le fallait, a pu considérer comme une imperfection qui n'a pas d'exemple dans la nature, ce sont ses propres expressions, que les six dents de la mâchoire supérieure sont d'une forme très-différente de celles de la mâchoire inférieure, qui au lieu d'être incisives et tranchantes, sont longues et cylindriques, formant un angle droit avec celles-là. Si Buffon, qui vivait souvent à la campagne, avait regardé un Cochon lorsqu'il paît l'herbe, il aurait parfaitement reconnu la finalité de cette dissemblance et de cette disposition qui lui semble une imperfection. La Fontaine, en écrivant sa fable si philosophique du gland et de la citrouille, ne devait guère s'attendre qu'elle pourrait profiter à un homme aussi éminent que Buffon.

Au reste personne, depuis ce grand naturaliste, n'a émis le moindre doute sur les rapports du Sanglier avec les autres Mammifères (1), non

(1) A l'exception peut-être de quelques zoologistes qui ont exagéré la considération du système dentaire.

plus que sur l'harmonie de son organisation avec ses mœurs et avec ses habitudes.

Nous pouvons également conclure, de l'étude des espèces vivantes et fossiles qui se groupent autour de lui pour constituer le genre *Sus*, qu'elles laissent parfaitement lire la série qu'elles forment par la considération de la dernière molaire d'en haut ou d'en bas; que celles qui vivent encore sont, sauf le *Sus scrofa*, aujourd'hui limitées à certaines parties de la surface de la terre, et que les traces qu'ont laissées les espèces fossiles sont assez bien dans le même cas, autant du moins qu'on en peut juger d'après les matériaux jusqu'ici recueillis, et malheureusement ils sont assez peu nombreux; et enfin, toujours dans l'hypothèse que la détermination des gisements est géologiquement exacte, que l'espèce type a laissé de ses traces dans des terrains d'ancienneté fort différente, au moins en Angleterre, car en Europe ce n'est que dans les terrains meubles que cela a eu lieu aussi bien pour le Sanglier que pour l'Hippopotame; et, dans les couches tertiaires, ce sont des espèces distinctes et qui se rapprochent des Anthracothériums et des Chœropotames. Ce n'est cependant pas une raison de supposer que le Sanglier n'est pour ainsi dire qu'une dégénérescence de ces espèces plus anciennement éteintes, comme quelques personnes ont pu le penser ou même le dire, en se laissant plutôt égarer par leur imagination que guider par un examen approfondi des faits.

EXPLICATION DES PLANCHES

Du genre *SUS*.

PL. I. — Squelette du SANGLIER *Sus scrofa* (*ferus*) ♂.

Réduit au quart de la grandeur naturelle.

D'après un individu âgé de trois à quatre ans, qui a vécu à la Ménagerie du Muséum et qui a été tué le 15 mars 1823, et monté en 1846; à côté les premières vertèbres dorsales, les premières côtes et une partie du sternum.

PL. II. — Squelette de BABIROUSSA. *Sus babirussa* ♀.

Réduit au quart de la grandeur naturelle.

D'après un individu donné par M. Merkus, ancien gouverneur des Moluques, rapporté par MM. Quoy et Gaimard (Voyage autour du monde de *l'Astrolabe*, sous les ordres de M. Dumont d'Urville), en 1829, et mort à la Ménagerie le 4 août 1832.

A part : et à la réduction d'un tiers.

Tête d'un Babiroussa d'origine inconnue, sciée longitudinalement par la partie médiane.

A celle des deux tiers.

Vertèbres :

1° 10e dorsale par la face antérieure et de profil ;

2° 1re lombaire par la face antérieure.

Les os du boutoir, au tiers de la grandeur naturelle, par leur face antérieure et de profil pour l'un d'eux :

1° Du SANGLIER D'ÉTHIOPIE. *Sus Æthiopicus* (individu provenant du cap de Bonne-Espérance, acheté à mademoiselle Niodot, en 1845) ;

2° Du SANGLIER d'Europe. *Sus scrofa* (*ferus*) ♂ (individu dont les os ont été déjà représentés pour le squelette) : l'os du boutoir sur la face antérieure et de profil ;

3° Du *Sus vittatus* (de Java, échangé avec le Muséum de Leyde) ;

4° Du PÉCARI. *Sus torquatus* ♀ ; (individu qui a vécu près de dix ans à la Ménagerie du Muséum et est mort le 26 avril 1845) : l'ostéide est à l'état cartilagineux.

PL. III. — Squelette de Pécari. *Sus torquatus* ♀.

Réduit au quart de la grandeur naturelle.

D'après un individu adulte, qui a vécu trois ans à la Ménagerie et y est mort le 19 juillet 1846.

A part :

Les premières vertèbres dorsales, les premières côtes et une partie du sternum.

Segment complet du tronc, représentant la 6e vertèbre dorsale et les côtes, jointes par la sternèbre correspondante ;

En outre :

Un pied de derrière du Tajaçou, *Sus labiatus*, figuré en arrière, pour montrer le doigt rudimentaire externe comparativement avec le Pécari, *Sus torquatus*.

PL. IV. — Têtes de Cochons sauvages et domestiques. *Sus scrofa.*

A la réduction d'un quart de la grandeur naturelle.

1) Sanglier. *Sus scrofa (ferus)* ♂.

D'après l'individu qui a servi pour la figure du squelette.

Tête vue de profil, en dessus, en dessous, par les faces antérieure et postérieure.

A part :

La mandibule entière, figurée en dessus et par ses faces externe et interne ;

Les osselets de l'ouïe (l'étrier, le marteau et l'enclume) figurés chacun séparément, et de grandeur naturelle.

2) Sanglier. *Sus scrofa (ferus)* ♂.

D'après un individu provenant de l'ancien cabinet et marqué dans le catalogue CDXCVIII, plus jeune que le précédent et ayant l'occiput plus droit et plus élevé.

Tête de profil, et mandibule par la face externe.

3) Truie. *Sus scrofa (domesticus)* ♀.

D'après le crâne d'un jeune individu.

Tête de profil, et mandibule par la face externe.

4) Cochon domestique de Patagonie. *Sus scrofa (domesticus).*

D'après un crâne envoyé de Patagonie par M. Alcide d'Orbigny, en 1839.

Tête de profil, et mandibule par la face externe.

5) Sanglier d'Arrou. *Sus scrofa (ferus)* ♂.

D'après un crâne rapporté en 1841 par MM. Hombron et Jacquinot (expédition autour du monde de *l'Astrolabe* et de *la Zélée*, sous les ordres de M. Dumont d'Urville).

Tête de profil et en dessus : à côté la mandibule par la face externe.

PL. V. — Tête de Sus de diverses espèces.

A la réduction d'un quart de la grandeur naturelle.

I. S. AFRICANI.

1) *Sus scrofa (ferus)* d'Égypte.

D'après un crâne provenant des îles du Nil, et rapporté par M. Botta en 1839.

Tête de profil et au-dessous la mandibule par la face externe.

2) *Sus larvatus.*

D'après le crâne d'un individu adulte, provenant de Cafrerie et acquis, en 1837, à M. Édouard Verreaux.

Tête en dessus, de profil et à côté la mandibule par la face externe.

3) *Sus Æthiopicus* ♂.

D'après un crâne provenant du cap de Bonne-Espérance et acheté à Mademoiselle Niodot en janvier 1845.

Tête en dessus et le bout du museau en dessous, le profil et plus bas la mandibule par sa face externe.

II. S. INDICI.

1) *Sus vittatus.*

D'après un crâne provenant de Java et échangé avec le Musée de Leyde.

Tête en dessus, de profil et à côté la mandibule par la face externe.

2) COCHON DE LA CÔTE DE MALABAR. *Sus Indicus* ♂.

D'après le crâne d'un individu provenant de la côte du Malabar, envoyé à la Ménagerie du Muséum par M. Dussumier, le 13 juillet 1838, et mort le 27 février 1840.

Tête représentée de profil et la mandibule par la face externe.

3) COCHON DE SIAM. *Sus Sinensis* ♀.

D'après le crâne d'un individu qui a vécu à la Ménagerie du Muséum, et est mort le 20 décembre 1826.

Tête vue de profil, et au-dessous la mandibule par la face externe.

4) BABIROUSSA. *Sus babirussa* ♀.

D'après un crâne rapporté des îles Moluques par MM. Quoy et Gaymard (expédition autour du monde de *l'Astrolabe*, sous les ordres de M. Dumont d'Urville).

Tête en dessus, de profil, avec la mandibule par la face externe.

III. S. AMERICANI.

1) PÉCARI. *Sus torquatus.*

D'après un crâne envoyé de Cayenne par M. Poiteau, en avril 1822.

Tête figurée en dessus, en dessous, de profil, et au-dessous la mandibule par la face externe.

PL. VI. — Parties caractéristiques du tronc des espèces vivantes.

Au tiers de la grandeur naturelle.

I. Sanglier. *Sus scrofa* (*ferus*) ♂.

D'après l'individu qui a servi pour le squelette.

* Série médio-supère.

Atlas : en dessus et en dessous.

Axis : de profil et par la face postérieure.

6ᵉ vertèbre cervicale : de profil et par la face postérieure.

1ʳᵉ dorsale : de profil et par la face postérieure.

5ᵉ dorsale : de profil, en dessus et par la face postérieure.

14ᵉ dorsale : de profil et par la face postérieure.

1ʳᵉ lombaire : de profil et par la face postérieure.

5ᵉ lombaire : de profil et par la face postérieure.

Sacrum : les vertèbres qui le composent toutes réunies et représentées, en dessus, en dessous et de profil.

1ʳᵉ caudale : de profil et en dessus.

L'une des deux dernières coccygiennes : profil, en dessus et une coupe.

** Série médio-infère.

Os hyoïde : figuré par les faces inférieure et postérieure et de profil.

Sternum : par la face inférieure.

II. Sanglier d'Ethiopie. *Sus Æthiopicus*.

D'après le squelette non adulte d'un individu faisant partie de l'ancien cabinet.

Atlas : figuré en dessus et en dessous.

Axis : de profil.

6ᵉ vertèbre cervicale : de profil et par la face postérieure.

III. Babiroussa. *Sus babirussa* ♂.

D'après le squelette d'un jeune individu né à la Ménagerie du Muséum, et mort le 12 décembre 1831.

Atlas : figuré en dessus et en dessous.

Axis : de profil.

6ᵉ vertèbre cervicale : de profil et par la face postérieure.

Os hyoïde : représenté par les faces supérieure et inférieure.

IV. Pécari. *Sus torquatus* ♀.

D'après le squelette d'un individu né à la Ménagerie le 6 novembre 1843, et mort le 12 janvier 1845.

* Série médio-supère.

Atlas : figuré en dessus, en dessous et par la face postérieure.

Axis : de profil et par la face postérieure.

6e vertèbre cervicale : de profil et par la face postérieure.

1re dorsale : de profil et par la face postérieure.

5e dorsale : de profil et par la face postérieure.

14e dorsale : de profil et par la face postérieure.

1re lombaire : de profil et par la face postérieure.

5e lombaire : de profil et par la face postérieure.

Sacrum : les vertèbres qui le composent toutes réunies en dessus, en dessous et coupe supérieure.

Dernières vertèbres coccygiennes réunies et figurées en dessus.

** Série médio-infère.

Os hyoïde : figuré par les faces inférieure et postérieure.

Sternum : par la face postérieure.

PL. VII. — Parties caractéristiques des membres.

Au tiers de la grandeur naturelle.

1. Sanglier. *Sus scrofa (ferus)* ♂.

D'après l'individu qui a servi pour la figure du squelette.

* Membre antérieur :

Omoplate : par la face externe et à côté la partie interne de son extrémité inférieure (cavité glénoïde).

Humérus : par la face postérieure, et à côté la partie supérieure de la face latérale externe et les extrémités supérieure et inférieure, en dessus et en dessous.

Radius : par les faces antérieure et postérieure et les facettes articulaires supérieure et inférieure, vues en dessus et en dessous.

Cubitus : par la face antérieure et de profil.

Les os de la main en connexion, vus de profil externe et à la face dorsale : de plus les os du carpe de profil interne, une phalange onguéale en dessous, et à côté la coupe des métacarpiens.

** Membre postérieur :

Os innominé vu de profil, et la portion supérieure de l'os des iles par la face externe.

Fémur : par les faces antérieure et postérieure ; de plus, les deux extrémités en dessus et en dessous.

Rotule représentée en avant et par les faces externe et interne.

Tibia : par la face antérieure, et les deux extrémités représentées en dessus et en dessous.

Péroné : par la face interne et par l'extrémité inférieure.

Les os du pied en connexion, en dessus, en dessous et de profil interne : de plus, les os du tarse de profil externe, et des coupes de métatarsiens et de phalanges.

Calcanéum : par la face interne.

Astragale : par la face inférieure.

Os crochu : en dessus et en dessous.

II. Sanglier d'Éthiopie. *Sus Æthiopicus.*

D'après un squelette de l'ancien cabinet.

Humérus : par la face postérieure.

Radius : par la face postérieure.

Cubitus : de profil et par la face antérieure.

Fémur : par la face antérieure.

Tibia : par la face antérieure.

Péroné : par la face interne latérale.

III. Babiroussa. *Sus babirussa* ♂.

D'après un jeune individu né à la Ménagerie.

Humérus : par la face postérieure.

Radius : par la face postérieure.

Cubitus : de profil.

Fémur : par la face antérieure.

Rotule : représentée en avant et par la face externe.

Tibia : par la face antérieure.

Péroné : par la face interne.

IV. Pécari. *Sus torquatus* ♀.

D'après le squelette d'un individu né à la Ménagerie le 6 novembre 1843, et mort le 2 janvier 1845.

* Membre antérieur :

Omoplate : par la face externe, et au-dessous la cavité glénoïde intérieurement.

Humérus : par la face postérieure, et à côté les deux extrémités représentées en dessus et en dessous.

Radius et cubitus réunis et figurés de profil et par la face antérieure.

Les os de la main en connexion, vu de profil et à la face dorsale : à côté coupe des deux premières phalanges.

** Membre postérieur :

Os innominé : représenté de profil et par la face externe.

Fémur : par la face antérieure, et à côté les extrémités supérieure et inférieure en dessus et en dessous.

Rotule : représentée en avant et par les faces externe et interne.

Tibia : par la face antérieure, et les deux extrémités en dessus et en dessous.

Péroné : par la face interne, et à côté les extrémités supérieure et inférieure en dessus et en dessous.

Les os du pied en connexion, en dessus et en dessous.

V. Tajassou. *Sus labiatus.*

Les os du pied en connexion, en dessus, en dessous, et à côté le rudiment d'un des doigts externes, de profil.

Pl. VIII. — Système dentaire des différentes espèces vivantes.

Aux deux tiers de la grandeur naturelle : les dents prises du côté gauche pour donner le côté droit sur la planche.

* Mâchoire :

Les dents en série : par la couronne et pour la plupart de profil :

1° De Pécari (*Sus torquatus*) (d'après un crâne placé au cabinet en 1837);

2° De Babiroussa (*Sus babirussa*) ; (d'après le crâne figuré pour le squelette, pl. II) ;

3° De Sanglier (*Sus scrofa ferus*) (d'après l'individu qui a servi pour la figure du squelette, pl. I) ;

4° De Cochon domestique (*Sus scrofa domesticus*) : dentition de jeune âge : de profil ;

5° De Cochon domestique jeune (*Sus scrofa domesticus : junior*) les dents par la couronne ;

6° De Sanglier d'Éthiopie (*Sus Æthiopicus*) :

1) La série des dents d'un jeune : par la couronne (d'après un individu du Sénégal donné, en octobre 1838, par le général Jubelin) ;

1') Molaires d'un individu moins jeune : de couronne et de profil (d'après un squelette du Sénégal donné par le général Jubelin);

2) La série des dents d'un individu adulte (d'après le crâne acheté à mademoiselle Niodot) ;

3) Le bout d'un museau pour montrer un rudiment d'alvéole d'incisive (individu donné par le général Jubelin);

4) Le bout d'un museau sans incisive.

Les alvéoles d'après un Sanglier (*Sus scrofa ferus*) d'origine inconnue.

En outre et séparément :

Dernière molaire de *Sus larvatus* : de couronne ;

Canine de Sanglier d'Éthiopie (*Sus Æthiopicus*) : de profil ;

Une incisive de Sanglier (*Sus scrofa ferus*) : de profil ;

Des racines de la septième molaire en place du *S. torquatus* et du *S. scrofa ferus.*

** Mandibule :

Les dents en série et pour la plupart de profil :

1° De Pécari (*Sus torquatus*) ;

2° De Babiroussa (*Sus babirussa*) ;

3° De Sanglier (*Sus scrofa ferus*) ;

4° De Cochon domestique (*Sus scrofa domesticus*) : dentition de jeune âge : de profil ;

5° De Cochon domestique jeune (*Sus scrofa domesticus : junior*) : les dents par la couronne ;

6° De Sanglier d'Éthiopie. *Sus Æthiopicus* :

1) La série des dents d'un jeune individu : par la couronne ;

1') Molaires d'un individu moins jeune : par la couronne et de profil ;

2) La série des dents d'un individu adulte ;

3) Le bout d'une mandibule montrant des incisives plus usées ;

3') Un bout de mandibule ne montrant plus qu'une seule incisive ;

4) Un bout de mandibule ne présentant plus du tout de traces d'incisives.

Les alvéoles : d'après un Sanglier (*S. scrofa ferus*).

En outre et séparément :

Dernière molaire de *S. larvatus* : par la couronne ;

Canine de Sanglier d'Éthiopie (*S. Æthiopicus*) : de profil ;

Incisive de Sanglier (*S. scrofa ferus*) : de profil ;

Racines de la septième molaire en place du *S. torquatus* et du *S. scrofa ferus*.

Racine de la dernière molaire du *S. Æthiopicus*.

Pl. IX. — Fossiles de diverses espèces du genre Sus.

A la réduction des deux tiers de la grandeur naturelle.

§ I. *Sus antiquus* (des sablières tertiaires d'Eppelsheim).

D'après un modèle en plâtre de mandibule envoyé par M. Kaup en 1831.

La série des dents et la mâchoire inférieure : de profil et par la couronne.

§ II. *Sus palæochœrus* (d'Eppelsheim).

D'après des figures de M. Kaup (*Foss. du Mus. de Darmstadt*, pl. IX, fig. 2 et 3).

1) Dernière molaire supérieure : par la couronne ;

2) Dernière molaire inférieure : par la couronne.

§ III. *Sus antediluvianus* (d'Eppelsheim).

D'après M. Kaup (*loco citato*, pl. IX, fig. 5 et 6).

1) 3e molaire supérieure : par la couronne ;

2) 2e et 3e molaire inférieures : par la couronne.

§ IV. *Hyotherium Sœmmeringii* ou *Chœropotamus Sœmmeringii*. Herman de Meyer (du dépôt de Georgensgemund).

Copie de M. Bronn (*Lethæa geognostica*, pl. XLVI, fig. 7, 1837).

Série des six dernières molaires supérieures : par la couronne.

§ V. *Sus Sivalensis* (dépôt des sous-Himalayas).

D'après MM. Baker et Durand (*Journal of the Asiatic Society of Bengal*, pl. XLVI, fig. 1 et 3, 1836).

La série des molaires et les alvéoles des canines et incisives par la couronne :

1) D'une mâchoire supérieure;

2) D'une mandibule.

§ VI. *Sus scrofa?* (de Simorre).

D'après des pièces provenant de la collection de M. Lartet.

1) Une incisive inférieure : de profil ;

2) Une canine supérieure par son usure : de profil;

3) Une canine inférieure : de profil, et à côté sa coupe.

§ VII. *Sus* (de Sansans).

1* *S. Chœrotherium.*

3ᵉ et 4ᵉ molaire supérieure : de profil et par la couronne.

2** *S. lemuroïdes.*

Un bout de mandibule présentant la symphyse et quelques dents : de profil et en dessus.

§ VIII. *Sus Arvernensis* (des terrains meubles d'Auvergne).

D'après des pièces du même individu provenant du cabinet de M. l'abbé Croizet.

1) Portion de mâchoire contenant quatre molaires appartenant à la première et à la seconde dentition : par la couronne et de profil;

2) Bout de mandibule présentant la canine, une incisive et des alvéoles, et s'adaptant parfaitement à la pièce suivante : de couronne;

3) Portion de la même mandibule offrant cinq molaires de première et seconde dentition : de couronne et de profil.

§ IX. *Sus antediluvianus* (de l'Orléanais).

Pièces communiquées par M. le docteur Thion et déjà figurées en partie dans l'*Ostéographie*, fascicule des *Palæotheriums*, planche des *Chœropotamus*.

1) 6ᵉ et 7ᵉ molaires supérieures dans une portion de mâchoire : par la couronne ;

2) 7ᵉ molaire supérieure : par la couronne ;

3) 7ᵉ molaire inférieure par la couronne et présentant ses racines.

§ X. *Sus larvatus* (des faluns de l'Anjou).

D'après des pièces communiquées par M. J. Desnoyers.

1 et 2) 6ᵉ et 7ᵉ molaires supérieures : chacune séparée par la couronne.

3) Germe d'une molaire inférieure : par la couronne.

§ XI. *Sus larvatus?*

Pièce d'origine inconnue, provenant probablement des environs d'Avignon?

6ᵉ et 7ᵉ molaires inférieures dans la mandibule : par la couronne.

§ XII. *Sus torquatus* (de Buénos-Ayres).

Pièce provenant de M. Claussen.

Portion de mandibule portant les cinq dernières molaires : de profil et par la couronne.

§ XIII. *Sus priscus* (caverne de Sandwich, en Westphalie).

Copie de M. Goldfuss (*Nova acta Nat. curios. de Bonn.*, t. XI., pl. XLVI, fig. 4).

Bout de mandibule : de profil, montrant les alvéoles des incisives.

§ XIV. *Sus scrofa* (grotte de l'Avison, département de la Gironde).

D'après une pièce donnée en 1828 par M. l'ingénieur Billaudel.

Germe de 7e molaire supérieure : par la couronne.

§ XV. *Sus scrofa* (de la caverne de Lunel-Viel).

Pièce provenant de la collection de l'abbé Croizet.

7e molaire inférieure : par la couronne.

§ XVI. *Sus Provincialis* (des sables marins de Montpellier).

D'après des pièces communiquées par M. P. Gervais, figurées par lui dans une planche encore inédite.

1) 7e molaire inférieure : par la couronne ;

2) 6e et 7e molaires supérieures par la couronne.

Germe d'une molaire provenant de Montpellier, également communiquée par M. P. Gervais, mais ne venant pas des sables marins : de couronne.

§ XVII. *Sus* (de Basberg, près Buchsweiler).

D'après M. Duvernoy (*Mém. de la Soc. d'hist. nat. de Strasbourg*, t. II, pl. unique, fig. 9, 1845).

Dernière et avant-dernière molaires inférieures, dans un morceau de mandibule : de profil et par la couronne (de grandeur naturelle).

§ XVIII. *Sus? mastodontoïdeus* (de Malte).

Pièce communiquée par M. Constant Prevost.

Germe d'une molaire inférieure.

§ XIX. *Sus Americanus* (de Géorgie).

Portion de mandibule portant la série des molaires : de profil et d'après un modèle en plâtre donné au Muséum par M. Harlan.

§ XX. *Sus scrofa* (du Texas).

Germe d'une molaire de *S. scrofa*, donné à la collection par M. Leclerc.

§ XXI. *Sus scrofa* (de Lunel-Viel).

Pièces données au Muséum par M. le baron Pasquier.

1) Canine supérieure : représentée de profil ;

2) Canine inférieure : de profil.

§ XXII. *Sus scrofa* (de Laviers, près Abbeville.)

D'après une pièce donnée en 1841 par M. Boucher de Perthes.

Canine : de profil.

COMPLÉMENT.

§ I. Sur le genre *Hippopotamus*. — Comme pour la rédaction de la partie de ce mémoire qui concerne l'Hippopotame vivant, j'avais à la fois sous les yeux et convenablement disposés pour la comparaison, outre les trois crânes d'autant de squelettes provenant, un du Cap et deux du Sénégal, ceux de dix autres individus d'âge, de sexes différents, des mêmes pays ou du haut Nil, et même un d'Abyssinie; et comme je pouvais, en outre, m'appuyer sur les principes reconnus par moi dans les vingt mémoires qui précèdent celui-ci, comme les seuls qui doivent guider dans la distinction des espèces chez les mammifères, j'avais été conduit à penser que, n'ayant pu apercevoir de différences spécifiques entre ces Hippopotames de diverses provenances, aucun zoologiste n'avait eu l'idée contraire. J'étais dans l'erreur; il n'en était pas ainsi, et deux auteurs, suivant encore, il est vrai, les fâcheux errements de M. G. Cuvier dans la résolution de ces sortes de questions, pour les fossiles, avaient distingué, ou mieux nommé deux espèces d'Hippopotames en Afrique, *H. Capensis* et *H. Senegalensis* ou ***H. typus*** et ***H. australis***.

Malheureusement l'impression de la première partie de ce mémoire était complétement terminée, lorsque M. Gervais, fort au courant de l'état de la science qu'il est chargé d'enseigner comme professeur à la Faculté des sciences de Montpellier, m'a rappelé un travail de M. le professeur Duvernoy sur ce sujet, et qu'il avait rédigé à l'occasion d'une tête osseuse d'Hippopotame rapportée du royaume de Choa en Abyssinie par M. Rochet d'Héricourt, mémoire que j'aurais dû moins oublier que tout autre, puisque M. Duvernoy, à ma prière, avait bien voulu déposer cette tête dans notre collection jusqu'à ce que mon travail sur le genre Hippopotame fût terminé. En lisant de nouveau ce qu'il a écrit à ce sujet dans les comptes rendus des séances de l'Académie des sciences, séance du 5 octobre 1846, M. Duvernoy m'a appris que M. Desmoulins avait anciennement aussi essayé de démontrer deux espèces d'Hippopotames dans une note insérée dans le *Journal de Physiologie*, en 1825, p. 314.

J'ai pu également, depuis peu de temps, me procurer le recueil américain dans lequel M. le docteur Morton a fait connaître l'espèce qu'il a nommée *H. minor*, et dont j'ai parlé, p. 69 de ce fascicule; en outre j'ai eu de la part de M. le docteur Falconer des renseignements nouveaux sur les Hippopotames fossiles des Sous-Himalayas. Je crois donc devoir donner quelques détails ultérieurs sur ces trois points de l'histoire des Hippopotames et sur quelques autres dont la connaissance ne m'est venue que depuis l'impression de mon mémoire.

1° Sur l'H. AMPHIBIUS vivant.

M. Desmoulins, dans sa *Détermination de deux espèces vivantes d'Hippopotames*, *loc. cit.*, semble n'avoir comparé qu'un seul squelette de l'Hippopotame du Cap avec un seul squelette de l'H. du Sénégal, sans en connaître le sexe, et en pensant seulement que celui-ci était d'un dixième plus grand que celui-là.

Il paraît n'avoir reconnu aucune différence dans la partie molaire du système dentaire, puisqu'il se borne à noter que les incisives latérales d'en bas sont plus arquées, et les mitoyennes plus déclives que dans l'H. du Cap; outre des différences qu'il se complaît à mesurer au compas sur l'étendue de l'usure des canines produite par le frottement des inférieures contre les supérieures, déterminé par les mouvements de la mandibule, et qui ne peuvent évidemment compter.

Les autres particularités différentielles qu'il a notées et mesurées portent :

1) Sur la distance

Du milieu de la crête occipitale à l'extrémité des os du nez, égale dans les deux crânes, malgré la différence de taille;

Du bord inférieur du trou sous-orbitaire au bord postérieur de la canine;

Du bord postérieur de l'apophyse mastoïde au même point;

De la pointe du crochet de l'apophyse angulaire de la mandibule à l'alvéole de la canine;

Du bord postérieur de la face articulaire du condyle au bord postérieur de la pointe de l'apophyse coronoïde;

2) Sur la longueur de la symphyse;

3) Sur l'intervalle compris

Entre les deux crochets des apophyses angulaires;

Entre les deux condyles;

Entre les extrémités antérieures et postérieures des arcades zygomatiques;

4) Sur les dimensions verticales

Du sommet inférieur de l'apophyse angulaire de la mandibule au bord supérieur du condyle, et au sommet de l'apophyse coronoïde;

5) Sur la position du trou sous-orbitaire à l'aplomb du milieu de la cinquième molaire ou dans l'intervalle de cette dent et de la quatrième;

6) Sur la forme de la suture de jonction de l'os jugal avec l'apophyse du temporal.

Passant ensuite au squelette, il signale :

Les différences linéaires des deux fémurs et de leurs parties;

Celles de la forme de l'échancrure du bord postérieur de l'omoplate;

Et même l'existence ou l'absence de l'apophyse iléo-pectinée, et de l'échancrure qui sépare le condyle et l'apophyse coronoïde de la mandibule.

Il aura suffi de noter les points sur lesquels M. Desmoulins a cherché ses différences caractéristiques pour en montrer le peu de valeur, en renvoyant à ce que nous avons dit au sujet du grand Hippopotame fossile, p. 61; et cependant il n'en conclut pas moins qu'une à une et dans leur ensemble, elles sont plus grandes que celles qui ont motivé la distinction de l'Hippopotame fossile, qu'il adopte nécessairement.

Il ajoute même, ce qui sans doute paraîtra extraordinaire, qu'il lui serait facile de montrer qu'elles dépassent également les limites où s'arrêtent les différences génériques de plusieurs genres de mammifères.

Toutefois, il se contente d'avoir démontré, à ce qu'il pense, que l'Hippopotame du Cap est une autre espèce que l'H. du Sénégal.

C'est en comparant le squelette d'un Hippopotame rapporté du Cap par M. Delalande, avec celui d'un H. du Sénégal, que M. Desmoulins a proposé de les considérer comme provenant d'espèces distinctes qu'on a nommées *H. Capensis* et *H. Senegalensis.* Mais les différences sur lesquelles il a établi les caractères spécifiques, telles que nous venons de les exposer, ont paru à M. Duvernoy moins faciles à saisir et moins concluantes que celles qu'il a lui-même obtenues et qu'il a en effet exposées en mesures décimales au lieu des duodécimales employées par M. Desmoulins. Or voici les caractères que M. Duvernoy a reconnus en comparant le crâne incomplet qu'il possédait par l'absence de toute la partie occipitale et même encore mal dépouillé de ses enveloppes, d'abord avec ceux provenant plus ou moins probablement du Sénégal, pour en reconnaître la similitude d'espèce avec celui d'Abyssinie, et ensuite avec celui provenant du Cap, en sorte qu'au fait c'est une répétition de la marche suivie par M. Desmoulins.

Quoi qu'il en soit, voici les différences reconnues par M. Duvernoy :

Dans l'H. du Cap, le crâne est plus long; son chanfrein est moins courbé; les arcades zygomatiques plus droites ou moins obliques, moins distantes à leur angle postérieur ;

Les fosses temporales moins étendues en longueur ;

Les orbites de forme trapézoïdale au lieu d'être ovales ;

Les os incisifs faisant moins de saillie du côté palatin ;

La branche horizontale de la mandibule moins large dans sa hauteur entre les deux dernières molaires et dans la proportion avec la longueur de 1 à 5 au lieu de 1 à 4.

Et pour le système dentaire :

La barre entre la canine et la seconde molaire plus longue;

La ligne alvéolaire des six dernières molaires plus étendue;

La première, la seconde et même la troisième molaire conique moins fortes et moins compliquées;

Les canines plus fortes et leurs cannelures plus prononcées.

Tels sont les caractères différentiels, en insistant définitivement sur la longueur proportionnelle plus grande, la direction moins oblique des arcades zygomatiques, la longueur des orbites dépassant leur hauteur, une épaisseur moindre de la mandibule que M. Duvernoy, après les avoir soigneusement convertis en mesures millimétriques, donne comme établissant la distinction spécifique de l'Hippopotame du Cap et de celui du Sénégal, auquel il réunit celui d'Abyssinie et d'Égypte.

J'avoue qu'en faisant mettre de nouveau sous mes yeux les crânes cités, et en les retournant dans tous les sens, il m'a été impossible de trouver dans ces prétendus caractères spécifiques autre chose que des différences individuelles, et même assez faibles, aux yeux de tout anatomiste qui aura bien compris que des os sont des solides physiologiques ou vivants et par conséquent incommensurables, géométriquement parlant; surtout ceux de la tête, et la tête elle-même, qui outre ses usages cérébraux et sensoriaux, est pour ainsi dire un instrument dentigère, variable dans tous ses points avec les dents qu'il porte, qui ne sont pas deux moments les mêmes, et dont il doit aider l'emploi.

Quant aux dents elles-mêmes, je me suis également assuré que chez cet animal les variations de forme et quelquefois de proportion dont elles sont susceptibles sur les deux côtés du même individu, ne peuvent servir à appuyer la distinction des deux espèces proposées.

2° De l'H. MINOR.

(Morton, *Proced. Nat. Hist. Philad.*, II, p. 14, 1844).

Cette espèce a été établie par M. le docteur Morton dans les procès verbaux de la Société d'Histoire Naturelle de Philadelphie, avec une figure de la tête osseuse intercalée dans le texte.

Elle ne repose cependant encore que sur la considération de deux crânes, l'un plus qu'adulte, puisque toutes les sutures sont complétement effacées et que les dents molaires sont usées jusqu'au collet, et l'autre d'âge intermédiaire, des dents persistantes et de lait s'y trouvant à la fois; et cependant tous deux ayant la même longueur, un pied et quelques lignes d'une extrémité à l'autre de la ligne basilaire, ce qui est assez bien la taille d'un Sanglier.

M. Morton lui donne, comme caractères spécifiques, d'abord de n'avoir qu'une paire de dents incisives à la mandibule et sept dents molaires en haut comme en bas, sans barre entre la canine et la première, la dernière poussant obliquement, comme chez les Éléphants : ensuite d'avoir le chanfrein convexe de l'extrémité occipitale à l'extrémité nasale; l'espace interorbitaire également convexe et par suite les orbites plus abaissés, ou non relevés en demi-tubes, comme dans l'H. amphibie, en même temps qu'ils sont plus avancés vers la moitié de la longueur de la tête, et enfin les arcades zygomatiques dans le même plan que la mâchoire.

M. le docteur Goheen, médecin colonial des États-Unis à Monrovia, qui a envoyé ces deux crânes à M. Morton, lui a appris que cette petite espèce, qui ne pèse jamais plus de quatre à sept cents livres, est commune dans la rivière de Saint-Paul, sur la côte occidentale d'Afrique, un peu au delà du Sénégal (1), qu'elle est lourde et pesante dans ses mouvements, s'éloignant quelquefois jusqu'à deux à trois milles des rivières, très-difficile à tuer, si ce n'est quand elle est frappée au cœur, très-irritable et dangereuse quand elle n'a été que blessée, et enfin que les nègres la recherchent beaucoup pour sa chair, dont le goût tient de celle du bœuf et du veau.

Je ne connais cette espèce que d'après les observations et les figures de sa tête données par M. Morton ; mais elles suffisent pour montrer qu'elle est véritablement distincte de l'espèce ordinaire par tous les ca-

1) Et non dans le Gabon, comme je l'ai dit à tort, p. 69.

ractères qu'il a signalés. On peut y joindre la forme des os prémaxillaires qui remontent presque jusqu'au frontal, celle de l'apophyse angulaire de la mandibule arrondie et non en crochet, outre celles qui ne sont pas indiquées, mais qu'on peut présumer par analogie dans la forme du rocher, des apophyses ptérygoïdes, de l'os incisif, des avant-molaires, et surtout de la dernière en haut comme en bas.

3° *Sur les Hippopotames fossiles dans l'Inde.*

J'ai donné, à la page 71 de ce mémoire, la description de l'espèce d'Hippopotame fossile dans les monts Sivaliks ou Sous-Himalayas (*H. Sivalensis*), dont MM. Falconer et Cauteley ont formé un sous-genre sous le nom d'*Hexaprotodon*; et cela d'après ce que ces messieurs en avaient publié, les figures données par MM. Baker et Durand, et surtout d'après des pièces assez belles de la collection du Muséum.

Mais depuis l'impression de cette partie de mon mémoire, un de mes amis et de mes anciens disciples, M. P. E. Botta, ayant été conduit à Londres pour y consulter une inscription en caractères cunéiformes, dont il avait besoin pour la rédaction de son grand ouvrage sur les ruines de Ninive, je l'ai prié d'étudier pour moi la riche collection d'ossements fossiles donnés au Muséum britannique par MM. Falconer et Cauteley, ce qu'il a pu faire tout à son aise, d'après la gracieuse et entière autorisation qu'il en a obtenue de M. le docteur Falconer. D'après la lettre que celui-ci m'a fait l'honneur de m'écrire dernièrement pour m'en prévenir, il m'annonce qu'il possède quatre espèces d'Hippopotames fossiles, savoir : une qui appartient au sous-genre *Tetraprotodon*, *H. Palæindicus*, voisin de l'*H. major* de M. G. Cuvier, et les trois autres du sous-genre *Hexaprotodon*, et qui sont : *H. Sivalensis*, déjà signalé dans leur ancien mémoire (*Asiat. Res.*), et deux autres qu'il ont nommées *H. Iravadicus* et *H. Namadicus*.

Comme M. le docteur Falconer a eu l'extrême complaisance de m'envoyer, par l'entremise de M. Botta, les Pl. 57, 60, 63, 64, 65 et

66, qui doivent faire partie de son grand ouvrage sur la Faune antique des Sivalicks, avant même que les livraisons qui doivent les comprendre ne soient publiées, je dois au moins, pour montrer combien j'ai été sensible à ce généreux procédé, dire quelque chose de leur contenu.

1° H. Palæindicus.

(Falconer et Cauteley, *Faun. antiq. Sival.*, Pl. 57, fig. 1-9.)

Cette espèce reste établie sur :

Un crâne presque entier, tronqué seulement dans son extrémité antérieure et portant six molaires d'un côté et cinq de l'autre, la dernière sortie mais non encore entamée ;

Un fragment antérieur de mandibule, montrant très-bien à sa marge les alvéoles arrondies de deux paires d'incisives, dont l'externe devait être notablement plus grosse que l'interne ;

Un fragment de côté de mandibule portant les deux dernières molaires ;

Un autre fragment portant quatre molaires très-usées ;

Un fragment considérable de canine ;

Une dernière vertèbre lombaire.

Toutes ces pièces indiquant, d'après M. Falconer, une grande ressemblance avec la grande espèce fossile en Europe et par conséquent, suivant moi, avec celle vivante en Afrique.

2° H. Sivalensis.

(Falconer et Cauteley, *loc. cit.* Pl. 60, 63, 64, 65 et 66.)

Nous avons déjà parlé de cette espèce (p. 71), en décrivant un crâne presque entier, que nous avons figuré dans notre planche III.

MM. Falconer et Cauteley lui attribuent un beaucoup plus grand nombre de pièces, savoir :

Quatre arrière-crânes en général assez complets, et dont celui qui l'est le plus est pourvu des quatre dernières molaires fort usées;

Un assez grand nombre de vertèbres, soit cervicales, dont plusieurs axis et atlas; une sixième, une septième, figurées sous toutes les faces dans les Pl. 63 et 64, soit dorsales et sacrées, réunies en sacrum, Pl. 64;

Des os de toutes les parties des membres antérieurs, entiers pour les os courts et même pour les phalanges, mais presque toujours représentés par les extrémités seulement pour les os longs, ce qui remplit entièrement la planche 65;

Des os de toutes les parties des membres postérieurs en général encore plus complets que pour les antérieurs, comprenant en effet, outre des extrémités d'os nombreuses, un fémur, un tibia bien entiers, des astragales en nombre, un seul calcanéum et plusieurs rotules : ces différentes pièces figurées d'une manière fort instructive dans la Pl. 66.

3° H. Travaticus.

(Falconer et Cauteley, *loc. cit.*, Pl. 57, f. 10, *a.b.c.*)

Cette espèce, proposée par les auteurs cités et qui appartient à la même division que la précédente, n'est établie que sur une extrémité marginale antérieure de mandibule, sur laquelle les incisives sont subégales dans leur diamètre; mais dont la paire externe est hors de rang au-dessous des deux internes. C'est sans doute la même chose que l'*H. anisoporus* de M. Clelland, cité p. 76.

4° H. Namadicus.

(Falconer et Cauteley, *loc. cit.*, Pl. 57, f. 12, *a.b.c.*)

Comme la précédente, cette espèce n'est établie que sur une extrémité marginale antérieure de mandibule, portant également les racines de trois paires d'incisives, dont la paire intermédiaire ou seconde est un peu hors de rang, mais en dedans, à peu près comme dans les Martres.

Il s'agirait maintenant de déterminer si ces espèces d'Hippopotames fossiles, dans le dépôt si remarquable des Sivalicks, sont toutes aussi distinctes que l'est celle qui a six dents incisives; il serait également d'un grand intérêt de pouvoir déterminer si une certaine modification du système digital suivait celle du système dentaire. C'est ce dont M. le docteur Falconer s'occupera sans doute dans le reste de son ouvrage, et ce qui serait prématuré de ma part avec les seuls éléments qui sont à ma disposition.

On peut cependant admettre d'abord, et à en juger d'après les extrémités de mandibules qui ont été recueillies, qu'il y a une espèce à deux paires d'incisives à la mâchoire inférieure et au moins une qui en avait trois paires, celles-ci subégales et en général médiocres, celles-là, au contraire, très-inégales aussi bien que très-fortes (1).

Doit-on en conclure que l'une ou l'autre avait ou n'avait pas le même nombre de cette sorte de dents à la mâchoire supérieure? Non certainement; je ne connais même encore aucun fragment de mâchoire attribué à l'une ou à l'autre espèce qui porte les prémaxillaires et, par conséquent, les incisives supérieures; et M. le docteur Falconer, dans les planches inédites qu'il a eu la bonté de m'envoyer, n'en figure aucun, non plus que MM. Baker et Durand dans les planches des *Asiatic Researches*.

Toutefois, MM. Falconer et Cauteley disent positivement, dans leur mémoire à ce sujet dans le même recueil, que l'*H. Sivalensis* a six incisives supérieures, qu'ils décrivent même comme étant légèrement courbées en bas.

Les canines n'existent sur aucune des pièces, mâchoires ou mandibules que je connais en nature ou figurées; mais M. Falconer en représente une inférieure, qu'il attribue à l'espèce à quatre incisives, sans doute avec raison.

(1) A en juger encore d'après la figure de la mandibule qui n'a que deux paires d'alvéoles, je dois faire observer que, contrairement à ce qui est dans l'*H. amphibius*, c'est l'alvéole externe qui est plus grande que l'interne. Ne serait-ce pas par confusion de celles des deux dents?

Ne doit-on pas supposer que celles de l'espèce à six incisives devaient être assez différentes et, par exemple, plus petites, surtout à la mandibule, à cause du nombre plus considérable des incisives?

Les molaires paraissent avoir été en même nombre dans les deux espèces aux deux mâchoires; du moins, pour l'espèce à six incisives; car pour celle à quatre, je ne connais pas la série inférieure. Leur disposition paraît aussi être la même.

La forme de chacune est difficilement comparable; mais pour la dernière en haut comme en bas, je n'ose assurer qu'on puisse admettre une véritable différence, c'est-à-dire plus qu'individuelle, sur les mâchoires et les mandibules attribuées à l'une et à l'autre espèce.

Peut-on rapporter avec certitude tel ou tel crâne tronqué dans la partie incisive à l'une ou l'autre des deux espèces? M. Falconer paraît l'avoir décidé. Ce que je sais, c'est que celui que j'ai attribué à l'espèce à six incisives diffère notablement du crâne de l'H. amphibie vivant ou fossile, et que cependant il est tout semblable à l'un de ceux que M. Falconer figure comme de l'espèce à quatre incisives.

Cette même question peut être faite touchant les os du squelette. M. le docteur Falconer les attribue tous à l'espèce à six incisives; pourquoi? je l'ignore. Ce que je puis dire, d'après les figures qu'il a données des pièces que je considère comme caractéristiques, c'est qu'il me semble assez difficile de prononcer.

J'aurais bien désiré de pouvoir dire quelque chose de plausible sur le système digital, par exemple, s'il était plus ou moins rapproché de celui des Sus par une différence dans la proportion des doigts extrêmes; mais c'est ce que je n'oserais, n'ayant pour me guider que des figures qui, quel que soit le degré de leur exactitude, sont toujours insuffisantes pour résoudre ces sortes de questions.

Quant à la distinction des trois espèces à six incisives, d'après la disposition de ces dents à la mandibule, il est évident que cela tient au développement des canines comme chez les Secundates carnassiers et surtout dans le G. *Mustela* de Linné.

Ce que je dois encore faire remarquer, c'est que les Hippopotames offrent, sous le rapport des dents incisives, la même dégradation dans le nombre 1, 2, 3 paires que dans le genre Sus, mais ici à la mâchoire et là à la mandibule.

Je profiterai aussi de ce complément pour dire que, outre les deux ou trois restes d'Hippopotames fossiles en Auvergne que j'ai signalés, notre collection en possède trois autres, ayant fait partie de celle de M. l'abbé Croizet, et provenant des alluvions anciennes des environs d'Issoire, savoir : une moitié inférieure de tibia, un astragale, assez usé par le frottement ou roulé, et une incisive inférieure que j'ai fait figurer.

Je viens également d'apprendre que dans la caverne de Saint-Laurent, près de Vérone, à 6 ou 700 mètres au-dessus du niveau de l'Adriatique, M. Scortegagna avait découvert en 1844 des os d'Hippopotame, entre autres deux demi-mandibules du même côté, ornées de leurs dents, et des os de l'oreille interne, qu'il regarde comme identiques avec les analogues dans l'Hippopotame vivant.

J'ajouterai encore, au sujet des Hippopotames fossiles, que M. R. Owen, dans son *Odontographie* (page 564), a cru devoir rapporter à un animal de ce genre les dents singulières que Scilla a figurées (taf. XI de son traité *de Corporibus marinis*), mais sans faire connaître la raison de cette manière de voir : M. R. Owen se bornant à dire que ce ne peuvent être des dents de Phoque, comme j'en avais émis le doute, parce que le collet de la racine n'est pas renflé.

Quoique M. R. Owen ait eu le grand avantage de pouvoir soumettre à son examen l'une de ces dents en nature, qu'il a représentée Pl. CXLII, tandis que je ne les connaissais que d'après des figures, je doute beaucoup qu'il ait été plus heureux que moi. En effet, sans parler du gisement dans un terrain de formation marine, je m'étais au moins appuyé sur le fait que, chez certaines espèces de Phoques, les molaires ont la couronne comprimée, triangulaire ou lobulée sur les bords, avec deux racines divergentes, à peu près comme celles du fossile de Sicile; ce qui n'a certainement jamais lieu pour aucune des fausses molaires de l'Hippopotame.

Mais aujourd'hui que M. le docteur Grateloup nous a fait connaître, dans les dépôts marins de Dax, une espèce de Dauphin fossile qui a les dents presque absolument semblables à celles figurées par Scilla, il devient à peu près certain que celles-ci proviennent de ce même Dauphin ou d'une espèce fort voisine, ce qui concorde fort bien avec leur existence dans une formation marine.

§ II. Sur le genre *Sus*. — En consultant l'*Odontographie* de M. R. Owen, ce qu'à tort je n'avais pas fait pour la rédaction de mon chapitre sur le système dentaire du G. Sus, j'ai trouvé que j'avais été prévenu par lui sur plusieurs points plus ou moins importants :

a) Sur le nombre des dents molaires de première dentition, il avait parfaitement reconnu, contradictoirement à ce qu'en avait dit M. G. Cuvier, qu'il n'y en a jamais que trois en haut comme en bas; ce qu'il montre, du moins pour la mandibule, en reproduisant la figure d'une pièce de la collection du Muséum de Paris, donnée par M. E. Rousseau, dans son ouvrage sur le système dentaire;

b) Au sujet de celui du *S. Æthiopicus*, pour lequel il regarde l'expression de M. F. Cuvier d'être tout à fait différent de celui du Sanglier, comme trop forte; il relève, comme inexacte, l'assertion de M. Ruppell, que dans tous les individus des deux sexes, jeunes et adultes, il y a quatre molaires en haut et trois en bas; et en effet il en décrit une de plus, en reconnaissant que dans la première dentition il n'y en a que trois à la mâchoire et deux à la mandibule.

Du reste M. R. Owen accepte la distinction spécifique du *S. Æliani* et du *S. Pallasii;* le premier pourvu et le second dépourvu de dents incisives, mais sans autres différences vraiment spécifiques.

Je trouve également dans l'ouvrage de M. R. Owen (p. 544), que MM. Falconer et Cauteley ont réuni sous le nom d'*Hippohyus* ou de Cheval-Cochon, des restes fossiles dans les sous-Himalayas, dont les dents molaires ressemblent presqu'à celles des Ruminants dans leur surface triturante.

Quant à la question de savoir si la mandibule que M. R. Owen a donnée comme appartenant au *Chœropotamus Parisiensis*, ou bien si c'était plutôt une grande espèce de *Sus*, ainsi que je l'ai supposé dans mon article sur les Chœropotames, j'ajouterai aux raisons que j'ai exposées plus haut contre l'une et l'autre de ces opinions, sa grande analogie avec celle d'un plus petit animal, sans doute d'une autre espèce, que M. Scarles Wood a attribuée à un genre qu'il nomme *Microchœrus* (*Lond. Geol. Journ.*, t. I, p. 1, Pl. II, f. 1-3), et qui provient aussi de l'île de Wight.

En effet, l'étude de cette pièce, parfaitement figurée par M. Wood, ne peut laisser aucun doute sur ses caractères de Secundates carnassiers omnivores, par le système dentaire; tandis que la forme de l'os mandibulaire rappelle complétement celle de la mandibule observée par M. R. Owen; ce qui expliquera l'assertion de M. R. Owen (*Odontographie*, p. 544), que la dentition tout entière du Chœropotame offre une ressemblance complète avec celle des Carnassiers plantigrades.

Je dirai, en outre, au sujet du fragment de mandibule portant les deux arrière-molaires, attribués à une espèce de *Sus* plus petite même que le Daman, dont j'ai parlé page 136, d'après M. Duvernoy, que, malgré son bon vouloir et la complaisance empressée que M. Lereboullet a mise à chercher cette pièce dans les collections de la Faculté des Sciences de Strasbourg, il a été jusqu'ici impossible de la retrouver, en sorte que j'ai dû me borner à copier la figure qu'en a donnée M. Duvernoy.

Je rapporterai, enfin, que dans la grotte de Saint-Laurent, dont il vient d'être parlé pour l'Hippopotame, M. le docteur Scortegagna a reconnu avec des restes de cet animal et de Rhinocéros, une portion de mâchoire ayant quatre dents à trois pointes et une dent canine de forme recourbée, tout à fait semblable à celle du Babiroussa, suivant lui.

TABLE DES MATIÈRES.

COMPLÉMENT.

Paris, 20 novembre 1847.

PARIS. — IMPRIMERIE DE FAIN ET THUNOT, RUE RACINE, 28, PRÈS DE L'ODÉON.

DES ANOPLOTHÉRIUMS

(G. Cuvier)

et sur les Genres plus ou moins différents (1) :

XIPHODON, DICHOBUNE, ADAPIS,	G. Cuvier, 1822.	MERYCOPOTAMUS, HIPPOHYUS,	Falconer et Cautley, 1847.
CHALICOTHÉRIUM,	J. Kaup, 1833.	PALOPLOTHÉRIUM, DICHODON, HYOPOTAMUS,	R. Owen, 1848.
CAINOTHÉRIUM,	Bravard, 1835.		
MICROCHOERUS,	Sc. Wood, 1846		

AVERTISSEMENT.

Un temps assez long déjà s'est écoulé depuis que j'ai commencé à m'occuper de ce Mémoire sur les Anoplothériums; il devait, en effet, suivre celui qui concerne les Paléothériums, avec les ossements desquels les leurs sont si fréquemment mêlés dans les carrières à plâtre des environs de Paris : aussi l'un et l'autre ont-ils dû être nécessairement préparés presque à la fois. La plupart des planches, commencées, il y a plus de deux ans, étaient terminées et même tirées depuis l'année dernière, et le texte était en grande partie rédigé, prêt à être envoyé à l'impression, lorsqu'une nouvelle phase de la transformation sociale que subit l'Europe occidentale depuis soixante ans, plus grave peut-être qu'aucune des précédentes, ainsi qu'il était aisé de le prévoir, est venue atteindre la France et suspendre brusquement toutes les affaires commerciales. Celles de la librairie scientifique et artistique l'ont été plus que les autres, parce que, plus qu'aucune autre, elles ont un besoin rigoureux de paix et d'encouragement de la part des gouvernements.

Après plus d'une année d'interruption forcée, pendant laquelle, cependant, j'ai toujours continué de faire exécuter et même tirer les dessins lithographiés destinés à plusieurs Mémoires subséquents, plus pour l'avantage d'artistes sans travaux que pour les besoins de l'ouvrage lui-même, je vais de nouveau tenter de faire

(1) On trouve à la table à la fin du Mémoire, l'indication des pages où il est question de chacun de ces genres.

encore quelques pas dans la longue carrière que je me suis tracée; elle devrait être et serait, j'en suis certain, au moins bien avancée, si mon travail avait obtenu, comme j'étais peut-être en droit de l'attendre, les encouragements que ces sortes d'ouvrages ont ordinairement reçus, qu'ont demandés avec persévérance mes éditeurs, sans le moindre succès et sans même avoir obtenu une réponse quelconque de la part de MM. Villemain et de Salvandy, alors ministres de l'instruction publique, auxquels ils ont dû s'adresser.

Espérons que le nouveau système de gouvernement, auquel l'âge de la société en Europe semble nous pousser plus invinciblement qu'on ne le pense généralement, ne permettra plus à MM. les ministres d'écouter, dans ces sortes d'affaires, ou bien leur amour-propre blessé ou non, ou même leurs sentiments, louables sans doute, de reconnaissance particulière (1), plutôt que les intérêts généraux pour la sauvegarde desquels, seuls, ils ont dû avoir été choisis. Sans doute que dans les affaires humaines il y aura toujours quelque chose de l'homme, et le plus haut placé n'est pas plus exempt qu'un autre de ces petitesses ou de ces faiblesses; mais enfin, si elles sont encore dans la nature des hommes, elles sont de moins en moins dans la nature des choses, au contraire de ce qui a eu lieu si longtemps et si fortement sous le dernier gouvernement, qui, par suite de la fausseté de sa position, devait mettre et mettait en effet l'habileté, pour employer une expression polie, au-dessus de toutes les autres qualités gouvernementales.

Faisons donc des vœux pour que dorénavant les encouragements aux lettres, aux sciences et aux arts soient donnés avec intelligence et avec équité : rares ou même nuls pour les ouvrages courants, de peu de dépenses et d'un débit à peu près certain, qu'ils soient surtout appliqués à ceux qui demandent des avances considérables et qui, par leur nature même, sont destinés aux grandes bibliothèques publiques, plutôt qu'à celles des particuliers. Mais encore, pour ces sortes d'ouvrages, faut-il une mesure dans les encouragements, afin de ne pas leur permettre d'atteindre à ces développements presque indéterminés qui donnent à des voyages le caractère et l'étendue de vastes compilations.

Au reste, il y a longtemps que tous les esprits indépendants, auxquels répugnent ces sollicitations, ces dédicaces si fructifères des faveurs ministérielles, ont élevé la voix pour demander une réforme à ce sujet. Nous pouvons même citer comme aussi excellentes pour le fond que pour la forme, les réflexions que

(1) J'expliquerai quelque jour ce à quoi je fais allusion ici, comme ayant mis un obstacle invincible aux encouragements demandés par les éditeurs de mon ouvrage.

M. Mohl, secrétaire de la Société Asiatique, a insérées dans le compte rendu des travaux de cette Société pour l'année 1847; elles ont essentiellement trait aux ouvrages de haute érudition et d'archéologie, mais elles peuvent parfaitement s'appliquer aux publications d'histoire naturelle, avec quelques modifications demandées par la nature des travaux. Il y a déjà longtemps que nous nous sommes occupé de ce sujet dans nos rapports à l'Académie des sciences; nous pourrons y revenir; mais ce ne serait pas ici le lieu.

Considérations générales : sur le rôle de ce Genre dans la série des Mammifères ongulés;

Dans les considérations préliminaires à notre mémoire sur les Ongulogrades, où nous avions pour but de montrer combien l'étude des mammifères fossiles pouvait contribuer à la démonstration de la série animale, en nous faisant connaître des espèces qui viennent remplir de la manière la plus inattendue les lacunes qu'elle présente aujourd'hui à l'état vivant, nous avons vu comment, dans la série des formes offertes actuellement par les mammifères Ongulogrades paridigités, les espèces connues sous les noms de Sus et d'Hippopotames demandaient, pour ainsi dire, comme intermédiaires à ceux-ci et aux Ruminants, quelques nuances dans lesquelles le système digital deviendrait de plus en plus bisulque par la diminution des doigts postérieurs ou extrêmes, aussi bien que par un plus grand développement des deux intermédiaires, et où le système dentaire perdrait en même temps de sa disposition omnivore pour devenir de plus en plus herbivore. Eh bien, cette forme, cet ensemble de caractères, ce degré d'organisation existe, ou peut-être mieux, a existé; car il ne nous est encore connu qu'à l'état fossile, et ses restes se sont trouvés en assez grande abondance, et entassés pêle-mêle avec ceux dont nous avons parlé dans un de nos mémoires précédents sous le nom de Paléothérium, et avec lesquels ils ont même été confondus pendant un certain temps. Ce n'est, en effet, que successivement, et par suite d'heureux hasards montrant des pièces contenant à la fois des mâchoires pourvues de dents et des pieds provenant évidemment d'un même individu, que la certitude a été acquise avec la possibilité de la

sur sa séparation des Paléothériums.

démonstration que pour les ossements si nombreux, épars dans nos carrières à plâtre, on pouvait trouver à les rapporter à deux formes génériques au moins : l'une qui, avec un système digital impair, avait un système dentaire normal formé des trois sortes de dents bien distinctes, a reçu le nom de Paléothérium; l'autre qui, avec un système digital pair, offrait un système dentaire anormal, sinon encore pour le nombre, mais au moins pour la forme et la disposition, et que l'absence de dents caniniformes a fait nommer Anoplotherium.

Nous avons consacré notre avant-dernier fascicule à l'étude des Paléothériums, en y comprenant même quelques autres formes génériques qui s'en éloignent plus ou moins; celui-ci va l'être à l'examen des Anoplothériums et de plusieurs genres voisins.

particulières. Historiques.

L'histoire des travaux auxquels les espèces de ce genre ont donné lieu devra être bien moins étendue que pour les Paléothériums; plusieurs pièces importantes de ceux-ci ayant été connues avant les recherches de M. G. Cuvier, et même rapportées assez convenablement, après discussion, à leur place zoologique par Lamanon, ainsi que nous l'avons exposé dans le mémoire que nous venons de citer; mais il n'en est pas tout à fait de même pour les Anoplothériums, quoique, ainsi que nous l'apprend M. G. Cuvier, quelques morceaux assez essentiels fissent déjà anciennement partie du cabinet du Jardin des Plantes ou de celui de la première Académie des sciences. On peut, par conséquent, supposer que plusieurs des ossements recueillis par Guettard et par Lamanon provenaient d'espèces de ce genre, d'autant mieux que celui-ci dit avoir reconnu pour les dents deux espèces parmi les os fossiles de l'Ile-de-France, comme on nommait alors les environs de Paris. C'est cependant ce qu'il est difficile d'assurer, ces pièces n'existant plus ou étant égarées, et les figures données par Guettard étant bien loin de suffire pour se décider entre deux formes aussi peu éloignées, du moins, pour un certain nombre de parties. C'est à cela, en effet, qu'est dû le mélange et la confusion que M. G. Cuvier fit de plusieurs pièces dans ses premiers travaux sur les os fossiles des carrières à plâtre de Paris.

Non indiqué, en 1763, par Guettard. Soupçonné en 1788, par P. Lamanon.

Le premier soupçon de restes qui n'appartiendraient pas au genre dont les mâchoires sont privées des premières dents maxillaires cani-niformes ne se trouve pas encore dans l'extrait de son *Mémoire sur les ossements fossiles de quadrupèdes*, lu à la Société d'histoire naturelle, extrait publié dans le numéro 18 du *Bulletin des Sciences* par la Société philomathique du 6 fructidor an VI (1798). Il n'y est encore question que de l'animal carnassier reconnu comme devant être une espèce particulière de chien (*canis*), et qui deviendra plus tard le type du genre Paléothérium, pachyderme voisin des Tapirs, et surtout des Rhinocéros.

Encore inaperçu par M. G. Cuvier,

en 1798,

Il n'en est même pas encore question trois ans après, c'est-à-dire en 1801, dans l'extrait d'un ouvrage sur l'*Histoire des quadrupèdes fossiles*, publié par ordre de la première classe de l'Institut le 26 brumaire an IX, où, sous le numéro 9, sont annoncées, comme fournies par les carrières à plâtre des environs de Paris, six espèces fossiles, toutes les six d'un genre inconnu jusqu'ici et intermédiaire aux Rhinocéros et aux Tapirs, et dont les différences consistent dans le nombre des doigts des pieds et dans la grandeur qui va depuis celle du Cheval jusqu'à celle du Lapin.

et même en 1801.

En effet, dans une note inscrite auparavant dans le *Bulletin des Sciences*, sous le titre d'*Addition à l'article des quadrupèdes fossiles de Montmartre*, M. G. Cuvier avait annoncé qu'il avait trouvé des pièces nouvelles qui lui ont prouvé l'existence de deux espèces absolument distinctes de celle qu'il avait indiquée au numéro 18, quoique appartenant, dit-il positivement, au même genre, l'une d'elles ayant, comme celle-ci, deux doigts seulement aux pieds de derrière; mais étant trois fois plus petite avec son métatarse plus allongé proportionnellement à sa largeur, et l'autre un peu plus petite et égalant à peine le Hérisson. Or, ce sont ces espèces à deux doigts qui vont bientôt entrer dans le genre Anoplothérium, pour en sortir ensuite, comme nous le verrons, sous le nom générique de Xiphodon.

Indiqué comme espèce d'un seul genre encore innominé.

Un peu plus tard

Deux ans après, c'est-à-dire en germinal an XII (1802), le nom de

nommé Paléothérium; en 1802;

Paléothérium est imposé à ce genre inconnu, à l'occasion d'un squelette presque entier trouvé à Pantin; mais ce genre comprend encore les six espèces à deux ou à trois doigts, reconnues pour tous les os recueillis jusqu'alors.

séparé de celui-ci, en 1804, comme genre distinct.

Ce n'est donc réellement qu'en 1804, c'est-à-dire au moment où M. G. Cuvier commença la publication de ses mémoires sur les ossements fossiles de quadrupèdes trouvés dans la pierre à plâtre des environs de Paris (*Ann. du Mus.*, tom. III, p. 375), et même dans le second de ces mémoires (1), qu'un certain nombre de pièces appartenant au système dentaire sont décidément attribuées à un genre distinct sous la dénomination d'Anoplothérium, tirée de la forme anormale de la première dent maxillaire. Ce genre, que M. G. Cuvier considère comme intermédiaire d'une part au Rhinocéros et au Cheval, de l'autre à l'Hippopotame, au Cochon et au Chameau, et qu'il caractérise par le système dentaire anormal dans la forme des canines et par un système digital à deux doigts, emportait les plus petites des espèces du genre inconnu, quand il était encore innominé.

Intermédiaire au Rhinocéros et au Chameau,

par conséquent six ans après la première découverte.

Dès lors, et après un laps de temps de plus de six ans, à l'aide de pièces de plus en plus caractéristiques qui permirent de redresser les premières erreurs, suite de connaissances encore peu avancées aussi bien que de tâtonnements plus ou moins inévitables dans ces sortes de recherches, le genre dont nous allons nous occuper dans ce mémoire se trouvera à peu près établi, et les espèces qui pouvaient lui appartenir nommées et même caractérisées, mais plutôt, suivant l'habitude de M. G. Cuvier, d'après la taille que d'après de véritables caractères spécifiques.

Ses Os successivement démêlés,

Nous avons expliqué dans notre Mémoire sur les Paléothériums l'or-

(1) Dans le premier, en effet, intitulé : 1re section, *Rétablissement de la série des dents et de leurs figures dans les deux mâchoires de l'espèce la plus commune, et création du genre Palæotherium* (*Ann. du Mus.*, t. III, p. 275), et 2e section, *Rétablissement de la tête dans le Pal. medium* (*Ibid.*, p. 290), il y a encore mélange pour les dents et même pour la tête de pièces de Paléothérium et d'Anoplothérium de la grande espèce.

dre ou plutôt le désordre, ainsi que M. Cuvier l'a reconnu lui-même, dans lequel le hasard qui domine nécessairement dans ce genre de travaux, l'avait forcé de présenter ses recherches pendant les quatre années qu'il a mises à les publier, de 1804 à 1808, dans les *Annales du Muséum;* nous n'avons pas besoin d'y revenir, si ce n'est pour faire observer que les suppléments annoncés par lui dans plusieurs endroits de ces mémoires, n'ont malheureusement pas été réalisés dans ce recueil, et que par conséquent on les y chercherait en vain. Nous nous bornerons à ajouter que la présomption qui, directement ou indirectement, avait porté M G. Cuvier à attribuer le système digital tridactyle aux espèces à canines proéminentes, et le système didactyle à celles où elles sont semblables aux voisines, fut bientôt confirmée plus ou moins complétement par la découverte de pièces qui montraient à la fois partie de l'un et de l'autre et sur lesquelles il ne pouvait y avoir aucun doute, puisqu'elles provenaient évidemment du même individu.

un peu par induction, beaucoup par le hasard des découvertes,

Quant aux autres os qui s'étaient présentés isolés, il fut également assez facile, pour la plupart d'entre eux du moins, et quand ils étaient lisibles, d'en faire le départ suivant qu'ils se rapprochaient davantage des Rhinocéros et des Tapirs pour les espèces à système digital impair, ou bien des Cochons et des Ruminants pour les espèces à système digital pair. De cette manière M. G. Cuvier parvint, sauf quelques erreurs plus ou moins importantes, qu'il finit par redresser lui-même pour la plupart, à établir assez exactement le *Palæotherium medium* qui lui a servi de type pour le rapprochement et la distinction des espèces qu'il a proposées, ce que nous avons cherché à apprécier dans notre Mémoire sur ce genre, et l'*Anoplotherium commune* qui a servi de terme de comparaison pour un certain nombre d'espèces qui s'en rapprochent ou qu'il a cru devoir en rapprocher.

de ceux des Paléothériums,

de manière à établir, comme espèces types, le *Pal. medium*, et l'*Anoplothérium commune*.

Ainsi en 1808, époque à laquelle se termina dans les *Annales du Muséum* la publication des mémoires de M. G. Cuvier, sur les *Quadrupèdes fossiles dans les plâtres des environs de Paris*, le genre Anoplothérium avait été nettement distingué de celui des Paléothériums, et même

Résultats historiques, en 1808,

le Genre établi.

des genres encore plus rapprochés, de celui des Cochons et des premiers Ruminants, et cela par la double considération du système digital et du système dentaire, fortifiée par un certain nombre de points différentiels de plusieurs autres pièces du squelette. Bien plus et le plus souvent, d'après quelques fragments de mandibule, M. G. Cuvier avait proposé de distinguer quatre espèces, savoir :

quatre espèces proposées.

1° L'*A. commune*, d'une taille égale ou supérieure à celle du Sanglier ;

2° L'*A. medium*, de celle d'un Mouton ordinaire;

3° L'*A. minus*, encore plus petite, très-peu plus grande qu'un Lièvre;

4° L'*A. minimum*, moindre encore, puisqu'elle serait à peine égale ou moindre qu'un Lapin ou de la taille d'un Cochon d'Inde.

acceptés sans contrôle.

Ces résultats, acceptés, comme on le pense bien sans examen, dans tous les ouvrages de compilation, avec l'empressement ordinaire aux personnes qui se livrent à ces sortes de travaux, n'éprouvèrent aucune modification dans l'intervalle du temps qui sépara la fin de la publication des mémoires qui les contenaient dans *les Annales du Muséum*, de celle où réunis avec ceux sur d'autres genres, également imprimés dans les *Annales*, ils formèrent le troisième volume des *Recherches sur les ossements fossiles de quadrupèdes*, et mis en vente à la fois en 1812. Mais alors M. G. Cuvier y fit des changements assez considérables, non pas encore dans le contexte des mémoires eux-mêmes dont la pagination seule et le titre courant furent changés, non pas même dans l'ordre sous lequel ils avaient paru, ce qui était impossible, puisque ce n'était pas une réimpression, mais parce qu'ils furent précédés d'une courte introduction et surtout parce qu'ils furent suivis, sous le titre de *Sixième et Septième Mémoires*, de suppléments assez considérables aussi bien pour la description que pour la figure d'un assez grand nombre de pièces nouvelles, découvertes dans cet intervalle.

augmentés et perfectionnés en 1812, dans les Suppléments aux Mémoires,

ajoutant une 5ᵉ espèce,

Toutefois ce supplément n'ajouta rien de bien important pour le genre qui nous occupe à ce qui avait été exposé dans les mémoires, du moins pour ses caractères ; mais le nombre des espèces proposées s'accrut d'une sous le nom d'*A. secundarium,* d'après un petit nombre de pièces, ce qui porta le nombre de celles-là à cinq, dont M. Cuvier donna une sorte de caractéristique linnéenne; mais le plus souvent encore d'après la taille exclusivement.

Je ne vois pas que dans l'intervalle, assez long cependant, qui sépare l'apparition en volumes de la première édition des *Recherches* de M. G. Cuvier, de la publication de la seconde édition, qui eut lieu en 1822, pour le troisième volume où se trouvent les *Mémoires sur les ossements fossiles des environs de Paris*, il ait été indiqué en France ou à l'étranger, soit des os, soit des dents qui auraient été rapportés à une espèce de ce genre. Mais les plâtrières des environs de Paris fournissant toujours quelques pièces nouvelles, M. Cuvier se trouva conduit à corroborer les caractères distinctifs de l'espèce type par la connaissance d'un plus grand nombre de ses os, et, de plus, à reconnaître dans les espèces qu'il en avait rapprochées des différences assez grandes pour qu'il crût devoir les considérer comme devant former deux sous-genres, l'un qu'il nomma *Xiphodon,* pour l'espèce qu'il avait appelée *A. medium* en 1812, nom qu'il change en celui d'*A. gracile,* l'autre *Dichobune* pour celles que, dans sa première édition, il nommait *A. minus* et *A. minimum,* et qui dans la seconde sont appelées *A. leporinum, murinum* et *obliquum*; celle-ci établie sur une pièce qu'il avait, dans la première édition, attribuée à la précédente.

puis, en 1822, dans la 2e édition, pour l'espèce type, pour une 6e espèce. Par l'établissement des espèces en trois sous-genre : *Anoplothérium, Xiphodon, Dichobune.*

De cette manière et par suite de ces remaniements le genre Anoplothérium se trouva assez notablement accrû, puisque dans son *Résumé,* M. G. Cuvier en porta le nombre à six qui lui parurent très-faciles à caractériser, ce qu'il ne fit cependant encore que d'après la grandeur comparée à celle d'un animal commun. Mais ce qui est digne d'être remarqué, c'est que ces six espèces étaient exclusivement parisiennes, et qu'il n'eut à rapporter à ce genre aucune pièce recueillie dans un autre gisement, tandis qu'il en avait signalé un assez grand nombre attribués à des Paléothériums et recueillis dans des dépôts plus ou moins analogues à celui des environs de Paris.

reconnaissant, en définitive, 6 espèces seulement dans le bassin de Paris.

L'une d'elles indiquée en Angleterre, par M. Buckland, en 1824, par M. Pratt, en 1825, par M. R. Owen, en 1825 et 1836.

La première indication de fragments appartenant à une espèce d'Anoplothérium, trouvée hors de ce bassin, est due à M. Buckland, qui signala en 1825 deux ou trois dents recueillies dans l'île de Wight par M. Allan, ce qui fut confirmé par une autre dent découverte par M. Samuel Pratt, et attribuée à l'*A. commune.*

Nous trouvons aussi comme ayant été rapportés par M. R. Owen à une espèce de ce genre, qu'il a nommée *A. commune* dans ses *British Mammalia and Birds,* publiés en 1836, plusieurs fragments de mandibule provenant de la même localité et qui avaient été également découverts par M. Samuel Pratt.

En Auvergne, par M. E. Geoffroy, en 1833.

En France, hors du bassin parisien, auquel se rattache celui de Londres, c'est le riche dépôt de l'Auvergne, qui a offert le premier des restes fossiles qui ont pu être rapportés aux Anoplothériums, et c'est à M. Étienne Geoffroy-Saint-Hilaire que la première mention en est due, mais seulement dans une simple énumération des ossements fossiles qu'il avait vus dans une collection particulière à Saint-Géran-le-Puy, département de l'Allier, publiée en 1833; toutefois, en proposant de nommer l'espèce animale à laquelle la pièce avait appartenu *A. latecurvatum*, et même comme pouvant former un genre distinct, pour lequel, par anticipation, un peu précipitée peut-être, et sans dire le moins du monde pourquoi, il proposait le nom de *Cyclognathus* (1).

En 1835, par M. Bravard, sous le nom de *Cainotherium.*

Nous verrons plus loin, ainsi que nous l'avons annoncé dans notre fascicule sur les Paléothériums, que la pièce sur laquelle repose ce genre appartient à la même espèce animale que les ossements nombreux sur lesquels repose le genre établi depuis assez longtemps par M. Bravard, sous le nom de *Cainotherium* en 1835, et que la tête presque entière dont MM. de Laizer et de Parrieu ont fait de leur côté le genre Oplothérium en 1838.

A Sansans, par M. Lartet, en 1836.

M. Lartet, dans son énumération des ossements fossiles recueillis par

(1) Nous saurons plus tard que ce nom a sans doute été tiré de la forme arrondie de l'angle de la mandibule.

lui dans le célèbre dépôt de Sansans, dont nous lui devons la découverte, a aussi reconnu quelques pièces qu'il rapporte à une espèce d'Anoplothérium, qu'il nomme *A. grande*.

Dans l'Inde, par MM. Falconer et Cauteley, en 1844.

Enfin, je trouve aussi attribués, en 1844, par MM. Falconer et Cauteley à une espèce qu'ils ont nommée *A. post-genitum*, puis *A. Sivalense*, des restes fossiles dans le dépôt de molasse si riche des Sous-Himalayas.

Voilà, si je ne me trompe, le résumé historique ou chronologique de ce qui a été fait jusqu'ici à ma connaissance sur les ossements fossiles attribués à tort ou à raison à des espèces du genre Anoplothérium.

Appréciation des espèces.

Nous allons maintenant les considérer sous le rapport scientifique, en examinant successivement les pièces qui ont été rapportées à telle ou telle de ces espèces et les caractères qu'on en a tirés pour leurs distinctions.

Matériaux à notre disposition : dans le Muséum, par M. G. Cuvier.

Nous le pourrons avec d'autant plus de facilité que nous avons à notre disposition non-seulement toutes les pièces qui ont servi aux mémoires de M. G. Cuvier, mais encore un certain nombre d'autres fort importantes qui sont parvenues dans les collections du Muséum depuis la publication de la seconde édition de ses mémoires, et même depuis sa mort.

par M. Lartet.

Nous possédons également les pièces du dépôt de Sansans et un plus grand nombre encore de celles des gîtes ossifères de l'Auvergne.

au Muséum britannique, par MM. Falconer et Cauteley.

Enfin, dans un troisième voyage que nous avons fait à Londres en septembre 1848, nous avons pu voir et étudier les os recueillis dans le dépôt des Sous-Himalayas, et dont les directeurs de l'honorable compagnie des Indes ont généreusement envoyéà notre Muséum la collection complète de moules en plâtre.

Disposition des piècesdans mes Planches, pour chaque espèce à part,

Nous allons donc les passer successivement en revue; mais comme nous sommes assez loin d'avoir des pièces analogues pour chacune d'elles, nous avons préféré, dans la disposition des six planches que nous avons consacrées à ce genre, réunir dans la même la représentation de toutes les pièces qui concernent chaque espèce, et surtout celles qui constituent les sous-genres proposés par M. G. Cuvier.

d'où réduction assez considérable des Figures des pièces

Cette disposition nous a permis de ne pas réduire nos figures au même degré, sans trop d'inconvénients; ce qui, au reste, aurait été assez difficile dans un genre où l'on trouve des espèces dont la taille peut s'élever à celle d'un Ane ou d'un petit Cheval, et descendre à celle d'un Cochon d'Inde, suivant M. G. Cuvier.

du côté,

C'est aussi par la même raison que nous n'avons pas toujours représenté les pièces qui étaient à notre disposition du même côté gauche, de manière qu'elles se reproduisissent toutes au tirage du côté droit, afin d'éviter des dessins au miroir, qui sont toujours d'une exécution plus difficile que les autres.

et dans l'état où elles se trouvaient.

Du reste, nous avons figuré le plus qu'il a été possible les pièces dans l'état réel où elles sont, ce qui rend quelquefois les figures moins satisfaisantes à l'œil que celles données dans l'ouvrage de M. G. Cuvier où le dessinateur ne s'est pas toujours astreint à la même exactitude.

Pour les parties du Squelette reproduites des figures données par M. G. Cuvier,

Quant aux figures qui représentent les deux assemblages d'os que l'on peut, avec bien de la vraisemblance, regarder comme provenant du squelette entier de deux individus, nous avons été obligé, par suite de leur disposition actuelle dans nos collections (1), de reproduire, à peu de changements près, la planche et la réduction données par notre prédécesseur; mais en vérifiant soigneusement les détails les plus importants, que nous avons même quelquefois scrutés plus complétement sur la pierre.

en suivant mon Plan accoutumé,

En général nous avons suivi ici le plan que nous avons établi pour les Paléothériums, c'est-à-dire que nous n'avons fait représenter que les pièces qui peuvent être considérées comme significatives, soit du genre, soit de l'espèce, soit même de l'individu, par suite de l'âge ou même du maximum ou du minimum de grandeur. C'est ce qui nous a

(1) Ces amas d'os d'un même squelette sont en effet incrustés dans un certain nombre de blocs de gypse, tels que les ouvriers les ont apportés au Muséum, et se rapportant plus ou moins heureusement entre eux, ainsi qu'ils étaient probablement dans la carrière. De leur réunion maintenue artificiellement par du plâtre et des bordures en bois, il est résulté des masses énormes, que la fâcheuse construction de la galerie de géologie a forcé de reléguer, à grande peine, au-dessus des armoires, d'où il serait presque impossible aujourd'hui de les descendre, et où il est même fort difficile de les étudier.

permis de réduire considérablement le nombre de nos planches, comparativement à ce que sont celles contenues dans les mémoires de M. G. Cuvier, et à y mettre un certain ordre que sont loin d'offrir les siennes, par suite du mélange de pièces, de genres et d'espèces différentes, souvent dans la même planche. Enfin, ainsi que nous l'avons fait pour les Paléothériums, nous avons compris dans ce mémoire sur les Anoplothériums l'étude de plusieurs espèces animales qui semblent s'en rapprocher, ou du moins les lier aux Ongulogrades paridigités ruminants.

et en ajoutant les espèces plus ou moins voisines.

A. COMMUNE.

1° A. Commune. (G. Cuvier.)

1re édit. *Ann. du Mus.*, t. III (1804); *Foss. de Paris*, 3e mém., p. 370; *Mémoires réunis*, t. III, p. 74 (1812).

A. commune, digito accessorio duplo breviore in palmis tantùm; caudâ corporis longitudine, crassissimâ. Magnitudo Asini aut Equi minoris. Habitus elongatus et depressus Lutræ, vero similiter natatorius.

2e édit. *Recherches*, t. III, p. 251 (1825).

A. commune, staturâ Asini minoris; caudâ corporis longitudine, crassissimâ; habitus elongatus Lutræ, vero similiter natatorius.

Histoire de son établissement.

On trouve cette espèce distinguée par M. G. Cuvier dans son second mémoire (1) sur les espèces d'animaux dont proviennent les os fossiles répandus dans les pierres à plâtre des environs de Paris, et depuis lors confirmée dans les mémoires subséquents publiés dans le même recueil de 1804 à 1808, puis en 1812 dans les suppléments de la première édition de ses mémoires, et enfin dans la seconde édition de ses *Recherches* sur les ossements fossiles des quadrupèdes en 1822.

De 1804 à 1822.

Pièces sur lesquelles elle reposait en 1804.

En 1804 et dans les deux années suivantes, elle ne reposait encore que sur un assez petit nombre de pièces; de la tête proprement dite,

(1) L'analyse historique donnée plus haut montre comment, de 1798 à 1804, elle se trouvait confondue avec les Paléothériums.

rien encore; de la mâchoire supérieure, fort peu de chose; de la mandibule, quelques fragments; du tronc, rien encore; des membres, les parties terminales montrant d'une manière manifeste que le système digital était presque uniquement didactyle avec les métacarpiens et les métatarsiens séparés; du système dentaire, la série tout entière aussi bien en haut qu'en bas.

en 1807, Mais en 1807 elle fut encore mieux assurée par la découverte de deux squelettes incomplets sans doute, mais l'un et l'autre montrant, avec une tête bien caractérisée par son système dentaire et complet, le premier, un morceau du bassin et de la queue avec partie d'un fémur et d'un pied; l'autre, le tronc presque entier et une main assez complète, en sorte qu'il fut possible de rattacher à cette espèce un certain nombre d'os, longs ou courts, qui se distinguaient assez bien de leurs analogues dans les Paléothériums.

d'où sa définition, en 1812, avec un Doigt accessoire de deux phalanges,

Quoi qu'il en soit, il en résulta qu'en 1812 M. G. Cuvier crut pouvoir définir l'espèce dont il est question par cette phrase linnéenne : *A. commune, digito accessorio duplo breviori in palmis tantum; caudâ corporis longitudine, crassissimâ, magnitudo Asini aut Equi minoris. Habitus elongatus et depressus Lutræ, vero similiter natatorius.* En effet, dans le squelette qu'il a cru pouvoir restituer dans une des dernières planches de ses mémoires, il lui a donné la plupart de ces caractères, et entre autres un doigt indicateur accessoire très-prononcé et formé de deux phalanges : ce que nous verrons être complétement erroné, et qui a été cependant encore soutenu dans la figure fantastique de l'animal entier qu'il s'est amusé à établir sur ce squelette hasardé (1).

(1) Par un abus encore plus grand de l'hypothèse, M. Cuvier a cru pouvoir ajouter (septième mémoire, *Suppléments*, p. 66) : « Quiconque envisagera cet animal ainsi reproduit, » sera frappé de ses formes lourdes, de ses jambes grosses et courtes, et surtout de son énorme » queue. A la grosseur des membres près, il y a beaucoup de la stature de la Loutre, et il est » fort probable qu'il se portait souvent comme elle sur et dans les eaux, surtout dans les lieux » marécageux; » sans se rappeler que le squelette entre pour assez peu dans la physionomie d'un animal.

Cette caractéristique fut nécessairement adoptée par tous les paléontologistes, et même par les zoologistes, jusqu'en 1822, où M. G. Cuvier la rectifia lui-même, du moins dans le texte : *Staturâ Asini minoris; caudâ corporis longitudine crassissimâ. Habitus elongatus Lutræ, vero similiter natatorius;* car le squelette restitué resta toujours avec son doigt accessoire, dont celui-ci ne parlait plus.

adopté par tout le monde, mais supprimé par M. Cuvier lui-même, en 1822.

Depuis cette époque, personne n'eut l'occasion d'étudier de nouveau cette espèce, dont à peine quelques dents recueillies en Angleterre lui furent attribuées, ainsi que nous l'avons dit plus haut.

Examen et appréciation des pièces anciennes et de quelques-unes nouvelles.

Nous n'avons malheureusement pas eu occasion d'examiner beaucoup de pièces nouvelles, et surtout en connexion entre elles et avec des parties de têtes, sauf l'une trouvée à Rosny, près Paris, et offrant une articulation huméro-cubitale bien complète. Nous allons donc être obligé d'employer celles qui ont déjà servi aux travaux de M. G. Cuvier, mais en mettant dans nos descriptions et surtout dans nos figures un ordre beaucoup plus rationnel et par conséquent plus méthodique, ce qui nous permettra de diminuer la longueur des unes et le nombre des autres.

Nous suivrons par conséquent notre marche habituelle, quoique nous soyons assez loin de pouvoir décrire toutes les pièces du squelette de l'Anoplothérium.

dans notre plan habituel.

DES OS DU SQUELETTE.

Quoique M. G. Cuvier ait intitulé un chapitre de ses Mémoires sur les os fossiles des carrières à plâtre de Paris : *Sur le squelette presque entier de deux Anoplothériums communs trouvés l'une à Montmartre, et l'autre à Antony*, il s'en faut malheureusement beaucoup qu'il en soit ainsi, et que par conséquent il soit véritablement possible de se faire une idée un peu certaine de l'ensemble des os qui constituaient le squelette de cet animal, aussi bien, par exemple, qu'on a pu le faire pour le *Palæotherium minus*. Je suis même assez loin d'accepter qu'il devait rappeler celui

Du prétendu Squelette entier.

de la Loutre, comme l'a supposé M. Cuvier, contrairement même un peu à la figure du squelette restitué qu'il lui attribue et qui n'a rien, en effet, qui ressemble à celui de cet animal excessivement bas sur pattes, avec cinq doigts étalés en nageoires.

De la colonne vertébrale et des Vertèbres : dorsales, leur nombre douteux : Nous ne pouvons pas même assurer d'une manière positive le nombre des vertèbres qui entraient dans la composition de la colonne vertébrale. Pour la tête et le cou, il est indubitable que par analogie, le nombre était comme chez la très-grande partie des mammifères; mais pour le dos, les lombes, le sacrum et même pour la queue, on peut avoir quelques doutes. M. G. Cuvier, d'après le nombre des côtes que l'on voit sur le squelette de Montmartre, suppose que le nombre des vertèbres dorsales devait être de douze ou treize assez 12-13, suivant M. G. Cuvier, bien, dit-il, comme chez les Cochons et les Ruminants; mais d'après cette même pièce, le nombre des côtes et par conséquent des vertèbres dorsales devait être plus considérable, car elle montre bien 15, plus probablement, suivant moi. distinctement onze côtes, et certainement, à en juger par les deux terminales, il devait y en avoir une, si ce n'est deux, en avant et deux ou trois en arrière, ce qui en porterait le nombre à quinze comme dans l'Hippopotame.

lombaires, 5. Le nombre des vertèbres lombaires est porté à cinq par M. G. Cuvier, d'après le squelette d'Antony; en suivant l'analogie avec ce qui existe chez les Hippopotames et les Cochons, on peut accepter cette assertion, mais c'est ce que la pièce ne montre certainement pas.

sacrées, ? Celui des vertèbres sacrées est complétement inconnu et n'a pas même été supposé.

caudales, 21-22, remarquables par leur grosseur. On pouvait être plus hardi pour les vertèbres caudales; et en effet M. G. Cuvier, d'après le squelette de Montmartre, en porte le nombre à vingt et une ou vingt-deux; ce qui peut être sans doute, puisque les espèces de Sus en ont réellement autant; toutefois on ne peut dire autrement qu'une queue aussi puissante que celle qu'il semble presque impossible de ne pas reconnaître à l'*Anoplotherium commune* est bien singulière dans un animal ongulograde et bisulque, comme celui-ci l'est certainement.

D'après ce que nous venons de dire de notre incertitude sur le nombre des vertèbres de cet animal, il est aisé de voir que nous pouvons encore moins parler de la proportion des régions et des courbures qu'elles pouvaient former; nous devons donc passer immédiatement à l'examen de chacune des parties qui la composent. Le reste inconnu.

De la TÊTE. De la TÊTE.

La partie vertébrale de la tête de l'*A. commune* est, en général, fort allongée, assez déjà dans sa partie terminale, mais surtout dans sa partie postérieure.

La vertèbre occipitale a cependant son corps large et assez court, des pièces latérales assez grandes pourvues de condyles fort saillants, mais surtout d'apophyses mastoïdiennes verticales fort épaisses en forme de pyramide triquètre, un peu comprimées et fort longues, plus que les véritables, et un occipital supérieur presque vertical, arrondi sans épine bien saillante, mais avec une crête qui l'est beaucoup, surtout latéralement. V. occipitale.

La vertèbre sphéno-pariétale est au contraire assez grande, oblongue dans son corps, pourvue d'apophyses ptérygoïdes externes assez fortes, d'ailes assez peu étendues, s'articulant largement avec un pariétal oblong et assez bombé en dehors, et s'élevant avec l'âge en une crête sagittale mince et assez considérable. V. sphéno-pariétale.

La vertèbre sphéno-frontale est encore plus étendue, du moins dans son arc frontal, assez bombé en dessus, mais largement excavé ou replié à son bord externe pour la formation de l'orbite. V. sphéno-frontale.

Enfin la vertèbre antérieure ou faciale et terminale est encore beaucoup plus longue, formée par un vomer qui ne devait pas être élevé et par des os du nez très-allongés, assez convexes transversalement, et diminuant lentement de largeur, sans rétrécissement marqué, jusqu'à V. faciale. Les Os du Nez rétablis.

l'extrémité qui s'atténuait en pointe arquée dans sa partie libre (1), ou surplombant l'orifice nasal un peu comme chez les Pécaris.

Des APPENDICES : supérieur. En général. En particulier. Des Os ptérygoïdiens. Lacrymal. Nasal.

Des appendices céphaliques.

La mâchoire supérieure proportionnellement assez longue, commence : en dessous par un ptérygoïdien interne en forme de lame large, appliqué et débordant assez l'externe; en dessus, par un os lacrymal assez petit, s'avançant assez peu en s'arrondissant dans la face, et percé d'un seul trou marginal échancrant le bord; en dehors, par un jugal large et épais en avant, s'atténuant en arrière, pour passer sous l'apophyse correspondante du squammeux et former une arcade zygomatique horizontale, peu bombée en dehors, mais assez épaisse.

Maxillaire.

L'os maxillaire, lui-même, est très-grand, très-étendu dans ses deux parties presque également horizontales, la montante assez bombée et échancrée par le frontal, et l'horizontale ou palatine assez excavée et prolongée en arrière.

Prémaxillaire.

Le prémaxillaire est également considérable et large dans sa branche montante qui est longuement articulée latéralement avec l'os du nez. Sa branche horizontale est également fort étendue et percée à sa marge de trois grands trous alvéolaires presque égaux.

inférieur. Temporal. Rocher. Caisse. Squammeux.

La mandibule ou mâchoire inférieure commence en arrière par un temporal médiocre comprenant un rocher fort petit, une caisse également peu développée (2) et accolée en arrière à un mastoïdien peu saillant; et enfin un squammeux assez peu large dans sa partie écailleuse, mais qui se prolonge en avant en une apophyse zygomatique considérable, aussi bien à sa base, pour former une fosse glénoïde large, plano-

(1) C'est à tort que M. G. Cuvier a dit, page 40, que la tête du squelette d'Antony montrait l'os du nez dans toute son intégrité, et qu'il a donné à cette terminaison la forme d'une sorte de tubercule arrondi (Pl. XLV) ne surplombant pas l'orifice des narines. Cette partie était brisée sur la pièce qu'il a examinée et la figure que j'en donne, d'après un autre mieux conservée, démontre le contraire.

(2) M. G. Cuvier dit, au contraire mais à tort, ce me semble, page 41, qu'elle est fort considérable.

convexe (1), avec apophyse d'arrêt très-marquée et un trou veineux en arrière, que par son extrémité imbriquée par le jugal.

Mandibule. Ses Apophyses. angulaire. Condyle. Coronoïde.

La mandibule proprement dite (2) est grande, mais surtout allongée dans sa branche horizontale qui est assez étroite, principalement en avant où elle s'atténue sans indice d'apophyse geni; mais en arrière elle est élargie par une apophyse angulaire arrondie et peu saillante, se continuant insensiblement en une branche montante peu élevée, médiocrement large, partagée au sommet, presque sans bord intermédiaire, en un condyle transverse, épais, assez bas, et une apophyse coronoïde au moins médiocre, assez large et peu recourbée à l'extrémité supérieure coupée presque carrément.

De la Tête en totalité. Ses Crêtes. Ses Fosses : orbitaires. nasales. palatines.

De la réunion de ces appendices masticateurs à la partie vertébrale céphalique, il résulte une tête allongée ou longuement conique, un peu comme dans les Pécaris, mais peut-être encore moins élevée à l'occiput, quoique avec une longue crête sagittale étroite, tranchante, bien prononcée, assez peu excavée cependant sur les côtés pour les fosses temporales, sans étranglement post-orbitaire bien marqué, mais offrant en arrière des orbites remarquablement petits, circulaires, largement ouverts en arrière, quoique les apophyses frontale et malaire soient assez prononcées; avec un plancher assez court, mais cependant plus étroit que dans les Ruminants et même que dans les Cochons; des fosses nasales fort étendues, surtout en longueur, et dont nous ne connaissons pas l'intérieur; et enfin une voûte palatine très-grande, assez excavée, de manière que son extrémité antérieure est encore assez large et arrondie, mais non dilatée.

(1) M. G Cuvier en se servant essentiellement de la pièce anciennement attribuée par lui au *Palæotherium medium*, Pl. VII, f. 1-2 *aa*, p. 43, dit que cette surface est tout à fait plane, ressemblant à celle du Tapir, bornée comme chez lui par une lame verticale, mais moins large et moins saillante, et, en thèse générale, comme dans aucun animal connu.

(2) M. G. Cuvier, page 23, dit que cette mandibule ressemble extraordinairement à celles du Tapir et du Daman par l'extrême largeur de sa branche montante, par la forme arrondie et saillante de son angle postérieur, et par son apophyse coronoïde recourbée en crochet, ce qui n'est pas exact.

Ses Trous : Les trous pour la sortie des nerfs ou des vaisseaux sont nécessairement proportionnels au développement des organes.

condyloïdiens. Les trous condyloïdiens sont considérables.

ronds ovales. Les trous ronds et ovales ne le sont pas moins.

optiques. Les trous optiques sont au contraire fort petits.

auditif externe. Le trou auditif est médiocre, rond, horizontal et dirigé en arrière comme chez les Ruminants, et nullement en haut, comme chez les Cochons.

surciliers. Je n'ai pu voir dans les trous surciliers rien qui indique quelque chose d'analogue à ce qui existe dans toutes les espèces du genre *Sus*; ils sont cependant assez grands, et se continuent par un demi-canal qui s'efface en se courbant en arc.

palatins. Les palatins postérieurs m'ont paru distincts, mais fort petits.

sous-orbitaires. Les sous-orbitaires sont à la face au plus médiocres et simples (1), mais ils sont en effet décomposés à leur origine dans l'orbite en deux trous ronds, rapprochés, le supérieur peu éloigné du lacrymal, mais en dehors il n'y en a qu'un, assez inférieur et correspondant à l'intervalle des cinquième et sixième molaires.

incisifs. Les incisifs sont ovales, étroits et assez allongés, pointus en arrière et arrondis en avant.

Ses Orifices : nasal. Quant aux trois grands orifices, l'antérieur ou nasal est assez petit, presque terminal, peu oblique et entièrement formé par les prémaxillaires et les os du nez qui s'avancent assez à leur partie supérieure.

palatin. Le mitoyen ou palatin est assez petit, en ogive, assez étroit et assez reculé au delà de la dernière molaire.

vertébral. Le postérieur ou vertébral est à peu près terminal, médiocre et assez arrondi.

Cavité cérébrale. Par suite de l'existence d'une pièce dont la cavité cérébrale a été remplie par une matière argilo-marneuse très-fine, et qui s'est moulée à la face concave et supérieure du crâne, nous savons que cette cavité était

(1) M. G. Cuvier, page 45, les dit doubles, ce qui n'est vrai qu'à leur origine.

assez grande, et que les os qui la formaient étaient assez peu épais; on peut même voir sur cette pièce que nous avons fait figurer que ce museau pouvait fort bien se terminer carrément, peut-être même en forme de boutoir, comme chez les Pécaris.

Des Vertèbres en particulier.

Nous ne connaissons qu'un petit nombre de vertèbres cervicales qui aient été attribuées à cette espèce.

Atlas.

Un atlas en état de conservation suffisante pour qu'on puisse voir qu'il était assez long ou haut, mais fort déprimé dans son corps, pourvu d'un tubercule inférieur fort petit, et que les apophyses transverses étaient larges et dilatées, surtout en arrière.

Axis.

Un corps d'axis, lui-même assez déprimé, avec une apophyse odontoïde assez courte et des surfaces articulaires très-obliques, était brisé dans son apophyse épineuse, qu'un autre échantillon nous a montrée fort longue, assez basse et débordant plus en avant qu'en arrière.

cervicales 4e ou 5e.

Une quatrième ou cinquième, dont le corps assez long convexo concave est pourvu d'apophyses articulaires larges et horizontales.

6e ou 7e.

Une sixième, suivant M. Cuvier, ou mieux une septième suivant moi, plus courte dans son corps, fort oblique, percée du trou de l'artère vertébrale, et dont l'apophyse épineuse élevée est simple.

dorsales.

Les vertèbres dorsales, dont le nombre, ainsi qu'il a été dit plus haut, ne nous est pas rigoureusement connu, semblent avoir été pourvues, du moins les cinq ou six premières, d'une apophyse épineuse assez élevée. D'après l'une, que je considère comme des dernières, les trous de conjugaison étaient formés, comme à l'ordinaire, par deux vertèbres contiguës, et non percés vers le milieu, comme chez le Cochon. L'apophyse épineuse est large, carrée, l'apophyse articulaire antérieure porte elle-même une apophyse saillante. Il y a des apophyses transverses courtes, quoique les facettes articulaires des côtes soient bien marquées.

Trous de conjugaison.

lombaires.

Les lombaires ont leur épine courte et large; au contraire, leurs apophyses transverses sont très grandes, horizontales et antéroverses, surtout la dernière, qui pourrait bien avoir eu une articulation rétromarginale avec le sacrum, ce qui serait assez bien comme dans l'Hippopotame.

Nous avons deux vertèbres lombaires qui indiquent un individu plus petit.

Il se pourrait que l'on dût regarder comme appartenant à cette espèce une vertèbre séparée indiquée déjà comme lombaire par M. G. Cuvier à cause de la grande longueur de ses apophyses transverses; mais le canal vertébral est cependant bien grand (1).

Je ne puis rien dire de bien positif pour le sacrum; il semble cependant, d'après le squelette d'Antony, que les vertèbres qui le composaient avaient leur apophyse épineuse distincte, et qu'elles étaient au nombre de quatre ou de cinq.

sacrées.

S'il fallait accepter, avec M. Cuvier, comme première sacrée une vertèbre isolée que nous avons figurée, il faudrait admettre que ses apophyses transverses seraient très-fortes, un peu dilatées en fer de hache à l'extrémité et même assez fortement inclinées en arrière, et qu'elles entreraient à peu près seules dans l'articulation du bassin, peut-être comme dans l'Hippopotame.

caudales, remarquables par leur grosseur,

Nous avons déjà dit plus haut quelque chose de la singularité des vertèbres de la queue, attribuées à cet animal d'après le squelette de Montmartre et même aussi d'après celui d'Antony, qui en offre une ou deux des premières, aussi bien que d'après deux pièces de localités différentes que M. Cuvier a supposé prouver en faire partie. Elles sont en effet remarquables par la grosseur de leur corps, diminuant assez graduellement de la première à la dernière. Celle-là et quelques-unes des suivantes sont en outre pourvues d'apophyses transverses considérables, assez inclinées en arrière et d'une épineuse large et carrée. Peu après, et assez au commencement de la queue les apophyses transverses cessent, l'épineuse rejetée en arrière étant encore fort prononcée. Ce sont celles où les os en V sont les plus considérables. Au delà, en sup-

(1) Cette particularité ne serait-elle pas en effet en rapport avec la grande puissance de la queue.

posant qu'il faille joindre aux huit ou dix vertèbres de la queue du squelette de Montmartre les deux tronçons de quatre et de cinq, provenant d'autres lieux, que M. G. Cuvier fait entrer en ligne de compte pour composer la queue de l'*A. commune* de 21 ou 22 vertèbres, toutes les apophyses disparaîtraient complétement; ce qui serait encore assez bien comme chez les Hippopotames et les Cochons, mais ne concorderait peut-être pas tout à fait avec l'énormité de la grosseur de la queue accordée par M. Cuvier a cet animal, qu'il compare sous ce rapport avec ce qui a lieu chez les Kanguroos et chez les Loutres.

Le nombre, probablement de 21-22, comme dans les Hippopotames.

Les restes d'un nouveau squelette provenant de Bagnolet et parvenus au Muséum encore contenus dans la pierre à plâtre, nous ont montré, comme dans celui d'Antony, avec le système dentaire de l'*Anoplotherium commune*, une grande partie de la queue aussi puissante que dans celui-ci.

Confirmé par une nouvelle pièce.

On ne connaît jusqu'ici aucune pièce qu'on ait pu regarder comme provenant de la série médio-ventrale, quoique sous l'extrémité des côtes du squelette de Montmartre on aperçoive les traces des cartilages costaux postérieurs.

Sternèbres?

Nous ne connaissons des côtes que celles qui font partie du squelette de Montmartre et qui ne sont qu'au nombre de onze. Nous avons dit plus haut les raisons qui nous portent à penser qu'il devait très-probablement y en avoir quatorze ou quinze. A en juger par celles qui restent, elles étaient subégales, assez peu larges et peu courbées, ce dont au reste il est assez difficile de juger d'après la pièce qui nous les montre engagées dans la pierre servant de gangue.

Côtes.

Des MEMBRES.

Des MEMBRES. En général.

Aucune pièce recueillie jusqu'ici n'a présenté à la fois les deux paires de membres en totalité ou en partie en connexion avec le tronc, de manière à faire connaître leurs proportions avec celui-ci et encore moins entre eux. Ce n'est, en effet, que le squelette découvert à Antony qui a montré, avec une tête indubitablement d'*A. commune* par le système dentaire, un pied de devant évidemment formé de deux seuls

Incomplétement connus.

dans leur proportion, leur distance,

grands doigts subégaux et du reste incomplet; en sorte qu'il est impossible de s'assurer si les membres étaient plus ou moins distants, comme dans la plupart des animaux nageurs, ou plus ou moins disproportionnés, comme dans les animaux sauteurs, ou enfin rapprochés comme dans les animaux coureurs. Nous allons voir cependant en les examinant chacun par parties, qu'ils étaient très-robustes et en général médiocrement élevés dans leurs trois parties supérieures, plus même que dans les Cochons, et par conséquent que dans les Hippopotames, mais plus courts dans la quatrième ou terminale, peut-être même davantage que dans le Cochon d'Éthiopie.

mais cependant robustes.

1) *Des membres antérieurs.*

M. ANTÉRIEURS. En général.

Ce membre entier, c'est-à-dire dans ses quatre parties en connexion n'est pas encore connu; mais nous possédons d'une manière certaine une articulation huméro-radio-cubitale complète, et sinon l'articulation radio-carpienne, au moins tous les os de la main en rapports.

Omoplate. Supérieurement.

L'omoplate, qu'à défaut de connexion réelle M. G. Cuvier rapporte à cette espèce, plutôt par des différences avec celle des Paléothériums que par une raison réelle, se distingue de celle-ci en ce qu'elle est notablement plus large, moins arrondie, les deux fosses étant subégales, que la crête s'avance à peu de distance du bord articulaire, en une apophyse acromion assez considérable, épaisse, arquée, et que le tubercule coracoïdien épais, mais non détaché, touche presque sans intervalle le bord d'une cavité glénoïde large et arrondie (1).

Inférieurement.

Au fait, nous ne connaissons la partie inférieure de cet os que d'après deux fragments de grande taille, et la partie large, que d'après deux autres moindres, et un troisième de jeune animal épiphysé.

Humérus.

L'humérus, que nous ne connaissons bien que dans sa tête inférieure et

(1) M. G. Cuvier, page 204, pense que cet os ressemble davantage à celui du Lama par l'acromion, et du Chameau par le tubercule coracoïdien. Je le trouve au contraire plus voisin de ce qu'il est dans l'Hippopotame, par sa forme générale, celle de l'acromion, et par la presque égalité des deux fosses. Il n'y a que le tubercule coracoïdien qui diffère assez.

fort peu pour la supérieure, semble être au moins de longueur médiocre, assez comprimé et élargi, dans sa partie supérieure, par une crête deltoïdienne peu détachée, mais descendant fort bas, assez bien comme dans l'Hippopotame (1). Sa tête inférieure rappelle aussi assez bien ce qu'elle est dans cet animal, en ce que la crête épicondylienne est peu marquée, que la fosse olécrânienne profonde est transpercée (2), et surtout que la surface articulaire est disposée de manière que la troklée, bien plus large que le condyle, en est séparée par une saillie épaisse arrondie, presque condyliforme, et que celui-ci descend obliquement bien au-dessous de la ligne de la troklée. Cette disposition, signalée de bonne heure par M. G. Cuvier, est bien autrement prononcée que dans les Cochons et l'Hippopotame.

Supérieurement.

Inférieurement.

Sa surface articulaire.

L'avant-bras robuste semble être presque aussi long que le bras, au contraire de ce qui a lieu chez ce dernier animal.

AVANT-BRAS.

Le radius est un os large et puissant, assez déprimé dans son corps, surtout supérieurement, un peu courbé sur son plat; sa tête supérieure ovale transverse offre nécessairement une disposition inverse de ce que nous venons de voir pour l'humérus, c'est-à-dire une cavité en bilboquet, au milieu de deux surfaces à peine excavées, dont l'interne plus grande est très-versante en avant; d'où il résulte que la pointe marginale antérieure de la surface articulaire est au tiers interne.

Radius.

Supérieurement.

La tête inférieure plus large, et surtout plus épaisse et massive, est terminée par une surface articulaire dont les deux facettes, légèrement concaves, sont séparées par une arête oblique peut-être, mais qui se rebrousse à la face postérieure de l'os encore plus que dans le Cochon.

Inférieurement.

En arrière de cet os et presque entièrement couvert ou caché par

Cubitus.

(1) Cet os, en effet, ainsi que M. G. Cuvier l'a fort bien reconnu, se rapproche de celui de l'Hippopotame plus que de celui de tout autre animal.

(2) Sur la pièce nouvelle de Bagnolet, beaucoup meilleure et plus complète que celle observée par M. Cuvier, il n'est pas douteux que la fosse soit transpercée; je suis pourtant certain que cela n'était pas sur celle-ci; c'est ce dont je me suis assuré en dégageant moi-même l'os de la gangue. Au reste cette différence peut tenir à l'âge

lui, se trouve un cubitus (1) bien séparé, également robuste et anguleux par la saillie des crêtes d'insertion musculaire, de forme à peu près triquètre, mais peu courbé. Sa tête supérieure, terminée par un olécrâne assez épais, mais court et un peu recourbé en dedans, est surtout largement échancrée par une énorme cavité sigmoïde dont l'extrémité supérieure se recourbe sous une large apophyse coracoïde arrondie, et l'inférieure en dedans se déverse largement à la face interne de l'os, tandis qu'en dehors elle se continue en deux facettes divergentes, l'interne plus longue et plus étroite que l'externe arrondie, s'articulant avec celles de la face postérieure ou appliquée du radius. A sa partie inférieure, ce cubitus se termine par une apophyse assez comprimée qui reste assez longtemps épiphysée, comme dans les Cochons, les Hippopotames et les Ruminants.

Supérieurement. Olécrâne. Cavité sigmoïde. Inférieurement. Apophyse.

De la Main. La main de l'*A. commune* est en général courte, plus que dans le Cochon.

Carpe. Le carpe est formé de deux rangées d'os épais et subcubiques.

1re rangée. Scaphoïde. Dans la première se trouvent les quatre os ordinaires : un scaphoïde de forme un peu paraléllogrammique, la plus grande longueur d'avant en arrière, formant d'un côté le bord interne du carpe presque droit et offrant supérieurement une facette presque plate, inférieurement deux formant angle pour le trapèze et le grand os, et en dehors, une seule pour le semi-lunaire; Semi-lunaire. celui-ci plus fort, tétraédrique, la face antérieure convexe, la postérieure en tubercule peu saillant, la supérieure convexo-concave articulaire, l'inférieure de même à deux facettes pour le grand os et l'unciforme; Cunéiforme. le triquètre ou cunéiforme, de forme trièdre au côté interne, un peu convexe à l'externe, ayant une facette articulaire concave en dessus pour le cubitus, en dessous pour le métacarpien de l'annulaire, avec une facette transverse marginale, étroite pour son articu-

(1) J'ai eu de cet os, en connexion avec une tête supérieure de radius, un fragment comprenant les deux tiers, venant de Rosny, et beaucoup plus complet que ce qu'en a observé M. G. Cuvier.

lation avec le pisiforme, qui manque à nos collections et dont M. G. Cuvier n'a pas même prononcé le nom. Pisiforme ?

La seconde rangée est également composée de ses quatre os ordinaires; un trapèze représenté par un très-petit os, qui ressemble un peu à une rotule, fort épais, convexe du côté libre, et portant à l'autre deux facettes articulaires, l'une pour le trapézoïde, l'autre pour son rudiment de métacarpien; un trapézoïde de forme plutôt scaphoïdienne irrégulière, placé d'avant en arrière dans sa longueur, la convexité en dehors avec une facette pour le précédent, la concavité interne avec deux facettes, une pour le scaphoïde, l'autre pour le grand os, celle de son bord inférieur pour le rudiment du métacarpien de l'index; un grand os plus petit que le cunéiforme, et plus épais que large et surtout que haut, donnant postérieurement naissance à une assez grosse tubérosité peu détachée, à deux facettes articulaires, formant un angle assez saillant en dessous, une très-large et unique, légèrement concave en dessus; le côté externe avec une seule facette d'articulation à l'unciforme; celui-ci encore plus grand que le précédent, dont il a un peu la forme, mais plus transverse, avec son apophyse postérieure plus détachée et comme tronquée au côté externe par une petite facette d'articulation pour le rudiment du métacarpien de l'auriculaire; du reste, offrant en haut deux facettes réunies sous un angle assez saillant, l'externe bien plus grande que l'interne, en bas une large facette pour le métacarpien correspondant et en dedans celle de contact avec le grand os. 2ᵉ rangée. Trapèze. Trapézoïde. Grand Os. Cunéiforme.

En comparant chacun de ces os et leur ensemble avec ce que nous connaissons d'animaux ongulés, c'est évidemment avec le Cochon qu'il y a le plus de ressemblance, sauf un peu moins d'élévation et plus de transversalité. Ayant une ressemblance avec le Cochon.

C'est ce que l'on peut également assez bien remarquer dans les os du métacarpe, quoiqu'à un degré bien plus avancé vers les Ruminants, os qui ont été d'assez bonne heure recueillis dans leurs connexions naturelles. Métacarpe.

Les os métacarpiens sont réellement au nombre de quatre, deux ex- De 4 Os.

trêmes rudimentaires et deux intermédiaires, parfaits ou complets.

1er rudiment. interne.

Le rudimentaire interne, analogue de celui du doigt indicateur, consiste en une pièce irrégulièrement conique, fort courte, articulée d'une part au trapézoïde et au grand os, et de l'autre au métacarpien du médius (1).

4e rudiment. externe.

Le rudimentaire externe, représentant le métacarpien du petit doigt, est encore un beaucoup plus petit os triquètre, subpisiforme, appliqué par une de ses faces à l'unciforme, et de l'autre au métacarpien de l'annulaire.

Deux Os complets. Médius.

Annulaire.

Leur description.

Les deux métacarpiens complets ou intermédiaires sont subégaux, subsemblables; le médius plus grand que l'annulaire, ayant le corps large, déprimé, à bords similaires, presque parallèles, également arrondis et amincis, sauf le côté externe de l'annulaire, légèrement excavé. Tous deux, du reste, ont la tête supérieure tranchée carrément par une large et unique surface articulaire terminale, coupée obliquement à son angle externe par une plus petite pour le médius, et une encore bien moindre pour l'annulaire. Tous deux ont en outre à cette extrémité et au côté contigu deux petites facettes de frottement, et leur extrémité inférieure ou digitale est terminée par une tête assez large, déprimée, à peine concave, et n'ayant pour carène qu'une saillie surbaissée tout à fait postérieure, et plus ou moins médiocre selon le doigt.

Comparés avec l'Hippopotame.

C'est évidemment avec ceux de l'Hippopotame qu'il y a plus de rap-

(1) M. G. Cuvier avait d'abord attribué à ce doigt un os assez considérable, qu'il a décrit, t. III, p. 107, et figuré Pl. III, fig. 8, 9, 10 et 11, de la première édition de ses *Recherches*, avec une autre plus courte, qui lui ont servi sans doute à établir la première caractéristique de cette espèce, en disant, page 60 de son Supplément, en 1812, que l'*A. commune* avait à la main un index formé d'un métacarpien entier, quoique court, et de deux phalanges au moins; c'est ce que l'on voit encore dans le squelette restitué aussi bien que dans la Pl. XX de la deuxième édition, où la figure de cet os est conservée; mais sa description comme *os du métatarse du côté droit, court, irrégulier, qu'il soupçonne fort d'avoir fait la première pièce d'un doigt surnuméraire et imparfait*, est entièrement supprimée. Je n'ai malheureusement pu retrouver cet os dans les collections du Muséum, et je le regrette, parce que sa figure indique quelque chose d'un métacarpien de Maldenté.

ports pour ces deux métacarpiens, ceux du Cochon étant contigus, et par conséquent plus bisulques.

Phalanges :

Les phalanges sont assez bien dans le même cas, c'est-à-dire presque semblables à celles de l'Hippopotame, du moins pour les deux premières qui sont en général courtes, à côtés similaires, à facettes terminales, en poulie ou contre-poulie à peine marquées; mais la dernière devient bien plus bisulque que dans cet animal, un peu moins cependant encore que dans les Cochons, et par conséquent moins étroite et moins aiguë à sa terminaison.

onguéales.

M. POSTÉRIEURS.

b) *Des Membres postérieurs.*

En général.

Nous connaissons peut-être encore moins bien les membres postérieurs de l'*A. commune* que les antérieurs, et surtout dans les deux premières parties; mais nous pouvons nous aider sans scrupule d'une pièce qui offre à la fois les trois os longs de ce membre avec l'astragale, quoique M. G. Cuvier, dans la seconde édition de ses Mémoires, l'ait attribuée à l'*Anoplotherium* qu'il a nommé *secundarium.*

En particulier.

Le squelette de Montmartre, qui offre une portion d'iléon et une extrémité supérieure de fémur, peut cependant assez bien aider à reconnaître quelques os isolés que M. G. Cuvier a rapportés à cette espèce.

Os innominé.

Toutefois l'os innominé n'est pas connu d'une manière complète et absolue, mais seulement dans deux portions d'os innominés trouvées séparées de tout autre, et qui lui ont été attribuées.

Iléon.

D'après l'une de ces pièces, l'os des iles serait caractérisé par la large étendue et la forme ailée de sa partie supérieure, ce qui semble s'accorder assez bien avec ce qui en reste sur le squelette de Montmartre, aussi bien que par la brièveté et la largeur de son col au-dessus de la cavité cotyloïde, qui serait fort grande, avec un sinus considérable. Le trou sous-pubien serait également très-grand. Du reste, rien n'indique la forme de la tubérosité iskiatique, ni celle de la sympyhse pubienne.

Fémur.

Le fémur n'est véritablement connu dans sa totalité, et par conséquent dans sa forme générale que par celui de la pièce attribuée à l'*A. secundarium.* Son quart supérieur semble cependant l'être par le squelette de Montmartre, et nos collections possèdent plusieurs têtes inférieures qui doivent leur être attribuées (1).

En général. D'après cela il semble que le fémur de cet animal était assez long, fort gros, à peu près droit et cylindrique dans son corps, et que la tête supérieure arrondie était accompagnée d'un grand trochanter assez large et épais, moins élevé qu'elle, d'un petit assez saillant, triangulaire, mais sans indice du troisième. L'extrémité inférieure fort large et fort épaisse avait ses condyles arrondis, subégaux, séparés en arrière par une entaille assez large, et en avant par une gouttière rotuliforme peu serrée, peu profonde et peu oblique.

En particulier. Supérieurement. Inférieurement.

Rotule. D'où l'on pouvait supposer que la rotule était assez large, ce qui est en effet; mais en même temps elle est assez courte, ovale, un peu irrégulière, mais surtout remarquablement épaisse.

Tibia. Le tibia ne nous est connu dans son entier que dans la pièce attribuée à l'*A. secundarium*, et à part seulement par ses deux extrémités.

En général. D'après la première de ces pièces, il serait un peu plus court que le fémur d'un quart environ, mais du reste assez épais, un peu courbe, de forme triquètre dans son corps. Sa tête supérieure serait large, fort épaisse, triangulaire; son angle antérieur fort saillant et se continuant en une crête assez marquée et non recourbée. L'extrémité inférieure, également épaisse, serait terminée par une surface articulaire en contre-poulie, presque quadrangulaire, et séparée en deux fosses subégales par une arête mousse presque médiane, avec une malléole interne bien prononcée.

Supérieurement. Inférieurement.

Péroné. Le péroné assez bien connu d'après la même pièce, serait complet, tout à fait droit, assez fort et surtout épais, dilaté et coupé obliquement par les facettes d'articulation avec le tibia à son extrémité inférieure qu'elle déborde assez fortement pour toucher largement le calcanéum.

(1) Nous avons une de ces têtes inférieures de fémur d'Anoplothérium commun, qui a $0^m,110$ de large, tandis qu'elle n'a que $0^m,070$ dans la pièce attribuée à l'*A. secundarium.*

Cavité astragalienne.

De la connexion du tibia et du péroné, il résulte à leur extrémité une surface quadrilatère, transverse, formant une entaille assez profonde entre deux malléoles presque également saillantes, en contre-poulie dont la partie saillante, presque médiane, fort peu oblique et arrondie; partie dont la collection possède un fort bel échantillon.

Pied.

Le pied est surtout connu d'après une pièce qui le contient tout entier (1), et qui par l'astragale en connexion avec les trois os longs de l'espèce précédente, complète assez bien le membre postérieur.

Tarse. En général.

Le tarse, en général assez court, est aussi assez étroit, un peu moins cependant que chez les animaux bisulques, et même que chez les Cochons, avec le tarse duquel il a cependant plus de rapport qu'avec aucun autre animal (2).

Astragale.

L'astragale est complétement en osselet, court et même assez large, mais aussi fort oblique, offrant en avant une facette cuboïdienne assez petite ou médiocre, en dehors à l'extrémité supérieure de sa face externe, une espèce de crochet recourbé en dessus qui se loge dans une excavation ou fossette du calcanéum, et sur laquelle appuie une partie de l'extrémité du péroné.

Digression sur cet Os dans les Ongulogrades.

Considéré en général, dans sa position,

Pour bien comprendre comment l'astragale, c'est-à-dire l'os essentiel de l'articulation de la jambe avec le pied, passe de ce qu'il est dans les animaux ongulés à système digital impair à ce qu'il est dans ceux à système digital pair, et devient ce qu'on désigne sous le nom d'*osselet* chez les Ruminants, il faut se rappeler que cet os, en général déprimé, est compris entre le tibia en dessus, le calcanéum en dessous et le sca-

(1) M. G. Cuvier a donné la figure d'un pied de derrière de l'*A. commune* (Pl. XIII de la seconde édition, Pl. I, 3ᵉ Mém. de la première, en volumes, et *Ann. du Mus.*, t. III, 1804), gravée par lui, d'après ses propres dessins; mais véritablement au-dessous du médiocre, et même très-erronée pour la forme des phalanges onguéales.

(2) Je ne vois pas trop pourquoi M. Buckland a pu dire que le tarse de l'*A. commune* ressemble à celui du Chameau (*Géol. théol.*, p. 81, note).

phoïde en avant, ce qui lui forme trois plans de facettes ou de surfaces articulaires, un supérieur, un inférieur et un antérieur, sans compter les deux côtés de l'os qui peuvent être touchés plus ou moins largement en dedans par la saillie du tibia, formant la malléole interne; en dehors par celle du péroné, formant la malléole externe.

ses plans, orifices.

Supérieurement.

Dans le plan supérieur, il n'y a jamais qu'une large facette plus ou moins étendue d'avant en arrière, plus ou moins débordante en arrière, en forme de poulie plus ou moins profonde, plus ou moins serrée, ou mieux, plus ou moins étalée ou aplatie, son axe étant plus ou moins oblique en dedans, facette qui ne s'articule jamais qu'avec le tibia.

Inférieurement.

Par la face inférieure formant le second plan, et dont la forme est en général bien plus variable, il n'y a également qu'un os avec lequel l'astragale s'articule : c'est le calcanéum; mais c'est par trois facettes plus ou moins distinctes, une postérieure externe, une antérieure interne et une antérieure externe, et qui finissent par se réunir en une seule convexe dans la direction verticale, quand l'osselet est complet.

Antérieurement.

Enfin, le troisième plan antérieur ou terminal est à l'extrémité d'une sorte d'apophyse plus ou moins distincte, qui se met en connexion avec le scaphoïde seul d'abord, puis plus ou moins largement avec le cuboïde.

Marche de sa dégradation,

La dégradation se manifeste premièrement dans la forme générale qui, de carrée et presque transverse qu'elle est d'abord, devient de plus en plus parallélogrammique et longitudinale, par suite de la proportion des deux parties, le corps et l'apophyse, celle-ci presque nulle dans les unes, et égalant au moins l'autre dans l'osselet.

suivant les plans.

Elle porte ensuite sur les trois plans de facettes.

supérieurement.

Le supérieur se rétrécit, se creuse et se déverse en arrière à mesure que l'os devient de plus en plus osselet; mais il reste unique ou indivis et en connexion avec le seul tibia. Modifié proportionnellement au premier degré chez le Tapir, il l'est au dernier chez les Ruminants, avec les intermédiaires chez les Rhinocéros, les Paléothériums, les Lophiodons, les Chevaux, les Anthracothériums, les Hippopotames, les Anoplothériums et les Cochons.

Inférieurement.

Le plan inférieur qui normalement est divisé en trois facettes, deux bien plus grandes pour le calcanéum proprement dit, et une plus petite pour sa saillie auriforme interne, paraît n'en avoir plus qu'une longue, étroite et convexe d'avant en arrière, comme dans l'astragale des Ruminants, et en s'étendant assez en avant pour se confondre ou se continuer avec le plan antérieur.

Antérieurement.

Cette disposition, qui fait que l'astragale se meut sur le calcanéum, comme le tibia le fait sur celui-ci, se montre cependant d'une manière moins graduelle que celle du plan antérieur d'articulation, quoiqu'il y ait quelque connexion entre elles.

Le plus important pour passer à l'état d'osselet. Examiné

C'est, en effet, dans le dernier plan que l'on peut le plus aisément lire la dégradation de l'astragale passant à l'état d'osselet, d'abord, par l'allongement du corps de l'os dans sa partie antérieure, ensuite dans le partage de la facette antérieure entre le scaphoïde et le cuboïde, et enfin dans la forme plus ou moins excavée en poulie de la partie réservée au scaphoïde, et alors presque semblable à la facette articulaire tibiale.

dans le Cheval.

Aussi, quoique dans le Cheval la facette supérieure articulaire tibiale soit en gorge de poulie étroite, profonde et oblique, le plan inférieur a ses trois facettes distinctes; de plus, il n'y pas d'apophyse antérieure détachée, et le plan antérieur d'articulation est tout à fait plane et uniquement scaphoïdien.

le Tapir, le Rhinocéros, le Paléothérium.

Chez le Tapir, comme chez le Rhinocéros et les Paléothériums, la facette supérieure est moins en poulie; le plan inférieur est encore partagée en trois facettes; mais l'antérieure externe tend à se joindre à l'antérieure interne, au moyen de la facette cuboïdienne déjà assez prononcée du plan antérieur, un peu plus encore chez le Rhinocéros que chez le Tapir.

l'Hippopotame.

Chez l'Hippopotame, le plan supérieur est assez bien encore comme dans les genres précédents; mais les deux grandes facettes du plan inférieur n'en forment plus qu'une, oblique, un peu en poulie, fort peu profonde, mais cependant bien indiquée, et le plan antérieur fournit une facette plus large au cuboïde, et presque égale à celle du scaphoïde, dont elle est séparée par une crête assez marquée.

le Cochon. Quoique le Cochon ait sa poulie astragalienne supérieure ou tibiale moins profonde que le Cheval, son astragale prend le caractère d'osselet plus marqué même que dans l'Hippopotame, en ce que les deux facettes du plan inférieur réunies forment ainsi une surface convexe triangulaire, mais non en gouttière, moins même que chez ce dernier. Mais l'apophyse s'est détachée, quoique encore un peu obliquement allongée, et par la conjonction des deux facettes antérieures, elle forme une poulie très-profonde, en demi-cercle, presque autant postérieure qu'antérieure; ce qui produit un osselet de Ruminant.

les Ruminants. Chez ces derniers animaux, en effet, le corps et l'apophyse sont égaux et presque de même forme de poulie. Le plan inférieur, par la réunion et dans le même axe, des deux facettes antérieure interne et postérieure, n'est plus occupé que par une surface en poulie fort peu profonde, se continuant avec le plan antérieur dont les facettes scaphoïdienne et cuboïdienne subégales constituent la poulie antérieure ou inférieure; c'est alors un osselet complet, et qui l'est d'autant plus qu'il est plus étroit, plus allongé et plus symétrique, sans l'être cependant jamais complétement.

Revenons maintenant à la description du pied de l'Anoplothérium, où nous trouvons encore à noter les particularités suivantes.

Calcanéum. Le calcaneum est médiocrement allongé comme l'astragale et peu comprimé dans sa tubérosité qui est assez arrondie. Quant à son corps également assez court, ses facettes articulaires supérieures sont larges, l'interne transverse, bilobée, portée pour moitié au moins sur une apophyse auriforme très-saillante, l'externe en demi-cylindre pour le péroné, et la terminale cuboïdienne fort oblique et scaphoïdienne.

Scaphoïde. Le scaphoïde médiocre et transverse d'avant en arrière offre une particularité assez distincte, d'abord une apophyse postérieure fort saillante, puis au bord interne de sa face antérieure un tubercule ovale un peu saillant pour l'articulation du second cunéiforme, outre une beaucoup plus grande, pyriforme pour le troisième, et en dehors deux plus petites et distantes pour le cuboïde.

Les os cunéiformes sont réellement au nombre de trois (1) : le premier, assez allongé et même assez large, collé contre le métatarse; le second, presque de même forme, un peu moins reculé, articulé avec le scaphoïde d'une part et le métatarsien du médius de l'autre, et enfin le troisième, plutôt cuboïde que cunéiforme, très-gros, articulé carrément avec le scaphoïde en haut, et le métatarsien du médius en bas.

Cunéiformes. 3. Premier. Second. Troisième.

Le cuboïde enfin, bien plus gros que le précédent dont il est bien distinct, touche par une seule facette terminale polygonale le métatarsien de l'annulaire, et par quatre internes bien distantes, le scaphoïde et le troisième cunéiforme.

Cuboïde.

Les métatarsiens, qui ne sont rigoureusement qu'au nombre de deux et complets, ne diffèrent guère des métacarpiens que parce qu'ils sont un peu plus courts et que leur tête supérieure est pourvue en arrière d'une apophyse bien plus prononcée, en forme de crochet plus large et même plus long à l'externe qu'à l'interne. Du reste, si le médius le plus large offre en arrière de son bord interne une facette d'articulation indiquant un faible rudiment de métatarsien de l'index, je n'ai pas vu de traces de quelque chose d'analogue à l'annulaire, qui est en outre un peu plus étroit, ou tant soit peu plus courbe ou moins droit sur les bords, mais rigoureusement de même longueur.

Métatarsiens, 2. médius. annulaire.

Les phalanges des pieds paraissent être encore plus semblables à celles de la main; je ne vois pas même sur quels caractères la distinction pourrait porter.

Phalanges.

(1) Ce sont très-probablement deux de ces os que M. G. Cuvier regardait comme le seul vestige de pouce et d'index.

DES OS SÉSAMOÏDES.

Sésamoïdes proprement dits.

On trouve assez fréquemment des os de ce genre dans les carrières à plâtre des environs de Paris, et nous en avons quelques-uns qui sont presque en place sur un pied de devant montrant la face inférieure; mais comme pour tous ces os et surtout dans une même famille, il n'y a pas grand'chose de distinctif à en tirer.

Rotule.

Nous avons aussi deux ou trois rotules, mais trouvées éparses et par conséquent peu certaines; elles sont remarquables par leur brièveté, irrégulièrement arrondies, plus larges cependant en haut qu'en bas, et surtout par leur grande épaisseur. La surface articulaire est en contre-poulie dont l'arête est fort prononcée, les deux facettes très-inégales en faveur de l'externe.

DES DENTS.

Du Système dentaire. En général. Comparé à celui du Paléothérium.

Nous avons vu plus haut, dans notre analyse historique, comment la considération du système dentaire, aussitôt qu'il fut connu, même incomplétement, avait conduit M. G. Cuvier, en 1804 seulement, à la distinction du genre *Anoplothérium*, assez longtemps après que celle du système digital qui lui appartient n'avait servi qu'à indiquer une espèce du genre unique, fossile dans les carrières à plâtre des environs de Paris, qu'il nomma bientôt *Paléothérium*. C'est, en effet, du système dentaire antérieur qu'a été tirée la dénomination du genre dont nous nous occupons en ce moment, et parce que la première dent maxillaire n'avait pas la forme de défense qu'elle a dans le système dentaire des espèces qui sont restées dans les Paléothériums. Au fait, comme chez ceux-ci, il est encore parfaitement complet, c'est-à-dire composé des trois sortes de dents et en même nombre, bien régulièrement rangées, mais ici sans intervalle aucun dans les deux séries, par suite même de la forme non saillante de la première maxillaire, et, du reste, s'agençant, s'engrenant,

Ses caractères de disposition, d'agencement.

celles d'en bas avec celles d'en haut par les denticules du bord externe, ceux des inférieures toujours en avant de ceux des supérieures, comme à l'ordinaire.

Nous avons pu l'étudier sur un assez petit nombre de pièces; cependant, il s'est trouvé à peu près complet aussi bien à la mâchoire qu'à la mandibule.

Nombre des Dents qui le composent.

Le nombre total, comme nous l'avons déjà dit, est de onze en haut comme en bas (1), dont trois prémaxillaires ou incisives et huit maxillaires ou mandibulaires, la première analogue de la canine chez les animaux où elle mérite ce nom, ce qui donne la formule suivante :

Sa formule.

$$\frac{3}{3}+\frac{1}{1}+\frac{7}{7} \text{ dont } \frac{3}{3}+\frac{1}{1}+\frac{3}{3},$$

que nous devons maintenant étudier en détail.

En particulier.

A la Mâchoire.

Supérieurement.

Incisives, 3.

Les incisives sont presque complétement latéro-terminales, subsemblables, croissant un peu de la première à la troisième, implantées bien verticalement et en contact les unes avec les autres; portée sur une racine très-forte, leur couronne bien distincte, anguleuse, assez aiguë, est un peu convexe en dehors, subaplatie en dedans, tranchante sur les deux bords (2), dont le postérieur est un peu auriculé à la base, à peine à la première terminale, plus petite, et notablement plus à la troisième, la plus grande.

Racine. Couronne.

Canine ou 1re maxillaire.

La canine semble n'être qu'une autre incisive un peu agrandie par une auricule, élargie et postérieure, mais moins aiguë, et n'ayant encore qu'une racine, mais subcanaliculée à sa face externe.

Molaires, 7.

Les sept molaires qui suivent sans intervalle forment des lignes droites et un peu convergentes en avant.

Avant-Molaires, 3.

Les trois avant-molaires subsemblables et ne différant guère que parce qu'elles croissent insensiblement de la première à la troisième, sont

(1) Ce qui fait quarante-quatre en tout, en comptant celles des deux côtés.

(2) Nous devons noter que nous n'avons jamais encore trouvé ces dents usées.

Racines. composées chacune de deux racines presque contiguës à la première (1), et de plus en plus divergentes aux suivantes, portant une couronne *Couronne.* large, médiocrement épaisse, composée en dedans d'une crête marginale se confondant en arrière avec un mamelon peu distinct, séparée, par une excavation plus ou moins profonde, d'un bord saillant externe, obliquement en pointe basse à son milieu, et ayant sa face externe presque verticale, offrant une côte moyenne entre deux cannelures plus ou moins prononcées.

Principale. La principale ou la quatrième molaire est très-différente de la troi- *Couronne.* sième; d'abord, en ce qu'elle est bien moins large, plus oblique, plus épaisse; mais surtout parce qu'elle est triquètre et qu'elle n'a qu'un *Racines.* grand talon interne avec mamelon, et qu'elle offre trois racines, deux externes et une interne.

Arrière-Molaires, 3. Les trois arrière-molaires (2) sont les plus grosses et augmentent graduellement de l'antépénultième à la dernière; mais elles ont sensible- *Racines.* ment la même forme, trois racines en deux groupes longitudinaux, deux *Couronne, décrite* externes et une sub-bilobée interne, la couronne ayant en dedans deux lobes épais et arrondis, et séparés par un sillon profond et en dehors ses *Les deux premières.* deux cannelures bien plus versantes, bien plus profondes, les bourrelets formant les angles plus saillants, d'où il résulte à la face triturante un double W que doublent et épaississent en dedans les lobes internes, eux-mêmes doublés par l'usure, l'antérieur avec un pli rentrant en avant *La dernière.* séparant un mamelon reculé. La dent postérieure est en outre augmentée d'un crochet à l'extrémité de son bord postérieur.

Inférieurement.

De la Mandibule. En général. La série des dents inférieures est absolument comme à la mâchoire supérieure, dans le nombre et dans la disposition.

(1) M. R. Owen dit positivement (*Odontographie*, p. 525), que la première avant-molaire a deux racines et les autres trois, deux en dehors et une en dedans; mais je crois que c'est à tort.

(2) Ce sont deux de ces arrière-molaires d'*A. commune* que M. G. Cuvier avait d'abord choisies (*Ann. du Mus.*, t. III, deuxième mémoire, 1804) comme type des molaires du genre *Paléothérium*, erreur qu'il avait déjà reconnue dans les suppléments à sa première édition en 1812.

Incisives, 3. Racine. Couronne.

La forme même des incisives ne diffère pas beaucoup ; pourvues d'une racine longue et conique, assez obliquement implantées, la couronne est simple et assez obtuse à la première, un peu plus large, triangulaire et pointue à la seconde, et plus large encore, mais subtrilobée par des auricules, à la troisième.

Canine. Couronne. Racine.

La dent suivante, qui tient la place de la canine, est encore plus large et plus trilobée à la couronne que celle d'en haut, mais de même à une seule racine.

Avant-Molaires, 3. Couronne. Racine.

Les trois avant-molaires ont également la couronne subtrilobée, mais elles sont biradiculées, si ce n'est la première plus petite et presque semblable à la canine, et elles s'élargissent rapidement de l'antérieure à la postérieure, surtout par l'augmentation du lobe ou talon postérieur.

Principale.

La suivante ou principale offre encore assez bien les mêmes caractères ; seulement le talon postérieur, encore augmenté, tend à devenir une espèce de demi-cône tronqué, subégal à la partie antérieure encore bilobée ; en sorte qu'elle semble être une moitié des postérieures.

Arrière-Molaires, 3. Couronne.

Les trois arrière-molaires vont aussi toujours en grossissant ; mais le lobe antérieur a, pour ainsi dire, totalement disparu, et la couronne est formée de demi-cônes tronqués subégaux, s'atténuant rapidement en pointe tranchante, au nombre de deux seulement à l'antépénultième et à la pénultième, et de trois, le postérieur le plus petit, à la dernière. Ces cônes extérieurs correspondant en dedans à autant de pointes coniques ou cornes, bifides avant l'usure, il en résulte que, par le côté interne, la série des molaires est plus denticulée que dans les Paléothériums (1). Mais le nombre de la disposition des racines sont à peu près les mêmes.

Racines.

Leurs changements par l'usage.

Par l'usure, qui paraît avoir lieu par application de celles d'en bas

(1) C'est sans doute en faisant allusion à ces dernières molaires que M. Buckland a dit, p. 81, *Géol. theol.*, que le système dentaire de l'*A. commune* ressemble à celui du Rhinocéros ; ce qui n'en est pas moins une erreur ; c'est en effet avec celui des Ruminants qu'il y a plus de rapports.

contre celles d'en haut, puisqu'elles s'enchevêtrent, on voit comment en bas ces dernières dents commencent à offrir des doubles croissants d'émail avec une sorte de crochet aux deux cornes du premier et à la postérieure seule du second, croissants qui augmentent avec elle et jusqu'à ce que le collet étant atteint, la couronne n'offre plus qu'un quadrilatère entouré d'émail ; tandis qu'en haut les bords de la page externe s'épaississent en diminuant de hauteur, en même temps que les lobes ou talons internes s'élargissent et s'abaissent.

Molaires.

Avant Molaires Canines. Incisives.

Quant aux prémolaires, elles se rasent d'assez bonne heure ; mais il semble n'en être pas de même des canines et des incisives, qui s'usent peu et même que j'ai toujours trouvées tranchantes.

Ce sont à peu près les seuls changements que nous connaissions dans le système dentaire de l'*A. commune* adulte.

Avec l'âge : aux Dents d'en bas. Incisives. Canines.

Nous pouvons dire sur le système dentaire du premier âge d'en bas tout ce qui tient aux molaires et même aux incisives, celles-ci au nombre de trois et assez bien comme dans l'adulte, peut-être même plus trilobées. Je n'ose rien dire de la canine; il semble y avoir une barre à sa place. Nous avons en outre observé sur une pièce les trois molaires de première dentition existant encore avec la cinquième sortie et la sixième dans l'alvéole de la seconde. Ces trois dents sont longues et étroites, quoique basses, croissant assez rapidement de la première à la troisième. La première a une pointe et deux talons fort grands, surtout le postérieur; aussi a-t-elle deux racines. La seconde a trois lobes, mais avec deux racines seulement. La troisième a trois parties encore plus distinctes, formant trois ogives et trois racines en dedans.

Molaires, 3. Couronnes. Racines.

et non quatre.

C'est probablement cette particularité que nous avons déjà notée dans le Cochon, et que nous verrons être encore plus singulière chez les Ruminants, qui a porté M. R. Owen à faire entrer dans la formule de la première dentition de cette espèce, trois incisives (1), une canine et quatre molaires, et cela aussi bien en haut qu'en bas. C'est la même

(1) Probablement par induction, car je ne connais aucune pièce qui le prouve complétement, du moins en haut.

erreur que M. G. Cuvier avait commise pour les Cochons, mais que M. R. Owen n'a pas acceptée.

Je ne connais guère que M. Joëger (*Foss. Sauget. Wurtemb.*, t. I, p. 51, tab. VIII, fig. 982) et M. R. Owen (*Bost. Foss. Mam.*, p. 432, fig. 175-176-178-180) qui aient attribué à cette espèce quelques dents fossiles.

2° A. SECUNDARIUM (G. Cuvier).

A. simili præcedenti, sed statura Suis; a tibia et molaribus aliquibus cognitum.

(1re éd. Suppl. Résumé, p. 74, 1812.)

A. simili præcedenti, sed statura Suis.

(*Ossem. foss.*, 2e éd., 1822, t. III; *Résumé général*, p. 251.)

A. secundarium. Histoire.

Ce n'est, en effet, que dans le Supplément à la première édition de ses Mémoires sur les os fossiles dans les carrières à plâtre de Paris, publié en 1812, que M. G. Cuvier crut devoir proposer une cinquième espèce d'Anoplothérium, intermédiaire pour la grandeur à l'*A. commune* et a l'*A. medium*.

Pièces à l'appui. en 1812.

Les pièces sur lesquelles elle était établie ne consistaient alors qu'en un tibia et en quelques molaires encore implantées dans un fragment de mâchoire dont il n'avait pas parlé dans ses Mémoires; et c'est de la considération seulement de ces pièces qu'il avait tiré sa phrase caractéristique.

en 1822.

Mais, dans la seconde édition, il y réunit un certain nombre de pièces qui, dans la première, avaient été rapportées à l'*A. commune*, et dont les dimensions lui paraissaient au-dessous de la taille qu'il attribue à celui-ci.

D'après la même manière de procéder à l'aide du compas, quelques autres morceaux de la collection ont été rangés sous le titre d'*A. secundarium*.

Leur appréciation. Os du Squelette. de la Tête.

Nous allons donc les comprendre dans notre appréciation en suivant notre ordre accoutumé.

Aucune pièce provenant de la tête ne lui a été attribuée, ou bien elles sont trop insignifiantes, si ce n'est à l'égard des dents qu'elles portent, pour qu'il soit besoin d'en parler ici.

Vertèbres : lombaire.

Une seule vertèbre a été rapportée à cette espèce par M. Cuvier lui-même, en la regardant comme lombaire, sans doute à cause de la longueur de ses apophyses transverses. Dans sa première édition, elle était attribuée à l'*A. commune*, quoiqu'un peu plus petite avec son corps un peu moins large, et signalée surtout par l'existence d'une apophyse médiane inférieure, pour l'usage de laquelle il se demande si les muscles de la queue venaient s'insérer jusque-là; mais qui prouve que ce soit une vertèbre d'Anoplothérium?

Des membres antérieurs je ne vois rapporté à l'*A. secundarium* qu'une omoplate figurée par M. Cuvier comme d'*A. commune*, dans sa première édition, et qui me semble, d'après l'examen que j'en ai fait, provenir d'un animal de cette espèce, mais encore jeune. C'est une pièce très-fruste, montrant la silhouette d'un humérus articulé avec l'extrémité supérieure du cubitus, figurée déjà dans la Pl. XIII, fig. 13, du Supplément de la première édition, 1812, comme d'*A. commune* et que, dans la seconde, III, p. 191, Pl. II, M. G. Cuvier croit pouvoir rapporter à l'*A. secundarium* comme étant plus petite et ayant des courbures et des proportions un peu différentes, la facette sigmoïde étant plus courte et plus large.

Omoplate

incomplète de jeune animal.

Le fait est que c'est une pièce illisible et indubitablement insignifiante.

Des membres postérieurs, on lui attribue :

Membre postérieur

La belle pièce comprenant les trois os longs et un astragale dont nous nous sommes servi sans scrupule dans notre description de l'*A. commune*, auquel, en effet, M. G. Cuvier l'avait rapportée lui-même dans sa première édition (*Mémoire sur les os longs des extrémités postérieures*, *Ann. du Mus.*, t. IX, p. 41, Pl. V, fig. 3), en s'appuyant sur ce que ces os

de jeune âge.

étant d'un tissu lâche et même encore épiphysés, provenaient nécessairement d'un jeune animal, et qu'ils offraient, suivant son opinion d'alors, le caractère le plus important qu'ils pouvaient fournir, c'est-à-dire que leur proportion réciproque était précisément celle qu'il avait conclue des ossements isolés.

Tibia et partie de l'péroné.

Un tibia et partie de son péroné, collé contre lui, mais ne montrant guère d'un peu lisible que la surface articulaire astragalienne; os que, dans sa première édition, M. G. Cuvier rapportait déjà à une espèce non déterminée intermédiaire (*Ann. du Mus.*, t. IX, p. 38, Pl. V, f. 1, 1808, et 1812, t. III, Pl. IV, f. 1, et Pl. III, f. 7, 4e *Mémoire sur les os longs des extrémités postérieures*), sans aucune autre observation différentielle, d'autant plus difficile, en effet, que cette pièce est dans un très-mauvais état de conservation.

Système dentaire.

Voyons maintenannt les pièces qui regardent le système dentaire, et qui ne sont malheureusement que d'assez petits fragments.

Supérieurement. 3 Molaires de première dentition.

Un fragment de mâchoire du côté droit portant trois molaires, dont deux très-usées et une postérieure qui l'est fort peu, pièce dont il a été question pour la première fois dans le Supplément de la première édition p. 18, Pl. VI, f. 5, qui a été supprimée, et Pl. XLIV de la seconde, d'où elle a été reprise, me semble évidemment offrir deux dents de la première dentition et une quatrième de la seconde.

3 autres dans le même cas.

Un second fragment portant également trois molaires, et qui était déjà représenté Pl. IX, fig. 13, du Supplément de la 1re édition, et devenu la Pl. XLVII, fig. 13, de la seconde, pourrait bien être dans le même cas que le précédent, c'est-à-dire provenir d'un jeune individu.

M. G. Cuvier donne comme caractère différentiel que le petit cône isolé de la colline antérieure est, dans ces deux pièces, d'un quart moindre que dans l'*A. commune*.

3 autres de même.

Un troisième, qui offre également trois dents à peine entamées, et dont il n'est question que dans la 2e édition, Pl. LVIII, fig. 6. Ces dents me semblent aussi être les trois molaires de premier âge, et probablement même d'un individu fort jeune.

Inférieurement. Mandibule portant les premières Dents.

Une partie terminale antérieure d'un côté de mandibule de l'ancienne collection de son célèbre collègue M. Faujas, ainsi qu'il le nommait alors, et sur laquelle M. G. Cuvier avait d'abord reconnu ou au moins confirmé la particularité du système dentaire qui a valu à ce genre le nom d'Anoplothérium, mentionnée dès le 2e mémoire de M. G. Cuvier sur les os fossiles des carrières à plâtre de Paris (*Ann. du Mus.*, III, 1804, et *Recherches*, III), comme appartenant à l'*A. commune*. Elle a été considérée dans la seconde comme pouvant peut-être appartenir à l'*A. secundarium*.

Examiné.

Nous avons examiné cette pièce, qui fait aujourd'hui partie des collections du Muséum, et nous avons seulement pu nous assurer que la figure qu'en a donnée M. G. Cuvier est loin d'être bonne, mais qu'aucun caractère ne peut la distinguer de l'espèce précédente.

Mais surtout la jeune mandibule (pl. VIII, fig. 5), comparée avec ses analogues (pl. XII, fig. 1, *jun.*, et pl. XLVI, fig. 4, *jun.*), a la troisième de lait plus petite d'un tiers, et offrant cette différence que dans les arrière-molaires les cornes internes du croissant antérieur y sont très-rapprochées et ne forment, à vrai dire, qu'une seule pointe échancrée, tandis que dans les pièces citées les deux pointes sont profondément séparées l'une de l'autre, caractère qui fait un passage aux espèces suivantes.

Cette espèce indiquée par M. Joëger, M. R. Owen.

Aucun paléontologiste n'a ajouté quelque nouveau fait à l'appui de cette espèce. M. Joëger (*Foss. Saugeth. Wurtemb.*, t. I, p. 52) lui a seulement rapporté, assez arbitrairement, ce me semble, une ou deux dents. M. R. Owen (*Brit. Foss. Mamm.*, p. 434, fig. 177, et auparavant *Geol. Trans.*, 2e sér., vol. VI, Pl. IV, fig. 4) regarde comme une première avant-molaire d'*A. secundarium* une dent fort usée, trouvée dans un terrain d'eau douce à Scafield, dans l'île de Wight.

La figure et la description sont trop incomplètes pour que je puisse émettre même le doute que ce pourrait bien être une dent de première dentition.

3° A. MEDIUM (G. Cuvier).

1re édit. { *Ann. du Mus.*, t. III, 1804, p. 55.
Recherches, t. III, 1812, Suppl., p. 75.

A. pedibus elongatis, digitis accessoriis nullis, magnitudo et habitus elegans Gazellæ.

A. GRACILE (S. G. XIPHODON).

2e édit. *Recherches*, t. III, 1822, p. 62.

A. pedibus elongatis, magnitudo et habitus elegans Gazellæ, p. 251.

Cette espèce, comme on le voit, a d'abord été indiquée par une dénomination tirée de sa grandeur intermédiaire à celle de l'*A. commune* et de l'*A. minus*, dont il va être question tout à l'heure; mais ensuite, dans la 2e édition de ses Mémoires, elle a reçu un nom bien plus convenable, à cause de la gracilité et de l'élévation de ses membres, en même temps qu'elle a été considérée comme le type d'un sous-genre que M. G. Cuvier a nommé *Xiphodon*, d'après la considération de la forme tranchante des dents avant-molaires. *A. medium (Xiphodon).* Histoire.

Les pièces sur lesquelles elle a été d'abord établie en 1804, dans le second Mémoire sur les os fossiles des carrières à plâtre de Paris, consistaient en une moitié de mandibule (*Ann. du Mus.*, t. III, p. 379, pl. IX, fig. 2), qui a été depuis rapportée avec raison au *Palæotherium minus*, et en un pied postérieur didactyle presque complet, sur lequel reposait celle des espèces de Paléothérium qui n'avait que deux doigts, outre un très-petit nombre d'os des membres antérieurs qui lui furent attribués dans les autres Mémoires. Mais en 1812, dans les suppléments à ceux-ci, elle fut notablement appuyée par une moitié antérieure du corps, comprenant, quoiqu'un peu écrasée, une tête presque entière, ainsi qu'un membre de devant à peu près complet; en sorte que dans *Pièces à l'appui. en 1804. en 1812.*

en 1823. la seconde édition, en 1822, elle fut assez solidement établie pour que M. Cuvier pût encore essayer la restauration de son squelette, et même hasarder celle de l'animal.

Pièces à l'appui. Depuis cette époque, à l'exception d'une tête presque entière que nous devons à la générosité de M. Mouchot, alors élève en médecine, et l'un de mes auditeurs à la Sorbonne, nos collections ne se sont pas notablement accrues de pièces nouvelles susceptibles de remplir les lacunes laissées par les anciennes; mais celles-ci étaient véritablement assez nombreuses et assez importantes, pour que nous puissions donner une description assez complète du squelette et du système dentaire de ce petit et élégant quadrupède.

Leur description. Nous ne pouvons cependant presque rien dire de la colonne vertébrale, dans sa forme générale ou dans l'ensemble de ses vertèbres, dont nous ne connaissons qu'un très-petit nombre; mais il n'en est pas de même de la tête et des mâchoires.

TÊTE. Nous voyons, en effet, d'après celle du demi-squelette, et surtout d'après celle donnée par M. le docteur Mouchot, que, considérée en totalité, elle était assez allongée, renflée et arrondie au crâne et assez atténuée en avant, où même elle se retrécissait d'abord pour se dilater ensuite un peu à sa terminaison.

L'état assez fâcheux de conservation dans lequel l'écrasement oblique qu'elle a subi l'a mise, ne nous permet pas d'entrer dans autant de détails que nous avons pu le faire pour l'*A. commune;* nous pouvons, cependant, voir que la vertèbre occipitale était courte et arrondie, un peu comme dans les Ruminants en général, mais surtout, comme chez les *Moschus;* que l'os temporal, dans sa totalité, était assez petit et globuleux dans sa partie non squammeuse, et que son apophyse jugale était faible, courte et presque horizontale, comme chez ces mêmes animaux.

Occipital. Temporal.

Orbite. Un point plus important à noter, c'est que l'orbite grand et arrondi était complétement clos dans son cadre, comme chez tous les Ruminants sans exception, ce qui est confirmé par la forme de l'arcade zygomatique, qui ne ressemble non plus en rien à ce que nous l'avons trouvée dans l'*A. commune.*

Nous pouvons également juger, d'après ces pièces, que l'os maxillaire, avant de se joindre au prémaxillaire, se rétrécissait assez fortement, et qu'au contraire celui-ci s'élargissait ou s'épatait sensiblement; mais voilà tout ce que nous pouvons dire de la tête de cette espèce animale. Maxillaire. Prémaxillaire.

La mandibule nous est un peu mieux connue, et montre, ainsi que M. G. Cuvier l'a parfaitement reconnu, la plus grande ressemblance avec celle des Ruminants. On peut voir, en effet, que la branche horizontale, étroite et rectiligne à son bord inférieur, avait en avant une légère disposition mentonnière obliquement ascendante; que l'angle postérieur était large et arrondi, mais peu détaché, et enfin que la branche montante, assez élevée et oblique en arrière, se bifurquait fort peu profondément à son extrémité en un condyle transverse fort peu éloigné d'une apophyse coronoïde assez arquée et qui le dépasse notablement. Mandibule. Ses branches : horizontale. montante. Condyle. Coronoïde.

Nous ne connaissons de la colonne vertébrale de cette espèce que les trois cervicales dont on voit à peu près la silhouette sur la même pièce qui nous a offert la tête que je viens de décrire. Quoique bien frustes, on peut au moins reconnaître qu'elles étaient hautes et étroites comme les trois cervicales intermédiaires du col des Ruminants voisins des Lamas. VERTÈBRES cervicales.

Nous ne pouvons absolument rien dire du reste du tronc; mais il n'en est pas de même des membres, que nos collections possèdent presque complets. MEMBRES :

L'antérieur rappelle de la manière la plus évidente, dans sa forme générale et dans la proportion de ses parties, ce qu'il est chez les Ruminants les plus agiles, l'Antilope nanguer, par exemple. antérieurs.

L'omoplate, longue, étroite et triangulaire, à bords presque également rectilignes, n'a qu'un tubercule coracoïde peu marqué et peu avancé. La crête n'a pu être appréciée. Omoplate.

L'humérus, gros et assez court, montre que la grosse tubérosité dépassait notablement la tête arrondie; mais l'extrémité inférieure n'a pu rien nous apprendre, tant elle est brisée. Humérus.

L'avant-bras est véritablement extraordinaire par sa longueur, qui est presque double de celle de l'humérus. Ses deux os sont cependant parfaitement complets, bien distincts, quoique contigus dans toute leur longueur.

Radius. Le radius, fort grêle, peu renflé à ses deux extrémités, semble être assez peu courbe dans sa longueur; il occupe la partie antérieure de l'avant-bras et par conséquent toute l'articulation humérale. Aussi son extrémité supérieure est-elle presque symétriquement partagée en deux fossettes articulaires par la saillie marginale antérieure. Quant à l'extrémité carpienne, assez épaisse et dilatée en dehors, ses deux facettes articulaires se recourbent assez haut en arrière.

Supérieurement.

Cubitus. Le cubitus suit nécessairement la forme du radius, derrière lequel il est entièrement caché, si ce n'est inférieurement. Assez grêle dans son corps, sans l'être cependant autant que chez les Ruminants, il se termine en haut par un olécrâne court et assez arrondi, l'échancrure sigmoïde débordant en dedans par une facette en cuiller, et en bas par une apophyse styloïde comprimée, coupée carrément par sa facette d'articulation avec le carpe.

Supérieurement. Inférieurement.

Carpe. Le carpe est un véritable carpe de Ruminant, composé d'os cuboïdes s'articulant par des surfaces planes, au nombre de quatre à la première rangée, dont le pisiforme assez plat entre pour une petite part dans la fosse articulaire du cubitus, et de trois seulement à la seconde; le grand os et l'unciforme presque égaux, mais celui-ci pourvu d'un assez fort crochet en arrière.

Métacarpe. Le métacarpe est formé, comme dans l'*A. commune*, de quatre os, dont deux rudimentaires extrêmes et deux intermédiaires complets.

Ses Os rudimentaires. Des deux rudimentaires, l'interne est le plus considérable, quoique fort petit et triangulaire, articulé d'une part avec le trapézoïde, et de l'autre latéralement avec le métacarpien du médius; l'externe, bien plus petit, n'est qu'une sorte de sésamoïde appliqué en dehors à cheval sur l'articulation de l'unciforme et du métacarpien de l'annulaire.

complets. Les deux métacarpiens complets ne nous sont connus que dans leur partie supérieure, mais suffisamment cependant pour montrer qu'ils sont encore plus subégaux que dans l'*A. commune*, et plus certainement encore qu'ils sont contigus, et que dès lors le côté par lequel ils se touchent est droit et plat, au contraire de l'autre, versant en dedans ou en dehors.

Phalanges.

Les phalanges montrent encore mieux le grand rapport de cette espèce animale avec les Ruminants, et ici à peine y a-t-il de comparaison à faire avec ce qu'elles sont dans l'*A. commune.*

Leurs proportions

En effet, la proportion et la forme sont toutes différentes, la première étant beaucoup plus longue que la seconde, et celle-ci plus courte peut-être que la troisième, qui est absolument conformée comme chez les Ruminants, mais cependant moins étroite et plus dilatée au bord externe.

" postérieurs.

Les membres postérieurs de l'*A. gracile* nous sont connus au moins aussi bien que les antérieurs et d'après une pièce qui était dans les collections du Muséum probablement déjà du temps de Buffon.

Toutefois cette pièce ne nous donne rien des trois premières parties du membre.

Os innominé.

M. G. Cuvier a cependant attribué à cette espèce deux fragments d'os innominés; l'un qu'il a figuré Pl. XXXII, f. 4, de sa seconde édition, et l'autre, f. 7.

1er fragment.

J'ai rapporté le premier à un *A. commune* fort jeune, et je l'ai en effet trouvé à la collection dans le cadre consacré à l'*A. secundarium.* La grande dilatation de l'extrémité supérieure de l'os des iles et le peu de longueur de son col ne peuvent laisser de doute.

2e fragment.

Quant au second, quoique également assez dilaté à l'extrémité sacrée ou supérieure, la longueur et l'étroitesse du col indiquent plus de rapports avec les Ruminants et par conséquent plus d'harmonie avec la forme de l'omoplate décrite plus haut.

Fémur.

M. G. Cuvier a également attribué à cette espèce un fémur en parfait état de conservation, qu'il a figuré Pl. 58, f. 4, de la seconde édition de ses Recherches. Cet os, qui paraît assez grêle et assez long, est presque droit et arrondi dans son corps; sa tête, portée sur un col court, est supérieurement. acompagnée d'un petit trochanter assez prononcé ; le grand est malheureusement brisé, mais il n'y a certainement pas trace du troisième.

Inférieurement. Quant à l'extrémité inférieure assez épaisse, mais médiocrement large, ses condyles sont cependant assez écartés, et la gouttière rotulienne est assez étroite et à bords fort inégaux : ce qui est encore comme chez les Ruminants.

La jambe montre au moins la même longueur et gracilité que l'avant-bras, mais cependant moindre en proportion avec le fémur. Elle est

Tibia. également formée de ses deux os bien distincts dans toute leur longueur; un tibia assez droit, terminé inférieurement par une contre-poulie étroite, à saillies bien prononcées, de manière à constituer un ginglyme

Péroné. serré, et un péroné incomplétement connu.

Le tarse, qui paraît avoir été assez court, était certainement formé

Astragale. d'un astragale complétement en osselet, d'un calcanéum assez long en

Scaphoïde. totalité et même dans son apophyse assez comprimée; d'un scaphoïde

Cunéiforme. peu épais et transverse; de deux cunéiformes, dont l'interne est assez

Cuboïde. petit, tandis que l'externe est fort gros; et enfin d'un cuboïde fortement entaillé par l'avance du calcanéum et son articulation avec l'astragale.

Pied. Les autres parties du pied semblent être encore plus longues et plus grêles qu'à la main, mais, du reste, avoir assez bien la même forme.

Métatarsiens. Les deux os du métatarse paraissent cependant avoir les côtés plus similaires.

Système dentaire. En particulier. Le système dentaire de l'*A. gracile* se laisse distinguer de celui de l'*A. commune* plus aisément peut-être encore que les os du squelette, non pas par le nombre, qui est rigoureusement le même, mais par la forme et un peu par la disposition des dents.

Maxillaires. *Supérieurement.*

Incisives, 3. Les incisives, très-probablement au nombre de trois(1), sont subter-

(1) Il est véritablement assez difficile d'assurer, sinon le nombre, mais du moins la forme et la proportion des dents incisives d'en haut, d'après la pièce observée par M. G. Cuvier. En effet, sur la partie sujet de la fig. 1, Pl. LII, 2ᵉ édition, et par suite sans doute de la perte des deux

minales : la première fort large, en pince dilatée et arrondie ; les deux autres diminuant un peu, mais de même forme, du moins d'après l'empreinte.

La canine ne m'est pas connue, mais M. Cuvier dit, p. 61 : « Les analogies des canines sont peu considérables, tranchantes et taillées en triangle oblique (1). » Canines.

Les molaires, d'après la tête du demi-squelette, sont certainement au nombre de sept : trois fausses, larges, mais très-basses et comme tranchantes à la couronne (2), avec deux racines distantes ; une principale ou intermédiaire, assez mal connue, mais bien plus étroite que les précédentes ; les trois arrière-molaires croissant un peu de la première à la dernière, mais du reste, suivant M. G. Cuvier, p. 60, elles ressembleraient à leurs analogues dans l'*A. commune*, et même elles auraient aussi le petit cône interne à la colline antérieure, mais moins profondément séparé. Elles ont cependant, ce me semble, plus de similitude encore avec celle des Ruminants, en ce qu'elles sont en général plus serrées

Molaires, 7.
antérieures, 3.
principale, 1.
postérieures, 3.

incisives, 21 et 21, je n'ai pu voir que trois impressions bien marquées, de même forme, quoique décroissantes de la première à la troisième, et qui me semblent avoir été produites par les dents du côté gauche. Au delà est un reste de dent brisée qui était probablement la première maxillaire ou canine, après laquelle commence la série des molaires. Je supposerais donc volontiers que les trois empreintes correspondraient, la première et la seconde, aux deux dents (21 et 21) regardées par M. Cuvier comme les mitoyennes de chaque côté, et la troisième à sa seconde incisive. Le fragment de dent serait alors la troisième, mais il faut ajouter que la figure, n° 16, fig. 1 et 2, qu'il en donne, n'est plus reconnaissable sur la pièce.

C'est ce qu'on peut également dire de ce même n° 16, sur la contre-partie, fig. 2, de la même planche ; sans doute à cause de la confusion que l'écrasement de la tête a produite entre les dents antérieures des deux mâchoires. Aussi M. Cuvier, dans son appréciation, a passé sous silence une de ces dents, qu'il figure cependant, sans indiquer ce qu'elle est.

Malheureusement la tête, que nous devons à M. Mochot, ne peut nous éclairer sur ce point par la manière donc la tête est enfoncée dans la gangue.

(1) J'ignore sur quoi porte cette description, que donne ici M. G Cuvier, des canines supérieures de cet animal. Le chiffre 15, fig. 2, qu'il cite à l'appui, n'offre rien de semblable, mais seulement une plaque noire à peu près informe.

(2) M. G. Cuvier en signalant cette forme des avant-molaires comme extraordinaire, en tire la probabilité qu'elles servaient à couper la chair, ce qui est fort peu supposable.

à la couronne, les deux pointes de chaque colline étant plus rapprochées, ce qui rend le cône de l'antérieure presque obsolète.

Mandibulaires. *Inférieurement.*

Incisives, 3. Les incisives, au nombre de trois, terminales, subhorizontales et s'usant carrément; les deux premières en houlette ou en pince, ovales et bien déclives; la troisième sublatérale, plus large, en feuille courte, et subtrilobée à la tranche.

Canine, 1. Une canine fort petite, dilatée et également subtrilobée à la couronne, mais toujours à une seule racine (1).

Molaires, 7. antérieures, 3. Les trois premières molaires fort larges, mais très-basses, à deux racines distantes, portant une couronne tranchante et faiblement subtrilobée; principale, 1. la quatrième, principale ou intermédiaire, tranchante dans sa moitié antérieure, avec une sorte de talon bilobé en arrière; les deux suipostérieures, 3. vantes semblables entre elles, à deux collines transverses, bilobées; la postérieure un peu plus large, et enfin la dernière ou septième, la plus grosse, à trois collines ou demi-cônes formant des croissants par l'usure de la couronne.

Au lieu de trois pointes à la face interne de ces dents à deux parties, il n'y en a que deux qui sont vis-à-vis la plus grande convexité de ces demi-cônes; en sorte que, par l'usure de ceux-ci, il en résulte deux doubles paires de croissants.

Comparé avec celui des Ruminants. La forme et la disposition de cette partie du système dentaire de l'*A. gracile*, ce qui ne peut se dire également pour celle de la mâchoire, marchent tellement vers ce qui existe chez les Ruminants, que, pour qu'il y eût une similitude presque complète, il suffirait de diriger la canine encore plus en avant pour en former une quatrième incisive, de diminuer encore plus la première molaire au point de la faire disparaître, ce qui produirait une barre et réduirait le nombre dè celles-ci à six; et comme il serait encore plus facile d'exécuter la même transfor-

(1) Le chiffre 17, fig. 2, auquel M. G. Cuvier renvoie, page 61, en disant que les canines d'en bas ont la même forme et la même grandeur que l'incisive externe, 18 — 2, ne correspond qu'à une tache irrégulière. Je la décris d'après la pièce donnée par M. Mochot.

mation dans la structure des membres, en soudant les deux os de l'avant-bras et surtout les deux métacarpiens et les deux métatarsiens, pour en former des os du canon, on doit reconnaître dans l'*A. gracile* un degré de rapprochement avec les Ruminants bien plus avancé que pour l'*A. commune*, qui est une sorte d'Hippopotame; plus même que ne le sont les espèces du genre *Sus*, que celui-ci devra sans doute précéder dans la série, tandis que celui-là devra les suivre. Conclusion.

4° A. MINUS (G. Cuvier).

1re éd. Ann. du Mus., t. III, p. 379, 2e Mém.; et Mém. réunis ou Recherches, t. III, p. 46, et Suppl., p. 51. *A. minus leporinum* (DICHOBUNE).

A. minus; digito accessorio utrinque in palmis et plantis intermedios ferè œquante. Magnitudo et habitus Leporis.

A. LEPORINUM (S.-G. DICHOBUNE).

(G. Cuvier, 2e éd. Recherches, etc., t. III, p. 251).

(Avec la même phrase linnéenne.)

Cette espèce, comme la précédente, a été proposée pour la première fois par M. G. Cuvier, dans son second Mémoire sur les ossements fossiles des environs de Paris, *loc. cit.*, d'après des fragments de mandibules, puis dans les troisième et quatrième Mémoires suivants sur des os des membres antérieurs et postérieurs comprenant une partie des doigts, en sorte qu'en y joignant quelques autres pièces signalées dans le Supplément de 1812, M. G. Cuvier a pu la définir ainsi qu'il a été dit au titre synonymique, en ajoutant que si l'*A. medium* était le Chevreuil du monde antédiluvien, l'*A. minus* en était le Lièvre. Histoire. 1re édition, 1804 et 1806. 1812. *A. minus*.

Dans la seconde édition des *Recherches*, etc., de M. G. Cuvier, en 1822, le nombre des pièces qui sont rapportées à cette espèce ne sont pas notablement augmentées; plusieurs même qui lui avaient été attribuées 2e édition, 1822.

à tort évidemment ont passé à des espèces d'un autre genre, comme nous avons déjà eu l'occasion de le montrer dans notre Mémoire sur les *Paléothériums*; par exemple, une série de dents mâchelières, fig. 4, de la pl. VI de la première édition devenue la pl. XLIV de la seconde, qui sont portées au *Palæotherium latum*, ainsi qu'une autre de même sorte, fig. 5, pl. XIII, supplém. de la 1re édition, devenue pl. LI de la seconde, attribuée au *P. curtum* ou même au *P. minus*. Toutefois M. G. Cuvier ajoute à ce qu'il avait dit dans sa comparaison de ce petit animal au Lièvre, *même grandeur, même proportion de membres devaient lui donner même degré de force et de vitesse et même genre de mouvements.* Aussi dans cette idée que nous sommes fort loin de croire exacte, mais qu'il serait fort inutile de contredire tant elle a peu d'importance, M. Cuvier abandonnant l'épithète spécifique d'*A. minus* pour nom linnéen de cet animal, aima mieux le nommer *A. leporinum.* Bien plus il cru devoir, comme pour la précédente, en former une section sous-générique dans le genre Anoplothérium sous le nom de *Dichobune* à cause des pointes ou collines disposées par paires aux quatre dernières molaires, mais sans en donner ni la raison ni les caractères.

Comparé au Lièvre,

d'où changement de nom, *A. leporinum.*

Pièces à l'appui.

Nous avons pu étudier presque toutes les pièces que M. G. Cuvier a attribuées à son *A. minus* ou *leporinum*, et en outre, plusieurs autres qui sont parvenues à la collection depuis la dernière édition de ses *Recherches*, ce qui nous permettra de la faire connaître d'une manière plus appronfondie.

Observation générale.

Nous n'avons cependant aucune pièce qui puisse garantir d'une manière positive, comme cela est pour les deux espèces précédentes, que les fragments de la tête ou mieux des mâchoires que nous lui rapportons avec M. G. Cuvier, soient bien de la même espèce animale que les membres qui lui sont attribués.

Squelette. Tête incomplète.

Le seul fragment de tête que nous possédions et qui puisse être rapporté à cette espèce, provenant de la collection du comte de Bournon, achetée par Louis XVIII et sur sa cassette particulière, donnée, après la mort du possesseur, au collége de France et au Muséum, n'a pas été connu de M. G. Cuvier; il a malheureusement été tellement écrasé dans sa position, renversée sur le sinciput, qu'on n'y voit bien que la forme du museau par celle du palais. Comme dans l'espèce précédente, celui-là devait être assez long et fortement aminci dans sa moitié antérieure. Le palais, par conséquent assez étroit, offre en arrière des ouvertures palatines fort larges et fort peu reculées, et en avant de lacunes incisives longues et étroites. Museau.

Nous décrirons plus loin le système dentaire presque complet dont cette pièce est pourvue.

Nous pouvons décrire comme appartenant certainement à ce petit animal un côté de mandibule presque entier, puisque c'est véritablement sur ce fragment que M. G. Cuvier a d'abord fondé son *A. minus* (Ann. du Mus. t. III, 1804, p. 379; pl. 32, fig. 2, second mém., pl. IX, exprimé ensuite dans la seconde édition, 1822, pl. IX, fig. 1). Mandibule. 1er fragment.

C'est en effet un côté gauche de mandibule appliqué sur la pierre par la surface interne, et par conséquent montrant l'externe; sa forme générale rappelle complétement celle d'un Ruminant, par la rectitude et le rétrécissement en avant de la branche horizontale, par la largeur arrondie de l'angle; l'étroitesse, la courbure en arrière et le grand rapprochement de l'apophyse coronoïde du condyle évidemment plat, aussi bien que par la disposition des dents que nous décrirons plus loin. Sa description.

Les autres fragments de mandibule que M. G. Cuvier rapporte encore à cette espèce, ne doivent être pris en considération que sous le rapport dentaire; un seul confirme la forme de l'apophyse coronoïde telle que nous venons de la décrire, et nous permettra d'en rapprocher l'espèce que M. G. Cuvier a nommée *A. obliquum* dont nous allons parler dans un moment. 2e et 3e fragment.

Aucun os du tronc n'a été encore recueilli, qui ait été à tort ou à raison rapporté à cette espèce; mais il n'en est pas de même pour les membres. Vertèbres. ?

L'omoplate dont M. Cuvier n'a parlé que d'après un dessin qui lui Omoplate.

fut envoyé anciennement par Camper, paraît avoir été triangulaire, étroite, mais peut-être un peu moins que dans les Ruminants.

Humérus. L'humérus, quoique incomplet, semble avoir été proportionnellement assez long, assez grêle, mais surtout fort comprimé dans les parties supérieures de son corps; assez étroit et assez oblique dans sa ligne d'articulation cubito-radiale; et celle-ci étant assez semblable, sauf la taille, à ce qu'elle est dans l'*A. commune* avec un épicondyle très-épais, très-descendu, une crête épitrokléène presque nulle, et enfin une lacune olécrânienne très-grande.

Supérieurement.

Inférieurement.

Avant-bras. L'avant-bras, d'après une pièce assez fruste, mais qui indique assez bien sa forme générale et sa proportion avec une main presque entière, était médiocrement allongé proportionnellement avec l'humérus, et formé de ses deux os bien complets, distincts et arqués.

Radius. Le radius, notablement plus large en bas qu'en haut, offre à sa tête humérale une disposition fort analogue à ce qui existe chez l'*Anoplotherium commune*, c'est-à-dire une excavation médiane assez prononcée entre deux surfaces à peine excavées et versantes.

Cubitus. Le cubitus est trop fruste pour qu'on puisse voir autre chose que son parallélisme au radius qui s'appliquait sur lui.

Os du Carpe. Les os du carpe qui ont pu être étudiés sur cette pièce ont montré une forme en général raccourcie ou subcubique et même un peu transverse; rien de bien particulier dans les trois seuls os de la première rangée qui existaient dans la pièce que nous avons sous les yeux; mais dans la seconde, l'unciforme offre la facette articulaire inférieure externe très-prononcée.

Du Métacarpe, 3? Les métacarpiens, assez longs pour dépasser un peu la moitié de la longueur du radius, semblent avoir été au nombre de trois, dont deux sont bien évidents en nature et un en empreinte au côté externe, mais plus petit; les premiers, qui semblent subégaux, sont indubitablement le médius et l'annulaire, mais ils ne peuvent être suffisamment appréciés dans leurs détails.

Phalanges. Quant aux phalanges, la même pièce montre assez bien les trois du doigt complet externe, avec des formes et des proportions qui rappellent fort bien ce qu'elles sont dans l'espèce précédente et en général dans les Ruminants, toutefois, sans que les facettes articulaires soient aussi serrées.

Des membres postérieurs. M. G. Cuvier a rapporté à cette espèce une jambe et son pied presque complet, incrusté et vu à la face interne sur deux pierres contre-parties l'une de l'autre, mais trop fruste (1), pour qu'on puisse y voir beaucoup autre chose que la proportion de longueur et la certitude qu'il y avait trois doigts, dont un auriculaire, ce qui, par analogie, lui a fait supposer avec raison qu'il y avait aussi un indicateur et, par conséquent, quatre doigts en tout. 1re pièce. Jambe et Pied de derrière.

Le tibia paraît avoir été assez épais et médiocrement allongé. Tibia.

L'astragale, proportionnel, et très-probablement en osselet, est assez allongé; M. G. Cuvier lui rapporte un de ces os séparé, ce qu'il avait déjà fait dans son premier travail, dans les *Annales du Muséum*, dans son 3e Mémoire sur la restitution des pieds de derrière : celui-ci est bien certainement un osselet. Astragale.

Le calcanéum, malheureusement trop fruste, semble cependant avoir eu son apophyse proportionnellement assez longue et comprimée. Calcanéum.

Les autres os du tarse paraissent bien peu lisibles, quoique la figure qu'en donne M. G. Cuvier les partage nettement.

Ceux du métatarse le sont bien davantage suivant M. G. Cuvier, au point qu'il a pu y reconnaître nettement deux grands os intermédiaires et deux extrêmes, subégaux, mais bien moins longs que les autres et formant, avec des phalanges au nombre de deux ou de trois (2), ce Métatarsiens, douteux pour le nombre.

(1) Je ne conçois pas comment M. G. Cuvier a pu mentionner cette pièce *comme un morceau d'une rare conservation*, dans la seconde édition de ses *Recherches*, etc, t. III, p. 106; ce qu'il n'avait pas dit dans la première, et avec grande raison, ce me semble.

(2) Il est assez étonnant que M. G. Cuvier ait pu avoir le moindre doute sur le nombre des phalanges, qui ne varie jamais chez les Mammifères, si ce n'est pour les membres déformés des Cétacés.

qu'il n'ose assurer, les doigts qu'il a nommés accessoires, et qui, comme dans les Cochons, ne portaient pas à terre.

Tous ces métatarsiens, essentiels ou accessoires, sont, du reste, trop mal conservés pour qu'on puisse y rien voir de véritablement satisfaisant. Je dirai même, après un examen approfondi, que le doigt court, le seul visible, est certainement interne, et par conséquent l'indicateur, ce qui n'emporte pas aussi nécessairement un externe ou auriculaire. On voit très-bien un métatarsien grêle, puis l'empreinte d'une première phalange, qui est en nature sur la contre-partie, et, enfin, une seconde phalange avec sa forme ordinaire. La troisième manque.

la position.

la proportion.

Phalanges.

2e pièce.

Il n'en serait pas de même, s'il fallait admettre avec M. Cuvier, qu'une seconde pièce que, dans sa 2e édition (t. III, p. 107, pl. LIV, fig. 5,) il rapporte à cette espèce, et qui contient des os épiphysés en partie, et plus petits qu'au précédent, le tibia, le peroné, et une grande partie du pied, un calcanéum bien conservé, un astragale et un cuboïde. En effet, on peut très-bien y reconnaître un métatarsien et des phalanges d'un doigt (1) qui rappellent des proportions ordinaires; mais M. G. Cuvier dit lui-même que le calcanéum est plus comprimé à proportion, que sa facette astragalienne est portée sur une apophyse moins saillante, et que le cuboïde est plus long et plus comprimé, ce qui donne au tarse plus d'étroitesse qu'on ne devait le supposer d'après le développement du métatarse de la pièce précédente.

Calcanéum.

Cuboïde.

3e pièce, montrant un Doigt complet.

M. Cuvier cite encore, dans cette même édition, comme appartenant à cette espèce, un morceau qui contient l'empreinte du fémur, du tibia et du métatarse; un autre où se trouvent les trois phalanges, dont la dernière est comprimée et pointue comme un onguéal de Ruminant, et

(1) La figure que M. G. Cuvier donne de ce doigt est inexacte, en ce qu'il semble n'avoir que deux phalanges, dont la seconde terminale, comme un pouce. En acceptant que ce soit un doigt indicateur, la division de la seconde rangée du tarse serait peut-être plus rationnelle; mais, dans tous les cas, la phrase linnéenne portant que le doigt accessoire égale presque les autres, est bien loin de la vérité.

enfin un métatarsien isolé, pièce dont il se borne à donner des mesures millimétriques.

J'ai vu et examiné ces différentes pièces du membre postérieur, et surtout la dernière qui est la plus importante, parce que, outre la proportion des trois parties : le fémur, le tibia et le métacarpien, qu'elle montre assez bien, on voit un des doigts complets, formé de ses trois phalanges dans leurs proportions ordinaires, mais de plus, ainsi que le dit M. Cuvier, que la phalange onguéale est absolument comme celle des Ruminants, triquètre et fort pointue à sa terminaison. Examinées. Conclusion.

Le système dentaire de l'*A. leporinum* n'a été signalé par M. G. Cuvier que pour la mandibule. J'ai été, à ce que je pense, plus heureux sur deux fragments de tête décrits plus haut et provenant de la collection de M de Bournon. Système dentaire.

Les incisives sont certainement au nombre de trois : la première en large pince, tout à fait terminale, et les deux autres latérales, comprimées et décroissantes. Maxillaires. Incisives, 3.

La dent qui vient ensuite, sans intervalle plus marqué qu'aux incisives, est assez longue, en lancette étroite, et, par conséquent, caniniforme, mais évidemment de jeune âge; car à sa base interne on voit la pointe de celle qui devait la remplacer. Canine, 1.

Au delà vient la série des molaires, qui n'est que de six : deux avant-molaires, une principale et trois arrière molaires. Molaires, 6.

Les deux avant-molaires sont singulièrement larges, plates ou comprimées, basses et tranchantes, à deux racines. antérieures, 2.

La principale est encore plus étendue, mais de forme longuement triquètre à la couronne, comprimée et tranchante dans sa moitié antérieure, et formée, dans la postérieure, par une colline transverse divisée en deux tubercules, dont l'interne en talon. principale, 1.

Les trois arrière-molaires subégales, subsemblables, très-déclives, en double W à la page externe, tombant sur deux collines transverses, à deux pointes pour l'antépénultième et la pénultième, et sur trois à la dernière. postérieures, 3.

Mandibulaires, douteuses pour le nombre total.

Les dents de la mandibule, d'après la pièce rapportée à cette espèce par M. G. Cuvier, pourraient bien aussi ne former qu'une série totale de dix, trois incisives, une canine, et seulement six molaires, dont la première aurait deux racines; mais ce qu'on ne peut pas assurer, cette pièce offrant deux lacunes dans la série, l'une en arrière, qui ne peut laisser de doute qu'elle était remplie par deux molaires, dont la principale et la dernière avant-molaire; l'autre en avant, derrière la première incisive. Ici, on peut supposer que l'intervalle vide était rempli par deux ou par une incisive. Dans le premier cas, la dent qui touche l'intervalle serait la canine, et il y aurait sept molaires; dans le second, celle-là serait la troisième incisive, la suivante serait la canine, et alors il ne resterait plus que six molaires. C'est cette supposition que j'adopterai comme concordante avec le système dentaire de la mâchoire décrit plus haut.

supposé 3+1+6.

Incisives, 3.

Des trois incisives plus ou moins déclives (1), l'antérieure terminale est certainement en houlette; la seconde manque, et la troisième, tout à fait latérale, a sa couronne anguleuse et pointue.

Canine, 1.

La canine a assez bien la même forme, mais plus verticale et plus forte.

Molaire antérieure.

La première molaire est biradicale, large à la couronne, avec un angle peu élevé entre deux talons subégaux.

Principale, 1.

La seconde et la principale manquent, mais étaient sans doute assez larges.

Arrière-Molaires, 3.

Les trois arrière-molaires, moins larges et plus épaisses, offrent deux collines transverses, sauf la dernière qui en a trois. Ces collines font en dehors, non pas encore des demi-cylindres comme chez les Ruminants, mais seulement des demi-cônes plus ou moins tronqués, suivant le degré d'usure (2). Il y a aussi au côté interne une pointe mousse vis-à-vis

(1) M. Cuvier a dit aussi pour l'espace vide, une ou deux dents; mais il n'a pas assigné de chiffre aux autres, et cependant il ajoute, page 63, « on voit évidemment que toute cette » partie antérieure de la série des dents est entièrement semblable à celle de l'*A. commune.* »

(2) M. Cuvier, page 63, dit que ces trois dents ressemblent à celles de l'*A. commune*, mais en se terminant plutôt en pointes mousses qu'en croissants.

des croissants, ou plutôt des pointes du côté interne; ce qui produit à la première usure des paires de disques arrondis, mais qui se confondent promptement, à cause de la brièveté des pointes et de la grosseur de la base.

J'ai retrouvé absolument la même chose dans le fragment de mandibule cité plus haut pour son apophyse coronoïde, seule partie qui lui reste de la branche montante, pour les trois arrière-molaires, et, de plus, pour les deux qui manquent dans la précédente, après celle que j'ai considérée comme la première molaire; leur forme est presque la même que pour celle-ci : un lobe tranchant entre deux talons, dont le postérieur est subbifide. *confirmé sur une 2e pièce.*

M. G. Cuvier rapporte encore à son *A. leporinum* deux autres fragments moins importants, qu'il figure, l'un, pl. LV, fig. 8, qu'il dit contenir trois molaires de lait un peu différentes, les deux premières ayant des pointes plus tranchantes et plus distinctes, et la troisième à trois pointes doubles; un second, de la collection de M. Alex. Brongniart, et qui montre, avec une troisième molaire de lait, les germes des trois arrière-molaires de seconde dentition, et enfin un troisième d'adulte figuré pl. VIII, fig. 3, duquel il se borne à dire qu'il contient trois molaires en partie mutilées et dont les proportions sont un peu plus fortes que sur les pièces précédentes. *sur une troisième, avec dentition des deux âges.*

La collection possède un autre fragment de mandibule qui montre parfaitement en place, et même médiocrement usées, quoique ayant déjà en arrière, une persistante de sortie, les trois molaires de première dentition; les deux premières tranchantes et comme palmées, et la troisième à trois collines bifides, formant une double série de denticules. *sur une quatrième, montrant les 3 Molaires de première dentition.*

5° A. MINIMUM (G. Cuvier).

1re édit. *Ann. du Mus.*, t. III, p. 481, 3e Mémoire, 1804. *A. minimum,*

— *Recherches*, t. III, p. 46, et Supplément, p. 75.

A. MURINUM (S.-G. Dichobune).

A. murinum (DICHOBUNE). 2ᵉ édit. *Recherches*, t. III, p. 251.
Staturâ Caviæ Cobayæ, a maxillâ tantum cognitum.

Histoire. 1804. On trouve cette espèce, comme la précédente, déjà désignée dès 1804 par M. G. Cuvier, *loco cit.*, dans son 3ᵉ Mémoire sur les ossements fossiles des carrières à plâtre de Paris, reposant sur trois fragments de mandibule, pourvus d'un certain nombre de dents ; aussi lorsque, dans la première édition, cette espèce fut inscrite (Supplément, Résumé,
1812. p. 75), elle fut définie : *A. minimum, staturâ Caviæ Cobayæ, a maxillâ tantùm cognitum*, caractéristique qui ne fut pas changée dans la seconde
1822. édition ; seulement, un fragment qui lui était attribué dans la première, servit à la proposition d'une espèce nouvelle, et le nom de celle-là fut changé en celui d'*A. murinum*, ce qui la désignait comme étant encore plus petite qu'un Cochon d'Inde.

Pièces à l'appui. Les pièces que M. G. Cuvier a conservées à son *A. murinum*, qu'il place encore dans son sous-genre Dichobune sans dire pourquoi, sont les suivantes :

Mandibule. 1ᵉʳ fragment. Un fragment de mandibule ne contenant que les deux dernières molaires, avec une partie de l'antépénultième et surtout un côté droit
2ᵉ fragment de mandibule presque entier, portant encore quatre molaires à peine entamées, sans incisives, et même sans les molaires antérieures, ce qui le mettait alors dans l'impossibilité de décider si c'était vraiment un Anoplothérium. Aussi, dans la seconde édition (Recherches, t. III, p. 70), la regarda-t-il comme encore plus douteuse que l'*A. leporinum*, ajoutant même qu'il ne serait pas impossible qu'elle appartînt à un petit Ruminant ; mais que toutefois, jusqu'à ce qu'on en ait la preuve rigoureuse, on pouvait la laisser dans les Anoplothériums, au moins pour la nomenclature.

3ᵉ fragment. Enfin, un autre fragment fort incomplet sous le rapport de l'os, mais qui est garni de quatre incisives d'un côté et de six molaires. Aussi, M. G. Cuvier reconnaît-il lui-même, p. 65, où il décrit ce fragment, qu'il ressemble prodigieusement à ce qu'on observe dans de jeunes Chevrotains. Mais alors, puisque ce morceau lui paraît de la même espèce que le précédent, on doit être étonné de les lui voir conserver comme provenant d'une espèce d'Anoplothérium.

Examen et description du premier.

J'ai vu et étudié ces trois fragments qui existent dans les collections du Muséum, et il est de toute évidence qu'ils proviennent d'un petit Ruminant du genre *Moschus*.

Incisives, 4.

Canines, 0.

Molaires, 6. de première, de deuxième dentition.

La pièce qui le démontre le mieux est celle dont le système dentaire est presque complet. On peut, en effet, s'assurer que le fragment de mandibule du côté gauche est terminé par quatre incisives presque horizontales en houlette ou palette, contiguës, décroissantes de la première à la quatrième, et qu'après une barre tranchante assez longue vient une série de six molaires dont les deux antérieures sont de première dentition, puisque la deuxième a trois collines; quant aux trois autres qui appartiennent à la seconde, elles ont la forme de celles des Chevrotains étant composées, les deux premières, de deux collines partagées en deux pointes coniques, ce qui en fait quatre, et la dernière d'une cinquième en talon.

du second.

La seconde pièce, qui consiste en un côté droit de mandibule, n'est pourvue que des quatre mêmes molaires que la précédente. La troisième de première dentition et les trois dernières de la seconde, absolument de même forme et proportion que dans la pièce précédente; mais de plus, la forme de la mandibule elle-même dans la branche horizontale, celle des trois parties de la verticale, l'angle, l'apophyse coronoïde sont absolument comme chez les Chevrotains.

du troisième.

Quant au troisième fragment, tout à fait insignifiant sous le rapport de l'os, on peut également reconnaître dans les deux molaires et demie qu'il porte exactement les mêmes formes que dans les deux premiers.

Aucune autre pièce du squelette n'a été attribuée à cette espèce qui doit évidemment être rayée du *G. Anoplotherium*, même en nomenclature.

6° A. OBLIQUUM (G. Cuvier).

A. obliquum (DICHOBUNE).

Recherch., 1re éd., Supplém., résumé, p. 81 (*A. minimum*).
Recherch., 2e édit., t. III, p. 71 et 153.

A. obliquum staturâ Caviæ Coboyæ; à maxillâ magis obliquâ tantum cognitum.

Histoire et pièces à l'appui.

Nous venons de dire en parlant de l'espèce qui précède, que dans la première édition des *Recherches* de M. G. Cuvier, le fragment sur lequel celle-ci repose lui était attribuée. Mais dans la seconde édition, elle en avait été retirée à cause de l'obliquité très-grande de la branche montante, et de l'apophyse coronoïde surtout, d'où la caractéristique et le nom ont été tirés.

Mandibule. Fragment unique, examiné par M. Cuvier.

J'ai étudié cette pièce que M. Cuvier se borne presqu'à citer sans la décrire (*Recherch.*, 2° édit., t. III, p. 71 et 153), et à figurer (pl. 42, fig. 5), comme pouvant appartenir à une espèce de l'ordre des Ruminants; mais qu'il décrit, p. 66, comme ressemblant en petit à celle d'un Cerf, à cause de l'obliquité de l'apophyse, et à celle du Lama par le ventre et la saillie de son bord postérieur, tandis que les dents sont semblables à celles de l'espèce précédente (*A. murinum*); le fait est que c'est un côté droit de mandibule vue à la face interne, mais qui est brisé dans tout le bord postérieur de la branche montante (1); en sorte qu'il est impossible de rien en dire sur la forme réelle de l'apophyse coronoïde qui, certainement, devait être beaucoup moins étroite, non plus que sur celle de l'angle au point de jonction des deux branches.

par Moi, pour l'Os.

Il ne reste donc pour différencier ce fragment de la mandibule de

(1) Je me suis assuré moi-même de ce fait en dégageant à la loupe tout le gypse qui a enveloppé ce morceau avant sa cassure: ce que n'avait pas fait M. Cuvier, en sorte que la figure qu'il en a donnée est, sous ce rapport, entièrement fallacieuse.

l'*A. murinum*, que l'inclinaison du bord antérieur de la branche montante, ce qui, si elle est un peu plus grande, peut tenir à l'âge. Cette pièce provient justement d'un jeune sujet, comme le prouve l'état du système dentaire.

On n'y voit en effet que deux dents, une antérieure partagée en deux par la continuation de la fracture qui a divisé l'os, et qui est évidemment une troisième de première dentition, deux collines avec un talon en formant une troisième; une postérieure carrée à deux collines bicuspidées, et indubitablement de seconde dentition. Mais en avant, après un bord tranchant formant barre, sont deux alvéoles, en trou de serrure, des deux premières dents de lait; et en arrière, on a pu voir des parties du germe d'une postérieure. Pour les Dents.

J'ai pensé un moment que l'on pouvait rapprocher cette pièce, comme jeune âge de l'*A. gracile*, mais comme la dernière dent est indubitablement de seconde dentition, et qu'elle est au moins deux fois plus petite et d'autre forme, il est difficile de ne pas y voir un jeune âge de l'*A. murinum*, dont elle offre en effet le système dentaire. Conclusion.

C'est donc encore une espèce à supprimer.

7° A. LATECURVATUM.

(Étienne Geoffroy-Saint-Hilaire, *Revue encyclopédique*, juillet et sept. 1833, t. LIX, p. 79). *A. latecurvatum.*

On trouve ce nom employé par M. Étienne Geoffroy-Saint-Hilaire (*loco cit.*), pour désigner une espèce animale dont l'existence ancienne lui a été révélée par une tête presque entière avec une mandibule aussi complète que bien conservée, trouvée par M. Aymard dans les carrières de Saint-Géran-le-Puy, département de l'Allier; mais qu'il ne me paraît pas avoir décrite ni comparée. Toutefois, par anticipation et dans le cas où étudiée comparativement par la suite, elle pourrait indiquer une coupe générique; il a eu soin, ce qui est toujours plus facile et est Histoire. Pièces à l'appui.

devenu presque d'usage, d'en proposer le nom, celui de *Cyclognathus*, tiré, à ce qu'il paraît, non pas de la forme des mâchoires, comme on serait porté à le penser, mais de la figure arrondie en demi-partie de cercle de l'angle de la mandibule.

décrites plus loin sous le nom de *Caïnotherium*.

Nous avons vu cette pièce, qui montre en effet la particularité qui a servi à distinguer l'espèce ou le genre auxquels elle a été attribuée et que nous allons décrire dans un moment sous les noms de *Caïnotherium* et d'*Oplotherium*, qui ont été proposés pour la même espèce animale indiquée par M. Geoffroy.

8° A. GRANDE.

Lartet, *Ann. des Sc. nat.*, 1837, VII, 118.

Pièces à l'appui : anciennes ;

Je n'ai connu longtemps de l'espèce animale que M. Lartet, *loco cit.*, a cru devoir désigner sous cette dénomination, qu'un fragment de mâchoire et un morceau de mandibule, armés l'un et l'autre d'un petit nombre de dents molaires, ainsi qu'un astragale, indiquant un animal d'un tiers plus grand que l'*A. commune*, et qui ont été recueillis dans le célèbre dépôt ossifère de Sansans.

Fragment de Mâchoire.

Le premier, ou le fragment de mâchoire, est du côté droit, offrant la racine de l'arcade zygomatique, et du reste ne pouvant par lui-même fournir aucun caractère significatif, ce qui n'est pas de même pour les trois dernières molaires qu'il porte et qui sont parfaitement entières.

Ses Alvéoles.

Avant elles existe l'alvéole de la principale, qui devait être proportionnellement assez petite et subtriquètre, le sommet en avant, à en juger du moins par les alvéoles de la partie radiculaire, au nombre de deux en dedans, la postérieure beaucoup plus grande, et une externe intermédiaire bien plus petite.

Dents. Molaires, 3. Décrites : En général.

Les trois dents en place ont assez bien la même figure générale, à peu près carrée, s'obliquant un peu de la première à la dernière, formées de quatre racines en deux rangs, et d'une couronne à sa base partagée en deux collines, chacune d'elles composée de deux pointes réunies par une crête plus basse, l'une externe formant le sommet aigu d'une page triangulaire et fort versante, ce qui produit en dehors un double W; l'autre interne conique, assez pointue, et qui, à la colline antérieure, est plus distincte et comme séparée de la pointe externe par une crête intermédiaire, épaisse et cernée en avant par un ourlet tranchant, tandis qu'à la postérieure la crête est continue entre les deux pointes.

La différence de ces trois dents consiste en ce que la première est notablement plus petite, presque carrée, et que les deux pointes triangulaires externes sont subégales. En particulier, la 1re.

La suivante, plus grosse, un peu plus oblique, a sa pointe postérieure externe notablement plus petite que l'antérieure; et enfin la troisième ou dernière est beaucoup plus oblique, la pointe postérieure externe étant encore proportionnellement plus petite par rapport à l'antérieure et touchant presque la pointe postérieure interne fort comprimée. la 2e. la 3e.

Par l'usure il est évident que les deux pointes de la colline postérieure doivent former un double croissant, tandis que celles de l'antérieure produisent deux orbes, et surtout l'interne.

Le fragment de mandibule est une partie assez considérable du côté gauche, en soufflet allongé ou étroit, à bords droits, avec un angle assez large et arrondi, mais non détaché. Fragment de Mandibule.

Il porte entre l'alvéole de la dernière molaire et celle de la troisième trois molaires bien conservées, la pénultième et l'antépénultième, formées chacune de deux demi-cônes excavés en ogive en dedans, convexes et sans bourrelet basilaire en dehors; les deux cornes contiguës des deux ogives confondues en une seule pointe plus élevée que celle formée par la corne postérieure. Ses Dents: En général.

Quant à la première de ce morceau, sans doute la principale, bien plus petite que les deux suivantes, malgré sa forme plus étroite et plus élevée, on peut y reconnaître assez bien les deux mêmes parties, l'antérieure plus élevée et plus épaisse que la postérieure. en particulier.

Depuis que ceci est écrit, nous avons trouvé, dans la collection ache- Pièces nouvelles;

tée à grands frais à M. Lartet par le dernier gouvernement, un certain nombre de pièces qui nous ont permis de connaître d'une manière plus complète cette espèce animale, que, suivant l'habitude actuelle des personnes qui veulent bien faire des collections d'ossements fossiles pour s'en défaire ensuite, il a désignée dans son catalogue de vente sous le nom provisoire d'*Anisodon*.

Sous le nom d'ANISODON.

Partie de Crâne.

Nous avons d'abord remarqué une assez bonne partie de tête, malheureusement tronquée dans son extrémité terminale antérieure. Elle nous a montré que le crâne proprement dit ou la boîte cérébrale était épaisse, robuste, comme déprimée, pourvue de condyles occipitaux larges et très-saillants, de fortes apophyses mastoïdes postérieures, mais sans crête occipitale détachée, ni même de crête sagittale, les fosses temporales étant séparées au sinciput par un espace assez considérable.

Décrite : en arrière.

Nous avons pu également observer que le canal auditif externe est très-reculé, l'apophyse postglénoïdale et l'arcade zygomatique considérables, l'orbite incomplet, fort petit, rond et assez descendu; que la face ou le museau devait être assez court et triangulaire, les séries dentaires convergeant rapidement en avant. Malheureusement la mâchoire est brisée juste au ras de la principale, en nous montrant cependant un trou sous-orbitaire médiocre et à son aplomb.

en arrière.

Mandibule et fragments.

Mais ce que cette collection nous a offert de plus intéressant encore, c'est une mandibule presque entière, c'est-à-dire composée de ses deux côtés, dont l'un est à peu près complet, outre sept ou huit autres fragments plus ou moins incomplets de branches horizontales, quatre d'un côté et trois ou quatre de l'autre.

Décrite dans sa forme.

La mandibule presque complète nous a montré que, médiocrement longue aussi bien que haute, elle se rétrécit assez rapidement jusque derrière la canine et assez en avant au bord postérieur d'une symphyse assez longue, pour se dilater ensuite presque subitement en une sorte de palette dont le bord antérieur, large et arrondi, porte les incisives et les canines.

Ses Dents :

Nous avons également pu nous assurer que les incisives terminales étaient au nombre de trois de chaque côté, et que la canine, assez peu forte, occupait l'angle externe de la dilatation labiale, presque au rang des incisives. Incisives, 3. Canine, 1.

Les molaires paraissent n'avoir été, du moins à l'état adulte, qu'au nombre de six, croissant assez régulièrement d'épaisseur et de largeur, de la première à la dernière; deux avant-molaires, une principale et trois arrière-molaires. Molaires, 6.

Des deux avant-molaires, toutes petites et sans doute à deux racines non connées, la première, placée au delà de la moitié d'un diastème considérable, était fort petite, à en juger du moins par ce qui reste de la couronne. Avant-Molaires, 2. La 1re.

La seconde, à peine un peu plus grosse et touchant à la principale, ne m'est connue que par la forme en trou de serrure de la coupe de sa racine remplissant l'alvéole. La 2e.

La principale, assez peu grosse encore, n'a qu'une seule pointe mousse en avant d'un talon assez prononcé postérieur; sa forme est celle d'un subcarré à angles fort arrondis. Principale.

Les trois arrière-molaires ne diffèrent presque que dans la grosseur, étant toutes les trois formées de deux collines arquées, s'usant en croissant et se montrant en dehors par demi-cylindres. La dernière ou terminale n'a pas même un rudiment de talon. C'est ce que j'ai pu confirmer sur huit exemplaires au moins et tous évidemment adultes. Arrière-Molaires, 3.

De première dentition, je n'ai rencontré qu'un petit fragment de mandibule montrant en place une seule dent, que je suppose une seconde molaire de lait, puis en arrière encore, dans son alvéole, celle qui devait remplacer la troisième malheureusement perdue. Fragment de première dentition.

Parmi les os du reste du squelette que l'on peut rapporter à cette espèce, j'ai pu remarquer un atlas assez complet dans son anneau, mais brisé dans ses apophyses transverses, un corps de vertèbre axis, ainsi qu'une première dorsale, indiquant toutes trois un animal fort et robuste; mais je n'oserais pas même assurer que ces pièces lui aient réellement appartenu. Os du Squelette. Atlas. Axis 1re dorsale.

Rotule. Je serai plus hardi pour une rotule remarquable par l'épaisseur de sa partie la plus large ou supérieure.

Astragale. Si l'on pouvait lui rapporter aussi, ainsi que je l'ai fait dans ma Pl. IV, un bel astragale bien entier et qui a tous les caractères d'un osselet de Ruminant et peut-être même de celui de l'*Anoplotherium commune*, on pourrait en conclure que cet animal de Sansans, sous ce rapport, se rapprocherait de ce genre, ainsi que par le tubercule des molaires supérieures, tandis qu'il s'en éloignerait par tout le système dentaire de la mandibule.

Conclusion.

Pour les autres fragments qui, dans le catalogue de M. Lartet, sont rapportés souvent avec doute à cette espèce, j'aime mieux m'abstenir, d'autant plus aisément qu'ils sont complétement illisibles. Je citerai cependant un tibia jeune et sans ses apophyses, et qui rappelle assez, par sa brièveté et sa grosseur, celui de l'*Anoplotherium commune*.

Tibia.

9° A. CERVINUM.

A CERVINUM. Rich. Owen, *British. Foss. Mammals. and Birds*, p. 440, f. 181, 1846 (*Dichobune cervinum*).

Histoire. On trouve cette dénomination employée pour la première fois par M. R. Owen dans les *Geolog. Trans.*, vol. VI, 2ᵉ série, p. 41, pour désigner l'espèce animale à laquelle a appartenu une mandibule trouvée dans l'île de Wight par M. Samuel Pratt, qui en a fait le sujet d'une note insérée dans le même recueil (1).

par M. S. Pratt.

Regardée par ce dernier comme provenant d'une espèce de Moschus, d'après les observations que je lui avais communiquées sur sa demande, et par M. G. Cuvier comme devant être rapportée à sa division des Dichobunes, M. R. Owen, qui avait d'abord admis cette opinion, a ensuite

par M. R. Owen,

(1) *On the existence of the Anoplotherium and the Palæotherium of the isle of Wigh. Geolog. Trans.*, 2ᵉ série, t. III, p. 451.

considéré cette pièce comme provenant d'une espèce de Paléothérium, sous le nom de *P. minus;* mais plus tard il en est revenu à l'Anoplothérium. En 1846 (*loc. cit.*), en en donnant la figure en dehors, en dedans et par la face coronaire des dents, discutant les opinions émises, il assure, p. 442, qu'après une comparaison complète (*close*) de cette pièce avec son analogue dans le *Moschus moschiferus* de même grandeur, il a trouvé que les molaires étaient relativement plus larges (*broader*) dans le fossile; que la dernière a son troisième tubercule ou talon distinctement divisé par une fossette longitudinale médiane, ce qui n'a pas lieu dans le Moschus; que la surface triturante est moins oblique que dans celui-ci et dans les autres Ruminants; de plus, que l'apophyse coronoïde diffère, dans un degré encore plus grand, de celle de ces animaux, et que sa plus grande largeur détermine le caractère qu'il nomme pachydermique de la pièce en question.

en 1846.

Sa comparaison avec le Moschus.

Ces différences lui paraissent empêcher son association avec les Porte-muscs, et d'autre part il aperçoit, dans la structure des dents et de la forme de la mâchoire du fossile, une plus grande ressemblance avec le genre Dichobune (*Anoplotherium leporinum*); et comme il est un peu plus grand que celui-ci, que la branche montante de la mandibule diffère de forme et approche davantage de ce qu'elle est dans les véritables Anoplothériums, la mandibule recueillie indique une nouvelle espèce qu'il rapportera au genre Dichobune, sous le nom de *D. cervinum.*

d'où sa conclusion.

J'ai vu et examiné de nouveau cette pièce d'après un bon moule en plâtre donné à la collection par M. Pratt, ainsi qu'une dernière dent molaire d'en bas en nature, et je me suis assuré positivement qu'elle a véritablement appartenu à une espèce de Moschus, et qu'elle n'a absolument rien de pachydermique, pour employer l'expression de M. R. Owen, en admettant même que les Anoplothériums fussent de véritables Pachydermes.

Examen contradictoire de cette opinion.

D'abord, faisons observer qu'en la rapportant au sous-genre ou genre, comme il voudra, Dichobune, ce n'est pas s'éloigner autant qu'il le croit de cette manière de voir; car M. G. Cuvier lui-même, en décrivant le

Raisons exposées.

système dentaire des fragments de mandibule sur lesquels il a établi une espèce du sous-genre Dichobune, dit positivement qu'il ressemble prodigieusement à celui des Chevrotains ou Porte-musc, ce qui est parfaitement vrai. Que les molaires soient relativement plus larges, que le talon soit marqué d'une fossette longitudinale, et surtout que la surface triturante soit plus oblique, ce qui tient évidemment au degré d'usure, tout cela ne fait véritablement pas que ce ne soit pas, non le *Moschus moschiferus* même, ce que personne n'a dit, mais une espèce de Moschus. Reste donc un peu plus de largeur de l'apophyse coronoïde, et en vérité cela peut-il faire un caractère suffisant pour déterminer le rapprochement d'une espèce animale ? Toutes les espèces de Ruminants, par exemple, l'ont-elles au même degré d'étroitesse ? Mais un caractère beaucoup meilleur, c'est la hauteur de la couronne des dents, leur amincissement en montant vers la face triturante, ce qui produit en dehors de la couronne des espèces de cannelures ou reliefs en demi-cylindre. Voilà ce qui, suivant moi, ne permet pas d'avoir le moindre doute que ces fragments ont appartenu à un animal ruminant et non à un Pachyderme, où ce sont toujours des demi-cônes, ou des collines plus ou moins transverses.

Conclusion.

Deuxième fragment de Mandibule. *Pal. minus*, suivant M. R. Owen.

Mais ce qu'il y a de plus singulier, c'est que, d'un fragment de mandibule qui me semble avoir appartenu à un individu de la même espèce que le fragment précédent, M. R. Owen fait une mandibule, non plus d'Anoplothérium, mais de *Palæotherium minus ;* se bornant, sans description aucune accompagnant la figure qu'il en donne, à dire que la collection de M. Darwin Fox a fourni à ses observations une portion de la base d'un crâne, des fragments de radius et de cubitus, ainsi que le côté droit d'une mandibule pourvue de toutes ses dents molaires, sauf la première fausse ; et renvoyant, du reste, au mémoire dans lequel il en est parlé (*Geolog. Trans.*, 2ᵉ série, t. VI, p. 42, 1838), sans autre observation. Je ne connais, il est vrai, cette pièce que par la figure donnée par M. R. Owen ; mais je n'ai aucun doute qu'elle ne provienne d'un Ruminant de même espèce que la précédente observée par M. Samuel Pratt.

Ici se termine l'appréciation des ossements fossiles ou des pièces qui ont été attribuées à des espèces d'Anoplothérium, et qui, à tort ou à raison, ont même reçu des noms spécifiques déduits de cette manière de voir; il ne nous reste plus qu'à examiner une dernière série, celle qui comprend les pièces qui auraient dû être également rapportées à la première, c'est-à-dire être rangées, avec tout autant de raison que plusieurs de celles-ci, parmi les Anoplothériums, ainsi qu'au reste l'a proposé M. Ét. Geoffroy Saint-Hilaire pour son *A. latecurvatum* (*Bulletin de la Soc. géol. fr.*, t. V, p. 442; *Revue encyclop.*, 1833), mais qui ont reçu des dénominations particulières, celles de *Cainotherium*, *Cyclognathus* et d'*Oplotherium*.

Des Espèces plus ou moins voisines du G. Anoplothérium.

10° Caïnotherium commune.

(Bravard, *Monographie*. Paris, 1835.)

C'est, comme on le voit, deux ans après que M. Ét. Geoffroy Saint-Hilaire avait indiqué transitoirement, il est vrai, et cependant sous un nom spécifique, *A. latecurvatum*, et même générique, *Cyclognathus*, à l'occasion d'une mandibule qu'il avait vue dans une collection provenant du riche dépôt d'ossements fossiles d'Auvergne, que M. Bravard, sans connaître le catalogue de M. E. Geoffroy Saint-Hilaire, a proposé pour un bien plus grand nombre de pièces un nom générique et spécifique nouveau.

Cainotherium commune.

Histoire.

par M. E. Geoffroy.

Les pièces sur lesquelles ce genre et cette espèce reposaient étaient déjà assez nombreuses lors du premier mémoire de M. Bravard; mais elles se sont considérablement accrues par suite des matériaux recueillis par M. l'abbé Croizet, par M. de Laizer, et encore mieux, de nouveau, par M. Bravard lui-même, et même enfin depuis son dernier mémoire au sujet de cet animal. C'est en effet alors qu'il a eu l'heureux hasard de se procurer deux pièces qui, dans une surface d'un pied et demi carré, montrent des os d'au moins douze individus, pièces véritablement

par M. Bravard. Pièces à l'appui. augmentées par M. Croizet, M. de Laizer, puis par M. Bravard.

admirables et sans nul doute uniques, et qu'il a eu la gracieuse obligeance de me confier afin que je pusse en enrichir mon ouvrage. Voyez la planche VII de ce mémoire.

Oplothérium de MM. de Laizer et de Parieu.

Depuis le premier mémoire de M. Bravard, MM. de Laizer et de Parieu, ayant eu l'avantage de recueillir une tête presque entière de ce petit animal, en ont fait le sujet d'une note communiquée à l'Académie des Sciences en 1838, publiée en extrait dans ses Comptes rendus pour le mois de décembre de cette année, et complète avec figures dans les *Annales des Sciences naturelles*, 2e série, vol. X, p. 235, où ils l'ont nommée *Oplotherium* par opposition avec l'*Anoplotherium* de M. Cuvier, et parce qu'elle est pourvue de petites canines.

Réclamation de M. Bravard.

Peu de temps après, M. Bravard a dû réclamer, en montrant que cet *Oplotherium latecurvatum* n'était que son Caïnothérium, déjà parfaitement caractérisé par lui, si ce n'est pour le système dentaire de la mâchoire supérieure; ce qui a donné lieu de sa part à un second mémoire accompagné de figures nombreuses, devant être publié, si je ne me trompe, dans les Actes de la Société des Sciences de Clermont.

Attribuées au *Cyclognathus* par M. Croizet.

Il est également probable que M. l'abbé Croizet, dans les notes qu'il a publiées çà et là; mais surtout dans le Bulletin de la Société de Géologie, a voulu parler de cette espèce sous la dénomination de *Cyclognathus*, que je trouve dans le catalogue manuscrit de la collection qu'il a vendue au Muséum.

Description.

D'après cela, on voit comment nous allons pouvoir décrire à peu près tous les os et toutes les dents de ce petit et élégant quadrupède, anciennement si commun en Auvergne.

TÊTE.

Sa tête nous est connue par un grand nombre de fragments, la présentant même quelquefois presque tout entière, mais surtout de la mâchoire, et plus fréquemment encore de la mandibule, dont nous avons plus de vingt morceaux sous les yeux.

En général.

D'après l'une des têtes les plus complètes, nous avons pu reconnaître qu'elle a beaucoup de ressemblance avec celles des petits Ruminants du genre Moschus, étant assez renflée en arrière et légèrement courbée à sa base, convexe au chanfrein, avec un espace interorbitaire très-large, et se terminant en avant par un museau assez court et assez pointu, ce qui est assez bien comme dans les espèces du genre cité.

MM. de Laizer et de Parieu signalent, sur la tête de leur Oplothérium, une dépression longitudinale prenant origine entre les frontaux et se continuant le long de la suture des os du nez.

En particulier.

Prenant ensuite en considération les particularités qu'offrent la mâchoire et la mandibule dans leur réunion à la tête aussi bien qu'en elles-mêmes, on trouve à noter :

Arcade zygomatique.

L'arcade zygomatique courte et assez large;

Orbite complet.

L'orbite latéral assez grand, arrondi et clos dans son cadre seulement, comme dans tous les Ruminants;

Larmier.

Des lacunes sous-lacrymales assez grandes, en forme de longues virgules;

Le palais triangulaire, assez excavé et très-appointi en avant;

L'os maxillaire fort étroit;

L'ouverture naso-palatine petite, rebordée et bilobée par la prolongation marginale du vomer;

La lacune palatine antérieure ovale, assez grande et presque terminale.

Mandibule.

La mandibule participe nécessairement de la forme générale de la mâchoire supérieure ou mieux de la tête, en ce que, mince et large, la forme de chaque côté est triangulaire, se terminant assez brusquement en pointe en avant; elle est fortement élargie en arrière, surtout par l'addition d'une apophyse angulaire, détachée en demi-cercle, presque comme chez les Lièvres (1). Du reste, la branche montante, médiocrement élevée, est terminée par un condyle transverse plat ou peu convexe, que dépasse notablement l'apophyse coronoïde assez élevée, étroite et arquée.

Branche horizontale.

Montante.

Vertèbres.

Quoique M. Bravard, dans la figure qu'il a donnée du squelette res-

(1) C'est sur la forme de cette dilatation de l'angle de la mandibule que M. Bravard a établi ses *C. commune* et *C. minimum*, et, comme il a été dit plus haut, que M. E. Geoffroy a très-probablement tiré le nom de *Cyclognathus*.

titué, lui ait donné une colonne vertébrale formée de sept vertèbres cervicales, douze dorsales, cinq lombaires, deux sacrées et vingt-trois caudales, formant une queue fort longue et dépassant le talon, je n'ai encore vu aucune de ces pièces en nature, et je crois que ce n'est que par une supposition d'analogie avec les Ruminants, qu'il a été conduit à ces nombres; car, pour la figure, il est évident qu'elle est plutôt d'imagination pittoresque qu'anatomique, et que, par exemple, pour les vertèbres cervicales, sans parler de la forme, il a oublié le principe de la longueur du col égalant celle des membres antérieurs chez les Ongulogrades.

Os des Membres : antérieurs.

Nous connaissons au contraire beaucoup mieux plusieurs parties des membres.

Omoplate.

L'omoplate, suivant M. Bravard, ne diffère de celle des Ruminants que parce que l'acromion est moins rapproché de la facette articulaire. Notre collection ne possède malheureusement qu'une petite partie de cet os, son extrémité inférieure. Nous pouvons cependant reconnaître qu'elle devait être étroite et probablement triangulaire; son col était certainement long et étroit, et la crête submédiane, du moins à en juger par sa terminaison, qui a lieu à quelque distance de l'angle articulaire. Celui-ci, assez dilaté, se compose d'une cavité glénoïde fort large, subcirculaire et surmontée d'une apophyse coracoïde assez prononcée, en crochet large et recourbé.

Humérus.

L'humérus, qui me paraît proportionnellement assez court, est presque droit et se termine inférieurement par une disposition articulaire fort rapprochée de celle des Ruminants, en double poulie séparée par un mamelon arrondi et plus épais même que dans les Anoplothériums ordinaires, avec une lacune assez considérable dans la fosse olécrânienne.

Inférieurement.

Je ne connais cependant aucune pièce qui puisse donner d'une manière certaine sa proportion avec l'avant-bras.

Les os de l'avant-bras sont complets, le radius couvrant le cubitus dans presque toute sa longueur.

Radius.

Le radius est assez grêle, un peu courbé dans sa longueur, terminé supérieurement par une tête ovale transverse, avec une large excavation en contre-poulie, presque unique, subsymétrique, ayant par conséquent la pointe antérieure presque médiane, et inférieurement par une dilatation médiocre en largeur, mais assez épaisse (1).

Le cubitus est non-seulement complet, mais même assez fort et assez large, surtout à l'olécrâne, court et assez recourbé en dedans. L'extrémité inférieure ne m'est pas connue; la cavité sigmoïde est profonde et presque symétrique, sans débord interne. Cubitus.

La main ne m'est connue que dans un assez petit nombre des os qui la composent. Cependant, sur une pièce qui fait partie d'un des amas appartenant à M. Bravard, on voit d'une manière assez manifeste qu'il y a quatre os métacarpiens et quatre doigts, les deux extrêmes assez notablement plus petits que les intermédiaires, à peu près comme chez les Cochons et le *Moschus aquaticus*. Os du Carpe.

Les os du métacarpe, médiocrement longs, sont plats et plus larges en avant, presque rectilignes, et surtout au côté par lequel ils se regardent, coupés carrément à l'extrémité supérieure, arrondis et un peu renflés en tête à l'inférieure, avec carène bien marquée en arrière. Du Métacarpe. 4. 2 intermédiaires.

Les deux extrêmes, qui ont assez bien la même forme, légèrement excavés à leur bord non contigu, ne diffèrent guère que parce que l'externe a en dehors et en arrière de la tête supérieure une apophyse que n'a pas l'interne. 2 extrêmes.

Les phalanges sont médiocres, les premières notablement plus longues que les secondes, mais les onguéales longues, très-grêles, très-effilées et pointues, surtout les intermédiaires. Phalanges onguéales.

Les membres postérieurs sont en général mieux représentés dans nos collections que les antérieurs. " postérieurs

Un bassin presque entier nous apprend que l'os des iles n'était pas fort long, peut-être pas même très-large, quoique son col le soit assez. Bassin.

(1) M. Bravard, en parlant de l'extrémité inférieure du radius, dit que les facettes correspondantes à l'unciforme (pour le scaphoïde), au semi-lunaire et au cunéiforme sont parfaitement semblables à celles des Ruminants.

Le pubis, subtransverse dans sa branche antérieure, au contraire de l'autre, et formant, avec un ischion épais à son extrémité cotyloïdienne, un fort grand trou sous-pubien à peu près rond. La cavité cotyloïde est cependant assez petite, avec son canal vasculaire très-inférieur.

Fémur.

Supérieurement.

Le fémur, dont je n'ai vu qu'un échantillon assez fruste et même encore épiphysé, outre quelques fragments terminaux, me paraît avoir été cylindrique, assez arqué et même assez long, la tête articulaire parfaitement ronde, le col épais et court, le grand et même le petit trochanter bien marqués, celui-ci surtout fort élevé, mais sans traces du troisième.

Tibia.

supérieurement.

inférieurement.

Le tibia, suivant M. Bravard, ne diffère de celui des Ruminants que par une grande courbure; mais c'est ce que je ne vois pas sur la nature, où il est droit, plus long d'un tiers que le fémur; sa forme est triquètre, bien prononcée dans sa partie supérieure; mais inférieurement il s'arrondit et même s'aplatit un peu, mais sans s'élargir notablement, en se terminant par une contre-poulie presque symétrique, un peu moins large en dehors qu'en dedans, où elle est dépassée par une malléole interne fort prononcée.

Péroné.

Il paraît à peu près certain qu'il n'y avait pas de péroné; mais existait-il un os péronien? c'est ce que je ne puis décider à défaut de pièces suffisantes.

Le pied nous est presque entièrement connu.

Astragale. suivant M. Bravard.

L'astragale ne diffère de celui des Ruminants, suivant M. Bravard, que parce que la poulie tibiale est proportionnellement plus écrasée au bord interne, et que les facettes scaphoïdienne et cuboïdienne sont séparées par une arête saillante qui ne se voit pas ou fort peu chez les Ruminants.

suivant Moi.

Cet os me semble, en effet, être à peu de chose près semblable à celui des Ruminants; toutefois j'ai cru remarquer sur celui que j'ai pu examiner, et qui était à peu près complet, que la facette cuboïdienne est proportionnellement un peu plus large et surtout plus plate ou unie, moins en gouttière.

Calcanéum.

Le calcanéum, auquel M. Bravard ne reconnaît pas de caractères bien distinctifs de celui des Ruminants, m'a paru cependant évidemment un peu moins comprimé et un peu moins haut ou épais verticalement : aussi sa tubérosité est-elle plus arrondie à sa terminaison.

Scaphoïde.

Le scaphoïde mérite assez bien ce nom ; mais il est en longueur dirigé d'avant en arrière et très-comprimé ; sa face supérieure est creusée et semi-lunaire, occupant le côté interne de la poulie astragalienne ; sa face inférieure, comme coupée carrément, présente une assez large facette antérieure pour le troisième cunéiforme, et en arrière une autre encore plus petite pour le second, le seul que je connaisse et qui est presque cubique.

Cunéiforme.

DENTS. En général.

Le système dentaire du Caïnothérium nous est complétement connu, aussi bien à la mâchoire qu'à la mandibule, où il forme deux séries continues, rectilignes et convergentes, composées de onze dents en haut comme en bas : trois incisives, une pseudo-canine et sept molaires.

Maxillaires.

Supérieurement :

Incisives, 3.

Les trois incisives terminales sont disposées en demi-ovale et en pince verticale, un peu comme chez les Chevaux ; la première et la seconde ont la même forme, celle-ci étant un peu plus petite ; mais la troisième l'est beaucoup plus, et en forme de lancette.

Canine, 1.

La fausse canine, sans intervalle ou collée contre la précédente, a la même forme qu'elle ; elle est seulement un peu plus forte.

Molaires. 7.

Après elle viennent, et sans intervalle, sept molaires fort serrées, et croissant rapidement d'épaisseur de la première à la dernière.

Avant-Molaires, 3.

Les trois avant-molaires, à couronne tranchante, avec deux racines très-divergentes pour la première et la seconde, et trois pour la troisième, qui a en effet un petit talon interne qui l'épaissit à son bord postérieur.

principale, 1.

La quatrième ou principale, subtriquètre, avec une seule pointe en dehors et un talon en ogive en dedans, de manière à sembler n'être qu'une moitié des arrière-molaires.

Arrière-Molaires. 3.

Celles-ci croissant de l'antépénultième à la dernière, qui est notablement plus grosse ; toutes les trois, du reste, à couronne large à peu près carrée et fortement déclives en W au côté externe, composées de deux parties ou collines transverses et formées chacune d'une pointe assez aiguë en dehors et en dedans, d'un lobe ou talon en ogive qui, par l'usure, semble doublé: disposition qui est assez bien comme dans l'*Anoplotherium commune*:

Mandibulaires. *Inférieurement.*

Incisives, 3. Les incisives sont terminales, subégales, en houlette à la couronne, qui s'use carrément à l'extrémité et pourvues d'une racine longue et aiguë.

Canine, 1. La procanine diffère à peine des incisives au côté externe desquelles elle est rangée, et ne s'en distingue que parce que sa couronne est un peu recourbée en arrière, d'où il résulte qu'il semble y avoir ici quatre incisives, comme chez les Ruminants.

Molaires, 7. Les molaires sont, comme en haut, au nombre de sept

Avant-Molaires, 3. La première des trois avant-molaires est uniradiculée, et sa couronne tranchante est oblique en avant ou proclive. Les deux autres sont seulement subtranchantes à la couronne, avec un talon postérieur, s'épaississant surtout à la troisième, et sont biradiculées.

principale. La quatrième est subcarrée, à deux collines transverses et deux racines.

5e et 6e. Les cinquième et sixième sont plus larges; les collines deviennent un peu plus courbes, l'antérieure étant la plus épaisse, de manière à former en dehors une pointe en ogive, et en dedans une pointe plate exactement opposée.

7e. La septième ou dernière est formée de trois collines décroissant de la première à la troisième.

Par l'usure, on voit comment il résultera à la face triturante deux ou trois croissants bordés d'émail, s'élargissant jusqu'à ce qu'ils se confondent en un seul parallélogramme.

Espèces indiquées par M. Bravard : *C. minimum.* Comme nous l'avions indiqué dans l'histoire de cette espèce animale, M. Bravard, dans son premier mémoire, avait cru devoir déjà en proposer une autre, qu'il nommait *C. minimum*, et qu'il distinguait de la première, d'abord parce qu'elle était plus petite, et ensuite parce qu'il avait remarqué un petit intervalle entre la canine et la première molaire; mais il paraît que, dans le nouveau mémoire dont il a bien voulu me donner les planches l'année dernière, il pense pouvoir en distinguer deux autres, qu'il nomme *C. medium* et *C. Curnonense*, probablement d'après la taille et la forme de la mandibule. C'est cependant ce que je ne puis assurer, puisqu'il n'y a pas de texte joint aux planches du mémoire.

C. medium. C. Curnonense.

SUR LE G. CHALICOTHÉRIUM.

G. CHALICOTHÉRIUM. Histoire. par M. Kaup. 1833.

M. Kaup, dans la seconde livraison de sa *Description des Ossements fossiles du grand duché de Hesse,* publiée en 1833, avec cinq couronnes de dents isolées, usées ou brisées, qui lui étaient sans doute restées au milieu de toutes celles qu'il avait distribuées aux espèces animales admises par lui dans le célèbre dépôt d'Eppelsheim, a proposé de les attribuer à deux espèces distinctes, et d'en constituer un genre intermédiaire, suivant lui, aux Paléothériums et aux Anoplothériums, ayant des affinités avec les Lophiodons et les Tapirs, mais sans donner la raison de sa manière de voir. En effet, quels sont les caractères qui, dans ces dents, indiquent des rapprochements avec chacun de ces genres, par exemple avec les Tapirs, et quels sont ceux qui en doivent former un genre? Bien plus, quelle preuve que les deux molaires supérieures aient appartenu aux mêmes espèces animales que les deux molaires inférieures, et à l'une ou à l'autre la canine et l'incisive qu'il signale? Quel rapport nécessaire y a-t-il entre ces cinq dents?

Pièces à l'appui.

Malgré ces réflexions bien naturelles et qui se présentent au premier abord, les paléontologistes, qui se plaisent assez volontiers à enfler leurs catalogues de tous les noms qu'ils rencontrent, n'en ont pas moins accepté le genre aussi bien que les espèces.

Doutes à ce sujet.

Pour moi, qui n'ai eu, il est vrai, à ma disposition que la description et la figure de ces pièces données par M. Kaup, *loc. cit.*, les moules en plâtre coloriés n'étant malheureusement pas dans les collections du Muséum, je dois avouer qu'il m'a été impossible de m'en faire une idée assez suffisante pour en dire autre chose, que les deux molaires d'en haut semblent être d'Anoplothérium plus que de Lophiodon; les inférieures de Rhinocéros et la canine et l'incisive d'Anthracothérium.

A l'appui de cette manière de voir, ne pourrait-on pas apporter la dent incisive que M. Kaup a représentée dans la planche consacrée à son G. Chalicotherium, sous les n°s 8, 9 et 10, et dont il a parlé seulement dans un article supplémentaire, p. 30?

Quoi qu'il en soit, voici la description que l'on peut donner de ces pièces, en s'aidant de ce qu'en dit M. Kaup, et surtout de ses figures.

1. C. de Goldfuss (*C. Goldfussii*).

C. Goldfussii.

Kaup, *Foss. Darmst.*, pl. VIII, fig. 3, 4 et 5, Liv. IIe, p. 4, 6 et 30, 31.

Pièces à l'appui.

A cette espèce, M. Kaup attribue trois des pièces dont il vient d'être question :

Pénultième molaire supérieure.

Décrite.

Entière.

1° Une avant-dernière molaire d'en haut du côté droit, pl. VII, fig. 3, par la couronne seulement; dont la couronne à peu près carrée, à peine un peu transverse, sans bourrelet, si ce n'est en avant, offre avec une page ou face externe très-large et surtout très-déclive de dehors en dedans, formant entre deux espèces de plis très-saillants et terminés en pointes, surtout l'antérieur, deux surfaces foliacées, l'une bien plus large, triangulaire, équilatérale en avant, l'autre plus petite et trapézoïdale en arrière, et en dessous deux collines transverses, formant des lobes subégaux en dehors et fort inégaux en dedans; l'une antérieure, commençant à la pointe antérieure du bord externe et se réunissant par une crête distincte à un très-gros mamelon subtrièdre détaché; l'autre plus courte, plus marginale, comprise entre la pointe marginale postérieure et un assez gros mamelon interne, et montrant par l'usure un double croissant étroit ; Usée.

2° Une molaire inférieure (pl. VII, fig. 5, par la couronne seulement), probablement une dernière plutôt qu'une avant-dernière, dont la couronne assez basse, quoique à peine entamée et sertie par un bourrelet peu épais, est composée de deux collines courbées en croissant, la postérieure plus large que l'antérieure, surtout par la saillie de son angle libre; Dernière molaire inférieure.

3° Une canine supérieure du côté droit (pl. VII, fig. 4 et 4*a*), remarquable par sa grosseur, son obtusité et sa brièveté proportionnelle, très-convexe en dehors et assez plate en dedans; Canine.

4° Une incisive (Pl. VII, fig. 8, 9 et 10) décrite p. 30, comme celle du milieu de la moitié gauche de la mandibule et assez bien conservée. C'est une forte dent ayant une racine longue, épaisse et assez comprimée, subcanaliculée de chaque côté, terminée par une large couronne en palette, coupée carrément (1). Incisive.

2. Le C. ANTIQUE. (*C. antiquum*, *ibid.*), fig. 6, 7.

Ne repose non plus que sur deux ou trois couronnes de dents molaires un peu plus petites que les précédentes, et du reste fort semblables. *C. antiquum.* Pièces à l'appui.

1° Une molaire supérieure de même forme, quoiqu'un peu plus oblique à son angle antérieur, de même chiffre et de même côté que la précédente, mais un peu plus petite et peut-être un peu plus usée, offrant du reste les mêmes particularités; Pénultième molaire supérieure.

2° Une autre encore un peu plus petite, mais bien plus usée ou plus Dernière molaire supérieure.

(1) D'après la figure donnée par M. Kaup, il me semble bien que cette dent est une véritable incisive; je dois cependant dire que M. le docteur Falconer, dans son Mémoire sur l'*A. Sivalense*, p. 339, l'a regardée comme étant plutôt une seconde avant-molaire droite d'en haut. Il pense également que la canine pourrait n'être qu'une incisive d'en bas d'un animal voisin des Rhinocéros; ce qui me paraît encore plus douteux.

fruste, probablement aussi plus postérieure, à en juger du moins par une plus grande saillie oblique de l'angle externe antérieur;

Molaire inférieure.

3° Enfin, une couronne de molaire inférieure ne différant de son analogue, attribuée au *C. Goldfussi* que par des dimensions moindres d'un cinquième environ.

Conclusions.

Je répète que ne connaissant ces dents que par les figures données par M. Kaup, je ne puis assurer qu'elles aient appartenu à un animal constituant une espèce et encore moins un genre nouveau; il me semblerait même trop hardi de dire qu'elles proviennent d'une même espèce animale. Toutefois, s'il était nécessaire de se prononcer, je supposerais volontiers qu'elles doivent être rapprochées du genre Anthracothérium, plus que de tout autre; du moins pour les incisives et la canine. Quant aux deux molaires d'en bas et aux trois d'en haut; je suis fort porté à croire qu'elles doivent être rapportées au même animal que celles dont M. Lartet a fait son *Anoplotherium grande*, et qui ont été décrites plus haut.

3. A. SIVALIEN (*A. Sivalense*) (Falconer et Cauteley, 1836).

A. Sivalense.

Histoire.

A. posterogenium. 1835.

MM. Falconer et Cauteley ont, depuis assez longtemps, signalé dans le dépôt des Sous-Himalayas, quelques fragments de mâchoire armée de dents, et qu'ils ont rapportés à une espèce d'Anoplothérium, d'abord (*Journ. As. Soc. Beng.*, 1835, et VIe vol., p. 358) sous le nom d'*A. posterogenium*, et ensuite (*Geolog. Soc. of Lond.*, 1836, vol. V, 2e sér.) sous celui d'*A. Sivalense*, dénomination qu'ils ont définitivement adoptée dans les *Proceedings* de cette même Société, n° 98, où ils ont donné une description détaillée, avec de bonnes figures, des deux pièces qu'ils attribuent à cette espèce animale.

Pièces à l'appui. 2 fragments de Mâchoire 1er fragment portant 6 Molaires.

Ces deux pièces consistent chacune en un fragment de mâchoire portant, l'un, du côté gauche, six molaires bien complètes en série continue, et l'autre, du côté droit, les quatre dernières seulement, avec une partie de l'orbite excavant la racine de l'os zygomatique. Quoique ces deux fragments soient de même dimension dans leurs parties correspondantes, la différence dans le degré d'usure des dents montre qu'ils n'ont pas appartenu au même individu.

Comparées.

Les molaires, croissant assez rapidement et graduellement de la première à la dernière, rappellent fort bien ce qui existe dans les Anthracothériums, mais beaucoup moins que dans les Lophiodons et surtout que dans les Anoplothériums, chez lesquels la ressemblance est bien plus marquée avec les Ruminants.

Décrites. En général.

Nous avons déjà dit que les six molaires de la première pièce forment une série continue, pressée même, croissant assez rapidement de la première à la dernière, et assez rectiligne; toutes ayant une forme en général triquètre, plus marquée cependant pour les avant-molaires que pour les arrière-molaires, qui sont plus carrées.

En particulier. Avant-Molaires.

Les trois avant-molaires, notablement plus petites ou moins grosses que les trois postérieures, au moins aussi serrées qu'elles, et du reste croissant rapidement de la première à la dernière, ont véritablement un collet de forme triangulaire : le côté externe, le plus court, l'interne, le plus long et convexe, le postérieur, intermédiaire, mais le plus droit, pourvu sans doute de trois racines, une antérieure et deux postérieures, ce qui n'est cependant pas absolument certain. La couronne n'offre qu'une colline transverse en arrière, fort courte par la grande déclivité de la face externe, avec un tubercule en mamelon plus ou moins détaché, suivant la position de la dent, à son extrémité interne.

Arrière-Molaires, 3. Leur description.

Les trois arrière-molaires, bien plus fortes, surtout les deux dernières, ont une forme générale un peu plus carrée ou moins triquètre au collet, par la distinction plus marquée du côté antérieur et du côté interne; ce qui résulte de l'existence évidente de deux collines transverses, également assez courtes par la grande déclivité de la face externe; l'antérieure, augmentée en dedans d'un mamelon séparé; la postérieure, avec une sorte de repli entre la pointe du bord externe et le tubercule interne, et de plus en plus marqué de l'antépénultième à la dernière, et devant par l'usure produire un double croissant.

2e fragment portant les 4 Molaires postérieures.

Le second fragment, moins important sous le rapport du système dentaire, puisqu'il ne porte que les quatre dernières molaires en moins bon état de conservation, offre au contraire une partie d'os plus considérable et qui nous apprend que l'orbite était assez petit et assez peu reculé, son bord antérieur tombant à l'aplomb du second lobe de la pénultième molaire; que la racine de l'arcade zygomatique était épaisse, et enfin que le canal sous-orbitaire était médiocre.

Rapprochement du G. Chalicothérium.

Admis.

non pour l'Incisive.

non pour la Canine.

Raisons pour et contre.

MM. Falconer et Cauteley ont parfaitement et justement reconnu la grande analogie qu'il y a entre l'espèce animale à laquelle ils rapportent les deux fragments que nous venons de décrire et celle à laquelle ont appartenu les dents dont M. Kaup a fait mention sous les noms de *Chalicotherium Goldfussii* et *antiquum*. Le moindre examen comparatif des pièces rend le rapprochement justement fondé. Je n'ose en dire autant de la supposition que la dent donnée par M. Kaup comme une incisive de la mandibule soit une seconde avant-molaire, et encore moins que la canine de M. Kaup (Pl. VII, fig. 4 et 4*a*,) soit une incisive inférieure de Rhinocéros. La forme conique, courte, convexe en dehors, aplatie en dedans, et même un peu courbe de cette dernière, n'a absolument rien de semblable dans l'incisive du Rhinocéros. Il semblerait possible d'être plus affirmatif pour l'incisive, en ne considérant que les figures qu'en a données M. Kaup; mais il faut convenir que la description qu'il y joint n'est pas d'accord avec elles. On n'y voit, par exemple, aucune trace d'un tubercule comprimé, indiqué sous la lettre *m*, auquel s'en réuniraient deux petits, non plus que d'un vallon allant se perdre entre ces tubercules. Cependant comme la figure, et surtout celle de la dent vue par la face externe, rappelle fort bien les incisives d'Anthracothérium, ce que l'on peut également dire pour la canine, je suis porté à penser que les significations données par M. Kaup sont exactes.

Comparaison avec l'Anoplothérium,

Je le suis d'autant plus que la série des molaires de l'*A. Sivalense* ne me paraît pas indiquer un véritable Anoplothérium, mais plutôt encore un Anthracothérium, ou quelque chose d'approchant.

pour les Avant-Molaires.

Pour les avant-molaires, et surtout pour les deux antérieures, cela est évident, puisque dans l'*A. commune*, type unique peut-être de ce genre, ces deux dents sont longues, étroites, à bords presque parallèles, avec une pointe médio-marginale et deux racines plus ou moins divergentes, tandis qu'ici elles sont triquètres, plus épaisses que larges, triradiculées, avec un talon en mamelon, dont il n'y a pas trace dans l'Anoplothérium. Il y a plus de rapports pour la troisième ou principale, simplement triquètre dans les deux systèmes dentaires; mais il n'en est plus de même pour les trois arrière-molaires, qui sont bien plus triquètres et plus évidemment tri-radiculées dans ce dernier que dans le premier; mais la différence essentielle, c'est que les deux lobes foliiformes de la face externe sont égaux ou à peu près, et que les plis costiformes qui les séparent et les bordent sont également prononcés, de manière que les pointes des collines étant encore plus rapprochées, surtout à la postérieure, et l'interne moins séparée de sa crête à l'antérieure, l'usure forme des doubles croissants parallèles assez bien comme chez les Ruminants.

la Principale. — les Arrière-Molaires.

Conclusions : pour le genre.

D'après cette comparaison de ce que nous possédons du système dentaire de l'*A. Sivalense* avec son analogue dans l'*A. commune*, nous sommes fort porté à croire que le premier n'était pas un véritable Anoplothérium ; ce qui pourrait être confirmé par le fait, soupçonné par MM. Falconer et Cauteley, que la première avant-molaire, qui manque sur la pièce la plus complète, n'était pas contiguë à la seconde.

pour l'espèce.

On peut en outre, ce me semble, l'induire également, en s'appuyant sur ce que les arrière-molaires de l'*A. Sivalense* étant si semblables à celles du Chalicothérium, et celles-ci à celles de l'*A. magnum* ou *grande*, les avant-molaires l'étaient également, et que, par conséquent, s'il est impossible d'assurer l'identité d'espèce, on peut du moins présumer qu'elles étaient fort rapprochées et qu'elles constituaient une forme animale particulière qui pourra, au moins provisoirement, être indiquée sous la dénomination de *Chalicotherium*, proposée par M. Kaup.

Pièces nouvelles.

Ceci était écrit lorsque j'ai pu consulter en Angleterre, au Muséum britannique, grâce à l'extrême complaisance de M. le docteur Melville, chargé d'en surveiller la publication, les matériaux rapportés de l'Inde par MM. Falconer et Cauteley, ainsi que le catalogue manuscrit des planches qui doivent constituer leur grand ouvrage sur la Faune antique de l'Inde. J'ai pu y voir, en effet, que définitivement ils désignent l'espèce animale à laquelle ils attribuent ces pièces, sous le nom de *Chalicotherium Sivalense*.

Extrémité antérieure des deux Mâchoires.

Mais, outre ces pièces, ils lui en rapportent une autre tout à fait intéressante, en ce qu'elle consiste en l'extrémité antérieure de la mâchoire et celle de la mandibule en connexion serrée, les molaires d'en bas enchevêtrées avec celles d'en haut. Elle nous apprend d'abord que la face ou le museau se terminait assez rapidement en pointe assez aiguë aux deux mâchoires, la supérieure, par des os prémaxillaires très-étroits, très-grêles, et même sans alvéoles; l'inférieure, par une sorte de petit élargissement en spatule, peut-être même également sans alvéoles.

Décrite.

Ses Dents d'en haut.

Ce morceau curieux nous montre aussi qu'en haut il n'y avait très-probablement pas d'incisives, que la canine, à en juger par l'alvéole était presque rudimentaire, et qu'après une barre assez considérable, il n'y avait que six molaires, deux avant-molaires, une principale et les trois arrière-molaires décrites plus haut, et dont les deux dernières n'existent pas sur cette pièce.

d'en bas.

A la mandibule, il est probable qu'il n'y avait pas d'incisives, peut-être comme dans les Sangliers d'Éthiopie par une chute hâtive; mais on doit sans doute considérer comme canine, plutôt que comme une troisième incisive, une dent assez grosse implantée subverticalement par une racine très-forte, et terminée par une couronne large, mais courte, comprimée en coin assez arrondi.

Après une barre plus courte qu'en haut, et probablement édentulée, viennent les cinq premières des six molaires que nous avons décrites ci-dessus, et sur lesquelles nous n'avons pas besoin de revenir.

Fragment d'Humérus.

Du reste du squelette nous ne connaissons rien. MM. Falconer et Cauteley ont cependant rapporté à l'espèce qu'ils ont nommée *Merycopotamus dissimilis*, et dont il va être question plus loin, une partie inférieure d'humérus du côté gauche, dont la forme générale et même particulière indique de grands rapports, et même de grandeur, avec son analogue dans l'Anoplothérium commun, par le peu de saillie des crêtes épicondyliennes et épithrochléennes, aussi bien que par l'étendue et la forme assez en gouttière de la saillie du condyle; ce qui doit faire admettre que la tête du radius était fort large.

SUR LE G. DICHODON

(*D. cuspidatus*, R. Owen. 1848.)

On peut encore, ce me semble, placer à côté des espèces de Mammifères qui ont été longtemps considérées comme des Anoplothériums, celle que M. R. Owen vient de nous faire connaître l'année dernière sous le nom de *Dichodon cuspidatus*, établie sur deux pièces fossiles recueillies par M. Alex. Pytts Falconer, dans une couche de sable, des parties supérieures du terrain tertiaire à Hordle en Angleterre. Ces deux pièces sont une portion de la mâchoire en deux morceaux séparés que M. R. Owen rapproche et une mandibule presque entière, au moins d'un côté; l'une et l'autre armée de toutes leurs dents et provenant peut-être du même individu.

DICHODON. *D. cuspidatus.*

Histoire.

Pièces à l'appui.

M. R. Owen caractérise son genre Dichodon, non pas sur le nombre total des dents qui est absolument le même que dans les Paléothériums, et les Anoplothériums, non pas même sur ce que la première dent maxillaire et sa correspondante mandibulaire ne sont nullement caniniformes et diffèrent à peine des incisives, aussi bien que dans ces derniers, mais parce que les molaires d'en haut, comme celles d'en bas, sont hérissées de pointes disposées par paires, formant des collines transverses.

Caractères du genre.

Cherchant ensuite et d'après le système dentaire seulement à es-

Ses rapports naturels avec le Mérycopotame,

timer les rapports naturels de cette espèce animale avec celles qui sont connues, M. R. Owen la regarde comme fort rapprochée par ses arrières-molaires d'en haut du Merycopotame de MM. Falconer et Cauteley (*Sival. Foss.*, Pl. II, f. 7), aussi bien que d'un petit animal que ces messieurs ont nommé *Anthracotherium Silistrense* (*Géol. Trans.* 2me série, vol. II, p. 392, Pl. 45, f. 2-3); par ses arrière-molaires d'en bas de l'*Anoplotherium minus* ou *leporinum* type du sous-genre *Dichobune*, et comme montrant une grande affinité avec les Anoplothériums par le peu de développement des canines, et la forme des incisives, aussi bien que par le nombre et la contiguïté non interrompue des séries dentaires.

le Dichobune,

suivant M. R. Owen.

Toutefois, adoptant sans doute à la rigueur l'importance du système dentaire dans l'établissement des genres de Mammifères à la manière de MM. Cuvier, M. R. Owen, regarde cette espèce animale comme se distinguant de tous les genres connus vivants ou fossiles dans cette classe par une modification particulière des molaires et spécialement des dents avant-molaires.

Leur examen.

Je ne connais les deux pièces sur lesquelles repose le genre Dichodon que d'après la description et les figures que M. R. Owen en a données; mais comme celles-ci surtout sont véritablement excellentes et parfaitement d'accord avec la description, il nous a été facile de nous en faire une idée satisfaisante.

Du fragment de Mâchoire.

Le fragment de mâchoire ne peut malheureusement rien nous apprendre, puisqu'il ne consiste en effet que dans le bord dentifère, et encore est-il fracturé en deux morceaux terminaux avec perte de la partie qui portait les deux premières avant-molaires (1).

Ses Dents.

La série dentaire devait cependant être continue, rectiligne, comme cela a lieu en effet pour la série mandibulaire et comme celle-ci indubitablement composée de trois incisives, une canine et sept molaires, dont trois avant la principale et trois après.

(1) En supposant même que ces deux fragments aient appartenu à la même mandibule.

Les trois incisives latéro-terminales et un peu imbriquées d'avant en arrière, sont larges aussi bien dans leurs racines que dans leur couronne assez basse du reste, comprimée, un peu arquée, avec une pointe tranchante, submédiane pour la première, antérieure pour les deux autres, et un lobule en talon en arrière. Incisives, 3.

La canine, sans trace de diastème, en avant comme en arrière, est seulement plus large que la dernière incisive, presque tranchante et comme bilobée à la couronne avec un simple arrêt en avant et surtout en arrière, dans sa racine, quoique simple, montre, dans une légère gouttière longitudinale, sa participation aux deux lobes de la couronne. Canine : Couronne, Racine.

Des trois avant-molaires les deux premières manquent ainsi que le fragment de mâchoire qui les portaient. Mais la troisième qui existe est remarquablement longue ou large dans sa couronne, du reste comprimée, subtriquètre et comme quadrilobée par le développement des deux talons, l'un postérieur peu marqué, l'autre interne assez avancé : elle n'a cependant que deux racines très-divergentes. Avant-Molaires. La 3e.

La principale ou quatrième molaire a encore assez bien la même forme que la précédente, mais elle est notablement plus épaisse, plus triquètre par le reculement en arrière d'un talon interne, ce qui entraîne trois racines, et ses trois lobes externes sont plus distants, plus prononcés et plus trièdres. Principale.

Les trois arrière-molaires, croissant de l'antépénultième à la dernière, sont serties en dehors par un ourlet denticulé, à peine marqué en dedans et formées à la couronne de deux collines transverses composées chacune de deux pointes assez aiguës, l'externe conique plus basse, l'interne en ogive produisant par l'usure deux orbes en dehors et deux doubles croissants en dedans : elles ont quatre racines. Arrière-Molaires.

La mandibule presque entière, ainsi qu'il a été dit plus haut, montre une branche horizontale longue et étroite à bords presque rectilignes avec une symphyse assez étendue et une apophyse géni assez marquée. La branche verticale fort peu élevée et assez dilatée par un condyle Fragment de Mandibule. Décrite.

plat, se termine par une apophyse coronoïde assez large, le dépassant assez, avec un angle arrondi, mais peu saillant.

Ses Dents. En général. La ligne dentaire est basse, sans interruption ou lacune, mais cependant sans que les dents qui la forment soient pressées. Elle est composée de trois incisives, d'une canine et de six molaires seulement, mais après la dernière qui est à peine sortie, il y a une alvéole qui sans doute devait contenir la septième.

Incisives, 3. Les trois incisives latéro-terminales, décroissant peu de la première à la troisième, sont larges, un peu moins cependant que celles d'en haut, plates, peu ou point déclives, usées carrément à l'extrémité et comme bicannelées en dedans par une sorte de côte médiane.

Canine. La canine qui suit ressemble tout à fait à la troisième incisive qu'elle touche; elle est seulement plus large et sa côte interne est plus reculée.

Avant-Molaires, 3. Les trois avant-molaires très-larges, comprimées, tranchantes, à deux racines, sont formées à la couronne de trois lobes ou pointes, les deux terminales plus basses et sinueuses à la première, subégales aux deux dernières, la postérieure de la troisième sub-bituberculée.

Principale. La principale, que M. R. Owen désigne comme la quatrième avant-molaire, est plus épaisse, subdivisée à la couronne en trois lobes subégaux et assez bien bifides, c'est-à-dire subdivisés en deux parties, un peu comme dans les suivantes, qui sont sans doute, ainsi que le pense

Arrière-Molaires. M. Owen, la première et la seconde arrière-molaires, serties à la face interne d'un ourlet élevé, denticulé, et même presque anguleusement foliacé.

5ᵉ et 6ᵉ. Enfin les deux dernières, subcarrées ou à peine barlongues, sont formées seulement de deux collines transverses, chacune séparée en deux lobes; l'externe s'usant profondément en ogive et l'interne se conservant en pointe aiguë.

7ᵉ? On peut supposer que la septième avait une colline ou au moins un fort talon de plus que les précédentes, mais on ne peut l'assurer. M. R. Owen dit même que l'alvéole dont le pore d'orifice se voyait derrière la dernière molaire existante, était remplie de sable et ne contenait aucune trace de la dent, soit qu'elle ne fût pas encore solidifiée ou qu'elle eût été perdue.

Conclusions : pour l'espèce.

D'après ce qui vient d'être dit du système dentaire de cette mandibule, on voit qu'il est incomplet par l'absence de la dernière molaire non encore sortie; mais ne doit-il pas en être de même pour la série d'en haut, si les deux pièces proviennent du même individu? Alors il faudrait admettre qu'au lieu de deux il ne manquerait qu'une seule avant-molaire, ce qui paraît peu probable.

Quoi qu'il en soit et malgré l'absence d'autres pièces qui pourraient servir à éclairer la question, il est au moins certain que ce que nous connaissons du système dentaire du Dichodon suffit pour décider qu'il indique une espèce distincte de toutes celles qui sont connues.

pour le genre.

Quant à assurer qu'elle doive ou non former un genre distinct des Anoplothériums, par exemple, dont elle a évidemment les caractères linnéens, c'est-à-dire les incisives et de plus les canines, et même le nombre et la disposition générale de tout le système dentaire, c'est ce que je ne voudrais pas décider, n'étant pas même certain que la dernière molaire d'en bas avait une troisième colline.

Toutefois on peut croire qu'elle existait et que l'astragale était en osselet, et alors ce sera un Anoplothérium encore plus voisin que l'*A. commune* des Ruminants.

SUR LE G. PALOPLOTHÉRIUM

(R. Owen, 1848.)

G. PALOPLOTHÉRIUM. Histoire.

On peut encore trouver dans plusieurs os fossiles recueillis en Angleterre dans ces derniers temps, et que M. R. Owen a réunis sous le nom générique et spécifique de *Paloplotherium connectens* indiquant, suivant lui, quelque chose qui semble lier les Paléothériums aux Anoplothériums, une nouvelle forme ou espèce animale, au moins sous le rapport du système dentaire, à laquelle il croit devoir rapporter les pièces sur lesquelles reposent le *Palæotherium Aurelianense* de M. G. Cuvier.

Pièces à l'appui :

Fragment de Tête. de Mandibule.

Les fragments trouvés à Horlde, en Angleterre, consistent en une portion de tête (1) à laquelle il ne manque presque que la partie occipitale, qui, par conséquent, comprend la face à peu près complète, avec la mâchoire d'un seul côté, et dans une mandibule (2) entière au moins du côté gauche. Malheureusement cette pièce provient d'un individu qui n'était pas adulte et sur lequel le système dentaire, outre qu'il est incomplet dans toute sa partie antérieure, se compose en effet de dents des deux dentitions.

Leur examen.

Je ne connais ces deux belles pièces, sur la concordance desquelles il semble à M. Owen qu'on ne peut avoir de doutes raisonnables, que d'après la description détaillée et les excellentes figures de grandeur naturelle qu'il en a données; mais elles suffisent, ce me semble, pour en apprécier les rapports avec ce que nous connaissons des nombreux Ongulogrades qui peuplèrent autrefois nos contrées.

de la Tête.

D'abord un simple coup d'œil suffit pour reconnaître que ce qui reste des os de la tête et des mâchoires, ressemble tout à fait à ce qui existe dans les Paléothériums; par exemple; la forme de l'orbite, qui paraît cependant un peu plus grand, moins abaissé, avec l'apophyse postorbitaire un peu plus forte, et deux trous lacrymaux; il en est de même de l'orifice des narines, assez grand pour avoir fait supposer que les animaux de ce genre étaient pourvus d'une sorte de trompe comme les Tapirs, et dans la composition duquel, comme dans les Paléothériums, le maxillaire entre pour une bonne part.

(1) Cette tête, malheureusement brisée, et même avant d'avoir été enveloppée dans sa gangue, a offert à M. R. Owen des indices qu'elle avait été transpercée par l'action des dents d'un Crocodile dont ce terrain renferme de nombreux ossements.

(2) M. R. Owen décrit d'abord la mandibule dans un article distinct, puis, dans un autre, la portion de crâne avec ses dents comme lui ayant été données en communication, la première par M. Alex. Pitts Falconer, l'autre par Mme la marquise de Hastings.

de la Mandibule.

La mandibule n'est pas moins semblable à celles des Paléothériums dans sa forme générale et dans la proportion de ses parties, avec quelques légères différences spécifiques, par exemple, dans la figure un peu plus pointue, un peu plus courbée de l'apophyse coronoïde.

Système dentaire. En général.

L'ensemble du système dentaire est dans le même cas, aussi bien dans le nombre général que dans celui des trois sortes de dents, dont la proportion et la disposition sont encore assez bien comme dans les Paléothériums, sauf peut-être dans l'étendue de la barre, qui est sensiblement plus grande que dans ceux des environs de Paris.

En particulier. d'en haut.

Incisives.

On ne peut malheureusement rien dire des incisives supérieures, si ce n'est d'après les alvéoles, qui indiquent qu'elles étaient fortes et disposées en quart de cercle terminal.

Canine.

La canine ne peut également être préjugée que d'après son alvéole assez grande, moins cependant que dans les Paléothériums de Paris, ovale, et assez peu séparée de la troisième incisive.

Molaires d'avant.

Les molaires, qui viennent après une barre assez étendue, forment une série serrée, légèrement courbée, composée de six dents, croissant assez régulièrement de la première à la dernière.

1re.

Ces six dents ne sont évidemment pas formées par des dents de seconde dentition, au contraire de ce qui a lieu pour celles de la mandibule; la première, subtriquètre, arrondie, à une seule pointe épaisse, sertie d'un bourrelet en dehors, est pourvue en dedans d'un talon assez prononcé qui s'élargit en arrière, et de trois racines.

2e.

4e.

Les trois suivantes, se compliquant assez fortement de l'antérieure à la postérieure : celle-là n'a en effet qu'une lame ou feuille triangulaire en dehors, avec un large talon mammiforme en dedans et en arrière, que précède en avant un petit tubercule; celle-ci, au contraire, a la forme des arrière-molaires, dont elle est la première, offrant en dehors deux surfaces rebordées et finissant anguleusement en dent de loup, à l'origine de deux collines transverses assez obliques, séparées par une scissure profonde et se terminant, en s'arrondissant en dedans, par un tubercule mammiforme plus gros à l'antérieure qu'à la postérieure, où

3e ou principale. il est séparé du bord externe par une fossette. La forme de la seconde ou principale est intermédiaire comme sa position, plus semblable cependant à la première des trois.

Arrière-Molaires. Les deux dernières sont presque semblables à la dernière des précédentes, ayant comme elle quatre racines, dont les deux internes sont connées, sauf qu'à peine entamées, elles sont notablement plus fortes, plus avancées dans leur angle antérieur externe, et la dernière plus arrondie et plus élargie dans sa colline terminale.

La quatrième dent molaire est en outre plus usée que les trois précédentes.

M. R. Owen conçoit ce système dentaire de la même manière, admettant qu'il n'est jamais composé que de six mâchelières, les deux dernières avant-molaires, la principale, quatrième avant-molaire de M. R. Owen, et trois arrière-molaires; et ce qui milite pour cette opinion, c'est qu'en sondant au-dessus des avant-molaires, il n'a pas trouvé d'alvéoles contenant des dents de remplacement, pas plus qu'en arrière de la dernière.

d'en bas. A la mandibule, le nombre des dents, l'espace qu'elles occupent, sauf le mélange des deux dentitions, sont comme à la mâchoire.

Incisives. Les incisives, à en juger par les alvéoles, étaient terminales et assez déclives.

Canine. La canine, également d'après son alvéole, était assez portée en avant et de forme ovale comprimée, du moins dans sa racine.

Molaires. Après une barre encore plus longue qu'en haut, assez tranchante et courbée, vient la série des six molaires aussi serrées que les supérieures et croissant de la même manière.

1re de 2e dentition. La première de seconde dentition, comme sa correspondante d'en haut; sa couronne est simple, triangulaire, comprimée, mais sa racine est double (1).

(1) Cette manière de voir est pleinement confirmée par le côté de mandibule figuré à sa face interne par M. R Owen (*loc. cit.*, pl. II, fig. 1), et qui est encore plus jeune. On y voit,

1re, 2e et 3e, de 1re dentition.

Les trois suivantes sont bien évidemment de première dentition, ce que prouve la précaution prise par M. R. Owen de montrer, par l'ablation d'une partie de la paroi osseuse, au-dessous d'elles, les germes des trois qui doivent les remplacer; assez fortement usées à la couronne, toutes trois sont biradiculées et garnies d'un ourlet au collet; mais les deux demi-cônes courbés un peu anguleusement sur leur plan, qui forment la couronne, ne sont bien distincts qu'aux deux postérieures.

Arrière-Molaires de 3e dentition.

Anté-Pénultième et Pénultième.

Les deux dernières dents de la série appartenant à la seconde dentition, et à peine entamées comme leurs correspondantes en haut, ont du reste la même forme que la troisième des dents de lait; la terminale actuelle a seulement à son bord libre ou postérieur un petit arrêt en cupule qui semble n'être que l'exagération de l'ourlet basilaire extérieur.

Dernière.

Outre ces deux dents, qui sont les deux premières arrière-molaires, la troisième se trouve en germe encore contenue dans son alvéole, montrant, outre ses deux demi-cônes, le petit talon sur lequel j'ai fortement insisté dans la caractéristique du Paléothérium d'Orléans, pour en rapprocher plusieurs fragments fossiles de diverses localités.

Appréciation.

Ces deux pièces étant malheureusement les seules sur la considération desquelles cette espèce animale est établie, peuvent seules servir à déterminer son appréciation comme espèce distincte ou non, et par suite comme type d'une forme générique.

Comme espèce.

Comparée avec les Paléothériums.

Comme espèce, M. R. Owen est porté à croire qu'elle est au moins comparable avec celle que M. G. Cuvier a désignée depuis fort longtemps sous le nom de Paléothérium d'Orléans, d'après des pièces signalées encore avant lui par Defay, espèce dont j'ai montré des restes en plusieurs autres localités de la France méridionale, en m'appuyant sur la particularité signalée par M. G. Cuvier, que la dernière molaire d'en bas, au lieu d'un troisième demi-cylindre en arrière des deux antérieurs,

en effet, les trois molaires de lait en place, et de plus en avant la première de seconde dentition en ligne et derrière la première arrière-molaire de seconde dentition.

M. R. Owen me semble encore compter sur cette pièce quatre dents à la première dentition, ce dont je ne connais aucun exemple dans un Mammifère Biendenté.

les Anoplothériums, ainsi que cela se voit dans les autres Paléothériums, aussi bien que chez les Anoplothériums, n'a qu'un assez petit cône au lieu d'un croissant; c'est même sur le degré de développement de ce troisième demi-cylindre, depuis les Rhinocéros, qui n'en ont aucune trace, jusqu'aux Ruminants, qui l'ont presque égal aux deux autres, que j'ai établi l'ordre des espèces. Et comme à Sansans, où ce Paléothérium d'Orléans se trouve aussi, on

l'*A. Aurelianense.* trouve des os métacarpiens ou métatarsiens, dont le médian est beaucoup plus gros que les deux extrêmes, ce qui a conduit M. Lartet à le désigner sous le nom de *P. equinum*, on voit comment cette espèce a pu être considérée comme ayant quelques rapports avec le genre *Equus*, sous le rapport digital.

Quant aux deux autres caractères sur lesquels M. G. Cuvier a insisté pour distinguer le P. d'Orléans de ceux de Paris, savoir, à la molaire postérieure d'en haut, une très-petite crête en chevron dans la fossette postérieure de la couronne, marquée par lui par la lettre *t*, fig. 11, Pl. LXVII, 2e édit., et à la bifurcation de la corne de contact des deux croissants des arrière-molaires, ce sont évidemment des particularités individuelles.

Caractères différentiels suivant M. R. Owen. Voici les caractères différentiels que M. R. Owen a signalés entre le Paléothérium d'Orléans, tel que M. G. Cuvier l'a établi, et son P. de Hordle. Dans celui-ci, à la mâchoire :

La dernière molaire manque de la crête en chevron ;

La colline antérieure est terminée à son extrémité interne en mamelon plus ou moins séparé, formant une île ovale d'émail ;

L'angle externe antérieur n'est pas prolongé.

A la mandibule :

Les deux premières avant-molaires de seconde dentition sont beaucoup moins dissemblables en grandeur (1);

(1) M. R. Owen, pour appuyer cette différence, cite les pièces figurées par M. G. Cuvier (fig. 11 et 13 *b*, pl. LXVII, 2e édition), sur lesquelles en effet la première avant-molaire d'en bas est uniradiculée et fort petite par rapport à la seconde, mais sans avoir remarqué peut-

L'absence du bourrelet intérieur du collet et la terminaison de l'externe par une sorte de crochet cupuliforme;

L'intégrité de la corne d'union des deux croissants des arrière-molaires;

Enfin, une taille moins considérable.

Conclusion suivant le Même.

C'est en s'appuyant sur ces faits acquis à la science, que M. R. Owen a été conduit à admettre que les deux pièces fossiles d'Angleterre se rapprochaient de l'espèce animale nommée P. d'Orléans, et qu'elle devait former avec elle un genre distinct, ainsi que l'avait proposé M. Herman de Meyer pour la première seulement.

Comparaison.

Quoique la dernière molaire d'en bas, chez le Paloplothérium, ne soit connue qu'à l'état de germe peu avancé et profondément cachée dans l'alvéole, il paraît toutefois qu'elle devait être pourvue d'un simple rudiment de troisième demi-cylindre, comme cela a lieu dans le P. d'Orléans.

dans le Paloplothérium,

J'ai également comparé la principale supérieure de celui-ci, celle que j'ai fait figurer, avec son analogue, dans le Paloplothérium de M. R. Owen, et j'ai trouvé que ces deux dents se ressemblent assez; portant la comparaison avec la même dent sur le *P. medium*, à peu près de même taille, j'ai remarqué évidemment une plus grande différence, en ce que, plus carrée et même plus épaisse dans le sens transversal, les collines plus longues donnent lieu à des rubans d'émail plus étendus et plus serrés, en même temps que le vallon qui les sépare est plus étroit, plus oblique, moins dilaté à son extrémité externe.

avec le *P. medium*.

Conclusion.

Ainsi cette nouvelle espèce est plus semblable à celle d'Orléans qu'aux Paléothériums de Paris; et de plus, il est extrêmement probable qu'elles ne sont pas identiques.

Vient maintenant la question de genre, que déjà M. Herman de Meyer avait proposé d'établir avec le P. d'Orléans, *Palæotherium Aurelianense*,

être que dans cette même mandibule la dernière arrière-molaire est pourvue d'un troisième lobe presque aussi considérable que les deux autres, et que ces deux particularités sont caractéristiques des Paléothériums de Paris.

Comme type d'un genre. Comparé avec le G. Paléothérium. Différences.

sous le nom d'*Anchitherium*, et que M. R. Owen change en celui de *Paloplotherium* pour l'espèce d'Angleterre.

Comme différentielle avec les Paléothériums, M. R. Owen donne :

Des différences linéaires entre les alvéoles, à défaut des incisives, qui n'existent pas ;

Une grandeur proportionnelle moindre dans les canines, encore d'après les alvéoles ;

L'étendue notablement plus grande de la barre ;

Une égalité moindre dans l'accroissement de la série des molaires ;

L'absence de bourrelet du collet, et la présence d'une cupule terminant la crête postérieure ;

Pour les arrière-molaires supérieures, la séparation d'une partie interne de la colline antérieure en un lobe distinct et plus d'épaisseur dans la partie supérieure de cette colline ;

Pour les arrière-molaires inférieures, la presque intégrité de la corne de jonction interne des deux demi-cylindres ;

Et pour les avant-molaires, la structure unilobée de la première et sa petitesse comparative avec la seconde ; ce que l'on peut saisir, ajoute-t-il, en comparant avec les fig. 3 et 13 *b*, pl. 67, de M. G. Cuvier (1).

Avec les Anoplothériums. Ressemblances :

Comme rapprochement avec les Anoplothériums, M. R. Owen donne :

Une certaine ressemblance dans l'accroissement de la série dentaire ;

Le lobe distinct de la colline antérieure sur les arrière-molaires.

Comme différentielle avec ce même genre :

Différences.

Les arrière-molaires plus petites et plus comprimées, le tubercule détaché de la colline antérieure, et la forme moins courbée de la colline postérieure, séparée de l'extrémité postérieure du bord externe par un espace vide.

(1) Dans ces deux figures citées, et qui portent sur deux pièces attribuées par M. G. Cuvier à son *P. Aurelianense*, on voit en effet une grande disproportion entre la première avant-molaire unilobée et la seconde, comme cela a lieu dans les Paléothériums de Paris ; mais je ne vois rien de comparable dans les figures du Paloplothérium de M. Owen. La première dent, qu'on la regarde comme de première ou de seconde dentition, est toujours biradiculée.

Comme différentielle avec les deux genres :

avec les deux mêmes genres. Différences.

L'absence de la première avant-molaire, dont il n'y a pas même de traces, aux deux mâchoires, suivant la manière de voir de M. R. Owen, ce qui en diminue nécessairement le nombre;

L'absence presque complète du troisième demi-cylindre de la dernière molaire d'en bas.

Conclusions.

Au fait, les seules différences qui soient susceptibles d'être véritablement formulées se bornent à ce que les arrière-molaires d'en haut ont l'extrémité de la colline antérieure un peu renflée en mamelon ovale, et que la dernière d'en bas n'a qu'un rudiment d'un troisième demi-cylindre; différences qui ne sont évidemment que graduelles, et par conséquent spécielles, dans le genre des Paléothériums; car il n'y a, dans toutes les différences signalées, rien qui puisse convenir aux Anoplothériums, qui sont tous des Ongulogrades paridigités à osselet, et touchant aux Ruminants, quand ils n'en sont pas.

En lui rapportant quelques pièces nouvelles.

J'en étais là de la rédaction de cette partie additionnelle de mon travail, lorsque, suivant mon habitude de passer en revue, pour chaque mémoire concernant un genre, tout ce que peuvent en contenir nos collections, je vins à examiner un certain nombre de pièces de la localité de Gargas, département de Vaucluse, dont j'ai déjà parlé dans mon mémoire sur les Paléothériums, pièces que nous devons pour la plupart à M. Requien, et que j'avais alors séparées comme ne pouvant avoir appartenu à des espèces de ce dernier genre, au nombre desquelles même se trouvaient d'assez gros astragales en osselet, qui indiquaient évidemment quelque Ongulograde paridigité, et probablement un Anoplothérium. Or, parmi ces pièces mises à part, comme ne pouvant être rapportées à des Paléothériums, s'en trouvent justement plusieurs qui proviennent indubitablement de l'espèce animale que R. Owen a désignée sous le nom de *Paloplotherium annectens*, tandis que d'autres indiquent un animal beaucoup plus grand, et qui, très-probablement, doit être rapporté à l'*A. commune*. Je dis très-probablement, parce que si l'on peut, pour en soutenir la certitude, s'appuyer sur le fait que dans cette localité nous avons reconnu les restes de plusieurs Paléothériums de Paris, on peut également faire observer que les grands astragales qui s'y trouvent n'ont ni plus ni moins le crochet caractéristique de cet os, que ceux recueillis dans le dépôt de Sansans, provenant sans doute d'une espèce qui n'appartient véritablement pas au genre Anoplothérium, mais bien à celui des Chalicothériums, ainsi que nous l'avons montré plus haut.

Pièces du dépôt de Gargas.

Le dépôt de Gargas, outre ces grands astragales, nous a déjà offert une extrémité supérieure d'os métacarpien, une extrémité inférieure de tibia, et même une vertèbre de la queue, dont la forme et les dimensions rappellent complétement leurs analogues dans l'*A. commune*.

Se rapportant : au *Paloplotherium annectens*.

Les pièces que l'on peut, ce me semble, rapporter au Paloplothérium de M. R. Owen sont beaucoup plus nombreuses, et consistent dans huit ou dix fragments de mâchoires et de mandibules portant des molaires en plus ou moins grand nombre, mais jamais au delà des cinq dernières.

Molaires supérieures.

Celles d'en haut, parmi lesquelles se trouve plusieurs fois la dernière, offrent, dans leur forme générale, dans la disposition oblique des collines, dans la séparation d'un lobe interne à l'antérieure, tous les caractères signalés dans celles du *Paloplotherium annectens*, et qui même lui ont valu son nom.

Je n'ai pas été aussi heureux pour les avant-molaires et les dents antérieures d'en haut : c'est-à-dire que je n'ai vu aucune pièce qui pût me fournir quelques bons renseignements.

Molaires inférieures.

Les fragments de mandibule que j'ai examinés ne m'ont même pas montré la dernière ; en sorte que je n'ai pu en confirmer le caractère dans l'absence presque complète du troisième lobe.

J'ai mieux réussi pour l'extrémité antérieure ou terminale. Nos collections en possèdent deux fragments assez caractérisés.

L'un, que l'on peut attribuer avec grande probabilité au Paloplothérium, consiste dans la symphyse entière et bien soudée, formant gouttière, montrant une avant-molaire à deux racines, comme dans la pièce figurée par M. R. Owen, puis, après une barre considérable subtranchante, une canine cassée dans son alvéole, très-avancée, et sur le bord antérieur élargi, celles des trois incisives du côté droit.

à une espèce médiocre d'Anoplotherium.

L'autre pièce, moins complète, puisqu'elle ne comporte guère que le côté gauche du bec mandibulaire, sans rétrécissement ni dilatation terminale, offre, tout à fait à l'extrémité dans la direction de l'os, les racines fort serrées des trois incisives de ce côté; puis, immédiatement et sans aucun intervalle, les trois premières avant-molaires s'imbriquant latéralement, croissant rapidement en hauteur et en épaisseur, d'avant en arrière, ayant du reste assez bien la même forme, composée à la couronne d'un lobe auriculaire et pointu en avant, et d'un talon de plus en plus prononcé en arrière, avec une racine simple à la première, double et connée à la seconde, double et séparée à la troisième.

Ce fragment provient donc d'un Anoplothérium de taille médiocre, au-dessous même de celle de l'*A. secundarium* de M. G. Cuvier.

Sur quelques autres Os.

Parmi les os que l'on pourrait attribuer au Paloplothérium de Gargas, j'ai fait figurer deux extrémités supérieures de radius (outre une partie articulaire d'humérus), dont l'une bien plus petite que l'autre; un astragale proportionnel, en osselet; des fragments d'os du métacarpe, indiquant par l'aplatissement du côté interne leur application contre un autre, comme dans les Anoplothériums; enfin une première phalange, assez en rapport avec les précédents.

Conclusion.

Toutefois faisons observer que si ces pièces, et surtout l'astragale et les métacarpiens, devaient être considérées comme ayant appartenu à la même espèce animale que les pièces qui portent le système dentaire, il faudrait admettre que le Paloplothérium serait par les pieds un Anoplothérium, et par les dents un Paléothérium; ce qui entraînerait peut-être le *P. minus* des plâtrières de Paris.

SUR LES GENRES MÉRYCOPOTAME ET HYPPOHYUS

(Falconer et Cauteley, 1848).

G. MERYCOPOTAMUS et HYPPOHYUS. Des Sous-Hymalayas. Histoire. MM. Baker et Durand; Falconer et Cauteley.

Les réflexions par lesquelles nous avons terminé l'article précédent, nous conduisent tout naturellement à parler dans ce mémoire consacré aux Anoplothériums, c'est-à-dire à des Ongulogrades paridigités et à osselet pour astragale, de deux formes génériques, dont les restes fossiles ont été recueillis dans cet immense dépôt tertiaire des Sous-Hymalayas, dont nous devons la première connaissance à MM. Baker et Durand, et l'illustration à MM. Falconer et Cauteley.

1) Du Mérycopotame.

G. MERYCOPOTAMUS. Mandibule.

L'un, le Mérycopotame, nous est révélé par un beau fragment de tête et par une mandibule presque entière (1), intermédiaire pour la forme générale et peut-être même pour le système dentaire, au Chéropotame et à l'Hippopotame. En effet, sa branche horizontale, la seule que nous connaissions, se rapproche de celle de ces derniers par sa force, et surtout par l'énorme dilatation disciforme de son angle, ce qui produit un étranglement très-marqué à sa jonction au corps de l'os; mais en avant son bord antérieur, quoique droit et assez large, l'est beaucoup moins que dans l'Hippopotame, ce qui le rapproche davantage des Cochons : il offre d'ailleurs à sa face antérieure une symphyse étendue et obliquement ascendante, un très-grand trou gengival, ce qui, joint à la grandeur du mentonnier unique et très-reculé, doit conduire à penser que chez cet animal la lèvre inférieure était très-développée, un peu comme chez l'Hippopotame.

(Marginal notes: décrite. — comparée. — Conclusion.)

(1) Elle est figurée Pl. IX.

Incisives.

Le système dentaire est encore davantage dans ce sens. En effet, les incisives, quoique sur une même ligne droite et terminale, doivent être bien plus petites, d'après les alvéoles qui sont creusées sur le bord terminal de la mandibule. La canine qui se place presque sur la même ligne que les incisives, tant elle est avancée, est remarquable par sa forme triquètre, sa courbure en arrière et en dehors, et surtout par la longueur de sa racine qui, en s'enfonçant dans la mandibule, forme une sorte de grosse côte saillante au-dessous de la gouttière du trou mentonnier ; ainsi c'était une véritable défense.

Canine.

Molaires, 7.

Après une barre assez courte vient la série des molaires, dont la dernière seule est à peu près entière; mais le nombre, à en juger d'après les alvéoles vides ou pleines, devait être de sept.

Avant-Molaires, 3.

Les trois avant-molaires, croissantes assez régulièrement de la première à la troisième, étaient pourvues chacune de deux racines assez peu divergentes, d'après leurs alvéoles.

Principale.

La principale, quoique un peu usée obliquement en avant, avait également deux racines transverses qui supportaient à la couronne, celle d'avant une pointe triquètre à coupe un peu ogivale, et celle d'arrière un talon assez large.

Arrière-Molaires, 3.

Les 2 premières.

Les deux premières arrière-molaires sont brisées au collet, de manière à ne laisser guère voir autre chose qu'elles avaient deux racines transverses, et par conséquent deux collines comme les antérieures de la dernière.

La 3e.

Cette troisième arrière-molaire est considérable, puisqu'elle remplit un espace aussi étendu que celui qu'occupent les deux précédentes. Son collet, notablement plus convexe en dedans qu'en dehors, présente au contraire de ce côté l'indication assez marquée des trois racines, mais certainement celle des trois lobes qui partageaient la couronne, les deux premiers constituant autant de collines transverses, chacune d'elles formée de deux mamelons, l'interne plus conique, l'externe plus ogival, le dernier lobe à peine en colline ou presque entièrement réduit au mamelon ogival des deux précédents.

Autre Mandibule.

J'ai encore vu dans la collection des monts Sivaliks, au Muséum britannique, un autre côté droit de mandibule bien moins complet, mais de même grandeur et offrant absolument les mêmes caractères dans les parties analogues.

Mâchoire.

Je n'ai observé du système dentaire de la mâchoire que les quatre dernières molaires, c'est-à-dire la principale et les trois arrière-molaires de ces dents. M. R. Owen a donné, dans son dernier Mémoire (Pl. XI, fig. 7), la figure de la couronne d'une molaire sous le titre de seconde molaire supérieure de Mérycopotame. Elle paraît ressembler tout à fait à son analogue dans l'espèce qu'il a désignée sous le nom de Dichodon; elle est en effet de forme carrée un peu transverse, et composée de deux collines elles-mêmes formées de deux pointes, s'usant un peu en ogives, celle de dehors ayant sa page externe versante très-obliquement en dedans.

2ᵉ Molaire supérieure, d'après M. R. Owen,

d'après Moi : 1ʳᵉ Arrière-Molaire. 3ᵉ. Principale.

La première arrière-molaire et la troisième ont presque exactement la même forme; seulement la première est notablement plus petite et la dernière, plus grosse, a sa colline postérieure un peu plus épaisse, mais surtout plus courte et plus oblique en arrière. Quant à la principale, elle n'est formée que d'une seule colline et par conséquent que de deux pointes.

Fragment de Tête.

Cette partie du système dentaire est solidement implantée dans un fragment de tête un peu écrasée, tronquée en avant, mais en état de conservation suffisante pour montrer une certaine ressemblance avec les Cochons d'une part et avec les Anoplothériums de l'autre. On peut y voir un occiput coupé carrément; des fosses temporales larges et étendues, avec une crête sagittale, médiocre cependant; des arcades zygomatiques proportionnelles; des orbites assez grand, mais très-probablement incomplets dans leur cadre, malgré la saillie assez forte des apophyses orbitaires; un large espace inter-orbitaire assez aplati; un palais médiocrement large et peu prolongé au delà des molaires.

J'ignore sur quoi repose l'opinion que cette tête a appartenu à la même espèce animale que les deux mandibules ci-dessus.

MM. Falconer et Cauteley attribuent encore à leur Merycopotame une partie inférieure d'humérus du côté droit, indiquant un animal de la taille d'un Cochon assez grand, mais qui n'offre rien d'assez caractéristique pour qu'on puisse assurer qu'il n'a pas appartenu à une des espèces de ce genre, si nombreuses dans le dépôt des monts Sivaliks. Humérus, d'après MM. Falconer et Cauteley.

2). De l'Hippohyus.

L'animal que MM. Falconer et Cauteley ont désigné sous le nom d'*Hippohyus Sivalensis* est encore, bien plus évidemment que le précédent, une espèce du genre Sus, même sous le rapport du système dentaire en général, c'est-à-dire pour le nombre total des dents et pour celui de chaque sorte; mais comme les arrière-molaires surtout sont encore bien plus compliquées dans les tubercules de la couronne au point de dissimuler les collines qui la composent, et qu'en outre celles-ci et leurs éléments sont devenus presque longitudinaux, ce qui rappelle un peu ce qui existe sur les dents du Cheval, MM. Falconer et Cauteley en ont tiré la dénomination d'*Hippohyus* ou de Cheval-Cochon qu'ils ont donnée au genre qu'ils ont cru devoir former avec cette espèce. G. Hyppohyus. *H. Sivalensis*.

J'ai vu et étudié le crâne fossile de ce Sus. Quoique un peu tronqué à ses deux extrémités, aussi bien que dans ses arcades zygomatiques, il m'a semblé qu'il offrait absolument tous les caractères de celui des espèces ordinaires, aussi bien dans la forme générale que dans les principales particularités que nous avons signalées dans notre mémoire sur ce genre, par exemple dans la gouttière naso-sourcilière. Crâne.

Le système dentaire est aussi bien dans le même cas; ainsi les incisives, d'après les alvéoles du moins, étaient complétement latérales et au nombre de six en trois paires, la troisième assez loin d'égaler la seconde, et la première indiquant que la dent convergeait vers celle du côté opposé, comme chez les Cochons. Incisives. Les canines ou défenses n'étaient peut-être pas très-fortes ni retroussées; mais l'individu auquel le crâne Canines.

recueilli a appartenu était assez jeune, sa dernière molaire étant encore à peine sortie.

Molaires, 7. Quant aux molaires, elles étaient certainement au nombre de sept, prenant leur disposition suivant une ligne un peu arquée, surtout en
1re. dehors; une première petite uniradiculée placée immédiatement der-
2e. rière la canine; une seconde assez distante à deux racines, la postérieure
3e. transverse; la troisième sans doute dans le même cas, la couronne étant en effet triangulaire formée en avant d'un petit lobe festonné en dehors, et d'une colline ou lobe transverse en arrière; la quatrième ou princi-
4e ou Principale. pale également triangulaire; mais le sommet arrondi en dedans et la base subbilobée en dehors.

Arrière-Molaires, 3. Les trois arrière-molaires deviennent assez brusquement bien plus
1re. grosses et plus compliquées; la première, sublosangique, montrant assez bien les deux collines, irrégulièrement mamelonnées avant son usure;
2e. la seconde notablement plus grosse et plus arrondie, laissant également assez bien voir ses deux lobes composants et même les deux parties de chacun, mais encore plus irrégulièrement tuberculées, ce qui donne par l'usure aux circonvolutions de l'émail des formes longitudinales;
3e ou dernière. la troisième et dernière enfin plus longue et plus étroite, sub-triangulaire; le sommet, arrondi en arrière, est comme dans les autres Sus formé de trois lobes, les deux premiers bilobés irrégulièrement, le troisième simple, quoique assez gros et moins élevé.

Mandibule. De la mandibule de cette assez petite espèce de Sus, je n'ai pu examiner que des fragments de branche horizontale portant quelques-unes des molaires postérieures. Malgré la complication des replis de l'émail à la surface triturante, ce qui provient des cannelures des deux faces, on peut y reconnaître une ressemblance générale avec celles des Cochons ordinaires, par exemple la grande petitesse de l'anté-pénultième, ainsi que l'étroitesse de la dernière et sa composition de trois lobes. Du reste on y remarque par l'usure la disposition longitudinale des circonvolutions de l'émail comme en haut.

Je ne connais pas d'autres pièces attribuées à cette petite espèce de Sus.

SUR LE G. HYOPOTAME

(*Hyopotamus annectens*, *Hyopotamus bovinus*, Rich. Owen, 1848).

G. HYOPOTAMUS. Histoire. M. R. Owen, 1848. De l'île de Wight.

Je crois pouvoir encore parler ici de quelques restes fossiles recueillis dans les formations d'eau douce de l'île de Wight en Angleterre et dont M. R. Owen doit la connaissance à l'empressement généreux et patriotique que madame la marquise de Hastings, à l'imitation de la haute société d'Angleterre, a mis pour lui procurer tout ce qui pouvait enrichir ses publications sur les mammifères fossiles de l'Angleterre.

M. R. Owen, supposant sans doute que l'animal auquel ces pièces ont appartenu pouvait être aquatique et avoir quelque ressemblance avec le Cochon, a donné au genre qu'il a cru devoir en former le nom d'*Hyopotame* ou de Cochon de rivière.

Je ne connais encore ces fragments que d'après la description détaillée et les excellentes figures qu'il en a données dans ses *Contributions à l'histoire des Mammifères fossiles d'Angleterre*, p. 30, Pl. III et IV. Ils paraissent consister seulement en trois pièces :

H. annectens. 5 Molaires supérieures.

1) Une série de cinq molaires supérieures du côté gauche, Pl. III, fig. 7 et 8, qu'il attribue à l'espèce qu'il nomme *H. annectens;*

H. bovinus. Dernière Molaire supérieure.

2) Une dernière molaire également supérieure et du même côté, mais un peu plus grosse, et qu'à cause de cela sans doute il assigne à une autre espèce qu'il nomme *H. bovinus*, représentée sous quatre faces Pl. III, fig. 1, 2, 3, 4 et 5;

Mandibule.

3) Une branche horizontale de mandibule droite presque entière montrant les cinq dernières molaires et les alvéoles des autres dents, qu'il rapporte à la même espèce que la précédente et qu'il figure Pl. IV, fig. 1, 2, 3, 4 et 5.

H. annectens.

D'après les deux premières pièces on peut connaître les cinq dernières

Molaires supérieures. molaires qui sont sans aucun doute la postérieure des avant-molaires, la principale et les trois arrière-molaires.

Dernière Avant-Molaire. La dernière avant-molaire a sa couronne de forme triquètre ou en gourde, arrondie et plus étroite en avant, élargie et transverse en arrière, composée de trois lobes : le premier simple en talon, le second en grosse pointe tétraèdre, et le troisième ou dernier en colline transverse bimamelonnée.

Principale. La principale, quoique notablement plus petite que les arrière-molaires, a la même forme, quoique un peu moins transverse ou plus carrée ; mais elle est composée comme elles, et sans être sertie d'aucun bourrelet, de deux collines transverses, chacune divisée en deux assez grosses pointes, l'externe plate et versant en dehors, l'interne assez saillante à l'antérieure plus qu'à la postérieure et arrondie en dedans.

Arrière-Molaires, 3. Les trois arrière-molaires ont presque la même forme générale et particulière entre elles et avec la principale; elles sont seulement sensiblement plus grosses et surtout plus transverses. Elles croissent d'ailleurs de la première à la dernière. Celle-ci diffère, en outre, parce que son bord postérieur est un peu plus oblique et que son angle antérieur externe est plus gros et plus saillant même que dans l'avant-dernière.

Du reste toutes ces dents sont sans doute pourvues de deux larges racines transverses, probablement bifides en deux rangs, si ce n'est l'avant-molaire qui n'en a que trois.

H. bovinus. Dernière Molaire. La molaire détachée que M. R. Owen rapporte à son *H. bovinus* est sans doute une terminale postérieure; non-seulement elle a quelque chose de plus fort, un cinquième peut-être, mais elle est encore plus transverse, comme comprimée d'avant en arrière, et ses deux collines transverses sont plus inégales.

Mandibule. La troisième pièce que M. R. Owen attribue aussi à son *H. bovinus*, mais sans en donner la raison, consiste, ainsi qu'il a été dit plus haut, en une branche horizontale gauche brisée en arrière vers la fin de la série dentaire, mais complète en avant et même montrant une longue symphyse en gouttière soudée complétement, comme dans les genres Sus et Hippopotame; elle permet d'y lire, au moins pour le nombre, le système dentaire dont elle était armée.

Alvéoles, 6.

Au bord antérieur sont six alvéoles, trois de chaque côté, assez grandes, latéro-terminales, indiquant qu'elles étaient fort déclives, assez bien comme chez les Cochons ou Sus.

Immédiatement après l'alvéole de la dernière incisive se voit la place de la canine dans une alvéole subarrondie; ce qui indique que cette dent n'était pas très-forte et ne formait pas une véritable défense, mais qu'elle était fort avancée.

Un peu avant le milieu d'une barre assez considérable et à bords tranchants existe une alvéole unique, ovale, assez grande, qui montre que la première avant-molaire n'avait qu'une racine.

Au delà de la seconde partie de la barre commence la série des six autres molaires sans interruption et croissantes assez régulièrement d'épaisseur d'avant en arrière.

La seconde avant-molaire n'est encore indiquée que par ses deux racines brisées dans leurs trous alvéolaires contigus.

3ᵉ Avant-Molaire.

La troisième avant-molaire est entière; elle a également deux racines, mais plus écartées, portant une couronne triangulaire, comprimée, à une seule pointe, et un talon en arrière.

Principale.

La principale qui suit a assez bien la même forme triangulaire; mais elle est beaucoup plus épaisse, et, outre un tubercule d'arrêt en avant, elle est pourvue d'un assez large talon en arrière.

Arrière-Molaires, 3.

Des trois arrière-molaires, les deux premières, ne différant que par la grosseur, sont formées de deux collines transverses assez profondément divisées en deux pointes, l'externe, bien plus épaisse, s'usant en ogive, convexe en dehors, l'interne plus petite et plate en dedans.

Dernière.

Enfin la dernière terminale, la plus large et la plus épaisse des trois, est formée, outre les deux collines bilobées, d'un cinquième lobe aussi élevé en cône indivis.

Système dentaire voisin de celui de l'*Anthracotherium*.

Ce système dentaire d'en bas est presque semblable à celui de l'Anthracothérium, ainsi que M. R. Owen l'a parfaitement reconnu, au point qu'on pourrait sans inconvénient rapporter cette mandibule à une espèce de ce genre; mais peut-on en dire autant de la série de dents supérieures décrites plus haut? peut-on d'abord avec quelque certitude les rapporter à la même espèce que celle-là, en s'appuyant sur leur ressemblance avec celle de l'Anthracothérium? C'est ce dont je doute un peu; mais sans oser aller plus loin, ne connaissant encore aucun principe qui puisse diriger l'esprit dans les questions qui touchent aux rapports des deux parties du système dentaire chez les mammifères, et qui puisse par conséquent donner l'assurance qu'il n'y a pas eu d'erreur dans un certain nombre de cas déjà introduits dans la science. Je ne désespère cependant pas de pouvoir y parvenir un jour, lorsque j'aurai terminé l'examen odontographique dans la série des espèces de Mammifères éteintes ou encore existantes. On a même pu remarquer dans plusieurs de mes mémoires que c'est une question que je ne perds jamais de vue, sur laquelle j'ai peut-être déjà pu jeter quelque lumière, et dont j'ai en effet traité plus particulièrement dans un cours fait à la Faculté des sciences il y a déjà assez longtemps; mais, moins hardi que plusieurs personnes qui ont déjà pu profiter de mes recherches, j'aime mieux attendre encore quelque temps dans le but de voir si c'est ou non un problème susceptible de solution et par conséquent de démonstration.

Rapport entre les Dents de la Mâchoire et de la Mandibule.

SUR LE G. ADAPIS

(*A. Parisiensis*, G. Cuvier).

G. Adapis. *H. Parisiensis.* Histoire.

C'est encore dans ce groupe où cet assemblage d'ossements fossiles d'*incertæ sedis* que nous croyons devoir ranger la pièce unique que M. G. Cuvier a rapportée à une espèce animale nommée par lui *Adapis Parisiensis*, et qui a en effet été trouvée avec tant d'autres dans les carrières à plâtre des environs de Paris.

Il est question de cette pièce, qui consiste en une partie écrasée des mâchoires et des dents, pour la première fois en 1812, dans les *Suppléments aux Fossiles de Paris*, tome III, p. 59, n° 3, Pl. XIII, f. 4 AB. Sous ce titre : *Tête d'une petite espèce probablement voisine des deux genres précédents* (*Anoplotherium*, *Palæotherium*), et qu'après une description assez longue M. G. Cuvier regarde comme embarrassante, en la déclarant cependant au total plus voisine du premier, et que si elle appartenait à ce genre, elle y formerait une espèce de plus, mais que ses caractères sont trop incomplets pour qu'on ose l'y inscrire. M. G. Cuvier, 1812.

Les caractères distinctifs signalés sont que la branche montante de la mandibule est aussi large que dans les grands Anoplothériums et qu'il n'y a pas d'intervalle entre la canine et la première fausse molaire. M. G. Cuvier ajoute qu'il n'a pu trouver de traces que de deux paires d'incisives en haut comme en bas, mais que les canines sont comprimées et pointues, comme à l'ordinaire, et les molaires au nombre de six en haut et de sept en bas ; les trois premières de celles-ci tranchantes et pointues, les trois suivantes n'étant indiquées que par leurs racines, et la septième grande, oblongue, paraissant présenter une sorte de double croissant ; la première d'en haut comprimée : les suivantes qui ne le sont pas, mais trop mutilées pour qu'on puisse dire leur forme, et les trois dernières ne différant pas beaucoup de leurs analogues dans les deux genres Anoplothérium et Palæothérium.

Dans la seconde édition de ses *Recherches* en 1825, tome III, p. 265, ce même fragment, malgré tous les doutes, laissés par son état extrêmement fruste et presque illisible, est considéré comme le type d'un genre distinct sous le nom d'*Adapis* ; mais alors la description devient plus assurée : les incisives sont tranchantes et un peu obliques comme dans l'*Anoplotherium commune* ; les canines qui, en 1812, étaient comprimées et pointues comme à l'ordinaire, sont en cône droit en 1825. Les molaires d'en haut, au nombre de six seulement en 1812, sont dites en 1825 avoir été au nombre de sept, dont on voit six, et il paraît qu'il y en a une septième en arrière. La première est toujours tranchante ; 1825 mais la seconde et la troisième, qui en 1812 étaient trop mutilées pour qu'on puisse dire leur forme, sont en 1825 entourées d'une arête, comme les antérieures de l'Anoplothérium; la troisième paraît lui avoir ressemblé. La quatrième semble aussi avoir beaucoup ressemblé aux deux suivantes, qui elles-mêmes sont très-semblables en petit aux arrière-molaires de l'Anoplothérium. En 1812, elles ne différaient pas beaucoup de leurs analogues dans les Anoplothériums et les Paléothériums.

Des sept molaires d'en bas, les deux premières sont encore pointues et tranchantes, la troisième de même forme, mais plus haute et plus large, et par conséquent n'est plus confondue avec les trois suivantes comme perdues; enfin la septième, qui en 1812 semblait présenter une double croissant, paraît en 1825 avoir eu ses tubercules disposés de manière à former des collines transverses inégales plutôt que des doubles croissants.

Pièces se reportant à cette espèce.

A cette époque, M. G. Cuvier regardait encore comme appartenant à cette espèce; 1) une partie de l'arrière-mâchoire supérieure portant la racine de l'arcade et une dernière molaire; 2) une portion de mandibule à laquelle il semble attribuer huit molaires; mais il ne figure ni l'une ni l'autre de ces pièces que je n'ai pu retrouver dans nos collections. Il n'en est pas de même de la portion de tête que j'ai étudiée avec beaucoup de soin.

Tête.

Ce sont évidemment les restes de la tête d'un petit animal, renversée obliquement en dessus, montrant le palais et surtout la face interne du côté droit garni d'une partie de ses dents, presque en connexion avec le même côté de la mandibule, ce qui me semble représenté par M. G. Cuvier, dans la fig. 4 B, avec un peu trop de rigueur cependant pour la circonscription de la branche montante de la mandibule.

Système dentaire.

Le système dentaire, évidemment adulte, est véritablement la seule chose que l'on puisse lire avec quelque probabilité d'exactitude, malgré l'état de confusion où il se trouve. Voici ce que j'ai pu y voir.

A la Mâchoire.

A la mâchoire supérieure :

Incisives.

Les incisives m'ont paru, comme à M. G. Cuvier, n'être qu'au nombre de deux de chaque côté et terminales ; la première, la plus grosse, est terminée par une large couronne en pince ; la seconde paraît être plus petite et cependant assez forte ; mais est-il certain qu'il n'y en avait pas une troisième beaucoup plus petite en dehors de celle-ci ? c'est ce que je ne voudrais pas assurer.

Canine. La canine n'est indiquée sur le côté gauche que par son alvéole, et à droite par sa racine qui est cassée dans la sienne ; mais à côté se trouve une partie de sa pointe : on peut en tirer la preuve que cette dent assez grosse, mais courte, était conique et peu ou point courbée. C'est de ce côté que l'on peut reconnaître qu'il y avait entre l'incisive et la canine un espace vide assez notable.

Molaires. 6. Les molaires ne sont certainement qu'au nombre de six, ce que l'on peut déduire de ce que la dernière s'agence avec la dent de la mandibule qui a un troisième lobe bien marqué, caractère indubitable de la dernière d'en bas

1re. La première, dont on ne voit la trace qu'à la face interne du côté droit, presque en contact avec la canine, semble avoir été assez forte, mais également simple à la racine et à la couronne de forme conique.

2e. La suivante (1) ou seconde est, au contraire, biradiculée, et sa couronne, assez large, mais basse, est composée d'une pointe triangulaire comprimée et d'un assez large talon en arrière. On la voit très-bien au côté droit, par sa face interne, s'engrenant avec la troisième d'en bas.

3e. La troisième prend sans doute une forme plus carrée ou mieux subtriangulaire à la couronne ; mais l'empreinte qu'elle a laissée ne permet pas d'en dire davantage.

4e et 5e. La quatrième et la cinquième, qui sont les deux premières arrière-molaires, ont cette forme d'une manière encore plus prononcée et leur couronne, du moins pour la cinquième qui est entière, est à quatre pointes obtuses et peu élevées, formant deux collines transverses, un peu comme dans les Anthracothériums.

(1) Elle me semble inexactement figurée par M. G. Cuvier.

6e. La sixième en diffère seulement parce que, plus large en avant, elle se rétrécit un peu en s'arrondissant en arrière.

A la Mandibule. Les dents de la mandibule peuvent être étudiées, pour les premières, par le côté interne, sur un fragment du côté gauche (1), assez détaché et porté un peu en avant, et pour les postérieures, à leur face interne et du côté droit en connexion avec les supérieures.

Incisives. Les incisives ne se montrent aussi qu'au nombre de deux d'un côté, mais entièrement détachées de l'os qui est brisé. Semblables de grandeur et de forme, elles sont pourvues d'une racine assez longue et étroite, portant une couronne un peu en houlette.

Canine. La canine, que l'on voit par la face interne sur le côté droit et en partie encore implantée à gauche, était sans doute assez forte, aussi bien dans sa racine que dans sa couronne, qui semble assez courte et subtriquètre, peu ou point courbée.

Molaires, 6. Presque immédiatement après elle commence la série des molaires au nombre de six seulement et, à ce qu'il semble, assez serrées.

1re. La première assez inclinée en avant, aussi bien que la canine et peut-être même les incisives, n'a qu'une seule racine assez longue et une couronne courte et subtriangulaire peu pointue.

2e. La seconde paraît avoir assez bien la même forme, mais plus grosse et pourvue de deux racines, ce qui suppose un talon.

3e. C'est ce que l'on peut très-bien reconnaître sur la troisième que l'on voit par la face interne à droite en connexion avec sa correspondante d'en haut, et par l'interne à gauche sur le fragment détaché, triangulaire et assez basse, la couronne soutenue par deux racines fort divergentes, elle est pourvue en arrière surtout d'un talon prononcé.

Avant-Molaires. Les deux premières arrière-molaires n'existent pas, et l'on voit seulement quatre cavités coniques, égales, imprimées deux à deux sur la paroi de l'os, et qui indiquent les doubles racines.

(1) Ce fragment, dans la pièce telle qu'elle se trouvait sortant de la carrière, couvrait une partie de la mâchoire qu'elle cachait; on l'en a séparée.

La dernière enfin, qui se voit bien entière sur le côté droit et à la face interne, a sa couronne basse, mais assez longue; en effet, elle est partagée en trois grosses denticules ou collines presque égales portées par autant de racines, dont la postérieure est très-divergente en arrière. Arrière-Molaires :

Reste maintenant à décider si ces fragments désignent réellement une espèce distincte de toutes celles dont on a trouvé des restes dans les carrières à plâtre de Paris, ou dans d'autres localités plus ou moins analogues, et, dans le cas contraire, si elle doit être rapportée à un genre connu ou bien en constituer un nouveau. Discussion.

En voyant que dans ce fossile la série dentaire est continue, c'est-à-dire sans lacunes aussi bien en haut qu'en bas, on conçoit comment M. G. Cuvier a été conduit à lui trouver des rapports avec les Anoplothériums; et comment ensuite, en considérant la forme et la saillie des canines, il a été porté vers les Paléothériums; et comme dans ces deux formes génériques le nombre des molaires est invariablement de sept, il est arrivé qu'après n'en avoir reconnu d'abord que six, comme cela est réellement, il a fini par en supposer une septième au delà. D'après M. G. Cuvier.

Toutefois, comme le nombre des incisives ne lui paraissait toujours que de quatre, il en est résulté un genre distinct, mais encore intermédiaire aux deux genres Anoplothérium et Paléothérium, tous deux indubitablement ongulogrades. Intermédiaire aux *Paléothérium* et *Anoplothérium*.

J'avoue que je ne suis nullement convaincu que l'un ou l'autre de ces rapprochements soit véritablement fondé, mais je conviens également que l'état de la pièce est tel, qu'il est assez difficile d'appuyer mes soupçons sur des faits bien certains. Doutes à ce sujet.

En pensant à la petitesse de cet animal, et même un peu à la forme des dents molaires, j'ai été un moment porté à croire que ce pourrait bien n'être pas autre chose que la très-petite espèce d'Anthracothérium dont nous avons signalé des restes fossiles à Passy ainsi qu'à Vaugirard, et que nous avons rapportés à l'espèce que M. R. Owen a nommée Hyracothérium. Mais en examinant de nouveau la pièce dans cette idée, il m'a été impossible d'y persister. tirés de la grandeur. Rapproché de l'*Hyracorium*.

du *Dichobune.*

Encore moins peut-on la rapprocher de ces très-petites espèces d'Anoplothériums que M. G. Cuvier a fini par en retrancher sous le nom de Dichobune ou de celle des terrains d'Auvergne, que les géologues de ce pays ont désignée sous le nom de Caïnothérium. Tous ces petits animaux étaient sans doute presque des Ruminants, et chez eux le système dentaire tend à devenir de plus en plus incomplet (1).

du *Microchœrus.*

Un soupçon qu'à mon dernier voyage à Londres m'a émis M. le docteur Melville, que ce pourrait bien n'être autre chose que le petit animal fossile en Angleterre et figuré par M. Scarles Wood sous le nom de *Microchœrus*, pourrait bien m'avoir mis sur la voie.

Espèce d'Insectivores.

En étudiant avec soin la tête et les mâchoires de ce prétendu petit Cochon, que le docteur Melville a mises généreusement à ma disposition, en me permettant même de l'apporter avec moi à Paris, j'ai pu m'assurer qu'elles provenaient d'un insectivore voisin des *Glisorex*, ou Tupaias, et que c'était certainement autre chose que l'Adapis. Mais je ne

Conclusions.

serais pas étonné que celui-ci n'eût aussi appartenu à cette petite famille, et ne fût plus ou moins rapproché des Hérissons. Alors s'expliquerait le nombre insolite et jusqu'à la forme des incisives, celle des canines, la série non interrompue, et même le nombre des molaires, et peut-être aussi la forme courte et comme tronquée du museau.

sans preuves suffisantes.

Toutefois, je le répète, je ne connais dans la pièce sur laquelle repose l'*Adapis Parisiensis,* aucune particularité véritablement caractéristique de l'opinion que je viens d'émettre, pas plus, il est vrai, que d'aucune de celles qui ont pu être proposées jusqu'ici.

(1) On pourrait plus rationnellement y voir une fort petite espèce de Sus de la division des Babiroussas ou des Pécaris.

SUR LE G. MICROCHÈRE

(*Microchœrus*, Sc. Wood, 1845).

Du G. MICROCHŒRUS.

Puisque j'ai eu l'occasion de citer dans l'article précédent le Microchère de M. S. Wood, et quoiqu'il soit certain pour moi aujourd'hui (1) que les pièces sur lesquelles il repose proviennent d'une espèce d'insectivore intermédiaire aux Tupaias et aux Hérissons, il paraîtra peut-être convenable d'en parler ici, et d'autant mieux que le nom générique et significatif qui lui a été donné, indique encore un animal ongulograde paridigité.

Histoire.

La première mention que j'en connaisse est due, ainsi qu'il a été dit plus haut, à M. S. Wood, qui en a fait le sujet d'une note, accompagnée de fort bonnes figures, dans le premier numéro d'un journal anglais intitulé : *London Geological Journal*, et qui a paru en 1845. M. S. Wood croit y trouver des rapports avec le genre nommé Hyracothérium par M. R. Owen, mais aussi et avec beaucoup plus de raison, des différences qui l'en rendent suffisamment distinct.

D'après M. Sc. Wood, 1845.

Les pièces sur lesquelles est établi le Microchère consistent en une mâchoire presque entière dans sa partie palatine, et un côté de mandibule, l'une et l'autre armées de toutes leurs dents. J'ai dit plus haut comment j'ai pu les étudier de la manière la plus facile et la plus utile.

Pièces à l'appui.

Ce qui reste de la mâchoire et qui consiste presque exclusivement dans un palais à peu près complet, montre que le museau était court ; le palais était ovale et comme tronqué à son extrémité antérieure, et le côté de mandibule, assez large ou assez haut dans sa branche horizontale, l'était sans doute beaucoup plus dans sa branche verticale et d'autant plus que

Portion de Mâchoire.

Mandibule.

(1) J'ai à tort, et sans autre raison que le nom, dit, dans le Résumé sur les Paléothériums, que ce genre devait être rapproché des *Sus* ou Cochons.

son angle se dilatait en se recourbant en bas d'une manière assez prononcée, malgré la mutilation qu'elle a subie.

Les Dents : supérieures ; La série dentaire d'en haut suivant une courbure très-prononcée est indubitablement complète et composée sans interruption de neuf dents dont il est assez difficile de donner exactement la signification, mais que l'on peut cependant ainsi formuler :

$$\frac{9}{8} \text{ dont } \frac{2}{2} + \frac{1}{1} + \frac{6}{5} \text{ ou } 0 + 1 + 7.$$

Incisives. Des deux incisives bilatérales, presque verticales, la première bien plus longue et plus forte, et plus conique que la seconde.

Canine. La canine, plus forte, plus longue que celle-ci, est robuste quoique courte.

Avant-Molaires, 2. Il n'y a que deux avant-molaires, la première moins grosse que la seconde, mais toutes deux en bouton très-surbaissé, à peine serti à la base.

Principale. La principale subcarrée avec une seule pointe courte en dehors et un large talon en dedans.

Arrière-Molaires, 3. 1re et 2e. Les deux premières arrière-molaires carrées, à couronne formée de deux collines très-basses, chacune avec un pointe en dehors et un talon en dedans.

3e. La dernière enfin notablement plus petite, triquètre, la colline postérieure réduite à un seul tubercule :

inférieures ; Des huit dents qui constituent la série inférieure.

Incisive ou Canine. La première, qui semble être une première incisive ou une canine, est forte, conique, assez longue et droite, à peine usée à l'extrémité ;

1re Molaire. La seconde est proportionnellement extrêmement petite et comme cachée entre la précédente et la première molaire ;

Viennent en effet en série continue ou mieux contiguë six molaires dont deux fausses, une principale et trois arrière-molaires.

Avant-Molaires, 3. Les trois avant-molaires ont assez bien la même forme avec une seule racine ayant la couronne simple à une seule pointe oblique et saillante de moins en moins, au contraire d'une sorte de talon qui en forme la partie postérieure.

Principale.

La suivante, qui peut être considérée comme la principale, est en effet biradiculée et la couronne plus forte, triquètre, a trois pointes en avant avec un talon en bourrelet en arrière.

Arrière-Molaires.

Les deux dernières, plus grosses, quoique toujours très-basses, diffèrent entre elles en ce que la pénultième est assez régulièrement carrée, à deux collines transverses bimamelonnées, tandis que la dernière est plus grande et plus triangulaire, ses deux collines bimamelonnées étant augmentées en arrière d'un cinquième tubercule formant un talon indivis.

Discussion.

Ainsi, dans tout cela, il n'y a véritablement rien qui rappelle le système dentaire d'aucune espèce de Sus, pas même dans les arrière-molaires, quand on les examine avec quelque attention. D'ailleurs, toute la partie antérieure de ce système, sa partie la plus importante, génériquement parlant, ainsi que Linné et Brison l'avaient si bien senti, ne peut laisser aucun doute, c'était une espèce d'Insectivores; aussi, comme dans ce petit groupe de Mammifères, la signification des dents éprouve la même difficulté.

Conclusion.

Nous ne connaissons du reste aucune autre pièce qui ait été attribuée à cette petite espèce mal rapprochée indubitablement, du moins génériquement, mais parfaitement définie par M. Sc. Wood, dans le nom spécifique qu'il lui a donné, celui d'*erinaceus*, et qui montre que dans sa description non encore publiée, que je sache, il a dû arriver au même résultat que moi.

A. COMMUNE?

*Sur quelques pièces attribuées à tort à l'*ANOPLOTHERIUM COMMUNE *par M. G. Cuvier.*

Palais.

Ses Dents.

1) PALAIS GARNI DE SES DENTS.

Histoire.

Je commencerai par un palais bordé de presque toutes ses dents, dont la collection possède un moule en plâtre et dont M. G. Cuvier a donné une figure de grandeur naturelle, Pl. LV, f. 4, de la seconde édition de ses Recherches; dans la première, en effet, soit dans les Mémoires du Muséum de 1804, soit dans les suppléments qui furent ajoutés à leur réunion en volumes en 1812, il n'est pas encore question de cette pièce; mais dans la seconde, t. III, p. 21,

en 1823. 1re fois. art. III, intitulé : *Restitution de la série des dents sans canines saillantes*, M. G. Cuvier dit textuellement : *Ce beau morceau a l'avantage de montrer toutes les dents dans leur position naturelle et la suture intermédiaire qui marque le nombre des incisives et la place de la canine*, ajoutant *qu'il confirme tous les résultats précédents*, *c'est-à-dire la description des dents supérieures d'après le superbe morceau de la Pl. XLVII f.* 1.

2e fois. Il en est encore question au § II, Tête de l'Anoplothérium, ibid., p. 42, comme fournissant une idée assez juste de la tête de cet animal dans sa configuration horizontale et donnant quelque idée de l'écartement des arcades zygomatiques.

3e fois. Enfin, elle est encore citée, p. 69, dans l'énumération des pièces attribuées à l'*A. commune* comme partie du museau vue en dessous.

Sa description. Nous ne connaissons malheureusement pas en nature cette pièce véritablement intéressante. M. G. Cuvier nous apprend qu'elle provenait des carrières à plâtre des environs de Paris, et qu'elle faisait alors partie de la collection de M. le comte de Brenner, puis transportée à Vienne en

D'après un moule en plâtre. Autriche. Nos collections n'en possèdent qu'un moule en plâtre coloré, très-probablement fait à Paris; mais en ajoutant, avant de le mouler, deux dents du côté gauche, une première incisive, et la canine, n'existant pas sur l'original, et qu'on avait indiquées au trait dans le dessin. Celui-ci, fait par M. Laurillard, aide et dessinateur de M. G. Cuvier, mérite donc plus de confiance que le modèle en plâtre, du moins pour les deux dents ajoutées dans une idée plus ou moins préconçue.

Sa forme. J'avoue que j'ai toujours été étonné que M. G. Cuvier ait pu voir dans la forme de ce palais assez court, ou du moins peu allongé, triangulaire, assez fortement étranglé vers la jonction des prémaxillaires aux maxillaires, quelque ressemblance avec la tête allongée longuement conique, toute d'une venue, sans étranglement aucun, de l'*Anoplotherium commune*, qui rappelle un peu celle des Ruminants.

Système dentaire. Incisives.

La dissemblance est encore bien plus évidente pour le système dentaire; les incisives semblent en effet notablement plus fortes, plus aiguës, de forme moins foliacée, et même usée à la tranche (1).

Canine.

Je n'ose rien assurer pour la canine qui a été fabriquée comme on l'a voulu; mais son alvéole, quoique assez médiocre en grandeur, semble indiquer qu'elle n'était pas contiguë ni à la première molaire, et encore moins à la dernière incisive.

Avant-Molaires.

Mais c'est principalement dans la forme des molaires et surtout des avant-molaires que la différence est tranchée. En effet, celles-ci, et surtout les deux dernières, sont composées de deux parties plus ou moins semblables, comme la principale et la première arrière-molaire, au lieu d'être simples avec un talon, comme chez les Anoplothériums : elles n'offrent d'ailleurs aucun indice du cône interne détaché de la colline antérieure, caractère des Anoplothériums.

Principale.

Cela est encore plus marqué pour la principale, simple dans l'Anoplothérium et ici parfaitement double.

Arrière-Molaires.

Enfin les trois arrière-molaires, malheureusement bien frustes ou mal rendues sur le moule et sans doute mieux dans le dessin fait d'après nature, montrent cependant, dans la forme du collet, une proportion et surtout une obliquité par la saillie de l'angle externe antérieur, toute différente de ce qui a lieu dans l'Anoplothérium.

Conclusions.

Je ne serais donc pas étonné que cette pièce dût être rapportée plus convenablement à une espèce de Paléothérium à laquelle il serait possible de rattacher pour les avant-molaires la pièce que M. G. Cuvier a figurée sous le nom de *P. latum*, Pl. XLIV, fig. 4, et pour les arrière-molaires si singulières par leur obliquité, celle attribuée à la même espèce et figurée Pl. VIII, fig. 5, du Supplément de la première édition, devenue la Pl. XLVI de la seconde.

(1) Du moins d'après la seconde du côté droit, la seule qui existe réellement.

Os du Métacarpe. Histoire.

2) Métacarpien.

Il est question de cet os et même assez longuement dans la première édition des Mémoires de M. G. Cuvier, d'abord dans les *Annales du Muséum*, IIIe Mémoire sur les ossements fossiles des environs de Paris, t. III, puis dans les Mémoires réunis, t. IIIe, p. 107, et figuré sous toutes ses faces, de grandeur naturelle, pl. III de ce Mémoire, fig. 8, 9, 10 et 11, comme d'un *os du métatarse*(1) *du côte droit, court, irrégulier, qu'il soupçonne fort d'avoir fait la première pièce d'un doigt surnuméraire et imparfait, offrant même au bord interne ou radial de sa facette carpienne une autre facette très-petite qui portait peut-être un très-petit vestige de pouce.*

1804.

1812.

A part.

Non-seulement il a été décrit et figuré, ainsi qu'il vient d'être dit, comme os séparé, mais il est entré dans la composition de la phrase linnéenne spécifique, et dans celle du squelette restauré, Pl. I du Supplément de la première édition. Dans la seconde, tout ce qui concerne cet os est supprimé dans le texte consacré à la description des pieds de devant de l'Anoplothérium commun, sans avertissement d'aucune sorte; quoique sa représentation tout entière soit restée dans la Pl. XX, fig. 8, 9, 10 et 11, aussi bien qu'au pied du squelette restitué Pl. LXII.

Dans le Squelette restitué. 1823. Supprimé du texte. Conservé dans la planche.

Malheureusement cet os n'existe plus dans les collections du Muséum. L'un de mes aides les plus habiles et les plus utiles dans notre laboratoire de moulage, à cause de son talent de sculpteur, M. Merlieux, n'en a pas même souvenance; et cependant il n'eût pas été sans intérêt de pouvoir l'examiner en nature, non comme un os d'Anoplothérium, opinion que M. G. Cuvier a été le premier à abandonner, mais parce qu'il semble avoir quelque chose de ces os du pied plus ou moins anomaux chez les Maldentés, dont M. Lartet a reconnu des traces indubitables dans le dépôt tertiaire de Sansans.

(1) Sans doute, par faute d'impression, pour métacarpe, puisque c'est en avant que M. G Cuvier supposait alors trois doigts à son *A. commune*.

RÉSUMÉ.

1°) *Sous le rapport historique et critique.*

Le genre Anoplothérium, dont plusieurs ossements, ainsi que pour le genre Paléothérium, avaient été recueillis et existaient depuis longtemps dans les collections du Jardin du Roi, de l'ancienne Académie des sciences et sans doute dans celle du duc d'Orléans, formée par Guëttard, avait été déjà soupçonné comme espèce distincte, en l'appuyant même sur le système dentaire, par Lamanon, dans son Mémoire sur les os fossiles dans les carrières à plâtre de l'Ile-de-France, dont nous avons donné l'analyse dans notre fascicule sur les Paléothériums (1). Ce genre soupçonné par Lamanon, en 1783.

En 1798, dans les premiers travaux de M. G. Cuvier, il n'en est pas encore question, ou bien ils sont encore confondus avec ceux du Paléothérium sous un seul numéro, comme provenant d'une espèce de Chien. Confondu par M. G. Cuvier, 1798.

En 1800, ils commencent à se montrer dans un pied didactyle de l'ancienne collection du Muséum, mais signalé par lui comme d'une espèce à deux doigts d'un genre de Pachyderme inconnu (*Palæotherium*). Indiqué comme espèce, en 1800.

En 1804, le genre commence à se débrouiller, non pas encore dans le premier mémoire sur les ossements fossiles des environs de Paris, mais dans le second, par l'heureuse rencontre d'un bout de mandibule où la dent contiguë aux incisives n'avait pas la forme de canine ou de comme genre, en 1804.

(1) A ce sujet nous devons relever une erreur de plume, ou peut-être même d'impression, que M. R. Owen a eu la complaisance de nous indiquer dans une note de ses *Contributions*, etc. En effet, au lieu *de chair et de poisson* (*Mémoire sur les Paléothériums*, p. 12, note 1), il faut lire *d'herbes et de poisson*. Du reste, cette rectification n'infirme en aucune manière ce que j'avais dit : que Lamanon avait été plus heureux dans le rapprochement qu'il proposait par suite d'un examen comparatif dès 1783, que M. G. Cuvier dans son premier essai en 1798.

défense, d'où le nom d'*Anoplothérium*, par opposition avec celles où cela avait lieu, formant les Paléothériums.

Mais encore à cette époque des pièces de l'un, provenant de la tête, ou même du système dentaire (1), étaient attribuées à l'autre, en sorte que tous deux ne furent complétement dégagés que dans un second mémoire sur les dents; ce qui fut ensuite plus ou moins confirmé par des assemblages d'os provenant des extrémités et surtout par le système digital, mieux apprécié qu'il n'avait été d'abord.

La grandeur seule ou à peu près servit ensuite à la proposition des espèces.

Définitivement débrouillé, en 1806.

En 1806, des réunions d'un assez grand nombre d'os ayant évidemment appartenu au même individu servirent à confirmer la rectification des erreurs, la vérité ou les faits réels, ce qui conduisit M. G. Cuvier à hasarder la restitution du squelette, et plus hypothétiquement (2) encore la forme extérieure de deux espèces, dont l'une rappelant, suivant lui, la forme de la Loutre et l'autre celle d'une Gazelle, n'en étaient pas moins comprises dans le même genre.

Un seul genre, 1823.

et divisé en trois genres : *Anoplotherium*. *Xiphodon*. *Dichobune*.

En 1823, quoique au fait l'*A. commune*, qui constituait la première de ces espèces, ne puisse sous aucun rapport être comparé à une Loutre, M. G. Cuvier, mieux éclairé, revint dans la seconde édition de ses mémoires, sur le système digital qu'il lui attribuait, aux pieds de devant en supprimant le doigt accessoire; et, pour la seconde espèce, il en forma un sous-genre qu'il nomma *Xiphodon*, ce qu'il fit également pour une troisième sous le nom de *Dichobune*, dans lequel il inscrivit trois espèces sans les caractériser (3).

(1) Il est même à faire observer que la première description des molaires supérieures du G. Paléothérium est faite d'après une belle dent d'Anoplothérium.

(2) M. G. Cuvier dit cependant, page 65, Suppl., 1re édit., qu'il n'y a point à douter que ces dessins ne représentent à peu de chose près les squelettes de ces animaux tels qu'ils auraient été, si on les eût faits immédiatement après la mort.

(3) J'avais à cette époque, et depuis plusieurs années, publié l'observation que les Pachydermes dont le fémur est pourvu d'un troisième trochanter, sont toujours imparidigités, au contraire de ceux chez lesquels cet os n'en a que deux.

Chalicothe-rium. 1833.

En 1833, M. Kaup propose sous le nom générique de Chalicothérium, mais d'une manière incomplète à défaut de matériaux, deux espèces nouvelles pour quelques dents des sables tertiaires d'Eppelsheim.

Caïnothe-rium. 1835.

En 1835, M. Bravard établit, d'après des matériaux plus significatifs, le genre Caïnothérium pour une petite espèce de l'ancienne Auvergne voisine des Dichobunes de M. G. Cuvier.

A. grande. 1836

En 1836, MM. Lartet attribue à une espèce de grande taille qu'il nomme *A. grande*, des ossements trouvés dans le dépôt de Sansans, mais qui doit être rapportée au Chalicothérium de M. Kaup.

A. Sivalense. 1838.

En 1838, MM. Falconer et Cauteley regardent comme provenant d'une espèce distincte, sous le nom d'*A. Sivalense*, des ossements recueillis dans le dépôt des monts Sivalicks dans l'Inde, dont plus tard ils formeront une espèce de Chalicothérium.

A. cervinum. 1845.

En 1845, M. R. Owen fait, sous le nom d'*A. cervinum*, une nouvelle espèce avec une partie de mandibule fossile de l'île de Wight, et qui est sans doute d'un Ruminant voisin des Moschus ou des Munjiacs.

Dichodon. Paloplothe-rium. 1848.

En 1848, le même observateur, d'après des pièces dentifères seulement provenant des mêmes formations, reconnaît l'existence de deux autres espèces nouvelles, types d'autant de genres qu'il nomme Dichodon et Paloplothérium, le premier voisin des Anoplothériums, l'autre intermédiaire, suivant lui, à ces deux genres; ce qu'il est assez difficile de regarder comme démontré, tant que la considération du système dentaire sera seule consultée.

Hippohyus et Merycopo-mus. 1848.

Dans la même année, MM. Falconer et Cauteley proposent aussi de considérer comme types de deux genres nouveaux des pièces plus ou moins caractéristiques, qu'ils reconnaissent très-bien comme s'éloignant des Anoplothériums, l'un fort analogue aux Cochons, d'où ils ont tiré le nom d'*Hippohyus*, l'autre aux Chéropotames, et qu'ils appellent *Merycopotamus*.

Adapis. 1812.

Enfin nous devons aussi rappeler dans ce résumé historique et critique, mais comme s'éloignant beaucoup des Anoplothériums, l'*Adapis* établi par M. G. Cuvier, d'après une partie des mâchoires et de leurs dents, provenant des plâtrières des environs de Paris, et surtout l'espèce que M. Sc. Wood a établie en genre sous le nom de *Microchærus*, et qui, loin de devoir être rapprochée du Sus, comme semblerait l'indiquer ce nom, n'est indubitablement qu'un insectivore voisin des Hérissons.

Microchærus 1846.

Conclusions. Ainsi dans un laps de temps, il est vrai, assez long, puisqu'il est au moins de cinquante ans, nous trouvons rapprochées à tort ou à raison des Anoplothériums, animaux à système dentaire complet, mais non séparé dans ses trois sortes, à système digital pair, se mouvant en arrière sur une astragale en osselet, une vingtaine d'espèces réparties dans une douzaine de genres qu'il s'agit maintenant de résumer sous le rapport des caractères zoologiques.

2°) *Sous le rapport zooclassique.*

G. Anoplotherium. Le genre Anoplothérium, en le caractérisant comme les autres genres de Mammifères, ne contenait très-probablement qu'une seule espèce, désignée avec raison par M. G. Cuvier sous la dénomination de *A. commune*, parce qu'en effet c'est d'elle que l'on trouve le plus souvent des restes dans les gyspes des environs de Paris.

Caractérisé par En la prenant pour type, les caractères du genre peuvent être exprimés ainsi :

le Système dentaire. Système dentaire complet, sans séparation tranchée des trois sortes de dents qui le constituent, au nombre de onze à chaque mâchoire, avec les molaires dissemblables aux deux et pouvant être ainsi formulé :

$$\frac{3}{3} + \frac{1}{1} + \frac{7}{7} \quad \text{dont} \quad 3 + 1 + 3.$$

Incisives, 3. Les incisives terminales, serrées, contiguës, tranchantes, aiguës;

Canine, 1. Les canines non distinctes de forme, non plus que séparées des contiguës;

Les avant-molaires d'en haut, comme celles d'en bas, à deux racines et tranchantes à la couronne; Avant-Molaires, 3.

La principale, d'un seul lobe, moitié des arrière-molaires; Principale.

Les arrière-molaires croissant de la première à la dernière, mais composées de deux lobes subégaux, formant en haut deux collines obliques, dont l'antérieure est terminée en dedans par un mamelon comprimé détaché, et en bas deux demi-cônes excavés en dedans et produisant par l'usure des croissants, la dernière augmentée d'un troisième lobe; Arrière-Molaires, 3.

Le système digital de deux doigts seulement sans accessoires; les phalanges onguéales triangulaires sub-isocèles, et subsimilaires aux deux membres. Le Système digital, 2 — 2.

Cette caractéristique peut être soutenue par la considération de plusieurs particularités du squelette tirées, non pas peut-être de la tête, ni même des premières parties de la colonne vertébrale, d'ailleurs insuffisamment connues, mais de la grosseur des vertèbres caudales et de la forme et la proportion de quelques os des membres, par exemple: aux antérieurs, la forme arrondie de l'omoplate, l'égalité des deux premières articulations, la force remarquable des deux os de l'avant-bras, l'étroitesse du carpe, plus grande même que dans les Cochons, et cependant avec les métacarpiens comme les phalanges, plus courts; aux postérieurs, la médiocrité des deux premières articulations et l'épaisseur des os, l'absence de troisième trochanter au fémur, le développement assez grand du péroné, la forme de l'astragale en osselet raccourci; la grande ressemblance du pied avec la main, etc. Appuyé par la grosseur de la queue: la distinction des deux Os de l'avant-bras; les deux Os de la Jambe; l'Astragale.

Toutes ces particularités caractéristiques démontrent évidemment que cette espèce animale n'avait aucun rapport avec la Loutre, cela va sans dire, non pas même avec les Paléothériums; qu'elle en avait bien davantage avec les Hippopotames, mais surtout avec les Cochons, par la forme des pieds, encore plus bisulques, quoiqu'à doigts moins serrés, et que, par conséquent, elle constituait un degré intermédiaire à ce genre et à celui des Ruminants. Dans ses rapports avec les Cochons.

Quant aux espèces qui ont été rapprochées de ce type et placées dans Des espèces:

le même genre, c'est ce qui ne doit peut-être avoir lieu pour aucune.

A. secundarium.

L'*A. secundarium* ne me semble établie que sur des pièces provenant d'individus non adultes de l'espèce type.

A. medium ou *Xiphodon gracile.*

Ses Caractères. Tirés du Système dentaire;

L'*A. medium*, ou *Xiphodon gracile*, est devenu à juste titre le type non d'un genre, mais bien d'un sous-genre distinct nouveau. En effet, quoique le système dentaire et le système digital soient les mêmes, quant au nombre, il n'en est pas de même quant à la forme et à la disposition de chacune des parties qui les constituent. Ainsi les incisives sont bien également au nombre de trois, mais celles d'en haut en pince et celles d'en bas en houlette déclive; les canines ne méritent guère encore ce nom, mais elles sont peu connues. C'est ce qui est parfaitement confirmé par les

du Squelette; de la Tête;

parties caractéristiques du squelette, la petitesse et la forme de la tête, dont l'orbite est complète dans son cadre; la brièveté du tronc en général, et surtout de la queue, remarquable par sa petitesse; la grande

des Membres: antérieurs;

hauteur et l'extrême gracilité des membres, ce qu'indique, aux antérieurs, la forme étroite et triangulaire de l'omoplate, la brièveté de l'humérus, la longueur et la courbure des os de l'avant-bras, la hauteur des os du métacarpe, tendant à former un canon par l'aplatissement et la rectilignité de ses deux os à leur côté de contact, particula-

postérieurs.

rité qui se remarque aux phalanges onguéales; aux postérieurs, la longueur encore bien plus disproportionnée des trois dernières parties qui les constituent, et surtout des deux os du métatarse, et pour la brièveté des phalanges.

Conclusions.

Ainsi, si cet animal n'était pas un véritable Ruminant, en admettant comme rigoureusement démontré que cette faculté, dépendante d'une certaine forme de l'estomac, soit nécessairement traduite par une absence complète des dents incisives supérieures, on voit qu'au moins il constituait une forme qui en était bien plus voisine que l'*A.* *commune* et dont, par conséquent, les habitudes étaient toutes différentes.

A. minus (*Dichobune leporinum*). Caractérisé par

L'*A. minus* ou *leporinum*, type du sous-genre *Dichobune*, est assez loin d'être aussi bien établi que les deux précédentes espèces, parce que le hasard n'a pas favorisé la science en offrant à la fois le système dentaire et le système digital provenant indubitablement d'un même individu, ni même les deux parties du système dentaire à la fois, sur la même pièce.

Le Système dentaire.

D'après ce que nous en avons dit, cette espèce serait caractérisée ainsi qu'il suit :

Le système dentaire serait :

$$\begin{array}{lll} \text{En haut} & \dfrac{3+1}{3+1}+\dfrac{6}{6-7} & \text{dont } 2+1+3. \\ \text{En bas} & & \text{dont } 2-3+1+3. \end{array}$$

En haut : Incisives.

Les incisives d'en haut seraient :

La première terminale en pince bien plus large que les latérales;

Canines.

Les canines en lancette non contiguës, du moins dans le jeune âge;

Avant-Molaires.

Les deux avant-molaires très-comprimées, biradiculées;

Principale.

La principale formée d'un lobe longitudinal comprimé, joint à une partie transverse;

Arrière-Molaires.

Enfin les trois dernières comme dans l'*A. commune*, avec la différence que les deux collines sont mieux formées et régulièrement bi-mamelonées.

En bas : Incisives.

Les incisives d'en bas seraient assez bien comme en haut, mais déclives, et la première plus grande et en pince;

Canine.

La canine serait simple et non caniniforme.

Molaires.

Les avant-molaires, au nombre de trois seraient assez semblables à celles de l'*A. commune*. La principale et les trois arrière-molaires de même, mais celles-ci surtout, avec les lobes plus coniques et moins en ogives, moins élevés et plus mammiformes.

Système digital. Doigts.

Le système digital est encore bien moins assuré que le système dentaire. L'existence de doigts au nombre de quatre, dont les deux extrêmes ne poseraient pas à terre, comme dans les Cochons, ce que M. G. Cuvier suppose en avant comme en arrière, ne me paraît pas reposer sur des pièces suffisamment lisibles.

Reste du Squelette.

Je ne trouve rien, du reste, dans aucun des os, qui puisse corroborer la caractéristique attribuée à cette espèce; une seule pièce, et qui consiste dans un pied de derrière n'offrant même qu'un doigt, montre seulement un astragale en osselet.

Conclusions.

Si donc on voulait regarder comme légitime le rapprochement des deux parties du système dentaire, aussi bien que celui des deux membres entre eux, et de ceux-ci avec les séries dentaires, on verrait, par le système dentaire d'en haut, un degré de plus vers les Ruminants, et au contraire, par le système dentaire d'en bas, ce qui semblerait plus en rapport avec l'idée qu'on pourrait se faire du système digital; mais, je le répète, je suis assez loin de penser que les pièces rapportées ou rapprochées sous le nom d'*A. leporinum*, le soient d'une manière évidemment rationnelle et susceptible de démonstration.

A. minimum ou *murinum*.

L'*A. minimum* ou *murinum* est évidemment établi sur une mandibule de très-petit Ruminant de la division générique des *Moschus*.

A. obliquum.

L'*A. obliquum* est dans le même cas que le précédent, puisqu'il est établi sur une partie de mandibule de jeune âge et mutilée du même petit Ruminant.

A. grande rapportée au G. *Chalicotherium*.

L'*A. grande*, reposant aujourd'hui sur d'assez beaux fragments de tête et de mandibules, avec des séries de dents plus ou moins complètes, aussi bien que sur quelques fragments d'os, constituait une grande espèce d'Ongulogrades paridigités, qui doit être rattachée à celle qui a été nommée Chalicothérium Goldfussii, en lui réunissant génériquement l'*A. Silistrense* des monts Sivalicks.

Caractérisé par le Système dentaire sup. et inf.

D'où il résulte que, grâce à ces rapprochements, le genre Chalicothérium pourra être caractérisé par son système dentaire ainsi composé :

$$\frac{0}{3} + \frac{1?}{1} + \frac{6}{6} \text{ dont } \frac{2}{2} + \frac{1}{1} + \frac{3}{3},$$

Incisives.

c'est-à-dire les incisives d'en haut inconnues ou mieux nulles d'après le *C. Sivalense*, celles d'en bas au nombre de trois, terminales et caduques;

Les canines supérieures inconnues et peut-être nulles (1), les inférieures fort avancées. Canines.

Les molaires dissemblables au nombre de six très-probablement en haut et de six certainement en bas; la principale étant moitié des arrière-molaires, celles-ci en haut à mamelon interne détaché de la colline antérieure, et la dernière d'en bas a deux demi-cônes seulement, sans talon. Molaires.

Le système digital inconnu, à moins qu'on ne le déduise de l'astragale en osselet qu'on peut lui rapporter, et alors en nombre pair. Système digital. Osselet.

Aucune partie caractéristique du squelette ne peut servir à mieux faire connaître ce degré d'organisation, et par conséquent sa place dans la série, dans lequel il semble qu'on doive distinguer deux formes :

1° Le *C. Europæum* ou *Anisodon ;*

2° Le *C. Sivalense.*

L'*A. latecurvatum* ou *cyclognathum*, type du genre Caïnothérium, est aujourd'hui l'une des espèces animales anciennement disparues de nos contrées, les plus complétement connues et les plus faciles à caractériser sous tous les rapports. *A. latecurvatum. Caïnotherium. Cyclognathum.* Ses caractères, tirés du Système dentaire

Le système dentaire est ainsi formulé :

$$\frac{3}{3}+\frac{1}{1}+\frac{7}{6} \quad \text{dont} \quad \frac{3}{2}+\frac{1}{1}+\frac{3}{3}.$$

(1) Celles que M. Kaup attribue à l'espèce dont il a fait connaître quelques molaires sous le nom de Chalicothérium, sont plutôt d'Anthracothérium.

Depuis que ceci est écrit, et même imprimé en placard, M. Lacare vient de nous annoncer la découverte, à Montferrant, près de l'île en Jourdain, département du Gers, du squelette d'un grand individu de cette espèce, duquel il a pu extraire une assez bonne partie des os de la tête et surtout des mâchoires et de la mandibule, plusieurs vertèbres, les deux humérus, la partie articulaire supérieure des os de l'avant-bras, des fragments de bassin et de fémur, des os du pied, dont un métacarpien, des phalanges dont trois fragments de sabot ou d'onguéal, malheureusement ne se trouvent pas signalées les pièces les plus caractéristiques : par exemple; la partie antérieure des mâchoires et par conséquent les dents incisives et canines, du moins d'en haut; l'extrémité supérieure du fémur, etc., ce qui nous aurait permis de confirmer si décidément le Chalicothérium de Sansans offrait les mêmes particularités génériques que celui des Sous-Hymalayas.

sans barre ou interruption, c'est-à-dire en série continue et dissemblable aux deux séries;

Incisives. sup. et inf. Les incisives supérieures terminales en pince, les inférieures presque horizontales;

Canine. La canine supérieure contiguë, mais un peu saillante et en lancette, l'inférieure rangée avec les incisives, mais un peu plus forte;

Molaires. La série des molaires contiguës, la principale d'en haut moitié des arrière-molaires, celles-ci à deux parties égales; la principale d'en bas moitié avant-molaire, moitié arrière-molaire : la dernière de celles-ci à trois collines bifides et transverses.

Système digital. 4 Doigts. Le système digital composé de quatre doigts tous ongulés, dont les deux du milieu posent seuls à terre.

Autres particularités tirées de la Tête. Cette forme animale offre en outre plusieurs particularités qui la confirment comme un degré générique : ainsi la tête, semblable à celle des petits Ruminants non armés, a le front large, l'orbite grand, complet dans son cadre, l'arcade zygomatique très-courte et faible, des lacunes sous-lacrymales; la mandibule a son condyle plat; les membres (des Membres.) ont toutes leurs parties de proportions élevées; le cubitus est encore (du Cubitus.) bien complet, et probablement aussi le péroné, ce dont je n'ai cependant aucune preuve. Il y a quatre os du métacarpe et du métatarse, ce qui emporte nécessairement des particularités dans les os de la seconde rangée du carpe et du tarse. L'astragale de celui-ci est complétement en (De l'Astragale.) osselet, et le calcanéum est médiocrement allongé.

Conclusions. Ainsi, d'après cette caractéristique, et s'il est hors de doute que le système digital du Caïnothérium soit ainsi qu'il vient d'être rappelé, il est évident que ce petit animal auquel on pourrait rapporter les membres attribués à l'*A. leporinum* (1), serait un peu moins avancé vers les

(1) Dans la note 2 de la page 136 du fascicule sur les Paléothériums au sujet de l'*Anthracotherium Gergovianum*, il faut lire *Anoplotherium leporinum* au lieu d'*A. gracile*, comme type du G. *Dichobune*, et douter un peu plus que je ne l'ai fait de l'identité de cette espèce avec celle sur laquelle repose la Caïnothérium de M. Bravard.

Ruminants que le *A. gracile* ou *Xiphodon* même, par le système dentaire, mais surtout par le système digital.

Quant aux espèces proposées exclusivement d'après le degré de dilatation et la forme de l'angle de la mandibule, il est évident qu'elles ne peuvent être adoptées.

A. Silistrense, espèce de *Chalicotherium*.

L'*A. Silistrense* a dû être rapproché de l'*A. grande*, constituant le genre *Chalicotherium*.

A. cervinum, espèce de *Cervus*.

L'*A. cervinum* ne peut être rapporté aux Anoplothériums, proprement dits, pas plus qu'aux Dichobunes. La mandibule sur laquelle il a été établi, appartient à une espèce de Ruminants de la division des Cerfs Muntjacs.

Il ne nous reste donc plus à parler que des espèces animales dont nous avons fait entrer l'appréciation dans ce mémoire, parce que nous supposons qu'elles appartiennent à la section des Ongulogrades paridigités non Ruminants.

Merycopotamus dissimilis.

Le Mérycopotame dissemblable reposant sur la connaissance d'un côté presque entier de mandibule, et sur une assez bonne partie du système dentaire des deux séries, constituait une espèce qui avait sans doute beaucoup plus de rapports avec les Anthracothériums et les Hippopotames qu'avec les Cochons.

Rapproché d'un fragment de Mandibule de Turin.

Je ne serais pas étonné que le fragment de mandibule recueilli aux environs de Turin, et dont je dois un modèle en plâtre coloré à l'amitié de M. le professeur Sismonda, provînt d'une espèce fort voisine. On y voit en effet, dans la forme assez particulière de l'angle aussi bien que dans la proportion des molaires dont elle est armée, la principale et les deux arrière-molaires, la première de celles-ci étant brisée ras du bord alvéolaire, une ressemblance assez frappante, sauf pour la taille, moindre d'un tiers.

Pour en faciliter la comparaison, j'ai fait figurer cette pièce au-dessus de son analogue dans le *Merycopotamus dissimilis*.

Comparé au *Palæomeryx Kaupii*.

Il se pourrait cependant aussi que cette pièce des environs de Turin dût être rapportée à l'espèce animale que M. Hermann de Meyer a désignée sous le nom de *Palæomeryx Kaupii* (*Foss. Zahne und Knochen von Georgengemund*, taf. IX, f. 75, et taf. X, f. 77-80), d'après un fragment du côté gauche d'une mandibule portant les mêmes dents, la principale et les deux arrière-molaires. J'en ai un moule en plâtre coloré sous les yeux, que notre collection doit à feu M. le comte de Munster; et malgré l'état brisé de l'os, sans doute assez mal moulé, la forme des dents par leur épaisseur et leur peu de hauteur, quoique assez peu usées, éloigne cette espèce des Cerfs et des Ruminants en général.

Hippohyus Sivalensis. espèce de Sus.

Pour l'*Hippohyus Sivalensis*, il ne peut y avoir aucune espèce de doute: c'était bien une espèce de Cochon ou de *Sus*, avec les tubercules ou mamelons des molaires bien plus nombreux et plus irréguliers, ce qui rend les collines moins évidentes et les replis de l'émail beaucoup plus compliqués.

Dichobon cuspidatus. Caractères tirés du Système dentaire

L'espèce qui est désignée sous le nom de *Dichodon cuspidatus*, ne reposant à peu près que sur la considération des deux séries du système dentaire, peut-être même de dentitions mêlées, et ce système étant souvent assez loin de pouvoir décider de la place d'un Mammifère dans la série naturelle, il me paraît bien difficile de dire rien de plus que c'est quelque chose de nouveau et de singulier. En effet, avec une disposition générale continue et même uniforme assez semblable d'incisives et de canines, assez bien comme dans l'*Anoplotherium commune*, les avant-molaires, la principale et surtout les arrières-molaires auraient une tout autre structure, pour se rapprocher assez de l'*Anthracotherium Velaunum*, avec la différence capitale qu'il y aurait deux dents intermédiaires aux avant-molaires et aux arrière-molaires, ayant trois lobes à la couronne, combinaison dont je ne me rappelle pas d'exemple, si ce n'est chez les Ruminants à un certain âge. Or, dans le Dichodon tel qu'il a été proposé, si la dernière molaire d'en haut est sortie; il est certain que celle d'en bas ne l'était pas, la pénultième l'étant à peine et en effet sans racines; en sorte qu'il est indubitable que les deux séries dentaires rapportées à cette espèce proviennent certainement d'individus différents et qui n'étaient pas de même âge. Il faut en outre

présente quelques rapports avec l'*A. commune* et l'*Anthracotherium Velaunum.*

supposer, il est vrai, par une analogie assez fondée, que la série d'en haut était composée de sept molaires, comme on suppose qu'il y en avait sept en bas.

C'est en acceptant ces suppositions comme vraies que l'on peut admettre dans cette espèce trois incisives en haut comme en bas, serrées, tranchantes, aiguës, comme chez les Anoplothériums, des fausses canines assez bien également comme chez ceux-ci, des avant-molaires longues et basses encore assez comparables; de celles d'en haut, les deux dernières, les seules connues, trilobées, le lobe postérieur transverse et bifide; les quatre d'en bas toutes trilobées, les trois lobes subégaux aux deux dernières, les trois arrière-molaires supérieures à deux collines transverses, chacune anguleusement bilobée, l'antépénultième et la pénultième d'en bas également bilobées et chaque lobe a deux pointes, s'usant en chevron.

à supposer inf. et sup. Incisives, 3. Canine, 1. Avant-Molaires. 3.

Arrière-Molaires, 3

En sorte qu'en définitive cette espèce qu'aucune autre pièce ne vient confirmer serait par le système dentaire antérieur Anoplothérium, et par le postérieur Palœothérium, et dès lors paridigité.

Conclusions.

L'Hyopotame est également établi sur une partie de la série dentaire d'en haut, à laquelle est rapportée une série d'en bas contenue encore dans sa mandibule, mais sans raisons suffisamment démonstratives. Ce que je puis en dire, c'est que les molaires supérieures, qui sont la dernière avant-molaire, la principale et les trois arrière-molaires, semblent indiquer de grands rapports avec leurs analogues dans le Dichodon, en supposant que dans celui-ci la dernière arrière-molaire ne serait pas encore sortie.

Hyopotamus. Système dentaire supérieur.

Quant à la série dentaire inférieure (3 + 1 + 7, dont 3 + 1 + 3), dans laquelle existent une forte canine, une longue barre coupée en deux par une première avant-molaire uniradiculée et distante, et dont la dernière arrière-molaire est pourvue d'une troisième partie en lobe indivis, il est évident qu'elle a des rapports avec l'*Anthracotherium magnum*, ainsi que M. R. Owen l'a parfaitement reconnu, et peut-être aussi avec les Chœropotames, ce qui est assez bien corroboré par la

inférieur.

forme de la symphyse aussi bien que par l'implantation des incisives.

Conclusions. Dans cet état de choses, je n'oserais donc pas même assurer que l'Hyopotame constitue une espèce distincte, et, à plus forte raison, qu'il faille distinguer de l'*H. vectinus*, l'*H. bovinus*, qui ne repose que sur une dernière molaire d'en haut un peu plus grosse que son analogue dans celui-là.

Paloplotherium annectens. Caractères tirés du Système dentaire d'en bas. L'espèce animale désignée sous le nom de *Paloplotherium annectens* par M. R. Owen, ne reposant, comme les précédentes, que sur deux séries dentaires mélangées des deux dentitions ou de lait et d'adulte, l'une d'en haut, l'autre d'en bas, mais encore implantées dans les mâchoires dont on peut assez bien connaître la forme, on doit aisément reconnaître sur les deux séries dentaires une certaine analogie avec les Paléothériums dans la disposition des trois sortes de dents et peut-être même dans leurs proportions; la barre est cependant plus longue, les collines des arrière-molaires d'en haut plus obliques, avec l'extrémité interne de l'antérieure plus longtemps détachée, tandis que la dernière des arrière-molaires n'a que ses deux demi-cônes creux formant croissants avec un simple rudiment de troisième ou de talon postérieur.

d'en haut. La disposition des arrière-molaires d'en haut rappelle assez bien ce qui existe dans le *Palæotherium minus*, plus même que les Anoplothériums, et la particularité de la dernière d'en bas le *P. Aurelianense*.

Conclusions. Ainsi, en admettant que les deux pièces en question ont appartenu, sinon au même individu, ce qui est impossible, mais bien à la même espèce, ce Paloplothérium serait intermédiaire non pas aux Paléothériums et aux Anoplothériums, mais à ceux-là et au genre *Equus*.

Adapis Parisiensis. Conclusions. L'*Adapis Parisiensis* est véritablement trop peu connu, d'après les pièces qui lui sont attribuées, pour qu'on puisse assurer autre chose que c'est très-probablement une forme particulière qui n'a pas plus de rapports avec les Anoplothériums qu'avec les Paléothériums, et qui semble plutôt devoir être rapportée aux Insectivores.

Microchœrus erinaceus. C'est ce qui est démontré pour le *Microchœrus*, ainsi que l'indique assez bien l'épithète d'*erinaceus* que lui a donnée M. Sc. Wood; il ne peut y avoir de doute : c'était un animal insectivore intermédiaire aux Tupayas et aux Hérissons.

D'après ces résultats, et en admettant que le système dentaire à lui seul puisse suffire à la détermination de l'ordre sérial parmi les Mammifères ongulogrades, on peut ranger les espèces dont il a été question dans ce mémoire ainsi qu'il suit :

Paloplotherium annectens.
Hyopotamus { *vectinus.* / *bovinus.* }
Merycopotamus dissimilis.
Hypophyus Sivalensis.
Chalicotherium { *grande.* — *Anisodon.* / *Sivalense.* }
Dichodon cuspidatus.
Anoplotherium commune.
Xiphodon gracile.
Dichobune leporinum.
Cainotherium latecurvatum. — *Cyclognathum* (1).

3°) *Sous le rapport géographique et géologique.*

Géographiquement. De l'ancien monde. De l'Inde. D'Europe.

Relativement à la distribution géographique, toutes les espèces dont il a été question dans ce mémoire ont été signalées par des pièces recueillies exclusivement dans l'ancien monde, et jusqu'ici un petit nombre dans les parties centrales et méridionales de l'Inde, toutes les autres en Europe, dans la partie occidentale, depuis le midi de l'Angleterre

(1) L'*Entelodon* de M. Aymard est un *Subursus* et non un Pachyderme imparidigité voisin du genre *Anthracotherium*. Ce qui me semble également pouvoir être pour le genre que M. Pomel désigne sous le nom d'*Elatherium*, qui aura probablement appartenu à l'espèce d'*Entelodon* de M. Aymard.

jusque dans le midi de la France, mais ainsi qu'il a déjà été remarqué plus haut, exclusivement à l'état fossile.

Géologiquement. du terrain tertiaire exclusivement.

Sous le rapport de la distribution géologique, il paraît à peu près hors de doute que jusqu'ici les restes d'espèces animales, attribuées à tort ou à raison au genre Anoplothérium, n'ont été recueillies que dans des terrains regardés comme tertiaires, quoique de nature minéralogique assez différente.

en Angleterre.

En Angleterre, dans les argiles d'eau douce qui constituent une partie de l'île de Wight et sur le continent opposé dans le comté de Ham;

en Allemagne.

En Allemagne, dans la vallée du Danube, au sud, à Georgenstadt, par exemple;

dans la vallée du Rhin.

Dans la vallée du Rhin, à Eppelsheim, sur la rive gauche du Rhin, grand-duché de Bade, dans des couches de sable considérées comme parties moyennes des terrains tertiaires, mais seulement pour quelques dents attribuées au *Chalicotherium Europœum;*

en France.

En France:

aux environs de Paris

dans la couche de gypse.

Dans le vaste dépôt marno-gypseux d'eau douce (1) des environs de Paris, pour les restes d'*Anoplotherium commune*, de *Xiphodon gracile*, de *Dichobune* et d'*Adapis*, confondus pêle-mêle avec ceux des Paléothériums;

(1) Jusqu'ici, en effet, les restes d'Anoplothériums et genres voisins n'ont, ce me semble, été rencontrés que dans des couches de formation d'eau douce; ce qui n'a pas toujours eu lieu pour les Paléothériums A ce sujet qu'il me soit permis de rapporter ici un passage d'un minéralogiste italien, Angelo Gualandori (*Lettere Odeporiche*, page 167, Venez., 1780), pour montrer comment, dès cette époque, on sentait l'importance des strates formés dans la mer ou dans l'eau douce. Voici ses propres expressions au sujet des couches de pierre coquillière des carrières de Gentilly: « Questo mi determinò ad osservarle piu esattamente, e trovai, che uno all'altro sopra » positi, vi erano due stratti di giusi, uno formato tutto di giusi marini, l'altro tutto di flu- » viatili, senza che fossero in niun modo confusi, nè mostrando la più piccola discontinuità » nel combacciamento di questi stratti. Mi assicurai anzi che la medesima sostanza terrosa » che riuniva insieme i marini riuniva, continuando, i giusi fluviatili. Voi sentite di qual im- » portanza sia nel orittologia l'esame e l'annoverazione di questi fenomeni, che aggiunger po- » trebbero dei lumi o sulle correnti sotto l'acqua del mare, ovvero sulla situazione più o meno » profonda nella quale abbiano avuto origine le montagne calcarie; o finalmente sullo stato di » maggiore o minore placidezza delle acque, che queste montagne medesime deposero. »

Bassin de la Loire, en Auvergne.

Dans les dépôts du bassin de la Loire, à Argenton ? mais surtout en Auvergne, dans celui de l'Allier, l'un de ses affluents, pour le Caïnothérium ;

Bassin de la Garonne. Sansans.

Dans ceux du bassin de la Garonne, par exemple à Sansans, des restes du *Chalicotherium Europæum* en assez grande abondance, dans un terrain d'eau douce, bien plus calcaire que marneux, regardé comme partie moyenne du terrain tertiaire ;

Bassin du Rhône, Gargas. Aix.

Dans les dépôts du bassin du Rhône, à Gargas, des restes d'*Anoplotherium commune* et de *Paloplotherium*, dans une argile bleue de même ancienneté, et à Aix dans un dépôt de gypse (1).

Environs de Turin.

Je n'en connais pas encore dans les bassins du Pô, ni même dans celui de l'Arno. En effet, le fragment de mandibule des environs de Turin peut très-bien être attribué à un Anthracothérium, ou à un Mérycopotame.

Dans l'Inde.

Dans l'Inde, les fragments rapportés au *Chalicotherium Sivalense* ont été recueillis dans la mollasse tertiaire des monts Sivalicks et des sous-Hymalayas.

A l'état d'ossements fracturés et isolés.

Dans ces diverses localités et gisements géologiques, les ossements de ces différentes espèces sont rarement encore assemblés à l'état de squelette, ou même de parties de squelette ; c'est dans le gypse des environs de Paris que ces heureux accidents se sont montrés le moins rarement. Presque toujours ce sont des os séparés, et plus souvent encore des os brisés, fracturés évidemment avant d'avoir été saisis par la gangue, mais non roulés, provenant d'individus adultes ou de jeune âge, et alors comme écrasés par la pression de la masse du dépôt.

Ossements mêlés

Les espèces dont les ossements ont été rencontrés avec ceux des Anoplothériums diffèrent assez, suivant les localités et les dépôts.

(1) D'après M. Coquan, et même bien avant lui, d'après les pièces figurées par Guëttard dans son mémoire sur les os fossiles d'Aix (*Académie des sciences*, Paris, 1760, t. II, p. 306, in-12, 1777), savoir : un astragale, Pl. I, fig. 1, et Pl. 2, fig. 2 ; une molaire d'en haut, *ibid.* fig. 6.

avec des Os de *Rhinoceros. incisivus.* En Allemagne, à Eppelsheim, c'est avec les nombreux ossements de *Rhinoceros incisivus*, de Tapir, de Dinothérium;

d'an. lacustes. En Angleterre, dans l'île de Wight, ou sur le continent voisin, c'est avec des os de Tortues d'eau douce, de Crocodiles;

En France, dans le bassin de Paris, c'est aussi avec des os de Tortues, de Crocodiles, de Poissons, mais surtout avec des os de Paléothériums, de Chéropotames, etc.

d'an. terrestres, à Sansans; Dans le bassin du Gers, affluent de la Garonne, à Sansans, les os de *Chalicotherium Europæum* sont mêlés avec ceux de Mastodonte, de Dinothérium, de *Rhinoceros incisivus*, et d'un grand nombre de Ruminants, dont une belle espèce de Muntjac, et parmi les Mammifères onguiculés avec des os de Singes, d'Insectivores, de Carnassiers de grande taille, comme l'Amphicyon, etc.

en Auvergne; En Auvergne, dans le bassin de l'Allier, affluent de la Loire, où les os du Caïnothérium ont été trouvés en si grande abondance, que sur une plaque d'un pied carré de surface il a été possible de constater des restes de plus de douze individus, avec des restes de Rhinocéros, de Tapir, etc.

en Provence. Dans le dépôt de Gargas, avec des restes assez nombreux de Paléothériums et de petits Ruminants, et dans celui d'Aix avec des Poissons et autres animaux d'eau douce.

CONCLUSIONS.

Conclusions générales. Le genre Anoplothérium en général est un de ceux dont M. G. Cuvier a démêlé avec le plus de difficultés et de temps les ossements, et qui, par conséquent, a le mieux montré, par suite des tâtonnements erronés auxquels il a donné lieu, qu'une facette d'os, et même qu'un seul os sont loin de suffire pour connaître réellement le squelette de l'espèce animale à laquelle ils ont appartenu.

Quoique M. G. Cuvier ait cru devoir n'en former qu'un seul genre, qu'il a ensuite partagé en trois sous-genres, les restes fossiles qui ont été attribués aux Anoplothériums proviennent de quatre espèces animales, qui viennent remplir la lacune comprise entre les Ongulogrades paridigités non Ruminants, et ceux qui sont Ruminants et qui constituent des divisions génériques bien plus marquées que les Lophiodons, par exemple, parmi les Paléothériums.

Particulièrement pour les espèces d'*Anoplothériums*, formant quatre genres.

La première, formée par l'*A. commune*, comprenant l'*A. secundarium*, qui était complétement didactyle, n'ayant pour doigts extrêmes que des os rudimentaires sous-cutanés, avec un système dentaire d'une disposition toute particulière.

A. commune. A. secundarium.

Toutefois, cet animal n'avait aucune ressemblance avec la Loutre, ni pour la forme générale, ni pour les mœurs, quoiqu'on puisse dire que la grosseur et la longueur de sa queue doivent être considérées comme assez singulières dans l'ordre des Ongulogrades, où elle n'atteint jamais un développement proportionnellement aussi grand.

Cet animal formait ainsi, parmi les Ongulogrades paridigités non ruminants, une combinaison assez analogue à celle du genre *Equus* parmi les Ongulogrades imparidigités.

Je n'ose assurer que le *Dichodon* de M. R. Owen appartienne à ce premier degré; le système dentaire, en admettant même qu'il soit suffisamment connu, ne donnant pas nécessairement le système digital.

comprenant peut-être le *Dichodon*.

La seconde constituée par l'*A. medium* devenu le *Xiphodon gracile*, dont le système digital et les membres qu'il termine sont encore plus bisulques par la forme et les proportions de leurs parties, et dont le système dentaire tend à se rapprocher aussi davantage, dans plusieurs points de sa forme et de sa disposition, de ce qu'il est chez les Ruminants.

Xiphodon gracile.

La troisième, moins certaine par les raisons données plus haut, est formée par l'*A. minus*, devenu le *Dichobune leporinum*, quoique le système digital semble moins bisulque par suite d'un plus grand développement des doigts accessoires, ce qui le rapproche de celui du *Mos-*

Dichodon leporinum.

chus aquaticus et que le système dentaire se partage plus nettement en ces trois sortes; mais la forme des incisives, ainsi que celle des molaires, semble rappeler davantage ce qui existe dans les Chevrotains; c'est à ce qu'il paraît à ce degré qu'a appartenu le petit animal que M. Bravard a nommé *Caïnotherium*.

le *Caïnotherium.*

Dichobune murinum, qui est un *Moschus.*

La quatrième enfin, comprenant l'*A. minimum* devenu les *Dichobune murinum* et *obliquum*, doit être considérée comme composée de véritables Ruminants, du moins d'après le système dentaire de la mandibule, la seule pièce que nous connaissions de cette petite espèce animale.

Les espèces de ce genre offrent une nouvelle preuve de l'indépendance du système dentaire et du système digital.

d'où il n'y a plus de représentant vivant pour la 1re espèce.

Nous ne connaissons aujourd'hui, dans la nature vivante, aucun animal qui puisse être rapproché de la première espèce, surtout à cause de son système dentaire et de la grosseur de sa queue, car pour son canon partagé en ses deux os distincts le *Moschus aquaticus*, véritable Ruminant, nous montre la même particularité (1).

pour la 2e.

On peut faire la même observation pour la seconde, le *Xiphodon gracile;* non pas cependant pour la forme générale et les proportions des parties du squelette qui rappelle assez bien certaines espèces de Gazelles, mais pour le système dentaire.

pour la 3e.

La troisième espèce semble se rapprocher davantage des *Moschus* et surtout du *M. aquaticus*, principalement pour le système digital, mais même aussi pour une assez bonne partie du système dentaire.

pour la 4e.

Enfin, la quatrième ou dernière était encore plus voisine de ces petits Ruminants, d'après la partie la plus caractéristique de ce système dans cette famille d'Ongulogrades.

Pour toutes les espèces

Aucune de ces espèces n'a vécu dans les lieux où l'on trouve aujourd'hui ses restes fossiles; à peine si on peut dire que la première même

(1) A ce sujet notons que c'est dans la partie équatoriale de l'Afrique occidentale qu'ont été découvertes dernièrement des formes animales qui rappelleraient quelqu'une de celles qui ne sont plus qu'à l'état fossile dans notre Europe méridionale; par exemple, le *Moschus aquaticus* et le petit *Hippopotamus*.

fréquentait l'estuaire existant alors dans le bassin de Paris. Mais certainement elle n'était nullement amphibie, même au degré que peut offrir l'Hippopotame.

Leurs ossements, provenant de squelettes déjà plus ou moins disjoints et mutilés, ont été entraînés par les eaux en général torrentielles qui affluaient dans cet estuaire. en os séparés, provenant

Le grand développement de cet estuaire et sa disposition par rapport aux versants des Ardennes, de la Champagne et d'une grande partie de la Bourgogne, donnent la raison pour laquelle on y trouve en si grand nombre des restes fossiles d'Anoplothériums et d'espèces diverses. de l'estuaire des versants de la Bourgogne.

Aucune des espèces réunies sous ce nom ne peut être regardée comme s'étant nourrie de poissons ou de toute autre sorte de chair.

Ces animaux coexistaient alors avec un assez grand nombre d'autres appartenant à la plupart des grandes familles de Mammifères, d'Oiseaux, de Reptiles, d'Amphibiens et de Poissons, animaux en général plus ou moins aquatiques et d'eau douce. avec ceux de beaucoup d'autres animaux,

Comme les restes fossiles d'Anoplothérium ont été rencontrés jusqu'ici dans un moins grand nombre de localités que ceux de Paléothérium, on conçoit que les géologues paléontologistes aient préféré, pour caractériser le terrain dans lequel on trouve les uns et les autres, l'épithète de paléothérien à celle d'anoplothérien.

En thèse générale, ce sont encore deux ou trois chaînons qui ont disparu de la série, soit naturellement, soit par une catastrophe subite, ainsi que semble le montrer la belle pièce du cabinet de M. Bravard, pour le Caïnothérium. et constituant 2 ou 3 chaînons de la série zoologique.

Comme ce mémoire regarde essentiellement les Anoplothériums, je ne crois pas devoir étendre ces conclusions aux espèces qui s'en éloignent plus ou moins et dont j'ai dû cependant traiter ici avant de passer à l'examen des Ruminants; j'aurai l'occasion d'y revenir dans mon résumé général sur l'ordre des Ongulogrades, par lequel je terminerai l'histoire de la première et grande tribu des Mammifères Biendentés.

EXPLICATION DES PLANCHES.

ANOPLOTHERIUM.

PL. I. — SQUELETTES à la réduction de 1/8, et PARTIES CARACTÉRISTIQUES DU TRONC à la réduction de 1/2.

A. COMMUNE (des plâtrières des environs de Paris).

Squelettes (réduction 1/8).

De Montmartre. Squelette de profil et montrant principalement la mâchoire et la mandibule, les côtes, le bassin et les vertèbres caudales, dont les quatre dernières sont placées par erreur dans le squelette d'Antony. — Figuré par M. G. Cuvier, pl. XXXV.

D'Antony. Squelette dont la tête est de profil : offrant particulièrement la tête, la colonne vertébrale (hors de place et en mauvais état), les côtes, etc. — Figuré par M. G. Cuvier, pl. XXXVI.

Vertèbres (réduction 1/2).

Atlas en dessus.
Axis en dessus et de profil.
V. cervicale (cinquième?) par la face postérieure.
V. lombaire par la face postérieure et de profil.
V. lombaire (sixième?) par la face postérieure.
V. lombaire, plus petite que les deux précédentes, vue par la face postérieure et indiquée comme appartenant à l'*A. secundarium*, d'après M. G. Cuvier.
V. sacrée en dessus.
V. caudales (treize) représentées de profil. — Ces vertèbres sont figurées en sens inverse de ce qui aurait dû être fait : le dessus est en bas et le dessous en haut.

PL. II. — TÊTES ET SYSTÈME DENTAIRE à la réduction de 1/2.

A. COMMUNE (des plâtrières des environs de Paris).

Tête entière et restaurée en partie, représentée de profil.
Une *tête* vue en dessus et montrant l'impression du cerveau et des parties de la face.
Une autre *tête*, figurée par la face palatine, et montrant la couronne des molaires.
A côté un détail du ***bout du museau***, représenté en dedans et plus complet que dans la pièce précédente.
Et une autre pièce du *basilaire* complet.
Une quatrième *tête*, de profil, dans laquelle on peut bien observer les dents et les racines de la plupart d'entre elles.
Une *mandibule* vue en dedans, de profil, et à laquelle il manque le bout.
Une partie du *système dentaire* supérieur et inférieur de jeune âge, avec l'os de la mandibule. — Figurée par M. G. Cuvier.
Au-dessous :
Deux molaires inférieures (une *antépénultième* et une *dernière*) par la couronne.
Un bout de *mâchoire inférieure*, de profil : représentant les dents et leurs racines. — Pièce donnée par M. Dusgate et figurée par M. G. Cuvier, pl. XI, fig. 1.

A. SECUNDARIUM d'après M. G. Cuvier.

Deux *mandibules* de jeunes individus, l'une figurée en dedans et l'autre en dehors, de profil, présentant les dents, ainsi que quelques-unes de leurs racines.
Trois *molaires supérieures*, par la couronne et de profil.

EXPLICATION DES PLANCHES.

OSSEMENTS FOSSILES DE L'ILE DE WIGHT : figurés d'après M. Richard Owen; savoir :

Deux *molaires* d'A. COMMUNE;
Deux plus petites *molaires* d'A. SECUNDARIUM;
Une *canine?*, en dedans et en dehors, d'A. COMMUNE;
Portion de *mandibule*, de petite taille, en dedans et en dehors, portant des dents vues de profil.
— d'après une pièce trouvée par M. Pratt.

PL. III. — SYSTÈME DENTAIRE ET MEMBRE ANTÉRIEUR à la réduction de 1/2.

Système dentaire.

A. GRANDE, *Chalicotherium Europæum* ou *Anisodon* (de Sansans).

Portion de mâchoire avec les *dernières molaires*, vues par la couronne et de profil.
Mandibule représentant les *dernières molaires* par la couronne et de profil.

Membre antérieur.

A. COMMUNE (des plâtrières de Paris).

Omoplate incomplète et fruste : par la face externe.
Cavité glénoïde de l'*omoplate* par la face interne, bien conservée.
Humérus : les deux tiers inférieurs de l'os par la face interne.
A côté la *tête inférieure* de l'*humérus* en dessous.
Tête inférieure d'un autre *humérus* par la face externe.
Radius bien complet, par la face externe, avec la tête inférieure en dessous.
Un autre *radius* plus petit, par la face interne, avec sa tête supérieure en dessus.
Tête inférieure d'un troisième *radius* en avant.
Cubitus l'un de profil et l'autre en avant : les parties inférieures des os manquent.
Articulation huméro-radio-cubitale de profil, présentant une portion des humérus, radius et cubitus en place, d'après une pièce nouvelle trouvée à Bagnolet.
Pied de devant incomplet, vu par la face interne et montrant des phalanges hors de place, et les os du carpe à peu près dans leur position naturelle.
Autre *pied de devant* complet, restitué, vu par sa face externe, offrant toutes les phalanges et os du carpe.
A côté, quelques-uns des mêmes os figurés de face et de profil.
Phalange de profil et quelques *os du pied de devant*.

A. SECUNDARIUM, d'après M. G. Cuvier (des plâtrières de Paris).

Omoplate par sa face externe : os presque complet, et à côté sa *cavité glénoïde*.
Humérus mutilé et articulé avec le *cubitus* : de profil.

MOSCHUS AQUATICUS.

En outre, on a joint la face antérieure et les profils externe et interne d'un *membre antérieur* complet (principalement pour le *pied de devant*) d'un MOSCHUS AQUATICUS. — Cette pièce est destinée à faciliter la comparaison avec les espèces d'ANOPLOTHÉRIUM.

PL. IV. — MEMBRE POSTÉRIEUR à la réduction de 1/2.

A COMMUNE (des plâtrières de Paris).

Bassin vu de profil. — Figuré par M. G. Cuvier, Pl. XXXIII, fig. 3.
Le même bassin montrant la cavité cotyloïde. — M. G. Cuvier, *idem*.
Fémur de grande taille, en avant, mutilé et offrant seulement la partie supérieure.
Un second *fémur* plus petit, également fruste en avant ; les deux tiers supérieurs seuls.
Tête inférieure de fémur en arrière et en dessous.
Deux *rotules* représentées par les faces antérieure et postérieure.
Tibia et *péroné* articulés; portion inférieure de ces os vue en avant.
En outre les *têtes inférieures* de ces *tibia* et *péroné* en dessous.
Pied entièrement restauré, vu en avant; à côté quelques os du tarse vus de face.

Phalanges (première, troisième et onguéale) vues de profil, en dessus et en arrière.
Calcanéum isolé, complet, de profil.
Le *même os* de grande taille, incomplet, également de profil.
Astragale vu en dessus et par son profil externe.

A. SECUNDARIUM d'après M. G. Cuvier (des plâtrières de Paris).

Fémur presque complet, de petite taille, par sa face interne.
Tibia articulé avec l'*astragale*, représenté par la face externe, et, à côté, l'astragale inté-rieurement.
Tibia assez mutilé (partie inférieure), par sa face antérieure.
Péroné en avant et presque complet.

A. GRANDE, *Chalicotherium Europœum* ou *Anisodon* (de Sansans).

Astragale figuré en dessus et en dessous.

MOSCHUS AQUATICUS.

Le *pied* en avant, de profil interne et de profil externe pour montrer l'articulation tar-sienne.

Pl. V. — ANOPLOTHERIUM (XIPHODON) GRACILE (des plâtrières de Paris) à la réduction de 1/2, et de grandeur naturelle.

1) Fossiles à la réduction de 1/2.

Tête assez complète vue de trois quarts : d'après une pièce donnée assez récemment à M. de Blainville par M. le docteur Mouchot.
Mandibule incomplète, par sa face externe.
Autre *mandibule* en dedans.
Une plaque représentant :
1° Une *tête* presque complète, par la face externe et offrant les molaires presque par la couronne ;
2° Les *os du membre antérieur* en connexion, etc.
Une autre plaque offrant :
1° Quelques *vertèbres cervicales* en mauvais état ;
2° Une *omoplate*, par sa face interne ;
3° Des *côtes*, également par la face interne, etc.

2) Fossiles figurés de grandeur naturelle.

Membre antérieur :
Humérus : portion inférieure en arrière et la tête inférieure en dessous.
Radius : portion supérieure en avant ; la tête supérieure vue en dessus.
Deux portions inférieures de *radius* en avant, et, de côté, la *tête inférieure* en dessous.
Cubitus vu en avant et de profil ; la partie supérieure seule.
Cubitus d'un autre individu également en avant et en connexion avec une partie du *carpe* et du *pied de devant*.
Diverses *phalanges* vues en avant.
Membre postérieur :
Débris de *bassin*, par erreur à la réduction de 1/2.
Fémur presque complet représenté en avant.
Tibia assez fruste en avant et en connexion avec le tarse ; à côté la *tête inférieure* en dessous.
Médius complet en avant.
Pied complet offrant le *tarse* et les *phalanges :* figuré presque entièrement de face.
Calcanéum de profil.
Le *même os* en connexion avec le *tarse*.
Astragale figuré en avant, en arrière et de profil.

EXPLICATION DES PLANCHES.

Pl. VI. — Anoplotherium (Dichobune) leporinum, etc. (des plâtrières de Paris), de grandeur naturelle.

A. leporinum.

Portion de *tête*, en dedans, présentant les dents par la couronne.

Autre *tête*, également en dedans, manquant entièrement de la partie postérieure; les dents vues par la couronne.

Mandibule représentée de profil externe : les dents avec leur couronne, et, au-dessus, dents supérieures de profil.

Autre *mandibule* extérieurement, avec les *molaires* montrant leurs racines; pièce très-incomplète.

Débris de *mandibule* intérieurement et de profil.

Fragment de *crâne* et portion d'*arcade zygomatique*.

A. murinum.

Mandibule offrant les incisives et les premières molaires de profil.

Deux autres *mandibules*, également de profil, avec quelques molaires.

A. obliquum.

Débris très-fruste de *mandibule*, vu de profil externe.

Palæotherium minus.

Portion de *mandibule* présentant les dernières molaires; d'après M. Richard Owen et se rapportant à l'*A. cervinum*.

A. cervinum, d'après M. R. Owen.

Mandibule incomplète : figurée antérieurement et de profil.

La *même pièce* par la face interne.

Les *molaires* de cette mandibule par les côtés externe et interne et par la couronne.

A. ? de Buschweiler.

Deux *molaires* et portion de l'os mandibulaire de profil externe.

A. leporinum.

De nombreux os des membres tels que :

Humérus;

Radius;

Cubitus;

Pied de devant;

Fémur et *tibia* sur la même pierre;

Autre *tibia* épiphysé;

Pied de derrière presque complet sur une même plaque : les deux empreintes de cette pièce sont figurées;

Divers *os des membres;*

Des *phalanges* en grand nombre;

Calcanéum de profil, en avant et en arrière;

Astragale en avant et en arrière.

A.? d'Argenton.

Radius : portion inférieure de face et la tête inférieure vue en dessous : de la *grande espèce.*

Radius : portion supérieure de face.

Cubitus : très-grande portion supérieure de face.

Astragale : ces trois dernières pièces de la *petite espèce.*

Pl. VII. — Caïnothérium d'Auvergne de grandeur naturelle.

Une *tête* en très-bon état: figurée en dessus, en dessous, de profil et par sa *face occipitale*: cette pièce présente les dents de profil et par la couronne.

Mandibule représentée de profil externe; les *dents* de profil.

Une plaque naturelle trouvée récemment en Auvergne par M. Bravard, et communiquée par lui à M. de Blainville, dans laquelle se trouvent presque toutes les parties de la tête et du squelette du Caïnotherium, savoir :

Plusieurs *mâchoires* vues en dedans et de profil, avec les *dents* de profil et par la couronne;

Des *mandibules* offrant les *dents* de profil et par la couronne;

Des débris de *vertèbres;*

Humérus, radius, cubitus et *pied de devant*, presque complets et en connexion ;

Débris de *bassin;*

Fémur, tibia et parties du *pied de derrière;*

Des os séparés du *carpe* et du *tarse;*

Des *phalanges*, etc.

Pl. VIII. — Système dentaire des Anoplothériums et genres voisins. De grandeur naturelle et à la réduction de 1/2.

1) Fossiles de grandeur naturelle.

Dernière molaire supérieure gauche, figurée par la couronne et pour faciliter la comparaison : prise dans les genres et espèces suivantes, tant vivants que fossiles :

Rhinoceros simus;
Palæotherium magnum;
Lophiodon Alsatiacum;
Lophiodon anthracoïdeum;
Equus asinus;
Tapirus Americanus;
Tapirotherium;
Anthracotherium magnum;
Anoplotherium grande ou Chalicotherium anisodon;
Chalicotherium Goldfussii;
Anoplotherium ou Chalicotherium Sivalense;
Anoplotherium commune;
Merycopotamus annectens.

2) Fossiles à la réduction de 1/2.

G. Chalicotherium.

Anoplotherium grande, Chalicotherium Europæum ou Anisodon (de Sansans).

Tête presque complète par sa face palatine, de profil et par la face occipitale : les *molaires* par la couronne et de profil.

La série des *molaires supérieures* figurées séparément par la couronne.

Mandibule montrant les dents par la couronne.

C. Goldfussii, d'après M. Kaup.

Canine en dedans et en dehors;
Incisive en dedans et en dehors;
Autre *incisive* de profil;
Molaire supérieure, par la couronne;
Molaire inférieure, par la couronne;

C. antiquum, d'après M. Kaup.

Dernière et avant-dernière *molaires supérieures.*

A. Sivalense ou Chalicothérium (de l'Inde), d'après MM. Falconer et Cautley.

La série des *molaires supérieures*, par la couronne.

G. Dichodon, d'après M. Owen.

D. cuspidatus.

La série des *dents supérieures*, de profil et par la couronne.
Mandibule de profil externe, présentant la série des *dents* de profil, et, au-dessus, leurs couronnes.

G. Hyopotamus, d'après M. Owen.

H. vectianus.

La série des *molaires supérieures*, par la couronne.

H. bovinus.

La pénultième *molaire supérieure*, par la couronne.

Pl. IX. — Système dentaire, etc., d'Anoplothérium et d'autres genres plus ou moins voisins. De grandeur naturelle et à la réduction de 1/2.

G. Merycopotamus. Réd. 1/2.

M. dissimilis (de l'Inde), d'après des plâtres donnés par la compagnie anglaise des Indes.

Les quatre dernières *molaires* supérieures.
Mandibule complète et portant les dents qui sont de profil.
Le bout de la *mandibule* intérieurement, avec la *canine* et les *alvéoles* des *incisives* et des *molaires.*

G. Merycopotamus??? Pièce donnée par M. Sismonda, de Turin. Réd. 1/2.

Mandibule représentée extérieurement et avec les molaires de profil.

G. Hippohyus, d'après un modèle donné par la Compagnie des Indes. Réd. 1/2.

H. Sivalensis.

Tête complète : de profil.
La *même pièce*, vue par sa face palatine et montrant les *dents* par la couronne.

G. Adapis, d'après un fossile du Muséum. De grandeur naturelle.

A. Parisiensis.

Débris de *tête* présentant principalement les *dents supérieures*, une *molaire inférieure* et des empreintes.
Au-dessus, extrémité de *mandibule* avec les *incisives* de profil.
Deux *molaires, supérieure* et *inférieure :* le double de grandeur naturelle.

G. microchærus : d'après une pièce communiqué par M. Melville. De grandeur naturelle.

M. erinaceus.

Tête incomplète par sa face palatine : montrant les molaires par la couronne.
Mandibule par la face externe : les dents de profil et par la couronne.

G. Paloplotherium. (Voyez la fin de l'explication des planches.)

P. annectens.

De Vaucluse (Gargas).

1) Molaires supérieures et inférieures de grandeur naturelle.

Deux dernières *molaires* supérieures, par la couronne et fragment d'une autre molaire.

Trois dernières *molaires* supérieures, par la couronne.
Quatre dernières *molaires* supérieures, par la couronne et de profil.
Mandibule avec les quatre premières molaires, par la couronne et de profil.
Bout de *mandibule* par la face interne, montrant la *canine* et les trous alvéolaires des incisives.

2) Os à la réduction de 1/2.

Humérus : portion supérieure en avant et la *tête supérieure* en dessus.
Une *tête supérieure* de *radius*.
Astragale en avant et par son profil interne.
Métacarpien (portion supérieure) en avant et en arrière.
Deux *phalanges* (premières) en avant et en arrière.

ANTRACOTHERIUM MINIMUM.

DE CADIBONA : moulé d'après une pièce communiquée par M. Gastaldi. De grandeur naturelle.

Mandibule par sa face externe, portant les quatre *dernières molaires* : de profil et par la couronne.

A. COMMUNE, de Gargas (Vaucluse). A la réduction de 1/2.

Une *vertèbre caudale* : son corps représenté de profil et par sa face antérieure.
Tibia : portion inférieure figurée en avant et la *tête inférieure* en dessous.
Métacarpien (partie supérieure) et sa facette supérieure en dessus.
Astragale en avant.
Comparativement à côté un *astragale* de l'A. COMMUNE de Paris.

G. CHALICOTHERIUM (de l'Inde), d'après des modèles en plâtre donnés par la Compagnie anglaise des Indes. A la réduction de 1/2.

C. Sivalense.

Bout de museau, comprenant une portion de la *mâchoire* et de la *mandibule* : par la face externe.
Le *bout* de la *mandibule* de la même pièce vu intérieurement.

C. ANISODON (A. GRANDE) (de Sansans). A la réduction de 1/2.

Mandibule par la face externe, avec quelques *dents* de profil.
Deux *molaires supérieures* de jeune âge : vues de profil et par la couronne.
Une rotule représentée en arrière et de profil.

A. COMMUNE ? (pièce appartenant au comte de Brenner), d'après un modèle en plâtre, reproduit par M. G. Cuvier, PL. XL, fig. 4. Réduction 1/2.

Mandibule par sa face alvéolaire, présentant les *dents* par la couronne.
A côté, la série des *dents* de profil.
Autre pièce d'après M. G. Cuvier. Réduction 1/2.
Un *métacarpien* : représenté en avant, en arrière et de profil.

G. PALOPLOTHERIUM : d'après M. Richard Owen, A la réduction de 1/2.

P. annectens.

La série des *dents* ou *alvéoles* de la *mâchoire supérieure*.
La *mandibule* par sa face externe, montrant les dents de profil et laissant voir les *dents de remplacement* dans leurs alvéoles.

TABLE DES MATIÈRES.

Paris 1er juin 1849.

PARIS. — IMPRIMÉ PAR E. THUNOT ET Cie, SUCCESSEURS DE FAIN ET THUNOT,
28, rue Racine, près de l'Odéon.

DES RUMINANTS

(*Pecora*, L.)

En général, et en particulier

DES CHAMEAUX, } Buffon.
DES LAMAS, }

(G. *CAMELUS*, L.)

Avec notre précédent mémoire sur les Anoplothériums et genres voisins, composés d'animaux très-probablement déjà éteints et n'existant plus dans la nature vivante, nous avons terminé l'examen des dernières espèces d'Ongulogrades paridigités qui ne ruminent pas, quoique plusieurs d'entre eux soient aussi rigoureusement bisulques que toutes les espèces, sans exception, qui composent le reste de la grande division des Mammifères monodelphes bien dentés, et qui jouissent toutes de la faculté de ruminer. Ainsi s'est établi, dans l'ordre des Quaternates, le passage des premiers aux derniers désignés plus généralement par cette raison sous la dénomination de Ruminants, remplacée quelquefois par celle de Bisulques tirée du système digital ou bien de *Pecora*, parce que ce sont eux qui forment nos troupeaux.

Position de la Famille.

Ses noms.

On peut en effet caractériser cette famille ou ce sous-ordre, de tout temps et en tous lieux si important pour l'espèce humaine, aussi bien par le système dentaire que par le système digital, que par l'appareil de la digestion, et même que par le reste de l'organisation et de ses actes, tant cette famille est naturelle.

Ses caractères : tirés

Le système dentaire, toujours plus ou moins incomplet, puisque les incisives manquant en totalité ou en très-grande partie à la mâchoire supérieure, sont au contraire constamment au nombre de quatre paires

du système dentaire.

à la mandibule, par la forme et la disposition anormales de la canine qui manque au contraire toujours à celle-ci et fort souvent à la mâchoire, ne se composant jamais de plus de six molaires en haut comme en bas; ces dents étant formées de croissants par paires dirigés en sens inverse, suivant qu'elles sont supérieures ou inférieures.

digital.

Le système digital, moins caractéristique peut-être depuis la découverte du *Moschus aquaticus*, est cependant toujours formé d'au moins deux doigts complets subsimilaires, ongulés, auxquels s'en joignent presque constamment deux extrêmes rejetés en arrière et plus ou moins incomplets, connus sous le nom d'ergots.

de l'estomac.

Enfin on trouve un grand développement dans la complication de l'estomac décomposé en autant de poches distinctes que de parties, caractère qui est peut-être encore plus tranché que les deux autres.

du reste de l'organisation.

Mais outre ces caractères dont les deux premiers sont faciles à constater, on peut aisément reconnaître dans le reste de l'organisation une ressemblance telle, qu'on pourrait presque sans inconvénient considérer les nombreuses espèces de l'ordre des Ruminants comme ne formant qu'un seul et unique genre plus compacte, plus serré que ne le sont certains grands genres des ordres précédents.

Forme.

Ainsi la forme générale du corps, le plus souvent svelte et élancée, ne descend jamais à des modifications donnant la possibilité, même momentanée, de vivre autrement qu'à la surface du sol terrestre exclusivement; la longueur du cou et de la tête étant proportionnelle à l'élévation des membres.

Système pileux.

Le système pileux qui le recouvre est abondant, en général uniforme, assez court, formé de soies ou poils et de laine dans des proportions variables avec le climat et la saison.

de coloration.

Le système de coloration est également assez peu varié, presque constamment uniforme, plus ou moins foncé dans les parties dorsales et presque toujours très-blanc ou blanchâtre en dessous, depuis l'extrémité de la ganache jusqu'à celle de la queue, autour de laquelle il forme souvent l'un des caractères spécifiques les plus constants.

Les organes des sens offrent peut-être encore plus de ressemblance ou d'uniformité. des organes des sens.

D'abord aucune partie de la peau n'est modifiée en organe du tact. du tact.

La langue longue et étroite dans sa partie libre est notablement épaisse et crypteuse dans sa partie postérieure ou gutturale. du goût.

Les narines larges, semilunaires, plus ou moins écartées sont percées dans un museau élargi, souvent nu, poreux et visqueux, portant le nom de mufle, dont l'étendue et la forme sont prises en considération par les zoologistes pour la distinction des espèces et quelquefois même des genres. de l'odorat.

Les yeux, constamment grands (1), latéraux, pourvus de cils supérieurs fort longs et d'une pupille transverse, sont surtout remarquables par la couleur d'une grande partie de la choroïde qui en a pris le nom de *Tapis*. de la vue.

Les oreilles, fort reculées, toujours longues en cornets et extrêmement mobiles, sont ordinairement pourvues à l'intérieur de trois rangs verticaux de poils plus longs que les autres. de l'ouïe.

L'appareil locomoteur offre la même similitude, sinon dans les proportions un peu variables de ses parties, mais au moins dans le nombre et la disposition de ses éléments osseux, ligamenteux et musculaire. de la locomotion.

Ainsi les os sont généralement durs (2), solides, pesants, peu poreux et au contraire très-fistuleux (3) pour ceux des membres. Des Os : structure.

Leur mode d'articulation est en général serré et gynglymoïdal; ce qui est encore augmenté par la brièveté et la sécheresse des ligaments. articulation.

Leur nombre est presque rigoureusement le même, si ce n'est lorsque les ergots ou doigts supplémentaires existent plus ou moins complets, nombre.

(1) M. Tiedmann me semble à tort les désigner comme très-petits.

(2) Aussi sont-ce certains os de Ruminants qui servent dans la pratique de quelques métiers pour polir la substance ou matière qu'ils mettent en œuvre.

(3) Tout le monde sait qu'après l'emploi du roseau dans la construction des flûtes, chez les anciens, c'est l'os de la jambe des Ruminants qui a servi à cet effet, d'où le nom de *tibia*, qui veut dire *flûte*, que les anatomistes donnent encore à cet os, à l'imitation des Latins.

ou même n'existent pas du tout (1); peut-être aussi y a-t-il des différences dans le nombre des vertèbres de la queue, dont la longueur ne laisse pas que de varier assez.

disposition. La disposition des os du squelette est toujours la même; la colonne vertébrale peu arquée ou presque droite au tronc depuis la racine du cou jusqu'à celle de la queue; celui-ci montant plus ou moins verticalement pour se joindre à angle droit avec la tête; celle-là tombant verticalement dans toute son étendue.

Vertèbres : La colonne vertébrale des Ruminants est presque toujours composée de quarante-neuf vertèbres : quatre céphaliques, sept cervicales, treize dorsales, six lombaires, six sacrées et treize coccygiennes.

céphaliques. Les quatre vertèbres céphaliques réunies sont en ligne parfaitement droite, décroissantes rapidement de la postérieure à l'antérieure terminale, surtout dans la partie basilaire.

occipitale. L'occipitale est considérable, aussi bien dans son corps qui s'avance beaucoup dans son apophyse basilaire pourvue d'une paire de tubercules d'insertion musculaire plus ou moins marquée, que dans son arc s'élevant verticalement en arrière, augmenté supérieurement d'un interpariétal fort épais et pourvu de chaque côté d'une fort grosse et fort longue apophyse mastoïdienne, compensant, pour ainsi dire, la presque nullité de celle de l'os mastoïdien.

sphéno-pariétale. La vertèbre sphéno-pariétale est bien plus petite, aussi bien dans son corps ou sphénoïde, assez peu large, mais pourvu d'apophyses ptérygoïdes lamelliformes considérables, et même que dans ses ailes, assez peu remontantes et touchant à peine au pariétal; mais surtout que dans son arc formant par la réunion fœtale de ses deux côtés un bandeau transverse plus ou moins étroit et comme repoussé en arrière par le frontal, surtout quand celui-ci est armé.

(1) Je suis fort porté à admettre que dans les espèces où ces doigts sont au minimum, comme dans le Chameau et la Girafe, il y a au moins des os styloïdes rudimentaires des métacarpiens ou métatarsiens, mais soudés au canon, à sa partie supérieure, encore plus que dans le Cheval.

La sphéno-frontale offre une disproportion bien plus grande en ce que le corps court et épais devient assez long, assez étroit en avant, prolongé qu'il est par le corps de l'ethmoïde, produisant dans le crâne une apophyse crista-galli très-saillante ; ses ailes sont également assez grandes, fort visibles dans l'orbite, où elles se dilatent largement en s'articulant avec le frontal. Cet os, qui constitue son arc, est énorme, s'avançant assez dans la face et surtout largement de chaque côté pour former toute la moitié supérieure des orbites. C'est lui qui, exclusivement, même quand il y en aura quatre, portera les prolongements, bois ou cornes, si caractéristiques d'un grand nombre d'espèces de cette famille. frontale.

La vertèbre faciale ou voméro-faciale est également assez caractéristique chez les Ruminants, sinon par son corps ou vomer, large à sa base au point d'entrer un peu dans la paroi de l'orbite entre une bifurcation du palatin, très-étroit au delà et fortement canaliculé à son bord supérieur, mais par la forme plus ou moins allongée et en gouttière renversée des os du nez, et du reste assez peu surplombant l'ouverture nasale. faciale.

Les appendices céphaliques ne sont pas absolument propres à cette famille, par leur grande étendue en longueur, mais bien par plusieurs particularités caractéristiques. Ses Appendices.

Ainsi le supérieur commence en arrière et en dessous par un ptérygoïdien ou palatin postérieur très-petit en forme de lame appliquée en dedans de l'apophyse ptérygoïde du sphénoïde ; en arrière et en dessus par un lacrymal très-développé, aussi bien dans sa partie faciale, siége de l'enfoncement du larmier quand il existe, que dans l'orbite, et enfin en dehors par un os malaire également fort grand, du moins dans la partie de l'orbite qu'il complète dans son cadre, car la partie jugale est fort petite, en pointe aiguë sous l'apophyse du temporal. Maxillaire. ptérygoïde. lacrymal. malaire ou zygomatique.

L'os palatin est du reste très-grand, aussi bien dans sa branche montante large, mais peu élevée cependant dans l'orbite où elle est bilobée par le trou naso-palatin, que dans sa branche horizontale s'avançant plus ou moins carrément jusqu'à l'intervalle des deux dernières arrière-molaires. palatin.

maxillaire. Le maxillaire en est proportionnellement moins développé, du moins dans sa partie palatine assez étroite, car la partie faciale est encore assez étendue, surtout en longueur, par suite d'un prolongement plus ou moins prononcé en arrière de la dernière molaire, et atteignant l'aplomb de la moitié de l'orbite.

prémaxillaire. Le prémaxillaire est un des os les plus caractéristiques du squelette des Ruminants, non pas seulement parce que son bord antérieur mince et arrondi est entièrement dépourvu d'alvéoles, mais parce que ses deux branches forment entre elles un angle très-peu ouvert tant la supérieure est inclinée, et que l'horizontale est largement divisée en deux bras très-inégaux, l'interne bien plus long que l'externe, par une profonde échancrure.

Mandibulaire. L'appendice de la mandibule n'est pas moins particulier que celui de la mâchoire, d'abord dans sa grande longueur et son étroitesse, et ensuite dans la position très-reculée de sa racine.

Rocher. L'os du rocher qu'elle embrasse est cependant assez petit et de forme ovale à l'intérieur; la caisse comprimée et arrondie à son bord antérieur se prolonge en avant par une apophyse aiguë plus ou moins longue et en dehors par un long canal auditif, en crête tranchante en dessous et dont l'orifice arrondi est assez bien horizontal.

Temporal. L'os temporal proprement dit est très-petit, d'abord dans le mastoïdien, en forme de coin allongé sans apophyse marquée, et aussi bien dans sa partie squammeuse très-surbaissée que dans son apophyse jugale courte et pointue; mais la base de celle-ci fort élargie par la saillie de sa racine au-dessus du canal auditif forme une très-large surface articulaire transversalement convexe dans sa partie antérieure et quelquefois concave en arrière.

Mandibule. La mandibule qui s'articule avec cette cavité glénoïde par un condyle transverse, de forme semilunaire plate et même un peu excavée, se distingue aussi par l'élévation considérable et la forme plus ou moins courbée en arrière de l'apophyse coronoïde, aussi bien que par la forme large, arrondie et peu détachée de l'angle de départ de la branche horizontale. Celle-ci, généralement comprimée en lame verticale assez haute, se termine, après une grande partie de son bord tranchant sans alvéoles, par une dilatation ou épatement, plus ou moins horizontal sans apophyse géni un peu marquée.

Les appendices joints aux vertèbres céphaliques forment une tête plus ou moins cunéiforme, très-large en arrière et surtout en dessus entre les orbites, appointie en avant et donnant lieu à un angle facial assez petit. Tête en totalité :

La cavité cérébrale est cependant assez grande et assez excavée à sa base et dans toutes les parties qui doivent contenir les lobes cérébraux et cérébelleux, sans tente osseuse cependant; mais surtout et avec des apophyses clinoïdes postérieures considérables, dans le corps du sphénoïde postérieur, pour loger la glande pituitaire. Cavité cérébrale.

Les loges sensoriales sont également assez grandes, sauf peut-être celle de l'ouïe; car le rocher et la caisse sont fort peu développés. Loges sensoriales. auditive.

Mais il n'en est pas de même de l'orbite, qui est en général grand, profond, très-distant de celui du côté opposé, et complet dans son cadre circulaire, à bords complets, saillants et tranchants. orbitaire.

Les fosses nasales ne sont pas moins considérables dans leur étendue en largeur comme en longueur, et dans les cornets et sinus qui les accompagnent. Ainsi les cornets supérieurs sont cependant assez courts et même assez peu multipliés, mais l'inférieur, au contraire, fort long, constitue une sorte de pyramide allongée formée par l'involution en sens inverse des deux lames fondamentales; l'os du nez forme même à sa face nasale une sorte de cornet ou de lame recourbée faisant partie du canal qui conduit aux cornets ethmoïdaux et aux sinus. Les sphénoïdaux et maxillaires, et surtout les frontaux sont en général fort grands et surtout dans le G. *Bos* où ils pénètrent dans l'axe des cornes. nasale. ses cornets. ses sinus.

La loge linguale est aussi notablement étendue, surtout en longueur, plus large et assez concave au palais, étroite et profonde entre les branches très-rapprochées de la mandibule. linguale.

Les crêtes et les fosses d'insertion musculaire sont en général assez ses crêtes.

petites ; ainsi la crête occipitale existe et même assez épaisse ; mais jamais la crête sagittale : aussi les fosses temporales sont-elles extrêmement descendues, fort petites et souvent en forme de canal horizontal.

Fosses temporales.

Par contre, les fosses ptérygoïdiennes sont-elles fort étendues, quoique peu profondes.

ptérygoïdiennes.

Il en est de même de la fosse malaire en avant et au-dessous de l'orbite, distincte cependant de l'enfoncement des larmiers, quand ils existent, et même de l'incisive à la mandibule; mais à sa branche montante celles du masseter en dehors et des muscles ptérygoïdiens en dedans sont presque superficielles.

malaire.

Les trous nerveux et vasculaires ne laissent pas non plus que d'offrir quelques particularités.

Ses trous :

Ainsi les trous condyloïdiens sont très-grands et plus ou moins latéraux.

condyloïdiens.

Les trous déchirés sont fort étroits par suite du serrement du rocher entre les vertèbres occipitale et sphéno-pariétale.

déchirés.

Le trou rond un peu ovale est très-grand et bien séparé de l'ovale, qui est encore plus considérable et plus allongé, comme fente sphénoïdale.

rond-ovale.

Le trou optique, qui en est assez rapproché, est médiocre.

optique.

Les frontaux orbitaires sont proportionnellement plus grands, et surtout le supérieur qui traverse le frontal et va aux cornes, quand elles existent.

frontaux.

Le trou lacrymal est grand, unique et submarginal interne.

lacrymal.

Le naso-palatin est énorme et fort rapproché d'une sorte de fente entre le palatin et le maxillaire, au haut de laquelle commence le canal sous-orbitaire, qui se termine assez petit et fort bas à l'aplomb du bord de la première molaire, et en bas l'orifice des palatins postérieurs s'ouvrant par un ou plusieurs trous au palais.

naso-palatin.

sous-orbitaire.

Les antérieurs sont compris dans la vaste lacune qui occupe l'espace formé par les prémaxillaires et les maxillaires, sans échancrure bien marquée de ceux-ci.

palatins antérieurs.

dentaire.

A la mandibule l'entrée du canal dentaire est médiocre, assez élevée, et elle se termine par un trou mentonnier unique plus ou moins rapproché de la dernière incisive.

ses ouvertures.

Enfin, les orifices de la tête osseuse des Ruminants ont encore une forme assez particulière.

antérieur.

L'antérieur ou nasal est fort grand, oblique dans son bord formé des trois os ordinaires, mais du maxillaire pour fort peu.

moyen.

Le palatin, assez peu reculé, est plus ou moins ogival et prolongé entre les ptérygoïdiens.

postérieur vertébral.

Et, enfin, le postérieur vertébral est remarquablement grand, rond ou subcarré et comme partagé de chaque côté par l'espèce de carène qui divise les condyles en partie horizontale antérieure et en partie verticale postérieure.

Vertèbres : cervicales.

Les vertèbres cervicales, qui joignent cette tête au tronc, ne sont jamais courtes, quoiqu'elles puissent être fort longues dans certaines espèces. Le corps est en général un peu concave en avant et convexe en arrière, avec l'apophyse épineuse nulle ou petite et antéroverse aux dernières. Les apophyses transverses ne sont au plus que médiocres et souvent comme partagées en deux parties par un intervalle libre.

dorsales.

Les vertèbres dorsales ont au contraire l'apophyse épineuse fort longue, assez étroite et très-fortement inclinée en arrière; leur corps étant assez comprimé ou subcaréné, surtout aux premières, les trous de conjugaison normaux.

lombaires.

Les lombaires, croissant assez rapidement de la première fort courte à la dernière médiocre, ont encore l'apophyse épineuse assez haute, assez large, coupée carrément à l'extrémité; et les apophyses transverses, subégales, longues, étroites, horizontales, antéroverses sans connexion aucune entre elles, comme avec la première sacrée.

sacrées.

Le sacrum, long et étroit, est composé de six vertèbres, dont la première seule est élargie et épaissie dans ses apophyses transverses pour l'articulation iliaque; les apophyses épineuses, peu élevées, forment une crête continue, comme les transverses.

coccygiennes. Les coccygiennes, qui varient notablement dans leur nombre et leur grosseur, constituent toujours une queue qui s'effile rapidement de la base à la pointe terminale, sans que jamais le système apophysaire soit fortement prononcé.

Série sternale. La série des os inférieurs au canal intestinal offre encore moins de variations que la supérieure.

Hyoïde. corps. cornes antérieures. L'hyoïde est formé d'un corps un peu diversiforme, quoique en général assez déprimé; d'une paire de longues cornes antérieures de trois articles, dont le dernier, bien plus long que les autres et plus ou moins comprimé, est terminé par une fourche à dents plus ou moins inégales; postérieure. la corne postérieure est au contraire indivise, forte, mais variable un peu de longueur.

Sternum : Manubrium. Xiphoïde. Le sternum plus ou moins reculé, suivant la longueur du cou, est constamment formé de sept sternèbres; le manubrium nul ou rudimentaire; le xiphoïde long, fort, triangulaire, terminé en un large cartilage mince et arrondi; les sternèbres intermédiaires plus épaisses et moins larges d'abord, les dernières au contraire diminuant d'épaisseur en s'élargissant et en se raccourcissant, d'où il résulte un sternum particulier à cet ordre.

Côtes. Les côtes, au nombre de treize, dont huit vraies et cinq fausses, ne descendant que rarement à douze, sont toujours longues, peu courbées sur le plat, si ce n'est à l'origine, et en général larges, plates et tranchantes sur les bords; mais quelquefois elles peuvent être grêles et étroites, surtout en arrière.

Cartilages. Les cartilages sont au contraire en général courts, épais, surtout les premiers, et aplatis en sens opposé des côtes; mais les derniers, aux fausses côtes, deviennent grêles et pointus.

Thorax. Le thorax, qui résulte de l'assemblage de ces os, est en général court, mais ample, solide, plus ou moins comprimé en avant et dilaté en arrière, suivant la disposition des espèces à la course et surtout à la saltation.

Des Membres : Les membres, qui sont ici à peu près les seuls instruments de cette espèce de locomotion, sont généralement assez peu rapprochés, subégaux, et même assez similaires dans leur composition.

* Aux antérieurs; antérieurs.

L'omoplate, la seule pièce qui entre dans la composition de l'épaule, est toujours étroite, fort plate, presque verticale en triangle isocèle, composée supérieurement d'une partie cartilagineuse mince, élastique, susceptible d'ossification et inférieurement d'une partie osseuse. Celle-ci, comme canaliculée à son bord épais ou postérieur, a sa face externe séparée en deux fosses très-inégales par une crête peu élevée, très-antérieure, droite, tranchante et se terminant par un acromion petit, peu avancé vers une cavité glénoïde subarrondie à l'extrémité d'une sorte de col étroit, et relevée à son bord antérieur par une tubérosité coracoïdienne épaisse, mais peu saillante. Omoplate. partie cartilagineuse. osseuse. corps. crête. Acromion. coracoïde.

L'humérus, en général assez court et assez épais dans son corps, est très-robuste à ses deux extrémités. La supérieure surtout, presque carrée, est formée par une tête large sessile, ayant en dedans et au-dessous d'elle une petite tubérosité bien marquée, et en dehors et en avant une grosse beaucoup plus forte, la dépassant notablement et séparée de la petite par une gouttière bicipitale large et profonde; l'empreinte deltoïdienne est au contraire peu saillante et peu descendue. Humérus. supérieurement.

L'extrémité inférieure de l'humérus des Ruminants, bien moins grosse, quoique assez élargie transversalement, sans crête externe ni interne, offre en arrière une fosse olécranienne médiocre, peu oblique et à sa surface articulaire une double poulie, formée par conséquent de deux gorges et de trois saillies. Inférieurement.

L'avant-bras, variable dans sa longueur et dans ses proportions, au point d'être robuste ou grêle, est toujours composé de ses deux os, arqués dans leur longueur, un radius complet et un cubitus plus ou moins rudimentaire; mais toujours soudé, quelquefois complétement, avec lui. Avant-bras. En général.

Le radius, de beaucoup plus fort, mais plus court que le cubitus, occupant toute la partie antérieure de l'avant-bras, a son corps plus ou Radius.

corps. moins comprimé et courbé d'avant en arrière, convexe ou plane, élargi transversalement à ses deux extrémités; extrémités : supérieure. la supérieure en outre assez comprimée, coupée carrément par une double contre-poulie occupant toute la largeur des deux poulies de l'humérus, de manière à former un gynglyme serré sans possibilité de pronation et de supination; l'inférieure. inférieure plus épaisse, offrant en avant une large gouttière, en dehors une surface d'adhérence avec le cubitus et à son extrémité, en dehors d'une malléole peu saillante, une contre-poulie oblique à trois facettes, une externe plus concave que les deux internes séparées par une avance ou crête oblique.

Cubitus. Le cubitus, souvent très-grêle dans son corps, même quand il est distinct, est toujours prolongé en haut par un olécrâne assez petit, fort comprimé, mais assez peu dilaté à sa terminaison et en bas par une apophyse styloïde plus ou moins détachée, assez épaisse, comme tronquée à son extrémité par une facette articulaire arrondie.

Carpe. Le carpe, qui s'articule largement avec cet avant-bras, est étroit, assez allongé et surtout fort solidement articulé.

Malgré le nombre des doigts réduit à deux, il est complet dans sa 1re rangée, 4. première rangée composée de ses quatre os ordinaires, trois antérieurs, scaphoïde, semi-lunaire et triquètre, internes subégaux, plus épais que larges, et tous les trois plutôt de forme cuboïde que de toute autre. Le quatrième ou pisiforme, tout à fait postérieur, s'articule seulement avec le triquètre, comprimé et plus ou moins élargi à sa terminaison, de manière à simuler un petit calcanéum.

2e rangée, 2. La seconde rangée n'est composée que de deux os, un grand os transverse assez mince et un unciforme plus épais, mais plus petit, sans aucun rudiment du trapèze et du trapézoïde.

Métacarpe, de deux os réunis, Le métacarpe, susceptible de varier dans ses proportions, est, comme la seconde rangée du carpe, constamment formé de deux seuls os, du moins assez complets pour toucher à la fois au carpe et à la phalange du doigt; et ces deux os, presque semblables en longueur et en grosseur, offrent cela de remarquable que leur corps plat du côté où ils se regardent et convexe versant de l'autre, tendent à se souder de fort bonne heure (1), même à leur extrémité supérieure, et ne restent libres qu'à l'inférieure, où ils se terminent par deux têtes en poulie partagée par une arête en forme de quille de vaisseau.

Ce sont ces deux os réunis, soudés en un seul, que l'on désigne par le nom de *canon*, comme on le fait pour le seul métacarpien du Cheval. Mais dans celui-ci le canon est le seul métacarpien du médius, tandis que dans les Ruminants il est formé de celui du médius et de celui de l'annulaire. formant le canon.

Les doigts qui s'articulent avec le canon sont donc le médius et l'annulaire; toujours bien complets, ils sont remarquables par leur grande ressemblance même en grandeur. Doigts complets.

Ils sont du reste formés comme à l'ordinaire de trois phalanges plus ou moins serrées dans leurs articulations. Phalanges :

La première, la plus longue assez peu rétrécie dans son milieu, offrant à son extrémité supérieure une fissure à peu près moyenne correspondant à la quille du métacarpien, et à l'inférieure une poulie simple ou une gorge de poulie. 1re.

La seconde, plus courte et plus comprimée, offrant à son extrémité supérieure une contre-poulie dont la quille est assez aiguë, et à l'inférieure une poulie peu profonde. 2e.

La troisième, ou l'onguéale, triangulaire ou en forme de coutre renversé, la tranche en haut rectiligne au côté interne, convexe au bord opposé, plat à la face postérieure ou inférieure, échancré en demi-cercle à l'extrémité supérieure et plus ou moins aiguë à l'antérieure. 3e, ou onguéale.

Mais outre ces deux doigts utiles à la marche, nous avons dit qu'il y en avait souvent d'incomplets nommés ergots. Doigts accessoires.

Très-rarement, et jusqu'ici dans une seule espèce, ils sont complets et constitués comme les autres, avec la différence de position et de gran-

(1) C'est à Fougerous de Bondaroy, membre de l'ancienne académie des sciences de Paris; qu'est due la première observation de ce fait, qui rappelle assez bien ce qui a lieu dans la monstruosité par approche de deux fœtus. *Académie des sciences*, Mémoires pour l'année 1772, pag. 502.

deur assez bien comme chez les *Sus;* mais dans le très-grand nombre des cas, ils ne sont composés que d'un os styloïde renversé pour métacarpien, et cet os portant par sa partie élargie les trois phalanges ordinaires et remontant plus ou moins haut derrière le canon vers le carpe, mais sans jamais y toucher.

Styloïde.

Membres postérieurs.

** Aux membres postérieurs;

Les os du squelette des Ruminants sont chacun comme ceux des antérieurs caractéristiques de cette grande famille d'animaux.

Os innominé. Os des iles. Pubis. Bassin.

L'os innominé par lequel ils sont attachés au tronc est long, étroit et dans une direction presque parallèle au sacrum; aussi l'extrémité antérieure et inférieure de l'os des îles, plus avancée que l'angle sacré, est-elle presque semblable par sa forme triquètre à l'extrémité postérieure de l'iskion. Le pubis est étroit, mais fort long dans sa branche symphysaire; et le bassin qui résulte de la réunion des trois os offre un détroit supérieur très-oblique, un inférieur très-long et étroit, un trou sous-pubien médiocre et ovale, une échancrure iléo-coccygienne considérable et une cavité cotyloïde petite et sub-inférieure.

Fémur. Corps. Supérieurement. Inférieurement.

Le fémur, qui s'articule avec elle, est en général de longueur médiocre, assez arqué, arrondi et lisse dans son corps, peu élargi supérieurement par une tête petite, par un grand trochanter médiocre, peu élevé au-dessus, et par un petit spiniforme, sans traces du troisième et au contraire fort épaissi dans un sens, comprimé dans l'autre à l'extrémité inférieure, de manière que les condyles subégaux sont très-rapprochés, et que la gouttière rotulienne, peu profonde, est longue, fort étroite et subsymétrique

Tibia. Supérieurement. Inférieurement.

Le tibia, qui compose presque toujours la jambe à lui seul, est en général long et étroit. Triquètre supérieurement, sans crête bien prononcée, ayant à son extrémité une surface presque plane, avec ses deux lobes articulaires subégaux, il se termine inférieurement en s'aplatissant et s'élargissant un peu, offrant en dedans une malléole assez prononcée, en dehors une facette péronienne et à l'extrémité subcarrée une contre-poulie assez bien quadrilatère et presque régulièrement symétrique.

Péroné, formé par un os particulier.

Le péroné n'existe jamais complet, c'est-à-dire en forme d'os grêle et long servant d'arc-boutant entre la tête du tibia et le tarse; mais son extrémité inférieure est représentée par un os particulier analogue à l'apophyse styloïde du radius. C'est un os subcarré, aplati, logé dans l'excavation du bord externe de la tête inférieure du tibia, se plaçant en dehors de l'astragale et allant par son extrémité s'articuler avec le calcanéum.

Tarse. Astragale. Calcanéum. Scaphoïde. deux Cunéiformes. Cuboïde.

Le tarse est remarquable par sa petitesse et sa brièveté; composé à la première rangée d'un astragale (1) en osselet complet, d'un calcanéum étroit dans son corps et montrant en dehors une facette d'arrêt articulaire avec l'os péronien et assez saillant dans son apophyse généralement comprimée; d'un scaphoïde petit en forme d'une dame de tric-trac, et à la seconde de deux cunéiformes dont un très-petit tout à fait postérieur et interne et d'un beaucoup plus grand scaphoïdien, et enfin d'un cuboïde assez épais et très-souvent soudé au scaphoïde, mais d'une manière bien visible, ainsi que l'avait très-bien reconnu Daubenton dans sa description anatomique du Bœuf, Buffon, *Hist. nat.*, t. IV, p. 527.

Métatarse en canon.

Le pied est du reste assez bien conformé comme la main; seulement les métatarsiens sont toujours un peu plus longs et le canon qu'ils forment par leur réunion un peu plus étroit, plus grêle, plus canaliculé dans sa longueur, ce qui indique que la soudure est moins complète; d'où il résulte aussi que les deux contre-poulies terminales sont plus distantes et plus séparées qu'au canon du métacarpe.

Doigts.

Quant aux doigts et à leurs phalanges (2), il serait fort difficile de les

(1) C'est encore un os qui avait un usage bien connu chez les anciens, celui de servir à un jeu d'adresse qui s'est continué jusqu'à nous dans la jeunesse, le jeu des osselets, qui a dû précéder et même conduire à celui des dés, imaginé, dit l'histoire par Palamède, pendant la guerre de Troie.

(2) Au sujet des doigts des Ruminants en général, M. E. Geoffroy Saint-Hilaire a donné, dans les *Mémoires du Muséum*, t. X, p. 165, 1823, un mémoire d'ostéologie comparée dans lequel se trouve un article intitulé : *Sur les doigts des Ruminants en rapport pour le nombre, la*

distinguer de ceux de la main, et je ne vois pas qu'aucun anatomiste ait jamais tenté de les différencier.

Des Ostéides. Les ostéides chez les Ruminants ne laissent pas non plus que d'être assez caractéristiques, d'abord par leur petit nombre et aussi bien un peu par leur forme.

Ainsi parmi ceux de l'appareil locomoteur formant les sésamoïdes existent seulement :

Rotule. La rotule, en général épaisse, et remarquable par sa forme étroite,

composition et les connexions avec les doigts des autres mammifères. Il y reconnaît d'abord, comme tout le monde, depuis le travail de Fougeroux de Bondaroy, que par parenthèse il a oublié de citer, que l'os nommé le canon par les vétérinaires est, dans l'état de fœtus, composé de deux os, métacarpes et métatarses, susceptibles d'être séparés; 1° que dans les espèces de *Moschus*, et entre autres dans le *M. minima*, le métacarpe et le métatarse, outre les deux os qui composent le canon, en a de plus deux autres plus petits portant chacun un doigt complet; en sorte que ce petit animal est tétradactyle comme le Cochon, avec la différence que dans celui-ci il n'y a pas de canon à quelque âge que ce soit, ce qui était encore généralement admis; 2° que dans beaucoup d'autres Ruminants, par exemple dans le Renne, ces doigts extrêmes sont encore complets, avec cette différence que l'os métacarpien ou métatarsien qui les porte n'a d'entièrement ossifié que les deux extrémités, le milieu ne consistant qu'en un frêle cartilage. Ici il y a erreur; jamais il n'y a que l'os styloïde qu'il a figuré sous le chiffre 8. La partie supérieure n'avait point été égarée et ne manquait pas à nos squelettes, ainsi qu'il le dit; je m'en suis assuré sur ceux qui ont été faits sous mes yeux, à moins cependant que M. E. Geoffroy Saint-Hilaire n'ait regardé comme tel le petit sésamoïde compris dans la corne externe d'insertion du ligament carpo ou tarso-phalangien, et qui s'articule en effet avec une facette postérieure ou externe de la tête supérieure du canon; 3° que dans le Buffle et ses congénères l'os semi-lunaire, situé en dedans sur la poulie d'en bas du canon, et que les vétérinaires considèrent comme un os sésamoïde, ce qui équivaut à ne pas s'expliquer sur son compte, dit M. Geoffroy, pourrait être un os métacarpien descendu tout au bas du canon et placé côte à côte près de la première phalange! Ici il y a erreur de fait et erreur d'induction analogique: d'abord à chaque grand doigt il y a deux de ces os, ce qui en fait quatre; puis ce sont bien des os sésamoïdes, c'est-à-dire contenus dans la capsule articulaire, et servant à faciliter le mouvement des tendons des muscles fléchisseurs; ensuite jamais un métacarpien ou un métatarsien, quelque rudimentaire qu'il soit, ne quitte son os du carpe ou du tarse déterminé.

D'ailleurs, dans cet article où M. E. Geoffroy Saint-Hilaire cherchait à montrer que dans les Ruminants le pied ongulé avait les éléments d'un pied onguiculé quoique digité, il a oublié de parler des Chameaux et de la Girafe qui n'ont aucune trace d'ergots; et par conséquent de doigts externes, et même de ceux qui n'ont qu'un ergot de corne avec une simple lame osseuse se doublant dans son intérieur, comme dans la Chèvre, etc.

allongée, se terminant en pointe inférieurement et presque régulièrement convexe à sa face articulaire, tant la côte, fort obtuse, paraît médiane.

A chacun des deux doigts, outre les sésamoïdes proprement dits, qui sont épais, en forme de virgule et disposés par paires sous l'articulation du canon avec chaque première phalange, il y en a un troisième subsymétrique sous celle de la seconde et de la troisième ou dernière; ce qui en fait six, et de plus un septième impair compris au côté externe de l'origine du ligament carpo ou tarso-phalangien, articulé avec une facette postérieure de la tête du canon, et dans des proportions et une forme différentes suivant les espèces. Des Doigts.

Ces ostéides sont compris en effet dans un ligament sous-palmaire ou sous-plantaire, qui du carpe ou du tarse, et collé contre le canon lui-même qu'il double, va par autant de languettes à la première et à la dernière phalange.

Dans l'appareil circulatoire, tous les Ruminants qui ont été examinés complétement et, par analogie, tous les autres, présentent un ou deux ostéides différant un peu de forme et surtout de grandeur, compris dans l'épaisseur de la cloison qui sépare les deux ventricules du cœur à l'origine de l'aorte Connu des anciens et probablement de bonne heure, dans le Mouton et le Bœuf, à cause de l'emploi que faisaient de cet organe les aruspices, il a été retrouvé chez toutes les espèces de cette famille par les anatomistes, aussi bien dans les espèces dont le front est inerme que dans celles où il est armé de bois ou de cornes (1); seulement son développement suit l'âge et même le sexe. Du Cœur.

Le système ligamenteux chez les Ruminants n'offre rien de bien particulier à ces animaux; on peut seulement remarquer la force et le grand développement du ligament cervical, plus prononcé peut-être que dans aucun autre genre d'Ongulogrades, aussi bien que la solidité et la sé- Du système ligamenteux. Ligament cervical.

(1) Pallas a cependant donné comme un des caractères qui distinguent les Antilopes des Bœufs et des Cerfs, l'absence de ces ostéides dans les premiers, mais à tort; d'où sans doute, M. Fréd. Tiedmann n'en indique que dans les *Bos* et les *Cervus*.

cheresse de ceux qui occupent les parties latérales des articulations, de manière à en resserrer fortement les mouvements.

Système musculaire.

En général.

La grande similitude des deux parties passives de l'appareil locomoteur chez les Ruminants se retrouve nécessairement dans la partie active de ce même appareil, et les seules différences qu'on doive y trouver ne portent guère que dans le degré de séparation et de force des faisceaux musculaires qui soulèvent et meuvent la tête et la queue, suivant que celle-là est ou n'est pas armée et que celle-ci est plus ou moins développée.

Du Tronc.

Des Membres.

Du reste, et en thèse générale, les muscles du tronc comme ceux des membres suivent la disposition articulaire des os qui les composent, de manière à ne produire essentiellement que des mouvements de flexion angulaire dans un même plan, d'où résulte comme de la locomotion dans une seule direction longitudinale d'arrière en avant avec une vitesse prodigieuse dans le temps comme dans l'espace ou dans le sens vertical de bas en haut, aussi bien aux membres antérieurs qu'aux membres postérieurs, ce qui produit le saut si extraordinaire dans certaines espèces.

De la Colonne vertébrale.

Des Muscles.

C'est ce que l'on peut confirmer : 1) par l'examen des muscles de la gouttière vertébrale disposés au tronc pour le plus d'immobilité possible, au cou au contraire pour sa flexion, sa torsion dans tous les sens, quand il est long et ne supporte qu'une tête petite et non armée; 2) par la disposition et la proportion des muscles des membres où les fléchisseurs et les extenseurs directs l'emportent de beaucoup sur les adducteurs et les abducteurs, rotateurs en dedans ou en dehors, parmi lesquels même les premiers, par leur force et leur brièveté, tiennent les membres serrés et, pour ainsi dire, collés contre le corps comme suspendu entre les deux plans latéraux que forment les muscles grands dentelés.

Appareil digestif.

Glandes salivaires.

L'appareil digestif des animaux de cette famille est peut-être encore plus caractéristique que ceux des sensations et de la locomotion, ainsi que nous avons déjà eu l'occasion de le faire observer, aussi bien pour l'appareil salivaire toujours fort développé chez les Ruminants, surtout la parotide, pour le système dentaire qui en est un annexe important, que pour l'estomac lui-même, ainsi que pour le canal intestinal.

Système dentaire. En général.

En effet, le système dentaire des Ruminants, en harmonie nécessaire dans sa disposition avec la manière dont la mandibule, longue et étroite, est disposée pour se mouvoir sous la mâchoire (1), est toujours plus ou moins incomplet et même anormal, sous le rapport des incisives et des canines.

En particulier : Incisives : Supérieurement.

Ainsi à la mâchoire, les incisives, qu'elles manquent entièrement, comme c'est l'ordinaire, ou qu'il en reste une partie seulement par exception, sont toujours suppléées par un bourrelet gengival et palatin plus ou moins épais qui occupe toute la partie antérieure du palais et contre lequel viennent agir, en manière de pince, les incisives de la mandibule.

Inférieurement.

Celles-ci, au nombre de trois et plus souvent de quatre paires, par leur adjonction de la canine modifiée dans sa position comme dans sa forme, sont toujours très-déclives, presque horizontales, contiguës, terminales et disposées en éventail à l'extrémité élargie de la mandibule; toutes offrent pour caractère distinctif d'avoir une couronne plate un peu en cuiller plus ou moins large, de grandeur assez variable, portée sur une racine longue, pointue, peu ou point serrée dans leur alvéole, de manière à être un peu mobile avec la gencive sur l'animal vivant.

Canines : Supérieurement.

Les canines de la mâchoire, diversiformes quand elles existent, comme dans les premiers genres, les mâles surtout, manquent complétement dans les derniers, c'est-à-dire dans les Cérophores ou Cornigères; en sorte que la moitié antérieure de la mâchoire, avant la série molaire, est entièrement nue.

(1) C'est Camper qui, le premier, ce me semble, a constaté que la direction des collines à la surface des molaires des animaux herbivores est toujours à angle droit de celle des condyles de la mandibule.

Il avait d'abord également admis que chez les Ruminants seuls la mandibule est bien plus étroite que la mâchoire; mais il ne tarda pas à reconnaître que le Cheval est dans ce cas, et qu'il ne rumine certainement pas; et c'est peut-être la première observation qui a porté ce grand anatomiste à soutenir que les Lapins ruminent véritablement.

Inférieurement.

A la mandibule, l'analogue de la canine, dont elle n'a jamais la figure, prend la forme et la position des incisives avec lesquelles elle se range, serrée contre la troisième, et avec lesquelles elle est ordinairement comptée; d'où il résulte qu'entre elle et la première molaire il existe une barre fort longue complétement édentule.

Molaires : Supérieurement. Inférieurement. Avant-Molaires. Arrière-Molaires.

Les molaires, ainsi qu'il a déjà été dit dans la caractéristique de la famille, ne sont jamais au-dessus de six de chaque côté à la mâchoire, aussi bien qu'à la mandibule. Mais quelquefois et rarement elles descendent à cinq, formant une série serrée et contiguë; les trois premières de remplacement et formées d'un seul lobe, les trois dernières persistantes et formées chacune de deux lobes assez semblables. Ces lobes, avant tout usage, étant profondément divisés en deux parties saillantes subsemblables, l'une cependant plus conique, l'autre plus foliacée, mais toutes deux courbées en gouttière verticale et donnant lieu par l'usure à des croissants d'émail entourant l'ivoire central, et lui-même entouré de cément; la dernière d'en bas seule a trois lobes.

Couronne.

Le plan de la couronne versant en sens inverse, en haut de dehors en dedans, en bas de dedans en dehors.

A la mâchoire, les mamelons subconiques sont en dedans et les foliacés en dehors; ce qui est le contraire à la mandibule.

Cette structure et cette disposition des éléments des molaires se voient essentiellement sur les trois arrière-molaires et même sur la troisième des avant-molaires, quoiqu'elle n'ait qu'un seul lobe; mais la seconde de celles-ci, et surtout la première, en diffèrent en ce que la couronne est formée par un lobe tranchant, triangulaire, pourvu en arrière d'une sorte de talon transverse plus ou moins étroit.

Racines.

Les racines des molaires bilobées des Ruminants, et qui se montrent assez tard et toujours fort courtes, sont au nombre de trois pour celles d'en haut : une grosse externe et deux internes, tandis qu'en bas elles ne sont que de deux transverses fort-larges, une pour chaque lobe.

Celles qui sont unilobées n'en ont qu'une.

Les trilobées n'ont cependant aussi que deux racines; mais la postérieure est épaissie par une sorte de nervure.

L'âge apporte d'assez grandes modifications au système dentaire des Ruminants; ainsi à la première dentition, dite de lait, le nombre des incisives est le même, et il n'en existe non plus qu'à la mandibule (1), mais avec une légère modification de forme, la couronne étant généralement plus large et la racine moins longue. Les canines, quand il doit y en avoir dans l'adulte, sont excessivement petites et à peine saillantes; mais les molaires ne sont qu'au nombre de trois en haut comme en

Différences par l'âge.

1re dentition.

(1) On trouve cependant cité chez les auteurs anglais, que M. J. Goodsire a annoncé à la séance de l'*Association britannique* (*Report on the British Association*, 1839, p. 82), qu'il avait trouvé les rudiments des incisives et des canines de la mâchoire supérieure sur des fœtus de Vache et de Mouton; mais j'avoue qu'ayant à plusieurs reprises fait des recherches à ce sujet, je n'ai rien aperçu qui confirmât cette découverte, et il me semble que M. R. Owen n'a pas été plus heureux, quoiqu'il dise, *Odontographie*, page 540, qu'il a trouvé dans la barre d'un fœtus de Chevreuil un germe de dent tout près des canines, ce qui en ferait l'analogue d'une première molaire; ce que je ne puis appuyer ni contredire par des faits, n'ayant pu encore examiner un fœtus de cette espèce.

Au reste, pour éclaircir encore la question, j'ai tout dernièrement engagé M. le docteur Gratiolet, l'un de mes aides et mon suppléant dans la chaire d'anatomie comparée du Muséum, habitué plus que moi aux recherches délicates d'anatomie microscopique, à faire sous mes yeux un nouvel examen du fait annoncé par M. Goodsire, en ces termes : *Dans les premiers temps de la vie embryonaire, le fœtus de la Vache et de la Brebis possède les germes des incisives et des canines supérieures sous la forme de légères fossettes* (slight dimples), *dans la gouttière primitive, et qui, après que celle-ci est fermée, se présentent comme des nodules opaques enfermés dans la gencive, suivant la ligne de leur adhérence.* Nous avons examiné un fœtus de Vache et un fœtus de Brebis, le premier d'environ trois mois, le second de six, et nous n'avons remarqué rien de plus que ce que j'avais vu dans mes premiers recherches, c'est-à-dire des granules plus ou moins formés en globules, mais sans nombre et disposition déterminés; n'ayant par conséquent aucune ressemblance avec des bulbes dentaires, comme ceux, par exemple, qui se voyaient déjà à la mandibule sur les sujets examinés; en effet, pour ceux-ci on pouvait voir les filets nerveux s'y arrêter, tandis que pour ceux-là ils passaient outre pour se répandre dans le bourrelet de la gencive. Ainsi je suis encore forcé d'admettre, *à posteriori*, ce que je démontre depuis longtemps *à priori*, que dans les Mammifères, pour ne parler que d'eux en ce moment, le nombre des parties (os ou dents) d'un système n'est pas nécessairement semblable dans toutes les espèces de la classe, même à l'état fœtal. C'est ce que j'espère mettre hors de doute dans mon résumé sur le système osseux et dentaire, dont on fait les planches en ce moment, et que j'espère publier bientôt.

bas (1), avec une forme assez semblable à celle de l'adulte ; seulement elles croissent assez insensiblement de la première à la troisième, et celle-ci, à la mandibule, a un troisième lobe proportionnellement plus fort que la dernière d'adulte.

Dentition intermédiaire.

Mais ce que les Ruminants offrent de plus remarquable, c'est que le remplacement des trois et surtout des deux dernières molaires de lait se fait très-tard, lorsque les incisives sont depuis longtemps remplacées et que les trois arrière-molaires sont quelquefois déjà poussées.

Dès lors on voit comment il arrive que l'usure a déjà atteint la première et la seconde arrière-molaire, que la seconde et la troisième des avant-molaires ne sont pas encore entamées.

2e dentition.

Par suite de l'âge et de la nature de l'aliment, l'usure portant de plus en plus sur les saillies de la couronne élargit progressivement les doubles croissants formés par l'émail, mais sans aller jamais jusqu'à produire un seul quadrilatère; peut-être, il est vrai, parce que je n'ai pas observé une tête de Ruminant mort de vieillesse.

De l'Estomac.

Une autre portion de l'appareil de la digestion qui est encore plus caractéristique des animaux de cette famille, c'est l'estomac paraissant multiple, tant les parties qui composent cet organe en général sont distinctes, aussi bien en dedans qu'en dehors; disposition que l'on a rattachée au défaut de mastication suffisante, déterminée par absence d'incisives supérieures, ou mieux, parce que ces animaux, sans cesse exposés aux attaques des animaux carnassiers, auxquels ils doivent servir de nourriture, et cependant ne pouvant trouver que dans des lieux herbus constamment découverts, la leur, nécessairement très-volumineuse à cause de sa nature chimique même, et dès lors, ne pouvant la mâcher suffisamment d'abord, par suite de son grand volume et de la rapidité avec laquelle ils doivent la cueillir, sont, pour ainsi dire, forcés, lorsqu'ils seront retirés ensuite dans des lieux abrités et en repos, de reprendre la masse alimentaire pour lui faire subir une nouvelle masti-

(donnant lieu)

(1) A l'exception des Chameaux et des Lamas, qui n'en ont que deux en bas.

cation et, pour cela, de la faire remonter de l'estomac dans la bouche, ce qui est désigné par l'expression de ruminer. Quoi qu'il en soit de cette raison, ce phénomène déjà imparfaitement connu des anciens, aussi bien par les Grecs, Aristote en tête, que par les Latins, a été successivement mieux étudié chez les modernes, et dans ses organes et dans leur mode d'action, d'assez bonne heure par Peyer, qui en a fait le sujet d'un fort bon traité particulier; puis par Perrault, Daubenton et surtout par P. Camper, dans son *Mémoire sur l'épizootie des bêtes à cornes*, publié en 1768, et que tout le monde a copié.

à la Rumination, étudiée par Aristole. Peyer. A. Perrault. Daubenton. P. Camper.

Les modifications que l'appareil de la digestion a éprouvées chez les Ruminants consistent d'abord dans un grand développement en longueur et en grosseur de tout le canal intestinal, à l'exception du cœcum bien moins considérable que dans le Cheval et le G. Lièvre; mais surtout, ainsi qu'il a déjà été dit, dans l'étendue et la complication de l'estomac. Chez eux, en effet, cet organe, situé comme à l'ordinaire transversalement dans l'hypochondre gauche qu'il dépasse de beaucoup, est partagé nettement dans ses quatre parties élémentaires, cardiaque (bonnet, *reticulum*), grand cul-de-sac (panse, *rumen*), corps (feuillet, *omasum*), petit cul-de-sac (caillette, *abomasum*); dans laquelle seule se versent les sucs véritablement gastriques et où par conséquent se fait la digestion des matières macérées dans les plis des lames du feuillet, après que, accumulées provisoirement à la hâte dans la panse, elles y ont été, suivant Daubenton, reprises en pelotes par le bonnet, régluties dans l'arrière-bouche pour y être remâchées, d'où elles ont été dégluties de nouveau et conduites dans le feuillet.

Ses modifications. Panse. Bonnet. Feuillet. Caillette. Leur usage.

Toutes les espèces de Ruminants offrent cette complication de l'estomac, moindre dans le jeune âge, où la nourriture est lactée, et plus grande encore chez certaines espèces où la panse est pourvue d'amas de cellules accessoires, regardées assez généralement comme exclusivement aquifères.

SUR LES ORGANES ET L'ACTE DE LA RUMINATION (1).

Puisque nous nous trouvons tout naturellement conduit à parler ici de la disposition organique qui a valu aux animaux de cette famille le nom de Ruminants, sous lequel ils sont le plus ordinairement désignés dans notre langue, il ne sera peut-être pas inutile d'entrer dans quelques détails sur les organes et le mécanisme du phénomène de la rumination; d'autant plus que nous allons avoir besoin de connaître l'état normal de ces organes, pour apprécier à sa juste valeur l'anomalie qu'offrent les Chameaux, au sujet de la faculté dont ils jouissent de supporter le besoin de la soif pendant un temps assez long, ce qui a été attribuée à une particularité de leur estomac.

Histoire. Moïse.

Quoique les livres de Moïse aient considéré les animaux qui ont le pied bisulque ou fourchu comme formant à eux seuls la classe des animaux mondes, c'est-à-dire dont les Israélites pouvaient se nourrir, ce qui excluait le Chameau qui rumine et n'a pas le pied fourchu, et le Lièvre qui rumine aussi, mais qui est polydactyle, je ne vois pas que dans la caractéristique qu'ils en ont donnée, ils aient parlé de la faculté de ruminer dont ils jouissent, et cependant il n'y avait pas besoin que

(1) Sur la question d'étymologie des mots grec et latin qui correspondent à celui par lequel nous exprimons cet acte, je suis trop peu versé dans la connaissance des langues pour pouvoir la traiter. Je me bornerai à dire que le mot grec *merycazein* ne me semble pas indiquer une répétition d'action, et que Pline cependant l'a remplacé par le mot *remandere*, qui veut dire remâcher, dans un passage évidemment tiré d'Aristote, lib. X, chap. 73.

Quant à celui de *ruminare* employé par Pline comme synonyme de *remandere*, on le trouve en un endroit où il remplace évidemment le mot *merycazein* d'Aristote; ainsi il est certain que *ruminare* du temps de Pline voulait dire *remandere*, et celui-ci *merycazein*. Reste maintenant à décider sous quelle acception de répétition d'un acte intellectuel ou d'un acte physique le mot *ruminare* a été d'abord employé. Ce qui est certain c'est qu'il est dans Varron et dans Cicéron sous la première, avant d'être dans Virgile et dans Columelle sous la seconde, et que l'on peint aussi bien, dans l'un et l'autre cas, l'espèce de repos et de recueillement nécessaire à ces deux actes. Nous verrons plus loin comment les anciens lexicographes latins en ont expliqué l'étymologie.

Moïse connût la disposition de l'estomac des Ruminants pour savoir qu'ils ruminent.

Il faut donc passer de suite chez les Grecs pour trouver quelques renseignements sur ce sujet et, comme de coutume, recourir à Aristote; car après Aristophane où l'on trouve, dit-on, employé pour la première fois un mot grec *anamazaomai* qui veut dire remâcher, *remandere*, c'est celui-là dans les écrits duquel se lisent les premiers détails à ce sujet. Chez les Grecs : Aristophane.

On trouve en effet dans la partie de son grand ouvrage sur l'histoire des animaux où il énumère, en les décrivant d'une manière abrégée, les organes intérieurs, les particularités que l'estomac des animaux vivipares non également dentés aux deux mâchoires Anamphodontes et Cornigères (1). Il dit qu'ils ont quatre sinus, d'où ils ont été dits ruminer (*merycazomai*); puis, passant à l'énumération descriptive de ces sinus, il ajoute : L'œsophage (*gula*) en se dirigeant en arrière dans la région du cœur, après avoir traversé le diaphragme, arrive dans un grand estomac (*ventrem magnum*) dont la surface intérieure est âpre et rugueuse; contre lui est appliqué celui qui a été nommé par similitude réseau, *reticulum*, en effet plus petit que le premier et extérieurement comme lui, il est à l'intérieur marqué de replis formant comme un réseau. Il est continué par le hérisson (*echinos*), de même grandeur que lui et hérissé à l'intérieur de lames (*plagulæ*) épineuses, et enfin après lui vient l'*enystron* plus petit que l'*echinos*, et garni à l'intérieur d'un grand nombre de sinus lisses ou granuleux. C'est de lui que part l'intestin. Aristote. Divisions de l'Estomac. Premier. Second. Troisième. Quatrième.

D'après ce passage on voit qu'Aristote distinguait dans l'estomac des animaux qu'il désignait sous le nom commun de *Anamphodonta* quatre

(1) J'ai pris cette assertion dans Camper, qui ne cite pas où il l'a puisée; mais, grâce à Bochart, j'ai trouvé deux passages où le satirique en comédie a employé les mots d'*Enystron* de Bœuf, de *Kolion* de Cochon, et de *Gastron*; c'est dans la scène où les deux principaux interlocuteurs, Cléon le corroyeur, et Agoracrite le charcutier, énumèrent ce qu'ils ont mangé et bu pour se donner des forces, avant leur altercation devant le peuple athénien, personnifié sous la figure d'un vieillard sourd et aveugle. Le charcutier, comme on le pense bien, est celui qui a mangé toutes ces entrailles; mais ce qu'il en dit n'est pas suffisant pour éclairer la question. A peine Bochart a-t-il pu conclure que c'était le troisième sinus d'Aristote.

parties, une, la plus grande (*choilion megalon*) la panse, le réseau ou bonnet (*kekriphalos*), le feuillet (*echinos*) et la caillette (*enystron*), dans laquelle seule se voit, dit-il, le coagulum.

Leurs usages ou de la rumination.

Aristote, du reste, ne paraît avoir donné nulle part quelque chose que l'on puisse rattacher au mécanisme de la rumination. On trouve seulement dans un passage singulièrement placé tout à la fin du neuvième et dernier livre du Traité des animaux, une énumération de ceux qui ruminent; ce sont les Moutons, les Chèvres et les Bœufs parmi les animaux domestiques, et le Cerf parmi les animaux sauvages; ajoutant que ces animaux en ruminant couchés sur le côté, semblent le faire avec plaisir, ce qui est vrai; mais ce qui ne l'est pas, qu'ils ruminent davantage en hiver qu'en été; que ceux qui composent les troupeaux ruminent pendant sept mois quand ils sont nourris à la maison, davantage et plus longtemps que ceux qui sont nourris dehors. Tout cela prouve ou qu'Aristote avait mal observé, ou que le texte a été altéré, et je ne connais du reste aucun auteur grec ancien qui ait pu servir à le rectifier.

Chez les Romains :

Les Romains ayant attaché à l'agriculture une bien plus haute importance que les Grecs, sans doute à cause de la grande différence de nature du sol dans les pays qu'ils habitaient, sembleraient avoir dû s'occuper davantage de cette particularité dans la digestion du plus grand nombre de leurs animaux domestiques, et cependant il n'en est pas ainsi. Il est même assez singulier que Pline, qui partout a enrichi son grand ouvrage de presque tout ce qui constitue celui d'Aristote, n'a presque rien dit du sujet qui nous occupe, et bien plus que le peu qu'il en rapporte est erroné. En effet, dans le passage extrêmement court où il parle de l'estomac, il dit que celui des Ruminants est double, *geminum*. En supposant même qu'il y a là une erreur de copiste et qu'il faut lire *quadrigeminum* (1), comme l'a supposé Daleschamp, on pourrait être

Pline.

(1) Nous trouvons cependant dans Pline le mot *centipellio*, probablement pour le feuillet, lorsque (XXVIII, 9) parlant des parties que fournissent les Bœufs, après avoir cité l'emploi

étonné du laconisme de Pline, si l'on ne faisait pas la réflexion que Pline n'étant qu'un compilateur et se trouvant fort embarrassé de rendre en latin la description technique d'Aristote, comme cela est même encore aujourd'hui, il aura préféré la passer complétement sous silence.

Ce qui semble le prouver, c'est qu'aucun des auteurs latins qui nous ont laissé des espèces de vocabulaires de leur langue, n'ont cité aucun mot qu'on pourrait regarder comme exprimant quelqu'une des particularités qu'offrent les Ruminants, et par conséquent synonymes de ceux qu'a employés Aristote.

Si même nous trouvons dans Varron le mot *ruminare*, c'est comme signifiant l'acte de se remémorer, de se rappeler quelque chose, mais nullement celui de remâcher (*remandere*). Varron.

Ce n'est que dans Festus (*De verborum significatione*) que l'on rencontre le mot *rumen*, d'où nous allons voir sortir le mot de *ruminare* dans l'acception aujourd'hui commune, mais avec cette définition, *pars colli qua esca devoratur, unde rumare dicebatur quod nunc ruminare*. D'où l'on voit, ainsi que P. Camper l'a fait observer, que le *rumen* des Latins s'appliquait à la partie du canal intestinal que nous désignons aujourd'hui par le nom d'œsophage, qu'Aristote appelle *stomachos*, et que le mot *ruminare* n'était pas ancien. Festus.

Mais d'où venait chez les Latins ce mot *ruma* substantif, dont ils ont tiré *rumare?* Il signifiait ce que plus tard ils ont nommé *mamma*, c'est-à-dire l'organe de l'allaitement d'où provient notre mot mamelle, d'où avait été tirée l'épithète de *ruminalis* donné au chêne (*ilex*), à l'ombre duquel la Louve avait allaité *Remus* et *Romulus*, dont les noms semblent indiquer aussi une origine analogue, et encore mieux les noms de *Rumia* et de *Rumima* donnés à la divinité qui était invoquée pour les enfants à la mamelle.

Mais sans doute que dans l'intervalle de temps qui sépare Festus de Nonius Marcellus.

des testicules dans du vin, il ajoute : *Item ventres qui centipelliones vocantur*. J. Sillig dit : *Venter quem centipellionem vocant*.

Nonius Marcellus, l'acception du verbe *ruminare* avait été employée plus rigoureusement, comme on doit le supposer d'après les vers de Virgile qui peignent si admirablement le fait :

Virgile.

> Ille latus niveum molli fultus hyacintho,
> Ilice sub nigra pallentes ruminat herbas.
>
> Ecl. VI.

Car Nonnius, *De significatione verborum*, entre un peu dans le mode du phénomène en disant : *Rumen dicitur locus in ventre* (1), *quo cibus sumitur et inde redditur; unde ruminare dicitur.* Ce qui correspond assez bien avec ce que dit Servius dans son Commentaire sur le vers de Virgile que nous venons de citer, *ruminat id est revomit et denuo consumit; atque iterum pasto pascitur ante cibo*, comme dit Ovide, ajoutant : *Ruminatio dicta est a Ruma eminente gutturis parte, per quam demissus cibus iterum a certis revocatur animalibus*, ce qui rentre davantage dans la définition de Festus (2).

Columelle.

Les auteurs géoponiques dont les écrits furent publiés dans les derniers temps de la république et dans les premiers siècles de l'empire romain, comme Columelle, ne nous donnent aucuns détails plus circonstanciés au sujet de la rumination et de ses organes.

Galien.

Je ne vois pas même que Galien, et par conséquent les célèbres écoles d'Alexandrie et de Pergame, où l'étude de l'anatomie fut cultivée avec quelque suite, aient laissé des éclaircissements à ce sujet ; on voit seulement par un passage assez court de Galien, dans son Commentaire sur le livre *De natura hominis*, attribué à Hippocrate, qu'il admettait quatre estomacs chez les Ruminants, et un bien plus long (Lib. VI, cap. 7, *De adminin. anatom.*) où voulant montrer que c'est la nature de l'aliment qui détermine celui de l'estomac, il cite les animaux qui n'ont pas d'incisives à la mâchoire supérieure et qui ruminent.

(1) Le mot *ventre* est ici pour l'abdomen.

(2) Ce qui est cependant fort éloigné de l'interprétation du mot *rumen* donnée par Pline (XV, 18), où expliquant pourquoi on nommait *ruminalis* l'arbre du Capitole, il dit : *Quoniam sub ea inventa est lupa infantibus (Remo et Remulo) præbens rumen ; ita vocabant mammam.*

Mais c'est dans son Commentaire sur le livre *De locis affectis* attribué à Hippocrate, liv. VI, ch. 6, que se trouve ce fameux passage dans lequel il rapporte la curieuse expérience où ayant opéré lui-même la sortie d'un jeune Bouc du sein de sa mère, et mis devant ce petit animal complétement isolé, un grand nombre de substances alimentaires, il observa qu'il ne prit que du lait jusque deux mois après sa naissance, époque à laquelle il commença à brouter des matières végétales et immédiatement à ruminer.

Je ne vois pas que dans le Bas-Empire, pas plus dans sa transformation grecque, que dans sa décadence latine, l'étude de l'organisation des Ruminants ait suivi les progrès de celle du Cheval que nous verrons s'accroître d'une manière notable dans les écrits de Végèce et des autres vétérinaires; la cavalerie et par conséquent le Cheval devait alors attirer toute leur attention. Végèce.

Ce ne fut donc qu'à l'époque où l'étude des sciences commença à se développer davantage par la création des universités dans l'Europe occidentale, par suite des conquêtes des Arabes parvenus jusqu'en Espagne d'un côté, et d'un autre par celle des Turcs sur l'empire grec, que les écrits d'Aristote étant déjà considérés comme la source de toute science, on dut en faire des traductions dans les langues vulgaires alors, l'arabe d'une part et le latin de l'autre. Chez les Arabes.

Au nombre de ces écrits se trouvaient nécessairement, mais bien après ceux de métaphysique, comme on le pense bien, le Traité des animaux, qui intéressait les médecins. Nous ne connaissons pas la traduction arabe qui en a été faite, autrement que par Avicenne, mais nous supposons que c'est elle qui a servi de texte à celle dont Albert le Grand a cité plusieurs passages (1), et entre autres celui qui a trait aux Ruminants. Il est trop long pour être cité en entier, nous nous bornerons à faire observer que s'y trouvent indiqués l'œsophage sous le nom de *mery*, la panse sous celui de *stomachus*, en ajoutant que c'est Chez les Modernes : Albert-le-Grand.

(1) ALBERT. MAGN., *De Animalibus*, lib. II, sect. 2, cap. 1.

le *Koilion megaston* ou *venter major* d'Aristote, le bonnet, à la racine du précédent qui est nommée *percanarium*, mais auquel il ne donne pas de nom, et qu'il dit plus petit que le troisième, notre feuillet, dans lequel passe la substance ramollie; et enfin le quatrième, notre caillette, toujours contourné, après lequel vient l'intestin.

Quoique le célèbre helléniste et zoologiste Schneider, en citant ce passage, dans son édition de l'Histoire d'animaux d'Aristote (t. IV, p. 109), dise ne pas connaître d'où il a été tiré, il me semble fort probable que c'est de la traduction latine d'après l'arabe, dans laquelle les noms sont souvent singulièrement défigurés. Le nom de *mery*, donné à l'œsophage, est indubitablement tiré du mot *merycazomai*, donné par Aristote à l'acte de la rumination, et substitué au mot *rumen* défini par Festus, et qui depuis est devenu *gula*, puis *œsophagus* composé du grec. Quant au mot *percanarium* à la base duquel se trouve le second estomac, j'ignore ce que c'est. R. Etienne ne l'a pas donné dans son Dictionnaire. C'est peut-être le cardia.

Quoi qu'il en soit, il semble que l'auteur de cette paraphrase du passage d'Aristote connaissait déjà un peu mieux que lui les organes et l'acte de la rumination, lorsqu'il dit que le *mery* se continue avec le grand estomac et a dans ses parois des plis, *villos*, les uns longitudinaux pour déglutir, les autres transversaux pour rejeter, et de manière à ce qu'ils rendent sans difficulté la nourriture à la bouche pour ruminer.

Fra Bartolomeo.

Au treizième siècle, chez les auteurs de ces espèces d'Encyclopédies par ordre de matières, compilées sous le titre *De proprietatibus rerum*, par exemple, dans l'ouvrage du frère Bartholomée d'Angleterre, on trouve encore, d'après Aristote, interprété par les Arabes, et entre autres par Avicenne, que tous les animaux qui ont des cornes et qui manquent de dents supérieures, ruminent et ont quatre estomacs, qu'il définit d'après leur position, mais sans leur donner encore de noms d'aucune sorte.

Ce n'est que bien plus tard, lorsque les œuvres d'Aristote furent traduites directement du grec en latin en Italie, que parurent les noms qui ont remplacé ceux d'Aristote qu'il avait employés.

J'ignore cependant s'il en est ainsi dans celles qui sont restées manuscrites et qui ont été attribuées à Michel Scott et à un certain Boèce, différent du célèbre auteur de la *Consolation* (1); mais cela est certain pour celle qui fut faite par Théodore Gaza, plus connu sous ce dernier nom. D'après cette traduction le verbe ruminer remplace le *merycazein* d'Aristote; la panse ou *choilion megalon*, est nommée *venter magnus;* le bonnet (*kekriphalos*) *reticulus;* le feuillet (*echinos*) est pour la première fois nommé *omasum*, nom ancien qui se trouve dans Varron, mais pour signifier une partie grasse et épaisse de l'intestin (2) qui entrait dans la cuisine des Romains, et nullement une partie de l'estomac des Ruminants; et enfin la caillette, *engystron*, est désignée par un nom forgé par Théod. Gaza, celui d'*abomasum*, voulant sans doute indiquer la connexion avec son *omasum*.

Th. Gaza. 1476.

Ce n'est donc qu'en 1476 que la plupart des noms latins sous lesquels nous les connaissons aujourd'hui, ont été donnés aux trois dernières parties de l'estomac des Ruminants.

Ils ne furent cependant pas complétement adoptés par le second traducteur latin, J.-C. Scaliger, qui suivit plus de cent ans après, en 1619, Th. Gaza, en ajoutant dans ses commentaires une figure. En effet, il adopta les trois noms latins donnés par celui-ci pour les trois premiers estomacs, en affirmant même, à tort, que les Latins nommaient *omasum*

J.-C. Scaliger, 1619.

(1) Dans le but de savoir au juste l'époque à laquelle on a commencé à employer les noms latins en usage aujourd'hui pour désigner les quatre parties de l'estomac des Ruminants, j'ai prié l'un de mes meilleurs amis, M. Pol Nicard, déjà connu par de bons travaux d'érudition, de consulter quelques-unes des traductions latines conservées à la Bibliothèque nationale, et citées par Jourdain, page 186, sous les noms n°s 333, St.-Victor et 931, Sorbonne. Malgré la grande difficulté qu'ils lui ont offerte à la lecture, il a pu se convaincre que la traduction est postérieure à Albert-le-Grand, qu'elle a été faite sur le grec, et même plus exactement que celles de Gaza et de Scaliger, et j'ai pu m'assurer par la copie du passage en question que le traducteur s'était borné à latiniser les noms grecs donnés par Aristote. Pour lui le *stomachos* est encore l'œsophage.

(2) Peut-être ce qu'on nomme encore quelquefois du gras double.

l'*echinos* d'Aristote; mais au lieu du nom d'*abomasum* donné à l'*engystron*, il employa celui de *faliscus*, nom d'un pays aux environs de Rome, qui servait aussi à désigner une préparation culinaire (encore peut-être avec une certaine partie d'intestin), et inventée par les Falisques, peuple du Latium; et ce qu'il faut noter comme une preuve que le *aliquando bonus dormitat Homerus* peut s'appliquer à un homme aussi savant que G. Schneider, c'est que dans la traduction de Scaliger, qu'il a revue et jointe au texte de son édition classique du *Traité des animaux*, il a traduit le passage grec par ces mots : *quem faliscum Latini vocant*, dont il n'y a pas un mot dans le texte d'Aristote.

Jusque là on voit que les particularités organiques et physiologiques du phénomène de la rumination n'étaient guère plus connues que du temps d'Aristote; c'est-à-dire plus de deux mille ans auparavant; mais aussitôt que les progrès de la médecine eurent exigé l'étude de l'organisation de l'homme et de celle des animaux, de toutes parts, mais surtout d'abord en Italie et en Allemagne, ce point curieux de la science ne tarda pas à être exploré, comme on peut le voir en analysant les travaux anatomiques qui se succèdent presque sans interruption dans le cours des seizième et dix-septième siècles; depuis M.-A. Severin, qui commence la série, jusqu'à Peyer, qui la termine par un traité complet sur ce sujet.

M. A. Severin, 1545. M. Aurèle Severin, en 1545, se borna encore à indiquer, plutôt même par des figures que par une description, les quatre parties de l'estomac d'un mouton, pour lesquelles même il créa les noms latins, de *perula* pour le premier, d'*ollula* pour le second, de pansière pour le troisième, et de ventricule, ou estomac proprement dit, pour le quatrième; ce qui n'est pas loin de la vérité. M.-A. Severin a en outre comparé l'estomac de l'Agneau encore au lait avec celui du Mouton, pour montrer la différence qu'offre la panse.

Wotton, 1552. Mais dès 1552, Wotton, dans son savant ouvrage *De differentiis animalium*, ayant à comparer l'estomac dans les animaux, se borna à rappeler que dans les Quadrupèdes vivipares il peut être simple ou quadruple, comme dans les animaux qui ruminent; traduisant du reste le passage d'Aristote, en remplaçant les noms grecs par ceux imaginés par Th. Gaza, mais sans observations.

Fabrice d'Aquapendente, dans son traité sur l'estomac et ses variétés, entra davantage dans la question, en ce que non-seulement il donna une description assez exacte, quoique courte, des quatre estomacs des Cornigères, sans dents antérieures à la mâchoire, en leur donnant les noms grecs imposés par Aristote, et blâmant ceux que leur a substitués Gaza, et surtout celui d'*abomasus;* mais il cherche la raison de cette particularité dans les organes de la digestion de ces animaux, ou de la rumination, et en expose le mode, en attribuant le mouvement du bol alimentaire, qui doit être remâché, à l'impulsion produite par l'estomac et à l'aspiration par la bouche, sans que cependant il y ait mouvement volontaire. F. d'Aquapendente.

Je ne vois pas que H. Mercurialis, dans ses *Var. lect.*, lib. V, c. 15, ait apporté rien de nouveau ni dans la connaissance des organes de la rumination, ni même dans le mode de cette fonction. H. Mercurialis.

On peut en dire autant de Gesner et d'Aldrovande, qui firent à cette époque, le premier en 1551, le second en 1599, paraître leurs immenses et savantes compilations; seulement ce dernier employa comme nom générique celui de *bisulca*, tiré du système digital, ainsi que l'avait fait le législateur des Hébreux. C. Gesner. U. Aldrovande.

Mais il n'en est pas de même de J. Fabri, de l'Académie des *Lyncei*, et qui fournit un grand nombre de notes et de commentaires à l'*Histoire naturelle des animaux de la Nouvelle-Espagne*, par Hernandez, publiée en 1641. On trouve en effet, à la page 618 et suivantes, une sorte de dissertation critique de ce qui avait été dit avant lui sur ce sujet, dans laquelle, adoptant les noms latins employés par Théodore Gaza, il décrit brièvement les quatre estomacs, et bien mieux la disposition particulière de la gouttière passant entre le premier et le second, formée par une lèvre double longitudinale, faisant canal quand l'ali- J. Fabri.

ment est liquide, et s'ouvrant quand il est grossier (1), jusqu'au troisième; ce qui lui permet de donner sur le mécanisme ou sur le mouvement du bol alimentaire descendant et remontant, pour redescendre de nouveau, une explication à peu près parfaite, que nous verrons bientôt adoptée par tout le monde.

De plus, et même un fait assez singulier, c'est que la figure grossière qu'il donne de ce genre d'estomac est tirée d'un Veau à deux têtes, à l'occasion duquel en effet, et du *Bos mexicanus* supposé; il avait exposé sa longue digression sur la rumination.

La chose parvenue au point où Fabri venait de la mettre, vers le milieu du dix-septième siècle, se trouva de plus en plus confirmée par la plupart des anatomistes, nombreux à cette époque, qui eurent à s'occuper de l'estomac de l'homme, aussi bien que de la digestion. On
Burgover. 1652. cite même une thèse sur ce sujet soutenue par un nommé Burgover, en 1652; je ne la connais pas; mais sans doute elle ne contenait guère que ce qu'on savait à cette époque. Et en effet, il ne pouvait, dit-il, assimiler à des mouvements volontaires ceux qui produisent l'ascension du bol alimentaire dans la bouche, quelque rapide qu'elle soit, d'après une citation de Peyer, page 206.

Bartholin. Thomas Bartholin lui-même s'en occupa, et soutint, contre l'opinion de Fabrice d'Aquapendente, que le retour du bol alimentaire de la panse dans la bouche était volontaire.

Glisson, 1677. Glisson, dans son traité *De ventriculo* et *intestinis*, publié à Londres en 1677, l'année même de sa mort, soutenait cependant encore qu'il était à la fois volontaire et naturel, produit, dans le premier cas, par le diaphragme et les muscles de l'abdomen, et dans le second, par l'estomac; ce qui pour lui n'était rien autre chose qu'une déglutition renversée déterminée par un mouvement antipéristaltique; ce qu'on dit au-

(1) *In finis nempe œsophagi, hoc est in superiore stomachi orificio, duo oblonga et tertia velut labia meatum illum obserant, clauduntque.* Page 622.

jourd'hui organique. Du reste, il reproduit assez exactement les faits et la théorie donnés par Fabri.

Quoiqu'en France la culture de l'anatomie ne fût généralement pas aussi répandue qu'en Italie et en Allemagne, la création de l'Académie des sciences, dans laquelle l'étude de l'organisation végétale et animale tint une bonne place, donna nécessairement lieu à des recherches anatomiques, surtout sur les animaux, par suite de l'existence d'une ménagerie du roi à Versailles; et comme il se trouva un certain nombre d'animaux ruminants qui moururent, les anatomistes de l'Académie, et le célèbre Perrault à leur tête, eurent l'occasion de dire quelque chose sur la rumination. C'est surtout dans l'espèce de physiologie que ce grand homme a intitulée : *De la mécanique des animaux*, que l'on trouve non-seulement une description exacte des parties, mais encore d'assez bonnes figures, au point que Camper, bon juge en ces sortes de matières, a pu dire que Perrault a encore surpassé Peyer, dont il va être question dans le paragraphe suivant. Il est de fait que Perrault a donné (*loc. cit.*) (1) une description exacte, quoique abrégée, de la structure interne des quatre estomacs d'un animal ruminant, à laquelle il a joint des figures expliquées qui la rendent facile à comprendre. A quoi l'on peut ajouter que sa théorie de la rumination et des raisons de son existence dans la famille où elle a lieu, purgées de bien des hypothèses qu'on y mêlait avant lui, sont peut-être les seules acceptables; mais on ne peut dissimuler qu'il a été beaucoup trop loin, se fondant sans doute sur le fait de quelques différences entre l'estomac d'un Ruminant encore à la mamelle et celui de ce Ruminant adulte, lorsqu'il a dit, page 430, que l'estomac des Ruminants n'était pas toujours également compliqué, et par exemple, s'appuyant sur le fait de la dissection de quelques Gazelles, où ses collaborateurs et lui n'avaient reconnu que deux estomacs, qu'en Afrique il n'était que

Les académiciens de Paris, 1671.

C. Perrault. 1680.

(1) Les mémoires pour servir à l'histoire des animaux par l'*Académie des sciences*, furent d'abord publiés en 1671, in-folio, et tirés à un très-petit nombre d'exemplaires, donnés aux rois et aux princes, et non mis en vente.

double, tandis qu'en Europe il est quadruple; ce qu'il attribue à la différence d'humidité superflue dans l'aliment.

Nous verrons le fait, et par conséquent l'explication, complétement renversé par P. Camper.

J. C. Peyer, 1685. Envisageant la question

C'est vers la même époque où Perrault venait de publier ses observations (1), qu'un anatomiste helvétien nommé J. Conrad Peyer, professeur à Bâle, eut le courage de reprendre la question de la rumination sous toutes ses faces, c'est-à-dire historiquement depuis Aristote jusqu'à Perrault, critiquant ou adoptant ce qu'en avaient dit ses prédécesseurs, mais en citant *in extenso* leurs propres expressions, anatomiquement, avec des figures nombreuses, et même généralement assez bonnes; physiologiquement, souvent en s'étayant d'expériences, et enfin philosophiquement, par conséquent d'une manière assez complète pour mériter mieux que ce que P. Camper (2) lui a accordé dans l'appréciation qu'il a faite des travaux de ses prédécesseurs à ce sujet. En effet, dans son anatomie de chacune des parties sous les noms latins généralement adoptés depuis Théodore Gaza, et reconnaissant que le second n'est réellement qu'un appendice du premier, dont il signale la disposition spirale des fibres, il ne se borne pas à donner la forme et la proportion, mais il entre dans la disposition des fibres musculaires, du système vasculaire, et même du système nerveux, sans oublier aucune des particularités de la membrane interne; ce qu'il représente dans une suite de douze figures de bonne dimension, occupant six grandes planches in-4°. Malheureusement il n'y a pas compris la représentation de la prolongation bilabiale, qu'il a parfaitement décrite, en en faisant avec raison

anatomiquement.

(1) Il est assez singulier que Peyer qui cite Perrault à l'occasion des mémoires sur les animaux, ne le cite pas pour sa *Mécanique des animaux*, dont la première édition parut en 1680, c'est-à-dire cinq ans avant son ouvrage; toutefois il a soin d'avertir qu'il avait assisté à la dissection de plusieurs des animaux observés par les académiciens de Paris.

(2) P. Camper, t. III, page 32, dit à ce sujet : « Aristote étant mis au premier rang, Perrault mérite le second, surtout pour les excellentes figures des quatre estomacs, aussi bien que l'ouverture de l'œsophage et du feuillet, d'une manière qui ne permet guère de faire mieux. Peyer a parlé d'une manière fort satisfaisante de ces ventricules dans sa *Mérycologie*. »

remonter la découverte à Fabri, de l'œsophage dans la panse, outre que les autres figures, surtout pour la disposition des replis de la membrane muqueuse, ne sont pas aussi démonstratives que celles données par Perrault.

En physiologie, il accepte ce qui avait été dit avant lui sur la marche de l'aliment et sur l'action de chacune des parties qui doivent servir à la rumination et à la digestion; mais il le confirme par ses propres observations, c'est-à-dire sur des autopsies d'animaux tués à diverses époques du phénomène, montrant l'état de l'aliment dans chacune d'elles, et même sur des expériences. Par exemple, voulant montrer que l'ascension du bol alimentaire n'est pas une sorte de mouvement antipéristaltique, ni même un vomissement, mais une action volontaire produite par la contraction des fibres musculaires fasciculées de la panse, pourvues de nerfs nombreux comme toute fibre musculaire volontaire, il cite, p. 215, la section ou la ligature des nerfs pneumo-gastriques, produisant le même effet que la volonté de l'animal, arrêtant ou reprenant la rumination, suivant les circonstances de travail ou de repos. Il admet que dans le mouvement ascensionnel du bol alimentaire, il est produit et poussé par l'action opposée de la panse et du bonnet contre l'ouverture cardiaque. physiologiquement.

Nehem. Grew, dans ses *Leçons sur l'Anatomie comparée de l'estomac et des intestins*, publiées en 1681, en anglais, ne donna rien de satisfaisant sur la structure de l'estomac des Ruminants; mais non-seulement il admit le mouvement musculaire volontaire de la panse et du bonnet dans la rumination, il voulut encore que la sensibilité nerveuse de celui-ci fût telle, qu'agissant presque comme un essayeur d'or, il ne portât à la rumination, parmi les matières accumulées dans la panse, que celles qui, par leur état grossier, avaient besoin d'être remâchées. N. Grew, 1681.

Ainsi, vers la fin du dix-septième siècle, la question de la rumination, était à peu près résolue dans tous ses points importants; seulement restait celle de savoir si tous les animaux qui ont un estomac complexe ou partagé en plusieurs parties devaient être considérés comme Ruminants, Conclusion.

et si, par contre, certains animaux qui ont l'estomac simple peuvent ruminer. A l'époque où nous sommes de cette histoire de la rumination, ces deux questions étaient résolues dans le sens affirmatif, et l'on admettait même, en citant plusieurs exemples, que certains individus de l'espèce humaine en étaient susceptibles. C'est ce que nous allons voir soutenir jusqu'assez avant dans le dix-huitième siècle.

Blasius, 1681. Valentin, 1720. Daubenton, 1753.

Quant à la rumination dans les animaux qui nous occupent, nous ne nous arrêterons pas à parler des compilations de Blasius en 1681, et de Valentin, qui parut vers le commencement du dernier siècle, en 1720; mais il ne doit pas en être de même de l'article que Daubenton inséra dans le tome IV de l'*Histoire naturelle* de Buffon. En effet, la description et surtout les figures qu'il donna des quatre parties de l'estomac du Bœuf peuvent être considérées comme supérieures à ce que l'on avait publié jusque-là sur le même sujet; ce qui a fait dire à P. Camper qu'on croirait en quelque sorte voir la nature même. On doit cependant faire observer qu'il n'y a dans cet article de Buffon, et même de Daubenton, rien d'un peu approfondi dans la partie anatomique, et absolument rien sur le mécanisme de la fonction.

Le Même, 1768.

Daubenton, peu de temps après, ayant commencé à cette époque les recherches qu'il a suivies jusqu'au dernier moment de sa vie sur l'amélioration de la race des Moutons, dût s'occuper de la rumination proprement dite, et il en fit le sujet d'un mémoire publié dans ceux de l'Académie des sciences de Paris, pour 1768.

Dans ce mémoire, Daubenton a accepté, à peu de chose près, tout ce qui avait été démontré par Perrault, et surtout par Peyer. Seulement, sur le mode de la formation du bol alimentaire qui doit remonter vers la bouche pour être remâché, au lieu d'admettre que c'est l'action opposée de la panse et du bonnet qui forme une sorte de bouchée d'aliments et la pousse dans le cardia, il proposa d'attribuer cette fonction au bonnet seulement. Il a même observé dans celui-ci d'abord le fait que ses parois peuvent être distendues au point de perdre la disposition réticulaire de la membrane interne, et ensuite qu'elles versent une grande quantité d'un liquide aqueux qui lui semble devoir servir à la formation de la pelote et à son ingurgitation dans l'œsophage; en sorte que, pour lui, l'œsophage par lequel le bol marche dans les deux sens avec la même vitesse, a pour organe d'impulsion en haut la poche pharyngienne, et en bas la poche formée par le bonnet.

Sur ces entrefaites, Haller, dans sa grande physiologie, émit l'opinion que les matières contenues dans la panse pouvaient être ruminées non pas seulement une, mais encore deux et trois fois après avoir été de nouveau retrempées et avant de passer dans le feuillet. Il renouvela aussi l'idée que la gouttière œsophagienne servait uniquement au passage des liquides : deux opinions que P. Camper a aisément réfutées. Haller, 1768.

C'est en 1769 que celui-ci (1) fit un certain nombre de leçons qu'il publia presque aussitôt sur l'épizootie qui ravageait la province de Frise, et comme l'autopsie pouvait éclairer la pratique, et que la maladie affectait surtout les voies pulmonaires et digestives, il consacra les seconde et troisième à la démonstration des organes de la rumination et de son mécanisme. P. Camper, 1769.

Au fait, P. Camper (2) n'apporta rien de nouveau à ce que l'on savait déjà sur la partie anatomique de la question; quoiqu'il ait mieux démontré comment les fibres de l'œsophage se prolongent jusqu'au feuillet aussi bien que la structure de la gouttière intermédiaire. Son opinion : anatomique.

Quant au mécanisme du mouvement ascensionnel, qu'il distingue soi- physiologique.

(1) Il paraît qu'à l'époque où Camper fit et publia ses leçons, il ne connaissait pas le mémoire de Daubenton, qui probablement n'était pas encore publié. En général il a beaucoup trop accordé aux anciens dans la partie historique de la rumination, et surtout quand il a dit (que nous avons vu plus haut combien cela est peu vrai) que Pline avait suivi mot à mot Aristote (nous avons vu plus haut combien cela est peu vrai) et que lui et Galien étaient chez les anciens ceux qui avaient le mieux écrit sur ce sujet.

(2) Camper dit que les Latins ont nommé la panse *aqualiculum*, mais j'ignore sur quoi ceci est fondé, car ce mot chez les anciens était donné à l'auge dans laquelle on mettait la nourriture des Cochons, sans doute, comme de nos jours. Il dit également, à tort, ce me semble, que les Latins nommaient le feuillet *omasus*, et la caillette *obomasus* et *faliscus*. Nous avons vu comment ces mots avaient été introduits par Théodore Gaza.

gneusement aussi du vomissement, c'est évidemment l'hypothèse de Daubenton qu'il adopte, la panse n'étant pour lui qu'une sorte de poche analogue aux abajoues des singes et de quelques rongeurs. Cependant il prétend, contre l'opinion de Buffon (IV, p. 254), que les Lièvres sont indubitablement ruminants. P. Camper part de là pour chercher quel est en définitive le caractère le plus certain de la rumination, et après avoir établi que ce ne peut être la complication de l'estomac, puisque le Lièvre, qui l'a simple, rumine indubitablement, suivant lui, et que le Pécari, qui l'a divisé en trois parties, ne rumine pas; argument qu'il emploie pour l'absence d'incisives à la mâchoire, puisque le Lièvre en a, et ensuite pour la didactylie par la raison que le Chameau, qui rumine, n'est pas absolument bisulque comme le sont les autres Ruminants, il conclut que ce ne peut être que la forme de la mandibule, beaucoup plus étroite que la mâchoire, un peu la forme du condyle de celle-là et surtout la direction transversale des éléments de la couronne des molaires, ainsi que l'avait entrevu Payer, conclusion que plus tard P. Camper a reconnu lui-même comme n'étant pas fondée, du moins pour l'étroitesse de la mandibule, si marquée dans les Chevaux qui ne ruminent cependant pas.

Caractères de la Rumination.

Expériences.

Du reste, Camper, après avoir ainsi reconnu la complication de l'estomac comme caractère indicatif de la rumination, s'est assuré par des expériences faites sur le vivant, d'abord que les liquides, lait ou eau, passent d'abord dans la panse, que l'état des matières est le même dans la panse et le bonnet, considérablement atténuées, distribuées presque régulièrement entre les lames du feuillet et enfin pultacées dans la caillette; et cependant il dit que le suc gastrique est versé dans la panse, que c'est dans le feuillet que se trouvent absorbées les parties les plus subtiles et les plus nutritives des aliments; ce qui est une erreur, à moins qu'il n'ait entendu par là les plus liquides.

Depuis l'époque où P. Camper écrivait jusqu'aujourd'hui, la plupart des anatomistes me semblent n'avoir ajouté rien ou peu de chose à la description des organes de la digestion, non plus qu'au mécanisme de la rumination ; adoptant l'opinion de Daubenton, comme Blumenbach, ou vaguement celle de Perrault, comme M. G. Cuvier; seulement les vétérinaires, comme ils le devaient, sont entrés dans un plus grand nombre de détails. C'est ce que l'on peut surtout remarquer dans le mémoire spécial que M. S. Girard, professeur d'anatomie à l'école d'Alfort, publia en 1819 et en 1820; mais outre les détails d'anatomie topographique, il admet que l'œsophage se prolonge non pas seulement jusqu'au feuillet par la gouttière bilabiale du bonnet, mais encore dans toute l'étendue du feuillet jusqu'à la caillette elle-même; en sorte que le mécanisme de la rumination qu'il expose diffère assez notablement de celui qu'avaient proposé ses prédécesseurs.

Blumenbach, 1778. G. Cuvier, 1798.

S. Girard, 1819. Son opinion : anatomique.

En effet, dans l'état ordinaire des choses, M. Girard admet que l'aliment solide aussi rapidement mâché que recueilli, est, bouchée par bouchée, accumulé dans la panse, et surtout à gauche; mais que lorsqu'il est diffusible ou liquide et pris en petite quantité avec lenteur, il peut, n'étant que faiblement pressé, couler seulement dans l'œsophage, suivre la gouttière du feuillet et parvenir directement dans la caillette. Il dit même positivement que chez les jeunes Ruminants encore à la mamelle, le lait qu'ils tettent va en totalité dans la caillette, et par conséquent sans qu'il en tombe dans le réseau ni même dans la panse, ce qui n'a lieu, suivant lui, que lorsque le liquide est avalé précipitamment.

physiologique. pour les matières liquides.

Quant aux matières alimentaires non liquides qui sont accumulées dans la panse et qui doivent être remontées bouchée par bouchée entre les molaires pour être mâchées de nouveau complétement avant d'éprouver les effets de la digestion, M. Girard pense qu'il y a d'abord action des parois abdominales aussi bien dans le diaphragme que dans leur couche musculaire, d'où résulte le rapprochement de la cavité de la panse, de la gouttière et de l'ouverture de l'œsophage; pendant qu'en même temps la panse elle-même se contracte, se resserre avec énergie, et cependant lentement. C'est alors que les aliments engagés entre les lèvres de la gouttière, tenues plus ou moins écartées par suite d'un mou-

non liquides.

vement inspiratoire, sont saisis par elles et à la suite de l'expiration sont poussés en forme de pelote dans l'œsophage qui les renvoie sous la dent par un mouvement antipéristaltique.

Résumé.

Ainsi, malgré cet ordre dans l'analyse du phénomène, M. Girard n'en dit pas moins que la contraction des parois de la panse est la première cause de l'ascension des aliments qui doivent être ruminés, aidée par l'action des muscles abdominiaux et par le diaphragme dans les mouvements de la respiration, que M. Girard fait entrer pour beaucoup dans l'étiologie du phénomène. Le bonnet, ou réseau, n'y serait pour rien; seulement cette poche, aussi bien que les deux autres, et cela en même temps que la panse, éprouverait une contraction qui chasserait une partie de son contenu dans le feuillet, ce que celui-ci ferait pour la caillette; les parties humides d'abord le long de la gouttière œsophagienne, et ensuite les parties solides et comprimées entre les lames du feuillet, et après une certaine modification qui se perfectionnerait dans la caillette.

Analogie de la Rumination.

Après avoir ainsi passé en revue ce qui a été dit de plus important sur les organes et sur le mécanisme de la rumination, il nous reste à montrer quelle analogie ils ont avec leur état normal chez les autres mammifères, question à peine posée par nos prédécesseurs, et qui cependant n'est pas sans importance dans la résolution de la question. Pour moi, les prétendus estomacs ne sont que des divisions plus marquées, plus tranchées des parties déjà distinguées dans l'estomac normal de l'homme, et le mécanisme de la rumination, en tant qu'envisagé dans le mouvement ascensionnel de la matière à ruminer, n'est qu'une sorte d'éructation agissant sur de la matière sub-solide, phénomène tout différent du vomissement, ainsi que tout le monde en convient.

pour les organes.

Pour le premier point, il suffira de rappeler que l'on distingue dans un estomac simple, mais nettement dessiné, dans celui de l'homme par exemple : 1° le grand cul-de-sac situé à gauche de l'insertion de l'œsophage; 2° le renflement basilaire de celui-ci; 3° le corps de l'estomac formant sa partie moyenne, au-dessous ou opposé au cardia, dans laquelle s'ouvre l'œsophage par ce qu'on nomme ainsi; 4° le petit cul-de-sac ou l'extrémité pylorique située à droite et en arrière.

Ajoutons, d'après les belles observations expérimentales du docteur Prout, que la matière alimentaire, à mesure qu'elle descend dans l'estomac, suit une marche régulière, dans laquelle, pressée d'abord dans le grand cul-de-sac et contre ses parois, elle éprouve successivement un mouvement de rotation spirale qui la porte de la périphérie au centre et de gauche à droite, au fur et à mesure qu'elle éprouve de plus en plus la transformation chymeuse. pour la fonction.

En comparant maintenant, d'abord l'estomac d'un Ruminant avec celui de l'homme, on voit que quant à la position, à la disposition, à la forme et même à l'emploi dans le phénomène de la digestion, la panse et le bonnet sont l'analogue du grand cul-de-sac renfermant la partie basilaire de l'œsophage; que le feuillet est le corps de l'estomac, et qu'enfin la caillette en est le petit cul-de-sac et la partie pylorique. Comparaison avec l'Homme.

La différence principale consiste : dans le grand développement du tout, mais essentiellement dans l'étendue proportionnelle de chaque partie; dans le développement et la disposition des fibres de la couche musculaire, et enfin dans la nature de la membrane muqueuse ou gastrique, bien plus nettement tranchée dans les Ruminants, en ce que, presque épidermique dans la panse, le bonnet et même dans le feuillet, elle est exclusivement crypteuse et acidipare dans la caillette. Différences.

Quant au phénomène de mouvement de la masse alimentaire dans l'intérieur de cet estomac immense, il est également beaucoup plus marqué, du moins et surtout dans sa première partie, dans la panse, où le mouvement de gauche à droite et d'arrière en avant est tel, augmenté qu'il peut être par la volonté de l'animal, agissant sur les fibres de la panse et du bonnet, que la matière accumulée dans la panse et poussée dans le bonnet, venant à presser le cardia absolument comme les gaz dégagés dans l'estomac, le force, d'où une partie séparée du reste est portée par l'œsophage jusque dans la bouche pour être mâchée définitivement. Après cette opération exécutée par le mouvement trans- Analyse du phénomène.

versal de va-et-vient de la mandibule armée de ses dents contre celles de la mâchoire, le bol alimentaire est dégluti le long de l'œsophage et conduit par sa gouttière fermée ou mieux par le rapprochement des orifices cardiaque et gastrique jusque dans l'un ou l'autre des interstices des feuillets du corps de l'estomac ; de là, après une modification première, la matière accumulée est chassée peu à peu dans la caillette, où, après avoir subi la modification chymeuse, elle est poussée, comme à l'ordinaire, à travers le pylore dans l'intestin.

d'où raison de la difficulté de vomissement chez les Ruminants.

D'où l'on voit la raison pour laquelle les Ruminants ne vomissent pas, ou ne vomissent que très-difficilement ; cela tient sans doute à ce que le liquide dans lequel est dissous le vomitif ne descend qu'en très-petite quantité dans la panse, et va tout de suite dans le feuillet et de là dans la caillette, fort peu musculaires en comparaison du bonnet et surtout de la panse ; c'est pourquoi les préparations opiacées réussissent si mal dans ces animaux, et peut-être aussi pourquoi les épizooties sont en général si meurtrières, par suite de la putréfaction, dans l'estomac, des aliments non ruminés.

De la Rumination chez l'Homme.

On peut également induire de cette explication de la rumination, que si le Lièvre ne rumine pas, ce que je suis très-porté à penser, l'on conçoit très-bien que l'homme puisse le faire ; il suffit pour cela d'admettre que l'éructation de gaz pousse avec elle des matières solides. Mais il est évident que la rumination ne peut jamais être qu'incomplète, et n'être même, ainsi que l'a très-bien montré M. Percy dans son article sur le Mérycisme (*Dictionnaire des sciences médicales*, t. XXXII, p. 526, 1819), qu'une dégoûtante infirmité, ne se rencontrant que chez les individus dont l'estomac est venteux ou ructueux.

De la Vésicule du fiel.

Mais un point de l'appareil digestif sur lequel les Ruminants offrent une différence tranchée se remarque dans la vésicule du fiel qui n'existe dans aucune espèce du G. *Cervus* et qui ne manque jamais chez les espèces pourvues de cornes, mais quelquefois dans celles dont la tête n'est pas armée, comme les Chameaux, les Lamas et la Girafe (1).

Dans l'appareil respiratoire, les Ruminants n'offrent rien d'absolument caractéristique, si ce n'est peut-être le peu de division des poumons. Poumons.

Dans celui de la circulation, nous avons déjà noté l'existence d'un ou deux ostéides à la racine de l'aorte dans la cloison qui sépare les deux ventricules; eux seuls, si je ne me trompe, en sont pourvus. Cœur.

L'appareil de la génération présente aussi chez eux une similitude assez complète; ainsi dans la femelle l'utérus est pourvu de cornes fort longues, quoiqu'elle ne produise qu'un ou deux petits, et les mamelles, toujours contiguës dans leur disposition, sont constamment interfémorales, et ne portent qu'une ou deux paires de mamelons. Organes de la génération. Femelles.

Dans les mâles, les testicules sont constamment contenus dans une bourse extérieure, si ce n'est dans les Chameaux et Lamas où ils sont plus serrés dans le scrotum ou sous la peau; et le pénis, long et grêle, terminé insensiblement en pointe, sans traces d'ostéide dans son intérieur, est contenu dans un fourreau adhérent dans toute sa longueur et dont l'orifice touche presque au nombril. Mâles.

Le produit de la génération offre aussi quelques particularités assez caractéristiques, d'abord dans l'énorme développement de la vessie allantoïde dont les longues cornes enveloppent le fœtus presque en entier, et ensuite dans la décomposition du placenta en un grand nombre de cotylédons se logeant, ou mieux s'enracinant presque dans autant de fovéoles de la matrice. Fœtus.

Une aussi grande ressemblance dans presque toutes les parties de l'organisation des Ruminants a dû concorder et concorde en effet avec une sorte d'uniformité dans leur histoire naturelle et économique. Caractères tirés de leur Histoire naturelle.

Tous sont terrestres et complétement quadrupèdes ongulogrades, les uns habitant les pays de montagnes élevées, les autres au contraire les plaines basses et marécageuses et même fréquemment inondées, le plus Habitation.

(1) Pallas nous apprend qu'elle existe dans les Chevrotains, du moins dans le *Moschus moschiferus*.

souvent ou presque toujours en hordes considérables; aussi Buffon fait-il l'observation fort juste que les Ruminants constituent le plus grand nombre des animaux répandus à la surface de la terre.

Climat. C'est en effet le groupe de Mammifères que l'on rencontre le plus généralement réparti dans toutes les parties du globe, sauf dans les plus australes de l'hémisphère sud, c'est-à-dire dans la Nouvelle-Hollande, où jusqu'ici du moins aucune espèce de cette famille n'a encore été observée; mais dans toutes les parties de l'ancien comme du nouveau continent, aux extrémités les plus opposées soit en latitude, soit en longitude, vivent quelques espèces de Ruminants à tête armée de bois ou de cornes.

Nourriture. Toutes les espèces de Ruminants se nourrissent d'herbes ou des parties herbacées des végétaux (1) qu'elles prennent à terre ou sur les arbres, au moyen de la pince formée par les incisives inférieures et le bourrelet qui remplace les supérieures, aidé par la langue et les lèvres, surtout la supérieure, servant de collecteurs.

Rapports entre eux. La très-grande partie de ces animaux vit en troupes ou hordes plus ou moins nombreuses, composées de mâles, de femelles, de jeunes et de petits encore à la mamelle; mais quelques-uns, surtout à l'époque du rut, vivent par couples et dans des lieux retirés.

Rut. A cette époque, les mâles éprouvent une sorte de frénésie qui les rend furieux et redoutables, aussi bien à leurs rivaux qu'à l'homme lui-même.

Gestation. Les femelles, toujours beaucoup plus douces, et par lesquelles a dû commencer la domestication, ne produisent, après une gestation assez longue, qu'un ou deux petits, malgré la longueur des cornes de la matrice; et ces petits naissent parfaits sous le rapport des organes des sens et de la locomotion, en état de suivre leur mère aussitôt que les enveloppes et le cordon ombilical ont été rompus par elle-même ou

(1) L'expérience a montré que ces animaux peuvent non-seulement se nourrir d'autres parties des végétaux, racines ou graines, mais aussi de substances animales, par exemple, de poisson.

naturellement. Aussi l'allaitement, qui se fait debout dans ces animaux, est-il assez peu prolongé, le petit Ruminant naissant avec la première incisive et les molaires de lait déjà sorties, essayant de manger très-peu de temps après sa naissance. Allaitement.

Aussi ces animaux sont-ils adultes de bonne heure, et leur vie est d'assez courte durée.

Mais c'est surtout sous le rapport économique, c'est-à-dire sous les rapports des avantages que l'homme en tire, que cette famille est évidemment caractérisée d'une manière toute spéciale, au point que ce sont eux qui constituent la plus grande partie des animaux domestiques. Avec l'Homme. Domestication.

Dès lors c'est principalement leur nature essentiellement, éminemment sociale, qui fait le caractère le plus distinctif des animaux de cette famille.

En effet, c'est sur ce caractère que repose la facilité avec laquelle l'intelligence humaine a agi pour les convertir, pour ainsi dire, à son usage. Aussi est-ce parmi eux que se trouvent les animaux domestiques par excellence, ceux qui le sont de temps immémorial, et que l'homme a pu de bonne heure transporter avec lui dans tous les pays, sous tous les climats, comme il a fait d'abord du Chien et ensuite pour le Cheval; aussi le Mouton comme le Bœuf, peut-être même le Chameau et le Lama, ne sont-ils plus connus à l'état sauvage. Sa facilité.

Leur importance s'est même élevée à un si haut degré, qu'après avoir été la base de l'économie domestique, ils sont aujourd'hui celle de l'économie sociale, par l'influence qu'ils exercent sur la fertilité de la terre, et par suite sur la production des substances alimentaires que l'industrie humaine tire du règne végétal pour sa nourriture et pour d'autres usages d'une moindre importance. Son importance.

D'après cet aperçu des principaux caractères qui distinguent la grande famille des Ruminants, il sera possible d'entrevoir déjà combien son étude doit être intéressante, aussi bien à cause de son ancienneté qu'à cause de son utilité; aussi est-ce l'une de celles qui ont le plus occupé, et cela de tout temps, les naturalistes de quelque genre que ce soit. L'intérêt de leur étude :

à l'état fossile.

S'il n'est pas absolument certain que ce sont des espèces de Ruminants qui ont laissé le plus anciennement des traces de leur existence dans les couches de l'enveloppe terrestre, ce que l'on pourrait soutenir avec quelque vraisemblance, ainsi que nous le verrons plus tard, il est au moins hors de doute que c'est de quelques espèces d'entre eux qu'il est fait mention dès l'époque la plus reculée de l'histoire de tous les peuples;

à l'état domestique.

ainsi il est question des Moutons et des Bœufs dès l'origine des Hébreux, des Chinois, des Égyptiens, des Indous, des Grecs et des Romains; aussi bien que des Lamas, chez les Péruviens; et cela aussi bien dans l'histoire mythologique et héroïque, que dans les fastes réellement historiques.

Ce sont eux, en effet, qui ont été longtemps le sujet des sacrifices envers les dieux.

comme sujets : de l'anatomie.

Ceux dont on a tiré les éléments de la science des aruspices, ceux qui ont été les premiers sujets de l'étude de l'organisation animale, et par suite des altérations et des maladies dont elle est susceptible; ce sont eux sur

de modifications profondes.

lesquels l'espèce humaine, en les transportant dans toutes les parties du monde, et par conséquent dans tous les climats, a pu exercer le plus d'influence, par conséquent produire et ensuite conserver le plus grand

de races.

nombre de variétés et constituer des races susceptibles de se perpétuer, en continuant les conditions qui les ont fait naître.

Ce sont eux qui, très-probablement, ont montré les premiers (1) que deux espèces voisines peuvent en domesticité produire des monstres

de Mulets ou Hybrides.

spécifiques, c'est-à-dire des Métis, des Mulets, tenant des deux individus accouplés contre nature, mais ne pouvant se reproduire entre eux, et s'ils le peuvent quelquefois avec un individu de l'une des espèces, en remontant de plus en plus vers cette espèce.

de l'économie domestique.

Ce sont eux qui ont donné lieu ou qui ont permis l'établissement du second degré de l'état social, qui en a reçu le nom d'état pastoral; par

(1) C'est du produit de l'accouplement de l'Ane et de la Jument que la science a tiré le plus de connaissances sur le sujet curieux des Métis ou Mulets; mais comme le Mouton et la Chèvre sont sans doute plus anciennement domestiques et presque aussi voisins comme espèces, il est à présumer que ce sont eux qui ont les premiers formé des produits adultérins.

suite de la facilité de leur multiplication, surtout à une époque, où leur chair n'entrait pas encore dans l'alimentation de l'espèce humaine. Ce qui s'est continué chez les Grecs et jusque chez les Romains; mais ce n'est qu'à l'époque du Bas-Empire que l'étude du Cheval l'a emporté sur celle des Ruminants, par suite de l'invasion des peuples cavaliers, qui ont fini par se substituer à l'état pastoral; et alors la qualité d'*eques* a prédominé sur celle de *pastor*.

sociale.

Malgré cela, comme en définitive les Ruminants apportent plus d'avantages à l'état social que le Cheval, celui-ci ne donnant à l'homme que la force et la vitesse, tandis que ceux-là lui fournissent à la fois, avec la force patiente et régulière du Bœuf, l'aliment le plus substantiel et le vêtement le plus chaud; on voit comment la considération des Ruminants a pu contre-balancer celle du Cheval, et même la dépasser, la force et la vitesse pouvant, dans un grand nombre de besoins sociaux, être le résultat de machines inanimées, ainsi que nous le voyons aujourd'hui par l'emploi de la vapeur.

par la zoologie.

dans leur spécification difficile.

Pour le zoologiste proprement dit, l'importance de l'étude de cette famille a surtout notablement surpassé celle des Monongulés, principalement à cause du grand nombre d'espèces qu'elle renferme; mais comme leurs caractères distinctifs ou leur distinction spécifique s'appuie sur un grand nombre de parties autres que les systèmes dentaire et digital, presque toujours uniformes, il en est résulté que leur spécification et leur disposition sériale et systématique ont offert d'assez grandes difficultés, aussi bien pour les espèces vivantes que pour les espèces fossiles.

pourquoi?

Ajoutons que ce qui augmente encore ces difficultés, c'est que les femelles ne diffèrent quelquefois des mâles, dans les genres dont la tête est pourvue d'armes, souvent, il est vrai, spécifiques, que par leur absence; et que, dans celui où elles sont formées par un bois caduc, il y a un âge où il n'existe pas encore, par exemple, dans le premier; dans l'adulte, un moment dans l'année où il est tombé; et, enfin que, jusqu'à un certain âge, il change de forme tous les ans, non-seulement en grandeur, mais encore dans le nombre de ses divisions.

Son Histoire. Malgré ces difficultés, qui sont réelles et qui peuvent même atteindre la circonscription des genres, on peut dire que les zoologistes ont assez bien réussi et se sont montrés presque d'accord en suivant les errements fournis par l'économie domestique.

Chez les Anciens. On trouve en effet, chez les anciens, et même en partie déjà dans Aristote, dans sa division des *Anamphisodonta*, ainsi qu'il nommait les Ruminants, mais surtout dans Pline, les genres Chameau (*Camelus*), Girafe (*Camelopardalis*), Cerf (*Cervus*), Chèvre (*Capra*), Mouton (*Ovis*), Bœuf (*Bos*), il est vrai, souvent fort incomplétement caractérisés.

Chez les Modernes. Charleton, 1688. Ils le furent beaucoup mieux par les premiers systématistes des temps modernes, et même ils le furent par des caractères d'assez grande importance, comme on peut le voir dans Gualt. Charleton (1), qui, dès 1668, établit la division des *Bisulques* Ruminants ou non Ruminants, et les premiers Cornigères ou non Cornigères; dans J. Ray (2), en 1692; Linné (3), dans les premières éditions du *Systema naturæ*, aussi bien dans Klein (4) et dans Hill (5), en 1752, que dans Brisson (6).

J. Ray, 1692. Linné, 1736-46, etc.

(1) 1668. G. Charleton. *Onomasticon.*
Clas. I. Bisulca-Ruminantia.
1) Cornigeri. G. *Bos, Ovis, Capra, Cervus.*
2) Non Cornigeri. G. *Camelus.*

(2) 1692. J. Ray. *Synopis methodica quadrupedum.*
* *Ungulata, Bisulca-Ruminantia.*
1) Cornibus perpetuis. G. *Bovinum, Ovinum, Caprinum.*
2) Cornibus deciduis. G. *Cervinum.*
** *Unguiculata.* G. *Camelus.*

(3) 1732-1746. Linné. *Syst. Nat. Mamm.*
Ord. VI. G. *Camelus, Moschus, Cervus, Capra, Ovis, Bos.*

(4) 1752. Th. Klein. *Quadruped. dispositio.*
Ord. I. Ungulata, Dichelon Bisulca. G. *Taurus, Aries, Tragus, Cervus.*
Ord. II. Digitata. G. *Camelus.*

(5) 1752. Th. Hill. *Hist. of Anim.*, t. III.
Clas. VI. Pecora. G. *Camelus, Moschus, Cervus, Capra, Ovis, Bos.*

(6) 1756. Brisson. *Règne animal.*
Sect. I. Cornibus simplicibus. G. *Bovinum, Hircinum, Ovinum.*
Sect. II. Cornibus ramosis. G. *Cervinum.*
Sect. III. Cornibus nullis. G. *Camelus.*

C'est surtout dans Buffon, qui développa d'une manière si brillante l'histoire de la plupart de ces animaux, par lesquels même il commença, que l'on trouve, outre ces divisions génériques, l'indication de celles qui seront plus tard établies sous les noms d'Antilopes et de Lamas. Buffon. 1764.

On voit, en effet, dans le vol. XII de l'*Histoire naturelle*, publié en 1764, page 201 et 294, sous le nom de Gazelles et sous le titre d'*Animaux qui ont des rapports aux Gazelles et aux Chèvres,* la description d'un grand nombre d'espèces petites et grandes, qui depuis ont été réunies sous le nom d'Antilopes.

On peut également y remarquer la confirmation de la petite division des *Moschus* de Linné, sous la dénomination générique de Chevrotains, caractérisés par leur grande ressemblance avec les Cerfs, dont ils ne diffèrent que par l'absence de bois et l'existence de la vésicule biliaire (1), aussi bien que la séparation des Chameaux et des Lamas.

Depuis Buffon, les naturalistes systématistes se bornèrent presqu'à à copier ce que ce grand homme avait proposé; ce que, par exemple, fit Linné, dans la dernière édition du *Systema naturæ*, en 1766 (2). Linné, 1766.
Mais dans la même année Pallas le suivait encore de plus près, en établissant systématiquement, sous le nom d'Antilopes, un genre distinct, intermédiaire aux Cerfs et aux Chèvres, quoique bien plus rapproché de celles-ci, dans laquelle il comprit, outre quelques espèces nouvelles, celles que Buffon rapprochait des Gazelles, et que Linné plaçait dans son genre *Capra*.

En 1767, Pallas, dans la seconde édition, et en 1777, dans la troisième de son *Mémoire sur les Antilopes*, reconnut aussi le G. Chevrotain sous le nom de *Moschus*, en le regardant, avec la Girafe, comme intermédiaire aux Chameaux et aux Antilopes. Pallas. 1767.

(1) Malgré cela Buffon y faisait entrer de très-petites espèces d'Antilopes à cornes très-petites dans le mâle seulement.

(2) 1766. Linné.

Pecora : G. *Camelus, Moschus, Cervus, Capra, Ovis* et *Bos*, entre les Glires et les Belluæ commençant par le G. *Equus*.

Erxleben, 1777. Cette manière de voir de Pallas fut généralement adoptée, par Erxleben (1), par Pennant, et depuis lors par tous les mammalogistes sans exception; en sorte que la famille des Ruminants fut partagée en huit genres, dans une disposition qui paraît n'avoir jamais été appuyée sur des principes bien évidents.

On ne voit pas, en effet, que les prétentions à l'application de la méthode naturelle à la distribution méthodique des Mammifères, qui commença à se manifester dans le dernier quart du dix-huitième siècle, aussi bien que celles à la recherche des affinités qui s'en sui-
Blumenbach, 1778. virent, aient porté leur effet sur cette famille. Ainsi Blumenbach (2),
Storr, 1780. qui commença ce mouvement en Allemagne en 1778; Storr (3), qui
Pennant, 1781. le suivit plus heureusement, en 1780; Pennant (4), en 1781; puis
Boddaërt, 1786. ensuite Hermann, dans son ouvrage aussi érudit que diffus; Berthout
Gmelin, 1789. de Berghem, en 1784 (5); Boddaërt (6), en 1786; Gmelin (7), en

(1) 1777. Erxleben. *System. R. An. Mamm.* Entre les G. *Equus* et *Lepus*, les G. *Camelus*, *Bos*, *Ovis*, *Antilope*, *Cervus* et *Moschus*.

(2) 1778. Blumenbach. *Man. d'hist. nat.* Entre les G. *Equus* et *Sus*.
Ord. VI. *Bisulca* : les G. *Camelus*, *Capra*, *Ovis*, *Antilope*, *Bos*, *Giraffa*, *Cervus*, *Moschus*.

(3) 1780. Storr. *Prodomus*.
Pecora. G. *Camelus*, *Giraffa*, *Aries*, *Antilope*, *Taurus*, *Cervus*, *Moschus*.

(4) 1781 et 1791. Pennant. *Synopsis*. Entre les G. *Sus* et *Equus*.
G. *Bos*, *Ovis*, *Capra*, *Camelopardalis*, *Antilope*, *Cervus*, *Moschus*, *Camelus*.

(5) 1784. Berthout de Berghem (*Tab. des Anim. quad.*, Mém. de Lausanne, t. I, p. 9), qui cherchait aussi les affinités des animaux et les passages d'un groupe à un autre, placee n effet les *pieds fourchus*, comme il nomme les Ruminants, entre les G. *Sus* et les *Equus*; commençant par les Chameaux, les Girafes, suivant par les Cerfs, et voyant dans les Antilopes des groupes d'espèces ayant des affinités avec les Cerfs, avec les Chèvres, avec les Bœufs, et même avec le Cheval, comme l'*A. Gun*.

(6) 1786. Boddaert. Eleuchus. Anim. Mamm. *Ruminantia* entre les Rongeurs et le G. *Sus*.
G. *Tragulus*, *Moschus*, *Camelopardalis*, *Cervus*, *Antilope*, *Hircus*, *Ovis*, *Bos*, *Camelus*.

(7) 1789. Gmelin. *Syst. nat.*, Lin. XIII.
Ord. V. *Pecora* entre les G. *Hyrax* et *Equus*. G. *Camelus*, *Moschus*, *Cervus*, *Camelopardalis*, *Antilope*, *Capra*, *Ovis*, *Bos*.

1789; Vicq-d'Azir (1), en 1792; A. Millin (2), en 1794; MM. Étienne Geoffroy Saint-Hilaire et G. Cuvier (3), en 1798, n'apportèrent aucun changement notable à ce qui avait été fait par Buffon et Pallas; seulement ils ne s'astreignirent pas rigoureusement au même ordre des genres, et M. G. Cuvier crut devoir imiter encore Buffon en proposant la division des Lamas dans le genre *Camelus*.

Millin. 1794. E. Geoffroy et G. Cuvier. 1798.

Dans les premiers temps du siècle où nous sommes, les mammalogistes n'apportèrent non plus aucun changement bien important à la distribution méthodique des Ruminants.

Ainsi A. G. Desmarest (4), dans son *Tableau méthodique des Mam-*

Desmarest 1804.

(1) 1792. Vicq-d'Azir, ou mieux Daubenton. *Tabl. méthod.*

Clas. XIV. *Ruminantia* entre les G. *Sus* et *Equus*.

1er g. avec des cornes branchues ou bois. Ramosi. Les Cerfs.

2e g. avec des cornes. *Cornuti divisi* ou Ossicornes (Girafe), Uncicornes, Curvicornes, Spiricornes, Lyricornes, *Hircaricus* (*Capra* et *Ovis*), *Almalii* (*Bos*), Sectores (*Moschus*) et *Camelius*.

(2) 1794 et 1795. A. L. Millin. *Élém. d'hist. nat.*

Ord. III. Bisulques.

* Cornes simples. Bœuf, Bélier, Bouc, Bouquetin, Chameau, Antilope, Girafe.

** Cornes ramées. Cerfs.

*** Sans cornes. Chameau.

Cet ouvrage de Millin, devenu depuis un archéologue zélé, est un nouvel exemple du fameux apophtegme : *habent sua fata libelli*. En effet, composé par son auteur dans les prisons du comité de salut public, honoré du prix dans le concours ouvert par le comité de l'instruction publique, ayant eu trois éditions (1794, 1795 et 1802), personne, je crois, n'en a fait mention, pas même M. G. Cuvier, dans la préface de ses *Éléments d'hist. nat. des animaux*, en 1798.

(3) 1797. Ét. Geoffroy et G. Cuvier.

1798 et 1800. G. Cuvier. *Tabl. élém. de l'hist. nat. des anim.*, et *Tabl. classif. anatom. comp.*, t. I.

Ord. VIII. Ruminants entre l'Hippopotame et les Solipèdes. G. *Camelus*, *Moschus*, *Cervus*, *Camelopardalis*, *Antilope*, *Capra*, *Ovis*, *Bos*.

(4) 1804. A. G. Desmarest. *Nouv. dict. des sciences nat.*, t. XXIV. Tab. méth. des Mamm.

Ord. VIII. Ruminants, *Pecora*, entre les G. *Sus* et *Equus*, G. *Camelus*, *Lama*, *Moschus*, *Cervus*, *Camelopardalis*, *Antilope*, *Capra*, *Ovis*, *Bos*.

Duméril, 1806, Tiedmann, 1808. Illiger, 1812.

mifères, en 1804, M. C. Duméril (1), en 1806, Tiedmann (2), en 1808, Illiger (3), en 1812, adoptèrent complétement ce qui avait été fait avant eux ; mais celui-ci introduisit dans la caractéristique des genres et des familles, la considération du mufle (*Rhinarium*), des larmiers, du nombre des mamelles et des ergots, mais sans proposer aucune division dans les genres linnéens. En 1816, M. Oken (4) suivit encore les anciens

Oken, 1816.

errements, qu'il contracta même plus qu'il ne les développa ; ce que je fis au contraire la même année, dans un mémoire (5), sur quelques espèces

Blainville, 1816.

nouvelles de Mammifères que j'avais observées en Angleterre ; je rendis encore plus rigoureuse la considération du mufle, des larmiers, du nombre des mamelles, des ergots, et j'introduisis celle des poches

(1) 1806. C. Duméril. *Zoolog. analytiq.*, p. 25.

XI Fam. Ruminants ou Bisulques. G. *Camelus, Moschus, Cervus, Camelopardalis, Antilope, Capra, Ovis, Bos.* Entre les G. *Hippopotamus* et *Equus.*

(2) 1806. E. Tiedmann. *Zoologie.*

Ord. III. *Ruminantia-Bisulca*, entre les G. *Sorex* et *Didelphis*, les G. *Bos, Ovis, Capra, Antilope, Giraffa, Cervus, Camelus, Lama.*

(3) 1812. Illiger. *Prodrom. Syst. Mamm.*

Ord. VII. *Ruminantia*, entre les G. *Equus* et *Bradypus*, divisés en quatre familles :

1) Tylopoda. G. *Camelus, Auchenia* pour *Lama.*
2) Devexa. G. *Camelopardalis.*
3) Capreoli. G. *Cervus, Moschus.*
4) Cavicornia. G. *Antilope, Capra* comprenant *Ovis* et *Bos.*

(4) 1816. Oken. *Système d'histoire naturelle.*

Entre les G. *Anoplotherium* et *Mus*; les G. *Camelus, Orasius* pour *Giraffa, Cervus, Moschus, Pecus*, comprenant comme divisions *Bos, Ovis, Capra* et *Comas* pour *Antilope.*

(5) 1816. H. de Blainville. *Sur quelques espèces de l'ordre des Ruminants*, extr. *Bull. soc. Phil.*, mai 1816.

A. Canines au moins dans les mâles.

Sect. I. Fam. sans bois ni cornes. G. *Camelus, Lama.*

A bois. G. *Moschus, Cervulus* pour les Muntjack ; *Cervus* partagé en deux, d'après l'absence ou l'existence du mufle.

Sect. II. A cornes persistantes. G. *Cerophorus* comprenant comme sous-genres : *Antilope, Gazella, Cervicapra, Alcelaphus, Tragelaphus, Boselaphus*, et *Oryx, Capra, Ovis* ou *Ammon, Ovibos, Bos.*

inguinales et interdigitales et des brosses, dans la caractéristique spécifique et dans la distribution méthodique des Ruminants; ce qui, en précisant encore plus la forme des bois et des cornes, me conduisit à proposer, dans les genres *Cervus*, *Antilope* et même *Bos*, un certain nombre de divisions subgénériques.

Ces modifications ne furent d'abord pas adoptées; ainsi M. Goldfuss (1) suivit Illiger, M. l'abbé Ranzani (2) en fit autant à l'égard de M. G. Cuvier, qui, dans la première édition de son *Règne animal*, en 1817, et même dans la seconde, en 1830, ne changea rien à ce qu'il avait fait en 1798 et 1800, ce qu'avait également fait, en 1825 (3), M. Latreille, dans un livre qu'il intitula *Familles du règne animal*, on ne sait pas trop pourquoi; il mit dans la première de celles qu'il propose, dans l'ordre des Ruminants, le genre *Moschus* avec les *Camelus* et *Lamas* et dans la seconde, avec le genre *Cervus* le *Camelopardalis*. Du reste, il accepta les divisions proposées par moi dans le G. *Antilope*; mais il n'en fut pas de même des autres systématistes nationaux ou étrangers, en Allemagne, en Angleterre, en Suède et en France. Ainsi,

Goldfuss, 1820.

G. Cuvier, 1817-30.

Latreille, 1825.

(1) 1820. G. Goldfuss. *Manuel de zoologie.*

Ord. V. *Pecora* entre les G. *Elephas* et *Equus*, en quatre familles :

1) Ceratonia. G. *Bos*, *Capra*, *Ovis*, *Antilope*.
2) Tylopoda. G. *Camelus* pour *Lama*.
3) Devexa. G. *Camelopardalis*.
4) *Capræa*. G. *Cervus*, *Moschus*.

(2) 1821. C. Ranzani. *Eléments de zoologie.*

Ord. VII. *Ruminantia*, entre les G. *Equus* et *Manatus*. Trois familles :

1) G. *Camelus*, *Moschus*.
2) G. *Cervus*, *Camelopardalis*.
3) G. *Antilope*, *Capra*, *Ovis*, *Bos*.

(3) 1825. A. Latreille. *Familles du règne animal.*

Ruminants, *Pecora*, X[e] fam.

1) Inermia. G. *Camelus*, *Lama*, *Moschus*.
2) Plenicornia. G. *Cervus*, *Camelopardalis*.
3) Tubicornia. G. *Antilope*, et toutes les subdivisions établies par moi, *Bos*, *Capra*, *Ovis*.

Lesson, 1827. en 1827, M. Lesson (1), dans son *Manuel de mammalogie*, adopta presque complétement ce que j'avais fait, sans autre changement, si ce n'est qu'il place les *Capra* et les *Ovis* après les *Bos.*

Wagler, 1830. En 1830, J. Wagler (2), professeur à Munich, crut au contraire devoir simplifier beaucoup la systématisation des animaux de cette famille, en n'acceptant aucune des subdivisions génériques ou subgénériques nouvelles, et pas même celles établies par Pallas et Linné. Ainsi, son genre *Bos* comprend, groupés à peu près pêle-mêle, quoique d'après la considération seule de la queue, les G. *Antilope, Capra*, *Ovis* et *Bos;* mais comme M. Wagler ne donna aucune raison, bonne ou mauvaise, de sa manière de voir, je ne crois pas qu'il ait été imité par personne.

Ch. Bonaparte, 1830. En 1830 et 1831, M. Charles Bonaparte (3), dans sa *Distribution méthodique des animaux vertébrés,* en italien, accepte assez bien les noms de familles donnés par Wagler; mais au lieu de l'imiter dans la restriction des genres, il admet les subdivisions proposées dans les genres *Bos*, *Antilope*, *Cervus*, toutefois en renversant l'ordre généralement admis, c'est-à-dire commençant par le G. *Bos* et finissant par le G. *Camelus*, probablement dans un but de disposition générale de la classe.

(1) 1827. Lesson. *Manuel de mammalogie.*

Ord. VII. Ruminants, *Pecora*; entre les G. *Equus* et *Manatus*; G. *Camelus*, *Merycotherium*, foss., *Lama*, *Moschus*, *Cervus*, et les subdivisions proposées par moi, *Camelopardalis*, *Antilope*, avec mes subdivisions, *Bos*, *Ovibos*, *Capra* et *Ovis*.

(2) 1830. J. Wagler. *Nat. system. Amphib. et classif. Mamm. et Avium.*

Ord. XIII. Entre les G. *Canis* et *Equus*.

Fam. 1) Cameli. G. *Dromedarius*, *Camelopardalis*.

Ord. XIV. *Pecora*. G. *Moschus*, *Cervus* et *Bos*.

(3) 1830-1831. Charles Bonaparte. *Distributio metodica di Anim. verteb.*

Ord. VIII. *Pecora*, entre les G. *Orycteropus* et *Equus*; suivant Illiger pour les familles, adoptant les subdivisions génériques des G. *Cervus, Antilope* et *Bos*, mais dans un ordre renversé, comme les genres eux-mêmes.

Enfin dans ces derniers temps, M. Ogilby (1), et surtout M. Sundevall (2), ont encore essayé de distribuer les espèces de Ruminants d'une manière qu'ils regardent sans doute comme plus conforme aux principes de la zooclassie; mais je doute qu'ils y aient véritablement réussi. Toutefois, du grand travail du zoologiste suédois, il résultera au moins une appréciation des espèces beaucoup plus complète que tout ce que la science possédait auparavant, outre qu'ils ont, ce me semble, introduit dans leur classification une considération nouvelle tirée de la forme des sabots. Ogilby. 1837. Sundeval. 1844.

Dans cette esquisse historique des travaux de systématisation sur les espèces animales qui composent la grande famille des Ruminants, il est aisé de voir que, s'il était facile de reconnaître les principaux groupes génériques qu'elles forment, puisqu'il n'y avait presque qu'à suivre l'observation économique, ce que Linné, Buffon et Pallas ont successivement de mieux en mieux formulé, en abandonnant la considération trop rigoureuse des doigts ongulés ou onguiculés proposée par Ray et suivie par Résumé. De l'établissement des genres.

(1) 1837. OGILBY. *Proceed. zool. soc. Lond.*, Distinctions génériques des Ruminants.

Fam. 1) *Camelida*. G. *Camelus*, *Auchenia* pour Lama.

2) *Cervida*. G. *Camelopardalis*, *Tarandus*, *Alces*, *Cervus*, *Capræa* pour *Capreolus*, *Prox* pour *Cervulus*.

3) Moschidæ. G. *Moschus*, *Ixalus*, *Hinnulus*, *Capreolus*.

4) Capridæ. G. *Mazama* pour *A. Furcifer*, *Madoqua* (*A. Saltiana*) *Antilope*, *Gazella*, *Ovis*, *Capra*, *Ovibos*.

5) Bovidæ. G. *Tragulus*, *Sylvicapra*, *Tragelaphus*, *Calliope*, *Kemas*, *Capricornis*, *Bubalus*, *Oryx*, *Bos*.

(2) 1844 et 1845. CARL. J. SUNDEVALL. Method. revue des esp. des PECORA de Linné. *Bullet. Acad. Stock.*

Fam. 1) Camelinna. G. *Camelus*, *Auchenia*.

2) Cervina. G. *Alces*, *Rangifer*, *Cervus*, *Capreolus*, *Prox* pour *Muntjacus*, *Moschus*.

3) CAPRINA. G. *Ovis*, *Capra*, *Nemochedus* pour *Capricornis*, *Oreotragus*.

4) *Antilopina*. G. *Gazella*, *Dicranioceras*, *Bubalus*.

5) *Bovina*. G. *Oryx*, *Catoplepas*, *Ovibos*, *Bos*, *Anoa*, *Portax*, *Damalis*.

6) SYLVICAPRINA. G. *Hippelaphus*, *Strepsiceros*, *Cervicapra*, *Calotragus*, *Nanotragus*, *Sylvicapra*, *Tragelaphus* et *Tetraceras*.

Klein, pour rentrer dans le système de Charleton en le perfectionnant, il devenait plus difficile d'aller plus loin, c'est-à-dire de déterminer définitivement et par des raisons fondées sur les véritables principes zooclassiques, la place que cette partie de la série doit occuper dans la classe des Mammifères; ce qui n'a eu lieu, ce me semble, que dans mon système de mammalogie; de donner ensuite une disposition intérieure des genres et des espèces d'après les mêmes principes qui avaient servi à déterminer la position de la famille entière; ce qui devait nécessairement conduire à trouver les véritables caractères génériques et spécifiques.

De leur position.

Et d'abord, dans quelle disposition les genres et les sous-genres doivent-ils être placés? Nous avons vu qu'après un certain nombre de variations, on avait fini par suivre Linné, qui a placé en tête le G. *Camelus*, en reconnaissant dans le système dentaire et dans le système digital des particularités qui le distinguent des autres Ruminants. Dès lors on a été conduit, en prenant en considération l'existence de canines, à placer les genres qui en ont aussi, du moins dans les mâles, pour terminer par celles qui n'en ont jamais, en suivant le système de Linné, et ce qui était assez bien confirmé par la considération de l'absence ou de l'existence d'armes frontales, nulles, caduques ou persistantes, comme Charleton l'avait proposé. La seule difficulté portait sur la Girafe, placée tantôt entre les *Camelus* et les *Moschus*, comme n'ayant pas la tête armée, ou bien entre les Cerfs et les Antilopes, comme n'ayant pas de canines, ainsi que l'a fait Gmelin; ce qui me paraît être confirmé par l'absence d'une vésicule biliaire.

De la spécification,

à l'état vivant.

d'après le squelette.

Malheureusement, par suite de la grande uniformité de structure fondamentale de ces animaux, les caractères spécifiques n'ont pu porter que sur des particularités extérieures inhérentes à l'enveloppe et qui disparaissent avec la vie, ou du moins fort peu de temps après la mort; d'où il est résulté que dans la caractéristique et la reconnaissance des espèces d'après le squelette même tout entier et par conséquent pouvant montrer les points différentiels les plus importants, l'anatomiste le plus exercé éprouve souvent des difficultés assez grandes pour se décider. Que serait-ce donc s'il n'avait, comme objet de comparaison, que des os séparés, plus ou moins incomplets et peu importants du squelette? Sans nul doute il lui sera aisé de reconnaître qu'ils ont appartenu à une espèce de Ruminants, tant chacun des os de leur squelette leur est particulier; mais quand il faudra aller plus loin, lorsqu'il voudra déterminer l'espèce, je ne crains pas de dire que plus il aura de connaissances réelles et anatomiques et plus il balancera à prononcer dans un sens ou dans un autre, même en ayant à sa disposition un grand nombre d'objets de comparaison.

à l'état fossile.

ses difficultés.

C'est là ce qui a rendu et rendra toujours d'une grande difficulté la connaissance des restes fossiles qui ont appartenu à des animaux ruminants, et qui sont cependant extrêmement fréquents dès l'origine des terrains tertiaires jusque dans ceux des alluvions les moins anciennes. Aussi les Hunter, les Pallas, les Camper, les Blumenbach, les Sommering, véritables anatomistes sans conteste, ont-ils été souvent arrêtés lorsqu'ils avaient à prononcer, même sur des parties importantes de Ruminants. M. G. Cuvier lui-même, malgré le nombre assez considérable d'objets de comparaison et sa fâcheuse facilité à multiplier les espèces dans le catalogue de celles regardées comme perdues ou fossiles, trop souvent à l'aide du compas, a balancé longtemps et à plusieurs reprises avant de prendre une décision, et souvent même n'en a pas pris.

senties par les Anatomistes.

Il n'en a pas été de même de la part d'un assez grand nombre de personnes qui, dans le but fort louable sans doute de contribuer aux progrès de la science, sans études préliminaires, souvent sans objet de comparaison, se sont prononcées hardiment formant et appliquant le *nobis*, ou même le *mihi* encore plus personnel, à la plupart des pièces qu'elles ont recueillies.

fort peu par les Géologues.

Si l'on voulait en effet consulter les derniers catalogues des espèces de l'ancien monde, comme disent les Allemands, qui sont rangées dans cette famille, on en pourrait trouver plus d'une centaine de presque tous les genres, ainsi que nous le verrons lorsque nous serons arrivés à chacun d'eux.

Résumé. sur l'intérêt de l'étude des Ruminants.

Je n'ai pas besoin de m'arrêter longtemps pour faire sentir tout l'intérêt qui s'attache à l'étude de ce groupe de Mammifères, il suffira de rappeler que ce sont eux qui constituent la plus grande partie de nos animaux domestiques, et que par conséquent leur histoire est nécessairement liée à celle de l'homme, dont elle montre toute la puissance; en sorte que, s'il était démontré qu'un os fossile trouvé dans une couche de la terre ait appartenu à une espèce domestique, on pourrait en conclure qu'à l'époque où ses restes ont été ensevelis l'espèce humaine existait elle-même avec elle; ce qui ne serait pas sans importance pour la grande question de l'ancienneté de l'homme, sur le lieu de son origine et sur la marche de son émigration ou de sa dispersion à la surface de la terre.

Plan de notre travail.

Après cet aperçu historique et ces considérations générales sur la grande famille des Ruminants ou des *Pecora*, dans lesquels, après avoir donné la caractéristique, nous avons passé en revue ce que le reste de l'organisation et de ses actes offre à l'appui de sa distinction, de sa position dans la série, aussi bien que de la disposition et de la distinction des espèces vivantes et fossiles, ce dont nous avons fait sentir la difficulté, nous allons maintenant prendre à part chacun des grands genres linnéens, en l'envisageant plus exclusivement sous le double rapport du squelette et des dents, sujet de notre ouvrage.

Dans un premier mémoire, nous traiterons des espèces du G. *Camelus* de Linné, comprenant les Chameaux et les Lamas de Buffon.

Un second sera consacré à la Girafe.

Un troisième aux Chevrotains ou Cerfs sans bois et aux Cerfs.

Un quatrième aux Antilopes, aux Chèvres et aux Moutons, et peut-être même aux Bœufs, c'est-à-dire à tous les Ruminants à cornes.

SUR LES CHAMEAUX ET LAMAS (Buffon).

(G. *CAMELUS*, L.)

Introduction.

Comparaison du Chameau avec le Cheval.

comme animal domestique.

Dans notre Mémoire sur le genre *Equus*, nous avons pu montrer dans le Cheval, la plus belle espèce de ce genre, un animal devenu par la domesticité, ou mieux peut-être par son association avec l'homme, le modèle des mammifères quadrupèdes, aussi bien dans l'harmonie de ses proportions physiques que pour ses qualités intellectuelles et presque morales; dans celui-ci nous allons, au contraire, commencer l'histoire de la grande famille des Ruminants, par le genre qui s'en éloigne le plus, et qui par conséquent, jusqu'à un certain point équivoque, présente dans ses formes quelque chose de désagréable, d'insolite, d'ignoble même, par une double raison : d'abord par sa nature même intermédiaire ou de transition, et ensuite par un certain nombre de modifications profondes que lui a imprimées la main de l'homme, en le constituant bête de somme, ou vaisseau de terre et du désert, ainsi que le désignent les peuples de l'Orient; en sorte que, si l'homme a procuré au Cheval une véritable amélioration dans l'ensemble de ses qualités, élevées, pour ainsi dire, jusqu'à la noblesse, il a, par contre, dégradé le Chameau à l'état d'esclave, au point qu'il ne peut subsister hors de la domesticité.

sauvage.

Pour le Cheval, nous avons encore pu le trouver libre et sauvage dans son pays originaire, et nous avons vu même qu'il pouvait le redevenir, dans les steppes des deux continents, après avoir échappé à la domesticité; mais pour les Chameaux, aussi bien peut-être que pour les Lamas, on ne connaît avec certitude aucun point du globe où ils soient véritablement sauvages, ni aucune preuve qu'ils puissent vivre sans le secours de l'homme. Quelques auteurs, et entre autres Pallas, disent bien que le

dans le Turkestan.

Chameau à deux bosses existe encore sauvage sur les confins de la Sibérie, dans le Turkestan, sur les confins de la Chine, et même, suivant celui-ci, qu'il est plus fort et plus robuste que dans la race domestique; mais le fait est loin d'avoir été confirmé, et ce qui semble encore à l'appui de l'opinion que le Chameau n'existe plus sauvage, c'est qu'après le Chien et le Mouton, ce sont certainement, des animaux domestiques, ceux dont il est fait le plus anciennement mention dans l'histoire.

Intérêt de son histoire, liée à celle de l'Homme.

D'où l'on voit de quel intérêt est l'étude de ce genre d'animaux, non pas seulement parce qu'ils forment une transition entre les Ongulogrades non ruminants et les Ruminants, mais encore parce qu'ils sont, pour ainsi dire, liés à l'histoire de l'homme, qu'ils ont suivi dans son émigration des parties méridionales des vastes plaines de la Tartarie centrale vers les parties orientales, méridionales et surtout occidentales de l'ancien monde.

dans le monde ancien.

nouveau.

C'est ce que l'on peut également dire des Lamas ou Chameaux du Nouveau-Monde, qui, également originaires, et peut-être plus probablement encore sauvages, de ces parties les plus élevées de l'Amérique méridionale, semblent aussi remonter à l'arrivée de l'homme dans cette partie de la terre, et lui avoir rendu les mêmes services que les Chameaux de l'Ancien-Monde, et pouvoir les lui rendre encore, si l'introduction du Cheval et du Mulet n'était venue les supplanter.

Ses caractères: tirés

Le genre *Camelus*, ainsi qu'il a été accepté et défini par Linné, à peu de chose près comme il l'avait été par ses prédécesseurs et surtout par J. Ray, est, parmi les Ongulogrades paridigités ruminants, l'un des plus tranchés et des plus faciles à caractériser, aussi bien par le système dentaire que par le système digital.

du système dentaire.

On trouve, en effet, que ce sont les seuls Ruminants dont le système dentaire soit complet, sous un certain point du moins, c'est-à-dire comme formé des trois sortes de dents aux deux mâchoires; quoique, ainsi que nous le verrons plus en détail au chapitre de l'Odontographie, la plus grande somme de rapports soit encore davantage avec les Ruminants qu'avec aucun autre Ongulograde.

Il en est de même du système digital, quoique le pied ne soit pas aussi rigoureusement bisulque que dans toutes les autres espèces de cette famille, en ce que la sole n'est pas divisée (1) et que les ongles, bien plus petits, sont, pour ainsi dire, marginaux; c'est cependant un pied de didactyle avec un canon de deux os soudés, comme dans tous les autres Ruminants. digital.

On peut également dire à peu près la même chose de l'appareil digestif : ainsi, l'estomac, quoique divisé en ses quatre parties, comme chez ceux-ci, en diffère par une particularité, des groupes de locules ajoutées à la panse, et assez remarquable pour qu'on ait attribué au Chameau une singularité de mœurs assez extraordinaire, la faculté d'y conserver de l'eau et de pouvoir, à cause de cela, ainsi supporter la soif, bien plus longtemps qu'aucun autre Mammifère. digestif.

L'organisation des espèces de ce genre offre encore, de caractéristique, l'absence d'armes frontales, l'absence de muffle, remplacé par une fissure labiale, la disposition rebordée de l'orifice des narines, la petitesse des oreilles, l'existence de mamelles séparées, quoique rapprochées de chaque côté dans la femelle comme dans le mâle, et dans celui-ci, le fourreau libre à son extrémité (2) recourbée en arrière, et la petitesse du scrotum contenant les testicules suspendus à l'extérieur. Du reste de l'organisation

Ajoutons à cela une autre particularité plus profonde encore, c'est que le foie n'a pas de vésicule du fiel; caractère que nous retrouverons dans toutes les espèces du genre *Cervus*, sans y comprendre les *Moschus*. du Foie.

Mais ce qui les distingue de tous les Ruminants connus, c'est la structure du placenta, qui, au lieu d'être décomposé en petites pelottes, nommées cotylédons, comme chez ces animaux, constitue une masse du Placenta.

(1) Du moins dans les Chameaux; car dans les Lamas elle l'est au moins à moitié, et les doigts, surtout ceux de devant, sont d'une mobilité remarquable, pouvant s'écarter considérablement, offrant une poche interdigitale très-grande. Il y a même des espèces de brosses aux jambes de devant.

(2) Dans les Chameaux, car dans les Lamas il est comme dans les autres Ruminants. Du reste, même dans les Chameaux, la structure du pénis n'a rien de celui du Cheval, et est comme chez les Ruminants ordinaires.

continue ou une sorte de membrane dense prenant la forme de la corne utérine, et dont la face externe est couverte de villosités vasculaires, assez bien comme dans le Cheval, quoique l'allantoïde soit comme dans les autres Ruminants, d'après les observations de M. P. Savi (*Miscellan. Pisa*, *Ann.*, I, n°s 5 et 6, 1843).

des Gibbosités dorsales.

Je n'ai pas fait entrer dans la caractéristique des espèces de ce genre, la gibbosité double ou simple qui se remarque sur le dos des espèces de l'Ancien-Monde, pas plus que les callosités épidermiques qui, chez elles, se développent, par suite de l'âge, sous le sternum ou à certaines articulations des membres, parce que ce sont très-probablement des stigmates de la domesticité (1).

du Voile du Palais.

Je n'ai pas cru devoir mentionner, comme caractéristique des Chameaux, le développement du voile du palais, qui, dans les individus mâles, à l'époque du rut, peut devenir assez grand pour pouvoir être soufflé, par la bouche et par ses coins, sous forme d'une ou de deux grosses vessies de couleur rouge (2), parce que M. G. Cuvier nous ap-

(1) En m'exprimant ainsi j'adopte l'opinion de Buffon; mais ne peut-on pas conserver quelque doute en se rappelant que l'Autruche sauvage offre aussi une callosité épidermique sous-sternale, et que, si M. Fréd. Cuvier dit positivement que le Dromadaire n'a pas de callosités en naissant, M. Savi, qui a eu l'occasion bien plus fréquente de l'observer dans le haras des environs de Pise, dit non moins positivement le contraire, en ajoutant qu'il s'était assuré du fait. Il émet la même opinion pour la bosse; suivant lui, elle est naturelle et normale.

(2) Cette particularité d'organisation dans le Chameau à une bosse a été étudiée pour la première fois, ce me semble, par M. le professeur Paolo Savi, dans une dissertation publiée à Pise en 1824. Il y démontre assez bien que cette prétendue vessie, qui n'est pas une poche, comme on l'a dit quelquefois, n'est rien autre chose que le voile du palais, ou mieux, suivant lui, la luette arrivée à un développement extraordinaire, et que le souffle de l'animal en colère peut pousser à droite ou à gauche hors la bouche.

M. le professeur Mayer de Bonn a également reconnu que cette prétendue vessie est un développement considérable du voile du palais; mais que, au lieu de la luette, ce sont les extrémités lobiformes du bord libre de ce voile qui peuvent être poussées hors de la bouche par l'expiration (*Analecten für vergleichende anatom.*, 1839).

D'après ce que j'ai observé moi-même sur les Dromadaires mâle et femelle que j'ai disséqués, il y a quelque chose de vrai dans les deux observations que je viens de citer.

Dans l'état normal du mâle, mais certainement dans la femelle, toute la membrane mu-

prend que le Chameau à deux bosses qu'il a pu observer vivant dans la ménagerie du Muséum, n'offrait pas la même singularité, et je ne la connais pas non plus chez les Lamas.

Quant aux caractères que l'on pourrait tirer de leur histoire naturelle, ils sont assez peu distinctifs. Essentiellement terrestres, et même de pays secs, de plaine ou montueux, leur marche, assez peu gracieuse, peut devenir fort rapide, par suite de la grande longueur de leurs pas. Extrêmement sobres, aussi bien pour les aliments solides que pour la boisson, mais sans doute par suite du régime qui leur a été imposé par l'homme, leur nourriture consiste essentiellement en végétaux grossiers (1) et en eau peu limpide. Les sexes, qui diffèrent assez peu, n'offrent rien de bien particulier, pas même dans leur mode d'accouplement, comme on a pu le supposer un moment, par suite de la direction rétroverse de l'extrémité du fourreau dans le mâle. La femelle ne produit qu'un petit, qu'elle allaite à la manière des autres Ruminants; mais ce qui a, depuis longtemps, été considéré comme le plus caractéristique dans les mœurs des Chameaux, c'est la faculté qui leur a été attribuée, encore de nos jours, de pouvoir conserver de l'eau, et

de l'histoire naturelle.

de leur faculté de supporter la soif.

queuse qui revêt le palais, fort dure et fort sèche à la surface, est singulièrement épaissie par une couche vasculo-réticulaire; et cette couche s'accroît encore à mesure qu'elle approche du voile du palais. Celui-ci, fort étendu, est notablement épaissi dans son milieu par une luette très-grosse et très-longue, contenant, comme de coutume, beaucoup de vaisseaux et de glandules, tandis qu'au contraire ses côtés, en forme de lobes courts, arrondis et libres, sont excessivement minces.

C'est cette disposition normale qui s'exagère dans le mâle, et surtout à l'époque des amours, par suite sans doute d'une irritation sympathique, qui détermine une sorte de pharyngite; les vaisseaux sanguins, développés par l'afflux du sang, développent eux-mêmes la luette et les deux lobes du voile du palais, l'une en longueur comme en épaisseur, les autres en surface seulement. Alors, quand l'animal souffle ou expire fortement, si l'action se fait dans l'axe du corps, la langue partageant le voile, la luette se porte sur elle, et ses deux lobes membraniformes sortent également, l'une à droite et l'autre à gauche; dans le cas contraire, tout le voile, et la luette au milieu, est poussée à droite ou à gauche, comme le dit M. Paolo Savi.

(1) Savi fait même l'observation que ceux du haras de Pise ne touchent jamais à l'herbe fraîche des bons pâturages.

même limpide, dans un réservoir faisant partie de leur estomac, avec la possibilité de la faire remonter dans la bouche; ce qui leur permet de se passer de boire pendant un long temps. Comme pour la rumination en général, qu'il me soit permis, dans une sorte de digression, de donner quelque développement à ce point de l'histoire des Chameaux, qui me semble avoir été examinée avec des idées préconçues.

NOTE

sur le rapport de l'organisation des Chameaux avec la faculté de supporter la soif pendant longtemps.

Digression à ce sujet, d'après les voyageurs.

Tavernier.

Les récits plus ou moins exagérés des voyageurs en Orient avaient appris, d'assez bonne heure, que les Chameaux pouvaient supporter la soif pendant un temps fort long, même en se nourrissant de substances fort peu succulentes et de plus assez sèches. Tavernier cite, en effet, dans le récit de son voyage d'Alep à Ispahan, à travers le grand désert, que les Chameaux de la caravane dont il faisait partie furent neuf jours sans boire.

On savait aussi, d'après les mêmes récits, que ces animaux, après une disette d'eau aussi prolongée, la sentaient à un quart ou même une demi-lieue de distance, et qu'arrivés aux lieux où il s'en trouvait, ils s'y précipitaient avec une avidité impétueuse et s'en gorgeaient d'une manière extraordinaire.

On ajoutait même, en paraissant y ajouter foi, que des voyageurs, poussés par la soif, avaient eu recours à la ressource cruelle, mais excusable par la nécessité, d'éventrer des Chameaux de leur caravane pour s'abreuver de l'eau que leur réservoir devait contenir, et même, ce qui est encore moins croyable, que d'autres avaient été quelquefois réduits à employer pour satisfaire leur soif, l'eau recueillie dans l'estomac de Chameaux morts dans le désert.

d'après l'organisation.

On voit donc comment, aussitôt que la science de l'organisation animale commença à se diriger vers la recherche de la cause des faits observés, celui qu'on attribuait aux Chameaux devint un sujet important d'investigation.

Les anciens ne nous ont rien laissé là-dessus, si ce n'est, par exemple, Aristote, que les Chameaux, comme les Bœufs et les Cerfs, n'ayant pas d'incisives à la mâchoire supérieure, et étant, au fait, didactyles, devaient ruminer comme eux, et par conséquent avoir les quatre divisions de l'estomac qu'ils attribuaient à ceux-ci, mais rien de plus. (*De Part. Animal.*, lib. III, chap. 14.) chez les Anciens. Aristote.

Dans la décadence de l'empire romain, soit à Rome soit à Constantinople, aussi bien que dans le moyen âge, et même dans les premiers temps de la renaissance des sciences en Europe, quoique sans doute l'occasion s'en soit très-probablement présentée, on ne remarque encore rien qui ait trait aux particularités de l'estomac des Chameaux, quoique l'histoire de leur réservoir d'eau se trouve à peu près répandue généralement.

Ce n'est, en effet, que vers la fin du dix-septième siècle, époque où s'élevèrent successivement les académies *dei Lyncei* à Rome, *del Cimento* à Florence, des Curieux de la Nature en Allemagne, de la Société royale en Angleterre, et l'Académie des Sciences à Paris, que la dissection d'un Chameau eut lieu et fut publiée. chez les Modernes.

C'est à Claude Perrault, si injustement ridiculisé par Boileau, à cause de la prédominance qu'il osait accorder aux modernes sur les anciens, que l'initiative me semble en être due, et cela dans cette physiologie qu'il intitula de la Mécanique des animaux, pour la composition de laquelle, dirigeant et rédigeant les travaux des anatomistes de l'ancienne académie des sciences, sous le scalpel de Duverney, il mourut, comme Bichat, victime de son ardeur pour la science de l'organisation (1). Claude Perrault, 1668.

On peut même dire que l'anatomie que les académiciens de Paris firent sur deux Dromadaires.

(1) Ainsi, comme on le voit, Perrault soutenait déjà deux thèses que le temps a mises hors de doute : d'une part, le progrès dans la marche de la civilisation, et de l'autre, qu'il y a dans l'organisation animale des phénomènes explicables par les lois de la mécanique.

de deux Chameaux à une bosse morts à la ménagerie du roi à Versailles, ne porta guère que sur l'estomac, dans le but de donner l'explication des faits rapportés par les voyageurs.

organisation. D'après l'examen qu'ils firent de l'estomac du Chameau, et dont ils consignèrent les résultats dans une description accompagnée de figures, ils conclurent que la différence avec les autres Ruminants ne consiste qu'en ce que le premier estomac, ou la panse, est pourvu de certaines espèces de loges, qui le rendent plus ample, et surtout qu'au sommet du second, ou bonnet, on voyait plusieurs trous carrés, qui étaient les orifices d'environ vingt cavités faites comme des sacs, et placées entre les deux membranes qui constituent les parois du viscère. Or, comme ils ne reconnurent que cette particularité différentielle avec les autres Ruminants, ils furent naturellement conduits à y assigner le lieu où devait être accumulée l'eau bue par les Chameaux, et qui pouvait y être retrouvée au besoin en les égorgeant.

Conclusion.

Cette conclusion, quoique fautive, était trop spécieuse pour n'être pas adoptée par tous les naturalistes qui eurent à donner l'histoire du Chameau. C'est, en effet, ce que fit Peyer, en 1693, dans son grand travail sur la rumination, et, depuis lors, tout le monde, jusqu'en 1764, où parut le volume de l'Histoire naturelle de Buffon, et où Daubenton donna l'anatomie du Chameau ainsi que celle d'un Dromadaire, d'une manière beaucoup plus complète, comme le demandait l'état des sciences naturelles.

admise par Peyer. 1693.

Pour l'estomac, dont nous avons seulement à parler en ce moment, Daubenton connut aisément les particularités signalées par ses anciens confrères dans les deux amas de locules situés autour de la panse, mais il regarda le bonnet comme un estomac particulier, qu'il nomma le réservoir, à cause de son usage plutôt qu'à cause de sa structure, la même que celle des locules de la panse, en lui reconnaissant des orifices séparés, ce qui n'est pas. Dès lors le troisième estomac, qui est évidemment le feuillet, dont les plis intérieurs sont peu marqués, fut pour lui l'analogue du bonnet, et, dans la caillette, il vit non-seulement un quatrième, mais

modifiée par Daubenton, 1764.

admettant cinq estomacs, dont un réservoir.

même un cinquième estomac dans sa courbure pylorique, qu'il décrivit et figura comme tel; en sorte que le Chameau aurait, suivant Daubenton, outre les amas de locules de la panse, cinq estomacs, un de plus que les autres Ruminants; et, pour lui, ce n'étaient pas ces locules qui servaient à conserver l'eau, mais le bonnet, assez bien comme il l'a supposé depuis dans son Mémoire sur le mécanisme de la rumination.

Ce que ses observations offrent de plus remarquable, c'est que dans les locules de la panse proprement dite, il y avait de l'eau avec les aliments, tandis que dans la poche formant le réservoir, il n'y avait que de l'eau, et, bien plus, que cette eau était assez pure pour être potable, et cela quoique l'animal fût mort depuis dix jours, et que son cadavre eût été apporté de cinquante lieues dans une charrette.

D'après ces faits, qui sans doute doivent être attribués à la position déclive du cadavre plus qu'à un effet produit sur le vivant, Daubenton expliquait les particularités attribuées au Chameau. Suivant lui, cet animal buvant beaucoup à la fois, l'eau, par son propre poids, allait tomber dans le réservoir, d'où elle était reprise par sa contraction et remontée avec la matière alimentaire pour la rumination, quand il était tourmenté par la soif. Sa conclusion.

C'est ce que Buffon accepta, en donnant à cette théorie, suivant sa grande manière, quelque chose de plus net et de plus absolu, l'eau devant se conserver pure et limpide, sans mélange d'autres aliments, dans son réservoir; mais il alla plus loin encore, en regardant cette poche comme une simple dilatation de la panse, produite, dans l'état de domesticité, par une grande et subite accumulation d'eau; ainsi que cela se voit, dit-il, chez les Moutons, dont la panse croît ou décroît suivant le volume de l'aliment habituel ce qui n'est pas non plus sans une assez grande exagération. admise par Buffon.

Depuis la description des organes donnée par Daubenton, je ne vois pas qu'on ait rien ajouté à ce qu'il avait assez mal vu et si bien figuré; seulement, on a pu différer sur la distinction du coude pylorique, comme formant un cinquième estomac.

par P. Camper. Ainsi P. Camper, dans son excellent Mémoire sur l'épizootie des bêtes à cornes, que nous avons cité plus haut, en décrivant d'une manière si exacte la structure et les usages de l'estomac du Bœuf, comme type de ce qu'il est dans les Ruminants, n'aura sans doute pas eu l'occasion de disséquer un Chameau, dont il possédait cependant une tête osseuse, car il ne dit rien de l'estomac; seulement il fait l'observation que l'eau que boivent les Ruminants ne va jamais ailleurs que dans la panse.

Blumenbach, 1778. Je ne vois pas, non plus, qu'en Allemagne et en France, ce sujet ait été plus élaboré ou autrement conçu; ainsi Blumenbach, dans son Manuel, ne dit rien de l'estomac, mais, à l'assertion que le Chameau peut supporter la soif pendant plusieurs semaines, il ajoute que l'eau qu'il boit alors, quand il en trouve, en quantité énorme, peut se conserver assez longtemps dans son estomac sans s'altérer.

G. Cuvier, 1798-1804. M. G. Cuvier, dans son Tableau élémentaire des animaux, donne pour raison de ce que le Chameau peut longtemps se passer de boire, que son bonnet contient une grande quantité d'eau, qu'il peut faire remonter dans sa bouche pour se désaltérer (1), mais rien sur l'estomac lui-même, pas plus que dans les articles sur le Chameau et le Dromadaire, dont Maréchal a donné de si excellentes figures dans la Ménagerie du Muséum. Bien plus, en 1804, où fut publié le troisième volume de ses Leçons d'anatomie comparée, par M. Duvernoy, il n'est encore question que de l'estomac d'un fœtus de Lama, sans qu'il soit fait mention, ainsi que M. Knox l'a fait observer, de ce que Daubenton avait donné sur celui du Chameau à une bosse; toutefois, M. G. Cuvier reconnut une disposition fort analogue à ce que Perrault et Duverney avaient signalé dans le Chameau; et il ne fut plus question d'un cinquième estomac.

E. Home, 1806. Ce ne fut donc qu'en 1805 que la question put être de nouveau exa-

(1) Cette idée singulière était sans doute tirée de ce qu'avait dit Daubenton du bonnet du Mouton dans son mémoire sur la rumination, et que de nouvelles recherches faites *ad hoc* tout dernièrement, sur un animal tué sous mes yeux, m'ont démontré être complétement erroné; les aréoles polygonales épithéliques ne s'effacent nullement, et le tissu sous-posé ne contient pas plus d'eau que dans la panse.

minée dans un but déterminé, et avec toutes les précautions convenables, par suite de la dissection d'un Chameau, faite en Angleterre, en présence et aux frais du collége des chirurgiens de Londres, par E. Home, qui en publia les résultats dans les Transactions philosophiques pour l'année 1806, Ire partie, page 1, admettant que dans le Bœuf il y a trois estomacs préparant la nourriture qui doit être digérée dans le quatrième, seulement il trouve que dans le Chameau le premier représente les deux premiers du Bœuf, c'est-à-dire la panse et le bonnet; que le second, exclusivement propre à conserver l'eau, n'a pas son analogue dans les autres Ruminants; que le troisième, qui ne peut non plus être comparé à aucun de ceux du Bœuf, est si petit et si simple dans sa structure qu'il ne peut servir à autre chose qu'à retarder la marche de la matière alimentaire, et à la partager en petites parties, pour la pousser dans le quatrième et dernier, qui est le digestif. A quoi E. Home ajoute, que lorsque le Chameau boit, l'eau passe et s'accumule dans le second estomac et y reste pure, tandis qu'une partie s'épanche dans le premier, où elle se colore. Sa manière de voir. analysée.

Ainsi, dans cette manière de voir complétement erronée, il manquerait au Chameau le bonnet et le feuillet, et il y aurait de plus le réservoir d'eau et une division de la caillette, puisque Everard Home dit positivement que son troisième estomac n'est pas épidermé à l'intérieur. généralisée.

Malgré cela et les figures ajoutées au Mémoire d'Everard Home, figures qui, selon la juste observation du docteur Mayer, semblent n'avoir pas été faites d'après nature, les naturalistes qui eurent à parler des particularités de l'estomac chez les Chameaux, en restèrent encore à ce qu'en avait dit Perrault; ainsi, M. G. Cuvier, en 1817, dans la première édition de son Règne animal, se borna à dire que la faculté que les Chameaux ont de passer plusieurs jours sans boire, tient probablement à de grands amas de cellules qui garnissent les côtés de leur panse et dans lesquelles il se retient et il se produit continuellement de l'eau; ce qu'il a répété textuellement dans la seconde édition de cet ouvrage, en 1829. critiquée. M. G. Cuvier, 1817.

Cette hypothèse assez peu physiologique, hasardée par M. G. Cuvier, Banzeni;

et sans doute encore, d'après ce que Daubenton avait dit du bonnet dans le Mouton, fut acceptée et même embellie par l'abbé Ranzani, dans ses Éléments de zoologie, qui dit en effet (vol. II, part. III, p. 583), que la panse des Chameaux est pouvue de deux appendices dans lesquels, par un appareil glanduleux, se sépare continuellement un fluide par sa nature semblable à l'eau, ou bien se conserve pure, pendant quelque temps, l'eau que l'animal a bue avec avidité, et dont une partie seulement est entrée dans la panse, n'ayant pas pu passer tout entière par la gouttière.

C. J. Sundevall, 1844. M. Carl. J. Sundevall admet aussi *apparatus peculiaris cellulosus in lateralibus ventriculi primi* (*Ruminis*) *pro secretione aquæ.* (Page 289, 1844.)

H. de Blainville, 1816. Dans les cours sur les différentes parties de la zoologie, faits à l'Athénée et à la Faculté des sciences, en démontrant que les divisions qui partagent l'estomac des Ruminants ne sont que les analogues des quatre parties distinguées dans celui de l'homme, j'avais montré que les locules de la panse des Chameaux ne pouvaient pas être considérées comme formant une poche distincte, ainsi que l'avait admis Daubenton, et que, quoique par suite de leur position déclive elles contiennent ordinairement plus d'eau que les autres parties de la panse, on ne pouvait cependant les considérer comme une poche exclusivement consacrée à conserver de l'eau; mais, au fait, je n'avais pas eu occasion d'en faire un examen suffisant et comparatif.

Knox, 1831. Mais c'est ce que fit, en 1831, M. le docteur Knox, alors professeur d'anatomie à l'Université d'Edimbourg, en comparant, avec la description et les figures de Chameau données par Daubenton, et qu'il déclare parfaites, l'estomac d'un Lama adulte, il reconnut la plus complète analogie entre ces animaux, sous le rapport des particularités de ce viscère (1).

(1) M. Fréd. Cuvier avait cependant encore donné, en 1821, dans son article *Lama* (*Dictionnaire des sciences naturelles*, vol. XXV, page 161), comme un caractère différentiel de ces animaux, la privation des renflements particuliers qui paraît servir aux Chameaux de réservoir d'eau.

Quant à la question sujet de cet article, il rejette comme antiphysiologique l'expérience faite par Everard Home, et dans laquelle, sur un Chameau qu'on avait fait boire deux heures avant de le tuer par la section de la moelle allongée, on trouva que l'eau remplissait les poches du bonnet. En effet, ainsi que le fait justement observer M. Knox, il ne pouvait en être autrement, même dans un animal qui aurait eu l'estomac simple, surtout, suivant moi, en admettant que l'animal n'avait pas été privé de boire depuis longtemps; sans cela on pourrait très-bien concevoir que la plus grande partie de l'eau aurait pu déjà être absorbée. En effet, M. P.-E. Botta, aujourd'hui consul à Jérusalem, l'un de mes disciples et de mes amis, m'a souvent raconté que les Chameaux des caravanes, lorsqu'ils arrivent enfin à un abreuvoir après avoir traversé un grand désert, temps pendant lequel ils étaient parvenus à une sorte d'émaciation souvent extrême, changent rapidement d'aspect, d'embonpoint général, après qu'ils ont satisfait leur soif, au point qu'il ne reconnaissait pas ses propres Chameaux; en effet, cette extension de tout le système cellulaire ne peut être due qu'à une absorption immédiate de l'eau arrivée dans l'estomac et propagée, par endosmose, à tout l'organisme.

Ses objections.

Observations à ce sujet, par P. E. Botta.

D'après cela, il est plus que probable que tout ce que les anciens voyageurs ont rapporté, non pas sur la facilité qu'ont les Chameaux, et surtout ceux qui ont été habitués de bonne heure à supporter la soif pendant longtemps, ce qui tient plutôt à l'énorme développement des glandes salivaires qu'à autre chose, mais bien sur la faculté de conserver de l'eau dans une partie distincte de l'estomac servant de réservoir, et cela en si grande quantité et si pure, qu'elle peut devenir, en tuant l'animal, une grande ressource pour les voyageurs privés d'eau, est un conte fait à plaisir, et, par conséquent, les explications qu'en ont données les naturalistes sont de mauvaise physiologie.

Conclusion préliminaire.

Quant à la structure même de l'estomac, que j'ai eu plusieurs fois l'occasion d'étudier, dans notre établissement, aussi bien sur le Chameau à une bosse que sur le Lama, je puis assurer qu'on doit aisément

Analyse de la structure de l'estomac du Chameau.

y reconnaître la disposition générale de celui des autres Ruminants, seulement un peu plus compliqué sous certains rapports et plus simple sous d'autres.

Panse. Ainsi, la panse moins profonde peut-être, et moins bifide en arrière mais bien plus fortement musculeuse, n'est divisée, à l'intérieur, qu'en deux parties, et, par conséquent, n'offre qu'une sorte de valvule connivente, forte, épaisse, en côte de melon; mais, par contre, chacune de ces poches, tapissée par un épithélium assez épais mais lisse, est augmentée par deux grands amas de locules ou de grandes cellules, profondes, largement ouvertes en dedans, muqueuses, formant des espèces de grappes, de boursouflures à l'extérieur, l'un assez en avant, touchant presque au bonnet, et l'autre, le plus considérable, en arrière et en bas.

Bonnet. Le bonnet est aussi clairement dessiné, et placé absolument de même que dans les autres Ruminants; mais il est, plus évidemment encore, une simple dilatation de la panse, tant sa communication avec elle est large; il est également plus mince dans ses parois, et le réseau épithélique ressemble tout à fait à celui des deux amas de locules qui existent sur les côtés de la panse. Seulement ces locules se disposent assez régulièrement et symétriquement, comme dans les feuilles bipinnées, à droite et à gauche, le long d'espèces d'axes ou de rachis, décroissant de longueur et d'épaisseur du centre vers les côtés.

Œsophage. La terminaison de l'œsophage et sa prolongation ont également lieu, comme dans les autres Ruminants, par un large orifice infundibuliforme et par une sorte de gouttière conduisant au troisième estomac; mais celle-ci est bien moins prononcée ou moins profonde, n'étant même formée que par une large bande musculaire, et peut-être un peu par la racine de la bride cloisonnaire de la panse.

Feuillet. Le troisième estomac, ou feuillet, semble se confondre, à l'extérieur surtout, avec le quatrième, formant avec lui une sorte de gros intestin fort considérable; mais, à l'intérieur, on reconnaît aisément un certain nombre de gros plis longitudinaux produits par la muqueuse, bien moins épidermés que dans le Bœuf, et pouvant sans doute s'effacer aisément par la distension. Son orifice d'introduction est au fond, mais non pas absolument dans l'axe du bonnet, d'une sorte de cul-de-sac, et assez étroit : tandis que celui de sortie n'est formé que par un simple rétrécissement sans disposition valvulaire, à l'entrée dans la caillette.

Celle-ci, continuant directement et insensiblement le feuillet, est presque complétement lisse à l'intérieur ; seulement, on voit encore dans certains états de l'estomac quelques replis longitudinaux, qui se décomposent ou se transforment, vers le coude pylorique, en arcades irrégulières, que Daubenton a considérées comme appartenant à un cinquième estomac. Le pylore est ouvert dans l'espace formé par un énorme bourrelet courbé en fer à cheval. Caillette.

Dans les Lamas, la disposition générale est assez bien la même, avec cette seule différence que le feuillet est complétement lisse et peut-être encore plus long. La caillette, également fort lisse et bien plus courte, sans étranglement à son origine, et sans partie pylorique distincte, de manière qu'elle semble ne former qu'un seul estomac avec le feuillet. dans les Lamas.

Ainsi, nous pouvons assurer, après un examen contradictoire, que le second estomac d'Ev. Home est le véritable bonnet ; qu'entre lui et le feuillet n'existe rien qui ressemble à son troisième estomac ; que celui-là, fort grand, est bien distinct de la caillette, qui est partagée en deux parties presque égales, dont la dernière, pylorique, constitue le cinquième estomac de Daubenton. Conclusion définitive, pour l'organe.

Cette disposition ou cette structure de l'estomac compliqué des Chameaux et des Lamas, ne permet guère d'expliquer le mécanisme de la rumination tel qu'on l'adopte généralement, d'après le Bœuf et le Mouton ; elle confirme bien mieux, ce me semble, la théorie de l'éructation, comme je l'ai proposée ; on peut aussi y trouver la raison pour laquelle l'eau bue par ces animaux peut s'accumuler avec plus de facilité et même se conserver, que chez les autres Ruminants, sans admettre cependant qu'elle puisse s'y trouver jamais, si ce n'est au moment où elle venait d'être avalée, pure, limpide et sans mélange d'aliments so- pour fonctions, ou la Rumination.

lides; c'est, au reste, ce dont j'ai pu m'assurer directement sur plusieurs individus que j'ai disséqués : tous m'ont offert de l'eau et des aliments dans les locules, et surtout dans les inférieurs.

Après cette digression, qui, je l'espère, ne sera pas regardée comme tout à fait inutile, je rentre plus immédiatement dans le sujet de mon Mémoire.

DU SQUELETTE.

Des Os.

Histoire. chez les Anciens.

L'étude du squelette du Chameau, et par conséquent sa description et son iconographie, ont à peine été commencées chez les anciens, Grecs ou Romains, qui paraissent n'avoir jamais employé cet animal dans leur économie domestique, et même ne l'avoir connu que lorsqu'ils se trouvèrent en rapport avec les peuples de l'Orient. Ainsi, Aristote, dans les écrits duquel on trouve quelques passages sur l'histoire du Chameau, n'a rien dit qui ait trait à son organisation et même à son squelette; il faut même traverser toute l'antiquité et le moyen âge, et de plus arriver assez avant dans le dix-septième siècle, pour trouver quelques observations anatomiques sur ce genre d'animaux; et encore ce qu'en disent les anatomistes de l'ancienne Académie des sciences de Paris, auxquels elles sont dues, est fort peu de chose. Ils ne parlent pas même du système osseux, quoique le squelette d'un des deux individus qu'ils eurent l'avantage de disséquer, en 1676, soit encore aujourd'hui dans les collections du Muséum.

chez les Modernes.

Acad. de Paris, 1676.

Buffon et Daubenton, 1764.

Il faut donc arriver au delà de la moitié du dernier siècle, c'est-à-dire en 1764, dans le onzième volume de l'Histoire naturelle de Buffon, pour trouver la description et la figure du squelette d'un Chameau à une bosse et même d'un Chameau à deux bosses, qui sont dus à Daubenton. La description, quoique assez peu détaillée et sans comparaison avec un autre mammifère quelconque, même de la famille des Ruminants (1), est assez complète. Quant aux figures des deux sque-

(1) On doit en être d'autant plus étonné que Daubenton, à la fin de la description du squelette du Bœuf (t. IV, page 530, 17), avait promis qu'après avoir donné la description de plu-

lettes, malgré leur aspect assez passable, elles ne peuvent guère être utiles, d'abord à cause de leur grande réduction, probablement à la simple vue, et ensuite parce qu'elles sont en général inexactes.

Ce n'est, en effet, que dans ces dernières années ou de notre temps, que les besoins d'une comparaison rigoureuse en ostéologie s'étant fait sentir, par suite des recherches sur les ossements fossiles, celle des Chameaux a été un peu mieux étudiée, par M. G. Cuvier, d'abord dans ses Leçons d'anatomie comparée, mais surtout dans la seconde édition de ses Recherches sur les ossements fossiles (tom. IV, 1825), dans l'article qu'il a consacré aux Ruminants en général; mais encore dans les deux planches qui l'accompagnent, aucune figure ne représente un os de Chameau.

G. Cuvier, 1800.

1825. Chameau.

Ce qui vient d'être dit pour l'ostéographie des Chameaux est encore mieux applicable à celle des Lamas. L'École vétérinaire d'Alfort en a, la première, possédé un squelette, mais c'est encore, si je ne me trompe, M. G. Cuvier qui, le premier, a dit quelque chose des os de cet animal, dans les ouvrages cités, également sans figures.

Lama.

C'est donc dans notre ouvrage que cette lacune sera remplie, aussi bien pour les squelettes dans leur ensemble que pour les os séparés qui les composent.

Matériaux à notre disposition.

Les collections du Muséum d'histoire naturelle de Paris possèdent aujourd'hui :

De Chameau à deux bosses : un squelette complet et un crâne, de deux animaux fort âgés, du sexe mâle;

Chameau.

De Dromadaire ou Chameau à une bosse : cinq squelettes complets et sept têtes séparées, provenant d'animaux fort âgés ou assez jeunes, mâles et femelles;

Dromadaire.

De Lama : deux squelettes d'individus mâles, et sept têtes, dont quatre de sexe mâle et trois de femelle;

Lama.

sieurs espèces à pieds fourchus, il examinerait en quoi consiste ce caractère, quelle est sa valeur, et quel rapport il a avec le caractère de Solipède et avec celui de Fissipède; ce qu'il n'a malheureusement pas fait.

Alpaca. D'Alpaca : une tête d'individu mâle, figuré par M. Frédéric Cuvier, sous le nom de Paco;

Vigogne. De Vigogne : un squelette et une tête, mais tous deux de jeune âge.

C'est d'après eux que nous avons rédigé ce Mémoire et fait exécuter sous nos yeux les planches qui le concernent, en prenant pour type celui d'un Chameau à une bosse, comme plus commun.

Description des Os dans leur ensemble. L'ensemble des os du Chameau à une bosse constitue un squelette qui traduit fort bien la forme disgracieuse de l'animal, par la manière dont la tête est articulée à angle droit à l'extrémité d'un long cou largement coudé à sa racine, et dont les membres assez grêles, surtout les postérieurs, fortement pliés dans leurs articulations principales, s'appuient obliquement sur le sol, plutôt sur leur face palmaire et plantaire que sur l'extrémité des phalanges onguéales.

structure. Ces os ont, du reste, une structure et une solidité assez analogues à ce qui existe dans les autres Ruminants, sauf peut-être dans les articulations moins serrées.

nombre. Leur nombre est sensiblement le même, à l'exception de ceux qui forment ordinairement les ergots ou faux doigts, dont il n'existe pas de traces.

Série vertébrale. La série médio-supère est aussi composée du même nombre de vertèbres, mais les dix-neuf du tronc sont divisées en douze dorsales et sept lombaires, au lieu de treize et six, comme dans le très-grand nombre des Ruminants. Il y a aussi quinze vertèbres caudales.

sa courbure. La courbure que forme leur assemblage, presque nulle au tronc et même dans la plus grande partie des vertèbres cervicales, est, au contraire, très-marquée à leur racine; la série coccygienne pendante et verticale comme à l'ordinaire dans les Ruminants.

De la Tête. En général. La tête osseuse du Chameau est peut-être la partie de squelette qui offre le plus de différences caractéristiques, comparée avec ce qu'elle est chez les autres Ruminants. En effet, sa forme générale, étroite et allongée dans sa partie crânienne, appointie rapidement dans sa partie maxillaire, mais fort élargie dans sa partie intermédiaire, où sont les orbites, qui partagent par moitié la longueur totale de la tête, lui donne bien la physionomie particulière à cet animal.

Un autre caractère distinctif de cette tête, c'est que les fosses temporales sont très-grandes, étendues qu'elles sont sur une crête sagittale assez prononcée, qui n'existe pas chez les autres Ruminants, et en même temps très-profonde, par suite de la grande courbure en dehors de l'arcade zygomatique, ce qui a quelque ressemblance avec ce qu'on observe chez les animaux carnassiers.

Du reste, quoique les détails des diverses parties de cette tête offrent plus de rapprochement avec les autres Ruminants qu'avec le Cheval et même qu'avec le Cochon, on peut cependant trouver assez aisément plusieurs différences. En particulier.

La vertèbre occipitale a son corps plus large, moins rétréci en avant et sans apophyses d'insertions musculaires marquées; sa crête, plus en arrière de la suture, plus rétroverse, est surtout bien plus haute, plus prononcée, au contraire de l'apophyse mastoïdienne de l'occipital latéral, bien plus petite. V. occipitale.

La vertèbre sphéno-pariétale a également son corps un peu plus large, plus arrondi; ses apophyses ptérygoïdes bien plus verticales; ses ailes à peine visibles, tant elles sont petites; touchant cependant par son angle antérieur et inférieur à un pariétal long, étroit, avec crête sagittale, au lieu d'être transverse, étroit et lisse. sphéno-pariétale.

La sphéno-frontale a son corps entièrement caché par la base du vomer, mais il est encore assez large et étendu; ses ailes, médiocres et triangulaires, se joignent par leur base antérieure, avec un frontal considérable, un peu excavé au milieu et se relevant fortement en bosse pour former toute la moitié supérieure des orbites. sphéno-frontale.

La vertèbre voméro-nasale, bien moins longue que dans les autres Ruminants, est, en outre, caractéristique dans les os du nez, larges et transverses en arrière, s'introduisant dans une échancrure appropriée du frontal, et se terminant, au lieu d'une seule et longue pointe, comme dans tous les Ruminants, par une bifurcation dont la branche externe voméro-nasale.

est plus large et plus longue que l'interne, disposition propre à ce genre.

Ses Appendices : * supérieur ou antérieur.

Dans l'appendice céphalique supérieur :

Palatin postérieur.

Le palatin postérieur ou ptérygoïdien interne est caractéristique, bien plus petit encore que dans les autres Ruminants, de forme triangulaire moins haute que l'apophyse ptérygoïde et dont l'angle inférieur, formant le crochet, est bifurqué pour prolonger la fosse ptérygoïdienne;

Lacrymal.

Le lacrymal est très-petit, presque marginal, bien plus étendu dans l'orbite que dans la face, en quoi surtout il diffère des autres Ruminants, où il atteint le nasal;

Jugal.

Le jugal est également assez petit dans ses deux parties horizontales, mais assez large dans sa partie orbitaire, à laquelle se joint l'apophyse orbitaire externe du frontal, et, par conséquent, assez bien comme dans les autres Ruminants, sans toutefois s'avancer autant dans la face;

Palatin antérieur. Maxillaire.

Le palatin est plus semblable à ce qu'il est chez eux, aussi bien que le maxillaire, cependant plus brusquement appointi et surtout plus long et plus étroit dans sa partie terminale;

Prémaxillaire.

Le prémaxillaire est dans le même cas, et ne remonte pas jusqu'à l'os du nez.

** inférieur.

Dans l'appendice céphalique inférieur :

Rocher.

Le rocher a son épine inférieure bien moins marquée que chez les Ruminants ordinaires;

Temporal.

Le temporal est surtout remarquable par sa partie squammeuse, large, arrondie, bombée, formant la plus grande part de la fosse de ce nom;

Mandibule, branche verticale.

La mandibule est assez forte dans ses deux branches, réunies par un angle droit arrondi et comme élargi dans la verticale par une sorte de bande qui se termine assez haut en une sorte de crochet. Peu au-dessus est le condyle subtriquètre, assez convexe et presque contigu à une

horizontale.

apophyse coronoïde assez haute et peu recourbée; la branche horizontale s'atténue fortement en avant, où elle se termine par une symphyse fort longue mais moins dilatée que chez les autres Ruminants.

L'angle sous lequel ces appendices se joignent aux vertèbres céphaliques est assez bien comme chez les autres Ruminants, ce que l'on peut dire également des loges, fosses, trous et orifices qui s'y trouvent. On peut cependant y remarquer quelques différences. Angle facial.

La cavité cérébrale en offre déjà plusieurs : ainsi la fosse criblée est plus petite, la fosse pituitaire et même celle du chiasma sont à peine indiquées, par absence d'apophyses clinoïdes. Cavités. cérébrale.

Mais si les anfractuosités de la base sont presque effacées, il n'en est pas de même de celles de la calotte crânienne ; il y a même une sorte de crête répondant à la scissure de Sylvius, plus prononcée que celle du cervelet.

A l'extérieur les loges orbitaires, en général plus petites, ont leur plan plus antérieur ou moins latéral, et sont surtout bien plus distantes entre elles. Loges : orbitaires.

La loge olfactive, fort large en arrière, se rétrécit rapidement en avant. nasale.

La loge linguale, longue et étroite, comme à l'ordinaire, est prolongée en avant par une gouttière symphysaire remarquable par sa longueur. linguale.

Parmi les trous nerveux ou vasculaires, le rond est notablement plus petit, au contraire de l'ovale, qui, confondu avec la fente sphénoïdale, est énorme. Trous : du sphénoïde.

Le trou frontal supérieur est assez grand, quoiqu'il n'y ait pas de cornes. frontal.

L'optique est dans le même cas, et pourvu, à sa marge externe, d'une apophyse d'insertion musculaire notable et particulière. optique.

Les trous palatins postérieurs sont décomposés et percés dans le maxillaire, l'antérieur étant le plus grand, et le trou incisif, fort petit, est simple, comme dans le Cheval. palatins.

Les trous mentonniers sont au nombre de deux, assez distants, l'un plus petit à l'aplomb de l'intervalle des deux premières molaires, l'autre au-dessous de la canine. mentonniers.

Les lacunes membraneuses sont en général moindres que chez les Lacunes.

autres Ruminants; ainsi, à peine si celle des larmiers existe ; celle des branches intermaxillaires est bien plus petite, mais l'intervalle antérieur entre les deux os est notable

Ouvertures. antérieures. Les trois ouvertures de la tête du Chameau sont comme à l'ordinaire, seulement l'antérieure est fort étroite, encore plus oblique, et, dans ses bords, entre pour fort peu le nasal, pour beaucoup le prémaxillaire, et pour rien le maxillaire.

V. cervicales. Les vertèbres cervicales constituent, ainsi qu'il a été dit, un cou fort allongé, quoique la première et la dernière soient assez courtes.

Atlas. L'atlas, un peu plus long que celui des autres Ruminants, diffère notablement de l'atlas du Cheval, d'abord par beaucoup plus de longueur, et ensuite par l'état lisse et convexe de l'arc supérieur, la brièveté et le peu de dilatation des apophyses transverses, en croissant oblique d'avant en arrière, et la grande distance des trous de l'artère vertébrale.

Axis. L'axis diffère encore davantage par la grande élongation de son corps, l'absence ou le grand surbaissement de l'apophyse épineuse fortement bifurquée en arrière, la brièveté et la forme en gouttière de l'apophyse odontoïde dont la face articulaire se confond avec celles des apophyses antérieures de ce nom.

cinquième. La disproportion en longueur des trois intermédiaires est encore bien plus marquée, outre l'absence presque complète d'apophyse épineuse et même des transverses; aussi le trou de l'artère vertébrale est-il intérieur, ainsi que M. Rich. Owen l'a fait observer.

sixième. La sixième ressemble encore assez bien aux trois précédentes, mais son apophyse transverse bilobée est plus prononcée.

septième. La septième manque même encore d'apophyse épineuse.

V. dorsales. Les vertèbres dorsales, au nombre de douze, sont assez bien comme dans les grandes espèces de cette famille.

V. lombaires. On peut en dire autant des sept lombaires, qui se raccourcissent et s'élargissent en s'aplatissant dans leur corps; c'est la septième qui manque dans les autres Ruminants et qui est assez semblable à la sixième des Cochons.

Le sacrum, de quatre vertèbres, est surtout remarquable par la grande avance oblique de ses apophyses transverses, ce qui diffère beaucoup de ce qui se voit dans les Chevaux et les Cochons. V. sacrées.

Les vertèbres caudales, au nombre de dix-huit, sont comme dans les autres Ruminants. V. caudales.

La série médio-ventrale n'offre non plus rien de bien différent de ce qu'elle est chez ces animaux. Série sternale.

L'hyoïde a cependant son corps proportionnellement plus petit, losangiforme, un peu plus creux en dessus qu'en dessous, et les grandes cornes croissent de la première à la troisième qui est assez semblable à une petite côte; la corne thyroïdienne étroite, fort arquée, diminuant de largeur de la base au sommet. Hyoïde.

Le sternum est plus semblable à celui des Ruminants; c'est à dater de la partie postérieure de la quatrième sternèbre intermédiaire et sous les suivantes et leurs cartilages jusqu'à la base du xiphoïde, que se trouve la plaque cornée, ou mieux le calus épidermique, sur lequel l'animal s'appuie dans le repos. Sternum.

Il n'y a certainement que sept côtes sternales et cinq asternales, en général longues, larges et plates, tranchantes sur les deux bords, et peu courbes, même sur le plat. Côtes, 7+5.

Les membres sont assez éloignés entre eux, et surtout assez élevés, les antérieurs plus que les postérieurs, ce qui est le contraire dans le Cheval. Des Membres: antérieurs.

L'omoplate, très-haute, est moins étroite que celle des autres Ruminants, et surtout dans son col. Le tubercule coracoïdien est, en outre, plus épais et comme bifurqué en arrière et en dedans Omoplate.

L'humérus, notablement plus long que dans le Cheval, est peut-être encore plus fort et plus robuste, surtout à sa tête supérieure, mais avec tous les caractères de celui des Ruminants. La crête deltoïdienne est peut-être plus marquée. Humérus.

L'avant-bras, dans lequel le cubitus est encore plus rudimentaire que dans cette famille, n'est réellement distinct que par ses extrémités, et Radius et Cubitus.

offre quelque ressemblance avec celui du Cheval. Le radius est du reste assez long et robuste, mais avec toutes les particularités de celui des Ruminants.

Carpe. Il en est de même des sept os du carpe.

Métacarpe. Mais il n'en est pas tout à fait de même des os du métacarpe, sinon dans ceux qui forment le canon, du moins dans ceux des doigts accessoires ou ergots, dont il n'y a pas de traces.

Styloïdes ? Peut-être, cependant, doit-on regarder comme rudiments d'os styloïde deux bandes, ou filets osseux qui épaississent la face postérieure du canon, l'un interne articulé avec le trapézoïde, l'autre externe avec l'unciforme, mais qui ne sont distincts que par leurs extrémités articulaires.

Doigts : deux seulement. Phalanges. La différence est encore plus marquée pour les doigts, qui ne sont rigoureusement qu'au nombre de deux, comme à l'ordinaire subsemblables, aussi bien en longueur qu'en grosseur. Chaque phalange est un peu moins étalée du côté interne que de l'externe, mais cette différence est bien moins marquée que dans les autres Ruminants; d'où il suit que chaque os est sub-symétrique et de plus en plus de la première à la dernière, mais cependant la carène dorsale un peu plus en dedans qu'en dehors.

** Membres postérieurs : Les membres postérieurs, qui sont un peu plus courts que les antérieurs, sont, au fait, de même longueur quand on met les trois os longs bout à bout, mais ceux-ci dans des proportions un peu différentes.

Os innominé. L'os innominé est assez large et bien plus long dans sa partie iliaque que dans sa partie ischiatique, du reste, tout à fait de Ruminant.

Fémur. Le fémur, le plus long des trois os du membre, est en général plus épais que chez ceux-ci, moins comprimé à sa tête inférieure, dont la poulie est moins haute, plus large et un tant soit peu plus oblique. Son bord interne est cependant bien moins oblique que dans le Cheval.

Tibia. Le tibia, plus court que le fémur, est aussi plus robuste, mais, du reste, en tout semblable à celui des Ruminants.

Os péronien. Il en est de même de l'os péronien.

Le tarse est aussi comme dans cette famille, avec la différence qu'il offre un rudiment du crochet que nous avons signalé dans l'Anoplothérium, que la facette cuboïdienne est un peu plus petite, et en un mot que cet os est un peu moins symétrique. Tarse.

Le calcanéum est un peu plus court, surtout dans son apophyse. Calcanéum.

Le scaphoïde n'est pas soudé avec le cuboïde comme il l'est chez tous les autres Ruminants. Scaphoïde.

L'os du canon, toujours moins grêle que l'antérieur, n'a pas de bourrelet styloïdien, si ce n'est au côté interne articulé avec le second cunéiforme, mais rien de ces ostéides que nous avons signalés chez les autres Ruminants, dans le ligament tarso-phalangien. Os du Canon.

Quant aux phalanges, et surtout les onguéales, elles sont encore moins symétriques que celles de devant. Phalanges.

Parmi les ostéides : Ostéides :

La rotule est longue, étroite et même un peu semi-lunaire, à peine plus épaisse en haut qu'en bas. Rotule.

Aux doigts je n'en ai trouvé et même que d'assez petits, collés l'un contre l'autre, sous l'articulation du métatarse avec la première phalange. des Doigts.

L'ostéide cardiaque, quoique nié par Jëger, existe réellement, comme Leukart et le docteur Mayer (de Bonn) l'ont parfaitement reconnu. Ce sont deux demi-anneaux, situés à l'origine de l'aorte du ventricule gauche, correspondant à la valvule semi-lunaire droite. Cardiaque.

M. le docteur Mayer en a signalé un autre de six lignes de long sur deux de large et trois d'épaisseur, dans le centre nerveux du diaphragme.

Maintenant que nous avons fait connaître, d'après le Chameau à une bosse, les particularités les plus caractéristiques de ce genre, comparé avec les autres Ruminants, nous avons à examiner les différences que les animaux qu'il renferme peuvent offrir, suivant l'âge, le sexe et l'espèce. Différences :

Nous n'avons, sous les deux premiers rapports, qu'à rappeler ce que d'après l'âge et le sexe ;

nous avons dit d'une manière générale pour tous les mammifères, et d'autant plus que nos collections sont loin d'être assez riches pour entrer dans de grands détails; mais il n'en est pas tout à fait de même pour les espèces (1).

d'après les espèces.

C. Bactrianus et *Arabicus*.

Pour le Chameau à deux bosses, nous ne pouvons porter encore notre comparaison que sur un assez petit nombre de pièces : un squelette et une tête provenant d'individus mâles, qui ont vécu fort longtemps à la ménagerie du Muséum, et qui y sont morts de vieillesse.

Dans l'ensemble du squelette du premier, je n'ai pu reconnaître d'autres différences que dans la proportion des membres, en général un peu plus courts, ou mieux plus robustes dans les os qui les constituent.

Tête.

En examinant attentivement les deux têtes osseuses, et cela surtout dans les parties que j'ai signalées comme caractéristiques d'espèces, je n'ai pu observer que des différences qui tiennent à l'âge, comme dans la disparition de toutes les sutures, dans un plus grand développement des crêtes d'insertion musculaires, mais surtout dans l'étroitesse et la rectilinéité de la branche horizontale de la mandibule, par suite de la chute des dents, chassées par la plénitude des alvéoles.

Squelette en général.

Quant aux autres parties du squelette, il m'a été impossible d'y trouver la moindre particularité différentielle autre que celles qui peuvent être considérées comme individuelles, et que l'iconographie la plus rigoureuse pourrait à peine signaler.

J'ai cherché si la série des apophyses épineuses des vertèbres dorsales offrirait quelques particularités qui ferait différer ce Chameau de ce qui existe dans le Chameau à une bosse, et, comme on devait s'y attendre, ces bosses n'étant que des espèces de loupes fibro-graisseuses, je n'en ai observé aucune.

(1) Sur la question d'espèces chez les Chameaux, les auteurs ont assez varié; les uns, et c'est le plus grand nombre, n'ont admis que les deux signalées déjà par Aristote : 1° *Camelus Bactrianus*, à deux bosses; 2° *C. Arabicus*, ou à une bosse; mais comme dans tous les deux la domesticité a produit une race plus svelte, plus légère et plus vive, et une race plus lourde, mais plus lente; on a désignée sous le nom de Dromadaire la première, qui, dans le langage ordinaire s'applique exclusivement au Chameau d'Arabie, évidemment le plus cultivé.

Daubenton qui seul, ce me semble, a eu l'avantage de disséquer à la fois un Chameau et un Dromadaire, indique quelque différence dans l'os hyoïde, ou du moins dans la fourchette qui termine la grande corne.

Conclusion.

En sorte que j'ai dû conclure que, sous le rapport du squelette du moins, ces deux sortes de Chameaux ne forment qu'une seule espèce.

C. Lama

Il n'en est pas de même, comme il est aisé de le penser tout d'abord, du Lama, qui représente le Chameau dans les Cordillères de l'Amérique méridionale.

Squelette.

A la première vue, le squelette du Lama se distingue d'une manière évidente de celui du Chameau à une bosse, d'abord par une taille beaucoup moindre, mais aussi par des proportions plus grêles.

Du reste, la nature des os, leur mode d'articulation et leur nombre même sont absolument comme dans les Chameaux.

Seulement, dans la colonne vertébrale, la courbure de la base du cou est bien moins considérable et la partie caudale bien moins longue.

Tête :

La forme générale de la tête est presque en tout semblable à celle des Chameaux, mais notablement et proportionnellement plus petite, plus étroite surtout dans sa partie basilaire, dont l'apophyse mastoïdienne est plus large et plus courte; mais en outre, elle a quelque chose qui rappelle un peu celle du Mouton, en ce que, quoique la branche antélatérale du frontal ait bien moins de largeur, ce qui est compensé par une plus grande largeur dans la base de l'os du nez, l'espace interorbitaire est moins large, les orbites plus grands et plus avancés vers l'extrémité antérieure; aussi la partie faciale de l'os malaire est-elle plus large dans son bord antérieur.

Os malaire.

Appendice ptérygoïdien ;

Dans les appendices, le ptérygoïdien interne n'est qu'une petite pièce triangulaire dont l'angle inférieur, simple et non double comme dans le Chameau, fait le crochet. Le lacrymal avance davantage dans la face, au point de toucher par son angle antérieur la lacune latéronasale, qui est ici bien plus grande que dans les Chameaux, où elle n'est comprise qu'entre le frontal et le maxillaire. L'os jugal a sa partie

Lacrymal ;

Os jugal ;

faciale notablement plus large dans son bord antérieur; aussi existe-t-il dans le Lama et surtout de jeune âge un enfoncement préorbitaire qui n'existe pas dans le Chameau. Le palatin, plus aigu dans sa branche horizontale, forme un orifice ogival moins arrondi et percé d'un trou palatin unique et fort avancé au niveau de la première molaire; la branche montante du prémaxillaire est au contraire plus large et plus haute, remontant jusqu'au nasal, de manière que l'orifice antérieur des narines n'est formé que par deux os, le maxillaire n'y entrant pour rien.

Palatin;

Os de la Caisse;

Apophyse zygomatique.

A l'appendice céphalique postérieur, je trouve à noter l'os de la caisse plus large et plus plat; l'extrémité de l'apophyse zygomatique du temporal s'emboitant dans une échancrure appropriée du jugal et touchant presque le rebord orbitaire, de manière à former une arcade zygomatique moins longue.

Vertèbres : cervicales;

Les vertèbres cervicales ont assez bien la même forme que dans le Chameau, mais plus longues et plus étroites, la corne antérieure des apophyses transverses plus grêle et plus avancée, et contribuant à former en dessous une gouttière plus profonde.

Les autres différences ne peuvent guère être indiquées que par l'iconographie.

dorsales;

C'est ce qu'on peut dire également pour les vertèbres dorsales, qui cependant sont peut-être plus larges et même peut-être plus hautes dans leurs corps.

lombaires.

Le contraire a lieu pour les vertèbres lombaires; non pas pour les apophyses épineuses, mais pour les transverses qui sont proportionellement plus longues, plus étroites ou plus grêles, plus courbes en dessous et en avant.

Sacrum et Queue.

Le sacrum et la queue ne diffèrent que par plus de gracilité.

Sternum.

La série médio-infère ressemble encore plus à celle des Chameaux que la supérieure, seulement le manubrium est encore plus court, et les deux avant-dernières sternèbres ne sont pas épaissies par une couche de fibro-cartilages, et l'appendice xiphoïde est moins longue.

Les côtes, en même nombre, sont peut-être encore plus larges, surtout inférieurement. Côtes.

L'hyoïde diffère plus que le sternum, dans la forme et dans les proportions, des pièces qui le composent. Le corps est plat et triangulaire, la pointe en avant; les deux premiers articles des grandes cornes courts et subégaux, le second un peu plus que le premier, le troisième fort long, comprimé, dilaté en deux bras à sa terminaison; les petites cornes sont au contraire un peu plus courtes. Hyoïde.

Les membres sont certainement proportionnellement plus élevés et plus grêles que dans le Chameau, aussi bien en totalité que dans chacune de leurs parties, mais en comparant chaque pièce avec son analogue, on reconnaît aisément la plus grande ressemblance. Membres :

Aux membres antérieurs, l'omoplate est cependant en général plus large, surtout à la base, et plus étroite au col; en quoi, ainsi que dans la disproportion des fosses, elle approche encore davantage de celles des autres Ruminants. " antérieurs. Omoplate.

L'humérus est seulement plus grêle; le radius de même plus arqué; le filet cubital encore plus confondu. Humérus. Radius.

Dans les os du carpe, je ne vois de différence que dans le pisiforme, moins calcanéiforme et arqué en sens inverse de celui du Chameau. Carpe.

Les métacarpiens, réunis en canon aussi bien que les phalanges, sont comme les autres os plus grêles et plus élevés, et surtout les premières de celles-là; la seconde est au contraire plus courte, et la troisième plus triangulaire; le côté interne bien plus étroit et rectiligne que l'externe. Métacarpiens.

Aux membres postérieurs, j'ai cherché en vain d'autres différences que celles que je viens de signaler pour les antérieurs. " postérieurs.

L'os innominé a cependant la symphyse un tant soit peu moins longue; mais surtout le rebord ischiatique inférieur plus oblique, d'où l'échancrure est plus profonde. Os innominé.

Le fémur, plus grêle, est aussi plus courbé. Fémur.

Le tibia est peut-être proportionnellement plus long. Tibia.

Tarse. Le tarse est moins robuste, et cependant son apophyse est un peu plus courte.

Canon. Le canon est, comme dans les Chameaux, plus grêle que celui de devant.

Phalanges. Les phalanges offrent la même différence avec celles de la main; et surtout bien plus longues que chez le Chameau; les onguéales sont surtout plus triangulaires encore, avec la carène dorsale plus marquée.

Ce que je viens de dire sur le squelette des petits Chameaux de la Sud-Amérique est tiré de l'examen des os des squelettes et des têtes osseuses de Lamas et d'Alpacas provenant du Pérou, du Chili et du Paraguay, la plupart à l'état domestique, un seul donné comme sauvage.

C. Vicunia. Squelette de jeune. Quant à la Vigogne, dont je n'ai pu étudier comparativement qu'un squelette de femelle assez peu adulte, et deux têtes, je n'ai pu trouver de différences appréciables que dans la taille beaucoup moindre, et peut-être aussi dans plus de gracilité des os en général, et surtout plus d'étroitesse dans l'apophyse épineuse des vertèbres dorsales, et même des côtes et des phalanges onguéales; en sorte que ce squelette me semble rappeler un peu celui de certaines espèces d'Antilopes; mais, je le répète, je n'ai eu à ma disposition que le squelette d'une femelle assez jeune; et les différences que je viens de noter sont assez bien chez tous les mammifères des différences de sexe.

Os sésamoïdes des *Lamas*. Les os sésamoïdes des Lamas présentent absolument, sauf la grandeur, la même forme que dans les Chameaux, et pas plus que chez ceux-ci je n'ai trouvé de traces des ostéides de la base du ligament carpo ou tarso-phalangien.

Dans ce que je viens de dire sur les différences que peuvent présenter le Lama, l'Alpaca, le Paco et la Vigogne, sous le rapport du squelette, et plus loin sous celui du système dentaire, je dois répéter que je n'ai peut-être pas eu à ma disposition des éléments suffisants pour obtenir une solution satisfaisante; d'autant moins que M. Tschudi, dans sa Faune du Pérou, persiste à donner comme très-distinctes quatre espèces, 1° *L. Guanaco*, 2° *L. Lama*, 3° *L. Paco*, 4° *L. Vicunia*, dont il expose les caractères; mais ce me semble encore plutôt physiognomoniques que zoologiques.

DU SYSTÈME DENTAIRE.

Le système dentaire des Chameaux a peut-être encore été étudié plus tard que le squelette. En effet, les anatomistes de l'ancienne Académie des sciences en ont dit fort peu de chose, et Daubenton, qui l'a décrit et figuré d'une manière assez convenable, ne l'a pas aussi exactement interprété en attribuant à ces animaux trois paires d'incisives en bas, trois paires de canines ou de crochets en haut, comme en bas et de chaque côté, cinq molaires en haut (1) et quatre en bas : ce qui formait une série en haut de huit et en bas de onze dents. Système dentaire. Historique. Daubenton, 1762.

C'est au célèbre Goëthe qu'est due l'observation que ces animaux avaient réellement une paire de dents implantée dans le prémaxillaire, ainsi que nous l'apprend P. Camper dans son mémoire sur l'Épizootie, publié en 1769; en sorte que la formule dentaire fut dès lors rectifiée convenablement, telle que depuis lors elle a été indiquée par tous les zoologistes et anatomistes dans la formule suivante : Goëthe, 1769.

$$\frac{1}{3}+\frac{1}{1}+\frac{6}{6} \quad \text{dont} \quad \frac{3+3}{3+3}=\frac{8}{9},$$

dans laquelle la canine d'en bas se joignant aux incisives, comme dans les autres Ruminants, la première fausse molaire devient canine, et il en résulte une molaire de moins qu'en haut.

C'est ensuite pour les détails de la forme des molaires comparées à leurs analogues chez les autres Ruminants, à Bojanus, en 1824, que la science est redevable de ce qui a été dit et accepté par les anatomistes modernes. Bojanus, 1824.

La disposition des dents du Chameau diffère notablement de celle qui se remarque chez les autres Ruminants, en ce que des avant-molaires, Description. Dans le *C. Arabicus*, pris pour type.

(1) Outre ces cinq molaires d'en haut, Daubenton parle d'une autre très-petite dent placée contre la première de celles-là (Buffon, *Histoire naturelle*, t. XI, page 282, 1762).

les deux premières d'en haut sont largement espacées ou distantes, ce qui avec la canine fait que chez eux il n'y a pas de véritable barre; mais c'est une grave erreur que de dire avec M. G. Cuvier que ce genre se rapproche du Cheval par les dents.

Incisives. La seule et unique incisive d'en haut ne doit être considérée comme telle que parce qu'elle est implantée dans l'os prémaxillaire ou incisif. Car par sa forme elle ressemble à une petite canine mousse, composée de deux cônes opposés base à base et dont celui qui fait la couronne est un peu courbé en arrière, ce qui l'a fait compter comme un premier crochet par Daubenton.

En bas les incisives normales, au nombre de trois, ont un peu la forme de celles des *Sus*, étant assez déclives, simples, allongées, un peu en cuiller, et décroissantes de la première à la troisième.

Canines. La canine d'en haut ressemble presque complétement à l'incisive dont elle est médiocrement distante : aussi est-ce l'analogue du crochet chez les Chevaux.

Celle d'en bas, assez séparée de la troisième incisive dans la première dentition, est notamment plus petite et bien moins en crochet.

Molaires. Des six molaires de la mâchoire, la première, inégalement distante de la canine et de la seconde molaire, est encore en crochet, mais bien plus petit et plus aigu que la canine; les cinq suivantes contiguës sont assez bien comme chez les autres Ruminants. Une première, plus petite, subtriquètre, une seconde un peu plus forte, mais encore formée comme la précédente d'un seul lobe et les trois arrière-molaires croissant un peu de l'antérieure à la postérieure de deux, ayant pour caractère assez particulier de n'offrir à la page externe que trois bourrelets, trois grosses côtes descendantes, sans traces de costules dans les intervalles.

Des cinq molaires de la mandibule, la première est comme celle de la mâchoire, simple, conique et verticalement implantée, à peu près au milieu de l'espace qui sépare la canine ou quatrième incisive de la série des quatre dernières molaires. Celles-ci du reste sont comme dans les autres Ruminants, avec cette différence qu'il y en a une de moins. La première n'est toujours formée que d'un seul lobe, et par conséquent d'un seul double croissant; les deux suivantes en ont deux ayant chacun un double croissant, et la dernière trois lobes: le troisième n'ayant qu'un double croissant.

Les différences que présente le système dentaire des Chameaux suivant les âges, les sexes et les espèces, sont assez difficiles à définir, et d'autant plus que nous n'avons pas tous les matériaux nécessaires pour contre-balancer les difficultés. Différences:

Dans le jeune âge, la première dentition du Chameau à une bosse offre des particularités assez analogues à celles que nous avons signalées chez les Ruminants en général. d'après l'âge; dans le premier.

Le nombre total et la formule dentaire sont de

$$\frac{1}{3}+\frac{1}{1}+\frac{3}{2}.$$

Supérieurement: l'incisive est très-petite, subcylindrique, obtuse et fortement recourbée en dedans (1). en haut. Incisive, 1.

La canine est au contraire fort obliquement dirigée en avant, un peu courbée dans ce sens, comprimée, tranchante et comme subbilobée à sa terminaison. Canine, 1.

Les molaires sont au nombre de trois seulement et toutes coniques; Molaires, 3.
la première semblable à la première des cinq dernières d'adulte; la première.
seconde plus compliquée que son analogue, puisqu'elle est formée de seconde.
deux pointes marginales, l'antérieure plus large que la postérieure, à cause d'un bourrelet transverse en avant; la troisième, comme dans troisième.
l'adulte, de deux parties subégales, et subsimilaires, tant le bourrelet antérieur est prononcé.

Inférieurement, les trois incisives sont un peu plus déclives, et toutes assez bien de même forme assez étroite et allongée. en bas. Incisives, 3.

(1) Je n'ai jamais rencontré plus d'une dent de chaque côté de l'os incisif; M. C. S. Sundevall dit cependant: *Initio tamen 4, secundum Wagnerum.*

Canine, 1. La canine, plus courte, plus obtuse, est aussi plus verticale, assez séparée de la troisième incisive.

Molaires, 2. première. Après une barre assez considérable, dans laquelle existe seulement un pore de sortie, probablement de la première fausse molaire adulte, viennent deux molaires seulement et contiguës, la première simple à seconde. tranchant anguleux avec une sorte de talon, la seconde et dernière composée de trois lobes, croissant du premier au dernier, ce qui est le contraire pour la dernière d'adulte, ayant deux fovéoles en V au bord interne, ce qui, par l'usure, produira trois croissants.

dans le second. de lait et d'adulte. Dans nos généralités sur le système dentaire des Ruminants, nous avons eu soin de faire observer que chez eux et pendant assez longtemps les molaires de lait existent lorsque déjà les deux premières arrière-molaires sont sorties, et même quelquefois la dernière. Ce fait se produit aussi chez les Chameaux, et cela avec des nuances diverses : ainsi on peut trouver un moment où les canines étant encore de lait, il y aura une molaire persistante en arrière de la dernière de lait, ce qui en fera quatre en haut et trois en bas.

Par la suite, se montrent les avant-molaires écartées, et enfin celles de remplacement ; mais on ignore au juste à quel âge tout le système de seconde dentition, devenu complet, n'a plus qu'à subir les effets ordinaires de l'usure.

d'après le sexe ; La différence de sexe se manifeste chez les Chameaux d'une manière un peu plus marquée que chez les autres Ruminants ; en effet, la femelle a ses canines, et même en général ses dents en crochets, bien moins prononcées que le mâle.

d'après l'espèce ; L'espèce doit également être caractérisée par quelques différences appréciables dans le système dentaire.

Entre le Chameau à une bosse (*C. Arabicus*) et celui à deux bosses (*C. Bactrianus*), il m'a été impossible de reconnaître une différence *C. Bactrianus.* évidente ; mais je dois ajouter que, pour ce dernier, je n'ai pu comparer le système dentaire que sur deux individus très-âgés, où même il manquait en grande partie ; je suis cependant porté à admettre que la dernière molaire d'en haut a son lobe postérieur moins rétréci dans le Chameau que dans le Dromadaire.

Dans les petits Chameaux de la Sud-Amérique ou Lamas, il n'en est pas de même; la différence se fait aisément sentir et exprimer, d'abord pour le nombre, car sur douze têtes osseuses que j'ai pu examiner dans la collection du Muséum, je n'ai jamais trouvé en totalité que sept dents en haut et huit en bas, par suite de l'absence de la première avant-molaire distante, ce qui produit une barre plus considérable, en sorte que la formule devient *C. Lama.*

$$\frac{1}{3}+\frac{1}{1}+\frac{5}{4} \text{ dont } \frac{2}{1}+\frac{3}{3}.$$

A la mâchoire : Supérieurement.

L'incisive et la canine sont assez bien comme dans les Chameaux, mais moins coniques, plus comprimées, plus tranchantes et plus en crochet. Incisive et Canine.

Les cinq molaires, en série contiguë, croissent de la première à la dernière, les deux postérieures égalant les trois antérieures, dont la première, la plus petite, a deux racines transverses connées avec une couronne simple tranchante ou comprimée, augmentée en arrière par un rebord transverse; dans le Chameau elle est plus triquètre; la seconde, un seul lobe anguleux et un seul talon en demi-cylindre en dedans; la troisième, la quatrième et même la cinquième en général plus carrées par plus d'épaisseur transverse, celle-ci un peu moins amincie en arrière. Mais la différence principale consiste en ce que le milieu de la gouttière externe de chaque lobe, qui est creux dans les Chameaux, est ici relevé par un bourrelet qui fait pointe au bord externe du plan de la couronne; ce qui en fait cinq au lieu de trois et rend la page externe de la dent comme canaliculée. Molaires, 5.

A la mandibule : Inférieurement.

Les trois incisives normales décroissantes de l'interne à l'externe sont Incisives, 3.

plus allongées, plus en cuiller, plus déclives, un peu plus convergentes, ayant quelque ressemblance avec celle des *Sus* ou Cochons.

Canine, 1. Le quatrième ou canine, plus distante dans l'âge adulte, plus tranchante.

Molaires, 4. Les quatre molaires sont assez semblables à leurs analogues dans les Chameaux, même dans la proportion des lobes; seulement la page interne est peut-être un peu moins lisse, par suite de plus de saillie des costules. Mais un caractère qui semble plus distinctif, c'est que dans les deux dernières, il y a en avant et en dehors un filet vertical très-marqué, qui n'existe pas aux dents analogues des Chameaux (1).

Différences : d'après le sexe; Les femelles de Lamas n'offrent, pour le système dentaire d'autres différences que celles observées dans les Chameaux, c'est-à-dire des crochets bien moins prononcés que dans le mâle.

d'après l'âge. Les différences que l'âge apporte dans le système dentaire des Lamas me sont bien moins connues que dans les Chameaux, à défaut de matériaux.

en haut. Je puis cependant assurer que l'incisive et la canine d'en haut sont excessivement petites et percent à peine la gencive, et que la dernière molaire, la seule que je connaisse, est fort triquètre, mais composée de ses deux lobes, outre un petit lobe antérieur au-devant du plus petit.

C. Vicunia. Sur une jeune Vigogne, la première à une seule racine et à couronne en fer de lancette courte, comme dans l'adulte, mais excessivement petite comparativement aux deux autres; la seconde, triquètre, a deux croissants dans un seul lobe; la troisième comme l'adulte, immédiatement sous le trou sous-orbitaire.

en haut. Je ne connais pas les incisives d'en bas, si ce n'est sur une Vigogne, où elles décroissent de la première à la troisième; mais la canine ou quatrième de celles-là, couchée en avant de la barre, est extrêmement petite.

(1) M. G. Cuvier, qui a fait, ce me semble, cette observation le premier, a trop généralisé ce caractère en l'attribuant à toutes les molaires inférieures à deux cylindres.

Les deux molaires sont comme dans les Chameaux; seulement avec les cannelures mieux marquées. On peut également voir comme chez ceux-ci que les trois demi-cylindres de la dernière croissent du premier au troisième, au contraire de ce qui est dans l'adulte.

C'est ce que j'ai pu confirmer sur la jeune Vigogne, qui n'avait encore perdu aucune de ses dents de lait, qui étaient fort peu usées et où se trouvait déjà sortie la première molaire persistante, en haut comme en bas, et où pointait la seconde supérieure.

Dans des *Lamas*, distingués spécifiquement.

J'ai étudié ensuite les différences que le système dentaire pourrait présenter chez les espèces que les zoologistes ont cru devoir distinguer sous les noms de Lama, d'Alpaca, de Paco et de Vigogne (1); mais quelque soin que j'aie mis à cet examen, il m'a été absolument impossible de trouver dans le nombre, dans la disposition, dans la proportion générale et même particulière, aussi bien que dans la forme, quelques différences qui pussent être considérées comme spécifiques; à moins que de regarder comme telles des différences de grandeur qui peuvent aller jusqu'à un tiers en plus ou en moins; ce qui, suivant moi, serait contraire à toutes les règles de la zooclassie.

DES TRACES LAISSÉES PAR LES ESPÈCES DU G. *CAMELUS*, L.

I. — Par les CHAMEAUX.

A. *Dans les œuvres des hommes.*

Chameau. Traces dans les œuvres des hommes. Chez les Hébreux.

C'est dans les livres des Hébreux que l'on trouve mentionné pour la première fois le Chameau sous le nom de *Ghimel* ou de *Gamel*, qui est devenu l'origine de ceux sous lesquels il était connu chez les Grecs et les Latins (2), et depuis lors dans toutes les langues modernes néo-latines

(1) Ce sont en effet les têtes osseuses des animaux que M. Fréd. Cuvier a décrits et figurés comme tels dans la Ménagerie du Muséum.

(2) Varron dit : *Camelus sub nomine Syriaco in Latinum venit.* (*De Ling. latin.*, 14).

et même germaniques. Il n'y a que les langues tartares dans lesquelles ces animaux ont un nom tout différent, celui de *Tjuja*, dont nous ne connaissons pas la raison.

d'après Moïse. Dès les premiers livres de Moïse, c'est-à-dire dans la Genèse, le Deutéronome et le Lévitique, il est question du Chameau comme d'un animal dont l'usage était commun, au point qu'une ville et une montagne en avaient tiré leur nom, sans doute à cause du grand nombre de ces animaux qui s'y trouvaient.

Les préceptes du Deutéronome nous apprennent qu'en effet cet animal était chez les Juifs d'une grande ressource, puisqu'ils l'employaient comme bête de charge, de trait, et comme leur fournissant du lait et de la laine pour les vêtements. Mais il était au nombre de ceux dont la chair leur était interdite, suivant quelques-uns, parce que son usage pouvait donner lieu à une certaine maladie, mais plus probablement pour faciliter la propagation d'un animal aussi utile.

le livre de Job. On trouve en effet une preuve que ces animaux étaient comptés au nombre des richesses d'alors, dans l'histoire de Job, dont l'antiquité presque mosaïque est généralement admise, puisque dans l'énumération de ses richesses ce patriarche compte trois mille, et dans un autre passage six mille de ces animaux.

Chez les Égyptiens. On voit aussi dans l'histoire de la nation juive laissée par Moïse, que tous les peuples avec lesquels elle avait établi des relations possédaient un grand nombre de ces animaux : par exemple les Égyptiens, comme le rapporte l'Exode dans son fameux cantique de la sortie d'Égypte; nous voyons un Pharaon envoyer des Chameaux pour amener Abraham et sa famille en Égypte (*Genèse,* ch. XII, v. 10), et Dieu menacer de faire périr les troupeaux, y compris les Chameaux (*Exode*, ch. IX, v. 3).

Toutefois, dans cette histoire, il est difficile de trouver quelque indice du point d'où serait sorti cet animal, ainsi que nous avons pu le faire pour le Cheval, et comme nous le pourrons pour le Mouton; et même nous ne connaissons aucun passage d'où l'on puisse déduire si le Chameau des Israélites avait encore deux bosses et si même il en avait.

Il nous faut entrer dans l'histoire grecque, et même assez avant, pour avoir une connaissance certaine de cette particularité.

Chez les Grecs anciens.

Homère ni Hésiode n'ont jamais fait mention de cet animal. Et si cela se conçoit pour celui-ci qui écrivait en Grèce, cela est plus difficile pour celui-là décrivant dans l'*Iliade*, qui lui est attribuée, la première entreprise des Grecs contre une nation de l'Asie Mineure qui touchait aux États du grand roi, où l'emploi du Chameau devait avoir déjà lieu.

Homère et Hésiode.

C'est en effet dans les écrits de l'auteur qui le premier a donné l'histoire de l'Asie occidentale et de ses rapports avec la Grèce, c'est-à-dire dans Hérodote, que se trouve la première mention des Chameaux, comme d'animaux employés dans les armées, soit comme bêtes de charge, soit comme servant de monture à des gens armés. Ainsi, dans le liv. I, p. 64, où il est question de la conquête de la Perse par Cyrus, Hérodote dit que celui-ci fit mettre les Chameaux à la tête de son armée pour rendre inutile la cavalerie de Crésus, parce qu'à cette époque le Cheval, sans doute encore peu accoutumé à voir des Chameaux, en était effrayé, comme il l'a été la première fois qu'il a vu des Éléphants (1).

Hérodote, pour Cyrus.

C'est dans la même idée que Cyrus, d'après le conseil d'Harpage, rassembla tous les Chameaux qui portaient les vivres et les bagages à la suite de l'armée, et après leur avoir ôté leur charge, les fit monter par des hommes vêtus en cavaliers, avec ordre de marcher contre la cavalerie de Crésus afin de la mettre en désordre, ce qui lui réussit comme il avait été prévu.

On pourrait faire remonter l'époque de l'emploi du Chameau dans les armées des grands potentats de l'Asie occidentale, si l'on voulait ajouter foi à ce que dit Diodore de Sicile (*Hist. Univ.*, liv. 2), d'un stratagème imaginé par Sémiramis, dans ses guerres contre les Indiens,

Diodore de Sicile, pour Sémiramis.

(1) Tous les auteurs qui ont rapporté ce passage d'Hérodote ont relevé cette assertion comme erronée, mais à tort, parce qu'à cette époque de la domestication de ces deux espèces animales le fait pouvait être vrai; bien plus, Santi nous dit que dans le haras des environs de Pise il l'a encore vu se reproduire.

puisque c'étaient des Chameaux qui portaient les simulacres d'Éléphants construits pour effrayer ceux des ennemis.

Hérodote. Hérodote parle encore de ces animaux en deux autres endroits de son histoire qui ont trait à la fameuse expédition de Xerxès contre les Grecs, d'abord liv. III, p. 83, et liv. V, p. 82 et 346, édit. de Larcher.

dans l'Inde. Dans le premier passage, faisant l'énumération des peuples de l'Inde, il dit : Il y a d'autres peuples indiens qui habitent au nord, dans le voisinage de la ville de Caspatyre et de la Pactyce, dont les mœurs approchent beaucoup de celles des Bactriens ; et à l'occasion de l'or qui se trouve aux environs de leur pays aux lieux que le sable rend inhabitables, et où existent des Fourmis (1) grandes comme des Renards et dont il cite des individus dans la ménagerie du roi de Perse, il raconte comment les Indiens, pour aller chercher ce sable dans les déserts, attellent ensemble trois Chameaux, une femelle sur laquelle ils montent, entre deux mâles Hérodote entre ensuite dans quelques détails sur ces Chameaux, qui, dit-il, ne sont pas moins légers à la course que des Chevaux et portent néanmoins de plus lourds fardeaux, ajoutant qu'il ne donnera pas la description de ces animaux, que les Grecs connaissent, se bornant à noter ce qu'ils ne savaient pas, savoir : qu'ils ont deux cuisses et deux genoux aux jambes de derrière, et que l'organe de la génération passe entre celles ci et se retourne vers la queue.

en Europe. Dans le second passage, Hérodote rapporte le premier exemple de Chameaux amenés en Europe, en disant que des Lions dévorèrent ceux qui portaient les vivres et les bagages de l'armée de Xerxès lorsqu'elle fut parvenue dans les montagnes et les forêts qui séparent la Thessalie de la Thrace, où il en existait alors.

Xénophon. en Grèce. On peut en trouver un autre exemple dans un passage de Xénophon (*Hist. gr.*, liv. III) qui nous apprend qu'Agésilas, roi de Lacédémone, à la suite de ses succès sur les Perses dans l'Asie Mineure, consacra aux

(1) On a beaucoup discuté sur ces animaux nommés *Fourmis*, sans doute parce qu'ils vivaient sous terre, car il est probable que c'était quelque grosse espèce de Rat Taupe ou d'Aspalax, fort abondants dans le pays.

dieux le dixième du butin, et qu'ainsi il amena dans la Grèce des Chameaux pris dans sa campagne sur Tissapherne.

Hérodote en Grèce.

Mais ces Chameaux avaient-ils une ou deux bosses? c'est ce qu'Hérodote ne dit pas. Il est cependant probable qu'ils provenaient de la Bactriane, quoique dans les armées de Cyrus et de Xerxès il pouvait s'en trouver de l'Arabie Scénite. Nous avons, en effet, déjà eu l'occasion de citer un autre passage d'Hérodote dans lequel, faisant à la manière d'Homère l'énumération des peuples qui composaient l'armée d'invasion de Xerxès en Grèce, il cite la cavalerie des Arabes, montés sur des Chameaux à défaut de Chevaux, qui n'existaient pas dans leur pays.

Conclusion.

En définitive, on peut conclure qu'à l'époque de l'expédition de Xerxès, le Chameau de la Bactriane et celui d'Arabie se trouvaient dans son armée, que tous deux ont alors passé en Europe, comme bêtes de charge et comme monture, mais sans qu'ils fussent peut être encore caractérisés par la bosse.

Aristote distingue le Chameau à deux bosses et le Chameau à une bosse.

C'est dans Aristote, c'est-à-dire 130 ans après l'expédition de Xerxès et peu avant celle d'Alexandre contre un des successeurs du roi de Perse (1), que la distinction est nettement établie : celui de la Bactriane à deux bosses et celui d'Arabie à une seule, en même temps que sont démontrés leurs rapports avec les animaux qui ruminent par l'absence de dents incisives supérieures, le pied bisulque d'une manière particulière, un osselet au tarse et quatre estomacs, relevant l'erreur de l'existence de deux genoux aux membres postérieurs, mais reconnaissant encore l'antipathie du Cheval pour ces animaux.

ses observations sur ces animaux.

Aristote donne même plusieurs observations qui prouvent que les Chameaux étaient à l'état domestique, puisqu'on enveloppait leurs pieds dans une espèce de chaussure pour qu'ils ne fussent pas blessés dans la marche; qu'on châtrait les mâles et même les femelles, et qu'il indique l'époque de la nubilité, du rut, le mode véritable d'accouplement, la

(1) L'expédition de Xerxès eut lieu 480 ans avant Jésus-Christ; Aristote vivait vers 350, et Alexandre passa en Asie en 334

durée de la portée, celle de la vie, l'abondance et la bonne qualité du lait, de la chair, et même l'utilité de la verge pour faire des cordes d'arc.

Mais au milieu de ces vérités il mêle quelques contes qui semblent prouver qu'il n'avait pas tout observé par lui-même, comme lorsqu'il rapporte que le fils refuse de couvrir sa mère.

Doutes sur leur nombre en Grèce.

Je doute aussi beaucoup qu'il y eût alors en Grèce des troupeaux de trois mille Chameaux, comme cela est rapporté de Job qui vivait dans l'Idumée, partie de l'Arabie; et même comme cette assertion d'Aristote se trouve jetée sans aucune liaison au milieu du texte (*Hist. des Anim.*, liv. IX, ch. 50), il se pourrait qu'elle ait été intercalée dans les manuscrits.

Aucun auteur grec ancien ne paraît avoir augmenté ni même répété ce qu'Aristote dit des Chameaux.

Chez les Grecs moins anciens

Mais il n'en est pas de même si nous recueillons ce que des auteurs grecs plus nouveaux, comme Strabon, Diodore de Sicile, Athénée, Lucien, avaient puisé dans les auteurs qui ont écrit l'histoire de l'expédition d'Alexandre, Agatharchides et Artémidore, et de ses successeurs.

Strabon.

Ainsi nous apprenons de Strabon, dans sa description géographique des parties du Monde alors connu, plusieurs particularités qui touchent à l'histoire du Chameau.

dans l'Inde.

A l'occasion de la marche d'Alexandre dans l'Inde et au sujet des assassins de Parménion qu'il envoyait à Ecbatane, il dit qu'ils firent en onze jours avec des Chameaux coureurs (*Dromadon camelon*), une route qui en aurait demandé quarante avec des Chevaux.

en Arabie.

Dans un autre passage (Lib. XVII), en décrivant le pays habité par les Arabes Scénites, nommés plus tard Sarrazins, ainsi que nous l'apprend Ammien Marcellin, Strabon dit qu'à cause du manque d'eau, ils ne se livrent pas à l'agriculture, mais qu'ils ont des pâturages pour toutes sortes de troupeaux et surtout de Chameaux.

De même, dans sa description de l'Arabie Nabathéenne, au nombre des animaux qui s'y trouvent, il cite, d'après Artémidore, des Anes ou Mulets et des Chameaux sauvages, avec des Cerfs, des Daims, des Lions, des Panthères, des Loups en grand nombre; ajoutant que chez les Arabes *Debbæ*, les Chameaux servent à tous les usages de la vie.

Diodore de Sicile. dans l'Yémen.

Diodore de Sicile, qui paraît avoir puisé aux mêmes sources, est encore plus explicite : en effet, en décrivant (*Hist. univ.*, liv. II) la partie de l'Arabie qui touche à l'Océan (l'Yémen), il dit qu'il y a de belles races de Chameaux, les uns à peau nue ou couverts de poils, d'autres qui ont une double bosse sur le dos, d'où ils sont nommés Dytises; les uns fournissant lait et chair, ou bien étant propres à porter des fardeaux, tandis que d'autres qui ont le corps moins épais et les membres plus sveltes, servent de coureurs ou sont employés à la guerre, portant deux archers dos à dos.

en Mésopotamie.

C'est encore Diodore qui nous apprend (Liv. XIX) que, dans la guerre d'Antigone contre Eumène, des courriers montés sur des Chameaux furent envoyés par le roi du désert de Médie à Eumène pour l'avertir de la marche d'Antigone.

Lucien. en Égypte.

Enfin, nous apprenons de Lucien que dans le nombre des spectacles extraordinaires que Ptolémée Philadelphe donna au peuple d'Alexandrie, comme triomphe de ses conquêtes, entre autres curiosités il montra un Chameau noir et un homme de deux couleurs, ce qui doit, ce me semble, porter à penser que c'était un Chameau à deux bosses, en effet ordinairement noir; à moins que de croire qu'un Chameau quelconque était un animal nouveau dans ce pays, ainsi que le pensait M. Desmoulins, opinion peu admissible cependant, ainsi que le fait remarquer M. Saint-Martin. En effet, les Égyptiens étaient trop voisins de l'Arabie pour n'avoir jamais vu de Chameaux, et les Grecs qui peuplaient essentiellement Alexandrie, avaient dû en voir dans leurs guerres en Asie; et ce qui semble le prouver, c'est qu'au nombre des animaux aussi rares que nombreux que Ptolémée Philadelphe montra dans le spectacle extraordinaire qu'il donna dans la même ville, et dont Athénée nous a laissé la description (*Deipnos.*, liv. V), il parle de trois couples de Chameaux, outre ceux qui traînaient des chariots chargés de tentes, de femmes et d'enfants arabes.

Chez les Romains.

Chez les Romains, qui purent profiter des faits que les Grecs avaient eu l'occasion de recueillir pendant et à la suite de la célèbre expédition d'Alexandre en Asie, et qui purent eux-mêmes en recueillir lorsqu'ils étendirent leurs conquêtes dans toute la partie orientale et méridionale du périple de la Méditerranée jusqu'aux confins de la Perse et de l'Arabie. Les Chameaux furent connus assez tard.

Salluste.

Ainsi Plutarque (*Vie de Lucullus*), citant un passage de Salluste, nous apprend que ce fut l'an de Rome 685, et par conséquent soixante-huit ans avant J.-C., après la grande bataille de Rhynthacus gagnée sur Mithridate, que des Chameaux furent montrés à Rome dans le Cirque.

Varron.

Nous avons déjà rapporté plus haut comment Varron avait reconnu l'origine orientale du mot *Camelus* : *Camelus sub nomine Syriaco in Latium venit* (*De Ling. latin.*), mais c'est Tite-Live (*Hist. Rom., decad.* IV) qui a employé le premier le nom de *Dromadarius* pour indiquer le Chameau coureur.

Tite-Live.

Quoique les auteurs qui ont écrit sur l'agriculture n'aient aucunement fait mention de ces animaux, ils étaient cependant connus à Rome, puisque Suétone nous apprend que Néron se montra dans le cirque sur un char attelé de quatre Chameaux.

Suétone.

Pline.

Mais c'est surtout la vaste compilation de Pline qui nous fournit le plus grand nombre des faits acquis sur l'histoire naturelle des Chameaux depuis Aristote. En effet, outre ceux que celui-ci avait compris dans ses ouvrages, et qu'il rapporte çà et là dans le sien, Pline en rapporte quelques-uns de nouveaux : par exemple, que cet animal compose des troupeaux en Orient ; qu'il sert de bête de somme; qu'il ne fait jamais qu'une certaine course et ne porte qu'une certaine charge; qu'il peut passer quatre jours sans boire; qu'il est sujet à la rage; qu'il y en avait d'employés à établir la communication entre Coptos et Bérénice, et, par conséquent, les relations d'Alexandrie avec l'Inde.

Nous ne voyons cependant pas que Pline ait rien puisé dans la géographie de Strabon, qui, écrite indubitablement avant lui, sous Auguste, et dans l'Asie-Mineure, n'était sans doute pas encore parvenue dans les bibliothèques de Rome. On y trouve en effet plusieurs choses dont il n'a pas parlé, ainsi que nous l'avons montré plus haut.

Tacite (*Ann.*, lib. XV, cap. 12) nous apprend que dans l'expédition romaine conduite par Corbulon à travers la Syrie pour secourir Pœtus, roi d'Arménie, contre le roi des Parthes, les provisions de blé étaient portées par des Chameaux. Tacite.

On peut également trouver dans la compilation d'Élien plusieurs faits touchant l'histoire du Chameau ; mais, comme on le pense bien, lorsqu'on réfléchit au but que l'auteur se proposait, mêlés de tous les contes rapportés par ses prédécesseurs. C'est lui qui nous apprend que ces animaux étaient très-abondants chez les peuples qui habitaient aux environs de la mer Caspienne, où ils atteignaient une très-grande taille; que leur toison, extrêmement fine, servait à faire les étoffes dont s'habillaient les gens riches (XVIII, 34), et que ce sont les Perses qui ont commencé à accoutumer les Chevaux à n'en avoir plus peur en les élevant ensemble (XI, 36). Élien.

Pendant le reste de temps où l'empire romain continua d'avoir Rome comme capitale, je ne trouve pas que les auteurs latins ou grecs qui en ont écrit l'histoire aient eu l'occasion de faire mention du Chameau, qui n'était pas employé dans leurs armées, si ce n'est peut-être en Orient.

Hérodien (liv. IV) rapporte que dans l'expédition d'Antonin Caracalla, fils de Septime-Sévère, Macrin combattit en Mésopotamie un corps de soldats montés sur des Chameaux. Hérodien.

Nous trouvons même dans le traité de la castramentation d'Hygyn un passage qui pourrait faire croire que de son temps, il est vrai assez incertain, les Chameaux comme les Chevaux occupaient une place mesurée et déterminée dans l'établissement d'un camp. Hygyn.

Lampridius (vie d'Héliogabale) nous apprend que cet empereur se Lampridius.

montrait dans un Cirque particulier dans un quadrige attelé de Chameaux, et même qu'il en faisait servir sur sa table aussi bien que de l'autruche, mais seulement des pieds, suivant Spartien.

Spartien.

Galien.

Galien rapporte (de *Aliment. facult.*, cap. 2) aussi que de son temps, les chars attelés de Chameaux, qu'il désigne sous le nom de Dromadaires, étaient usités à Alexandrie.

Nous approchons ainsi de l'époque où le nom de Dromadaire va être exclusivement donné aux Chameaux d'Arabie, quoiqu'il puisse y en avoir qui soient de charge parmi ceux-ci comme il y en a de coureurs parmi ceux de la Bactriane. C'est sans doute vers l'époque où le siége de l'empire romain fut transporté à Constantinople.

Ammien Marcellin.

Ammien Marcellin (liv. XXV, ch. 8), qui nous a donné l'histoire de la guerre faite contre les Parthes par Constance, et surtout par Julien, son successeur, nous apprend que dans la retraite de l'armée, après la mort de celui-ci, les Chameaux étaient employés comme bêtes de somme dans l'Arménie, et en décrivant la Bactriane (liv. XXIII, ch. 6), il dit que les animaux qui paissent dans ses campagnes et ses montagnes sont grands et vigoureux; ce que prouve, dit-il, les Chameaux de Mithridate que les Romains virent pour la première fois au siége de Cyzique.

A l'époque où Ammien Marcellin (lib. XXVIII, ch. 6) écrivait, il faut que le Chameau, et sans doute le Chameau à une bosse, se fût considérablement multiplié en Barbarie, puisqu'il dit que le comte romain chargé du gouvernement d'Afrique sous Valentinien, avant de s'opposer, sur la demande des Lepsitains, à l'invasion des Austusiens, ne voulut pas y consentir sans qu'auparavant ils eussent fait des provisions considérables et rassemblé 4,000 Chameaux.

Végèce.

Végèce, qui vivait aussi dans le quatrième siècle, sous Valentinien, dans son traité de l'art militaire (lib. III, cap. 23), dit aussi que plusieurs nations anciennes, comme les Ursiliens en Afrique, et aujourd'hui les Mahètes, ont employé les Chameaux dans les armées; et, en effet, Hygym, ainsi qu'il a été dit plus haut, dans son *Traité de castramentation,* désigne le plan et l'espace que doivent occuper les Chameaux dans un camp (1).

L'application exclusive du nom de Dromadaire au Chameau d'Arabie n'est pas encore dans Isidore de Séville, qui se borne à dire que c'est un genre de Chameau remarquable par sa grande vélocité, ainsi que par une moindre taille. Quant aux Chameaux qu'il dit être surtout nombreux en Arabie, il attribue à ceux de ce pays deux bosses, tous les autres n'en ayant qu'une, contrairement à la vérité et à ce qu'avait dit Aristote. Isidore de Séville.

Je ne vois pas que malgré la culture si ancienne et si avancée de ce genre d'animaux chez les Arabes, et, par conséquent, la distinction de la race propre à porter et de la race propre à courir, que les auteurs de cette nation, Avicenne, par exemple, qui a traduit et commenté Aristote, ait rien dit de positif à ce sujet, quoiqu'il ait peut-être mieux décrit le pied du Chameau qu'Aristote et qu'il ait connu le fait de l'absence de la vésicule du fiel, aussi bien que l'existence de l'os du cœur, comme dans le Cerf. En effet, il termine en disant que l'Arabie abonde en Chameaux et en Dromadaires. Avicenne.

Les premiers auteurs qui ont écrit de l'histoire naturelle dans ces espèces d'encyclopédies intitulées : *Speculum naturæ*, ou : *De Proprietatibus rerum*, se bornèrent à copier Pline et Aristote, et même celui-ci dans des traductions latines faites sur la traduction arabe. Aussi Bartholomée d'Angleterre citant Pline, Solin, Aristote et Isidore de Séville, distingue bien les Dromadaires des Chameaux par plus de petitesse et de gracilité dans les formes, et le Chameau de la Bactriane de celui d'Arabie d'après le nombre des bosses, mais sans rapprochement de cette seconde particularité avec la première; et même, ce qui est à remarquer, c'est qu'il attribue deux bosses au Chameau d'Arabie et une seule à celui de la Bactriane, probablement d'après Isidore de Séville. Encyclopédies du moyen-âge. Bartholomé.

(1) C'est donc à tort qu'il a été dit par plusieurs auteurs, sans doute d'après Procope, que jusqu'à Salomon, lieutenant de Bélisaire vers 535, les Romains n'avaient jamais employé les Chameaux dans leurs armées au nord de l'Afrique.

Albert-le-Grand, vers 1250.

C'est encore quelque chose de semblable qu'on trouve dans Albert le Grand, aussi bien que dans tous les auteurs du crépuscule de la renaissance des sciences en Europe, et dont le point central fut un moment Paris.

Les naturalistes des quinzième et seizième siècles prirent à peu de chose près tout ce qu'ils dirent des animaux de ce genre chez les anciens.

P. Gilles, 1535. Wotton, 1552.

Cela est manifeste pour P. Gilles dans ses commentaires sur Élien, en 1535, pour Wotton, en 1552, dans un ouvrage fort remarquable même encore aujourd'hui, et que la presse parisienne s'empressa d'imprimer à défaut de celle de Londres.

Scaliger, 1592.

Il se pourrait que ce fût Scaliger qui ait distingué trois espèces de Chameaux : 1° *Hugius* des Arabes, 2° *Bechet* de la Bactriane, 3° *Raquahil,* qu'il définit petits, impropres à la charge, servant de Chevaux à cause de leur vitesse; à quoi il ajoute : *Dromedarios vocant mercatores nostri* (*De Subtil.*, Ex. CCIX, 2), 1592.

Gesner, 1551.

On trouve encore plus manifestement le nom de Dromadaire affecté au Chameau des Arabes dans Gesner, qui commence son article *De Camelo* en faisant l'observation qu'Aristote et les anciens donnaient le nom de Chameau aussi bien au Chameau de la Bactriane qu'à celui d'Arabie, que les modernes nomment Dromadaire, nom que jamais les anciens n'ont employé sans celui de Chameau. Il donne même une bonne description d'un de ses animaux qu'il avait vu vivant au moment où il écrivait (*Dromæ quam vidi, dum hoc scriberem*), ajoutant que l'empereur des Turcs venait d'envoyer deux Chameaux blancs au roi de France.

Ainsi à cette époque, 1551, le Chameau à une bosse, distingué par le nom de Dromadaire de celui à deux bosses, avait pu être décrit aussi bien que celui-ci, et même figuré d'après des animaux vivants amenés en Europe.

Dans le dix-septième siècle, des Chameaux à une bosse furent amenés de Serre à Florence sous le gouvernement de Frédéric II de Médicis, en

1622; et, plus tard, deux autres furent envoyés à Louis XIV. Ce sont ceux qui furent disséqués par les anatomistes de l'Académie des sciences, en 1676, sous le nom de Chameaux, quoique ce fussent des Dromadaires.

C'est depuis ce temps que les systématistes, parmi lesquels il faut comprendre Aldrovandi abrégé par Johnston, puis Charleton (1608), J. Ray en 1693, et dans la première moitié du dernier siècle Linné, Klein, Hill, Brisson, ont pu définir le genre *Camelus* d'une manière de plus en plus convenable, en en séparant d'abord les Lamas, qu'ils y ont ensuite réunis.

Aldrovandi. Johnston. Charleton. J. Ray. Linné. Klein. Hill. Brisson.

Ils furent sans doute puissamment aidés par la vue de quelques-uns de ces animaux qui furent amenés en Europe, et qui devinrent le sujet d'observations anatomiques. Ainsi la ménagerie de Louis XIV à Versailles possédait deux Chameaux à une bosse, dont les membres de l'ancienne Académie des sciences firent l'anatomie, comme il a été dit plus haut.

En 1752, on montrait à Paris un Chameau mâle et un Dromadaire femelle qui, parfaitement accoutumés à vivre ensemble, s'accouplèrent. Il en résulta un petit dont le sexe n'a pas été indiqué, mais qui ne vécut que trois jours à cause de sa grande faiblesse.

J'ignore si ce sont ces individus qui ont servi aux observations que Buffon et Daubenton publièrent en 1764, dans le vol. XI de l'*Histoire naturelle* du premier. D'après ce que dit le dernier, il a pu faire l'anatomie de deux Dromadaires, l'un mâle jeune et l'autre femelle, et d'un Chameau dont il ne dit pas le sexe, mais qui, d'après la figure du squelette, devait être femelle.

Buffon et Daubenton, 1764.

Sans doute que depuis lors d'autres individus furent amenés en Europe, et surtout des Chameaux à une bosse; mais je ne trouve mentionnés que les deux Chameaux à deux bosses qui, vivant à Livry dans les écuries du duc d'Orléans, furent amenés à Paris vers 1794, et qui ont été le sujet d'un article de M. G. Cuvier, accompagné d'une excellente

G. Cuvier. 1804.

figure de Maréchal, dans la première livraison de la *Ménagerie du Muséum*, par MM. Lacépède, G. Cuvier et Geoffroy, en 1804.

En 1798, deux Dromadaires, l'un mâle et l'autre femelle, furent envoyés en présent au gouvernement d'alors à Paris par le dey d'Alger.

En 1799 ou 1800, la commission scientifique d'Égypte, en revenant en France, en amena un autre au Muséum d'histoire naturelle.

En l'année 1739, le grand-duc de Toscane Léopold, devenu depuis empereur d'Autriche, poussé à cela par le duc Salviati, établit (1) un haras de ces animaux dans une ferme des environs de Pise, à San Rossore, dans une vaste plaine sablonneuse et parfaitement abritée du nord par une chaîne de montagnes. La réussite fut complète, comme nous l'apprenons d'un mémoire fort intéressant publié par le professeur d'histoire naturelle à Pise Santi (vol. XVII *Ann. Mus. de Paris*, 1811).

Santi, 1811.

En 1815, Luigi Porte a également écrit un mémoire sur cette même race de Chameaux de Toscane, qu'il considère comme une troisième espèce, semblable cependant au Chameau de charge des Arabes.

Luigi Porte, 1815.

Depuis ce temps, le Chameau à une bosse s'est répandu facilement dans toutes les parties de l'Europe, soit par les ménageries ambulantes, soit dans les ménageries publiques, et ainsi se sont accrues les observations de toutes sortes sur ce genre d'animaux, comme on peut le voir dans le Mémoire d'Éverard Home, cité plus haut et publié en 1806; de A. Grundler sur quelques points d'anatomie en 1817; de M. F. Cuvier en 1821, dans ses Mammifères de la ménagerie du Muséum; de P. Savi en 1824; du docteur Mayer en 1839, dans ses *Analecten* déjà cités.

Év. Home, 1806.
A. Grundler, 1817.
M. F. Cuvier, 1821.
Savi, 1824.
Mayer, 1839.

(1) Savi pense, en effet, que ce haras avait été établi cent ans auparavant par les princes de la maison de Médicis; mais comme en 1739 il n'y avait plus que six femelles, le grand-duc Léopold se borna à faire venir de Tunis treize mâles et sept femelles, ce qui faisait en tout treize couples. En 1789 le nombre total était de cent quatre-vingt-seize en tout; en 1810 il n'était que de cent soixante-dix. J'ignore ce qu'il est aujourd'hui; mais il est probable qu'il est plutôt diminué qu'augmenté. En effet, d'après ce que nous apprend le même observateur, les petits naissent si faibles et la mère leur est si indifférente, que, sans le soin qu'ont les chameliers de mettre pendant quelques jours le petit animal à portée de saisir la mamelle, il mourrait de faim. Aussi c'est encore un essai d'acclimatation à peu près inutile et manqué.

Quant au Chameau à deux bosses, il n'est encore parvenu à ma connaissance aucune observation depuis les articles publiés par MM. G. et F. Cuvier dans la *Ménagerie du Muséum*; malheureusement je ne vois pas qu'ils aient rien dit nulle part sur son organisation, et je ne trouve aucune partie qui en ait été conservée que le squelette. G. Cuvier.

B. *Dans les signes ou représentations artistiques ou autres.*

Dans les représentations artistiques.

La forme générale des Chameaux n'étant rien moins que belle aux yeux d'un artiste, et cet animal n'étant d'ailleurs jamais entré dans l'histoire mythologique ou héroïque de la Grèce, on voit comment la représentation de cet animal ne se trouve ou n'a jamais été encore trouvée dans un seul monument de l'art.

Mais un fait remarquable, c'est que suivant une opinion assez générale, la lettre gimelon ou gamel de l'alphabet hébreu, correspondant au gamma des Grecs, serait tirée de la forme du cou du Chameau, avec lequel en effet elle n'est pas sans quelque ressemblance. ?

M. Fresnel, dans sa lettre à M. Jomard sur la Licorne, p. 17, dit positivement que le Chameau n'est jamais représenté sur les monuments égyptiens, pas plus que les autres animaux étrangers offerts en présent par les rois barbares. Fresnel.

Je vois cependant rapporté, si je ne me trompe d'après M. Dureau de la Malle (*Poliocertique*, p. 192 à 195), que dans le Memnonium se trouvent des figures de Chameaux qui, assure M. Desmoulins dans son Mémoire sur la patrie du Dromadaire (*Mém. du Mus.*, t. X, p. 233, 1823), sont dans le cas nié par M. Fresnel. Dureau de la Malle.

Je crois même que parmi un assez grand nombre de statuettes d'animaux conservées dans le Muséum égyptien du Louvre, s'en trouve une de Chameau à une bosse, mais d'après sa forme, il est vrai, assez grossière, fort peu Dromadaire.

Ker-Porter, dans ses voyages en Perse, mentionne, comme représenté sur les bas-reliefs de Persépolis les plus anciens, le Chameau à Ker-Porter.

deux bosses. Dans les bas-reliefs qu'il a figurés et qui représentent des chasses, je n'ai cependant aperçu aucun animal auquel ce nom puisse convenir.

P. E. Botta. Dans les monuments de Ninive découverts par M. P.-E. Botta, envoyés par lui en France, où ils constituent l'une des salles les plus intéressantes du Muséum du Louvre, je n'ai rien vu qui ait trait au Chameau, et M. Botta n'en a reconnu lui-même aucune trace dans les ruines de Khorsabad.

Mais s'il y a doute que le Chameau ait été représenté dans les monuments des peuples les plus anciens, il n'en est pas de même chez ceux d'une époque moins reculée.

Médailles. On cite en effet la figure du Dromadaire sur une médaille de M. Scaurus *Oed. Cur. ex.* S. C., signée au bas *Rex Arctas.*

Mosaïque de Palestrine. Je le trouve probablement représenté dans la mosaïque de Palestrine sous le nom d'*Abrous*, auquel en ajoutant un N, dit l'abbé Barthélemy, on aura *Nabous*, très-voisin de *Nabun*, que, suivant Pline et Solin, les Éthiopiens donnent à un animal qui a le col du Cheval, les membres du Bœuf et la tête du Chameau, et dont la couleur rougeâtre est entremêlée de taches blanches, ce qui convient évidemment à la Girafe (1). Mais l'Abrous de la mosaïque ne semble-t-il pas plutôt un Chameau à une bosse par l'élévation subégale de ses membres, la forme du col, de la tête, de la queue, et la bosse unique du dos, quoique cependant bien avancée?

Marcel de Serres. M. Marcel de Serres, suivant sa coutume, et dans la persuasion que les anciens artistes poussaient l'exactitude jusqu'au point où l'on peut reconnaître l'espèce dans les astragales dont ils se servaient pour jouer aux osselets, ce qui est un peu fort, aime mieux voir dans cet Abrous une espèce perdue.

Millin. Millin, dans son mémoire sur les animaux figurés sur les monnaies et

(1) M. N. Joly et A. Lavocat rapportent aussi cette figure à la Girafe.

médailles, cite le C. *Dromedarius* comme étant communément sur celles de l'Arabie.

James Princeps.

M. James Princeps, dans un mémoire sur les monnaies et médailles bactriennes et indo-scythiques, a remarqué sur des pièces de monnaie de billon, semblables à celles de l'empereur Gallien et de ses successeurs, d'un côté la face du roi Azos, et de l'autre la figure du Chameau à deux bosses, qui, ajoute M. J. Princeps, vit libre ou sauvage dans les monts Axus (*Soc. As. du Beng.*, p. 325, vol. IV, 35).

C. *Dans le sein de la terre.*

Dans le sein de la terre.

En faisant l'histoire du G. *Equus*, nous avons eu l'occasion de faire observer qu'il n'est peut-être pas de terrains supérieurs à la craie qui n'aient offert des restes fossiles attribués avec plus ou moins de raison, et depuis longtemps, à une espèce de ce genre; il n'en est pas de même pour les Chameaux, qui, sous ce rapport, font encore contraste aussi bien que pour la forme.

En effet, ce n'est que dans ces derniers temps qu'il a été question de Chameaux fossiles, et même il en a été rencontré dans le célèbre dépôt des sous-Himalayas en si grand nombre et si caractéristiques, qu'il ne pouvait y avoir le moindre doute.

En Europe.

Avant cela cependant, on avait attribué au Chameau un petit nombre de pièces recueillies en Europe.

Bojanus.

La première mention en est due à M. le professeur Bojanus, à l'occasion de trois ou quatre arrière-molaires supérieures séparées, qu'un marchand lui avait procurées sans indication précise de localité, mais qu'il pensa venir comme lui de Sibérie, d'où il a tiré le nom de *Sibericum*, qu'il a donné à l'espèce animale dont il fait son genre *Merycotherium*.

P. Camper.

Avant lui, P. Camper avait vu et dessiné dans le Muséum britannique une portion de mandibule qu'il jugeait être de Chameau, à ce que nous apprend M. G. Cuvier dans les remaniements qu'il a fait subir à son ancien mémoire sur les Ruminants fossiles (t. IV, p. 3, 2ᵉ éd.), mais en ajoutant qu'aucun témoignage authentique ne disait que cette pièce fût véritablement fossile.

Marcel de Serres.

M. Marcel de Serres crut aussi devoir rapporter à une espèce de Chameau un fémur dont il envoya un dessin à M. G. Cuvier, et dont celui-ci se borna à dire (*loc. cit.*, addit. V, 2ᵉ part., p. 508), qu'il ressemble beaucoup dans ce qui en reste à celui d'un Chameau.

Newcold.

M. Newcold (*Proceed. of the Geolog. Soc. of Lond.*, III, p. 789) parle d'ossements fossiles trouvés sur les bords de la mer Rouge, et qui pourraient bien avoir appartenu à un Chameau.

Dans les sous-Himalayas.

Mais ces différentes assertions n'avaient rien d'assez certain, soit comme espèce, soit comme fossile, pour qu'il fût possible de les considérer comme des éléments véritablement scientifiques, ainsi que cela eut lieu pour les fragments des sous-Himalayas.

H. de Blainville, 1839.

Durand.

Falconer et Cauteley, 1835-1836.

La première mention en fut faite, du moins en Europe, par moi (*Comptes-rendus de l'Académie des Sciences*, 1836, 2ᵉ sem., p. 528), d'après le dessin d'une partie occipitale que m'avait envoyé M. Durand, ingénieur français au service de la compagnie des Indes; mais, de leur côté, MM. Falconer et Cauteley en avaient annoncé un nombre assez considérable de fragments en 1835, et surtout en 1836, dans un mémoire sur le Chameau fossile des monts Sivalicks (*Asiat. Res.*, vol. XIX, part. 1), avec des figures, sous le nom de C. *Sivalensis*, qui a été adopté dans le grand ouvrage qu'ils publient à Londres.

Voyons maintenant à apprécier ces différentes assertions.

DU MERYCOTHERIUM SIBERICUM.

Merycotherium Sibericum. Bojanus.

Nous venons de dire comment l'espèce désignée par M. Bojanus sous ce nom reposait sur un petit nombre de dents molaires, et comment il les avait eues en sa possession; je ne les connais que d'après la description comparative et les figures qu'il en a données de grandeur naturelle.

Ces dents, au nombre de trois, sont évidemment des arrière-molaires supérieures, deux du même côté droit, suivant lui, l'antépénultième et la pénultième, et l'autre l'antépénultième du côté opposé. Comparant successivement avec leurs analogues dans les espèces de grande taille que renferment les genres *Bos*, *Cervus* et *Camelus*, il reconnaît que c'est avec ce dernier que la ressemblance est plus grande. Cependant, outre la taille d'un tiers plus grande, il donne comme différences : 1° la cote moyenne de la face externe beaucoup plus forte et plus réfléchie ou courbée en avant, se prolongeant jusqu'à la racine; 2° l'existence d'une saillie moyenne de chaque lobe de la dent, comme dans la dernière du Chameau ; 3° la séparation plus grande des deux demi-cylindres et l'antérieur plus étroit que le postérieur, au contraire de ce qui se voit dans le Chameau ; 4° la forme plus trapézoïdale de l'aire de la couronne parallélogrammique dans le Chameau.

D'où il conclut que, si ces différences ne sont pas suffisantes pour faire que ce soit autre chose que des dents de Chameau, elles le sont assez pour indiquer au moins une espèce distincte, beaucoup plus grande que les espèces actuelles, contemporaine de l'Éléphant de Sibérie, et qui n'existe plus; et cependant M. Bojanus, inconséquent à ce qu'il venait de dire, finit par former de cette espèce un genre nouveau.

M. G. Cuvier, en reproduisant l'article de M. Bojanus (*Oss. fos.*, IV, p. 507, 2ᵉ éd., 1825), non-seulement n'adopta pas ce genre, mais bien plus, émit l'opinion, il est vrai sans démonstration, que ces dents provenaient d'un Chameau à une bosse et pouvaient bien n'être pas fossiles. G. Cuvier, 1825.

C'est aussi l'opinion qu'a adoptée M. le professeur Eichwald dans sa *Zoologia generalis* (vol. III, p. 250, 1831), et qu'il m'a confirmée dans une réponse qu'il m'a fait l'honneur de m'adresser dernièrement à une lettre où je lui demandais quelques renseignements à ce sujet. Eichwald, 1831.

Plus heureusement placé que M. Bojanus pour ces sortes de recherches, quoique n'ayant pas plus que lui vu ces dents, je me suis occupé de résoudre la question, et voici ce que je puis dire après une comparaison attentive avec le Chameau, la Girafe, le *Cervus Alce* et les plus grandes espèces d'Antilope et de Bœuf. H. de Blainville, 1850. Comparaison.

pour la grandeur, D'abord, la différence de taille est loin d'être d'un tiers en plus. En effet, comparant avec notre plus grand Chameau, le rapport est : : 45 : 40 millimètres, c'est-à-dire un neuvième seulement.

la position, La dent signalée comme pénultième me semble plutôt une dernière ou sixième, ce qu'on peut juger par son rétrécissement en arrière et le rapprochement des deux croissants postérieurs, et alors s'explique sa différence avec la pénultième du Chameau.

la forme. Il est certain que les gouttières de la face externe de ces molaires sont relevées dans le milieu de leur hauteur par une carénule assez peu marquée cependant, au lieu d'être presque entièrement lisse comme chez les Chameaux, si ce n'est à l'antérieure de la postérieure.

Quant aux ourlets ou bourrelets de cette même face, ils semblent être aussi prolongés dans ceux-ci que dans le Merycothérium.

Conclusion. Je conclus donc, avec l'auteur de ce genre, que c'est par la taille et les caractères de ces dents avec les Chameaux qu'il y a le plus de rapports; ce qui n'est pas assurer que ces dents proviennent certainement d'une espèce de ce genre, et encore moins du *C. Bactrianus.*

Je n'ai aucun renseignement à donner sur les annonces faites par M. G. Cuvier de la mandibule de Chameau vue par P. Camper à Londres, et du fémur indiqué par M. Marcel de Serres, si ce n'est que la première n'a été mentionnée par aucun auteur anglais, et que M. Marcel de Serres n'a plus parlé de son fémur de Chameau dans son ouvrage sur les ossements fossiles du midi de la France.

C SIVALENSIS.

Falconer et Cauteley, 1835-1836. Falconer et Cauteley (*Asiat. Resear.*, tom. XIX, part. I, p. 115, pl. 21, et *Sival.*, *Foss.*, pl. 86 et 87).

Cette espèce, indiquée d'abord dans le *Journ. As. Soc. of Bengale*, en 1835, par MM. Falconer et Cauteley, au service de la compagnie des Indes, ensuite bien mieux et définitivement établie dans les *Recherches Asiatiques* (*loc. cit.*), et surtout dans leur grand ouvrage publié à

Londres aux dépens de l'honorable compagnie des Indes, par M. le docteur Forster, repose aujourd'hui sur un assez grand nombre de pièces ou de fragments recueillis pêle-mêle dans les immenses dépôts de molasse qui occupent le pied du versant méridional des sous-Himalayas ou Sivaliks.

Forster. Pièces des Sous-Himalayas.

Les principales de ces pièces sont :

1° Une partie occipitale (1);

Partie occipitale ; Crâne :

2° Une partie moyenne de crâne;

3° Une assez grande partie des deux mâchoires pourvues de leurs dents molaires, en connexion normale et serrée, maintenues par la gangue;

Mâchoires;

4° Un fragment de bord maxillaire portant les dernières molaires;

Maxillaires ;

5° Une petite partie de bord maxillaire armé de ses dents molaires en connexion serrée avec celles d'une mandibule presque complète;

6° Une branche montante de mandibule du côté droit portant encore la dernière molaire;

Mandibules;

7° Deux ou trois autres fragments de mandibule armés de leurs dents molaires;

8° De la colonne vertébrale, un atlas en parfait état de conservation et un axis mutilé;

Atlas;

9° Des membres de devant, un certain nombre d'extrémités inférieures d'humérus des deux côtés; des radius en connexion avec leurs cubitus ou séparés; des os du carpe et du métacarpe séparés, et même un exemplaire parfait de conservation, dans lequel l'extrémité inférieure des os de l'avant-bras est réunie à un carpe lui-même en connexion avec les os métacarpiens ou canon, et enfin des phalanges;

Membre de devant :

10° Des membres postérieurs moins bien représentés, une extrémité inférieure de fémur, des fragments de tibia et des os du tarse.

Membre de derrière.

En comparant ces pièces avec les analogues dans le squelette d'un Dromadaire qu'ils avaient sous les yeux, MM. Falconer et Cauteley

Différences.

(1) Sans compter celle dont j'ai parlé, *Acad. Sc. Par.* 1836, 2e sem. ; 1836 et 1837, 1re sem. p. 71, d'après une figure que m'avait envoyée M. Durand.

concluent qu'indépendamment des différences qu'ils ont signalées dans la tête, et sur lesquelles porte la distinction de l'espèce, il pouvait y en avoir d'autres dans les formes extérieures, mais toutefois que ces différences ne pouvaient avoir été bien loin; ses caractères montrant une grande affinité entre le Chameau fossile et celui qui existe encore aujourd'hui, quoique ayant été d'un septième environ plus grand. Faisant cependant la juste observation combien la domesticité a pu avoir d'influence sur ces animaux, surtout chez un peuple si peu soucieux de perfectionnement, il leur paraît évident que cette différence de taille ne peut être considérée comme caractéristique.

Description et appréciation : Des Os des Membres ; J'ai observé la plupart des pièces qui viennent d'être énumérées, et qui ont été décrites et figurées par MM. Falconer et Cauteley, et dont nos collections possèdent des moules en plâtre colorié, ce qui m'a permis de mieux apprécier leur travail. Mais comme ils conviennent qu'ils n'ont pu reconnaître aucune différence pour les os des membres avec leurs analogues dans le Dromadaire, ce qui serait peut-être encore plus vrai si leur comparaison avait été prise sur un Chameau, nous n'avons besoin de nous occuper que de la tête, où ils ont trouvé les différences spécifiques.

De la Tête ; Orbite ; Trou sous orbitaire ; Mandibule. Suivant ces messieurs, la forme du crâne, la disposition des sutures, ainsi que le nombre et la forme des dents, sont entièrement comme dans l'espèce vivante; mais l'orbite, au lieu de former un cercle parfait, est plus long dans son diamètre antéro-postérieur; le trou sous-orbitaire est percé plus haut dans le maxillaire; la branche horizontale de la mandibule est moins épaisse et moins haute, la branche montante en est aussi plus étroite, mais plus élevée, et leur paraît avoir quelque ressemblance avec ce qui existe chez les Ruminants à cornes par son obliquité; au point, disent-ils, que si cette branche n'avait pas eu le crochet caractéristique des Chameaux, on aurait pu croire à sa gracilité que cette mandibule provenait d'une espèce de *Bos*.

Observations. Au fait, en notant la curieuse observation faite par MM. Falconer et Cauteley, qui disent que, dans l'*Antilope picta*, l'apophyse coronoïde, haute et courbée en arrière dans la femelle, est au contraire courte, droite et pointue dans le mâle, ne doit-on pas voir dans la principale différence signalée par ces messieurs pour caractériser leur Chameau sivalien une particularité sexuelle?

Ce que je puis assurer, c'est qu'aucune des pièces où se voit l'orbite ne se montre sans déformation, ainsi que le reste de la tête; que la grande étroitesse de la branche horizontale est due à l'âge avancé du système dentaire. Je viens de dire à quoi peut être attribuée la gracilité de la branche montante; en sorte que si le Chameau qui a laissé des traces si nombreuses de son existence dans les dépôts sous-Himalayas était différent des Chameaux encore vivants, ce que je ne voudrais pas nier d'une manière absolue, ce n'est certainement pas par les caractères qui lui ont été assignés. Conclusion.

MM. Falconer et Cauteley, dans leur premier mémoire, avaient indiqué en passant une autre espèce de Chameau fossile sous le nom de *C. antiquus;* mais ils semblent la passer sous silence dans leur grande publication. *C. antiquus.*

II. — Par les LAMAS.

A. *Dans l'histoire des hommes.*

La connaissance du Lama et des animaux sauvages ou domestiques qui s'en rapprochent comme espèce ou comme variété, sous les noms d'Alpaca, de Vigogne et de Paco, est bien loin de remonter aussi haut dans l'histoire des hommes que celle des Chameaux, pour ainsi dire perdue dans la nuit des temps. En effet, appartenant au Nouveau-Monde, nous ne pouvons guère aller au delà de sa découverte par les Européens en 1492 et 1497. Nous savons cependant, d'après les récits des conquérants du Pérou, que les Lamas étaient déjà domestiques chez les peuples gouvernés par les Incas, ce qui doit nécessairement en faire remonter la connaissance longtemps auparavant. *Lamas.* Dans l'histoire des hommes. Lors de la découverte du Nouveau-Monde. 1492-1497.

Toutefois, comme nous n'avons aucun renseignement là-dessus, nous devons nous borner à l'histoire du Lama depuis qu'il a été connu des Européens.

Pizarre, 1525. Sans nous arrêter à ce qu'en ont dit les premiers historiens de la
D. Almagro, 1534. conquête du Pérou par Pizarre en 1525, et du Chili par Diego Almagro
vers 1534, qui leur donnèrent le nom de Moutons du Pérou ou du Chili,
à cause d'une certaine ressemblance qu'ils ont en effet avec ces animaux,
il paraît que c'est Scaliger qui, le premier, en a parlé scientifiquement
Scaliger, 1557. sous la dénomination d'*Allo-Camelus*, *quamobrem*, dit-il, *ex Camelo
et aliis compositum*, en le définissant ainsi : *capite, auriculis, collo Mulæ,
corpore Cameli, cauda Equi*; ce qui montre que sans doute Scaliger,
en 1592, avait vu un de ces animaux en Europe.

P. And. Mathiole, 1558. En effet, en 1558 un Lama fut débarqué à Middlesex en Zélande,
comme nous l'apprend P. And. Mathiole (*Epist.*, lib. V), qui lui donna
Gesner, 1551. le nom moins heureux d'*Elapho-Camelus*; aussi Gesner en revint-il à
celui d'*Allo-Camelus Scaligeri*, dans la description avec une figure passable qu'il en donna dans son *Hist. Quadrup.*, p. 149-150, et qui, faite au passage de l'animal à Nuremberg, lui fut communiquée par un de ses correspondants dans cette ville.

Nous ignorons ce que cet animal est devenu, et si quelques parties de son squelette ont été conservées dans les collections du temps.

OExmelin, 1688. Sans doute qu'auparavant quelques-uns de ces animaux avaient été transportés en Espagne comme objets de curiosité ou même d'économie domestique, ainsi qu'Œxmelin le dit dans son *Histoire des Flibustiers*, II, p. 367; mais c'est ce dont l'histoire paraît n'avoir pas conservé d'autres traces, et nous allons voir que ce n'est que dans le dernier tiers du dix-huitième siècle que de nouveaux individus vivants furent amenés en Europe et soumis à l'observation des naturalistes.

Fernandez. Frézier. Feuillée. J. Ulloa. Buffon, 1765. Avant ce temps, les voyageurs qui avaient eu l'occasion de voir des Lamas en Amérique en parlèrent plus ou moins longuement dans leurs relations, ainsi qu'on peut le voir en lisant Fernandez, Frézier, Feuillée, J. Ulloa et Buffon, qui a composé avec les passages qu'il a tirés de ces voyageurs l'histoire de cet animal, qu'il n'avait pas encore vu en 1765.

Il fut plus heureux vers 1773, époque à laquelle se trouvaient vivants à l'école d'Alfort, qui venait d'être créée, un individu mâle qui 1773.
a vécu jusqu'en 1778, et une femelle avec son petit; aussi donna-t-il 1778.
dans le tome VI de ses Suppléments en 1782, p. 204, pl. XXVIII, une 1782.
excellente description du premier avec une figure faite d'après le vivant, et qui est encore, suivant moi, la meilleure qui ait été publiée du Lama.

Dans le même volume se trouvent aussi la description et la figure d'une Vigogne femelle qui existait vivante à la même époque dans le même établissement, et qui provenait d'un envoi fait en France, et qui y arriva par la voie de l'Angleterre en novembre 1773.

Il paraît que ces animaux étaient le noyau d'un essai d'acclimatation dont le projet était dû au marquis de Nesle, soutenu par l'abbé Beliardy et Bixon, et même par Buffon, mais combattu par un inspecteur des manufactures nommé Delafolie.

Malgré cela, Louis XVI appuya un nouveau projet proposé par M. Leblond, qui fit même un voyage en Amérique à cet effet en 1792, mais sans aucun résultat, au point que cette espèce n'était pas alors représentée dans les collections du Muséum.

Ce ne fut en effet qu'en 1803 que, par suite d'un envoi fait en France par le préfet colonial de Saint-Domingue, de deux individus de Lama, l'un mâle et l'autre femelle, provenant de Santa-Fé de Bogota, furent introduits par Madame Bonaparte dans le parc de la Malmaison.

Six mois après, M. G. Cuvier en fit le sujet d'un article de la ménagerie du Muséum, où il est accompagné d'une figure qui dut faire regretter le talent de Maréchal (1). G. Cuvier. 1805.

A la mort de ces animaux, les galeries du Muséum s'enrichirent de leurs dépouilles et d'un squelette.

(1) M. Bennett dit, à tort, dans le *Guide du jardin zoologique de Londres*, que cette figure est de Maréchal; elle est de M. de Wailly.

Walton.

Quelques années après revint la question de leur acclimatation en Europe, comme le prouve l'ouvrage que M. Walton, qui avait longtemps vécu en Amérique, publia sur des expériences faites dans le but de perfectionner la toison de ces animaux, qu'il désigne encore sous le nom de Moutons du Pérou.

Depuis ce temps, et surtout depuis la paix dont l'Europe a joui à dater de 1815, les Lamas sont devenus plus communs dans les ménageries en Angleterre, et surtout en France; de manière que les particularités de leur organisation ont pu être étudiées, ainsi que nous avons eu occasion de le rapporter plus haut.

F. Cuvier, 1821.

Mais, outre des Lamas domestiques, notre ménagerie a nourri quelques années un ou deux Alpacas, ainsi que deux Vigognes, dont l'une, considérée comme sauvage, a été figurée par M. F. Cuvier dans son ouvrage sur la ménagerie, sous le nom de Paco.

Bennett, 1835.

En 1835, deux individus de Lama, l'un brun et l'autre blanc, étaient vivants dans la ménagerie de la Société zoologique à Londres, et ils ont fait le sujet de deux articles et de deux figures données par M. Bennett dans l'illustration de cet établissement, qui a déjà rendu tant de services à la science.

Notre ménagerie du Muséum en nourrit encore deux beaux individus, l'un mâle, l'autre femelle, qui ont produit un troisième individu, déjà grand au moment où je termine ce mémoire.

Dernièrement elle possédait en dépôt un troupeau de trente ou quarante de ces animaux nés et élevés en Hollande dans un établissement du dernier roi des Pays-Bas, et qui a été acheté par le gouvernement français pour l'Institut agricole de Versailles.

B. *Dans le sein de la terre.*

Traces dans le sein de la terre.

Sous ce rapport, l'histoire des traces laissées par les petits Chameaux d'Amérique sera encore bien plus courte que la précédente.

Jamais personne n'a prétendu avoir trouvé des os ou des dents de

Lamas en Europe (1), mais il n'en est pas de même en Sud-Amérique.

M. le docteur Lund, dans les énumérations qu'il a données des ossements fossiles trouvés au Brésil, croit pouvoir en attribuer à deux espèces de Lama, l'une de la taille d'un Cheval, l'autre plus petite, mais j'ignore sur quoi fondées. En effet, parmi les pièces fossiles déjà assez nombreuses provenant du Brésil, que nous possédons dans les collections du Muséum, je n'en ai encore rencontré aucune qui puisse être rapportée aux Lamas, et je ne vois pas que dans ses mémoires, publiés dans les Actes de l'Académie royale des sciences de Copenhague, M. Lund ait fait connaître, soit par des descriptions, soit par des figures, les pièces qui ont servi de base à ces assertions; elles n'en ont pas moins été reprises cependant dans toutes les compilations paléontologiques. Lund.

RÉSUMÉ.

Le genre ou la section des Ruminants qui ont été réunis sous la dénomination de *Genus Camelinum* par J. Ray, et sous celui de *Camelus* par Linné, comprenant les Chameaux et les Lamas de Buffon, forme un groupe distinct aussi facile à caractériser par le système dentaire que par le système digital et par le système stomachal, tous ayant à la panse les amas de locules, considérés à tort, chez les Chameaux, comme une raison de leur faculté de supporter la soif. Résumé. *G. Camelus.* Caractéristique.

(1) M. le professeur Bronn (*Leth. geogn.*, t. II, p. 138) a cependant rapporté à une espèce de ce genre un os trouvé dans une brèche d'Europe, conduit à cela, sans doute, par une phrase dubitative de M. G. Cuvier. En effet, celui-ci, dans son mémoire sur les brèches osseuses (*Ossements fossiles*, t. IV, p. 191, 2e édit.), au sujet d'une tête inférieure de fémur, n° 8, figurée pl. XV, fig. 1, dit que, sous le rapport de la largeur de la poulie, de l'égalité de ses bords, etc., cette tête se rapproche davantage du fémur du Lama que des Cerfs; mais M. Bronn n'avait qu'à aller un peu plus loin, dans la même page, il aurait trouvé une opinion contraire; en effet, au sujet d'une partie considérable de pied, n° 9, dans laquelle le scaphoïde est soudé au cuboïde, ce qui n'est jamais dans le Lama, M. Cuvier dit que ce pied et des dents figurées sous les nos 2 et 3, et la tête de fémur du numéro précédent, n° 8, pourraient bien avoir appartenu à la même espèce, c'est-à-dire à un Cerf.

Position dans la série.

Sa position dans la série à la tête de la famille n'a pas varié, depuis que les mammalogistes ont abandonné la considération trop rigoureuse de la forme des ongles.

Ostéographie.

Son ostéographie nous a montré comme leur étant particulières la forme de la tête dépourvue de toute espèce d'arme frontale, mais surtout le grand développement de la partie crânienne, et par suite l'avancement de l'orbite, l'étendue de la fosse temporale prolongée sur une crête pariétale et la longueur de l'arcade zygomatique; la hauteur des vertèbres cervicales, la position interne du canal de l'artère vertébrale, la distinction du scaphoïde et du cuboïde au tarse et l'absence totale des doigts extrêmes, même dans leurs rudiments les plus minimes.

Odontographie.

Son odontographie nous a offert une similitude générique dans l'existence d'une incisive supérieure caniniforme, de canines en crochets en haut comme en bas, et de cinq molaires seulement, mais avec cette différence de dégradation, que dans les Chameaux il y en a une de plus distancée et en crochet au milieu de la barre des deux mâchoires et qui n'existe pas chez les Lamas.

Jusqu'ici, et d'après les éléments assez nombreux cependant que nous avons eus à notre disposition, c'est à grand'peine si parmi les Chameaux nous avons pu reconnaître et exprimer des caractères différentiels spécifiques entre le Chameau à deux bosses et celui à une bosse, ce que nous n'avons pu faire entre les Lamas, l'Alpaca et la Vigogne.

Les Chameaux, exclusivement limités à l'ancien monde, comme les Lamas au nouveau, semblent ne plus exister à l'état véritablement sauvage, quoique ce point ne soit peut-être pas encore complétement démontré, principalement pour les Lamas.

Patrie.

L'histoire nous apprend que les Chameaux sont originaire de l'Asie, celui à deux bosses de l'ancienne Bactriane, aujourd'hui le pays des Usbeck, dans les plaines du plateau de la Tartarie; celui à une bosse des confins de la Perse, de la Mésopotamie, et que les Lamas sont des parties élevées de la Cordillère du Pérou et du Chili, dans l'Amérique *méridionale, jusqu'en Patagonie.*

Les traces que ces animaux ont laissées dans l'histoire des hommes, ou même dans le sein de la terre, nombreuses et anciennes pour les uns, sont au contraire rares et récentes pour les autres.

Histoire.

Ainsi, pour les Chameaux, les livres les plus anciens, chez les peuples de l'Orient, font mention de l'existence de ces animaux à l'état domestique; chez les Chinois, chez les Médo-Perses, chez les Égyptiens et chez les Hébreux, probablement du Chameau à deux bosses, exclusivement pour les premiers; et pour celui à une bosse chez les seconds, et pour ce dernier seulement chez les deux autres.

D'où il est résulté que la première espèce a dû s'étendre à l'Orient dès son origine, sans dépasser l'Asie Mineure, tandis que la seconde, cultivée par les Arabes, plus et bien plus tôt que le Cheval, les a suivis et s'est portée jusqu'aux extrémités occidentales de l'ancien continent, mais sans que l'une ni l'autre soit venue en Europe, si ce n'est fort accidentellement.

Dans l'histoire des arts, c'est à peine s'il existe des traces des Chameaux, nulles ou presque nulles dans les monuments égyptiens, persans et grecs anciens, et à peine, fort tardivement, chez les Romains et les Arabes, et seulement sur les médailles.

Paléontologie.

Dans le sein de la terre, aucune trace n'a été reconnue dans les terrains de l'Europe, mais seulement encore dans les Molasses tertiaires qui occupent le pied méridional des sous-Himalayas, dans les ravins qui en descendent, à l'état de fragments, non roulés, saisis dans la même roche et pêle-mêle avec des ossements nombreux d'espèces animales de toutes les classes de beaucoup de familles, la plupart éteintes, mais quelques-unes évidemment analogues à des espèces encore vivantes dans l'Inde.

Quant à savoir si le Chameau auquel ces restes ont appartenu était analogue de ceux qui vivent aujourd'hui, malgré la grande probabilité de l'affirmation, aucune pièce ne semble suffisante pour décider positivement la question (1).

(1) Quant aux os de Chameau mentionnés comme trouvés sur les côtes de la mer Rouge par Newbold (*Proceed. of the Geol. Soc.*, III, p. 789), rien, que je sache, n'est venu confirmer ni infirmer cette annonce.

C'est ce qu'il est encore bien plus difficile de faire à l'égard des restes de Lamas catalogués par M. Lund au nombre des ossements recueillis dans les cavernes du Brésil (1).

CONCLUSIONS.

Nous pouvons donc conclure :

Conclusions. 1) Ce genre est encore un de ces chaînons qui démontre l'existence de la série animale ;

2) Les espèces qui le constituent, profondément modifiées par l'intelligence humaine de toute antiquité, sont déjà rayées du nombre des espèces à l'état de nature ;

3) Les traces qu'elles ont laissées à l'état fossile dans le sein de la terre se trouvent exclusivement dans les pays dont elles sont originaires ;

4) Leurs os sont mêlés dans des terrains assez anciens avec ceux d'animaux d'espèces éteintes et d'espèces existantes encore à l'état vivant dans ces mêmes contrées (2).

(1) L'espèce intermédiaire aux Chameaux et aux Lamas, annoncée par M. Burkland (*Geology and Mineral*, 2e éd., 1837), d'après des ossements rapportés de la Sud-Amérique par M. Darwin, a été depuis désignée sous le nom de *Macrauchenia* par M. R. Owen, dans les *Fossil. Mammal.* du voyage du *Beagle.* Nous en parlerons dans un article à part.

(2) Depuis que ceci est écrit et en grande partie imprimé M. Isidore Geoffroy Saint-Hilaire a publié dans un Rapport général sur l'acclimatation et la naturalisation des animaux utiles, dans l'article qui concerne spécialement les Lamas et les Alpacas, plusieurs faits nouveaux et intéressants. Ainsi, outre l'essai fait en Hollande par Guillaume II et dont nous avons parlé, il rapporte celui que l'on doit à lord Derby, dans son parc des environs de Liverpool, et à d'autres personnes qui ont suivi son exemple, de sorte qu'en 1841 on comptait soixante-dix-neuf Lamas ou Alpacas vivants en Angleterre et en Écosse.

Je dois aussi ajouter qu'aujourd'hui dans la Ménagerie du Muséum le nombre des Lamas vivants est de sept,

EXPLICATION DES PLANCHES.

Pl. I. — *Squelette* de Dromadaire mâle, *Camelus dromedarius.*

Réduit au neuvième de la grandeur naturelle; d'après celui d'un individu né à la ménagerie du Muséum d'histoire naturelle le 20 avril 1838, et mort le 12 juillet 1845.

A part :

Les premières vertèbres et côtes, ainsi que le sternum;

Le sacrum;

L'articulation huméro-cubitale, représentée par sa face interne.

Pl. II. — *Squelette* de Lama mâle, *Camelus lama.*

Réduit au septième de la grandeur naturelle; d'après celui d'un individu désigné sous le nom de *Lama domestique*, et mort à la ménagerie le 26 novembre 1838.

A côté :

Les premières vertèbres dorsales et le commencement des premières côtes;

Le cinquième anneau vertébro-sterno-costal.

Pl. III. — *Tête* et *système dentaire* des espèces vivantes et fossiles du genre *Camelus.*

A la réduction d'un quart de la grandeur naturelle.

* Espèces vivantes.

1) Dromadaire mâle, *Camelus dromedarius.*

D'après la tête de l'individu qui a servi pour la figure du squelette pl. I.

Tête vue de profil, en dessus, en dessous et par la face postérieure;

Mandibule figurée en dessus, et par sa face externe;

Les dents, représentées par la couronne et de profil, sont indiquées sur ces pièces.

2) Dromadaire femelle, *Camelus dromedarius.*

D'après un jeune individu donné par le duc d'Orléans le 27 août 1841, et tué à la ménagerie le 11 septembre de la même année. (C'est par erreur que cette tête porte sur la planche III le nom de *Camelus Bactrianus.*)

Tête vue de profil;

Mandibule représentée par sa face externe.

3) Chameau mâle, *Camelus Bactrianus.*

D'après une tête provenant d'un individu très-adulte ayant vécu à la ménagerie du Muséum et étant mort en 1822.— Cet animal a été représenté dans l'*Histoire naturelle des Mammifères de la Ménagerie*, par Fr. Cuvier.

Tête vue de profil et en dessus;

Mandibule représentée de profil.

4) Lama femelle, *Camelus lama.*

D'après une tête faisant partie depuis longtemps de la collection du Muséum.

Tête vue de profil, en dessus, en dessous et par la face postérieure;

Mandibule figurée, en dessus, et par sa face externe;

Dents représentées par la couronne et de profil, d'après les mêmes pièces.

5) VIGOGNE femelle, *Camelus vicugna.*

D'après la tête d'un squelette du cabinet d'anatomie comparée du Muséum. Ce squelette provient d'un animal donné par M. Delessert le 6 septembre 1827, et étant âgé de dix-huit mois environ.

Tête et mandibules, vues de profil.

** Espèces fossiles.

a. De Sibérie.

1) *Merycotherium Sibericum.*

D'après M Henri Bojanus, dans les *N. Acta naturæ Curiosorum*, tom. XII, première partie, 1824, pl. XXI, fig. 1 et 2.

Avant-dernière molaire gauche de la mâchoire supérieure, figurée de profil et par la couronne;

Dernière molaire gauche de la mâchoire supérieure, représentée de profil et par la couronne.

b. Des Sous-Himalayas.

2) *Camelus Sivalensis.*

D'après un dessin envoyé à M. de Blainville par M. Durand, représentant un fossile des Sous-Himalayas, différant probablement du *Camelus dromedarius*, dont le nom a été mis par erreur sur la pl. III.

Portion supérieure du crâne montrant une partie des orbites.

3) *Camelus Sivalensis.*

D'après MM. Falconer et Cauteley, dans le tome XIX des *Asiatic Researches*, pl. XX, fig. 4 et 7, et pl. XXI, fig. 9, 12 et 13, 1830.

Bout de mandibule avec les incisives, de profil.

Extrémité de mandibule avec les deux dernières molaires, de profil.

Avant-dernière et dernière molaires de la mâchoire supérieure, de profil et par la couronne;

Deux dernières molaires, de profil, avec une portion de l'os de la mandibule.

Pl. IV. — Parties caractéristiques du *tronc* des espèces vivantes.

Au tiers de la grandeur naturelle.

A. DROMADAIRE femelle, *Camelus dromedarius.*

D'après un individu donné par M. Dussumier, le 15 janvier 1837, et mort à la ménagerie le 20 mars 1845.

* Série médio-supère.

Atlas : en dessus et en dessous;

Axis : de profil et par la face postérieure;

6ᵉ vertèbre cervicale : de profil et par la face postérieure;

1ʳᵉ dorsale : de profil et par la face postérieure;

11ᵉ dorsale : de profil et par la face postérieure;

1ʳᵉ lombaire : de profil et par la face postérieure;

7ᵉ lombaire : de profil et par la face postérieure;

Sacrum : les vertèbres qui le composent toutes réunies et représentées en dessus et par la face antérieure de la première vertèbre sacrée;

1ʳᵉ caudale : de profil et par la face postérieure;

3ᵉ caudale : de profil et en dessus;

12ᵉ caudale : en dessus;

13ᵉ caudale : en dessus.

** Série médio-infère :

Os hyoïde : figuré par la face inférieure;

Sternum : par la face inférieure.

B. Lama mâle, *Camelus lama.*

D'après un individu donné par M. Cortez le 31 novembre 1841, et mort le 17 mars 1847.

* Série médio-supère.

Atlas : en dessus et en dessous;

Axis : en dessus, de profil et par la face postérieure;

6e vertèbre cervicale : de profil et par la face postérieure (1);

1re dorsale : en dessus, de profil et par la face postérieure;

11e dorsale : de profil et par la face postérieure;

1re lombaire : de profil et par la face postérieure;

7e lombaire : de profil et par la face postérieure;

Sacrum : les vertèbres qui le composent toutes réunies et représentées en dessus et en dessous.

1re caudale : en dessus et de profil;

3e caudale : de profil;

12e caudale : en dessus;

13e caudale : en dessus.

** Série médio-infère.

Os hyoïde : figuré par la face inférieure;

Sternum : par la face inférieure.

Pl. V. — Parties caractéristiques des *membres.*

Au quart de la grandeur naturelle.

A. Dromadaire femelle, *Camelus dromedarius.*

D'après l'individu qui a servi pour les os séparés du tronc.

* Membre antérieur.

Omoplate : par la face externe et à côté la partie interne de son extrémité inférieure (cavité glénoïde).

Humérus : par les faces antérieure et postérieure; à côté l'extrémité supérieure en dessus;

Avant-bras (cubitus et radius réunis) : par la face antérieure et par le profil externe;

Les os du carpe : par les faces interne, externe et inférieure;

1. Par inadvertance, ou mieux dans l'intention d'établir la comparaison des vertèbres cervicales du *Macrauchenia* de M. R. Owen avec celles des Lamas, ce que j'ai fait dans la Planche consacrée à celui-là, j'ai négligé, à tort peut-être, de faire figurer ici la coupe longitudinale d'une vertèbre cervicale de Chameau, afin de montrer la singulière disposition du canal de l'artère vertébrale, dont les orifices ne se voient qu'à l'intérieur du canal vertébral; chez ces animaux, en effet, les vertèbres cervicales, sauf les deux premières, ne sont pas percées à l'extérieur, ainsi que Meckel l'a fait observer le premier, en ajoutant (*Anatomie Comparée*, tome III, 1re partie, page 404, de la traduction française, la seule que j'aie actuellement sous les yeux) : « Il existe à la vérité, en avant, entre l'extrémité antérieure du corps et l'apophyse articulaire antérieure, une ouverture masquée par ces parties, qui conduit à un canal ayant à peu près un pouce de profondeur; mais ce canal se termine dans la cavité vertébrale; » c'est ce que M. R. Owen a parfaitement indiqué comme caractère ostéologique, et ce qui m'a été facile de confirmer. Toutefois Meckel s'est trompé en attribuant aussi cette particularité à la Girafe; à moins que la traduction, malheureusement trop souvent fautive, n'ait mis Girafe au lieu de Lama; car celle-là n'offre pas cette espèce d'anomalie, et d'ailleurs Meckel en y voyant une disposition pour loger une partie de nerfs cervicaux, n'était pas non plus dans le vrai. Malheureusement la partie de son ouvrage consacrée à la description du système vasculaire est trop peu développée pour qu'il se soit aperçu de son erreur.

Métacarpe : par la face antérieure et de profil ; en outre, l'extrémité phalangienne ;

Phalanges : en dessus, en dessous, de profil et par la face externe.

** Membre postérieur.

Os innominé : vu de profil pour le pubis et l'iskion, et l'os des iles par la face externe ;

Fémur : par la face antérieure ; de plus l'extrémité inférieure en dessous ;

Rotule : représentée par les faces externe et interne ;

Tibia : par la face antérieure, de plus les deux extrémités en dessus et en dessous ;

Rudiment de péroné : par les faces externe et interne ;

Les os du tarse : par la face antérieure, interne, externe et métacarpienne ;

Calcanéum : par la face antérieure (vu de trois quarts) ;

Phalanges : en dessus, de profil et par l'extrémité métacarpienne ;

B. Lama mâle, *Camelus lama.*

D'après l'individu qui a servi pour les os séparés du tronc.

* Membre antérieur.

Omoplate : par la face externe et à côté une partie de la face interne ;

Humérus : par les faces antérieure et postérieure ;

Avant-bras : par le profil externe ;

Carpe, métacarpe et phalanges réunis et représentés par la face antérieure.

** Membre postérieur.

Os innominé : vu de profil pour le pubis et l'iskion, et l'os des iles par la face externe ;

Fémur : par la face antérieure, de profil externe, et à côté les extrémités supérieure et inférieure par la face postérieure ;

Rotule : représentée par les faces externe et interne ;

Rudiment de péroné : par les faces externe et interne ;

Tarse, métatarse et phalange réunis, et figurés par la face antérieure.

TABLE DES MATIÈRES.

Des RUMINANTS (*Pecora*) en général.

Des CHAMEAUX et LAMAS (G. *Camelus*).

I. — Chameaux proprement dits.

II. — Lamas.

Paris, 1er mai 1850.

PARIS. — IMPRIMÉ PAR E. THUNOT ET Cie, SUCCESSEURS DE FAIN ET THUNOT,
26, rue Racine, près de l'Odéon.

OSTÉOGRAPHIE

DES

PARESSEUX (*BRADYPUS*, L.).

Après avoir terminé la description des parties solides chez les animaux qui constituent les trois grandes familles des Primatès, nous croyons devoir nous occuper des Paresseux, l'un des groupes les plus anomaux que présente la série des Mammifères, parce que nous avons admis, pendant assez longtemps, avec plusieurs autres zoologistes, qu'à cette place ils rompaient moins de rapports naturels que partout ailleurs, quoiqu'il nous fût difficile de dissimuler qu'en les intercalant, n'importe où parmi les Primatès, ils interrompaient assez fâcheusement la série des Singes, des Sapajous et des Makis, passant aux Carnassiers; au reste comme c'est un point qui sera discuté plus loin; en ce moment, décrivons le squelette et le système dentaire des singuliers animaux que Buffon a désignés sous les noms d'Aï et d'Unau, et qui forment le genre nommé *Bradypus* par Linné, et Paresseux par les zoologistes français.

DES OS DU SQUELETTE.

Des Os en général. Leur nature.

La nature du système osseux de ce genre de Mammifères ne me paraît offrir rien de bien remarquable, ni de bien différent de ce qu'il est dans la plupart des animaux de cette classe. Seulement, si l'on peut en juger par ce que m'ont offert l'humérus et le fémur d'un Aï que j'ai fait scier dans la longueur, les os de ces animaux seraient sans cavité médullaire et entièrement spongieux, comme chez les Cétacés; à quoi l'on peut ajouter qu'ils sont en général grêles, droits, peu accidentés d'apophyses, de crêtes et de rugosités, ce que nous avons vu déjà chez les Gibbons parmi les Singes, ainsi que chez les Atèles parmi les Sapajous, c'est-à-dire dans les Primatès les mieux disposés pour vivre dans les arbres.

Leur ensemble ou Squelette. La forme générale du squelette des Paresseux rappelle également assez bien ce qui a lieu chez les Gibbons, en ce que le tronc est court, ou mieux comme tronqué en arrière par absence plus ou moins complète de queue, large et déprimé à la poitrine, et porté sur des membres grêles, disproportionnés, les antérieurs beaucoup plus longs que les postérieurs; tous quatre terminés par des extrémités presque semblables, et offrant dans la composition des doigts la disposition préhensile en crochet la plus complète, la plus parfaite qui existe dans la classe des Mammifères.

Leur nombre. Le nombre des os qui constitue le squelette, du moins chez l'espèce que nous prenons pour type, est cependant notablement moindre que dans les Primatès, à cause de l'état incomplet des mains et des pieds qui ont moins de doigts, et quoiqu'il y ait une certaine compensation dans un nombre plus grand d'os au tronc.

En particulier. Nous allons prendre pour type de notre description l'espèce qui offre le moins d'anomalies, quoiqu'elle ait moins de doigts, et qu'elle soit peut-être un peu moins commune que l'autre, c'est-à-dire l'Unau ou le Paresseux à deux doigts aux pieds de devant (*B. didactylus*, L.).

Dans l'Unau (*B. didactylus*, L.).

La Tête. La tête osseuse des Paresseux est une des parties de leur organisation qui présente le plus de singularité par sa petitesse relative, la forme raccourcie de la face, et par un assez grand nombre de particularités signalées depuis assez longtemps.

En général. Elle est en général très-courte et comme tronquée en avant, ses deux orifices étant tout à fait terminaux, la face entièrement dans le prolongement du crâne. Elle forme une petite masse arrondie, sub-globuleuse, très-bombée en dessus et arquée, peu comprimée sur les côtés, un peu excavée cependant par des fosses temporales assez prononcées, confondues avec les orbites, mais sans crête sagittale, l'occipitale étant seule un peu relevée.

Le crâne proprement dit est proportionnellement assez grand, assez renflé, surtout au front, par suite du développement des sinus. En particulier Dans ses Vertèbres.

L'occipital, qui en forme la base, est assez considérable; son corps basilaire, surtout fort large, très-plat, aussi bien en dessus qu'en dessous, se joint à des parties latérales portant à elles seules les condyles, percées de deux trous condyloïdiens bien distincts et assez grands, et offrant une sorte d'apophyse mastoïdienne dans un prolongement de la crête occipitale épaissie. Occipitale.

L'occipital supérieur, également épais, triangulaire, s'enfonce en pointe arrondie entre les pariétaux.

La vertèbre sphéno-pariétale est bien plus grande et plus allongée; son corps, aplati en dessous comme celui de l'occipital, n'offre en dessus, ou dans la cavité crânienne, aucune trace d'apophyses clinoïdes; ses grandes ailes sont fort petites, triangulaires, s'intercalant dans la fosse ptérygoïdienne, au squammeux, au frontal, aux deux palatins, sans atteindre le pariétal. Les apophyses ptérygoïdes, qui se placent entre lui et le squammeux, sont remarquables par leur étendue, se réunissant bout à bout avec le palatin en avant et le rocher en arrière. V. spléno-pariétale. Sphén. post.

Le pariétal est médiocre, assez convexe, assez longtemps distinct de celui du côté opposé; sa forme est assez régulièrement quadrilatère, et ses connexions, par chacun de ses côtés, se font largement avec l'occipital, le squammeux et le frontal. Pariétal.

La vertèbre sphéno-frontale est encore plus étendue que la précédente, du moins dans son arc, car son corps est fortement rétréci, et caché en dessous, large et à peine excavé en dessus, et creusé par un vaste sinus. Ses ailes, très-petites et très-enfoncées dans l'orbite, se joignent en avant au frontal, en arrière à l'aile du sphénoïde postérieur, et en dessous au palatin antérieur. V. sphéno-frontale. Sphén. post.

Son arc frontal, très-grand, très-bombé, est formé par des frontaux plus étendus encore que les pariétaux, dont le bord externe est partagé vers son milieu environ par une apophyse orbitaire externe, obtuse, mais assez saillante. De cette apophyse part en avant le rebord orbitaire, Frontal.

presque tout à fait latéral, et en arrière la ligne assez marquée de la fosse temporale.

V. Vomero-nasal. Vomer. Ethmoïde. Enfin la tête est terminée en avant par un ethmoïdo-vomer assez court, en forme de large cloison triangulaire, remontant dans l'intérieur du crâne en une apophyse *crista-galli* assez prononcée, ayant de chaque côté des masses ethmoïdales, épaisses, multiples, communiquant avec le crâne par une lame criblée, assez étendue, sans os planum orbitaire, et se prolongeant inférieurement en une cloison triangulaire aiguë, assez courte.

Os du nez. Cette vertèbre faciale ou terminale est complétée en dessus par des os du nez, bien distincts, quadrilatères, largement articulés entre eux et le maxillaire, ainsi qu'avec le frontal, qu'ils semblent continuer en arrière et en avant avec une pièce rhomboïdale particulière, qui s'intercale entre leur extrémité coupée obliquement.

Ses Appendices en général. En particulier. Les mâchoires conservent assez bien la même composition singulière qu'offre la tête proprement dite; elles sont également fortes et courtes.

Mâchoire supérieure. Ptérygoïde. La supérieure commence en arrière par un palatin postérieur ou apophyse ptérygoïde interne, plus développée que dans aucune autre espèce de Mammifères, étendue entre l'os du tympan, qu'elle touche en arrière, et le bord postérieur du palatin antérieur, avec lequel elle est tout à fait bout à bout.

Cette pièce offre la singularité d'être quelquefois bulleuse par sa communication avec les cellules tympaniques de l'appareil auditif.

Lacrymal. Le lacrymal est assez petit, mais bien distinct, presque complétement facial, ainsi que le trou lacrymal, qui est entièrement percé dans cet os.

Jugal. Mais c'est surtout l'os radiculaire médian de cette mâchoire, ou le jugal, qui est le plus caractéristique de ce genre d'animaux. En effet, quoique assez fort, assez large, et même assez épais, sa branche temporale se relève au-dessus de la direction de l'apophyse correspondante de l'os des tempes, de sorte qu'elle ne s'y joint pas, quoiqu'elle soit presque assez longue pour cela.

L'apophyse orbitaire est encore plus incomplète, et fort éloignée d'atteindre sa correspondante du frontal; mais, par une sorte de compensation, il naît du bord inférieur du corps de l'os une longue apophyse récurrente, qui se porte en bas et en arrière, se dilatant en forme d'aile.

Le palatin antérieur est en général fort surbaissé, et il a cela de particulier qu'il se continue directement avec le postérieur. Du reste sa branche verticale est assez large, mais fort peu élevée dans l'orbite, où elle contribue cependant, comme à l'ordinaire, à former un trou sphénoïdal assez grand et rond, et une partie de l'optique. Quant à la lame horizontale, sa forme est parallélogrammique; elle s'avance jusqu'au niveau de l'avant-dernière molaire, percée d'un très-grand nombre de pores palatins, et le bord, de ce nom, qu'elle forme en arrière, est assez peu rentré et un peu en ogive. Palatin.

Le maxillaire est assez long dans sa partie palatine ou post-orbitaire, mais fort court dans la partie faciale ou préorbitaire, qui forme tout le bord latéral de l'orifice nasal. Son extrémité postérieure est fortement échancrée par la pénétration du palatin, et son bord externe, est percé de cinq alvéoles simples, décroissant en diamètre de la première à la dernière. Le trou sous-orbitaire est assez petit et rond. Maxillaire.

L'os prémaxillaire est presque rudimentaire, et n'est formé que de la branche horizontale, plate, triangulaire, échancrée fortement en arrière pour constituer un trou incisif assez grand. Prémaxillaire.

L'appendice maxillaire inférieur est moins anomal que le supérieur; cependant il offre aussi plusieurs particularités. Mâchoire inférieure.

Le rocher, qui paraît se souder d'assez bonne heure aux os du crâne qui l'enserrent, et qui du reste entre pour assez peu dans la cavité cérébrale, est tout au plus de médiocre étendue; il est presque aussi large que long, et assez peu épais. Rocher.

Le canal auditif interne est assez évasé, et laisse voir aisément en dedans les deux orifices internes qui conduisent au labyrinthe; et en dehors les deux fenêtres sont proportionnellement assez grandes et presque égales, sans promontoire intermédiaire.

Mastoïdien. Le mastoïdien est fort petit et enclavé entre le précédent et l'occipital latéral, qui, par son développement, le presse et l'efface presque complétement.

Caisse. La caisse est réduite à son cadre, formant un bourrelet en anneau presque complet, s'atténuant un peu vers ses extrémités, et s'appliquant contre le rocher lui-même, laissant pour la trompe une fissure un peu élargie en avant.

Os de l'oreille. Étrier. Lenticulaire. Enclume. Marteau. Les os de l'oreille sont en général assez développés et très-rencognés à la partie supérieure de la caisse. L'étrier est cependant petit, plus haut que large, et non percé. Le lenticulaire n'est qu'un granule, toutefois bien distinct. L'enclume a ses deux branches épaisses, égales et très-divergentes avec son corps pénétrant anguleusement dans une échancrure du marteau. Celui-ci est grand, élargi, surtout dans son col, et coudé à angle droit vers le milieu de son manche, du reste assez court, ainsi que l'apophyse de Raw.

Squammeux. Le squammeux, qui contribue à former une partie assez large de la boîte cérébrale, non-seulement en avant du rocher, mais encore en arrière, se joignant assez largement au sphénoïde et même au frontal, présente une apophyse zygomatique, courte, triquètre, libre, dans laquelle se prolonge la cellule tympanique, et dont toute la base, élargie au point de toucher le ptérygoïde, est excavée transversalement en une fosse articulaire, sigmoïde, sans apophyse glénoïdale distincte.

Mandibule. Condyle. Apophyse coronoïde, angulaire. La mandibule a sa branche montante fort peu élevée et presque dans la direction de l'horizontale; son condyle, peu au-dessus du niveau de la ligne dentaire, convexe et transverse, mais assez arrondi; l'apophyse coronoïde, assez étroite, arquée, pointue et dépassant un peu le bord inférieur de l'orbite; l'apophyse angulaire, qui prolonge le bord inférieur de la branche horizontale, assez forte, recourbée en crochet et dépassant un peu le condyle. Quant à la branche horizontale, elle est assez étroite, ses bords sont presque parallèles, et en avant elle se prolonge en une sorte de bec de gouttière aminci, légèrement recourbé en dessous, et sans traces d'alvéoles. Celles-ci ne sont qu'au nombre de quatre, une plus grande triquètre et distante en avant, et trois plus petites et plus rapprochées en arrière.

L'orifice du canal dentaire interne est médiocre, rond et assez peu reculé; l'orifice externe est au contraire extrêmement en arrière; au delà de la dernière dent molaire, à fort peu de distance de l'interne, et presque marginal, particularité que je n'ai encore rencontrée que dans ce genre d'animaux. Enfin l'avance en bec d'aiguière est percée de quatre ou cinq très-petits trous rassemblés en un seul groupe. Canal dentaire.

Les cavités que forment les différents os de la tête de l'Unau sont en général assez petites. Cavités et Loges céphaliques.

La cavité cérébrale, résultat de l'assemblage des trois vertèbres postérieures, est ronde, assez dilatée de chaque côté aux tempes, et bombée en dessus, sans cloison osseuse cérébelleuse, presque tout à fait plate en dessous, sans selle turcique ni apophyses clinoïdes; mais avec des fosses olfactives assez considérables et réniformes. cérébrale.

La cavité tympanique est extrêmement peu profonde, mais elle s'étend dans un sinus creusé dans l'apophyse zygomatique et dans l'apophyse ptérygoïde; son orifice est large, arrondi et superficiel. tympanique.

La loge orbitaire est médiocre, obliquement latérale, séparée de celle du côté opposé par un intervalle considérable; son cadre, dont le plan est assez oblique en dehors, est incomplet dans son tiers postérieur, et dans tout le reste elle communique largement avec la fosse temporale, qui est elle-même assez étendue. orbitaire

La cavité nasale est petite ou au plus médiocre en elle-même; mais elle ne laisse pas que de s'étendre d'une manière considérable par le grand développement des sinus frontaux qui se prolongent dans les pariétaux jusqu'à l'occipital, et de celui du sphénoïde antérieur, qui s'étend jusque dans le corps du postérieur, et par là jusque dans les apophyses ptérygoïdes, qui deviennent ainsi singulièrement bulleuses. nasale.

La partie olfactive est aussi assez considérable, non-seulement à cause de la multiplicité des cornets ethmoïdaux; mais pour l'étendue du cornet inférieur, qui forme une longue lame, convexe en dessus, Des Cornets ethmoïdaux. Inférieur.

se recourbant sur une boîte sub-cylindrique ou prismatique en dessous.

naso-palatin. Quant au canal sur-palatin, il est très-étroit, très-resserré, assez long et même prolongé au delà du palais par les demi-gouttières de la face interne des palatins antérieurs, dilatées à leur terminaison.

buccale. La cavité buccale enfin est assez étendue en arrière, puisqu'elle occupe les deux tiers antérieurs du diamètre longitudinal de la tête, mais très-courte en avant. Les trous incisifs sont petits, mais évidents; il n'y a pour trous palatins postérieurs qu'une espèce de canal ou long sillon très-oblique; l'ouverture palatine a son bord assez large, un peu en ogive, et situé à la moitié de la longueur totale de la tête.

SÉRIE ou Colonne vertébrale en général. La colonne vertébrale, quoique tronquée par la petitesse de la portion coccygienne, est cependant plus longue que chez la plupart des Mammifères; mais cette grande longueur ne porte évidemment que

Dans le nombre des vertèbres. sur la région thoracique, le nombre total des vertèbres étant de quarante-sept, dont sept cervicales, vingt-quatre dorsales, trois lombaires, sept sacrées, et cinq ou six coccygiennes presque rudimentaires.

Dans sa forme et ses courbures. L'ensemble de la colonne qu'elles forment ne présente qu'une seule courbure en dessous, depuis la tête jusqu'à l'extrémité du coccyx, d'abord assez légère, et se prononçant beaucoup plus vers les lombes jusqu'à la fin de la queue. Elle offre en outre une étroitesse et une uniformité remarquable d'épaisseur dans le corps et d'élévation dans les apophyses épineuses, presque égales dans toute son étendue; toutes, si ce ne sont les cervicales, étant en outre fortement inclinées en arrière, et tendant à s'imbriquer d'une manière serrée.

En particulier. Vertèbres cervicales, 7. La région cervicale, qui est indubitablement la partie la plus mobile, n'est dans cette espèce formée que de sept vertèbres, comme dans tous les autres Mammifères, et constituant un col fort court.

Atlas. L'atlas a ses apophyses transverses larges, mais très-courtes et presque verticales, tant elles sont obliques; deux trous de passage, situés l'un au-dessous de l'autre, étant percés au-dessous, et un plus grand au-dessus de son bord radiculaire; il a en outre une apophyse épineuse supérieure tuberculeuse assez marquée, et n'en a pas inférieurement.

L'axis est remarquable par la grandeur de son apophyse épineuse, dirigée en arrière et appliquée contre celle de la vertèbre suivante, ainsi que par l'obliquité et la simplicité des apophyses transverses, percées d'un trou assez petit à leur base. Axis.

Les trois intermédiaires, très-serrées entre elles, ont leur corps à peine imbriqué en arrière, les apophyses épineuses très-élevées, les apophyses articulaires horizontales et les transverses très-obliques, percées à la base d'un grand trou, et assez fortement dilatées et bifides à leur extrémité. Intermédiaires.

La sixième a la même forme que la dernière des intermédiaires : seulement un peu plus forte, et son apophyse transverse plus large et sub-bilobée. Pénultième.

La septième mérite bien son nom de proéminente, car son apophyse épineuse est la plus haute et la plus large; son apophyse transverse, assez dilatée et triquètre à son extrémité, n'est du reste pas percée à sa base (1). Dernière.

Mais c'est par le nombre, et même par la forme des vertèbres dorsales, que l'Unau se distingue le mieux. En effet, il y en a vingt-trois et même quelquefois vingt-quatre, comme dans le sujet que j'ai sous les yeux, nombre qui ne se retrouve dans aucun Mammifère jusqu'ici connu. Toutes ont le corps arrondi, croissant très-lentement en épaisseur et en longueur de la première à la dernière. Leur apophyse épineuse, toujours fort basse, mais d'autant plus élevée qu'elles sont plus antérieures, est au contraire d'autant plus rétroverse ou inclinée en arrière qu'elles sont plus postérieures, au point que les dernières vertèbres s'imbriquant aussi par l'arc, comme des espèces d'écailles, ne laissent plus d'intervalle visible entre elles. Les trous de conjugaison, ronds et assez petits, semblent alors assez remontés. V. dorsales. 23-24.

Les trois vertèbres lombaires ont absolument la même forme que les dernières dorsales, seulement les apophyses transverses se détachent de V. lombaires. 3.

(1) Sur un individu, celle de droite l'est et la gauche ne l'est pas.

plus en plus. Elles sont du reste fort courtes; l'apophyse épineuse, presque nulle, n'imbrique pas la suivante, et les trous de conjugaison sont ronds et assez grands.

V. sacrées, 3. Les vertèbres sacrées, au nombre de sept, constituent un sacrum remarquable par sa grande étendue, sa grande largeur, sa forme très-peu voûtée, très-aplatie, en tout très-allongée, l'absence de crêtes et de tubérosités à sa face postérieure.

Ses vertèbres composantes ont en effet le corps très-large et très-plat; l'arc osseux, sans traces d'apophyses épineuses et articulaires; les apophyses transverses, élargies en fer de hache, de manière à laisser entre elles six trous de conjugaison aussi bien distincts en dessus qu'en dessous.

V. coccygiennes. Les vertèbres coccygiennes, au nombre de six, sont, comme les sacrées, assez larges et plates dans le corps; les trois premières seules ont encore un arc osseux, mais tellement déprimé, qu'il ne laisse aucun canal entre lui et le corps, et en dessous il y a encore moins de traces d'os en V; seules également, elles sont pourvues d'apophyses transverses proportionnellement fort grandes, surtout la première, et tout à fait horizontales.

Coccyx. Le coccyx qui en résulte a quelque chose de celui de l'Homme, étant très-court, de forme triangulaire et un peu recourbé en dessous.

SÉRIE sternale. Hyoïde. Corps. Cornes antérieures. L'os hyoïde chez l'Unau est remarquable par sa force et sa solidité. Son corps semble n'être formé que par la réunion des cornes; les antérieures, bien plus longues que les autres, sont formées de trois pièces; l'une, beaucoup plus petite, pisiforme et basilaire; la seconde, assez longue et la plus large; et enfin, la troisième, plus aplatie et élargie à ses deux extrémités, et surtout à la terminale, se dirige fortement en arrière.

postérieures. Les cornes postérieures, bien distinctes, sont aussi obliquement élargies à l'extrémité articulée avec le cartilage thyroïde, et semblent davantage n'être qu'une branche du corps de l'hyoïde.

Sternum en général. Le sternum, qui égale la moitié au plus de toute la longueur de la colonne vertébrale thoracique, est remarquable par sa grande étroitesse. Il est composé de treize sternèbres, en général fort petites, et qui se raccourcissent insensiblement de la première à la dernière, sans qu'il y ait d'appendice xyphoïde. La première, la plus considérable, dilatée en spatule tronquée en avant de la jonction des clavicules, s'élargit fortement en arrière pour l'articulation de la première côte; les autres prennent assez bien le caractère habituel vertébriforme; seulement leurs angles sont si fortement échancrés, que les cornes sternales d'un côté touchent celles de l'autre, surtout en arrière et en dessous, au point que la dernière ne se voit pas dans ce sens.

Sternèbres. 13.

Première.

Intermédiaires.

Dernière.

Les côtes sont, comme les vertèbres thoraciques, au nombre de vingt-quatre, dont treize sternales et onze asternales. Toutes sont remarquables par le peu d'inclinaison de leur articulation avec les vertèbres, qui croît cependant toujours un peu de la première à la dernière; elles sont du reste en général assez fortes, plus larges qu'épaisses, surtout en arrière et à leur origine. Leur angle est assez prononcé.

Appendices.

Côtes. 24.

Les sternales sont conjointes avec des appendices sternaux, d'autant plus longs, plus étroits et plus obliques, qu'ils sont plus postérieurs; ils sont tous complétement osseux, et se soudant de bonne heure, surtout en avant, avec les côtes.

sternales. 13.

Les premières asternales seulement sont pourvues inférieurement d'appendices osseux ou cartilagineux; les sept ou huit postérieures en sont entièrement dépourvues.

asternales. 11.

La cavité thoracique qui résulte de la réunion de ces vingt-trois vertèbres dorsales, de ces treize sternèbres, de ces vingt-trois paires de côtes, est extrêmement étendue, plus que dans aucun autre Mammifère, longuement conique, à peine un peu comprimée sur les côtés, et formant des hypocondres considérables, s'étendant presque jusqu'à la ceinture osseuse postérieure.

Cavité thoracique.

Les membres sont assez disproportionnés; les antérieurs notablement plus longs que les postérieurs, et en effet distingués par leur gracilité.

Membres en général.

Les antérieurs, portés fort en avant, sont remarquables par la peti-

antérieurs.

tesse de leur racine et le développement de leur manche ou de l'avant-bras.

Omoplate. L'omoplate, proportionnellement fort petite, et du reste assez large, a une forme semi-elliptique par l'abaissement ou l'arrondissement de l'angle antérieur, et parce que la cavité articulaire est à l'angle antérieur du grand diamètre; les deux fosses externes sont subégales par la position de la crête, très-courte du reste et très-basse, mais qui se prolonge en une apophyse acromion, longue, grêle, arquée, s'avançant au-dessus de l'articulation et s'élargissant de manière à se souder avec l'apophyse coracoïde. Celle-ci, fort développée, mais non descendante en dedans, comme dans les Singes, est encore augmentée par le prolongement de l'angle antérieur de l'omoplate, qui, en se joignant à elle, laisse un trou ovale et circonscrit à sa racine.

Clavicule. La clavicule est médiocre, costiforme, comprimée et un peu élargie à son extrémité externe, où elle s'articule immédiatement à l'acromion. Par l'autre, élargie en sens inverse en forme de petite tête, elle se joint, mais à l'aide d'un ligament assez long, au manubrium ou première sternèbre.

Humérus. L'humérus, dont la longueur égale celle des trois premières vertèbres thoraciques, est assez fort, surtout comparativement avec celui de l'Aï; sa tête est bien hémisphérique; les deux tubérosités sont assez marquées; l'interne presqu'égale à l'externe. La moitié supérieure du corps est presque tétragone par la saillie des crêtes d'insertion deltoïdienne et pectorale, tandis que l'extrémité inférieure s'aplatit et se dilate par l'addition de crêtes presque tranchantes. L'interne, terminée en tubérosité assez épaisse, est percée d'un très-grand trou oblique, canaliforme.

(supérieurement. — inférieurement.)

Quant à la surface articulaire, elle est fort courte, un peu oblique; la tubérosité radiale occupant un espace égal à celui de la trochlée qui n'est elle-même qu'une simple tubérosité.

Avant-bras. L'avant-bras, à peine d'un sixième plus long que le bras, a ses deux os bien complets et fort serrés, de manière que l'espace interosseux est presque nul.

Radius. — Le radius, qui commence par une tête ronde ou circulaire, portée par un col peu distinct et presque droit, est remarquable par la manière dont il s'aplatit, se dilate inférieurement, au point de devenir tranchant sur ses deux bords; ses lignes d'insertion musculaire sont prononcées, et il se termine par une cavité ovale transverse.

Cubitus. — Le cubitus, bien plus grêle et plus multianguleux dans toute son étendue, n'offre supérieurement qu'une apophyse olécrane à peine saillante au delà de l'articulation humérale, et inférieurement qu'une petite troncature arrondie sans apophyse débordante (1).

Main. — La main, dans sa totalité, égale la longueur du bras; la plus grande partie de cette longueur étant prise par les deux dernières phalanges; mais elle est surtout remarquable par son étroitesse extraordinaire; aussi n'est-elle formée que de deux doigts complets.

Carpe. — Le carpe n'est, pour ainsi dire, qu'un nœud dans lequel cependant les os sont toujours disposés en deux rangées.

1re rangée. Scaphoïde. — Dans la première sont quatre os : un scaphoïde singulier en ce que, de sa partie interne, naît une forte apophyse en crochet épais qui descend au côté interne du poignet, et sur laquelle s'articule l'os styloïde métacarpien interne. Aussi cette apophyse peut-elle être considérée comme le premier os de la seconde rangée, ou le trapèze, et peut être même soudé au sésamoïde interne. (Semi-lunaire.) Le second os de la première, ou le semi-lunaire, est plus normal et plus petit. (Apophyse styloïde.) Le troisième est plutôt quadrangulaire oblique, et me semble devoir être considéré comme l'apophyse styloïde, épiphyse du cubitus. (Pisiforme.) Enfin, le quatrième, arrondi, un peu comprimé, mérite assez bien son nom de pisiforme, et même celui de hors de rang : en effet, il est arrondi, un peu comprimé, et tout à fait en dedans du poignet en contact avec le précédent et le dernier de la seconde rangée.

2e rangée. — Celle-ci n'est formée que de trois os distincts, admettant que le pre-

(1) En effet, son apophyse styloïde détachée me semble être le troisième os de la première rangée du carpe.

mier, ou le trapèze, serait soudé avec le scaphoïde. Dans cette manière de voir, les trois os restants seraient le trapézoïde, fort petit et dont la forme est plutôt rhomboïdale; le grand os, à peine plus grand que le précédent, et qui est pentagonal par le nombre de ses facettes articulaires; et enfin le plus gros des trois, et qui pourrait être considéré comme l'unciforme, parce qu'il est en effet pourvu inférieurement d'une apophyse en crochet, recourbée en dedans, me semble plutôt être le triquètre de la première rangée descendu par l'absence totale de l'unciforme et des deux doigts externes (1).

Trapézoïde. Grand Os. Triquètre.

Métacarpe.

Le métacarpe est encore plus incomplet que le carpe, puisqu'il n'est formé que de deux métacarpiens complets et de deux rudiments styloïdes.

Métacarpiens complets.

Les métacarpiens, du reste fort inégaux, sont assez courts, droits, triquètres dans leurs corps; la base en dessus, et l'angle en dessous; l'extrémité interne assez anguleusement échancrée pour l'articulation avec les os du carpe, et l'externe en contre-poulie, à carène médiane très-saillante pour l'articulation phalangienne.

incomplets.

Des deux os styloïdes, l'interne, bien plus grand que l'externe, est triangulaire, fortement comprimé, très-élargi à sa base où il offre une petite facette sigmoïde terminale par son articulation avec l'apophyse trapézienne du scaphoïde, et une dépression latérale pour sa conjonction avec le métacarpien contigu. Le styloïde externe, bien plus petit, est également triangulaire, aplati, mais sa tête n'offre qu'une facette articulaire, latérale ou de pression avec le second os métacarpien. C'est à peine un rudiment du doigt annulaire.

Phalanges.

Les phalanges sont encore plus singulières que les autres parties de la main.

(1) La signification des os du carpe de l'Unau, telle que je la propose ici, est assez différente de celle donnée par M. G. Cuvier. En effet, pour lui, l'apophyse styloïde du cubitus est le cunéiforme ou triquètre, parce qu'elle semble appartenir à la première rangée, et mon triquètre descendu à la seconde rangée, est pour lui l'unciforme, quoiqu'il ne donne articulation à aucun des deux doigts externes, qui n'existent pas.

Les premières excessivement courtes, presque cubiques, un peu comprimées latéralement, sont fortement excavées en arrière par une facette semi-lunaire verticale, la corne inférieure bien plus longue que la supérieure par la soudure du sésamoïde correspondant et en gouttière profonde en avant; du reste, elles ont la même égalité que les métacarpiens. premières

Les secondes phalanges sont environ quatre fois plus longues que les premières. Légèrement arquées et comprimées, leur dilatation postérieure est excavée en contre-poulie presque carénée à l'extrémité et canaliculée en-dessous par la soudure des sésamoïdes. La tête externe forme une poulie presque complète. secondes.

Enfin les phalanges onguéales très-longues, arquées, comprimées, aiguës à leur extrémité terminale, commencent par une contre-poulie oblique, bien plus saillante en dessous qu'en dessus, avec un contre-fort formant gaîne, percé de deux trous vasculaires dans la partie inférieure la plus épaisse. troisième ou onguéales.

Les membres postérieurs, notablement moins longs que les antérieurs, ont au contraire leur ceinture d'attache proportionnellement beaucoup plus développée, ce qui donne au bassin un aspect particulier, à cause de sa largeur, de son évasement, de l'obliquité du détroit supérieur, de la grandeur du postérieur; et cela, parce qu'il est joint à la colonne vertébrale, non-seulement par l'iléon, mais aussi par l'iskion. Par contre, la symphyse pubienne est extrêmement étroite et rappelle un peu ce qui a lieu chez certains oiseaux à bassin complet. Membres postérieurs. En général. En particulier.

L'os des iles est en effet mince, court, très-large, et dilaté en avant, concave en dedans, assez convexe en dehors, et largement soudé et de très-bonne heure avec la partie antérieure du sacrum. Iléon.

Le pubis est au contraire assez petit, en forme de V, dont le sommet un peu élargi est à la symphyse; la branche antérieure, très-oblique et assez longue à la cavité cotyloïde; et l'autre, plus grêle, à sa correspondante de l'iskion, formant avec celle-ci un énorme trou sous-pubien de forme ovalaire. Pubis.

Iskion. L'iskion a ses deux branches très-dissemblables de longueur et d'épaisseur ; l'inférieure ou pubienne est longue, grêle et mince ; la supérieure est au contraire, courte, dilatée à son extrémité, peu épaisse cependant, de manière à ce que l'angle supérieur va se joindre à la dernière vertèbre sacrée, et que l'espace sacro-iskiatique est converti en un grand trou ovale au-dessus de la cavité cotyloïde.

Cette cavité est, du reste, fort large, évasée, peu profonde, sub-quadrilatère et très-distante de celle du côté opposé, et sans échancrure inférieure.

Fémur supérieurement. Le fémur, presque égal en longueur à l'humérus, paraît cependant plus court, parce qu'il est plus large, étant déprimé dans toute son étendue, et presque caréné au bord externe. Sa tête, fort arrondie, sans cavité d'insertion ligamenteuse, est portée par un col fort court, dont l'axe est à peine courbé sur celui du corps de l'os. Le grand trochanter, à peine plus développé, quoique plus épais, que le petit, est loin d'atteindre le niveau de la tête, et ce dernier est aussi fort bas. Il n'y a ni cavité digitale ni ligne âpre un peu marquée. Enfin, l'extrémité inférieure, à peine aussi large que la supérieure, a ses deux condyles presque égaux, séparés par une poulie large et remontée, quoique peu profonde, et assez fortement excavés à leur côté extérieur.

Inférieurement.

Jambe. La jambe, à peu de chose près de la longueur de la cuisse, est fortement élargie dans son milieu par la grande courbure en sens inverse des deux os qui la constituent ; aussi l'espace interosseux est-il très-considérable et longuement ovalaire.

Tibia supérieurement. Le tibia, notablement plus fort que le péroné, sub-triquètre dans son corps ou dans la partie la plus arquée, est assez élargi à sa partie supérieure, un peu moins cependant en dedans qu'en dehors, où la cavité articulaire déborde beaucoup en arrière pour le mouvement du sésamoïde du poplité, et où se trouve aussi une assez large surface d'articulation pour le péroné. L'extrémité inférieure du tibia s'aplatit, se dilate assez fortement, de manière à rappeler assez bien la forme ordinaire de cette extrémité du radius ; l'angle interne, un peu épaissi

Inférieurement.

et limité en arrière par une gouttière profonde, déborde assez l'articulation, qui est peu large et fort oblique, et le côté externe offre une longue surface d'adhérence avec le péroné.

Péroné.

Le péroné, plus grêle, plus arqué, plus multi-anguleux que le tibia, est cependant proportionnellement plus robuste que le cubitus, son analogue aux membres antérieurs; commençant supérieurement par une petite tête arrondie, arc-boutée contre la saillie en dehors du tibia, il se termine inférieurement par un élargissement en massue concave en avant, canaliculée en dehors, d'abord rugueuse, puis lisse et en forme de pivot rentrant en dedans pour sa réunion avec le tibia et son articulation avec l'astragale, constituant ainsi une malléole externe, presque aussi saillante que l'interne.

Supérieurement. Inférieurement.

Pied.

Le pied, considéré en totalité, a la plus grande ressemblance avec la main, sauf plus de largeur, à cause du nombre des doigts, plus complet; en effet, la longueur est à peu près la même, aussi bien dans le tout que dans ses parties. Il est cependant plus long proportionnellement avec la jambe qu'il égale, tandis que la main n'est que les cinq sixièmes de l'avant-bras.

Os du Tarse.

Le tarse, qui en forme la partie la plus courte, est toujours composé du même nombre d'os, disposés en deux rangées, comme à l'ordinaire.

Astragale.

L'astragale montre assez bien sa forme ordinaire; seulement sa poulie est très-oblique, très-étroite, peu ou point excavée en dessus, et sa face externe, ici presque supérieure, est creusée d'une sorte d'ombilic articulaire, dans lequel joue l'apophyse odontoïde ou styloïde du péroné; en sorte que cet astragale est saisi moins profondément dans la mortaise tibio-péronienne que cela n'a lieu chez les autres Mammifères, mais beaucoup mieux bridé en dehors.

L'astragale de l'Unau est du reste pourvu en avant d'une tête portée sur un col oblique bien marqué, et qui, au lieu d'être convexe, est au contraire creusée en bilboquet.

Calcanéum.

Le calcanéum, dans cet animal, est peut-être encore plus singulier que l'astragale, d'abord par son peu de développement, et ensuite parce qu'il est comprimé en totalité; mais surtout dans son apophyse calcanéenne, en forme de hache, recourbée en avant, à peine épaissie à son extrémité postérieure et tout à fait latérale externe; en sorte qu'il semble un pisiforme très-développé. Sa surface cuboïdienne est ovale et fort petite.

Scaphoïde. Le scaphoïde conserve assez bien sa forme ordinaire, mais ses faces postérieure concave et antérieure convexe sont bien plus tourmentées; celle-là ayant un tubercule convexo-marginal, et celle-ci un angle saillant entre ses deux facettes pour les second et troisième cunéiformes.

La seconde rangée est aussi complète que la première.

1er Cunéiforme. Le premier cunéiforme, tout à fait latéral interne, est prolongé en arrière en une sorte de corne comprimée, sans doute par la soudure d'un sésamoïde.

2e Cunéiforme. 3e Cunéiforme. Le second cunéiforme, qui rentre dans les formes ordinaires, est un peu plus grand et plus multi-anguleux que le troisième.

Cuboïde. Enfin le cuboïde, réduit comme la plupart des os du tarse, conserve encore assez bien sa forme ordinaire: seulement il est notablement plus comprimé, et n'offre en avant qu'une facette articulaire terminale.

Os du Métatarse complets. Les os du métatarse, complets au nombre de trois, sont assez bien comme à la main : seulement ils sont un peu plus courts; celui du milieu est à peine plus long et un peu plus gros que l'interne, et l'externe est seulement plus grêle que les autres.

incomplets. Les métatarsiens incomplets sont celui du pouce, triangulaire, épais, assez court, largement articulé par une facette plate avec le premier cunéiforme, et par une d'application avec le métatarsien de l'indicateur; et celui du petit doigt, en forme de petite côte ou d'os claviculaire appliqué par une facette de sa base contre le métatarsien externe, à la manière du péroné avec le tibia, et un peu dilaté en spatule à son extrémité libre.

Phalanges. Les phalanges, qui n'existent qu'aux trois doigts du milieu, ont absolument pour chaque sorte la même forme et la même disposition que celles de la main; seulement elles sont généralement plus petites, plus grêles, et les onguéales égalent, si elles ne surpassent en longueur, les secondes ou phalangines. Elles sont aussi un peu moins courbes que les antérieures.

Différences dans les Espèces.

La description que nous venons de donner du squelette des Paresseux a été entièrement tirée de l'Unau ou du Paresseux à deux doigts, parce que c'est lui, parmi le petit nombre d'espèces dont ce genre est formé, qui offre le moins d'anomalies et se rapproche le plus des autres Mammifères; nous allons maintenant signaler les différences que présentent les autres espèces de Paresseux, et qui peuvent être considérées comme des signes de dégradation, puisqu'elles sont en rapport avec des mouvements moins étendus.

Dans l'Aï (*B. tridactylus*). Dans le squelette en général.

L'ensemble du squelette de l'Aï ou du Paresseux à trois doigts aux pieds de devant comme à ceux de derrière, indique un animal encore plus disproportionné dans ses parties que celui de l'Unau; la tête étant proportionnellement encore plus petite, le col plus long, le tronc au contraire plus court, et surtout les membres bien plus grêles, plus arachnoïdes et bien plus disproportionnés, les antérieurs étant un tiers plus longs que les postérieurs. Les os, en particulier, sont aussi bien moins tourmentés, plus lisses, par absence de crêtes, de lignes et de rugosités d'insertion.

Dans la Tête. En général.

La tête diffère plus spécialement de celle de l'Unau, parce qu'elle est un peu plus courbée dans l'ensemble des quatre vertèbres qui la composent, et que la face est encore un peu plus courte.

En particulier.

Prenant chaque vertèbre en particulier, il faut remarquer :

Vertèbre occipitale.

Sur l'occipitale, que l'occipital supérieur s'avance par une ligne droite contre les pariétaux; que le trou condyloïdien est unique et excessivement petit; mais que le trou déchiré postérieur est ovale et très-grand;

Pariétale.

Sur la pariétale, que la grande aile du sphénoïde remonte jusqu'au pariétal, s'intercalant au temporal et au frontal; que le ptérygoïde, très-large, très-dilaté, s'arrondit à sa terminaison, et que le trou ovale est percé dans la suture du squammeux, et le trou rond dans celle du palatin;

Frontale. Sur la frontale, que le corps du sphénoïde antérieur est bien plus petit et caché par le vomer, et que le frontal, beaucoup moins bombé, a son apophyse orbitaire bien moins prononcée, presque effacée, avec un trou nerveux assez grand;

Nasale. Sur la nasale enfin, que le vomer osseux s'avance presque jusqu'à la terminaison des os du nez.

Dans les Mâchoires supérieure. Palatin. Comparant ensuite les appendices maxillaires supérieurs, on voit que le palatin est presque hors du palais, tant la lame horizontale est petite, bordant seulement l'ouverture, et que la lame verticale montant dans l'orbite est fortement échancrée pour le trou maxillaire supérieur, pour l'optique et le sphéno-orbitaire, et en outre percée dans son milieu par un très-grand trou sphéno-palatin; Jugal. le jugal, plus excavé dans son cercle orbitaire, et plus relevé dans sa branche temporale; Maxillaire. le maxillaire plus long, plus étroit, à bords presque parallèles, et beaucoup Prémaxillaire. moins divergent que dans l'Unau; enfin, le prémaxillaire, bien plus rudimentaire encore, puisqu'il est réduit à une seule petite pièce médiane triangulaire, limitant par sa base l'espace anguleux laissé par les deux maxillaires.

Inférieure. L'appendice maxillaire inférieur offre des différences encore moins importantes. Ainsi, dans la partie radiculaire, je ne trouve de digne d'être Caisse. noté que plus de profondeur et d'étendue de la caisse, de largeur dans son cercle et dans l'apophyse jugale du squammeux; ainsi que plus de Os de l'Oreille. gracilité dans les os de l'oreille, dont l'étrier est même percé comme à l'ordinaire; et, enfin, dans la mandibule elle-même, plus de brièveté Mandibule. en général, mais surtout dans la branche horizontale, et dans la manière dont elle est tronquée en avant en forme de menton assez large, peu déclive, et sans trace du prolongement en cuiller qui se voit chez l'Unau.

SÉRIE VERTÉBRALE en totalité 41 vertèbres. La colonne vertébrale de l'Aï présente des différences bien plus notables que toutes celles qui viennent d'être signalées dans la tête, d'abord dans le nombre total, puisqu'il n'est que de quarante et un au lieu de quarante-sept, mais surtout dans celui de chaque sorte, puisqu'il est de neuf ou de huit au col, et de vingt-quatre seulement au dos, ce qui porte à la partie cervicale la longueur singulière qui caractérise la poitrine de l'Unau.

Cervicales, 9.

Les vertèbres cervicales de l'Aï se distinguent d'abord parce que toutes sont assez longues, bien mobiles, et qu'elles ont le corps taillé obliquement aux deux extrémités, de sorte qu'elles s'imbriquent fortement d'avant en arrière et en dessous. Elles sont du reste toutes à peu près du même diamètre, et leur système apophysaire est généralement moins prononcé que chez l'Unau.

Atlas.

L'atlas, qui est la plus large, a une apophyse épineuse inférieure, et n'en a pas de supérieure, même aussi petite que celle de l'Unau. Les masses latérales sont aussi moins étendues et plus arrondies.

Axis.

L'axis a aussi son apophyse épineuse bien moins grande, courte, épaisse, et dirigée en avant.

Intermédiaires.

Les cinq suivantes intermédiaires, à peu près semblables, si ce n'est qu'elles augmentent graduellement un peu de grandeur, sont bien moins serrées. Leur apophyse épineuse est plus basse et plus épaisse; les transverses, plus élargies à leur extrémité, sont percées à leur base d'un trou plus petit.

Pénultième.

La huitième ressemble beaucoup à la dernière des précédentes; elle est seulement un peu plus forte dans toutes ses parties; mais son apophyse transverse est profondément bifide, le lobe inférieur plus étroit et antéroverse, et sa base est percée d'un trou plus grand que sur les précédentes.

Dernière.

La neuvième enfin prend le caractère plus thoracique, son apophyse épineuse étant un peu plus haute, plus large et plus rétroverse. Les apophyses transverses encore percées à leur pédicule d'un trou fort petit, sont simples, mais bien plus longues, épaisses, obtuses et recourbées en avant. En les examinant attentivement, aussi bien sur cette neuvième vertèbre que quelquefois sur la huitième, on trouve que leur tiers terminal est séparé du reste par une surface articulaire très-serrée, ce qui a porté M. Bell à considérer cette épiphyse comme un rudiment de côtes analogues aux côtes asternales antérieures des oiseaux, opinion que nous sommes loin d'adopter.

V. dorsales, 16. Les vertèbres dorsales, au nombre de seize, ne diffèrent guère que sous ce rapport d'avec ce qu'elles sont dans l'Unau; seulement les apophyses épineuses sont plus droites, et même plus également élevées; aussi les vertèbres sont-elles un peu moins imbriquées.

V. lombaires, 3. Les lombaires, au nombre de trois, ont les apophyses transverses courtes et plus étroites.

V. sacrées, 6. Le sacrum me paraît devoir être considéré comme formé de six vertèbres seulement, une première soudée par le corps, mais dont les apophyses transverses n'atteignent pas toujours l'os des iles, et une en arrière, dont au contraire le corps est mobile, mais dont l'apophyse transverse très-longue se soude avec celle de la précédente et avec l'iskion; en effet, avec l'âge, la première atteint l'iléon et la dernière s'ankylose dans toutes ses parties. Ainsi on conçoit comment, en examinant cette partie de la colonne vertébrale à différents âges, on peut considérer le sacrum comme formé de quatre, de cinq ou de six vertèbres, et comment alors il y en a une de plus aux lombes et au coccyx dans le premier cas, et une de plus seulement aux lombes dans le deuxième.

V. coccygiennes, 9—11. Enfin le coccyx dans cette espèce devient une véritable queue, courte, large, déprimée, recourbée en dessus, et formée de neuf à onze vertèbres, dont l'arc, complet seulement sur les trois ou quatre premières, s'ouvre ensuite, et forme une paire d'apophyses supérieures décroissantes sur les suivantes, pourvues du reste comme elles d'apophyses transverses très-étendues, sauf la dernière qui est en forme de bout de fourreau d'épée.

SÉRIE INFÉRIEURE.

Hyoïde. L'os hyoïde de l'Aï adulte est remarquable par sa solidité; son corps, large et épais en forme de hausse-col, ou mieux d'une moitié d'hexagone dont le côté antérieur serait plus petit, porte à son extrémité postérieure un peu élargie le second article des grandes cornes, en

Cornes antérieures.

forme de petites côtes un peu arquées et comprimées. Peu avant leur terminaison élargie, elles produisent une petite apophyse récurrente, qui se joint au crâne.

Postérieures.

Il semble n'y avoir aucune trace des cornes postérieures, du moins dans l'état adulte; mais dans le jeune âge elles sont fort distinctes, à peu près de même forme que chaque moitié du corps de l'os, et beaucoup plus petites, et comme elles sont dans la même direction et collées contre ces pièces, elles finissent par se souder avec elles à une époque peu avancée de la vie, et leur distinction n'est indiquée que par un sillon peu marqué.

Sternèbres, 8. Première. Dernière.

La série sternale dans l'Aï suit, dans le nombre des sternèbres, la même diminution que la série vertébrale; en effet, il n'est que de huit, toutes fort courtes, dont la première n'a pas le manubrium avancé que nous avons vu dans l'Unau, mais dont la dernière n'a pas davantage d'appendice xiphoïde.

Appendices ou Côtes. 15. vraies. 9. fausses, 6.

Les côtes ne sont qu'au nombre de quinze, dont neuf vraies, toutes fortes, sauf les deux premières qui sont assez grêles et comprimées : les autres deviennent de plus en plus larges, plates, tranchantes sur les bords. La dernière, bien plus petite que les autres, se soude, à ce qu'il paraît, de bonne heure avec l'apophyse transverse, sans atteindre presque le corps de la dernière vertèbre correspondante.

Cornes sternébrales.

Quant aux appendices ou cornes sternébrales, elles sont également osseuses, comme dans l'Unau.

Thorax en totalité.

Ce moindre nombre dans les deux séries vertébrale et sternale, ainsi que dans leurs appendices, constitue un thorax beaucoup plus court, plus brusquement dilaté en arrière, mais du moins encore plus large ou moins comprimé latéralement que dans l'Unau.

Membres antérieurs.

Nous avons déjà fait remarquer que les membres antérieurs sont proportionnellement plus longs et plus petits que dans ce dernier.

Omoplate.

L'omoplate est encore plus arrondie à ses angles, et son acromion plus grêle se joint au bord externe de l'apophyse coracoïde (1), également solidifiée par le prolongement de l'angle antérieur et inférieur, de manière que la clavicule (2), bien plus grêle, bien plus courte, que dans l'Unau, se joint au coracoïde et non à l'acromion.

Clavicule.

Humérus.

L'humérus est plus grêle, plus cylindrique que dans l'Unau; il égale en effet les douze premières vertèbres thoraciques; ses crêtes, ses tubérosités, sont beaucoup moins marquées, sa tête est un peu comprimée, et le condyle interne n'est nullement percé.

Avant-bras.

Les deux os de l'avant-bras sont un peu plus courts proportionnellement avec l'humérus, mais ils sont toujours plus grêles et moins anguleux.

Carpe. 1re rangée : Scaphoïde. Semi-lunaire. Triquètre. Pisiforme.

Le carpe, également très-court, n'offre en dessus que trois os dans sa première rangée, un scaphoïde prolongé en une apophyse interne formant une sorte de trapèze, un semi-lunaire, un triquètre, et en dessous un pisiforme tout à fait interne, et fortement descendu. Les trois premiers contribuent presque également à former la surface articulaire radio-cubitale.

2e rangée : Trapézoïde. Grand os.

La seconde rangée n'a que deux os au lieu des trois de l'Unau, mais autrement formés et disposés : ce sont, outre un trapèze fort petit, le plus interne, qui pourrait très-bien être considéré comme le sésamoïde du long adducteur du pouce, et qui, soudé avec le scaphoïde, semble n'en être qu'une apophyse, un trapézoïde et un grand os, comme dans l'Unau, mais bien plus forts, et formant, en se réunissant, une petite protubérance articulaire; ainsi point d'unciforme, à moins d'admettre que l'apophyse descendant du triquètre ou le pisiforme en serait le rudiment, parce que l'un et l'autre touchent un peu au dernier métacarpien rudimentaire; mais c'est ce que l'analogie avec ce qui existe dans l'Unau ne permet pas d'accepter.

(1) Cette apophyse, dans le jeune âge, constitue une épiphyse distincte, en forme de petite phalange comprimée, formant même le sommet de la cavité glénoïde.

(2) Dans le squelette d'Aï qui a servi pour les parties caractéristiques des membres, cet os a une forme très-différente de celle du squelette d'Aï à dos brûlé; mais je le crois tronqué.

En sorte que, dans ma manière de voir sur la signification des os du carpe des Paresseux, ils seraient en même nombre dans les deux espèces, sauf l'apophyse styloïde de l'Unau, qui ne serait pas séparée dans l'Aï.

Les métacarpiens chez l'Aï sont au nombre de cinq; trois complets internes et deux rudimentaires extrêmes; ceux-ci très-courts, surtout l'externe, en forme d'épine soudée au côté externe du métacarpien voisin. Les trois os complets de cette dernière sorte sont bien plus courts que dans l'Unau, quoique encore assez bien de même forme; mais ce qu'ils offrent de remarquable, c'est qu'ils se serrent entre eux latéralement à leur extrémité carpienne, au point de se souder avec l'âge, et qu'ils se réunissent complétement et beaucoup plus tôt avec les premières phalanges, encore plus courtes que dans l'Unau, de sorte qu'il est fort difficile d'apercevoir la trace de cette soudure, si ce n'est dans le jeune âge. Métacarpiens. incomplets complets. Phalanges : premières.

De ces ankyloses, il résulte une seule pièce solide convexe en dessus, concave ou canaliculée en dessous, plus large et comme articulée à une extrémité, et divisée à l'autre par deux fissures profondes, en trois lobes allongés terminés en poulie.

C'est avec chacun de ceux-ci que s'articulent les secondes phalanges, assez semblables de forme et de grandeur entre elles, quoique décroissant un peu de la première à la troisième, et même ne différant de celles de l'Unau que parce qu'elles sont en général plus petites. secondes.

C'est le contraire sous le rapport de la grandeur pour les phalanges onguéales; en effet, elles sont plus longues proportionnellement que les secondes phalanges, au contraire de ce qui a lieu chez l'Unau. Elles ont du reste la même forme, la médiane un peu plus longue que l'interne, et surtout que l'externe, la plus courte. troisièmes ou Onguéales.

Les membres postérieurs de l'Aï sont en totalité et dans toutes leurs parties plus courts que dans l'Unau. Il en résulte que la ceinture osseuse ou le bassin paraît encore plus dilaté, et ses détroits et ses trous d'un plus grand diamètre. La symphyse pubienne est au contraire plus Membres : postérieurs : Bassin.

étroite et encore plus incomplète ou moins soudée, les deux pubis n'étant réunis que par une sorte de ligament fibreux, susceptible de s'ossifier.

Fémur. Le fémur n'est que les deux tiers de l'humérus, ce qui est très-différent de ce qui a lieu chez l'Unau, où ces deux os sont presque égaux. Sa forme est du reste assez bien la même, sauf qu'il paraît encore plus plat et plus large; le col est aussi plus court, et la tête, également sans cavité d'insertion pour le ligament rond, est aussi plus dans l'axe de l'os. Ses condyles et surtout l'externe sont remarquablement aplatis.

Os de la jambe. La jambe conserve assez bien ses proportions avec la cuisse; elle paraît cependant un peu plus courte que dans l'Unau, parce que les deux os qui la constituent sont plus robustes et un peu plus arqués en sens opposés. Ils ont du reste assez bien la même forme; la mortaise tibiale est seulement encore moins profonde, la malléole interne étant moins saillante, ce qui indique déjà une moindre solidité dans l'articulation du pied.

Os du Pied. Astragale. Cette indication est parfaitement confirmée par la forme de l'astragale, dont la poulie est encore plus étroite, plus abattue en dedans, par la suppression totale de la rive interne, et parce que l'ombilic externe d'articulation avec le péroné est encore plus profond, et est devenu plus horizontal par la grande saillie de son rebord inférieur. Il en résulte, en effet, que l'extrémité odontoïde du péroné roule ou joue dans une cavité en panier de pigeon. Du reste, l'astragale a sa forme ordinaire; sa tête, portée sur un col très-oblique, est cependant tout à fait arrondie.

Calcanéum. Le calcanéum est assez bien comme dans l'Unau; mais il est bien plus long, surtout par le grand prolongement en arrière de l'apophyse calcanéenne, encore mieux dolabriforme et plus recourbée en dehors.

Cuboïde. Des autres os du métatarse, le cuboïde seul reste distinct et intercalé au calcanéum et au quatrième métatarsien; il est en outre notablement plus petit que dans l'Unau.

Scaphoïde. Quant au scaphoïde, quelquefois distinct et assez bien naviforme, et surtout aux deux cunéiformes externes et au cuboïde, non-seulement ils se soudent entre eux, mais ils le font également avec le métatarse.

Os du Métatarse. Phalanges : premières.

Ce métatarse présente les mêmes singularités que le métacarpe ; seulement il est encore beaucoup plus court; et dans le tout qu'il forme avec la première phalange des trois doigts intérieurs, le rudiment du métatarsien du pouce (1) est beaucoup plus large, beaucoup plus épais, que celui du petit doigt, qui semble être réduit à la tubérosité externe, sans atteindre jamais jusqu'au cuboïde.

deuxièmes et troisièmes.

Enfin les secondes et troisièmes phalanges, les seules mobiles, sont assez bien comme à la main, mais en général plus petites dans toutes les dimensions; le doigt du milieu étant toujours le plus long, et l'interne un tant soit peu plus que l'externe.

Dans les autres espèces.

Dans cette section des Paresseux à trois doigts, on a proposé de distinguer trois espèces : l'Aï ordinaire, que nous venons de prendre pour type de notre description, l'Aï à dos brûlé et l'Aï à collier : il serait trop hardi, avec les éléments que nous possédons, d'assurer qu'elles sont réellement distinctes ; cependant nous ne devons pas dissimuler que l'on peut trouver, dans certaines parties de leur ostéographie, quelques particularités différentielles.

Dans l'Aï du Brésil.

Ainsi, dans deux squelettes complets et adultes, l'un, femelle, rapporté par MM. Quoy et Gaimard de Rio-Janeiro; l'autre, sans désignation de sexe, par M. d'Orbigny, et qui indique un animal d'une assez grande taille, j'ai pu remarquer, outre que tous les os, sauf les côtes, sont plus robustes, c'est-à-dire un peu plus larges proportionnellement à leur longueur, que la colonne vertébrale n'est pas formée du même nombre de vertèbres. En effet, il n'y en a que huit au col, celle qui manque étant une de celles que j'ai désignées plus haut sous le nom d'intermédiaires; et la dernière, ou proéminente, n'a pas son apophyse transverse percée à sa racine; et cependant le nombre des dorsales n'est

Vertèbres. Cervicales. 8. Dorsales 15.

(1) Dans le jeune, il est distinct du tarsien ou premier cunéiforme, très-petit et pisiforme.

que de quinze au lieu de seize. Ce nombre de vertèbres cervicales et dorsales se retrouve dans un très-jeune sujet, également rapporté par M. d'Orbigny.

Coccygiennes, 10—11.

Celui des coccygiennes paraît être augmenté d'une ou deux, puisqu'elles sont au nombre de dix ou même de onze, mais peut-être seulement dans les terminales; cependant, au lieu d'une seule complète, comme dans l'Aï ordinaire, dont nous avons décrit le squelette, il y en a ici trois, pourvues d'un canal vertébral bien distinct.

Hyoïde.

Quant à la tête, je n'ai rien trouvé qui pût la différencier un peu certainement de celle de l'Aï ordinaire, même dans ses particularités les plus minutieuses; mais il n'en est pas de même de l'hyoïde. En effet, si dans l'Aï à dos brûlé le corps de l'os offre à peu près la même forme par la soudure des cornes postérieures, les antérieures sont proportionnellement plus longues et surtout plus larges, plus plates, principalement à l'extrémité.

Dans l'Aï à collier.

Tête.

Mâchoire supérieure.

inférieure.

Je n'ai pas vu de squelette de l'espèce que les zoologistes désignent sous le nom de P. Aï à collier (*B. torquatus*), mais seulement deux têtes osseuses, et j'ai pu y remarquer des différences que l'on peut assez bien considérer comme spécifiques, indiquant quelque chose d'intermédiaire aux Aïs et aux Unaus. En effet, la tête en totalité semble plus étroite par absence complète d'apophyse frontale orbitaire; l'aile sphénoïdale est encore plus étendue et plus largement en connexion avec le pariétal; l'occipital supérieur en arrière; les os nasaux en avant s'avancent en pointe entre leurs contingents; le ptérygoïdien est caverneux, bulleux, avec un grand trou à sa face interne conduisant dans la caverne; l'os incisif est double et presque aussi développé que dans l'Unau; enfin, à la mâchoire inférieure, le bord radiculaire antérieur de la branche verticale s'avance davantage, et son angle postérieur est encore plus large, moins détaché que dans l'Unau, le bord inférieur de la branche horizontale étant convexe dans toute son étendue.

Dans l'Aï à dos brûlé.

Quant à l'Aï à dos brûlé que plusieurs zoologistes croient devoir aussi distinguer comme espèce, on peut encore trouver quelques notes différentielles dans une absence presque complète d'incisif, au contraire des apophyses orbitaires du frontal, qui sont un peu marquées; dans la forme de l'angle de la mâchoire inférieure, qui est assez large, assez arrondi, un peu surbaissé, mais non relevé en crochet comme dans l'Aï ordinaire ou de la Guyane; mais tout le reste ne pourrait servir à l'en distinguer, d'autant plus que nous ne possédons qu'un petit nombre de crânes de ces espèces prétendues, et même le plus souvent sans détermination de sexe.

Dans l'Aï de M. Harlan.

M. le docteur Harlan, dans ses observations sur l'anatomie du Paresseux à trois doigts, sans désignation de l'espèce ou de la variété, avait déjà signalé les différences que le squelette de cet animal présente, en comparant l'individu encore jeune qu'il a disséqué avec ceux observés par M. Cuvier. Ainsi le sien offrait quinze vertèbres thoraciques, et par conséquent quinze côtes, dont six fausses, tandis que l'un de ceux de M. Cuvier avait seize vertèbres, portant autant de paires de côtes dont sept fausses, et un autre plus jeune, quatorze avec cinq fausses côtes.

Ce que je puis à peu près assurer, c'est que l'âge semble ne pas effacer la plupart de ces caractères, quoiqu'il paraisse cependant les modifier dans des limites généralement assez faibles.

Je dois aussi faire remarquer que dans le squelette de l'Aï à dos brûlé que M. Quoy a rapporté du Brésil, il n'y avait aussi que huit vertèbres cervicales, comme dans celui que notre collection a obtenu du voyage de M. d'Orbigny. Au reste, c'est le premier qui a servi à notre iconographie du Paresseux à trois doigts; et notre planche des parties caractéristiques du tronc offre les vertèbres cervicales du squelette rapporté par M. d'Orbigny.

DES OS SÉSAMOÏDES.

Ce genre d'os étant généralement en rapport de nombre et de développement avec le degré de mobilité des parties appendiculaires du squelette, l'on conçoit très-bien qu'ils ne doivent pas être nombreux chez les animaux de ce genre, et que souvent ils se trouveront soudés avec les os contigus.

Membres antérieurs.

Aux membres antérieurs :

Nous n'avons pu en distinguer aucun, à moins que d'admettre, ce que je ne suis pas éloigné de penser, que l'apophyse additionnelle du scaphoïde serait formée, outre le trapèze, du sésamoïde du long abducteur du pouce.

Quant à ceux des muscles fléchisseurs perforants, il est certain que non-seulement ils sont soudés entre eux, mais qu'ils le sont aussi à la base, et même à presque toute la face inférieure de la première phalange.

postérieurs.

Aux membres postérieurs :

Rotule.

La rotule est toujours distincte, mais aussi constamment fort petite, plate et sub-quadrilatère, à angles un peu arrondis chez l'Unau, subtriangulaire ou trapézoïdale allongée, mais plate et même assez épaisse à sa partie supérieure dans le Paresseux Aï.

Poplité.

On trouve en outre à la même articulation du genou deux autres sésamoïdes, l'un, plus petit, de forme assez scaphoïdienne, au bord externe du cartilage semi-lunaire; et l'autre, plus gros, triquètre, dans le tendon du muscle poplité, et jouant par une facette arrondie sur un évasement postérieur du tibia.

Quant au pied, il n'y a pas plus de sésamoïde distinct qu'à la main; on peut cependant considérer comme tel l'apophyse considérable qui s'ajoute au premier cunéiforme de l'Unau, et les doubles saillies de la base inférieure des premières phalanges, comme à la main, et dont l'Aï ne m'a pas offert de traces.

DES DENTS.

En général.

Le système dentaire des animaux du genre des Paresseux n'est pas moins anomal que le squelette dont nous venons de terminer l'examen.

D'abord toutes les dents sont des dents molaires, c'est-à-dire qu'elles sont toutes implantées dans le maxillaire en haut; elles sont en outre simples, c'est-à-dire n'ont qu'une racine et qu'une couronne indivises, et bien plus, ces deux parties ne sont distinguées entre elles par aucun renflement ni collet; la dent tout entière, de forme plus ou moins cylindrique, étant d'une seule venue, sans être atténuée en pointe, si ce n'est dans le très-jeune âge et seulement à la couronne, car jamais je n'ai vu une de ces dents assez vieille pour qu'elle eût sa racine terminée en cône. Forme

La partie radicale, bien plus longue que l'autre, est toujours entièrement creuse et tranchante au rebord de sa cavité. Racine.

La partie coronale, par suite de l'usure, est aussi assez profondément excavée à la couronne, avec les bords plus ou moins élevés et irréguliers; mais seulement par suite de la détrition. Couronne.

Quant à la structure des dents des Paresseux, elle est au moins aussi singulière que leur forme. En effet, on voit par des coupes longitudinale et transverse qu'elles sont composées d'une substance interne moins dure, plus considérable, qu'enveloppe comme dans un étui une substance externe plus dure formant l'émail. La substance intérieure paraît comme médullaire et d'un tissu peu serré, et ce qui la rend encore plus remarquable, c'est que, par la dessiccation ou la solidification, elle se fendille assez irrégulièrement, soit verticalement, soit horizontalement; toutefois, en y regardant attentivement, on voit qu'elle s'est formée par couches ou disques assez épais, chacun d'eux composé de fibres irradiées un peu comme dans certains polypiers. Structure. Substance intérieure ou Ivoire

La substance corticale, notablement plus dure, est évidemment formée de deux couches qui s'emboîtent; et l'on reconnaît aisément que l'externe au moins est elle-même formée de fibres verticales extrêmement serrées. extérieure ou Émail.

C'est à la différence considérable de dureté de ces deux substances composantes, qu'est due la manière dont la dent des Bradypes s'use en s'excavant au centre, les bords restant plus ou moins saillants et irrégulièrement denticulés (1).

Disposition. Une autre particularité qu'offrent ces dents chez les trois ou quatre espèces, c'est qu'elles ne se touchent jamais, et que les séries qu'elles forment sont en lignes droites, divergentes un peu d'arrière en avant.

Nombre. Dans toutes les espèces de ce genre le nombre total des dents est toujours le même, cinq en haut et quatre en bas de chaque côté; mais la forme et la disposition varient un peu dans les deux espèces principales.

En particulier, ou Différences spécifiques dans l'Unau. A la Mâchoire supérieure. première. Dans l'Unau, que nous prenons encore pour type, la première des cinq dents supérieures et celle des quatre inférieures est bien plus grosse, plus saillante que les autres, dont elles sont en outre séparées par un intervalle assez considérable; elles sont d'ailleurs de forme triquètre, se correspondant et s'usant l'une contre l'autre par la face la plus large, la supérieure en avant de l'inférieure, contre l'ordinaire, de manière à avoir deux de leurs angles presque tranchants, et à ressembler un peu à des défenses de sanglier, ce qui les a fait considérer comme des canines.

seconde. troisième et quatrième. cinquième. La seconde dent, qui commence les quatre suivantes, a la coupe ovale, est la plus petite, et sa couronne par l'usure offre un seul biseau postérieur. Les troisième et quatrième, celle-là un peu plus grosse que celle-ci, ont un double biseau produisant le tranchant : enfin la cinquième, qui n'en a qu'un peu marqué et antérieur, est à peu près de la grosseur de la seconde.

A la Mâchoire inférieure. 2e, 3e et 4e. A la mâchoire inférieure les trois dents qui suivent la caniniforme sont sub-égales, à coupe ovale, à double biseau, formant un tranchant plus ou moins médian, suivant l'égalité ou l'inégalité des biseaux, dans un sens ou dans l'autre.

(1) M. G. Cuvier en décrivant ces dents, dit que les lames qui constituent leur substance osseuse sont unies, et que, par une coupe longitudinale, on les voit empilées comme des dames à jouer dans un étui formé par l'émail; cette description nous semble au moins exagérée.

Agencement.

L'agencement des deux séries de dents est, comme à l'ordinaire, en commençant postérieurement, la dent inférieure avançant sur la supérieure correspondante ; mais comme il y a une dent de moins en bas qu'en haut, et que chaque série commence par une caniniforme, il en résulte que la canine supérieure est en avance sur l'inférieure, disposition qui a quelques rapports avec ce qui existe chez les Makis.

Dans l'Aï. Mâchoire supérieure. première. seconde. troisième. quatrième. cinquième.

Le système dentaire de l'Aï est peut-être encore moins normal que celui de l'Unau, en ce que, quoique exclusivement implanté dans le maxillaire, la série commence en haut par la dent la plus petite de toutes, de forme triquètre (1), le grand côté obliquement en avant; la seconde est au contraire la plus grande, également trigone, le grand côté en dehors; la troisième, notablement plus petite que la précédente, a ses trois côtés sub-égaux; la quatrième, presque aussi petite que la première, est à peu de chose près ovale, tant les angles sont arrondis; enfin la cinquième, égale en grosseur à la troisième, n'en diffère qu'en ce qu'elle est un peu plus courbée, et que sa coupe est à peu près quadrilatère.

Mâchoire inférieure. première.

A la mâchoire inférieure, la première dent est la plus forte, la plus grande, plus même que sa correspondante en haut; elle est très-arquée, de forme triquètre, la base en avant, et la couronne s'use très-obliquement d'avant en arrière, le bord antérieur tranchant et bifide.

seconde. troisième. quatrième.

Les trois autres, correspondantes aux supérieures, se conviennent aussi assez bien, chacune à chacune, pour la forme et la grosseur, celle du milieu étant plus petite que les deux autres et plus ovale, tandis que l'antérieure est plus triquètre, équilatérale, et la postérieure plus tétragonale; cependant toutes les trois sont un peu plus fortes que celles d'en haut.

Signification.

D'après cela on voit que la signification du système dentaire des Bra-

(1) Aussi quelques auteurs, et entre autres Daubenton, l'ont-ils considérée comme incisive.

dypes est assez difficile à exprimer ; aussi n'est-il pas aisé de le formuler ; on peut cependant le supposer ainsi :

$$\frac{0}{0}+\frac{1}{0}+\frac{4}{4} \quad \text{dont} \quad \frac{0}{0}+\frac{1}{1}+\frac{3}{3}$$

C'est-à-dire qu'il n'y a pas d'incisives, ce qui est bien certain, mais bien une canine en haut, point en bas; point d'avant-molaires; une principale aux deux mâchoires, et trois arrière-molaires partout.

Différences suivant l'âge.

L'état du système dentaire dans le jeune âge de ces animaux n'est pas propre à éclairer la question; en effet, même dans de très-jeunes sujets, il y a le même nombre de dents aux deux mâchoires, ce que M. le docteur Harlan a déjà remarqué dans un fœtus encore contenu dans le sein de la mère; et leur disposition ainsi que leurs proportions sont les mêmes. Il n'y a de différence qu'en ce qu'elles sont plus serrées et que la couronne est terminée par un cône obtus; ce qui les fait ressembler en petit à des dents de Cachalot.

Dans un sujet d'Aï à dos brûlé, fort jeune, au point que tous les os étaient encore complétement épiphysés, et même avec les premières phalanges distinctes aux mains comme aux pieds, les dents offraient la particularité, non-seulement d'occuper toute la hauteur de la mâchoire renflée et comme gonflée à cet effet, mais en outre d'être coniques en sens inverse de ce qu'elles sont ordinairement quand elles ont une racine, c'est-à-dire d'avoir la forme d'un long cône tronqué supérieurement, et plus large à la base, creusée profondément pour loger le bulbe; en sorte qu'elles doivent pousser pendant toute la vie de l'animal, à mesure qu'elles s'usent à la couronne par la mastication.

Alvéoles.

Pour des dents dont la couronne, et par conséquent la racine est toujours simple, on pouvait assurer que les alvéoles le seraient également; et c'est en effet ce qui a lieu. Du reste, ces alvéoles, complétement circonscrites, sont nécessairement en rapport de forme et de grandeur avec la dent qui s'y implante. Elles sont cependant presque toujours plus grandes, plus évasées que le diamètre des dents ne semblerait le demander; aussi celles-ci y sont-elles fort mal retenues et tombent-elles fort aisément sur nos squelettes. Au reste, un simple coup d'œil sur les figures que nous en donnons en dira plus que de longues descriptions.

Les Paresseux n'offrent aucune autre partie solide dans le reste de l'organisation; cela est certain pour la peau, quoique son épaisseur et sa texture serrée soient bien remarquables; nous avons décrit le rocher parmi les os de la tête, et je me suis assuré positivement qu'il n'y a ni os du pénis ni os du cœur.

Autres Parties solides. Peau. Pénis. Cœur.

NOTE

SUR LES VERTÈBRES CERVICALES DE L'AÏ

(*BRADYPUS TRIDACTYLUS*).

J'ai dit, page 22 de la description des os du squelette de l'Aï, que je n'adoptais pas l'opinion de M. Bell, qui pense que les vertèbres qui dépassent le nombre neuf au cou de cet animal, doivent être considérées comme thoraciques. Je me propose dans cette note d'en donner les raisons, en m'arrêtant un moment sur le fait du nombre et de la signification de ces vertèbres cervicales dépassant ainsi dans les Paresseux à trois doigts d'une ou de deux le nombre sept qui existe constamment dans l'Unau, ainsi que chez l'Homme et dans tous les Mammifères jusqu'ici connus; aussi bien chez les espèces les plus rapprochées de l'Homme, que chez celles qui en sont les plus éloignées et qui touchent aux Ovipares; aussi bien chez les Mammifères qui ont le cou aussi long que le corps, comme la Girafe, que chez ceux qui semblent en être dépourvus, tant il est court, comme les Lamantins et les Dauphins.

La généralisation du fait de l'existence constante de sept vertèbres cervicales seulement chez tous les Mammifères, devait naturellement être faite par Daubenton, comme le lui attribue positivement M. G. Cuvier, dans son éloge historique du célèbre collaborateur de Buffon; par suite de son plan de description des Mammifères dont celui-ci s'était réservé l'histoire, Daubenton ayant nécessairement porté son attention sur ce point, comme sur beaucoup d'autres détails, et cela dans un grand nombre d'espèces, dont il avait compté et minutieusement mesuré toutes les pièces du squelette. Cependant, je trouve cette généralisation nettement formulée pour la première fois par M. Blumenbach, page 288, de son *Histoire descriptive des os*, publiée en allemand, à Gottingue, en 1786, lorsqu'il dit : « Il paraît que l'on doit regarder comme règle générale et constante que dans les Mammifères, et au moins dans ceux qui ont quatre pieds, on ne trouve que sept vertèbres cervicales; » et plus nettement encore par Vicq-d'Azyr, la même année, dans le discours préliminaire si remarquable de son *Traité d'anatomie*, t. I, page 30, et sans qu'il cite le moins du monde Daubenton, comme il le fait constamment en pareil cas. En effet, je ne crois pas même que celui-ci ait mentionné expressément cette généralisation dans ses leçons à l'école normale. Cependant, depuis la publication du discours de Vicq-d'Azyr, elle fut généralement acceptée.

Quant à l'exception singulière offerte par l'Aï, elle paraît avoir été signalée beaucoup plus tard.

On aurait pu cependant la soupçonner un peu d'après la figure, quelque grossière qu'elle soit, du squelette de l'Aï, donnée par Pison, ou mieux par Margrave, dans le *Medic. utriusque Indiæ*, page 322, rédigé par le premier; mais c'est ce qui ne fut pas.

Il est à remarquer que Daubenton, en décrivant comparativement le squelette de l'Unau et celui de l'Aï, dans l'*Histoire naturelle de Buffon*, donne fort exactement le nombre des vertèbres dorsales, lombaires, sacrées et coccygiennes de ces animaux, et, contre son habitude, passe entièrement sous silence celui des vertèbres cervicales, quoique, malgré l'état non adulte des deux squelettes, elles fussent certainement aussi aisées à compter que les autres.

Ainsi, en 1765, époque de publication de la description de Daubenton, l'anomalie n'avait pas encore été signalée.

Elle ne me semble pas l'avoir été davantage dans l'intervalle qui sépare cette époque de celle de la publication du système anatomique, en 1786, puisque, comme nous venons de le faire remarquer, Vicq-d'Azyr dit encore positivement que le nombre des vertèbres cervicales chez les Mammifères est toujours de sept.

En France, à l'époque où les sciences naturelles prirent un essor remarquable, par la création de la Société philomatique, je ne vois le fait anomal offert par l'Aï cité dans aucune des analyses des travaux de cette société, faits par Riche et ensuite par M. Sylvestre, depuis le 30 nivôse an VII jusqu'au 20 frimaire an VIII. Et cependant, si, en effet, on trouve encore dans le *Tableau méthodique des animaux*, par M. Cuvier, publié au commencement de l'an VI, c'est-à-dire en 1798, l'assertion de Vicq-d'Azyr, que les Mammifères n'ont jamais que sept vertèbres cervicales; les *Leçons d'anatomie comparée*, publiées deux années après, en l'an VIII ou 1800, portent, tome I, page 154 : « ..... *excepté dans le Paresseux à trois doigts qui en a neuf.* »

Il semble donc que ce soit dans ce court intervalle que cette anomalie aura été signalée, et publiée, sans doute par Wiedemann, dans le premier cahier du tome I de ses *Archives de zoologie et de zootomie*, puisque M. Cuvier, dans la première édition de son *Mémoire sur l'ostéologie des Paresseux*, dit que, « Depuis Daubenton, M. Wiedemann, professeur » d'anatomie à Brunswich, a travaillé sur le même sujet, et qu'il a » donné une description détaillée du crâne de l'Aï (*Archiv. de zool. et* » *zootom.*, tome I, cahier I, page 46, avec figures, planches I et II); » une autre plus abrégée du squelette (*ibid.*, page 132), sans figures, » faite d'après un jeune individu, et quelques remarques additionnelles » faites dans notre muséum, tant sur le squelette de l'Aï, adulte, que » sur le crâne de l'Unau, *ibid.*, tome III, cahier I, page 57; » et dans la seconde, en 1823. M. Cuvier, en signalant la particularité des neuf vertèbres cervicales de l'Aï, ajoute (tome IV, p. 82) : « M. Wiedemann avait » fait de son côté la même observation, avant de connaître la mienne. »

Celle de M. Cuvier fut en effet développée dans la première édition du mémoire que je viens de citer, et qui fut publiée en 1804, appuyée sur l'examen des deux jeunes squelettes décrits par Daubenton, et encore sur deux autres à peu près de même âge, mais observés avant que leurs cartilages fussent desséchés, et surtout sur un squelette d'Aï, parfaitement adulte, rapporté de Cayenne, dit M. G. Cuvier, par M. Richard, mon confrère à l'Institut, et professeur d'histoire naturelle médicale à l'École de médecine.

On pourrait cependant croire que, s'il ne l'avait pas publiée, M. G. Cuvier avait fait cette observation avant Wiedemann, puisque, dans la première édition de son mémoire, en 1804, il dit que le fait du nombre de neuf cervicales dans l'Aï frappa beaucoup Daubenton lorsqu'il le lui fit voir, *il y a quelques années;* or, Daubenton est mort en 1800, après la première séance du Sénat conservateur, dans lequel il avait été compris par le général Bonaparte, et « quelques années avant » indiqueraient au moins 1798. En effet, M. Cuvier, dans la seconde édition de son mémoire, répète ce qu'il avait dit dans la première, qu'il s'empressa de consigner cette observation dans le *Bulletin des Sciences*, par la Société philomatique. Malheureusement cette assertion ne repose sur aucune citation expresse, et c'est pour cela sans doute qu'elle a échappé à ceux qui se sont occupés de ce point de l'histoire de la science ; mais elle se trouve réellement dans l'extrait du mémoire de M. Cuvier, sur les ossements fossiles des quadrupèdes (*Bulletin par la Société philomatique*, fructidor an VI, août 1798), en ces termes : « Le citoyen Cuvier consigne ici en passant » la découverte intéressante qu'il a faite, que l'Aï (*Bradypus tridacty-* » *lus*, *L.*) a constamment neuf vertèbres cervicales; à quoi il ajoute : » C'est la première exception à la règle établie par le citoyen Daubenton, » que tous les quadrupèdes vivipares n'ont ni plus ni moins que sept » vertèbres cervicales. »

Dans son *Mémoire sur l'ostéologie des Paresseux*, M. Cuvier entre dans plus de détails, en exposant comment il fut conduit à cette observation. Son aide-naturaliste, M. Rousseau père, ayant été chargé par lui de monter le squelette complet, mais en os séparés, qu'avait bien voulu lui prêter M. Richard, et ayant nécessairement commencé, avant de les assembler, comme cela a toujours lieu en pareil cas, par trier et arranger les vertèbres par sortes, trouva, après avoir réuni les vertèbres dorsales, lombaires, sacrées et coccygiennes, qu'il lui en restait encore neuf, qu'il dut considérer comme cervicales, M. Richard n'ayant certainement préparé le squelette que d'un seul individu. Dès lors, M. Cuvier, averti de ce fait qui pouvait être une anomalie individuelle, chercha immédiatement à le scruter en faisant faire sous ses yeux le squelette d'un jeune individu qu'il possédait conservé dans l'esprit de vin, et, en examinant plus attentivement celui qui avait servi à la description de Daubenton ; sur tous deux il trouva en effet le même nombre de vertèbres.

Or, nous avons vu que cette observation de M. Cuvier était consignée vers le milieu de 1798, dans le *Bulletin*, par la Société philomatique, tandis que celle de Wiedemann ne date que de 1800. Il est donc assez étonnant que ce dernier, qui, d'après le passage cité par M. Cuvier lui-même, avait travaillé sur les squelettes mêmes de la collection de Paris, n'ait pas fait mention du fait positivement annoncé par celui-ci deux ans auparavant.

Quoi qu'il en soit du fait matériel des neuf vertèbres cervicales de l'Aï, qui a dû être et a été en effet nécessairement observé aussitôt qu'on a eu à rassembler les os d'un squelette de cet animal qui auraient été préalablement soigneusement séparés de toutes parties molles, on peut dire qu'il a été pour la première fois envisagé d'une manière véritablement scientifique, par un anatomiste anglais, M. Bell, dans une dissertation lue à la Société zoologique de Londres, en 1834, et qui est insérée dans le volume Ier de ses *Transactions*, avec des figures Ayant remarqué, comme l'avait fait quelque temps auparavant M. le docteur Harlan, dans ses observations sur l'anatomie du Paresseux, mais seulement pour la neuvième vertèbre (*the ninth cervical vertebra supported at the extremity of a transversed process an osseous rudiment of a rib to which it is joined by a cartilage*), que les deux dernières de ces vertèbres sont pourvues à l'extrémité de leurs apophyses transverses d'une pièce évidemment diarthrodique, c'est-à-dire séparée du reste par une solution de continuité avec facette revêtue d'une légère couche de cartilage et d'une membrane synoviale, ce qui permet un léger mouvement malgré l'état extrêmement serré du système fibreux périostéal, M. Bell a émis l'opinion que ces apophyses mobiles devaient être regardées comme des côtes rudimentaires. Dès lors, suivant cet anatomiste, ces vertèbres cervicales prétendues doivent être considérées comme des vertèbres thoraciques, et alors le fait généralisé par Daubenton, de l'existence constante, chez les Mammifères, de sept vertèbres cervicales seulement, ne serait nullement infirmé par l'anomalie rencontrée dans l'Aï.

Certainement, le fait observé par M. Harlan, et ensuite par M. Bell, d'une épiphyse momentanément articulée à l'extrémité de l'apophyse transverse des deux dernières vertèbres du cou de l'Aï, est indubitable. On peut aisément le reconnaître, même sur les cadavres de ces animaux conservés dans l'esprit-de-vin, ainsi que sur les squelettes d'adultes examinés avec soin; seulement il paraît que l'ankylose a lieu de très-bonne heure. Toutefois, sur les trois individus où j'ai vérifié le fait, je n'ai pu le reconnaître sur l'avant-dernière vertèbre, ainsi que l'a vu indubitablement M. Bell (1); et, de plus, ces singulières épiphyses articulées étaient parfaitement régulières, similaires à droite et à gauche, mais bien moins longues que sur le sujet figuré par M. Bell, où elles semblent en effet avoir quelque chose d'anormal et d'irrégulier. Au reste, et quoi qu'il en soit, la question importante n'est réellement pas là, mais ces apophyses sont-elles bien des rudiments de côtes? Et dès lors les vertèbres

(1) On a vu plus haut que M. le docteur Harlan ne parle non plus de fausses côtes que pour la neuvième vertèbre.

qui les portent doivent-elles être considérées comme thoraciques et non comme cervicales ? Et par conséquent ces Mammifères n'ont-ils que sept vertèbres cervicales comme tous les autres ? C'est ce qui semble peu admissible.

M. le docteur Harlan, dans ses *Observations sur l'anatomie du Paresseux Aï*, lues devant l'Académie des sciences naturelles de Philadelphie, plusieurs mois avant leur publication dans le *Monthly Journal of geology and natural history*, pour le mois de mai 1832, semble avoir eu pour but principal de montrer que l'organisation du Paresseux ne le condamnait pas à une existence aussi malheureuse que le pinceau de Buffon l'avait montré, et qu'au contraire elle était parfaitement en harmonie avec sa destination providentielle (1) ; thèse que le révérend M. Buckland a depuis adoptée et exposée dans une dissertation *ad hoc* sur l'harmonie de l'organisation des Paresseux avec leur mode particulier d'existence (2) ; mémoire lu devant la Société linnéenne en mars 1833, et publié quelques mois après dans les *Transactions* de cette société, et dont il a reproduit les résultats dans sa *Théologie de la minéralogie et de la géologie*, tome I, page 141. Mais, de plus, M. le docteur Harlan a aussi dit quelque chose touchant la question qui nous occupe, dans une note de son mémoire réimprimé dans ses *Medical and Physical Researches*, en janvier 1835. Il ajoute, en effet, que plusieurs anatomistes, ayant comparé les apophyses articulées des deux dernières vertèbres cervicales de l'Aï aux côtes asternales antérieures des oiseaux et des reptiles, en ont conclu que ces vertèbres doivent être considérées comme dorsales ; mais qu'il n'est pas de cette opinion, parce que ce ne sont que des rudiments, et que les vertèbres sont complètes; raisons qui ne sont certainement pas péremptoires, mais que l'on peut aisément renforcer.

D'abord, je doute que l'on puisse réellement considérer ces épiphyses

(1) *We venture to assert*, dit M. Harlan, *that no other animal is so perfectly adapted by its peculiar organisation for such a mode of life.*

(2) *On the adaptation of the structure of the Sloth to their peculiar mode of life.* Linn. Soc. trans., vol. XVIII, 1re partie, p. 17, 1833.

articulées comme de véritables côtes même rudimentaires; et, en effet, si on voulait les comparer aux côtes asternales antérieures des oiseaux ou de certains reptiles, on ne le pourrait guère, car elles n'ont nullement le caractère d'être bifurquées à leur racine pour donner passage dans la bifurcation au grand sympathique ainsi qu'à l'artère vertébrale, et encore moins de s'articuler avec le corps de la vertèbre. Si l'on pensait trouver plus d'analogie avec les dernières côtes asternales qui se voient chez certains Mammifères, et surtout dans les Cétacés, où en effet la côte comme appendice se joint à l'extrémité de l'apophyse transverse, on trouverait encore une grande différence dans la manière dont la jonction se fait, non bout à bout, mais par application oblique de la côte sous l'apophyse transverse, et d'une manière fort lâche. Et d'ailleurs ces fausses côtes asternales sont toujours complétement saisies entre deux muscles intercostaux, tandis que les épiphyses articulées des dernières cervicales de l'Aï donnent, comme le reste de l'apophyse, attache à la terminaison des muscles scalènes comme chez tous les autres Mammifères.

Mais ce sur quoi il faut davantage insister, c'est que ces vertèbres ont le caractère le plus essentiel, le plus distinctif des deux dernières vertèbres cervicales, celui même qui les fait reconnaître chez les reptiles les plus serpents ou ophidiens : en effet, l'une, l'avant-dernière, a la base de son apophyse transverse percée d'un trou pour le passage de l'artère vertébrale et du grand sympathique, et, en outre, cette apophyse est partagée en deux lobes, l'un inférieur et dolabriforme, l'autre supérieur, plus étroit, mais élargi comme cela a lieu pour la vertèbre correspondante des autres Mammifères, dont quelques-uns même m'ont offert, si je ne me trompe, une sorte d'épiphyse distincte, depuis que je porte plus d'attention sur ce point. Or, celle qui suit, c'est-à-dire la dernière, se distingue également comme chez ceux-ci par l'absence de trou à la base de cette même apophyse, ainsi que par sa forme qui est longue et étroite, en sorte que cette seule considération doit suffire pour démontrer que ces vertèbres, étant évidemment les analogues des deux dernières cervicales, ne peuvent en être exclues pour être considérées comme thoraciques, et que les vertèbres cervicales de plus sont nécessairement parmi celles que j'ai nommées cervicales intermédiaires dans mon *Ostéographie*.

Une preuve évidente de cette manière de voir se trouve dans un squelette d'Aï, rapporté du Brésil par MM. Quoy et Gaimard ; en effet, il n'a que huit vertèbres cervicales, et les deux dernières sont absolument comme dans celui qui en a neuf. La diminution dans le nombre total porte donc sur celui des intermédiaires, qui n'est plus, en effet, que de quatre.

On doit faire absolument le même raisonnement pour l'Unau, chez lequel on n'a jamais encore rencontré que le nombre normal de sept vertèbres du cou. Les deux premières, comme les deux dernières, ont toujours leurs caractères distinctifs, et il n'y a plus que trois intermédiaires, comme cela a lieu chez tous les Mammifères ; je dois même dire en passant que, lorsqu'il semble n'y avoir que six vertèbres cervicales, la diminution porte encore sur l'une de ces dernières ; mais toujours il en reste des traces, soit dans le corps, l'arc épiphysaire ayant disparu, soit dans celui-ci, celui-là n'existant plus, ou *vice versâ*. C'est ce dont je me uis assuré sur le squelette soigneusement fait d'un Dugong, de la collection de Leyde, et dans lequel l'arc osseux existe sans son corps ; ce qui explique le fait de nos squelettes de Lamantin où ne sont que six vertèbres cervicales, parce que, dans la préparation du squelette par la coction, des pièces rudimentaires ont été entièrement détachées et perdues.

DE L'ANCIENNETÉ

DES PARESSEUX

A LA SURFACE DE LA TERRE.

L'examen même que nous venons de faire du squelette des Paresseux, sans le comprendre d'une manière positive et définitivement, comme nous avions annoncé le projet de le faire, dans l'un ou l'autre des trois grands genres des Primatès, doit nous déterminer nécessairement à continuer de considérer ce groupe d'animaux pour ainsi dire à part sous le point de vue qu'il nous reste à traiter, celui de l'ancienneté des traces qu'ils ont pu laisser à la surface de la terre, et nous le faisons d'autant plus volontiers qu'en examinant la question dans toute son étendue, nous pourrions chercher si, en effet, ces animaux sont, ainsi qu'on l'a dit, des restes d'une ancienne création qui a disparu, comme n'étant, pour ainsi dire, plus en harmonie avec les circonstances qui existent aujourd'hui à la surface de la terre, et si les Mégatheriums et les Mégalonyx, animaux gigantesques dont on ne connaît les débris qu'à l'état fossile, n'étaient que d'énormes Bradypes en rapport de grandeur avec des végétaux arborescents vivants à cette époque, ou n'étaient que de grands Tatous; mais c'est ce que nous nous proposons de faire lorsque nous serons arrivés à traiter de l'ostéologie des Édentés proprement dits.

§ I. — Histoire de la partie de la zoologie qui concerne les Paresseux.

L'aspect extrêmement singulier sous lequel les animaux de ce genre se présentèrent aux premiers Européens qui pénétrèrent un peu dans les forêts du continent de l'Amérique méridionale dût les faire remarquer et signaler aussitôt qu'ils purent être aperçus, aussi bien par les moindres soldats que par les observateurs de profession; aussi trouve-t-on que depuis les premiers Européens qui ont publié à leur retour quelques récits sur le Nouveau-Monde et ses productions, jusqu'aujourd'hui, tous les voyageurs en ont parlé de manière à ne donner lieu à aucune équivoque.

Oviedo, 1547. Thevet, 1558. Ainsi Oviedo, dans son *Histoire de la conquête du Brésil*, publiée en 1547; Maffé, dans son *Histoire des Indes;* André Thevet, dans ses *Singularités de la France antarctique*, *en* 1558, en ont donné, et surtout le premier, une description, et le dernier, une figure où l'Aï est fort reconnaissable; et en effet ils avaient vu cet animal vivant dans son pays natal.

De l'Écluse, 1605. Mais le premier naturaliste qui l'ait décrit en Europe, et malheureusement d'après une peau desséchée, est Jean de l'Écluse (nommé en latin *Clusius*), dans l'espèce de recueil qu'il a intitulé *Exotica*, 1605; d'abord, dans l'ouvrage lui-même, page 110, avec une mauvaise figure, et plus tard dans l'*Auctuarium*, p. 372, avec une autre figure évidemment meilleure.

Ces descriptions et ces figures furent longtemps copiées d'une manière plus ou moins évidente par les auteurs de nouveaux voyages dans l'Amérique méridionale, et surtout par les auteurs d'ouvrages de compilation.

J. de Lery, 1578. J. Herrera, 1622. Ainsi, en 1578, Jean de Lery, dans la *Relation de son voyage au Brésil*, publiée à son retour; Jean Herrera, en 1622, dans sa *Description des Indes occidentales*, page 252 de la traduction française; Hernandès, *Histoire du Mexique*, confirmèrent ce qui avait été dit avant eux plus qu'ils ne donnèrent de nouveaux détails.

J. de Laët, 1633. Mais tout cela fut surtout copié par de Laët, dans sa *Description du Nouveau-Monde*, publiée en 1633, d'abord page 556 de la *Description du Brésil*, où il est en effet question du Hay, dans le texte, d'après de Lery, avec la figure donnée par Thevet, et ensuite p. 618, en parlant de l'île du Maragnon, en rapportant la description et la première figure publiée par l'Écluse, mais toujours du Paresseux à trois doigts; et encore mieux par Nieremberg, liv. IX, page 163, de son *Histoire naturelle*, qui parut en 1635; puisqu'en effet il cite textuellement ce qu'en avaient dit Oviedo, Massé, l'Écluse, et Fr. Hernandès, avec les figures données par Thevet et par l'Écluse. Nieremberg. 1635.

Quelques nouveaux faits furent introduits par Marcgrave (1648), dans son *Histoire du Brésil*, page 322, quoiqu'il ait encore copié la seconde figure donnée par l'Écluse, et ensuite par Pison, dans la seconde édition de l'ouvrage de Marcgrave (1688), où se trouvent en effet représentés un petit Aï rampant et le squelette de ce même animal adulte. Marcgrave. 1648. Pison. 1688.

Pendant ce temps les auteurs généraux de zoologie de cette époque commencèrent à systématiser le Paresseux : d'abord, C. Gesner qui, dès 1521, et ne le connaissant que par A. Thevet, dont il copie en effet la description et la figure, plaça l'Aï parmi les Singes, sous le nom significatif d'*Arctopithecus;* et ensuite Aldrovande, *Digit.*, page 262, copié par *Jonston*, en 1657, *Quadrup.*, page 101, sous le nom d'*Ignavus* de l'Écluse, en abrégeant ce qu'avaient dit ses prédécesseurs. C. Gesner. 1521. Jonston. 1657.

Les zoologistes, qui, vers la fin du dix-septième siècle, commencèrent à régulariser la classification des Mammifères, acceptèrent assez bien aussi ce qui avait été fait avant eux, c'est-à-dire qu'ils placèrent le Paresseux Aï, le seul qui fût encore signalé, ou bien parmi les Singes, comme Charleton (1668), *Onomasticon*, p. 16, ou tout à la fin de la classe dans un groupe distinct, sans en donner aucune raison, comme l'a fait J. Ray; mais toujours d'après l'Écluse et sans l'avoir observé eux-mêmes. Charleton. 1668. J. Ray. 1699.

C'est en 1734 que Seba publia une assez bonne figure des deux espèces (tab. 33, fig. 4, et tab. 34 de l'Unau, et tab. 33, fig. 2 de l'Aï), regardant à tort l'un comme de Ceylan, et les réunissant sous le nom générique d'*Ignavus*, que Linné, l'année suivante (1735), dans la première édition de son célèbre *Systema Naturæ*, changea en celui de *Bradypus*, qui a été généralement adopté; seulement les zoologistes ont Seba. 1734. Linné. 1735.

varié sur sa place dans la série, suivant le principe systématique qu'ils avaient adopté.

Ainsi Linné, dans les premières éditions, rangeait ce genre dans son premier ordre des *Anthropomorpha* avec l'Homme, les Singes et les Chauves-Souris, sans doute à cause du nombre et de la position des mamelles.

Klein, 1751. Klein, qui avait pris pour point de départ rigoureux de sa Zooclassie les organes de la locomotion et le nombre des doigts chez les Mammifères, se trouva placer l'Aï dans sa IIe Fam., *Tridactylon*, des *Digitata pilosa*, sous le nom générique d'*Ignavus*, avec les Tamanduas et tout près des Tatous; mais, conséquent à son système, le Paresseux à deux doigts, sous le nom générique de *Silenus*, fut rangé avec le genre *Camelus* dans la famille précédente, celle des *Didactylon*.

Hill, 1752. Hill (1752), *Histor. of Anim.*, p. 534, fut plus heureux en imitant Linné, d'abord en réunissant les deux espèces dans le même genre (Bradypus), dans la même division que les Singes qu'il appelle *Sylviæ*, et immédiatement avant l'ordre des *Agriæ* contenant les Fourmiliers et les Pangolins.

Brisson, 1756. 1756. Tandis que Brisson, conduit par le principe rigoureux de l'absence ou du nombre des incisives, formait des *Bradyus* un genre de son second ordre, comprenant les Tatous; et comme son premier ordre, caractérisé par une absence complète de dents, comprenait les genres Fourmilier et Pangolin, l'on voit comment les Édentés, ainsi qu'on les nommera plus tard, étaient déjà rapprochés par cet artifice.

Cependant quelques-uns de ces animaux étant parvenus en Europe, même à l'état vivant, ils purent être mieux étudiés et figurés, et par conséquent mieux connus.

Edwards, le peintre anglais, donna d'abord dans ses Glanures, part. II, pl. 310, une figure un peu meilleure même que celle que l'on devait à Seba.

Buffon et Daubenton, 1766. Mais ce n'est réellement que depuis que Buffon et son collaborateur Daubenton eurent étudié l'une des espèces vivantes à Paris, et qu'ils en eurent donné, avec de bonnes figures des deux espèces, des descriptions détaillées, accompagnées d'observations anatomiques, que ces animaux durent être considérés comme connus. Ces illustres naturalistes leur consacrèrent en effet dans le XIIIe vol. de leur Histoire Naturelle un assez long article, dans lequel Buffon recueillit avec sa sagacité accoutumée, mais en y laissant peut-être encore un peu de l'exagération des inventeurs, tout ce qui avait été dit avant lui sur ces animaux, tandis que Daubenton, dans sa nature plus mesurée, tendait à le réduire à sa juste valeur.

Quoi qu'il en soit, ces nouveaux éléments furent avec juste raison substitués aux anciens par Thom. Pennant, *Synop. of Quadruped.*, p. 309, tab. 29, f. 2; par Schrebers, *Saugethiere*, II, p. 197, tab. 64 et 65, avec les figures données par Edwards et Buffon, et surtout par Erxleben, 1777, *Mamm.*, p. 24, qui, n'ayant pas établi d'autres divisions que des genres dans son système, plaça celui-ci entre les Didelphes qui suivent les Lemurs et les autres genres constituant les Édentés, définit et décrivit parfaitement les deux espèces, en y ajoutant une synonymie aussi riche que solide. Pennant, 1772. Schrebers, 1776. Erxleben, 1777.

Les choses en étaient là lorsque les zoologistes, à l'imitation des phytologistes, s'occupèrent de rechercher la méthode naturelle en zooclassie; n'ayant pu encore me procurer une dissertation où le vénérable doyen des sciences naturelles, M. Blumenbach, a dû exposer les principes qui doivent diriger en ce cas, et ne connaissant même que la seconde édition de son Manuel, publiée à Goëttingue en 1782, et que M. G. Cuvier avait conservée dans sa bibliothèque, sans doute comme un ancien livre d'école, je dois placer Storr à la tête de la grande réforme mammalogique. C'est Storr en effet qui le premier, à ma connaissance du moins, dans son *Prodromus methodi Mammalium*, publié à Tubinge, en 1780 (1), forma des Paresseux et de tous les autres Édentés véritables un groupe distinct, qu'il plaça à la fin des Mammifères onguiculés, entre les Glires Storr, 1780.

(1) Je dois cependant faire observer que Spix, dans son *Histoire de la zoologie* en allemand, dit que Storr adopta le même nombre et la même disposition des ordres de Mammifères que Blumenbach.

Boddaërt, 1785.

et les Éléphants, qui commencent les Mammifères à sabots, sous la dénomination de *Mutici*, que Boddaërt changera bientôt (1785), dans son *Elenchus Mammalium*, en celle d'*Edentati*.

Blumenbach, 1782. 1798.

Mais auparavant nous trouvons que M. Blumenbach, dans la modification qu'il a apportée au système linnéen, avait cru devoir former de nos Paresseux, réunis aux Fourmiliers, un ordre distinct, qu'il nommait *Bradypoda*, et qu'il place entre son ordre des *Pitheci*, terminé par les Lemurs, et celui qu'il appelle *Sclerodermata*, pour désigner les Tatous et Pangolins, et moins heureusement les Porcs-Épics. Aussi, dans la troisième édition de son ouvrage classique sur les variétés natives du genre humain, en 1795, réunit-il ces quatre genres dans le même ordre des Bradypodes en en retirant les Porcs-Épics.

Daubenton, 1792.

Nous voyons aussi une direction contraire au système de Linné dans le tableau zooclassique de Daubenton, que Vicq-d'Azyr publia en 1792 dans le discours préliminaire de son Système anatomique de l'Encyclopédie. Les Paresseux, sous le nom de *Pigri*, y sont aussi considérés comme formant un genre de la sixième classe nommé *Edentati*, contenant les Tatous, Fourmiliers et Pangolins, entre la cinquième classe, les Insectivores, et la septième, les Carnassiers.

E. Geoffroy et G. Cuvier, 1795

C'est encore mieux le système mammalogique des zoologistes allemands Storr et Blumenbach que MM. E. Geoffroy et G. Cuvier adoptèrent dans leur mémoire sur la classification des Mammifères, publié en 1795, dans le tom. II, p. 164 du Magasin Encyclopédique, puisque, comme le second, ils firent des Paresseux un ordre distinct sous une dénomination particulière, *Tardigrada*, au lieu de celle de *Bradypoda*, et que, comme le premier, ils placèrent cet ordre conjointement avec celui des Édentés, qu'ils laissèrent à côté, à la fin des Onguiculés, après les Rongeurs, et avant les Pachydermes, qui commencent les Ongulés.

G. Cuvier, 1798.

Bien plus, M. G. Cuvier, dans son Tableau méthodique des animaux, publié en 1798, suivit encore Storr plus exactement, en réunissant les Paresseux aux Édentés sous cette dénomination commune, de sorte que la manière de voir du réformateur allemand fut généralement adoptée, du moins sur le continent et par les zoologistes qui pensaient suivre la méthode naturelle.

Ainsi M. de Lacépède, en 1798, en faisait un ordre distinct sans dénomination particulière, entre les Rongeurs en avant, et les Édentés que suivent les Pachydermes. De Lacépède, 1798.

M. G. Cuvier, dans les tableaux qui sont à la fin du premier volume de ses Leçons d'anatomie comparée, revient à la séparation des Tardigrades et des Édentés.

En 1804, M. Desmarest, dans les tableaux méthodiques qui composent la plus grande partie du XXIVe vol. du nouveau Dict. d'Hist. Nat., ne fit des Paresseux qu'une famille des Édentés, comme Storr. En 1806, M. Duméril, dans sa Zoologie analytique, revint à leur séparation. C'est ce que fit également M. Tiedemann en 1808, dans sa Zoologie, p. 484 et 490, mais sous les noms de *Bradypoda*, à l'imitation de Blumenbach, et en donnant sur l'anatomie de ces animaux quelques détails nouveaux qu'il devait à Wiedeman, professeur d'anatomie à Brunswick, qui venait en effet, peu de temps auparavant, de publier quelques observations sur la tête osseuse d'un de ces animaux, adulte, et sur le squelette entier d'un jeune individu, dans le tom. I, p. 132, de ses Archives de zoologie et de zootomie, 1800. G. Desmarest, 1804. Tiedemann, 1808.

C'est à peu près à la même époque que M. G. Cuvier, qui dès 1798, Soc. Phil., II, p. 138, avait noté en passant le fait matériel de l'existence de neuf vertèbres cervicales dans l'Aï, publia, dans les Annales du Muséum, tom. IV, p. 189, pour l'année 1804, sa première description du squelette d'un individu adulte d'Aï qu'avait rapporté de Cayenne et que lui avait confié le célèbre botaniste Claude Richard, à son retour d'un voyage en Amérique. En sorte qu'en y joignant la singularité que Carlisle signala aussi à peu près vers ce temps, dans la disposition des artères des membres des Paresseux, on possédait un nombre suffisant de matériaux pour déterminer rationnellement la place de ces animaux dans la série mammalogique.

Un certain nombre de zoologistes commencèrent en effet à cette Illiger, 1811.

époque à effectuer quelques changements à la méthode de Storr, suivie jusqu'alors; ainsi, sous le rapport qui nous occupe en ce moment, Illiger, dans son *Prodromus methodi Mammalium et Avium* (1811), ayant abandonné la considération systématique des ongles et des sabots, dans le but d'établir le passage des Mammifères aux oiseaux d'une manière évidemment plus naturelle, se trouva conduit à placer les Édentés de Storr entre les Ruminants en avant, et les Chauves-Souris en arrière: du reste, il les partagea en trois ordres, dont le premier fut celui des Tardigrades, et les espèces de Paresseux en deux genres d'après le nombre des doigts, comme Klein l'avait déjà fait anciennement.

Oken, 1816. Les changements dans la position des Paresseux proposés par Illiger n'étaient pas heureux; aussi ne furent-ils pas adoptés, même par ses compatriotes. En effet, M. Oken, dans son Manuel de zoologie publié en 1816, leur assigna une autre place, et au lieu de les descendre et de les laisser auprès des Édentés, il les remonta plutôt dans la série en les mettant dans son premier (1) ordre, qu'il désigne par le nom de *Hander*, qui répond assez bien aux *Manati* de Storr; tandis que les Carnassiers, qui constituent l'ordre suivant, comprennent vers la fin les Édentés carnassiers, et les Makis séparés singulièrement des Singes par tout le groupe des Didelphes, sauf les Ornithorhynques. De plus, M. Oken, en revenant aux premiers errements de Linné touchant les Bradypes, les associa fâcheusement avec les Hyrax ou Damans, et avec le genre *Prochilus* d'Illiger, dont sans doute il prévoyait l'alliance réelle avec les Ours; et c'était vraisemblablement pour faire sentir ce rapprochement que l'Ours commence l'ordre des Carnassiers, et que les Bradypes sont dans la dernière famille des Primatès.

De Blainville, 1816. Depuis plusieurs années, estimant que Linné, dans beaucoup de points de zooclassie, avait été réellement beaucoup plus près de la méthode naturelle que la plupart des zoologistes qui en manifestaient la prétention, j'avais été conduit à proposer d'autres principes pour la disposi-

(1) Comme M. Oken suit l'ordre croissant, c'est le dernier qui contient l'Homme.

tion méthodique des Mammifères; aussi, dans mon prodrome d'une nouvelle zooclassie publiée en 1816, les Paresseux se trouvent séparés nettement des Édentés, et remontés dans le premier ordre des Mammifères, celui des Primatès ou Quadrumanes, et considérés comme des espèces anomales pour grimper.

Toutefois, comme les principes sur lesquels repose ma manière de voir en zooclassie, n'étant pas développés dans ce prodrome, mais seulement dans mes cours, ne pouvaient être saisis que par les zoologistes libres de toute idée préconçue, et qui cherchent le fond des questions, la méthode mammalogique de Storr, vulgarisée par les zoologistes français surtout, continua de dominer, et par conséquent la réunion dans le même ordre d'une méthode dite naturelle d'animaux herbivores et d'animaux carnassiers, et parmi ceux-ci d'animaux monodelphes et d'animaux didelphes.

Ainsi M. G. Cuvier, dans la première édition de son *Règne animal*, publiée en 1817, ne crut devoir accepter aucun changement à ce qu'il avait fait dans ses ouvrages précédents touchant les Paresseux d'après Storr; seulement il en fit une famille distincte à laquelle il rapporta le Megatherium et le Megalonyx. Aussi MM. Pander et d'Alton, qui publièrent alors leur grand travail sur le squelette de Madrid, en firent-ils définitivement une espèce de Bradype, sous le nom de *B. Giganteus*, et, pour faciliter la comparaison, ils publièrent de bonnes figures des squelettes de l'Aï et de l'Unau. G. Cuvier. 1817.

La plupart des ouvrages de zoologie qui ont paru depuis 1817, en France ou à l'étranger, sous forme de dictionnaires ou de traités, n'étant que des traductions ou des abrégés sans modifications un peu importantes de l'ouvrage d'Illiger, et surtout de celui de M. G. Cuvier, on ne doit pas s'attendre à y trouver aucun changement qui ait trait aux Bradypes; ainsi M. Goldfuss en fait son dixième ordre, compris, ainsi que les trois suivants formant les Édentés, entre les Rongeurs, qui, dans sa méthode, sont avant, et les Carnassiers, qui sont après, mais sans hésitation encore exprimée. Goldfuss. 1820.

C. Ranzani, 1820. M. l'abbé Ranzani, qui suivit encore plus rigoureusement la méthode de Storr arrangée par M. Desmarest, c'est-à-dire qui fit une famille des A. Latreille, 1821. Paresseux dans l'ordre des Édentés, comme M. Latreille dans ses *Familles naturelles du règne animal*, exposa au moins quelques observations sur ce que j'avais proposé. Toutefois M. G. Cuvier n'ayant pas cru devoir y avoir égard, et ayant exactement encore suivi M. Desmarest dans la seconde édition de son *Règne animal* sans aucun changement, les choses en restèrent, sous le rapport qui nous occupe, au point où Storr les avait laissées en 1780 ou cinquante ans auparavant, et les ouvrages élémentaires furent rédigés dans les mêmes voies.

Wagler, 1830. Enfin, en 1830, Wagler, dans un ouvrage fort remarquable sous beaucoup de rapports, est entré franchement dans la direction que nous avions proposée, que M. Oken avait également prise, et qui avait été d'abord celle de Linné; c'est-à-dire qu'il a nettement séparé les Bradypes des Édentés, laissant ceux-ci en deux ordres tout à la fin de la classe, et reportant au contraire ceux-là dans le premier ordre des Mammifères, Primatès ou Quadrumanes, les intercalant même aux Sapajous et aux petits Singes à griffes plus ou moins voisins des Ouistitis, ce que je n'avais osé faire.

Depuis la publication de l'ouvrage de Wagler, je ne connais encore de zoologistes qui aient accepté cette manière de voir que ceux Pouchet, 1832. qui ont bien voulu se considérer comme mes élèves: M. Pouchet, professeur d'histoire naturelle à Rouen, dans son *Traité de zoologie*, en Hollard, 1839. 1832, et M. le docteur Hollard, professeur particulier à Paris, dans ses *Éléments de zoologie*, publiés en 1839.

En effet, M. Isidore Geoffroy-Saint-Hilaire, dans son cours de mammalogie au Muséum d'Histoire naturelle, en 1835, continue à regarder les Paresseux comme formant la première famille des Édentés, placés, comme dans le système mammalogique de Desmarest, après les Rongeurs; et c'est ce qu'ont fait également MM. Temminck, Duvernoy et Charles Bonaparte.

Celui-ci, cependant, suivant une nouvelle révision de son *Essai de classification des animaux vertébrés* qui me parvient en ce moment, range l'ordre des *Bruta*, comprenant les Paresseux, entre les Ruminants et les Chauves-Souris.

Résumé historique.

En sorte que l'on peut donner comme résultat de cet aperçu historique sur les animaux du genre Bradype, considérés zoologiquement, connus dès les premiers temps de l'arrivée des Européens sur le continent de l'Amérique méridionale :

L'une des espèces au moins a été signalée pour la première fois par Oviedo, en 1547.

Elle a été décrite un peu scientifiquement, et même figurée passablement par l'Écluse, en 1605.

Désignée sous une dénomination systématique indiquant ses rapports supposés (*Arctopithecus*) par C. Gesner, en 1551.

Les deux espèces ont été indiquées nettement, et surtout passablement figurées par Seba, en 1734.

Elles ont été réunies dans un genre positivement nommé, défini et placé parmi les Primatès, par Linné, dès 1735.

Séparées en deux genres distincts par Klein en 1751, par suite de la considération rigoureuse du nombre des doigts.

Rapprochées des Édentés proprement dits, quoique dans un ordre distinct, par Brisson, en 1756, d'après la considération rigoureuse du système dentaire.

En 1765, discutées et décrites par Buffon et Daubenton, dans le XIIIe vol. de leur célèbre ouvrage, l'une d'après un individu vivant, l'autre d'après des exemplaires conservés dans l'alcool, complétement à l'extérieur et en partie à l'intérieur.

En 1780, elles ont été réunies par Storr, avec les Édentés véritables, dans un ordre commun placé à la fin des Mammifères onguiculés, avant les Pachydermes, sous le nom commun de *Mutici*, changé en *Edentati* en 1785, par Boddaërt.

En 1782, elles ont été considérées par M. Blumenbach comme devant former un ordre distinct sous une dénomination particulière (*Bradypoda*).

L'une ou l'autre de ces deux manières ont été alternativement acceptées et reprises par les zoologistes français, depuis Daubenton jusqu'à M. Desmarest, qui a donné le plus d'extension à l'ordre des Édentés.

En 1817, enfin, je propose d'en revenir aux premières idées de Gesner et de Linné, c'est-à-dire de séparer nettement les Bradypes des Édentés, et de les reporter dans l'ordre des Primatès, dont ils formeront les espèces anomales pour grimper.

Manière de voir à laquelle M. Oken avait été en partie conduit de son côté, et que Wagler a encore plus nettement acceptée, en intercalant les espèces de Paresseux distribuées en deux genres aux Sapajous et aux Ouistitis, mais qui n'a pas été suivie.

§ II. — Des principes de la distribution méthodique des Paresseux.

Nous avons vu plus haut comment les animaux de cette famille, après avoir été au premier aperçu considérés comme ayant une certaine ressemblance avec les Singes ou Primatès, au point qu'on les a placés avec eux, en ont été ensuite considérablement éloignés pendant près de cent ans, et comment enfin nous avons proposé d'en revenir à la première manière de voir, ce qui a été également admis par MM. Oken et Wagler; c'est le lieu dans cet article de discuter la partie de leur histoire qui a trait à leur classification, et, par conséquent, à leur position dans la série; le seul point réellement difficile dans leur histoire, et pour la résolution duquel nous aurons besoin de mettre en usage quelques faits de leur organisation.

Si, comme on le fait trop souvent dans ces sortes de questions, on se bornait à envisager le système digital et le système dentaire, il semblerait assez facile d'arriver à une détermination; mais il est bien admis aujourd'hui, en mammalogie, que la considération de ces deux systèmes, poussée avec trop de rigueur, conduit à des rapprochements peu naturels, comme nous aurons plusieurs fois sans doute l'occasion de le montrer.

Sont-ce des Édentés ou des Primatès?

Voyons donc à peser les raisons pour ou contre l'une ou l'autre opinion ; ce sont des Édentés ou ce sont des Primatès.

Les zoologistes fauteurs de la première opinion ne me paraissent jamais l'avoir appuyée autrement que par le fait du système mammalogique qu'ils avaient adopté ; et quoique les doigts de ces animaux soient terminés par des ongles qui enveloppent certainement fortement toute la phalange onguéale, c'étaient cependant des Mammifères onguiculés; et comme ils ne leur reconnaissaient que deux sortes de dents, et que l'on avait construit le système mammalogique sur la considération des dents incisives et qu'ils en manquent, on voit comment, après avoir mis les Rongeurs, qui en ont le moins, parmi les Onguiculés, qui en sont pourvus, à la fin de la division, on semblait passer naturellement à ceux qui n'ont plus d'incisives, mais bien les deux autres sortes de dents, comme les Paresseux, pour terminer par les Édentés, qui n'ont plus, disait-on, que des molaires, et dont les dernières espèces même en sont entièrement dépourvues.

Ce sont des Primatès.

Ce sont des Primatès ou des animaux très-voisins et profondément modifiés pour une particularité de séjour, ce qui revient au même.

A l'extérieur :

A l'extérieur.

Par la forme générale du tronc, presque sans queue, large et déprimé, plutôt que comprimé à la poitrine; par la forme de la tête ronde, à face plate ou à museau fort court, à narines sans mufle ; par la longueur et la mobilité du cou ; par la largeur du bassin; par la disproportion des deux paires de membres, les antérieurs bien plus longs que les postérieurs; ce qui est le contraire dans tous les quadrupèdes, si ce n'est chez les Orangs-Outangs et les Atèles; par la nudité complète de la paume et de la plante, et une sorte de préhension palmaire et plantaire; par le séjour constant dans les arbres, la nourriture encore plus exclusivement végétale, et la manière dont elle est portée à la bouche; par l'existence d'une seule paire de mamelles sur la poitrine.

A l'intérieur :

A l'intérieur.

Par l'état complet de l'avant-bras; la rotondité de la tête du radius; la grande étendue du carré pronateur, indiquant par conséquent un degré élevé de pronation et de supination; la mobilité du carpe sur l'avant-bras.

Par l'état également complet de la jambe dans ses deux os; la force du muscle poplité; la grande mobilité du tarse sur les os de la jambe.

Par la forme de l'utérus complétement indivis, l'unité du produit de la génération et l'état très-avancé sous lequel il se produit à la lumière.

Quant à la singularité du système vasculaire du Paresseux, comme elle existe aussi bien chez les Fourmiliers Didactyles que chez les Loris et les Galagos, on ne peut véritablement en tirer aucun argument en faveur du rapprochement des Paresseux, soit avec les Primatès, soit avec les Édentés.

On en peut dire à peu près autant de la manière dont le petit s'accroche et se cramponne à la mère, quoiqu'ici ce soit un peu plus comme dans les Loris, à cause de l'absence de queue.

Ce ne sont pas des Primatès.

Ce ne sont pas des Primatès.

A l'extérieur :

A l'extérieur.

Par la position latérale et la petitesse des yeux; par le peu de développement des oreilles externes; par le système dentaire, qui n'a rien de celui des Singes, ni même de celui des Makis, et qui, étant déjà plus ou moins incomplet, indique ce qui a lieu chez tous les Édentés, où il le devient au point de disparaître complétement.

A l'intérieur :

A l'intérieur.

Par la position terminale des orifices nasal et vertébral; par l'état très-incomplet du cadre de l'orbite dont la fosse ne fait qu'une avec la fosse temporale; par la grandeur de l'espace interorbitaire; par l'étendue de la lame criblée de l'ethmoïde, la grandeur des os du nez, l'extrême petitesse de l'os incisif; par la position faciale du lacrymal, la forme de l'arcade zygomatique, la grande saillie de l'apophyse angulaire de la mandibule; par le grand nombre de vertèbres dorsales, de sternèbres et de côtes, et la forme élargie de celles-ci; l'existence d'un manubrium bien prononcé, dans une espèce du moins; la petitesse des clavicules, l'absence de l'os intermédiaire du carpe, la proportion et la forme des os du métacarpe et des doigts.

La considération des membres postérieurs en totalité dans chacune de leurs parties conduit à la même conclusion et d'une manière encore plus évidente, surtout par l'absence du pouce existant dans tous les Primatès, et qui, à une seule exception près, est constamment opposable aux autres doigts, et par la brièveté du métatarse et la forme des phalanges onguéales.

Ce sont des Édentés voisins des Fourmiliers qui, comme quelques-uns de ceux-ci, grimpent dans les arbres pour y chercher leur nourriture, aussi bien qu'un abri. Ce sont des Édentés.

A l'extérieur :

Par la disposition des doigts et des ongles devenus des espèces de crochets, ainsi que par la grossièreté et l'abondance du pelage ; par le mode de préhension de la main en totalité contre le poignet encore plus en arrière qu'en avant. A l'extérieur.

A l'intérieur :

Par la forme élargie et même un peu courbée du corps des vertèbres céphaliques ; par la séparation longtemps distincte des os frontaux, la petitesse des deux paires d'os palatins et des incisifs; par la longueur de la courbure presque unique de la colonne vertébrale, le petit nombre des vertèbres lombaires, au contraire de celui des vertèbres sacrées. A l'intérieur.

Par l'étroitesse des sternèbres et la solidité osseuse de leurs parties costales, ainsi que par la forme élargie des côtes vertébrales.

Aux membres antérieurs, par la faiblesse de la clavicule, un peu même par la forme arrondie de l'omoplate et par la disproportion des quatre sortes d'os des doigts.

Aux membres postérieurs, par la manière large dont la ceinture s'articule supérieurement avec le sacrum par l'iléon et l'iskion, et au contraire de la symphyse pubienne nulle ou presque nulle ; la forme comprimée et élargie du fémur à son extrémité supérieure ; la forme du premier cunéiforme, ainsi que la proportion des os du métatarse et des doigts.

Enfin il est évident que le système dentaire des Paresseux, considéré sous les rapports de la structure, de la disposition et de la forme des dents et de leurs alvéoles, indique plus de rapprochement avec les Édentés qu'avec les Primatès. En effet, ce système dentaire, comme chez les premiers, n'offre presque aucune différence entre le second âge et l'âge adulte, ce qui me semble être un caractère de tous les Édentés terrestres ou aquatiques, et ce qui paraît au contraire n'avoir jamais lieu dans les Primatès, même chez les Galéopithèques, où les deux séries de dents se ressemblent davantage, comme on a pu le voir dans l'Odontographie de ce genre d'animaux.

Conclusions.

En sorte qu'en faisant, pour ainsi dire, la proportion des différences et des ressemblances en elles-mêmes et dans le degré de leur importance, qui se présentent entre les Bradypes, les Primatès et les Édentés, et surtout avec les Fourmiliers, on se voit forcé de conclure que, s'ils ne peuvent être confondus dans la même famille avec ceux-ci, à cause surtout de la grande différence dans la nourriture, et par suite dans les organes de la digestion, ce qui serait contraire à tout principe de méthode naturelle, on

Ce ne sont pas des Primatès.

est forcé de convenir qu'ils ne peuvent non plus être rapprochés des Primatès, sans rompre un plus grand nombre de rapports naturels. En effet, soit qu'on les intercale parmi les Sapajous, comme le propose M. Wagler, soit qu'on les mette à la fin de l'ordre passant aux Ours, qui commenceraient l'ordre suivant, comme l'a fait M. Oken, soit même qu'on les considère comme une anomalie exagérant la disposition nécessaire pour vivre constamment dans les arbres et y chercher leur nourriture, comme je l'avais fait, sans avoir encore, je l'avoue, suffisamment approfondi la question; il est évident que non-seulement on rompt la série qui lie si bien les Primatès aux Secondatès, ou les trois familles qui constituent

Mais plutôt des Édentés.

le premier ordre. Et comme il serait peut-être aussi difficile, même en intercalant les Bradypes aux Tatous et aux Fourmiliers, de les placer dans la série des Carnassiers considérés en bloc, il sera peut-être plus convenable de retirer du nombre de ceux-ci tous les Édentés terrestres et aquatiques, en les considérant comme un degré particulier de formation mammalogique, moins élevé que les autres Monodelphes, et cependant moins ovipare que les Didelphes; alors on pourrait trouver dans ce groupe des espèces herbivores, des espèces carnivores dans les deux sections; et des espèces arboricoles, des espèces terricoles et des espèces aquicoles, comme cela a lieu dans les autres groupes.

Peut-être alors verra-t-on, dans l'étendue de l'articulation supérieure de la ceinture osseuse postérieure, comme dans la faiblesse de l'inférieure qui se remarque dans toutes les espèces, quoique les conditions d'existence ne semblent pas le demander dans toutes, quelque chose qui rappelle un peu ce qui a lieu dans les oiseaux. N'en pourra-t-il pas être de même du nombre plus grand de vertèbres cervicales, de vertèbres sacrées, au contraire de celui des coccygiennes, de l'état incomplet du système dentaire, etc.? Et alors le très-grand rapprochement des orifices d'excrétion pourra aussi être considéré comme indiquant un passage vers le cloaque caractéristique des animaux ovipares. Au reste, nous reviendrons sur ce sujet lorsque nous serons arrivés à l'Ostéographie des Édentés.

Une fois la position des Bradypes dans la série déterminée, la disposition du petit nombre des espèces est facile, puisqu'il suffit de remarquer que les unes sont bien moins anomales que les autres pour déterminer leur ordre et les principes de distinction des espèces.

§ III. — Distribution géographique actuelle des espèces de ce genre.

Cet article, dont le sujet est si intéressant, si nécessaire pour la résolution de grandes questions géologiques, sera fort peu étendu; non-seulement parce que le nombre des espèces de ce genre est très-peu considérable, mais aussi parce qu'elles sont limitées à l'Amérique du Sud, et même sur le versant oriental des Cordillières jusqu'à la mer Océane.

On trouve bien quelquefois le nom de Paresseux appliqué à des animaux de l'archipel Indien ou de la côte occidentale d'Afrique, mais à tort et pour désigner des Mammifères qui sont, en effet, également remarquables par la lenteur de leurs mouvements, mais qui, zoologiquement parlant, n'en ont certainement pas les caractères ni dans le système digital ni dans le système dentaire. Ce sont des Lemuriens.

Limitées à un versant oriental de l'Amérique méridionale.

Les véritables Bradypes sont exclusivement limités au nouveau continent, à sa partie méridionale, et à son versant oriental, depuis la baie de Honduras au nord jusqu'à Rio-Janeiro au sud.

Aucun voyageur, aucun naturaliste, n'a en effet parlé de Paresseux au Pérou, ni dans aucun des deux versants du Mexique, et sur le versant à l'océan Atlantique, au delà de la baie de Honduras; et d'Azzara, qui a décrit avec tant d'exactitude les quadrupèdes du Paraguay, n'a fait aucune mention de Bradypes dans cette grande étendue de pays. Il paraît même que la contrée où ils se trouvent en plus grande abondance, le centre de leur séjour, est dans les vastes forêts qui bordent l'Orénoque, le grand fleuve des Amazones et leurs nombreux affluents.

§ IV. — De l'ancienneté des traces laissées par les Paresseux à la surface de la terre.

Aucunes traces avant le XVe siècle.

En faisant l'histoire du point de vue sous lequel les zoologistes ont envisagé les Paresseux depuis qu'il en est fait mention dans la science, nous avons montré que l'on ne pouvait espérer de trouver des traces de leur existence dans quelques œuvres littéraires ou artistiques de l'industrie humaine, avant la découverte du Nouveau-Monde, ou vers la fin du quinzième siècle. On doit en effet d'autant moins l'espérer, que les parties de l'Amérique qu'ils habitent sont justement celles qui étaient en dehors des deux grands empires que les Européens trouvèrent établis lorsqu'ils firent irruption dans le Nouveau-Monde, savoir le Pérou et le Mexique.

Dans les œuvres de l'Homme.

Aucuns restes fossiles.

Nous aurions donc à examiner de suite les restes fossiles qu'ils ont pu laisser dans le sein de la terre, si en effet il en avait été découvert jusqu'ici; mais c'est ce qui ne nous semble pas encore avoir eu lieu.

Quelques personnes, exagérant encore l'opinion que M. G. Cuvier avait émise touchant les rapports naturels du grand squelette fossile de Madrid, qu'il a désigné sous le nom de *Megatherium*, avec les Paresseux, l'ont en effet décrit et figuré comme ayant appartenu à une espèce de ce genre; mais c'était évidemment à tort, puisqu'il n'en offre aucun caractère, ni dans le système digital, ni dans le système dentaire, et qu'il a en effet été reconnu que c'était bien plutôt une espèce de Tatou, comme nous le verrons dans notre fascicule sur ce genre d'animaux.

Au nombre des ossements si nombreux et si intéressants découverts par tombereaux, dans les cavernes du Brésil, par M. Lund, et dont une notice a été communiquée à l'Académie des sciences dernièrement, nous trouvons bien indiqués par lui un certain nombre de fragments comme provenant d'espèces intermédiaires aux Mégathériums et aux Bradypes, mais sans qu'il soit dit sur quoi repose cette assertion ; et d'ailleurs, en la regardant comme hors de doute, ce ne seraient pas de véritables Paresseux. Ce que je puis assurer, c'est que dans les ossements provenus de ces cavernes, et qui sont parvenus au Muséum par l'entremise de M. Guillemin, l'un de ses aides-naturalistes, alors au Brésil, il n'y en a aucun que l'on puisse rapporter à un véritable Bradype.

Ainsi nous admettons, sauf à en donner la preuve plus tard, lorsque nous traiterons de l'Ostéographie des Édentés, et, par suite, de celle du Mégathérium, qu'il n'a point encore été trouvé de traces de Paresseux véritables à l'état fossile, même dans les parties méridionales du nouveau continent, quoiqu'il soit fort possible qu'il en existe, et même d'espèces actuellement vivantes dans ce pays.

EXPLICATION DES PLANCHES.

PL. I. — Le P. UNAU (*B. didactylus*, L.). Réduit de moitié.

D'après le squelette d'un individu adulte, de sexe inconnu, provenant de l'ancienne collection, en fort bon état et très-complet, auquel je n'ai eu qu'à faire changer la position, afin que le plus grand nombre des parties fussent visibles dans la projection adoptée : position qui du reste est sans doute peu naturelle.

PL. II. — Le P. AÏ *du Brésil* (*B. tridactylus*, L.). Réduit aux trois cinquièmes

D'après un squelette rapporté par MM. Quoy et Gaimard, de Rio-Janeiro, en 1818 ; adulte, mais de sexe non indiqué, de l'ancienne collection, bien complet, et dont je n'ai fait que changer un peu la position des membres, dans le même but que pour le précédent.

A ce sujet, je dois faire remarquer que la figure donnée par M. G. Cuvier du P. Aï de Cayenne, rapportée par M. Claude Richard, représente les membres antérieurs renversés, c'est-à-dire celui de droite à gauche, et *vice versâ* ; quoique aujourd'hui ce squelette, tel que nous le possédons, soit normalement articulé. Aussi, dans la figure de la main à part et de grandeur naturelle, donnée par M. Cuvier, les choses sont rétablies convenablement.

Une autre observation plus importante, c'est que, dans la même figure donnée par M. Cuvier, on n'a réellement représenté que huit vertèbres cervicales au lieu de neuf; mais comme il y a au contraire dix-sept vertèbres costifères au lieu de seize existantes, on voit que l'erreur ne porte que sur ce que le dessinateur a mis une côte à la neuvième vertèbre cervicale qui ne devait pas en avoir.

Quant à la position que j'ai cru devoir donner au squelette en totalité, je dois avertir qu'elle est entièrement artificielle; aussi bien, au reste, que celle qui a été adoptée par M. G. Cuvier. En effet, pour le mettre dans une position naturelle, il aurait fallu supposer l'animal dans les arbres qu'il ne quitte jamais, cramponné aux branches par trois, au moins, de ses extrémités, les doigts fortement fermés, ce qui aurait dissimulé une partie importante des os. En effet, à terre, situation tout à fait insolite pour cet animal, l'Aï, ainsi que me l'a rapporté M. le docteur Foville, qui en a observé un individu vivant pendant quelque temps, est appliqué contre le sol comme un crapaud, les membres étalés à droite et à gauche à la manière des Geckos, avec les doigts des mains et des pieds entièrement fermés contre le poignet en avant et le talon en arrière. Il ne marche donc nullement ni sur le dos, ni sur le côté des ongles; pas plus, il est vrai, que sur la paume et la plante des mains et des pieds. En preuve, c'est que dans l'état de conservation dans l'alcool les jambes ne jouent nullement comme un pivot dans sa crapaudine, mais bien, et seulement, dans le sens d'une flexion et d'une extension obliques, et cela très-facilement, surtout aux membres antérieurs; les doigts étant plus d'à moitié fermés et ne se laissant jamais ouvrir complétement.

PL. III. — TÊTES et SYSTÈME DENTAIRE.

1° DE L'UNAU (*B. tridactylus*, Lin.).

De grandeur naturelle, de profil et en dessous, avec la mâchoire inférieure, les osselets de l'ouïe, les dents à part, et les alvéoles sur un côté des deux mâchoires.

D'après une tête bien complète, adulte, de l'ancienne collection, sans sexe désigné; et une d'individu fort jeune sans sexe ni patrie indiqués.

2° De l'AÏ ORDINAIRE (*B. tridactylus*, Lin.).

De grandeur naturelle, de profil et en dessous, avec la mâchoire inférieure, montrant les dents et les alvéoles d'un côté seulement.

D'après un crâne préparé et retiré sous mes yeux d'un individu femelle de la Guyane, envoyé par M. Garnot, et pourvu de neuf vertèbres cervicales.

3° De l'AÏ DU BRÉSIL (*B. tridactylus Brasiliensis*).

De grandeur naturelle et de profil; le crâne au trait, avec l'apophyse zygomatique récurrente coupée, afin de montrer mieux l'agencement du système dentaire.

D'après le sujet du squelette de la Pl. II.

4° DU P. AÏ A COLLIER (*B. torquatus*, Illig.).

De grandeur naturelle et de profil.

D'après une tête osseuse assez jeune, malheureusement tronquée à l'occiput, de l'ancienne collection et retirée d'une peau bourrée, rapportée du Brésil par Delalande, voyageur du Muséum.

PL. IV. — PARTIES CARACTÉRISTIQUES DU TRONC.

De grandeur naturelle.

D'après des pièces pour la plupart préparées sous mes yeux.

Vertèbres.

a. Cervicales de l'Unau.
de l'Aï du Brésil à huit vertèbres cervicales, envoyé par M. D'Orbigny.
de l'Aï de la Guyane, apporté par M. C. Richard.

b. Dorsales.

Première. { De l'Unau. / De l'Aï du Brésil, *id.*

Dernière. { De l'Unau. / De l'Aï du Brésil, *id.*

c. Lombaires.

Dernière mobile. { De l'Unau. / De l'Aï du Brésil, *id.*

d. Sacrées. { De l'Unau. / De l'Aï du Brésil, *id.*

e. Coccygiennes. { De l'Unau. / De l'Aï du Brésil, *id.*

Sternèbres.

Hyoïde et ses cornes. De grandeur naturelle en dessous et de profil.
De l'Unau.
De l'Aï de Cayenne, à neuf vertèbres cervicales, de M. Richard.
De l'Aï du Brésil à huit vertèbres cervicales, rapporté par MM. Quoy et Gaimard ?
D'un Aï assez jeune du Brésil à neuf vertèbres cervicales, rapporté par Delalande, et malgré cela probablement de la même espèce que celui de MM. Quoy et Gaimard, tant les crânes et les mâchoires se ressemblent.

Sternum et ses cornes. De grandeur naturelle en dessous, de l'Unau.
De l'Aï du Brésil à huit vertèbres cervicales, rapporté par M. A. D'Orbigny.

PL. V. — PARTIES CARACTÉRISTIQUES DES MEMBRES.

De l'Unau (*B. didactylus*, Lin.). De grandeur naturelle.

D'après les pièces du squelette représenté dans la Pl. II, figurées ici de grandeur naturelle dans les projections antérieure et latérale interne.

PL. VI. — PARTIES CARACTÉRISTIQUES DES MEMBRES.

De l'Aï (*B. tridactylus*). De grandeur naturelle.

D'après le squelette non monté, mais complet et bien adulte, envoyé de l'Amérique méridionale par M. A. D'Orbigny, et qui est pourvu de huit vertèbres cervicales seulement; et comme la clavicule de ce squelette était incomplète par accident ou naturellement, nous avons fait représenter celle de l'Aï de Cayenne à neuf vertèbres cervicales, rapporté par M. C. Richard.

OSTÉOGRAPHIE.

AVIS AUX SOUSCRIPTEURS.

Les planches que nous publions ont été composées et dessinées sous les yeux et aux frais de M. de Blainville, dont la mort irréparable a laissé inachevé le texte qui devait les accompagner. Nous regrettons beaucoup de ne pouvoir le publier; mais comme il offre des lacunes assez importantes, par respect pour la mémoire de l'auteur de ce magnifique ouvrage, auquel il avait consacré une partie de sa vie et de sa fortune, nous nous sommes déterminé à ne donner qu'une courte explication des planches.

Septembre 1855.

PARIS. — IMPRIMÉ PAR E. THUNOT ET Ce, 26, RUE RACINE.

OSTÉOGRAPHIE

OU

DESCRIPTION ICONOGRAPHIQUE

COMPARÉE

DU SQUELETTE ET DU SYSTÈME DENTAIRE

DES CINQ CLASSES D'ANIMAUX VERTÉBRÉS

RÉCENTS ET FOSSILES

POUR SERVIR DE BASE A LA ZOOLOGIE ET A LA GÉOLOGIE

PAR

PAR H. M. DUCROTAY DE BLAINVILLE

MEMBRE DE L'INSTITUT (ACADÉMIE DES SCIENCES)

PROFESSEUR D'ANATOMIE COMPARÉE AU MUSÉUM D'HISTOIRE NATURELLE, ETC.

PUBLICATION POSTHUME.

EXPLICATION DES PLANCHES SUIVANTES.

PILIFÈRES..... Genres GORILLA, SMILODON, SCIURUS, ARCTOMYS, CASTOR, CAPROMYS, MYOPOTAMUS, HYSTRIX, CAVIA, EQUUS, CAMELOPARDALIS, MYRMECOPHAGA, MACROTHERIUM, MEGATHERIUM, GLYPTODON, TOXODON, ELASMOTHERIUM, MACRAUCHENIA et groupes qui s'y rattachent.

SQUAMMIFÈRES. Genre CROCODILUS et groupes génériques voisins.

OSTÉOZOAIRES. Signification des os du Crâne dans les diverses classes de ce type.

PARIS.

ARTHUS BERTRAND,

LIBRAIRE DE LA SOCIÉTÉ DE GÉOGRAPHIE DE PARIS ET DE LA SOCIÉTÉ ROYALE DES ANTIQUAIRES DU NORD,

RUE HAUTEFEUILLE, 21.

PRIMATES.

EXPLICATION DES PLANCHES.

GORILLA.

PLANCHE I. — (*Pithecus*, Pl. I *bis*.) — SQUELETTE du GORILLE DE SAVAGE ♀ adulte. *Gorilla Gina*, Is. Geoffroy Saint-Hilaire.

Figuré à la réduction de un quart de la grandeur naturelle.

Ce squelette, le premier qui ait été vu en France, a été rapporté du Gabon et offert au Muséum d'histoire naturelle, en 1849, par M. Gauthier-Laboulaye, officier de la marine de l'État.

Squelette : représenté par la face antérieure et de profil.

A côté :

Les *sept vertèbres cervicales :* par la face antérieure.
Facettes articulaires supérieures du *radius*.

En bas de la planche et de grandeur naturelle :

Une *phalange onguéale* du pouce du pied : par la face antérieure.
Le *trapèze* en dessus, et, comparativement, celui de l'homme.
Le *scaphoïde*, et, comparativement, le même os chez l'homme, de profil.
Os du tarse de l'homme, figurés en avant, en regard avec les mêmes os dans le *Gorilla*.

— Quelques parties d'un jeune *Gorille* ou d'un jeune *Chimpanzée* d'espèce particulière.

Communiqué à M. de Blainville par M. Lennié, et appartenant au Muséum d'histoire naturelle du Havre.

A la réduction de 1/4 :

Le *bassin :* par la face postérieure.
Un *doigt de la main* et un *doigt du pied :* par la face antérieure.

De grandeur naturelle :

Les *ongles de la main* et *du pied :* par la face antérieure, et avec l'indication de la peau.

Nota. Par suite d'erreurs typographiques, cette planche et la suivante portent à tort le nom de *Pithecus Gesilla*, au lieu de *Pithecus Gorilla.*

PLANCHE II. — (*Pithecus*, Pl. V *bis*.) — TÊTES de GORILLE DE SAVAGE. *Gorilla Gina*, Is. Geoffroy Saint-Hilaire.

Figuré à la réduction de moitié de grandeur naturelle.

§ 1. *Crâne* d'un *Gorille* mâle adulte, provenant du Gabon, et donné par M. Gauthier-Laboulaye en 1849. — Une partie de la face occipitale et l'une des arcades zygomatiques mutilées dans ce crâne, ont été restaurées, dans les figures, d'après la tête du squelette de femelle qui a servi de modèle pour la planche précédente.

Tête : représentée de profil, en dessus, en dessous et par la face postérieure.
Mandibule : de profil et en dessus pour montrer les couronnes des molaires.

§ 2. *Crâne* d'un *Gorille* femelle très-adulte, provenant du Gabon, et donné également par M. Gauthier-Laboulaye en 1849. — Ce crâne, assez incomplet, a dû être roulé par les eaux avant d'être recueilli.

Tête : en dessus; la calotte céphalique coupée pour montrer l'intérieur du crâne.

A côté :

L'intérieur de la table osseuse de la tête.

§ 3. *Crâne* d'un jeune *Gorille*, ou plutôt d'un jeune *Chimpanzée* d'espèce non déterminée.

Cette tête n'appartient pas à la collection du Muséum ; elle a été communiquée à M. de Blainville, probablement par M. Lennié, conservateur au Musée d'histoire naturelle du Havre.

Tête : de profil et par sa face antérieure.

A côté :

Un trait représentant le *trou occipital*.

— *Dernières molaires supérieures* et *inférieures* de *Gorille*, *Orang-outang* et *Chimpanzée*.

A. Gorille. *Gorilla gina*.

a. Adulte.

Dernière molaire supérieure : par la couronne.
Dernière molaire inférieure : par la couronne.

b. Junior (*Gorilla?* an *Troglodytes?*).

Dernière molaire supérieure : de profil.
Dernière molaire inférieure : de profil.

B. Chimpanzée. *Pithecus troglodytes*.

a. Adulte.

Dernière molaire supérieure : par la couronne.
Dernière molaire inférieure : par la couronne.

b. Jeune.

Dernière molaire supérieure : par la couronne.
Dernière molaire inférieure : par la couronne.

C. Orang-outang. *Pithecus satyrus*.

a. Adulte.

Dernière molaire supérieure : par la couronne.
Dernière molaire inférieure : par la couronne.

b. Jeune.

Dernière molaire supérieure : par la couronne.
Dernière molaire inférieure : par la couronne.

— Os de l'oreille du Chimpanzée.

Ces osselets en place, et une fois et demie plus gros que nature.

Observations. Ces deux planches ont été jointes à un fascicule de l'*Ostéographie* paru en 1849; M. de Blainville a, en conséquence, publié le premier en France les figures du squelette et de la tête du *Gorille*, quoiqu'elles n'aient pas été citées dans un travail récemment publié.

CARNASSIERS.

EXPLICATION DE LA PLANCHE.

SMILODON.

PLANCHE UNIQUE (*Felis*, Pl. XX.) — FELIS SMILODON, Lund.

Magnifique tête provenant des cavernes du Brésil, achetée à M. Claussen par l'Académie des sciences de France, et offerte au Muséum d'histoire naturelle en 1848.

Figurée de grandeur naturelle.

Tête : représentée de profil (l'occipital complété au trait avec celui d'une tête de grand *Felis* actuellement vivant).

Les *molaires supérieures* : par la couronne.
Les *incisives* et l'énorme *canine* : par la face externe.
Les *incisives inférieures* : en dedans, pour montrer la plus grande partie de leur couronne.
Les *molaires inférieures* : par la couronne.

Nota. Cette figure du *Felis smilodon* a été placée par M. de Blainville dans l'un des derniers fascicules de l'*Ostéographie*. Aucune description complète de cette superbe tête n'a été donnée. M. E. Desmarest en a seulement dit quelques mots dans le tome III des *Mammifères de l'Encyclopédie d'histoire naturelle* de M. le docteur Chenu, publié en 1853; il a cru devoir en faire le type d'un genre particulier sous la dénomination de *Smilodon*. Si cette manière de voir était adoptée, le nom spécifique de ce beau fossile devrait être changé, et M. E. Desmarest propose de lui assigner celui de *Smilodon Blainvillii*.

RONGEURS.

EXPLICATION DES PLANCHES.

SCIURUS.

PLANCHE I. — SQUELETTE de l'ANOMALURE. *Anomalurus Pellii.*

Réduit à moitié de la grandeur naturelle.

D'après un individu acquis par le Muséum d'histoire naturelle en 1849, et dont la peau est montée à la galerie de Zoologie.

Squelette représenté de profil.

A part :

Les *premières vertèbres dorsales*, les *premières côtes* et une partie du *sternum*, qui, dans la figure du squelette, sont cachés par l'omoplate.

Quelques *vertèbres caudales* plus fortement grossies, et représentées de profil.

— TÊTE de l'ÉCUREUIL TRÈS-GRAND. *Sciurus maximus* ♂, Gmelin.

Représentée de grandeur naturelle.

D'après un individu envoyé de Sumatra, en 1822, par M. Duvancel.

Tête : vue de profil, en dessus, en dessous pour montrer les couronnes des molaires, et par ses faces antérieure et postérieure.

Mandibule entière : figurée en dessus pour faire voir les couronnes des molaires, et par sa face externe.

— SQUELETTE et PARTIES CARACTÉRISTIQUES de la tête, du tronc et des membres de l'ÉCUREUIL COMMUN. *Sciurus vulgaris*, Linné.

Squelette d'après un individu ♂ tué dans la forêt de Compiègne par M. le docteur Chenu, monté en 1850, et donné au Muséum par M. le docteur Emmanuel Rousseau.

Dessiné à la réduction des 3/4 de la grandeur naturelle.

A côté du squelette : l'*astragale* en dessus et en dessous, de grandeur naturelle.

Parties caractéristiques de grandeur naturelle, d'après un individu conservé à la Galerie d'Anatomie comparée, sans renseignement.

Tête : en dessus et de profil, avec la *mandibule* également dessinée de profil.
Sternum par la face postérieure, avec les deux clavicules : figurées en arrière.
Humérus : par la face postérieure et de profil.
Radius : par la face antérieure.
Cubitus : par la face antérieure.
Les *os de la main* en connexion : vus par la face dorsale.
Fémur : par la face antérieure et de profil.
Tibia : par la face antérieure.
Péronée : par la face interne.
Les *os du pied* en connexion : vus en dessus.
Rotule : représentée par les faces externe et interne.

PLANCHE II. — TÊTE de l'ÉCUREUIL ÉRYTHROPE. *Sciurus erythropus*, Gmelin. (Sous-genre ÉCUREUIL.)

Dessinée de grandeur naturelle.

D'après un crâne rapporté du Sennaar, en 1834, par M. Paul-Émile Botta.

Tête : représentée de profil et en dessus.
Mandibule : de profil.

PLANCHE II (*suite*). — TÊTE de l'ÉCUREUIL DE LA GUYANE. *Sciurus æstuans*, Gmelin. (Sous-genre GUERLINGDET. *Macroxus.*)

Dessinée de grandeur naturelle.

D'après un crâne provenant du Brésil, et acquis à MM. Verreaux, en 1842.

Tête : représentée de profil et en dessus.
Mandibule : de profil.

— TÊTE de l'ÉCUREUIL DE LA BAIE D'HUDSON. *Sciurus Hudsonius*, Forster. (Sous-genre TAMIA.)

Dessinée de grandeur naturelle.

D'après un crâne provenant de l'Amérique septentrionale, et donné par M. Richardson.

Tête : représentée de profil et en dessus.
Mandibule : de profil.

— TÊTE de POLATOUCHE. *Sciurus volucella*, Pallas. (Sous-genre POLATOUCHE.)

Dessinée de grandeur naturelle.

D'après un individu provenant de la Louisiane, en 1825, et donné par M. Teinturier-Descessarts.

Tête : représentée de profil et en dessus.
Mandibule : de profil.

— SQUELETTE de TAGUAN. *Sciurus petaurista*, Pallas. (Sous-genre PTEROMYS.)

Dessiné de moitié de grandeur naturelle.

Squelette : figuré de profil.

D'après un individu provenant des îles de l'Archipel des Indes, acquis par échange, en 1835, avec la Faculté des sciences de Paris.

— SQUELETTE et TÊTE de LOIR. *Myoxus glis*, Linné.

Squelette dessiné aux 3/4 de la grandeur naturelle : de profil.

D'après un individu pris à Turin, et donnée à G. Cuvier.

Tête figurée de grandeur naturelle : représentée de profil et en dessus.
Mandibule : de profil.

D'après un individu envoyé vivant de Perpignan par M. Compang, et dont la peau est montée à la Galerie de Zoologie.

— SQUELETTE et TÊTE de LEROT. *Myoxus nitela*, Gmelin.

Squelette : dessiné aux 3/4 de la grandeur naturelle et de profil.

D'après un individu provenant des environs de Paris.

Tête dessinée de grandeur naturelle : représentée de profil et en dessus.
Mandibule : de profil.

— TÊTE de GRAPHIURE. *Graphiurus Capensis*, Fr. Cuvier.

D'après un individu envoyé du cap de Bonne-Espérance par Delalande, et dont le crâne est déjà figuré par Fr. Cuvier dans le tome I des *Annales des Sciences naturelles*, 1re série.

Tête : représentée de profil et en dessus.
Mandibule : de profil.

EXPLICATION DE LA PLANCHE.

ARCTOMYS.

PLANCHE UNIQUE. — SQUELETTE, TÊTES et PARTIES CARACTÉRISTIQUES DU TRONC ET DES MEMBRES des espèces vivantes et fossiles du genre *Arctomys*.

Figuré à la réduction de moitié de la grandeur naturelle.

§ 1. *Arctomys marmotta* (*Marmotte*).

A. SQUELETTE sans indication de sexe ni de patrie : de profil.

Et, au-dessus, les *premières vertèbres dorsales*, les *premières côtes*, ainsi qu'une partie du *sternum*, cachés dans la figure du squelette.

B. TÊTES.

Tête du même squelette : par la face postérieure, en dessus et en dessous, pour montrer les couronnes des dents.
Mandibule : en dessus, pour montrer les couronnes des dents.
Os de l'oreille : en place et de grandeur naturelle.

§ 2. *Arctomys primigenia.*

D'Allemagne. Copié d'après les Fig. 1 et 2, Pl. XXV, de la *Description des ossements fossiles qui se trouvent au Muséum de Darmstadt*, 1832, par M. Kaup.

Tête : En dessus et de profil.
Mandibule : de profil.

§ 3. *Arctomys d'Eppelsheim.*

Tête (portion postérieure de) : en dessus.

Figuré de grandeur naturelle.

§ 4. *Arctomys de Buschweiler.*

Tête (débris de) : de profil interne et par la couronne des molaires.

§ 5. *Arctomys citillus* (*Spermophile vivant*).

D'après un crâne de *Spermophile* envoyé au Muséum, en 1823, avec diverses autres parties du squelette.

Tête : de profil, et en dessus, pour montrer les couronnes des dents.
Mandibule : de profil et en dessus.

§ 6. *Arctomys citillus fossilis.*

A. D'Allemagne. Copié d'après la Pl. XXV, Fig. 5, de l'ouvrage déjà cité de M. Kaup.

Tête et *Mandibule :* de profil.

B. Des environs de Montmorency. D'après des pièces en nature données au Muséum par M. Desnoyers.

Tête : de profil et en dessous.
Mandibule : de profil et en dessus.

§ 7. *Arctomys superciliosus.*

D'Allemagne. Copié d'après M. Kaup, *loco citato*, Pl. XXV, fig. 3.

Tête et *Mandibule :* de profil.

C. PARTIES CARACTÉRISTIQUES du TRONC et des MEMBRES.

a. Arctomys Marmotta. (*Marmotte.*)

Atlas : en dessus, en dessous et par la face postérieure.
Axis : par la face postérieure et en dessus.
6e vertèbre cervicale : en dessus et par la face antérieure.
Dernière vertèbre dorsale : en dessus et par la face antérieure.
Sacrum : en dessus, et dernière vertèbre sacrée par la face postérieure.
Hyoïde : par la face antérieure.
Sternum avec une clavicule : par la face antérieure.
Omoplate (portion d') pour montrer la cavité glénoïde.
Humérus : par la face postérieure, avec les deux têtes par leurs facettes d'articulation.
Radius : par la face antérieure; les facettes articulaires des têtes au-dessus et au-dessous
Cubitus : par la face antérieure.
Patte de devant complète et les os en connexion : en dessus.
Bassin : de profil et par la face antérieure, pour montrer la cavité cotyloïde.
Fémur : par la face antérieure; la partie supérieure du même os par la face postérieure, et la tête inférieure par ses facettes articulaires.
Rotule : par les faces externe et interne.
Tibia : par la face antérieure; avec les facettes articulaires de ses deux têtes au-dessus et au-dessous.
Péronée : par la face interne.
Calcanéum : par ses facettes articulaires avec l'astragale.
Patte de derrière complète, les os en connexion : en dessus.

b. Arctomys Marmotta fossilis.

Ossements appartenant à une espèce plus grande que l'espèce actuellement vivante.

Humérus : par la face postérieure.
Fémur : par la face antérieure.

c. Arctomys citillus. (*Spermophile vivant.*)

Humérus : par la face postérieure.
Cubitus : par la face antérieure.
Fémur : par la face antérieure.
Tibia : par la face antérieure.

EXPLICATION DES PLANCHES.

CASTOR.

PLANCHE I. — Squelette et parties caractéristiques du tronc et des membres d'un Castor ♀ de France. *Castor fiber* Linné. — (*Nota.* C'est par erreur que la planche porte l'indication de ♂.)

D'après un individu ♀ qui a vécu plusieurs années à la Ménagerie du Muséum d'histoire naturelle et y est mort, asphyxié dans son bassin, en janvier 1838.

§ 1. Squelette à la réduction de 2/3 de la grandeur naturelle.

Squelette très-complet : représenté de profil.

Au-dessus :

Les *premières vertèbres dorsales* et le commencement des *premières côtes* qui sont cachées par l'omoplate dans la figure du squelette.

§ 2. Parties caractéristiques du tronc et des membres à la réduction de moitié de grandeur naturelle.

Atlas : en dessus et par sa face articulaire avec la tête.
Axis : en dessus et par sa face articulaire avec l'atlas.
6e *vertèbre* cervicale : en dessus et par sa face antérieure.
13e *vertèbre* dorsale : en dessus et par sa face antérieure.
6e *vertèbre* lombaire : en dessus et par sa face antérieure.
Sacrum en entier : représenté en dessus et en dessous.
7 *vertèbres* (les premières) *caudales* en connexion ; et en dessus, avec la première par sa face postérieure.
4 *dernières vertèbres caudales* séparées ; et en dessus.
Hyoïde : en dessus.
Sternum : par la face externe, avec les clavicules.
Omoplate (fragment d') montrant spécialement la *cavité glénoïde.*
Humérus : par la face postérieure avec les facettes articulaires de sa tête inférieure au-dessous, et de profil.
Radius : par la face antérieure, avec les facettes de ses deux têtes.
Cubitus : par la face antérieure.
Os de la main en connexion ; et par-dessus.
Bassin : de profil et par la face externe montrant la cavité cotyloïde.
Fémur : par la face postérieure et de profil ; avec les facettes articulaires des têtes supérieure et inférieure.
Rotule : par les faces externe et interne.
Tibia et *péroné* réunis : par la face antérieure ; les facettes articulaires des deux têtes au-dessus et au-dessous.
Calcanéum : de profil et par ses facettes articulaires avec l'astragale.
Astragale : par ses facettes articulaires.
Pied, en dessus : tous les os en connexion.

PLANCHE II. — Têtes, Système dentaire, etc., des espèces vivantes et fossiles du genre *Castor* Linné. Figuré à la moitié de la grandeur naturelle.

§ 1. Castores recentes.

A. *Castor fiber Europæus.*

D'après l'individu ♀ qui a déjà servi pour la figure du squelette de la Pl. I.

Tête : de profil, en dessus, en dessous pour montrer les couronnes des dents ; et par les faces antérieure et postérieure.

Mandibule : de profil externe; portion du profil interne, en dessous et en dessus pour montrer les couronnes des dents.
Os de l'oreille : en place et de grandeur naturelle.

B. *Castor fiber Canadensis.*

D'après un crâne provenant du Canada.

Tête : en dessus, et partie de la même tête en dessous, pour montrer exclusivement les couronnes des molaires.

§ 2. Castores fossiles.

A. *Castor d'Abbeville.*

Des tourbières des environs d'Abbeville; donné par M. Baillon.

Deux *têtes* de taille à peu près semblable : l'une presque complète, et l'autre à laquelle il manque l'arcade zygomatique droite et la partie occipitale. Figurées en dessous, pour montrer les couronnes des molaires.

B. *Castor du département de la Somme.*

Crâne presque complet découvert dans les tourbières du département de la Somme, et donné au Muséum par M. Traulé.

Tête : de profil, en dessus et en dessous, pour montrer les couronnes des molaires.
Mandibule : de profil.

C. *Castor d'Orléans.*

D'après une pièce fossile découverte aux environs d'Orléans, communiquée par M. Loccart, et faisant partie du Musée d'Orléans.

Mandibule (fragment de) montrant les molaires : par les faces antérieure et postérieure, et par la couronne des molaires.

D. *Castor d'Auvergne.*

a. Tête incomplète de Saint-Géraud-le-Puy; trouvée chez M. Étienne Geoffroy Saint-Hilaire, donnée par S. A. R. madame Adélaïde. Pièce indiquée sous la dénomination de *Steneofiber viciacensis.*

Tête : de profil, en dessus et en dessous, pour montrer les couronnes des dents.

b. Calcanéum d'Auvergne par M. l'abbé Croizet.

Calcanéum : de profil et par la face articulaire avec l'astragale, à la réduction de 1/2. — Au-dessous, le même os de grandeur naturelle, et par ses facettes articulaires.

E. Autre *Castor d'Auvergne.*

Portion de *mandibule* trouvée par M. l'abbé Croizet, et portant, dans son catalogue, le nom de *Castor Issiodorensis :* de profil externe et en dessus.
Autre partie de *mandibule* portant les quatre dents : de profil externe, et en dessus par la couronne des molaires.

F. *Castor d'Issoire.*

D'après une pièce fossile découverte à Issoire par M. Bravard.

Molaire : représentée par la couronne.

G. *Castor de Lunel-Viel.*

Faisant partie de l'ancienne collection de M. l'abbé Croizet, et provenant des cavernes de Lunel-Viel.

Molaire supérieure (portion de) : par le profil externe et par la couronne des dents.

H. *Castor de Villefranche.*

Pièce découverte à Villefranche d'Astarac (dép. du Gers).

Incisive : de profil.
Molaire : de profil et par la couronne.

I. *Castor de l'Hérault.*

D'après deux pièces trouvées aux environs de Montpellier, et communiquées par M. le professeur P. Gervais.

Deux morceaux de *maxillaire supérieur* portant des molaires : l'un en dessus et de profil ; l'autre par la couronne des molaires.

J. *Castor Europæus d'Angleterre.*

Copié d'après l'*History of British fossil Mammals and Birds* 1846, de M. Owen.

Tête incomplète : en dessus et en dessous, pour montrer les couronnes des dents.

K. *Trogontherium Cuvieri.*

D'Angleterre ; d'après l'ouvrage de M. Owen, *déjà cité.*

Fragment de *tête* montrant trois molaires par la couronne et une alvéole ; à côté le trait d'une molaire par la couronne.

L. *Castor de Zurich.*

Figures probablement copiées.

Débris de *maxillaire supérieur* portant plusieurs dents, par la couronne.
Molaire isolée : de profil et par la couronne.

M. *Castor fiber d'Allemagne.*

Copié d'après la Pl. XXV, Fig. 14 et 15, de la *Description des Ossements fossiles de Mammifères qui se trouvent au Muséum grand-ducal de Darmstadt*, 1832, par M. Kaup.

Mandibule : de profil externe et interne.

N. *Palæomys castoroides.*

D'Allemagne ; d'après la Pl. XXV, Fig. 7 à 10, de l'ouvrage déjà cité, de M. Kaup.

Mandibule : par les faces externe et interne.
Molaire : par la face externe,
Bout de museau montrant une incisive : de profil.
Incisive séparée : par les faces externe et interne, et de profil.

O. *Chalicomys Jägeri.*

D'Allemagne ; d'après M. Kaup, *loco citato*, Pl. XXV, Fig. 16 à 21.

Deux *molaires supérieures* isolées : par la couronne.
Deux *molaires supérieures* : par la couronne et avec l'os maxillaire.
Portion de *mandibule* : de profil, portant trois molaires.
Molaire inférieure : de profil.

P. *Chelodus typus.*

D'Allemagne ; copié d'après M. Kaup, *loco citato*, Pl. XXV, Fig. 22 et 23.

Quatre *molaires supérieures* et *inférieures* : dessinées par la couronne.
Deux *molaires supérieure* et *inférieure* : de profil externe.

Q. *Castor fiber d'Allemagne.*

Copié probablement d'après un mémoire de M. Goldfuss.

Mandibule (portion de) : par les faces externe et interne ; et, au-dessus, les molaires qu'elle porte, par la couronne.

R. *Castor fiber de Moscou.*

Copié d'après M. Fischer de Waldheim.

Tête à peu près complète : de profil et en dessous, pour montrer les couronnes des molaires.

S. *Castor fiber de Russie.*

Copié d'après un mémoire de M. Fischer de Waldheim, publié dans les *Mémoires de l'Académie des sciences de Saint-Pétersbourg.*

Mandibule : de profil interne.
Molaires de la même pièce : représentées par la couronne.

EXPLICATION DE LA PLANCHE.

CAPROMYS.

PLANCHE UNIQUE. — Squelette, Têtes et parties caractéristiques du tronc et des membres du *Capromys Fournieri* A. G. Desmarest; et Tête du *Plagiodontia ædium* Fr. Cuvier.

§ 1. *Capromys Fournieri*.

— Squelette du Capromys de Fournier. *Capromys Fournieri* A. G. Desmarest, vulgairement connu sous le nom d'*Utia*.

D'après l'individu mâle rapporté de la Havane par M. Marcellin Fournier, donné à A. G. Desmarest, chez lequel il a vécu plusieurs années, et offert par ce dernier, en 1829, au Muséum d'histoire naturelle. C'est l'un des deux types qui ont servi à A. G. Desmarest pour son *Mémoire sur un nouveau genre de Mammifères de l'ordre des Rongeurs*, publié en 1823 dans le tome I, 1re partie, des *Mémoires de la Société d'histoire naturelle de Paris*, et pour la description de son ostéologie, qu'il a donnée en 1837 dans l'*Histoire naturelle de l'île de Cuba*, de M. Ramon de la Sagra.

A la réduction de moitié de la grandeur naturelle.

Squelette : représenté de profil.

A côté :

Les *premières vertèbres dorsales*, qui sont cachées par l'omoplate dans la figure du squelette.

Le *sternum* : vu de face, avec les clavicules représentées en entier.

— Parties caractéristiques du tronc et des membres du *Capromys Fournieri*.

D'après un individu provenant de Cuba, donné en 1837, au Muséum, par M. Ramon de la Sagra, et provenant de Cuba.

A la même réduction que le squelette.

Atlas : figuré en dessus et par sa face antérieure.
Axis : en dessus et par sa face antérieure.
6e *vertèbre cervicale* : en dessus.
Dernière vertèbre dorsale : en dessus.
Dernière vertèbre lombaire : en dessus.
Sacrum : en dessus.
Première vertèbre caudale : en dessus.
Vertèbre caudale du milieu de la queue : en dessus.
Humérus : représenté par devant.
Radius : par devant.
Cubitus : de face.
Main figurée les os en connexion : en dessus.
Bassin : de profil interne, pour montrer la cavité cotyloïde.
Le même os de profil externe.
Fémur : vu par derrière.
Rotule : vue par devant et par derrière.
Tibia et *Péroné* réunis : représentés par devant.
Pied avec les os en connexion : en dessus.

— Tête du *Capromys Fournieri* ♂.

D'après la tête déjà figurée pour le squelette.

A la réduction de 3/4 de grandeur naturelle.

Tête : vue de profil, en dessus, en dessous pour montrer les couronnes des molaires, et par ses faces antérieure et postérieure.
Mandibule : de profil et en dessus pour montrer les couronnes des molaires.

2. *Plagiodontia ædium.*

— Tête d'après un individu apporté de Haïti par M. Alex. Ricord, et ayant servi de type pour la description de Fr. Cuvier publiée en 1831 dans les *Annales des sciences naturelles*.

A la réduction de 3/4 de grandeur naturelle.

Tête : représentée de profil, en dessus et en dessous pour montrer les couronnes des dents.
Mandibule : de profil et en dessus pour montrer les couronnes des dents.

EXPLICATION DE LA PLANCHE.

MYOPOTAMUS.

PLANCHE UNIQUE. — SQUELETTE, TÊTE, et PARTIES CARACTÉRISTIQUES du TRONC et des MEMBRES du COYPU. *Myopotamus coypus*, et débris fossiles d'une tête du MYOPOTAMUS ANTIQUUS.

A la réduction de moitié de la grandeur naturelle.

§ 1. — COYPU. *Myopotamus coypus*, Gmélin.

D'après un squelette auquel il manque le bout de la queue, du Brésil, acquis en 1843 à M. Guy.

Squelette : représenté de profil.

Au-dessus de cette figure :

Les *premières vertèbres dorsales*, les *premières côtes* et une partie du *sternum* qui, dans la figure du squelette, sont cachées par l'omoplate.

Tête : en dessus, en dessous pour montrer les couronnes des dents, et par ses faces antérieure et postérieure; le profil externe, ainsi que celui de la mandibule, sont représentés dans la figure du squelette.

Mandibule : en dessus et en dessous, et par son profil interne.

Atlas : en dessus et par sa face antérieure.

Axis : en dessus et par sa face antérieure.

6ᵉ *vertèbre cervicale* : en dessus et par sa face antérieure.

Dernière vertèbre dorsale : en dessus.

Première vertèbre lombaire : en dessus.

Sacrum : en dessus.

Huit vertèbres caudales : en dessus.

Sternum : vu par sa face externe, avec les deux clavicules.

Omoplate (fragment d') : montrant la cavité glénoïde.

Humérus : par sa face postérieure et de profil; avec les têtes supérieure et inférieure par leurs faces articulaires.

Radius : par la face antérieure; avec les deux têtes par leurs facettes d'articulation.

Cubitus : par la face antérieure.

Os de la main en connexion et en dessus.

Bassin : de profil et par la face externe, pour montrer la cavité cotyloïde.

Fémur : par la face antérieure, avec les deux têtes par leurs facettes articulaires et de profil.

Rotule : en dessus et en dessous; le profil est indiqué dans la figure du squelette.

Tibia : par la face antérieure.

Péroné : par la face interne.

Os du pied en connexion, et figurés en dessus.

§ 2. *Myopotamus antiquus* Lund.

Des cavernes à ossements fossiles du Brésil.

D'après quatre figures données par M. Lund.

Tête (fragment de) : de profil et en dessous, pour montrer les couronnes des molaires.

Mandibule (fragment de) : de profil et en dessus, pour faire voir les couronnes des molaires.

Observation. Ce fossile ne semble différer de l'espèce vivante que par sa taille, un peu moins considérable.

EXPLICATION DES PLANCHES.

HYSTRIX.

PLANCHE I. — SQUELETTE et PARTIES CARACTÉRISTIQUES du TRONC et des MEMBRES du PORC-ÉPIC. *Hystrix cristata* ♂, Linné.

D'après un individu ayant vécu à la Ménagerie du Muséum, et y étant mort en 1821.

Représenté à moitié de grandeur naturelle.

Squelette : de profil.

Au-dessus :

Les premières vertèbres dorsales, les *premières côtes*, et une partie du *sternum*, qui étaient cachés par l'omoplate dans la figure du squelette.
Atlas : figuré en dessus, en dessous et par la face antérieure.
Axis : en dessus, de profil, et par la face antérieure.
6e vertèbre cervicale : en dessus, de profil, et par la face antérieure.
14e vertèbre dorsale : en dessus et par la face antérieure.
6e vertèbre lombaire : en dessus et par la face antérieure.
Sacrum : figuré en dessus.
Hyoïde : vu en avant.
Sternum : par sa face externe.
Omoplate (fragment d'), pour montrer la cavité glénoïde.
Humérus : représenté par devant, avec ses têtes articulaires au-dessus et au-dessous.
Radius : par devant, avec ses deux têtes au-dessus et au-dessous du corps de l'os.
Cubitus : de face.
Les os de la main en connexion : en dessus et en dessous.
Bassin : de profil et de face, pour montrer la cavité cotyloïde.
Fémur : vu par derrière, au-dessus et au-dessous les deux têtes, par ses faces articulaires.
Rotule : en avant et en arrière.
Tibia : par devant, avec les facettes d'articulations de ses deux têtes.
Péroné : figuré en avant.
Calcanéum : représenté par ses facettes articulaires.
Os du pied en connexion : en avant et en arrière.

PLANCHE II. — TÊTES de diverses espèces du genre PORC-ÉPIC. *Hystrix*, Linné.

Dessiné à moitié de grandeur naturelle.

a. HYSTRIX RÉCENTS.

§ 1. PORC-ÉPIC ORDINAIRE. *Hystrix cristata*, Linné.

A. D'*Europe*.

Mâle qui a déjà servi à la figure du squelette.

Tête : de profil et en dessus.
Os de l'oreille : en position et de grandeur naturelle.

B. D'*Algérie*.

D'après un animal ♂ pris à la Potence, roches crétacées, près la Calle, donné au Muséum par le maréchal Vaillant.

Tête : de profil, en dessus, en dessous pour montrer les couronnes des dents, et par les faces antérieure et postérieure.
Mandibule : de profil, en dessus pour montrer les dents et les alvéoles, et en dessous.

C. Du *Sénégal.*

D'après un individu donné par M. Perrotet.

Tête : figurée en dessus, de profil externe, et de profil interne pour montrer la coupe de la tête.

Mandibule : de profil externe.

D. De *Cafrerie.*

Femelle acquise de MM. Verreaux, en 1837.

Tête : de profil et en dessus.
Mandibule : de profil.

E. De *Syrie.*

Donné par M. P.-E. Botta : sans renseignement de sexe.

Tête : de profil.

F. Du *Bengale.*

Provenant des voyages de M. Duvancel, et envoyé au Muséum en mars 1825.

Tête : représentée de profil et en dessus.
Mandibule : par ses profils interne et externe.

§ 2. Porc-épic à grosse queue. *Hystrix macroura* ♂, Gmélin.

D'après un crâne envoyé de Java, en 1826, par M. Diard.

Tête : représentée en dessus et de profil.
Mandibule : de profil.

§ 3. Porc-épic fasciculé. *Hystrix fasciculata* ♂, Shaw.

De Java, par M. Diard, 1826, d'après un corps conservé dans l'alcool.

Tête : de profil et en dessus.
Mandibule : de profil.

§ 4. Porc-épic de Java. *Hystrix Javanica*, Fr. Cuvier. (Sous-genre, *Acanthion*, Fr. Cuvier.)

Crâne envoyé en 1825 de Java, par M. Leschenault.

Tête : de profil et en dessus.
Mandibule : de profil.

§ 5. Porc-épic de Daubenton. *Hystrix Daubentonii*, Fr. Cuvier. (Sous-genre, *Acanthion*, Fr. Cuvier.)

D'après la tête du squelette (N° MCCXI) qui a servi à Daubenton dans l'*Histoire naturelle générale et particulière de Buffon*, et dont Fr. Cuvier s'est également servi dans son travail du tome IX des *Mémoires du Muséum*, et du tome XLII du *Dictionnaire des sciences naturelles.*

Tête : figurée de profil et en dessus.
Mandibule : de profil.

b. Hystrix fossilis.

De San Giovani, dans le val d'Arno supérieur. Donné par M. Pentland.

Molaire : de profil et par la couronne.

PLANCHE III. — Squelette, Têtes et Parties caractéristiques du tronc et des membres du Porc-épic préhensile. *Hystryx prehensilis ;* et Têtes des *Hystrix insidiosa* et *dorsata.*

§ 1. Porc-épic préhensile. *Hystrix prehensilis*, Shaw. (Sous-genre, *Sinetheres*, Fr. Cuvier.)

D'après un individu du Coendou du Brésil; jeune femelle ayant vécu à la ménagerie du Muséum, et y étant morte en février 1842.

A la réduction de moitié de grandeur naturelle.

Squelette : représenté de profil.

Au-dessus :

Les *premières vertèbres dorsales* et le commencement des *côtes*, qui, dans la figure du squelette, sont cachées par l'omoplate.

Tête du même animal : en dessus; en dessous pour montrer les dents, et par ses faces antérieure et postérieure.
Mandibule : en dessus, pour faire voir les couronnes des dents.
Atlas : en dessus et par la face antérieure.
Axis : en dessus et par la face antérieure.
6ᵉ *vertèbre cervicale* : en dessus et par la face antérieure.
13ᵉ *vertèbre dorsale* : en dessus et par la face antérieure.
6ᵉ *vertèbre lombaire* : en dessus et par la face antérieure.
Sacrum : figuré en dessus.
Hyoïde : en avant.
Sternum : par sa face externe, et au-dessus les clavicules.
Omoplate (fragment d') pour montrer la cavité glénoïde.
Humérus : en avant, au-dessus et au-dessous les deux têtes avec leurs facettes articulaires.
Radius : par devant, avec les facettes articulaires des deux têtes.
Cubitus : par la face antérieure.
Les *os de la main* : en connexion, et représentés par-dessus.
Bassin : de profil et de face avec la cavité cotyloïde.
Fémur : vu par derrière avec les faces articulaires.
Tibia : par devant; au-dessus la tête supérieure, au-dessous la tête inférieure, par leurs parties articulaires.
Péroné : figuré en avant.
Les *os de la main* : représentés en dessus, avec le calcanéum vu par ses facettes articulaires.

§ 2. Porc-épic insidieux. *Hystrix insidiosa*, Fr. Cuvier. (Sous-genre, *Sphiggurus*, Fr. Cuvier.)

D'après un crâne rapporté du Brésil, en 1822, par M. Aug. de Saint-Hilaire, et cité par Fr. Cuvier dans le tome XLII du *Dictionnaire des Sciences naturelles*.

Tête : figurée de profil et en dessus.
Mandibule : de profil.

§ 3. Hystrix dorsata, Gmélin (Genre, *Erethizon*, Fr. Cuvier).

D'après le crâne du sujet décrit par Buffon, dans le tome XII, pl. 55, de son *Histoire naturelle générale et particulière* sous le nom d'*Urson*, et ayant servi pour le travail de Fr. Cuvier. — Selon M. de Blainville, cet animal ne devait probablement pas être placé dans le même groupe de Rongeurs que les *Hystrix*.

Tête : représentée de profil et en dessus.
Mandibule : de profil.

EXPLICATION DES PLANCHES.

CAVIA.

PLANCHE I. — SQUELETTE et PARTIES CARACTÉRISTIQUES du TRONC et des MEMBRES d'un CABIAI ♀. *Hydrochærus capybara*, Linné.

D'après un individu femelle provenant de la Guyane, rapporté par M. Melinon en juillet 1842, et mort à la ménagerie du Muséum en février 1843. — Le squelette a été monté en 1844.

A la réduction des 2/5 de la grandeur naturelle.

A. SQUELETTE.

Squelette : représenté de profil.

Au-dessus les *premières vertèbres dorsales*, les *premières côtes* et le *manubrium du sternum*, qui étaient cachés dans la figure du squelette.

B. PARTIES CARACTÉRISTIQUES du TRONC et des MEMBRES.

Atlas : figuré en dessus, en dessous et par la face antérieure.
Axis : en dessus et par la face antérieure.
6e *vertèbre cervicale* : en dessus et par la face antérieure.
13e *vertèbre dorsale* : en dessus et par la face antérieure.
6e *vertèbre lombaire* : en dessus et par la face antérieure.
Sacrum : vu en entier et par dessous.
Sternum : en dessous.
Humérus : représenté par devant, et, à côté, la tête supérieure en arrière, ainsi que la tête inférieure.
Radius : par devant, avec la coupe de la tête supérieure.
Cubitus : de face.
Omoplate (portion d') montrant la cavité glénoïde.
La *main* ayant tous les os en connexion, par la face dorsale, et au-dessus une coupe du carpe.
Bassin : représentant particulièrement la cavité cotyloïde.
Fémur : vu par derrière, et à côté portions supérieure et inférieure en avant, et tête figurée en dessus.
Rotule : en arrière.
Tibia : par devant; avec des figures de ses deux têtes.
Calcanéum : représenté du côté de ses facettes astragaliennes.
Astragale : en dessous.
Le *pied* avec les os qui le composent, en connexion : en dessus.

PLANCHE II. — TÊTES de diverses espèces du genre *Cavia*, Linné.

§ 1. — CABIAI ♀. *Hydrochærus capybara*, Linné.

D'après le même individu qui a servi de type pour la figure du squelette.

A la réduction de moitié de la grandeur naturelle.

Tête : représentée de profil, par ses faces antérieure et postérieure, en dessus et en dessous pour montrer les couronnes des dents, ainsi que les alvéoles dentaires.

Mandibule : de profil, et en dessus pour montrer les couronnes des dents ainsi que les alvéolaires dentaires.

§ 2. Mara. *Dolichotis patachonica*, Fr. Cuvier.

D'après un crâne provenant de Patagonie, et envoyé en 1831 de Buénos-Ayres par M. le professeur Alcide d'Orbigny.

A la réduction de moitié de la grandeur naturelle.

Tête : de profil, en dessus et en dessous, pour montrer les couronnes des dents et les alvéoles dentaires.
Mandibule : de profil et en dessus, pour montrer les couronnes des dents et les alvéoles dentaires.

§ 3. Moco. *Kerodon moco*, Fr. Cuvier.

D'après un crâne provenant de Minas-Novas (Brésil), et rapporté en août 1821 par M. Auguste de Saint-Hilaire. — Cette tête a servi de type pour la figure 48 de l'ouvrage de Fr. Cuvier sur les *dents des Mammifères*.

Représenté de grandeur naturelle.

Tête : figurée de profil, en dessus et en dessous pour montrer les couronnes des dents et les alvéoles dentaires.
Mandibule : vue de profil interne et externe, et en dessus.

§ 4. Têtes de Cochons d'Inde domestiques. *Anæma cobaya domestica*, Linné.

Figuré de grandeur naturelle.

A. Crane d'un *Cochon d'Inde* adulte ; sans renseignement.

Tête : de profil externe, coupe intérieure, dessus et dessous pour montrer les couronnes des dents et les alvéoles dentaires.
Mandibule : de profil et en dessus pour montrer les couronnes des dents.
Os de l'oreille : en place.

B. Crane d'un *Cochon d'Inde* jeune ; sans renseignement.

Tête : de profil, en dessus et en dessous.
Mandibule : de profil et en dessus.

§ 5. Tête de Cochon d'Inde sauvage. *Anæma aperea*, Fr. Cuvier.

D'après un individu envoyé en 1822, du Brésil, par M. Auguste de Saint-Hilaire.

Tête : représentée de profil, en dessus et en dessous pour montrer les couronnes des dents.
Mandibule : de profil et en dessus pour faire voir les couronnes des dents.

PLANCHE III. — Squelette et parties caractéristiques des membres du Paca, *Cœlogenus paca*, Fr. Cuvier ; et parties caractéristiques des membres de l'Agouti. *Chloromys aguti*, Fr. Cuvier.

§ 1. Squelette de Paca ♂, Fr. Cuvier.

D'après un individu provenant de la Guyane, ayant vécu à la ménagerie du Muséum, où il est mort en 1837.

A la réduction de 2/5 de la grandeur naturelle.

Squelette : figuré de profil.

Au-dessus :

Les *premières vertèbres dorsales*, les premières *côtes* et une partie du *sternum*, qui étaient cachés par l'omoplate dans la figure du squelette.

— Parties caractéristiques des membres du *Paca*.

Représenté de grandeur naturelle.

Humérus : vu par devant, et en haut la tête supérieure par dessus.
Radius : par devant, avec sa tête supérieure au-dessus.
Cubitus : de face.
La *main* avec les os en connexion ; au-dessus les facettes articulaires du carpe.
Fémur : par devant et par derrière.
Le *pied* avec les os en connexion ; en dessus et en dessous.

§ 2. Parties caractéristiques des membres de l'Agouti. *Chloromys aguti* ♀, Fr. Cuvier.

D'après un individu femelle provenant du Brésil et ayant vécu à la Ménagerie.

Représenté de grandeur naturelle.

Omoplate : par sa face externe, et au-dessous sa tête articulaire.
Humérus : vu par devant : au-dessus et au-dessous ses têtes articulaires.
Radius : par devant, avec ses têtes supérieure et inférieure au-dessus et au-dessous.
Cubitus : de face.
Main avec les os en connexion : en dessus et en dessous.
Bassin : de profil et par sa face interne.
Fémur : par devant; la partie supérieure par derrière, et les têtes supérieure et inférieure par la partie articulaire.
Rotule : par devant et par derrière.
Tibia : par devant, avec la partie articulaire de ses deux têtes.
Calcanéum : représenté du côté de ses facettes astragaliennes.
Astragale : en dessous.
Pied avec ses os en connexion : figuré en dessus et en dessous.

PLANCHE IV. — Têtes et parties caractéristiques du tronc du Paca, *Cœlogenus paca*, et de l'Agouti, *Chloromys aguti*.

§ 1. Têtes. A la réduction de moitié.

— Tête du *Paca de la Guyane*.

Du même sujet que celui qui a servi pour la figure du squelette.

Tête : représentée de profil, en dessus, en dessous pour montrer les couronnes des dents et les alvéoles, et par les faces antérieure et postérieure.
Mandibule : de profil et en dessus, pour faire voir les couronnes des dents et les alvéoles.

— Tête du *Paca de Colombie*.

D'après un crâne donné au Muséum par M. Roulin, et rapporté de la Colombie. — Cette tête paraît différer spécifiquement des autres têtes conservées à la collection d'Anatomie comparée.

Tête : de profil et en dessus.
Mandibule : de profil et en dessus, pour faire voir les dents et les alvéoles dentaires.

— Tête d'*Agouti de Cayenne*.

D'après un crâne ayant fait partie de la collection de M. Tenon, provenant de Cayenne, et indiqué sous le nom d'*Agouti de la grande espèce*.

Tête : représentée de profil, en dessus, en dessous pour montrer les couronnes des dents et les alvéoles, et par les faces antérieure et postérieure.
Mandibule : de profil et en dessus.

§ 2. Parties caractéristiques du tronc.

De grandeur naturelle.

— A. Paca ♀ de *la Guyane*.

Atlas : figuré en dessus, en dessous, et par la face antérieure.
Axis : en dessus, de profil et par la face antérieure.
6ᵉ *vertèbre cervicale* : en dessus et par la face antérieure.
13ᵉ *vertèbre dorsale* : en dessus et par la face antérieure.
6ᵉ *vertèbre lombaire* : en dessus et par la face antérieure.
Hyoïde : en avant et de profil. Placé au-dessus de celui de l'*Agouti*.

— B. *Agouti* ♀ *du Brésil*.

Atlas : en dessus, en dessous, et par la face antérieure.
Axis : de profil et par la face antérieure.
6ᵉ *vertèbre cervicale* : en dessus et par la face antérieure.
13ᵉ *vertèbre dorsale* : en dessus et par la face antérieure.
6ᵉ *vertèbre lombaire* : en dessus et par la face antérieure.
Sacrum : en dessus et en dessous, et coupe supérieure.
Sternum : par sa face externe.
Hyoïde : figuré de profil.

EXPLICATION DES PLANCHES.

EQUUS.

PLANCHE I. — SQUELETTE de CHEVAL ♂. *Equus caballus*, Linné.

Réduit au septième de la grandeur naturelle.

D'après un individu mâle arabe entier, mort à la ménagerie du Muséum en 1838.

Squelette : de profil.

A part :

Les *premières vertèbres dorsales* et les *premières côtes*, ainsi qu'une partie du *sternum*.
L'articulation de l'*humérus* avec les *radius* et *cubitus* réunis.
Le cinquième *anneau vertébro-sterno-costal*.

PLANCHE II. — TÊTES des *Equus caballus*, *asinus* et *hemionus* ♀.

A la réduction de un quart de la grandeur naturelle.

§ 1. CHEVAL ARABE ♂. *Equus caballus*, Linné.

D'après le même sujet qui a servi pour la figure du squelette.

Tête : en dessus, en dessous, par sa face postérieure, de profil externe, et coupe interne par sa partie moyenne.
Mandibule : de profil externe, avec le condyle figuré en dessus; et le bout de la mandibule en dessous.
Tête et *mandibule* entières et en connexion; bout de la tête et de la mandibule, pour montrer spécialement les incisives.
Os de l'oreille en place et de grandeur naturelle.

§ 2. ANE. *Equus asinus*, Linné.

D'après une tête de mâle adulte.

Tête : de profil et en dessus.
Mandibule : de profil externe; et fragment de mandibule de profil interne.

§ 3. HÉMIONE. *Equus hemionus* ♀, Gmélin.

D'après la tête d'un individu ♂ né à la Ménagerie, et y étant mort.

Tête : de profil et en dessus.
Mandibule : de profil externe.

PLANCHE III. — SQUELETTE d'*Equus Burchelii* ♀, et TÊTES des *Equus quagga* et *zebra*.

§ 1. DAUW. *Equus Burchelii* ♀, Gray.

A la réduction de 1/7 de la grandeur naturelle.

D'après un individu né à la Ménagerie en 1835, et mort en 1847.

Squelette : de profil.

A part :

Les *premières vertèbres dorsales*, les *premières côtes* et une partie du *sternum*, qui, dans la figure du squelette, sont cachés par l'omoplate.

§ 2. QUAGGA. *Equus quagga*, Linné.

A la réduction de un quart de la grandeur naturelle.

D'après la tête du squelette conservé dans la Galerie d'Anatomie comparée.

Tête : de profil.
Mandibule : de profil.

§ 3. ZÈBRE. *Equus zebra*, Linné.

D'après la tête du squelette faisant partie de la Galerie d'Anatomie comparée du Muséum.

Tête : de profil.
Mandibule : de profil.

PLANCHE IV. — PARTIES CARACTÉRISTIQUES du TRONC des *Equus caballus* ♂, *asinus* et *Burchelii* ♂.

Figuré à la réduction de un tiers de la grandeur naturelle.

§ 1. CHEVAL. *Equus caballus* mâle.

D'après l'individu mâle arabe entier qui a déjà servi à la figure du squelette Pl. I. — Les figures de la Pl. IV sont indiquées sous la lettre C.

Atlas : représenté en dessus et en dessous.
Axis : de profil et par la face postérieure.
6e *vertèbre cervicale :* de profil et par la face postérieure.
1re *vertèbre dorsale :* de profil et par la face postérieure.
3e *vertèbre dorsale :* de profil et par la face postérieure.
18e *vertèbre dorsale :* de profil et par la face postérieure.
1re *vertèbre lombaire* de profil : par la face postérieure, et au-dessus une apophyse en dessus.
6e *vertèbre lombaire :* de profil et en dessus.
Sacrum : figuré de profil, en dessus et par sa face supérieure.
Vertèbres caudales : trois des premières en dessus, de profil et par la face postérieure; deux des dernières, de profil.
Hyoïde : par la face antérieure; et, à côté, le profil de deux autres hyoïdes.
Sternum : par la face externe.

§ 2. ANE. *Equus asinus.*

D'après un squelette ayant appartenu au Muséum, et donné en 1850, par M. le professeur Duvernoy, à l'Institut agronomique de Versailles. — Les figures de la Planche IV sont désignées sous la lettre A.

Atlas : en dessus.
Axis : par la face postérieure.
6e *vertèbre cervicale :* de profil.
1re *vertèbre dorsale :* de profil et par la face postérieure.
17e *vertèbre dorsale :* de profil.
1re *vertèbre lombaire :* de profil; et, à côté, son apophyse en dessus.
6e *vertèbre lombaire :* de profil.
Sacrum en entier : en dessus.
Vertèbres caudales; l'une des premières et l'une des dernières : de profil.
Hyoïde : par la face antérieure.

§ 3. DAUW. *Equus Burchelii* ♂.

D'après un individu ayant vécu à la Ménagerie du Muséum, et conservé dans les magasins de l'Anatomie comparée. — Les figures de la Planche IV sont marquées par la lettre B.

Atlas : en dessus.
Axis : par la face postérieure.
6e *vertèbre cervicale :* de profil.
1re *vertèbre dorsale :* de profil.
17e *vertèbre dorsale :* de profil et par la face postérieure.
Vertèbre caudale de la région moyenne : de profil.

PLANCHE V. — PARTIES CARACTÉRISTIQUES des MEMBRES des *Equus caballus* ♂, *asinus* et *Burchelii* ♂.

Représenté à un quart de la grandeur naturelle.

§ 1. *Cheval* ♂. *Equus caballus.*

D'après le même sujet que le squelette qui a servi pour les Planches I et IV. — Les figures de la Planche V sont indiquées par la lettre C.

A. MEMBRES ANTÉRIEURS.

Omoplate : par la face externe, et, à côté, la cavité glénoïde.
Humérus : par la face postérieure; en haut la tête supérieure en dessus, et en bas portion du même os par la face antérieure.
Radius et *Cubitus* réunis : par la face antérieure; au-dessous facettes articulaires du radius.
Canon du pied de devant : par les faces antérieure et postérieure et de profil; avec les deux os styloïdes de face et de profil.
Carpe (tous les os en connexion) : de profil, par la face antérieure et en dessous pour montrer les facettes articulaires avec les phalanges.
1re, 2e et 3e *phalanges* en place et par la face antérieure : profil de la première phalange et coupe de la troisième.

B. MEMBRES POSTÉRIEURS.

Bassin : de profil interne, pour montrer la cavité cotyloïde, et une partie du même os, de face.
Fémur : par la face antérieure.
Rotule : par les faces externe et interne.
Tibia : par la face antérieure.
Péroné (rudiment de) : par la face postérieure.
Canon du pied de derrière : par les faces antérieure et postérieure avec les os styloïdes, et au-dessus les facettes articulaires.
Tarse (tous les os en connexion) : de profil, et par les faces antérieure et postérieure; au-dessus les facettes articulaires inférieures.
Astragale : en dessous, pour montrer les facettes d'articulation.
Les *trois phalanges* en connexion : par la face antérieure.

§ 2. ANE. *Equus asinus.*

D'après le même squelette qui a servi pour les os séparés du tronc. — Les figures de la Planche IV sont indiquées par la lettre A.

A. MEMBRES ANTÉRIEURS.

Omoplate : par la face externe.
Humérus : par la face postérieure.
Radius et *Cubitus* réunis : par la face antérieure et au-dessus la tête supérieure par les facettes d'articulation.
Canon du pied de devant : par les faces antérieure et postérieure, coupe de l'une d'elles et os styloïde, de profil.
Carpe (les os en connexion du) : par la face antérieure et de profil.
Les *trois phalanges* en connexion : par la face antérieure, et articulations de la première d'entre elles avec le canon.

B. MEMBRES POSTÉRIEURS.

Bassin : de profil, pour montrer la cavité cotyloïde.
Fémur : par la face postérieure.
Rotule : par la face externe.
Tibia : par la face postérieure; les deux têtes au-dessus et au-dessous.
Péroné rudimentaire : par la face antérieure.
Canon du membre postérieur : par la face postérieure avec les os styloïdes.
Les *trois phalanges* en connexion : par la face antérieure.

§ 3. DAUW. *Equus Burchelii.*

D'après le squelette qui a déjà servi pour les os séparés du tronc. — Les figures de la Planche V sont indiquées sous la lettre B.

A. MEMBRES ANTÉRIEURS.

Omoplate : par la face externe.

Humérus : par la face postérieure.

Radius et *Cubitus* réunis : par la face antérieure et de profil.

Canon du membre de devant : par les faces antérieure et postérieure, pour montrer les os styloïdes.

Carpe complet, avec les divers os qui le composent en connexion : par les faces antérieure et externe, et de profil.

Les *trois phalanges* en connexion : par la face antérieure; la phalange onguéale en dessous par la face postérieure.

B. Membres postérieurs.

Bassin : de profil, pour montrer la cavité cotyloïde.

Fémur : par la face antérieure; à côté, les deux têtes par leurs facettes articulaires.

Rotule : par la face externe.

Tibia : par la face antérieure.

Péroné : par la face postérieure, avec les os styloïdes en dessus.

Les *trois phalanges* en connexion : par la face antérieure.

EXPLICATION DES PLANCHES.

CAMELOPARDALIS.

PLANCHE I. — SQUELETTE de GIRAFE ♂. *Camelopardalis giraffa*, Linné.

Réduit à un dixième de la grandeur naturelle.

D'après un squelette provenant du Sénégal, d'où il a été rapporté en 1830 par M. le général Girardin.

Ce *squelette* a été monté pour la galerie d'Anatomie comparée, en octobre 1832 : figuré de profil.

PLANCHE II. — TÊTES et SYSTÈME DENTAIRE de GIRAFES. *Camelopardalis*, Linné.

§ 1. TÊTES et MANDIBULES. A la réduction de 1/5.

A. GIRAFE ORDINAIRE. *Camelopardalis giraffa*, Linné.

TÊTE très-adulte de *Girafe ♂ du Cap de Bonne-Espérance*, envoyée au Muséum d'histoire naturelle par Delalande.

Crâne : représenté de profil, en dessus, en dessous pour montrer les couronnes des molaires, et par sa face postérieure.
Mandibule : figurée de profil et en dessus pour montrer les couronnes des dents.

TÊTE adulte de *Girafe ♀ d'Abyssinie*.

D'après l'individu donné en 1827 au roi de France par le vice-roi d'Égypte ; cette Girafe, qui est morte à la Ménagerie du Muséum en 1845, est la première qui, dans les temps modernes, ait été vue vivante en Europe.

Tête : vue en dessus.

TÊTE presque adulte de *Girafe ♂ du Sénégal*.

D'après un individu envoyé du Sénégal, en 1830, par M. le général Girardin.

Tête : figurée de profil et en dessus.
Mandibule : de profil.

TÊTE d'une jeune *Girafe du Sénégal*, sans indication de sexe.

Donnée au Muséum, en novembre 1846, par M. Lanne.

Tête : vue de profil, en dessus et en dessous.
Mandibule : de profil et en dessus.

B. GIRAFE FOSSILE DU BERRY. *Camelopardalis Biturigum*, Duvernoy.

D'après un plâtre donné au Muséum par M. Duvernoy. Le modèle en nature est au cabinet de la Faculté des Sciences de Strasbourg.

Mandibule : représentée de profil et en dessus.

Cette Girafe fossile, découverte à Issoudun (département de l'Indre), a été décrite par M. Duvernoy dans les *Annales des Sciences naturelles*, 3ᵉ série, tome I, p. 36, Pl. II.

§ 2. Système dentaire. A moitié de grandeur naturelle.

a. Des molaires supérieures (la série complète).

Girafe du Cap de Bonne-Espérance.

Girafe d'Abyssinie.

Girafe du Sénégal.

b. Des dents inférieures.

Série des *molaires* et *incisives* de Girafe du Cap.

Série des *molaires* et *incisives* de Girafe d'Abyssinie.

Série des *molaires* et *incisives* de Girafe du Sénégal.

Série des *cinq premières molaires* du *Camelopardalis Biturigum* fossile; la dernière molaire manque, et l'on voit seulement l'alvéole dentaire.

Nota. Voir, pour l'ostéologie de la Girafe, les *Recherches historiques, zoologiques, anatomiques et paléontologiques sur la Girafe*, par MM. N. Joly et A. Lavocat, dans les Mémoires de la Société du Muséum d'histoire naturelle de Strasbourg, 1845.

EXPLICATION DE LA PLANCHE.

MYRMECOPHAGA.

PLANCHE UNIQUE. — Squelette du Fourmilier Tamandua. *Myrmecophaga tamandua*, Fr Cuvier. (*Myrmecophaga tetradactyla* et *tridactyla*, Linné.)

Réduit au quart de la grandeur naturelle.

D'après un *squelette* provenant du Brésil, rapporté par M. Claussen, et monté en 1850 pour la galerie d'Anatomie Comparée : de profil.

A part :

Les *premières vertèbres dorsales*, les *premières côtes* et une partie du *sternum*, qui, dans la figure du squelette, sont cachés en grande partie par l'omoplate.

Squelette du Fourmilier didactyle. *Myrmecophaga didactyla*, Linné.

Représenté de grandeur naturelle.

D'après le *squelette* d'un individu provenant de l'Amérique méridionale, mais sans renseignement : de profil.

A part :

Les *premières vertèbres dorsales*, les *premières côtes* et une partie du *sternum*, qui, dans la figure du squelette, sont cachés en grande partie par l'omoplate.

EXPLICATION DE LA PLANCHE.

MACROTHERIUM.

PLANCHE UNIQUE. — OSSEMENTS FOSSILES divers du genre *Macrotherium* Lartet, provenant de la colline de Sansan (département du Gers), et ayant fait partie de l'ancienne collection de M. Lartet, appartenant depuis 1849 au Muséum d'histoire naturelle.

A la réduction de un quart de la grandeur naturelle.

1. *Bout de museau* offrant quelques impressions dentaires : en dessus.
2, 2', 2'', 2''' et 2''''. Quelques débris de *molaires* : représentées par la couronne et de profil. — Le N° 2''' n'appartient probablement pas au même animal.
3. *Atlas* incomplète : vue en arrière.
4. *Vertèbre cervicale* : de profil et vue en arrière.
5. Autre *vertèbre cervicale* : dessinée en dessus et en arrière.
6. *Vertèbre dorsale* : vue en arrière.
7. Autre *vertèbre dorsale* : représentée en avant.
8. *Vertèbre lombaire* (corps d'une) : vue par devant et par dessus ; cette dernière figure montrant les traces de l'arceau.
9. *Apophyses épineuses* de quatre *vertèbres sacrées* : dessinées de profil et en dessus.
10. *Omoplate* (fragment de la partie inférieure de l') : vue en dessous pour montrer la cavité glénoïde, et de profil.
11, 11'. — 11. *Humérus* : représenté par devant, et au-dessous sa tête inférieure. — 11'. Le même os de profil, avec la tête supérieure au-dessus.
12, 12'. — 12. *Radius* : vu par devant et au-dessous sa tête inférieure. — 12'. Le même os de profil, avec sa tête supérieure en dessus.
13. *Radius* et *Cubitus* (extrémités des) réunis par leurs parties supérieures : vus de face.
14, 14'. — *Cubitus* à peu près complet : représenté de face. — 14. Partie supérieure. — 14'. Partie inférieure. — La partie moyenne manque, ce qui fait que l'on ne peut avoir exactement la longueur de l'os.
15. *Bassin* (portion du) : représentant la cavité cotyloïde.
16, 16', 16''. — 16. *Fémur* : vu par devant et au-dessous sa tête inférieure. — 16'. Le même os dessiné par derrière, avec sa tête supérieure au-dessus. — 16''. Le même os, de profil.
17. *Rotule* : vue par devant et par derrière.
18, 18'. — 18. *Tibia* : vu par devant. — 18'. Le même os représenté par derrière ; au-dessus sa tête supérieure, et au-dessous sa tête inférieure.
19, 19'. — *Calcanéum*. — 19 dessiné par sa face supérieure. — 19' de profil externe.
20. *Astragale* et *Cuboïde* réunis : vus en dessous.
21, 21'. — *Astragale*. — 21 représenté par sa poulie. — 21' par sa face articulaire avec le calcanéum.
22. *Cuboïde* : séparé de l'astragale, et en dessous.
23. *Doigt* articulé avec un métacarpien ou un métatarsien. — La phalange onguéale manque en partie, et n'est représentée que par des points.

24, 24′, 24″. *Métacarpiens* ou *Métatarsiens* de différents doigts et de différente taille, appartenant probablement à la main et au pied, et représentés de face et de profil.

25. *Première phalange de la main* ou du *pied* : vue en dessus et de profil.

26. *Deuxième phalange de la main* ou du *pied* : dessinée de profil et par ses poulies supérieure et inférieure.

27. *Phalange onguéale de la main* ou *du pied* : vue de profil.

Observations. M. Lartet, dans ses catalogues, indique cette espèce sous le nom de *M. Sansaniensis*, et un autre paléontologiste sous celui de *M. giganteum*, dénomination qu'il attribue à tort à M. Lartet.

EXPLICATION DES PLANCHES.

MEGATHERIUM.

PLANCHE I. — Têtes et Système dentaire se rapportant à des espèces des groupes génériques des *Megatherium*, *Mylodon* et *Scelidotherium*.

Figuré à la réduction de 1/6 de la grandeur naturelle.

§ 1. *Megatherium Cuvieri*, A.-G. Desmarest.

1. *Tête* complète avec la mandibule en connexion. Copie d'une figure antérieurement publiée.

2, 2'. — 2. Portion postérieure d'une *tête* rapportée de Buénos-Ayres par M. Villardebo : en dessus et par la face occipitale. — 2'. La même, de profil.

3, 3'. Partie antérieure d'une *tête* trouvée avec quelques débris du squelette, par M. Woodbir-Parisifr, dans le lit du Salado, rivière de la plaine sud de Buénos-Ayres. Figuré 3 en dessus et 3' de profil, d'après le modèle en plâtre du squelette fait sous la direction de M. Chautrey, membre de l'Académie des sciences de Londres, donné au Muséum de Paris par le collége des Chirurgiens, qui possède l'original, et conservé dans la galerie d'Anatomie comparée.

4. Débris sans renseignement d'une partie postérieure de tête, attribué sans doute au *Megatherium;* figuré en arrière pour montrer le trou occipital.

5. Cinq *dents molaires* rangées dans l'ordre sérial : de profil externe et interne et par la couronne ; d'après des modèles en plâtre donnés par le collége des Chirurgiens de Londres.

6. *Dent* provenant de l'Amérique méridionale, donnée par M. de Bonpland : par la face interne et la couronne.

7. *Dent* par la couronne; d'après un modèle en plâtre se rapportant peut-être au *Megatherium*, mais en trop mauvais état pour qu'on puisse l'affirmer.

§ 2. *Mylodon*, Owen.

8, 8'. *Mylodon robustus*, Owen, de Buénos-Ayres par M. Villardebo. — 8. *Tête* : en dessus et en dessous pour montrer les couronnes des dents. — 8'. La même *tête* : de profil avec la mandibule en connexion.

9. *Mylodon robustus*. La moitié de la *mandibule* : en dessus pour montrer les couronnes des molaires. D'après une pièce trouvée auprès de Buénos-Ayres, sur les bords du Lutjan. Recueilli par M. E.-X. Munez, et donné par l'ordre du général Rosas, président de la République de Buénos-Ayres, à M. l'amiral Dupotet.

10. *Mylodon robustus major*. *Mandibule* : par la couronne des dents. De Buénos-Ayres, par M. Villardebo.

11. *Mylodon robustus major* de Buénos-Ayres, par M. Villardebo. Extrémité antérieure du *palais*, avec l'*incisive* et la première *molaire* : par la couronne.

12. *Mylodon robustus*. *Mandibule* sans renseignement, montrant les couronnes des trois dernières molaires.

13 et 14. *Bouts de tête* : en dessous avec les molaires ; probablement d'un *Mylodon*. Copie de figures, peut-être de M. Owen.

15. *Mylodon Darwinii*, Owen. Portion de *mandibule* en dessus et de profil. D'après un modèle en plâtre donné par le collége des Chirurgiens de Londres : l'original provenant du *Voyage du Beagle* (p. 63, Pl. XIX).

16. *Mylodon Harlani*, Owen (*Megalonyx du Kenuctky*, Harlan). Portion de *mandibule* de profil et en dessus pour montrer les couronnes des dents. D'après un modèle en plâtre donné par M. Peale ; l'os en nature appartient au Lycæum de New-York.

17. *Mylodon robustus intermedius*. Portion de *mandibule* : représentée par la couronne des molaires. De Buénos-Ayres, par M. Dupotet.

18. *Mylodon*. Portion de *mandibule* : par ses faces externe et interne et en dessus. Cette pièce ne porte pas de renseignement.

§ 3. *Scelidotherium*, Owen.

19, 19'. *Scelidotherium* des cavernes du Brésil, par M. Wedell. *Tête* figurée en dessus, et par la face postérieure ou occipitale 19, de profil avec la mandibule en connexion 19'.

20, 20', 20''. *Scelidotherium leptocephalum*, Owen. De Buénos-Ayres, par M. Dupotet. — 20. *Tête* : en dessus, en dessous et par la face postérieure. — 20'. *Tête* et *mandibule* réunies : de profil. — 20''. *Mandibule* : en dessus pour montrer les couronnes des molaires.

21. *Scelidotherium* des cavernes *du Brésil*, par M. Claussen. Face postérieure d'une portion de *tête*.

22. *Scelidotherium*. Du Brésil, par M. Claussen. Portion de *mandibule* avec les quatre molaires : figurée par la couronne.

23. *Scelidotherium*. Du Brésil, par M. Claussen. Portion d'une moitié de *mandibule* : de profil et en dessus.

24. *Scelidotherium*. Du Brésil, par M. Claussen. Moitié de *mandibule* presque complète : par les faces externe et interne et en dessus pour montrer les alvéoles dentaires.

25. *Scelidotherium*. Du Brésil, par M. Claussen. Bout antérieur d'une *mandibule* : de profil.

26. *Scelidotherium*. Du Brésil, par M. Clausen. Portion de *tête* (*mâchoire supérieure*) : figurée par le palais et de profil pour montrer les *trous alvéolaires* des cinq molaires.

PLANCHE II. — Parties caractéristiques du tronc des espèces des groupes génériques des *Megatherium*, *Mylodon* et *Scelidotherium*.

Figuré à la réduction de 1/6 de la grandeur naturelle.

§ 1. *Megatherium Cuvieri*.

1. *Atlas* : par la face antérieure et en dessous. D'après un fossile rapporté de Buénos-Ayres, par M. Villardebo.

2. 7e *vertèbre cervicale* : par la face antérieure et de profil. D'après le modèle en plâtre du squelette conservé dans la galerie d'Anatomie comparée, et donné par le collége des Chirurgiens de Londres.

3. *Vertèbre dorsale* : par la face antérieure et de profil. Des environs de Buénos-Ayres ; rapporté par M. l'amiral Dupotet.

4. *Vertèbre dorsale* (portion de) : par la face postérieure. De Buénos-Ayres ; par M. Dupotet.

5. *Sacrum* : représenté par la face postérieure. D'après le modèle en plâtre du squelette du cabinet d'Anatomie comparée.

6. L'une des *premières vertèbres caudales* : par la face antérieure et de profil montrant l'os en V. D'après le modèle en plâtre du squelette.

7. *Un os en* V d'une vertèbre caudale isolée : de profil. De Buénos-Ayres ; par M. Dupotet.

8. L'une des dernières *vertèbres caudales* : par la face antérieure et de profil. D'après le modèle en plâtre du squelette.

9, 10. *Plaques sternales* ? d'un *Megatherium* ? Ces deux pièces, dont la détermination semble au moins très-difficile, sinon impossible, n'appartiennent pas aux collections du Muséum, et les deux figures ont été reproduites d'après quelque mémoire de paléontologie.

11, 12. *Deux plaques sternales* : en dessus et en dessous. D'après le modèle en plâtre du squelette.

13. 1re *côte :* par la face articulaire avec le sternum. D'après le modèle en plâtre du squelette.

14, 15. *Deux côtes :* par la face articulaire. D'après le squelette du cabinet d'Anatomie comparée.

16. *Côte* plus complète. Trouvée aux environs de Buenos-Ayres et rapportée par M. Dupotet. Figurée de la même manière que les deux précédentes.

§ 2. *Mylodon.*

17. *Atlas :* par la face antérieure. Figuré d'après le *Mylodon robustus* de M. Owen (*Description of the squelett of an extinct stoth Mylodon robustus*, Pl. VII, Fig. 1).

18. *Atlas* incomplet : par la face antérieure. D'après le squelette du *Mylodon robustus* rapporté des environs de Buenos-Ayres par M. Villardebo.

19. *Atlas :* en dessous. Provenant de Buenos-Ayres, par M. Villardebo, et se rapportant à une plus petite espèce que les deux précédentes.

20. *Axis :* de profil. D'après le *Mylodon robustus* de M. Owen (*loco citato*, Pl. VII, Fig. 5).

21. *Vertèbre cervicale* du *Mylodon robustus* de Buenos-Ayres ; par M. Villardebo. Cette vertèbre incomplète est vue de profil et par la face antérieure. (Du squelette du cabinet de Paléontologie.)

22. *Vertèbre dorsale :* de profil et par la face antérieure. Du *M. robustus* d'Owen (Pl. VIII, Fig. 1 et 2).

23. *Vertèbre lombaire* incomplète : par la face antérieure. De Buenos-Ayres ; par M. Villardebo. Probablement du squelette.

24. L'une des *premières vertèbres caudales* du *M. robustus :* en dessus. D'après M. Owen, Pl. VIII, Fig. 7.

25. *Vertèbre caudale* avec l'os en V : figurée par la face antérieure. D'après M. Owen, Pl. VIII, Fig, 4.

26. *Manubrium* d'un *Mylodon :* en dessus, en dessous et de profil. D'après un fossile des environs de Buenos-Ayres, rapporté par M. l'amiral Dupotet.

27. *Sternum* (portion antérieure de) : en dessus et, en partie, en dessous. Du *Mylodon robustus*; d'après la Pl. VIII, Fig. 1, 2 et 3, du travail de M. Owen.

28, 29, 30. *Hyoïde* (diverses parties de l') de plusieurs individus du *Mylodon robustus*. De Buenos-Ayres ; par M. Villardebo. Se rapportant au squelette de la galerie de Paléontologie.

§ 3 *Scelidotherium.*

31. *Axis :* en dessus et de profil. Des cavernes du Brésil.

32. *Axis* de plus grande taille : de profil. Copié de la Pl. IX, Fig. 1, du travail de M. Lund, cité n° 54.

33. *Vertèbre cervicale :* de profil et par la face antérieure. De l'Amérique méridionale ; rapportée par MM. de Castelnau et E. Deville.

34. *Vertèbre cervicale :* de profil et par la face antérieure. De Buenos-Ayres ; par M. Dupotet.

35. Autre *vertèbre cervicale :* de profil et par la face antérieure. Sans renseignement.

36. *Vertèbres cervicales, dorsales,* et *côtes :* en dessus et de profil. D'après un modèle en plâtre du *Scelidotherium leptocephalum* de Buenos-Ayres ; modèle en plâtre donné par M. Owen.

37. *Vertèbre dorsale :* de profil et par la face postérieure. De l'Amérique méridionale ; par MM. Castelnau et Deville.

38. *Vertèbre dorsale :* de profil. Des cavernes du Brésil ; par M. Clausen.

39. *Vertèbre dorsale* (partie antérieure) : en dessus. Provenant d'un *Scelidotherium*, sans renseignement.

40. *Vertèbre dorsale :* de profil et par la face antérieure. Du Brésil ; par M. Claussen.

41. *Vertèbre dorsale* (partie antérieure) : par la face antérieure. Du Brésil ; par M. Claussen.

42. *Vertèbre dorsale* (partie postérieure) : par la face antérieure. Du Brésil ; par M. Claussen.

43. *Vertèbre lombaire* incomplète : de profil et par la face postérieure. Des cavernes du Brésil ; par M. Claussen.

44. *Vertèbre lombaire* (partie moyenne) : en dessus. Sans renseignement.

45. *Vertèbre lombaire :* par la face postérieure. Sans renseignement.

46. *Vertèbres lombaires* du *Scelidotherium leptocephalum :* en dessus. De l'Amérique méridionale; d'après un modèle en plâtre; donné par M. Owen.

47. *Sacrum* du *Scelidotherium leptocephalum :* par-dessus et par la face antérieure. D'après un modèle en plâtre; par M. Owen.

48. *Sacrum* (portion d'un) : par-dessous et par les faces antérieure et postérieure. Des environs du Brésil; rapporté par M. l'amiral Dupotet. — *Observation.* Ce fossile, rapporté par M. de Blainville au *Scelidotherium*, semble plutôt appartenir à une espèce de *Glyptodon.*

49. *Vertèbre caudale :* de profil et par la face antérieure. Des cavernes du Brésil; par M. Claussen.

50. *Vertèbre caudale* (l'une des dernières) : de profil et par la face antérieure. De l'Amérique méridionale; d'après un modèle en plâtre; donné au Muséum par M. Harlan.

51. *Plaque sternale :* en dessus. De l'Amérique méridionale; par M. Wedell (expédition scientifique de M. de Castelnau).

52. Autre *plaque sternale :* en dessus. Sans renseignement.

53. *Sternum* (partie antérieure) : par la face interne. Des cavernes du Brésil; par M. Claussen.

54. *Côte* incomplète : de profil. Copié d'après la Pl. IX, Fig. 5, du travail de M. Lund, *sur les fossiles du Brésil*, publié en 1838 *dans les Mémoires de l'Académie royale des sciences du Danemark.*

PLANCHE III. — Parties caractéristiques des membres antérieurs des espèces des groupes génériques des *Megatherium*, *Megalonyx*, *Mylodon* et *Scelidotherium.*

Figuré à la réduction de 1/6 de la grandeur naturelle.

§ 1. *Megatherium Cuvieri.*

1. *Omoplate :* par la face externe, et en dessous pour montrer la cavité cotyloïde. D'après le modèle en plâtre du squelette du collége des Chirurgiens de Londres, conservé dans la galerie d'anatomie comparée.

2. *Clavicule :* par la face antérieure. D'après le même individu.

3. 1re *côte :* représentée par la face antérieure du même sujet.

4. *Humérus :* par la face antérieure, et, en dessous, l'extrémité inférieure de face. D'après le même sujet.

5. *Radius :* par la face antérieure, et facettes articulaires inférieures en dessous.

6, 6'. *Cubitus :* par les faces antérieure (6) et postérieure (6'). De Buenos-Ayres. Donné par M. Villardebo.

7. *Pied incomplet*, les os en connexion : vu en dessus. D'après le modèle en plâtre du collége des Chirurgiens.

8. *Phalange onguéale du pied* de devant ou de derrière : de profil. D'après le modèle en plâtre du squelette du collége des Chirurgiens.

§ 2. *Megalonyx.*

Figuré d'après des modèles en plâtre donnés au Muséum en 1831 et 1842 par M. Harlan, et d'autres modèles offerts par M. Peale.

9. *Omoplate :* par la face antérieure, et en dessous pour montrer la cavité cotyloïde. Par M. Harlan.

10. *Humérus :* par la face antérieure. Par M. Harlan.

11. *Humérus :* par la face antérieure; semblant appartenir à une plus grande espèce que l'espèce précédente. Par M. Harlan.

12. *Humérus* (portion supérieure) : par la face postérieure. Se rapportant probablement à un *Megalonyx.* Par M. Harlan.

13. *Humérus* : par la face postérieure. D'après un plâtre donné par M. Harlan en 1842, et se rapportant à une très-grande espèce.

14. *Radius* : par la face antérieure, avec les facettes articulaires supérieure et inférieure. D'après un plâtre donné par M. Peale.

15. *Radius* : par la face antérieure, avec les facettes articulaires supérieures. D'après le modèle de M. Harlan.

16. *Cubitus* : de profil externe. D'après un modèle en plâtre donné par M. Peale.

17, 17'. *Deux doigts* complets : les os de profil. D'après des modèles en plâtre donnés par M. Peale.

18. *Phalange onguéale* : de profil ; par M. Harlan.

§ 3. *Mylodon.*

19. *Humérus* du *M. robustus* : par la face antérieure, et tête supérieure en dessus. De Buenos-Ayres ; par M. Villardebo.

20. *Humérus* du *M. robustus* : par la face antérieure. De Buenos-Ayres ; par M. Villardebo.

21. *Humérus* (partie inférieure) : par la face antérieure. De Buenos-Ayres ; par M. Dupotet.

22. *Radius* de *M. robustus* : par la face antérieure, et avec les facettes articulaires des deux têtes. De Buenos-Ayres ; par M. Villardebo.

23. *Radius* de *M. robustus* : par la face antérieure, avec la tête supérieure par ses articulations. Copié d'après la *Monographie* de M. Owen.

24. *Radius* (portion supérieure) : par la face antérieure. De Buenos-Ayres ; par M. Villardebo.

25. *Cubitus* : représenté par la face antérieure. De Buenos-Ayres ; par M. Villardebo.

26, 26'. *Pied de devant* presque complet : 26 en dessus, 26' en dessous. D'après le squelette presque complet rapporté de Buenos-Ayres par M. Villardebo (*M. robustus*).

§ 4. *Scelidotherium.*

27. *Omoplate* du *Scelidotherium leptocephalum* : par la face externe. D'après un fossile provenant des cavernes du Brésil, et rapporté par M. Claussen. — La figure est complétée d'après un modèle en plâtre d'omoplate donné par M Owen, et dont l'original provient du *Voyage du Beagle.*

28. *Humérus* complet : par la face antérieure. D'après un fossile provenant de Buenos-Ayres, rapporté par M. Villardebo.

29. *Humérus* (portion inférieure d') : par la face antérieure. Des cavernes du Brésil ; par M. Claussen.

30. *Radius* (partie supérieure) : par la face antérieure. Des cavernes du Brésil ; par M. Claussen.

31. *Radius* (partie inférieure) : par la face postérieure, avec les facettes articulaires inférieures en dessous. Des cavernes du Brésil ; par M. Claussen.

32, 32'. *Cubitus* en entier : 32 par la face antérieure, 32' de profil. Des cavernes du Brésil ; par M. Claussen.

33. *Os du carpe* en place : de profil. Des cavernes du Brésil ; par M. Claussen.

34, 34'. *Phalange onguéale* : 34 de profil, 34' vue en dessous. Des cavernes du Brésil ; par M. Claussen.

35. *Phalange onguéale* : de profil. Probablement d'une espèce de petite taille, et peut-être de *Scelidotherium ?*

PLANCHE IV. — Parties caractéristiques des membres postérieurs des espèces des groupes génériques des *Megatherium*, *Megalonyx*, *Mylodon* et *Scelidotherium.*

Figuré à la réduction de 1/6 de la grandeur naturelle.

§ 1. *Megatherium Cuvieri.*

1. *Bassin* : de profil. D'après le modèle en plâtre du squelette du collége des Chirurgiens de Londres, qui est à la galerie d'Anatomie comparée.

2. *Fémur* : par la face postérieure. Des environs de Buenos-Ayres; rapporté par M. l'amiral Dupotet.

3. *Rotule* : par les faces externe et interne. Des environs de Buenos-Ayres; par M. Dupotet.

4. *Tibia* et *Péroné* : par la face antérieure. De Buenos-Ayres; rapporté par M. l'amiral Dupotet.

5. *Astragale*. De Buenos-Ayres; par M. Dupotet.

6. *Calcanéum* : en dessus. De Buenos-Ayres; par M. Dupotet.

7. *Pied de derrière* (les os en connexion) : de profil. Des environs de Buenos-Ayres; par M. Dupotet.

8. *Phalange onguéale* : de profil. D'après le modèle en plâtre du squelette du collége des Chirurgiens de Londres.

9. *Phalange onguéale* : de profil. Attribuée, soit à un *Megatherium*, soit à un *Mylodon*, et intermédiaire aux deux par la taille.

§ 2. *Megalonyx.*

D'après des modèles en plâtre dont les originaux ont été trouvés dans l'Amérique méridionale, donnés par M. Harlan en 1831.

10. *Tibia* : par la face antérieure.

11. *Calcanéum* : de profil et en dessus.

§ 3. *Mylodon.*

12. *Fémur* de la grande espèce : par la face postérieure. De Buenos-Ayres; par M. Villardebo.

13, 13′, 13″. — 13. *Fémur* d'une plus petite espèce : par la face postérieure. De Buenos-Ayres; par l'amiral Dupotet. — 13′. Facettes articulaires en dessus. — 13″. Partie inférieure du même os par la face postérieure.

14. *Rotule* : par les faces externe et interne. De Buenos-Ayres; par M. Dupotet.

15. *Tibia* d'une espèce de grande taille : par la face antérieure. De Buenos-Ayres, par M. Dupotet.

16. *Tibia* du *Mylodon robustus* du squelette presque complet de la galerie de Paléontologie. Rapporté des environs de Buenos-Ayres par M. Villardebo. Figuré par la face antérieure.

17. *Péroné* : par les facettes articulaires avec le tibia. Du squelette de Buenos-Ayres; par M. Villardebo.

18. *Astragale* de *Mylodon* de la grande espèce; de Buenos-Ayres; par M. Dupotet.

19. *Astragale* du *Mylodon robustus*. Du squelette de Buenos-Ayres; par M. Villardebo.

20. *Astragale* : sur deux de ses faces. De Buenos-Ayres; par M. Dupotet.

21. *Calcanéum* : en dessus. De la Bolivie; par M. Wedell. Fossile attribué par M. de Blainville à une grande espèce de *Mylodon*, et que M. P. Gervais regarde comme une espèce particulière de *Megatherium*.

22. *Calcanéum* : en dessus et par la face articulaire avec le pied. Faisant partie du squelette rapporté de Buenos-Ayres; par M. Villardebo. (*Mylodon robustus.*)

23. *Calcanéum* : en dessus. De Buenos-Ayres; par M. Dupotet.

24, 24′. *Patte* du *Mylodon robustus* : 24 de profil, et 24′ en dessus. D'après le squelette de Buenos-Ayres; par M. Villardebo.

25. *Doigt*, comprenant le métatarsien et les trois phalanges : de profil. Appartenant à la grande espèce de *Mylodon*. De Buénos-Ayres; par M. Dupotet.

26. *Métatarsien* : de profil. D'après un *Mylodon* sans renseignement.

§ 4. *Scelidotherium.*

27. *Bassin* (portion de) : de profil, montrant particulièrement la cavité cotyloïde. Des cavernes du Brésil, donné par M. Claussen.

28. *Fémur* : par la face postérieure. Des cavernes du Brésil; par M. Claussen.

29. *Tibia* : par la face antérieure. D'après un fossile trouvé dans les cavernes du Brésil ; par M. Claussen.

30. *Péroné* : par la face articulaire avec le tibia. Des cavernes du Brésil ; par M. Claussen.

31. *Astragale* : par deux de ses faces. Des cavernes du Brésil ; par M. Claussen.

32. *Calcanéum* : en dessus et par les facettes articulaires. Des cavernes du Brésil ; par M. Claussen.

33. *Pied* presque complet : de profil ; du *Scelidotherium leptocephalum*. Des environs de Buenos-Ayres, par M. l'amiral Dupotet.

34. *Pied* un peu moins complet, d'après des fossiles des cavernes du Brésil : en dessus et de profil. Par M. Claussen.

35. *Ongle* (portion cornée d'un) : de profil. Provenant des cavernes du Brésil ; par M. Claussen.

36. *Phalange onguéale* : de profil. Du Brésil, par M. Claussen.

EXPLICATION DES PLANCHES.

GLYPTODON.

PLANCHE I. — SQUELETTE complet, DIVERS OS, et PLAQUES DE LA CARAPACE *de Glyptodon*.

Figuré au sixième de la grandeur naturelle.

1. *Squelette* complet d'un *Glyptodon cavipes*, Owen : de profil. Reproduit d'après une figure de M. Owen.
2. *Carapace* (portion postérieure d'une); appartenant à une grande espèce de *Glyptodon*, découverte aux environs de Buenos-Ayres, aux bords de la rivière Lutjan, par M. Munez, et remis à M. l'amiral Dupotet par le général Rosas, président de la République de Buenos-Ayres. Représentée en dessus, par la partie postérieure, et par les plaques qui bordent la carapace.
3. *Queue* (extrémité de la) : en dessus et de profil. De Buenos-Ayres; par M. l'amiral Dupotet.
4. *Queue* (très-grande portion de la) : en dessus. Des environs de Buenos-Ayres; par M. Villardebo, et faisant partie des collections du Muséum.
5. *Queue* (très-grande partie de la) : en dessus, de profil, et coupe de son extrémité antérieure. Des environs de Buenos-Ayres; rapporté par M. Villardebo, et appartenant à la collection paléontologique de l'École Normale.
6. *Queue* (extrémité de la) : en dessus et par son extrémité. Copié d'après M. Owen.
7. *Queue* (extrémité de la) : en dessus. D'après M. Owen.

Un très-grand nombre de *plaques* isolées ou réunies de diverses parties de la carapace de différentes espèces de *Glyptodon*. D'après des plaques rapportées des environs de Buenos-Ayres et d'autres parties de l'Amérique méridionale, par MM. Villardebo, Dupotet, etc. Quelques-unes copiées d'après MM. Owen, Lund, etc.

PLANCHE II. — TÊTES et PARTIES CARACTÉRISTIQUES DU TRONC et des MEMBRES de diverses espèces de *Glyptodon*.

Figuré à la réduction de 1/6 de la grandeur naturelle.

§ 1. CRANES.

1. *Tête* (portion postérieure de) : en dessus et en dessous. Copié d'après un travail de M. Owen.
2. *Tête* (portion postérieure de) d'une espèce de petite taille : en dessus, en dessous, et par la face occipitale. D'après le crâne d'une espèce trouvée sur les bords du Lutjan, aux environs de Buenos-Ayres, par M. Munez, et donné par ordre du général Rosas, à M. l'amiral Dupotet, pour le Muséum d'Histoire naturelle.

3. *Tête* (portion postérieure de) : par la face occipitale, en dessous et de profil. Appartenant à une grande espèce; trouvé aux environs de Buenos-Ayres, par M. Villardebo.

4. *Tête* (portion de) avec une arcade zygomatique : de profil. Par M. Dupotet.

5. *Mandibule* complète d'une grande espèce : par les profils interne et externe. Rapporté par M. Dupotet.

6. *Mandibule* incomplète : de profil interne et en dessus pour montrer les alvéoles dentaires. Copié d'après M. Owen.

§ 2. Tronc.

7. *Vertèbre caudale* (une des premières) : en dessus et par la face postérieure. Par M. Dupotet.

8. *Vertèbre caudale* (une des premières) : en dessus, par la face antérieure et de profil.

9. *Vertèbre caudale* (une de celles du milieu de la queue) : par la face antérieure et de profil.

10. *Vertèbre caudale* (une des dernières) : en dessus, par la face antérieure et de profil.

11. *Vertèbres caudales* (les deux dernières réunies) : de profil, en dessus et par la face antérieure de l'avant-dernière.

12. *Queue* (extrémité de la) avec une vertèbre en position pour soutenir la carapace : figuré par la face antérieure; les os en V manquent.

13. *Os en V* : par devant et de profil.

14. *Os en V* : par devant, de profil et par la face antérieure.

15. *Os en V* : par devant, de profil et par la face antérieure.

16. *Sternum* (portion postérieure), avec les deux côtes articulées à cet os : par la face antérieure.

Toutes ces diverses pièces, depuis le N° 7, ont été rapportées de Buenos-Ayres par l'amiral Dupotet.

§ 3. Membres.

17. *Omoplate* (fragment d') montrant la facette articulaire cotyloïdienne : de profil et par la face postérieure. Copié d'après M. Owen.

18. *Cubitus* (portion supérieure du) : de profil. Par M. Dupotet.

19. *Cubitus* complet : par la face antérieure et de profil. D'après M. Owen.

20. *Radius*? d'une petite espèce : par la face antérieure. Sans renseignement, et ne faisant pas partie des collections du Muséum d'Histoire naturelle.

21. *Patte de devant* incomplète; les os en connexion : en dessus. Copié d'après M. Owen.

22. *Fémur* d'une grande espèce : par la face antérieure, en dessus et par les facettes articulaires inférieures. Par M. Dupotet.

23. *Fémur* d'une petite espèce : par la face antérieure. Des cavernes du Brésil. Copié d'après la Pl. XIII, Fig. 2, des *Mémoires de l'Académie des Sciences du Danemark*; par M. Lund.

24. *Tibia* et *Péroné* réunis : par la face antérieure, de profil et par les facettes articulaires supérieure et inférieure. De Buenos-Ayres; rapporté par M. Dupotet.

25. *Tibia* (face inférieure du) : par les facettes d'articulation. D'après un modèle en plâtre faisant partie des collections du Muséum; donné par le Collége des Chirurgiens de Londres.

26. *Astragale* de grande taille : par les faces supérieure (en dessus) et inférieure (en dessous). Des environs de Buenos-Ayres; par M. Villardebo.

27. *Astragale* de taille moyenne : en dessus et en dessous. De Buenos-Ayres; rapporté par M. Dupotet.

28. *Astragale* de très-petite taille : en dessus et en dessous. De Buenos-Ayres; par M. Dupotet.

29. *Os du tarse?* Sans renseignement, et ne faisant pas partie des collections du Muséum. Figuré en dessus et en dessous.

30. *Scaphoïde :* par la face articulaire avec l'astragale et par ses facettes pour les trois cunéiformes. D'après un modèle en plâtre, donné au Muséum par le Collége des Chirurgiens de Londres.

31. *Pied de derrière* complet, tous les os qui le composent en connexion : en dessus et en dessous. Des environs de Buenos-Ayres; rapporté au Muséum d'Histoire naturelle par M. l'amiral Dupotet.

EXPLICATION DE LA PLANCHE.

TOXODON.

PLANCHE UNIQUE. — TÊTE et PARTIES CARATÉRISTIQUES du *Toxodon Platensis*, Owen.

Figuré à la réduction de 1/4 de grandeur naturelle.

Presque tous les dessins sont faits d'après les fossiles découverts aux environs de Buenos-Ayres et donnés au Muséum par M. Villardebo; quelques-uns d'après la *Zoologie du Beagle* et d'après l'*Odontographie* de M. Owen.

Tête : représentée en dessous pour montrer les couronnes des dents, de profil et par la face postérieure ou occipitale. D'après une pièce en nature et complétée d'après M. Owen.
Mandibule : de profil et en dessus pour montrer les couronnes des dents. Copié d'après M. Owen.
Dix *dents supérieures* de diverses sortes : de profil. D'après M. Owen.
Dents de la mandibule en série : par la couronne. Copié d'après l'*Odontographie* de M. Owen.
Atlas : par la face antérieure et en dessus.
Vertèbre cervicale : par la face antérieure, en dessus et de profil.
Vertèbres dorsales : une des premières par la face antérieure et de profil ; une des dernières par la face antérieure.
Sternum (portion antérieure) : en dessus et montrant le manubrium.
Côte à peu près complète, excepté la partie postérieure : par la face externe.
Omoplate ; par la face antérieure, et, en dessous (la cavité glénoïde).
Humérus : par la face antérieure, de profil, et par ses deux têtes pour montrer les facettes articulaires.
Radius : de profil, et, au-dessous, les facettes articulaires inférieures.
Cubitus : par la face antérieure et de profil.
Fémur : par la face antérieure; les têtes supérieure et inférieure par leurs facettes d'articulation en dessus et en dessous.
Tibia épiphysé : par la face antérieure et de profil.
Astragale : par les faces articulaires avec le tibia et avec les os du pied.
Métacarpien : en dessus. Copié d'après M. Owen.

EXPLICATION DE LA PLANCHE.

ELASMOTHERIUM.

PLANCHE UNIQUE. — PIÈCES TYPIQUES des groupes génériques des *Elasmotherium*, Fischer de Waldheim, et *Stereoceros*, Duvernoy, et, comparativement, TÊTE et MANDIBULE de *Rhinocéros*, et MANDIBULE de *Mylodon*.

A la réduction de 1/4 de la grandeur naturelle.

§ 1. *Elasmotherium.*

Mandibule (moitié de) : de profil externe et interne et en dessus pour montrer les couronnes des dents.

D'après un modèle en plâtre de l'*Elasmotherium* de Russie, donné au Muséum par M. Fischer de Waldheim.

Et comparativement à cette mandibule :

Mandibule d'un Rhinocéros actuellement vivant, le *Rhinoceros Africanus* : figurée en dessus;
Mandibule (portion antérieure d'une) du *Mylodon robustus* de Buenos-Ayres, par M. Villardebo : représentée par les couronnes des molaires.
Molaire d'Elasmotherium, de grandeur naturelle : de profil et par la couronne. Copiée d'après la planche du Mémoire de M. Fischer de Waldheim, inséré dans le tome Ier des *Mémoires de la Société d'histoire naturelle de Moscou.*

§ 2. *Stereoceros.*

Tête (portion postérieure de) : figurée en dessus, en dessous, par la face postérieure ou occipitale et de profil.

D'après un crâne incomplet, provenant des bords du Rhin, faisant partie de la collection crânioscopique de Gall, que possède le Muséum d'Histoire naturelle, 1832. Assez récemment, en 1853, M. G. Duvernoy, dans le tome VII, Pl. II, III et IV, des *Archives du Muséum*, a donné de bonnes figures de ce crâne, représenté de profil, en dessus et par la face occipitale, et il lui a appliqué le nom de *Stereoceros typus vel Galli.*

Nota. M. Fischer de Waldheim (*Mémoires de la Société d'histoire naturelle de Moscou*, tome Ier) a créé le genre *Elasmotherium* d'après la mandibule que nous avons figurée, et qui avait été précédemment reproduite dans le tome II des *Ossements fossiles* de M. G. Cuvier; beaucoup plus tard M. Kaup (*Nouveau Journal de Minéralogie, de Géologie, etc.*, de K. C. de Leonhard et de G. Bronn, pour 1840, p. 453, Pl. VII), d'après l'avis et les dessins de M. Laurillard, a eu l'idée de rapporter à cette mandibule la tête fossile de la collection de Gall, et de regarder ce genre ainsi constitué comme voisin de celui des Rhinocéros : ce qui était conforme à l'opinion de M. G. Cuvier, qui en faisait un genre intermédiaire entre les *Rhinocéros* et les *Equus.* L'opinion de M. Kaup a été reproduite en partie par M. G. Duvernoy (*Archives du Muséum*, tome VII, 1853). En effet, il regarde la mandibule de l'*Elasmotherium* comme formant un groupe de la famille des Rhinocéros, mais il en sépare, à juste raison, le crâne de la collection de Gall, et il l'indique comme une subdivision des *Rhinocéros*, sous la dénomination de *Stereoceros typus vel Galli.* M. de Blainville, et cette opinion est partagée par plusieurs paléontologistes, fait, au contraire, de l'*Elasmotherium* un Édenté, et du crâne de Gall un véritable Rhinocéros : c'est pour le démontrer qu'il avait fait représenter, sur la même planche, une mandibule de *Mylodon*, et une mandibule, ainsi que le profil, d'une tête de *Rhinoceros Africanus.*

EXPLICATION DE LA PLANCHE.

MACRAUCHENIA.

PLANCHE UNIQUE. — Fossiles appartenant ou attribués au *Macrochenia Patachonica*, Owen.

Figuré à la réduction de 1/3 de la grandeur naturelle.

Série en place des *dents* de la mâchoire inférieure. Copié d'après une figure de l'*Odontographie* de M. Owen. Représenté par la couronne.

Vertèbre cervicale : de profil, et coupe de cette même vertèbre. Copié d'après les *Fossil Mammalia*, Owen, insérés dans l'ouvrage intitulé *The Zoology of the Voyage of H. M. S. Beagle*. London, 1840, Pl. VI, Fig. 1 et 2.

Autre *vertèbre cervicale :* par les faces antérieure et postérieure; et, pour montrer les rapports qu'elle a avec elle, une vertèbre de *Camelus Lama* par les faces antérieure et postérieure, au-dessus. — La vertèbre attribuée au *Macrauchenia*, d'après la *Zoologie du Beagle*, d'Owen, Pl. VII, Fig. 1 et 2; et la vertèbre de *Lama*, d'après un squelette du Cabinet d'Anatomie comparée.

Vertèbre lombaire : de profil. D'après M. Owen, *loco citato*, Pl. VIII, Fig. 2.

Autre *vertèbre lombaire :* par la face postérieure. Figurée d'après M. Owen, *loco citato*, Pl. VIII, Fig. 1.

Omoplate (portion inférieure) : de profil et montrant en partie la cavité glénoïde. Owen, *loco citato*, pl. IX, Fig. 1.

Radius (partie supérieure) : par la face antérieure et de profil. D'après l'ouvrage déjà cité de M. Owen, Pl. X, Fig. 1 et 2.

Pied de devant auquel il manque un métacarpien (le premier) et des phalanges : en dessus, et, à côté, les facettes articulaires des trois métacarpiens. D'après un modèle en plâtre donné au Muséum par M. Owen. (Figuré également dans la *Zoologie du Beagle*, Pl. XI, Fig. 1 et 2.)

4ᵉ *métacarpien :* par la face antérieure, de profil et par la poulie inférieure.

3ᵉ *métacarpien :* par la face antérieure, de profil interne et externe et par les facettes articulaires supérieure et inférieure.

2ᵉ *métacarpien :* par la face antérieure et de profil, et facettes articulaires supérieure et inférieure.

1ʳᵉ *phalange* du 4ᵉ métacarpien : en dessus, de profil et par ses facettes supérieures.

1ʳᵉ *phalange* du 3ᵉ métacarpien : en dessus, de profil et par les facettes supérieures.

1ʳᵉ *phalange du* 2ᵉ métacarpien : en dessus, de profil et par les facettes supérieures.

2ᵉ *phalange* du 3ᵉ métacarpien : en dessous.

2ᵉ *phalange* du 2ᵉ métacarpien : en dessous.

3ᵉ *phalange* (phalange onguéale) du 2ᵉ métacarpien : en dessus.

Ces divers *métacarpiens* et *phalanges*, qui sont rangés sur la planche dans l'ordre où nous les avons indiqués et de droite à gauche, ont été dessinés d'après les modèles en plâtre de la patte de devant donnée par M. Owen.

Fémur : par la face antérieure, au-dessus la tête supérieure, et au-dessous la tête inférieure, par leurs facettes articulaires. D'après la Pl. XII, Fig. 1, 2 et 3, du Mémoire de M. Owen, et complété d'après un fémur en nature qui se trouve au Muséum.

Tibia en entier : par sa face antérieure; portions supérieure et inférieure du même os par la face postérieure, et, au-dessous, les facettes articulaires inférieures. D'après M. Owen, *loco citato*, Pl. XIII, Fig. 1, 2, 3 et 4.

Astragale : représenté par la face articulaire avec le tibia, en dessous et de profil. D'après un modèle en plâtre conservé dans la Galerie de Paléontologie. Figuré par M. Owen, *loco citato*, Pl. XIV.

Métatarsien : par la face antérieure. Copié d'après les figures (Pl. XV, Fig. 1) du Mémoire de M. Owen, déjà plusieurs fois cité.

Observations. M. Richard Owen range le *Macrauchenia Patachonica* dans l'ordre des Pachydermes, et, par suite de quelques particularités présentées par les dents et les vertèbres attribuées à cet animal, il fait observer qu'il semble très-voisin des Chameaux; M. de Blainville pensait que les dents et vertèbres rapportées à cet animal appartenaient peut-être à quelque autre, et, par l'ensemble des os du squelette, il était assez porté à rapprocher les *Macrauchenia* des *Rhinocéros*. Ce n'est, au reste, qu'à titre de simple renseignement que nous consignons ici cette opinion de notre savant maître, qu'une étude plus approfondie du même sujet aurait modifiée, détruite, ou confirmée.

EXPLICATION DES PLANCHES.

CROCODILUS.

PLANCHE I. — SQUELETTE du CROCODILE A DEUX ARÊTES, *Crocodilus biporcatus*, Linné. Jeune sujet.

D'après un squelette de la Galerie d'Anatomie comparée du Muséum, provenant du Bengale, et donné par M. Dussumier.

A la réduction de 1/5 de la grandeur naturelle.

Squelette : de profil, et vu par dessus pour montrer principalement le dessus des vertèbres et de la tête.

Au-dessous, et à la réduction de moitié de la grandeur naturelle :

Les *sept vertèbres cervicales* et la première vertèbre dorsale avec la première côte articulée : de profil.

PLANCHE II. — TÊTES de diverses espèces du genre *Crocodilus*, Linné.

A la réduction de 1/4 de la grandeur naturelle.

§ 1. *Crocodilus lucius* (CAIMAN).

Individu ♀. Sans renseignement.

Tête : de profil, en dessus, en dessous et par sa face postérieure.
Mandibule : de profil interne et externe.

§ 2. *Crocodilus vulgaris* (CROCODILE ORDINAIRE).

Sans indication de sexe. Provenant de l'Égypte.

Tête : de profil, en dessus, en dessous et par sa face postérieure.
Mandibule : de profil externe.

§ 3. *Crocodilus Schlegelii* (CROCODILE DE SCHLEGEL).

Individu ♂, de Bornéo. Crâne donné en 1845 par le Musée de Leyde.

Tête : de profil et en dessus.
Mandibule : de profil externe et interne.

§ 4. *Crocodilus longirostris* (GAVIAL DU GANGE).

A. D'après le crâne d'un individu adulte provenant du Bengale, et donné par M. Duvancel.

Tête : de profil, en dessus, en dessous et par sa face postérieure.
Mandibule : de profil externe.

B. D'après le crâne d'un individu plus gros, et mâle.

Bout de museau : en dessus, et en avant pour montrer les dents.
Trois coupes du museau à diverses parties de sa longueur.

C. D'après le crâne d'un jeune sujet.

Tête : coupe de l'intérieur de la tête.
Mandibule : de profil interne.

PLANCHE III. — PARTIES CARACTÉRISTIQUES DU TRONC de diverses espèces du genre *Crocodilus*, Linné.

A la réduction de 1/4 de grandeur naturelle.

§ 1. CROCODILE A DEUX ARÊTES. *Crocodilus biporcatus*.

A. Individu adulte provenant de Calcutta, donné par M. Wallich, et dont le squelette est à la Galerie d'Anatomie comparée.

Atlas : représenté en avant, en arrière, de profil et par sa face articulaire avec la tête.
6e *vertèbre cervicale :* de profil et par la face antérieure.
1re *vertèbre dorsale :* de profil et par la face antérieure.
Dernière vertèbre dorsale : de profil et par la face antérieure.
1re *vertèbre lombaire :* de profil et par la face antérieure.
Dernière vertèbre lombaire : de profil et par la face antérieure.
Sacrum en entier : par dessus.
1re *vertèbre caudale :* de profil et par la face antérieure.
2e *vertèbre caudale :* de profil et par la face antérieure.
22e *vertèbre caudale :* de profil et par la face antérieure.
Hyoïde : vu par sa face antérieure.

B. Individu jeune : sans indication.

4e *vertèbre cervicale :* par ses faces antérieure et postérieure.
2e *vertèbre lombaire :* de profil et en dessus.

§ 2. CROCODILE A LUNETTES. *Crocodilus sclerops*.

D'après un squelette de l'Amérique méridionale conservé dans la Galerie d'Anatomie comparée.

Axis : représenté en dessus, en dessous, de profil et par ses facettes articulaires.
Hyoïde : par sa face antérieure.

§ 3. GAVIAL DU GANGE. *Crocodilus longirostris*.

D'après un squelette envoyé du Bengale par M. Duvancel.

Atlas et *Axis*, soudés ensemble : représentés de profil.
Hyoïde : figuré par sa face antérieure.
Sternum : par sa face interne.

PLANCHE IV. — PARTIES CARACTÉRISTIQUES DES MEMBRES des diverses espèces du genre *Crocodilus*, Linné.

Figuré à la réduction de 1/4 de la grandeur naturelle.

§ 1. Membre antérieur.

A. CROCODILE A DEUX ARÊTES. *Crocodilus biporcatus*.

Os de l'épaule : par la face antérieure et de profil.
Humérus : par la face antérieure, avec sa tête inférieure au-dessous; portions supérieure et inférieure du même os par la face postérieure,
Radius : par la face antérieure.
Cubitus : par la face antérieure.
Main : en dessus avec les os qui la forment en connexion.

B. CROCODILE A LUNETTES. *Crocodilus sclerops*.

Os de l'épaule : par la face antérieure et de profil.
Humérus en entier : par la face antérieure; fragment du même os par la face postérieure et supérieurement.
Radius : par la face antérieure.
Cubitus en entier : par la face antérieure; fragment de la partie supérieure du même os, avec sa tête vue en dessus pour montrer les facettes articulaires.
Main : en dessus avec les os en connexion; au-dessus de la figure les facettes articulaires du carpe, et de côté l'un des doigts vu de profil et en dessous.

C. Gavial du Gange. *Crocodilus longirostris.*

Os de l'épaule : par la face antérieure et de profil.
Humérus : par la face antérieure, et au-dessus la tête supérieure.
Radius : par la face antérieure, avec les facettes articulaires des deux têtes au-dessus et au-dessous.
Cubitus : par la face antérieure.
Main : en dessus; les os en connexion.

§ 2. Membre postérieur.

A. Crocodile a deux têtes. *Crocodilus biporcatus.*

Bassin : de profil.
Fémur : par la face antérieure; au-dessus tête supérieure en dessus; au-dessous tête inférieure en dessus, et partie inférieure du même os par la face postérieure.
Tibia : par la face antérieure, et portion inférieure du même os par la face postérieure.
Péroné : par la face interne.
Pied : en dessus, avec les os en connexion.

B. Crocodile a lunettes. *Crocodilus sclerops.*

Bassin : de profil.
Fémur : par la face antérieure.
Tibia : par la face antérieure; et facettes articulaires supérieures au-dessus.
Péroné : par la face interne.
Pied : en dessus avec les os en connexion; à côté l'un des doigts et le tarse, de profil.

C. Gavial du Gange. *Crocodilus longirostris.*

Bassin : de profil.
Fémur : par la face antérieure, et par la face postérieure.
Tibia en entier : par la face antérieure, au-dessus partie supérieure du même os par la face postérieure, et au-dessous facettes articulaires inférieures.
Péroné : par la face interne, avec sa tête inférieure en dessous.
Pied : en dessus, avec les os en connexion.

PLANCHE V. — Système dentaire des diverses espèces du genre *Crocodilus*, Linné.

Figuré à 1/3 de la grandeur naturelle.

A. Machoire supérieure.

1. *Crocodilus lucius.*

Tête : de profil et en dessous pour montrer les dents et les alvéoles.

2. *Crocodilus biporcatus.*

Tête : de profil.

3. *Crocodilus rhombifer.*

Tête : en dessous, avec les alvéoles.

4. *Crocodilus Schlegelii.*

Bout de tête : de profil, et extrémité du museau en dessous pour montrer les alvéoles.

5. *Crocodilus longirostris* ♂.

Bout de tête : de profil, et tête en dessous pour faire voir les alvéoles.

B. Machoire inférieure.

1. *Crocodilus lucius.*

Mandibule : de profil avec les dents, et en dessus avec les alvéoles.

2. *Crocodilus biporcatus.*

Mandibule : de profil.

3. *Crocodilus rhombifer.*

Mandibule : en dessus avec les alvéoles.

4. *Crocodilus Schlegelii.*

Portion de *mandibule :* de profil.

5. *Crocodilus longirostris.*

Mandibule presque complète : de profil pour montrer les dents, et par dessus pour faire voir les alvéoles.

C. Machoires supérieure et inférieure.

Crocodilus longirostris.

Extrémités du museau, pour montrer les dents; la supérieure : en dessous; l'inférieure, en dessus.

Crocodilus vulgaris.

Extrémités des deux mâchoires : de profil pour montrer les dents.

D. Système dentaire, avec les dents séparées des alvéoles.

Crocodilus sclerops.

A la réduction de 1/3 de la grandeur naturelle.

Série complète et en place de toutes les *dents des mâchoires supérieure et inférieure :* de profil.

Figuré de grandeur naturelle.

Douze dents indiquées sous les lettres A, B et C, retirées de leurs alvéoles, représentées soit par leurs faces antérieure et postérieure, soit de profil; coupes de deux d'entre elles, et l'une étant elle-même coupée par son milieu pour montrer l'intérieur de la dent.

PLANCHE VI. — Têtes d'espèces fossiles du genre *Crocodilus*, Linné.

Figuré à la réduction de 1/4 de la grandeur naturelle.

§ 1. *Crocodilus depressifrons.*

Du Soissonnais. Donné au Muséum par M. Louis Grave.

Tête : en dessus, en dessous, de profil et par la face postérieure.
Mandibule : de profil et par la face interne.

§ 2. *Crocodilus Cadomensis* (*Teleosaurus*).

Des environs de Caen, par M. Lamouroux.

Tête : en dessous et coupe intérieure.

§ 3. *Crocodilus temporalis.*

Des environs de Thionville; communiqué par M. Terquem; dessiné d'après nature. Le Muséum possède des modèles en plâtre de cette tête, qui a été décrite sous le nom de *Crocodile de Metz*.

Tête : représentée de profil et en dessous; de grandeur naturelle, et à la réduction de 1/3.

§ 4. *Crocodilus macrorhynchus.*

Fossiles du Mont-Aimée (département de la Marne), en Champagne, et non en Bourgogne, comme cela est indiqué par erreur typographique sur la planche.

A. Crâne cédé au Muséum par M. le baron de Ponsort.

Tête : de profil et en dessus, dont le bout du museau, qui manque sur la pièce, a été complété au trait d'après un Gavial.
Mandibule complète : de profil et encore engagée dans la pierre.

B. Fragment de tête appartenant à l'École Normale.

Partie postérieure de *tête :* figurée en dessous, et de profil.

C. *Mandibules* communiquées par M. Pomel.

L'une représentée de profil.
Et l'autre, plus grande, en dessous.

PLANCHE VII. — Fossiles de groupes génériques voisins de celui des *Crocodilus*.

Figuré à la réduction de moitié de la grandeur naturelle.

§ 1. *Nothosaurus* ou *Cymosaurus* du Muschelkalk des environs de Lunéville.

A. Pièces faisant partie de l'ancienne collection de M. Gaillardeau, communiquées par M. Mougeot, figurées en grande partie par MM. G. Cuvier et Hermann de Meyer. — Toutes les figures de cette planche ont été représentées d'après nature, et les collections du Muséum en possèdent les modèles en plâtre.

1. *Tête* (partie occipitale d'une) : en dessus et en arrière pour montrer particulièrement le condyle.

2. *Tête* plus complète que la précédente (partie occipitale de la) : en dessus, en dessous complétée au trait, et de profil.

3. *Tête* (partie postérieure), montrant le bout du museau : en dessus, et profil externe de la même tête.

4. *Mandibule* (une des branches à peu près complète) : en dessus.

5. *Mandibule* (portion antérieure de) montrant le bout de la mâchoire inférieure : en dessus.

6. *Mandibule* (autre portion antérieure moins complète) : en dessus.

7. *Mandibule* (extrémité antérieure) : en dessous et en dessus.

8. *Mandibule* (portion postérieure) : en dessus, incrustée dans la pierre, et de profil.

9. *Mandibule* (autre portion postérieure plus complète) : en dessus et de profil pour montrer les trous alvéolaires.

10, 10', 10'', 10''', 10'''', 10'''''. *Dents* de diverses sortes : représentées de profil externe et interne.

11. *Vertèbre dorsale?* : par la face antérieure et en dessus.

12. *Vertèbre caudale* : en dessus, en dessous, par la face antérieure et de profil.

B. Pièce de Lunéville, donnée au Muséum par M. de Villiers.

13. *Côte* : de profil.

§ 2. *Nothosaurus mirabilis* De Munster.

A. Fossile de Lunéville, donné au Muséum par M. Pozos.

14. *Vertèbre dorsale* : en dessus et en dessous.

B. D'après un modèle en plâtre donné au Muséum par M. de Munster.

15. *Fémur* : par la face antérieure et de profil.

§ 3. *Dracosaurus Bronnii*.

D'après un modèle en plâtre donné par M. de Munster. Le fossile provient du Muschelkalk de Beyreuth.

16. *Tête* : en dessus ; une partie de la même tête en dessous, et de profil, avec la mandibule, qui est en connexion.

§ 4. *Pistosaurus longaevus*.

Du Muschelkalk de Beyreuth. D'après un modèle en plâtre donné par M. de Munster.

17. *Tête* : en dessus, et partie postérieure de la même tête en dessous, pour montrer les alvéoles des dents.

Le *Dracosaurus* et le *Pistosaurus* ont été décrits et figurés par M. Hermann de Meyer.

Nota. Les six premières planches du groupe des *Crocodilus* ont été dessinées par M. Werner pour accompagner un travail que M. de Blainville comptait publier dans les *Mémoires de l'Académie des Sciences de France*; la planche septième, exécutée par M. Delahaye, ainsi que toutes les autres planches de ce fascicule, sauf celle de signification des os du crâne des Ostéozoaires, n'a été faite que postérieurement.

EXPLICATION DE LA PLANCHE

DE SIGNIFICATION

DES OS DU CRANE DES OSTÉOZOAIRES.

PLANCHE UNIQUE. Signification des os du crane des *Ostéozoaires.*

Crânes figurés en dessous, de profil et en dessus, montrant les divers os qui les composent, et représentant les têtes suivantes :

PILIFÈRES.
PENNIFÈRES.
SQUAMMIFÈRES.
NUDIPELLIFÈRES.
BRANCHIFÈRES.

1° Jeune Boeuf, *Bos taurus*, à la réduction de moitié de la grandeur naturelle.

2° Canard musqué, *Anas boschas*, d'un tiers plus grand que la grandeur naturelle.

3° Tortue de terre, *Testudo mydas*, de moitié de la grandeur naturelle.

4° Crocodile a deux arêtes, *Crocodilus biporcatus*, à la réduction de moitié de la grandeur naturelle.

5° Python de Java, *Python Javanicus*, à la réduction de moitié de grandeur naturelle.

6° Grenouille pipiens, *Rana pipiens*, grossie une fois et demie.

7° Esturgeon, *Acipenser sturio*, à la réduction des deux tiers de la grandeur naturelle.

8° Raie bouclée, *Raia clavata*, réduit de moitié de grandeur naturelle.

Nota. Cette planche, la seule qui ait été exécutée, dessinée par M. Werner, devait accompagner les généralités que M. de Blainville comptait donner sur les os en général des Ostéozoaires, et qui devaient terminer son Ostéologie. Nous avons cru devoir la publier pour montrer la manière dont M. de Blainville avait conçu ce sujet.

FIN DE L'EXPLICATION DES PLANCHES.

PARIS. — IMPRIMÉ PAR E. THUNOT ET Cᵉ, 26, RUE RACINE.

TABLE ALPHABÉTIQUE

DES QUATRE VOLUMES.

Les noms de familles et de genres sont en caractères italiques; les noms des espèces en caractères romains. Les chiffres romains indiquent le tome, les lettres capitales la livraison, les chiffres arabes la page.

B

C

E

F

I

K

L

N

O

P

S

T

U

V

W

X

Z

FIN DE LA TABLE ALPHABÉTIQUE ET DU TOME QUATRIÈME ET DERNIER DE L'OSTÉOGRAPHIE.

Paris. — Imprimé par E. Thunot et Cᵉ, rue Racine, 26.

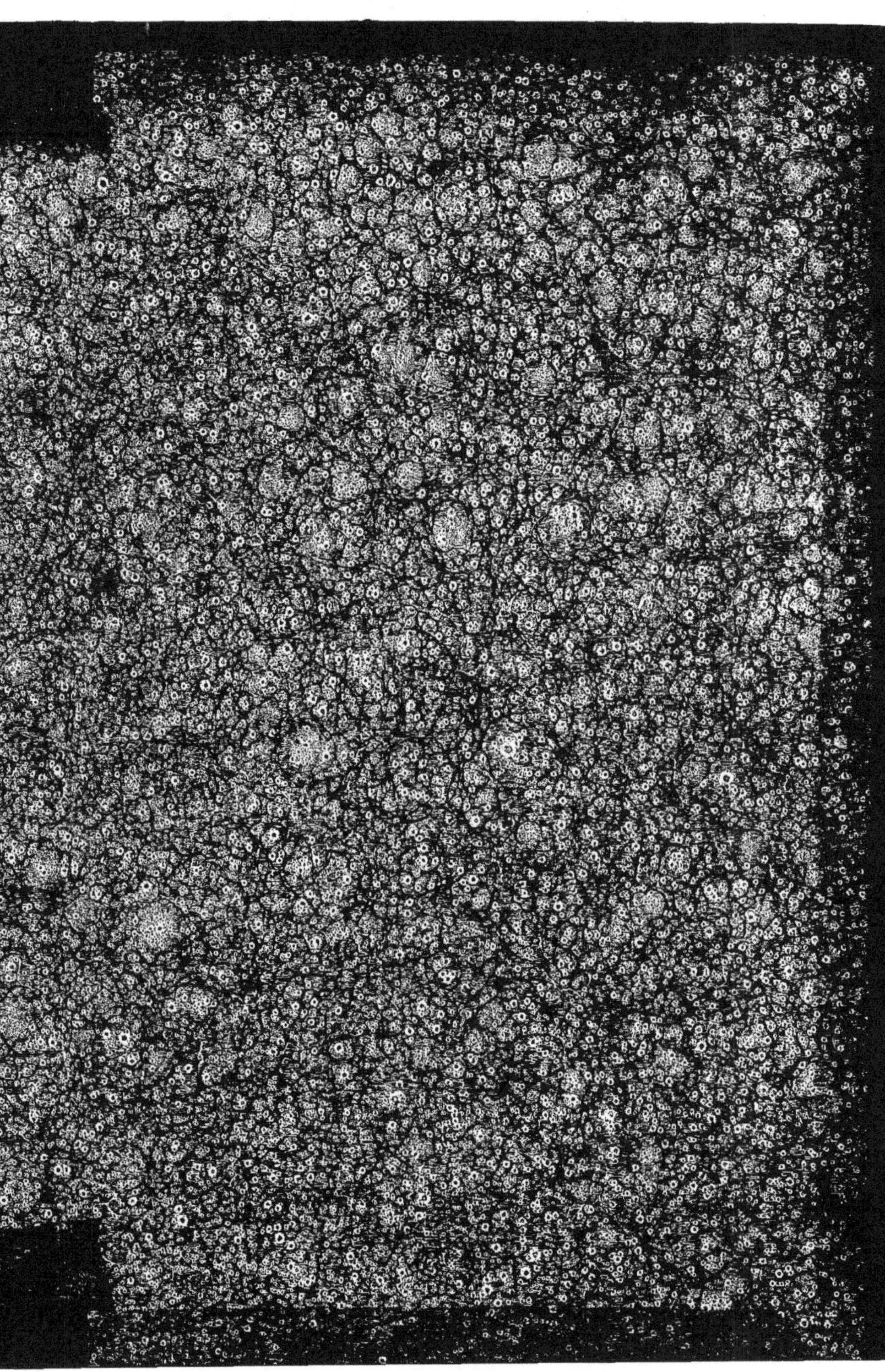

www.ingramcontent.com/pod-product-compliance
Ingram Content Group UK Ltd.
Pitfield, Milton Keynes, MK11 3LW, UK
UKHW021859260726
13966UKWH00006B/13

9 782011 940797